Springer Collected Works in Mathematics

More information about this series at http://www.springer.com/series/11104

WILHELM MAGNUS
(1955)

Wilhelm Magnus

Collected Papers

Edited by
Gilbert Baumslag
Bruce Chandler

Reprint of the 1984 Edition

Springer

Author
Wilhelm Magnus
(1907–1990)

Editors
Gilbert Baumslag
City College of New York
New York, NY
USA

Bruce Chandler
College of Staten Island
Staten Island, NY
USA

ISSN 2194-9875
Springer Collected Works in Mathematics
ISBN 978-1-4939-6608-0 (Softcover)

Library of Congress Control Number: 2012954381

Printed on acid-free paper

This Springer imprint is published by Springer Nature
The registered company is Springer Science+Business Media LLC
The registered company address is: 233 Spring Street, New York, NY 10013, U.S.A.

WILHELM MAGNUS COLLECTED PAPERS

Edited by Gilbert Baumslag
and Bruce Chandler

With 49 Illustrations

Springer-Verlag
New York Berlin Heidelberg Tokyo

Wilhelm Magnus
11 Lomond Place
New Rochelle, New York 10804
U.S.A.

Editors

Gilbert Baumslag
City College (CUNY)
Convent Avenue & 138th Street
New York, New York 10031
U.S.A.

Bruce Chandler
College of Staten Island (CUNY)
715 Ocean Terrace
Staten Island, New York 10301
U.S.A.

AMS Subject Classification: 01A75

Library of Congress Cataloging in Publication Data
Magnus, Wilhelm, 1907–
Wilhelm Magnus, collected papers.
Bibliography: p.
1. Mathematics—Collected works. 2. Groups, Theory of—Collected works. I. Chandler, Bruce, 1931– II. Baumslag, Gilbert. III. Title.
QA3.M2813 1983 512 83-10489

Printed and bound by Malloy Lithographing, Inc., Ann Arbor, Michigan.
Printed in the United States of America.

9 8 7 6 5 4 3 2 1

ISBN 0-387-90879-X Springer-Verlag New York Berlin Heidelberg Tokyo
ISBN 3-540-90879-X Springer-Verlag Berlin Heidelberg New York Tokyo

Preface

Wilhelm Magnus' first paper in combinatorial group theory appeared some fifty-three years ago. The theory was then in its infancy. Now combinatorial group theory is a well-developed field, rich in its own right as well as in its interconnections with many other branches of mathematics. This is due, in no small measure, to Magnus' brilliant work in this area. Magnus has had such a profound influence on combinatorial group theory because many of his ideas, startlingly and strikingly simple, have provided not only deep insights into a very difficult subject but also powerful methods for dealing with these difficulties. In fact, the fertility of Magnus' thinking has reached far beyond the borders of group theory itself. His ideas have also found application in topology, K-theory, the theory of Lie and associative algebras, computational complexity, and also in logic.

The expert in group theory, however, will be astonished to find that this reprinting of Magnus' papers contains a very large amount of very important work on diffraction problems and related topics in analysis. Indeed Magnus is one of the very few mathematicians who has done significant work in two completely different fields. There is a large number of mathematicians who know Magnus for his work in analysis but are totally unaware of his work in group theory. Thus the mathematical community is particularly indebted to Springer-Verlag for reprinting Magnus' published papers in this single volume.

Research in mathematics and teaching do not often go hand in hand. Wilhelm Magnus is not only an eminent mathematician but also a fine teacher—one who is able to share with his students his insights and his joy in creating mathematics and who inspires and encourages their work. His books, his teaching—he received the Great Teacher award from New York University—his many doctoral students, his effect on the thinking of his colleagues both in private conversation and in seminars have also helped to establish him as a mathematician of the first rank and enriched the mathematical community.

G. Baumslag
B. Chandler

Contents

*Numbers in brackets refer to bibliography on pp. xv–xvi.

Mathematical Recollections

WILHELM MAGNUS

In his invited address on the "History of Mathematics: Why and How", delivered at the International Congress of Mathematics in 1978, André Weil mentions briefly "Euler's potboiler", referring to the *Anleitung zur Algebra* by Leonhard Euler which appeared first c.1768 but was still (or, perhaps again) available even as an inexpensive paperback in 1923. One of the last chapters of the book deals with diophantine equations of the type

$$ax^2 + by^4 = t^2. \tag{1}$$

It includes the proof of Fermat's Last Theorem for exponent four which follows from the unsolvability of (1) in non-zero integers x, y, and z for $a = b = 1$.

The whole chapter consists of eleven small format pages, but it has had a strong effect on my mathematical interests. I became interested in Number Theory and, in 1925 during my first semester at a university, I started to read the *Disquisitiones Arithmeticae* by Gauss. After nine years of Latin in high school the language was not difficult, but Gauss' style was, and I never really became initiated into his theory of quadratic forms. So I was happy to see the publication of the first volume of Edmund Landau's *Vorlesungen über Zahlentheorie* which appeared shortly afterwards. The publication date given in the three volumes is 1927, but the first volume appeared somewhat earlier. Landau was known to be the leading numbertheorist in Germany, and I started reading his book with great expectations. All went well up to page 93, theorem 152, which states that Dirichlet's L-series for a real character of the second kind does not vanish for $s = 1$. I could follow the proof, but I did not see through it, and I felt that if this was number theory it was too difficult for me. I learned later to supply the insight needed for understanding what makes Landau's proofs tick, and I have used his work many times. Also, I have been involved with number theory on two later occasions. In 1930/32, I was one of the three editors of Hilbert's number-theoretical work, and in 1935 I attended a course given by C. L. Siegel in Princeton. As for Hilbert's papers, the actual editor was Olga Taussky, who had been active in number-theoretical research, and my contribution was mainly technical. But ever since I read Hilbert's "Zahlbericht" I considered it to be the standard for a near-perfect monograph in mathematics. My attendance at Siegel's lectures resulted in the publication of my only number-theoretical paper (on the class number of quadratic forms [11]).

After Euler, it was Liouville who made a deep impression on me. In 1926, I read his proofs of the impossibility of expressing the indefinite integrals of certain "elementary" functions in terms of elementary functions and of solving certain linear second order differential equations in terms of elementary functions and quadratures. Liouville's proofs are long and of a very elementary algebraic nature, but he handles the many cases and subcases with great elegance. For years afterwards, I was convinced that French should be the language of mathematics until I discovered that it is quite possible to write incomprehensibly in French too.

The influence of my university teachers Dehn, Hellinger, Lanczos, Siegel, and Szasz on my studies in mathematics and physics has been described in a contribution to a Lanczos Festschrift [43] which I wrote in 1973 (the topic had been suggested by Lanczos himself). I need not repeat anything which I said there. Also, I shall not discuss the profound influences which helped to shape my group-theoretical work. They are attached above all to the names of Max Dehn and Philip Hall and have been outlined in a recently published history of combinatorial group theory by Bruce Chandler and myself.

I was always interested in analysis, but I remember browsing (in 1929) in the library of the mathematical seminar in Frankfurt and looking at the monumental work of G. N. Watson on Bessel functions with the comfortable feeling that I would never have to delve into this sea of formulas. Ten years later, this is exactly what I was doing. I had joined Telefunken (a radio firm), and there I met Arnold Sommerfeld, the famous physicist, who had been induced by the management of the firm to act as a consultant on theoretical problems. I became fascinated by his work on diffraction problems and by his "radiation condition" which enforces uniqueness for their solutions. Sommerfeld was at least as much—if not more—a mathematician as a physicist. How else would he have taken pride in solving the diffraction problem for a halfplane by introducing a branched covering of physical three-space with edge of the halfplane as a branch line and the halfplane as a branch cut? Now special functions, especially Bessel functions, are used extensively and effectively in Sommerfeld's papers. From him I learned how to apply them as useful tools for the solution of certain problems. I started collecting them. I am not sure how far these functions may have appealed to my collector's instinct, an instinct which manifests itself in many people with application to diverse objects, regardless of any consideration of usefulness. In the case of Harry Bateman there is very little doubt in my mind that he was, at least in part, motivated by a pure collector's instinct. I became acquainted with his incredible collection of formulas for special functions and definite integrals when working from 1948 to 1950 on the handbook of higher transcendental functions, which is commonly known as the "Bateman Project." Incidentally, essential aspects of the theory of special functions of mathematical physics have changed drastically since 1950. At that time, most of these functions (with the spherical harmonics as the most striking exception) had little systematic theoretical foundation. They were organized mainly as they appeared in the paper by Heinrich Weber, the first paper published in the *Mathematische Annalen* (Vol. 1, p. 1). Weber, in this paper, enumerated the coordinate systems in which the wave equation admits separation of variables. Since then (starting probably in 1955 with lecture notes by Eugene Wigner) the theory of Lie groups has provided a systematic approach to a theory of many classes of these special functions.

For the later years of one's mathematical activity the recollection of influences usually becomes blurred because there have been too many of them. The last instance of well-defined stimulation which I remember resulted in the papers "Fragen der Eindeutigkeit und des Verhaltens im Unendlichen für Lösungen von $\Delta u + k^2 u = 0$" and "On the spectrum of Hilbert's matrix." The first was motivated by conversations with Franz Rellich and the second by a paper by Olga Taussky on the same subject.

Some Remarks on Wilhelm Magnus' Papers on Combinatorial Group Theory

GILBERT BAUMSLAG

When Wilhelm Magnus' first paper in the theory of discontinuous groups appeared in the *Journal für reine und angewandte Mathematik* in 1930, Combinatorial Group Theory was in its infancy. Some 53 years later his influence can be seen in many aspects of what is now a fully developed theory. His book with Karrass and Solitar, published in 1966, is a classic in a rich and burgeoning field, with its many applications to other mathematical disciplines, especially three-dimensional topology. The depth and originality of Magnus' ideas are such that they have found genuine and important use in the study of Lie and associative algebras, in ring theory, in algebraic K-theory, in topology and also, of course, in a diverse collection of topics in group theory. I am not going to dwell on any of these matters in any detail here, but prefer to touch briefly on a few of his papers, indicating only some of the ripple effects of his work. Magnus always likes to emphasise the strong influence that his teacher Max Dehn had on his thinking. In a way this makes his work even more surprising because it is filled with fresh and beautiful and deep ideas which are uniquely his own.

I have already alluded to Magnus' first paper, one of the most celebrated and important papers in the theory of groups given by generators and defining relations. It is entitled "Über diskontinuierliche Gruppen mit einer definierenden Relation". In this work Magnus set out to prove a conjecture that seems to have originated with Dehn in his unpublished lecture of 1922. Indeed, by means of some ingenious combinatorial arguments Magnus proved the following beautiful "Freiheitssatz":

Suppose that G is a group with the presentation

$$G=\langle a_1,\ldots,a_n,x;r=1\rangle$$

where r is a reduced word in the given generators $a_1,\ldots,a_n,x$. Furthermore, suppose that x actually appears in r and that the first and last letters of r are not inverses of each other. Then the subgroup of G generated by $a_1,\ldots,a_n$ is a free group freely generated by $a_1,\ldots,a_n$.

In other words, Magnus proved that if G is a group with a single defining relation in which one of the generators appears in an irredundant way, then this single relation does not infiltrate into the subgroup generated by the remaining generators.

At the time that he wrote this paper, which incidentally contains other results and ideas of independent interest, Magnus was unaware of the relevance of O. Schreier's work on the existence of a generalised free product with one amalgamated subgroup. Indeed, some of his combinatorial arguments suggest a partial primitive reworking of pieces of Schreier's work. By the time that the proofs of his paper appeared,

Magnus had already realised that Schreier's construction could be used to simplify his arguments.

He took full advantage of Schreier's work in his next paper on groups with one defining relation in 1932. Indeed, he was the first to recognise the value of Schreier's work. This recognition hinted at the later formidable applications beginning with the now famous paper in 1949 by G. Higman, B. H. Neumann and H. Neumann where they proved, among other things, that *every countable group can be embedded in a two-generator group*. This was followed by the work of Boone and then Britton on finitely presented groups with unsolvable word problem and in 1961 by Higman's astonishing characterisation of the finitely generated subgroups of finitely presented groups.

But I am straying from the point. The main thrust of Magnus' work in 1932, entitled "Das Identitätsproblem für Gruppen mit einer definierenden Relation", was to solve the word problem for groups with a single defining relation:

Let G be a group with a single defining relation

$$G = \langle x_1, \ldots, x_n; r = 1 \rangle.$$

Then there is an algorithm whereby one can decide whether or not any word in the given generators takes the value 1 *in G.*

Magnus' method here was so brilliantly presented that, in a sense, it laid bare the structure of such groups. No work since then has improved on this method for dealing with groups with one defining relation. The net result was that the consequent apparent (not real, however) straightforwardness of such groups delayed further study!

In more recent times these two papers of Magnus' inspired a good deal of work on Lie and associative algebras defined by one relation. Let me mention here only the work of Sirčov in 1962 where he proves that every Lie algebra (over a computable field) defined by single relation has a solvable word problem.

In 1935 Magnus' paper "Beziehungen zwischen Gruppen und Idealen in einem speziellen Ring" appeared in the *Mathematische Annalen*. Unlike the technically difficult work on groups with a single defining relation, this was a starkly simple piece of work, the ramifications and implications of which have turned out to be even wider than his earlier work. The main aim here was the representation of (free) groups as subgroups of the groups of units of suitably chosen rings. The choice of rings was made so that the multiplication and inversion in the groups so represented were, in a sense, broken down into the simpler operations of addition and multiplication in these rings, thereby making it possible to deduce properties of the groups from those of the rings. The form in which Magnus chose to illustrate this idea can be easily described. To this end let R be the ring of formal power series in the non-commuting indeterminates $\xi_1, \ldots, \xi_n$. Then the elements

$$x_1 = 1 + \xi_1, \ldots, x_n = 1 + \xi_n$$

are invertible in R:

$$(1 + \xi_i)^{-1} = 1 - \xi_i + \xi_i^2 - \ldots.$$

Thus they generate a subgroup F, say, of the group of units of R. It turns out that F is actually a free group, freely generated by $x_1,\dots,x_n$. It is easy to deduce the following theorem:

Free groups are residually torsion-free nilpotent.

Thus, by definition the intersection of their normal subgroups with torsion-free nilpotent factor group is the identity subgroup.

There are so many applications of this idea of Magnus' that it would be hard to list all of them. Let me mention just a few of them. First there is Malčev's proof that the free product of groups which are residually torsion-free nilpotent is again residually torsion-free nilpotent. Then there is P. Hall's work on the residual properties of infinite solvable groups, K. W. Gruenberg's theorem that free poly-nilpotent groups are residually torsion-free nilpotent, and my own theorem that certain generalised free products are residually torsion-free nilpotent, with its applications to equations in free groups and to parafree groups. On a rather more spectacular level there is the construction by Golod and Šafarevič of an infinite finitely generated periodic group, the first counter-example of the weak Burnside Problem. Finally, there is the work by Bachmuth and Mochizuki and also that of Razmyslov on the existence of a locally solvable variety of prime exponent which is not solvable.

There is another aspect of this paper of Magnus' that I want to discuss. This involves a problem that H. Hopf raised in a letter to B. H. Neumann and which has now come to be known, in its more general form, as Hopf's problem. Hopf asked whether a finitely generated free group could be isomorphic to one of its proper factor groups. The fact that free groups are residually torsion-free nilpotent enabled Magnus to prove that finitely generated free groups can never be isomorphic to any of their proper factor groups. (As Magnus himself noted, this theorem is implicit in a slightly earlier work of F. W. Levi. Indeed, it can also be readily deduced from J. Nielsen's work in 1921.)

It is time for me to turn my attention to Magnus' next publication, "Über n-dimensionale Gittertransformationen", which appeared in *Acta Mathematica* in 1935. Here Magnus essentially introduced a new method for obtaining generators and defining relations for certain linear groups, which he applied to $SL_n(\mathbb{Z})$. More precisely he obtained a new finite presentation for $SL_n(\mathbb{Z})$; this group had been studied by J. A. Séguier who had obtained a rather more complicated finite presentation for it in 1924. Incidentally, Magnus also obtained finite presentations for the congruence subgroups of $SL_n(\mathbb{Z})$. Finally he proved that if F is a finitely generated free group, then the group K of all automorphisms of F which induce the identity on F modulo its automorphism group is finitely presented, and he gave an explicit finite presentation for K. Again Magnus was ahead of his time—his ideas here are now a part of algebraic K-theory.

In 1937, in his paper "Über Beziehungen zwischen höheren Kommutatoren", which appeared in the *Journal für reine und angewandte Mathematik*, Magnus established a connection between group commutation and Lie algebras, another extraordinarily fruitful piece of work. I do not want to comment further on this here except to point out that he settled, in the case of free groups, what later came to be known as the Dimension Subgroup Conjecture. This conjecture, in its general form, was a rich source of false proofs. It was ultimately proved false by Rips, almost 40 years later.

In his eleventh paper on group theory, "Über freie Faktorgruppen und freie Untergruppen gegebener Gruppen" in 1939, Magnus proved another lovely theorem:

Let G be a group given by a finite presentation with $m+n$ generators and n relations. If G can be generated by m elements, then G is a free group of rank m.

This theorem too created considerable interest. Let me mention only the powerful homological generalisation by J. Stallings and the subsequent work of U. Stammbach in the 1960's.

In the last of the papers I want to comment on in any detail, "On a theorem of Marshall Hall", also in 1939, Magnus produced another gem:

Let F be a free group on $x_1,\dots,x_n$, R a normal subgroup of F, and let M be a free right $\mathbb{Z}(F/R)$-module, where $\mathbb{Z}(F/R)$ is the integral group ring of F/R on $\xi_1,\dots,\xi_n$. Then the mapping

$$x_iR' \mapsto \begin{pmatrix} x_iR & 0 \\ \xi_i & 1 \end{pmatrix} \qquad (i=1,\dots,n)$$

defines a faithful representation of F/R' in the group of all 2×2 matrices of the form

$$\begin{pmatrix} fR & 0 \\ m & 1 \end{pmatrix} \qquad (f\in F, m\in M).$$

Here R' denotes the commutator subgroup of R.

This was not the main result of the paper. It was nevertheless the most important one. Again here is a theorem of Magnus' with a very large number of applications. Let me give a small sample of them. There is the work of L. Small in ring theory which settled a number of open questions, that of J. Lewin on associative algebras and the subsequent work on universal derivations by G. Bergmann and W. Dicks, the work of J. Mathews on the conjugacy problem for free metabelian groups and the various generalisations by groups of Russian mathematicians, and finally my own work on the embedding of finitely generated metabelian groups in finitely presented metabelian groups.

Everywhere in Magnus' work there are applications, applications to knot groups, to Braid groups, to surface groups, topology, Riemann surfaces, differential equations, and many others.

In conclusion I should emphasise that I have not made any effort to single out Magnus' best work—I have simply commented on some of his work that comes most readily to my mind. I have purposely left his later papers untouched. This in no way suggests that they are less important than any of the others. Only time will tell.

Bibliography of the Publications of Wilhelm Magnus

A. Papers

1. Über diskontinuierliche Gruppen mit einer definierenden Relation. (Der Freiheitssatz). *Journal für die reine und angewandte Mathematik* **163**, 141–165, 1930.
2. Untersuchungen über einige unendliche diskontinuierliche Gruppen. *Mathematische Annalen* **105**, 52–74, 1931.
3. Das Identitätsproblem für Gruppen mit einer definierenden Relation. *Mathematische Annalen* **106**, 295–307, 1932.
4. Lösung einer Aufgabe von D. van Dantzig. *Jahresbericht der Deutschen Mathematiker-Vereinigung* **44**, 16–19, 1934.
5. Über Automorphismen von Fundamentalgruppen berandeter Flächen. *Mathematische Annalen* **109**, 617–646, 1934.
6. Über den Beweis des Hauptidealsatzes. *Journal für die reine und angewandte Mathematik* **170**, 235–240, 1934.
7. Beziehungen zwischen Gruppen und Idealen in einem speziellen Ring. *Mathematische Annalen* **111**, 259–280, 1935.
8. Über n-dimensionale Gittertransformationen. *Acta Mathematica* **64**, 353–367, 1934.
9. Neuere Ergebnisse über auflösbare Gruppen. *Jahresbericht der Deutschen Mathematiker-Vereinigung* **47**, 69–78, 1937.
10. Über Beziehungen zwischen höheren Kommutatoren. *Journal für die reine und angewandte Mathematik* **177**, 105–115, 1937.
11. Über die Anzahl der in einem Geschlecht enthaltenen Klassen von positiv-definiten quadratischen Formen. *Mathematische Annalen* **114**, 465–475, 1937.
    Berichtigung. *Mathematische Annalen* **115**, 643–644, 1938.
12. Über freie Faktorgruppen und freie Untergruppen gegebener Gruppen. *Monatshefte für Mathematik und Physik* **47**, 307–313, 1939.
13. On a theorem of Marshall Hall. *Annals of Mathematics* **40**, 764–768, 1939.
14. Über Gruppen und zugeordnete Liesche Ringe. *Journal für die reine und angewandte Mathematik* **183**, 142–149, 1940.
15. Über eine Randwertaufgabe der Wellengleichung für den parabolischen Zylinder. *Jahresbericht der Deutschen Mathematiker-Vereinigung* **50**, 140–161, 1940.
16. Über die Beugung elektromagnetischer Wellen an einer Halbebene. *Zeitschrift für Physik* **117**, 168–179, 1941.
17. Zur Theorie der geraden Empfangsantenne (with F. Oberhettinger). *Hochfrequenztechnik und Electroakustik* **57**, 97–101, 1941.
18. Zur Theorie des zylindrisch-parabolischen Spiegels. *Zeitschrift für Physik* **118**, 343–356, 1941.
19. Über Eindeutigkeitsfragen bei einer Randwertaufgabe von $\Delta u + k^2 u = 0$. *Jahresbericht der Deutschen Mathematiker-Vereinigung* **52**, 177–188, 1943.
20. Über einige Randwertprobleme der Schwingungsgleichung $\Delta u + k^2 u = 0$ im Falle ebener Begrenzungen (with F. Oberhettinger). *Journal für die reine und angewandte Mathematik* **186**, 184–192, 1945.
21. Die Berechnung des Wellenwiderstandes einer Bandleitung mit kreisförmigem bzw. rechteckigem Außenleiterquerschnitt (with F. Oberhettinger). *Archiv für Elektrotechnik* **37**, 380–390, 1943.
22. Über eine Beziehung zwischen Whittakerschen Funktionen. Nachrichten der Akademie der Wissenschaften in Göttingen, Math.-Phys. Klasse 1946, 4-5, 1946.
23. Fragen der Eindeutigkeit und des Verhaltens im Unendlichen für Lösungen von $\Delta u + k^2 u = 0$. Abhandlungen aus dem Mathematischen Seminar der Universität Hamburg **16**, 77–94, 1949.
24. A connection between the Baker-Hausdorff Formula and a problem of Burnside. *Annals of Mathematics* **52**, 111–126, 1950.
    Errata. *Annals of Mathematics* **57**, 606, 1953.
25. On the spectrum of Hilbert's matrix. *American Journal of Mathematics* **72**, 699–704, 1950.
26. Über einige beschränkte Matrizen. *Archiv der Mathematik* **2**, 405–412, 1949/50.
27. On systems of linear equations in the theory of guided waves (with F. Oberhettinger) *Communications on Pure and Applied Mathematics* **3**, 393–410, 1950
28. Infinite matrices associated with diffraction by an aperture. *Quarterly of Applied Mathematics* **11**, 77–86, 1953.
29. On the exponential solution of differential equations for a linear operator. *Communications on Pure and Applied Mathematics* **7**, 649–673, 1954.
30. Infinite determinants associated with Hill's equation. *Pacific Journal of Mathematics* **5**, Supplement 2, 941–951, 1955.
31. A Fourier theorem for matrices. *Proceedings of the American Mathematical Society* **6**, 880–890, 1955.

32. Max Dehn zum Gedächtnis (with R. Moufang). *Mathematische Annalen* **127**, 215–227, 1954.
33. Some finite groups with geometrical properties. *Proceedings of Symposia on Pure Mathematics.* **1**, 56–63. American Mathematical Society, Providence, Rhode Island, 1959.
34. The zeros of the Hankel Function as a function of its order (with Leon Kotin). *Numerische Mathematik* **2**, 228–244, 1960.
35. Elements of finite order in groups with a single defining relation (with A. Karrass and D. Solitar). *Communications on Pure and Applied Mathematics* **13**, 57–66, 1960.
36. Perturbation method in a problem of waveguide theory (with David Fox). *Journal of Research of the National Bureau of Standards — D. Radio Propagation* **67D**, 189–198, 1963.
37. On knot groups (with Ada Peluso). *Communications on Pure and Applied Mathematics* **20**, 749–770, 1967.
38. Residually finite groups. *Bulletin of the American Mathematical Society* **75**, 305–316, 1969.
39. On a theorem of V. I. Arnol'd (with Ada Peluso). *Communications on Pure and Applied Mathematics* **22**, 683–692, 1969.
40. Braids and Riemann Surfaces. *Communications on Pure and Applied Mathematics* **25**, 151–161, 1972.
41. Rational representations of Fuchsian groups and non-parabolic subgroups of the modular group. *Nachrichten der Akademie der Wissenschaften in Göttingen. II. Math.-Phys. Klasse* (1973) 179–189.
42. Braid groups: A survey. In: *Proc. Second Internat. Conf. Theory of Groups* (Canberra, 1973). *Lecture Notes in Mathematics* **372**, pp. 463–487 Springer-Verlag, Berlin, Heidelberg, New York, 1974.
43. Vignette of a cultural episode. Studies in Numerical Analysis, pp. 7–13. *Academic Press*, London, 1974.
44. Two generator subgroups of PSL(2, C). *Nachrichten der Akademie der Wissenschaften in Göttingen. II. Math.-Phys. Klasse* (1975) 81–94.
45. Monodromy groups and Hill's equation. *Communications on Pure and Applied Mathematics* **29**, 701–716, 1976.
46. Max Dehn. *The Mathematical Intelligencer* **1**, 132–143, 1978.
47. The philosopher and the scientists: Comments on the perception of the exact sciences in the work of Hans Jonas. In: S. F. Spicker, ed., *Organism, Medicine, and Metaphysics*, pp. 225–231. D. Reidel Publ. Co., Dordrecht, Holland. 1978.
48. Representations of automorphism groups of free groups (with Carol Tretkoff). In: S. I. Adian, W. W. Boone, G. Higman, eds., *Word Problems II: The Oxford Book*, pp. 255–260. North-Holland Publ. Co., Amsterdam, New York, Oxford, 1980.
49. Rings of Fricke characters and automorphism groups of free groups. *Mathematische Zeitschrift* **170**, 91–103, 1980.
50. The uses of 2 by 2 matrices in combinatorial group theory. A survey. *Resultate der Mathematik* **4**, 171–192, 1981.

B. Books and Monographs

*1. *Allgemeine Gruppentheorie*. Enzyklopädie der mathematischen Wissenchaften (2d ed.), Volume I, 9, Issue 4, I. B. G. Teubner, Leipzig, 1939.

2a. *Formeln und Sätze für die speziellen Funktionen der mathematischen Physik* (with F. Oberhettinger). Springer-Verlag, Berlin, Göttingen, Heidelberg, 1943, 1948.

2b. *Formulas and theorems for the special functions of mathematical physics* (translation of the first German edition). Chelsea Publishing Co., 1949.

2c. *Formulas and theorems for the special functions of mathematical physics* (with F. Oberhettinger and R. P. Soni). 3d ed. Springer-Verlag, Berlin, Heidelberg, New York, 1966.

3. *Spezielle Funktionen der mathematischen Physik*. In: Naturforschung und Medizin in Deutschland, 1939–1943, Vol. 1, 159–179. Dieterich'sche Verlagsbuchhandlung, Wiesbaden, 1948.

4. *Anwendung der elliptischen Funktionen in Physik und Technik* (with F. Oberhettinger). Springer-Verlag, Berlin, Göttingen, Heidelberg, 1949.

5. *Higher transcendental functions* (with A. Erdelyi [ed.], F. Oberhettinger, and F. Tricomi). 3 volumes. McGraw-Hill Book Co., Inc., New York, London, Toronto, 1953–5.

6. *Groups and their graphs* (with Israel Grossman). New Mathematical Library 14. Random House, New York, 1964.

7a. *Combinatorial group theory* (with Abraham Karrass and Donald Solitar). Interscience Publishers, New York, 1966.

7b. Dover reprint. 2nd revised edition. Dover Publications, New York, 1976.

8. *Hill's equation* (with Stanley Winkler). Interscience Publishers, New York, 1966.

9. *Non-euclidean tesselations and their groups*. Academic Press, New York, 1974.

10. *The history of combinatorial group theory*: *A case study in the history of ideas* (with Bruce Chandler) Springer-Verlag, New York, Heidelberg, Berlin, 1982.

*Included in this edition of Collected Papers [11A].

Journal für die reine und angewandte Mathematik.
Herausgegeben von **K. Hensel, H. Hasse, L. Schlesinger.**
Druck und Verlag Walter de Gruyter & Co., Berlin W 10.

Sonderabdruck aus Band 163 Heft 3. 1930.

Über diskontinuierliche Gruppen mit einer definierenden Relation. (Der Freiheitssatz).

Von *Wilhelm Magnus* in Frankfurt am Main.

Inhaltsverzeichnis.

Einleitung.

Herr Dehn hielt 1922 in Leipzig einen (nicht publizierten) Vortrag über Topologie und allgemeine Gruppentheorie. In dessen gruppentheoretischem Teil entwickelte er den Ansatz zu einem allgemeinen Kalkül für diskontinuierliche Gruppen. Die vorliegenden Ausführungen sind auf Anregung von Herrn Dehn entstanden, und geben — mit modifizierten Beweisen — einen großen Teil der dabei erzielten Ergebnisse wieder, insbesondere den für den Aufbau notwendigen „Freiheitssatz"; darüber hinaus enthalten sie Sätze, welche Herr Dehn in Frankfurter Vorträgen entwickelte, sowie eine Reihe allgemeiner und spezieller Sätze als Anwendungen der Theorie.

Ausgangspunkt ist die folgende Darstellung des *Identitätsproblems* der Gruppentheorie:

Gegeben sind Zeichen $a, a^{-1}; b, b^{-1}; \ldots$. Aneinanderreihungen derselben heißen *Worte*. Das Wort, das aus überhaupt keinem Zeichen besteht, wird mit 1 bezeichnet. Zwei Worte W_1 und W_2 heißen *identisch*, wenn es möglich ist, W_1 durch Hinzufügen und Fortlassen der speziellen Worte $aa^{-1}, a^{-1}a; bb^{-1}, b^{-1}b; \ldots$ in W_2 zu verwandeln. Bezeichnung: $W_1 \equiv W_2$. Es ist insbesondere $aa^{-1} \equiv 1$, $a^{-1}a \equiv 1; \ldots$

Die Frage, wann ein beliebig vorgegebenes Wort W durch identische Umformungen und durch Hinzufügen und Fortlassen der speziellen, fest gegebenen Worte $R_1, R_2, \ldots$ und ihrer „reziproken" $R_1^{-1}, R_2^{-1}, \ldots$ (welche durch $R_1 R_1^{-1} \equiv 1 \ldots$ bis auf identische Umformungen eindeutig bestimmt sind) in das zeichenlose Wort verwandelt werden kann, ist dann das Identitätsproblem für die Gruppe mit den Erzeugenden $a, b, \ldots$ und den definierenden Relationen $R_1 = 1, R_2 = 1, \ldots$: W ist $= 1$ auf Grund der Relationen $R_1 = 1, R_2 = 1, \ldots$

Für das Folgende beschränkt man sich auf einrelationige Gruppen. Folgt aus $R = 1$, daß $W = 1$ ist, so soll R eine *Wurzel* von W heißen. Das Identitätsproblem fragt, ob R Wurzel für irgendein gegebenes Wort W ist. Man kann versuchen, es unter Umkehrung der Fragestellung zu behandeln durch Lösen der viel umfassenderen Aufgabe: Zu einem gegebenen Wort W alle Wurzeln zu finden. Diese Aufgabe ist das einfachste „*Wurzelproblem*"; das allgemeine Wurzelproblem würde verlangen, alle Systeme von n Relationen $R_1 = \cdots = R_n = 1$ zu finden, aus denen $W = 1$ folgt. In der Tat schließt die Lösungen des Wurzelproblems die des Identitätsproblems ein; denn wenn man wissen will, ob in einer Gruppe mit den Erzeugenden $a, b, \ldots$ und der Relation $R = 1$ das Wort W gleich eins ist, hat man — nach Lösung des Wurzelproblems für W — nur zu untersuchen, ob R zu den Wurzeln von W gehört.

Die erste Frage, die man sich bei Behandlung des Wurzelproblems stellen wird, ist die nach den Wurzeln der „einfachsten" Worte: der Erzeugenden; also die Frage: Wie muß R beschaffen sein, damit in der Gruppe mit den Erzeugenden $a, b, \ldots$ und der Relation $R = 1$ $a = 1$ wird? Die Antwort ist die wichtigste Konsequenz des „Freiheitssatzes", (der unten ausführlich formuliert wird) und lautet: Es muß $R \equiv T_1 a T_1^{-1}$ oder $R \equiv T_2 a^{-1} T_2^{-1}$ sein, wobei T_1 bzw. T_2 beliebige Worte sind. Das heißt: a besitzt nur triviale Wurzeln: die Transformierten von $a^{\pm 1}$.

Im ersten Teil dieser Arbeit soll der Freiheitssatz formuliert und bewiesen werden. Der zweite Teil wird Anwendungen desselben und Ansätze zur Lösung des (einfachsten) Wurzelproblems enthalten. In einem Anhang werden Bemerkungen über Gruppen mit zwei definierenden Relationen folgen.

Erster Teil: Der Freiheitssatz.

§ 1. Formulierung.

Gegeben sind Erzeugende $a_1, a_2, \ldots, a_n$ und x, und eine Relation zwischen diesen: $R(a_1, \ldots, a_n; x) = 1$. Folgt dann aus $R = 1$ eine Relation $W(a_1, \ldots, a_n) = 1$ zwischen den a alleine, welche nicht identisch erfüllt ist, (läßt sich also das x sozusagen eliminieren), dann ist $R \equiv TS(a_1, \ldots, a_n)T^{-1}$, wobei T (eventuell) das x enthält, und es folgt $W = 1$ aus $S = 1$.

Also: Enthält R, „zyklisch geschrieben"[1]) das x noch wirklich, das heißt: kann man in dem zyklisch geschriebenen R nicht durch identische Umformungen erreichen,

[1]) bei einem zyklisch geschriebenen Wort darf man das erste Zeichen als dem letzten benachbart ansehen, und dementsprechend identische Umformungen vornehmen.

daß es das x nicht mehr enthält (wie man entscheidet, ob dies möglich ist oder nicht, geht aus dem Anfang von § 2 hervor), dann besteht zwischen $a_1, \ldots, a_n$ überhaupt keine nicht identisch erfüllte Relation: a_1 bis a_n bilden in der Gruppe mit der Relation $R = 1$ eine *freie Gruppe*.

§ 2. Einfache Hilfsmittel.

1. Es ist zunächst eine Lösung des *Identitätsproblems für freie Gruppen* erforderlich. Diese wird geliefert durch den Satz: Ist ein Wort W aus den Zeichen $a, b, c, \ldots$ identisch eins, so kann es alleine durch wiederholtes *Fortlassen* von aa^{-1}, $a^{-1}a$; ... in das zeichenlose Wort verwandelt werden, unabhängig davon, in welcher Reihenfolge man diese Fortlassungen vornimmt. Eine Konsequenz dieses Satzes ist: Enthält ein Wort W (gewöhnlich bzw. zyklisch geschrieben) eine bestimmte Erzeugende x auch dann noch, wenn es nicht mehr durch „*Absorptionen*" „vereinfacht" werden kann, das heißt, wenn man keine Worte aa^{-1}, $a^{-1}a, \ldots$ daraus fortlassen kann, dann ist diese Erzeugende x aus W durch identische Umformungen überhaupt nicht fortzuschaffen (vgl. § 1).

2. *Normalform der Worte, die in einer gegebenen Gruppe gleich eins sind.* Der Beweis des ebenen ausgesprochenen Satzes wird ebenso geführt wie der des nachfolgenden Satzes, welcher eine Art Normalform liefert für *die* Worte W aus Erzeugenden $a, b, \ldots,$ welche auf Grund der Relationen

$$(1) \qquad R_1 = 1, \quad R_2 = 1, \ldots, R_n = 1$$

gleich eins sind. In diesem Falle ist nämlich:

$$(\mathrm{N}) \qquad W \equiv \prod_{i=1}^{h} T_i R_{\nu_i}^{e_i} T_i^{-1}$$

wobei das Produktzeichen symbolisch ist: Die Faktoren des Produktes sind nicht vertauschbar. Die Transformierenden T_i sind irgendwelche Worte; e_i hat einen der Werte ± 1, ν_i einen der Werte $1, 2, \ldots, n$. (Daß umgekehrt W auf Grund der Identität (N) in der Gruppe: $a, b, \ldots; R_1 = 1, \ldots, R_n = 1$ gleich eins ist, ist trivial).

Beweis: Der Satz ist richtig für alle Worte $\overline{W}$, die sich durch identische Umformungen und *einmaliges* Hinzufügen oder Fortlassen eines $R_\nu^{\pm 1}$ in das zeichenlose Wort verwandeln lassen. Er sei als bewiesen angenommen für alle Worte $\overline{W}$, welche sich durch höchstens *m-maliges* ($m \geqq 1$) Fortlassen und Hinzufügen eines $R_\nu^{\pm 1}$ und durch identische Umformungen in das zeichenlose Wort verwandeln lassen. Dann gilt er auch für W, wenn W erst durch $m + 1$ derartige Hinzufügungen und Fortlassungen zu eins gemacht werden kann. Dies kann man so einsehen: W läßt sich jedenfalls durch einmaliges Hinzufügen bzw. Fortlassen eines $R_\nu^{\pm 1}$ und identische Umformungen in ein Wort $\overline{W}$ verwandeln. Nach Voraussetzung besteht für $\overline{W}$ eine Identität:

$$(2) \qquad \overline{W} \equiv \prod_{k=1}^{\bar{h}} T_k R_{\nu_k}^{e_k} T_k^{-1}$$

mit $e_k = \pm 1$, $\nu_k = 1, 2, \ldots n$. $\overline{W}$ läßt sich nun rückwärts durch Fortlassen bzw. Hinzufügen eines $R_\nu^{\pm 1}$ — nach vorangegangenen identischen Umformungen — wieder in ein mit W identisches Wort überführen. Das betreffende $R_\nu^{\pm 1}$ möge etwa R_1^{+1} sein. Wird W durch Hinzufügen von R_1 mit $\overline{W}$ identisch, so läßt sich W so in zwei Teile zerlegen, daß $W \equiv W_1 W_2$ und $\overline{W} \equiv W_1 R_1 W_2 \equiv W_1 W_2 W_2^{-1} R_1 W_2$ also, wegen (2): $\overline{W} \equiv \prod_{k=1}^{\bar{h}} T_k R_{\nu_k}^{e_k} T_k^{-1} \equiv W \cdot W_2^{-1} R_1 W_2$ und $W \equiv \left(\prod_{k=1}^{\bar{h}} T_k R_{\nu_k}^{e_k} T_k^{-1}\right) W_2^{-1} R_1^{-1} W_2$. Wird

W durch Fortlassen von R_1 mit $\overline{W}$ identisch, so gilt $W \equiv \overline{W}_1 R_1 \overline{W}_2$; $\overline{W} \equiv \overline{W}_1 \overline{W}_2$, also $W \equiv (\overline{W}_1 \overline{W}_2) \overline{W}_2^{-1} R_1 \overline{W}_2 \equiv \left(\prod_{k=1}^{h} T_k R_{\nu_k}^{e_k} T_k^{-1}\right) \overline{W}_2^{-1} R_1 \overline{W}_2$. In beiden Fällen hat man für W eine Darstellung vom Typus (N) gewonnen. Um ein Beispiel zu geben: $a^2ba^{-2}b^{-1} \equiv W$ ist sicher gleich eins, wenn $ab = ba$ ist, also $aba^{-1}b^{-1} \equiv R$ gleich eins ist. In der Tat ist auch:

$$a^2ba^{-2}b^{-1} \equiv [a(aba^{-1}b^{-1})a^{-1}](aba^{-1}b^{-1}).$$

3. Weiterhin braucht man *Invarianten gegenüber identischen Umformungen.* Solche sind die „*Exponentensummen*", welche die Erzeugenden $a, b, c, \ldots$ in einem aus ihnen gebildeten Wort $W(a, b, c, \ldots)$ besitzen; damit ist folgendes gemeint:

Es ist doch sicher $W \equiv a^{\alpha_1} b^{\beta_1} c^{\gamma_1} \cdots a^{\alpha_2} b^{\beta_2} c^{\gamma_2} \cdots a^{\alpha_n} \cdots$, wobei einzelne der $\alpha, \beta, \ldots$ auch Null sein dürfen. Dann heißt $\alpha = \alpha_1 + \alpha_2 + \cdots + \alpha_n$ die Exponentensumme von a in W usf. Die Invarianz folgt zum Beispiel daraus, daß Hinzufügen und Fortlassen von $aa^{-1}, \ldots$ die Exponentensumme von $a, \ldots$ nicht ändert, oder auch aus der Bemerkung, daß, wenn $W \equiv W'$ ist, $WW'^{-1} \equiv 1$ in allen Erzeugenden die Exponentensumme Null haben muß auf Grund der folgenden, (verallgemeinerungsfähigen) Schlußweise: WW'^{-1} läßt sich sicher erst recht in eins verwandeln, wenn man Vertauschung der Zeichen erlaubt, also $aba^{-1}b^{-1} = 1$ setzt usf. Dann wird aber $WW'^{-1} = a^{\bar{\alpha}} b^{\bar{\beta}} c^{\bar{\gamma}} \cdots$ wobei $\bar{\alpha}, \bar{\beta} \ldots$ resp. die Exponentensummen von $a, b, \ldots$ in WW'^{-1} sind. Wegen $WW'^{-1} = 1$ folgt $\bar{\alpha} = \bar{\beta} = \cdots = 0$. Mit Rücksicht auf diese zweite Betrachtungsweise sollen Schlüsse, die auf der Invarianz der Exponentensummen bei identischen Umformungen beruhen, weiterhin als Schlüsse „durch Abelschmachen" bezeichnet werden.

Die Exponentensummen der Erzeugenden, aus denen ein Wort besteht, sagen sehr wenig über dieses Wort aus, da es unendlich viele Worte aus zwei oder mehr Erzeugenden gibt, die, ohne identisch eins zu sein, in allen Erzeugenden die Exponentensummen Null besitzen. Hier greift ein Hilfssatz ein, welcher es gestattet, über die Verteilung gerade *der* Erzeugenden, welche in einem Worte die Exponentensumme Null haben, durch „Abelschmachen" etwas zu erfahren.

4. *Transformierte als neue Erzeugende. Unabhängigkeit derselben.* Sind nämlich W_1 und W_2 Worte aus den Erzeugenden $a_1, \ldots, a_n$ und b, und ist $W_1(a_1, \ldots, a_n, b) \equiv W_2(a_1, \ldots, a_n, b)$ und hat b in W_1 (und also auch in W_2) die Exponentensumme Null, so lassen sich W_1 und W_2 als Worte in den mit Potenzen von b transformierten $a_\nu (\nu = 1, \ldots, n)$ schreiben, d. h. als Worte in den $b^k a_\nu b^{-k} (k = 0, \pm 1, \pm 2, \ldots)$. Diese mögen als $a_\nu^{(k)}$ bezeichnet werden. Es sei etwa:

$$W_1(a_1, \ldots, a_n, b) = F_1(\ldots a_\nu^{(k)} \ldots);$$
$$W_2(a_1, \ldots, a_n, b) = F_2(\ldots a_\nu^{(k)} \ldots).$$

Der Hilfssatz sagt dann aus, daß $F_1 \equiv F_2$ identisch in den $a_\nu^{(k)}$ ist; durch Abelschmachen in den $a_\nu^{(k)}$ erhält man schärfere Aussagen als durch Abelschmachen in $a_1, \ldots, a_n$; b.

Beim *Beweise* genügt es, zu zeigen, daß ein Wort $W(a_1, \ldots, a_n, b)$, welches in $a_1, \ldots, a_n, b$ identisch eins ist, auch in den $a_\nu^{(k)}$ identisch eins ist. Der Beweis soll hier nur für den Fall durchgeführt werden, daß in W außer b nur noch eine einzige Erzeugende a auftritt; der allgemeine Fall ist dann durch vollständige Induktion und Anwendung der in diesem einfachsten Falle verwendeten Schlußweise leicht zu erledigen.

Es sei also $W(a, b) \equiv 1$, und:

$$W \equiv \prod_{i=1}^{h} b^{k_i} a^{e_i} b^{-k_i} \quad \text{mit } e_i = \pm 1$$

und $k_i = 0, \pm 1, \pm 2, \ldots$. Damit $W \equiv 1$ ist, müssen sich mindestens einmal zwischen zwei a-Zeichen mit entgegengesetzt gleichem Exponenten die b-Zeichen fortheben; das heißt, es muß mindestens für *einen* Wert i_0 von i $k_{i_0} = k_{i_0+1}$ und $e_{i_0} = -e_{i_0+1}$ sein. Damit kann man aber sogleich $b^{k_{i_0}} a^{e_{i_0}} b^{-k_{i_0}}$ gegen $b^{k_{i_0+1}} a^{e_{i_0+1}} b^{-k_{i_0+1}}$ fortheben, das heißt: man kann *alle* Absorptionen auch identisch in den $a^{(k)}$ $(a^{(k)} = b^k a b^{-k})$ ausführen, da $b^{k_{i_0}} a^{e_{i_0}} b^{-k_{i_0}} = [a^{(k_{i_0})}]^{e_{i_0}}$ und $b^{k_{i_0+1}} a^{e_{i_0+1}} b^{-k_{i_0+1}} = [a^{(k_{i_0})}]^{-e_{i_0}}$ ist.

§ 3. Reduktion des Beweises des Freiheitssatzes auf zwei Hilfssätze.

1. *Fallunterscheidung.* Beim Beweise des Freiheitssatzes sind zwei Fälle zu unterscheiden:

(I) Aus $R(a; x) = 1$ folgt eine nicht identisch erfüllte Relation für a, also $a^n = 1$, $n \neq 0$.

(II) Aus $R(a_1, \ldots, a_n; x) = 1$ folgt eine nicht identisch erfüllte Relation für $a_1, \ldots, a_n$: $W(a_1, \ldots, a_n) = 1$, und es kommen in R mindestens zwei verschiedene a wirklich vor.

Vorbemerkung: Es könnte scheinen, als ob diese Fallunterscheidung keine vollständige Disjunktion wäre, da es möglicherweise so sein könnte, daß aus $R(a_1, x) = 1$ zwar keine Relation für a_1 allein folgt, wohl aber eine solche zwischen $a_1, a_2, \ldots, a_n$. Mit den Methoden des folgenden Paragraphen läßt sich aber beweisen:

Folgt aus $R(a_1, x) = 1$ eine Relation zwischen $a_1, \ldots, a_n$ (welche nicht identisch erfüllt ist), so folgt auch schon eine solche für a_1 allein.

2. *Der Fall* I: Folgt aus $R(a, x) = 1$ $a^n = 1$, so besteht nach § 2 eine Identität:

$$a^n \equiv \prod_{i=1}^{h} T_i(a, x)\, R^{e_i}\, T_i^{-1} \tag{1}$$

mit $e_i = \pm 1$. Hieraus folgt, daß x in R die Exponentensumme Null hat, während a in R eine von Null verschiedene Exponentensumme besitzt [2]).

Man setze für alle ganzzahligen k: $x^k a x^{-k} = b_k$, also insbesondere $a = b_0$, und schreibe dann beide Seiten von (1) in den b_k. Die linke Seite wird zu b_0^n. Die rechte Seite verwandelt sich folgendermaßen: Es gehe $R(a, x)$ in ein Wort $P(\ldots b_l \ldots)$ in den b_k über. Der Index l nimmt — im allgemeinen — innerhalb P verschiedene Werte an. t_i sei die Exponentensumme von x in T_i.

Dann ist: $T_i = \overline{T}_i(\ldots b_m \ldots) \cdot x^{t_i}$ also $T_i R T_i^{-1} = \overline{T}_i(\ldots b_m \ldots)\, x^{t_i} P(\ldots b_l \ldots)\, x^{-t_i}\, \overline{T}^{-1}$. Indem man jedes der b_l in P mit x^{t_i} transformiert und die Definition der b_l berücksichtigt, erhält man schließlich:

$$b_0^n \equiv \prod_{i=1}^{h} \overline{T}_i P^{e_i}(\ldots b_{l+t_i} \ldots)\, \overline{T}_i^{-1}, \tag{2}$$

und dies ist jetzt nach § 2 eine Identität in den b_k. Daher gilt: Es folgt die Relation $b_0^n = 1$ aus endlich vielen der Relationen

$$P(\ldots b_{l+t} \ldots) = 1; \quad t = 0, \pm 1, \pm 2, \ldots \tag{3}$$

ausführlich geschrieben:

---

[2]) Durch Abelschmachen folgt nämlich, wenn man $\sum_{i=1}^{h} e_i = \varrho$ setzt, und α bzw. ξ die Exponentensummen von a bzw. x in R sind:

$$\begin{matrix} n = \varrho \cdot \alpha, \\ 0 = \varrho \cdot \xi, \end{matrix} \quad \text{also: } \varrho \neq 0,\ \alpha \neq 0,\ \xi = 0.$$

$$(3)\quad \begin{cases} P(\ldots b_l \ldots) = 1 \\ P(\ldots b_{l+1} \ldots) = 1, \quad P(\ldots b_{l-1} \ldots) = 1 \\ P(\ldots b_{l+2} \ldots) = 1, \quad P(\ldots b_{l-2} \ldots) = 1 \\ \ldots\ldots\ldots\ldots\ldots\ldots\ldots\ldots \end{cases}$$

Damit ist das Problem scheinbar viel komplizierter geworden.

Es soll nämlich jetzt die Relation $b_0^n = 1$ aus unbeschränkt vielen Relationen zwischen unbeschränkt vielen Erzeugenden folgen. Aber erstens verteilen sich diese Erzeugenden in einer sehr speziellen Weise über die Relationen, zweitens sind diese Relationen isomorph: Sie gehen auseinander hervor, indem man b_l durch b_{l+t} ersetzt, wobei t eine ganze (für jede Relation feste) Zahl ist, und drittens ist die Zahl der Zeichen (= Buchstaben) von P geringer als die Zeichen-(= Buchstaben-)Zahl von R, und zwar genau um die Zahl der x-Zeichen in R.

Die hier vorgenommene Umformung der Fragestellung ist der entscheidende Schritt beim Beweise des Freiheitssatzes. Bevor man weitergeht, muß man eine analoge Umformung auch im Falle II vornehmen.

3. *Fall* II. Wenn aus $R(a_1, \ldots, a_n, x) = 1$ $W(a_1, \ldots, a_n) = 1$ folgen soll, und in R zwei verschiedene a vorkommen, kann man nicht mehr, wie unter (I), schließen, daß x in R die Exponentensumme Null hat, denn es können die Exponentensummen der a_ν in W alle Null sein. *Wohl aber darf man stets annehmen, daß* a_1 *in* R *die Exponentensumme Null hat.* Nämlich: Entweder hat ein in R wirklich vorkommendes a_ν die Exponentensumme Null. Dann nenne man dieses a_1, (und verfahre mit a_1 genau so, wie dies später mit b_1 (s. unten) geschieht). Oder es haben a_1 bzw. a_2 in R die von Null verschiedenen Exponentensummen s_1 bzw. s_2. Dann setze man $a_1 = b_1^{+s_2}$ und $a_2 = b_1^{-s_1} b_2$. R und W gehen hierdurch in Worte $\overline{R}(b_1, b_2, a_3, \ldots, a_n, x)$ bzw. $\overline{W}(b_1, b_2, a_3, \ldots, a_n)$ über, *wobei* b_1 *in* $\overline{R}$ *die Exponentensumme Null hat.* Die Identität in $a_1, \ldots, a_n, x$:

$$(4)\qquad W \equiv \prod_{i=1}^{h} T_i R^{e_i} T_i^{-1} \qquad (e_i = \pm 1),$$

welche besagt, daß R Wurzel von W ist, geht in die Identität in $b_1, b_2, a_3, \ldots, a_n, x$ über:

$$(4')\qquad \overline{W} \equiv \prod_{i=1}^{h} \overline{T}_i \overline{R}^{e_i} \overline{T}_i^{-1},$$

wobei die $\overline{T}_i$ aus den T_i hervorgehen, indem man für a_1 und a_2 b_1 und b_2 einführt. (4') besagt, daß $\overline{R}$ Wurzel von $\overline{W}$ ist. Man hat sich nun zu vergewissern, daß durch den Übergang von den a zu den b „nichts verloren geht“ [3]), das heißt, man muß zeigen: Wenn man beweisen kann, daß auf Grund von (4') $\overline{R}$, zyklisch geschrieben, das x nicht mehr enthält, dann enthält auch R, zyklisch geschrieben, das x nicht mehr. Dies wird geleistet durch die Bemerkung: Ist irgendein Wort $V(a_1, \ldots, a_n, x)$ gegeben, in welchem zwischen $a_1, \ldots, a_n, x$ keine Absorptionen stattfinden können (das heißt, man kann nirgends $a_1 a_1^{-1}, \ldots$ oder $x^{-1} x$ fortlassen), und macht man die Substitution:

$$(5)\qquad a_1 = b_1^{+s_2}, \quad a_2 = b_1^{-s_1} b_2, \quad s_2 \neq 0,$$

so geht V in ein Wort $\overline{V}(b_1, b_2, a_3, \ldots, a_n, x)$ über, in welchem zwar eventuell Absorptionen zwischen b_1-Zeichen stattfinden können, aber (auch nach Ausführung von Absorptionen zwischen b_1-Zeichen) sicher keine Absorptionen zwischen $b_2, a_3, \ldots, a_n, x$-Zeichen. (Ist also insbesondere V nicht identisch eins, so ist es auch $\overline{V}$ nicht). Der Beweis ist trivial.

[3]) Man kann nämlich im allgemeinen b_1 und b_2 nicht rückwärts wieder durch a_1 und a_2 ausdrücken.

b_1 hat in $\overline{R}$ die Exponentensumme Null, also — wegen (4′) — auch in $\overline{W}$. Man transformiere mit b_1 rechts und links in (4′), und setze für alle ganze Zahlen k:

$$c_{\nu,k} = \begin{cases} b_1^k b_2 b_1^{-k} \text{ für } \nu = 2, \\ b_1^k a_\nu b_1^{-k} \text{ für } \nu = 3, \ldots, n, \end{cases}$$

und ferner: $x_k = b_1^k x b_1^{-k}$. $\overline{W}$ geht dann in ein Wort $F(\ldots . c_{\nu,k} \ldots)$ über, und $\overline{R}$ in ein solches $P(\ldots c_{\nu,l} \ldots ; \ldots x_m \ldots)$, wobei l, m innerhalb P verschiedene Werte annehmen können. Wichtig ist nun, daß P nicht nur weniger Zeichen (= Buchstaben, *nicht* ursprüngliche Erzeugende) als $\overline{R}$, sondern auch weniger Zeichen als R enthält. In der Tat ist zwar durch die Substitution (5) vielleicht die Zahl der b_1-Zeichen in $\overline{R}$ größer als die Zahl der a_1-Zeichen in R geworden, aber die Zahl der $b_2, a_3, \ldots, a_n, x$-Zeichen in $\overline{R}$ ist gleich der entsprechenden Anzahl der $a_2, a_3, \ldots, a_n, x$-Zeichen in R, und das b_1 verschwindet bei der Transformation mit b_1. Für den Fall, daß von vornherein a_1 in R die Exponentensumme Null hat, transformiere man mit diesem, setze $a_1^k a_\nu a_1^{-k} = c_{\nu,k}$ für $\nu = 2, 3, \ldots, n$ und für alle ganzzahligen k, ferner $a_1^k x a_1^{-k} = x_k$, transformiere in (4) mit a_1 usf. Man findet dann, genau wie im Falle I, daß

$F(\ldots c_{\nu,k} \ldots) = 1$ aus dem Relationensystem

$$(6) \qquad P(\ldots c_{\nu,l+t} \ldots ; \ \ldots x_{m+t} \ldots) = 1 \quad (t = 0, \pm 1 \ldots)$$

folgt. (ν, l, m sind innerhalb P variabel). Und zwar folgt $F = 1$ aus endlich vielen Relationen des unendlichen Systemes (6).

4. *Beweisplan.* Der Beweis des Freiheitssatzes soll jetzt folgendermaßen geleitet werden: Drei Hilfssätze werden uns in den Stand setzen, zu zeigen: Folgt aus einem System (3) (im Falle I) $b_0^n = 1$, so läßt sich schon aus einer einzigen Relation (3) eine in derselben wirklich vorkommende Erzeugende „eliminieren“ (vgl. § 1), und analog wird im Falle II gezeigt werden: Weil aus (6) eine Relation folgt (nämlich $F = 1$) welche die x nicht mehr enthält, muß sich schon aus einer einzigen Relation (6) ein x eliminieren lassen. Sodann wird vollständige Induktion angewandt: Der Freiheitssatz ist trivial richtig für den Fall, daß R nur eine einzige Erzeugende enthält, — insbesondere also dann, wenn R nur aus einem Zeichen besteht —, da es dann x nicht enthalten kann [4]). Man nehme den Satz als bewiesen an für alle Worte, die aus weniger Zeichen bestehen als R. Ferner nehme man an, daß R, zyklisch geschrieben, keine Absorptionen zuläßt. Dann läßt auch keines der P in (3) bzw. (6) solche Absorptionen zu.

Andererseits gilt für die P in (3) und (6) der Freiheitssatz, welcher aussagt: Läßt sich aus einem P eine Erzeugende eliminieren, so enthält es, zyklisch geschrieben, dieselbe nicht mehr. (Jedes P enthält nämlich weniger Zeichen als R.) Damit ist man fertig.

5. *Formulierung dreier Hilfssätze. Reduktion des dritten auf die beiden ersten.* Es sind jetzt die oben (s. Nr. 4) erwähnten Hilfssätze zu formulieren, anzuwenden und zu beweisen. Der Beweis soll im folgenden Paragraphen geführt werden. Bei der Formulierung soll keine Rücksicht auf die bisher gebrauchten Bezeichnungen genommen werden.

---

[4]) *Beweis:* Ist $\prod_{i=1}^{h} T_i(x^m)^{e_i} T_i^{-1} = W(a_1, \ldots, a_n)$, wobei $e_i = \pm 1$, $m \neq 0$ ist, so mache man von der Bemerkung Gebrauch, daß eine Identität richtig bleibt, wenn man in ihr konsequent eine Erzeugende durch eine andere (die eventuell auch sonst vorkommen darf) oder durch 1 ersetzt, und ersetze in der obenstehenden Identität x durch eins. Das liefert $W = 1$.

Hilfssatz 1. *Gegeben sind vier Systeme von Erzeugenden:*

$$a_1, \ldots, a_m; \quad b_1, \ldots, b_n; \quad x_1, \ldots, x_r; \quad y_1, \ldots, y_s$$

und zwei Systeme von (endlich vielen) Relationen zwischen diesen:

$$\text{(A)} \qquad \{P_\mu(a_1, \ldots; \quad b_1, \ldots; \quad x_1, \ldots) = 1\} \quad \mu = 1, 2, \ldots$$

$$\text{(B)} \qquad \{Q_\nu(b_1, \ldots; \quad x_1, \ldots; \quad y_1, \ldots) = 1\} \quad \nu = 1, 2, \ldots$$

Dann wird behauptet:

Folgt weder aus (A) *allein noch aus* (B) *allein eine Relation für die a und b allein, und folgt weder aus* (A) *allein noch aus* (B) *allein eine Relation zwischen den b und x allein — dann folgt aus* (A) *und* (B) *zusammengenommen keine Relation zwischen den a und b allein.*

Hilfssatz 2. *Gegeben sind drei Systeme von Erzeugenden:*

$$a_1, \ldots, a_m; \quad x_1, \ldots, x_r; \quad y_1, \ldots, y_s.$$

und zwei Systeme von (endlich vielen) Relationen:

$$(\overline{\text{A}}) \qquad \{\overline{P}_\mu(a_1, \ldots; x_1, \ldots) = 1\} \quad \mu = 1, 2, \ldots$$

$$(\overline{\text{B}}) \qquad \{\overline{Q}_\nu(a_1, \ldots; y_1, \ldots) = 1\} \quad \nu = 1, 2, \ldots$$

Folgt dann weder aus $(\overline{\text{A}})$ *noch aus* $(\overline{\text{B}})$ *allein eine Relation zwischen* $a_1, \ldots, a_m$, *dann folgt auch aus* $(\overline{\text{A}})$ *und* $(\overline{\text{B}})$ *zusammen keine solche Relation.*

Anwendung der Hilfssätze. Vorbemerkung: Hilfssatz 2 ist unabhängig von Hilfssatz 1; Hilfssatz 1 wird dazu dienen, das noch fehlende Stück des Beweises des Freiheitssatzes, d. h. den Beweis der oben (s. Nr. 4.) über die Relationensysteme (3) bzw. (6) gemachten Behauptung auf den Beweis des folgenden Hilfssatzes zurückzuführen:

Hilfssatz 3. *Gegeben seien zwei Systeme von Erzeugenden:* $d_1, d_2, \ldots, d_t$ *und* $p_0, p_1, p_2, \ldots, p_H$, *und ein System von* $H - K + 1$ $(K > 0)$ *Relationen zwischen diesen von folgender Beschaffenheit:*

Keine Relation läßt, zyklisch geschrieben, Absorptionen zu.

Sind $Q_0 = 1$, $Q_1 = 1, \ldots, Q_{H-K} = 1$ *die* $H - K + 1$ *Relationen, so enthält für*

$$0 \leqq \nu \leqq H - K \text{ das Wort } Q_\nu(d_1, \ldots; p_\nu, p_{\nu+1}, \ldots, p_{\nu+K})$$

außer irgendwelchen d (eventuell überhaupt keinem d) höchstens die Erzeugenden p_ν *bis* $p_{\nu+K}$, *und zwar so, daß* p_ν *und* $p_{\nu+K}$ *in* Q_ν *wirklich vorkommen.*

Das Relationensystem

$$(\text{q}) \begin{cases} Q_0(d_1, \ldots; p_0, \ldots, p_K) = 1 \\ \quad Q_1(d_1, \ldots; p_1, \ldots, p_{K+1}) = 1 \\ \quad \ldots\ldots\ldots\ldots\ldots\ldots \\ \quad\quad Q_{H-K}(d_1, \ldots; p_{H-K}, \ldots, p_H) = 1 \end{cases}$$

besitzt also ganz ähnliche Eigenschaften wie ein endliches Teilsystem von (3) (falls in (q) keine d auftreten) *oder von* (6).

Behauptet wird: Folgt aus dem Relationensystem (q) *eine Relation für* $d_1, \ldots$ *und* $p_0, p_1, \ldots, p_S$ *mit* $0 \leqq S < K$, *dann muß sich notwendig aus einer der Relationen* (q), *etwa aus* $Q_\nu = 1$ *eine der Erzeugenden* p_ν *oder* $p_{\nu+K}$ *eliminiren lassen* [5]). Der Beweis hierfür wird unter Anwendung von Hilfssatz 1 etwa so geliefert:

Der Hilfssatz 3 ist trivial richtig für den Fall, daß $H - K = 0$ ist, also (q) nur aus einer einzigen Relation besteht. Er sei bewiesen für alle Relationensysteme (q),

[5]) Ein Relationensystem, für welches alle Voraussetzungen, die hier über das System (q) gemacht wurden, erfüllt sind, soll im Folgenden „*ein System vom Typus* (q)" heißen.

die aus weniger als $H - K + 1$ Relationen bestehen. Dann gilt er auch für das vorgelegte Relationensystem (q).

Beweis: Es mögen zwei Fälle unterschieden werden: Erstens: Es sei $H - K \leqq S$. Man wende Hilfssatz 1 an, indem man identifiziert: die Erzeugenden $b_1, \ldots$ von Hilfssatz 1 mit $d_1, \ldots, d_t$ und $p_1, \ldots, p_S$; die Erzeugenden $a_1, \ldots$ mit p_0; die Erzeugenden $x_1, \ldots$ mit $p_{S+1}, \ldots, p_k$; die Erzeugenden $y_1, \ldots$ mit $p_{K+1}, \ldots, p_{H-K}$; das Relationensystem (B) mit $Q_1 = 1, Q_2 = 1, \ldots, Q_{H-K} = 1$; und schließlich das Relationensystem (A) mit $Q_0 = 1$. Man kann sich diese Einteilung an dem folgenden Schema veranschaulichen[6]):

$$\begin{array}{r|l}
 & \quad a \;\big|\; \qquad b \qquad \big|\; \quad x \quad \big|\; \quad y \\
\hline
\text{(A)} & Q_0(p_0, d_1, \ldots, p_1, \ldots\ldots, p_S, \ldots, p_K) = 1 \\
\longrightarrow & \quad Q_1(p_1, d_1, \ldots, p_2, \ldots, p_S, \ldots\ldots, p_{K+1}) = 1 \\
\text{(B)} & \quad \ldots\ldots\ldots\ldots\ldots\ldots\ldots\ldots \\
 & \quad Q_{H-K}(p_{H-K}, d_1, \ldots, p_S, \ldots\ldots\ldots, p_H) = 1.
\end{array}$$

Nach Hilfssatz 1 läßt sich entweder p_0 aus Q_0 eliminieren, oder es lassen sich $p_{S+1}, \ldots, p_K$ aus Q_0 eliminieren, oder es lassen sich $p_{K+1}, \ldots, p_H$ aus $Q_1, \ldots, Q_{H-K}$ eliminieren.

Wenn die beiden ersten Fälle nicht eintreten können, wenn also aus $Q_1 = \cdots = Q_{H-K} = 1$ eine Relation für $p_1, \ldots, p_K, d_1, \ldots$ alleine folgt, benutze man die durch die Anwendung der vollständigen Induktion gegebene Voraussetzung, indem man beachtet, daß das Relationensystem $Q_1 = 1, \ldots, Q_{H-K} = 1$ ein solches vom Typus (q) mit weniger als $H - K + 1$ Relationen ist. Damit ist der Fall $H - K \leqq S$ erledigt, und es bleibt $H - K > S$. Man wende Hilfssatz 1 an, indem man identifiziert:

in Hilfssatz 1	mit	in Hilfssatz 3
$a_1, \ldots$	„	$p_0, \ldots, p_S$
$b_1, \ldots$	„	$d_1, \ldots$
$x_1, \ldots$	„	$p_{S+1}, \ldots, p_{S+K}$
$y_1, \ldots$	„	$p_{S+K+1}, \ldots, p_H$
das System (A)	„	$Q_0 = 1, \ldots, Q_S = 1$
das System (B)	„	$Q_{S+1} = 1, \ldots, Q_{H-K} = 1.$

Dann gilt: Entweder folgt aus $Q_0 = \cdots = Q_S = 1$ eine Relation für $p_0, \ldots, p_S, d_1, \ldots$ oder eine solche für $d_1, \ldots, p_{S+1}, \ldots, p_{S+K}$, oder es folgt aus $Q_{S+1} = \cdots = Q_{H-K} = 1$ eine Relation für $d_1, \ldots, p_{S+1}, \ldots, p_{S+K}$. In all' diesen Fällen besitzen die Relationensysteme $Q_0 = 1, \ldots, Q_S = 1$ bzw. $Q_{S+1} = 1, \ldots, Q_{H-K} = 1$ „den Typus (q)"[7]) und bestehen aus weniger als $H - K + 1$ Relationen, das heißt, man kann den Schluß der vollständigen Induktion anwenden. Damit ist Hilfssatz 3 bewiesen.

6. *Beweis des Freiheitssatzes*: Angewendet wird Hilfssatz 3, indem man zeigt: Weil aus einem endlichen Teilsystem von (3) bzw. (6) $b_0^n = 1$ bzw. $F(\ldots c_{\nu,k} \ldots) = 1$ folgt, besitzt ein (im allgemeinen von diesem verschiedenes) endliches Teilsystem von (3) bzw. (6) den Typus (q); wegen Hilfssatz 3 muß sich also aus einer einzigen Relation des Systemes (3) bzw. (6) eine in derselben wirklich vorkommende Erzeugende eliminieren lassen, und gerade das ist zu zeigen. Um zunächst Fall I zu erledigen, schreibe man sich das endliche Teilsystem von (3), aus welchem $b_0^n = 1$ folgt, in folgender Anordnung hin:

---

[6]) wobei die Erzeugenden in den Q gegenüber (q) zum Teil vertauscht sind.

[7]) Siehe Anmerkung 5.

Es sei $M \geqq 0$, $N \geqq 0$, $L \geqq 0$,

$$(\bar{3}) \quad \left.\begin{array}{l} P_0 \equiv P(b_{-N}, b_{-N+1}, \ldots, b_{-N+L}) = 1 \\ P_1 \equiv P(b_{-N+1}, \ldots\ldots, b_{-N+L+1}) = 1 \\ \ldots\ldots\ldots\ldots\ldots\ldots\ldots\ldots \\ \ldots\ldots\ldots\ldots\ldots\ldots\ldots\ldots \\ P_{M-L+N} \equiv P(b_{M-L}, \ldots\ldots, b_M) = 1 \end{array}\right\} \text{hieraus folgt } b_0^n = 1.$$

Es ist dabei sicher $-N < M$ und $L > 0$, sonst kommt x in R nicht vor. Ferner darf man $M - L \geqq 0$ annehmen, denn wenn aus einem System $(\bar{3})$ mit einem großen Wert von M nicht $b_0^n = 1$ folgt, gilt dies erst recht für kleinere Werte von M. Es brauchen in P_0 nicht $a_{-N}, a_{-N+1}, \ldots, a_{-N+L}$ sämtlich vorzukommen, aber man darf voraussetzen, daß a_{-N} und a_{-N+L} wirklich vorkommen; allgemein kommt dann in P_r a_{-N+r} und a_{-N+L+r} wirklich vor.

Mindestens eine der Zahlen $-N$ und M ist von Null verschieden. Es bedeutet keine Beschränkung der Allgemeinheit, anzunehmen, daß dies M ist. Wäre nun $N = 0$, so wäre das System $(\bar{3})$ ein solches vom Typus (q), so daß man sofort Hilfssatz 3 anwenden könnte [8]). Man kann aber nicht voraussetzen, daß $N = 0$ ist, und so mache man von Hilfssatz 2 Gebrauch, indem man identifiziert:

in Hilfssatz 2	mit	im vorliegenden Falle
$a_1, \ldots$	,,	$b_0, \ldots, b_{L-1}$
$x_1, \ldots$	,,	$b_L, \ldots, b_M$
$y_1, \ldots$	,,	$b_{-N}, \ldots, b_{-1}$
das System $(\bar{A})$	,,	$P_N = 1, \ldots, P_{M-L+N} = 1$
das System $(\bar{B})$	,,	$P_0 = 1, \ldots, P_{N-1} = 1$.

Folgt nämlich aus $(\bar{3})$ eine Relation für b_0 alleine, so folgt erst recht eine solche für $b_0, \ldots, b_{L-1}$; Hilfssatz 2 sagt nun aus, daß dazu entweder aus

$$P_0 = 1, \ldots, P_{N-1} = 1 \text{ oder aus } P_N = 1, \ldots, P_{M-L+N} = 1$$

eine Relation für $b_0, \ldots, b_{L-1}$ folgen muß.

Jetzt wende man Hilfssatz 3 an, indem man z. B. im ersten Falle identifiziert:

im Hilfssatz 3	mit	im vorliegenden Falle	
$p_0, \ldots, p_S$	,,	$b_0, \ldots, b_{L-1}$	
$p_{S+1}, \ldots, p_K$	,,	b_{-1}	
$p_{K+1}, \ldots, p_H$	,,	$b_{-2}, \ldots, b_{-N}$	
und $Q_\nu = 1$	,,	$P_{N-\nu-1} = 1$	$(\nu = 0, \ldots, N-1)$

und im übrigen den Spezialfall von Hilfssatz 3 zugrundelegt, in dem die $d_1, \ldots$ nicht auftreten. Man findet, daß aus einer einzigen Relation $P = 1$ sich eine in derselben

---

8) Folgt nämlich $b_0^n = 1$ aus $P(b_0, \ldots, b_L) = 1$

$$\ldots\ldots\ldots\ldots$$
$$P(b_{M-L}, \ldots, b_M) = 1$$

so identifiziere man:

in Hilfssatz 3	mit	im vorliegenden Falle
$p_0, \ldots, p_S$	,,	b_0
$p_{S+1}, \ldots, p_K$	,,	$b_1, \ldots, b_L$
$p_{K+1}, \ldots, p_H$	,,	$b_{L+1}, \ldots, b_M$
$Q_\nu = 1$	,,	$P(b_\nu, \ldots, b_{\nu+L}) = 1$

und lege im übrigen *den* Spezialfall von Hilfssatz 3 zugrunde, in welchem keine der Relationen (q) eine Erzeugende $d_1, \ldots$ enthält (die $d_1, \ldots$ kommen überhaupt nicht vor).

wirklich vorkommende Erzeugende eliminieren läßt, und dasselbe gilt, wenn aus $P_N = 1$, $\ldots, P_{M-L+N} = 1$ eine Relation für $b_0, \ldots, b_{L-1}$ folgen soll, wie man genau wie oben zeigt. Der Fall II erledigt sich in ganz ähnlicher Weise. Man hat hier, wenn $N \leqq M$, $L \geqq 0$ ist:

$$(\bar{6}) \quad \left\{\begin{array}{l} P_0 \equiv P(\ldots c_{\nu,l+N} \ldots;\ x_{+N}, \ldots, x_{+N+L}) = 1 \\ \ldots\ldots\ldots\ldots\ldots\ldots\ldots\ldots\ldots\ldots \\ P_{M-N} \equiv P(\ldots c_{\nu,l+M} \ldots;\ x_M, \ldots, x_{M+L}) = 1 \end{array}\right\} \begin{array}{l} \text{hieraus folgt} \\ F(\ldots c_{\nu,k} \ldots) = 1. \end{array}$$

Dabei kommen $x_{N+\nu}$ und $x_{N+L+\nu}$ in P_ν wirklich vor. Man will zeigen, daß schon aus einer einzigen Relation von $(\bar{6})$ sich ein in derselben enthaltenes x eliminieren lassen muß. Falls $N = M$ ist, $(\bar{6})$ also nur aus einer Relation besteht, ist dies trivial richtig. Ebenso kann man vorweg den Fall $L = 0$ erledigen; kommt nämlich in jeder Relation $(\bar{6})$ nur ein einziges x vor, so wende man Hilfssatz 2 in der folgenden Weise an: Es soll aus $(\bar{\bar{6}})$: $P(\ldots c_{\nu,l+N+t} \ldots;\ x_{N+t}) = 1$ $(t = 0, \ldots, M-N)$ eine Relation für die $c_{\nu,K}$ allein folgen. Man identifiziere:

in Hilfssatz 2	mit	im vorliegenden Falle
$a_1, \ldots$	„	$\ldots c_{\nu,K} \ldots$
$x_1, \ldots$	„	x_N
$y_1, \ldots$	„	$x_{N+1}, \ldots, x_M$

und erhält: Entweder läßt sich aus $P_0 = 1$ x_N eliminieren, oder aus $(\bar{\bar{6}}\text{a})$: $P_1 = 1, \ldots, P_{M-N} = 1$ folgt eine Relation für die $\ldots c_{\nu,K} \ldots$ allein. Das System $(\bar{\bar{6}}\text{a})$ ist genau so gebaut, wie $(\bar{\bar{6}})$, enthält aber eine Relation weniger. Falls also $(\bar{\bar{6}}\text{a})$ noch mehr als eine Relation enthalten sollte, kann man durch immer wiederholte Anwendung von Hilfssatz 2 beweisen, daß aus einer der Relationen $(\bar{\bar{6}})$ sich das in derselben vorkommende x eliminieren lassen muß.

Jetzt betrachte man den Fall, daß $L > 0$ ist. Soll aus $(\bar{6})$ eine Relation für die $\ldots c_{\nu,K} \ldots$ folgen, so muß erst recht eine solche für die $\ldots c_{\nu,K} \ldots$ und $x_N, x_{N+1}, \ldots, x_{N+L-1}$ folgen. Man wende Hilfssatz 3 an, indem man identifiziert:

in Hilfssatz 3	mit	im vorliegenden Falle
$d_1, d_2, \ldots$	„	$\ldots c_{\nu,K} \ldots$
$p_0, \ldots, p_S$	„	$x_N, \ldots, x_{N+L-1}$
$p_{S+1}, \ldots, p_K$	„	x_{N+L}
$p_{K+1}, \ldots, p_H$	„	$x_{N+L-1}, \ldots, x_M$
die Relation $Q_\nu = 1$	„	$P_{N+\nu} = 1$ $(\nu = 0, \ldots, M-N)$.

Man erhält als Konsequenz, daß auch in diesem Falle aus einer einzigen Relation $(\bar{6})$ sich ein in derselben vorkommendes x eliminieren lassen muß. Damit ist endlich der Beweis des Freiheitssatzes auf den Beweis der Hilfssätze 1 und 2 zurückgeführt.

§ 4. Der Beweis der beiden Hilfssätze.

1. **Hilfssatz 1.** Beim Beweise von Hilfssatz 1 sollen zunächst die vier Systeme von Erzeugenden — der Kürze der Ausdrucksweise zuliebe — nur durch je eine einzige Erzeugende repräsentiert werden. Der Gang des Beweises wird hiervon nicht berührt. Man hat also a, b, x, y und die Systeme:

$$\text{(A)} \qquad \{P_\mu(a, b, x) = 1\} \qquad \text{und} \qquad \text{(B)} \qquad \{Q_\nu(b, x, y) = 1\}.$$

Folgt nun aus (A) und (B) eine Relation $R(a, b) = 1$ zwischen a und b alleine, so besteht eine Identität der Art:

$$(1) \qquad R(a, b) \equiv \prod_{i=1}^{h} T_i K_i^{(\beta_i)} T_i^{-1},$$

wobei β_i einen der Werte 1, 2 besitzt, und für $\beta_i = 1$ $K_i^{(1)}(a, b, x)$ ein Wort aus a, b, x ist, derart, daß $K_i^{(1)}(a, b, x) = 1$ ist auf Grund von (A), und ebenso ist für $\beta_i = 2$ $K_i^{(2)}$ ein Wort aus b, x, y, welches auf Grund von (B) gleich eins ist. Zum Beispiel könnte man für die $K_i^{(\beta_i)}$ die $P_\mu^{\pm 1}$ und $Q_\nu^{\pm 1}$ wählen, doch hat jene allgemeinere Darstellung Vorteile. Zuvor jedoch einige Bezeichnungen:

In der rechten Seite von (1) heiße $F_i \equiv T_i K_i^{(\beta_i)} T_i^{-1}$ der i-te „*Faktor*", T_i „*Transformierende*", $K_i^{(\beta_i)}$ „*Kern*". Der „Kern" soll dabei definiert sein als das, was übrigbleibt, wenn man in dem zyklisch geschriebenen Faktor alle möglichen Absorptionen ausgeführt hat.

Man darf verlangen:

(I) *Kein Faktor läßt Absorptionen in sich zu.* Man kann dies nötigenfalls stets dadurch erreichen, daß man einen Kern durch einen andern ersetzt, welcher aus ihm durch zyklische Vertauschung seiner Zeichen hervorgeht.

(II) *In* (1) *rechts steht eine Darstellung von R, welche unter allen möglichen derartigen Darstellungen eine Minimalzahl von Faktoren besitzt.*

(III) *Unter allen nach* (II) *möglichen Darstellungen sei die rechte Seite von* (1) *so gewählt, daß in ihr eine Minimalzahl von a- und y-Zeichen auftritt.*

Aus den bei der Formulierung des Satzes (§ 3, Nr. 5) gemachten Voraussetzungen erhält man ferner:

Jeder Kern enthält entweder a- oder y-Zeichen, aber niemals beide. Und: Es treten Kerne mit y-Zeichen wirklich auf. Die a- bzw. y-Zeichen sollen „*charakteristische Zeichen*" des Kernes genannt werden.

Aus den Postulaten (I) bis (III) und den eben genannten Voraussetzungen soll jetzt ein Widerspruch hergeleitet werden. Zunächst einige kleine Hilfsbetrachtungen:

(α) Zwischen zwei benachbarten Faktoren mit y-haltigen Kernen können sich in den Transformierenden nicht die a-Zeichen herausheben, — sonst kann man die beiden Faktoren in einem einzigen vereinigen, also die Faktorenzahl entgegen (II) vermindern. Das Gleiche gilt natürlich für die y-Zeichen in den Transformierenden zwischen zwei Kernen, die a-Zeichen enthalten.

(β) Charakteristische Zeichen eines Kernes können niemals von einem Nachbarkern absorbiert werden — denn wenn beide Kerne dieselben charakteristischen Zeichen enthalten, kann man in diesem Falle wieder die Faktorenzahl vermindern.

(γ) Kein Faktor kann hinsichtlich seiner a- und y-Zeichen zu mehr als der Hälfte von der *Transformierenden* eines Nachbarfaktors absorbiert werden; (es tritt dieser Fall dann und nur dann ein, wenn mehr als die Hälfte der charakteristischen Zeichen des Kernes von der Transformierenden des Nachbarfaktors absorbiert wird), denn in diesem Falle kann man die Zahl der a- und y-Zeichen vermindern — entgegen (III) [9]. Jetzt

---

[9]) Es sei etwa $F_2 \equiv \varphi \overline{\varphi}$, wobei φ mehr als die Hälfte der charakteristischen Zeichen des Kernes $K_2^{(\beta_2)}$ enthält (also mehr als $\overline{\varphi}$), und es sei $F_1 \equiv T_1 K_1^{(\beta_1)} T_1^{-1} \equiv \varphi \tau_1 K_1^{(\beta_1)} \tau_1^{-1} \varphi^{-1}$ (wobei rechts keine Absorptionen stattfinden können). Dann ist:

$$F_1 F_2 \equiv T_1 K_1^{(\beta_1)} T_1^{-1} F_2 \equiv \varphi \tau_1 K_1^{(\beta_1)} \tau_1^{-1} \varphi^{-1} \varphi \overline{\varphi} \equiv \varphi \overline{\varphi} (\overline{\varphi}^{-1} \tau_1) K_1^{(\beta_1)} (\overline{\varphi}^{-1} \tau_1)^{-1} \equiv F_2 \overline{T}_2 K_2^{(\beta_2)} \overline{T}_2^{-1},$$

wobei $\overline{T}_2$ weniger a- und y-Zeichen enthält als T_2.

schreibe man sich $R(a, b) \equiv F_1 F_2 \cdots F_h$ hin. Rechts müssen alle y-Zeichen fortfallen. Absorption kann zunächst nur eintreten, wo zwei Faktoren zusammenstoßen. Es darf offenbar nicht sein, daß nach Ausführung aller derartigen Absorptionen vom Kerne jedes Faktors noch charakteristische Zeichen stehen bleiben, da dann keine weiteren Absorptionen mehr ausführbar wären, und einige Faktoren y-Zeichen im Kerne enthalten, die dann nicht alle fortfallen könnten.

Andrerseits: Führt man an der Stelle, an der zwei Faktoren zusammenstoßen, Absorptionen so weit als möglich aus (ohne sich um andere Stellen zu kümmern), so erkennt man aus (β) und (γ), daß dabei von keinem Kern mehr als die Hälfte seiner charakteristischen Zeichen absorbiert werden kann, und daß, wenn von einem Faktor bei einem solchen Prozeß überhaupt charakteristische Zeichen des Kernes absorbiert werden, diese von der *Transformierenden* des Nachbarfaktors absorbiert werden müssen. Damit ist gezeigt:

Es gibt Faktoren, die hinsichtlich ihrer a- und y-Zeichen zu genau gleichen Teilen von den Transformierenden ihrer Nachbarfaktoren absorbiert werden. Solche Faktoren sollen „*vertauschbare*" heißen auf Grund folgender Tatsache:

Ist in $F_1 F_2 F_3$ der Faktor F_2 vertauschbar, so ist: $F_1 F_2 F_3 \equiv F_2 \overline{F}_1 F_3 \equiv F_1 \overline{F}_3 F_2$ wobei $\overline{F}_1$ und $\overline{F}_3$ Transformierte von F_1 bzw. F_3 sind, welche ebensoviele a- und y-Zeichen enthalten, wie F_1 bzw. F_3[10]). Es gilt: Ist ein Faktor vertauschbar, so sind es seine Nachbarfaktoren nicht[11]).

Jetzt hat man nur noch zu zeigen:

Man kann, ohne gegen die gemachten Voraussetzungen zu verstoßen, die rechte Seite von (1) so umformen, daß keine vertauschbaren Faktoren auftreten.

Zu diesem Zwecke verlange man von der Darstellung von R durch die rechte Seite von (1) noch, daß sie unter allen Darstellungen, die (I) bis (III) genügen, noch

(IV) eine *Minimalzahl vertauschbarer Faktoren* besitzt,

und wähle schließlich unter allen dann noch möglichen Darstellungen eine solche heraus, für welche

(V) *der erste Faktor, der vertauschbar ist, einen möglichst kleinen Index besitzt.*

Es sei dann F_r in $F_1 \cdots F_{r-2} F_{r-1} F_r F_{r+1} \cdots F_h$ der erste vertauschbare Faktor.

Man vertausche F_r mit F_{r-1} und erhält: $R \equiv F_1 \cdots F_{r-2} F_r \overline{F}_{r-1} F_{r+1} \cdots F_h$. ($\overline{F}_{r-1}$ ist eine Transformierte von F_{r-1}, die genau soviel a- und y-Zeichen besitzt). Entweder ist F_r jetzt wieder vertauschbar. Wäre dann nicht noch ein weiterer Faktor vertauschbar geworden, so wäre gegen (V) verstoßen Also muß, da sich sonst nichts geändert hat, und $\overline{F}_{r-1}$ nicht vertauschbar sein kann, F_{r+1} vertauschbar geworden sein[12]). Dasselbe muß aber der Fall sein, wenn F_r nicht mehr vertauschbar ist, da man sonst gegen (IV) verstoßen würde.

Also wird, wenn man F_{r+1} mit $\overline{F}_{r-1}$ vertauscht:

$$R \equiv F_1 \cdots F_{r-2} F_r F_{r+1} \overline{\overline{F}}_{r-1} F_{r+2} \cdots F_h.$$

Da F_{r+1} jetzt nicht mehr vertauschbar ist[13]) schließt man genau wie oben auf Existenz

[10]) Beweis wie der Beweis von (γ).

[11]) Es kann nicht sein, daß sowohl F_1 zur Hälfte von der Transformierenden von F_2 als auch F_2 zur Hälfte von der Transformierenden von F_1 hinsichtlich seiner a- und y-Zeichen absorbiert wird. Im ersten Falle muß nämlich die Transformierende von F_2 mehr Zeichen enthalten als die von F_1, da sie letztere völlig und überdies einen Teil des Kernes von F_1 absorbieren muß. Im zweiten Falle müßte die Transformierende von F_1 aus dem analogen Grunde mehr Zeichen enthalten als die von F_2.

[12]) F_{r+1} existiert also.

[13]) Weil in $F_1 \cdots F_{r-1} F_r F_{r+1} \cdots$ nach Voraussetzung F_r vertauschbar war.

und Vertauschbarkeit von F_{r+2}. h ist endlich. Daraus folgt ein Widerspruch und Nichtexistenz vertauschbarer Faktoren.

Hilfssatz 1 ist damit bewiesen. Der Beweis von Hilfssatz 2 wird mit denselben Methoden geführt und braucht deshalb nur angedeutet zu werden.

2. **Hilfssatz 2.** Es sollen wieder die auftretenden Systeme von Erzeugenden durch je eine einzige Erzeugende repräsentiert werden. Man hat also:

$$(\overline{\mathrm{A}})\qquad \{P_\mu(a, x) = 1\} \text{ und } (\overline{\mathrm{B}})\qquad \{Q_\nu(a, y) = 1\}.$$

Soll hieraus eine Relation für a, $R(a) = 1$, folgen (welche nicht identisch erfüllt ist), so besteht eine Identität:

$$(\overline{1})\qquad R(a) \equiv \prod_{i=1}^{h} T_i K_i^{(\beta_i)} T_i^{-1},$$

wobei $\beta_i = 1$, 2 ist und $K_i^{(1)}(a, x)$ bzw. $K_i^{(2)}(a, y)$ auf Grund von $(\overline{\mathrm{A}})$ bzw. $(\overline{\mathrm{B}})$ gleich eins ist. Man stellt an die Darstellung von R in $(\overline{1})$ rechts sukzessive die Anforderungen:

(I′) Kein Faktor darf Absorptionen in sich zulassen.

(II′) In $(\overline{1})$ rechts steht eine Minimalzahl von Faktoren.

(III′) In $(\overline{1})$ rechts steht eine Minimalzahl von x- und y-Zeichen.

Aus den bei der Formulierung gemachten Voraussetzungen folgt außerdem: Jeder Kern $K_i^{(\beta_i)}$ enthält, je nachdem $\beta_i = 1$ oder $= 2$ ist, x oder y Zeichen, aber nicht beide. Die x- bzw. y-Zeichen, die in einem Kerne auftreten, sollen charakteristische Zeichen des betreffenden Faktors heißen.

Es kann nach Voraussetzung in $(\overline{1})$ rechts Absorption nur dort eintreten, wo zwei Faktoren zusammenstoßen, und es darf nicht sein, daß nach Ausführung aller derartiger Absorptionen von jedem Kerne charakteristische Zeichen stehen bleiben, da dann in $(\overline{1})$ rechts nicht alle x- und y-Zeichen fortfallen könnten. Man schließt nun genau wie bei Hilfssatz 1 weiter; man hat nur überall, wo dort von a- und y-Zeichen die Rede ist, von x- und y-Zeichen zu sprechen.

§ 5. Erweiterungen von Hilfssatz 1. Verwandte Hilfssätze. (Unabhängigkeitssätze).

Die folgenden Sätze gehören inhaltlich zu Hilfssatz (1) und (2); *gebraucht* werden sie jedoch erst *im zweiten Teile.*

1. **Erweiterungen von Hilfssatz 1.** Repräsentieren wieder a, b, x, y vier Systeme von Erzeugenden, zwischen denen zwei Systeme von Relationen bestehen:

$$(\mathrm{A})\qquad \{P_\mu(a, b, x) = 1\} \quad\text{und}\quad (\mathrm{B})\qquad \{Q_\nu(b, x, y) = 1\}$$

und folgt aus (A) ein System von Relationen zwischen a und b, aber keine Relation für b allein, und folgt im übrigen weder aus (A) allein noch aus (B) allein eine Relation für b und x allein —, dann folgen alle Relationen für a und b allein, welche aus (A) und (B) folgen, schon aus (A) allein. Der Beweis hierfür ist schon in dem Beweis von Hilfssatz 1 enthalten [14]); denn in

$$(1)\qquad R(a, b) \equiv \prod_{i=1}^{h} T_i K_i^{(\beta_i)} T_i^{-1}$$

($\beta_i = 1, 2$; $K_i^{(1)}(a, b, x) = 1$ auf Grund von (A) $K_i^{(2)}(b, x, y) = 1$ auf Grund von (B)) darf auf der rechten Seite kein Faktor y-Zeichen im Kerne enthalten, wenn die For-

[14]) Der eigentliche Grund hiervon ist folgender: Beim Beweise von Hilfssatz 1 zeigt man zunächst — unabhängig davon, ob aus (A) eine Relation für a und b (in der a wirklich vorkommen muß, da sie sonst eine solche für b und x wäre) folgt —, daß — unter Zugrundelegung der übrigen Voraussetzungen — aus (B) folgende Relationen entbehrlich sind. Da, n. V., aus (A) alleine $R = 1$ nicht folgte, war man fertig.

derungen (I) bis (V) erfüllt sein sollen (§ 4, Nr. 1); nach Voraussetzung enthalten aber alle $K_i^{(2)}$ y-Zeichen; es dürfen also $K_i^{(2)}$ überhaupt nicht vorkommen.

Ebenso wie die eben gegebene Erweiterung von Hilfssatz 1 läßt sich auch der folgende Satz mit denselben Mitteln wie Hilfssatz 1 beweisen:

2. **Hilfssatz 4.** *Gegeben sind vier Systeme von Erzeugenden, die wieder durch je eine einzige Erzeugende repräsentiert werden mögen. Man hat also a, b, x, y, und zwei Systeme von Relationen zwischen ihnen*

$$(A_1) \qquad \{P_\mu(a, x, y) = 1\} \quad und \quad (B_1) \qquad \{Q_\nu(b, x) = 1\}.$$

Weder aus (A_1) *noch aus* (B_1) *alleine soll eine Relation für x alleine folgen. Alle Relationen zwischen a und x, die aus* (A_1) *folgen, sollen durch das (eventuell unendliche) Relationensystem* (C_1) $\{S_\varrho(a, x) = 1\}$ *definiert sein.*

Dann wird behauptet: Alle Relationen zwischen a und b, R(a, b) = 1, welche aus (A_1) *und* (B_1) *folgen, folgen schon aus* (C_1) *und* (B_1)

Beweis: Es besteht eine Identität:

$$(1_1) \qquad\qquad R(a, b) \equiv \prod_{i=1}^{h} T_i K_i^{(\beta i)} T_i^{-1}; \quad \beta_i = 1, 2$$

wobei $K_i^{(1)}(a, x, y)$ gleich eins auf Grund von (A_1), und $K_i^{(2)}(b, x) = 1$ auf Grund von (B_1). Jedes $K_i^{(\beta i)}$ enthält, nach Voraussetzung, a- oder b-Zeichen — aber nicht beide — oder aber y-Zeichen und keine b-Zeichen. Die a- und y-Zeichen bzw. die b-Zeichen, die im Kerne $K_i^{(\beta i)}$ eines Faktors $T_i K_i^{(\beta i)} T_i^{-1}$ vorkommen, sollen charakteristische Zeichen des Kernes bzw. Faktors heißen. Genau wie bei Hilfssatz 1 stellt man nun an die rechte Seite von (1_1) sukzessive die folgenden Anforderungen:

(I') Kein Faktor läßt Absorptionen in sich zu.

(II') In (1_1) rechts stehen möglichst wenig Faktoren.

(III') Unter allen Darstellungen von R mit einer Minimalzahl von Faktoren besitzt die rechte Seite von (1_1) eine Minimalzahl von a-, y- und b-Zeichen.

Nennt man einen Faktor vertauschbar, wenn er von den *Transformierenden* seiner Nachbarfaktoren je zur Hälfte hinsichtlich seiner a-, y-, und b-Zeichen absorbiert wird, so verlange man weiter:

(IV') In (1_1) rechts steht eine Minimalzahl vertauschbarer Faktoren, und sodann:

(V') Der erste vertauschbare Faktor besitze einen möglichst kleinen Index.

Man zeigt — wörtlich wie bei Hilfssatz 1 —: Absorption kann nur eintreten, wo zwei Faktoren zusammenstoßen. Führt man an einer solchen Stelle Absorptionen so weit als möglich aus, so kann dabei von keinem Faktor mehr als die Hälfte seiner a-, b-, und y-Zeichen absorbiert werden. Da es ferner keine vertauschbaren Faktoren gibt, so folgt: Führt man in (1_1) rechts alle möglichen Absorptionen aus, so bleiben trotzdem von jedem Faktor charakteristische Zeichen des Kernes stehen. Da jedenfalls dabei keine y-Zeichen sein können, so folgert man leicht: Die rechte Seite von (1_1) enthält, wenn sie (I') bis (V') genügt, keine y-Zeichen[15]). Insbesondere enthält also kein $K_i^{(\beta i)}$ derartige Zeichen, und da $R = 1$ aus $K_i^{(\beta i)} = 1$ folgt, ist Hilfssatz 4 bewiesen.

3. Der nachfolgende **Hilfssatz 5** braucht einige neue Überlegungen zum Beweise. Es seien drei Systeme von Erzeugenden — wieder durch je eine einzige Erzeugende repräsentiert — gegeben, etwa a, b, t, und zwei Systeme von Relationen zwischen diesen:

$$(\alpha) \qquad\qquad \{P_\mu(a, t) = 1\} \quad und \quad (\beta) \qquad \{Q_\nu(b, t) = 1\}.$$

---

[15]) *Beweis:* Nach dem Vorhergehenden müssen nämlich die y-Zeichen jedes Faktors von den Transformierenden der Nachbarfaktoren absorbiert werden; enthält also ein Faktor y-Zeichen, so gilt dies von allen Transformierenden aller anderen Faktoren. T_1 und T_h^{-1} können aber keine y-Zeichen enthalten, da diese sich nicht fortheben könnten.

Aus keinem dieser beiden Systeme allein soll eine Relation für t allein oder für a bzw. b alleine folgen. Aus beiden zusammen folge indes eine Relation $R(a, b) = 1$. Man hat die Identität:

$$(1_2) \qquad R(a, b) \equiv \prod_{i=1}^{h} T_i K_i^{(\beta i)} T_i^{-1}$$

mit $\beta_i = 1, 2$ und $K_i^{(1)}(a, t) = 1$ auf Grund von (α), $K_i^{(2)}(b, t) = 1$ auf Grund von (β). Jedes $K_i^{(ti)}$ enthält, nach Voraussetzung, entweder a- oder b-Zeichen, aber nicht beide. Bezeichnet man die a- bzw b-Zeichen als *charakteristische Zeichen* von $K_i^{(1)}$ bzw $K_i^{(2)}$, so hat man auf Grund der schon oft gebrauchten Schlußweise vom Beweis des Hilfssatzes 1 zunächst:

(I) *Die rechte Seite von* (1_2) *ist bei geeigneter Wahl der Faktoren* $T_i K_i^{(\beta i)} T_i^{-1}$ *so beschaffen, daß auch nach Ausführung aller irgend möglichen Absorptionen von jedem Faktor charakteristische Zeichen des Kernes stehen bleiben.* Und weiter wird behauptet:

(II) Ist die rechte Seite von (1_2) so beschaffen, daß sie (I) genügt, dann entsteht mindestens einer der Ausdrücke $K_i^{(\beta i)}$ aus einem Wort $A(a)\Theta(t)$ bzw. $B(b)\Theta(t)$ durch Transformation (A, B, Θ sind bzw. Worte in a, b, t, welche nicht identisch 1 sind), oder, anders ausgedrückt: *Aus* (α) *oder* (β) *folgt eine Relation* $A^{-1}(a) = \Theta(t)$ *bzw.* $B^{-1}(b) = \Theta(t)$. Und schließlich folgt unmittelbar aus (I):

(III) *Gilt* (I), *so ist die Zahl der Kerne* $K_i^{(1)}$ *bzw.* $K_i^{(2)}$ *in* (1_2) *rechts kleiner oder gleich der Zahl der a- bzw. b-Zeichen in* $R(a, b)$, *wenn dieses so geschrieben ist, daß es keine Absorptionen in sich zuläßt.*

(III) wird gebraucht in einem Falle, in dem R nur aus je einem a- und b-Zeichen besteht (§ 7). Zu beweisen ist lediglich noch (II). Man mache das etwa so: Außer der Voraussetzung der Gültigkeit von (I) weiß man noch, daß nach Ausführung aller Absorptionen in (1_2) rechts dort keine t-Zeichen mehr auftreten dürfen, und man darf überdies die Voraussetzung machen, daß in (1_2) rechts die Faktorenzahl möglichst klein ist, da diese Voraussetzung ja dem Existenzbeweis einer (I) genügenden rechten Seite von (1_2) zugrunde liegt. Man definiert nun: Führt man an der Stelle, an der zwei Faktoren zusammenstoßen, Absorptionen so weit als möglich aus, (wobei beide Faktoren im Kerne t-Zeichen enthalten!), und bleibt darnach vom Kerne des zweiten Faktors nur ein Wort $A_1(a)\,\Theta(t)$ bzw. $B_1(A)\,\Theta_1(t)$ stehen (wobei $\Theta_1 \equiv 1$ sein darf, während dies für A_1 bzw B_1 wegen (I) nicht möglich ist), dann wird der zweite Faktor durch den ersten „*zerstörend absorbiert*". Man beweist nun: Wenn kein Kern eine Transformierte von einem Wort $A(a)\,\Theta(t)$ bzw. $B(b)\,\Theta(t)$ ist, und wenn der i-te Faktor vom $(i-1)$-ten nicht zerstörend absorbiert wird, dann wird auch der $(i+1)$-te Faktor vom i-ten nicht zerstörend absorbiert. Damit ist man fertig, denn der erste Faktor besitzt dann nach Voraussetzung keinen Kern der Form $A_1(a)\,\Theta(t)$ bzw. $B_1(b)\,\Theta_1(t)$, und da der letzte Faktor dann nicht zerstörend absorbiert werden kann, so müssen in diesem Falle t-Zeichen auf der rechten Seite von (1_2) auch nach Ausführung aller möglichen Absorptionen stehen bleiben, im Widerspruch zu den Voraussetzungen. Es seien also — um die eben aufgestellte Behauptung zu beweisen — F_{i-1}, F_i, F_{i+1} drei konsekutive Faktoren in (1_2) rechts. Der Kern von F_i enthalte etwa a. Führt man an der Grenze von F_{i-1} und F_i alle möglichen Absorptionen aus, so bleibt von F_i ein Stück S_i folgender Beschaffenheit stehen:

$$S_i \equiv A_0(a)\Theta_1(t)\,A_1(a)\,\Theta_2(t)\,A_2(a, t)\,T_i^{-1},$$

wobei T_i die Transformierende von F_i ist, $A_0\,\Theta_1 A_1 \Theta_2 A_2$ zum Kern $K_i^{(\beta i)}$ gehört, und Θ_1 und A_1 nicht $\equiv 1$ sind. In $\Theta_1 A_1 \Theta_2 A_2 T_i^{-1}\ (T_{i+1} K_{i+1}^{(\beta_{i+1})} T_{i+1}^{-1})$ müssen nun Θ_2 und

A_1 von T_{i+1} absorbiert werden[15a]), da $K_{i+1}^{(\beta_i+1)}$ keine charakteristischen Zeichen von $K_i^{(\beta_i)}$ absorbieren darf, weil man in diesem Falle die Faktorenzahl vermindern könnte. Wird Θ_1 auch völlig von T_{i+1} absorbiert, so ist man fertig[16]). Der Fall, daß Θ_1 ganz oder teilweise von $K_{i+1}^{(\beta_i+1)}$ absorbiert wird, erledigt sich so: Da $K_{i+1}^{(\beta_i+1)}$ keine Transformierte von $A\Theta$ bzw. $B\Theta$ sein soll, besitzt es die Form:

$$K_{i+1}^{(\beta_i+1)} \equiv \overline{\Theta}_1 C_1 \overline{\Theta}_2 C_2 H,$$

wobei $\overline{\Theta}_1$ und $\overline{\Theta}_2$ aus t, C_1 und C_2 aus a oder b (je nachdem ob $\beta_{i+1} = 1$ oder $= 2$) bestehen, während H (das eventuell $\equiv 1$ sein darf) aus t und a bzw. b besteht. $K_{i+1}^{(\beta_i+1)}$ muß mit t-Zeichen beginnen, da es sonst Θ_1 nicht absorbieren könnte. Aber selbst, wenn $\overline{\Theta}_1$ von Θ_1 völlig absorbiert wird, wird, wie man sieht, $K_{i+1}^{(\beta_i+1)}$ nicht zerstörend absorbiert.

Zweiter Teil: Anwendungen des Freiheitssatzes.

Obwohl der Freiheitssatz fast trivial erscheint, ist er doch ein außerordentlich kräftiges Hilfsmittel, wie aus den folgenden Paragraphen hervorgeht.

§ 6. Äquivalente Relationen. Primitive Elemente. Eine „Hauptform" des Freiheitssatzes.

1. *Vorbemerkung: Die „Hauptform".* Um den Freiheitssatz anzuwenden, ist es zunächst zweckmäßig, ihn in der folgenden, später ständig gebrauchten Form auszusprechen.

Gegeben sind Erzeugende: $b_0, b_1, \ldots, b_M$ und c, und ein System von Relationen zwischen ihnen:

$$(1) \qquad \left.\begin{array}{c} S_0(c; b_0, \ldots, b_K) = 1 \\ \ldots\ldots\ldots\ldots \\ S_{M-K}(c; b_{M-K}, \ldots, b_M) = 1 \end{array}\right\} K \leqq M,$$

wobei die S, zyklisch geschrieben, keine Absorptionen zulassen mögen, und allgemein S_i die Erzeugenden b_i und b_{i+K} wirklich enthält. Dann wird behauptet: Sind $0 \leqq H \leqq L \leqq M$ ganze Zahlen, und folgt aus (1) eine Relation für c und $b_H, \ldots, b_L$ allein, dann folgt diese Relation schon aus *den* Relationen von (1), die nur c und $b_H, \ldots, b_L$ enthalten. Der Beweis hierfür wird so geliefert: Besteht das System (1) nur aus einer einzigen Relation, so ist die aufgestellte Behauptung der Freiheitssatz. Unter Anwendung des *erweiterten* Hilfssatz 1 (§ 5) und mittels vollständiger Induktion beweist man dann die aufgestellte Behauptung allgemein nach genau demselben Schema, nach dem man Hilfssatz 3 (§ 3) aus Hilfssatz 1 (§ 3) ableitet. Übrigens bleibt der Freiheitssatz in der eben aufgestellten Form auch gültig, wenn man überall statt von c von einem System von Erzeugenden: $c_1, c_2, \ldots$ spricht.

2. *Äquivalente Relationen.* Nun ist es leicht, folgenden Satz zu beweisen: *Sind* $R_1(a_1, a_2, \ldots, a_n) = 1$ *und* $R_2(a_1, \ldots, a_n) = 1$ *Relationen zwischen den Erzeugenden* $a_1, \ldots, a_n$, *derart, daß aus* $R_1 = 1$ $R_2 = 1$ *folgt und umgekehrt, so gilt:* R_1 *ist Transformierte von* R_2. Die Relationen $R_1 = 1$ und $R_2 = 1$ sollen äquivalent heißen.

Der Beweis des eben ausgesprochenen Satzes gestaltet sich unter Anwendung vollständiger Induktion so: Falls R_1 oder R_2 nur aus einer Erzeugenden bestehen, ist der Satz eine unmittelbare Konsequenz des Freiheitssatzes. Indem man ihn allgemein — etwas modifiziert — so ausspricht: R_1 und R_2 sind, zyklisch geschrieben, identisch,

---

15a) Θ_1 muß nämlich auch irgendwie absorbiert werden.

16) Wie aus der sogleich vorzuführenden Gestalt von $K_{i+1}^{(\beta_i+1)}$ hervorgeht.

schließt man weiter: Wenn der Satz für alle Paare äquivalenter Relationen $P_1 = 1$, $P_2 = 1$ gilt, welche so beschaffen sind, daß P_1 bzw. P_2 zyklisch geschrieben [17]) weniger Zeichen enthalten als R_1 bzw. R_2, zyklisch geschrieben [17]), dann gilt er auch für das Paar $R_1 = 1$, $R_2 = 1$.

Beweis: Es bestehen zwei Identitäten:

$$(2) \qquad R_1 \equiv \prod_{i=1}^{h} T_i R_2^{e_i} T_i^{-1} \qquad (e_i = \pm 1)$$

$$(\bar{2}) \qquad R_2 \equiv \prod_{i=1}^{\bar{h}} \bar{T} R_1^{\bar{e}_i} \bar{T}_i^{-1} \qquad (\bar{e}_i = \pm 1).$$

Durch Abelschmachen folgt, daß R_1 und R_2 in allen Erzeugenden dieselben Exponentensummen besitzen. Wenn ferner R_1 und R_2, zyklisch geschrieben, keine Absorptionen in sich zulassen, enthält R_1 jede Erzeugende wirklich, die in R_2 enthalten ist und umgekehrt. (Freiheitssatz.) a_1 komme in R_1 und R_2 vor. Man darf annehmen, daß a_1 in R_1 (und also auch in R_2) die Exponentensumme Null hat. Denn: Kommt in R_1 nur a_1 vor, so ist man fertig (s. oben). Kommen in R_1 mehrere Erzeugende vor, unter denen eine mit der Exponentensumme Null ist, so nenne man diese a_1. Andernfalls kommen in R_1 zwei Erzeugende, etwa a_1 und a_2 mit den von Null verschiedenen Exponentensummen s_1 und s_2 vor. Durch eine Substitution $a_1 = b_1^{-s_2}$, $a_2 = b_1^{s_1} b_2$ wird die Zahl der $a_2, a_3, \ldots$-Zeichen in R_1 gleich der Zahl der $b_2, a_3, \ldots$-Zeichen nach Einführung von b_1 und b_2, und b_1 hat in R_1 die Exponentensumme Null [18]). Man bezeichne b_1 bzw. b_2 mit a_1 und a_2 in neuer Bedeutung. Man setze $a_1^K a_\nu a_1^{-K} = a_{\nu,K}$ für $\nu = 2, \ldots, n$ und alle ganzen Zahlen K. R_1 bzw. R_2 gehen in Worte $P_1(\ldots a_{\nu,K} \ldots)$ bzw. $P_2(\ldots a_{\nu,K} \ldots)$ über, welche weniger Zeichen als R_1 bzw. R_2 enthalten. Man setze für alle ganzzahligen λ:

$$P_1(\ldots a_{\nu,K+\lambda} \ldots) = P_{1,\lambda}$$
$$P_2(\ldots a_{\nu,K+\lambda} \ldots) = P_{2,\lambda}.$$

Sind dann t_i bzw. τ_i die Exponentensummen von a_1 in T_i bzw. $\bar{T}_i$, so gehen die Identitäten (2) in die folgenden Identitäten in den $a_{\nu,K}$ über:

$$(3) \qquad P_{1,0} \equiv \prod_{i=1}^{h} T_i P_{2,t_i}^{e_i} T_i^{-1}$$

$$(\bar{3}) \qquad P_{2,0} \equiv \prod_{i=1}^{\bar{h}} \bar{T}_i P_{1,\tau_i}^{\bar{e}_i} \bar{T}_i^{-1},$$

wobei die T_i und $\bar{T}_i$ jetzt Worte in den $a_{\nu,K}$ sind. Mit Hilfe des Freiheitssatzes in der Hauptform folgert [19]) man hieraus, daß es ein λ_0 gibt, so daß $P_{1,0} = 1$ und $P_{2,\lambda_0} = 1$ (bzw. $P_{2,0} = 1$ und $P_{1,-\lambda_0} = 1$) äquivalente Relationen sind. Damit ist man fertig, denn aus der vorausgesetzten Gültigkeit unseres Satzes für $P_{1,0} = 1$, $P_{2,\lambda_0} = 1$ folgt sogleich seine Gültigkeit für $R_1 = 1$, $R_2 = 1$.

3. *Wurzeln von* $a b a^{-1} b^{-1}$. Als weitere Anwendung des Freiheitssatzes soll ein schon bekannter Satz [20]) über die Automorphismen der freien Gruppe von zwei Erzeugenden bewiesen werden. *Sind a und b die Erzeugenden einer freien Gruppe, so bilden zwei Worte*

---

[17]) Hier ist vorausgesetzt, daß die betreffenden Worte, zyklisch geschrieben, keine Absorptionen in sich zulassen.

[18]) Daß bei dieser Substitution in R_1 eventuell mehr b_1-Zeichen auftreten, als vorher a_1-Zeichen vorhanden waren, spielt keine Rolle, da nachher mit b_1 transformiert wird.

[19]) Es muß ein P_{2,λ_0} geben (wegen (3)), das nur Erzeugende enthält, die in $P_{1,0}$ vorkommen, und wegen $(\bar{3})$ muß es ein P_{1,λ_1} geben mit lauter Erzeugenden, die in $P_{2,0}$ auftreten. Daraus folgt, daß *alle* Erzeugenden, die in $P_{1,0}$ auftreten, auch in P_{2,λ_0} vorkommen, und hieraus, daß $P_{1,0} = 1$ aus $P_{2,\lambda_0} = 1$ alleine folgt. Ganz analog folgt das Umgekehrte.

[20]) *J. Nielsen*, Math. Annalen 78 (1918). Der Satz stammt von Herrn Dehn. Der im Text gegebene Beweis ist der ursprünglich von ihm vorgesehene.

α und β aus a und b dann und nur dann ein Paar zusammengehöriger primitiver Elemente (d. h. sie können als neue Erzeugenden eingeführt werden), wenn identisch in a, b:

(4) $$\alpha\beta\alpha^{-1}\beta^{-1} \equiv T a b a^{-1} b^{-1} T^{-1}$$

ist. Der Beweis dieser Behauptung wird geführt mit Hilfe des folgenden Satzes: *Eine Wurzel von $aba^{-1}b^{-1}$ ist entweder ein primitives Element oder eine Transformierte von $aba^{-1}b^{-1}$.* Der Beweis hierfür kann so erbracht werden: Ist $R = 1$ eine Wurzel von $aba^{-1}b^{-1}$, so unterscheide man zwei Fälle: (1) R besitzt in b die Exponentensumme Null. In diesem Falle setze man $b^k a b^{-k} = a_k$. Nach einem schon oft verwendeten Schlusse gilt dann: Ist R, in den a_k geschrieben, gleich $P(\ldots a_k \ldots)$, so folgt $a_0 a_1^{-1} = 1$ aus endlich vielen Relationen des Systems: $P(\ldots a_k \ldots) = 1$, $P(\ldots a_{k+1} \ldots) = 1, \ldots$ Nach dem Freiheitssatz in der Hauptform gilt: Läßt P, zyklisch geschrieben, keine Absorptionen zu, so folgt $a_0 a_1^{-1} = 1$ entweder aus einer Relation $P(a_0, a_1) = 1$ oder aus zwei Relationen $P(a_0) = 1$, $P(a_1) = 1$. Der zweite Fall liefert $P(a_0) \equiv a_0^{\pm 1}$, $R \equiv T a^{\pm 1} T^{-1}$, also: R ist Transformierte von $a^{\pm 1}$.

Der erste Fall liefert, wenn man $a_0 a_1^{-1} = b_0$, $a_1 = b_1$ setzt: $b_0 = 1$ folgt aus $Q(b_0, b_1) = 1$ $(Q(b_0, b_1) = P(a_0, a_1))$. Nach dem Freiheitssatz ist $Q \equiv T_2 b_0^{\pm 1} T_2^{-1}$, also:

$$P \equiv T_1 (a_0 a_1^{-1})^{\pm 1} T_1^{-1}, \qquad R \equiv T a b a^{-1} b^{-1} T^{-1}.$$

Der Fall, daß a und b in R eine von Null verschiedene Exponentensumme besitzen, läßt sich auf diesen zurückführen. Sind nämlich s_1 bzw. s_2 die Exponentensummen von a bzw. b in R, und ist der größte gemeinsame Teiler von s_1 und s_2 gleich d, so kann man zu den teilerfremden Zahlen $\sigma_1 = \frac{s_1}{d}$ und $\sigma_2 = \frac{s_2}{d}$ ein Paar zusammengehöriger primitiver Elemente γ und δ finden, derart, daß γ in a bzw. b die Exponentensumme σ_1 bzw. σ_2 besitzt[21]). Da $\gamma\delta\gamma^{-1}\delta^{-1} = 1$ Wurzel von $aba^{-1}b^{-1} = 1$ ist und umgekehrt, gilt: drückt man R in γ und δ aus, ist also $R(a, b) = P(\gamma, \delta)$, so ist $P(\gamma, \delta) = 1$ Wurzel von $\gamma\delta\gamma^{-1}\delta^{-1} = 1$. Da δ in P die Exponentensumme Null besitzt, ist nach dem eben Bewiesenen P eine Transformierte von γ, also ein primitives Element.

Jetzt ist es leicht, zu beweisen, daß (4) dann und nur dann gilt, wenn α und β zusammengehörige primitive Elemente sind. Zunächst: Sind α und β zusammengehörige primitive Elemente, so bedeutet $\alpha\beta\alpha^{-1}\beta^{-1} = 1$, daß die Gruppe Abelsch ist; also wird $aba^{-1}b^{-1} = 1$, und da $\alpha\beta\alpha^{-1}\beta^{-1}$ in a und b die Exponentensummen Null hat, ist es eine Transformierte von $aba^{-1}b^{-1}$. Andererseits: Sind $\bar\alpha$ und $\bar\beta$ zwei Worte, derart, daß

$(\bar 4)$ $$\bar\alpha\bar\beta\bar\alpha^{-1}\bar\beta^{-1} \equiv T(aba^{-1}b^{-1})T^{-1}$$

ist, so ist $\bar\alpha$ oder $\bar\beta$ primitives Element, da beide Wurzeln von $aba^{-1}b^{-1} = 1$ sind, und nicht

---

[21]) *Beweis:* Man darf $\sigma_1 > \sigma_2 > 0$ annehmen; andere Fälle sind trivial oder sofort auf diesen reduzierbar. Man setze:

$$\begin{array}{lll} \sigma_1 = n_1\sigma_2 + \sigma_3, & \text{wobei} & 0 < \sigma_3 < \sigma_2 \\ \sigma_2 = n_2\sigma_3 + \sigma_4, & \text{,,} & 0 < \sigma_4 < \sigma_3 \\ \cdots\cdots & & \cdots\cdots \\ \sigma_t = n_t\sigma_{t+1} + 1, & \text{,,} & 0 < \sigma_{t+2} < \sigma_{t+1} \\ \sigma_{t+1} = n_{t+1}\cdot 1, & \text{,,} & \sigma_{t+2} = 1 \text{ ist.} \end{array}$$

Dann wird $\frac{\sigma_2}{\sigma_1}$ gleich dem Kettenbruch $\cfrac{1}{n_1 + \cfrac{1}{n_2 + \cdots}}$; jetzt definiere man rekursiv:

$$\begin{array}{l|l|l|l} \gamma_1 = a^{n_1} b & \gamma_2 = \gamma_1^{n_2}\delta_1 & \ldots & \gamma_{i+1} = \gamma_i^{n_{i+1}}\delta_i \\ \delta_1 = b & \delta_2 = \gamma_1 & & \delta_{i+1} = \gamma_i \end{array}$$

für $i = 1, 2, \ldots, t$ und setze

$$\gamma = \gamma_{t+1}, \quad \delta = \delta_{t+1}.$$

beide Transformierte von $aba^{-1}b^{-1}$ sein können[22]). $\bar{\alpha}$ sei also primitives Element und heiße fortan α. Zu zeigen ist, daß $\bar{\beta}$ ein zugehöriges primitives Element ist. Man wähle ein zu α gehöriges primitives Element β. $\bar{\beta}$ ist dann ein Wort in α und β, und die Identität $(\bar{4})$ geht in die folgende Identität in α, β über:

$$\alpha \bar{\beta} \alpha^{-1} \bar{\beta}^{-1} \equiv T \alpha \beta \alpha^{-1} \beta^{-1} T^{-1}. \tag{5}$$

Es sei s die Exponentensumme von α in β, t die von α in T. Es sei $\alpha^K \beta \alpha^{-K} = \beta_K$ gesetzt; dann geht (5) in eine Identität in den β_K über:

$$\bar{\bar{\beta}}(\ldots \beta_{K+1} \ldots)\, \bar{\bar{\beta}}^{-1}(\ldots \beta_K \ldots) \equiv \bar{T} \beta_{t+1} \beta_t^{-1} \bar{T}^{-1}, \tag{6}$$

wobei $\bar{\bar{\beta}}(\ldots \beta_K \ldots)\, \alpha^s = \bar{\beta}$ ist.

Wie man sofort sieht, kann sich in (6) links, — wenn man zyklisch schreibt —, nicht das erste Zeichen gegen das letzte fortheben; denn wenn $\bar{\bar{\beta}}(\ldots \beta_{K+1} \ldots)$ mit β_L anfängt, hört $\bar{\bar{\beta}}^{-1}(\ldots \beta_K \ldots)$ mit β_{L-1}^{-1} auf. Also ist entweder $\bar{T} \equiv 1$ oder $\bar{T} \equiv \beta_t^{+1}$ oder $\bar{T} \equiv \beta_{t+1}^{-1}$, und daraus folgt: $\bar{\beta} \equiv \alpha^{s_1} \beta^{\pm 1} \alpha^{s_2}$, $s_1 + s_2 = s$. Da α und β zusammengehörige primitive Elemente sind, gilt mithin dasselbe von α und $\bar{\beta}$.

§ 7. Beispiele zu der Aufgabe: Alle Wurzeln eines gegebenen Wortes zu finden.

1. *Vorbemerkung*: Die Wurzeln von $aba^{-1}b^{-1}$ ließen sich deshalb verhältnismäßig einfach alle bestimmen, weil die Vertauschbarkeit der Erzeugenden eine charakteristische (von der speziellen Art der Darstellung unabhängige) Eigenschaft der Gruppe ist. $aba^{-1}b^{-1}$ hat unendlich viele nicht ineinander transformierbare Wurzeln; dies ist wesentlich dadurch bedingt, daß $aba^{-1}b^{-1}$ in a und in b die Exponentensumme Null hat, so daß die Exponentensummen von a und b in den Wurzeln von $aba^{-1}b^{-1}$ keiner Beschränkung unterliegen.

Im Gegensatz dazu behandeln die folgenden Beispiele die Wurzeln einiger „einfacher" Worte, die in a oder b eine von Null verschiedene Exponentensumme besitzen. Völlig durchführbar wird die Betrachtung nur in sehr speziellen Fällen wie zum Beispiel für die Frage nach den Wurzeln von $a^2 b^p$ (p eine Primzahl), oder $a^2 b^{2p}$.

Die im folgenden gebrauchten Hilfsmittel lassen sich auch in anderen Fällen anwenden, reichen aber im allgemeinen nicht aus.

2. *Der Ansatz*: Man sucht die Wurzeln von $\bar{a}^n \bar{b}^m$. Man setze $\bar{a} = ab^{-m}$, $b = b^{-n}$. (Man darf $m \neq 0$, $n \neq 0$ annehmen, sonst ist alles trivial.) Jeder Wurzel von $\bar{a}^n \bar{b}^m$ entspricht genau eine von $[ab^{-m}]^n b^{-mn}$, wiewohl nicht umgekehrt[23]). $W \equiv (ab^{-m})^n b^{-mn}$ hat in b, aber nicht in a die Exponentensumme Null; folglich gilt dasselbe für jede Wurzel R von W. Im folgenden werden nur Wurzeln R von W betrachtet, die zyklisch geschrieben keine Absorptionen zulassen; die durch Transformation aus diesen hervorgehenden Wurzeln sollen nicht besonders erwähnt werden; ebenso soll von zwei Wurzeln, die Reziproke von einander sind, immer nur eine angeführt werden.

$R(a, b)$ sei, wenn man für alle ganzzahligen K $a_K = b^K a b^{-K}$ setzt, gleich einem Wort

[22]) Wie man sofort sieht, wenn man $b^K a b^{-K} = a_K$ setzt (für $K = 0, \pm 1, \ldots$) und $(\bar{4})$ in eine Identität in den a_K verwandelt und dann Abelsch macht.

[23]) Da es hier darauf ankommt, die Frage nach den Wurzeln von $a_1^n b_1^m$ auf die Frage nach den Wurzeln eines Wortes zurückzuführen, das in einer Erzeugenden die Exponentensumme Null hat, hätte man statt a und b auch geeignete primitive Elemente in $a_2(a, b)$ und $b_2(a, b)$ einführen können, so daß $a_1^n b_1^m = W(a_2, b_2)$ in b_2 die Exponentensumme Null hat. Doch wird dann W unübersichtlich.

$Q(\ldots a_K \ldots)$. *Es folgt dann*

$$W = a_0 a_m a_{2m} \cdots a_{m(n-1)} = 1$$

aus endlich vielen Relationen ($\lambda = 0, \pm 1, \ldots$) $Q_\lambda \equiv Q(\ldots a_{K+\lambda} \ldots) = 1$. *Nach dem Freiheitssatz in der Hauptform hat man nur die* Q_λ *zu berücksichtigen, in denen ausschließlich* a_K *mit* $0 \leqq K \leqq m(n-1)$ *vorkommen.* Nimmt man an (was keine Beschränkung der Allgemeinheit bedeutet), daß in Q_0 höchstens $a_0, a_1, \ldots, a_s$ vorkommen (und zwar a_0 und a_s wirklich), so folgt

(1) $$a_0 a_m \cdots a_{m(n-1)} = 1 \text{ aus}$$

(2) $$\left.\begin{array}{ll} Q(a_0, a_1, \ldots\ldots, a_s) & = 1 \\ Q(a_1, a_2, \ldots\ldots, a_{s+1}) & = 1 \\ \cdots\cdots\cdots\cdots & \\ \cdots\cdots\cdots\cdots & \\ Q(a_{m(n-1)-s}, \ldots, a_{m(n-1)}) & = 1 \end{array}\right\} \begin{array}{l} m(n-1)+1-s \text{ Relationen} \\ \\ \text{in } m(n-1)+1 \text{ Erzeugenden.} \end{array}$$

Das Bestehen einer Identität

(3) $$a_0 a_m \cdots a_{m(n-1)} \equiv \prod_{i=1}^{h} T_i Q_{l_i}^{e_{l,i}} T_i^{-1},$$

wobei $e_{l,i} = \pm 1$ und l_i eine Zahl der Reihe $0, 1, \ldots, m(n-1)-s$ ist, wurde dabei schon benutzt; um aus ihr Aussagen über die Exponentensummen von $a_0, \ldots, a_s$ in Q_0 zu gewinnen, setze man: $\sum_i e_{l,i} = e_l$(e_l ist sozusagen die Exponentensumme von Q_l in (3) rechts); bezeichnet man ferner die Exponentensumme von a_K in Q_0 ($K = 0, 1, \ldots, s$) mit d_k, (dies ist dann gleichzeitig die Exponentensumme von a_{K+l} in Q_l) und setzt man $c_i = \begin{cases} 1 & \text{für } m \mid i \\ 0 & \text{sonst} \end{cases}$ [c_i ist die Exponentensumme von a_i ($0 \leqq i \leqq m(n-1)$) in $a_0 a_m \cdots a_{m(n-1)}$], so folgt aus (3) durch Abelschmachen:

(4) $$c_i = \sum_{0 \leqq i-l \leqq s} e_l\, d_{i-l}$$

für $i = 0, 1, \ldots, m(n-1)-s$. Die c_i sind bekannt. *Man sucht alle ganzzahligen Lösungen* e_l, d_k *von* (4); man kann dieselben leicht mit Hilfe der folgenden Bemerkung angeben: Die Gleichungen (4) sind die notwendigen und hinreichenden Bedingungen dafür, daß identisch in einer Variablen z:

(5) $$\sum_{i=0}^{m(n-1)} c_i z^i = \left\{\sum_{l=0}^{m(n-1)-s} e_l z^l\right\}\left\{\sum_{k=0}^{s} d_k z^k\right\}$$

ist. Links steht dabei das Polynom:

$$1 + z^m + z^{2m} + \cdots + z^{m(n-1)} = \frac{z^{mn}-1}{z^m-1}.$$

Man erhält somit sowohl für die Zahl s wie für die Exponentensummen von $a_0, \ldots, a_s$ in Q_0 Beschränkungen durch die Bedingung: $\sum_{k=0}^{s} d_k z^k$ *ist Teiler von* $\frac{z^{mn}-1}{z^m-1}$. Da die d_k ganze Zahlen sind, gibt es nur endlich viele Lösungen von (4) in ganzen Zahlen. Leider gelang es nicht, zu zeigen, daß zu jeder Lösung von (4) nur endlich viele Relationensysteme (2) gehören, die (1) zur Folge haben. Dagegen kann es sehr wohl sein, daß zu einer Lösung von (4), (also zu einem „Abelsch möglichen" Relationensystem (2)) kein Relationensystem (2) gehört, das (1) zur Folge hat.

Das Haupthilfsmittel dieses Paragraphen wird der Satz sein:

3. *Haupthilfssatz. Folgt aus dem System* (2) (in Nr. 2) *die Relation* (1), *so kommen* a_0 *und* a_s *in* $Q(a_0, \ldots, a_s)$ *nur einmal vor.* (Wobei zu beachten ist, daß Q, zyklisch

22*

geschrieben, keine Absorptionen in sich zuläßt). Zum Beweise dient zunächst die Bemerkung: Folgt aus (2) die Relation (1), so folgt aus dem System $(\bar{2})$ in den Erzeugenden $a_0, a_1, \ldots, a_{mn}$:

$$(\bar{2}) \quad \begin{cases} Q(a_0, \ldots\ldots, a_s) = 1 \\ \cdots\cdots\cdots\cdots \\ \cdots\cdots\cdots\cdots \\ Q(a_{mn-s}, \ldots, a_{mn}) = 1 \end{cases}$$

die Relation

$$(\bar{1}) \qquad a_0 a_{mn}^{-1} = 1.$$

Denn aus (2) folgt neben $a_0 a_m \cdots a_{m(n-1)} = 1$ auch noch $a_m a_{2m} \cdots a_{mn} = 1$ und hieraus folgt dann $(\bar{1})$. Jetzt ist zu zeigen: Folgt aus $(\bar{2})$ die Relation $(\bar{1})$, so kommen a_0 und a_s in $Q_0 \equiv Q(a_0, \ldots, a_s)$ nur einmal vor. Um dies zu beweisen, braucht man die Hilfssätze von § 5.

Zunächst folgt aus Hilfssatz 4, falls $s > 0$ (für $s = 0$ ist alles trivial): Alle Relationen für a_0 und a_{mn}, die aus $(\bar{2})$ folgen, erhält man aus $Q_{mn-s} \equiv Q(a_{mn-s}, \ldots, a_{mn}) = 1$ und den Relationen für a_0 und $a_{mn-s}, \ldots, a_{mn-1}$, die aus $Q_0 \equiv Q(a_0, \ldots, a_s) = 1, \ldots, Q_{mn-s-1} \equiv Q(a_{mn-s-1}, \ldots, a_{mn-1}) = 1$ folgen und etwa mit $S_r(a_0, a_{mn-s}, \ldots, a_{mn-1}) = 1$ $(r = 0, 1, 2, \ldots)$ bezeichnet werden mögen[24]). Jede Relation $S_r = 1$ enthält dabei das a_0 wirklich.

Jetzt wende man Hilfssatz 5 aus § 5 an, indem man identifiziert:

in Hilfssatz 5	— mit —	im vorliegenden Falle
a	,,	a_0
b	,,	a_{mn}
$R(a, b)$	,,	$a_0\, a_{mn}^{-1}$
t	,,	$a_{mn-s}, \ldots, a_{mn-1}$
das System (α)	,,	dem System $S_r = 1$
das System (β)	,,	der Relation $Q_{mn-s} = 1$.

Dann folgt zunächst aus (III) in Hilfssatz 5: Es gibt eine Relation aus dem System $S_r = 1$, etwa $S_{r_0} = 1$, so daß, bei geeigneter Wahl der Vorzeichen:

$$(a_0 a_{mn}^{-1})^{\pm 1} \equiv T_1 S_{r_0}^{\pm 1}(a_0, a_{mn-s}, \ldots, a_{mn-1})\, T_1^{-1} T_2 \bar{Q}_{mn-s}^{\pm 1} T_2^{-1}$$

wird, wobei $\bar{Q}_{mn-s}(a_{mn-s}, \ldots, a_{mn}) = 1$ aus $Q_{mn-s} = 1$ folgt. Durch Abelschmachen folgt, daß a_0 in S_{r_0} und a_{mn} in $\bar{Q}_{mn-s}$ die Exponentensumme $+1$ oder -1 besitzen muß. Durch Anwendung von (II) aus Hilfssatz 5 folgt hieraus: Entweder kommt in S_{r_0} die Erzeugende a_0 oder in $\bar{Q}_{mn-s}$ die Erzeugende a_{mn} nur einmal vor. Durch direkte Absorptionsbetrachtungen zeigt man leicht, daß das eine das andere zur Folge hat. a_{mn} kommt also in $\bar{Q}_{mn-s}$ nur einmal vor; daher ist $\bar{Q}_{mn-s}$ primitives Element. Q_{mn-s} ist Wurzel von $\bar{Q}_{mn-s}$ und folglich eine Transformierte von $\bar{Q}_{mn-s}$. Daraus folgt, daß auch

---

[24]) *Beweis*: Man identifiziere

in Hilfssatz 4, § 5,	— mit —	im vorliegenden Falle
a	,,	a_0
b	,,	a_{mn}
x	,,	$a_{mn-s}, \ldots, a_{mn-1}$
y	,,	$a_1, \ldots, a_{mn-s-1}$
das System (A_1)	,,	$Q_0 = 1, \ldots, Q_{mn-s-1} = 1$
das System (B_1)	,,	$Q_{mn-s} = 1$.

Daß die Voraussetzungen von Hilfssatz 4 erfüllt sind, folgt leicht aus dem Freiheitssatz in der Hauptform.

Q_{mn-s} a_{mn} nur einmal enthält. Ganz genau so zeigt man, daß a_0 in Q_0 nur einmal vorkommt. Wegen der „Isomorphie“ der Relationen (2) folgt damit: In jeder Relation $Q_t = 1$ $(t = 0, \ldots, mn - s)$ kommen a_t und a_{t+s} genau einmal vor.

4. *Anwendungen.* Um die bisher angestellten Betrachtungen anzuwenden, soll folgende Bezeichnung eingeführt werden: Sucht man die Relationensysteme (2), die (1) zur Folge haben, so unterliegen die Exponentensummen d_k der a_k in Q_0 den Bedingungen (4); man kann dies ausdrücken, indem man sagt: Q_0 ist Abelsch $= a_0^{d_0} a_1^{d_1} \cdots a_s^{d_s}$.

4. a) *Erstes Beispiel.* Um die Wurzeln von $\bar{a}^2 \bar{b}^p$ (p eine Primzahl) zu finden, verfährt man dann so: Man setzt $\bar{a} = a b^{+p}$, $\bar{b} = b^{-2}$. Die Wurzeln von $a b^p a b^p b^{-2p} = a b^p a b^{-p}$ findet man, indem man $b^k a b^{-k} = a_k$ setzt, und die Systeme

$$\left.\begin{array}{l} Q(a_0, \ldots, a_s) = 1 \\ \ldots\ldots\ldots\ldots \\ Q(a_{p-s}, \ldots, a_p) = 1 \end{array}\right\}$$

sucht, aus denen $a_0 a_p = 1$ folgt. Entsprechend den Teilern mit ganzzahligen Koeffizienten von $z^p + 1$ ist $Q(a_0, \ldots, a_s)$ Abelsch entweder $= a_0^{\pm 1}$ oder $= (a_0 a_1)^{\pm 1}$ oder $= (a_0 a_1^{-1} a_2 \cdots a_{p-1})^{\pm 1}$ oder $= (a_0 a_p)^{\pm 1}$.

Da a_0 und a_s in $Q(a_0, \ldots, a_s)$ nur je einmal vorkommen, ist also entweder $Q_0 \equiv a_0^{\pm 1}$ oder $Q_0 \equiv (a_0 a_1)^{\pm 1}$ bzw. $(a_1 a_0)^{\pm 1}$ oder es ist $Q_0^{\pm 1}$ eine Transformierte von

$$W_0 \equiv a_0 H_1(a_1, \ldots, a_{p-2})\, a_{p-1} H_2(a_1, \ldots, a_{p-2}).$$

Damit aus $W_0 = 1$ und aus

$$W_1 \equiv a_1 H_1(a_2, \ldots, a_{p-1})\, a_p H_2(a_2, \ldots, a_{p-1}) \equiv 1$$

$a_0 a_p = 1$ folgt, muß

$$H_1(a_1, \ldots)\, a_{p-1} H_2(a_1, \ldots) \equiv H_1^{-1}(a_2, \ldots)\, a_1^{-1} H_2^{-1}(a_2, \ldots)$$

sein. Man stellt leicht durch direkte Absorptionsbetrachtungen fest, daß dies nicht möglich ist. In diesem Falle ist also zu einer Lösung von (4) kein Q vorhanden. Ist schließlich Q_0 Abelsch $= (a_0 a_p)^{\pm 1}$, so führe man $a_0 a_p$ als neue Erzeugende ein (etwa zusammen mit a_1 bis a_p) und findet $Q_0 \equiv (a_0 a_p)^{\pm 1}$ bzw. $\equiv (a_p a_0)^{\pm 1}$.

Also: Die Wurzeln von $a b^p a b^{-p}$ sind gegeben durch: $a = 1$; oder: $a b a b^{-1} = 1$ oder $a b^p a b^{-p} = 1$. Zu $1 = a b a b^{-1}$ und $a b^p a b^{-p} = 1$ gehören für $p \neq 2$ die Wurzeln $\left(\bar{a}\, \bar{b}^{\frac{p-1}{2}}\right)^2 \bar{b} = 1$ bzw. $\bar{a}^2 \bar{b}^p = 1$ von $\bar{a}^2 \bar{b}^p$; dagegen gehört zu $a = 1$ keine Wurzel von $\bar{a}^2 \bar{b}^p$. Für $p = 2$ erhält man zu $a b a b^{-1} = 1$ keine Wurzel von $\bar{a}^2 \bar{b}^p$, dagegen zu $a = 1$ bzw. $a b^2 a b^{-2} = 1$ die Wurzeln $\bar{a}\bar{b} = 1$ bzw. $\bar{a}^2 \bar{b}^2 = 1$.

4. b) *Ähnliche Beispiele.* Ganz ähnlich lassen sich alle nicht ineinander transformierbaren Wurzeln von $a^2 b^{2k}$, $a^p b^{pk}$ und ähnlichen Worten bestimmen.

5. *Einfache, nicht gelöste Aufgabe.* Aber schon die einfache Frage nach *den* Wurzeln von $a b^6 a^{-1} b^{-6}$, die in b die Exponentensumme Null haben, läßt sich so nicht erledigen: Soll nämlich

$$a_0 a_6^{-1} = 1 \text{ aus } \left\{\begin{array}{l} Q(a_0, \ldots, a_4) = 1 \\ Q(a_1, \ldots, a_5) = 1 \\ Q(a_2, \ldots, a_6) = 1 \end{array}\right.$$

folgen. (Q_0 ist Abelsch $= a_0 a_2 a_4$), so erhält man erstens — im Gegensatz zum Bisherigen — zu *einer* Lösung von (4) *zwei* nicht ineinander transformierbare nicht reziproke Lösungen

$Q_0 \equiv a_0 a_2 a_4$ und $Q_0 \equiv a_2 a_0 a_4$, und es gelang zweitens mit den vorliegenden Hilfsmitteln nicht, nachzuweisen, daß es nicht noch unendlich viele weitere derartige Lösungen gibt. Man müßte hierzu z. B. beweisen können, daß auch a_2 in Q_0 nur einmal vorkommen kann.

Anhang: § 8. Bemerkungen über Gruppen mit zwei definierenden Relationen.

Es seien $a, b, c, \ldots$ die Erzeugenden, $R_1(a, b, c, \ldots) = 1$, $R_2(a, b, c \ldots,) = 1$ die definierenden Relationen einer Gruppe. Man kann — wie bei einrelationigen Gruppen — die Frage nach *den* Worten $W(a, b, c, \ldots)$, welche auf Grund von $R_1 = 1$, $R_2 = 1$ gleich eins sind (Identitätsproblem), dadurch zu beantworten suchen, daß man nach allen Relationenpaaren $R_1 = 1$, $R_2 = 1$ fragt, auf Grund derer ein fest gegebenes Wort W gleich eins wird (Wurzelproblem). Die Lösung dieses Problems liefert dabei nur dann etwas Neues, wenn sie sich nicht auf die Frage reduzieren läßt: Diejenigen (einzelnen) Relationen $R = 1$ zu finden, auf Grund derer W gleich eins wird. (Dies ist das zu einrelationigen Gruppen gehörige Wurzelproblem.) Diese Möglichkeit einer Reduktion des oben formulierten Problems tritt zum Beispiel dann ein, wenn $W = 1$ deshalb aus dem Relationen*paar* (1) $\{R_1 = 1, R_2 = 1\}$ folgt, weil $W = 1$ schon aus $R_1 = 1$ (oder $R_2 = 1$) allein folgt; allgemein wird eine solche Reduktion stets dann ausführbar sein, wenn das Relationenpaar $R_1 = 1$, $R_2 = 1$ in einem sogleich anzugebenden Sinne „äquivalent" ist mit einem Relationenpaar (1') $\{R_1' = 1, R_2' = 1\}$, derart, daß $W = 1$ schon aus $R_1' = 1$ allein folgt. Die Relationenpaare (1) und (1') sollen dabei äquivalent heißen, wenn das Bestehen von (1) das Bestehen von (1') nach sich zieht, und umgekehrt.

In Anlehnung an die Terminologie der Theorie der ganzen algebraischen Zahlen soll das Relationenpaar (1), wenn es nicht mit einem Paare (1') äquivalent ist, derart, daß $W = 1$ schon aus $R_1' = 1$ allein folgt, eine „*Idealwurzel*" von W heißen. Bevor wir die an das Auffinden von Idealwurzeln anknüpfenden Fragen vorführen, ist vielleicht eine Bemerkung über die Frage am Platze, wann zwei Relationen*paare* äquivalent sind, da diese Frage nach dem obenstehenden von Bedeutung ist, wenn man entscheiden will, ob ein gegebenes Relationenpaar (1) eine *Ideal*wurzel von W ist. Die entsprechende Aufgabe, welche sich bei der Behandlung einrelationiger Gruppen ergab (zu entscheiden, wann zwei Relationen äquivalent sind), wurde in § 6 im zweiten Teil mit Hilfe des Freiheitssatzes gelöst. Die „natürliche" Verallgemeinerung des dort erzielten Resultates (äquivalente Relationen gehen durch Transformation auseinander hervor) wäre wohl der folgende Satz: Äquivalente Relationenpaare gehen durch Wiederholung des folgenden Prozesses auseinander hervor: Sind $R_1 = 1$ und $R_2 = 1$ die ursprünglichen Relationen, so bilde man — in Analogie zu der Bildungsweise zusammengehöriger primitiver Elemente aus den ursprünglich gegebenen Erzeugenden [25]) — die Ausdrücke:

$$R_1' \equiv T_1 R_1^{\pm 1} T_1^{-1} T_2 R_2^{\pm 1} T_2^{-1}$$
$$R_2' \equiv T R_2 T^{-1} \text{ (bzw. } R_2' \equiv T R_1 T^{-1}\text{)}.$$

Das Relationenpaar $R_1' = 1$, $R_2' = 1$ ist dann mit dem Paar $R_1 = 1$, $R_2 = 1$ äquivalent, und der vermutete Satz behauptet eben, daß man durch Wiederholung des Verfahrens, das von $R_1 = 1$, $R_2 = 1$ zu $R_1' = 1$, $R_2' = 1$ führt, alle mit $R_1 = 1$, $R_2 = 1$ äquivalenten Relationenpaare erhalten kann. Zum Beweise fehlt vorläufig jeder Ansatz. Der Zusammenhang zwischen der Frage nach äquivalenten Relationenpaaren und der Frage nach den Idealwurzeln eines gegebenen Wortes W tritt hervor, wenn man nach den Idealwurzeln der „einfachsten" Worte, der Erzeugenden fragt, also etwa $W \equiv a$ setzt. Hier ist nämlich die Vermutung, daß a keine Idealwurzeln besitzt, gleichbedeutend damit, daß jedes Relationenpaar $R_1 = 1$, $R_2 = 1$, aus welchem $a = 1$ folgt, äquivalent ist mit

[25]) *J. Nielsen*, Math. Annalen 78 (1918).

einem Paar: $a = 1$, $R = 1$, dessen eine Relation $a = 1$ ist. Diese Vermutung ist als Verallgemeinerung des im ersten Teil bewiesenen Satzes aufzufassen, daß $P \equiv T a^{\pm 1} T^{-1}$ ist, wenn aus $P = 1$ $a = 1$ folgt. Hier ist bemerkenswert, daß jedenfalls gewisse Potenzen von a Idealwurzeln besitzen; für a^3 liefert das folgende Beispiel eine solche: Aus $(2)\left\{\begin{array}{l} b^2 = 1 \\ b a b^{-1} = a^{+2} \end{array}\right\}$ folgt $a^3 = 1$ (es wird nämlich $b^2 a b^{-2} = b(b a b^{-1}) b^{-1} = b a^{+2} b^{-1} = (b a b^{-1})^{+2} = a^4 = b^2 a b^{-2} = a$).

Die durch (2) definierte Gruppe ist die symmetrische Gruppe der Permutationen von drei Dingen, die $S_{3!}$ [26]). Es soll jetzt gezeigt werden, daß keine mit (2) äquivalente Darstellung der $S_{3!}$ durch ein Relationenpaar (2') $\{a^3 = 1, Q(a, b) = 1\}$ gegeben werden kann. (Eine Darstellung durch $\{a = 1, \overline{Q}(a, b) = 1\}$ kommt nicht in Frage, da a nicht gleich eins ist). Bezeichnen nämlich α und β resp. die Exponentensummen von a und b in Q, so müssen, wenn (2') mit (2) äquivalent sein soll, nach einem oft gebrauchten Schlusse die folgenden Gleichungen mit ganzen Zahlen $\lambda_1, \ldots$ bestehen:

$$3\lambda_1 + \alpha\lambda_2 = 0 \qquad 3\mu_1 + \alpha\mu_2 = -1$$
$$\beta\lambda_2 = 2 \qquad \beta\mu_2 = 0.$$

Wegen $\lambda_2 \beta = 2$ ist $\lambda_2 \neq 0$, $\alpha \equiv 0 \pmod{3}$, und dies ist ein Widerspruch mit $3\mu_1 + \alpha\mu_2 = -1$. Zu diesem Beispiel ist zu bemerken: Durch (2) wird eine endliche, nicht zyklische Gruppe definiert. Da in endlichen Gruppen stets eine Potenz jeder Erzeugenden gleich eins ist, liegt es nahe, Idealwurzeln von Potenzen von Erzeugenden unter solchen Relationenpaaren zu suchen, welche endliche, nicht zyklische Gruppen liefern. In der Tat liefern zum Beispiel die folgenden Relationenpaare für beliebiges ganzzahliges n und für $m = 2, 3, 4, 5$: (3) $a^2 = b^3$; $(ab)^m b^{3n} = 1$ endliche nicht zyklische Gruppen; die vorliegende Darstellung (3) derselben stammt aus Untersuchungen von Herrn Dehn über dreidimensionale Mannigfaltigkeiten, die aus Knoten entstehen. Je nachdem, ob $m = 2, 3, 4$ oder 5 ist, erzeugt nämlich das Element $a^2 = b^3$ eine zyklische invariante Untergruppe der Ordnung $|3n + 5|$ bzw. $|4n + 10|$ bzw. $|6n + 20|$ bzw. $|12n + 50|$. Die Faktorgruppe dieser zyklischen Untergruppe ist dann resp. die $S_{3!}$, die Tetraëder-, Oktaëder-, Ikosaëder-Gruppe. In der Tat liefert das Relationenpaar (3) für die verschiedenen Worte von n und m Idealwurzeln zu verschiedenen Potenzen von b oder a; jedoch fand ich weder mit Hilfe der Relationenpaare (3), noch sonst irgendwo Idealwurzeln von a^2, so daß immerhin die Möglichkeit besteht, daß außer a selber für einzelne Exponenten $n > 1$ a^n keine Idealwurzeln besitzt.

Zum Schluß sei noch ein Problem erwähnt, das ebensogut am Anfang dieses Paragraphen hätte stehen können: Die Frage, wann eine Gruppe mit den Erzeugenden $a, b, c, \ldots$ und den Relationen $R_1 = 1$, $R_2 = 1$ wirklich *wesentlich zweirelationig* ist, d. h. wann die Gruppe nicht isomorph mit einer anderen Gruppe ist, welche nur eine (oder gar keine) definierende Relation besitzt. Das tritt zum Beispiel ein, wenn R_1 eine Wurzel von R_2 ist; — und zu entscheiden, ob dies der Fall ist, ist eine im allgemeinen Fall nicht gelöste Aufgabe.

---

[26]) Diese Darstellung der $S_{3!}$ ist der Arbeit von *G. A. Miller*, Finite Groups, wich may be defined by two Operators, satisfying two conditions, American Journal of Math. **31** (1909), entnommen.

Anmerkung während der Korrektur: Ich bemerke jetzt, daß der gemeinsame Kern der Hilfssätze 1—4 (§§ 3 und 5) der Satz von O. Schreier über die „Existenz des freien Produktes mit vereinigten Untergruppen" ist (*O. Schreier*, Die Untergruppen der freien Gruppen, Abh. aus d. Seminar d. Hamburgischen Universität 5 (1927), S. 161). Diesen Satz kann man mit Vorteil statt der Hilfssätze 1, 2, 3 (§ 3) zum Beweise des Freiheitssatzes benutzen. Ich werde darüber an anderer Stelle berichten.

In der eben zitierten Arbeit von Schreier wird auch der Satz von § 2, Nr. 2 abgeleitet; ich hatte ihn einer Ausarbeitung des in der Einleitung erwähnten Vortrages von Dehn entnommen.

Eingegangen 30. Dezember 1929.

Untersuchungen über einige unendliche diskontinuierliche Gruppen.

Von

Wilhelm Magnus in Frankfurt a. M.

Inhaltsverzeichnis.

§ 1.

Einleitung und Angabe der Resultate.

Im folgenden sollen einige Anwendungen der Methoden gegeben werden, die durch M. Dehn in die Behandlung der Grundprobleme der Theorie der unendlichen diskontinuierlichen Gruppen eingeführt wurden. Und zwar soll erstens in § 3 ein Satz über die Automorphismengruppe der Gruppe des Listingschen Knotens bewiesen werden, nämlich daß *alle* Automorphismen dieser Gruppe durch die in der Dehnschen Arbeit „Über die beiden Kleeblattschlingen"[1]) angegebenen Automorphismen geliefert werden. Der Beweis gelingt durch Zuordnung der Automorphismen zu den Transformationen einer binären quadratischen Form in sich[2]) durch Substitutionen der Determinante ± 1 mit ganzzahligen Koeffizienten.

Zweitens soll in § 4 eine Lösung des Identitätsproblemes für die Gruppen mit zwei Erzeugenden a, b, und der definierenden Relation $a^{\alpha_1} b^{\beta_1} a^{\alpha_2} b^{\beta_2} = 1$ gegeben werden; das heißt, es soll ein Verfahren angegeben werden, um in endlich vielen Schritten zu entscheiden, ob ein gegebener Ausdruck in den Erzeugenden auf Grund der definierenden Relation

[1]) M. Dehn, Über die beiden Kleeblattschlingen, Math. Annalen 75 (1914), S. 412.

[2]) Bis auf einen Faktor ± 1.

gleich eins ist oder nicht. Dies wird unter wesentlicher Zuhilfenahme des Satzes von O. Schreier[3]) über die „Existenz des freien Produktes mit vereinigten Untergruppen" zweier Gruppen geschehen. Bisher war das Identitätsproblem (von Spezialfällen abgesehen) wohl nur für den Fall gelöst, daß als definierende Relation ein „Binom" $a^\alpha b^\beta$ gleich eins gesetzt wurde[4]).

Drittens soll in § 5 ein kurzer Beweis für einen (auf nicht publizierte Untersuchungen von M. Dehn zurückgehenden) Satz über die Untergruppen der Modulgruppe gegeben werden; derselbe läßt sich kurz so aussprechen: Jede Untergruppe der Modulgruppe enthält eine freie invariante Untergruppe, deren Faktorgruppe eine zyklische Gruppe der Ordnung 1, 2, 3 oder 6 ist. Der Beweis beruht darauf, daß man im besonderen nachweist: Die Kommutatorgruppe der Modulgruppe ist eine freie Gruppe von zwei Erzeugenden (woraus nebenbei bemerkt folgt, daß man *alle* freien Gruppen in leicht angebbarer Weise durch Substitutionen der Modulgruppe realisieren kann).

Die zu den Beweisen erforderlichen Methoden werden zwar ausführlich in einer Arbeit über „Diskontinuierliche Gruppen mit einer definierenden Relation" dargelegt[5]), doch sollen hier trotzdem die notwendigen Hilfsmittel in § 2 kurz (meist ohne Beweise) zusammengestellt werden. Das Hauptresultat der soeben zitierten Arbeit, der sogenannte „*Freiheitssatz*", ist für das Folgende vielleicht entbehrlich, da dieser ziemlich schwer zu erreichende Satz hier wohl nicht in seiner vollen Allgemeinheit gebraucht wird, aber jedenfalls werden die zu seinem Beweise erdachten Methoden hier ausgiebig angewandt werden.

Die Paragraphen 3, 4 und 5 sind unabhängig voneinander.

§ 2.
Die Methode.

Satz 1. *Gegeben sei eine Gruppe G durch Erzeugende $a, b, c, \ldots$ und Relationen zwischen denselben*

$$R_i(a, b, c, \ldots) = 1 \qquad (i = 1, 2, \ldots).$$

Es sei $W(a, b, c, \ldots)$ ein Ausdruck in den Erzeugenden (ein „Wort"), der auf Grund der definierenden Gruppenrelationen $R_i = 1$ gleich eins ist. Dann läßt sich W durch Hinzufügen und Fortlassen von $a a^{-1}, b b^{-1}, \ldots$ in einen Ausdruck der Form

$$T_1 R_{i_1}^{\varepsilon_1} T_1^{-1} T_2 R_{i_2}^{\varepsilon_2} T_2^{-1} \ldots T_k R_{i_k}^{\varepsilon_k} T_k^{-1}$$

---

[3]) O. Schreier, Die Untergruppen der freien Gruppen. Abhandlungen aus dem Mathematischen Seminar der Hamburgischen Universität **5**, Leipzig 1927, S. 161 ff.

[4]) Siehe H. Gieseking, Analytische Untersuchungen über topologische Gruppen, Dissertation, Münster 1912.

[5]) Crelles Journal **163** (1930), S. 141.

überführen, wobei die $\varepsilon_1, \ldots, \varepsilon_k$ *gleich* ± 1 *sind, und* i_1 *bis* i_k *irgendwelche natürlichen Zahlen sind. Die* T *sind irgendwelche Ausdrücke in den Erzeugenden. Wir schreiben dafür kurz*

$$W \equiv \prod_{\lambda=1}^{k} T_\lambda R_{i_\lambda}^{\varepsilon_\lambda} T_\lambda^{-1} \qquad (\equiv \textit{heißt dabei „identisch“}).$$

Satz 2. *Ist in der Gruppe* $G\{a, b, c, \ldots; R_i(a, b, c, \ldots) = 1\}$ *das Wort* $W(a, b, c, \ldots)$ *gleich eins, so ist* W *(erst recht) gleich eins in der Gruppe* $\overline{G}$ *mit den Erzeugenden* $a, b, c, \ldots,$ *in der man zu den Relationen* $R_i = 1$ *von* G *noch weitere Relationen* $\overline{R}_k = 1$ *hinzugefügt hat (*$\overline{G}$ *ist Faktorgruppe von* G*).*

Insbesondere wird im folgenden das Hinzufügen der Relationen $ab = ba$, $ac = ca$, $bc = cb, \ldots$ das „*Abelsch machen*“ der betreffenden Gruppe eine große Rolle spielen. Zur Anwendung dieses Verfahrens braucht man den Begriff der *Exponentensumme*; ist W ein Wort in mehreren Erzeugenden $a, b, c, \ldots,$ und lautet W, ausführlich geschrieben: $a^{\alpha_1} b^{\beta_1} c^{\gamma_1} \ldots a^{\alpha_2} b^{\beta_2} c^{\gamma_2} \ldots a^{\alpha_n} b^{\beta_n} c^{\gamma_n} \ldots,$ so heißt $\alpha = \alpha_1 + \alpha_2 + \ldots + \alpha_n$ die Exponentensumme von a in W (es können natürlich mehrere der Exponenten $\alpha_1, \ldots, \alpha_n$ gleich Null sein). Exponentensummen sind ersichtlich Invarianten gegenüber identischen Umformungen. Es folgt nun zunächst durch Abelsch machen: Ist W identisch eins (also schon gleich eins in der durch $a, b, c, \ldots$ erzeugten freien Gruppe), so besitzt W in allen Erzeugenden $a, b, c, \ldots$ die Exponentensummen Null. Dies ergibt die folgende

1. *Anwendung von Satz* 2. Gegeben sei eine Gruppe G mit zwei Erzeugenden a, b und einer definierenden Relation $R(a, b) = 1$ [kurz: $G\{a, b, R(a, b) = 1\}$]. R habe in a und b bzw. die Exponentensummen ϱ_1 und ϱ_2. Das Wort $W(a, b)$ aus a und b, das in a und b bzw. die Exponentensummen α und β habe, sei auf Grund von $R = 1$ gleich eins. Wegen Satz 1 besteht dann eine Identität

$$W \equiv \prod_{\lambda=1}^{k} T_\lambda R^{\varepsilon_\lambda} T_\lambda^{-1} \qquad (\varepsilon_\lambda = \pm 1).$$

Durch Abelsch machen derselben folgt erstens

$$\alpha = \varrho_1 \cdot \sum_{\lambda=1}^{k} \varepsilon_\lambda, \qquad \beta = \varrho_2 \cdot \sum_{\lambda=1}^{k} \varepsilon_\lambda$$

und zweitens hieraus, falls $\alpha = 0$, $\varrho_1 \neq 0$ ist,

$$\sum_{\lambda=1}^{k} \varepsilon_\lambda = 0.$$

In diesem Falle folgt aber $W = 1$ schon aus den Relationen $R \cdot a = a \cdot R$

und $R \cdot b = b \cdot R$. Denn es ist

$$W \equiv (T_1 R^{\varepsilon_1} T_1^{-1} R^{-\varepsilon_1}) R^{\varepsilon_1} (T_2 R^{\varepsilon_2} T_2^{-1} R^{-\varepsilon_2}) R^{-\varepsilon_1} \cdot R^{\varepsilon_1+\varepsilon_2} (T_3 \ldots R^{-\varepsilon_3}) \ldots$$
$$\ldots R^{\varepsilon_1+\varepsilon_2+\ldots+\varepsilon_{k-1}} (T_k R^{\varepsilon_k} T_k^{-1} R^{-\varepsilon_k}) \cdot R^{-\varepsilon_1-\ldots-\varepsilon_{k-1}} \cdot R^{\varepsilon_1+\ldots+\varepsilon_k}.$$

Nach Voraussetzung ist aber $\varepsilon_1 + \ldots + \varepsilon_k = 0$, also $R^{\varepsilon_1+\ldots+\varepsilon_k} = 1$, und aus $Ra = aR$ und $Rb = bR$ folgt $T_\lambda R^{\varepsilon_\lambda} = R^{\varepsilon_\lambda} T_\lambda$ $(\lambda = 1, \ldots, k)$, und damit auch

$$R^{\varepsilon_1+\varepsilon_2+\ldots+\varepsilon_{\lambda-1}} \cdot (T_\lambda R^{\varepsilon_\lambda} T_\lambda^{-1} R^{-\varepsilon_\lambda}) \cdot R^{-(\varepsilon_1+\varepsilon_2+\ldots+\varepsilon_{\lambda-1})} = 1$$
$$\text{für } \lambda = 2, 3, \ldots, k.$$

Erweiterungen auf Gruppen mit mehr Erzeugenden und Relationen liegen auf der Hand; für später (§ 5) möge noch angemerkt werden: Ist in der Modulgruppe, die durch die Erzeugenden a, b und die Relationen $a^2 = b^3 = 1$ definiert sei, ein Wort $W(a, b)$, das in a und in b die Exponentensummen Null hat, gleich eins, so ist W schon auf Grund der Relationen $a^2 b a^{-2} b^{-1} = 1$ und $b^3 a b^{-3} a^{-1} = 1$ gleich eins.

Für § 4 ist noch die folgende

2. *Anwendung von Satz* 2 wichtig. Haben in einer Gruppe $G(a, b, c, \ldots; R_i(a, b, c, \ldots) = 1)$ alle R_i etwa in a die Exponentensumme Null, so kann ein Wort $W(a, b, c, \ldots)$, das in a eine von Null verschiedene Exponentensumme besitzt, in G nicht gleich eins sein. Zur Lösung des Identitätsproblems für eine solche Gruppe G genügt es also, das Identitätsproblem in *der* Untergruppe H_a von G zu lösen, die aus allen Worten besteht, die in a die Exponentensumme Null haben. Mit den Untergruppen vom Typus H_a beschäftigen sich die beiden folgenden Sätze:

Satz 3. *Es sei G die freie Gruppe der Erzeugendcn $a, b, c, \ldots$. Wir setzen*

$$a^k b a^{-k} = b_k, \quad a^k c a^{-k} = c_k, \ldots \quad \textit{für alle} \quad k = 0, \pm 1, \ldots.$$

Dann gilt: die (invariante) Untergruppe H_a von G, die aus allen Worten gebildet wird, welche in a die Exponentensumme Null haben, wird von den $b_k, c_k, \ldots$ $(k = 0, \pm 1, \pm 2, \ldots)$ erzeugt, und zwar ist sie die freie Gruppe dieser Erzeugenden. (Daraus folgt nebenbei, daß jede freie Gruppe von zwei Erzeugenden invariante Untergruppen von unendlich vielen Erzeugenden besitzt.)

Kombination von Satz 1 und Satz 3 liefert

Satz 4[6]. *In $G\{a, b, c, \ldots; R_i(a, b, c, \ldots) = 1\}$ mögen alle R_i in a*

---

[6]) Zum Beweise vgl. § 5. Die Sätze 3 und 4 lassen sich z. B. auch sofort aus allgemeinen Sätzen von K. Reidemeister und O. Schreier herleiten; vgl. K. Reidemeister, Knoten und Gruppen, § 1, Abh. aus d. math. Seminar d. Hamb. Universität 5, 1927, S. 8 ff.; O. Schreier, loc. cit.

die Exponentensumme Null besitzen. Man betrachte wieder die Untergruppe H_a, die aus allen Worten besteht, die in a die Exponentensumme Null besitzen. Als ihre Erzeugenden kann man nach Satz 3 *die*

$$a^k b a^{-k} = b_k, \quad a^k c a^{-k} = c_k, \ldots$$

annehmen. Wegen der Voraussetzung über die R_i kann man diese durch die $b_k, c_k, \ldots$ ausdrücken. Dies ergebe etwa

$$R_i(a, b, c, \ldots) = \overline{R}_i(b_{k_1}, b_{k_2}, \ldots, b_{k_r}; c_{l_1}, \ldots, c_{l_s}; \ldots).$$

Dann werden alle Relationen von H_a geliefert durch

$$\overline{R}_i(b_{k_1+\lambda}, \ldots, b_{k_r+\lambda}; c_{l_1+\lambda}, \ldots, c_{l_s+\lambda}; \ldots) = 1,$$

wobei λ alle (positiven und negativen) ganzen Zahlen (einschließlich Null) durchläuft.

Weitere Sätze, vor allem ein Satz von O. Schreier und der Freiheitssatz, werden in § 4, in welchem allein sie gebraucht werden, formuliert.

§ 3.

Die Automorphismen der Gruppe des Listingschen Knotens.

Die Gruppe G des Listingschen Knotens (Fig. 1) ist definiert[7]) durch die Erzeugenden a_1, a_2, a_3, a_4, a_5 und die Relationen

$$a_3 a_4^{-1} a_1 = a_1 a_2^{-1} a_3 = a_1 a_4^{-1} a_5 a_2^{-1} = a_3 a_2^{-1} a_5 a_4^{-1} = 1.$$

Automorphismen dieser Gruppe sind, neben den inneren Automorphismen, noch die folgenden:

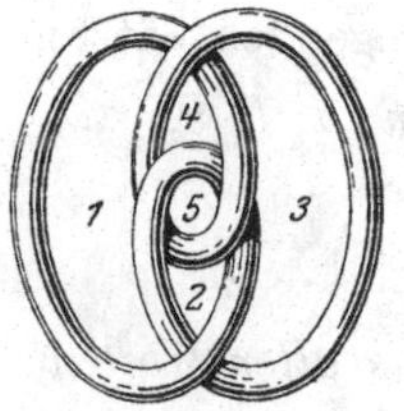

Fig. 1.
Listingscher Knoten.

$$\left.\begin{aligned} a_1' &= a_3^{-1} \\ a_2' &= a_2^{-1} \\ a_3' &= a_1^{-1} \\ a_4' &= a_4^{-1} \\ a_5' &= a_5^{-1}, \end{aligned}\right\} \text{ der } \bar{j}_0 \text{ heiße, und } \left\{\begin{aligned} a_1' &= a_2 a_5^{-1} \\ a_2' &= a_3 a_5^{-1} \\ a_3' &= a_4 a_5^{-1} \\ a_4' &= a_1 a_5^{-1} \\ a_5' &= \quad a_5^{-1}, \end{aligned}\right.$$

der mit $\bar{j}_1$ bezeichnet werde. $\bar{j}_0^2$, $\bar{j}_1^4$ und $(\bar{j}_0 \bar{j}_1)^2$ sind innere Automorphismen; die von den inneren Automorphismen erzeugte invariante Untergruppe der Gruppe aller Automorphismen besitzt also, wie aus dem Folgenden hervorgeht, als Faktorgruppe eine Diëdergruppe der Ordnung acht. Es soll nämlich jetzt gezeigt werden:

Alle Automorphismen von G werden durch $\bar{j}_0, \bar{j}_1$ und innere Automorphismen erzeugt.

---

[7]) Siehe M. Dehn, loc. cit. (Anmerkung 1).

Man forme G um, indem man zunächst alle Erzeugenden durch a_1 und a_3 ausdrückt, und dann neue Erzeugende u, v einführt durch

$$a_1 a_3 a_1^{-2} = u, \quad a_1 = v u,$$
$$a_1^3 a_3^{-1} a_1^{-1} = v, \quad a_3 = (v u)^{-1} u (v u)^2.$$

Es wird dann G zu

$$G\{u, v;\ u^3 = v^{-1} u v^2 u v^{-1}\},$$

und die Automorphismen $\bar{j}_0 \bar{j}_1^2$ bzw. $\bar{j}_1$ werden[8]) — unter Hinzufügen geeigneter innerer Automorphismen — zu

$$j_0\colon\ \{u' = u^{-1};\ v' = v^{-1}\}$$

und

$$j_1\colon\ \{u' = v^{-1} u^{-1} v u;\ v' = u^{-1} v^{-1} u^{-2} v^{-1} u v\}.$$

Jetzt betrachte man die Untergruppe H von G, die aus allen Worten gebildet wird, die in v die Exponentensumme Null haben. H ist invariant in G, und, wie sogleich gezeigt werden soll, sogar charakteristisch für G (d. h.: H geht bei allen Automorphismen von G in sich über). Dies folgt nämlich aus der weiterhin noch oft benutzten Eigenschaft unserer Gruppe:

Ist J ein Automorphismus von G, der durch $u' = Q(u, v)$; $v' = S(u, v)$ definiert werde, so hat Q in v die Exponentensumme Null, und S hat in v die Exponentensumme ± 1.

Beweis. Da die Kommutatorgruppe von G eine charakteristische Untergruppe ist, so ist J auch ein Automorphismus dieser Kommutatorgruppe und ebenso auch von ihrer Faktorgruppe in G, die $\bar{G}$ heiße. $\bar{G}$ ist gegeben durch $u v$; $u v u^{-1} v^{-1} = 1$, $u^3 = v^{-1} u v^2 u v^{-1}$ oder u, v; $u = 1$, und besitzt also nur die Automorphismen $u' = 1$, $v' = v^{\pm 1}$. Da $\bar{G}$ aus G durch Hinzufügen der Relation $u = 1$ entsteht, muß also $Q(1, v) = 1$ und $S(1, v) = v^{\pm 1}$ sein.

Infolgedessen gehen Worte in u und v, die in v die Exponentensumme Null haben, wieder in solche über, wenn man u und v durch $Q(u, v)$ bzw. $S(u, v)$ ersetzt. H geht also bei Ausübung von J in sich über.

Bezeichnet man nun *die* Automorphismen J, für die v in S die Exponentensumme $+1$ hat mit J^+, die andern mit J^-, so bilden offenbar die J^+ eine invariante Untergruppe vom Index 2 in der Gruppe aller Automorphismen J. (Sie bilden nicht die ganze Gruppe, da j_0 und j_1 Automorphismen J^- sind.) Infolgedessen genügt es zu beweisen, daß alle Auto-

[8]) $\bar{j}_0$ und $\bar{j}_1$ lassen sich rückwärts durch $\bar{j}_0 \bar{j}_1^2$ und $\bar{j}_1$ ausdrücken, so daß also $\bar{j}_0 \bar{j}_1^2$ und $\bar{j}_1$ zusammen mit den inneren Automorphismen dann und nur dann alle Automorphismen von G erzeugen, wenn $\bar{j}_0$ und $\bar{j}_1$ es tun.

morphismen J^+ sich durch j_1^2, $j_0 j_1$ und innere Automorphismen erzeugen lassen. Um das zu zeigen, beweise man zunächst unter Heranziehung der oben definierten Gruppe H: *Jeder Automorphismus J^+ von G, der in H einen inneren Automorphismus „induziert"*[9]*), ist selbst ein innerer Automorphismus von G.*

Beweis. Man untersuche H. Setzt man

$$v^k u v^{-k} = u_k \quad \text{für} \quad k = 0, \pm 1, \pm 2, \ldots,$$

so ist nach Satz 4, § 2 H gegeben durch

$$H\{u_k;\ u_k^3 = u_{k-1} u_{k+1}\},$$

und da man hier die Relationen zur Elimination aller Erzeugenden bis auf zwei, etwa u_0 und u_1, benutzen kann, ist H die freie Gruppe der Erzeugenden u_0 und u_1. Um die Wirkung von J^+ auf H zu betrachten, setze man $S(u, v) \equiv S'(u, v) \cdot v$; S' hat dann, ebenso wie Q, in v die Exponentensumme Null; Q und S' gehören also zu H, und lassen sich also durch u_0 und u_1 ausdrücken: $Q = \bar{Q}(u_0, u_1)$, $S' = \bar{S}(u_0, u_1)$, und J^+ induziert in H den Automorphismus K^+, gegeben durch $u_0' = \bar{Q}(u_0, u_1)$, $u_1' = \bar{S}(u_0, u_1)\, \bar{Q}(u_1, u_0^{-1} u_1^{+3})\, \bar{S}^{-1}$ (da $u_0^{-1} u_1^{+3} = u_2$), und wenn K^+ ein innerer Automorphismus — z. B. der identische — ist, so wird $Q \equiv u$, $\bar{S} \equiv u_1^l$ (l eine ganze Zahl), also $S = v \cdot u^l$, und da $u'^3 = v'^{-1} u' v'^2 u' v'^{-1}$ oder $u^3 = u^{-l} v^{-1} u v u^l v u v^{-1}$ oder $u_0^3 = u_0^{-l} u_{-1} u_0^l u_1$ oder, da $u_{-1} = u_0^3 u_1^{-1}$, $u_0^3 \equiv u_0^{-l} u_0^3 u_1^{-1} u_0^l u_1$ sein muß, ist $l = 0$.

Jetzt ziehe man noch die zu der Kommutatorgruppe von H gehörige Faktorgruppe $\bar{H}$ hinzu; $\bar{H}$ ist Abelsche Gruppe der Erzeugenden u_0, u_1 oder auch definiert durch

$$\bar{H}\{u_k;\ u_k^3 = u_{k-1} u_{k+1},\ u_0 u_1 = u_1 u_0 \quad (k = 0, \pm 1, \ldots)\}.$$

$\bar{H}$ ist ebenfalls charakteristisch für G; jeder Automorphismus J^+ induziert in $\bar{H}$ einen solchen $\bar{K}^+$. Nun gilt zunächst[10]):

Induziert J^+ in $\bar{H}$ den identischen Automorphismus, so induziert er in H einen inneren Automorphismus, denn induziert J^+ in H etwa K^+, und K^+ in $\bar{H}$ den identischen Automorphismus, so ist K^+ ein innerer Automorphismus von H.

Wir sagen nun: Wird ein Automorphismus $\bar{K}^+$ von $\bar{H}$ von einem Automorphismus J^+ von G induziert, so soll dies heißen: $\bar{K}^+$ läßt sich rück-

[9]) Jedem Automorphismus von G entspricht in jeder für G charakteristischen Gruppe ein Automorphismus dieser Gruppe; wir sagen, dieser sei von jenem „induziert".

[10]) Siehe J. Nielsen, Die Isomorphismen der allgemeinen, unendlichen Gruppe mit zwei Erzeugenden, Math. Annalen 78 (1918), S. 393.

wärts zu einem Automorphismus J^+ von G „*erweitern*". Wenn wir jetzt noch beweisen können: *Jeder Automorphismus* $\overline{K}^+$ *von* $\overline{H}$, *der sich zu einem solchen* J^+ *von* G *erweitern läßt, wird durch solche Automorphismen* J^+ *induziert, die sich durch* $j_0 j_1$, j_1^2 *und innere Automorphismen erzeugen lassen,* so sind wir fertig.

Ein jeder Automorphismus $\overline{K}^+$ von $\overline{H}$ wird gegeben durch

$$u_0' = u_0^{s_0} u_1^{s_1}; \quad u_1' = u_0^{\sigma_0} u_1^{\sigma_1}; \quad \begin{vmatrix} s_0 & s_1 \\ \sigma_0 & \sigma_1 \end{vmatrix} = \pm 1.$$

Wird er nun induziert von einem Automorphismus J^+ von G, so folgt aus $u_0' = u_0^{s_0} u_1^{s_1}$ wegen der Vertauschbarkeit der u_k, daß $u_1' = u_1^{s_0} u_2^{s_1} = u_1^{s_0} u_1^{3 s_1} u_0^{-s_1}$ ist (wegen $u_2 = u_0^{-1} u_1^{3}$), und somit $\sigma_0 = -s_1$, $\sigma_1 = s_0 + 3 s_1$ ist, woraus durch Einsetzen in die Determinante

$$s_0^2 + 3 s_0 s_1 + s_1^2 = \pm 1 \tag{1}$$

folgt[11].

Ein jeder Automorphismus $\overline{K}^+$ von $\overline{H}$, der von einem Automorphismus J^+ von G induziert wird, ist durch die zugehörigen Werte von s_0 und s_1 eindeutig bestimmt, da sich $\sigma_0 = -s_1$ und $\sigma_1 = s_0 + 3 s_1$ eindeutig aus s_0 und s_1 bestimmen. Auf Grund unserer bisherigen Untersuchungen folgt also, daß jeder Automorphismus J^+ der Gesamtgruppe G durch die Exponenten s_0 und s_1, die den von J^+ in $\overline{H}$ induzierten Automorphismus $\overline{K}^+$ definieren, eindeutig bis auf innere Automorphismen bestimmt ist.

Es genügt jetzt also, zu zeigen:

I. *Es gibt zu jeder Lösung* s_0, s_1 *von* (1) *einen Automorphismus* J^+ *von* G, *der in* $\overline{H}$ *einen Automorphismus, gegeben durch* $u_0' = u_0^{s_0} u_1^{s_1}$, $u_1' = u_0^{\sigma_0} u_1^{\sigma_1}$, *induziert.*

II. *Die Automorphismen* J^+ *aus* I *lassen sich aus inneren Automorphismen und den Automorphismen* j_1^2 *und* $j_0 j_1$ *erzeugen.*

Zum Beweise braucht man zunächst einige zahlentheoretische Bemerkungen über die Lösungen von (1). Es gilt nämlich[12]:

Alle Matrizen aus ganzen Zahlen

$$\begin{pmatrix} s_0 & s_1 \\ \sigma_0 & \sigma_1 \end{pmatrix},$$

---

11) Die Reduktion unserer Aufgabe auf die diophantische Gleichung (1) — und damit auch die ganzen folgenden zahlentheoretischen Betrachtungen — sind natürlich bedingt durch die Art der Darstellung unserer Gruppe durch die zweckmäßig gewählten Erzeugenden u und v.

12) Vgl. z. B.: F. Klein, Vorles. üb. d. Theorie der elliptischen Modulfunktionen, herausgeg. von R. Fricke, Bd. 2 (Leipzig 1892), S. 161f. Dort werden nur Substitutionen der Determinante $+1$ betrachtet; das bedingt gegenüber dem Obenstehenden eine geringe Abweichung.

deren Determinante $= \pm 1$ ist, und für die s_0, s_1 (und infolgedessen auch σ_0, σ_1) die Gleichung (1) befriedigen, werden gegeben durch die Matrizen

$$\pm \begin{pmatrix} -1 & 1 \\ -1 & 2 \end{pmatrix}^l \qquad (l = 0, \pm 1, \pm 2, \ldots),$$

das sind die Matrizen aller linearen binären Substitutionen mit ganzzahligen Koeffizienten, die die binäre quadratische Form $x^2 + 3xy + y^2$ zweier Variablen x, y, abgesehen vom Vorzeichen, in sich überführen. Diese Matrizen bilden offenbar eine Abelsche Gruppe mit den Erzeugenden

$$\begin{pmatrix} -1 & 0 \\ 0 & -1 \end{pmatrix} \text{ und } \begin{pmatrix} -1 & 1 \\ -1 & 2 \end{pmatrix}.$$

Da nun weiter für zwei Automorphismen $\overline{K}_s^+$ und $\overline{K}_t^+$ von $\overline{H}$, deren Exponenten durch die Matrizen

$$\begin{pmatrix} s_0 & s_1 \\ \sigma_0 & \sigma_1 \end{pmatrix} \text{ und } \begin{pmatrix} t_0 & t_1 \\ \tau_0 & \tau_1 \end{pmatrix}$$

gegeben sind, die Exponenten, die zum Automorphismus $\overline{K}_s^+ \cdot \overline{K}_t^+$ gehören, durch die Matrix

$$\begin{pmatrix} s_0 & s_1 \\ \sigma_0 & \sigma_1 \end{pmatrix} \cdot \begin{pmatrix} t_0 & t_1 \\ \tau_0 & \tau_1 \end{pmatrix}$$

gegeben werden, so sind damit die Behauptungen I und II auf die folgenden reduziert[13]):

I′. *Es gibt zu den Lösungen* $s_0 = -1$, $s_1 = 0$ *und* $s_0 = -1$, $s_1 = 1$ *von* (1), — *die den Matrizen* $\begin{pmatrix} -1 & 0 \\ 0 & -1 \end{pmatrix}$ *und* $\begin{pmatrix} -1 & 1 \\ -1 & 2 \end{pmatrix}$ *entsprechen*, — *Automorphismen* J^+ *von* G, *die in* $\overline{H}$ *Automorphismen* $\overline{K}^+$, *gegeben durch* $u_0' = u_0^{-1}$, $u_1' = u_1^{-1}$ *und* $u_0' = u_0^{-1} u_1$, $u_1' = u_0^{-1} u_1^2$ *induzieren*[13]).

II′. *Diese Automorphismen* J^+ *aus* I′ *lassen sich aus inneren Automorphismen und den Automorphismen* $j_0 j_1$ *und* j_1^2 *zusammensetzen.*

Damit ist man aber fertig, denn es sind, — bis auf innere Automorphismen —, $j_0 j_1$ bzw. j_1^2 gegeben durch

$$u' = u^{-1} v u v^{-1}; \quad v' = v u^{-1} v^{-1} u v u^2 \quad \text{bzw.} \quad u' = u^{-1}; \quad v' = u^2 v u,$$

und dies sind Automorphismen J^+, die in $\overline{H}$ Automorphismen $\overline{K}^+$, gegeben durch $u_0' = u_0^{-1}$, $u_1' = u_1^{-1}$ bzw. $u_0' = u_0^{-1} u_1$, $u_1' = u_0^{-1} u_1^2$ induzieren.

---

[13]) Denn wenn es zwei Automorphismen J^+ gibt, die in $\overline{H}$ Automorphismen mit $s_0 = -1$, $s_1 = 0$ bzw. $s_0 = -1$, $s_1 = 1$ induzieren, so gibt es nach den obenstehenden für jede Lösung s_0, s_1 von (1) einen Automorphismus J^+, der in $\overline{H}$ einen durch $u_0' = u_0^{s_0} u_1^{s_1}$, $u_1' = \ldots$ gegebenen Automorphismus $\overline{K}^+$ induziert.

Jetzt soll noch eine abstrakte Darstellung der Automorphismengruppe von G gegeben werden: Bezeichnet man mit j_u bzw. j_v die inneren Automorphismen

$$u' = u, \quad v' = u v u^{-1} \quad \text{bzw.} \quad u' = v u v^{-1}, \; v' = v,$$

so besteht zwischen diesen nur die Relation

$$(2) \qquad j_u^3 = j_v^{-1} j_u j_v^2 j_u j_v^{-1} \quad (\text{entsprechend } u^3 = v^{-1} u v^2 u v^{-1}),$$

da das Zentrum von G nur aus dem Einheitselement besteht, wie man mit geringer Mühe zeigt. Die Gruppe der Automorphismen von G wird also, wie man leicht nachrechnet, definiert durch die Erzeugenden j_0, j_1, j_u, j_v und die Relation (2) und

$$(3) \qquad \begin{cases} j_0^2 = 1; \quad (j_0 j_u)^2 = 1; \quad (j_0 j_v)^2 = 1, \\ (j_0 j_1)^2 = j_u j_v; \quad j_1^4 = 1, \\ j_u j_1 = j_1 \cdot j_v^{-1} j_u^{-1} j_v j_u; \quad j_v j_1 = j_1 \cdot j_u^{-1} j_v^{-1} j_u^{-2} j_v^{-1} j_u j_v. \end{cases}$$

Die Gruppe der Transformationen der quadratischen Form $x^2 + 3xy + y^2$ in sich durch unimodulare Substitutionen entsteht hieraus, indem man in der aus $j_1^2, j_0 j_1, j_u, j_v$ erzeugten Untergruppe j_u gleich eins setzt.

Bemerkenswert ist schließlich noch: Da H charakteristisch für G ist, also jeder Automorphismus von G auch einer von H ist, und da H freie Gruppe der Erzeugenden $u = u_0$ und $v u v^{-1} = u_1$ ist, geht das Element $u_0 u_1 u_0^{-1} u_1^{-1}$ notwendig bei allen Automorphismen von G in eine Transformierte von sich über[14]); dieser, oben wesentlich benutzten Tatsache entspricht geometrisch, daß $u_0 u_1 u_0^{-1} u_1^{-1}$ eine „Längskurve"[15]) des zum Listingschen Knoten gehörenden verknoteten Schlauches ist, die im Außenraum begrenzt, und daß alle solche Längskurven durch Transformation auseinander hervorgehen.

§ 4.

Das Identitätsproblem für die Gruppen $a^{\alpha_1} b^{\beta_1} a^{\alpha_2} b^{\beta_2} = 1$.

An Hilfsmitteln ist für diesen Paragraph vor allem noch ein Satz von O. Schreier[16]) erforderlich, der sogleich formuliert werden soll; weiterhin sollen zwei Hilfssätze abgeleitet werden, die es gestatten, das Identitätsproblem für gewisse Gruppen zu lösen, wenn es für gewisse andere gelöst ist. Außerdem wird zweimal der „Freiheitssatz"[17]) benutzt werden, der

---

[14]) Siehe J. Nielsen, loc. cit. S. 393, Gl. (11).

[15]) Wegen der topologischen Begriffe siehe M. Dehn, loc. cit. S. 412. Die dort erwähnten Längskurven begrenzen im Außenraum.

[16]) O. Schreier, loc. cit., s. Anm. 3.

[17]) Siehe § 1.

deshalb in einer geeigneten Fassung hier formuliert werden soll; seine Benutzung ließe sich wohl umgehen, doch geht es schneller so.

Wir beginnen also mit dem Satz von O. Schreier, den wir (etwas anders) so formulieren:

Es sei G eine Gruppe mit zwei Systemen von Erzeugenden $x_1; x_2; \ldots$ und $y_1; y_2; \ldots$. (Jedes System kann unendlich viele Erzeugende enthalten.) Die Erzeugenden $x_1, x_2, \ldots$ mögen eine Gruppe G_x mit den definierenden Relationen

$$R_i(x_1, x_2, \ldots) = 1 \qquad (i = 0, 1, 2, \ldots)$$

bilden, und ebenso die $y_1, y_2, \ldots$ eine Gruppe G_y mit den definierenden Relationen

$$S_k(y_1, y_2, \ldots) = 1 \qquad (k = 1, 2, \ldots).$$

Ferner sollen G_x und G_y zwei isomorphe Untergruppen H_x bzw. H_y enthalten; sind nun $h_{x,l}$ bzw. $h_{y,l}$ $(l = 1, 2, \ldots)$ *die* Elemente von H_x bzw. H_y, die sich bei einer bestimmten isomorphen Abbildung von H_x auf H_y entsprechen, so sollen die definierenden Relationen von G — außer $R_i = 1$, $S_k = 1$ — nur noch die Relationen $h_{x,l} = h_{y,l}$ sein, wobei $h_{x,l}$ und $h_{y,l}$ bzw. H_x und H_y durchlaufen.

G heißt freies Produkt von G_x und G_y mit vereinigten Untergruppen H_x und H_y[18]*). Dann gilt: Kann man in G_x und G_y das Identitätsproblem lösen, und kann man in G_x bzw. G_y entscheiden, wann ein Ausdruck in den $x_1, x_2, \ldots$ bzw. $y_1, y_2, \ldots$ zu H_x bzw. H_y gehört — das ist bei unendlichen Gruppen H_x, H_y im allgemeinen mehr als Lösbarkeit des Identitätsproblemes für G_x und G_y —, so kann man das Identitätsproblem für G lösen*[18]).

Und zwar gilt: Schreibt man ein beliebiges Element W aus G in der Form

$$(1) \qquad W \equiv g_{x,1}\, g_{y,1}\, g_{x,2}\, g_{y,2} \cdots g_{x,n}\, g_{y,n},$$

wobei die $g_{x,\nu}$ bzw. $g_{y,\nu}$ $(\nu = 1, \ldots, n)$ Elemente aus G_x bzw. G_y, also Worte aus den $x_1 \ldots$ bzw. $y_1 \ldots$ sind, so gehört, wenn $W = 1$ ist, entweder ein $g_{x,\nu}$ zu H_x oder ein $g_{y,\nu}$ zu H_y; indem man für $g_{x,\nu}$ bzw. $g_{y,\nu}$ die ihnen gleichen Ausdrücke aus H_y bzw. H_x einsetzt, erhält man für W eine neue Darstellung der Form (1), in der rechts weniger als $2n$ Glieder $g_{x,\nu}, g_{y,\nu}$ auftreten, und für diese neue Darstellung gilt dasselbe wie vorher. Der Beweis für diesen Rechenprozeß folgt unmittelbar aus der Formulierung, die Schreier seinem Satz gegeben hat. Der Satz gestattet als erste Anwendung den

[18]) Verallgemeinerung dieses Begriffs auf freies Produkt mit vereinigten Untergruppen von mehr als zwei Gruppen und entsprechende Verallgemeinerung des zugehörigen Satzes über die Lösbarkeit von Identitätsproblemen liegen auf der Hand.

Hilfssatz 1. *Kann man in der Gruppe* G: $G(a, b;\ R(a, b) = 1)$[19]) *nicht nur das Identitätsproblem lösen, sondern überdies (in endlich vielen Schritten) entscheiden, wann ein Wort* $W(a, b)$ *aus* a *und* b *gleich einer Potenz von* a *ist, so kann man auch in der Gruppe* $\bar{G}$

$$\bar{G}(a, b, t;\ a = t^n, R(a, b) = 1)$$

das Identitätsproblem lösen.

Beweis[20]). Aus Satz 2, § 2 folgert man leicht, daß es genügt, in $\bar{G}$ das Identitätsproblem für *die* Untergruppe $\bar{H}_t$ von $\bar{G}$ zu lösen, die aus allen Worten besteht, die in t die Exponentensumme Null haben; denn hat $W'(a, b, t)$ in t eine von Null verschiedene Exponentensumme τ, so ist, falls $W' = 1$: $\tau = \lambda \cdot n$ (λ ganze Zahl), und $W = W' \cdot a^{+\lambda} t^{-\tau}$ liegt in $\bar{H}_t$ und ist ebenfalls gleich eins. Setzt man $t^k a t^{-k} = a_k$, $t^k b t^{-k} = b_k$, so wird nach § 2, Satz 4 und einer leichten Verallgemeinerung der ersten Anwendung von § 2, Satz 2 $\bar{H}_t$ gegeben durch

$$\bar{H}_t\{a_k, b_k;\ R(a_k, b_k) = 1,\ a_k^{-1} b_{k+n} a_k = b_k,\ a_k = a_{k+1};\ k = 0, \pm 1, \pm 2, \ldots\}$$

oder, nach Elimination überflüssiger Erzeugenden mittels $a_k^{-1} b_{k+n} a_k = b_k$, $a_k = a_{k+1}$, wird $\bar{H}_t$ gegeben durch

$$\bar{H}_t\{a_\nu, b_\nu;\ R(a_\nu, b_\nu) = 1;\ a_0 = a_1 = \ldots = a_{n-1};\ \nu = 0, \ldots, n-1\}.$$

Offenbar ist nun $\bar{H}_t$ freies Produkt mit vereinigten Untergruppen der mit G isomorphen Gruppen G_ν ($\nu = 0, \ldots, n-1$), die durch

$$G_\nu\{a_\nu, b_\nu;\ R(a_\nu, b_\nu) = 1\}$$

definiert werden, wobei als zu vereinigende Untergruppen die durch die a_ν erzeugten Untergruppen der G_ν fungieren. Wegen G_ν isomorph mit G und der Voraussetzung, daß man in G entscheiden kann, wann ein Wort gleich einer Potenz von a ist, folgt mit Hilfe des Schreierschen Satzes die Richtigkeit von Hilfssatz 1. Als eine Art Umkehrung von Hilfssatz 1 beweist man

Hilfssatz 2. *Kann man in* $\bar{G}\{a, b, t;\ a = t^n, R(a, b) = 1\}$ *das Identitätsproblem lösen, so kann man dasselbe in* $G(a, b;\ R(a, b) = 1)$, *und zwar ist ein Wort* $W(a, b)$ *in* $\bar{G}$ *dann und nur dann gleich eins, wenn es schon in* G *gleich eins ist* ($R(a, b) = 1$ *ist also definierende Relation der durch* a *und* b *erzeugten Untergruppe von* $\bar{G}$).

Beweis. Wir wählen dieselben Bezeichnungen wie bei Hilfssatz 1. $W(a, b)$ liegt als Wort aus $\bar{G}$ betrachtet jedenfalls in $\bar{H}_t$; $\bar{H}_t$ läßt sich nach dem Beweis von Hilfssatz 1 darstellen durch

$$\bar{H}_t\{a_0;\ b_0, b_1, \ldots, b_{n-1};\ R(a_0, b_\nu) = 1;\ \nu = 0, 1, \ldots, n-1\}.$$

---

[19]) a, b sind Erzeugende, $R(a, b) = 1$ ist definierende Relation von G.

[20]) Der Beweis ergibt sich unmittelbarer und natürlicher als hier durch Konstruktion des zu $\bar{G}$ gehörigen Dehnschen Gruppenbildes.

Es ist nun zu beweisen, daß $W(a_0, b_0) = 1$ in $\overline{H}_t$ schon aus $R(a_0, b_0) = 1$ alleine folgt. Das geht so: Nach § 2, Satz 1 besteht, wenn $W(a_0, b_0) = 1$ in $\overline{H}_t$, eine Identität

$$W(a_0, b_0) \equiv \prod_{\lambda=1}^{k} T_\lambda R^{\varepsilon_\lambda}(a_0, b_{s_\lambda}) T_\lambda^{-1}, \tag{2}$$

wobei die $\varepsilon_\lambda = \pm 1$ und die s_λ Zahlen der Reihe $0, 1, \ldots, n-1$ sind. Da nun eine Identität sicher richtig bleibt, wenn man ein Zeichen (konsequent) durch ein anderes ersetzt, so darf man in der Identität (2) überall b_ν durch b_0 ersetzen für $\nu = 1$ bis $n-1$; die linke Seite von (2) ändert sich dabei nicht, und (2) geht über in

$$W(a_0, b_0) \equiv \prod_{\lambda=1}^{k} T'_\lambda R^{\varepsilon_\lambda}(a_0, b_0) T_\lambda'^{-1}, \tag{2'}$$

wobei die T'_λ aus den T_λ entstehen, wenn man die b_ν $(\nu = 1, \ldots, n-1)$ durch b_0 ersetzt. $W(a_0, b_0) = 1$ folgt also aus $R(a_0, b_0) = 1$ allein.

Als letzter der für das Folgende notwendigen Hilfssätze soll jetzt noch der Freiheitssatz formuliert werden.

Freiheitssatz. *Gegeben seien zwei Systeme von Erzeugenden einer Gruppe G: $a, b, c, \ldots$ sei das eine, $x_k \{k = 0, \pm 1, \pm 2, \ldots\}$ das andere. Ist weiter m eine feste ganze Zahl $m \geqq 0$, so sollen zwischen diesen Erzeugenden Relationen der folgenden Art bestehen: Es sei für $\lambda = 0, \pm 1, \ldots$*

$$R_\lambda\{a, b, c, \ldots; x_\lambda, x_{\lambda+1}, \ldots, x_{\lambda+m}\} = 1.$$

Dabei soll aber kein R_λ, das nicht identisch eins ist, identisch sein mit einem Wort

$$T_\lambda S_\lambda(a, b, c, \ldots; x_\lambda, \ldots, x_{\lambda+m-1}) T_\lambda^{-1}$$

oder

$$T_\lambda S_\lambda(a, b, c, \ldots; x_{\lambda+1}, \ldots, x_{\lambda+m}) T_\lambda^{-1},$$

wo also S_λ entweder x_λ oder $x_{\lambda+m}$ nicht enthalten würde. ($x_{\lambda+1}$ bis $x_{\lambda+m-1}$ dagegen brauchen in R_λ nicht vorzukommen, ebensowenig $a, b, c, \ldots$). T_λ ist irgendein Wort.

Dann gilt: *Alle Relationen für die von $a, b, c, \ldots; x_0, x_1, \ldots, x_M$ (M ganze Zahl $\geqq 0$) erzeugte Untergruppe von G werden geliefert durch*

$$R_\mu\{a, b, c, \ldots; x_\mu, x_{\mu+1}, \ldots, x_{\mu+m}\} = 1$$

für $0 \leqq \mu \leqq M - m$. Ist insbesondere $M < m$, so bilden $a, b, c, \ldots; x_0, x_1, \ldots, x_M$ eine freie Gruppe.

Um nun mit der eigentlichen Aufgabe zu beginnen: Gefragt ist nach einem Verfahren, in endlich vielen Schritten zu entscheiden, ob ein Wort $W(a, b)$ aus den Erzeugenden a, b der Gruppe G mit der definierenden Relation $R(a, b) \equiv a^{\alpha_1} b^{\beta_1} a^{\alpha_2} b^{\beta_2} = 1$ auf Grund dieser Relation gleich eins ist.

$\alpha_1, \beta_1, \alpha_2, \beta_2$ sind ganze Zahlen $\gtrless 0$. Es sind drei Fälle zu unterscheiden, je nachdem ob die Größen $\alpha_1 + \alpha_2 = \alpha$ und $\beta_1 + \beta_2 = \beta$ beide gleich Null sind, oder keine von ihnen oder nur eine von ihnen verschwindet.

Erster Fall: $\alpha_1 + \alpha_2 = 0$; $\beta_1 + \beta_2 = 0$.

Da man in Gruppen $G(a, b, R(a, b) = 1)$, in denen a und b in R die Exponentensumme Null haben, stets entscheiden kann, ob ein Element W gleich einer Potenz einer Erzeugenden ist, falls man das Identitätsproblem lösen kann — ist $W = a^k$, so muß k gleich der Exponentensumme von a in W sein, ist also durch W eindeutig bestimmt —, so kann man diesen Fall durch zweimalige Anwendung von Hilfssatz 1 auf den Fall $G(a, b, a b a^{-1} b^{-1} = 1)$ zurückführen, und der ist trivial.

Zweiter Fall: $\alpha_1 + \alpha_2 \neq 0$; $\beta_1 + \beta_2 \neq 0$.

Wir setzen $a = s \cdot t^{-\beta}$, $b = t^{\alpha}$ $(\alpha = \alpha_1 + \alpha_2,\ \beta = \beta_1 + \beta_2)$,

$$G(a, b, a^{\alpha_1} b^{\beta_1} a^{\alpha_2} b^{\beta_2} = 1)$$

geht dadurch über in eine Gruppe

$$\bar{G}\{s, t;\ (s t^{-\beta})^{\alpha_1} t^{\alpha \cdot \beta_1} (s t^{-\beta})^{\alpha_2} t^{\alpha \beta_2} = 1\}.$$

Mittels Hilfssatz 2 [21]) erkennt man leicht, daß es genügt, das Identitätsproblem für $\bar{G}$ zu lösen, und — da die definierende Relation in t die Exponentensumme Null hat — genügt es sogar, das Identitätsproblem für die Untergruppe $\bar{H}_t$ von $\bar{G}$ zu lösen, die aus allen Worten von $\bar{G}$ besteht, die in t die Exponentensumme Null haben. Zum Beweise vgl. § 2, zweite Anwendung von Satz 2. Aus Satz 4 von § 2 folgt weiter, daß $\bar{H}_t$ definiert wird durch die s_k $(s_k = t^k s t^{-k};\ k = 0, \pm 1, \pm 2, \ldots)$ und die Relationen:

$$\bar{P}_\lambda \equiv s_\lambda s_{-\beta+\lambda} \ldots s_{-\beta(\alpha_1-1)+\lambda} \cdot s^{\varepsilon}_{\mu+\lambda} s^{\varepsilon}_{\mu+\lambda-\beta\cdot\varepsilon} \ldots s^{\varepsilon}_{\mu+\lambda-\beta(\alpha_2-\varepsilon)} = 1,$$

wobei $\alpha_1 > 0$ angenommen wurde, $\varepsilon = \operatorname{signum} \alpha_2$ ist, und λ alle ganzen Zahlen $0, \pm 1, \pm 2, \ldots$ durchläuft, während $\mu = \alpha_2 \beta_1 - \alpha_1 \beta_2 + \beta$ falls $\varepsilon = -1$ und gleich $\alpha_2 \beta_1 - \alpha_1 \beta_2$ ist, falls $\varepsilon = +1$.

Es läßt sich nun leicht zeigen, daß — abgesehen von dem einfach zu erledigenden Spezialfall $\alpha_1 = \alpha_2$, $\alpha_2 \beta_1 - \alpha_1 \beta_2 = 0$, also $\beta_1 = \beta_2$, das s_k mit dem größten oder das s_k mit dem kleinsten k in $\bar{P}_\lambda$ genau einmal vorkommt. Da nämlich die Indizes der s_k in $\bar{P}_\lambda$ von s_λ bis $s_{-\beta(\alpha_1-1)+\lambda}$ und von $s^{\varepsilon}_{\mu+\lambda}$ bis $s^{\varepsilon}_{\mu+\lambda-\beta(\alpha_2-\varepsilon)}$ sich monoton jeweils um β ändern, kommen als größte bzw. kleinste Indizes der s_k in $\bar{P}_\lambda$ nur die Zahlen λ; $\mu + \lambda$; $-\beta(\alpha_1 - 1) + \lambda$; $\mu + \lambda - \beta(\alpha_2 - \varepsilon)$ in Frage, und diese müssen paarweise gleich sein, wenn nicht wenigstens einer nur einmal vorkommen soll. Falls $\varepsilon = -1$, muß, da die Indizes von λ bis $-\beta(\alpha_1 - 1) + \lambda$ und $\mu + \lambda$ bis

---

[21]) und nach Einführung neuer primitiver Elemente; man setzt erst $b = t^{\alpha}$ und führt dann, statt a und t, als neue Erzeugende $s = a t^{\beta}$ und t ein.

$\mu+\lambda-\beta(\alpha_2-\varepsilon)$ sich dann im entgegengesetzten Sinne ändern, $\mu=-\beta(\alpha_1-1)$ und $\mu+\lambda-\beta(\alpha_2-\varepsilon)=\lambda$ sein; das gibt leicht $\alpha_1+\alpha_2=0$, was ausgeschlossen war. Analog gibt $\varepsilon=+1$ nur die Möglichkeit $\mu=0$, $\alpha_1=\alpha_2$. Diese führt in der Tat auf einen Ausnahmefall; hier ist nämlich G definiert durch

$$G\{a, b;\ (a^{\alpha_1} b^{\beta_1})^2 = 1\}.$$

Durch Anwendung von Hilfssatz 1 läßt sich in diesem Falle das Identitätsproblem in G auf Probleme in der Gruppe $G'\{a, b;\ (a b^{\beta_1})^2 = 1\}$ reduzieren, die leicht zu erledigen sind, da man $a b^{\beta_1}$ als neue Erzeugende einführen kann.

Abgesehen von diesem Ausnahmefall kommt, wie gesagt, in jeder Relation $\overline{P}_\lambda = 1$ das s_k mit dem größten oder das s_k mit dem kleinsten Index genau einmal vor. Da jedes Wort $\overline{H}_t$ nur endlich viele s_k enthält, genügt es, das Identitätsproblem in *den* Untergruppen von $\overline{H}_t$ zu lösen, die von endlich vielen s_k: $s_N, s_{N+1}, \ldots, s_M$ $(N \leqq M)$ erzeugt werden, um es in $\overline{H}_t$ selbst zu lösen. Nach dem Freiheitssatz besitzt die von s_N bis s_M erzeugte Untergruppe von $\overline{H}_t$ als definierende Relationen endlich viele der Relationen $\overline{P}_\lambda = 1$, und da man diese Relationen nach dem Obenstehenden zur Elimination überzähliger Erzeugender benutzen kann, ist jede solche Untergruppe eine freie Gruppe, so daß man das Identitätsproblem in ihr sicher lösen kann. Es bleibt als

Dritter Fall: $\alpha_1+\alpha_2 \neq 0$, $\beta_1+\beta_2=0$.

Wegen Hilfssatz 1 läßt sich dieser Fall auf den Fall $\beta_1=1$, $\beta_2=-1$ α_1 teilerfremd zu α_2: $(\alpha_1, \alpha_2)=1$ zurückführen, falls es gelingt, in

$$G\{a, b;\ a^{\alpha_1} b a^{\alpha_2} b^{-1} = 1;\quad (\alpha_1, \alpha_2) = 1\}$$

nicht nur das Identitätsproblem zu lösen, sondern auch zu entscheiden, wann ein Element $W(a, b)$ von G gleich einer Potenz von a ist, und in

$$G'\{a, b;\ a^{d\alpha_1} b a^{d\alpha_2} b^{-1} = 1\}$$

(d ganze Zahl, $|d| > 1$) zu entscheiden, wann ein Element gleich einer Potenz von b ist, falls das Identitätsproblem für G' gelöst ist. Die zweite Aufgabe ist auf Grund von Satz 2, § 2 durch einen schon beim „ersten Fall" $\alpha=\beta=0$ benutzten Schluß erledigt. Die erste dagegen wird erst im Laufe der folgenden Betrachtungen ihre Lösung finden.

Plan für die folgenden Untersuchungen. Wir gehen aus von der Gruppe $G(a, b;\ a^{\alpha_1} b a^{\alpha_2} b^{-1} = 1)$ mit $\alpha_1+\alpha_2 \neq 0$, $(\alpha_1, \alpha_2)=1$. Wollte man in G nur das Identitätsproblem lösen (man soll ja überdies noch entscheiden können, wann ein Wort von G gleich einer Potenz von a ist), so würde es hierzu genügen, das Identitätsproblem in der Untergruppe H_b von G zu lösen, die aus allen Worten von G besteht, die in b die Exponentensumme Null haben (§ 2, Satz 2, 2. Anwendung). H_b tritt nun als

Gruppe mit unendlich vielen Erzeugenden auf; da jedes Wort aus H_b aber nur aus endlich vielen Erzeugenden gebildet sein kann, genügt es, das Identitätsproblem in gewissen Untergruppen $\overline{H}_m$ von H_b zu lösen, wobei die $\overline{H}_m$ nur $m+1$ Erzeugende enthalten, die, wie sich herausstellt, sämtlich durch zwei von ihnen ausgedrückt werden können. Die $\overline{H}_m$ gehen dadurch in Gruppen von nur zwei Erzeugenden a_0 und a_m über. Um nun in den $\overline{H}_m$ das Identitätsproblem zu lösen, genügt es wieder, dasselbe für *die* Untergruppen der $\overline{H}_m$ zu lösen, die aus allen Worten bestehen, die in a_m die Exponentensumme Null haben. In diesen Untergruppen läßt sich dann das Identitätsproblem durch wiederholte Anwendung des Satzes von Schreier lösen.

Damit wäre das Identitätsproblem für G gelöst; aber es bleibt noch immer die Aufgabe, zu entscheiden, wann ein Wort $W(a, b)$ aus G gleich einer Potenz von a ist. Hier wird sich aber zeigen, daß diese Aufgabe schon gelöst ist, wenn man das Identitätsproblem für die Gruppen $\overline{H}_m$ lösen kann. Damit wird unser Beweis dann abgeschlossen sein.

Es soll also zunächst das Identitätsproblem für *die* Untergruppe H_b von

$$G(a, b;\ a^{\alpha_1} b a^{\alpha_2} b^{-1} = 1;\ \alpha_1 + \alpha_2 \neq 0;\ (\alpha_1, \alpha_2) = 1)$$

gelöst werden, die aus allen Worten von G besteht, die in b die Exponentensumme Null haben. Nach § 2, Satz 4 wird (wenn man $b^k a b^{-k} = a_k$ für $k = 0, \pm 1, \pm 2, \ldots$ setzt) H_b gegeben durch

$$H_b\{a_k;\ a_k^{\alpha_1} = a_{k+1}^{-\alpha_2};\quad k = 0, \pm 1, \pm 2, \ldots\}.$$

Da nun jedes Wort von H_b nur aus endlich vielen Erzeugenden besteht, genügt es weiter, das Identitätsproblem für alle aus endlich vielen a_k erzeugten Untergruppen von H_b zu lösen, und ohne Beschränkung der Allgemeinheit genügt es, als solche Untergruppen die von $a_0, a_1, \ldots, a_m$ (m ganze Zahl $\geqq 0$) erzeugten Untergruppen $\overline{H}_m$ zu betrachten. Nach dem Freiheitssatz werden diese definiert durch

$$\overline{H}_m\{a_0, a_1, \ldots, a_m;\ a_\mu^{\alpha_1} = a_{\mu+1}^{-\alpha_2};\quad \mu = 0, 1, \ldots, m-1\}.$$

Jetzt zeigt man, daß sich wegen $(\alpha_1, \alpha_2) = 1$ die Erzeugenden $a_1, a_2, \ldots, a_{m-1}$ durch a_0 und a_m ausdrücken lassen. Denn aus $a_0^{\alpha_1} = a_1^{-\alpha_2}$, $a_1^{\alpha_1} = a_2^{-\alpha_2}$ folgt zunächst $a_0^{\alpha_1^2} = a_1^{-\alpha_2 \cdot \alpha_1} = a_1^{\alpha_1 \cdot (-\alpha_2)} = a_2^{(-\alpha_2)^2}$, und allgemein

$$(3)\qquad a_0^{\alpha_1^{m-\mu}} = a_{m-\mu}^{(-\alpha_2)^{m-\mu}};\qquad a_{m-\mu}^{\alpha_1^\mu} = a_m^{(-\alpha_2)^\mu}\qquad (\mu = 0, 1, \ldots, m-1).$$

Nun gibt es wegen $(\alpha_1, \alpha_2) = 1$ für jedes $\mu = 1, 2, \ldots, m-1$ ein Paar ganzer Zahlen[22]) λ_1, λ_2, so daß

$$(4)\qquad \lambda_1 \alpha_1^\mu + \lambda_2 (-\alpha_2)^{m-\mu} = 1$$

[22]) Die natürlich von μ abhängen.

5*

ist, und infolgedessen wird

$$(5)\qquad a_{m-\mu} = a_0^{\lambda_2 \alpha_1^{m-\mu}} \cdot a_m^{\lambda_1 (-\alpha_2)^{\mu}}.$$

$\overline{H}_m$ wird also durch a_0 und a_m allein erzeugt. Nun muß man noch die zwischen a_0 und a_m bestehenden (wesentlichen) Relationen auffinden. Zunächst folgt aus (3) für $\mu = 0$

$$(6)\qquad a_0^{\alpha_1^m} = a_m^{(-\alpha_2)^m},$$

und weiter, wenn $\rightleftarrows$ *„vertauschbar mit"* bedeutet

$$(7)\qquad a_0^{\alpha_1^{m-\mu}} \rightleftarrows a_m^{(-\alpha_2)^{\mu}} \qquad (\mu = 1, 2, \ldots, m-1).$$

Die Relationen (6) und (7) bilden schon ein vollständiges System definierender Relationen für $\overline{H}_m$; denn gibt man $\overline{H}_m$ durch

$$\overline{H}_m(a_0, a_1, \ldots, a_m;\ a_\mu^{\alpha_1} = a_{\mu+1}^{\alpha_2};\quad \mu = 0, 1, \ldots, m-1),$$

und drückt die a_μ durch a_0 und a_m mittels (5) aus, so wird aus $a_\mu^{\alpha_1} = a_{\mu+1}^{-\alpha_2}$ unter Benutzung von (7) einfach eine Folge von (6) der Form $a_0^{\tau\alpha_1^m} = a_m^{\tau(-\alpha_2)^m}$, wobei τ eine ganze Zahl ist.

$\overline{H}_m$ ist jetzt also definiert durch

$$\overline{H}_m\{a_0, a_m;\ a_0^{\alpha_1^m} = a_m^{(-\alpha_2)^m};\ a_0^{\alpha_1^{m-\mu}} \rightleftarrows a_m^{(-\alpha_2)^{\mu}};\quad \mu = 1, \ldots, m-1\}.$$

Um nun in $\overline{H}_m$ das Identitätsproblem zu lösen, beachte man, daß es genügt, dasselbe für *die* Untergruppe $\overline{H}_m^*$ von $\overline{H}_m$ zu lösen, die aus *den* Worten von $\overline{H}_m$ besteht, die in a_m die Exponentensumme Null haben. Denn in jedem Wort $\overline{W}(a_0, a_m)$ aus $\overline{H}_m$, welches gleich eins ist, besitzt a_m eine durch $(-\alpha_2)^m$ teilbare Exponentensumme $M\cdot(-\alpha_2)^m$; es ist also das Wort

$$\overline{W}^* = \overline{W}\cdot a_0^{M\cdot\alpha_1^m} a_m^{-M\cdot(-\alpha_2)^m}$$

in $\overline{H}_m^*$ gelegen, und ebenfalls gleich eins.

Um nun das Identitätsproblem für $\overline{H}_m^*$ zu lösen, zeigt man zunächst wie in § 2, Satz 2, erste Anwendung, daß jedes Wort $\overline{W}^*(a_0, a_m)$, das $\overline{H}_m^*$ angehört, schon gleich eins ist auf Grund der Relationen

$$(8)\qquad a_0^{-\alpha_1^m} a_m^{(-\alpha_2)^m} \rightleftarrows a_0;\quad a_0^{-\alpha_1^m} a_m^{(-\alpha_2)^m} \rightleftarrows a_m$$

($\rightleftarrows$ heißt „vertauschbar mit") und

$$(9)\qquad a_0^{\alpha_1^{m-\mu}} \rightleftarrows a_m^{(-\alpha_2)^{\mu}} \qquad (\mu = 1, 2, \ldots, m-1).$$

Setzt man nun für $k = 0, \pm 1, \pm 2, \ldots$

$$a_m^k\, a_0\, a_m^{-k} = d_k,$$

so wird nach § 2, Satz 4 (da man (8) und (9) in den d_k schreiben kann) $\overline{H}_m^*$ gegeben durch

$$\overline{H}_m^*\{d_k;\ d_{k+(-\alpha_2)^{\mu}}^{\alpha_1^{m-\mu}} = d_k^{\alpha_1^{m-\mu}};\quad k = 0, \pm 1; \ldots;\ \mu = 0, 1, \ldots, m\}.$$

Für den Rest braucht man zunächst noch den folgenden

Hilfssatz 3. *In Gruppen von folgendem, kurz mit einem Stern * bezeichneten Typus*

$$\textit{Erzeugende:}\ e_i\ (i=1,2,\ldots),$$

$$\textit{Relationen:}\ e_i^{n_{ik}} = e_k^{n_{ik}}$$

(die n_{ik} sind irgendwelche ganzen Zahlen $\gtrless 0$; k durchläuft dieselben Indizes wie i), kann man stets entscheiden, wann ein Wort gleich einer Potenz einer Erzeugenden ist, wenn man das Identitätsproblem in ihnen lösen kann.

Beweis. Ist $W(e_{i_1}, e_{i_2}, \ldots) = e_k^l$, und sind $\varepsilon_1, \varepsilon_2, \ldots$ die Exponentensummen von $e_{i_1}, e_{i_2}, \ldots$ in W, so ist $l = \varepsilon_1 + \varepsilon_2 + \ldots$, also durch W schon eindeutig bestimmt. Geht man nämlich zu *der* Faktorgruppe unserer Gruppe über, welche entsteht, wenn man zu den vorhandenen Relationen noch die Relationen $e_1 = e_2 = e_3 = \ldots = e$ hinzufügt, so geht $W(e_{i_1}, e_{i_2}, \ldots) = e_k^l$ über in $e^{\varepsilon_1+\varepsilon_2+\cdots} = e^l$, und da aus den bestehenden Relationen keine Relation für e alleine folgen kann, ist $\varepsilon_1 + \varepsilon_2 + \ldots = l$.

Hieraus folgt mit Hilfe des Satzes von Schreier: Kann man das Identitätsproblem für Gruppen vom *-Typus lösen, so kann man es immer dann auch für das freie Produkt mit vereinigten Untergruppen derselben lösen, wenn man dabei als zu vereinigende Untergruppen solche Untergruppen wählt, die von einer Erzeugenden oder einer Potenz derselben erzeugt werden (diese Untergruppen sind also alle isomorph mit der freien Gruppe von einer Erzeugenden).

Jetzt kehre man zu $\overline{H}_m^*$ zurück. Man kann $-\alpha_2 > 0$ annehmen, und nach Elimination überflüssiger Erzeugenden $\overline{H}_m^*$ definieren durch

$$\overline{H}_m^*\{d_k;\ d_{k+(-\alpha_2)^\mu}^{\alpha_1^{m-\mu}} = d_k^{\alpha_1^{m-\mu}};\ \ k=0,1,\ldots,((-\alpha_2)^m-1);\ \mu=0,\ldots,m-1\},$$

wobei natürlich die Relationen nur so weit gelten, als in den Indizes der d keine von $0, 1, \ldots, ((-\alpha_2)^m - 1)$ verschiedenen Zahlen auftreten.

Um zu zeigen, wie man jetzt in $\overline{H}_m^*$ das Identitätsproblem löst, diene zunächst folgendes *einfache Beispiel*: Es sei $m = 2$, und $-\alpha_2 = +2$. $\overline{H}_m^*$ wird dann definiert durch die Erzeugenden d_0, d_1, d_2, d_3 und die Relationen

$$d_0^{\alpha_1^2} = d_1^{\alpha_1^2} = d_2^{\alpha_1^2} = d_3^{\alpha_1^2};$$

$$d_0^{\alpha_1} = d_2^{\alpha_1};\quad d_1^{\alpha_1} = d_3^{\alpha_1}.$$

Man sieht, daß unsere Gruppe freies Produkt mit vereinigten Untergruppen der folgenden Gruppen $\overline{\overline{H}}_2^*$ und $\overline{\overline{\overline{H}}}_2^*$ ist:

$$\overline{\overline{H}}_2^*\{d_0, d_2;\ d_0^{\alpha_1} = d_2^{\alpha_1}\}$$

und

$$\overline{\overline{\overline{H}}}_2^*\{d_1, d_3;\ d_1^{\alpha_1} = d_3^{\alpha_1}\},$$

wobei als zu vereinigende Untergruppen die von den Elementen $d_0^{\alpha_1^2}\,(=d_2^{\alpha_1^2})$ bzw. $d_1^{\alpha_1^2}\,(=d_3^{\alpha_1^2})$ erzeugten Untergruppen fungieren. $\overline{\overline{H}}{}^*$ ist seinerseits freies Produkt mit vereinigten Untergruppen der von d_0 und der von d_2 erzeugten Gruppen, wobei als zu vereinigende Untergruppen die von $d_0^{\alpha_1}$ bzw. $d_2^{\alpha_1}$ erzeugten Untergruppen fungieren. Analoges gilt für $\overline{\overline{H}}{}_2^*$. Durch zweimalige Anwendung von Hilfssatz 3 erkennt man also die Lösbarkeit des Identitätsproblems für dieses einfache Beispiel.

Analog löst man allgemein für die Gruppen $\overline{H}_m^*$ das Identitätsproblem. $\overline{H}_m^*$ ist nämlich freies Produkt mit vereinigten Untergruppen der folgenden $|\alpha_2|$ Gruppen $\overline{H}_{m,\sigma_1}^*$ $(\sigma_1 = 0, 1, \ldots, |\alpha_2| - 1)$ vom *-Typus: Durchläuft τ_1 die Zahlen $0, 1, \ldots, ((-\alpha_2)^{m-1} - 1)$ und σ_1 die Zahlen $0, 1, \ldots, ((-\alpha_2) - 1)$, so werde $\overline{H}_{m,\sigma_1}^*$ definiert[23]) durch

$$\overline{H}_{m,\sigma_1}^*\{d_{\sigma_1+\tau_1\cdot(-\alpha_2)};\ d_{\sigma_1+(\tau_1+(-\alpha_2)^{\mu})(-\alpha_2)}^{\alpha_1^{m-\mu-1}} = d_{\sigma_1+\tau_1\cdot(-\alpha_2)}^{\alpha_1^{m-\mu-1}}\},$$

wobei $\mu = 0, 1, \ldots, m-2$ ist, und als zu vereinigende Untergruppen fungieren die von den

$$d_{\sigma_1}^{\alpha_1^m}\,(= d_{\sigma_1+(-\alpha_2)}^{\alpha_1^m} = d_{\sigma_1+2\cdot(-\alpha_2)}^{\alpha_1^m} = \ldots = d_{\sigma_1+((-\alpha_2)^{m-1}-1)(-\alpha_2)}^{\alpha_1^m})$$

erzeugten Untergruppen der $\overline{H}_{m,\sigma_1}^*$.

Die Gruppen $\overline{H}_{m,\sigma_1}^*$ lassen sich genau so als freies Produkt der folgenden $-\alpha_2$ Gruppen $\overline{H}_{m,\sigma_1,\sigma_2}^*$ $(\sigma_2 = 0, 1, \ldots, ((-\alpha_2) - 1))$ vom *-Typus mit vereinigten Untergruppen darstellen: Durchläuft τ_2 die Zahlen $0, 1, \ldots, ((-\alpha_1)^{m-2} - 1)$, so wird $H_{m,\sigma_1,\sigma_2}^*$ definiert durch

$$\overline{H}_{m,\sigma_1,\sigma_2}^*\{d_{\sigma_1+\sigma_2\cdot(-\alpha_2)+\tau_2\cdot(-\alpha_2)^2};\ d_{\sigma_1+\sigma_2\cdot(-\alpha_2)+(\tau_2+(-\alpha_2)^{\mu})(-\alpha_2)^2}^{\alpha_1^{m-\mu-2}} = d_{\sigma_1+\sigma_2\cdot(-\alpha_2)+\tau_2\cdot(-\alpha_2)^2}^{\alpha_1^{m-\mu-2}}\},$$

wobei μ die Zahlen $0, 1, \ldots, m-3$ durchläuft und als zu vereinigende Untergruppen die von den

$$d_{\sigma_1+\sigma_2(-\alpha_2)}^{\alpha_1^{m-1}}\,(= d_{\sigma_1+\sigma_2(-\alpha_2)+1\cdot(-\alpha_2)^2}^{\alpha_1^{m-1}} = \ldots = d_{\sigma_1+\sigma_2(-\alpha_2)+((-\alpha_2)^{m-2}-1)(-\alpha_2)^2}^{\alpha_1^{m-1}})$$

erzeugten Untergruppen der $\overline{H}_{m,\sigma_1,\sigma_2}^*$ dienen[24]). Man sieht ohne Mühe, wie das weitergeht, und daß durch m-malige Anwendung von Hilfssatz 3 das Identitätsproblem in $\overline{H}_m^*$ auf das in freien Gruppen von einer Erzeugenden zurückgeführt wird.

Falls $-\alpha_2 < 0$ gelten entsprechende Formeln mit α_2 statt $-\alpha_2$.

Jetzt ist, wie oben (S. 67) angekündigt wurde, noch der Nachweis zu liefern, daß man in der ursprünglichen Gruppe $G(a, b;\ a^{\alpha_1} b a^{\alpha_2} b^{-1} = 1)$

---

[23]) Falls $m = 1$, treten keine Relationen mehr auf; man ist also fertig.

[24]) Falls $m = 2$, ist man damit fertig.

entscheiden kann, ob ein Wort $W(a, b)$ gleich einer Potenz von a ist, wenn man in den Gruppen $\overline{H}_m$ das Identitätsproblem lösen kann. Wir fragen also zunächst:

Was bedeutet die Aufgabe, in G zu entscheiden, ob ein Wort $W(a, b) = a^l$ = einer Potenz von a ist, für H_b? W gehört nach § 2, Satz 2 zu H_b und es gibt eine geeignete Potenz b^λ von b mit $\lambda \geqq 0$, so daß $b^\lambda W b^{-\lambda}$ zu $\overline{H}_m$ (bei hinreichend großem m) gehört. Ein solches λ ist leicht zu bestimmen, und wir wollen m so groß wählen, daß $0 \leqq \lambda \leqq m$ ist. Setzt man $b^\lambda W(a, b) b^{-\lambda} = \overline{W}(a_0, a_m)$, so ist also in $\overline{H}_m$ zu entscheiden, wann $\overline{W}(a_0, a_m) = a_\lambda^l$ wird. Setzt man $\lambda = m - \mu$ $(0 \leqq \mu \leqq m)$, so muß also (nach 5) $\overline{W}(a_0, a_m) = a_0^{l \cdot \lambda_2 \alpha_1^{m-\mu}} a_m^{l \lambda_1 (-\alpha_2)^\mu}$ aus $a_0^{\alpha_1^m} = a_m^{(-\alpha_2)^m}$ und (7) folgen; sind γ_0 bzw. γ_m die Exponentensummen von a_0 bzw. a_m in $\overline{W}$, so muß es also nach einer Verallgemeinerung[25]) von § 2, Satz 2, 1. Anwendung eine ganze Zahl ν geben, so daß

$$\nu \cdot \alpha_1^m = \gamma_0 - l \cdot \lambda_2 \alpha_1^{m-\mu},$$
$$-\nu(-\alpha_2)^m = \gamma_m - l \cdot \lambda_1 (-\alpha_2)^\mu$$

ist. Wegen $\lambda_1 \alpha_1^\mu + \lambda_2(-\alpha_2)^{m-\mu} = 1$ bestimmen sich ν und l hieraus eindeutig; l ist also schon durch W selbst eindeutig bestimmt[26]) und es genügt also, das Identitätsproblem für $\overline{H}_m$ zu lösen, um in G entscheiden zu können, wenn ein Wort gleich einer Potenz von a ist.

§ 5.

Die Untergruppen der Modulgruppe.

Die Modulgruppe G ist definiert durch zwei Erzeugende[27]) und die Relationen

$$a^2 = b^3 = 1.$$

Es soll zunächst gezeigt werden, daß die Kommutatorgruppe C der Modulgruppe freie Gruppe von zwei Erzeugenden ist. Die Kommutatorgruppe C der Modulgruppe besteht aus allen Worten $W(a, b)$, die in a und b die

---

[25]) In § 2, Satz 2, 1. Anwendung folgt $W = 1$ aus nur einer Relation $R = 1$; *hier* treten außer der Relation $a_0^{\alpha_1^m} = a_m^{(-\alpha_2)^m}$ noch weitere Relationen (7) auf, die aber beim Abelschmachen fortfallen, weil in ihnen alle Erzeugenden die Exponentensumme Null haben.

[26]) $l = \gamma_0 \left(\frac{-\alpha_2}{\alpha_1}\right)^{m-\mu} + \gamma_m \left(\frac{\alpha_1}{-\alpha_2}\right)^\mu$.

[27]) Den Erzeugenden a bzw. b entsprechen die linearen Substitutionen $z' = -\frac{1}{z}$ bzw. $z' = -\frac{1}{z+1}$ einer Variablen z.

Exponentensumme Null haben[28]). Nach § 2, Satz 2, erste Anwendung, ist ein solches Wort W in der Modulgruppe G schon gleich eins auf Grund der Relationen

(1) $$a^2 b a^{-2} b^{-1} = 1; \quad b^3 a b^{-3} a^{-1} = 1.$$

Das läßt sich so aussprechen: Die Kommutatorgruppe C der Modulgruppe G ist (einstufig) isomorph mit der Kommutatorgruppe der Gruppe $\bar{G}$, die die Erzeugenden a, b und die definierenden Relationen (1) besitzt. Die Kommutatorgruppe von $\bar{G}$ können wir also ebenfalls mit C bezeichnen.

Um nun Erzeugende und definierende Relationen von C zu finden, untersuche man zunächst *die* Untergruppe H_a von $\bar{G}$, die aus *den* Worten von $\bar{G}$ besteht, die in a die Exponentensumme Null haben. C ist nämlich Untergruppe von H_a.

Nach § 2, Satz 4 wird H_a erzeugt durch die

$$b_k = a^k b a^{-k} \qquad (k = 0, \pm 1, \pm 2, \ldots)$$

und alle Relationen zwischen den b_k folgen aus den Relationen

(2) $$b_{k+2} b_k^{-1} = 1; \quad b_k^3 b_{k+1}^{-3} = 1 \qquad (k = 0, \pm 1, \ldots.)$$

Alle b_k lassen sich also durch b_0 und b_1 ausdrücken, und zwischen diesen besteht nur noch die Relation

(3) $$b_1^3 b_0^{-3} = 1.$$

Damit nun ein Wort $\overline{W}(b_0, b_1)$ aus H_a, wenn man es mittels $b_0 = b$, $b_1 = a b a^{-1}$ in ein Wort $\overline{W}(b, a b a^{-1})$ aus $\bar{G}$ umwandelt, auch in b (und nicht nur in a) die Exponentensumme Null besitzt, muß offenbar in $\overline{W}(b_0, b_1)$ die Summe der Exponentensummen von b_0 und b_1 gleich Null sein. C, als Untergruppe von H_a betrachtet, besteht also aus *den* Worten aus H_a, für die die Summe der Exponentensummen von b_0 und b_1 gleich Null ist.

Um nun C durch Erzeugende und Relationen zu definieren, betrachte man zunächst *die* Untergruppe F' der *freien*, aus b_0 und b_1 erzeugten Gruppe $F(b_0, b_1)$, die aus allen Worten besteht, für die die Summe der Exponentensummen von b_0 und b_1 gleich Null ist. Es wird sich zeigen, daß F' freie Gruppe der Erzeugenden

$$\beta_i = b_0^i b_1 b_0^{-1} b_0^{-i} \qquad (i = 0, \pm 1, \pm 2, \ldots)$$

ist. Zunächst ist nämlich klar, daß die β_i frei sind, denn setzt man

$$b_0 = x, \quad b_1 = y \cdot x, \quad \text{so wird} \quad \beta_i = x^i y x^{-i}$$

und die $x^i y x^{-i}$ sind nach § 2, Satz 3 frei.

---

[28]) Natürlich gehören auch Worte, die nicht in a und b die Exponentensumme Null haben, zu C; aber diese Worte lassen sich durch die definierenden Relationen von G stets in Worte verwandeln, die in a und b die Exponentensummen Null haben, z. B. gehört $(a b)^6 = (a b)^6 a^{-6} b^{-6}$ zu C.

Weiter sieht man leicht ein, daß die β_i auch wirklich F' erzeugen, da ein Wort

$$\overline{W} \equiv b_0^{\gamma_1} b_1^{\delta_1} b_0^{\gamma_2} b_1^{\delta_2} \ldots b_0^{\gamma_m} b_1^{\delta_m}$$

aus F', für das also $\gamma_1 + \gamma_2 + \ldots + \gamma_m + \delta_1 + \delta_2 + \ldots + \delta_m = 0$ ist, auch geschrieben werden kann als

$$\overline{W} \equiv b_0^{\gamma_1} (b_1^{\delta_1} b_0^{-\delta_1}) b_0^{-\gamma_1} \cdot b_0^{\gamma_1+\delta_1+\gamma_2} \cdot (b_1^{\delta_2} b_0^{-\delta_2}) b_0^{-\gamma_1-\delta_1-\gamma_2} \ldots$$
$$\ldots b_0^{\gamma_1+\delta_1+\ldots+\gamma_m} (b_1^{\delta_m} b_0^{-\delta_m}) b_0^{-\gamma_1-\delta_1 \ldots -\gamma_m} \cdot b_0^{\gamma_1+\delta_1+\ldots+\gamma_m+\delta_m},$$

und da nach Voraussetzung $b_0^{\gamma_1+\delta_1+\ldots+\gamma_m+\delta_m} = 1$ ist, hat man nur zu zeigen, daß man jedes Wort $b_0^{\gamma}(b_1^{\delta} b_0^{-\delta}) b_0^{-\gamma}$ aus den β_i zusammensetzen kann, und das ist in der Tat möglich, denn es ist $b_0^{\gamma} b_1^{\delta} b_0^{-\delta} b_0^{-\gamma} = \beta_\gamma \cdot \beta_{\gamma+1} \cdot \beta_{\gamma+2} \ldots \beta_{\gamma+\delta-1}$.

Jetzt kehren wir zurück zu der Aufgabe, C als Untergruppe von $H_a(b_0, b_1;\, b_1^3 b_0^{-3} = 1)$ durch Erzeugende und Relationen zu definieren. C wird nach dem eben Bewiesenen sicher erzeugt durch die $\beta_i = b_0^i b_1 b_0^{-1} b_0^{-i}$, und es ist nur die Frage, welche Relationen aus $b_1^3 b_0^{-3} = 1$ für die β_i folgen. Um das zu untersuchen, geht man davon aus, daß für jedes Wort $\overline{W}(b_0, b_1)$ aus H_a, das gleich eins ist auf Grund von $b_1^3 b_0^{-3} = 1$, nach § 2, Satz 1 eine Identität besteht:

$$\overline{W} \equiv \prod_{\lambda=1}^{k} T_\lambda (b_1^3 b_0^{-3})^{\varepsilon_\lambda} T_\lambda^{-1},$$

wobei $\varepsilon_\lambda = \pm 1$ ist. $\overline{W}$ gehört offensichtlich zu C, da in $T_\lambda b_1^3 b_0^{-3} T_\lambda^{-1}$ die Summe der Exponentensummen von b_0 und b_1 gleich Null ist. Ist nun die Summe der Exponentensummen von b_0 und b_1 in T_λ gleich t_λ, so ist $T_\lambda \equiv T'_\lambda \cdot b_0^{t_\lambda}$, wo T'_λ zu C gehört und sich also durch die β_i ausdrücken läßt. Daraus folgt: Alle Relationen zwischen den β_i, die aus $b_1^3 b_0^{-3} = 1$ folgen, erhält man, wenn man die Relationen $b_0^{t_\lambda}(b_1^3 b_0^{-3})^{\varepsilon_\lambda} b_0^{-t_\lambda} = 1$ in den β_i schreibt, was die Relationen

(4) $$\beta_i \beta_{i+1} \beta_{i+2} = 1 \qquad (i = 0, \pm 1, \pm 2, \ldots)$$

ergibt, denn da sich $\overline{W}$ in der Form

$$\prod_{\lambda=1}^{k} T'_\lambda (\beta_{t_\lambda} \beta_{t_\lambda+1} \beta_{t_\lambda+2})^{\varepsilon_\lambda} T'^{-1}_\lambda$$

darstellen läßt, so ist $\overline{W}$, als Wort in den β_i betrachtet, sicher gleich eins auf Grund von (4) [29]).

Da in den Relationen (4) jede Erzeugende nur einmal vorkommt, kann man sie dazu benutzen, alle Erzeugenden durch zwei von ihnen, etwa β_{-1} und β_0, auszudrücken. Dadurch werden die Relationen (4) „aufgelöst“

[29]) Das eben benutzte Verfahren dient auch dazu, Satz 4 von § 2 aus Satz 1 und 3 von § 2 abzuleiten.

(d. h. zu Identitäten in β_{-1} und β_0) und β_{-1} *und* β_0 *sind also freie Erzeugende von* C. Als Element der Modulgruppe G geschrieben ist

$$\beta_{-1} = b^{-1} a b a^{-1}; \quad \beta_0 = a b a^{-1} b^{-1}.$$

Ihnen entsprechen die Substitutionen

$$z' = \frac{2z-1}{-z+1} \quad \text{bzw.} \quad z' = \frac{-z+1}{z-2}$$

einer Variablen z $\left(\text{falls } a \text{ und } b \text{ bzw. die Substitutionen } z' = \frac{-1}{z} \text{ und } z' = \frac{-1}{z+1} \text{ entsprechen}\right)$.

Jetzt sei Γ eine beliebige Untergruppe der Modulgruppe G. Der Durchschnitt von Γ und C heiße Δ; Δ ist invariante Untergruppe von Γ und, als Untergruppe der freien Gruppe C nach einem Satz von O. Schreier[30]), selbst eine freie Gruppe (wobei wir das Einheitselement als freie Gruppe von Null Erzeugenden betrachten).

Die Faktorgruppe Γ/Δ von Δ in Γ ist einstufig isomorph mit einer Untergruppe der Faktorgruppe G/C von C in G; G/C wird aber definiert durch die Erzeugenden a, b und die Relationen

$$a^2 = b^3 = a b a^{-1} b^{-1} = 1,$$

da man die Faktorengruppe einer invarianten Untergruppe bekommt, indem man zu den definierenden Relationen der Gesamtgruppe noch die Relationen hinzufügt, die sich ergeben, wenn man alle Elemente der invarianten Untergruppe gleich eins setzt.

G/C ist also die zyklische Gruppe der Ordnung 6, und Γ/Δ besitzt somit eine der Ordnungen 1, 2, 3 oder 6.

---

[30]) O. Schreier, Die Untergruppen der freien Gruppen, Abh. aus dem Math. Seminar d. Hamburgischen Universität 5, S. 161, Leipzig 1927.

(Eingegangen am 25. 10. 1930.)

Reprinted from
Mathematische Annalen **105** (1931), 52–74.

Das Identitätsproblem für Gruppen mit einer definierenden Relation.

Von

W. Magnus in Göttingen.

Einleitung.

Es sei eine Gruppe gegeben durch gewisse (endlich oder abzählbar unendlich viele) erzeugende Elemente $a_1, a_2, a_3, \ldots$ und gewisse zwischen diesen bestehende „definierende Relationen“:

$$R_k(a_1, a_2, a_3, \ldots) = 1 \qquad (k = 1, 2, 3, \ldots).$$

Jeder aus den Erzeugenden $a_1, a_2, a_3, \ldots$ und ihren Reziproken $a_1^{-1}, a_2^{-1}, a_3^{-1}, \ldots$ gebildete endliche Ausdruck (jedes „*Wort*“, wie wir sagen wollen) repräsentiert dann ein Element der Gruppe; aber nicht in eindeutiger Weise: vielmehr läßt sich jedes Element auf unendlich viele Weisen durch Worte repräsentieren. Das Identitäts- oder Wortproblem ist nun die Aufgabe, ein Verfahren zu finden, um von zwei beliebigen Worten W_1 und W_2 in endlich vielen Schritten zu entscheiden, ob sie dasselbe Gruppenelement repräsentieren, oder, was dasselbe ist, um von einem beliebigen Wort zu entscheiden, ob es gleich eins ist oder nicht.

Das Identitätsproblem ist erstens unmittelbar für die Topologie von Bedeutung[1]); aber zweitens ist es wohl überhaupt für die Untersuchung unendlicher Gruppen wichtig; will man z. B. eine Untergruppe H einer durch Erzeugende und definierende Relationen gegebenen Gruppe G ihrerseits durch Erzeugende und definierende Relationen darstellen, so hat man ein System von Repräsentanten der Nebengruppen von H in G anzugeben[2]) und

[1]) Siehe M. Dehn, Über unendliche diskontinuierliche Gruppen. Math. Annalen 71 (1912), S. 116.

[2]) Siehe K. Reidemeister, Knoten und Gruppen. Abhandlungen aus dem mathematischen Seminar der hamburgischen Universität 5 (1927), S. 7; O. Schreier, Die Untergruppen der freien Gruppen, ebenda S. 161.

ein Verfahren, um zu jedem Element von G den zugehörigen Repräsentanten zu finden. Falls H invariant ist, impliziert dies das Identitätsproblem für G/H.

Im folgenden soll das Identitätsproblem für Gruppen mit nur *einer* definierenden Relation gelöst werden. Dabei wird man natürlich einen gewissen Einblick in die Struktur der Gruppen mit einer definierenden Relation erhalten, wie z. B. ein unten formulierter Satz über die in ihnen als Untergruppen enthaltenen „freien" Gruppen zeigt. Freie Gruppen sind solche mit gar keiner definierenden Relation[3]); zwei Worte W_1 und W_2, die dasselbe Element einer freien Gruppe repräsentieren, lassen sich durch Anwendung der Regeln $a_1 a_1^{-1} = 1$, $a_1^{-1} a_1 = 1$; $a_2 a_2^{-1} = 1$, $a_2^{-1} a_2 = 1, \ldots$ ineinander überführen; wir sagen dafür: W_1 ist identisch mit W_2, und schreiben $W_1 \equiv W_2$.

Es gilt: Unter allen miteinander identischen Worten W gibt es genau eines, W_0, welches sich nicht mehr mit weniger Zeichen[4]) schreiben läßt; man erhält es, indem man aus einem beliebigen Wort W so oft als möglich alle Zeichenfolgen $a_1 a_1^{-1}$, $a_1^{-1} a_1$; $a_2 a_2^{-1}, \ldots$ streicht; das gleiche gilt, wenn man alle Worte W „*zyklisch*" schreibt, d. h. das erste Zeichen als dem letzten benachbart ansieht und dementsprechend identische Umformungen vornimmt. Man kann also in einer freien Gruppe nicht nur das Identitätsproblem lösen, sondern auch das Transformationsproblem, d. h. man kann entscheiden, ob es zu zwei Worten W_1 und W_2 ein drittes, T, gibt, so daß

$$W_1 \equiv T W_2 T^{-1}$$

ist. Ebenso kann man in freien Gruppen das weiter unten formulierte „erweiterte" Identitätsproblem lösen.

---

[3]) Grundsätzlich sind freie Gruppen solche, welche überhaupt eine Darstellung mit Erzeugenden, zwischen denen keine Relation besteht, zulassen. Im folgenden werden wir jedoch meist dann von freien Gruppen reden, wenn zwischen den in der betreffenden Darstellung benutzten Erzeugenden keine Relation besteht. Z. B. erzeugen a, b, c eine freie Gruppe von zwei Erzeugenden, wenn zwischen ihnen die Relation $(abc)^2 ab = 1$ besteht; es gibt aber noch kein allgemeines Verfahren, um von einer beliebigen Gruppe zu entscheiden, ob sie mit einer freien Gruppe isomorph ist oder nicht.

[4]) Lautet ein Wort, ausführlich geschrieben,

$$a_{i_1}^{\varepsilon_1} a_{i_2}^{\varepsilon_2} a_{i_3}^{\varepsilon_3} \ldots a_{i_k}^{\varepsilon_k},$$

wobei $\varepsilon_1 = \pm 1$, $\varepsilon_2 = \pm 1, \ldots$ ist, und die Zahlen $i_1, i_2, i_3, \ldots, i_k$ irgend welche Zahlen der Reihe $1, 2, 3, \ldots$ sind, so heißt k die Zahl der *Zeichen*, aus denen das Wort besteht. Dagegen heißt die Zahl der verschiedenen in dem Wort vorkommenden a_i die Zahl der in ihm auftretenden *Erzeugenden*.

Diese Tatsachen werden im folgenden oft benutzt werden, da erstens manche Aufgaben z. B. auf ein Transformationsproblem in einer freien Gruppe zurückgeführt werden, und da zweitens die Gruppen mit einer definierenden Relation überhaupt mit den freien Gruppen eng verknüpft sind; das zeigt sowohl ihr später zu besprechender Aufbau mit Hilfe der Schreierschen Konstruktion des „freien Produktes mit vereinigten Untergruppen" zweier Gruppen, als auch z. B. der Satz, daß Gruppen mit einer definierenden Relation „im allgemeinen" freie Untergruppen von zwei (und also auch solche von unendlich vielen) Erzeugenden enthalten. Ausnahmen sind nur die folgenden Fälle:

1. Die Gruppe besitzt nur eine Erzeugende,

2. Die Gruppe besitzt zwei Erzeugende a und b und ist isomorph mit einer Gruppe mit einer der definierenden Relationen

$$a b a^n b^{-1} = 1 \qquad (n = 0, \pm 1, \pm 2, \ldots).$$

In diesen Fällen ist die Kommutatorgruppe Abelsch.

Der Beweis hierfür läßt sich im wesentlichen[5]) mit Hilfe der im folgenden benutzten Mittel führen.

Bei der Lösung des Identitätsproblems stellt es sich als zweckmäßig heraus, sogleich eine etwas allgemeinere Aufgabe zu lösen, die im folgenden als *„erweitertes Identitätsproblem"* bezeichnet wird. Es handelt sich dabei um folgendes:

Es mögen die Erzeugenden $a_{i_1}, a_{i_2}, a_{i_3}, \ldots$ eine beliebige, eventuell leere Teilmenge der Menge der Erzeugenden a_i $(i = 1, 2, 3, \ldots)$ der vorliegenden Gruppe G bilden. Es sei ferner

$$W(\ldots a_i \ldots)$$

ein beliebiges Wort aus den a_i. Dann wird nach einem Verfahren gesucht, um in endlich vielen Schritten zu entscheiden, ob sich W auf Grund der definierenden Relation $R = 1$ von G in irgendein Wort

$$\overline{W}(\ldots a_{i\lambda} \ldots)$$

verwandeln läßt, das nur noch aus den Erzeugenden $a_{i_1}, a_{i_2}, \ldots$ besteht (falls die Menge derselben leer ist, ist natürlich $\overline{W} = 1$). Dabei soll stets gefordert werden (auch wenn es nicht ausdrücklich gesagt ist), daß man, falls W gleich einem Worte $\overline{W}$ ist, mindestens ein solches Wort $\overline{W}$ auch

[5]) Man braucht außer den Sätzen der folgenden Paragraphen noch einige Untersuchungen über das „Wurzelproblem". Siehe Magnus, Über diskontinuierliche Gruppen mit einer definierenden Relation, § 7, in Journal für die reine u. angew. Mathematik **163** (1930).

wirklich angeben kann. Das erweiterte Identitätsproblem ist also eine Frage, die völlig von der speziellen Darstellung der Gruppe abhängt.

Die Lösung des erweiterten Identitätsproblems geschieht in mehreren Schritten. In § 1 wird zunächst gezeigt werden, wie sich mit Hilfe eines Satzes von O. Schreier[6]) über die „Existenz des freien Produktes mit vereinigten Untergruppen" zweier Gruppen und des sogenannten „Freiheitssatzes[7])" gewisse Vereinfachungen der Fragestellung ergeben; u. a. auch die Lösung des erweiterten Identitätsproblems in einem Spezialfall. In § 2 wird dann unter gewissen einschränkenden Bedingungen eine Zurückführung des erweiterten Identitätsproblems in der ursprünglich gegebenen Gruppe G auf die Lösung desselben für eine einrelationige Gruppe H_0, deren definierende Relation weniger Zeichen enthält als die von G, vorgenommen. Wesentliche Hilfsmittel sind dabei der oben erwähnte Satz von O. Schreier und der Freiheitssatz. In § 3 wird dann gezeigt, daß man die einschränkenden Voraussetzungen des § 2 stets durch Einbettung der vorgegebenen Gruppe G in eine umfassendere Gruppe $\bar{G}$ erfüllen kann.

§ 1.

Vereinfachungen und Hilfsmittel.

Es seien wieder $a_1, a_2, a_3, \ldots$ die Erzeugenden unserer Gruppe G. Ihre Zahl braucht nicht endlich zu sein, aber es ist jedenfalls gewiß, daß in der definierenden Relation $R = 1$ von G nur endlich viele Erzeugende auftreten. Wir wollen nun sagen, eine bestimmte Erzeugende, etwa a_1, trete in der Relation $R = 1$ *„wirklich"* auf, wenn R, zyklisch geschrieben, nicht durch identische Umformungen in einen Ausdruck verwandelt werden kann, der a_1 nicht mehr enthält, oder anders ausgedrückt, wenn es kein Wort T gibt, so daß TRT^{-1} identisch ist mit einem Wort, das a_1 nicht mehr enthält. Nach dem „Freiheitssatz"[7]) gilt dann: *Kommt eine Erzeugende, etwa a_1, in der Relation $R = 1$ von G wirklich vor, so besteht zwischen den von a_1 verschiedenen Erzeugenden von G keine Relation; dieselben erzeugen eine freie Gruppe.*

Dies liefert eine erste Vereinfachung des erweiterten Identitätsproblems: Will man von einem Worte W aus den a_i $(i = 1, 2, 3, \ldots)$ entscheiden, ob es gleich einem Worte $\overline{W}$ aus den Erzeugenden $a_{i_1}, a_{i_2}, a_{i_3}, \ldots$ ist, und kommt a_1 unter den Erzeugenden $a_{i_1}, a_{i_2}, a_{i_3}, \ldots$ nicht vor, so genügt es, ein Verfahren zu finden, um zu entscheiden, ob W gleich einem Wort W' aus den Erzeugenden $a_2, a_3, \ldots$ ist, und W gegebenenfalls in W' zu ver-

---

[6]) S. Anmerkung [2]).

[7]) S. Anmerkung [5]).

wandeln; denn wenn dann W' gleich einem Worte $\overline{W}$ ist, ist $W' \equiv \overline{W}$, und ob das der Fall ist oder nicht, ist leicht zu entscheiden[8]).

Weitere Vereinfachungen liefert ein Satz von O. Schreier[9]), den wir für unsere Zwecke so formulieren:

Eine Gruppe G sei gegeben durch zwei Systeme von Erzeugenden a_μ ($\mu = 1, 2, 3, \ldots$) und b_ν ($\nu = 1, 2, 3, \ldots$), zwischen denen erstens die Relationen

$$R_i(\ldots a_\mu \ldots) = 1 \quad \text{und} \quad S_k(\ldots b_\nu \ldots) = 1 \qquad (i, k = 1, 2, \ldots)$$

bestehen mögen; die von den a_μ bzw. b_ν erzeugten Gruppen mit den definierenden Relationen $R_i = 1$ bzw. $S_k = 1$ mögen $\mathfrak{A}$ bzw. $\mathfrak{B}$ heißen. Die Teilmengen $a_{\mu_1}, a_{\mu_2}, a_{\mu_3}, \ldots$ bzw. $b_{\nu_1}, b_{\nu_2}, b_{\nu_3}, \ldots$ der Erzeugenden a_μ bzw. b_ν mögen Untergruppen $\mathfrak{C}_1$ bzw. $\mathfrak{C}_2$ von $\mathfrak{A}$ bzw. $\mathfrak{B}$ erzeugen. $\mathfrak{C}_1$ und $\mathfrak{C}_2$ seien holoëdrisch isomorph, und zwar so, daß die Zuordnung von a_{μ_λ} zu b_{ν_λ} ($\lambda = 1, 2, 3, \ldots$) eine isomorphe Abbildung von $\mathfrak{C}_1$ auf $\mathfrak{C}_2$ liefert. Unsere Gruppe G besitze dann zweitens außer $R_i = 1$, $S_k = 1$ noch die definierenden Relationen

$$a_{\mu_\lambda} = b_{\nu_\lambda} \qquad (\lambda = 1, 2, 3, \ldots).$$

G heißt freies Produkt von $\mathfrak{A}$ und $\mathfrak{B}$ mit vereinigten Untergruppen $\mathfrak{C}_1$ und $\mathfrak{C}_2$; falls $\mathfrak{C}_1$ und $\mathfrak{C}_2$ nur aus dem Einheitselement bestehen (z. B. die Menge der a_{μ_λ} leer ist), heißt G einfach freies Produkt von $\mathfrak{A}$ und $\mathfrak{B}$. Wir setzen noch $a_{\mu_\lambda} = b_{\nu_\lambda} = c_\lambda$ und bezeichnen mit $A_1, A_2, \ldots$ bzw. $B_1, B_2, \ldots$ bzw. $C, C_1, \ldots$ irgend welche Worte aus den a_μ bzw. b_ν bzw. c_λ. Dann gilt:

Jedes Wort W aus G läßt sich in einer der Formen

$$C; \quad A_1 B_1 A_2 B_2 \ldots A_K B_K$$

darstellen, wobei A_1 und B_K gleich eins sein dürfen, aber im übrigen keines der Worte A und B gleich einem Worte C ist — falls nicht W überhaupt gleich C ist. Eine solche Darstellung wollen wir reduziert nennen. Ist $W \neq C$, und

$$W = \bar{A}_1 \bar{B}_1 \bar{A}_2 \bar{B}_2 \ldots \bar{A}_L \bar{B}_L$$

eine zweite reduzierte Darstellung von W, so gilt $K = L$ und

$$\bar{C}_1 A_1 = \bar{A}_1 C_1,\ \bar{C}_2 A_2 = \bar{A}_2 C_2, \ldots,\ \bar{C}_L A_L = \bar{A}_L C_L,$$
$$\bar{C}'_1 B_1 = \bar{B}_1 C'_1,\ \bar{C}'_2 B_2 = \bar{B}_2 C'_2, \ldots,\ \bar{C}'_L B_L = \bar{B}_L C'_L$$

(wobei zu beachten ist, daß die c_λ sowohl als Erzeugende a_μ wie als b_ν aufgefaßt werden können). — Daraus folgt der

[8]) S. Einleitung.

[9]) S. Anmerkung [2]).

Hilfssatz. *Ist W ein beliebiges Wort aus der Gesamtgruppe G, und kann man in $\mathfrak{A}$ und $\mathfrak{B}$ entscheiden, ob ein Wort A oder B sich in ein solches aus den c_λ verwandeln läßt, so kann man von W entscheiden, ob es sich in ein Wort A (oder in ein Wort B) verwandeln läßt.* In der Tat: Ist

$$W \equiv A_1 B_1 A_2 B_2 \ldots A_M B_M$$

die vorgelegte nicht notwendig reduzierte Darstellung von W mit Hilfe der Erzeugenden a_μ und b_ν, so untersuche man zunächst — falls $M > 1$ —, ob eines der Worte A oder B sich in ein Wort aus den c_λ verwandeln läßt. Ist dies etwa für A_m der Fall, so ist — auf Grund von $R_i = 1$ — $A_m = C_m$, also gleich einem Wort in den b_ν, und man kann

$$B_{m-1} A_m B_m = B'_m$$

setzen, wobei B'_m ein neues Wort aus den b_ν ist. Jetzt wende man auf die so erhaltene Darstellung von W:

$$W = A_1 B_1 A_2 B_2 \ldots A_{m-1} B'_m A_{m+1} \ldots A_M B_M$$

dasselbe Reduktionsverfahren an. Man kommt dann nach höchstens M Schritten auf eine reduzierte Darstellung von W, und von dieser läßt sich nach dem Obenstehenden sofort entscheiden, ob sie sich in ein Wort A oder B überführen läßt.

Von diesem Satz machen wir zunächst nur die folgende Anwendung auf unsere ursprüngliche Gruppe G mit den Erzeugenden $a_1, a_2, a_3, \ldots$ und der definierenden Relation $R = 1$: Kommen in R etwa die Erzeugenden $a_1, a_2, \ldots, a_n$ wirklich vor, und sonst keine, so ist G freies Produkt der von $a_{n+1}, a_{n+2}, \ldots$ erzeugten freien Gruppe und der Gruppe G' mit den Erzeugenden $a_1, a_2, \ldots, a_n$ und der definierenden Relation $R = 1$. Es genügt also, für G' das erweiterte Identitätsproblem zu lösen, wenn man es für G lösen will. Kommt in R also etwa nur eine Erzeugende wirklich vor, so ist G' eine zyklische Gruppe, und man kann für G das erweiterte Identitätsproblem gewiß lösen.

§ 2.

Lösung des erweiterten Identitätsproblems in einem Sonderfall.

Im vorigen Paragraphen wurde gezeigt, daß es zur Lösung des erweiterten Identitätsproblems in beliebigen Gruppen mit einer definierenden Relation genügt, dasselbe für alle Gruppen G mit endlich vielen Erzeugenden $a_1, a_2, \ldots, a_n$ und einer definierenden Relation

$$R(a_1, a_2, \ldots, a_n) = 1$$

zwischen diesen zu lösen, wobei R, zyklisch geschrieben, die sämtlichen Erzeugenden $a_1, a_2, \ldots, a_n$ wirklich enthält.

Es soll nun im folgenden gezeigt werden, daß sich das erweiterte Identitätsproblem sicher dann für die Gruppe G lösen läßt, wenn es sich für alle die Gruppen G^* mit einer definierenden Relation lösen läßt, für welche die über G gemachten Voraussetzungen erfüllt sind und deren definierende Relation weniger Zeichen enthält als R; damit ist dann das erweiterte Identitätsproblem überhaupt für alle Gruppen mit einer definierenden Relation gelöst, da es sich ja z. B. immer für Gruppen lösen läßt, deren definierende Relation nur eine Erzeugende enthält.

Zunächst ist allerdings zu sagen, daß das im folgenden anzugebende Verfahren, die Lösung des erweiterten Identitätsproblems in G auf die Lösung desselben in G^* zu reduzieren, sich nur mit zwei Einschränkungen durchführen läßt: Die Relation $R = 1$ von G muß so beschaffen sein, daß in R mindestens zwei Erzeugende wirklich vorkommen, und daß überdies mindestens eine der in R wirklich auftretenden Erzeugenden in R die „Exponentensumme"[10]) Null besitzt. (Die zweite Forderung umfaßt übrigens die erste.) Der Fall, daß in R nur eine Erzeugende auftritt, ist nach den Ergebnissen des § 1 schon erledigt. Dagegen bedarf der Fall, daß in R zwar mehrere (mindestens zwei) Erzeugende auftreten, die aber alle in R eine von Null verschiedene Exponentensumme besitzen, einer besonderen Behandlung. Wir werden indessen später (in § 3) zeigen, daß sich dieser Fall stets auf den hier behandelten zurückführen läßt.

Schließlich sei bemerkt, daß sich alle Betrachtungen im wesentlichen schon in dem Fall vorführen lassen, daß die Gruppe G höchstens drei Erzeugende besitzt; wir wollen daher jetzt a_1 mit a, a_2 mit b, a_3 (das nicht notwendig aufzutreten braucht) mit c bezeichnen, und die etwa noch vorhandenen Erzeugenden stets durch Punkte ... andeuten; dies wird die Schreibweise übersichtlicher machen.

Es seien also $a, b, c, \ldots$ die Erzeugenden, $R(a, b, c, \ldots) = 1$ die definierende Relation von G, und es habe zunächst a in R die Exponentensumme Null. Alle Elemente von G, welche in a die Exponentensumme Null haben, bilden eine (invariante) Untergruppe H von G, die man, wie an anderer Stelle gezeigt wurde[11]), in der folgenden Weise mit Hilfe von Erzeugenden und definierenden Relation darstellen kann:

---

[10]) Ist

$$W \equiv a_1^{\alpha_{11}} a_2^{\alpha_{12}} \ldots a_n^{\alpha_{1n}} a_1^{\alpha_{21}} a_2^{\alpha_{22}} \ldots a_n^{\alpha_{2n}} \ldots a_1^{\alpha_{k1}} a_2^{\alpha_{k2}} \ldots a_n^{\alpha_{kn}},$$

so heißt

$$\alpha_\nu = \sum_{\lambda=1}^{k} \alpha_{\nu\lambda}$$

die Exponentensumme von a_ν in W. a_ν ist invariant gegenüber identischen Umformungen von W.

[11]) S. Anmerkung [5]).

Man setze

$$a^k b a^{-k} = b_k,\ a^k c a^{-k} = c_k, \ldots$$

für alle ganzen Zahlen $k = 0, \pm 1, \pm 2, \ldots$. Dann erzeugen die $b_k, c_k, \ldots$ die Gruppe H, und die definierenden Relationen von H, welche zwischen den $b_k, c_k, \ldots$ bestehen, erhält man, indem man zunächst R in den $b_k, c_k, \ldots$ ausdrückt, was ohne weiteres möglich ist, da a in R die Exponentensumme Null besitzt[12]). R gehe dabei in ein Wort $\bar{R}$ aus den $b_k, c_k, \ldots$ über; die in $\bar{R}$ wirklich auftretenden b_k mögen mit b_μ, die in $\bar{R}$ auftretenden c_k mit c_ν bezeichnet werden, wobei also μ und ν je eine gewisse endliche Menge ganzer Zahlen der Reihe $0, \pm 1, \pm 2, \ldots$ durchlaufen. Dann gilt: Ist

$$R(a, b, c, \ldots) = \bar{R}(b_\mu, c_\nu, \ldots),$$

so folgen alle zwischen den $b_k, c_k, \ldots$ überhaupt bestehenden Relationen aus den Relationen

$$\bar{R}_\lambda \equiv \bar{R}(b_{\mu+\lambda}, c_{\nu+\lambda}, \ldots) = 1 \qquad (\lambda = 0, \pm 1, \ldots),$$

wobei also λ für jede Relation eine feste Zahl ist, während μ und ν in $\bar{R}_\lambda$ einen gewissen endlichen Wertevorrat durchlaufen. H wird in dieser Form mit Hilfe von unendlich vielen Erzeugenden und definierenden Relationen dargestellt, wobei aber diese Erzeugenden sich in einer besonders einfachen Weise über die Relationen verteilen, und die Relationen — in einem unmittelbar verständlichen Sinne — „isomorph" sind. Außerdem ist für das Folgende die Tatsache wichtig, daß *die $\bar{R}_\lambda$ weniger Zeichen enthalten als R, und zwar enthalten sie mindestens so viel Zeichen weniger als R, wie die Anzahl der a-Zeichen in R beträgt.* Das geht z. B. ohne weiteres aus der Darstellung der Umwandlung von R in $\bar{R}$ in Anmerkung 12 hervor.

Es ist nun zu untersuchen, welche Kenntnisse über H erforderlich sind, um das erweiterte Identitätsproblem in G zu lösen. Wie in § 1 gezeigt wurde, müssen wir von einem beliebigen Wort $W(a, b, c, \ldots)$ aus G nur entscheiden können, ob es sich in ein Wort W' verwandeln läßt,

---

[12]) Beweis. Es habe R die Form

$$R \equiv a^{\alpha_1} b^{\beta_1} c^{\gamma_1} \ldots a^{\alpha_2} b^{\beta_2} c^{\gamma_2} \ldots a^{\alpha_k} b^{\beta_k} c^{\gamma_k} \ldots,$$

wobei einige der Exponenten auch Null sein dürfen. Nach Voraussetzung ist $\alpha_1 + \alpha_2 + \ldots + \alpha_k = 0$. Andererseits ist

$$R \equiv (a^{\alpha_1} b\, a^{-\alpha_1})^{\beta_1} (a^{\alpha_1} c\, a^{-\alpha_1})^{\gamma_1} \ldots (a^{\alpha_1+\alpha_2} b\, a^{-\alpha_1-\alpha_2})^{\beta_2}$$
$$\times (a^{\alpha_1+\alpha_2} c\, a^{-\alpha_1-\alpha_2})^{\gamma_2} \ldots (a^{\alpha_1+\alpha_2+\ldots+\alpha_k} b\, a^{-\alpha_1-\alpha_2-\ldots-\alpha_k})^{\beta_k}$$
$$\times (a^{\alpha_1+\alpha_2+\ldots+\alpha_k} c\, a^{-\alpha_1-\alpha_2-\ldots-\alpha_k})^{\gamma_k} \ldots a^{\alpha_1+\alpha_2+\ldots+\alpha_k}.$$

Und da $a^{\alpha_1+\alpha_2+\ldots+\alpha_k} = 1$ ist, ist unsere Behauptung bewiesen.

das eine bestimmte der Erzeugenden $a, b, c, \ldots$ nicht mehr enthält, und müssen gegebenenfalls ein solches W' wirklich hinschreiben können. Da im vorhergehenden a vor den übrigen Erzeugenden ausgezeichnet wurde, zerfällt unsere Untersuchung in zwei Teile:

Erstens: wenn ein Wort $W(a, b, c, \ldots)$ sich in ein Wort W' verwandeln läßt, das a nicht mehr enthält, so hat a in W die Exponentensumme Null[13]). W gehört also zu H und läßt sich durch die $b_k, c_k, \ldots$ ausdrücken. W' gehört ebenfalls zu H und läßt sich, da es a nicht mehr enthält, allein durch $b_0, c_0, \ldots$ ausdrücken. Hieraus entnimmt man leicht:

Notwendig und hinreichend dafür, daß man entscheiden kann, ob ein Wort $W(a, b, c, \ldots)$ sich in ein Wort W' verwandeln läßt, das a nicht mehr enthält, ist die Entscheidbarkeit der Frage, ob ein beliebiges Wort

$$\overline{W}(b_k, c_k, \ldots)$$

aus H sich in ein Wort $\overline{W}'$ aus H verwandeln läßt, das nur aus $b_0, c_0, \ldots$ besteht.

Zweitens: Soll sich ein Wort $W(a, b, c, \ldots)$ in ein Wort W' verwandeln lassen, das eine von a verschiedene Erzeugende, etwa b, nicht mehr enthält, so muß sich auch $Wa^{-\alpha}$ in ein solches Wort W' verwandeln lassen, wobei α die Exponentensumme von a in W ist. a hat in $Wa^{-\alpha}$ die Exponentensumme Null und gehört somit zu H, läßt sich also durch die $b_k, c_k, \ldots$ ausdrücken. Ein Wort W', das gleich $Wa^{-\alpha}$ ist und das b nicht mehr enthält, muß ebenfalls in a die Exponentensumme Null haben[13]). Daraus folgt ohne weiteres, daß es für uns genügt, *ein Verfahren zu finden, um von einem beliebigen Wort*

$$\overline{W}(b_k, c_k, \ldots)$$

aus H entscheiden zu können, ob es sich in ein Wort $\overline{W}'(c_k, \ldots)$ verwandeln läßt, das die b_k nicht mehr enthält. Gegebenenfalls soll man ein solches Wort $\overline{W}'$ natürlich wirklich hinschreiben können. Damit ist das erweiterte Identitätsproblem für G zunächst auf die Lösung von zwei Aufgaben für H reduziert; um diese zu behandeln, ist eine eingehende Betrachtung von H erforderlich.

In den definierenden Relationen von H:

$$\overline{R}_\lambda \equiv \overline{R}(b_{\mu+\lambda}, c_{\nu+\lambda}, \ldots) = 1$$

möge der größte als Index eines b_μ auftretende Wert von μ mit M_1, der kleinste mit M_0 bezeichnet werden. *$b_{M_0+\lambda}$ und $b_{M_1+\lambda}$ kommen also in den zyklisch geschriebenen $\overline{R}_\lambda$ wirklich vor.*

[13]) Denn W' entsteht aus W durch Fortlassen und Hinzufügen von R und R^{-1} und durch identische Umformungen, und da a in R die Exponentensumme Null hat, ändert sich dabei die Exponentensumme von a nicht.

Es seien nun μ_0 und μ_1 irgend zwei ganze Zahlen, und es sei $\mu_0 \leqq \mu_1$. Dann bezeichnen wir mit Γ_{μ_0, μ_1} die von

$$b_{\mu_0}, b_{\mu_0+1}, \ldots, b_{\mu_1}$$

und von allen $c_k, \ldots$ $(k = 0, \pm 1, \pm 2, \ldots)$ erzeugte Untergruppe von H. Diejenigen Gruppen Γ_{μ_0, μ_1}, für die $\mu_1 - \mu_0 = M_1 - M_0$ ist, bezeichnen wir insbesondere als H_λ, wobei $\lambda = \mu_1 - M_1 = \mu_0 - M_0$ ist. Zur Veranschaulichung dieser Bezeichnungen diene das folgende Schema:

Gruppe		Erzeugende
Γ_{M_0, M_1+2}	H_0	$c_k \ldots;\ b_{M_0}, b_{M_0+1}, \ldots\ldots\ldots\ldots, b_{M_1}$
	H_1	$c_k \ldots;\ b_{M_0+1}, b_{M_0+2}, \ldots\ldots\ldots\ldots, b_{M_1+1}$
	H_2	$c_k \ldots;\ b_{M_0+2}, b_{M_0+3}, \ldots\ldots\ldots\ldots, b_{M_1+2}$

Es seien nun zunächst einige Tatsachen über die Gruppen Γ_{μ_0, μ_1} und H_λ zusammengestellt, die später verwendet werden.

I. Nach einem an anderer Stelle[14]) bewiesenen Satz, dem Freiheitssatz in geeigneter Formulierung, gilt:

Die definierenden Relationen der Gruppe H_λ bestehen aus der einzigen Relation $\overline{R}_\lambda = 1$; die definierenden Relationen von Γ_{μ_0, μ_1} lauten für $\mu_1 - \mu_0 \geqq M_1 - M_0$:

$$\overline{R}_{\mu_0 - M_0} = 1, \overline{R}_{\mu_0 - M_0+1} = 1, \ldots, \overline{R}_{\mu_1 - M_1} = 1,$$

und falls $\mu_0 - M_0 > \mu_1 - M_1$, ist die Menge der definierenden Relationen von Γ_{μ_0, μ_1} leer.

II. Nach der am Anfang dieses Paragraphen gemachten Induktionsvoraussetzung läßt sich das erweiterte Identitätsproblem für die Gruppen H_λ (und erst recht für ihre Untergruppen Γ_{μ_0, μ_1} mit $\mu_1 - \mu_0 < M_1 - M_0$) lösen, da ja die definierende Relation von H_λ weniger Zeichen enthält als R. Daß die Gruppe H_λ im allgemeinen Erzeugende besitzt, die in ihrer zyklisch geschriebenen Relation nicht wirklich auftreten (z. B. gewisse c_k), ist nach dem in § 1 Bewiesenen keine Beschränkung dieser Behauptung.

III. Die Gruppen H_λ sind gewissermaßen die Bausteine, aus denen sich alle Γ_{μ_0, μ_1} durch Anwendung der Schreierschen Konstruktion des freien Produktes mit vereinigten Untergruppen aufbauen lassen. Ist nämlich $\mu_1 - \mu_0 > M_1 - M_0$, so entsteht Γ_{μ_0, μ_1} aus $\Gamma_{\mu_0, \mu_1 - 1}$ und $H_{\mu_1 - M_1}$, indem man das freie Produkt dieser beiden Gruppen mit vereinigten Untergruppen bildet, wobei als solche die von allen $c_k, \ldots$ und von

$$b_{\mu_1 - M_1 + M_0}, b_{\mu_1 - M_1 + M_0 + 1}, \ldots, b_{\mu_1 - 1}$$

[14]) Siehe Zitat in Anm. [5]); S. 157.

erzeugten Untergruppen $\Gamma_{\mu_1-M_1+M_0,\,\mu_1-1}$ von $\Gamma_{\mu_0,\,\mu_1-1}$ und $H_{\mu_1-M_1}$ dienen. Dabei ist zu beachten, daß nach I. zwischen den Erzeugenden von $\Gamma_{\mu_1-M_1+M_0,\,\mu_1-1}$ weder in $\Gamma_{\mu_0,\,\mu_1-1}$ noch in $H_{\mu_1-M_1}$ irgendeine Relation besteht; diese Erzeugenden erzeugen also in $\Gamma_{\mu_0,\,\mu_1-1}$ und $H_{\mu_1-M_1}$ isomorphe (freie) Untergruppen.

Es sei nun $\overline{W}$ ein beliebiges Wort aus den Erzeugenden $b_k, c_k, \ldots$ von H. Dann soll man — um in G das erweiterte Identitätsproblem lösen zu können — von $\overline{W}$ entscheiden können, ob es sich in ein Wort aus den $c_k, \ldots$ allein oder in ein Wort aus $b_0, c_0, \ldots$ allein verwandeln läßt. Beides kann man entscheiden, wenn man entscheiden kann, ob $\overline{W}$ sich in ein Wort aus der von

$$b_0, b_1, \ldots, b_{M_1-M_0};\ c_k, \ldots \qquad (k = 0, \pm 1, \pm 2, \ldots)$$

erzeugten Gruppe H_{-M_0} verwandeln läßt, da sich, wie oben unter II. bemerkt, in H_{-M_0} das erweiterte Identitätsproblem lösen läßt, und da H_{-M_0} sowohl alle $c_k, \ldots$ wie b_0 enthält.

Es gibt nun bei beliebig vorgegebenem $\overline{W}$ sicher immer eine Untergruppe $\Gamma_{\mu_0,\,\mu_1}$, welche sowohl alle in $\overline{W}$ auftretenden Erzeugenden als auch H_{-M_0} enthält. Wenn wir also zeigen, daß man von einem beliebigen Wort $\overline{W}$ aus einer beliebigen Gruppe $\Gamma_{\mu_0,\,\mu_1}$ entscheiden kann, ob es sich in ein Wort aus einer beliebig vorgeschriebenen in $\Gamma_{\mu_0,\,\mu_1}$ enthaltenen Untergruppe H_λ verwandeln läßt, so sind wir fertig.

Diese letzte Aufgabe ist sicher lösbar, wenn $\Gamma_{\mu_0,\,\mu_1}$ selber eine Gruppe H_λ ist, also $\mu_1 - \mu_0 = M_1 - M_0$ ist. Unter Anwendung vollständiger Induktion nehmen wir an, unsere Aufgabe sei bereits für $\Gamma_{\mu_0,\,\mu_1-1}$ gelöst; um sie dann auch für $\Gamma_{\mu_0,\,\mu_1}$ zu lösen, müssen wir von einem beliebigen Wort $\overline{W}$ aus $\Gamma_{\mu_0,\,\mu_1}$ nur noch entscheiden können, ob es sich in ein Wort aus $\Gamma_{\mu_0,\,\mu_1-1}$ oder in ein solches aus $H_{\mu_1-M_1}$ verwandeln läßt; $\Gamma_{\mu_0,\,\mu_1}$ ist ja freies Produkt dieser beiden Gruppen, wobei als zu vereinigende Untergruppen die von allen $c_k, \ldots$ und von

$$b_{\mu_1+M_0-M_1},\ b_{\mu_1+M_0-M_1+1},\ \ldots,\ b_{\mu_1-1}$$

erzeugten, kurz mit Δ bezeichneten Untergruppen von $\Gamma_{\mu_0,\,\mu_1-1}$ und $H_{\mu_1-M_1}$ fungieren. Nach dem in § 1 bewiesenen Hilfssatz läßt sich diese Aufgabe aber sicher lösen, wenn man in $\Gamma_{\mu_0,\,\mu_1-1}$ und in $H_{\mu_1-M_1}$ entscheiden kann, ob sich ein beliebiges in diesen Gruppen gelegenes Wort in ein solches aus den Erzeugenden von Δ verwandeln läßt. Für $H_{\mu_1-M_1}$ ist das natürlich möglich, da man in dieser Gruppe das erweiterte Identitätsproblem lösen kann. Für $\Gamma_{\mu_0,\,\mu_1-1}$ folgt es so: Die Erzeugenden von Δ bilden eine Teilmenge der Erzeugenden von $H_{\mu_1-M_1-1}$; in $H_{\mu_1-M_1-1}$ kann man das erweiterte Identitätsproblem lösen, und da $H_{\mu_1-M_1-1}$ eine in $\Gamma_{\mu_0,\,\mu_1-1}$ enthaltene Untergruppe H_λ ist, kann man nach Voraussetzung von einem Wort aus Γ_{μ_0, μ_1-1} entscheiden, ob es sich in ein solches aus $H_{\mu_1-M_1-1}$, und also auch, ob es sich in ein solches aus $\varDelta$ verwandeln läßt.

§ 3.

Lösung des erweiterten Identitätsproblems im allgemeinen Fall.

Wir müssen uns jetzt noch von der den Untersuchungen des § 2 zugrunde liegenden Voraussetzung befreien, daß die definierende Relation $R = 1$ der Gruppe G, für die das erweiterte Identitätsproblem zu lösen war, zyklisch geschrieben mindestens zwei Erzeugende wirklich enthalten sollte, von denen mindestens eine in R die Exponentensumme Null besitzen sollte.

Der Fall, daß in R nur eine Erzeugende wirklich vorkommt, wurde schon in § 1 erledigt. Es ist also noch der Fall zu untersuchen, daß R, zyklisch geschrieben, zwar mehrere Erzeugende $a, b, c, \ldots$ wirklich enthält, daß aber keine derselben in R die Exponentensumme Null besitzt.

a und b mögen in R die Exponentensummen s_1 bzw. s_2 besitzen. Wir führen dann statt a und b neue Erzeugende $\bar{a}$ und $\bar{b}$ ein durch die Gleichungen

$$a = \bar{a}^{s_2}; \qquad b = \bar{b}\,\bar{a}^{-s_1};$$

$\bar{a}, \bar{b}, c, \ldots$ erzeugen dann ebenfalls eine Gruppe $\bar{G}$ mit der einen definierenden Relation

$$R(\bar{a}^{s_2}, \bar{b}\,\bar{a}^{-s_1}, c, \ldots) \equiv P(\bar{a}, \bar{b}, c, \ldots) = 1,$$

und dabei hat $\bar{a}$ in P die Exponentensumme Null. Wenn wir nun wieder voraussetzen, daß wir für alle einrelationigen Gruppen, deren definierende Relation weniger Zeichen enthält als $R(a, b, c, \ldots)$, das erweiterte Identitätsproblem lösen können, so können wir dasselbe nach den Resultaten des vorigen Paragraphen auch für $\bar{G}$ lösen. Denn betrachten wir die Untergruppe $\bar{H}$ von $\bar{G}$, die aus allen Elementen besteht, die in $\bar{a}$ die Exponentensumme Null haben, so finden wir, daß sich $\bar{H}$ aus gewissen Untergruppen $\bar{H}_\lambda$ mit nur einer definierenden Relation in der in § 2 angegebenen Art zusammensetzt, wobei die definierende Relation jeder Gruppe $\bar{H}_\lambda$ weniger Zeichen enthält als $R(a, b, c, \ldots)$. Führen wir nämlich

$$\bar{a}^k\,\bar{b}\,\bar{a}^{-k} = \bar{b}_k, \; \bar{a}^k\,c\,\bar{a}^{-k} = \bar{c}_k, \ldots \qquad (k = 0, \pm 1, \ldots)$$

als Erzeugende von $\bar{H}$ ein, so lauten die definierenden Relationen von $\bar{H}$

$$\bar{P}(\bar{b}_{\mu+\lambda}, \bar{c}_{\nu+\lambda}, \ldots) \equiv \bar{P}_\lambda = 1 \qquad (\lambda = 0, \pm 1, \ldots),$$

wobei $\bar{P}(\bar{b}_\mu, \bar{c}_\nu, \ldots)$ aus $P(\bar{a}, \bar{b}, c, \ldots)$ entsteht, indem man dieses durch die $\bar{b}_k, \bar{c}_k, \ldots$ ausdrückt. Die $\bar{P}_\lambda$ haben nun aber weniger Zeichen als

$R(a, b, c, \ldots)$, und zwar genau um so viel weniger Zeichen, als in R die Anzahl der a-Zeichen beträgt. Denn die Anzahlen der $\bar{b}$- und c-Zeichen in $P(\bar{a}, \bar{b}, c, \ldots)$ stimmen mit den Anzahlen der b- und c-Zeichen in $R(a, b, c, \ldots)$ überein.

Nach § 2 können wir also in der Gruppe $\bar{G}$ mit den Erzeugenden $\bar{a}, \bar{b}, c, \ldots$ das erweiterte Identitätsproblem lösen. Daraus folgt noch nicht ohne weiteres dasselbe für die ursprüngliche Gruppe G mit den Erzeugenden $a, b, c, \ldots$. Denn wenn $|s_2| > 1$, lassen sich $\bar{a}$ und $\bar{b}$ nicht rückwärts durch a und b ausdrücken. Es gilt nun aber der folgende, an anderer Stelle[15]) bewiesene Satz:

Die Elemente $\bar{a}^{s_2}, \bar{b}\bar{a}^{-s_1}, c, \ldots$ von $\bar{G}$ erzeugen eine mit G isomorphe Untergruppe von $\bar{G}$ mit der einen definierenden Relation

$$R(\bar{a}^{s_2}, \bar{b}\bar{a}^{-s_1}, c, \ldots) = 1.$$

Weiter gilt: Wenn ein Wort $\bar{W}(\bar{a}, c, \ldots)$ aus $\bar{G}$, das die Erzeugende $\bar{b}$ nicht mehr enthält, gleich einem Wort $W(a, c, \ldots)$ aus G ist, so ist

$$\bar{W}(\bar{a}, c, \ldots) \equiv W(\bar{a}^{s_2}, c, \ldots)$$

identisch in $\bar{a}, c, \ldots$. Das folgt einfach daraus, daß die von $\bar{a}^{s_2}, c, \ldots$ erzeugte Gruppe eine freie Untergruppe der von $\bar{a}, c, \ldots$ erzeugten freien Gruppe ist; $\bar{a}^{s_2}, c, \ldots$ und $\bar{a}, c, \ldots$ erzeugen nämlich nach dem Freiheitssatz *freie* Untergruppen von G bzw. $\bar{G}$.

Ist uns nun also ein beliebiges Wort $W(a, b, c, \ldots)$ von G gegeben, so können wir entscheiden, ob es sich in ein Wort $W'(a, c, \ldots)$ verwandeln läßt, das b nicht mehr enthält. Denn wir können in $\bar{G}$ von dem Worte

$$W(\bar{a}^{s_2}, \bar{b}\bar{a}^{-s_1}, c, \ldots)$$

entscheiden, ob es sich in ein Wort $W(\bar{a}^{s_2}, c, \ldots)$ verwandeln läßt oder nicht.

Damit ist das erweiterte Identitätsproblem für G gelöst; denn da b vor den Erzeugenden $a, c, \ldots$ von G in keiner Weise ausgezeichnet ist, kann man ebensogut entscheiden, ob ein Wort aus G sich in ein solches verwandeln läßt, das a oder c nicht mehr enthält.

---

[15]) Magnus, Untersuchungen über einige unendliche diskontinuierliche Gruppen, Math. Annalen **105** (1931), S. 63.

(Eingegangen am 23. 6. 1931.)

Reprinted from
Mathematische Annalen **106** (1932), 295–307.

Lösung der Aufgabe 136. (Dieser Jahresbericht Bd. 42, 1932, S. 2.)

Die Aufgabe lautete:

Zwei unendliche diskrete Gruppen $\mathfrak{G}$ und $\mathfrak{H}$ sind gegeben durch die Erzeugenden A_ϱ bzw. B_ϱ (wo ϱ die ganzen rationalen Zahlen durchläuft) und die definierenden Relationen

$$A_\varrho = A_\varrho^4 A_{\varrho-1}^{-4} A_\varrho^4 A_{\varrho+1}^{-4}$$

bzw.

$$B_\varrho = (B_\varrho^2 B_{\varrho-1}^{-2})^2 (B_\varrho^2 B_{\varrho+1}^{-2})^2.$$

Sind die beiden Gruppen isomorph?

Delft. D. VAN DANTZIG.

Behauptung: Die beiden Gruppen sind nicht isomorph. Bezeichnen wir nämlich die Gruppen mit $\mathfrak{A}$ bzw. $\mathfrak{B}$, so müßte es andernfalls ein den B_ϱ zugeordnetes System a_ϱ von Erzeugenden von $\mathfrak{A}$ geben, das den Relationen

$$(1) \qquad a_\varrho = (a_\varrho^2 a_{\varrho-1}^{-2})^2 (a_\varrho^2 a_{\varrho+1}^{-2})^2$$

genügt. Nun läßt sich keine Erzeugende A_n durch die übrigen mit kleinerem (bzw. größerem) Index ausdrücken, und infolgedessen müssen unendlich viele A_n je in mindestens einem a_ϱ in nicht mit Hilfe von Erzeugenden mit kleinerem Index eliminierbarer Weise auftreten. Kommen etwa in a_ϱ mit $\varrho \to +\infty$ Erzeugende A_n mit $n \to +\infty$ vor, so muß es also bei hinreichend großer Wahl von n einen Index ϱ geben, so daß in $a_{\varrho-1}$ und a_ϱ nur A_m mit $m_0 \leqq m < n$ auftreten, während in $a_{\varrho+1}$ außer diesen noch A_n (und keine Erzeugende mit größerem Index) in nicht eliminierbarer Weise auftritt. Nach einem Satz von Schreier über freie Produkte mit vereinigten Untergruppen[1]) und dem „Freiheitssatz"[2]) kann man nun so schließen: Die Erzeugenden A_m mit $m_0 \leqq m \leqq n$ bilden eine Gruppe $\mathfrak{G}$, welche freies Produkt mit vereinigten Untergruppen der von den A_m mit $m_0 \leqq m < n$ und von A_n erzeugten Gruppen ist, wobei als zu vereinigende Untergruppen die zyklischen, von A_n^4 und $A_{n-1}^3 A_{n-2}^{-4} A_{n-1}^4$ erzeugten Gruppen fungieren. Zwischen den A_m mit $m_0 \leqq m < n$ bestehen dann nur die Relationen von $\mathfrak{G}$ mit einem Index $m_0 + 1 \leqq \varrho \leqq n - 2$; insbesondere erzeugen A_m und A_{m+1} eine freie Gruppe. Setzt man nun $a_\varrho^2 a_{\varrho+1}^{-2} = W$, so muß das Element W^2 von $\mathfrak{G}$ sich von A_n befreien lassen. Nun ist $\mathfrak{G}$ freies Produkt der von $A_{m_1}, \ldots, A_{n-1}$ erzeugten Gruppe $\mathfrak{F}$ und der von A_n erzeugten Gruppe $\mathfrak{E}$ mit vereinigten Untergruppen $\mathfrak{Z}$, wobei $\mathfrak{Z}$ die von $A_n^4 = A_{n-1}^3 A_{n-2}^{-4} A_{n-1}^4$ erzeugte zyklische Untergruppe von $\mathfrak{F}$ und $\mathfrak{E}$ ist. Nach Schreier ist W, falls es nicht von A_n befreit werden kann

1) Abhandlungen aus dem mathematischen Seminar der hamburgischen Universität, Bd. 5, 1927, S. 161 ff. Für die Art wie der Satz hier benutzt wird, s.[2])

2) Für den vorliegenden Zweck s. Magnus, das Identitätsproblem für Gruppen mit einer definierenden Relation, Math. Annalen Bd. 106, 1932, S. 304. Der Nachweis der Verschiedenheit von $\mathfrak{A}$ und $\mathfrak{B}$ beruht im vorliegenden Falle gerade darauf, daß es sich um Kommutatorgruppen von Gruppen mit einer definierenden Relation handelt, für welche man also das Wortproblem lösen kann.

(eventuell nach Transformation mit einem von A_n freien Ausdruck aus $\mathfrak{G}$), eindeutig in der Form darstellbar:

$$(2)\qquad W = A_n^{r_1} F_1 A_n^{r_2} F_2 \ldots A_n^{r_{k-1}} F_{k-1} A_n^{r_k} F_k,$$

wobei die r_i nicht durch 4 teilbar sind, und die F_i Ausdrücke ohne A_n sind, und sich auch nicht mittels der Relationen von $\mathfrak{G}$ in Potenzen von A_n verwandeln lassen, abgesehen von F_k, das $= 1$ sein darf. Soll nun

$$(3)\qquad W^2 = A_n^{r_1} F_1 \cdots A_n^{r_{k-1}} F_{k-1} A_n^{r_k} F_k A_n^{r_1} F_1 A^{r_2} F_2 \cdots A_n^{r_k} F_k$$

sich von A_n befreien lassen, so ist dies nach Schreier nur möglich, wenn irgendwo ein F_i oder ein $A_n^{r_i}$ zu $\mathfrak{Z}$ gehört, wodurch sich die Anzahl der „Faktoren" von W^2 — durch Zusammenziehen dreier benachbarter in einen einzigen — vermindern läßt, und wenn sich A_n durch wiederholte Anwendung dieses Prozesses aus W^2 beseitigen läßt. Also muß wegen der Voraussetzungen nach (2) notwendig gelten:

$$(4)\qquad \begin{aligned} &F_k = 1, && r_k + r_1 = 4t_1 \\ &F_{k-1} A_n^{4t_1} F_1 = A_n^{s_1}, && s_1 + r_{k-1} + r_2 = 4t_2 \\ &F_{k-2} A_n^{4t_2} F_2 = A_n^{s_2}, && s_2 + r_{k-2} + r_3 = 4t_3 \qquad \text{usw.,} \end{aligned}$$

und es muß sich schließlich W^2 in ein Element von $\mathfrak{Z}$ verwandeln lassen, also gleich einer Potenz von A_n^4 sein.

Aus den ersten Gleichungen des Systems (4) folgt, daß sich W, je nachdem ob k gerade oder ungerade ist, auf eine der folgenden Formen bringen lassen muß:

$$W = A_n^{-r_k} F_{k-1}^{-1} A_n^{-r_{k-1}} \cdots A_n^{-r_{\frac{k}{2}+1}} \left(A_n^{\frac{4t_k}{2}} F_{\frac{k}{2}} \right) A_n^{r_{\frac{k}{2}+1}} \cdots F_{k-1} A_n^{r_k}$$

respektive

$$W = A_n^{-r_k} \cdots A_n^{-r_{\frac{k+1}{2}}} F_{\frac{k+1}{2}}^{-1} A_n^{4t_{\frac{k+1}{2}} - r_{\frac{k+1}{2}}} F_{\frac{k+1}{2}} A_n^{r_{\frac{k+1}{2}}} \cdots A_n^{r_k}.$$

Genau mit den Voraussetzungen zu (2) folgt hieraus weiter, daß $\left(A_n^{\frac{4t_k}{2}} F_{\frac{k}{2}}\right)^2$ resp. $F_{\frac{k+1}{2}}^{-1} A_n^{\lambda} F_{\frac{k+1}{2}}$ $\left(\text{mit } \lambda = 8t_{\frac{k+1}{2}} - 2r_{\frac{k+1}{2}}\right)$ Potenzen von A_n, und zwar, wie man mit Hilfe der Bemerkung nach (4) und durch Übergang zur Faktorgruppe der Kommutatorgruppe feststellt, Potenzen von A_n^4 sein müssen, so daß also $\lambda = 4\mu$ sein muß. Indem man A_n^4 überall durch das Element $U = A_{n-1}^3 A_{n-2}^{-4} A_{n-1}^4$ aus $\mathfrak{F}$ ersetzt, folgt, daß in $\mathfrak{F}$ $\left(U^{\frac{t_k}{2}} F_{\frac{k}{2}}\right)^2$ resp. $F_{\frac{k+1}{2}}^{-1} U^{\mu} F_{\frac{k+1}{2}}$ Potenzen von U sein müssen. Wir zeigen, daß wir uns auf den Fall beschränken können, daß $\mathfrak{F}$ nur aus A_{n-1}, A_{n-2} besteht. Für $m_0 < n-2$ betrachte man nämlich $\mathfrak{F}$ als freies Produkt der von $A_{n-1}, \ldots, A_{m_0+1}$ bzw. A_{m_0} erzeugten Gruppen $\mathfrak{L}$ bzw. $\mathfrak{M}$ mit vereinigten zyklischen Untergruppen $\mathfrak{Z}^*$, wobei $\mathfrak{Z}^*$ von $A_{m_0}^4 = A_{m_0+1}^4 A_{m_0+2}^{-4} A_{m_0+1}^3$ erzeugt wird. $W^* = \left(U^{\frac{t_k}{2}} F_{\frac{k}{2}}\right)^2$ bzw. $F_{\frac{k+1}{2}} U^{\mu} F_{\frac{k+1}{2}}^{-1}$

muß dann gleich einem Element der von A_{n-1}, A_{n-2} erzeugten freien Gruppe $\mathfrak{L}_0$ sein. ($\mathfrak{L}_0$ ist in $\mathfrak{L}$ enthalten). Daraus schließt man durch Anwendung der oben benutzten Schreierschen Schlußweise (s. die Bemerkung nach (4)), daß W^* eine Transformierte einer Potenz von $A_{m_0}^4$ sein müßte. Durch Vertauschbarmachen der Erzeugenden von $\mathfrak{F}$ kann man aber leicht eine Gleichung $U^\mu = A_n^{4\mu} = A_{m_0}^{4\lambda}$ ad absurdum führen. Liegt dagegen $F_{\frac{k}{2}}$ resp. $F_{\frac{k+1}{2}}$ in $\mathfrak{F} = \mathfrak{L}_0$, so folgt leicht aus der Tatsache, daß $\mathfrak{L}_0$ frei ist, daß $F_{\frac{k}{2}}$ resp. $F_{\frac{k+1}{2}}$ eine Potenz von U sein muß, wenn dies für W^* gelten soll, was den nach (2) gemachten Voraussetzungen widerspricht. Insgesamt folgt also: Falls W überhaupt A_n „wesentlich" enthält, besitzt $a_\varrho^2 a_{\varrho+1}^{-2}$ die Form $F A_n^{2r} F^{-1}$, wobei F nur $A_{n-1}, \ldots, A_{m_0}$ enthält. Falls r gerade ist, enthält $a_\varrho^2 a_{\varrho+1}^{-2}$ ebenfalls A_n nicht mehr; die Möglichkeit eines ungeraden r ist aber auszuschließen, da aus ihr analog wie oben $a_{\varrho+1}^{-1} = F'^{-1} A_n^r F'$ folgen würde, was bei Vertauschbarmachen der Erzeugenden $a_\varrho^2 = 1$ und somit in der Faktorgruppe der Kommutatorgruppe von $\mathfrak{B}$ notwendig $B_\varrho^2 = 1$ nach sich ziehen würde. Es darf also $a_{\varrho+1}^{-2}$ ebenfalls A_n nicht mehr enthalten; da von $a_{\varrho+1}$ nicht dasselbe gelten soll, muß $a_{\varrho+1} = F^{-1} A_n^{2r} F$ sein, und daher muß in $\mathfrak{B}$ $B_{\varrho+1}$ gleich dem Quadrat eines Elementes W aus $\mathfrak{B}$ sein. Es mögen in W die Erzeugenden B_m mit $m_0 \leqq m \leqq n$ auftreten, wobei wir m_0 und n so wählen wollen, daß jedenfalls $\varrho + 1$ zwischen m_0 und n liegt. Falls $n - m_0 \leqq 2$ ist, haben wir sofort einen Widerspruch, da irgend zwei Elemente B_m, B_{m+1} eine freie Gruppe erzeugen, und in einer freien Gruppe eine Erzeugende $B_{\varrho+1}$ kein Quadrat sein kann. Es sei also etwa $n > \varrho + 1$; falls $n = \varrho + 1$, $m_0 < \varrho$ ist, vertausche man im folgenden die Rollen von m_0 und n. Wir zeigen nun, daß sich notwendig B_n in W mittelst B_{n-1}, B_{n-2} eliminieren lassen muß; durch wiederholte Anwendung der dabei benutzten Schlußweise müssen wir schließlich auf den schon erledigten Fall $n - m_0 = 2$ kommen. Wir setzen $B_n^2 = X$, und für $m_0 \leqq m < n$ $B_m^{(i)} = B_n^i B_m B_n^{-i}$ für $i = 0, 1$. Da B_n in W eine gerade Exponentensumme haben muß, ist W gleich einem Ausdruck W' aus den $B_m^{(i)}$ und X, und die Relation $B_{\varrho+1}^{(0)} = W'^2$ muß aus den Relationen

(5a) $$B_m^{(i)} = (B_m^{(i)2} B_{m-1}^{(i)-2})^2 (B_m^{(i)2} B_{m+1}^{(i)-2})^2; \quad m_0 < m < n - 1$$

(5b) $$B_{n-1}^{(i)} = (B_{n-1}^{(i)2} B_{n-2}^{(i)-2})^2 (B_{n-1}^{(i)2} X^{-1})^2$$

folgen. Die von den $B_m^{(i)}$ uud X erzeugte Gruppe wird freies Produkt mit vereinigten Untergruppen der von $\{B_m^{(0)}, X\}$ und $\{B_m^{(1)}, X\}$ erzeugten Gruppen, wobei die von X erzeugten Untergruppen zu vereinigen sind. Hieraus folgert man wie oben mit Hilfe des Schreierschen Satzes, daß W' sich von den $B_m^{(1)}$ befreien lassen muß, da sonst die Gleichung $B_{\varrho+1}^{(0)} = W'^2$ nur möglich wäre, wenn $B_{\varrho+1}^{(0)}$ in eine Potenz von X transformierbar wäre. Läßt man nun überall die Erzeugenden und Relationen mit dem oberen Index (1) fort, und setzt man $B_{n-1}^{(0)2} X^{-1} = Y$, so muß sich W'^2 mittels der Relationen

$$B_m^{(0)} = (B_m^{(0)2} B_{m-1}^{(0)-2})^2 (B_m^{(0)2} B_{m+1}^{(0)-2})^2; \quad B_{n-1}^{(0)} = (B_{n-1}^{(0)2} B_{n-2}^{(0)-2})^2 Y^2$$

von Y befreien lassen, was darauf führt, daß W'^2 gleich einer Transformierten einer Potenz von Y^2 sein muß, sofern sich in W' nicht Y mittelst der Relation $B^{(0)}_{m-1} = (B^{(0)2}_{n-1} B^{(0)-2}_{n-2})^2 Y^2$ eliminieren läßt. Das folgt durch sinngemäße Übertragung der nach (2) auseinandergesetzten Schlußweise. — Die zuerst angegebene Möglichkeit für W'^2 führt bei Vertauschbarmachen der Erzeugenden auf eine Beziehung $B_{\varrho+1} = (B^2_{n-1} B^{-2}_n)^{2\lambda} = B^{4\lambda}_{n-1} B^{-4\lambda}_n$, die nicht aus den Relationen der Abelsch gemachten Gruppe $\mathfrak{B}$ folgt; dieselbe ist also auch auszuschließen.

Frankfurt a. M. W. Magnus.

(Eingegangen am 10. 4. 1933.)

Reprinted from
Jahresbericht der deutschen mathematiker Vereinigung, Vol. 44.
Teubner, Berlin, Leipzig, 1934, pp. 16–19.

Über Automorphismen von Fundamentalgruppen berandeter Flächen.

Von

Wilhelm Magnus in Frankfurt a. M.

Inhaltsverzeichnis.

Einleitung.

Im folgenden soll die Gruppe der Abbildungsklassen[1]) für die von n Punkten berandete Kugel und für den von zwei Punkten berandeten Torus untersucht werden, und zwar sollen für die betreffenden Gruppen jeweils Systeme von Erzeugenden und definierenden Relationen angegeben werden. Dabei sollen zugleich die auftretenden Relationen auf ihre geometrische Bedeutung hin untersucht werden und insbesondere der sich gruppentheoretisch ergebende Zusammenhang zwischen den Abbildungen der von n Punkten berandeten Kugel auf sich und den Artinschen Zöpfen[2]) auch durch eine topologische Konstruktion nachgewiesen werden. Eine neue, gruppentheoretische Ableitung für die Relationen der Zöpfegruppe wird sich dabei mit ergeben. Für den von n Punkten berandeten Torus

---

[1]) Zwei topologische Abbildungen einer Fläche auf sich heißen zur selben Klasse gehörig, wenn sie sich nur um eine stetig in die Identität überführbare Abbildung unterscheiden. Vgl. etwa J. Nielsen, Untersuchungen zur Topologie der geschlossenen zweiseitigen Flächen. Acta Mathematica **50** (1927), S. 265.

[2]) E. Artin, Theorie der Zöpfe. Abh. Math. Sem. Hamb. Univ. **4** (1926), S. 47—72.

wird ein rekursives Verfahren zur Aufstellung von Erzeugenden und definierenden Relationen für die Gruppe der Abbildungsklassen angegeben. Die Struktur dieser Gruppe und der Zöpfegruppe wird dabei einigermaßen klargestellt.

Die Gruppen der Abbildungsklassen zweiseitiger Flächen auf sich sind für den Fall der unberandeten Flächen vom Geschlecht $\leqq 1$ seit langem bekannt. Der erste, der sich allgemein mit dieser Frage für beliebiges Geschlecht und beliebige Zahl der Randpunkte beschäftigt hat, ist meines Wissens R. Fricke[3]), der mittels seiner Theorie der kanonischen Diskontinuitätsbereiche ebener nichteuklidischer Bewegungsgruppen in allen Fällen Erzeugende für die Gruppe der Abbildungsklassen angibt. Für den Fall eines Geschlechtes $\geqq 2$ scheint es mir nicht sicher zu sein, daß seine Ableitung, die sich auf Arbeiten früherer Autoren über die Transformation der Abelschen Integrale erster Gattung bei Änderungen des kanonischen Schnittsystems einer Riemannschen Fläche stützt, völlig stichhaltig ist. Für den einzigen hier sonst noch behandelten Fall, nämlich für den Fall des geschlossenen Doppelringes, stimmen seine Resultate mit denen von M. Dehn[4]) und R. Baer[4]) überein. Für den Fall des Ringes mit einem und der Kugel mit vier Randpunkten leitet Fricke[5]) auch die Relationen für die Gruppe der Abbildungsklassen ab.

Besonders erwähnenswert sind in diesem Zusammenhang die weiteren Untersuchungen von Fricke über dieses Thema. Fricke zeigt, daß sich in allen Fällen die Gruppe der Abbildungsklassen als Gruppe von birationalen Transformationen in sich eines algebraischen Gebildes in einem Raum von hinreichend vielen Dimensionen darstellen läßt, wobei die Gruppe auf dem algebraischen Gebilde (genauer für einen geeignet abzugrenzenden Teil desselben) einen Diskontinuitätsbereich besitzt. Dieser Diskontinuitätsbereich besitzt gleichzeitig eine interessante funktionentheoretische Bedeutung, die sich für den Fall der geschlossenen Flächen von einem Geschlecht $\geqq 2$ besonders einfach etwa folgendermaßen aussprechen läßt:

Jeder kanonischen Zerschneidung einer geschlossenen Riemannschen Fläche des betreffenden Geschlechts $p \geqq 2$ entspricht eindeutig ein Punkt unseres algebraischen Gebildes, das in diesem Fall $6p-6$ (reelle) Dimensionen besitzt. Rechnet man zwei Flächen als gleich, wenn sie sich konform aufeinander abbilden lassen, und nennt man zwei kanonische

---

[3]) R. Fricke und F. Klein, Vorlesungen über die Theorie der automorphen Funktionen, Bd. 1, Leipzig 1897, Abschnitt 2, Kap. 2.

[4]) Baer, Journ. f. Math. 156 (1927), 159 (1928).

[5]) Siehe [3]) und „Über die Theorie der automorphen Modulgruppen", Göttinger Nachrichten 1896.

Schnittsysteme auf der Fläche gleich, wenn sie sich stetig auf der Fläche ineinander überführen lassen, so entsprechen die kanonisch zerschnittenen Flächen umkehrbar eindeutig den Punkten (eines Teils) unseres algebraischen Gebildes, während die Gesamtheit der verschiedenen konform nicht aufeinander abbildbaren Flächen gerade umkehrbar eindeutig auf den Diskontinuitätsbereich der Gruppe der Abbildungsklassen, – dargestellt als Gruppe von birationalen Transformationen des algebraischen Gebildes in sich – bezogen sind. Damit ist gleichzeitig eine Lösung des Problems von Riemanns $3p-3$ (komplexen) Moduln gegeben; die Gruppe der Abbildungsklassen der Fläche auf sich, dargestellt durch birationale Transformationen, nennt Fricke deshalb „automorphe Modulgruppe"; sie spielt für die Riemannschen Flächen eines Geschlechts $p \geqq 2$ dieselbe Rolle, wie die Modulgruppe für den Fall $p = 1$.

Die Abbildungen der von n Punkten berandeten Kugel auf sich.

§ 1.

Die Gruppe der Abbildungsklassen.

Die Fundamentalgruppe der von n Punkten berandeten Kugel wird erzeugt von n Elementen $u_1, u_2, \ldots, u_n$, die den n Umläufen um die Randpunkte entsprechen. Zwischen ihnen besteht nur die eine Relation

(1) $$u_1 u_2 \ldots u_n = 1.$$

Wir wollen uns auf Abbildungen mit Erhaltung der Indikatrix beschränken. Da es uns ferner nur um die Abbildungs*klassen* zu tun ist, dürfen wir ohne Beschränkung der Allgemeinheit annehmen, daß der zur Definition der Fundamentalgruppe erforderliche Bezugspunkt P, d. h. der einzige gemeinsame Punkt der Umläufe $u_1, u_2, \ldots, u_n$, bei unserer Abbildung in sich übergeht, da wir dies durch Hinzufügen einer geeigneten zur Klasse der Identität gehörigen Abbildung stets erreichen können. Die Kurven der Fundamentalgruppe gehen dann bei der Abbildung notwendig wieder in solche über, und insbesondere müssen die Umläufe $u_1, u_2, \ldots, u_n$ um die Randpunkte in ebensolche übergehen, und zwar wegen der vorausgesetzten Erhaltung der Indikatrix in gleichorientierte. Die den neuen Umläufen $u_1', u_2' \ldots, u_n'$ zugehörigen Elemente der Fundamentalgruppen müssen somit die Form besitzen:

(2) $$u_\nu' = T_\nu u_{k_\nu} T_\nu^{-1} \qquad (\nu, k_\nu = 1, 2, \ldots, n),$$

wobei die T_ν geeignete Elemente der Fundamentalgruppe sind, und die k_ν eine Permutation der Indizes von 1 bis n darstellen. Sie soll „die der Abbildung zugeordnete Permutation" heißen. Da sich ferner

41*

die Elemente u_ν durch die u'_ν ausdrücken lassen müssen, und da außerdem natürlich auch für die u'_ν die Relation

(3) $$u'_1 u'_2 \ldots u'_n = 1$$

bestehen muß, gehört zu jeder Abbildung ein die Bedingungen (2) und (3) befriedigender Automorphismus der Fundamentalgruppe. Die Gesamtgruppe dieser Automorphismen werde mit $\overline{\mathfrak{A}}$ bezeichnet; sie enthält offenbar die Gruppe $\mathfrak{J}$ der inneren Automorphismen. Man weiß nun [6]), daß die Gruppe der Abbildungsklassen notwendig mit einer Untergruppe von $\overline{\mathfrak{A}}/\mathfrak{J}$ isomorph ist, da die inneren Automorphismen die einzigen sind, die von zur Klasse der Identität gehörigen Abbildungen erzeugt werden können.

Die Beziehung

(4) $$\mathfrak{A} = \overline{\mathfrak{A}}/\mathfrak{J}$$

wird sich später (§ 2) dadurch von selber ergeben, daß wir zu den $\overline{\mathfrak{A}}$ erzeugenden Automorphismen Abbildungen angeben, die diese induzieren, so daß dann $\mathfrak{A}$ wirklich mit $\overline{\mathfrak{A}}/\mathfrak{J}$ selber isomorph sein muß.

Um nun die Erzeugenden und Relationen von $\mathfrak{A}$ aufzustellen, untersuchen wir zunächst eine Untergruppe $\overline{\mathfrak{A}}_1$ vom Index n von $\overline{\mathfrak{A}}$, wobei $\overline{\mathfrak{A}}_1$ die Gruppe $\mathfrak{J}$ als Untergruppe enthält; $\overline{\mathfrak{A}}_1$ sei dabei die Gruppe der Automorphismen, die außer den Bedingungen (2) und (3) die weitere

(5) $$u'_1 = T_1 u_1 T_1^{-1}$$

erfüllen, für die also die nach (2) zugeordnete Permutation nur die Indizes 2 bis n permutiert. Da alle inneren Automorphismen zur identischen Permutation gehören, ist

(6) $$\mathfrak{A}_1 = \overline{\mathfrak{A}}_1 \mathfrak{J}$$

eine Untergruppe vom Index n in $\mathfrak{A}$, deren Erzeugende und definierende Relationen zunächst bestimmt werden sollen. Dazu bemerken wir, daß wegen (1) und (3) aus (5) sofort

(7) $$u'_2 \ldots u'_n = T_1 u_2 \ldots u_n T_1^{-1}$$

folgt. Drücken wir hierin die Erzeugende u_1, welche ja höchstens noch in T_1 auftreten kann, durch $u_2 \ldots u_n$ vermöge (1) aus, und verfahren wir genau so mit u_1 in den T_ν in

(8) $$u'_\nu = T_\nu u_{k_\nu} T_\nu^{-1} \qquad (\nu, k_\nu = 2, \ldots, n),$$

---

[6]) Siehe z. B. [1]), S. 281. Der Beweis für berandete Flächen läßt sich auf den Fall der geschlossenen Flächen zurückführen, indem man die Punkte durch „Löcher" ersetzt, und diese durch aufgesetzte gelochte Ringe schließt. Man hat dann Abbildungen der so entstehenden geschlossenen Fläche zu untersuchen, bei denen die aufgesetzten Ringe punktweise festbleiben.

so gehen die Beziehungen (7) und (8) in identische Beziehungen zwischen den freien Erzeugenden $u_2, \ldots, u_n$ über. Durch Hinzufügen eines geeigneten Automorphismus aus $\mathfrak{J}$ können wir offenbar stets erreichen, daß in (7) $T_1 \equiv 1$ wird; in jeder Nebengruppe von $\mathfrak{J}$ in $\overline{\mathfrak{A}}_1$ liegt also ein Automorphismus, für den außer (8) noch

$$(9) \qquad u'_2 \ldots u'_n \equiv u_2 \ldots u_n$$

identisch in den u_ν mit $\nu \geqq 2$ gilt. Die Gruppe der (8) und (9) befriedigenden Automorphismen werde mit $\mathfrak{Z}_{n-1}$ bezeichnet. Ist $\mathfrak{D}$ der Durchschnitt $(\mathfrak{J}, \mathfrak{Z}_{n-1})$, so ist also $\overline{\mathfrak{A}}_1 = \mathfrak{Z}_{n-1} \cdot \mathfrak{D}$.

Um $\mathfrak{D}$, d. h. die in $\mathfrak{Z}_{n-1}$ enthaltenen inneren Automorphismen zu bestimmen, benutze man, daß aus der Beziehung (9) und $u'_\nu = T u_\nu T^{-1}$ die weitere

$$(10) \qquad T u_2 \ldots u_n T^{-1} \equiv u_2 \ldots u_n$$

folgt. Hieraus folgt aber, daß T eine Potenz von $u_2 \ldots u_n$ sein muß. Das läßt sich entweder elementar und direkt folgern[7]), oder auch mit Hilfe eines Satzes von Schreier[8]), demzufolge T und $u_2 \ldots u_n$ in der von $u_2, \ldots, u_n$ erzeugten freien Gruppe eine freie Untergruppe erzeugen; diese kann nur dann abelsch sein, wenn sie zyklisch ist, und T und $u_2 \ldots u_n$ müssen somit Potenzen eines und desselben Ausdrucks in $u_2, \ldots, u_n$ sein; da $u_2 \ldots u_n$ keine andere als die ± 1-te Potenz eines Elementes aus der von $u_2, \ldots, u_n$ erzeugten freien Gruppe sein kann, ist unsere Behauptung bewiesen. $\mathfrak{D}$ ist also eine zyklische von dem Automorphismus

$$(11) \qquad u'_\nu = T u_\nu T^{-1}, \quad T \equiv u_2 \ldots u_n \qquad (\nu = 2, \ldots, n)$$

erzeugte Gruppe.

Die Gruppe $\mathfrak{Z}_{n-1}$ ist nun nach E. Artin[2]) wohl bekannt; sie ist nichts anderes als die Gruppe der Zöpfe von $n-1$ Fäden; als ihre Erzeugenden lassen sich die Automorphismen

$$(12) \qquad \begin{aligned} u'_i = u_{i+1},\ u'_{i+1} &= u_{i+1}^{-1} u_i u_{i+1} \qquad (i = 2, \ldots, n-1), \\ u'_k &= u_k \qquad (k = 2, \ldots, n, \quad k \neq i,\ i+1) \end{aligned}$$

wählen, die bzw. mit $\sigma_i \, (i = 2, \ldots, n-1)$ bezeichnet werden sollen, und als definierende Relationen kann man das System

$$(13) \qquad \begin{aligned} \sigma_i \sigma_{i+1} \sigma_i &= \sigma_{i+1} \sigma_i \sigma_{i+1} \qquad (i, k = 2, \ldots, n-1), \\ \sigma_i \sigma_k \sigma_i^{-1} \sigma_k^{-1} &= 1 \qquad (i \neq k+1,\ k-1) \end{aligned}$$

wählen. Der spezielle Automorphismus (11) drückt sich durch die σ_i als $(\sigma_2 \ldots \sigma_{n-1})^{1-n}$ aus, so daß wir in den σ_i mit den Relationen (13) und

$$(14) \qquad (\sigma_2 \ldots \sigma_{n-1})^{n-1} = 1$$

---

7) Nach einer mündlichen Mitteilung von Herrn Bernhard Neumann.

8) Die Untergruppen der freien Gruppen, Abh. Math. Sem. Hamb. Univ. 5 (1927), S. 168 ff.

ein vollständiges System von Erzeugenden und definierenden Relationen für $\mathfrak{A}_1 = \mathfrak{Z}_{n-1}/\mathfrak{D}$ besitzen.

Um von hier aus zu einem ebensolchen System für die Gesamtgruppe $\mathfrak{A}$ der Abbildungsklassen zu kommen, führen wir zunächst als weitere Erzeugende den Automorphismus

(15) $$u_1' = u_2, \; u_2' = u_2^{-1} u_1 u_2, \; u_k' = u_k \qquad (k = 3, \ldots, n)$$

ein, der σ_1 heiße. Da die den Automorphismen σ_i mit $i = 1, \ldots, n-1$ durch (2) zugeordneten Permutationen die Transpositionen $(i, i+1)$ sind, folgt, daß sich mit Hilfe der σ_i zu allen Permutationen der Indizes $1, 2, \ldots, n$ dieselben induzierende Automorphismen konstruieren lassen; gemäß der Definition von $\mathfrak{A}_1$ wird also $\mathfrak{A}$ von den σ_i erzeugt. Dieselben sind offenbar gleichzeitig die Erzeugenden der Zöpfegruppe $\mathfrak{Z}_n$ von n Fäden, so daß zwischen ihnen gemäß (13) die Relationen

(13a) $$\begin{aligned} \sigma_i \sigma_{i+1} \sigma_i &= \sigma_{i+1} \sigma_i \sigma_{i+1} \\ \sigma_i \sigma_k \sigma_i^{-1} \sigma_k^{-1} &= 1 \end{aligned} \qquad \begin{pmatrix} i = 1, \ldots, n-1, \\ k = 1, \ldots, n-1, \\ k \neq i+1, \; i-1 \end{pmatrix}$$

bestehen. $\mathfrak{A}$ ist also eine Faktorgruppe von $\mathfrak{Z}_n$; das Bestehen der Relation (14) ist aber zur Definition von $\mathfrak{A}$ nicht ausreichend. Um alle Relationen von $\mathfrak{A}$ zu bekommen, hat man so vorzugehen: $\mathfrak{Z}_n$ ist als eine Gruppe von Automorphismen der freien, von $u_1, u_2, \ldots, u_n$ erzeugten Gruppe $\mathfrak{F}_n$ erklärt; ihre Automorphismen sind gleichzeitig solche der freien, von $u_2, \ldots, u_n$ erzeugten Faktorgruppe $\mathfrak{F}_{n-1}$, d. h. der Fundamentalgruppe der berandeten Kugel. Diejenigen Automorphismen aus $\mathfrak{Z}_n$, die in $\mathfrak{F}_{n-1}$ innere Automorphismen induzieren, sind gleich eins zu setzen, wenn man $\mathfrak{A}$ erhalten will. Zu jedem Automorphismus aus $\mathfrak{Z}_n$ gehört gemäß (2) eine Permutation; da zu inneren Automorphismen von $\mathfrak{F}_{n-1}$ notwendig die identische Permutation gehört, liegen die inneren Automorphismen von $\mathfrak{F}_{n-1}$ notwendig schon in der Untergruppe $\mathfrak{Z}_n^{(1)}$ von $\mathfrak{Z}_n$, die von all den Automorphismen gebildet wird, deren zugehörige Permutationen den Index 1 festlassen. $\mathfrak{Z}_n^{(1)}$ ist vom Index n in $\mathfrak{Z}_n$; als Repräsentanten der rechtsseitigen Nebengruppen von $\mathfrak{Z}_n^{(1)}$ in $\mathfrak{Z}_n$ können wir außer dem Einheitselement die $n-1$ Elemente

(16) $$s_k = \sigma_1 \sigma_2 \ldots \sigma_k \qquad (k = 1, 2, \ldots, n-1)$$

wählen, denen bzw. die zyklischen Permutationen

$$(1, 2, \ldots, k, k+1)$$

der Indizes 1 bis n zugeordnet sind. In der Tat läßt sich jede Permutation in der Form

$$\pi_1 \cdot (1, 2, \ldots, k, k+1)$$

darstellen, wobei π_1 eine den Index 1 festlassende Permutation bedeutet.

Nach einem bekannten Verfahren von K. Reidemeister[9]) ergeben sich hieraus als Erzeugende von $\mathfrak{Z}_n^{(1)}$ die folgenden:

$$\text{(17)}\quad \begin{aligned} &\sigma_\nu && (\nu = 2, \ldots, n-1);\\ \tau_i &= \sigma_1 \sigma_2 \ldots \sigma_{i-1} \sigma_i^2 \sigma_{i-1}^{-1} \ldots \sigma_2^{-1} \sigma_1^{-1} && (i = 1, \ldots, n-1). \end{aligned}$$

Eine leichte Rechnung ergibt, daß die τ_i bzw. die folgenden Automorphismen von $\mathfrak{F}_{n-1}$ sind:

$$\text{(17a)}\quad \begin{aligned} u_k' &= u_k && (k = 2, \ldots, i, i+2, \ldots, n),\\ u_{i+1}' &= u_{i+2} \ldots u_n u_2 \ldots u_i u_{i+1} u_i^{-1} \ldots u_2^{-1} u_n^{-1} \ldots u_{i+2}^{-1}. \end{aligned}$$

Wir haben nun zu den in $\mathfrak{Z}_n^{(1)}$ bestehenden Relationen so viele weitere hinzuzufügen, daß die dadurch entstehende Faktorgruppe mit der durch (13), (14) definierten Gruppe $\mathfrak{Z}_{n-1}/\mathfrak{D}$ isomorph wird. Da zwischen den $\sigma_2, \ldots, \sigma_{n-1}$ genau die Relationen (13), (14) bestehen müssen, wird es jedenfalls für unsere Zwecke ausreichen, wenn wir die außer den σ_ν $(\nu > 1)$ in $\mathfrak{Z}_n^{(1)}$ noch auftretenden Erzeugenden τ_i durch die σ_ν ausdrücken können.

Bezeichnen wir mit $\mathfrak{I}_T$ allgemein denjenigen inneren Automorphismus von $\mathfrak{F}_{n-1}$, welcher jedem Element x das Element $T^{-1} x\, T$ zuordnet, so folgt aus (17a) und (17)

$$\text{(18)}\quad \left\{ \begin{aligned} &\tau_1 = \sigma_1^2 = \mathfrak{I}_{u_3 \ldots u_n}^{-1} (\sigma_3 \ldots \sigma_{n-1})^{n-2}\\ &\text{und für } i > 1,\\ &\tau_i = \sigma_1 \sigma_2 \ldots \sigma_{i-1} \sigma_i^2 \sigma_{i-1}^{-1} \ldots \sigma_2^{-1} \sigma_1^{-1} =\\ &\mathfrak{I}_{u_2 \ldots u_i u_{i+2} \ldots u_n}^{-1} \sigma_i^{-1} \ldots \sigma_2^{-1} (\sigma_2 \ldots \sigma_{n-1})^{n-1} \sigma_2^{-1} \ldots \sigma_{n-1}^{-1} \sigma_{n-1}^{-1} \ldots \sigma_{i+1}^{-1}. \end{aligned} \right.$$

Indem wir hier die inneren Automorphismen gleich eins setzen, erhalten wir ein Relationensystem der gewünschten Art zwischen den τ_i und σ_ν. Statt dessen könnte man natürlich auch ein beliebiges anderes Relationensystem wählen, das gestattet, die τ_i durch die σ_ν auszudrücken. Für die geometrische Interpretation ist es zweckmäßig, statt (18) das folgende System zu wählen:

$$\text{(19)}\quad \begin{aligned} &\sigma_1^2 (\sigma_3 \ldots \sigma_{n-1})^{2-n} = 1,\\ &(\sigma_1 \sigma_2)^3 (\sigma_4 \ldots \sigma_{n-1})^{3-n} = 1,\\ &\ldots\ldots\ldots\ldots\\ &(\sigma_1 \ldots \sigma_{k-1})^k (\sigma_{k+1} \ldots \sigma_{n-1})^{k-n} = 1,\\ &\ldots\ldots\ldots\ldots\\ &(\sigma_1 \ldots \sigma_{n-2})^{n-1} = 1,\\ &(\sigma_1 \ldots \sigma_{n-1})^n = 1. \end{aligned}$$

[9]) Abh. Math. Sem. Hamb. Univ. 5 (1927), S. 9—13.

Daß die linken Seiten dieser Relationen innere Automorphismen von $\mathfrak{F}_{n-1}$ ergeben, somit gleich eins zu setzen sind, ist leicht einzusehen, da $(\sigma_1 \ldots \sigma_{k-1})^k$ der Automorphismus

$$u_i' = (u_1 \ldots u_k)^{-1} u_i u_1 \ldots u_k \qquad (i \leqq k)$$
$$u_i' = u_i \qquad (i > k)$$
$$(i = 1, \ldots, n)$$

ist. Ferner ist klar, daß sich die linken Seiten durch die τ_i, σ_ν aus (17) ausdrücken lassen müssen. Wir haben nun nur noch zu zeigen, daß dies in einer Weise geschieht, die es gestattet, die τ_i durch die σ_ν auszudrücken. Dazu berücksichtigen wir die aus (13a) zu folgernden Relationen[10])

(13b) $$\sigma_{k-1} \ldots \sigma_1 = (\sigma_1 \ldots \sigma_{k-1})^{k-1} (\sigma_2 \ldots \sigma_{k-1})^{-k+1},$$

die zusammen mit der nach (17) evidenten Relation

$$\sigma_1 \ldots \sigma_{k-1} \sigma_{k-1} \ldots \sigma_1 = \tau_{k-1} \ldots \tau_1$$

für $(\sigma_1 \ldots \sigma_{k-1})^k$ den Wert

$$(\tau_{k-1} \ldots \tau_1)(\sigma_2 \ldots \sigma_{k-1})^{k-1}$$

ergibt. Dieser in die $(k-1)$-te Relation (19) eingesetzt, zeigt also, daß sich mittels (19) und (13a) die τ_i durch die σ_ν $(\nu = 2, \ldots, n-1)$ ausdrücken lassen.

Damit ist endgültig gezeigt, daß für die von $\sigma_1, \sigma_2, \ldots, \sigma_{n-1}$ erzeugte Abbildungsgruppe $\mathfrak{A}$ die Relationen (14), (13a), (19) *ein vollständiges System von definierenden Relationen bilden* (siehe auch Ende von § 3).

§ 2.

Über den Zusammenhang zwischen Zöpfen und Abbildungsgruppen.

Es sollen hier die Resultate des § 1 geometrisch interpretiert werden. Dabei ist erstens noch nachzuweisen, daß den in § 1 gefundenen Erzeugenden $\sigma_1, \sigma_2, \ldots, \sigma_{n-1}$ der Abbildungsgruppe auch wirklich Abbildungen der von n Punkten berandeten Kugel auf sich entsprechen: die σ_i waren ja zunächst als Automorphismen der Fundamentalgruppe und nicht als Abbildungen gefunden worden. Es handelt sich dabei aber nur um die gut bekannte Tatsache, daß es möglich ist, eine Kreisscheibe, aus der zwei Punkte herausgenommen sind, in der in Fig. 1 skizzierten Art auf

[10]) Nach [2]), S. 52, Gl. 12 ist

$$\sigma_1 \ldots \sigma_{k-1} \sigma_i \sigma_{k-1}^{-1} \ldots \sigma_1^{-1} = \sigma_{i+1} \quad \text{für } 1 \leqq i < k-1, \text{ also für } k-1 \geqq i+1$$
$$\sigma_i = (\sigma_1 \ldots \sigma_{k-1})^{i-1} \sigma_1 (\sigma_1 \ldots \sigma_{k-1})^{1-i}, \text{ also}$$
$$\sigma_{k-1} \ldots \sigma_1 = (\sigma_1 \ldots \sigma_{k-1})^{k-2} \sigma_1 \{(\sigma_1 \ldots \sigma_{k-1})^{-1} \sigma_1\}^{k-2}$$
$$= (\sigma_1 \ldots \sigma_{k-1})^{k-2} \sigma_1 (\sigma_2 \ldots \sigma_{k-1})^{2-k} = (\sigma_1 \ldots \sigma_{k-1})^{k-1} (\sigma_2 \ldots \sigma_{k-1})^{1-k}.$$

sich abzubilden: Sind P der feste Punkt, durch den die Kurven der Fundamentalgruppe gehen, P_1 bzw. P_2 die beiden „inneren" Randpunkte, und u_1 bzw. u_2 die einfachen Umläufe um dieselben, so sollen bei der Abbildung der „äußere" Rand in sich, u_1 bzw. u_2 in Kurven, die mit u_2 bzw. $u_2^{-1}\, u_1\, u_2$ homotop sind und schließlich P_1 in P_2 und umgekehrt P_2 in P_1 übergehen.

Zweitens soll jetzt eine geometrische Interpretation für den Zusammenhang der Abbildungsgruppe mit der Zöpfegruppe gegeben werden. Zu diesem Zweck kann man davon ausgehen, daß eine beliebige topologische Abbildung der Kugel auf sich, bei welcher die Indikatrix erhalten bleibt, sich stetig in die identische Abbildung überführen läßt; genauer gesagt, ist es möglich, eine Schar $A(t)$ von Abbildungen zu finden, welche stetig von einem Parameter $0 \leqq t \leqq 1$ abhängen, derart, daß $A(0)$ die Identität und $A(1)$ die zu betrachtende Abbildung ist. Denken wir uns

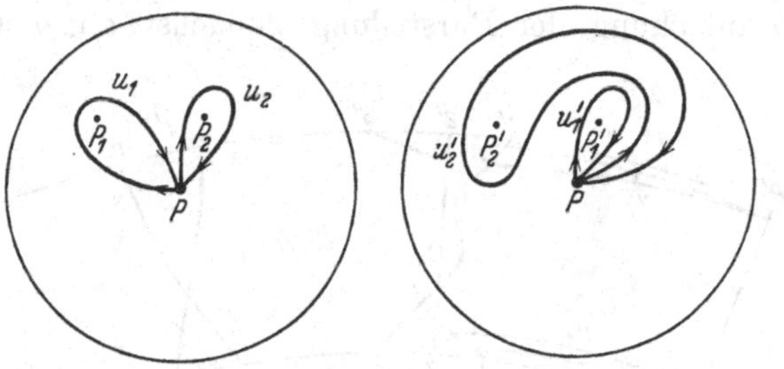

Fig. 1.

nun die Kugel als wirkliche Kugel im Euklidischen Raum, und verbinden wir mit dem Prozeß des Abbildens der Kugel auf sich ein „Aufblasen" derselben, indem wir die ursprüngliche Kugel mit dem Radius r durch $A(t)$ nicht auf sich selbst, sondern auf eine konzentrische Kugel mit dem Radius $r + t$ abgebildet denken, – wobei also ein Punkt P, der bei der Abbildung $A(t)$ in einen Punkt P' der ursprünglichen Kugel übergehen würde, in einen mit P' auf demselben Radius liegenden Punkt der konzentrischen Kugel mit dem Radius $r + t$ übergehen soll. Die Bahn eines Punktes während der Abbildung ist dann eine stetige Kurve, die den ursprünglichen Punkt P mit einem Bildpunkt P_1' auf der Kugel vom Radius $r + 1$ verbindet, und jede zwischen diesen Kugeln — der „inneren" vom Radius r und der „äußeren" vom Radius $r + 1$ — liegende konzentrische Kugel genau einmal schneidet. Das zwischen beiden Kugeln liegende Gebiet wird also durch diese Bahnkurven einfach und lückenlos überdeckt.

In jeder Abbildungsklasse der von n Punkten berandeten Kugel gibt es nun eine Abbildung, die sich zu einer Abbildung der unberandeten Kugel auf sich ergänzen läßt. Dies läßt sich z. B. mit Hilfe von Fig. 1

und der eingangs gemachten Bemerkung über die Erzeugung der Abbildungsklassen zeigen.

Eine solche denke man sich vorgenommen und in der eben charakterisierten Art als Abbildung der Kugel auf eine mit ihr konzentrische Kugel dargestellt.

Die von den n Randpunkten ausgehenden Kurven müssen dann in der äußeren Kugel in den Bildern dieser Randpunkte endigen, d. h. also in den radial über den Randpunkten der inneren Kugel liegenden Punkten. Diese n Kurven, die die Randpunkte der inneren und der äußeren Kugel verbinden, bilden nun nach dem oben geschilderten Charakter derselben ein zopfartiges Geflecht, das zur Charakterisierung der betreffenden Abbildungsklasse dienen kann.

Dazu betrachte man außer der Bahn der Randpunkte auch noch die dem Bezugspunkt P der Fundamentalgruppe zugeordnete Kurve. Es möge zur Vereinfachung der Darstellung zunächst angenommen werden,

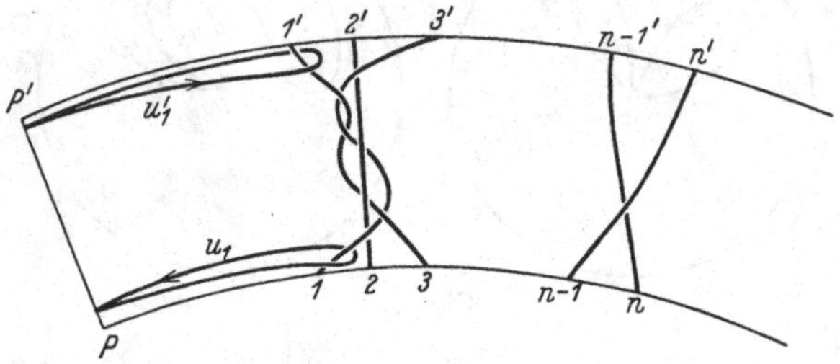

Fig. 2.

daß P sich beständig radial bewegt, und daß ferner die n Randpunkte mit P zusammen auf einem Großkreis der Kugel liegen, und daß schließlich die die Randpunkte verbindenden Kurven sich so auf die Ebene dieses Großkreises projizieren lassen, daß ihre Projektionen die Bahn von P nicht schneiden (siehe Fig. 2). Die n den Randpunkten zugehörigen Kurven oder Fäden bilden dann gerade einen Zopf, dessen „Rahmen"[11]) statt aus parallelen Graden aus konzentrischen Kreisbögen besteht. Als Umläufe $u_1, u_2, \ldots, u_n$ der Fundamentalgruppe der Kugel kann man dann gerade die von Artin eingeführten Umläufe[11]) von P aus um die einzelnen Fäden des Zopfes einführen, und man sieht gleichzeitig, daß die Substitution, die diese Umläufe erleiden, wenn P von der inneren nach der äußeren Kugel gleitet, gerade einen der Abbildung zugeordneten Automorphismus der Fundamentalgruppe darstellt.

[11]) Siehe loc. cit. [2]) S. 47, 58 und Fig. 11.

Es ist also zwar ein vorgegebener Zopf zur Charakterisierung einer Abbildungsklasse ausreichend, aber es gilt nicht das Umgekehrte; vielmehr gibt es im allgemeinen unendlich viele Zöpfe, mit Projektionen, die sich nicht mit Hilfe der von Artin[11]) angegebenen „erlaubten" Deformationen ineinander überführen lassen und zur Abbildungsklasse der Identität gehören; dies entspricht dem gruppentheoretischen Sachverhalt, wonach die Gruppe der Abbildungsklassen eine Faktorgruppe der Zöpfegruppe ist. Als Gründe dafür sind anzusehen erstens, daß zu den von Artin angegebenen Zopfdeformationen hier noch weitere hinzukommen, die zu neuen Zöpfen derselben Abbildungsklasse führen, nämlich das Hinüberziehen eines Fadens „von außen" über die ganze innere Kugel hinweg (siehe Fig. 3), und zweitens die Tatsache, daß die oben gemachte Voraus-

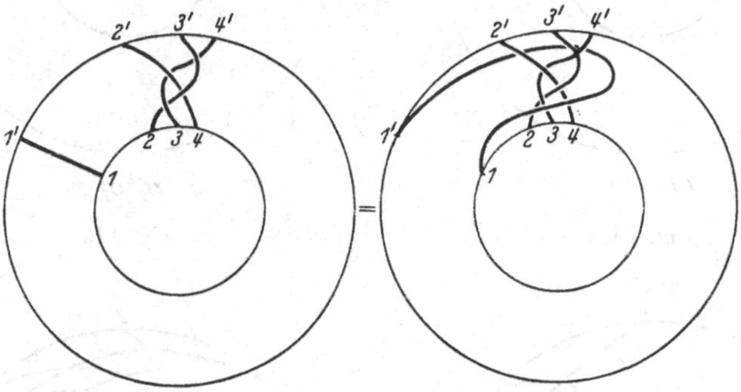

Fig. 3.

setzung über die Bahn des Punktes P wesentlich einschränkend war; dieselbe kann an sich eine beliebig mit den übrigen Fäden verschlungene Kurve sein; das Geflecht der den Randpunkten zugehörigen Fäden läßt sich dann als ein Zopf „gesehen von der Bahn von P aus" auffassen, hängt aber wesentlich von dieser Bahn ab.

Die Ergebnisse von § 1 ermöglichen nun eine Charakterisierung der zur Abbildungsklasse der Identität gehörigen Zöpfe, wenn man sich diese etwa in der im vorletzten Abschnitt angegebenen Art definiert denkt. Es gilt nämlich:

Ein Zopf gehört nur dann zur Abbildungsklasse der Identität, wenn er sich durch Zopfdeformationen und Drehungen der inneren Kugel, die diese wieder in ihre frühere Lage bringen, herausdrillen, d. h. in den zur identischen Abbildung gehörigen Zopf überführen läßt.

Beweis: Zunächst sind die linken Seiten der Relationen (14), (19) des § 1 — also gerade der Relationen, die zu den Zopfrelationen (13a) hinzukommen — Zöpfe, welche sich durch geeignete Bewegungen der inneren Kugel herausdrillen lassen; $(\sigma_1 \ldots \sigma_{k-1})^k$ ist nämlich gerade der

Zopf, der durch eine einmalige volle Torsion der k ersten Fäden entsteht; (vgl. Artin, loc. cit. [2]), S. 54). $(\sigma_1 \ldots \sigma_{k-1})^k (\sigma_{k+1} \ldots \sigma_n)^{k-n}$ erhält man also, indem man die k ersten Fäden in einem Drehsinne, die $n-k$ übrigen im anderen Drehsinne einer vollen Torsion unterwirft (siehe Fig. 4), der entstehende Zopf kann aber offenbar durch eine geeignete Drehung

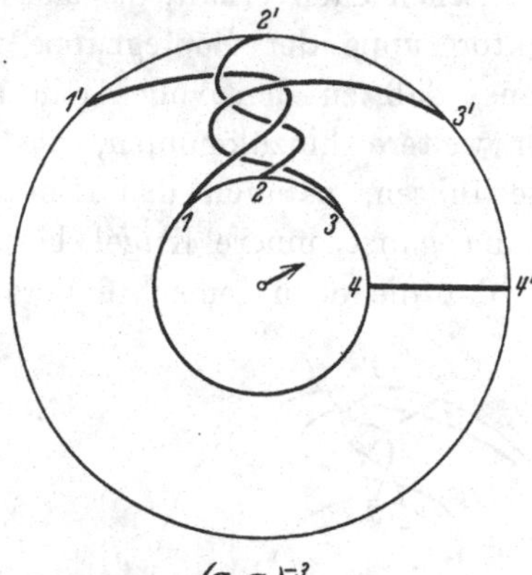

$(\sigma_1 \sigma_2)^{-3}$

Fig. 4a.

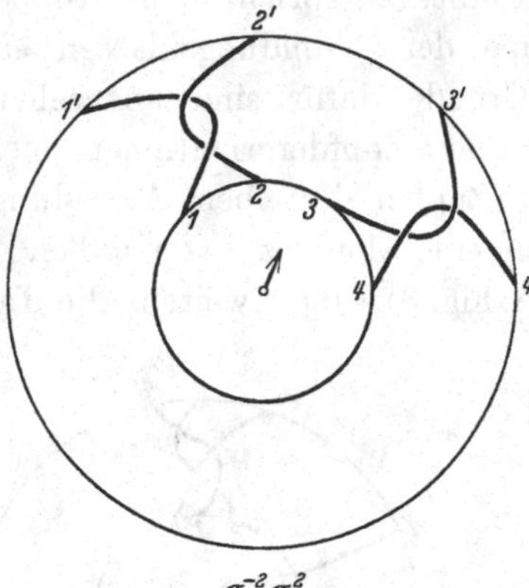

$\sigma_1^{-2} \sigma_3^2$

Fig. 4b.

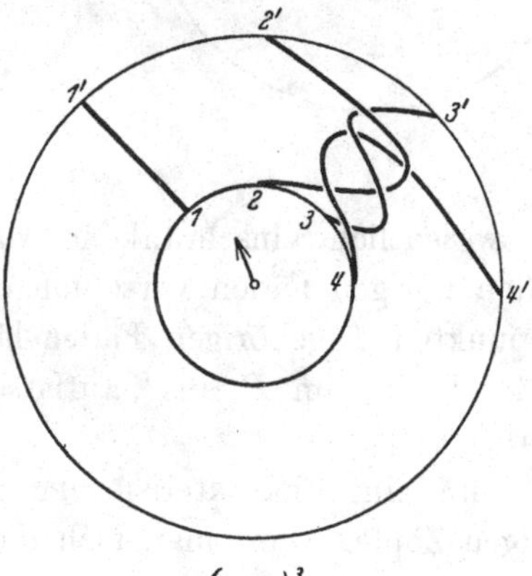

$(\sigma_2 \sigma_3)^3$

Fig. 4c.

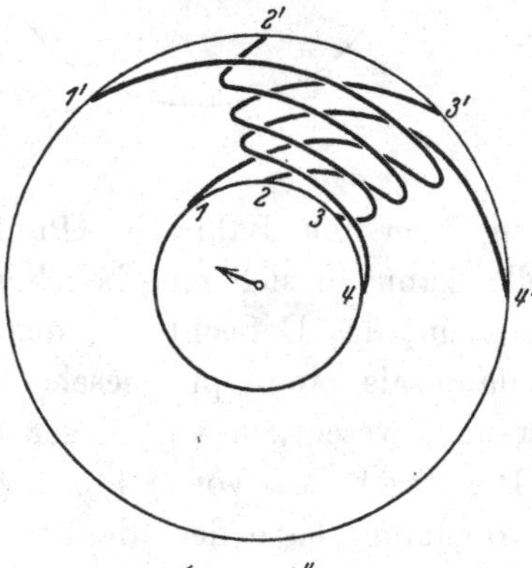

$(\sigma_1 \sigma_2 \sigma_3)^4$.

Fig. 4d.

der inneren Kugel herausgedrillt werden. Alle Zöpfe, die auf Grund der Relationen (14), (19) von § 1 zur Abbildungsklasse der Identität gehören, erhält man nun nach einem bekannten gruppentheoretischen Satz [12]) durch Transformation der linken Seiten (14), (19) mit beliebigen Zöpfen und Komposition dieser Transformierten. Wie sich im nächsten Paragraphen

[12]) Siehe O. Schreier, loc. cit. [8]), S. 171.

zeigen wird, sind aber die linken Seiten von (14) und (19) ein Erzeugendensystem einer invarianten Untergruppe der Zöpfegruppe, gehen also bei Transformation mit beliebigen Zöpfen nur in Aggregate aus eben denselben Ausdrücken über, lassen sich also, ebenso wie diese, durch Drehungen der inneren Kugel herausdrillen.

§ 3.

Gruppentheoretische Herleitung der Relationen der Zöpfegruppe.

In § 1 wurde benutzt, daß die sämtlichen Relationen, die zwischen den durch

$$(20)\qquad \begin{aligned} u_k' &= u_k \qquad (k \neq i,\ i+1;\ k = 1, \ldots, n),\\ u_i' &= u_{i+1},\ u_{i+1}' = u_{i+1}^{-1} u_i u_{i+1} \qquad (i = 1, \ldots, n-1) \end{aligned}$$

definierten Automorphismen σ_i der freien, von $u_1, u_2, \ldots, u_n$ erzeugten Gruppe $\mathfrak{F}_n$ bestehen, alle aus

$$(21)\qquad \begin{aligned} \sigma_i \sigma_{i+1} \sigma_i &= \sigma_{i+1} \sigma_i \sigma_{i+1} \qquad (i, k = 1, \ldots, n-1),\\ \sigma_i &\rightleftarrows \sigma_k \qquad (k \neq i+1,\ i-1) \end{aligned}$$

folgen, wobei $\rightleftarrows$ nach J. Nielsen als Abkürzung für „vertauschbar mit" gebraucht wird. Bei Artin wird die Vollständigkeit des Systems (21) für die von den σ_i erzeugte Gruppe $\mathfrak{Z}_n$ mit topologischen Methoden nachgewiesen. Die Formeln von § 1 erlauben aber mit geringer Mühe dasselbe Resultat gruppentheoretisch abzuleiten, so daß also topologische Betrachtungen nur bei der Herleitung der Formeln (1) und (2) von § 1 und am Beginn von § 2 in den Beweisen auftreten.

Die Automorphismen σ_i der freien Gruppe $\mathfrak{F}_n$ sind auch solche der freien Gruppe $\mathfrak{F}_{n-1}$ von $n-1$ Erzeugenden $u_2, \ldots, u_n$, welche aus $\mathfrak{F}_n$ durch Hinzufügen der Relation

$$(22)\qquad u_1 u_2 \ldots u_n = 1$$

entsteht; die von ihnen erzeugte Automorphismengruppe von $\mathfrak{F}_{n-1}$ heiße $\overline{\mathfrak{Z}}_n$. Außer den Relationen (21) müssen für $\overline{\mathfrak{Z}}_n$ dann aber noch weitere Relationen zwischen den σ_i gelten. *Es wird gelingen, nachzuweisen, daß man als definierende Relationen von* $\overline{\mathfrak{Z}}_n$ *außer* (21) *nur noch die eine Relation*

$$(23)\qquad (\sigma_1 \sigma_2 \ldots \sigma_{n-1})^n = 1$$

benötigt. Damit wird dann gleichzeitig die Vollständigkeit des Systems (21) für $\mathfrak{Z}_n$ nachgewiesen sein; aus den Relationen (21) folgt nämlich, daß $(\sigma_1 \sigma_2 \ldots \sigma_{n-1})^n$ mit allen σ_i vertauschbar ist[13]). Daher gilt: Ein Ausdruck in den σ_i, der auf Grund von (21) und (23) gleich eins ist, ist auf

[13]) S. Artin [2]), S. 54.

Grund von (21) allein in eine Potenz von $(\sigma_1\sigma_2\ldots\sigma_{n-1})^n$ verwandelbar, denn nach einem oben[12]) zitierten Satz läßt er sich allein auf Grund von (21) in ein Produkt von Transformierten von $(\sigma_1\sigma_2\ldots\sigma_{n-1})^n$, also auch in eine Potenz hiervon verwandeln. Zwischen den Erzeugenden σ_i von $\mathfrak{Z}_n$ kann dann also außer (21) höchstens noch eine Relation

$$(\sigma_1\sigma_2\ldots\sigma_{n-1})^{\lambda n} = 1$$

bestehen; da aber $(\sigma_1\sigma_2\ldots\sigma_{n-1})^{\lambda n}$ der Automorphismus

$$u_i' = (u_1 u_2 \ldots u_n)^{-\lambda} u_i (u_1 u_2 \ldots u_n)^{\lambda} \qquad (i = 1, 2, \ldots, n) \tag{24}$$

ist, ist dies offenbar nicht der Fall. Formel (24) zeigt gleichzeitig, daß für $\overline{\mathfrak{Z}}_n$ (23) gelten muß.

Es ist jetzt also nur noch notwendig, sich mit $\overline{\mathfrak{Z}}_n$ zu beschäftigen, und die Vollständigkeit des Relationensystems (21), (23) für diese Gruppe nachzuweisen. Dazu bezeichnen wir die abstrakte Gruppe von $n-1$ Erzeugenden σ_i mit den Relationen (21), (23) mit $\mathfrak{Y}_n$; es ist also $\overline{\mathfrak{Z}}_n$ sicher eine Faktorgruppe von $\mathfrak{Y}_n$, und es soll nun $\mathfrak{Y}_n = \overline{\mathfrak{Z}}_n$ nachgewiesen werden.

Nun erzeugen die Elemente

$$\tau_i = \sigma_1\sigma_2\ldots\sigma_{i-1}\sigma_i^2\sigma_{i-1}^{-1}\ldots\sigma_2^{-1}\sigma_1^{-1} \qquad (i = 1, \ldots, n-1) \tag{25}$$

und

$$\sigma_2, \sigma_3, \ldots, \sigma_{n-1}$$

nach dem in §1 bemerkten eine Untergruppe $\mathfrak{Y}_n^{(1)}$ von $\mathfrak{Y}_n$, welche in $\mathfrak{Y}_n$ höchstens den Index n besitzt, da sich als Repräsentanten der rechtsseitigen Nebengruppen von $\mathfrak{Y}_n^{(1)}$ in $\mathfrak{Y}_n$ die Elemente

$$1, \quad \sigma_1\sigma_2\ldots\sigma_i \qquad (i = 1, 2, \ldots, n-1)$$

wählen lassen. Andererseits ist dieser Index auch mindestens gleich n, da die τ_i und σ_ν mit $\nu > 1$ in der Faktorgruppe $\overline{\mathfrak{Z}}_n$ von $\mathfrak{Y}_n$ eine Untergruppe vom genauen Index n erzeugen, nämlich die Untergruppe $\overline{\mathfrak{Z}}_n^{(1)}$ aller der Automorphismen aus $\overline{\mathfrak{Z}}_n$, für die $u_1' = T_1 u_1 T_1^{-1}$ ist. Folglich muß auch $\mathfrak{Z}_n^{(1)}$ eine Faktorgruppe von $\mathfrak{Y}_n^{(1)}$ sein, und es ist dann und nur dann (21), (23) ein vollständiges Relationensystem für $\overline{\mathfrak{Z}}_n$, wenn alle zwischen den τ_i, σ_ν $(\nu > 1)$ bestehenden Relationen von $\mathfrak{Z}_n^{(1)}$ aus (21), (23) folgen, falls man für die τ_i ihre Werte aus (25) einsetzt.

Die Gruppe $\overline{\mathfrak{Z}}_n^{(1)}$ *ist nun nach* § 1 (wo sie mit $\overline{\mathfrak{A}}_1$ bezeichnet wurde) *nichts weiter als die von den Automorphismen* $\sigma_2, \ldots, \sigma_{n-1}$ *und den sämtlichen inneren Automorphismen der freien Gruppe* $\mathfrak{F}_{n-1}$ *erzeugte Gruppe.* Nehmen wir nun unter Anwendung vollständiger Induktion an, für die von $\sigma_2, \ldots, \sigma_{n-1}$ erzeugte Automorphismengruppe $\mathfrak{Z}_{n-1}$ sei bereits erwiesen, daß alle Relationen in derselben aus dem sinngemäß verengten System (21), nämlich aus

$$\begin{aligned} &\sigma_i\sigma_{i+1}\sigma_i = \sigma_{i+1}\sigma_i\sigma_{i+1} && (i = 2, \ldots, n-2), \\ &\sigma_i \rightleftarrows \sigma_k \qquad (k = 2, \ldots, n-1;\ k \neq i+1,\ i-1) \end{aligned} \tag{26}$$

folgen — für $n = 2$ ist dies unschwer direkt nachzuweisen —, berücksichtigen wir ferner, daß nach § 1 $(\sigma_2 \ldots \sigma_{n-1})^{\lambda(n-1)}$ die einzigen in $\mathfrak{Z}_{n-1}$ enthaltenen inneren Automorphismen sind, und daß schließlich die inneren Automorphismen von $\mathfrak{F}_{n-1}$ in jeder sie enthaltenden Automorphismengruppe eine invariante, mit $\mathfrak{F}_{n-1}$ isomorphe freie Untergruppe bilden, so erhalten wir nach einem bekannten Prinzip[14]) ohne weiteres die definierenden Relationen von $\overline{\mathfrak{Z}}_n^{(1)}$ durch die folgenden Angaben: Man bezeichne mit I_T den inneren Automorphismus $u'_i = T^{-1} u_i T$ von $\mathfrak{F}_{n-1}$; es gilt $I_{T_1} I_{T_2} = I_{T_2 T_1}$. Sodann hat man als vollständiges Relationensystem außer (26) nur noch

$$(27)\quad \begin{cases} \sigma_i I_{u_k} \sigma_i^{-1} = I_{u_k} & (k \neq i,\ i+1;\ k = 2, \ldots, n-1), \\ \sigma_i I_{u_i} \sigma_i^{-1} = I_{u_{i+1}} & (i = 2, \ldots, n-1), \\ \sigma_i I_{u_{i+1}} \sigma_i^{-1} = I_{u_{i+1}} I_{u_i} I_{u_{i+1}}^{-1}; & \end{cases}$$

$$(28)\qquad (\sigma_2 \ldots \sigma_{n-1})^{n-1} = I_{u_n} I_{u_{n-1}} \ldots I_{u_2},$$

wobei die I_{u_i} zusammen mit den σ_ν $(\nu > 1)$ $\overline{\mathfrak{Z}}_n^{(1)}$ erzeugen. Da aus (26) folgt, daß $(\sigma_2 \ldots \sigma_{n-1})^{n-1}$ mit allen übrigen $\sigma_\nu (\nu > 1)$ vertauschbar ist, ist die dritte Zeile in (27) eine Folge der beiden ersten und von (28).

Nun hängen die Erzeugenden τ_i von $\overline{\mathfrak{Z}}_n^{(1)}$ mit den σ_ν und I_{u_i} durch die Beziehungen (18) und (11) zusammen. Die dort auftretenden inneren Automorphismen können dazu dienen, I_{u_k} durch die τ_i, σ_ν auszudrücken; diese Ausdrücke wären dann in (27), (28) einzusetzen, und das Bestehen der so entstehenden Relationen mit Hilfe von (21), (23) wäre nachzuweisen. Wir werden indessen zur Vermeidung allzu komplizierter Rechnungen so vorgehen, daß wir erstens gewisse Ausdrücke Θ_i aus den τ_i, σ_ν $(\nu > 1)$ konstruieren, von denen sich auf Grund von (21), (23) allein nachweisen läßt, daß sich die τ_i durch sie und die σ_ν mit $\nu > 1$ ausdrücken lassen, und die in $\overline{\mathfrak{Z}}_n^{(1)}$, also auf Grund von (18), (28), (27), gleich den I_{u_i} sind. Sodann ist zweitens zur Vollendung unseres Beweises nur noch zu zeigen, daß diese Θ_i, für die I_{u_i} in (27), (28) eingesetzt, zu Relationen zwischen $\sigma_1, \ldots, \sigma_{n-1}$ führen, die aus (21), (23) folgen.

Wir setzen

$$(29)\qquad \Theta_2 = \tau_1 (\sigma_3 \ldots \sigma_{n-1})^{2-n} (\sigma_2 \ldots \sigma_{n-1})^{n-1}$$

und für $i > 2$.

$$(30)\qquad \Theta_i = \sigma_{i-1} \ldots \sigma_2 \Theta_2 \sigma_2^{-1} \ldots \sigma_{i-1}^{-1};$$

---

[14]) Vgl. etwa K. Reidemeister, Einführung in die kombinatorische Topologie, Braunschweig 1932, I, 12, S. 23.

es ist $\Theta_i = I_{u_i}$ in $\mathfrak{Z}_n^{(1)}$, wie man aus (18), (27), (28) leicht folgert. Sodann weisen wir das Bestehen von

$$(31)\quad \begin{aligned} \tau_i &\equiv \sigma_1 \ldots \sigma_{i-1}\sigma_i^2\sigma_{i-1}^{-1}\ldots\sigma_1^{-1} \\ &= \sigma_i^{-1}\sigma_{i-1}^{-1}\ldots\sigma_2^{-1}\Theta_2\sigma_2^{-1}\ldots\sigma_{n-1}^{-1}\sigma_{n-1}^{-1}\ldots\sigma_{i+1}^{-1}\end{aligned}$$

als Konsequenz von (21), (23) nach. In der Tat ist gemäß (13b) am Schluß von § 1, sinngemäß auf $\sigma_{n-1}, \ldots, \sigma_2$ angewandt, und weil $(\sigma_2 \ldots \sigma_{n-1})^{n-1} \rightleftarrows \sigma_\nu\ (\nu > 1)$,

$$(32)\qquad \Theta_2 = \sigma_1^2\sigma_2\ldots\sigma_{n-1}\sigma_{n-1}\ldots\sigma_2,$$

wodurch (31) übergeht in

$$(33)\qquad \sigma_1\ldots\sigma_{i-1}\sigma_i^2\sigma_{i-1}^{-1}\ldots\sigma_1^{-1} = \sigma_i^{-1}\ldots\sigma_2^{-1}\sigma_1^2\sigma_2\ldots\sigma_i,$$

oder, wegen $\sigma_i^2 = (\sigma_1 \ldots \sigma_i)^{i-1}\sigma_1^2(\sigma_1\ldots\sigma_i)^{1-i}$ (siehe Fußnote zu (13b)) in

$$(\sigma_1\ldots\sigma_i)^{i+1}\sigma_1^2(\sigma_1\ldots\sigma_i)^{-i-1} = \sigma_1^2.$$

Diese Relation folgt aber wirklich aus (21) (vgl. Anm. [13])).

Damit ist der erste Teil unserer Aufgabe erledigt. Es bleibt nur noch übrig, die Beziehungen (27), (28) mit Θ_i statt I_{u_i} aus (21), (23) abzuleiten, wobei, wie schon gesagt, von (27) nur die beiden ersten Zeilen berücksichtigt werden müssen. Man bekommt dabei aus (27) nur

$$(34)\qquad \sigma_i \rightleftarrows \sigma_{k-1}\ldots\sigma_2\Theta_2\sigma_2^{-1}\ldots\sigma_{k-1}^{-1}$$
$$(k—1,\ i = 2, \ldots, n-1;\ k \neq i,\ i+1),$$

während die zweite Zeile (27) wegen der Definition der Θ_i identisch erfüllt wird.

(34) ist für $i > k \geqq 2$ sicher erfüllt, da dann $i \geqq 3$ ist, und nach (21) ist alsdann σ_i sowohl mit $\sigma_2, \ldots, \sigma_{k-1}$ wie mit σ_1^2 wie (vgl. Fußnote zu (13b)) mit $(\sigma_3\ldots\sigma_{n-1})^{n-2}$ wie mit $(\sigma_2\ldots\sigma_{n-1})^{n-2}$ vertauschbar. Für $i < k-1 > 2$ (es muß $i \geqq 2$ sein) folgt dagegen aus (vgl. Fußnote zu (13b))

$$\sigma_2\ldots\sigma_{k-1}\sigma_i\sigma_{k-1}^{-1}\ldots\sigma_2^{-1} = \sigma_{i+1},$$

daß (34) mit der Vertauschbarkeit von σ_{i+1} und Θ_2 äquivalent ist: dies folgt wie im Fall $i > k$.

Als letztes bleibt noch die der Relation (28) entsprechende Relation

$$(35)\quad \begin{aligned} &(\sigma_2\ldots\sigma_{n-1})^{n-1} = \Theta_n\Theta_{n-1}\ldots\Theta_3\Theta_2 \\ &= (\sigma_{n-1}\ldots\sigma_2\Theta_2\sigma_2^{-1}\ldots\sigma_{n-1}^{-1})(\sigma_{n-2}\ldots\sigma_2\Theta_2\sigma_2^{-1}\ldots\sigma_{n-2}^{-1})\ldots(\sigma_2\Theta_2\sigma_2^{-1})\Theta_2\end{aligned}$$

zu bestätigen, die wegen (32) auf die folgende Relation führt:

$$(36)\qquad (\sigma_2\ldots\sigma_{n-1})^{n-1} = \prod_{k=1}^{n-1}\{(\sigma_{n-k}\ldots\sigma_2)\,T\,(\sigma_{n-1}\ldots\sigma_{n-k+1})\}$$

mit $T = \sigma_1^2\sigma_2\ldots\sigma_{n-1}$; dabei soll für das im ersten Faktor auftretende σ_n natürlich 1 gesetzt werden.

Berücksichtigen wir, daß für $i > 1$ und $< n-1$ $T\sigma_i T^{-1} = \sigma_{i+1}$ ist (vgl. Fußnote zu (13b)), sowie die Vertauschbarkeitsrelationen in (21), so folgt, indem wir jeweils $\sigma_{n-1} \ldots \sigma_{n-k+1}$ nach rechts und $\sigma_{n-k} \ldots \sigma_2$ nach links „durchziehen", daß (36) gleichbedeutend ist mit

$$(37) \qquad (\sigma_2 \ldots \sigma_{n-1})^{n-1} = \left\{ \prod_{k=2}^{n-1} (\sigma_{n-1} \ldots \sigma_k) \right\} T^{n-1} \left\{ \prod_{k=2}^{n-1} (\sigma_k \ldots \sigma_2) \right\}.$$

Nach Artin [loc. cit.[2]) S. 54] ist aber $T^{n-1} = (\sigma_1 \ldots \sigma_{n-1})^n$, also nach (23) (diese Relation wird nur hier gebraucht) $= 1$, und somit geht die rechte Seite von (37) über in

$$(\sigma_{n-1} \ldots \sigma_2)(\sigma_{n-1} \ldots \sigma_3) \ldots \sigma_{n-1} \cdot \sigma_2 (\sigma_3 \sigma_2) \ldots (\sigma_{n-1} \ldots \sigma_2),$$

was auf Grund der Vertauschbarkeitsrelationen in (21) und wegen $\sigma_\nu \rightleftarrows (\sigma_2 \ldots \sigma_{n-1})^{n-1}$ gleich $(\sigma_{n-1} \ldots \sigma_2)^{n-1} = (\sigma_2 \ldots \sigma_{n-1})^{n-1}$ ist.

Der am Schluß von § 2 benutzte Satz, daß die Elemente

$$(\sigma_1 \ldots \sigma_{n-1})^n, \quad (\sigma_2 \ldots \sigma_{n-1})^{n-1}, \quad \sigma_1^2 (\sigma_3 \ldots \sigma_{n-1})^{2-n}, \ldots$$
$$(\sigma_1 \ldots \sigma_{k-1})^k (\sigma_{k+1} \ldots \sigma_{n-1})^{k-n}, \ldots, (\sigma_1 \ldots \sigma_{n-2})^{1-n}$$

eine invariante Untergruppe von $\mathfrak{Z}_n$ erzeugen, ergibt sich ohne weiteres daraus, daß $(\sigma_1 \sigma_2 \ldots \sigma_{n-1})^n$ zum Zentrum gehört, und in $\overline{\mathfrak{Z}}_n$ die Elemente

$$(\sigma_2 \ldots \sigma_{n-1})^{1-n} = I^{-1}_{u_2 \ldots u_n}, \quad (\sigma_1 \ldots \sigma_{n-2})^{n-1} = I^{-1}_{u_n},$$
$$(\sigma_1 \ldots \sigma_{k-1})^k (\sigma_{k+1} \ldots \sigma_{n-1})^{k-n} = I^{-1}_{u_{k+1} \ldots u_n}$$

als Erzeugende für die Gruppe der inneren Automorphismen dienen können.

Schließlich folgt aus (27), (29) und der nach (30) gemachten Bemerkung wegen der Definition der Gruppe der Abbildungsklassen als Faktorgruppe der inneren Automorphismen in $\mathfrak{Z}_n$ sofort, daß man zu den Zöpferelationen (21) nur die Relationen

$$(\sigma_1 \sigma_2 \ldots \sigma_{n-1})^n = 1, \quad \sigma_1^2 (\sigma_3 \ldots \sigma_{n-1})^{2-n} (\sigma_2 \ldots \sigma_{n-1})^{n-1} = 1$$

hinzufügen muß, um ein System von definierenden Relationen für die Gruppe der Abbildungsklassen zu erhalten. Denn durch Hinzufügen von $(\sigma_1 \sigma_2 \ldots \sigma_{n-1})^n = 1$ geht $\mathfrak{Z}_n$ in $\overline{\mathfrak{Z}}_n$ über, und in $\overline{\mathfrak{Z}}_n$ folgt aus

$$\sigma_1^2 (\sigma_3 \ldots \sigma_{n-1})^{2-n} (\sigma_2 \ldots \sigma_{n-1})^{n-1} = 1,$$

daß I_{u_2}, also wegen der zweiten Zeile in (27) alle I_{u_i} gleich eins werden.

Die Abbildungen des von n Punkten berandeten Torus auf sich.

§ 4.

Die Erzeugenden der Gruppe der Abbildungsklassen für $n = 2$.

Die Fundamentalgruppe $\mathfrak{F}$ des von zwei Punkten P_1 und P_2 berandeten Torus wird erzeugt durch die Umläufe u_1 und u_2 um die Punkte P_1, P_2 und durch zwei Kurven a und b eines Riemannschen kanonischen Schnittsystems für die unberandete Fläche. Alle Relationen zwischen diesen Erzeugenden folgen aus einer einzigen, die bei geeigneter Normierung der Anordnung und des Durchlaufungssinnes der zugehörigen Kurven sich auf die Form

(1) $$u_1 u_2 a^{-1} b a b^{-1} = 1$$

bringen läßt. Betrachtet man wieder nur Abbildungen mit Erhaltung der Indikatrix, welche den festen Bezugspunkt P für die Kurven der Fundamentalgruppe in sich überführen, so erhält man, wie in § 1, daß jeder solchen Abbildung ein Automorphismus der Fundamentalgruppe $\mathfrak{F}$ entspricht, bei welchem u_1, u_2, a, b bzw. in Elemente u_1', u_2', a', b' übergehen, die den Beziehungen

(2) $$u_i' = T_i u_{k_i} T_i^{-1} \qquad (i, k_i = 1, 2),$$

(3) $$u_1' u_2' a'^{-1} b' a' b'^{-1} = 1$$

genügen. Im folgenden soll ein solcher Automorphismus stets mit

$$[u_1', u_2', a', b']$$

bezeichnet werden, wobei für die in den eckigen Klammern stehenden Elemente ihre Ausdrücke in u_1, u_2, a, b eingesetzt zu denken sind. Die (2), (3) genügenden Automorphismen erzeugen eine Gruppe $\overline{\mathfrak{A}}$, die die Gruppe $\mathfrak{J}$ der sämtlichen inneren Automorphismen von $\mathfrak{F}$ enthält. Die gesuchte Gruppe $\mathfrak{A}$ der Abbildungsklassen wird dann gleich $\overline{\mathfrak{A}}/\mathfrak{J}$ sein, da sich zeigen läßt, daß zu den noch zu bestimmenden Erzeugenden von $\overline{\mathfrak{A}}$ stets eine sie induzierende Abbildung gefunden werden kann.

Anstatt $\overline{\mathfrak{A}}$ und $\mathfrak{A}$ selber zu untersuchen, soll, analog zu dem Verfahren in § 1, eine Untergruppe $\overline{\mathfrak{A}}_1$ vom Index 2 in $\overline{\mathfrak{A}}$ betrachtet werden, die aus den Automorphismen besteht, für die außer (2) und (3) noch

(4) $$u_1' = T_1 u_1 T_1^{-1}$$

erfüllt ist. $\overline{\mathfrak{A}}_1$ enthält $\mathfrak{J}$, und $\mathfrak{A}_1 = \overline{\mathfrak{A}}_1/\mathfrak{J}$ ist infolgedessen eine Untergruppe vom Index 2 in $\mathfrak{A}$.

Aus (4) folgert man schließlich genau wie in § 1, daß $\mathfrak{A}_1$ isomorph ist mit einer Faktorgruppe $\overline{\mathfrak{A}}_1'/\mathfrak{J}'$, wobei $\overline{\mathfrak{A}}_1'$ diejenige Gruppe von Automorphismen von $\mathfrak{F}$ ist, für die nach Elimination von u_1 mittels (1) identisch in den Erzeugenden $u = u_2$, a, b die Bedingungen

$$u' \equiv T u T^{-1}, \tag{5}$$

$$u' a'^{-1} b' a' b'^{-1} \equiv u a^{-1} b a b^{-1} \tag{6}$$

gelten, und $\mathfrak{I}'$ die in $\overline{\mathfrak{A}}_1'$ enthaltene Untergruppe von inneren Automorphismen bezeichnet; da u, a, b eine freie Gruppe erzeugen, kann man analog wie in § 1 leicht zeigen, daß $\mathfrak{I}'$ von den Potenzen des Automorphismus

$$[\Theta^{-1} u \Theta,\quad \Theta^{-1} a \Theta,\quad \Theta^{-1} b \Theta],\quad \Theta \equiv u a^{-1} b a b^{-1} \tag{7}$$

erzeugt wird.

R. Fricke[15]) hat auf einem topologischen Wege gezeigt, daß man als Erzeugende von $\mathfrak{A}_1$ die folgenden Automorphismen wählen kann:

$$\begin{cases} r = [u,\ a,\ b a], \\ s = [u,\ a^{-1} b^{-1} a,\ a], \\ \tau = [a u a^{-1},\ a u^{-1} a u a^{-1},\ b a u a^{-1}]. \end{cases} \tag{8}$$

Daß diese zur Erzeugung von $\overline{\mathfrak{A}}_1'$ ausreichen, läßt sich indessen auch gruppentheoretisch etwa folgendermaßen ableiten:

$$A = [T u T^{-1},\ a',\ b']$$

sei ein beliebiger Automorphismus aus $\overline{\mathfrak{A}}_1'$. Falls in T, a', b', nachdem man in diesen Elementen durch identische Umformungen so viel als möglich u-Zeichen beseitigt hat, keine u-Zeichen mehr auftreten, genügen r und s zur Zusammensetzung von A, da dann aus

$$T u T^{-1} a'^{-1} b' a' b'^{-1} \equiv u a^{-1} b a b^{-1} \tag{9}$$

folgt, daß $T \equiv 1$ sein muß, da sich das T ganz links in (9) sonst nicht wegheben kann. Wegen der daraus folgenden Beziehung

$$a'^{-1} b' a' b'^{-1} \equiv a^{-1} b a b^{-1}$$

folgt unsere Behauptung aus einer Untersuchung von J. Nielsen[16]) über die Automorphismen der freien Gruppen von zwei Erzeugenden. Aus eben diesen Untersuchungen folgt auch, daß man in (9) stets erreichen kann, daß, falls a' und b' beide u-Zeichen noch wesentlich, d. h. nach Ausführung aller Kürzungen von $a a^{-1}$, $b b^{-1}$, $u u^{-1}$ enthalten, sich durch Anwendung von r und s stets erreichen läßt, daß in $a'^{-1} b'$, $b' a'$, $a' b'^{-1}$ keine Komponente a'^{-1}, b', a', b'^{-1} von einem ihrer Nachbarn hinsicht-

---

15) Siehe l. c. 3)), S. 320ff.

16) Mathem. Annalen 78 (1918). Insbesondere S. 393.

42*

lich ihrer u-Zeichen zu mehr als der Hälfte absorbiert wird. Man hat dazu nur zu berücksichtigen, daß sich aus r und s die Automorphismen

$$(10)\qquad \begin{array}{lll} [b^{-1}a,\ a], & [a,\ b\,a], & [a,\ b\,a^{-1}], \\ [b^{-1}a,\ b], & [b\,a,\ b], & [b,\ b\,a^{-1}], \end{array}$$

zusammensetzen lassen, deren Anwendung auf A im umgekehrten Falle zu einer Verminderung der Gesamtzahlen der in a' und b' vorhandenen u-Zeichen führen würde, was nicht unbegrenzt geschehen kann, ohne daß a' oder b' oder beide ihre sämtlichen u-Zeichen verlieren.

Es ist nun zweckmäßig, zunächst die Spezialfälle zu untersuchen, daß a' oder b' oder T keine u-Zeichen enthalten.

I. a' enthält keine u-Zeichen mehr.

In $a'^{-1}b'a'b'^{-1}$ bleiben dann auch nach Ausführung aller möglichen Absorptionen alle u-Zeichen in b' und b'^{-1} stehen. In $T\,u\,T^{-1}a'^{-1}b'a'b'^{-1}$ muß dann wegen (9) entweder das erste u-Zeichen in T (bzw., wenn T kein solches enthält, das mittlere u-Zeichen in $T\,u\,T^{-1}$) oder das letzte u-Zeichen in b'^{-1} stehenbleiben, je nachdem ob das mittlere u-Zeichen in $T\,u\,T^{-1}$ von b' absorbiert wird oder nicht. In jedem Falle wird aber T hinsichtlich seiner u-Zeichen völlig von b' absorbiert. Enthält somit T überhaupt noch u-Zeichen, so führt eine Anwendung von[17])

$$\varrho = s\,\tau\,s^{-1} = [a^{-1}b^{-1}a\,u\,a^{-1}b\,a,\quad b^{-1}a\,u\,a^{-1}b\,a,\quad b]$$

auf A zu einem Automorphismus, in welchem T keine u-Zeichen mehr enthält. Dieser Fall soll später erledigt werden.

II. b' enthält keine u-Zeichen mehr.

In diesem Falle führt genau wie oben eine Anwendung von

$$\tau = [a\,u\,a^{-1},\quad a\,u^{-1}a\,u\,a^{-1},\quad b\,a\,u\,a^{-1}]$$

auf A zu dem Fall, daß T keine u-Zeichen mehr enthält.

III. T enthält keine u-Zeichen mehr.

Bleibt in $T\,u\,T^{-1}a'^{-1}b'a'b'^{-1}$ nach Ausführung aller Absorptionen das u-Zeichen in $T\,u\,T^{-1}$ stehen, so muß $T \equiv 1$ sein, und $a'^{-1}b'a'b'^{-1} \equiv a^{-1}b\,a\,b^{-1}$, was nur dann möglich ist, wenn a' und b' keine u-Zeichen enthalten, wie man nach der eingangs zitierten Schlußweise von Nielsen zeigen kann, da sich dann durch Anwendung der Automorphismen (10) eine beständige Verminderung der Gesamtzahl der u-Zeichen in a' und b' erreichen lassen müßte, bis entweder a' oder b' keine u-Zeichen mehr enthält oder bis in $a'^{-1}b'a'b'^{-1}$ genau die Hälfte der u-Zeichen in a'^{-1} von b' und umgekehrt, ebenso die Hälfte der u-Zeichen in b' von a' und

17) $A_1 A_2$ soll der Automorphismus sein, der entsteht, wenn erst A_1 und dann A_2 ausgeführt wird.

umgekehrt, und schließlich die Hälfte der u-Zeichen von b'^{-1} in $a' b'^{-1}$ von a' absorbiert werden müßte und umgekehrt. In diesem Falle folgert man sofort $a' \equiv S \alpha S^{-1}$, $b' \equiv S \beta S^{-1}$, wobei α und β keine u-Zeichen mehr enthalten. Es folgt aus

$$a'^{-1} b' a' b'^{-1} \equiv S \alpha^{-1} \beta \alpha \beta^{-1} S^{-1} \equiv a^{-1} b a b^{-1}$$

sofort, daß auch S keine u-Zeichen mehr enthalten darf. Enthielte etwa b' keine u-Zeichen mehr, so wäre aus demselben Grunde

$$a'^{-1} b' a' \equiv a^{-1} b a b^{-1} b'$$

von u-Zeichen frei, also auch a'.

Wir können nun den Fall betrachten, daß in $T u T^{-1} a'^{-1} b' a' b'^{-1}$ das erste u-Zeichen links nicht stehenbleibt; es darf dann eventuell nach wiederholter Anwendung von (10) nur das letzte u-Zeichen in b'^{-1} bzw. a' stehenbleiben, je nachdem ob b' u-Zeichen enthält oder nicht. Der zweite Fall kann (vgl. I) nur eintreten, wenn a' nur ein u-Zeichen enthält. Dann wird $a' \equiv a_1 u a_2$,

$$T^{-1} a_2^{-1} \equiv 1, \quad T a_1^{-1} b' a_1 \equiv 1, \quad a_2 b'^{-1} \equiv a^{-1} b a b^{-1},$$

also

$$b' \equiv a_1 a_2 a_1^{-1}, \quad a_2 a_1 a_2^{-1} a_1^{-1} \equiv a^{-1} b a b^{-1};$$

also besteht für a_1 und b' die Identität

$$a_1^{-1} b' a_1 \, b'^{-1} \equiv a^{-1} b a b^{-1}.$$

Nach Nielsen[16]) gibt es folglich einen durch r und s erzeugten Automorphismus

$$[u, a_1, b'].$$

Wendet man auf diesen $s \tau s^{-1}$ an, so erhält man dasselbe, wie wenn man $[u, b^{-1} a, b]$ auf A anwendet.

Der Fall, daß b' u-Zeichen enthält, nicht aber a', ist analog zu erledigen.

Nach dem im ersten Absatz von III bemerkten, ist der allgemeinste hier zu behandelnde Fall aber stets auf die erledigten Fälle oder auf den folgenden Sonderfall:

$$a' \equiv S \alpha S^{-1}, \quad b' \equiv S \beta S^{-1},$$

wobei α, β keine und S nur ein u-Zeichen enthält, zurückzuführen, und zwar durch hinreichend oftmaliges Anwenden von (8), da schließlich in $a'^{-1} b' a' b'^{-1}$ nur zwei u-Zeichen stehenbleiben dürfen. Man findet, daß sich $S = T u^{-1}$ wählen läßt, woraus dann

$$T \alpha^{-1} \beta \alpha \beta^{-1} \equiv 1, \quad T^{-1} \equiv a^{-1} b a b^{-1}$$

folgt. Hiernach gibt es einen Automorphismus

$$[u, \alpha. \beta],$$

der sich aus r, s erzeugen läßt (siehe [16])), und aus diesem entsteht A durch Hinzufügen von

(7) $$[\Theta^{-1} u \Theta, \Theta^{-1} a \Theta, \Theta^{-1} b \Theta], \quad \Theta \equiv u a^{-1} b a b^{-1}.$$

Setzen wir zur Abkürzung noch

(12) $$\varrho = s \tau s^{-1} = [a^{-1} b^{-1} a u a^{-1} b a, b^{-1} a u a^{-1} b a, b],$$

so wird der Automorphismus (7) gleich

$$s^{-4} \varrho \tau^{-1} \varrho^{-1} \tau,$$

womit III erledigt ist.

Der allgemeine Fall soll nun dadurch erledigt werden, daß wir zeigen: Wenn weder I, noch II, noch III vorliegt, läßt sich A stets durch Hinzufügen mehrerer Automorphismen (8) in einen solchen verwandeln, für den die Anzahl der u-Zeichen in T kleiner ist als in A; der allgemeine Fall muß sich also allmählich auf einen der drei erledigten Spezialfälle zurückführen lassen.

Man denke sich in $a'^{-1} b' a' b'^{-1}$ durch Absorption möglichst viele u-Zeichen weggeschafft, wobei wir annehmen dürfen, daß keines der Elemente a'^{-1}, b', a', b'^{-1} von einem Nachbar zu mehr als der Hälfte hinsichtlich seiner u-Zeichen absorbiert wird. Werden nun trotzdem in b' und a' alle u-Zeichen absorbiert, so findet man

$$a' \equiv S \alpha S^{-1}, \quad b' \equiv S \beta S^{-1}$$

mit von u freien α, β, und weiter aus

$$T u T^{-1} S \alpha^{-1} \beta \alpha \beta^{-1} S^{-1} \equiv u a^{-1} b a b^{-1},$$

daß entweder S^{-1} mit $u a^{-1} b a b^{-1}$ aufhört, in welchem Falle man das Reziproke des Automorphismus (7) hinzufüge, oder aber, daß sogleich $T^{-1} S = R(a, b)$ ist, weil T^{-1} alle u-Zeichen von S absorbiert. Das ergibt

$$T u R(a, b) \alpha^{-1} \beta \alpha \beta^{-1} R^{-1}(a, b) T^{-1} \equiv u a^{-1} b a b^{-1},$$

und demzufolge muß T die Form haben

$$T \equiv (u a^{-1} b a b^{-1})^{\lambda},$$

denn da $T^{-1} u a^{-1} b a b^{-1} T$ nur noch ein u-Zeichen enthält, wird, wenn wir $u a^{-1} b a b^{-1} \equiv z$ als neues primitives Element zusammen mit a, b einführen,

$$T^{-1}(z, a, b) z T(z, a, b) \equiv z P(a, b),$$

woraus $T \equiv z^{\lambda}$ folgt. Damit ist auch dieser Fall erledigt, wie man durch λ-fache Anwendung von (7) zeigt.

Es bleibt noch der sozusagen „allgemeinste" Fall, daß 1. in $a'^{-1} b' a' b'^{-1}$ nach Ausführung aller Absorptionen mindestens die Hälfte der u-Zeichen in a'^{-1}, b'^{-1} und überdies 2. auch in b' oder a' mindestens ein u-Zeichen stehenbleibt, wobei 3. keine Komponente b', a', von einem Nachbar zu mehr als der Hälfte ihrer u-Zeichen absorbiert wird. Es mögen nach Ausführung aller Absorptionen in $a'^{-1}b'a'b'^{-1}$ genau $2N$, in $a'^{-1}b'a'$ genau M u-Zeichen stehenbleiben. b'^{-1} enthalte β u-Zeichen, von denen sich in $a'^{-1}b'a'b'^{-1}$ genau λ gegen einen Teil der M aus $a'^{-1}b'a'$ stehenbleibenden wegheben mögen, so daß in $a'^{-1}b'a'b'^{-1}$ aus $a'^{-1}b'a'$ endgültig $M-\lambda$ Zeichen stehenbleiben. Aus Voraussetzung 3. folgt $M \geqq \beta$, da $a'^{-1}b'a'$ mindestens soviel u-Zeichen enthalten muß wie b', ferner gilt $M - 2\lambda + \beta = 2N$, und $M \leqq 2N$, da wegen Voraussetzung 1. $2\lambda \leqq \beta$ sein muß. Hieraus und aus $M \geqq \beta$ und $M - \lambda = 2N - \beta + \lambda$ folgt schließlich $M - \lambda \geqq N$, wobei das Gleichheitszeichen nur für $M = \beta$ gelten kann. Dann muß aber $a' \equiv a_1 a_2$, $b' \equiv a_1 b_1 a_1^{-1}$ sein, wobei a_1 und a_2 genau gleichviele, etwa α, und b_1 keine u-Zeichen enthält. Es wird $\beta = M = 2\alpha$, und wegen Voraussetzung 2. $\alpha > \lambda$.

Im Falle $M - \lambda > N$ muß in $T u T^{-1} a'^{-1} b' a' b'^{-1}$ das mittlere u in $T u T^{-1}$ gegen ein aus $a'^{-1}b'a'$ nach Ausführung aller Absorptionen in $a'^{-1}b'a'b'^{-1}$ stehengebliebenes u-Zeichen fortfallen, da T^{-1} genau N u-Zeichen enthält; also enthält $u\,T^{-1}a'^{-1}b'a'$ wegen $M \leqq 2N$ deren höchstens noch $M - N - 1 < N$, und in

$$a'^{-1}b'^{-1}a'\,T u T^{-1}a'^{-1}b'a' \equiv T_1 u T_1^{-1}$$

enthält T_1 weniger u-Zeichen als T, also bewirkt $s\,\tau\,s^{-1}$ (siehe I) angewandt auf A eine Verminderung der Anzahl der u-Zeichen in T.

Im Falle $M = N + \lambda$ kann man nur schließen, daß $T^{-1}a'^{-1}b'a'$ noch höchstens $M - N$ u-Zeichen enthält. Wegen $M = 2\alpha > 2\lambda$ und $M \leqq 2N$ gilt dann aber $2N \geqq 2\alpha > 2\lambda$, also $N + \lambda < 2N$, also $M - N = \lambda < N$, und dasselbe Verfahren wie oben führt zum Ziel.

§ 5.

Die Relationen für die Gruppe der Abbildungsklassen des von zwei Punkten berandeten Torus.

Die in § 4 eingangs eingeführte Gruppe $\overline{\mathfrak{A}}_1'$ ist zunächst eine Automorphismengruppe der von u, a, b erzeugten freien Gruppe $\mathfrak{F}$. Wegen (6), § 4 ist sie gleichzeitig eine Automorphismengruppe der durch die Relationen $u a^{-1} b a b^{-1} = 1$ aus $\mathfrak{F}$ entstehenden Faktorgruppe $\mathfrak{F}^*$, die eine freie Gruppe der Erzeugenden a, b ist. Es können dabei aber Automorphismen von $\overline{\mathfrak{A}}_1'$ in $\mathfrak{F}^*$ den identischen Automorphismus erzeugen, ohne daß für $\mathfrak{F}$ dasselbe gilt; $\overline{\mathfrak{A}}_1'$ geht also in eine Faktorgruppe $\overline{\mathfrak{A}}_1^*$ von sich über, wenn man sie als Automorphismengruppe von $\mathfrak{F}^*$ auffaßt, und zwar gehen die in (8), (12), § 4 eingeführten Erzeugenden von $\overline{\mathfrak{A}}_1'$ bzw. in die Automorphismen

$$r^* = [a, ba], \quad s^* = [a^{-1}b^{-1}a, a]$$
$$\tau^* = [bab^{-1}aba^{-1}b^{-1}, bab a^{-1}b^{-1}], \; \varrho^* = [b^{-1}ab, b]$$

über. τ^* und ϱ^* erzeugen mithin die Untergruppe J^* der inneren Automorphismen von $\mathfrak{F}^*$. Nach J. Nielsen[15]) ergibt sich, daß $\overline{\mathfrak{A}}_1^*/J^*$ die homogene Modulgruppe ist mit den einzigen Relationen

$$(13) \quad \begin{array}{l} 1 = s^{*4} \, (= [a^{-1}bab^{-1}aba^{-1}b^{-1}a, \; a^{-1}baba^{-1}b^{-1}a]) \\ s^{*2} = (r^{*-1}s^*)^3, \end{array}$$

und da J^* eine freie invariante Untergruppe von zwei Erzeugenden in $\overline{\mathfrak{A}}_1^*$ sein muß, folgt nach schon früher benutzten Sätzen[14]), daß die Relationen

$$(14) \quad \begin{cases} s^{*-4}\varrho^*\tau^{*-1}\varrho^{*-1}\tau^* = 1, \quad s^{*2}(r^{*-1}s^*)^{-3} = 1 \\ s^*\tau^*s^{*-1} = \varrho^*, \quad r^*\tau^*r^{*-1} = \tau^* \\ s^*\varrho^*s^{*-1} = \varrho^*\tau^{*-1}\varrho^{*-1}, \quad r^*\varrho^*r^{*-1} = \varrho^*\tau^{*-1} \end{cases}$$

zur Definition von $\overline{\mathfrak{A}}_1^*$ ausreichen. Nun verifiziert man leicht, daß in $\overline{\mathfrak{A}}_1'$ die Relationen

$$(15) \quad \begin{array}{c} s^2 = (r^{-1}s)^3, \\ s\tau s^{-1} = \varrho, \quad r\tau r^{-1} = \tau, \quad s\varrho s^{-1} = \varrho\tau^{-1}\varrho^{-1}, \quad r\varrho r^{-1} = \varrho\tau^{-1} \end{array}$$

bestehen, und überdies der Automorphismus (7)

$$s^{-4}\varrho\tau^{-1}\varrho^{-1}\tau$$

allein auf Grund der Relationen (15) mit allen übrigen Automorphismen vertauschbar ist, also zum Zentrum gehört. Genau wie in § 3 kann man hieraus schließen: Da $\overline{\mathfrak{A}}_1^*$ eine Faktorgruppe von $\overline{\mathfrak{A}}_1'$ ist, deren sämtliche Relationen (14) man erhält, indem man das Element $s^{-4}\varrho\tau^{-1}\varrho^{-1}\tau$ des Zentrums von $\overline{\mathfrak{A}}_1'$ gleich eins setzt, kann außer (15) in $\overline{\mathfrak{A}}_1'$ höchstens noch eine Relation $(s^{-4}\varrho\tau^{-1}\varrho^{-1}\tau)^\lambda = 1$ zur Definition nötig sein; wegen der Bedeutung von $s^{-4}\varrho\tau^{-1}\varrho^{-1}\tau$ (Gl. 7) ist das nicht der Fall. — Schließlich erhalten wir die Untergruppe $\mathfrak{A}_1$ in der Gruppe der Abbildungsklassen, indem wir zu (15) wieder die Relation

$$(16) \quad s^{-4}\varrho\tau^{-1}\varrho^{-1}\tau = 1$$

hinzufügen, da alle inneren Automorphismen von $\overline{\mathfrak{A}}_1'$ Potenzen von $s^{-4}\varrho\tau^{-1}\varrho^{-1}\tau$ sind (§ 4). Wir erhalten also schließlich:

$\mathfrak{A}_1$ wird erzeugt von r, s, ϱ, τ mit den Relationen (15), (16). $\mathfrak{A}_1$ ist übrigens isomorph mit einer Untergruppe vom Index 2 in der Automorphismengruppe der freien Gruppe von zwei Erzeugenden.

Um noch $\mathfrak{A}$, die volle Gruppe der Abbildungsklassen, zu bestimmen, führen wir noch den Automorphismus ein:

$$\sigma = [u_2, u_2^{-1} u_1 u_2, a, b],$$

geschrieben in der Bezeichnungsweise ganz zu Beginn von § 4. Nach der Relation (1), § 4 wird, da innere Automorphismen von $\mathfrak{F}$ gleich eins zu setzen sind, analog wie in § 1:

$$\sigma^2 = s^{-4},$$

$$(17) \qquad \sigma r \sigma^{-1} = r, \quad \sigma s \sigma^{-1} = s, \quad \sigma \tau \sigma^{-1} = \tau^{-1} s^4.$$

Die Relationen (17) *genügen, um festzulegen, daß* r, s, τ *in* $\mathfrak{A}$ *eine Untergruppe vom Index 2 erzeugen, sie sind folglich zusammen mit* (15), (16) *zur Definition von* $\mathfrak{A}$ *ausreichend*, denn da σ selber nicht in $\mathfrak{A}$ liegt, liefert $\mathfrak{A}_1$ eine Untergruppe vom genauen Index 2 in der von r, s, τ, σ ezeugten Gruppe.

Zum Schluß ist noch der Nachweis zu erbringen, daß zu den Automorphismen r, s, τ, σ der Fundamentalgruppe $\mathfrak{F}$ wirklich sie induzierende Abbildungen gehören. Für σ ist dies nach dem Beginn von § 2 ohne weiteres klar; für r, s, τ kann man es folgendermaßen nachweisen: Wir betrachten die universelle Überlagerungsfläche des geschlossenen Torus, also die euklidische Ebene. Legen wir den Bezugspunkt P der Kurven der Fundamentalgruppe in den einen Randpunkt P_1, so liefert das Schnittsystem der Fundamentalgruppe in der euklidischen Ebene etwa ein Parallelogrammnetz, wobei im Innern jedes Parallelogramms ein über P_2 gelegener Punkt der Überlagerungsfläche liegt, ferner der Kurve, die zu u_2 gehört, unendlich viele einfache Umläufe zugehören, die etwa vom linken unteren Eckpunkt jedes Parallelogramms ausgehen und um den im Innern desselben liegenden Bildpunkt von P_2 herumlaufen, und alle Netzeckpunkte über P_1 liegen. (Siehe Fig. 5). Die Figg. 6 zeigen dann, daß zu τ, r, s gewiß sie induzierende Abbildungen gehören; r und s sind nichts weiter als wohlbekannte Abbildungen des geschlossenen Torus auf sich, wobei man jetzt nur darauf zu achten hat, daß das Bild eines Fundamentalparallelogramms wieder denselben Überlagerungspunkt von P_2 enthält, wie das ursprüngliche. ϱ, τ schließlich entsprechen einem Hinwegziehen eines der kanonischen Schnitte a, b über den Punkt P_2; auf der Überlagerungsfläche wirkt sich das so aus, daß nach der Abbildung ein

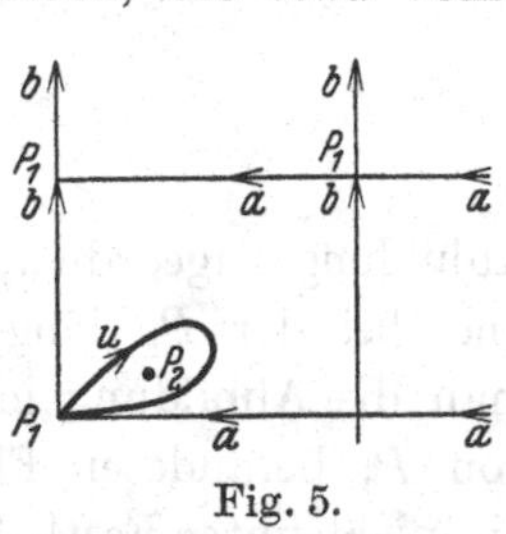

Fig. 5.

anderer Überlagerungspunkt von P_2 in das Innere des Ausgangsparallelogramms fällt als vorher. τ, ϱ würden auf der unberandeten Fläche, ebenso wie σ, zur Klasse der Identität gehören. Im übrigen ist jedem doppelpunktfreien Weg, der von einem festen Überlagerungspunkt $P_2^{(0)}$ von P_2 ausgehend unter Vermeidung der Überlagerungspunkte von P_1 zu einem beliebigen Überlagerungspunkt $P_2^{(*)}$ von P_2 hinführt, eine bestimmte

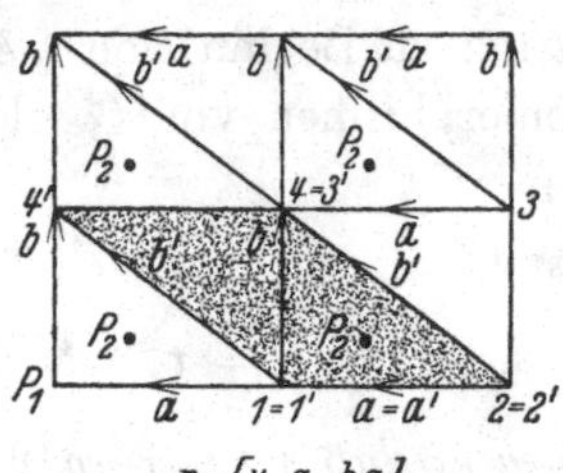

$r = [u, a, ba]$

Fig. 6 a.

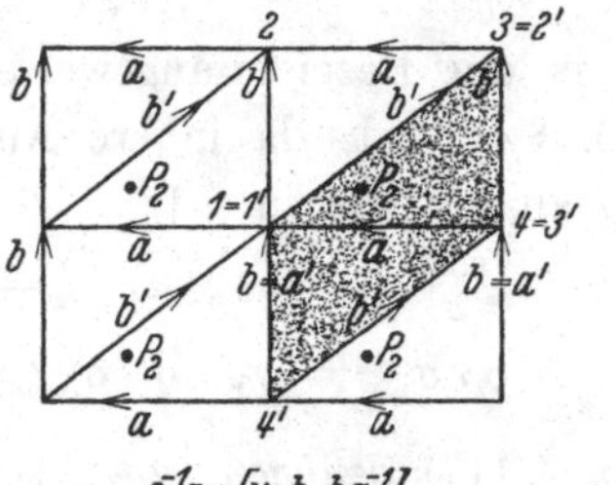

$s^{-1} r = [u, b, ba^{-1}]$

Fig. 6 b.

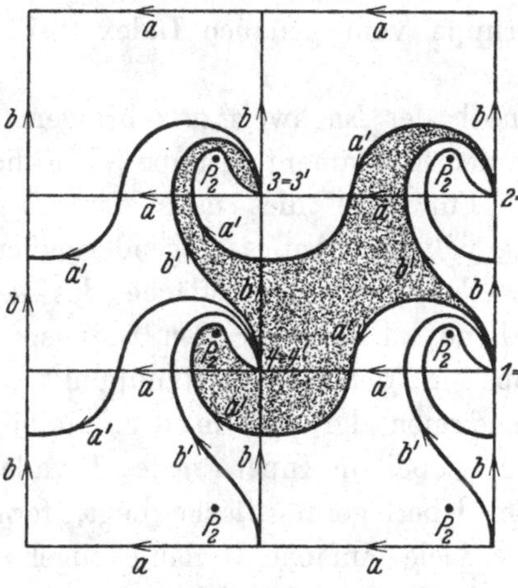

$\tau = [a u a^{-1}, a u^{-1} a u a^{-1}, b a u a^{-1}]$

Fig. 6 c.

Abbildung zugeordnet, die zu einer durch ϱ, τ erzeugten Klasse gehört, und bei der P_2 längs des eben charakterisierten Weges wandert, wenn man die Abbildung in geeigneter Weise (nämlich als Abbildung der nur von P_1 berandeten Fläche) kontinuierlich entstanden denkt. Zu Wegen, die nicht unter Festhaltung ihrer Endpunkte und ohne einen Überlagerungspunkt von P_1 zu überstreichen ineinander deformiert werden können, gehören verschiedene Abbildungsklassen. Alle auf der unberandeten Fläche zur Klasse der Identität gehörigen Abbildungen lassen sich so erhalten, eventuell nach Ausführung einer σ induzierenden Abbildung.

§ 6.

Der n-fach punktierte Ring. Bemerkungen über berandete Flächen höheren Geschlechts.

Die im Falle des 2-fach punktierten Ringes durchgeführten Betrachtungen lassen sich unverändert auf den allgemeinen Fall der n-fachen Punktierung übertragen. Die Fundamentalgruppe $\mathfrak{F}_n$ wird, analog wie für $n = 2$, erzeugt von den n Umläufen $u_1, u_2, \ldots, u_n$ um die Randpunkte und von den Schnitten a, b. Zwischen ihnen besteht die einzige definierende Relation

$$(1) \qquad u_1 u_2 \ldots u_n a^{-1} b a b^{-1} = 1.$$

Die Gruppe $\mathfrak{A}_n$ der Abbildungsklassen erhält man, indem man zunächst die Gruppe $\overline{\mathfrak{A}}_n$ derjenigen Automorphismen von $\mathfrak{F}_n$ bildet, für die

$$(2) \qquad u'_\nu = T_\nu u_{k_\nu} T_\nu^{-1} \qquad (\nu, k_\nu = 1, \ldots, n)$$
$$u'_1 u'_2 \ldots u'_n a'^{-1} b' a' b'^{-1} = 1$$

ist, und dann $\overline{\mathfrak{A}}_n / \overline{J}_n$ bildet, wobei $\overline{J}_n$ die in $\overline{\mathfrak{A}}_n$ enthaltene Untergruppe der inneren Automorphismen von $\mathfrak{F}_n$ ist.

In $\overline{\mathfrak{A}}_n$ ist eine Untergruppe vom Index n enthalten, welche $\overline{\mathfrak{B}}_n$ heiße und durch folgende Festsetzung definiert ist: Alle und nur die Automorphismen von $\overline{\mathfrak{A}}_n$ gehören zu $\overline{\mathfrak{B}}_n$, für die außer (2) noch

$$(3) \qquad u'_1 = T_1 u_1 T_1^{-1}$$

erfüllt, also $k_1 = 1$ ist.

$\overline{\mathfrak{B}}_n$ besitzt nun folgende Eigenschaften: $\overline{\mathfrak{B}}_n$ besteht aus all den Automorphismen der Gruppe $\mathfrak{F}_n$ (aufgefaßt als freie Gruppe der Erzeugenden $u_2, \ldots, u_n, a, b$), für die

$$(4) \qquad u'_2 \ldots u'_n a'^{-1} b' a' b'^{-1} \equiv T u_2 \ldots u_n a^{-1} b a b^{-1} T^{-1}$$

ist, identisch in $u_2, \ldots, u_n, a, b$. Schließlich werde mit $\mathfrak{B}_n$ diejenige Untergruppe von $\overline{\mathfrak{B}}_n$ bezeichnet, für die in (4) $T \equiv 1$ gilt. Dann läßt sich die Aufstellung der Erzeugenden und definierenden Relationen von $\mathfrak{A}_n$ rekursiv bewerkstelligen, wenn gezeigt wird, wie die Erzeugenden und Relationen von $\mathfrak{B}_{n+1}$ aus denen von $\mathfrak{B}_n$ und die von $\mathfrak{A}_n$ aus denen von $\mathfrak{B}_n$ berechnet werden können. Dies geschieht durch die folgenden Sätze, die der Reihe nach ganz analog wie für $n = 2$ abgeleitet werden können.

I. *Als Erzeugende von $\mathfrak{B}_n$ können die folgenden Automorphismen dienen*[18])

$$(5) \qquad \begin{cases} \sigma_\nu = [u_2, \ldots, u_{\nu-1}, u_{\nu+1}, u_{\nu+1}^{-1} u_\nu u_{\nu+1}, u_{\nu+2}, \ldots, u_n, a, b] \\ \qquad\qquad (\nu = 2, \ldots, n-1), \\ \tau = [u_2, \ldots, u_{n-1}, a u_n a^{-1}, a u_n^{-1} a u_n a^{-1}, b a u_n a^{-1}], \\ r = [u_2, \ldots, u_n, a, b a], \\ s = [u_2, \ldots, u_n, a^{-1} b^{-1} a, a]. \end{cases}$$

[18]) In den eckigen Klammern stehen der Reihe nach die Elemente von $\mathfrak{F}_n$, in die bzw. $u_2, \ldots, u_n, a, b$ bei dem betreffenden Automorphismus übergehen.

Der Beweis dieser Behauptung kann mit Hilfe der in § 4 entwickelten Methode unter Benutzung vollständiger Induktion nach n, oder aber direkt mit topologischen Methoden nach Fricke[19]) geführt werden.

II. *Die in* $\mathfrak{B}_n$ *enthaltenen inneren Automorphismen bilden eine zyklische, zum Zentrum gehörige Untergruppe* $\mathfrak{Z}_{n-1}$, *welche von dem Automorphismus*

$$Z_{n-1} = [\Theta_{n-1}^{-1} u_2 \Theta_{n-1}, \ldots, \Theta_{n-1}^{-1} u_n \Theta_{n-1}, \Theta_{n-1}^{-1} a \Theta_{n-1}, \Theta_{n-1}^{-1} b \Theta_{n-1}]$$

mit $\Theta_{n-1} \equiv u_2 \ldots u_n a^{-1} b a b^{-1}$ *erzeugt wird.* Es ist übrigens

$$Z_{n-1} = (\sigma_2 \ldots \sigma_{n-1})^{n-1} s^{-4} \varrho_{n-1} \tau_{n-1}^{-1} \varrho_{n-1}^{-1} \tau_{n-1},$$

wobei

$$\begin{aligned}\tau_{n-1} &= \tau \sigma_{n-1} \tau \sigma_{n-1}^{-1} \sigma_{n-2} \sigma_{n-1} \tau \sigma_{n-1}^{-1} \sigma_{n-2}^{-1} \ldots \sigma_2 \ldots \sigma_{n-1} \tau \sigma_{n-1}^{-1} \ldots \sigma_2^{-1} \\ &= [a u_2 a^{-1}, a u_3 a^{-1}, \ldots, a u_n a^{-1}, a (u_2 \ldots u_n)^{-1} a u_2 \ldots u_n a^{-1}, \\ &\qquad b a u_2 \ldots u_n a^{-1}]\end{aligned}$$

und $\varrho_{n-1} = s \tau_{n-1} s^{-1}$ ist. $\mathfrak{B}_n/\mathfrak{Z}_{n-1}$ *ist infolgedessen diejenige Untergruppe vom Index* n *in* $\mathfrak{A}_n$, *für deren Elemente in* (2) $k_1 = 1$ *gilt.* Der Beweis hierfür ist genau wie der entsprechende Beweis in § 4 zu führen.

III. *Für die in* $\mathfrak{B}_{n+1}$ *enthaltene Untergruppe* $\mathfrak{B}'_{n+1}$ *vom Index* n, *deren Elemente von denjenigen Automorphismen gebildet werden, für die* $u'_1 \equiv T_1 u_1 T_1^{-1}$ *ist, gilt, daß* $\mathfrak{B}'_{n+1}/\mathfrak{Z}_n$ *isomorph ist mit* $\overline{\mathfrak{B}}_n$, *d. h. mit der durch Hinzunahme aller inneren Automorphismen von* $\mathfrak{F}_n$ *erweiterten Gruppe* $\mathfrak{B}_n$. Dabei ist unter $\mathfrak{B}_{n+1}$ naturgemäß diejenige Gruppe von Automorphismen der freien, von $u_1, u_2, \ldots, u_n, a, b$ erzeugten Gruppe $\mathfrak{F}_{n+1}$ zu verstehen, welche von den Automorphismen (5) und dem weiteren

$$\sigma_1 = [u_2, u_2^{-1} u_1 u_2, u_3, \ldots, u_n, a, b] \tag{6}$$

erzeugt wird, und $\mathfrak{Z}_n$ ist dementsprechend nach dem Muster von $\mathfrak{Z}_{n-1}$ zu bilden.

Der Beweis für III führt, explizit dargestellt, auf beschwerliche Rechnungen; er ist nach dem Muster der in §§ 3, 5 durchgeführten Rechnungen etwa auf dem folgenden Wege zu erbringen:

$\mathfrak{B}_{n+1}$ enthält eine Untergruppe $\mathfrak{B}'_{n+1}$ vom Index n, welche aus denjenigen Automorphismen von $\mathfrak{B}_{n+1}$ besteht, für die $u'_1 \equiv T_1 u_1 T_1^{-1}$ wird. Als Erzeugende derselben lassen sich die Automorphismen (5) und

$$\begin{cases} \sigma_1 \sigma_2 \ldots \sigma_{n-1} \tau \sigma_{n-1}^{-1} \ldots \sigma_2^{-1} \sigma_1^{-1} \\ \sigma_1^2, \sigma_1 \sigma_2^2 \sigma_1^{-1}, \sigma_1 \sigma_2 \sigma_3^2 \sigma_2^{-1} \sigma_1^{-1}, \ldots, \sigma_1 \ldots \sigma_{n-2} \sigma_{n-1}^2 \sigma_{n-2}^{-1} \ldots \sigma_1^{-1} \end{cases} \tag{7}$$

wählen (vgl. § 1; man beachte, daß für $n > 2$ $\sigma_1, \ldots, \sigma_{n-2}$ mit r, s, τ und $\sigma_1, \ldots, \sigma_{n-1}$ mit r, s vertauschbar sind, sowie die unten (nach (10)) gemachten Bemerkungen). (5) und (7) sind, wenn man (1) zur Elimination von u_1 benutzt, zugleich Automorphismen von $\mathfrak{F}_n$, und zwar solche, welche durch Kombination von inneren Automorphismen mit solchen aus

[19]) Siehe l. c. [3]), S. 299—329.

$\mathfrak{B}_n$ entstehen. Man zeigt leicht, daß man durch Kombination aus (5), (7) und den aus diesen Automorphismen zusammengesetzten Automorphismen

(8) $$s\sigma_1\sigma_2\ldots\sigma_{n-1}\tau\sigma_{n-1}^{-1}\ldots\sigma_2^{-1}\sigma_1^{-1}s^{-1};\ Z_{n-1}$$

alle inneren Automorphismen von $\mathfrak{F}_n$ erzeugen kann, und somit in der Tat durch (5) und (7) genau die volle Gruppe $\overline{\mathfrak{B}}_n$ erzeugen kann. Da die inneren Automorphismen von $\mathfrak{F}_n$ in jeder sie enthaltenden Automorphismengruppe von $\mathfrak{F}_n$ eine freie invariante Untergruppe von $n+1$ Erzeugenden bilden, ist es leicht, nach dem Muster der §§ 3, 5 ein System von zwischen (5), (7) bestehenden definierenden Relationen von $\overline{\mathfrak{B}}_n$ zu berechnen, wenn die von $\mathfrak{B}_n$ schon bekannt sind. $R_1 = 1$, $R_2 = 1, \ldots,$ $R_k = 1$ sei etwa ein solches System. Dann ist durch direkte Rechnung zu verifizieren, daß, wenn man die Automorphismen (5) und (7) nun wieder als solche von $\mathfrak{F}_{n+1}$ auffaßt, diese Relationen übergehen in Relationen

(9) $$R_1 = Z_n^{\alpha_1},\ R_2 = Z_n^{\alpha_2},\ \ldots,\ R_k = Z_n^{\alpha_k}.$$

Da sich Z_n durch die Automorphismen (5), (7) ausdrücken läßt, und Z_n zum Zentrum von $\mathfrak{B}'_{n+1}$ gehört, stellt (9), zusammen mit den Relationen, die ausdrücken, daß Z_n mit allen Automorphismen (5), (7) vertauschbar ist, ein vollständiges System definierender Relationen von $\mathfrak{B}'_{n+1}$ dar. Von hier aus sind die Relationen von $\mathfrak{B}_{n+1}$ dann in der folgenden Weise zu gewinnen: Man drücke vermöge (7) die Erzeugenden von $\mathfrak{B}'_{n+1}$ durch (5) und (6) aus — das sind ja Erzeugende von $\mathfrak{B}_{n+1}$ —, und setze dies in die Relationen von $\mathfrak{B}'_{n+1}$ ein. Das so entstehende Relationensystem zwischen den Erzeugenden (5), (6) heiße Σ. Zusammen mit den Relationen

(10) $$\sigma_1\sigma_2\sigma_1 = \sigma_2\sigma_1\sigma_2.\quad \sigma_1 \rightleftarrows \sigma_3, \ldots, \sigma_{n-1}, r, s, \tau,$$

die für $n > 2$ jedenfalls bestehen, liefert es ein vollständiges Relationensystem für $\mathfrak{B}_{n+1}$, denn Σ und (10) ermöglicht, jedes Element von $\mathfrak{B}_{n+1}$ auf eine der Formen

$$B'_{n+1},\ B'_{n+1}\sigma_1,\ B'_{n+1}\sigma_1\sigma_2,\ \ldots,\ B'_{n+1}\sigma_1\sigma_2\ldots\sigma_{n-1}$$

zu bringen, wobei B'_{n+1} ein Element aus $\mathfrak{B}'_{n+1}$ ist. Zunächst ist dies nämlich nach dem in §§ 1, 3 über die Zöpfegruppen Gesagten ohne weiteres möglich für alle nur aus $\sigma_1, \ldots, \sigma_{n-1}$ zusammengesetzten Elemente aus $\mathfrak{B}_{n+1}$, da Σ und (10) alle Relationen, die zwischen diesen Erzeugenden der Zöpfegruppe bestehen, zur Folge haben müssen. Da ferner

(11) $$\sigma_1\ldots\sigma_i r\sigma_i^{-1}\ldots\sigma_1^{-1},\ \sigma_1\ldots\sigma_i s\sigma_i^{-1}\ldots\sigma_1^{-1},\ \sigma_1\ldots\sigma_i\tau\sigma_i^{-1}\ldots\sigma_1^{-1}$$

für $i = 1, 2, \ldots, n-1$ stets auf Grund von (10) und Σ (unter Berücksichtigung der Gestalt (7) gewisser Erzeugenden von $\mathfrak{B}'_{n+1}$) zu $\mathfrak{B}'_{n+1}$ gehören, folgt diese Tatsache allgemein. In der Tat müssen aus Σ notwendig die Relationen $\sigma_i \rightleftarrows r, s$ für $i = 2, \ldots, n-1$ und $\sigma_i \rightleftarrows \tau$ für $i = 2, \ldots, n-2$ folgen, da ja alle zwischen $\sigma_2, \ldots, \sigma_{n-1}, r, s, \tau$ bestehenden Relationen aus Σ folgen müssen; zusammen mit (10) folgt also, daß die Ausdrücke (11) entweder gleich r, s, τ sind, oder für $i = n - 1$ zu den unter (7) aufgeführten Erzeugenden von $\mathfrak{B}'_{n+1}$ gehören. Daraus folgt leicht die oben ausgesproche Behauptung.

Der Beweis von III zeigt ohne weiteres, wie man rekursiv Erzeugende und definierende Relationen von $\mathfrak{B}_n$ finden kann, wenn dies für $n = 2$ geschehen ist. Der Schluß dieses Beweises und die Bemerkung am Ende von II ermöglichen zugleich leicht eine Aufstellung von definierenden Relationen für $\mathfrak{A}_n$ [als deren Erzeugende man (5) und (6) wählen kann]. Übrigens ist auch leicht einzusehen, daß man $\mathfrak{A}_n$ aus $\mathfrak{B}_{n+1}$ erhält, indem man zu den Relationen von $\mathfrak{B}_{n+1}$ zunächst $Z_n = 1$ hinzufügt, und in der so entstehenden, $\overline{\mathfrak{B}}_n$ enthaltenden Faktorgruppe von $\mathfrak{B}_{n+1}$ ein System von Erzeugenden der in $\overline{\mathfrak{B}}_n$ enthaltenen inneren Automorphismen gleich eins setzt. Ein solches kann durch Kombination von $n + 1$ Automorphismen (7), (8) mit geeigneten Elementen von $\mathfrak{B}_n$ leicht erhalten werden. Eine geometrische Interpretation der gruppentheoretischen Ergebnisse kann durch Kombination des in den Paragraphen 2, 5 Gesagten gegeben werden.

Das oben entwickelte Verfahren läßt sich auch auf die Behandlung berandeter zweiseitiger Flächen mit einem Geschlecht $p \geqq 2$ anwenden. Nach Fricke[19]) kennt man nämlich auch hier die Erzeugenden, die zu den Erzeugenden der Automorphismen der Fundamentalgruppe der unberandeten Fläche hinzutreten müssen, damit man ein System von Erzeugenden für die Gruppe der Abbildungsklassen der berandeten Fläche erhält. Da man außerdem gewisse Automorphismen der Fundamentalgruppen unberandeter Flächen kennt, welche ähnliche Eigenschaften besitzen wie im vorstehenden r und s, so lassen sich alle in II, III aufgestellten Behauptungen ohne weiteres übertragen, bis auf die Behauptung über die Identität von $\mathfrak{Z}_n$ in II und III. Hierzu ist mindestens noch die Kenntnis eines Systems von Erzeugenden für die Automorphismen der Fundamentalgruppe der unberandeten Fläche notwendig, und ein solches liegt bisher nur für $p = 2$ vor[20]). In diesem Fall wird es möglich sein, I, II, III vollständig zu übertragen, und damit den Zusammenhang zwischen der Gruppe der Abbildungsklassen der von n Punkten berandeten Fläche mit derjenigen der von $n - 1$ Punkten berandeten Fläche festzulegen. Dies soll bei einer anderen Gelegenheit gezeigt werden.

---

[20]) Vgl. Dehn, Baer l. c. [4]). Ferner L. Goeritz, Abh. aus dem mathematischen Seminar der Hamburgischen Universität, 9 (1933), S. 223.

(Eingegangen am 26. 8. 1933.)

Reprinted from
Mathematische Annalen **109** (1934), 617–646.

Journal für die reine und angewandte Mathematik.
Herausgegeben von K. Hensel und H. Hasse.
Druck und Verlag Walter de Gruyter & Co., Berlin W 10.
Sonderabdruck aus Band 170 Heft 4. 1934.

Über den Beweis des Hauptidealsatzes.

Von *Wilhelm Magnus* in Frankfurt a. M.

Einleitung.

Im folgenden soll eine neue Herleitung des von Furtwängler [1]) bewiesenen Satzes über gewisse zweistufig metabelsche Gruppen gegeben werden. Es werden dabei von Reidemeister und Schreier angegebene Sätze benutzt, die zugeschnitten sind auf Gruppen, welche mit Hilfe von erzeugenden Elementen definiert sind, und außerdem wird von einer Darstellung gewisser „allgemeinster" unendlicher zweistufig metabelscher Gruppen durch ganze lineare Substitutionen einer Variabeln mit Parametern in den Koëffizienten Gebrauch gemacht. Dabei sind im Grunde die benutzten Hilfsmittel gar nicht allzusehr von denen Furtwänglers verschieden; es werden aber jedenfalls nicht unbeträchtliche Vereinfachungen der formalen Rechnungen erzielt, und es ist vielleicht zu hoffen, daß dies die wünschenswerte Einordnung des in Rede stehenden merkwürdigen Satzes in einen größeren Zusammenhang etwas erleichtern könnte. — Die Bezeichnungen schließen sich nach Möglichkeit an die von Furtwängler benutzten an.

Ansatz: Wir gehen aus von der aus n freien Erzeugenden $S_1, S_2, \ldots, S_n$ gebildeten Gruppe $\overline{\mathfrak{G}}$ und bilden die kleinste invariante Untergruppe $\overline{\mathfrak{A}}$ von $\overline{\mathfrak{G}}$, die die Elemente $S_1^{e_1}, S_2^{e_2}, \ldots, S_n^{e_n}$ und $S_{ik} \equiv S_i S_k S_i^{-1} S_k^{-1}$ enthält. Diese wird jedenfalls von den sämtlichen Transformierten der S_{ik} und $S_i^{e_i}$ erzeugt, und besitzt im übrigen nach O. Schreier [2]) $1 + (n-1)e_1 e_2 \cdots e_n$ freie Erzeugende, da $\overline{\mathfrak{A}}$ in $\overline{\mathfrak{G}}$ den Index $j = e_1 e_2 \cdots e_n$ besitzt; $\mathfrak{B} = \overline{\mathfrak{G}}/\overline{\mathfrak{A}}$ ist nämlich offensichtlich eine abelsche Gruppe und das direkte Produkt von n zyklischen Gruppen der Ordnungen $e_1, e_2, \ldots, e_n$. Über die Zahlen $e_1, e_2, \ldots, e_n$ soll übrigens nur die Voraussetzung gemacht werden, daß sie natürliche Zahlen sind; sie brauchen keine Primzahlpotenzen zu sein. Man sieht sehr leicht, daß man als Erzeugende von $\overline{\mathfrak{A}}$ außer $S_1^{e_1}, S_2^{e_2}, \ldots, S_n^{e_n}$ noch $1 + (n-1)j - n$ Elemente der Kommutatorgruppe $\overline{\mathfrak{G}}'$ von $\overline{\mathfrak{G}}$ benutzen kann; man kann dies z. B. nachweisen, indem man mit Hilfe des von Reidemeister [3]) angegebenen Verfahrens Erzeugende für $\overline{\mathfrak{A}}$ aufstellt; dabei stellt sich heraus, daß die Elemente $S_i^{e_i}$ als Erzeugende von $\overline{\mathfrak{A}}$ auftreten, und daß alle anderen Erzeugenden durch Multiplikation mit einem Element $S_i^{-e_i} (i = 1, 2, \ldots, n)$ in Elemente von $\overline{\mathfrak{G}}'$ verwandelt werden können.

[1]) Ph. Furtwängler, Beweis des Hauptidealsatzes für den Klassenkörper algebraischer Zahlkörper, Abh. Math. Sem. Hamburg 7 (1930), S. 14—36.

[2]) Abh. Math. Sem. Hamburg 5 (1927), S. 179.

[3]) Abh. Math. Sem. Hamburg 5 (1927), S. 7.

I. Die Kommutatorgruppe $\overline{\mathfrak{A}}'$ von $\overline{\mathfrak{A}}$ ist invariante Untergruppe von $\overline{\mathfrak{G}}$, denn transformiert man $\overline{\mathfrak{A}}$ mit einem Element aus $\overline{\mathfrak{G}}$, so erhält man dadurch einen Automorphismus von $\overline{\mathfrak{A}}$, bei welchem $\overline{\mathfrak{A}}'$ als charakteristische Untergruppe von $\overline{\mathfrak{A}}$ in sich übergehen muß. Wir erhalten also: $\mathfrak{G} = \overline{\mathfrak{G}}/\overline{\mathfrak{A}}'$ *ist eine zweistufig-metabelsche Gruppe; sie besitzt eine invariante freie abelsche Untergruppe* $\mathfrak{A} = \overline{\mathfrak{A}}/\overline{\mathfrak{A}}'$ *von* $1 + (n-1)j$ *Erzeugenden.* $\mathfrak{G}/\mathfrak{A}$ *ist isomorph mit* $\mathfrak{B} = \overline{\mathfrak{G}}/\overline{\mathfrak{A}}$. $\mathfrak{A}$ *enthält die Kommutatorgruppe* $\mathfrak{G}'$ *von* $\mathfrak{G}$ *und ist das direkte Produkt von* $\mathfrak{G}'$ *und der von den n unabhängigen Elementen* $S_i^{e_i}$ *erzeugten freien abelschen Gruppe. Jede Gruppe von n Erzeugenden* $S_1, S_2, \ldots, S_n$, *für die die kleinste, die Elemente* $S_i^{e_i}$ und $S_{ik} \equiv S_i S_k S_i^{-1} S_k^{-1}$ *enthaltende invariante Untergruppe abelsch ist, ist Faktorgruppe von* $\mathfrak{G}$, *denn es müssen in ihr mindestens die zur Definition von* $\mathfrak{G}$ *gewählten Relationen erfüllt sein.*

II. Jedes Element von $\mathfrak{G}$ läßt sich eindeutig in der Form $G = S_1^{\alpha_1} S_2^{\alpha_2} \cdots S_n^{\alpha_n} A$ mit $0 \leqq \alpha_i < e_i$ schreiben, wobei A ein geeignetes Element aus $\mathfrak{A}$ ist. Ist ferner A_1 ein beliebiges Element aus $\mathfrak{A}$, so ist $G A_1 G^{-1} = S_1^{\alpha_1} S_2^{\alpha_2} \cdots S_n^{\alpha_n} A_1 S_n^{-\alpha_n} \cdots S_2^{-\alpha_2} S_1^{-\alpha_1}$, und wenn wir hierfür $A^{S_1^{\alpha_1} S_2^{\alpha_2} \cdots S_n^{\alpha_n}}$ schreiben, so gelten für diese symbolische Schreibweise alle bei Furtwängler abgeleiteten Regeln; sind insbesondere $B_1 = S_1^{\alpha_1} S_2^{\alpha_2} \cdots S_n^{\alpha_n}$, $B_2 = S_1^{\beta_1} S_2^{\beta_2} \cdots S_n^{\beta_n}$, $B_3 = S_1^{\gamma_1} S_2^{\gamma_2} \cdots S_n^{\gamma_n}$ drei Elemente aus $\mathfrak{B}$, so gilt

$$A_1^{B_1} A_1^{B_2} = A_1^{B_1+B_2} = A_1^{B_2+B_1}, \quad (A_1^{B_1})^{B_2} = A_1^{B_1 B_2} = A_1^{B_2 B_1}, \quad A_1^{B_3(B_1+B_2)} = A_1^{B_1 B_3 + B_2 B_3}.$$

Der Beweis des Hauptidealsatzes läuft nun offenbar auf den Nachweis der folgenden Tatsache heraus:

Es sind $L_i = S_i^{e_i} \Gamma_i$ $(i = 1, 2, \ldots, n)$ *n Elemente aus* $\mathfrak{A}$, *derart, daß, wenn die* Γ_i *sämtlich in* $\mathfrak{G}'$ *liegen, sich die Elemente* $S_i^{e_i f_1 \cdots f_{i-1} f_{i+1} \cdots f_n} = T_i$ *mit* $f_i = 1 + S_i + \cdots + S_i^{e_i - 1}$ *aus symbolischen Potenzen der* L_i *zusammensetzen lassen.* In der Tat folgt hieraus sofort, daß die Relationen $L_i = 1$, zu den Relationen von $\mathfrak{G}$ hinzugefügt, die Relationen $T_i = 1$ zur Folge haben. (Nach einem Satz von Dyck [4]) gilt übrigens auch das Umgekehrte: Wenn $T_i = 1$ aus $L_i = 1$ folgt, sind die T_i aus Transformierten der L_i zusammensetzbar; das wird hier aber nicht gebraucht.)

III. Um diese Behauptung zu beweisen, kann man von der Tatsache ausgehen, daß eine beliebige Gruppe von ebenen Bewegungen stets eine abelsche Kommutatorgruppe besitzt. Dies führt darauf, unsere Gruppe $\mathfrak{G}$ in der folgenden Weise durch lineare Substitutionen einer Variabeln z darzustellen:

$t_1, t_2, \ldots, t_n$ und $a_1, a_2, \ldots, a_n$ seien unabhängige Variable. Man ordne dem Element S_i von $\mathfrak{G}$ die Substitution

$$z' = t_i z + a_i \tag{1}$$

der Variablen z zu. Die betreffende Substitution (deren Koëffizienten also keine Zahlen, sondern Parameter sind) heiße s_i. Es wird dann behauptet:

Nimmt man alle aus den Substitutionen (1) *zusammensetzbaren Substitutionen nach dem Modul* $\mathfrak{M} = \{t_1^{e_1} - 1, t_2^{e_2} - 1, \ldots, t_n^{e_n} - 1\}$, *so ist die so entstehende Gruppe* $\mathfrak{g}$ *einstufig isomorph mit* $\mathfrak{G}$, *wenn man die Zuordnung der Elemente von* $\mathfrak{g}$ *zu denen von* $\mathfrak{G}$ *so trifft, daß* s_i *dem Element* S_i *zugeordnet wird. Die Untergruppe* $\mathfrak{A}$ *von* $\mathfrak{G}$ *wird dabei von denjenigen Substitutionen gebildet, die* mod. $\mathfrak{M}$ *einer Substitution* $z' = z + c$ *kongruent sind* (*c hängt von den* a_i *und* t_i *ab*).

---

[4]) Math. Ann. **22** (1883), S. 76/77. Vgl. auch Schreier, l. c. [2]), S. 170/171.

Beweis: Die von den mod. $\mathfrak{M}$ einer Substitution $z' = z + c$ kongruenten Substitutionen gebildete Gruppe heiße $\mathfrak{a}$. Offenbar ist $\mathfrak{a}$ invariant in $\mathfrak{g}$, und $\mathfrak{g}/\mathfrak{a}$ ist isomorph mit $\mathfrak{B}$. Das folgt sofort aus

$$(2) \qquad s_i^{e_i} = \{z' = t_i^{e_i} z + a_i(1 + t_i + \cdots + t_i^{e_i - 1})\}$$

und

$$(3) \qquad s_i s_k s_i^{-1} s_k^{-1} = \{z' = z - a_i(t_k - 1) + a_k(t_i - 1)\},$$

denn diese Beziehungen zeigen, daß $s_i^{e_i}$ und $s_i s_k s_i^{-1} s_k^{-1}$ in $\mathfrak{a}$ liegen, während zugleich keine niedrigere Potenz von s_i als die e_i-te in $\mathfrak{a}$ liegt.

$\mathfrak{a}$ ist offenbar abelsch, nach dem am Schluß von I Gesagten ist $\mathfrak{g}$ also Faktorgruppe von $\mathfrak{G}$, und wegen der Isomorphie von $\mathfrak{G}/\mathfrak{A}$ und $\mathfrak{g}/\mathfrak{a}$ ist mithin $\mathfrak{a}$ eine Faktorgruppe von $\mathfrak{A}$. Da $\mathfrak{A}$ als freie abelsche Gruppe von endlich vielen Erzeugenden mit keiner ihrer echten Faktorgruppen isomorph sein kann, ist mithin die Isomorphie von $\mathfrak{g}$ und $\mathfrak{G}$ erwiesen, wenn man zeigen kann, daß $\mathfrak{a}$ eine freie abelsche Gruppe von ebensoviel Erzeugenden wie $\mathfrak{A}$, d. h. von $1 + (n-1)j$ Erzeugenden ist. Um das nachzuweisen, schreibe man zunächst einmal die Gruppe $\mathfrak{a}$ additiv, und ersetze ein beliebiges Element a aus $\mathfrak{a}$, dem die Substitution $z' = z + b$ zugeordnet ist, einfach durch b. Wir schreiben dafür $a \to b$ und also insbesondere

$$(4) \quad s_i^{e_i} \to a_i f_i', \quad (f_i' = 1 + t_i + \cdots + t_i^{e_i - 1}); \quad s_i s_k s_i^{-1} s_k^{-1} \to a_i\,(1 - t_k) - a_k\,(1 - t_i).$$

Die Schreibweise von Furtwängler mit symbolischen Exponenten läßt sich natürlich auch für die s_i einführen; ist σ ein in $\mathfrak{a}$ gelegenes Kompositum der s_i, so wird, wenn $\sigma \to b$, sofort

$$\sigma^{s_1^{\alpha_1} s_2^{\alpha_2} \cdots s_n^{\alpha_n}} \to b t_1^{\alpha_1} t_2^{\alpha_2} \cdots t_n^{\alpha_n}.$$

Sind σ_1 und σ_2 zwei solche Elemente aus $\mathfrak{a}$, und ist $\sigma_1 \to b_1$, $\sigma_2 \to b_2$, so gilt natürlich $\sigma_1 \sigma_2 \to b_1 + b_2$.

Wir können also alle Elemente aus $\mathfrak{a}$ als Linearkombinationen mit ganzen rationalen Koëffizienten aus den Polynomen

$$\begin{array}{ll} (5) & a_i f_i' t_1^{\alpha_1} \cdots t_{i-1}^{\alpha_{i-1}} t_{i+1}^{\alpha_{i+1}} \cdots t_n^{\alpha_n} \\ (6) & \{a_i(1 - t_k) - a_k(1 - t_i)\}\, t_1^{\alpha_1} t_2^{\alpha_2} \cdots t_n^{\alpha_n} \end{array} \left\} \begin{array}{l} (i, k = 1, 2, \ldots, n) \\ (0 \leqq \alpha_i < e_i) \end{array} \right.$$

darstellen. Es ist zu zeigen, daß sich unter diesen Polynomen (5) und (6) mindestens $1 + (n-1) e_1 e_2 \cdots e_n$ mod. $\mathfrak{M}$ linear unabhängige befinden. (Mehr können es nach dem obenstehenden gewiß nicht sein.) Dann enthält nämlich $\mathfrak{a}$ eine freie abelsche Gruppe von $1 + (n-1)j$ Erzeugenden und ist als Faktorgruppe einer solchen (nämlich von $\mathfrak{A}$) mit dieser, d. h. mit $\mathfrak{A}$ isomorph.

Wir führen den Beweis hierfür durch vollständige Induktion; wir nehmen an, es sei schon erwiesen, daß sich aus den in (5) und (6) enthaltenen, nur aus $a_1, a_2, \ldots, a_{n-1}$ und $t_1, t_2, \ldots, t_{n-1}$ bestehenden Polynomen genau $1 + (n-2) e_1 e_2 \cdots e_{n-1}$ mod. $\mathfrak{M}$ linear unabhängige befänden. (Für $n = 3$ ist diese Behauptung sehr leicht nachzuweisen.) Dann sind die $(n-1)(e_n - 1)\, e_1 e_2 \cdots e_{n-1} + e_1 e_2 \cdots e_{n-1}$ aus (5) und (6) zu bildenden Polynome

$$(7) \qquad a_n f_n' t_1^{\alpha_1} t_2^{\alpha_2} \cdots t_{n-1}^{\alpha_{n-1}} \qquad (0 \leqq \alpha_i < e_i),$$

$$(8) \qquad (a_n(1 - t_k) - a_k(1 - t_n))\, t_1^{\alpha_1} t_2^{\alpha_2} \cdots t_n^{\alpha_n} \left\{ \begin{array}{l} k = 1, 2, \ldots, n-1 \\ 0 \leqq \alpha_k < e_k \\ 0 \leqq \alpha_n < e_n - 1 \end{array} \right.$$

offenbar untereinander mod. $\mathfrak{M}$ linear unabhängig, und es läßt sich aus ihnen auch keine a_n und t_n nicht mehr enthaltende, nicht identisch verschwindende Linearkombination herstellen. In der Tat läßt sich aus (8) kein ein Glied mit $a_n f'_n$ enthaltendes Polynom kombinieren, und alle aus (8) kombinierbaren, a_n nicht enthaltenden Polynome sind höchstens vom $(e_n - 1)$-ten Grad in t_n und durch $t_n - 1$ teilbar. Wegen

$$(n-1)(e_n-1)e_1 e_2 \cdots e_{n-1} + e_1 e_2 \cdots e_{n-1} = (n-1)e_1 e_2 \cdots e_n + 1 - (1 + (n-2)e_1 e_2 \cdots e_{n-1})$$

ist also unsere Behauptung bewiesen.

IV. Der Beweis des Hauptidealsatzes läßt sich nach dem unter II Bemerkten nun auf den folgenden Nachweis zurückführen:

Es sei für $i = 1, 2, \ldots, n$

$$L_i \equiv a_i f'_i + \sum_{\substack{l,k=1\\ l<k}}^{n} g_{lk}^{(i)} \{a_l(1-t_k) - a_k(1-t_l)\}, \tag{9}$$

wobei die $g_{lk}^{(i)}$ Polynome in den t_i mit ganzen rationalen Koeffizienten sind. Dann lassen sich Polynome Π_{kl} aus $t_1, t_2, \ldots, t_n$ angeben, so daß mod. $\mathfrak{M}$

$$f'_1 f'_2 \cdots f'_n \cdot a_k = \sum_{l=1}^{n} \Pi_{lk} L_l \tag{10}$$

wird. In der Tat läßt sich ja jedes der in II erwähnten Elemente Γ_i als Produkt symbolischer Potenzen der $S_i S_k S_i^{-1} S_k^{-1}$ schreiben, und es entspricht ihm mithin in unserer Darstellung ein Polynom von der Art der in (9) rechts stehenden Summen, während die linke Seite von (10) das $S_k^{e_k f_1 \cdots f_{k-1} f_{k+1} \cdots f_n}$ zugeordnete Polynom ist. (Man beachte, daß $S_k^{e_k} \to a_k f'_k$!)

Die vorstehende Behauptung wird bewiesen durch explizite Angabe der Π_{lk}. Wir führen zunächst die folgende Variablentransformation durch: Wir setzen

$$a_i \equiv \alpha_i(t_i - 1). \tag{11}$$

Dadurch geht L_i über in

$$\Lambda_i \equiv \alpha_i(t_i^{e_i} - 1) - \sum_{\substack{l,k=1\\ l<k}}^{n} (\alpha_l - \alpha_k)(1-t_l)(1-t_k)\, g_{lk}^{(i)}. \tag{12}$$

Ordnen wir rechts nach den α_k, so wird

$$\Lambda_i \equiv \alpha_i f'_i \Delta_i + \sum_{k=1}^{n} \alpha_k P_{ik} \Delta_k, \tag{13}$$

wobei $\Delta_k \equiv t_k - 1$ ist und die P_{ik} gewisse Polynome in den t_k sind, die sich leicht aus den $g_{lk}^{(i)}$ berechnen lassen. Da für $\alpha_l = \alpha_k$ die rechte Seite der obigen Identitäten in $\alpha_i f'_i \Delta_i$ übergeht, so folgt, daß für $i = 1, 2, \ldots, n$

$$\sum_{\substack{k=1\\ k\neq i}}^{n} P_{ik} \Delta_k \equiv - P_{ii} \Delta_i \tag{14}$$

ist, identisch in den t_i. Wir fassen nun die Identitäten (13) als ein System von n Gleichungen für die n Größen α_i auf. Die Determinante

$$\begin{vmatrix} \Delta_1 f'_1 - \sum\limits_{i\neq 1} P_{1i}\Delta_i, & P_{12}\Delta_2, & \ldots, & P_{1n}\Delta_n \\ P_{21}\Delta_1, & \Delta_2 f'_2 - \sum\limits_{i\neq 2} P_{2i}\Delta_i, & \ldots, & P_{2n}\Delta_n \\ \cdots & \cdots & \cdots & \cdots \\ \vdots & & & \vdots \\ P_{n1}\Delta_1, & P_{n2}\Delta_2, & \ldots, & \Delta_n f'_n - \sum\limits_{i\neq n} P_{ni}\Delta_i \end{vmatrix}$$

dieses Gleichungssystems heiße π, ihre $(n-1)$-reihigen Unterdeterminanten mögen π_{ik} heißen. *Es ist zu beachten, daß wegen* (14) *die Elemente der i-ten Spalte sämtlich durch Δ_i teilbar sind.* Wir wollen nun die Beziehung (10) etwa für $k=1$ beweisen. Dazu lösen wir das System (13) nach α_1 auf, und erhalten:

$$\pi\,\alpha_1 \equiv \sum_{l=1}^{n} \pi_{l1}\,\Lambda_l. \tag{15}$$

Wir gehen nun von den α_i wieder zu den a_i über, und erhalten

$$\frac{\pi}{\Delta_1}\,a_1 \equiv \sum_{l=1}^{n} \pi_{l1}\,L_l. \tag{16}$$

Nach dem oben Bemerkten sind die π_{l1} sämtlich durch $\Delta_2\Delta_3\cdots\Delta_n$ teilbar, da sie aus π durch Streichen der l-ten Zeile und der ersten Spalte entstehen. Ferner ist π durch $\Delta_1\Delta_2\Delta_3\cdots\Delta_n$ teilbar. Division von (16) durch $\Delta_2\Delta_3\cdots\Delta_n$ liefert

$$\frac{\pi}{\Delta_1\Delta_2\cdots\Delta_n}\,a_1 \equiv \sum_{l=1}^{n} \frac{\pi_{l1}}{\Delta_2\cdots\Delta_n}\,L_l. \tag{17}$$

Dabei sind die Koëffizienten von a_1 und von den L_l wirkliche Polynome in den t_i. Die Polynome $\frac{\pi_{l1}}{\Delta_2\cdots\Delta_n}$ sind nun die oben genannten Π_{l1}; oder, mit anderen Worten, es ist $\frac{\pi}{\Delta_1\Delta_2\cdots\Delta_n}$ kongruent $f_1'f_2'\cdots f_n'$ mod. $\mathfrak{M}$, so daß (17) also wirklich die zu beweisende Beziehung (10) für $k=1$ darstellt. Um dies zu beweisen, entwickle man π nach den Potenzprodukten der Größen f_i'. Setzt man $\Delta_1\Delta_2\cdots\Delta_n$ kurz gleich Δ, so ist zunächst in $\frac{\pi}{\Delta}$ der Koëffizient von $f_1'f_2'\cdots f_n'$ gleich 1. Es wird also

$$\frac{\pi}{\Delta} \equiv f_1'f_2'\cdots f_n' + \frac{1}{\Delta}\sum_{\substack{\varepsilon_i=0,1\\ \Sigma\varepsilon_i<n}} f_1'^{\varepsilon_1}f_2'^{\varepsilon_2}\cdots f_n'^{\varepsilon_n}\,\Delta_1^{\varepsilon_1}\Delta_2^{\varepsilon_2}\cdots\Delta_n^{\varepsilon_n}\,Q_{\varepsilon_1,\varepsilon_2,\ldots,\varepsilon_n},$$

wobei die $Q_{\varepsilon_1,\varepsilon_2,\ldots,\varepsilon_n}$ diejenigen Unterdeterminanten von π sind, die man erhält, wenn man für alle i, für die $\varepsilon_i = 1$ ist, die i-te Zeile und Spalte von π streicht und in der übrigbleibenden Determinante die f_i' durch Null ersetzt. Wenn wir zeigen, daß für alle Wertsysteme der ε_i, für die $\sum_{i=1}^{n}\varepsilon_i < n$, also nicht alle $\varepsilon_i = 1$ sind,

$$\frac{1}{\Delta} f_1'^{\varepsilon_1}f_2'^{\varepsilon_2}\cdots f_n'^{\varepsilon_n}\,\Delta_1^{\varepsilon_1}\Delta_2^{\varepsilon_2}\cdots\Delta_n^{\varepsilon_n}Q_{\varepsilon_1,\varepsilon_2,\ldots,\varepsilon_n} \equiv 0 \text{ mod. } \mathfrak{M}$$

ist, sind wir fertig. Nun ist zunächst einmal $Q_{0,0,\ldots,0} \equiv 0$; denn ersetzt man in π alle f_i' durch Null, und addiert die 2-te bis n-te Spalte zur ersten, so stehen in dieser lauter Nullen, und die Determinante wird identisch Null. Nehmen wir weiterhin etwa an, es seien $\varepsilon_1=\varepsilon_2=\cdots=\varepsilon_r=1$, $\varepsilon_{r+1}=\cdots=\varepsilon_n=0$, $(r<n)$, was aus Symmetriegründen keine Beschränkung der Allgemeinheit bedeutet, und bezeichnen wir die zugehörige Größe $Q_{\varepsilon_1,\varepsilon_2,\ldots,\varepsilon_n}$ mit $Q^{(r)}$, so wird

$$\frac{1}{\Delta} f_1'^{\varepsilon_1}f_2'^{\varepsilon_2}\cdots f_n'^{\varepsilon_n}\,\Delta_1^{\varepsilon_1}\Delta_2^{\varepsilon_2}\cdots\Delta_n^{\varepsilon_n}Q^{(r)} \equiv \frac{f_1'f_2'\cdots f_r'}{\Delta_{r+1}\cdots\Delta_n}\begin{vmatrix} -\sum\limits_{i\neq r+1} P_{r+1,i}\,\Delta_i, & \ldots, & P_{r+1,n}\,\Delta_n \\ \ldots & \ldots & \ldots \\ P_{n,r+1}\,\Delta_{r+1}, & \ldots, & -\sum\limits_{i\neq n} P_{ni}\,\Delta_i \end{vmatrix},$$

wobei die l-te Spalte der rechtsstehenden Determinante durch Δ_{r+l} teilbar ist. Addiert man die 2-te bis $(n-r)$-te Spalte zur ersten, so stehen in dieser Linearkombinationen

31*

der Größen $\varDelta_1, \varDelta_2, \ldots, \varDelta_r$; beispielsweise bekommt man als Element der ersten Zeile und Spalte: $-(P_{r+1,1}\varDelta_1 + P_{r+1,2}\varDelta_2 + \cdots + P_{r+1,r}\varDelta_r)$.

Entwickeln wir also unsere Determinante nach den Elementen der ersten Spalte, so liefert sie ein Polynom, welches eine Linearkombination von $\varDelta_1, \varDelta_2, \ldots, \varDelta_r$ ist, und im übrigen durch $\varDelta_{r+1}\varDelta_{r+2}\cdots\varDelta_n$ teilbar ist. Da nun die $\varDelta_i$ ebenso wie die t_i selber unabhängige Variable sind, so muß unsere Determinante $Q^{(r)}$ auch nach Division mit $\varDelta_{r+1}\varDelta_{r+2}\cdots\varDelta_n$ eine Linearkombination von $\varDelta_1, \varDelta_2, \ldots, \varDelta_r$ bleiben. Eine solche Linearkombination wird aber durch Multiplikation mit $f_1' f_2' \cdots f_r'$ in ein Polynom verwandelt, das kongruent Null nach dem Modul $\mathfrak{M}$ ist, und das ist die zu beweisende Behauptung.

Es ist noch anzumerken, daß alle auftretenden Polynome natürlich ganze rationale Koëffizienten besitzen, und daß an diesem Sachverhalt durch die vorgenommenen Divisionen mit Produkten aus den $\varDelta_i$ nichts geändert werden kann.

Eingegangen 28. September 1933.

Beziehungen zwischen Gruppen und Idealen in einem speziellen Ring.

Von

Wilhelm Magnus in Princeton N. J. (U. S. A.)

Einleitung.

Läßt sich jedem Element einer Gruppe eindeutig ein Element eines Ringes zuordnen, so daß dem Produkt zweier Gruppenelemente das Produkt der entsprechenden Ringelemente zugeordnet ist, so liefert die Untersuchung der zweiseitigen Ideale des Ringes und der zugehörigen Restklassenringe rückwärts Aussagen über die Gruppe; hiervon hat K. Shoda[1]) bei seinen Untersuchungen der Automorphismengruppen Abelscher Gruppen Gebrauch gemacht. Im folgenden wird zunächst (§ 2) für die freien Gruppen, die ja jede diskrete Gruppe als Faktorgruppe enthalten, eine Darstellung in einem „freien" Ring mit Einheitselement gegeben. Dieser ist folgendermaßen konstruiert:

s_i $(i = 1, 2, \ldots)$ seien Größen, zwischen denen eine kommutative Addition und assoziative Multiplikation erklärt ist, wobei die distributiven Gesetze gelten sollen. Es werde nun ein „allgemeinster" Ring $\mathfrak{R}$ mit Einheitselement e konstruiert, der die Größen s_i enthält und dessen allgemeines Element eine beliebige formale Summe

$$n_0\, e + \sum_{k=1}^{\infty} n_k\, P_k$$

ist, wobei die P_k alle möglichen Potenzprodukte der s_i bedeuten und die n_k $(k = 0, 1, 2, \ldots)$ irgendwelche ganzen Zahlen sind. Daß diese Größen tatsächlich einen Ring bilden, ist leicht zu sehen; zugleich bieten sich in diesem Ring von selber eine unendliche Reihe von Idealen $\mathfrak{J}_1, \mathfrak{J}_2, \ldots, \mathfrak{J}_n, \ldots$ dar, nämlich die Potenzen des von den s_i erzeugten „Primideals" $\mathfrak{J}_1$ (der Restklassenring nach $\mathfrak{J}_1$ sind die ganzen Zahlen). $\mathfrak{R}/\mathfrak{J}_n$ besitzt eine endliche Basis, d. h. alle Elemente sind Linearkombinationen mit ganzzahligen Koeffizienten von endlich vielen Elementen, sofern die Anzahl der s_i endlich ist. Indem man den Elementen einer

[1]) Math. Annalen 100 (1928), S. 674–686; Shoda benutzt den vollen Gruppenring, während zwischen den Elementen der Restklassenringe $\mathfrak{R}/\mathfrak{J}_n$ (siehe unten), welche den Elementen von $F/F^{(n)}$ zugeordnet sind, lineare Beziehungen bestehen derart, daß $\mathfrak{R}/\mathfrak{J}_n$ nicht den vollen Gruppenring von $F/F^{(n)}$ enthält.

freien Gruppe F geeignete Elemente von $\mathfrak{R}$ zuordnet (§ 2), erhält man eine getreue Darstellung von F in $\mathfrak{R}$ und entsprechend eine Darstellung einer Faktorgruppe $F/F^{(n)}$ von F in $\mathfrak{R}/\mathfrak{J}_n$; die sehr einfachen Eigenschaften von $\mathfrak{J}_n/\mathfrak{J}_{n+1}$ ermöglichen eine eingehende Untersuchung der Gruppen $F/F^{(n)}$, die dann im weiteren angewendet wird; die leicht ersichtliche Möglichkeit der Zwischenschaltung von Idealen zwischen $\mathfrak{J}_n$ und $\mathfrak{J}_{n+1}$ wird in § 6 zur Konstruktion von Gruppen mit bestimmten Eigenschaften ausgenutzt. Zur Vereinfachung der Diskussion wird in § 2 $\mathfrak{R}$ selber durch Matrizen mit Parametern in den Koeffizienten dargestellt.

$\mathfrak{J}_n$ kann charakterisiert werden als das Ideal von $\mathfrak{R}$, das aus allen Elementen einer „Dimension" $\geqq n$ in den s_i besteht. Die Gruppen $F^{(n)}$ mögen daher die F zugeordneten „Dimensionsgruppen" heißen; infolge ihrer „Vollinvarianz" (Satz IV, § 2) lassen sich auch für eine beliebige Gruppe G Dimensionsgruppen $G^{(n)}$ definieren; das im folgenden entwickelte Verfahren ist insbesondere brauchbar zur Untersuchung von solchen Gruppen G^*, für die der Durchschnitt der Gruppen $G^{*(n)}$ das Einheitselement ist. Die Dimensionsgruppen $G^{(n)}$ sind vermutlich identisch mit den von K. Reidemeister[2]) für die Untersuchung unendlicher diskontinuierlicher Gruppen herangezogenen höheren Kommutatorgruppen G_n einer beliebigen Gruppe G; die Definition der G_n wird in § 1 gegeben; sie stehen jedenfalls in engen Beziehungen mit den $G^{(n)}$ und sind im übrigen, wie aus Untersuchungen von W. Burnside[3]) und P. Hall[4]) hervorgeht, für die Gruppen von Primzahlpotenzordnung von großer Bedeutung. Ein Nachweis der Übereinstimmung von $G^{(n)}$ und G_n würde es ermöglichen, einen Teil der von P. Hall[4]) erhaltenen Resultate in vereinfachter Weise abzuleiten (§ 6). Für $n = 3$ und $n = 4$ ist diese Übereinstimmung leicht direkt nachzuweisen, und das im folgenden entwickelte Verfahren führt bei unwesentlicher Modifikation zu den für diese Fälle von K. Reidemeister[2]) und H. Adelsberger[5]) gegebenen Darstellungen für die Faktorgruppen G/G_3 und G/G_4.

In § 2 wird zunächst das allgemeine Verfahren entwickelt, wobei als Grundlage die freien Gruppen benutzt werden; die Tatsache, daß die freien Gruppen zu den eingangs mit G^* bezeichneten Gruppen gehören, wird in § 5 zu dem Nachweis benutzt, daß, entsprechend einer allgemeinen Vermutung von H. Hopf[6]), freie Gruppen von endlich vielen Erzeugenden

---

[2]) Abhandlungen aus dem mathematischen Seminar der Hamburgischen Universität **5** (1926), S. 33—39.

[3]) Theory of groups of finite order, Cambridge 1911, 2. Aufl., S. 166.

[4]) Proceedings of the London Mathematical Society (2) **36** (1933), S. 29—95.

[5]) Journ. f. d. reine u. angew. Math. **163** (1930), S. 103—124.

[6]) Nach einer Mitteilung von Herrn B. Neumann.

nicht mit einer ihrer Faktorgruppen einstufig isomorph sein können. Dieser Satz ist implizit in einem Theorem von F. Levi[7]) enthalten; wie sich aus § 5 entnehmen läßt, gilt er allgemein für Gruppen G^* von endlich vielen Erzeugenden.

Der zweite Teil von § 2 ermöglicht die weitgehende Anwendung der linearen Algebra auf die Untersuchung von Automorphismen und von Isomorphie unendlicher diskreter Gruppen (§ 3); § 4 enthält einfache Beispiele hierzu. Die volle Reduktion der für den Fall einer freien Gruppe G den Faktorgruppen $G^{(n)}/G^{(n+1)}$ zugeordneten Darstellungen der linearen Gruppen[8]) dürfte für einige speziellere Fragen nützlich sein, konnte jedoch vom Verfasser bisher nicht durchgeführt werden.

Es sei noch auf eine Beziehung des in § 6 angegebenen Beispiels zur Klassenkörpertheorie hingewiesen. Das Klassenkörperturmproblem legt die folgende Frage nahe: Muß jede Kette $G_1, G_2, \ldots, G_n, \ldots$ von Gruppen von Primzahlpotenzordnung, in der G_i isomorph ist mit der Faktorgruppe nach der i-ten Kommutatorgruppe von G_{i+1}, nach endlich vielen Schritten abbrechen? Das gilt jedenfalls, wenn die Abelsche Gruppe G_1 zyklisch oder vom Typ (2, 2) ist. Die Untersuchungen von A. Scholz[9]) und O. Taussky[9]) legen es nahe, dies auch für den Fall anzunehmen, daß G_1 vom Typ $(3^{m_1}, 3^{m_2})$ ist. Eine bejahende Antwort auf diese Frage würde bedeuten, daß die Klassenzahl eines durch hinreichend oft wiederholte Konstruktion des absoluten Hilbertschen Klassenkörpers über einem algebraischen Zahlkörper k entstehenden Oberkörpers zu irgendeinem vorgegebenen Primfaktor der Klassenzahl von k teilerfremd sein muß. Das angegebene Beispiel zeigt aber, daß jedenfalls die etwas schwächere Frage zu verneinen ist: Ist die Stufigkeit einer Gruppe G von Primzahlpotenzordnung schon durch die Struktur der Faktorgruppe nach der Kommutatorgruppe beschränkt?

§ 1.

Definition gewisser charakteristischer Faktorgruppen einer beliebigen Gruppe.

Es sei $G = G_1$ eine beliebige Gruppe. G_2 sei ihre Kommutatorgruppe, und G_n sei für $n > 1$ rekursiv definiert als die kleinste invariante Untergruppe von G, die alle Kommutatoren $g\, g_{n-1}\, g^{-1}\, g_{n-1}^{-1}$ eines beliebigen

---

[7]) Math. Zeitschr. **37** (1933), S. 90—97.

[8]) In einem Spezialfall tritt eine solche (für $n = 3$) auf bei F. Levi und B. L. van der Waerden, „Über eine besondere Klasse von Gruppen", Abh. Math. Semin. Hamburg. Univ. **9** (1932), S. 154—158.

[9]) Journ. f. Math. **171** (1934), S. 19—41. Einer Mitteilung von Fräulein O. Taussky verdanke ich den Hinweis auf die obenstehende Frage.

Elementes g_{n-1} aus G_{n-1} mit einem beliebigen Element g aus G enthält. Im Anschluß an P. Hall[3]) mögen die Gruppen G_n die Untergruppen, die Gruppen G/G_n die Faktorgruppen der „absteigenden Zentralreihe" („lower central series") von G heißen. Die G_n brauchen weder untereinander noch von G verschieden zu sein. G_n/G_{n+1} ist stets eine zum Zentrum von G/G_{n+1} gehörige Abelsche Gruppe; diese besitzt jedenfalls dann eine endliche Basis, wenn G endlich viele Erzeugende besitzt. Die Invarianten von G_n/G_{n+1} sind dann für die Gruppe G charakteristische Zahlen, da G_n und G_{n+1} charakteristische Untergruppen von G sind [vergl. K. Reidemeister[2])].

Durch vollständige Induktion lassen sich in einfacher Weise die folgenden Behauptungen ableiten:

Hilfssatz 1. Sind g_k bzw. g_l Elemente aus G_k bzw. G_l, so ist $g_k g_l g_k^{-1} g_l^{-1}$ Element aus G_{k+l}.

Hilfssatz 2. Ist $f(a_1, a_2, \ldots, a_k)$ ein Potenzprodukt aus irgendwelchen Elementen $a_1, a_2, \ldots, a_k$ aus G, und ist $f(a_1, a_2, \ldots, a_k)$ Element von G_n, so ist für jede natürliche Zahl h

$$f(a_1^h, a_2^h, \ldots, a_n^h)\,[f(a_1, a_2, \ldots, a_n)]^{-h^n}$$

ein Element aus G_{n+1}.

Beim Beweise ist die vollständige Induktion für Hilfssatz 2 nach n zu nehmen; für Hilfssatz 1 nehme man $k \leqq l$ an; für $k = 1$ ist der Satz dann nach Definition richtig, für größere k nehme man g_k als Kommutator eines Elementes aus G_{k-1} und eines Elementes aus G an (was offenbar genügt), und führe dadurch den Satz auf kleinere Werte von k zurück. Auch bei Hilfssatz 2 ist es zweckmäßig anzunehmen, daß f Kommutator eines Elementes aus G_{n-1} mit irgendeinem Element aus G ist; der allgemeine Fall ist sofort auf diesen Fall reduzierbar.

§ 2.

Zwei Darstellungen der freien Gruppen.

$F \equiv F^{(1)}$ sei eine freie Gruppe. a_i ($i = 1, 2, \ldots$) seien freie Erzeugende von F. Es soll nun zunächst eine Darstellung von F durch Elemente eines Ringes $\mathfrak{R}$ von der in der Einleitung charakterisierten Art gegeben werden. Dazu werde jedem a_i eine Größe s_i zugeordnet; $\mathfrak{R}$ sei der von einem Einheitselement 1 und den assoziativen Größen s_i erzeugte „freie" Ring. Man setze nun

$$\begin{aligned} a_i &= 1 + s_i, \\ a_i^{-1} &= 1 - s_i + s_i^2 \mp \ldots = \sum_{n=0}^{\infty} (-1)_i^n s_i^n. \end{aligned} \tag{1}$$

Dieser Ansatz entspricht gewissermaßen der Vorstellung, daß man die als lineare Operatoren gedachten a_i und ihre Reziproken „in der Umgebung" des Einheitselementes entwickelt; für die unten zur Darstellung von $\mathfrak{R}$ benutzten Matrizen ist die Möglichkeit einer solchen Entwicklung evident.

Es gilt nun der Satz:

I. *Durch die Beziehungen* (1) *erhält man eine getreue Darstellung von F durch Elemente aus $\mathfrak{R}$, wenn man einem Produkt der $a_i^{\pm 1}$ das entsprechende Produkt der Elemente $1 + s_i$, $\Sigma(-1)^n s_i^n$ aus $\mathfrak{R}$ zuordnet.*

Beweis: Der Einfachheit halber werde der Satz nur für den Fall bewiesen, daß F nur zwei Erzeugende $a_1 = a$, $a_2 = b$ besitzt. Der allgemeine Fall ist prinzipiell nicht schwieriger. Wir schreiben noch s und t für s_1 bzw. s_2. Jedes Element g von F ist auf eine und nur eine Weise in der Form

$$g = a^{\alpha_1} b^{\beta_1} a^{\alpha_2} b^{\beta_2} \ldots a^{\alpha_m} b^{\beta_m} \tag{2}$$

darstellbar, wobei die α_i und β_i, abgesehen von α_1 und β_m, von Null verschiedene ganze Zahlen $\lesseqgtr 0$ sind, während α_1 oder β_m oder beide gleich Null sein dürfen. Dem Element (2) von F ist in $\mathfrak{R}$ das Element

$$\begin{aligned}&\sum_{\nu_1=0}^{\infty}\binom{\alpha_1}{\nu_1}s^{\nu_1}\sum_{\mu_1=0}^{\infty}\binom{\beta_1}{\mu_1}t^{\mu_1}\sum_{\nu_2=0}^{\infty}\binom{\alpha_2}{\nu_2}s^{\nu_2}\sum_{\mu_2=0}^{\infty}\binom{\beta_2}{\mu_2}t^{\mu_2}\ldots\\ &\qquad\ldots\sum_{\nu_m=0}^{\infty}\binom{\alpha_m}{\nu_m}s^{\nu_m}\sum_{\mu_m=0}^{\infty}\binom{\beta_m}{\mu_m}t^{\mu_m}\\ &=\sum_{\nu_i,\mu_i=0}^{\infty}\binom{\alpha_1}{\nu_1}\binom{\beta_1}{\mu_1}\binom{\alpha_2}{\mu_2}\binom{\beta_2}{\mu_2}\ldots\binom{\alpha_m}{\nu_m}\binom{\beta_m}{\mu_m}s^{\nu_1}t^{\mu_1}s^{\nu_2}t^{\mu_2}\ldots s^{\nu_m}t^{\mu_m}\end{aligned} \tag{3}$$

zugeordnet. Das einzige, was man zum Beweis von I nachzuweisen hat, ist, daß die Elemente (3) alle vom Einheitselement von $\mathfrak{R}$ verschieden sind, falls nicht $m = 1$ und $\alpha_1 = \beta_1 = 0$ ist. Das ist aber in der Tat der Fall, denn in der in (3) auftretenden Summe besitzt das Element

$$s^{|\alpha_1|}\, t^{|\beta_1|}\, s^{|\alpha_2|}\, t^{|\beta_2|} \ldots s^{|\alpha_m|}\, t^{|\beta_m|}$$

einen von Null verschiedenen Koeffizienten, nämlich

$$\prod_{i=1}^{m}\binom{\alpha_i}{|\alpha_i|}\binom{\beta_i}{|\beta_i|}.$$

Für das Weitere benötigt man noch einen Hilfssatz, der es gestattet, aus der Darstellung eines Gruppenelementes von F in $\mathfrak{R}$ die Darstellung des inversen Elementes in $\mathfrak{R}$ in einfacher Weise zu berechnen. Allen Elementen von F sind ja Elemente von $\mathfrak{R}$ zugeordnet, die die Form $1+r$ besitzen, wobei r eine Summe von Elementen aus $\mathfrak{R}$ ist, in der das Einheitselement von $\mathfrak{R}$ nicht mehr auftritt. Es gilt nun der Satz:

II. *Dem Element g von F sei das Element $1 + r$ aus $\mathfrak{R}$ zugeordnet. Dann ist g^{-1} das Element $\sum_{n=0}^{\infty} (-1)^n r^n$ zugeordnet*[10]).

Der Satz II werde wieder nur für den Fall von zwei Erzeugenden von F mit Benutzung der nach I eingeführten Bezeichnungen bewiesen. g sei in der Form (2) geschrieben.

$$l = |\alpha_1| + |\beta_1| + |\alpha_2| + |\beta_2| + \ldots + |\alpha_m| + |\beta_m|$$

heiße die Länge von g. Hat g die Länge Eins, so ist die Behauptung trivial. Satz II sei für alle g mit einer Länge $< l$ bewiesen. Dann gilt er auch für alle g mit der Länge l. Zum Beweise nehme man etwa $\alpha_1 > 0$ an und setze

$$g' = a^{\alpha_1 - 1} b^{\beta_1} a^{\alpha_2} b^{\beta_2} \ldots a^{\alpha_m} b^{\beta_m} = a^{-1} g.$$

Es sei g' das Element $1 + u$ aus $\mathfrak{R}$ zugeordnet. Nach Voraussetzung ist dann g'^{-1}, d. h. dem Element

$$b^{-\beta_m} a^{-\alpha_m} \ldots b^{-\beta_2} a^{-\alpha_2} b^{-\beta_1} a^{-\alpha_1 + 1},$$

das Element $1 - u + u^2 \mp \ldots$ von $\mathfrak{R}$ zugeordnet. Man weiß nun ferner, daß dem Element g das Element $(1 + s)(1 + u)$ und dem Element g^{-1} das Element $(1 - u + u^2 \mp \ldots)(1 - s + s^2 \mp \ldots)$ von $\mathfrak{R}$ zugeordnet ist. Setzt man

$$(1 + s)(1 + u) = 1 + s + u + s u = 1 + v; \quad v = s + u + s u,$$

so lautet also die zu beweisende Behauptung:

$$\sum_{\nu=0}^{\infty} (-1)^\nu v^\nu = \sum_{\nu=0}^{\infty} (-1)^\nu u^\nu \sum_{\nu=0}^{\infty} (-1)^\nu s^\nu.$$

Nun bestehen offenbar die Gleichungen

$$(1 + v) \sum_{\nu=0}^{\infty} (-1)^\nu v^\nu = 1, \quad (1 + v) \sum_{\nu=0}^{\infty} (-1)^\nu u^\nu \sum_{\nu=0}^{\infty} (-1)^\nu s^\nu = 1.$$

Die erste Gleichung ist nämlich trivial, und die zweite folgt aus der Beziehung $1 + v = (1 + s)(1 + u)$ und der Gültigkeit des Assoziativgesetzes. Subtraktion der beiden Beziehungen ergibt:

$$(1 + v) \left\{ \sum_{\nu=0}^{\infty} (-1)^\nu v^\nu - \sum_{\nu=0}^{\infty} (-1)^\nu u^\nu \sum_{\nu=0}^{\infty} (-1)^\nu s^\nu \right\} = 0.$$

Hieraus folgt nun, daß der Koeffizient von $1 + v$ gleich Null sein muß, und damit Satz II. Nach der Definition von $\mathfrak{R}$ läßt sich nämlich jedes

---

[10]) Hierbei ist implizit vorausgesetzt, daß sowohl r^n als auch $\Sigma (-1)^n r^n$ wirklich Linearkombinationen mit endlichen Koeffizienten der „Basiselemente" $s_1^{\alpha_{11}} s_2^{\alpha_{12}} \ldots s_k^{\alpha_{1k}} s_1^{\alpha_{21}} \ldots s_1^{\alpha_{m1}} s_2^{\alpha_{m2}} \ldots s_k^{\alpha_{mk}}$ von $\mathfrak{R}$ sind, wenn r selber eine solche Linearkombination ist. Das folgt leicht mit Benutzung des unten beim Beweise von II eingeführten Begriffes der „Dimension" eines solchen „Basiselementes".

Element ϱ von $\mathfrak{R}$ auf eine und nur eine Weise als Linearkombination der Elemente

(4) $$s^{\mu_1} t^{\nu_1} s^{\mu_2} t^{\nu_2} \ldots s^{\mu_m} t^{\nu_m}$$

mit ganzen rationalen Koeffizienten schreiben; die Zahlen $\mu_1, \nu_1, \mu_2, \nu_2, \ldots, \mu_m, \nu_m$ sind dabei natürliche Zahlen, mit Ausnahme von μ_1 und ν_m, die auch $= 0$ sein können. Es möge nun

$$\mu_1 + \nu_1 + \mu_2 + \nu_2 + \ldots + \mu_m + \nu_m = d$$

die „*Dimension*" des Elementes (4) heißen. Das Einheitselement 1 von $\mathfrak{R}$ habe die Dimension Null; für jedes $d > 0$ gibt es nur endlich viele, etwa h_d, Elemente (4) der Dimension d. Diese bezeichne man in irgendeiner Reihenfolge mit $e_\lambda^{(d)}$, wobei λ die Werte $1, 2, \ldots, h_d$ durchläuft. Jedes Element ϱ aus $\mathfrak{R}$ ist dann gleich einer Summe

$$\varrho = \sum_{d=0}^{\infty} \sum_{\lambda=1}^{h_d} c_{d\lambda}\, e_\lambda^{(d)}$$

mit ganzzahligen $c_{d\lambda}$. Da das Produkt $e_{\lambda_1}^{(d_1)} e_{\lambda_2}^{(d_2)}$ zweier Elemente der Dimensionen d_1 und d_2 die Dimension $d_1 + d_2$ besitzt, besitzt ein Produkt $(1 + v)\,\varrho$ dieselben Glieder niedrigster Dimension wie ϱ, sofern v nur Glieder von einer Dimension > 0 enthält. Aus $(1 + v)\,\varrho = 0$ folgt also $\varrho = 0$ und damit Satz II.

Jedem Element g aus F ist eindeutig eine Summe von ganzzahligen Vielfachen von Potenzprodukten der Elemente s_i von $\mathfrak{R}$ zugeordnet. Man denke sich diese Summe nach Gliedern von nicht abnehmender Dimension geordnet. Als erstes Glied erhält man dann stets die 1; alle weiteren Glieder besitzen dagegen eine von Null verschiedene Dimension d. Die kleinste unter diesen Dimensionen heiße d_g, und diese Zahl heiße „*die Dimension von g*". d_g ist dann und nur dann $= 0$, wenn g das Einheitselement ist. Die jedem Element g zugeordnete Zahl d_g läßt sich nun durch den folgenden Satz charakterisieren:

III. *Ist F_n die n-te Untergruppe der „absteigenden Zentralreihe"* (siehe § 1) *von $F \equiv F_1$, so ist die Dimension jedes Elementes* $\neq 1$ *aus F_n mindestens gleich n. Ist $g \neq 1$ ein Element mit der Dimension n, so gibt es ein Element aus F_n, das dieselben Glieder der Dimension n besitzt wie g^{δ_n}, wobei δ_n eine für jedes n feste Zahl ist.*

Es ist zu vermuten, daß alle und nur die Elemente die Dimension n besitzen, die zu F_n, aber nicht zu F_{n+1} gehören; durch Rechnung läßt sich das für kleine Werke von n direkt beweisen, doch ist es dem Verfasser nicht gelungen, dies allgemein zu zeigen. — Zum Beweise von III werde zunächst gezeigt:

IV. *Die Elemente von F mit einer Dimension $\geqq n$ bilden eine invariante Untergruppe $F^{(n)}$ von F, wobei $F \equiv F^{(1)}$ gesetzt sei. $F^{(n)}$ ist nicht nur charakteristisch, sondern sogar „vollinvariant" in F; das heißt, wenn ein Potenzprodukt Π der Erzeugenden a_i in $F^{(n)}$ liegt, so liegt auch jedes Element von F in $F^{(n)}$, das man erhält, indem man in Π die a_i durch irgendwelche Elemente g_i von F ersetzt.* $F^{(n)}$ heiße n-te Dimensionsgruppe von F.

Beweis: Daß $F^{(n)}$ invariant in F ist, folgt unmittelbar daraus, daß sich die Dimension eines Elementes bei Transformation mit einem anderen Element nicht ändert. Daß $F^{(n)}$ vollivariant ist, folgt aus Satz II. Denn sind den Elementen g_i in $\mathfrak{R}$ die Elemente $1 + \gamma_i$ zugeordnet, und ist dem Potenzprodukt $\Pi(a_i)$ der a_i das Element $1 + \pi_n + \pi_{n+1} + \ldots$ zugeordnet, wobei die $\pi_n, \pi_{n+1}, \ldots$ Glieder der Dimensionen $n, n+1, \ldots$ in den s_i sind, so ist $\Pi(\gamma_i)$ in $\mathfrak{R}$ das Element zugeordnet, das man erhält, wenn man in $\pi_n, \pi_{n+1}, \ldots$ die s_i durch γ_i ersetzt und dann die Potenzprodukte der γ_i wieder in Potenzprodukte der s_i auflöst. Da alle γ_i mindestens die Dimension Eins in den s_i besitzen (sofern $g_i \neq 1$ ist; andernfalls ist $\gamma_i = 0$), liefern $\pi_n, \pi_{n+1}, \ldots$ dabei lauter Glieder einer Dimension $\geqq n$.

Weiterhin ist die folgende Ergänzung zu IV ohne weiteres klar:

IVa. *$F^{(n)}/F^{(n+1)}$ ist eine Abelsche Gruppe ohne Elemente endlicher Ordnung. Die Anzahl der unabhängigen Erzeugenden von $F^{(n)}/F^{(n+1)}$ ist gleich der Anzahl der linear unabhängigen Elemente von $\mathfrak{R}$ von der Dimension n, die als Anfangsglieder in der Entwicklung eines Elementes aus $F^{(n)}$ auftreten können.* Zum Beispiel sind die Glieder der Dimension 2 eines Elementes von $F^{(2)}$ stets Linearkombinationen $\Sigma \lambda_{ik} (s_i s_k - s_k s_i)$ mit ganzzahligen λ_{ik}.

Schließlich ist auch das folgende Analogon zu Hilfssatz 2 aus § 1 trivial: Ist $g(a_i)$ ein Element aus $F^{(n)}$, und ersetzt man in dem als Potenzprodukt der a_i geschriebenen Element g die a_i durch a_i^h, so ist $g(a_i^h)[g(a_i)]^{-h^n}$ ein Element von $F^{(n+1)}$. Es genügt, dies für den Fall zu zeigen, daß $g(a_i)$ die genaue Dimension n hat; es sei in $\mathfrak{R}$ $g(a_i) = 1 + \gamma_n + \gamma$, wobei γ die Glieder von einer Dimension $> n$ enthält. Es wird dann $[g(a_i)]^{h^n} = 1 + h^n \gamma_n + \gamma'$ und $g(a_i^h) = 1 + h^n \gamma_n + \gamma''$; denn ersetzt man in γ und γ_n die s_i durch $h s_i + \binom{h}{2} s_i^2 + \ldots$, so bleibt an Gliedern der n-ten Dimension genau $h^n \gamma_n$ nach der Ausmultiplikation stehen. Daraus folgt mittels II die Behauptung.

Zum Beweise von III ist nun zu sagen, daß der erste Teil sofort aus II durch vollständige Induktion folgt; und zwar gilt folgendes: Bezeichnet man die s_i als Differenzen erster Ordnung $\Delta_1^{(i)}$, die $s_i s_k - s_k s_i$ als Differenzen zweiter Ordnung $\Delta_2^{(i,k)}$ und rekursiv die Ausdrücke

$$s_{i_n} \Delta_{n-1}^{(i_1, i_2, \ldots, i_{n-1})} - \Delta_{n-1}^{(i_1, i_2, \ldots, i_{n-1})} s_{i_n}$$

als „*Differenzen n-ter Ordnung*", wenn $\Delta_{n-1}^{(i_1, \ldots, i_{n-1})}$ eine beliebige Differenz $(n-1)$-ter Ordnung ist, so sind die Glieder der ersten bis $(n-1)$-ten Dimension eines Elementes aus F_n gleich Null, während die der n-ten Dimension Linearkombinationen mit ganzen rationalen Koeffizienten aus den Differenzen n-ter Ordnung sind. — Der zweite Teil von Satz III erledigt sich so: g sei ein Element der genauen Dimension n; $g = 1 + \gamma_n + \gamma$, wobei die Glieder von γ mindestens die Dimension $n+1$ haben. Es sei $g = g(a_i)$ als Potenzprodukt der a_i geschrieben; g liege in F_k, wobei $k \leqq n$ sein muß wegen des ersten Teiles von Satz III. $h_0, h_1, \ldots, h_{n-k-1}$ seien irgendwelche ganzen Zahlen. Ferner sei

$$g(a_i^{h_0})\,[g(a_i)]^{-h_0^k} = g_1(a_i), \quad g_1(a_i^{h_1})\,[g_1(a_i)]^{-h_1^{k+1}} = g_2(a_i),$$
$$\ldots, g_{n-k-1}(a_i^{h_{n-k-1}})\, g_{n-k-1}(a_i)]^{-h_{n-k-1}^{n-1}} = g_{n-k}(a_i).$$

Nach Hilfssatz (2) aus § 1 liegt dann $g_{n-k}(a_i)$ in F_n. Andererseits wird

$$g_{n-k} = 1 + (h_0^n - h_0^k)(h_1^n - h_1^{k+1}) \ldots (h_{n-k-1}^n - h_{n-k-1}^{n-1})\,\gamma_n + \gamma'$$

die Entwicklung von g_{n-k} in $\mathfrak{R}$, wobei γ' nur Glieder einer Dimension $> n$ enthält. Es gibt also Elemente aus F_n, deren Glieder n-ter Dimension gleich

$$(h_0^n - h_0^k)(h_1^n - h_1^{k+1}) \ldots (h_{n-k+1}^n - h_{n-k+1}^{n-1})\,\gamma_n$$

sind, und wenn der größte gemeinsame Teiler aller möglichen hierin auftretenden Faktoren von γ_n gleich δ_n gesetzt wird, erhält man Satz III.

Es möge nun eine zweite Darstellung der freien Gruppe F und der Faktorgruppen $F/F^{(n)}$ mit Hilfe von Matrizen gegeben werden. Der Einfachheit halber möge wieder nur der Fall zweier Erzeugenden a und b von F betrachtet werden. α_i $(i = 1, 2, \ldots)$ und β_i $(i = 1, 2, \ldots)$ seien zwei unendliche Reihen von Parametern. Man setze

$$(5) \qquad a = \begin{pmatrix} 1 & \alpha_1 & 0 & 0 & \ldots \\ 0 & 1 & \alpha_2 & 0 & \ldots \\ 0 & 0 & 1 & \alpha_3 & \ldots \\ . & . & . & . & \ldots \end{pmatrix}, \qquad b = \begin{pmatrix} 1 & \beta_1 & 0 & 0 & \ldots \\ 0 & 1 & \beta_2 & 0 & \ldots \\ 0 & 0 & 1 & \beta_3 & \ldots \\ . & . & . & . & \ldots \end{pmatrix},$$

wobei also unter der Hauptdiagonale Nullen, in dieser selbst Einsen, über diesen die α_i bzw. β_i und dann wieder Nullen stehen.

Die in (5) auftretenden unendlichen Matrizen besitzen eindeutige Reziproke; es ist nämlich

$$a^{-1} = \begin{pmatrix} 1 & -\alpha_1 & \alpha_1\alpha_2 & -\alpha_1\alpha_2\alpha_3 & \dots \\ 0 & 1 & -\alpha_2 & \alpha_2\alpha_3 & \dots \\ 0 & 0 & 1 & -\alpha_3 & \dots \\ . & . & . & . & \dots \end{pmatrix};$$

das Bildungsgesetz der Elemente der Matrix a^{-1} wird unten näher charakterisiert. Es gelten nun die folgenden Sätze:

V. *Die Matrizen* (5) *erzeugen zusammen mit ihren Reziproken bei Multiplikation eine freie Gruppe F von zwei Erzeugenden. F und $\mathfrak{R}$ sind damit durch Matrizen dargestellt.*

VI. *Bezeichnet man als n-ten Abschnitt einer Matrix die aus den ersten n Zeilen und Spalten gebildete n-reihige Matrix, so ist das Produkt zweier n-ten Abschnitte zweier Matrizen aus der Darstellung* (V) *von F gleich dem n-ten Abschnitt des Produktes. Die n-ten Abschnitte bilden also eine Gruppe; diese ist isomorph mit $F/F^{(n)}$.*

Die Beweise für diese Behauptungen lassen sich aus den Sätzen I bis IV entnehmen, wenn gezeigt wird, daß die aus den Matrizen (5) (bzw. deren n-ten Abschnitten) und ihren Reziproken durch Komposition entstehenden Matrizen umkehrbar eindeutig den Entwicklungen (3) der Elemente von F (bzw. den Entwicklungsabschnitten bis zu Gliedern der $(n-1)$-ten Dimension) zugeordnet sind, so daß dem Produkt zweier Matrizen das Produkt der zugehörigen Entwicklungen (3) zugeordnet ist (wobei den Elementen a und b die Matrizen (5) zugeordnet sind).

Hierzu ist zunächst zu bemerken, daß offenbar die aus den Matrizen (5) und ihren Reziproken durch wiederholte Komposition erzeugbaren Matrizen $\mathfrak{M}$ sämtlich durch Angabe ihrer ersten Zeile eindeutig bestimmt sind. Denn die k-te Zeile entsteht aus der ersten, indem man das Element der r-ten Spalte in der ersten Zeile in die $r+k-1$-te Spalte der k-ten Zeile versetzt und die Indizes der Parameter α_i und β_i dabei um $k-1$ vergrößert. Jedem Potenzprodukt aus $a^{\pm 1}$, $b^{\pm 1}$ ist vermöge (5) eindeutig eine Matrix $\mathfrak{M}$ zugeordnet. Es soll nun gezeigt werden, daß die erste Zeile dieser Matrix umkehrbar eindeutig die Entwicklung (3) dieses Potenzproduktes bestimmt.

Es sei

$$c_{\nu_1,\mu_1,\dots,\nu_m,\mu_m}\, s^{\nu_1} t^{\mu_1} \dots s^{\nu_m} t^{\mu_m} \tag{6}$$

mit ganzzahligen $c_{\nu_1,\mu_1,\dots,\nu_m,\mu_m}$ der allgemeine Summand in (3); seine Dimension sei d. Ihm werde ein Produkt in den Variablen α_i, β_i zugeordnet, das vom Grade d ist und den Ausdruck (6) eindeutig beschreibt, nämlich

$$(6\,\mathrm{a})\qquad c_{\nu_1,\mu_1,\ldots,\nu_m,\mu_m}\,\alpha_1\ldots\alpha_{\nu_1}\,\beta_{\nu_1+1}\ldots\beta_{\nu_1+\mu_1}\ldots\alpha_{\nu_1+\mu_1+\ldots+1}\ldots\alpha_{\nu_1+\mu_1+\ldots+\nu_m}\cdot\beta_{\nu_1+\mu_1+\ldots+\nu_m+1}\ldots\beta_{\nu_1+\mu_1+\ldots+\nu_m+\mu_m}.$$

(6a) ist so gebildet, daß, wenn in dem Produkt $s^{\nu_1}t^{\mu_1}\ldots s^{\nu_m}t^{\mu_m}$ als r-ter Faktor s bzw. t steht, in (6a) der Faktor α_r bzw. β_r vorkommt. — Umgekehrt ist (6) bei Angabe von (6a) eindeutig bestimmt.

Es sei nun irgendein Potenzprodukt (2) in $a^{\pm 1}$ und $b^{\pm 1}$ gegeben. Ihm ist vermöge (5) eine Matrix $\mathfrak{M}$ zugeordnet, und vermöge (3) eine Entwicklung als Summe von Ausdrücken der Form (6). Man betrachte die Glieder der d-ten Dimension in (3), bilde die ihnen zugeordneten Produkte der Form (6a) und summiere dieselben. Diese Summe ist dann das Element der ersten Zeile und $(d+1)$-ten Spalte der Matrix $\mathfrak{M}$. Diese Behauptung ist offensichtlich richtig für die speziellen Potenzprodukte $a^{\pm 1}$ und $b^{\pm 1}$. Durch vollständige Induktion nach wachsender „Länge" der Potenzprodukte ist sie leicht allgemein nachzuweisen, und daraus folgen ohne Schwierigkeit die Sätze V und VI.

Es ist ohne weiteres zu sehen, daß in der oben gegebenen Darstellung von F durch Matrizen der Untergruppe $F^{(n)}$ diejenigen Matrizen entsprechen, in denen die „Parallelen zur Hauptdiagonale" bis zur $(n-1)$-ten einschließlich nur Nullen enthalten, oder mit anderen Worten: Eine Matrix $\mathfrak{M}$ ist dann und nur dann einem Element von $F^{(n)}$ zugeordnet, wenn in $\mathfrak{M}=(m_{ik})$ für $0<k-i<n$ alle $m_{ik}=0$ sind. Dies setzt in Evidenz, *daß der Durchschnitt aller Gruppen $F^{(n)}$ und mithin auch aller Gruppen F_n das Einheitselement ist.* Dies folgt nicht aus den allgemeinen Sätzen von F. Levi[7]), da F_n zwar für F, aber nicht für F_{n-1} charakteristisch ist (für $n>2$).

§ 3.

Kriterien für Automorphismen und für Isomorphie von Gruppen.

Aus Satz IV, das heißt aus der „Vollinvarianz" von $F^{(n)}$ in der freien Gruppe F, folgt sofort: Setzt man zwischen den Erzeugenden von F irgendwelche Relationen an, wobei dann F in eine Faktorgruppe G von F und $F^{(n)}$ in eine invariante Untergruppe $G^{(n)}$ von G übergeht (wobei $G^{(n)}$ Faktorgruppe von $F^{(n)}$ ist), so ist $G^{(n)}$ charakteristische Untergruppe von G, d. h. $G^{(n)}$ geht bei allen Automorphismen von G in sich über. Daraus folgt, daß auch $G^{(n)}/G^{(n+1)}$, d. h. die Invarianten dieser Abelschen Gruppe, für G charakteristisch sind. Es ist dabei wesentlich, daß $G^{(n)}/G^{(n+1)}$ eine Abelsche Gruppe mit endlicher Basis ist, sofern G endlich viele Erzeugende besitzt. $G^{(n)}$ heiße „*n-te Dimensionsgruppe*" von G.

Es ist für das Weitere von Bedeutung, daß nicht nur $F^{(n)}$ selber, sondern auch gewisse $F^{(n+1)}$ enthaltende Untergruppen von $F^{(n)}$ in F vollinvariant sind, so daß diese Untergruppen in analoger Weise wie $F^{(n)}$ zur Herleitung charakteristischer Zahlen für eine beliebige Gruppe G dienen können. Dazu werde eine beliebige Abbildung von F auf eine Untergruppe von F und die Wirkung dieser Abbildung auf $F^n/F^{(n+1)}$ untersucht. Bei der Abbildung mögen a und b (wir beschränken uns wieder auf zwei Erzeugende) in a' und b' übergehen. a' und b' lassen sich in der Form schreiben

$$a' = a^{u_1} b^{v_1} c_1, \qquad b' = a^{u_2} b^{v_2} c_2,$$

wobei $u_1, \ldots, v_2$ ganze Zahlen und c_1 und c_2 Elemente der Kommutatorgruppe $F^{(2)}$ von F sind. Es genügt für das Folgende anzunehmen, daß die Determinante

$$\begin{vmatrix} u_1 & v_1 \\ u_2 & v_2 \end{vmatrix} = \pm 1 \tag{7}$$

ist, und ebenso die entsprechende Determinante für den Fall von mehr als zwei Erzeugenden. (Diese Beschränkung ist nicht notwendig, doch lassen sich die dieser Beschränkung entsprechend enger formulierten Sätze einfacher aussprechen.)

Um nun die Wirkung der vorliegenden Abbildung auf $F^{(n)}/F^{(n+1)}$ zu untersuchen, berücksichtige man, daß die Entwicklungen von a' und b' bis zu Gliedern erster Dimension die Form haben:

$$a' = 1 + u_1 s + v_1 t + \ldots, \qquad b' = 1 + u_2 s + v_2 t + \ldots.$$

Ersetzt man in einem Element $f^{(n)}$ von $F^{(n)}$ a und b durch a' und b', so erhält man die Glieder n-ter Dimension des Elementes $f'^{(n)}$, in das $f^{(n)}$ bei der Abbildung übergeht, indem man in den Gliedern n-ter Dimension von $f^{(n)}$ s und t durch $u_1 s + v_1 t$ und $u_2 s + v_2 t$ ersetzt (vgl. Beweis zu Satz IV). Nun sind nach Satz III und IV a die Glieder n-ter Dimension Linearkombinationen der „Differenzen n-ter Ordnung", und es tritt auch jede Differenz n-ter Ordnung wirklich als Glied n-ter Dimension auf (und, eventuell, eine rationales Vielfaches mit durch die Größe von n beschränktem Nenner δ_n (Satz IV), wobei die Koeffizienten der Potenzprodukte in diesem rationalen Vielfachen immer noch ganze Zahlen sein müssen). $f'^{(n)}$ ist folglich ebenfalls eine Linearkombination der Differenzen n-ter Ordnung, und diese erfahren mithin beim Übergang von a, b zu a', b' eine lineare Substitution (welche eben die Abbildung von $F^n/F^{(n+1)}$ auf sich beschreibt). Die Koeffizienten dieser linearen Substitution sind homogene Funktionen n-ten Grades in u_1, v_1; u_2, v_2; die Substitution heiße $S^{(n)}(u, v)$.

Sind r_n, aber nicht $r_n + 1$, unter den Differenzen n-ter Ordnung linear unabhängig, so erfährt das einem System von r_n linear unabhängigen n-ten Differenzen vermöge (6) und (6a) zugeordnete System von Multilinearformen

$$L_\varrho^{(n)}(\alpha_i, \beta_i) \quad [\varrho = 1, 2, \ldots, r_n;\ i = 1, 2, \ldots, n],$$

welche linear und homogen in den n Variablenreihen α_i, β_i und mithin insgesamt vom n-ten Grade sind, unter der Einwirkung von $S^{(n)}(u, v)$ (aufgefaßt als Substitution dieser Formen) eine lineare Transformation, welche man dadurch erhält, daß man die α_i, β_i kogredient der linearen Substitution

$$\alpha_i = u_1 \alpha_i' + v_1 \beta_i',$$
$$\beta_i = u_2 \alpha_i' + v_2 \beta_i'$$

unterwirft. Es ist übrigens leicht auch durch direkte Betrachtung der $L_\varrho^{(n)}$ zu erkennen, daß diese bei kogredienter Transformation der α_i, β_i (sogar mit einer beliebigen unimodularen Substitution) sich linear substituieren müssen, daß also die $L_\varrho^{(n)}$ oder, was auf dasselbe herauskommt, die zu ihnen gehörigen Tensoren n-ter Stufe einen Darstellungsraum für die volle Gruppe der unimodularen Substitutionen (im vorliegenden Falle von zwei Variablen) bilden. Man kann sich leicht überzeugen, daß dieser Darstellungsraum im allgemeinen nicht nur reduzibel ist, sondern auch sogleich in halbreduzierte Form gebracht werden kann, wenn man ausschließlich Linearkombinationen mit ganzzahligen Koeffizienten der $L_\varrho^{(n)}$ bzw. der oben erwähnten rationalen Vielfachen von diesen als erlaubte neue „Basisvektoren" des Darstellungsraumes zuläßt. Denn ist $n = n_1 + n_2$‘ so liegen die Kommutatoren zweier Elemente aus $F^{(n_1)}$ und $F^{(n_2)}$ in $F^{(n)}$‘ aber im allgemeinen nicht alle in $F^{(n+1)}$, und die zugeordneten Glieder n-ter Dimension aller solcher Kommutatoren müssen einen invarianten Teilraum des Raumes aller $L_\varrho^{(n)}$ erzeugen. Jedenfalls ist jeder solche invariante Teilraum (und damit auch die Anzahl seiner Dimensionen) für F charakteristisch.

Die oben angestellten Betrachtungen können nun auf die Untersuchung der Automorphismen einer beliebigen Gruppe G angewandt werden. Um einfach auszusprechende Resultate zu erhalten, sollen indessen die folgenden Annahmen gemacht werden: G sei Gruppe von endlich vielen, etwa k, Erzeugenden und die Faktorgruppe nach der Kommutatorgruppe sei die Abelsche Gruppe von k unabhängigen Erzeugenden unendlicher Ordnung. Das Verfahren liefert aber im allgemeinen auch sonst Resultate, ausgenommen, wenn G mit seiner Kommutatorgruppe identisch ist.

F sei die freie Gruppe von k Erzeugenden. G ist Faktorgruppe von F und kann definiert werden, indem man zwischen den Erzeugenden $a_1, a_2, \ldots, a_k$ von F irgendwelche Relationen

$$R_\sigma(a_1, a_2, \ldots, a_k) = 1 \qquad (\sigma = 1, 2, \ldots)$$

ansetzt. $R_\sigma(a_1, a_2, \ldots, a_k)$ sind dabei Elemente aus F, die in $F \neq 1$ sein sollen und nach Voraussetzung in $G^{(2)}$ liegen sollen. Jedem Automorphismus von G entspricht eindeutig ein solcher von $G/G^{(2)}$, der mithin durch eine ganzzahlige Matrix (u_{il}) von k Zeilen und Spalten mit einer Determinante ± 1 eindeutig charakterisiert wird. Diese Matrizen bilden bei Multiplikation eine Gruppe, welche „*die G zugeordnete lineare Gruppe*“ $\mathfrak{L}_G$ heißen möge. $\mathfrak{L}_F$ ist nach J. Nielsen[11]) die volle Gruppe aller ganzzahligen Substitutionen von k Variablen mit der Determinante ± 1. Es soll nun gezeigt werden, daß $\mathfrak{L}_G$ „im allgemeinen“ eine echte Untergruppe von $\mathfrak{L}_F$ sein muß. Dazu betrachte man die kleinste Zahl n derart, daß mindestens ein Element R_σ in $F^{(n)}$, aber nicht in $F^{(n+1)}$ liegt. Eine solche Zahl muß nach dem am Schluß von § 2 Bemerkten existieren, da sonst alle R_σ in F gleich Eins wären. Den „Differenzen n-ter Ordnung“ von k assoziativen nicht kommutativen Größen sind dann (wie oben für $k = 2$) eine gewisse Anzahl r_n von Multilinearformen $L_\varrho^{(n)}$, linear und homogen in n Reihen von k Variablen, (oder auch Tensoren n-ter Stufe in k Variablen) zugeordnet, und diese liefern bei kogredienter linearer Transformation der Variablensysteme eine Darstellung von $\mathfrak{L}_F$ und mithin auch von $\mathfrak{L}_G$. Die gemäß (3), § 2 in Reihen entwickelten R_σ besitzen zum Teil von Null verschiedene Glieder n-ter Dimension, und diesen sind vermöge (6) und (6a) von § 2 gewisse Linearkombinationen $\Lambda_\tau(L_\varrho^{(n)})$ der $L_\varrho^{(n)}$ zugeordnet (wobei τ endlich viele Zahlen der Reihe 1, 2, ... durchläuft). Nun gilt der Satz:

VII. *Die G zugeordnete lineare Gruppe ist notwendig in der Untergruppe der Gruppe $\mathfrak{L}_F$ aller ganzzahligen Substitutionen der Determinante ± 1 enthalten, welche aus denjenigen Substitutionen von $\mathfrak{L}_F$ besteht, die bei Darstellung von $\mathfrak{L}_F$ im Raume der Tensoren $L_\varrho^{(n)}$ den von den Linearkombinationen $\Lambda_\tau(L_\varrho^{(n)})$ aufgespannten Teilraum in sich überführen.*

Beweis: Jeder Automorphismus von $G = F/J$ kann aufgefaßt werden als homomorphe Abbildung von F auf einen Teil von sich, wobei Elemente der invarianten Untergruppe J wieder in solche übergehen. Denn jeder Automorphismus von G läßt sich dadurch charakterisieren, daß man Potenzprodukte der a_i angibt, in welche diese bei dem Automorphismus übergehen. Diese Potenzprodukte sind natürlich

[11]) Math. Annalen **79** (1919), S. 269—272.

nicht eindeutig, sondern nur bis auf beliebige Elemente von J bestimmt. Aber da J nach Voraussetzung in $F^{(n)}$ mit $n \geqq 2$ liegt, ist jedenfalls die der Determinante (7) entsprechende k-reihige Determinante $= \pm 1$. Bezeichnet man die kleinste, J und $F^{(n+1)}$ enthaltende Untergruppe von F mit H, so geht bei jeder Abbildung von F auf einen Teil von F, welche zu einem Automorphismus von G gehört, jedes Element von H wieder in ein solches über. Jeder Automorphismus von G definiert folglich eine homomorphe Abbildung von H und somit auch eine solche von $H/F^{(n+1)}$ auf sich. $H/F^{(n+1)}$ ist aber nun gerade der von den Linearformen $\Lambda_\tau(L_\varrho^{(n)})$ aufgespannte Teilraum von $F^{(n)}/F^{(n+1)}$, d. h. des Raumes der $L_\varrho^{(n)}$. Dieser muß folglich bei einer Substitution der G zugeordneten linearen Gruppe in sich übergehen.

Offenbar sagt Satz VII „im allgemeinen" wirklich aus, daß die G zugeordnete lineare Gruppe nicht die volle Gruppe aller ganzzahligen Substitutionen der Determinante ± 1 ist. Dies läßt sich besonders deutlich für den Fall, daß G nur eine definierende Relation besitzt, etwa so ausdrücken:

VIIa. *Ist G eine Gruppe von k Erzeugenden mit einer definierenden Relation $R(a_1, \ldots, a_k) = 1$, und ist R, als Element der freien von $a_1, \ldots, a_k$ erzeugten Gruppe F betrachtet, in $F^{(n)}$ $(n > 1)$ aber nicht in $F^{(n+1)}$ gelegen, so ist das Folgende notwendige Bedingung dafür, daß die G zugeordnete lineare Gruppe die volle Gruppe $\mathfrak{L}_F$ der ganzzahligen Substitutionen der Determinante ± 1 von k Variablen ist: Bei Darstellung von $\mathfrak{L}_F$ im Raume der Tensoren $L_\varrho^{(n)}$ n-ter Stufe muß der den Gliedern n-ter Dimension in der Entwicklung von R zugeordnete Tensor invariant sein. Nach allgemeinen Sätzen über die Darstellungen der linearen Gruppe ist dies höchstens dann möglich, wenn n ein Vielfaches von k ist; für $k = 2$ bzw. $k = 3$ lassen sich außerdem durch direkte Rechnung noch die Bedingungen $k \neq 4$ bzw. $k \geqq 6$ ableiten.*

Zu beweisen ist hiervon, nachdem VII bewiesen ist, nur noch die Behauptung, daß n ein Vielfaches von k ist. Das folgt daraus, daß der Raum der Tensoren $L_\varrho^{(n)}$ ein Teilraum desjenigen Darstellungsraumes der vollen Gruppe aller unimodularen (nicht notwendig ganzzahligen) Substitutionen ist, den man erhält, wenn man die ursprüngliche Darstellung der vollen linearen Gruppe in k Variablen n mal mit sich selber multipliziert (vermittelst der Kroneckerschen Produkttransformation). In diesem Darstellungsraum treten aber nur dann Fixelemente auf, wenn n ein Vielfaches von k ist. Es ist leicht einzusehen, daß eine Invariante der Gruppe $\mathfrak{L}_F$ der ganzzahligen Substitutionen zugleich eine solche der vollen linearen Gruppe sein muß, und damit ist Satz VIIa bewiesen.

Es ist klar, daß das hier vorgeführte Verfahren auch dazu dienen kann, um notwendige Bedingungen für die Isomorphie zweier Gruppen abzuleiten. Im einfachsten Falle, wenn zwei Gruppen G_1 und G_2 mit nur einer definierenden Relation vorgelegt sind, müssen die linken Seiten der Relationen, als Elemente der zugehörigen freien Gruppen betrachtet, bei Entwicklung gemäß (3), § 2 mit Gliedern der gleichen Dimension n beginnen, und die diesen Gliedern zugeordneten Tensoren n-ter Stufe müssen sich, falls $n > 1$ ist, durch eine Substitution mit ganzzahligen Koeffizienten und der Determinante ± 1 ineinander überführen lassen, bis auf einen Faktor ± 1, da eine Form und ihr Negatives dasselbe System von ganzzahligen Vielfachen besitzen.

§ 4.
Beispiele.

a) Für zwei Erzeugende a, b und $n = 5$ lassen sich als Basis für die 5-ten Differenzen die folgenden Ausdrücke wählen (in denen $\Delta = st - ts$ gesetzt ist):

$$s^3 \Delta - 3 s^2 \Delta s + 3 s \Delta s^2 - \Delta s^3,$$
$$t^3 \Delta - 3 t^2 \Delta s + 3 t \Delta s^2 - \Delta t^3,$$
$$t s^2 \Delta - 2 t s \Delta t + t \Delta s^2 - s^2 \Delta t + 2 s \Delta s t - \Delta s^2 t,$$
$$s t^2 \Delta - 2 s t \Delta t + s \Delta t^2 - t^2 \Delta s + 2 t \Delta t s - \Delta t^2 s,$$
$$s \Delta^2 - 2 \Delta s \Delta + \Delta^2 s = (s \Delta - \Delta s) \Delta - \Delta (s \Delta - \Delta s),$$
$$t \Delta^2 - 2 \Delta t \Delta + \Delta^2 t = (t \Delta - \Delta t) \Delta - \Delta (t \Delta - \Delta t).$$

Die beiden letzten werden unter sich transformiert, (sie entsprechen Kommutatoren von Elementen aus $F^{(3)}$ und $F^{(2)}$), wenn man s und t einer linearen Substitution unterwirft. Das gleiche gilt natürlich in entsprechender Weise für die zugehörigen Formen. Außer Δ tritt erst für $n \doteq 6$ wieder eine Invariante auf, nämlich

$$(x \Delta - \Delta x)(y \Delta - \Delta y) - (y \Delta - \Delta y)(x \Delta - \Delta x).$$

b) Ein Automorphismus der Fundamentalgruppe G einer geschlossenen zweiseitigen Fläche vom Geschlecht p bestimmt im wesentlichen, d. h. abgesehen von inneren Automorphismen, eine Klasse von Abbildungen der Fläche auf sich. Die der Automorphismengruppe zugeordnete lineare Gruppe besitzt gleichfalls eine Bedeutung; sie[12]) ist die Gruppe der

[12]) Genauer: die in ihr enthaltene Untergruppe vom Index 2, bestehend aus den Substitutionen, die zu Automorphismen gehören, deren zugeordnete Abbildungsklassen solche mit Erhaltung der Orientierung der Fläche sind.

Transformationen der Perioden der Abelschen Integrale erster Gattung, welche zu einer Riemannschen Fläche vom Geschlecht p gehören. Es ist nun wohlbekannt, daß die Gruppe nicht die Gruppe aller ganzzahligen Substitutionen in $2p$ Variablen mit der Determinante ± 1 ist, sondern eine Untergruppe derselben, bestehend aus denjenigen Substitutionen, die eine gewisse Bilinearform in sich überführen. Diese Tatsache läßt sich mit Hilfe des oben entwickelten Verfahrens etwa so ableiten: Es sei etwa $p = 2$; a_1, a_2, a_3, a_4 seien die Erzeugenden,

$$a_1 a_2 a_1^{-1} a_2^{-1} a_3 a_4 a_3^{-1} a_4^{-1} = 1$$

sei die definierende Relation von G. Die linke Seite derselben besitzt, aufgefaßt als Element der von a_1, a_2, a_3, a_4 erzeugten freien Gruppe, eine Entwicklung, deren Glieder bis zur zweiten Dimension einschließlich lauten:

$$1 + s_1 s_2 - s_2 s_1 + s_3 s_4 - s_4 s_3 + \ldots,$$

wobei $a_i = 1 + s_i$ gesetzt ist; die zu den Gliedern zweiter Ordnung gehörige Bilinearform ist

$$\alpha_1^{(1)} \alpha_2^{(2)} - \alpha_2^{(1)} \alpha_1^{(2)} + \alpha_3^{(1)} \alpha_4^{(2)} - \alpha_4^{(1)} \alpha_3^{(2)},$$

wobei den a_i die Parameter $\alpha_i^{(k)}$ $(k = 1, 2, \ldots)$ zugeordnet sind, entsprechend dem im zweiten Teil von § 2 beschriebenen Verfahren. Alle Substitutionen der G zugeordneten linearen Gruppe müssen also nach VIIa die Eigenschaft haben, diese Bilinearform in ein Vielfaches von sich überzuführen[13]), wenn man die Substitution gleichzeitig auf $\alpha_1^{(1)}, \alpha_2^{(1)}, \alpha_3^{(1)}, \alpha_4^{(1)}$ und $\alpha_1^{(2)}, \alpha_2^{(2)}, \alpha_3^{(2)}, \alpha_4^{(2)}$ anwendet. Daß umgekehrt jede solche Substitution wirklich in der G zugeordneten linearen Gruppe auftritt, bedarf eines besonderen Beweises, der in der bekannten Weise zu erbringen ist[14]). — Gewöhnlich wird das eben abgeleitete Resultat mit Hilfe von Schnittzahlen von Kurven auf der Fläche bewiesen.

c) Irgend zwei Gruppen G_1 und G_2 von k Erzeugenden $a_1, a_2, \ldots, a_k$ und mit den einzigen definierenden Relationen

$$T_1 R T_1^{-1} T_2 R T_2^{-1} = 1 \quad \text{bzw.} \quad \Theta_1 R \Theta_1^{-1} \Theta_2 R \Theta_2^{-1} \Theta_3 R \Theta_3^{-1} = 1$$

können nicht isomorph sein, wenn $T_1, T_2, \Theta_1, \Theta_2, \Theta_3, R$ beliebige Ausdrücke in den a_i bedeuten, von denen jedoch R nicht schon als Element

[13]) D. h., da die Transformationsdeterminante ± 1 ist, in sich oder in ihr negatives. Letzteres bedeutet eine Umkehrung der Orientierung der Fläche.

[14]) Siehe etwa H. Burkhardt, Math. Annalen **35** (1890), S. 209 ff. Clebsch-Gordan, Theorie der Abelschen Funktionen, Leipzig 1866, § 85.

der freien, von den a_i erzeugten Gruppe F betrachtet, gleich Eins sein soll.

Beweis. R liege in $F^{(n)}$. Man darf $n > 1$ annehmen, da der Satz sonst trivial ist. Ist $L^{(n)}$ die R zugeordnete Multilinearform, so müssen sich die Formen $2\,L^{(n)}$ und $\pm\,3\,L^{(n)}$ durch eine ganzzahlige Substitution der Determinante $\pm\,1$ ineinander transformieren lassen. d sei der größte gemeinsame Teiler der (ganzzahligen!) Koeffizienten von $L^{(n)}$. Ließe sich $2\,L^{(n)}$ in $\pm\,3\,L^{(n)}$ transformieren, so müßte dies auch modulo $2\,d$ möglich sein. Modulo $2\,d$ ist aber $2\,L^{(n)} \equiv 0$, nicht aber $\pm\,3\,L^{(n)}$.

§ 5.

Über ein Problem von H. Hopf.

H. Hopf hat die Frage aufgeworfen[15]), ob eine Gruppe mit endlich vielen Erzeugenden mit einer ihrer echten Faktorgruppen isomorph sein kann. Falls diese Frage zu verneinen ist, wäre eine von der in hohem Maße willkürlichen Wahl der Erzeugenden unabhängige Eigenschaft (etwa im Sinne eines abgeschwächten „Teilerkettensatzes") der mit Hilfe von endlich vielen Erzeugenden definierbaren Gruppen gefunden, und diese Eigenschaft würde zugleich eine Rechtfertigung für die bevorzugte Stellung dieser Gruppen liefern.

Daß eine endliche Gruppe oder eine Abelsche Gruppe mit endlicher Basis nicht mit einer ihrer echten Faktorgruppen isomorph sein kann, ist trivial. Merkwürdigerweise enthält das Problem aber schon für freie Gruppen Schwierigkeiten. Eine Lösung für diese ist implizit in einem Satz von F. Levi[7]) enthalten. Das in den Paragraphen 2, 3 entwickelte Verfahren liefert einen ebenfalls sehr einfachen Beweis des Satzes.

VIII. *Eine freie Gruppe von endlich vielen Erzeugenden ist mit keiner ihrer echten Faktorgruppen (einstufig) isomorph.*

Beweis. a_i $(i = 1, 2, \ldots, k)$ seien freie Erzeugende der freien Gruppe F. Eine beliebige Faktorgruppe G von F erhält man durch Hinzufügung endlich oder unendlich vieler Relationen

$$R_\sigma(a_1, \ldots, a_k) = 1 \quad (\sigma = 1, 2, \ldots),$$

wobei die R_σ vom Einheitselement von F verschiedene Elemente bedeuten mögen, da andernfalls G keine echte Faktorgruppe von F zu sein brauchte. Wenn F und G isomorph wären, müßte für jedes n $F^{(n)}/F^{(n+1)} \simeq G^{(n)}/G^{(n+1)}$ sein, wobei $G^{(n)}$ wie zu Beginn von § 3 definiert ist. n werde nun so gewählt, daß alle Ausdrücke R_σ zwar in $F^{(n)}$, aber nicht alle in $F^{(n+1)}$ liegen.

---

15) Nach einer Mitteilung von Herrn B. Neumann.

Das muß nach dem am Schluß von § 2 Gesagten möglich sein. Setzt man wie in § 3 $G = F/J$, so ist also der Durchschnitt von $F^{(n)}$ und J nicht ganz in $F^{(n+1)}$ enthalten. Nach der Definition von $G^{(n)}$ ist $G^{(n)}/G^{(n+1)}$, folglich echte Faktorgruppe von $F^{(n)}/F^{(n+1)}$, und da diese eine Abelsche Gruppe mit endlicher Basis ist, ist Satz VIII bewiesen.

§ 6.

Bemerkungen über Gruppen von Primzahlpotenzordnung.

W. Burnside[3]) hat gezeigt: Eine endliche Gruppe G ist dann und nur dann direktes Produkt von Gruppen von Primzahlpotenzordnung, wenn die Reihe der in § 1 definierten Gruppen G_n mit dem Einheitselement abbricht. Infolge der engen Verwandtschaft (wahrscheinlich: der Identität) der Gruppen G_n mit den zu Beginn von § 3 definierten Gruppen $G^{(n)}$ wird man vermuten, daß der Satz gilt:

IX. *Eine endliche Gruppe G ist dann und nur dann direktes Produkt von Gruppen von Primzahlpotenzordnung, wenn die Reihe der Gruppen $G^{(n)}$ mit dem Einheitselement abbricht.*

Nach Satz III ist G_n in $G^{(n)}$ enthalten. Es ist also nur noch zu zeigen, daß für Gruppen von Primzahlpotenzordnung die Reihe der $G^{(n)}$ mit dem Einheitselement schließt. Dazu genügt es zu zeigen, daß G Faktorgruppe einer anderen Gruppe $\overline{G}$ ist, welche diese Eigenschaft besitzt. Nun läßt sich nachweisen[16]), daß G Faktorgruppe einer Gruppe $\overline{G}$ ist, welche eine Darstellung durch endliche Matrizen mit ganzzahligen Koeffizienten gestattet, derart, daß unter der Hauptdiagonale in diesen Matrizen nur Nullen und in der Hauptdiagonale nur Einsen stehen. Man nehme ein System $x_1, x_2, \ldots, x_k$ von endlich vielen Erzeugenden[17]) von $\overline{G}$; die zugeordneten Matrizen von n Reihen seien $1 + X_1, 1 + X_2, \ldots, 1 + X_k$, wobei 1 die Einheitsmatrix bedeutet. Dann wird, falls die X_i n-reihige Matrizen sind,

$$(1 + X_i)^{-1} = 1 - X_i + \ldots + (-1)^{n-1} X_i^{n-1},$$

und jedes Produkt aus n gleichen oder verschiedenen Faktoren X_i wird gleich Null. Damit ist den Erzeugenden x_i, ihren Reziproken und allgemein den Elementen von $\overline{G}$ eine Entwicklung zugeordnet, wie man sie aus der Entwicklung nach Art von (1), (3), § 2 durch Fortlassen der Glieder n-ter und höherer Dimension erhält. Ist F die freie Gruppe von k Erzeugenden, so ist also jedem Element von $F/F^{(n)}$ ein-

---

16) Siehe Magnus, „Über n-dimensionale Gittertransformationen", Acta Mathematica **64** (1934), S. 364.

17) Daß ein solches stets existiert, ist leicht einzusehen. Siehe l. c. 16).

deutig (natürlich im allgemeinen nicht umkehrbar eindeutig) ein Element von $\overline{G}$ zugeordnet. $\overline{G}$ ist also Faktorgruppe von $F/F^{(n)}$, und damit auch G. – Es ist anzumerken, daß dabei n im allgemeinen nicht die kleinste Zahl ist, für die $G^{(n)} = 1$ ist, aber das ist unwesentlich.

Es lassen sich nun in sehr einfacher Weise eine Reihe von Sätzen ableiten, die man aus den von P. Hall[4]) für Gruppen von Primzahlpotenzordnung bewiesenen Sätzen erhält, indem man in denselben statt der Gruppen G_n der „lower central series" die Gruppen $G^{(n)}$ einsetzt. Das gilt insbesondere von den Theoremen 2. 54, 2. 55, 4. 1 von Hall. Die Beweise beruhen auf den leicht nachzuweisenden Tatsachen, daß erstens (in der Bezeichnungsweise von § 2) die Dimension des Kommutators zweier Elemente mindestens gleich der Summe der Dimensionen der Elemente ist, und daß zweitens ein Element der Dimension d, wenn man in ihm die Erzeugenden durch Elemente der Dimension d' ersetzt, in ein Element von einer Dimension $\geqq d\,d'$ übergeht.

Zum Schluß möge noch mit Hilfe des in § 2 entwickelten Verfahrens gezeigt werden (vgl. die Einleitung):

X. *Zu jeder ganzen Zahl N gibt es eine Gruppe, deren Ordnung eine Potenz von* 3 *ist, deren N-te Ableitung nicht das Einheitselement ist, und für die die Faktorgruppe der Kommutatorgruppe die Abelsche Gruppe vom Typ* (3, 3, 3) *ist.*

Dabei ist unter der ersten Ableitung einer Gruppe wie üblich ihre Kommutatorgruppe, und unter der k-ten Ableitung allgemein die Kommutatorgruppe der $(k-1)$-ten zu verstehen. Es soll nun eine Gruppe der in X genannten Art folgendermaßen konstruiert werden. Man gehe aus von der freien Gruppe F von drei Erzeugenden a, b, c. Diesen ordne man wie zu Beginn von § 2 Elemente $1+r$, $1+s$, $1+t$ aus einem von $1, r, s, t$ erzeugten assoziativen Ringe $\mathfrak{R}$ zu. Sodann nehme man die Elemente von $\mathfrak{R}$ modulo dem kleinsten zweiseitigen Ideal $\mathfrak{J}$, das alle Produkte aus r, s, t von höherer als der 2^N-ten Dimension, die Zahl 3 und die Elemente r^3, s^3, t^3 enthält. Der Restklassenring $\mathfrak{R}^*$ nach diesem Ideal enthält ersichtlich nur endlich viele Elemente. Jedem Element von F ist eindeutig ein Element $\neq 0$ von $\mathfrak{R}^*$ zugeordnet, und die verschiedenen unter diesen bilden bei Multiplikation mithin eine endliche Faktorgruppe G von F. Es soll gezeigt werden, daß G die Forderungen von Satz X erfüllt. Zunächst ist die Ordnung von G eine Potenz von 3. Denn spätestens die $3^{(2^N+1)}$-te Potenz von einem beliebigen Element aus $\mathfrak{R}$, das die Form „$1+$ Glieder höherer Dimension" besitzt, ist in $\mathfrak{J}$ enthalten. Fernerhin ist den dritten Potenzen von a, b, c (aber keiner niedrigeren Potenz) das Einheitselement von $\mathfrak{R}^*$ zugeordnet, so daß der Index der Kommutatorgruppe höchstens 27 sein kann. Nimmt man zu $\mathfrak{I}$ alle Elemente von $\mathfrak{R}$ von höherer als der ersten Dimension hinzu, so wird in dem zugehörigen Restklassenring von $\mathfrak{R}$ jedem Element von G ein Element der Form $1 + \alpha r + \beta s + \gamma t$ mit $\alpha, \beta, \gamma = 0, 1, 2$ zugeordnet, so daß G also eine Abelsche Faktorgruppe vom Typ (3, 3, 3) besitzt. Es bleibt also nur noch zu zeigen, daß die N-te Ableitung $D^N(G)$ nicht nur aus dem Einheitselement besteht. Das wird gezeigt, indem direkt Elemente von G konstruiert werden, die in $D^N(G)$ liegen müssen und ungleich 1 sind. Dazu führe man die folgenden Bezeichnungen ein:

$$aba^{-1}b^{-1} = c_1, \quad aca^{-1}c^{-1} = b_1, \quad bcb^{-1}c^{-1} = a_1,$$

und allgemein

$$a_i b_i a_i^{-1} b_i^{-1} = c_{i+1}, \quad a_i c_i a_i^{-1} c_i^{-1} = b_{i+1}, \quad b_i c_i b_i^{-1} c_i^{-1} = a_{i+1}$$

für $i = 1, 2, \ldots$.

Es ist klar, daß a_N, b_N, c_N in $D^N(G)$ liegen. Weiterhin ist klar, daß den a_i, b_i, c_i Entwicklungen in $\mathfrak{R}^*$ zugeordnet sind, die mit Gliedern der Dimension 2^i beginnen, und zwar gilt rekursiv: Beginnt (abgesehen vom Einheitselement) die Entwicklung von a_i, b_i, c_i mit den Gliedern r_i, s_i, t_i der 2^i-ten Dimension, so beginnen die Entwicklungen von a_{i+1}, b_{i+1}, c_{i+1} mit den Gliedern

$$r_{i+1} = s_i t_i - t_i s_i, \quad s_{i+1} = r_i t_i - t_i r_i, \quad t_{i+1} = r_i s_i - s_i r_i.$$

Es ist nun zu beweisen, daß für $i \leqq N$ sämtliche r_i, s_i, t_i von Null verschiedene Elemente von $\mathfrak{R}^*$ sind. Dazu genügt es zu zeigen, daß die r_i, s_i, t_i Summen von verschiedenen Potenzprodukten von r, s, t sind, derart, daß in keinem Potenzprodukt ein Faktor r^3, s^3 oder t^3 enthalten ist, und keiner der Koeffizienten der Potenzprodukte durch drei teilbar ist.

Zunächst ist klar, daß irgendein aus den sechs Ausdrücken st, ts, rt, tr, rs, sr gebildetes Potenzprodukt niemals einen Faktor r^3, s^3 oder t^3 enthalten kann. Weiterhin ist klar: Sind $P_1, P_2, \ldots, P_h$ irgend h verschiedene[18]) Potenzprodukte aus r, s, t von derselben Dimension, so sind auch die $(h-1)h$ Potenzprodukte $P_i P_k$ mit $i \neq k$ voneinander verschieden[18]). Denn aus $P_i P_k = P_l P_m$ folgt $P_i = P_l$ und $P_k = P_m$. Daraus folgt erstens, daß in den r_i, s_i, t_i keine Potenzprodukte auftreten, die einen Faktor r^3, s^3, t^3 enthalten, da die in r_i, s_i, t_i auftretenden Potenzprodukte zugleich solche in $st, ts, \ldots$ sind. Weiterhin folgt: r_i, s_i, t_i sind Summen von je $2^{(2^i-1)}$ Potenzprodukten der Dimension 2^i in r, s, t, wobei als Koeffizienten dieser Potenzprodukte nur die Zahlen ± 1 auftreten und die in r_i (bzw. s_i oder t_i) auftretenden Potenzprodukte

[18]) Gemeint ist: formal verschiedene, das heißt solche, die in $\mathfrak{R}$ voneinander verschieden sind.

sowohl untereinander als auch von den in s_i und t_i (bzw. r_i und t_i oder r_i und s_i) auftretenden Potenzprodukten verschieden sind. Denn für $i = 1$ ist diese Behauptung richtig; ist sie für irgendein $i \geqq 1$ bewiesen, und ist also

$$r_i = \sum_{k=1}^{2(2^i-1)} \pm R_k, \quad s_i = \sum_{k=1}^{2(2^i-1)} \pm S_k, \quad t_i = \sum_{k=1}^{2(2^i-1)} \pm T_k,$$

wobei R_k, S_k, T_k verschiedene Potenzprodukte der 2^i-ten Dimension sind, so wird zum Beispiel

$$r_{i+1} = \sum_{k,l=1}^{2(2^i-1)} \pm (S_k T_l - T_l S_k),$$

und hieraus erhellt die Gültigkeit des Satzes auch für $i+1$. Damit ist nachgewiesen, daß für $i \leqq N$ die r_i, s_i, t_i in $\mathfrak{R}^*$ nicht gleich Null sind, und folglich enthält die N-te Ableitung von G Elemente, die vom Einheitselement verschieden sind.

(Eingegangen am 23. 10. 1934.)

Reprinted from
Mathematische Annalen **111** (1935), 259–280.

ÜBER n-DIMENSIONALE GITTERTRANSFORMATIONEN.

Von

WILHELM MAGNUS

in Frankfurt a. M.

Inhaltsverzeichnis.

Einleitung.

Die Gruppe G_n der n-dimensionalen Gittertransformationen, das heisst die Gruppe der linearen ganzzahligen homogenen Substitutionen von n Variablen mit einer Determinante ± 1 ist für $n = 3$ von J. Nielsen[1] und für beliebiges n von J. A. de Séguier[2] untersucht worden. In beiden Fällen sind erzeugende Elemente und ein System von definierenden Relationen zwischen denselben angegeben worden.

[1] J. Nielsen, Die Gruppe der dreidimensionalen Gittertransformationen. Det Kgl. Danske Videnskabernes Selskab. Math.-fysiske Meddelelser. V, 12. Kopenhagen 1924.

[2] J. A. de Séguier, Sur les automorphismes de certaines groupes. Comptes rendus *179* (1924). S. 139—142.

45—34472. *Acta mathematica.* 64. Imprimé le 30 novembre 1934.

Im Folgenden soll gezeigt werden, dass sich den Fall eines beliebigen n in ganz einfacher Weise auf den von Nielsen erledigten Fall $n = 3$ zurückführen lässt. Dies dürfte zu einer Einsicht in den Aufbau der Gruppe G_n beitragen, denn das bei dieser Reduktion benützte Verfahren liefert gewissermassen den gruppentheoretischen Ausdruck für den Sachverhalt, dass sich die Bestimmung des grössten gemeinsamen Teilers von n ganzen Zahlen auf die wiederholte Bestimmung des grössten gemeinsamen Teilers von zwei Zahlen zurückführen lässt. Da die von de Séguier gegebene Skizze einer Ableitung eines Systems definierender Relationen für G_n sehr undurchsichtig erscheint, rechtfertigt sich die hier gegebene methodisch neue Ableitung vielleicht durch die obenstehende Bemerkung und durch die am Schluss der Einleitung angedeutete Anwendbarkeit unseres Verfahrens auf einige andere Gruppen.

In den Paragraphen 1—4 wird ein System definierender Relationen für G_n aufgestellt. In § 5 wird gezeigt, wie sich ein System definierender Relationen für die zu G_n gehörigen Kongruenzgruppen, die man erhält, wenn man die Substitutionen von G_n modulo einer Zahl s nimmt, sofort bestimmen lässt, wenn dies für $n = 2$ möglich ist, und es wird gezeigt, dass die Kongruenzgruppen, welche zu einer gewissen Untergruppe A_n von G_n gehören, mit wachsendem n alle und nur die direkten Produkte endlicher Gruppen von Primzahlpotenzordnung liefern.

In § 6 wird ein von Nielsen[1] für $n = 3$ bewiesener Satz in verschärfter Form und ohne Benutzung des von Nielsen[3] aufgestellten Systems definierender Relationen für die Automorphismengruppe der freien Gruppe von n Erzeugenden abgeleitet. Es wird nämlich gezeigt: Ist F_n die freie Gruppe von n Erzeugenden a_ν $(\nu = 1, 2, \ldots, n)$, F_n' ihre Kommutatorgruppe und K_n diejenige invariante Untergruppe in der Automorphismengruppe A_n von F_n, welche von allen Automorphismen von F_n gebildet wird, die jedes Element von F_n in seiner Nebengruppe nach F_n' belassen, so wird K_n von den folgenden Automorphismen erzeugt:

$$\left.\begin{array}{lll} 1) & a_i' = a_i a_k a_l a_k^{-1} a_l^{-1}; & a_r' = a_r \text{ für } r \neq i. \\ 2) & a_i' = a_k a_i a_k^{-1}; & a_r' = a_r \text{ für } r \neq i. \end{array}\right\} (k \neq i \neq l \neq k)$$

Diese mögen respektive K_{ikl} und K_{ik} heissen. Sie lassen sich sämtlich durch Transformation mit geeigneten Automorphismen von F_n und Komposition dieser Transformierten aus K_{12} herstellen.

[3] »Die Isomorphismengruppe der freien Gruppe«. Mathemat. Annalen *91* (1924). S. 169—209.

Es sei hier schliesslich auf eine wie mir scheint höchst wünschenswerte Übertragung des oben formulierten Satzes auf die Automorphismengruppen der Fundamentalgruppen geschlossener zweiseitiger Flächen hingewiesen. Ist p das Geschlecht einer solchen Fläche, so liefern die Periodentransformationen der Abelschen Integrale erster Gattung auf einer Riemannschen Fläche eine Untergruppe U_{2p} der Gruppe G_{2p}, welche von demjenigen Substitutionen von G_{2p} gebildet wird, die eine gewisse antisymmetrische Bilinearform in sich überführen. Bezeichnet man nun mit Φ_{2p} die Automorphismengruppe der Fundamentalgruppe unserer Fläche, so stehen U_{2p} und Φ_{2p} in demselben Verhältnis zueinander wie G_n und A_n. Das Analogon zu K_n würde dann im wesentlichen die Gruppe der Abbildungsklassen der Fläche bilden, bei denen ein kanonisches Riemannsches Schnittsystem in ein homologes aber nicht homotopes System übergeht. Da U_{2p} sich in ähnlicher Weise aus Modulgruppen aufbauen lässt, wie dies in § 1 für G_n gezeigt wird, scheint mir der Versuch einer solchen Übertragung mindestens für $p = 2$ nicht aussichtslos zu sein.

§ 1. Eine Normalform für die Elemente der Gruppe G_n.

Die Gruppe G_n der n-dimensionalen Gittertransformationen, dargestellt als Gruppe von linearen Substitutionen der Variablen x_ν $(\nu = 1, 2, \ldots, n)$ lässt sich erzeugen durch die folgenden Substitutionen:

$$(1)\qquad \left.\begin{array}{llll} O_{i-1}: & x'_{i-1} = -x_{i-1}; & x'_k = x_k & \text{für } k \neq i-1 \\ d_{i-1,i}: & x'_{i-1} = x_{i-1} + x_i; & x'_k = x_k & \text{für } k \neq i-1 \\ d_{i,i-1}: & x'_i \;\;\; = x_i + x_{i-1}; & x'_k = x_k & \text{für } k \neq i \end{array}\right\} \begin{array}{l} i = 2, \ldots, n \\ k = 1, 2, \ldots, n. \end{array}$$

Für jeden Wert von i erzeugen die drei Substitutionen O_{i-1}, $d_{i-1,i}$, $d_{i,i-1}$ eine homogene erweiterte Modulgruppe, bestehend aus allen ganzzahligen Substitutionen von x_{i-1} und x_i allein mit einer Determinante ± 1. Diese Gruppe werde mit $M^{(i-1)}$ bezeichnet $(i-1 = 1, 2, \ldots, n-1)$, Elemente aus ihr mit $m_1^{(i-1)}, m_2^{(i-1)}, \ldots$.

Ist nun g ein beliebiges Element aus G_n, so kann man es in der folgenden Weise mit Hilfe von Substitutionen aus den Gruppen $M^{(i)}$ aufbauen. Die dem Element g zugeordnete Substitution besitze die Matrix (g_{ik}), in deren i-ter Zeile und k-ter Spalte also die Zahl g_{ik} steht. Man bestimme nun zwei teilerfremde

Zahlen $\mu_{n-1,n}$ und $\mu_{n,n}$ so, dass $g_{1,n-1}\mu_{n-1,n} + g_{1,n}\mu_{n,n} = 0$ ist. Zu diesen beiden Zahlen lassen sich stets zwei weitere $\mu_{n-1,n-1}$ und $\mu_{n,n-1}$ hinzubestimmen, so dass

$$x'_k = x_k \quad \text{für } k < n-1, \quad \begin{aligned} x'_{n-1} &= \mu_{n-1,n-1}x_{n-1} + \mu_{n-1,n}x_n \\ x'_n &= \mu_{n,n-1}x_{n-1} + \mu_{n,n}x_n \end{aligned}$$

eine Substitution $m_1^{(n-1)}$ aus $M^{(n-1)}$ ist. $gm_1^{(n-1)}$ besitzt dann eine Matrix, in der in der ersten Zeile und n-ten Spalte die Zahl Null und in der $(n-1)$-ten Spalte der grösste gemeinsame Teiler von $g_{1,n-1}$ und $g_{1,n}$ steht. Durch geeignete Wahl des Vorzeichens von $\mu_{n-1,n-1}$ und $\mu_{n,n-1}$ kann man dessen Vorzeichen beliebig vorschreiben.

Berücksichtigt man nun, dass die rechtsseitige Multiplikation einer Matrix mit einer Matrix aus $M^{(i-1)}$ nur die $(i-1)$-te und i-te Spalte verändert, und dass der grösste gemeinsame Teiler der Zahlen in der ersten Zeile von (g_{ik}) gleich eins sein muss, so erhält man durch $(n-1)$-fache sinngemässe Wiederholung des oben eingeschlagenen Verfahrens das Resultat:

Es gibt Elemente $m_1^{(k)}$ aus $M^{(k)}$ $(k = n-1, n-2, \ldots 2, 1)$, so dass $gm_1^{(n-1)}m_1^{(n-2)}\ldots m_1^{(2)}m_1^{(1)}$ eine Matrix ist, in deren erster Zeile in der ersten Spalte eine Eins und in der 2-ten bis n-ten Spalte eine Null steht.

Wendet man nun auf die so erhaltene Matrix dasselbe Verfahren nochmals an mit dem Ziel, in ihr auch in der zweiten Zeile möglichst viele Elemente zu Null zu machen, und so fort, so erhält man nach $\binom{n}{2}$ Schritten das Resultat:

Es gibt Elemente $m_1^{(k)}$ $(k = n-1, \ldots, 1)$, $m_2^{(k)}$ $(k = n-1, \ldots, 2), \ldots, m_{n-2}^{(k)}$ $(k = n-1, n-2)$, $m_{n-1}^{(k)}$ $(k = n-1)$ *aus den Gruppen* $M^{(k)}$, *so dass*

$$(2) \qquad g\,[m_1^{(n-1)}m_1^{(n-2)}\ldots m_1^{(1)}]\,[m_2^{(n-1)}m_2^{(n-2)}\ldots m_2^{(2)}]\ldots[m_{n-2}^{(n-1)}m_{n-2}^{(n-1)}]\,m_{n-1}^{(n-1)}$$

eine Matrix ist, in der in der Hauptdiagonale lauter Einsen und über derselben lauter Nullen stehen. Eine solche Matrix werde eine L-Matrix genannt. Alle L-Matrizen bilden eine Gruppe Λ_n. Die Matrix (2), rechtsseitig mit einem geeigneten Element L aus Λ_n multipliziert, liefert also die Einheitsmatrix, und hieraus folgt sofort, dass jede Matrix g^{-1} und somit auch jede Matrix g aus G_n gleich einem Element

$$(3) \qquad \prod_{k=1}^{n-1}[m_k^{(n-1)}\ldots m_k^{(k)}]\cdot L$$

ist, wobei die $m_k^{(\varrho)}$ ($\varrho = 1, \ldots, n-1$) in $M^{(\varrho)}$ liegen, und L ein Element von $\varDelta_n$ ist. Das Produktzeichen ist natürlich symbolisch zu verstehen, die Faktoren sind nicht vertauschbar. (3) soll eine Normalform für die Elemente von G_n heissen.

§ 2. Reduktion der Aufgabe, definierende Relationen für G_n zu finden auf den Fall $n = 3$.

Die Normalform (3) für die Elemente g von G_n liefert sofort ein Verfahren zur Aufstellung eines Systems definierender Relationen für G_n, wenn es gelingt, die folgenden Aufgaben zu lösen:

Es sind Relationen zwischen den Erzeugenden (1) *von G_n anzugeben, die es ermöglichen*

I. *Jeden Ausdruck aus den Erzeugenden* (1) *auf die Form* (3) *zu bringen.*

II. *Jedes Element* (3), *das die Einheitsmatrix darstellt, in das Einheitselement der (abstrakten) Gruppe G_n zu verwandeln.*

Es soll nun zunächst eine Auflösung der Aufgaben I, II in mehrere einfachere Aufgaben angestrebt werden. Bezeichnet man die Erzeugenden (1) von G_n in irgend einer Reihenfolge mit $z_1, z_2, \ldots, z_r$, so ist ein Element g, das aus nur einer Erzeugenden $z_\varrho^{\pm 1}$ besteht schon auf die Normalform gebracht, da $z_\varrho^{\pm 1}$ zu einer der Gruppen $M^{(i)}$ gehört. Wenn man nun Relationen angibt, die es ermöglichen ein beliebiges Element

$$z_\varrho^{\pm 1} \prod_{k=1}^{n-1} [m_k^{(n-1)} \ldots m_k^{(k)}] \cdot L \tag{4}$$

auf die Normalform zu bringen, so ist Aufgabe I gelöst, da man dann sukzessive alle Elemente, die aus ein, zwei, drei, ... $z_\varrho^{\pm 1}$ Zeichen aufgebaut sind auf die Normalform bringen kann. In dieser Form wird nun I gelöst auf die folgende Art: $z_\varrho^{\pm 1}$ gehöre der Gruppe $M^{(\sigma)}$ an. Es wird nun gelingen, Relationen anzugeben, die ausdrücken:

III. *Jedes Element aus $M^{(\sigma)}$ ist mit jedem Element aus $M^{(i)}$ für $i \neq \sigma$, $i \neq \sigma \pm 1$ vertauschbar.*

IV. *Ein Ausdruck $m_1^{(\sigma)} m_1^{(\sigma+1)} m_2^{(\sigma)}$ beziehungsweise $m_1^{(\sigma)} m_1^{(\sigma-1)} m_2^{(\sigma)}$ lässt sich stets auf die Form $m_3^{(\sigma+1)} m_3^{(\sigma)} m_4^{(\sigma+1)} L_1$ beziehungsweise $m_3^{(\sigma-1)} m_3^{(\sigma)} m_4^{(\sigma-1)} L_2$ bringen, wobei die $m_\nu^{(k)}$ Elemente aus $M^{(k)}$ sind ($k = \sigma - 1, \sigma, \sigma + 1$), und L_1, L_2 in $\varDelta_n$ liegen.*

V. *Ein Ausdruck $L_1 m_1^{(k)}$ lässt sich stets in einen Ausdruck $m_2^{(k)} L_2$ verwandeln, wobei $m_1^{(k)}$, $m_2^{(k)}$ Elemente aus $M^{(k)}$ und L_1 und L_2 Elemente aus $\mathfrak{A}_n$ sind.*

III, IV, V ermöglichen in der Tat, jedes Element (4) auf die Normalform (3) zu bringen; denn gehört z_ϱ etwa zu $M^{(n-1)}$, so kann man es direkt mit $m_1^{(n-1)}$ vereinigen; gehört z_ϱ zu $M^{(n-2)}$, so kann man mittelst IV $z_\varrho m_1^{(n-1)} m_1^{(n-2)}$ auf die Form $\overline{m}_1^{(n-1)} \overline{m}_1^{(n-2)} m_1^{*(n-1)} L_1$ bringen, wobei L_1 in $\mathfrak{A}_n$, $\overline{m}_1^{(n-1)}$, $m_1^{*(n-1)}$ in $M^{(n-1)}$ und $\overline{m}_1^{(n-2)}$ in $M^{(n-2)}$ liegen. Vermöge V kann man dann L_1 ganz nach rechts »durchziehen» und mit dem L ganz rechts vereinigen, sodann vermöge III $m_1^{*(n-1)}$ mit $m_1^{(n-3)} \ldots m_1^{(1)}$ vertauschen und mit $m_2^{(n-1)}$ vereinigen. (Dabei ist natürlich zu beachten, dass sich sowohl L_1 wie die $m_k^{(\nu)}$ bei dem »Durchziehen» von L_1 verändern; das ist aber unwichtig, weil sie dabei immer gemäss V in Elemente aus derselben Gruppe $\mathfrak{A}_n$ bezw. $M^{(\nu)}$ übergehen.) Ein ganz analoges Verfahren führt auch zum Ziel, wenn z_ϱ irgend einer anderen Gruppe $M^{(\sigma)}$ angehört; allerdings muss man III, IV, V um so häufiger anwenden, je kleiner σ wird, aber es tritt nichts prinzipiell Neues hinzu.

I ist damit auf die Lösung der Aufgaben III, IV, V reduziert. Um auch die Aufgabe II zu lösen hat man ausser III, IV, V noch

VI. *Ein System von definierenden Relationen für $\mathfrak{A}_n$ anzugeben.* Dass III—VI zur Lösung von II ausreichen, soll in § 4 gezeigt werden; der Rest dieses § soll der Lösung von III und IV dienen, während V erst nach der Behandlung von VI in § 3 in Angriff genommen werden kann.

Die nach III geforderten Relationen sind sofort anzugeben; man kann sie wählen in der Form

$$\text{(III*)} \qquad (O_{i-1},\, d_{i-1,i},\, d_{i,i-1}) \rightleftarrows (O_{k-1},\, d_{k-1,k},\, d_{k,k-1})$$
$$(i \neq k,\; i \neq k \pm 1),\; (i, k = 2, \ldots, n),$$

wobei $\rightleftarrows$ »vertauschbar mit» bedeutet, und (III*) also einfach heissen soll, dass der Kommutator irgend eines Elementes in der Klammer links mit irgend einem Element in der Klammer rechts gleich dem Einheitselement 1 ist, wenn i, k die angegebenen Beziehungen erfüllen.

Die nach IV geforderten Relationen ergeben sich ohne weiteres aus der eingangs [1] genannten Arbeit von Nielsen. Bezeichnet man nämlich für $i = 2, 3, \ldots, n-1$ mit $N^{(i)}$ die von O_{i-1}, O_i, $d_{i-1,i}$, $d_{i,i-1}$, $d_{i,i+1}$, $d_{i+1,i}$ erzeugte mit G_8 isomorphe Gruppe der Substitutionen von x_{i-1}, x_i, x_{i+1} allein, so sind ja die nach IV geforderten Relationen solche, die zwischen Elementen von $N^{(\sigma+1)}$ beziehungsweise $N^{(\sigma)}$ allein bestehen, wenn man in IV noch die zusätzliche Forderung stellt, dass L_1 und L_2 zugleich in $\varDelta_n$ und in $N^{(\sigma+1)}$ bezw. $N^{(\sigma)}$ liegen sollen. Aber auch mit dieser zusätzlichen Forderung müssen Relationen der in IV verlangten Art existieren und zugleich aus einem vollständigen System definierender Relationen für $N^{(\sigma+1)}$ bezw. $N^{(\sigma)}$ folgen, da ja nach § 1 z. B. jedes Element von $N^{(\sigma+1)}$ auf die sinngemäss spezialisierte Form (3), d. h. auf die Form: Element aus $M^{(\sigma+1)}$ mal Element aus $M^{(\sigma)}$ mal Element aus $M^{(\sigma+1)}$ mal einem Element aus dem Durchschnitt von $N^{(\sigma+1)}$ und $\varDelta_n$ gebracht werden kann, was, angewandt auf das in IV auftretende Element $m_1^{(\sigma)}\, m_1^{(\sigma+1)}\, m_2^{(\sigma)}$ gerade die erste Behauptung von IV ergibt. Da nun schliesslich alle in $N^{(\sigma)}$ bestehenden Beziehungen, also insbesondere auch die in IV aufgestellten aus einem System definierender Relationen für $N^{(\sigma)}$ erhalten werden können, und da umgekehrt alle in $N^{(\sigma)}$ bestehenden Relationen auch in G_n bestehen, so folgt hiermit:

Aufgabe IV ist gelöst, wenn man ein System definierender Relationen für die Untergruppen $N^{(i)}$ von G_n $(i = 2, \ldots, n-1)$ angeben kann. Das ist nun gerade in der Arbeit von Nielsen[1] geschehen, da ja die $N^{(i)}$ mit G_3 isomorph sind. Nachstehend sind im Anschluss an die Formeln (D) S. 24 bei Nielsen[1] Relationen angegeben, die zur Definition sämtlicher $N^{(i)}$ ausreichen und folglich den in Aufgabe IV gestellten Forderungen Genüge tun. Es sind dies die folgenden Relationen:

$$(\text{IV}, 1){:}\ P_{i-1} = O_{i-1}\, d_{i-1,i}^{-1}\, d_{i,i-1}\, d_{i-1,i}^{-1}.$$

$$(\text{IV}, 2){:}\ P_{i-1}^2 = 1. \quad (\text{IV}, 3){:}\ O_{i-1}^2 = 1. \quad (\text{IV}, 4){:}\ P_{i-1}\, O_{i-1}\, P_{i-1} = O_i.$$

$$(\text{IV}, 5){:}\ (O_{i-1}\, d_{i-1,i})^2 = 1. \quad (\text{IV}, 6){:}\ (O_i\, d_{i-1,i})^2 = 1.$$

$$(\text{IV}, 7){:}\ P_{i-1}\, d_{i-1,i}\, P_{i-1} = d_{i,i-1}.$$

$$(i = 2, 3, \ldots, n).$$

$$(\text{IV}, 8){:}\ P_{i-1}\, P_i\, P_{i-1} = P_i\, P_{i-1}\, P_i. \quad (\text{IV}, 9){:}\ (O_{i-1}\, P_i)^2 = 1.$$

$$(\text{IV}, 10){:}\ P_{i-1}\, P_i\, P_{i-1}\, d_{i-1,i}\, P_{i-1}\, P_i\, P_{i-1} = d_{i+1,i}.$$

$$(\text{IV}, 11){:}\ O_{i+1}\, d_{i-1,i}\, O_{i+1} = d_{i-1,i}.$$

$$(\text{IV}, 12){:}\ d_{i-1,i}\, d_{i+1,i}\, d_{i-1,i}^{-1}\, d_{i+1,i}^{-1} = 1. \quad (\text{IV}, 13){:}\ d_{i,i-1}\, d_{i,i+1}\, d_{i,i-1}^{-1}\, d_{i,i+1}^{-1} = 1.$$

$$(\text{IV}, 14){:}\ d_{i+1,i}\, d_{i,i-1}\, d_{i+1,i}^{-1}\, d_{i,i-1}^{-1} = P_i\, d_{i,i-1}\, P_i.$$

$$(i = 2, 3, \ldots, n-1).$$

Dabei sind die Relationen (IV, 1) und die Relation (IV, 4) für $i = n$ einfach als Definitionen der Elemente P_{i-1} und O_n aufzufassen. Im übrigen ist das Relationensystem (IV, 1—14) etwas modifiziert gegenüber dem System (D) von Nielsen; es ist nämlich an Stelle der dort benutzten Erzeugenden Q das dort QP benannte Element als neue Erzeugende eingeführt worden. (D, 1, 2) fallen dadurch in (IV, 2) zusammen. Die Relationen (IV, 1, 7, 10) zeigen die Möglichkeit, die hier benutzten Erzeugenden durch die von Nielsen gebrauchten auszudrücken und umgekehrt. Die übrigen Relationen entspringen unmittelbar aus dem von Nielsen angegebenen System (D), eventuell nach vorheriger Transformation mit geeigneten Produkten der P_i und Benutzung von (IV, 7, 8, 10); (dies gilt insbesondere von (IV, 13, 14)).

§ 3. **Die Hilfsgruppe Δ_n.**

In diesem § sollen die Aufgaben V und VI aus § 2 gelöst werden, und zwar zunächst VI, da eine genaue Kenntnis von Δ_n für die Behandlung von V erforderlich ist.

Die Gruppe Δ_n wird, wie leicht einzusehen ist und sich übrigens aus dem Folgenden mitergibt, von den $d_{i,i-1}$ $(i = 2, 3, \ldots, n)$ erzeugt. Allgemein liegen die Substitutionen $d_{k,l}$ mit $k > l$, welche durch $x'_k = x_k + x_l$, $x'_r = x_r$ $(r \neq k)$ definiert sind in Δ_n, und jedes Element aus Δ_n lässt sich auf eine und nur eine Weise in der Form

$$d_{21}^{\lambda_{21}} d_{31}^{\lambda_{31}} d_{32}^{\lambda_{32}} \ldots d_{n,1}^{\lambda_{n,1}} d_{n,2}^{\lambda_{n,2}} \ldots d_{n,n-1}^{\lambda_{n,n-1}} \tag{5}$$

schreiben, wobei die λ_{kl} beliebige ganze Zahlen sind. In der Tat besitzt die dem Element (5) zugeordnete Substitution eine Matrix (g_{ik}) mit $g_{ii} = 1$, $g_{ik} = 0$ für $k > i$, $g_{ik} = \lambda_{ik}$ für $i > k$, die Elemente (5) stellen also jedes Element aus Δ_n genau einmal dar. Hieraus ergibt sich leicht[4], dass man als definierende Relationen für Δ_n die folgenden wählen kann, (die teilweise einfach als Definitionen der d_{kl} mit $k - l > 1$ aufzufassen sind):

$$\text{(VI, 1)} \quad d_{kl}\, d_{lr}\, d_{kl}^{-1}\, d_{lr}^{-1} = d_{kr} \qquad \left.\begin{matrix} \\ \end{matrix}\right\} k > l,\ l > r,\ s > t.$$

$$\text{(VI, 2)} \quad d_{kl}\, d_{st}\, d_{kl}^{-1}\, d_{st}^{-1} = 1 \quad \text{für } l \neq s,\ k \neq t \quad k, l, r, s, t = 1, 2, \ldots, n.$$

[4] Man vergleiche dazu: W. Burnside: »On some Properties of Groups whose Orders are Powers of Primes«. (Proceedings of the London Mathematical Society, ser. 2. Bd. 11 (1913). S. 225—245). Dort werden die ganz analog gebauten Gruppen untersucht die man erhält, wenn man die Elemente der Matrizen von Δ_n modulo einer Primzahl p nimmt.

Man erkennt ferner ohne Mühe die folgende Eigenschaft von $\mathcal{A}_n$: Bezeichnet man mit $\mathcal{A}_n^{(1)}$ die Kommutatorgruppe von $\mathcal{A}_n$, und definiert man rekursiv $\mathcal{A}_n^{(\varrho)}$ als diejenige Untergruppe von $\mathcal{A}_n$, die von den Kommutatoren irgend eines Elementes aus $\mathcal{A}_n$ mit irgend einem Element von $\mathcal{A}_n^{(\varrho-1)}$ erzeugt wird, so wird $\mathcal{A}_n^{(\varrho)}$ von den $d_{k,l}$ mit $k-l>\varrho$ erzeugt, und $\mathcal{A}_n^{(\varrho-1)}/\mathcal{A}_n^{(\varrho)}$ ist eine freie Abelsche Gruppe von $n-\varrho$ Erzeugenden.

Hieraus folgt sogleich, dass sich mit Hilfe der Relationen (VI, 1, 2) jedes Element L von $\mathcal{A}_n$ auf die Form $L=d_{i,i-1}^{\lambda_{i,i-1}}L_{i-1}$ bringen lässt, wobei L_{i-1} sich aus den $d_{kl}\neq d_{i,i-1}$ $(k>l)$ zusammensetzen lässt. Denn die Elemente

$$d_{i,i-1}^{\lambda_{i,i-1}}d_{2,1}^{\lambda_{2,1}}\ldots d_{i-1,i-2}^{\lambda_{i-1,i-2}}d_{i+1,i}^{\lambda_{i+1,i}}\ldots d_{n,n-1}^{\lambda_{n,n-1}}$$

liefern ein vollständiges Repräsentantensystem der Nebengruppen von $\mathcal{A}_n^{(1)}$ in $\mathcal{A}_n$, wenn die $\lambda_{\varrho,\varrho-1}$ alle ganzen Zahlen durchlaufen.

Diese letzte Bemerkung ermöglicht nun die Lösung von Aufgabe V. Ist L eine Matrix aus $\mathcal{A}_n$, $m_1^{(i-1)}$ ein Element aus $M^{(i-1)}$ und $L=d_{i,i-1}^{\lambda_{i,i-1}}L_{i-1}$, wobei L_{i-1} aus den $d_{k,l}$ mit $k>l$ und $d_{k,l}\neq d_{i,i-1}$ zusammengesetzt ist, so ist $Lm_1^{(i-1)}=d_{i,i-1}^{\lambda_{i,i-1}}L_{i-1}m_1^{(i-1)}$. Wenn es uns nun gelingt, Relationen anzugeben, mit deren Hilfe sich $L_{i-1}m_1^{(i-1)}$ in ein Element $m_2^{(i-1)}L'_{i-1}$ verwandeln lässt, wobei $m_2^{(i-1)}$ in $M^{(i-1)}$ liegt und L'_{i-1} in $\mathcal{A}_n$ liegt, so sind wir fertig, da dann $Lm_1^{(i-1)}=d_{i,i-1}^{\lambda_{i,i-1}}m_2^{(i-1)}L'_{i-1}$ wird und $d_{i,i-1}$ zu $M^{(i-1)}$ gehört. Sofern es gelingt zu zeigen, dass L'_{i-1} ebenfalls aus den $d_{k,l}$ mit $k>l$ und $d_{k,l}\neq d_{i,i-1}$ zusammengesetzt werden kann, wenn $m_1^{(i-1)}$ eines der erzeugenden Elemente $O_{i-1}^{\pm 1}$, $d_{i,i-1}^{\pm 1}$, $d_{i-1,i}^{\pm 1}$ von $M^{(i-1)}$ ist, lässt sich der Fall eines beliebigen $m_1^{(i-1)}$ durch Rekursion auf den Fall dieser speziellen $m_1^{(i-1)}$ zurückführen. Dass aber L'_{i-1} für den Fall, dass $m_1^{(i-1)}$ eines der Elemente $O_{i-1}^{\pm 1}$, $d_{i,i-1}^{\pm 1}$, $d_{i-1,i}^{\pm 1}$ ist in der Tat die angegebene Beschaffenheit besitzt, folgt ohne Mühe aus den Relationen (VI, 1, 2) und den nachstehenden Relationen, wenn man berücksichtigt, dass aus (VI, 1, 2) die Vertauschbarkeit des Kommutators zweier d_{kl} $(k>l)$ mit diesen folgt.

(V, 1) $\quad d_{k,l}\rightleftarrows(O_{i-1},\ d_{i,i-1},\ d_{i-1,i})\quad$ für $k,l\neq i,i-1;\ k>l.$

(V, 2) $\quad d_{k,i-1}O_{i-1}=O_{i-1}d_{k,i-1}^{-1}\quad (k>i-1,\ k\neq i).$

(V, 3) $\quad d_{i-1,l}O_{i-1}=O_{i-1}d_{i-1,l}^{-1}\quad (i-1>l).$

(V, 4) $\quad d_{i-1,l}\rightleftarrows d_{i-1,i}\quad (i-1>l).$

(V, 5) $\quad d_{ki}\rightleftarrows d_{i-1,i}\quad (k>i).$

46—34472. *Acta mathematica*. 64. Imprimé le 30 novembre 1934.

(V, 6) $$d_{i,l}\,d_{i-1,i} = d_{i-1,i}\,d_{i,l}\,d_{i-1,l}^{-1} \qquad (i > l,\; l \neq i-1).$$

(V, 7) $$d_{k,i-1}\,d_{i-1,i} = d_{i-1,i}\,d_{k,i-1}\,d_{k,i} \qquad (k > i-1,\; k \neq i).$$

Damit ist dann Aufgabe V und folglich Problem I gelöst.

§ 4. Eindeutigkeit der Normalform. Vollständigkeit des gefundenen Relationensystems.

Es soll jetzt gezeigt werden: *Die Relationen* (III*), (IV, 1—14), (V, 1—7), (VI, 1, 2) *reichen zur Definition von* G_n *aus.* Dazu ist nach dem in § 2 Bemerkten nur noch die Lösung von Problem II notwendig.

Es sei also ein Element aus G_n in der Form (3) aus § 1 gegeben, dem die Einheitsmatrix zugeordnet ist. Da die Elemente aus allen Gruppen $M^{(i)}$ mit $i > 1$ eine erste Zeile besitzen wie die L-Matrizen, und da die Einheitsmatrix E ebenfalls eine L-Matrix ist, muss dann das Element $m_1^{(1)}$ in (3) ebenfalls eine L-Matrix sein. Mit Hilfe des Prozesses V aus § 2 kann man dann $m_1^{(1)}$ nach rechts »durchziehen» und mit dem Element L ganz rechts in (3) vereinigen. Dadurch geht (3) über in ein Element $\mu L'$, wobei μ der von $M^{(2)}, M^{(3)}, \ldots, M^{(n-1)}$ erzeugten Gruppe Γ_{n-1} angehört; diese ist mit G_{n-1}, der Gruppe der $(n-1)$-dimensionalen Gittertransformationen isomorph, und nach dem in den §§ 2, 3 Bewiesenen reichen die Relationen (III*), (IV, 1—14), (V, 1—7), (VI, 1, 2) also aus, um μ auf die Form

($\bar{3}$) $$\prod_{k=2}^{n-1} [\bar{m}_k^{(n-1)} \ldots \bar{m}_k^{(k)}]\, L^*$$

zu bringen, wobei L^* dem Durchschnitt von Γ_{n-1} und $\varLambda_n$ angehört, und die $\bar{m}_k^{(\varrho)}$ Elemente von $M^{(\varrho)}$ sind. In der Tat enthalten ja die für G_n abgeleiteten Relationen auch alle die Relationen zwischen den Erzeugenden von Γ_{n-1}, die dazu nötig sind, ein beliebiges Element von Γ_{n-1} auf die Form ($\bar{3}$) zu bringen. — Eine Anwendung der oben vorgeführten Schlussweise auf die zweite Zeile der Matrix $\mu L'$ liefert, dass in ($\bar{3}$) $\bar{m}_2^{(2)}$ zu $\varLambda_n$ gehören muss, und eine Wiederholung des Verfahrens liefert, dass die Relationen der vorigen §§ für G_n ausreichen, um jedes Element der Form (3), das die Einheitsmatrix darstellt, in ein Element von $\varLambda_n$ zu verwandeln. Infolge der Angabe der definierenden Relationen (VI, 1, 2) für $\varLambda_n$ ist damit Problem II gelöst.

Es ist klar, dass sich das hier für G_n gefundene Relationensystem wesentlich vereinfachen lässt, insbesondere durch Einführung neuer Erzeugender. Da indessen in § 6 gezeigt wird, dass die Gruppe G_n aus der in der Einleitung mit A_n bezeichneten Gruppe durch Hinzufügen einer einzigen Relation zu den definierenden Relationen von A_n entsteht, und da die definierenden Relationen von A_n sehr ausführlich von J. Nielsen[3] und später von B. Neumann[5] untersucht worden sind, kann eine solche Diskussion hier wohl unterbleiben.

§ 5. Kongruenzgruppen von G_n und A_n.

Nimmt man die Elemente der Matrizen von G_n modulo einer natürlichen Zahl $s > 1$, so erhält man eine endliche Kongruenzgruppe $G_{n,s}$, die Faktorgruppe von G_n ist. Analog geht $M^{(1)}$ bei diesem Prozess in eine endliche Kongruenzgruppe $M_s^{(1)}$ über, die mit $G_{2,s}$ isomorph ist. Eine Matrix aus G_n beziehungsweise $M^{(1)}$, die modulo s der Einheitsmatrix E kongruent ist, soll allgemein mit Γ_s beziehungsweise μ_s bezeichnet werden. Definierende Relationen für $M_s^{(1)}$ erhält man, indem man ein System von Matrizen μ_s aufsucht, aus denen sich alle anderen durch Transformation mit Elementen aus $M^{(1)}$ und Komposition dieser Transformierten zusammensetzen lassen, und diese speziellen Matrizen $\mu_{s,1}, \mu_{s,2}, \ldots$ dann durch die Erzeugenden O_1, d_{12}, d_{21} von $M^{(1)}$ ausdrückt und die so entstehenden Ausdrücke $\Phi_1(O_1, d_{12}, d_{21})$, $\Phi_2(O_1, d_{12}, d_{21}), \ldots$ gleich eins setzt. Zusammen mit den definierenden Relationen von $M^{(1)}$ liefern dann $\Phi_1 = 1, \Phi_2 = 1, \ldots$ ein System definierender Relationen von $M_s^{(1)}$. Es soll nun gezeigt werden:

$\Phi_1 = 1, \Phi_2 = 1, \ldots$ *liefern zusammen mit den in § 4 angegebenen Relationen für* G_n *ein System definierender Relationen von* $G_{n,s}$.

Dazu hat man nur noch zu zeigen, dass sich alle Matrizen Γ_s aus den Matrizen μ_s durch Transformation mit Elementen aus G_n und Komposition der Transformierten aufbauen lassen. Es sei also (γ_{ik}) eine beliebige Matrix aus Γ_s. Es ist $\gamma_{11} = 1 + \lambda s$, $\gamma_{1k} = s\bar{\gamma}_{1k}$ für $k = 2, 3, \ldots, n$. Man bestimme in G_n eine Matrix (a_{ik}) mit $a_{11} = 1$, $a_{1k} = 0$ für $k = 2, 3, \ldots, n$, so dass $(\gamma_{ik})(a_{ik}) = (\delta_{ik})$ eine Matrix mit $\delta_{1k} = 0$ für $k = 3, \ldots, n$ wird. Nach der in § 1 eingeschlagenen Methode ist das ohne weiteres zu bewerkstelligen. Es wird $\gamma_{11} = \delta_{11} \equiv 1$

[5] »Die Automorphismengruppe der freien Gruppen«. Mathematische Annalen *107* (1933). S. 367—386.

(mod. s) und $\delta_{12} = \delta \cdot s$, wobei δ (bis auf das Vorzeichen) der grösste gemeinsame Teiler der $\bar{\gamma}_{1k}$ ($k = 2, 3, \ldots, n$) ist. δ_{11}, δ_{12} sind folglich teilerfremd, und wegen $\delta_{11} \equiv 1$, $\delta_{12} \equiv 0$ (mod. s) gibt es eine Matrix $\mu_s^{(0)}$ aus $M_s^{(1)}$, so dass $(\gamma_{ik})(a_{ik})\,\mu_s^{(0)}$ eine erste Zeile wie eine L-Matrix besitzt. Da von (a_{ik}) dasselbe gilt, gilt es auch von $(\gamma_{ik}) \cdot (a_{ik})\,\mu_s^{(0)}(a_{ik})^{-1}$, und eine Fortsetzung des Verfahrens zeigt, wie (γ_{ik}) durch rechtsseitige Multiplikation mit Transformierten von Matrizen μ_s in eine L-Matrix verwandelt werden kann. Man hat dabei nur zu beachten, dass die Gruppen $M^{(i)}$ in G_n alle miteinander konjugiert sind, und dass dasselbe infolgedessen auch von denjenigen Untergruppen der $M^{(i)}$ gilt, die aus Matrizen Γ_s gebildet werden. Da schliesslich jede L-Matrix, die $\equiv E$ (mod. s) ist, aus Transformierten von d_{21}^s zusammengesetzt werden kann, und d_{21}^s eine Matrix μ_s ist, ist unser Satz damit bewiesen.

Die in § 3 gemachte Bemerkung, dass die dort definierte Reihe der Untergruppen $\Lambda_n^{(1)}, \Lambda_n^{(2)}, \ldots$ von Λ_n mit $\Lambda_n^{(n-1)} = 1$ schliesst, überträgt sich unverändert auf die Kongruenzgruppen $\Lambda_{n,s}$, die man erhält, wenn man die Matrizen von Λ_n modulo s betrachtet. Nach einem Satz von Burnside[4] ist $\Lambda_{n,s}$ infolgedessen direktes Produkt von Gruppen von Primzahlpotenzordnung. Bei geeignetem n und s ist infolgedessen ein beliebig vorgeschriebenes direktes Produkt von Gruppen von Primzahlpotenzordnung in $\Lambda_{n,s}$ als Untergruppe enthalten. Man hat dazu nur zu zeigen: Ist p eine Primzahl, so ist eine jede Gruppe H_p der Ordnung p^m Untergruppe von $\Lambda_{n,p}$ bei genügend grossem n. $\Lambda_{n,p}$ ist nun aber p-Sylowgruppe in der Automorphismengruppe der Abelschen Gruppe der Ordnung p^n und vom Typ $(1, 1, \ldots, 1)$ (Burnside[4]). $\Lambda_{n,p}$ enthält folglich die p-Sylowgruppe der symmetrischen Gruppe der Permutationen von n Dingen und folglich spätestens für $n = p^m$ die Gruppe H_p.

§ 6. Ein Satz von J. Nielsen.

In seiner oben[1] zitierten Abhandlung hat Nielsen gezeigt, dass für $n = 3$ die in der Einleitung K_n genannte Gruppe von den Transformierten des dort mit K_{12} bezeichneten Automorphismus erzeugt wird. Im Folgenden soll die in der Einleitung ausgesprochene Verallgemeinerung dieses Satzes unter Beibehaltung der dort gebrauchten Bezeichnungen bewiesen werden.

Jedem Automorphismus von F_n ist eindeutig eine Substitution aus G_n zugeordnet, denn jeder Automorphismus aus A_n ist zugleich ein solcher der freien

Abelschen Gruppe F_n/F_n'. Als Erzeugende von A_n können die Automorphismen

$$\left.\begin{aligned} \Omega_{i-1} &= [a_1, \ldots, a_{i-2}, a_{i-1}^{-1}, a_i, \ldots, a_n] \\ \delta_{i,i-1} &= [a_1, \ldots, a_{i-1}, a_i a_{i-1}, a_{i+1}, \ldots, a_n] \\ \delta_{i-1,i} &= [a_1, \ldots, a_{i-1} a_i, a_i, \ldots, a_n] \end{aligned}\right\} i = 2, 3, \ldots, n$$

dienen[6], wobei in den eckigen Klammern der Reihe nach die Elemente von F_n stehen, in die $a_1, a_2, \ldots, a_n$ bei dem betreffenden Automorphismus übergehen. $\Omega_{i-1}, \delta_{i,i-1}, \delta_{i-1,i}$ sind respektive die Elemente $O_{i-1}, d_{i-1,i}, d_{i,i-1}$ von G_n zugeordnet.

Es gilt nun: I. *Die in der Einleitung angegebenen Automorphismen K_{ik}, K_{ikl} erzeugen eine invariante Untergruppe K_n von A_n.*

II. *Schreibt man die sämtlichen definierenden Relationen von G_n in der Form $R_\sigma(O_{i-1}, d_{i,i-1}, d_{i-1,i}) = 1$, $(\sigma = 1, 2, \ldots)$, so wird $R_\sigma(\Omega_{i-1}, \delta_{i,i-1}, \delta_{i-1,i})$ ein Automorphismus aus K_n.*

Aus I und II folgt offenbar der erste Teil des in der Einleitung angegebenen Satzes. Ist nämlich $\Phi(\Omega_{i-1}, \delta_{i-1,i}, \delta_{i,i-1})$ ein beliebiger Automorphismus aus A_n, gegeben in seiner Zusammensetzung durch die $\Omega_{i-1}, \delta_{i,i-1}, \delta_{i-1,i}$, und entspricht diesem Automorphismus in G_n die Einheitsmatrix, so muss nach einem Satz von Dyck[7] und Schreier[7] $\Phi(O_{i-1}, d_{i,i-1}, d_{i-1,i})$ identisch sein mit einem Produkt von Transformierten der $R_\sigma^{\pm 1}(O_{i-1}, d_{i,i-1}, d_{i-1,i})$, das heisst, Φ muss sich in ein solches Produkt durch Streichen und Einfügen von Ausdrücken $O_{i-1} O_{i-1}^{-1}$, $O_{i-1}^{-1} O_{i-1}$, $d_{i,i-1} d_{i,i-1}^{-1}, \ldots$ u. s. f. verwandeln lassen. Folglich gilt, dass auch $\Phi(\Omega_{i-1}, \delta_{i,i-1}, \delta_{i-1,i})$ identisch ist mit einem Produkt von Transformierten der $R_\sigma^{\pm 1}(\Omega_{i-1}, \delta_{i,i-1}, \delta_{i-1,i})$, und nach I und II liegt also $\Phi(\Omega_{i-1}, \delta_{i,i-1}, \delta_{i-1,i})$ in K_n.

I ist direkt durch eine einfache Rechnung zu beweisen. Man wähle irgend ein System von Erzeugenden für A_n, transformiere die K_{ik}, K_{ikl} mit diesen Erzeugenden und ihren Reziproken und weise nach, dass man dabei wieder ein Produkt der K_{ik}, K_{ikl} erhält. Es ist zweckmässig, als Erzeugende von A_n hierfür etwa die folgenden zu wählen:

[6] Man zeigt leicht, dass sich aus diesen die von J. Nielsen[3] angegebenen Erzeugenden zusammensetzen lassen.

[7] W. Dyck, Mathematische Annalen *22* (1883). — O. Schreier, Abhandlungen aus dem mathematischen Seminar der Hamburgischen Universität *5* (1927). S. 170 f.

$$\delta_{12},\ \Omega_1,\ \text{und}\ \Pi_{i-1} = [a_1 \ldots a_{i-2}, a_i, a_{i-1}, a_{i+1}, \ldots, a_n]$$
$$(i = 2, 3, \ldots, n).$$

Die Rechnung soll nicht explizit vorgeführt werden, da sie völlig elementar ist. Es sollen nur einige Bemerkungen gemacht werden, mit deren Hilfe sich die Richtigkeit von I unter wesentlicher Verminderung der Anzahl der auszurechnenden Formeln beweisen lässt.

a) Ein K_{ik} oder K_{ikl} ist mit jeder Erzeugenden von A_n vertauschbar, die die Elemente a_i und a_k beziehungsweise a_i, a_k, a_l von F_n weder miteinander noch mit einem anderen a_ν kombiniert.

b) Da Ω_1 und die Π_{i-1} die Ordnung 2 besitzen, erübrigt sich die Transformation mit ihren Reziproken.

c) Da $\Pi_1 \Omega_1 \Pi_1 \delta_{12} \Pi_1^{-1} \Omega_1^{-1} \Pi_1^{-1} = \delta_{12}^{-1}$ ist, erübrigt sich die Transformation mit δ_{12}^{-1}, da sie auf die Transformation mit δ_{12}, Π_1, Ω_1 zurückgeführt werden kann.

d) Es ist $K_{ikl} = K_{ilk}^{-1}$; da wegen der besonderen Wahl der Erzeugenden von A_n die Indizes 1 und 2 eine besondere Rolle spielen, kann man also im Fall, dass einer der Indizes k, l gleich eins ist stets annehmen, dass etwa $k = 1$ ist.

e) Jeder Automorphismus, der alle $a_\nu \neq a_r$ unverändert lässt, während er a_r in ein Element $a_r' = T_1 a_r T_2$ überführt, wobei T_1, T_2 aus den $a_\nu \neq a_r$ zusammengesetzt sind und $T_2 T_1$ in der Kommutatorgruppe der von den $a_\nu \neq a_r$ erzeugten Gruppe liegt, lässt sich aus den K_{ik}, K_{ikl} zusammensetzen. Das folgt daraus, dass $T_2 T_1$ dann ein Produkt von Transformierten der Kommutatoren $(a_{\nu_1} a_{\nu_2} a_{\nu_1}^{-1} a_{\nu_2}^{-1})^{\pm 1}$ mit $\nu_1, \nu_2 \neq r$ ist, wobei auch diese Transformierten nur aus den $a_\nu \neq a_r$ bestehen.

Nun müssen die Π_{i-1}, wenn man die $K_{\varrho k}$, $K_{\varrho kl}$ mit ihnen transformiert die letzteren einfach permutieren, die Transformation mit Ω_1 führt die K_{ikl} in Automorphismen der unter e) genannten Art und die K_{ik} in sich oder in ihre Reziproken über. Analoges gilt für die Transformation mit δ_{12}; hier macht nur die Berechnung von $\delta_{12} K_{2l1} \delta_{12}^{-1}$ Schwierigkeiten; sie ergibt, dass dies der Automorphismus

$$K_{l2} K_{l1}^{-1} K_{1l} K_{l1} K_{2l1} K_{12l} K_{l2}^{-1} K_{2l}^{-1}$$

ist.[8]

Damit ist dann I bewiesen. Der Beweis von II bietet ebenfalls keine

[8] Entsprechend den Regeln der Matrizenkomposition gilt hier, dass unter $a_1 a_2$ der Automorphismus zu verstehen ist, der entsteht, wenn erst der Automorphismus a_2 und dann a_1 ausgeübt wird.

prinzipiellen Schwierigkeiten. Man hat nur zu beachten, dass von den Relationen von G_n einige als Abkürzungen aufzufassen sind; man findet, dass $\Omega_{i-1}\delta_{i-1,i}^{-1}\delta_{i,i-1}\delta_{i-1,i}^{-1} = \Pi_{i-1}K_{i-1,i}$ wird, und dieser Automorphismus wäre dann überall statt P_{i-1} in die Relationen von G_n einzusetzen. Wegen der Eigenschaft I der K_{ik}, K_{ikl} kann man aber auch für P_{i-1} überall Π_{i-1} einsetzen, denn wenn beispielsweise $P_i^2 = 1$ ist, so genügt es zu bestätigen, dass Π_{i-1}^2 in K_n liegt; $(\Pi_{i-1}K_{i-1,i})^2 = \Pi_{i-1}^2(\Pi_{i-1}^{-1}K_{i-1,i}\Pi_{i-1})K_{i-1,i}$ liegt dann wegen I ebenfalls in K_n. Für die d_{kr} $(k > r)$ sind entsprechend die Automorphismen $a_k' = a_k a_r$, $a_l' = a_l$ für $l \neq k$ einzusetzen; diese mögen δ_{kr} heissen. Da nun diejenigen Relationen von G_n, die die Vertauschbarkeit von solchen Automorphismen ausdrükken, die völlig getrennte Variablensysteme substituieren, trivialerweise auch bei Einsetzen der entsprechenden Automorphismen von F_n erfüllt sind, so bleiben nur noch Relationen übrig, in denen sämtliche auftretenden Automorphismen insgesamt nur 3 Erzeugende der freien Gruppe betreffen. Für diese Relationen kann eine explizite Angabe der in II geforderten Rechnung um so eher unterdrückt werden, als nach dem von Nielsen[1] bewiesenen Satz die Richtigkeit des behaupteten Resultates wegen I von vornherein feststeht.

Schliesslich ist noch zu zeigen, dass alle K_{ik}, K_{ikl} aus K_{12} durch Transformation und Komposition gebildet werden können, oder, was dasselbe besagt, dass durch Hinzufügen der einzigen Relation $(\delta_{12}\Omega_1)^2 \equiv K_{12}^{-1} = 1$ A_n in G_n übergeht. Dazu ist nur zu berücksichtigen, dass

$$K_{132} = \delta_{12}^{-1}K_{13}\delta_{12}K_{13}^{-1}$$

ist, und dass man durch Transformation mit geeigneten Produkten der Π_{i-1} offenbar alle K_{ik} aus K_{12} und alle K_{ikl} aus K_{132} erhalten kann.

Reprinted from
Acta mathematica **64** (1934), 353–367.

Sonderabdruck aus dem
Jahresbericht der Deutschen Mathematiker-Vereinigung. XLVII. 1937. Heft 1/4.
Verlag und Druck von B. G. Teubner in Leipzig.

Neuere Ergebnisse über auflösbare Gruppen.

Von WILHELM MAGNUS in Frankfurt am Main.

Das Problem, eine vollständige Übersicht über alle Gruppen endlicher Ordnung zu gewinnen, wird unmittelbar nach der Formulierung des abstrakten Gruppenbegriffs von A. Cayley[1]) aufgestellt. Der Jordan-Höldersche Satz, der zeigt, daß gewissermaßen als Bausteine der endlichen Gruppen die einfachen Gruppen anzusehen sind, liefert sofort zwei einfachere Teilfragen des ganzen Problems, nämlich erstens die Aufgabe, alle einfachen Gruppen aufzufinden und zweitens das Problem der Konstruktion aller der Gruppen, deren einfache Bestandteile Gruppen von Primzahlordnung, das heißt also von gut übersehbarem Typ, sind. Dies führt auf die Aufzählung der auflösbaren Gruppen, die ja auch durch ihre Bedeutung für algebraische und zahlentheoretische Fragen von großem Interesse sind.

Das Studium der auflösbaren Gruppen ist in größerem Umfang insbesondere von O. Hölder[2]) in Angriff genommen worden. Hölder faßt dabei stets alle Gruppen zusammen, deren Ordnung einen bestimmten Typ

$$p_1^{\alpha_1} p_2^{\alpha_2} \dots p_k^{\alpha_k} \tag{1}$$

der Zerlegung in ein Produkt von Potenzen der verschiedenen Primzahlen $p_1, p_2, \dots, p_k$ besitzt, wobei alle Produkte (1) zum gleichen Typ gerechnet werden, wenn sie in den Exponenten $\alpha_1, \alpha_2, \dots, \alpha_k$ aber nicht notwendig in den Primzahlen $p_1, p_2, \dots, p_k$ übereinstimmen. Dieser Standpunkt von Hölder, ebenso wie die von ihm benutzten Hilfsmittel: Sylowsche Sätze und Erweiterung gegebener Gruppen durch Automorphismen unter Benutzung von erzeugenden Elementen und definierenden Relationen, sind seitdem für die Behandlung des Problems charakteristisch geblieben.

Wesentlich bereichert wurden die Hölderschen Hilfsmittel 1928 durch P. Hall[3]), der die folgende für auflösbare Gruppen gültige Erweiterung der Sylowschen Sätze bewies: In einer auflösbaren Gruppe der Ordnung $x \cdot y$ mit teilerfremden x und y gibt es stets eine Untergruppe der Ordnung x; alle Untergruppen der Ordnung x sind konju-

1) American Journal of Mathematics **2** (1878), S. 50—52; Collected papers **10** (Nr. 694), S. 401—403.

2) Mathematische Annalen **43** (1893), S. 301—412; Göttinger Nachrichten 1895, S. 211—229.

3) Journal of the London Mathematical Society **3** (1928), S. 98—105.

giert, und jede Untergruppe, deren Ordnung x teilt, ist in einer solchen der Ordnung x enthalten. Falls x eine Primzahlpotenz ist, liefert dieser Satz genau die Sylowschen Sätze.

A. C. Lunn und J. K. Senior[4]) haben dieses Ergebnis von Hall für die Aufzählung der auflösbaren Gruppen nutzbar gemacht; unter Heranziehung früherer Resultate anderer Autoren[5]) haben sie alle auflösbaren Gruppen aufgezählt, deren Ordnung kleiner als 216 ist, mit Ausnahme der Gruppen der Ordnungen $128 = 2^7$ und $192 = 3 \cdot 2^6$. Die von Lunn und Senior benutzte Methode beruht auf dem Nachweis, daß eine auflösbare Gruppe $\mathfrak{G}$ der Ordnung (1) eine treue Darstellung als intransitive Permutationsgruppe vom Grade $\sum_{i=1}^{k} p_i^{\alpha_i}$ mit k transitiven Konstituenten der Grade $p_i^{\alpha_i}$ besitzt; die Darstellung ist dabei bis auf Transformation mit einer Permutation eindeutig bestimmt, und die transitiven Konstituenten enthalten reguläre Darstellungen der Sylowgruppen von $\mathfrak{G}$. — Die Untersuchungen von Lunn und Senior haben eine außerordentlich reiche Mannigfaltigkeit von auflösbaren Gruppen ergeben; dasselbe gilt von Arbeiten von H. R. Brahana[6]), C. Hopkins[7]), H. Terry[8]) und anderen Autoren, deren Ziel die Gewinnung einer vollständigen Übersicht über die einfachsten nichtabelschen Typen auflösbarer Gruppen bildet; als solche kommen dabei naturgemäß in erster Linie die Gruppen in Frage, deren Faktorgruppe nach dem Zentrum abelsch ist. Es scheint danach, daß das Problem der Aufzählung aller auflösbaren Gruppen, selbst bei Beschränkung auf verhältnismäßig einfache Typen, ein völlig erdrückendes ist. Die Hauptschwierigkeit besteht dabei nicht in einer Konstruktion aller Gruppen eines bestimmten Typs, sondern in der Angabe eines vollständigen Systems nicht isomorpher Gruppen aus der Gesamtheit der konstruierten Gruppen. — Es soll demgemäß hier vor allem über Untersuchungen berichtet werden, deren Gegenstand

---

4) American Journal of Mathematics **56** (1934), S. 319—327, 328—338, 511—512; **57** (1935), S. 254—260; **58** (1936), S. 290—304.

5) Vor allem O. Hölder, a. a. O. [3]), E. Bagnera, Annali di Mat. (3), **1** (1898), S. 137—228; O. Schreier, a. a. O.[16]); G. A. Miller, American Journal of Mathematics **51** (1929), S. 491—494; **52** (1930), S. 617—634; Annals of Mathematics (2), **31** (1930), S. 163—168.

6) American Journal of Mathematics **55** (1933), S. 553—584; **56** (1934), S. 53—61, 490—510; Transactions of the American Mathematical Society **36** (1934), S. 776—792; Duke Mathematical Journal **1** (1935), S. 185—197; American Journal of Mathematics **57** (1935), S. 645—667.

7) Transactions of the American Mathematical Society **37** (1935), S. 161—195.

8) Duke Mathematical Journal **1** (1935), S. 27—34.

eine Behandlung allgemeiner Eigenschaften und möglichst umfassender Typen von auflösbaren Gruppen bildet.

Die Gruppen mit Abelscher Kommutatorgruppe, d. h. Gruppen $\mathfrak{G}$ mit einem abelschen Normalteiler $\mathfrak{A}$ und abelscher Faktorgruppe $\mathfrak{G}/\mathfrak{A}$ sind wegen ihrer Bedeutung für die Theorie der algebraischen Zahlkörper[9]) insbesondere von A. Scholz[10]) eingehend untersucht worden. Scholz reduziert die Behandlung des allgemeinen Falles auf das Studium von Gruppen $\mathfrak{G}$, in denen die Transformierten $S^{-1}AS$ eines Elementes A aus $\mathfrak{A}$ von Primzahlpotenzordnung eine Basis von $\mathfrak{A}$ bilden, wenn S ein vollständiges Repräsentantensystem der Restklassen von $\mathfrak{A}$ in $\mathfrak{G}$ durchläuft, und auf die Untersuchung gewisser „maximaler" Gruppen $\mathfrak{G}$ von Primzahlpotenzordnung, die zusammen mit ihren Faktorgruppen alle Gruppen $\mathfrak{G}$ von Primzahlpotenzordnung liefern.

Die Gruppen, deren Ordnung die Potenz einer Primzahl p ist — kurz „p-Gruppen" genannt — bilden eine recht allgemeine und für die Theorie der endlichen Gruppen überhaupt sehr wichtige Klasse von auflösbaren Gruppen. Ihre Theorie hat eine wesentliche Förderung erfahren durch eine Arbeit von P. Hall[11]), die hier vor allem hervorzuheben ist. Ein wesentlicher Teil dieser Arbeit besteht in einer systematischen Untersuchung charakteristischer Untergruppen; zur Definition von solchen für eine beliebige Gruppe gibt es im wesentlichen zwei Verfahren: das Verfahren durch Kommutator- und das durch Potenzbildung; das erstere ist das ungleich wichtigere, entsprechend der Tatsache, daß abelsche Gruppen mit endlicher Basis — solche treten als Faktorgruppe der einfachsten mit Hilfe von Kommutatoren definierten Untergruppe auf — völlig übersehbar sind, während über Gruppen von endlich vielen Erzeugenden, die dadurch definiert sind, daß in ihnen eine feste Potenz jedes Elementes gleich dem Einheitselement ist, nur sehr wenig bekannt ist. Das letzte Resultat in dieser Richtung: Existenz einer maximalen endlichen Gruppe von zwei Erzeugenden, in der die fünfte Potenz jedes Elementes das Einheitselement ist, rührt ebenfalls von Hall her; „maximal" bedeutet hierbei, daß jede endliche Gruppe mit diesen Eigenschaften Faktor-

9) Siehe E. Artin, Abhandlungen aus dem mathematischen Seminar der Hamburgischen Universität **6** (1929), S. 19—29; Ph. Furtwängler, ebd. **7** (1930), S. 14—36; H. Hasse, Zahlbericht II (Reziprozitätsgesetz). Jahresber. d. D.-M. V., Ergänzungsband VI (1930); N. Tschebotaröw, Journal f. Math. **161**, (1929), S. 179—193.

10) Mathematische Zeitschrift **30** (1929), S. 332—356; Sitzungsberichte der Heidelberger Akademie der Wissenschaften 1929, Nr. 14; 1933, Nr. 2; Mathematische Annalen **109** (1934), S. 161—190; **110** (1935), S. 633—649. A. Scholz und O. Taussky, Journal für die reine und angewandte Mathematik **171** (1934), S. 19—41.

11) Proceedings of the London Mathematical Society (2), **36** (1934), S. 29—95.

gruppe der maximalen ist. — Besonders wichtige charakteristische Untergruppen einer beliebigen Gruppe $\mathfrak{G}$ sind die folgenden:

1. Die k-te Ableitung oder Kommutatorgruppe $\mathfrak{G}^{(k)}$ von $\mathfrak{G}$ wird definiert als Kommutatorgruppe von $\mathfrak{G}^{(k-1)}$; $\mathfrak{G}'$ ist dabei die Kommutatorgruppe von $\mathfrak{G}$. Dann und nur dann ist $\mathfrak{G}$ auflösbar, wenn für hinreichend große k die k-te Ableitung $\mathfrak{G}^{(k)}$ gleich dem Einheitselement 1 von $\mathfrak{G}$ ist. Ist dabei $\mathfrak{G}^{(k-1)} \neq 1$, so heißt $\mathfrak{G}$ eine k-stufige Gruppe.

2. Die Gruppen der absteigenden Zentrenreihe $\mathfrak{Z}_i(\mathfrak{G})$ sind definiert dadurch, daß für $i > 1$ $\mathfrak{Z}_i(\mathfrak{G})$ die kleinste alle Kommutatoren

$$z_{i-1}\, g\, z_{i-1}^{-1}\, g^{-1}$$

eines beliebigen Elementes z_{i-1} aus $\mathfrak{Z}_{i-1}(\mathfrak{G})$ und eines beliebigen Elementes g aus $\mathfrak{G}$ enthaltende Untergruppe von $\mathfrak{G}$ ist, während für $i = 1$ $\mathfrak{Z}_1(\mathfrak{G}) = \mathfrak{G}$ gesetzt wird. Analog sind die Gruppen $\zeta_i(\mathfrak{G})$ der aufsteigenden Zentrenreihe von $\mathfrak{G}$ definiert durch die Angaben, daß $\zeta_1(\mathfrak{G})$ das Zentrum von $\mathfrak{G}$ und für $i > 1$ $\zeta_i(\mathfrak{G}) / \zeta_{i-1}(\mathfrak{G})$ das Zentrum von $\mathfrak{G} / \zeta_{i-1}(\mathfrak{G})$ sein soll. Dann und nur dann ist eine endliche Gruppe $\mathfrak{G}$ direktes Produkt von (eventuell zu verschiedenen Primzahlen gehörigen) p-Gruppen, wenn die absteigende Zentrenreihe mit dem Einheitselement schließt. Die aufsteigende Zentrenreihe schließt dann stets von selbst mit $\mathfrak{G}$, und umgekehrt.

3. In einer p-Gruppe $\mathfrak{P}$ bedeute $\Psi_r(\mathfrak{P})$ die kleinste Untergruppe von $\mathfrak{P}$, die alle p^r-ten Potenzen von Elementen aus $\mathfrak{P}$ enthält, und analog sei $\Omega_r(\mathfrak{P})$ die kleinste Untergruppe von $\mathfrak{P}$, die alle Elemente der Ordnung p^r enthält.

Hall hat nun u. a. die Zusammenhänge zwischen den Ableitungen und den Gruppen der absteigenden Zentrenreihe und allgemeiner die Beziehungen zwischen den verschiedensten durch Kommutatorbildung definierten Untergruppen einer p-Gruppe untersucht. Er hat ferner eine recht umfassende Klasse von p-Gruppen, die sogenannten „regulären“ p-Gruppen, angegeben, für die sich Beziehungen zwischen den unter 1. und 2. durch Kommutatorbildung definierten Untergruppen einerseits und den unter 3. definierten Untergruppen andererseits angeben lassen. Dies möge an zwei möglichst einfachen Beispielen vorgeführt werden.

Als Beispiel für Beziehungen zwischen höheren Kommutatorgruppen diene der Satz: In jeder Gruppe ist die i-te Ableitung in der 2^i-ten Gruppe der absteigenden Zentrenreihe enthalten. In einer p-Gruppe $\mathfrak{P}$ gilt ferner, daß für einen nichtabelschen Normalteiler $\mathfrak{K}$, der in $\mathfrak{Z}_\lambda(\mathfrak{P})$ enthalten ist, die Ordnung von $\mathfrak{K}/\mathfrak{Z}_2(\mathfrak{K})$ größer als p^λ ist. Zusammen ergibt das, daß die Ordnung einer $(k+1)$-stufigen p-Gruppe mindestens gleich p^{2^k+k} ist. Für $p = 2$ liefert die zur Primzahl 2 gehörige Sylowgruppe der symmetrischen Gruppe des Grades 2^{k+1} eine $(k+1)$-stufige Gruppe der Ordnung $2^{2^{k+1}-1}$, für $p > 2$ liefert die p-Sylowgruppe der Automorphismengruppe der abelschen Gruppe vom Typ

$$(p^{1+2^k}, p^{1+2^k})$$

eine $(k+1)$-stufige p-Gruppe der Ordnung p^{1+2^k+2}, was der unteren Schranke p^{2^k+k} schon ziemlich nahe kommt. Eine genauere Untersuchung der Frage, wie nahe man an diese untere Schranke für die Ordnung einer $(k+1)$-stufigen p-Gruppe herankommen kann, scheint mir aus folgendem Grunde interessant zu sein: Wenn es für jedes k eine $(k+1)$-stufige p-Gruppe der Ordnung $p^{2^k+k+\lambda_k}$ mit von k abhängigem aber beschränktem λ_k gibt, dann gibt es eine unendliche Folge

$$(2) \qquad \mathfrak{P}_1, \mathfrak{P}_2, \ldots, \mathfrak{P}_k, \mathfrak{P}_{k+1}, \ldots$$

von p-Gruppen derart, daß $\mathfrak{P}_k$ für jedes k genau k-stufig ist und daß $\mathfrak{P}_k = \mathfrak{P}_{k+1}/\mathfrak{P}_{k+1}^{(k)}$ ist. Die Frage, ob eine solche Folge (2) von p-Gruppen existiert, ist aber aus folgendem Grunde von Bedeutung: Die Nichtexistenz einer Folge (2) würde den Satz liefern, daß der über einem algebraischen Zahlkörper K konstruierte p-Klassenkörperturm[12]) schon aus gruppentheoretischen Gründen nach endlich vielen Schritten abbrechen muß, so daß also über jedem K ein relativ unverzweigter Galoisscher Oberkörper $\overline{K}$ mit auflösbarer Gruppe in bezug auf K existieren würde, so daß jedes Ideal aus $\overline{K}$, von dem eine p^λ-te Potenz Hauptideal ist, schon selber ein Hauptideal sein muß. Die Frage nach der Möglichkeit, einen solchen Satz gruppentheoretisch zu beweisen, ist von O. Taussky und A. Scholz aufgeworfen worden; eine Entscheidung derselben scheint sehr schwierig zu sein. Wesentlich einfacher dürfte die ebenfalls mit der Hallschen Abschätzung für die Ordnung einer $(k+1)$-stufigen p-Gruppe zusammenhängende Aufgabe zu sein, eine Abschätzung von analoger Schärfe für die Ordnung einer beliebigen $(k+1)$-stufigen Gruppe zu geben; man könnte etwa vermuten, daß die Ordnung einer $(k+1)$-stufigen Gruppe mindestens 2^{2^k} betragen muß. Bei der Behandlung dieser Frage dürften insbesondere Sätze von O. Grün[13]) über Beziehungen zwischen zu verschiedenen Primzahlen gehörigen p-Untergruppen einer gegebenen Gruppe brauchbar sein; Grün zeigt unter anderem: Ist $\mathfrak{P}$ eine in einer Gruppe $\mathfrak{G}$ als Normalteiler enthaltene p-Gruppe (eine solche existiert stets, wenn $\mathfrak{G}$ auflösbar ist; sie braucht natürlich keine Sylowgruppe zu

12) Für eine Definition s. A. Scholz, Journal für die reine und angewandte Mathematik **161** (1929), S. 201.

13) Journal für die reine und angewandte Mathematik **174** (1936), S. 1—14.

sein) und $\mathfrak{Q}$ eine zu der von p verschiedenen Primzahl q gehörige Sylowgruppe von $\mathfrak{G}$, so ist $\mathfrak{Q}^{(k)}$ elementweise mit $\mathfrak{P}$ vertauschbar, wenn (für alle i) $q^k > \frac{n_i}{m_q}$ ist, wobei n_i der Rang der abelschen Gruppe $\zeta_i(\mathfrak{P})/\zeta_{i-1}(\mathfrak{P})$ und m_q die niedrigste Potenz von q ist, die $\equiv 1 \pmod p$ ist. Für den Fall, daß $\mathfrak{G}/\mathfrak{P} \sim \mathfrak{Q}$ ist — es ist dies der einfachste Fall einer auflösbaren Gruppe, die keine p-Gruppe ist — liefert dieser Satz leicht Abschätzungen für die Ordnung von $\mathfrak{G}$. Außer den Resultaten von Grün dürften auch gewisse in ähnlicher Richtung gehende Sätze von Lunn[14]) und Senior[14]) zur Lösung der genannten Aufgabe nützlich sein; auf eine Formulierung dieser Sätze soll hier wegen ihres komplizierten Charakters verzichtet werden.

Zum Begriff der regulären p-Gruppe sei zunächst bemerkt, daß jede p-Gruppe der Ordnung p^α mit $\alpha < p$ regulär ist; bei einer Einteilung der endlichen Gruppen in der eingangs angegebenen Weise nach dem Typ (1) der Zerlegung ihrer Ordnung in Primfaktoren erscheint also der Fall der regulären p-Gruppen als der allgemeine Fall der p-Gruppen überhaupt, da bei gegebenem α fast alle $p > \alpha$ sind. In der Tat werden bei allen in früheren Arbeiten (z. B. von L. I. Neikirk[15]) oder O. Schreier[16])) vorgenommenen Aufzählungen von p-Gruppen die nichtregulären entweder gar nicht oder gesondert behandelt. Eine p-Gruppe $\mathfrak{P}$ heißt dabei regulär, wenn für irgend zwei Elemente a, b derselben und alle Potenzen p^r von p stets eine Beziehung

$$(ab)^{p^r} = a^{p^r} b^{p^r} \cdot c_3^{p^r} c_4^{p^r} \dots c_\lambda^{p^r}$$

besteht, wobei $c_3, c_4, \dots, c_\lambda$ in der Kommutatorgruppe der von a und b erzeugten Gruppe liegen. Diese Bedingung ist stets erfüllt, wenn $\mathfrak{Z}_p(\mathfrak{P}) = 1$ ist. Als Beispiel einer Beziehung zwischen den unter 1. und 3. definierten charakteristischen Untergruppen für reguläre p-Gruppen $\mathfrak{P}$ sei die Beziehung

$$\mathfrak{Z}_\nu(\Psi_\mu(\mathfrak{P})) = \Psi_{\nu\mu}(\mathfrak{Z}_\nu(\mathfrak{P}))$$

genannt. Die regulären p-Gruppen $\mathfrak{P}$ besitzen ferner eine Basis in dem folgenden Sinne: Es gibt in ihnen ein geordnetes System von Elementen a_i $(i = 1, 2, \dots, h)$ derart, daß jedes Element von $\mathfrak{P}$ sich auf eine und nur eine Weise in der Form

$$(3) \qquad a_1^{x_1} a_2^{x_2} \dots a_\lambda^{x_\lambda}, \quad 0 \leqq x_i < p^{\varrho_i}, \; a_i^{p^{\varrho_i}} = 1$$

14) American Journal of Mathematics **58** (1936), S. 290—304.

15) Publications of the University of Pennsylvania. Series in Mathematics Nr. 3 (1905) (Boston).

16) Abhandlungen aus dem Mathematischen Seminar der Hamburgischen Universität **4** (1925); Monatshefte für Mathematik und Physik **34** (1926), S. 165—180.

darstellen läßt; die Zahlen ϱ_i sind dabei für $\mathfrak{P}$ charakteristische Anzahlen. Abgesehen davon, daß es in dem Produkt (3) auf die Reihenfolge der Faktoren ankommt, ist dies das genaue Analogon zu der Basis einer abelschen Gruppe.

Zu den von Hall bei seinen Untersuchungen benutzten Methoden seien folgende Punkte erwähnt: Hall benutzt (wie auch andere Autoren) die Eigenschaft der p-Gruppen, von einem beliebigen Repräsentantensystem der Basisklassen der Faktorgruppe der Kommutatorgruppe erzeugt zu werden; wie H. Wielandt[17]) gezeigt hat, kommt diese Eigenschaft nur den p-Gruppen und direkten Produkten von p-Gruppen zu. Ein wichtiger Teil der Hallschen Sätze beruht dann auf einem sorgfältig entwickelten Kalkül der Beziehungen zwischen höheren Kommutatoren, das heißt zwischen den durch wiederholte Kommutatorbildung aus den Erzeugenden entstehenden Elementen. Dieser Kalkül hängt dabei nicht ab von der speziellen Natur der einzelnen Gruppen, sondern beruht auf Identitäten zwischen den Elementen von freien Gruppen mit endlich vielen Erzeugenden. Gewisse Vereinfachungen und Ergänzungen dieses Kalküls dürften sich auf dem folgenden Wege gewinnen lassen.[18]) Den Erzeugenden a_i $(i = 1, \ldots, l)$ einer freien Gruppe $\mathfrak{F}$ mögen Elemente $1 + x_i$ aus einem Ringe $\mathfrak{R}$ mit Einheitselement 1 und erzeugenden Elementen x_i zugeordnet werden; $\mathfrak{R}$ enthalte dabei nur Elemente, die sich aus dem Einheitselement und den x_i durch Addition, Subtraktion und Multiplikation zusammensetzen lassen, und zwischen den Elementen von $\mathfrak{R}$ mögen keine anderen Beziehungen bestehen als solche, die aus den in $\mathfrak{R}$ gültigen Rechengesetzen folgen; diese Rechengesetze seien: das assoziative und kommutative Gesetz der Addition, beide distributive Gesetze und das assoziative aber nicht das kommutative Gesetz der Multiplikation. Ordnet man dann den Elementen a_i^{-1} von $\mathfrak{F}$ die Reihe $\sum_{\nu=0}^{\infty}(-1)^\nu a_i^\nu$ (mit $a_i^0 = 1$) zu, und ordnet man ferner einem Produkt zweier Elemente aus $\mathfrak{F}$ das Produkt der diesen in $\mathfrak{R}$ zugeordneten Elemente von $\mathfrak{R}$ zu, so erhält man dadurch eine treue Darstellung von $\mathfrak{F}$ durch Elemente von $\mathfrak{R}$, bei der jedem Potenzprodukt der $a_i^{\pm 1}$ eine Potenzreihe in den x_i zugeordnet wird; dieselbe besitze die Form

(4) $$1 + \sum_{\nu=1}^{\infty} d_\nu(x_1, \ldots, x_l),$$

wobei die $d_\nu(x_1, \ldots, x_l)$ homogene Polynome vom ν-ten Grade in den

17) Mathematische Zeitschrift 41 (1936), S. 281—282.

18) Siehe W. Magnus, Mathematische Annalen 111 (1935), S. 259—280.

x_i sind. Diejenigen Elemente von $\mathfrak{F}$, in deren zugeordneter Reihe (4) die Polynome $d_1, d_2, \ldots, d_{n-1}$ identisch verschwinden, bilden eine charakteristische Untergruppe $\mathfrak{D}_n(\mathfrak{F})$, die die n-te Dimensionsgruppe von $\mathfrak{F}$ heiße; diese läßt sich dann auch für beliebige Faktorgruppen der freien Gruppen definieren. Das Rechnen mit den Dimensionsgruppen gestaltet sich sehr einfach, und ein Nachweis ihrer Übereinstimmung mit den Gruppen $\mathfrak{Z}_n(\mathfrak{F})$ der absteigenden Zentrenreihe erscheint daher sehr wünschenswert. Eine Möglichkeit, diese Übereinstimmung nachzuweisen, würde der Beweis des folgenden Satzes liefern.[19]):

Es sei P ein Ring, der von endlich vielen Elementen ξ_i $(i = 1, \ldots, l)$ erzeugt werde; jedes Element von P lasse sich durch Addition, Subtraktion und Multiplikation aus den ξ_i gewinnen, und es mögen zwischen den Elementen von P keine anderen Beziehungen bestehen als solche, die aus den in P gültigen Rechengesetzen folgen. Diese seien das assoziative und kommutative Gesetz für die Addition und beide distributiven Gesetze; für die Multiplikation mögen an Stelle des kommutativen und assoziativen Gesetzes zwischen irgend zwei bzw. drei Elementen φ und ψ bzw. φ, ψ, χ von P die Beziehungen bestehen

$$(5) \qquad \varphi\psi + \psi\varphi = 0; \quad \varphi[\psi\chi] + \psi[\chi\varphi] + \chi[\varphi\psi] = 0.$$

Nun ist zu vermuten, daß man eine treue Darstellung des Ringes P durch Elemente des Ringes $\mathfrak{R}$ erhalten kann, indem man den Elementen ξ_i die Elemente x_i $(i = 1, \ldots, l)$ aus $\mathfrak{R}$ zuordnet, indem man ferner einer Summe oder Differenz zweier Elemente aus P die Summe bzw. Differenz der zugeordneten Elemente aus $\mathfrak{R}$ zuordnet und schließlich dem Produkt φ, ψ zweier Elemente φ und ψ aus P den Ausdruck $uv - vu$ aus $\mathfrak{R}$ zuordnet, wenn den Elementen φ bzw. ψ aus P die Elemente u bzw. v aus $\mathfrak{R}$ zugeordnet sind. Daß man auf diese Weise zu jedem Element aus P ein zugeordnetes Element aus $\mathfrak{R}$ erhält, folgt daraus, daß P von den ξ_i erzeugt wird; daß man höchstens ein zugeordnetes Element aus $\mathfrak{R}$ erhält, folgt daraus, daß den linken Seiten in (5) stets die Null aus $\mathfrak{R}$ zugeordnet ist. Schwierig ist nur der Nachweis, daß verschiedenen Elementen aus P auch verschiedene Elemente aus $\mathfrak{R}$ zugeordnet werden, daß also, mit anderen Worten, der durch die Addition und die Verknüpfung $u \times v \equiv uv - vu$ aus den Erzeugen-

19) Der anschließend formulierte Satz ist inzwischen, mit verschiedenen Methoden, von E. Witt und von W. Magnus bewiesen worden. Ein Nachweis der Übereinstimmung von $\mathfrak{Z}_\nu$ und $\mathfrak{D}_\nu$ ist schon vorher von O. Grün [Deutsche Mathematik 1, 771—782, (1937)] mittelst einer treuen Darstellung von $\mathfrak{F}/\mathfrak{Z}_{\nu+1}(\mathfrak{F})$ durch Matrizen erbracht worden.

den x_i von $\mathfrak{R}$ entstehende Bereich mit zwei Verknüpfungen mit P einstufig isomorph ist.

Es sei zum Schluß noch eine Frage erwähnt, die wieder zu dem allgemeinen Fall der auflösbaren Gruppen zurückführt und durch eine Bemerkung von Hall[20]) nahegelegt wird. Es handelt sich dabei um das Aufsteigen von den p-Gruppen zum allgemeinen Fall der auflösbaren Gruppen durch Betrachtung der Automorphismen der p-Gruppen. Die Möglichkeit des Aufsteigens wird durch die schon erwähnte Tatsache geliefert, daß jede auflösbare Gruppe eine p-Gruppe als Normalteiler besitzt; die Transformation eines solchen Normalteilers mit Elementen der Gesamtgruppe liefert dann eine Automorphismengruppe des Normalteilers.

Jeder Automorphismus einer beliebigen Gruppe induziert natürlich einen Automorphismus in der Faktorgruppe einer charakteristischen Untergruppe dieser Gruppe. Es sei $\mathfrak{P}$ eine p-Gruppe, $\mathfrak{A}$ ihre Automorphismengruppe und $\mathfrak{P}^*$ die größte abelsche Faktorgruppe von $\mathfrak{P}$, die den Typ

$$(p, p, \ldots, p) \tag{6}$$

besitzt; $\mathfrak{P}^*$ ist Faktorgruppe einer charakteristischen Untergruppe von $\mathfrak{P}$, und die Anzahl d der Basiselemente (6) von $\mathfrak{P}^*$ ist gleich der Minimalzahl von erzeugenden Elementen für $\mathfrak{P}$. Die von $\mathfrak{A}$ in $\mathfrak{P}^*$ induzierte Automorphismengruppe heiße $\mathfrak{L}$; da sie eine Darstellung durch Matrizen d-ten Grades mit Elementen aus einem Galoisfeld der Ordnung p besitzt, heiße $\mathfrak{L}$ die lineare Automorphismengruppe von $\mathfrak{P}$. $\mathfrak{L}$ ist eine Faktorgruppe $\mathfrak{A}/\mathfrak{J}$ von $\mathfrak{A}$, wobei der Normalteiler $\mathfrak{J}$ von $\mathfrak{A}$ eine p-Gruppe ist, die zur selben Primzahl p wie $\mathfrak{P}$ gehört. Bei der Erweiterung einer p-Gruppe mit Hilfe ihrer Automorphismen zu einer Gruppe, in deren Ordnung verschiedene Primzahlen aufgehen, sind daher die zu den von p verschiedenen Primzahlen gehörigen Sylowgruppen der erweiterten Gruppe wesentlich durch die Sylowgruppen von $\mathfrak{L}$ bestimmt.

$\mathfrak{L}$ ist sicher eine Untergruppe der vollen linearen Gruppe $\Gamma_{d,p}$ der umkehrbaren linearen Substitutionen von d Veränderlichen mit Koeffizienten aus einem Galoisfeld der Ordnung p. Es fragt sich nun zunächst, inwieweit $\mathfrak{L}$ durch die Struktur von $\mathfrak{P}$ beschränkt wird. Es zeigt sich[18]), daß zu jeder Gruppe $\mathfrak{D}_\nu(\mathfrak{P})$ eine Darstellung von $\Gamma_{d,p}$ gehört und daß aus der Struktur von $\mathfrak{D}_\nu(\mathfrak{P})/\mathfrak{D}_{\nu+1}(\mathfrak{P})$ sich gewisse Systeme von Variablen in dieser Darstellung von $\Gamma_{d,p}$ ergeben, die unter $\mathfrak{L}$ in-

---

20) a. a. O. 11), S. 37.

variant bleiben müssen (jedoch erhält man auf diese Weise im allgemeinen nicht alle Bedingungen, denen $\mathfrak{L}$ genügen muß).

Es scheint nun, daß eine Beschränkung der Ordnung der Erzeugenden von $\mathfrak{P}$ bei genügend großer Länge der absteigenden Zentrenreihe von $\mathfrak{P}$ oder wenigstens bei genügend hoher Stufigkeit von $\mathfrak{P}$ eine Beschränkung für $\mathfrak{L}$ liefern muß; als ein Beitrag zu dieser sehr schwierigen Frage dürfte jedenfalls die Konstruktion von p-Gruppen mit vorgegebenen Ordnungen der Erzeugenden, möglichst hoher Stufigkeit bzw. möglichst großer Länge der absteigenden Zentrenreihe und $\mathfrak{L} = \Gamma_{d,p}$ von Interesse sein.[21]) Wie Hall[20]) gezeigt hat, kann man solche Beschränkungen für $\mathfrak{L}$ jedenfalls nicht allgemein erwarten, solange $\mathfrak{Z}_p(\mathfrak{P}) = 1$ ist (in diesem Falle ist $\mathfrak{P}$ sicher regulär). — Ein gewisses Interesse dürften übrigens auch die p-Gruppen verdienen, deren lineare Automorphismengruppe die Ordnung eins hat; diese können mit Hilfe ihrer Automorphismen nicht mehr zu Gruppen erweitert werden, die keine p-Gruppen sind; Beispiele für solche p-Gruppen lassen sich verhältnismäßig leicht konstruieren.[22])

Die vorliegenden Ausführungen erheben keinen Anspruch auf Vollständigkeit; wichtige Untersuchungen, wie zum Beispiel die Anzahlbestimmungen von Elementen und Untergruppen gegebener Ordnung in p-Gruppen durch Kulakoff[23]) und Hall[11]) sowie alle Arbeiten über die Darstellungen von auflösbaren Gruppen, die von K. Taketa[24]) und anderen in den letzten Jahren durchgeführt wurden, sind ganz unberücksichtigt geblieben; der Zweck dieses Berichtes war vor allem der Hinweis auf einen, wie der Referent glaubt, bemerkenswerten Kreis von Untersuchungen, die mit der Frage nach der Konstruktion der auflösbaren Gruppen zusammenhängen.

Zusatz bei der Korrektur.

Eine inzwischen erschienene Note

[Bulletin of the American Mathematical Society **42**, Nr. 9, Teil 1 (1936), S. 642] von P. Hall enthält eine Übersicht über eine Reihe neuer wichtiger Ergebnisse des Verfassers aus der Theorie der auflösbaren Gruppen; diese konnten hier nicht mehr berücksichtigt werden.

(Eingegangen am 15. 12. 1936.)

---

21) Einen Hinweis auf die Bedeutung der p-Gruppen mit möglichst umfassender Automorphismengruppe verdanke ich E. Witt.

22) Zur Frage der Erweiterung von Gruppen vgl. a. a. O. 16) und R. Baer, Mathematische Zeitschrift **38** (1934), S. 375—416.

23) Mathematische Annalen **104** (1931), S. 778.

24) Proceedings of the Imperial Academy, Tokyo **6** (1930) S. 31—33; **7** (1931), S. 31—32, 129—132, 179—181; **9** (1933), S. 480—481.

Journal für die reine und angewandte Mathematik
Herausgegeben von Helmut Hasse
Druck und Verlag Walter de Gruyter & Co., Berlin W 35
Sonderabdruck aus Band 177 Heft 2. 1937.

Über Beziehungen zwischen höheren Kommutatoren.

Von *Wilhelm Magnus* in Frankfurt a. M.

P. Hall[1]) hat vor einiger Zeit ein ausgedehntes System von Beziehungen zwischen höheren Kommutatoren aufgestellt. Im folgenden wird zunächst gezeigt, daß diese Beziehungen völlig beherrscht werden durch die linearen Abhängigkeiten, die zwischen den Elementen eines Ringes bestehen, in dem das assoziative und kommutative Gesetz für die Addition sowie beide distributiven Gesetze gelten, während für die Multiplikation statt des assoziativen und kommutativen Gesetzes die Gesetze

$$\varphi[\psi\chi] + \psi[\chi\varphi] + \chi[\varphi\psi] = 0,$$
$$\varphi\psi + \psi\varphi = 0$$

gelten. Dies kommt durch die Sätze I und III sowie die zum Beweis von III führenden Formeln (12) zum Ausdruck. Satz III ist schon vor Abfassung dieser Arbeit in einfacherer Weise mit anderen Mitteln von O. Grün[2]) bewiesen worden. — Satz II ermöglicht eine kurze Herleitung der von Hall[3]) im dritten Abschnitt seiner Arbeit bewiesenen Identitäten, wie durch Satz IV an einem hinreichend allgemeinen Beispiel gezeigt wird. Satz V gibt einen Überblick über die „im allgemeinen" in einer Gruppe bestehenden Vertauschbarkeitsrelationen, deren „absteigende Zentrenreihe" [s. Abschnitt 2] mit dem Einheitselement schließt.

1. Unter einem *freien Ringe* R von k Erzeugenden x_i $(i = 1, \ldots, k)$ werde folgendes verstanden: Alle Elemente aus R lassen sich durch Addition, Subtraktion und Multiplikation aus den x_i erhalten, und zwei Elemente aus R sind dann und nur dann einander gleich, wenn sie sich auf Grund der Rechengesetze ineinander überführen lassen. Dabei sollen in R das kommutative und assoziative Gesetz für die Addition, beide distributiven Gesetze und das assoziative, aber nicht das kommutative Gesetz für die Multiplikation gelten. Hieraus folgt, daß jedes Element von R eine endliche Linearkombination mit ganzzahligen Koeffizienten der Produkte

(1) $\qquad x_{i_1} x_{i_2} \cdots x_{i_h}, \qquad i_1, i_2, \ldots, i_h$ Zahlen der Reihe $1, 2, \ldots, k$,

ist. Zwei Produkte $x_{i_1} x_{i_2} \cdots x_{i_k}$ und $x_{j_1} x_{j_2} \cdots x_{j_l}$ sind dabei dann und nur dann einander gleich, wenn $h = l$ und $i_1 = j_1, \ldots, i_l = j_l$ ist. Irgend n verschiedene Produkte (1) sind linear unabhängig; eine Linearkombination von Produkten (1) heiße ein Polynom; als Koeffizienten treten im folgenden ausschließlich ganze Zahlen auf. Die Anzahl h der

[1]) P. Hall, A contribution to the theory of groups of prime-power order, Proceedings of the London Mathematical Society (2) **36** (1934), 29-95. Insbesondere Abschnitt 2.

[2]) O. Grün, Über eine Faktorgruppe freier Gruppen. I, Deutsche Mathematik **1** (1937), 772—782.

[3]) l. c.[1]), insbes. S. 63 u. 73/74.

Faktoren eines Produktes (1) heiße die Dimension des Produkts in den x_i; ein Element y, das eine Linearkombination von Produkten derselben Dimension h ist, heißt homogen in den x_i und von der Dimension h.

Analog zu R sei P ein freier Ring von k Erzeugenden ξ_i $(i = 1, \ldots, k)$, in dem als Rechengesetze für die Addition sowohl das kommutative wie das assoziative Gesetz gelten, in dem ferner die distributiven Gesetze gültig sind, die Multiplikation dagegen weder dem kommutativen noch dem assoziativen Gesetz genügt. Dafür sollen zwischen irgend zwei bzw. drei Elementen φ, ψ bzw. φ, ψ, ω von P die Beziehungen

$$(2) \qquad \varphi\psi + \psi\varphi = 0, \qquad \varphi[\psi\omega] + \psi[\omega\varphi] + \omega[\varphi\psi] = 0$$

bestehen. Die Anzahl der Faktoren ξ_i eines Produktes heiße die Dimension des Produktes in den ξ_i oder, da die ξ_i im folgenden vor anderen Elementen von P ausgezeichnet sind, das Gewicht eines Produktes. Aus (2) folgt, daß alle Produkte vom Gewicht h Linearkombinationen (mit ganzzahligen Koeffizienten) der Produkte

$$(3) \qquad \xi_{i_1}[\xi_{i_2}[\cdots[\xi_{i_{h-1}}\xi_{i_h}]\cdots]]$$

sind; dieselben mögen *rechts normierte* Produkte heißen, da die sich schließenden eckigen Klammern alle ganz rechts stehen. Die formal verschiedenen rechtsnormierten Produkte sind i. a. nicht linear unabhängig, z. B. ist

$$\xi_1[\xi_2[\xi_1\xi_2]] - \xi_2[\xi_1[\xi_1\xi_2]] = 0\,.$$

Man ordne nun den Elementen von P Elemente von R zu durch die Vorschrift: Den ξ_i werde x_i zugeordnet; sind den Elementen φ und ψ von P die Elemente u und v von R zugeordnet, so seien den Elementen

$$\varphi + \psi, \quad \varphi - \psi, \quad \varphi\psi$$

von P in R die Elemente

$$u + v, \quad u - v, \quad uv - vu$$

zugeordnet. Dann gilt der Satz:

I. *Jedem Element von* P *ist ein und nur ein Element von* R *zugeordnet. Verschiedenen Elementen von* P *sind verschiedene Elemente von* R *zugeordnet.*

Die gegebenen Zuordnungsvorschriften liefern also eine getreue Darstellung von P durch Elemente von R.

Es gilt weiterhin der im folgenden ebenfalls benötigte Satz:

II. *Ist* n *eine beliebige natürliche Zahl und* X_n *der aus den Linearkombinationen der Produkte* n*-ter Dimension in den* x_i *bestehende Modul,* $\{X_n\}$ *die von den Elementen von* X_n *mit der Addition als verknüpfender Operation gebildete Abelsche Gruppe,* D_n *der Teilmodul von* X_n*, der aus allen Elementen von* X_n *besteht, die einem Elemente aus* P *zugeordnet sind,* $\{D_n\}$ *die entsprechende Untergruppe von* $\{X_n\}$*, so enthält die Faktorgruppe* $\{X_n\}/\{D_n\}$ *keine Elemente endlicher Ordnung.*

Nennt man ein Element aus X_n, das einem rechtsnormierten Produkt vom Gewicht n aus P zugeordnet ist, eine n-te Differenz, so wird nach dem bei (3) Bemerkten $\{D_n\}$ von den n-ten Differenzen erzeugt. Sind Δ_ϱ $(\varrho = 1, \ldots, r)$ die Elemente einer Basis von $\{D_n\}$, so läßt sich Satz II auch so aussprechen:

II*. *Ist* $\sum_{\varrho=1}^{r} c_\varrho \Delta_\varrho$ *ein Polynom aus* X_n*, dessen sämtliche Koeffizienten durch eine Primzahl* p *teilbar sind, so sind auch alle* $c_\varrho \equiv 0$ (mod. p).

Der Beweis von Satz II wird geführt durch den Nachweis, daß es zwischen $\{X_n\}$ und $\{D_n\}$ eine Kette von Untergruppen $\{X_n^*\}$, $\{X_n^{**}\}, \ldots$ gibt, deren jede in der vorhergehenden enthalten ist, deren letzte $\{D_n\}$ ist und die so beschaffen sind, daß die Quotientengruppen zweier aufeinanderfolgenden von diesen Untergruppen keine Elemente endlicher Ordnung enthalten. Dies wird sich beim Beweise von Satz I mitergeben. Zum Beweise von I ist zunächst zu sagen, daß die eine Seite des Satzes — nämlich, daß jedem Element von P genau ein Element von R zugeordnet ist — trivial ist, da den linken Seiten in (2), d. h. den Elementen

$$\varphi\psi + \psi\varphi \quad \text{und} \quad \varphi[\psi\omega] + \psi[\omega\varphi] + \omega[\varphi\psi]$$

aus P stets die Null aus R zugeordnet ist. Dem Beweis des zweiten Teiles von I mögen zunächst drei Hilfssätze vorausgeschickt werden.

Die Elemente y_λ $(\lambda = 1, \ldots, l)$ von R mögen algebraisch unabhängig heißen, wenn der von ihnen erzeugte Unterring von R ein freier Ring mit den l Erzeugenden y_λ ist; derselbe heiße $R(y)$. Die y_λ seien homogen in den x_i, ihre Dimensionen in den x_i mögen sämtlich kleiner oder gleich einer festen Zahl n sein. Die Linearkombinationen derjenigen Produkte in den y_λ, deren Dimension in den x_i gleich n ist, bilden einen Modul Y_n, dessen Elemente bei Addition die Gruppe $\{Y_n\}$ bilden. Die y_λ mögen Erzeugende von Y_n heißen. Es sei y_1 eines unter den Elementen y_λ, dessen Dimension d in den x_i kleiner als n ist. Man bilde die Elemente

$$(4) \qquad y_\lambda^{(\sigma)} = \sum_{\tau=0}^{\sigma} (-1)^\tau \binom{\sigma}{\tau} y_1^{\sigma-\tau}\, y_\lambda\, y_1^\tau$$

für $\lambda = 2, \ldots, l$ und für alle Werte von σ, für die $y_\lambda^{(\sigma)}$ eine Dimension $\leqq n$ in den x_i besitzt. Die $y_\lambda^{(\sigma)}$ mögen in irgendeiner Reihenfolge mit y_μ^* $(\mu = 1, \ldots, m)$ bezeichnet werden. Dann gilt:

Hilfssatz 1. *Die y_μ^* sind algebraisch unabhängig.*

Hilfssatz 2. *Jedes Element Z von Y_n läßt sich in der Form schreiben*

$$(5) \qquad Z = P_0^*\, y_1^t + P_1^*\, y_1^{t-1} + \cdots + P_{t-1}^*\, y_1 + P_t^*,$$

wobei die P_τ^* $(\tau = 0, \ldots, t)$ Polynome (mit ganzzahligen Koeffizienten) in den y_μ^* sind und $t = \left[\frac{n}{d}\right]$ ist. P_0^* kann auch eine ganze Zahl sein. Z ist dann und nur dann gleich Null, wenn alle P_τ^* gleich Null sind.

Die Gesamtheit der Polynome P_t^* bildet einen Modul Y_n^* mit den Erzeugenden y_μ^*. Wir sagen, Y_n^* sei aus Y_n durch Elimination von y_1 entstanden. Für die Gruppe der Elemente von Y_n^* mit der Addition als Verknüpfung gilt offenbar der

Zusatz zu Hilfssatz 2. *Die Quotientengruppe $\{Y_n\}/\{Y_n^*\}$ enthält keine Elemente endlicher Ordnung.*

Denn die Basiselemente von $\{Y_n^*\}$ bilden einen Teil einer Basis von $\{Y_n\}$.

Natürlich läßt sich y_1 auch aus Y_n eliminieren, wenn die Dimension von y_1 in den x_i gleich n ist; dieser Fall wird im folgenden jedoch stets ausgeschlossen. Zur Erklärung der $y_\lambda^{(\sigma)}$ sei bemerkt, daß diese in gewissem Sinn höhere Differenzen sind. Gibt es nämlich in P Elemente $\eta_1, \ldots, \eta_l$, denen die Elemente $y_1, \ldots, y_l$ von R zugeordnet sind, dann ist $y_\lambda^{(\sigma)}$ dem rechtsnormierten Produkt

$$\eta_1[\eta_1[\cdots[\eta_1\,\eta_\lambda]\cdots]]$$

von σ Faktoren η_1 und einem Faktor η_λ zugeordnet.

Beweis von Hilfssatz 1. Wegen der vorausgesetzten algebraischen Unabhängigkeit der y_λ zerfällt jede Beziehung zwischen den y^*_μ sofort in lineare Beziehungen zwischen solchen Produkten der y^*_μ, die in den y_λ dieselbe Dimension haben. Diese Produkte lassen sich weiterhin in Klassen einteilen, indem man jedem Produkt der y^*_μ dasjenige Produkt der $y_2, \ldots, y_l$ zuordnet, das aus dem gegebenen Produkt der y^*_μ, d. h. der $y^{(\sigma)}_\lambda$, entsteht, indem man $y^{(\sigma)}_\lambda$ durch y_λ ersetzt, und alle Produkte der y^*_μ zu einer Klasse rechnet, denen dasselbe Produkt in $y_2, \ldots, y_l$ zugeordnet ist. Eine lineare Beziehung zwischen Produkten der y^*_μ von fester Dimension in den y_λ ($\lambda = 1, \ldots, l$) zerfällt dann sofort in lineare Beziehungen zwischen zu derselben Klasse gehörigen Produkten der y^*_μ; zu einer Klasse gehören aber alle und nur die Produkte

$$y^{(\sigma_1)}_{\lambda_1} y^{(\sigma_2)}_{\lambda_2} \cdots y^{(\sigma_\varrho)}_{\lambda_\varrho} \tag{6}$$

mit festen $\lambda_1, \lambda_2, \ldots, \lambda_\varrho$ aus der Reihe der Zahlen $2, \ldots, l$ und mit veränderlichen $\sigma_1, \sigma_2, \ldots, \sigma_\varrho$, die nur der Bedingung genügen müssen, daß ihre Summe einen festen Wert besitzt. Unter den in einer Linearkombination von Produkten (6) mit einem von Null verschiedenen Koeffizienten vorkommenden Summanden wähle man nun ein Leitglied

$$y^{(\tau_1)}_{\lambda_1} y^{(\tau_2)}_{\lambda_2} \cdots y^{(\tau_\varrho)}_{\lambda_\varrho}$$

aus durch die üblichen Bedingungen, daß τ_1 das Maximum von σ_1 sein soll, τ_2 der größte Wert von σ_2 in all den Produkten, in denen $\sigma_1 = \tau_1$ ist usf. Dann entsteht bei Einsetzen der Werte (4) für die $y^{(\sigma)}_\lambda$ aus dieser Linearkombination von Produkten (6) eine Linearkombination von Produkten der y_λ ($\lambda = 1, \ldots, l$), die nicht identisch verschwindet, da in ihr das Produkt

$$y_1^{\tau_1} y_{\lambda_1} y_1^{\tau_2} y_{\lambda_2} \cdots y_1^{\tau_\varrho} y_{\lambda_\varrho}$$

genau mit dem Koeffizienten des soeben definierten Leitgliedes auftritt.

Zum *Beweis von Hilfssatz* 2 überlegt man sich genau wie bei Hilfssatz 1, daß es genügt, ihn für jeden Teilmodul von Y_n zu beweisen, der aus allen Linearkombinationen von Produkten

$$y_1^{\sigma_1} y_{\lambda_1} y_1^{\sigma_2} y_{\lambda_2} \cdots y_1^{\sigma_\varrho} y_{\lambda_\varrho} y_1^{\sigma_{\varrho+1}} \tag{7}$$

besteht, wobei $\lambda_1, \ldots, \lambda_\varrho$ beliebige, aber feste Zahlen der Reihe $2, \ldots, l$ sind, während $\sigma_1, \ldots, \sigma_{\varrho+1}$ veränderliche Zahlen mit fester Summe s sind. Sind $u_1, \ldots, u_{\varrho+1}$ kommutative Veränderliche, und ordnet man jedem Produkt (6) das Produkt [4])

$$u_1^{\sigma_1} u_2^{\sigma_2} \cdots u_{\varrho+1}^{\sigma_{\varrho+1}} \tag{7'}$$

dieser Veränderlichen zu, so sind die sämtlichen Linearkombinationen der Produkte (6) umkehrbar-eindeutig den Polynomen der u_ν ($\nu = 1, \ldots, \varrho + 1$) vom Grade s mit ganzzahligen Koeffizienten zugeordnet. Sei $P(u_1, \ldots, u_\varrho, u_{\varrho+1})$ ein solches Polynom, und sei Δ der Operator

$$\frac{\partial}{\partial u_1} + \cdots + \frac{\partial}{\partial u_\varrho} + \frac{\partial}{\partial u_{\varrho+1}},$$

[4]) s. W. Wagner, Über die Grundlagen der projektiven Geometrie und allgemeine Zahlensysteme, Math. Annalen **113** (1936), 528-567. Insbesondere Kap. II, § 2, wo das hier benutzte Verfahren ausführlich auseinandergesetzt wird.

dann wird nach dem Taylorschen Lehrsatz

$$P(u_1, \ldots, u_\varrho, u_{\varrho+1}) = \sum_{\tau=0}^{s} \frac{u_{\varrho+1}^\tau}{\tau!} \Delta^\tau P(u_1 - u_{\varrho+1}, \ldots, u_\varrho - u_{\varrho+1}, 0),$$

und hierin ist $\frac{1}{\tau!} \Delta^\tau P(u_1 - u_{\varrho+1}, \ldots, u_\varrho - u_{\varrho+1}, 0)$ ein Polynom $a_\tau(\delta_1, \ldots, \delta_\varrho)$ mit ganzzahligen Koeffizienten in den Veränderlichen $\delta_\nu = u_\nu - u_{\nu+1}$. Nun entspricht einem Produkt

$$\delta_1^{\beta_1} \cdots \delta_\varrho^{\beta_\varrho} u_{\varrho+1}^\tau$$

eindeutig das Produkt

$$y_{\lambda_1}^{(\beta_1)} \cdots y_{\lambda_\varrho}^{(\beta_\varrho)} y_1^\tau$$

und damit dem Polynom $P(u_1, \ldots, u_\varrho, u_{\varrho+1})$ ein Ausdruck, der die Form der rechten Seite von (5) hat. Damit ist Hilfssatz 2 bewiesen.

Hilfssatz 3. *Es seien* η_λ $(\lambda = 1, \ldots, l)$ *l Elemente aus* P. H_n *sei der Modul, der von allen Linearkombinationen derjenigen Produkte der* η_λ *gebildet wird, die das Gewicht n haben; es werde angenommen, daß die Gewichte der* η_λ *alle* $\leqq n$ *sind. Es besitze etwa* η_1 *ein Gewicht* $< n$. *Dann gilt: Jedes Element aus* H_n *läßt sich auch als Linearkombination von Produkten der rechtsnormierten Produkte*

$$\eta_\lambda^{(\sigma)} = \eta_1 [\eta_1 [\cdots [\eta_1 \eta_\lambda] \cdots]]$$

schreiben, wobei $\eta_\lambda^{(\sigma)}$ *aus* σ *Faktoren* η_1 *und einem Faktor* η_λ *besteht und* λ *die Zahlen von* 2 *bis l und* σ *alle die Zahlen durchläuft, für die das Gewicht von* $\eta_\lambda^{(\sigma)}$ *kleiner oder gleich n ist.*

Wir wollen dies auch so ausdrücken, daß wir sagen „η_1 läßt sich aus H_n eliminieren". — Zum *Beweis von Hilfssatz* 3 darf man sich nach dem nach (2) Gesagten auf die Behandlung rechtsnormierter Produkte aus H_n beschränken; da ferner das Gewicht von η_1 kleiner als n ist und ein Produkt aus zwei gleichen Faktoren nach (2) verschwindet, darf man sich auf solche rechtsnormierten Produkte beschränken, in denen der letzte Faktor von η_1 verschieden ist. Es sei nun

$$\Pi_h = \eta_{\lambda_1}^{(\sigma_1)} [\cdots [\eta_{\lambda_{h-1}}^{(\sigma_{h-1})} \eta_{\lambda_h}^{(\sigma_h)}] \cdots]$$

ein rechtsnormiertes Produkt aus h Faktoren $\eta_\lambda^{(\sigma)}$, und es werde angenommen, daß man $\eta_1 \Pi_h$ durch die $\eta_\lambda^{(\sigma)}$ ausdrücken kann, was für $h = 1$ wegen $\eta_1 \eta_\lambda^{(\sigma)} = \eta_\lambda^{(\sigma+1)}$ sicher richtig ist. Dann gilt dasselbe auch für Produkte Π_{h+1} aus $h + 1$ Faktoren; denn sei

$$\Pi_{h+1} = \eta_{\lambda_1}^{(\sigma_1)} [\eta_{\lambda_2}^{(\sigma_2)} [\cdots [\eta_{\lambda_h}^{(\sigma_h)} \eta_{\lambda_{h+1}}^{(\sigma_{h+1})}] \cdots]],$$

$$\varphi = \eta_{\lambda_2}^{(\sigma_2)} [\cdots [\eta_{\lambda_h}^{(\sigma_h)} \eta_{\lambda_{h+1}}^{(\sigma_{h+1})}] \cdots],$$

so ist $\eta_1 \Pi_{h+1} = \eta_1 [\eta_{\lambda_1}^{(\sigma_1)} \varphi]$, und dies ist nach (2) gleich

$$-\eta_{\lambda_1}^{(\sigma_1)} [\varphi \eta_1] - \varphi [\eta_1 \eta_{\lambda_1}^{(\sigma_1)}] = \eta_{\lambda_1}^{(\sigma_1)} [\eta_1 \varphi] + \eta_{\lambda_1}^{(\sigma_1+1)} \varphi,$$

und da φ nur h Faktoren enthält, ist $\eta_1 \varphi$ nach Annahme in eine Linearkombination rechtsnormierter Produkte der $\eta_\lambda^{(\sigma)}$ verwandelbar. Es sei nun weiterhin schon gezeigt, daß sich jedes rechtsnormierte Produkt von $\eta_1, \ldots, \eta_l$, in dem höchstens k Faktoren η_1 vorkommen, durch die $\eta_\lambda^{(\sigma)}$ ausdrücken läßt; wegen $\eta_\lambda = \eta_\lambda^{(0)}$ für $\lambda > 1$ gilt dies nach dem eben Bewiesenen gewiß für $k = 1$. Kommt nun in dem Produkt

$$\Pi = \eta_{\lambda_1} [\eta_{\lambda_2} [\cdots [\eta_{\lambda_r} \eta_{\lambda_{r+1}}] \cdots]]$$

mit $k+1$ Faktoren η_1 der Faktor η_1 zum ersten Male an der i-ten Stelle vor, so verwandle man zunächst

$$\eta_{\lambda_{i+1}}[\cdots[\eta_{\lambda_r}\eta_{\lambda_{r+1}}]\cdots] = \Pi'$$

in eine Linearkombination Σ von Produkten der $\eta_\lambda^{(\sigma)}$, was nach Annahme möglich ist, da Π' nur k Faktoren η_1 enthält; dann verwandle man $\eta_1 \Sigma$ in eine Linearkombination Σ' rechtsnormierter Produkte der $\eta_\sigma^{(\lambda)}$, was nach dem oben Bewiesenen möglich ist, und man hat dann

$$\Pi = \eta_{\lambda_1}[\cdots[\eta_{\lambda_{i-1}}\Sigma']\cdots],$$

woraus die Behauptung folgt.

Satz I wird nun durch die folgende Konstruktion bewiesen:

X_n sei der Modul der Polynome von der Dimension n in den x_i. Wir eliminieren ein x_i, etwa x_1, und erhalten nach Hilfssatz 1 und 2 algebraisch unabhängige Elemente $x_{i^*}^*$ $(i^* = 1, \ldots, k^*)$, die einen Teilmodul X_n^* von X_n erzeugen. Wir eliminieren ein $x_{i^*}^*$ von kleinster Dimension in den x_i, und erhalten ein neues System von algebraisch unabhängigen Elementen $x_{i^{**}}^{**}$, $(i^{**} = 1, \ldots, k^{**})$ und einen zugehörigen Teilmodul X_n^{**} von X_n^*. So fahren wir fort, bis wir zu einem System von algebraisch unabhängigen Elementen kommen, die sämtlich das Gewicht n in den x_i besitzen; dieselben mögen $\bar{x}_1, \ldots, \bar{x}_{\bar{k}}$ heißen; ihre Linearkombinationen bilden einen Modul $\bar{X}_n$. Es ist klar, daß das Verfahren abbricht, denn wenn man stets ein Element niedrigster Dimension eliminiert, vermindert sich bei jedem Schritt die Anzahl der Elemente niedrigster Dimension um eins. Wie aus der vor dem Beweis von Hilfssatz 1 gemachten Bemerkung hervorgeht, sind die $\bar{x}_1, \ldots, \bar{x}_{\bar{k}}$ jedenfalls gewissen Produkten $\bar{\eta}_1, \ldots, \bar{\eta}_{\bar{k}}$ vom Gewicht n aus P zugeordnet, und $\bar{X}_n$ ist daher in dem in Satz II erklärten Modul D_n enthalten. Es werde nun gezeigt, daß $D_n = \bar{X}_n$ ist und daß insbesondere jedes Produkt aus n Faktoren in P sich allein mit Hilfe der in P gültigen Rechengesetze in eine Linearkombination der Elemente $\bar{\eta}_1, \ldots, \bar{\eta}_{\bar{k}}$ verwandeln läßt. Bezeichnet man nämlich den von den Produkten aus n Faktoren erzeugten Modul aus P mit Ξ_n, so läßt sich Ξ_n nach Hilfssatz 3 auch durch Produkte der durch Elimination von ξ_1 aus Ξ_n entstehender Elemente

$$\xi_\lambda^{(\sigma)} = \xi_1[\cdots[\xi_1\xi_\lambda]\cdots]$$

ausdrücken; bezeichnen wir diese in einer geeigneten Reihenfolge mit $\xi_{i^*}^*$, $(i^* = 1, \ldots, k^*)$, so ist $\xi_{i^*}^*$ in R das Element $x_{i^*}^*$ zugeordnet, und durch Fortsetzung dieser Schlußweise finden wir, daß Ξ_n sich auch durch die Elemente $\bar{\eta}_1, \ldots, \bar{\eta}_{\bar{k}}$ ausdrücken lassen muß. Daraus folgt wegen der algebraischen, also a fortiori linearen Unabhängigkeit der $\bar{x}_1, \ldots, \bar{x}_{\bar{k}}$, daß verschiedenen Elementen aus Ξ_n verschiedene Elemente aus $\bar{X}_n$ zugeordnet sind; damit ist aber Satz I bewiesen, denn es ist klar, daß, wenn es zwei verschiedene Elemente aus P gäbe, denen dasselbe Element aus R zugeordnet wäre, diese dasselbe Gewicht haben müßten.

Satz II folgt aus der nach II* gemachten Bemerkung, daß die Gruppen

$$\{X_n\}/\{X_n^*\}, \quad \{X_n^*\}/\{X_n^{**}\} \quad \text{usf.}$$

keine Elemente endlicher Ordnung enthalten (s. Zusatz zu Hilfssatz 2).

2. Der freie Ring R von k Erzeugenden x_i aus Satz I läßt sich durch Hinzunahme von allen Linearkombinationen mit ganzzahligen Koeffizienten von unendlich vielen der

Produkte (1) und Hinzufügen eines Einheitselementes 1 zu einem Ringe $\mathfrak{R}$ erweitern[5]), dessen allgemeines Element dann die Form hat

$$(8) \qquad c_0 + \sum_{k=1}^{\infty} \sum_{i_\nu=1}^{k} c_{i_1 i_2 \ldots i_k} x_{i_1} x_{i_2} \cdots x_{i_k},$$

wobei c_0 und die $c_{i_1 i_2 \ldots i_k}$ ganze Zahlen sind und c_0 für $c_0 \cdot 1$ steht. — Es sei $\mathfrak{F}$ eine freie Gruppe von k Erzeugenden a_i; dann erhält man eine treue Darstellung von $\mathfrak{F}$ durch Elemente von $\mathfrak{R}$, wenn man einem Produkt zweier Elemente von $\mathfrak{F}$ das Produkt der zugeordneten Elemente aus $\mathfrak{R}$ zuordnet, dem Einheitselement von $\mathfrak{F}$, das ebenfalls mit 1 bezeichnet werde, das Element 1 aus $\mathfrak{R}$ und den Elementen a_i und a_i^{-1} resp. die Elemente

$$1 + x_i \quad \text{und} \quad \sum_{\nu=0}^{\infty} (-1)^\nu x_i^\nu$$

aus $\mathfrak{R}$ zuordnet. Dabei sei $x_i^0 = 1$ gesetzt. Jedem Element aus $\mathfrak{F}$ ist dann ein Element

$$(9) \qquad 1 + \sum_{\nu=1}^{\infty} P_\nu(x_i)$$

aus $\mathfrak{R}$ zugeordnet, wobei die P_ν Polynome in den x_i mit ganzzahligen Koeffizienten und von der Dimension ν sind. Diejenigen Elemente aus $\mathfrak{F}$, in deren „Entwicklung" (9) in $\mathfrak{R}$ die P_ν für alle $\nu < n$ Null sind, bilden eine charakteristische Untergruppe von $\mathfrak{F}$, die die n-te Dimensionsgruppe $\mathfrak{D}_n(\mathfrak{F})$ oder kurz $\mathfrak{D}_n$ heiße. Es ist $\mathfrak{D}_1 = \mathfrak{F}$. Eine weitere Reihe von charakteristischen Untergruppen bilden die Gruppen der absteigenden Zentrenreihe von $\mathfrak{F}$, die mit $\mathfrak{Z}_n(\mathfrak{F})$ oder kurz $\mathfrak{Z}_n$ bezeichnet werden mögen; sie sind so definiert, daß $\mathfrak{Z}_1 = \mathfrak{F}$ und $\mathfrak{Z}_n$ für $n > 1$ die kleinste Untergruppe von $\mathfrak{F}$ ist, die alle Kommutatoren irgendeines Elementes aus $\mathfrak{F}$ mit irgendeinem Element aus $\mathfrak{Z}_{n-1}$ enthält.

Nun gilt der Satz:

III. *Die n-te Gruppe $\mathfrak{Z}_n$ der absteigenden Zentrenreihe ist mit der n-ten Dimensionsgruppe $\mathfrak{D}_n$ identisch.*

Aus den Sätzen II* und III folgt der weitere Satz:

IV. (*Identität von P. Hall.*) *Es sei $q = p^r$ eine Potenz der Primzahl p. Mit a_i' mögen die Elemente a_i in irgendeiner Reihenfolge bezeichnet werden. Dann gibt es für $\lambda = 2, \ldots, p$ ein Element Z_λ aus $\mathfrak{Z}_\lambda$ so, daß*

$$(10) \qquad (a_1' a_2' \cdots a_k')^q = a_1^q a_2^q \cdots a_k^q Z_2^q Z_3^q \cdots Z_{p-1}^q Z_p$$

wird.

Das allgemeinere Theorem 3. 1 von Hall[3]) wird genau wie IV und ohne größere Schwierigkeit bewiesen; der Satz IV ist seiner einfachen Formulierung und der von Hall aus demselben gezogenen Folgerungen halber hier vorgezogen worden.

Beweis von IV. Sei b irgendein Element aus $\mathfrak{F}$ und $1 + y$ das ihm zugeordnete Element aus $\mathfrak{R}$. Dann ist b^q in $\mathfrak{R}$ das Element $1 + \sum_{\lambda=1}^{q} \binom{q}{\lambda} y^\lambda$ zugeordnet, und da y nur Glieder von mindestens der ersten Dimension in den x_i enthält, sind hierin die Koeffizienten aller Summanden, deren Dimension $< p$ ist, durch q teilbar. Man wähle nun insbesondere für b das Element $a_1' \cdots a_k'$. Dann ist dem Element auf der linken Seite von (10) ein Element aus $\mathfrak{R}$ zugeordnet, dessen Glieder bis zur $(p - 1)$-ten Dimension durch q

[5]) s. W. Magnus, Beziehungen zwischen Gruppen und Idealen in einem speziellen Ring, Math. Annalen **111** (1935), 259-280, § 2.

teilbare Koeffizienten haben. Das Gleiche gilt von der Entwicklung von

$$Z_1 = (a_1^q \cdots a_k^q)^{-1}$$

und folglich auch von der Entwicklung von

$$c_2 = (a_1^q \cdots a_k^q)^{-1} (a_1' \cdots a_k')^q.$$

Nun beginnt die Entwicklung von c_2 mit Gliedern zweiter Dimension; diese sind nach III eine Linearkombination der zweiten Differenzen [6]) mit ganzzahligen Koeffizienten, und nach II* müssen diese Koeffizienten alle durch q teilbar sein. Da für jedes n alle Linearkombinationen der n-ten Differenzen [6]) als Glieder n-ter Dimension eines Elementes aus $\mathfrak{Z}_n$ auftreten, so gibt es also ein Element Z_2, dessen Glieder zweiter Dimension aus denen von c_2 durch Division mit q entstehen. Das Element

$$c_3 = Z_2^{-q} c_2$$

besitzt daher eine Entwicklung in R, die mit Gliedern dritter Dimension beginnt, und eine Wiederholung derselben Schlußweise liefert nach p Schritten Satz IV.

Beweis von III. $\mathfrak{Z}_{n+1}$ ist in $\mathfrak{D}_{n+1}$ enthalten [7]). Zum Beweise von III ist daher nur der Nachweis erforderlich, daß ein Element aus $\mathfrak{D}_{n+1}$ notwendig in $\mathfrak{Z}_{n+1}$ liegt. Wir nehmen an, da III für $n = 1, 2$ trivial ist, daß $\mathfrak{Z}_n = \mathfrak{D}_n$ ist, bilden nun $\mathfrak{F}$ auf $\mathfrak{F}/\mathfrak{Z}_{n+1} = \mathfrak{F}^*$ ab und haben zu zeigen, daß jedem Element von $\mathfrak{D}_{n+1}$ das Einheitselement von $\mathfrak{F}^*$ entspricht. Da $\mathfrak{Z}_{n+1}$ und $\mathfrak{D}_{n+1}$ Untergruppen von $\mathfrak{D}_n = \mathfrak{Z}_n$ sind, genügt es zu zeigen:

III*. *Es gibt in $\mathfrak{Z}_n$ Elemente z_ϱ ($\varrho = 1, \ldots, r$) mit der Eigenschaft, daß erstens die z_ϱ und ihre Produkte ein vollständiges Repräsentantensystem der Restklassen von $\mathfrak{Z}_n$* mod $\mathfrak{Z}_{n+1}$ *liefern, und daß zweitens jedes Produkt der z_ϱ, das in $\mathfrak{D}_{n+1}$ liegt, auch in $\mathfrak{Z}_{n+1}$ liegt.*

Es ist wegen $\mathfrak{D}_n = \mathfrak{Z}_n$ und $\mathfrak{D}_{n+1} > \mathfrak{Z}_{n+1}$ klar, daß die z_ϱ zusammen mit ihren Produkten auch ein vollständiges Repräsentantensystem der Restklassen von $\mathfrak{Z}_n$ mod $\mathfrak{D}_{n+1}$ liefern. Zum Beweise von III* schreiben wir die Gruppe $\mathfrak{F}$ additiv; um Verwechslungen zu vermeiden, führen wir Symbole α_i ein, die den Erzeugenden a_i von $\mathfrak{F}$ zugeordnet sind, erklären zwischen diesen eine nicht-kommutative aber assoziative Addition, ordnen der 1 von $\mathfrak{F}$ ein Element 0, den a_i^{-1} Elemente $-\alpha_i$ mit $\alpha_i + (-\alpha_i) = 0$ und einem Produkt

$$a_{i_1}^{\tau_1} a_{i_2}^{\tau_2} \cdots a_{i_\varrho}^{\tau_\varrho}$$

aus $\mathfrak{F}$ die Summe

$$(11) \qquad \tau_1\alpha_1 + \tau_2\alpha_2 + \cdots + \tau_\varrho\alpha_\varrho$$

zu. Wir definieren ferner ein Produkt irgend zweier Summen (11); sind σ_1 und σ_2 zwei solche Summen, so sei

$$\sigma_1\sigma_2 = \sigma_1 + \sigma_2 - \sigma_1 - \sigma_2.$$

Sind b_1 und b_2 die σ_1 und σ_2 zugeordneten Elemente aus $\mathfrak{F}$, so ist also dem Element $\sigma_1\sigma_2$ der Kommutator $b_1 b_2 b_1^{-1} b_2^{-1}$ zugeordnet. Die Multiplikation der σ ist weder assoziativ noch kommutativ; es gelten auch nicht die distributiven Gesetze; hingegen gilt $\sigma_1\sigma_2 + \sigma_2\sigma_1 = 0$. Den Bereich, der aus den $\pm\alpha_i$ durch Addition erzeugt wird, nennen wir Φ; die Elemente von Φ sind den Elementen von $\mathfrak{F}$ umkehrbar eindeutig zugeordnet und bilden bei Addition eine mit $\mathfrak{F}$ isomorphe Gruppe. Wir sagen, ein Element von Φ

---

[6]) l. c. [5]), S. 266, IVa, und S. 267.
[7]) l. c. [5]), S. 265, III.

habe das Gewicht λ, wenn es sich als Summe von Produkten von λ Faktoren schreiben läßt. Alle und nur die Elemente von Φ haben das Gewicht λ, die Elementen aus $\mathfrak{Z}_\lambda$ entsprechen. Entspricht ein Element aus Φ einem Element aus $\mathfrak{Z}_\lambda$ aber keinem solchen aus $\mathfrak{Z}_{\lambda+1}$, so sagen wir, es habe das genaue Gewicht λ. Nun gelten in Φ gewisse „approximative" Rechengesetze in dem folgenden Sinne: Sind β, γ, δ irgend drei Elemente aus Φ mit den genauen Gewichten λ_1, λ_2, λ_3, so ist

$$(12)\qquad \left\{\begin{aligned} \beta + (\gamma + \delta) &= (\beta + \gamma) + \delta\,, \\ \beta + \gamma &= \gamma + \beta + \varepsilon_1\,, \\ \beta(\gamma + \delta) &= \beta\gamma + \beta\delta + \varepsilon_2\,, \\ (\gamma + \delta)\,\beta &= \gamma\beta + \gamma\delta + \varepsilon_3\,, \\ \beta\gamma + \gamma\beta &= 0\,, \\ \beta[\gamma\delta] + \gamma[\delta\beta] + \delta[\beta\gamma] &= \varepsilon_4\,, \end{aligned}\right.$$

wobei die Gewichte von ε_1, ε_2, ε_3, ε_4 bzw. größer sind als

$$\lambda_1 + \lambda_2 - 1, \quad \lambda_1 + \lambda_2 + \lambda_3 - 1, \quad \lambda_1 + \lambda_2 + \lambda_3 - 1, \quad \lambda_1 + \lambda_2 + \lambda_3\,.$$

Die Beziehungen (12) stellen leicht zu verifizierende Relationen zwischen Kommutatoren dar[8]). Wären die ε alle $= 0$, so würde (12) genau die Rechengesetze für den in Satz I eingeführten Ring P liefern. Aus (12) folgt nun sofort:

Hilfssatz 4. Sind π_μ $(\mu = 1, \ldots, m)$ irgendwelche Produkte der α_i mit n Faktoren, sind π_μ^* diejenigen Elemente aus P, die man aus den π_μ erhält, wenn man in ihnen α_i durch die ξ_i ersetzt, und ist $\sum_{\mu=1}^{m} \pi_\mu^*$ in P gleich Null, dann hat das Element $\pi_1 + \cdots + \pi_m$ von Φ ein Gewicht $> n$.

Nun wähle man als die in III* genannten Elemente z_ϱ die den Produkten

$$(13)\qquad \alpha_{i_1}[\alpha_{i_2}[\cdots[\alpha_{i_{n-1}}\alpha_{i_n}]\cdots]], \qquad i_\nu = 1, \ldots k,$$

zugeordneten Elemente aus $\mathfrak{Z}_n$; es ist leicht zu sehen, daß diese die erste der in III* geforderten Eigenschaften haben. Sind Δ_ϱ — in irgendeiner Reihenfolge — die den Produkten

$$(14)\qquad \xi_{i_1}[\xi_{i_2}[\cdots[\xi_{i_{n-1}}\xi_{i_n}]\cdots]]$$

aus P zugeordneten n-ten Differenzen aus $\mathfrak{R}$, so beginnt die Entwicklung eines dem Produkt (13) zugeordneten Elementes z_ϱ aus $\mathfrak{Z}_n$ mit der (14) zugeordneten n-ten Differenz Δ_ϱ. Ein Produkt Π der z_ϱ entspricht einer Summe von Elementen (13); die dieser Summe nach Hilfssatz 4 zugeordnete Summe von Produkten (14) heiße Ξ. Andrerseits besitzt Π in $\mathfrak{R}$ eine Entwicklung, die mit Gliedern von mindestens n-ter Dimension beginnt, wobei diese Glieder n-ter Dimension aus der dem Element Ξ von P in $\mathfrak{R}$ zugeordneten Summe von n-ten Differenzen bestehen. Nach Satz I verschwindet diese Summe nur dann, wenn Ξ verschwindet, und nach Hilfssatz 4 liegt Π dann in $\mathfrak{Z}_{n+1}$. Das ist der Inhalt von III*, und damit ist auch III bewiesen.

Satz III ermöglicht einen kurzen Beweis der im zweiten Abschnitt der Arbeit von P. Hall [1]) bewiesenen Sätze, da das Rechnen mit den Dimensionsgruppen sich recht einfach gestaltet; allerdings benutzt der hier gegebene Beweis [9]) von III einen Teil der Überlegungen von Hall und ist keineswegs kürzer als diese; trotzdem dürfte III als methodisches Hilfsmittel nützlich sein, wie im folgenden an einem Beispiel gezeigt werden soll. — Als Folgerung von III sei noch die Bemerkung erwähnt:

---

[8]) Man benutze z. B. Theorem 2. 59 von Hall l. c. [1]), S. 57.

[9]) Beim Beweise der Formeln (12) und implizit durch Berufung auf die unter [5]) zitierte Arbeit.

Die Faktorgruppe einer freien Gruppe nach einer Gruppe ihrer absteigenden Zentrenreihe enthält außer dem Einheitselement keine Elemente von endlicher Ordnung.

3. Es seien c_1 und c_2 zwei Elemente der freien Gruppe $\mathfrak{F}$ von k Erzeugenden a_i. Unter dem Gewicht von c_1 bzw. c_2 verstehe man nun die Dimensionen λ_1 bzw. λ_2 der nichtverschwindenden Glieder niedrigster Dimension in den Entwicklungen von c_1 und c_2 in $\mathfrak{R}$. Nach III stimmt dies überein mit der Definition von Hall[1]). Dann gilt:

V. *Das Gewicht λ des Kommutators $c = c_1 c_2 c_1^{-1} c_2^{-1}$ ist gleich der Summe $\lambda_1 + \lambda_2$ der Gewichte von c_1 und c_2, falls diese Gewichte voneinander verschieden sind. Dann und nur dann ist das Gewicht von c größer als $\lambda_1 + \lambda_2$, wenn die von c_1 und c_2 erzeugte Untergruppe auch von zwei Elementen $\bar{c}_1$ und $\bar{c}_2$ mit den Gewichten λ_1 bzw. $\lambda_1 + \mu$ erzeugt werden kann, und in diesem Falle ist $\lambda = 2\lambda_1 + \mu$.*

Zum Beweise zeigen wir zunächst: Sind z_1 und z_2 die in den x_i homogenen Polynome mit den Dimensionen λ_1 und λ_2 in den x_i, mit welchen die Entwicklung von c_1 bzw. c_2 in $\mathfrak{R}$ beginnt, so ist dann und nur dann z_1 mit z_2 vertauschbar, d. h. $z_1 z_2 - z_2 z_1 = 0$, wenn es zwei ganze Zahlen s und t gibt, so daß $s z_1 - t z_2 = 0$ ist. Daraus folgt sogleich der erste Teil von V, denn die Entwicklung von c beginnt mit $z_1 z_2 - z_2 z_1$, falls dieser Ausdruck nicht verschwindet. Nun gilt der folgende Satz: Sind y_j $(j = 1, 2, \ldots, l)$ irgend l in den x_i homogene algebraisch unabhängige Polynome aus R, so ist y_1 nur dann mit einem Polynom in den y_i vertauschbar, wenn dieses ein Vielfaches einer Potenz von y_1 ist. Sei nämlich

$$Q = \Sigma \gamma_{j_1 j_2 \ldots j_h} y_{j_1} y_{j_2} \cdots y_{j_h}$$

ein Polynom in den y_j, das man ohne Beschränkung der Allgemeinheit homogen in den y_j annehmen darf, so definiere man als Leitglied von Q den (von Null verschiedenen) Summanden

$$L = \gamma_{\tau_1 \tau_2 \ldots \tau_h} y_{\tau_1} y_{\tau_2} \cdots y_{\tau_h}$$

von Q, für den τ_1 nicht größer als irgendein j_1 ist, τ_2 nicht größer als irgendein j_2, für das y_{j_2} als zweiter Faktor in einem mit y_{τ_1} beginnenden Summanden von Q auftritt usw. Ist nun $y_1 Q = Q y_1$, so muß $y_1 L = L' y_1$ sein, wobei L' irgendein Summand von Q ist, und das ist nur dann möglich, wenn L ein Vielfaches von y_1^h ist.

Nun sei $\lambda_1 \leqq \lambda_2$. Wir betrachten den Modul X_{λ_2} der homogenen Polynome vom Gewicht λ_2 in den x_i und eliminieren mit dem im Beweise von Satz I benutzten Verfahren nacheinander x_1, x_1^*, x_1^{**}, usf., bis wir zu einem System von algebraisch unabhängigen Größen y_j kommen, deren Dimensionen alle $\geqq \lambda_1$ sind und die sowohl den Modul der λ_1-ten wie den der λ_2-ten Differenzen erzeugen. Die y_j von der Dimension λ_1 bilden dabei sogar eine Basis für die λ_1-ten Differenzen, und wir können durch Übergang zu einer neuen Basis der λ_1-ten Differenzen vermittelst einer linearen Substitution der y_j von der Dimension λ_1 stets erreichen, daß z_1 ein Vielfaches eines y_j, etwa gleich $s y_1$ ist. Da leicht einzusehen ist, daß der Bereich der λ_2-ten Differenzen für $\lambda_2 > \lambda_1$ keine Potenz von y_1 enthalten kann, folgt V für den Fall $\lambda_1 < \lambda_2$. Für $\lambda_1 = \lambda_2$ folgt ebenso, daß z_2 ebenfalls ein Vielfaches von y_1 sein muß, falls $z_1 z_2 - z_2 z_1 = 0$ sein soll.

Es sei also $z_1 = s y_1$, $z_2 = t y_1$ und d der größte gemeinsame Teiler von s und t. Nach bekannten Sätzen über die Automorphismen einer freien Gruppe[10]) von zwei Er-

[10]) s. J. Nielsen, Die Isomorphismen der allgemeinen, unendlichen Gruppe mit zwei Erzeugenden, Math. Annalen 78 (1918), 385-397.

zeugenden folgt dann, daß es zwei Potenzprodukte $\bar{c}_1$ und $\bar{c}_2$ von c_1 und c_2 gibt, aus denen sich c_1 und c_2 rückwärts wieder ausdrücken lassen, derart daß

$$\bar{c}_1 \bar{c}_2 \bar{c}_1^{-1} \bar{c}_2^{-1} = c_1 c_2 c_1^{-1} c_2^{-1} \tag{15}$$

ist identisch in c_1, c_2 und so, daß $\bar{c}_1$ in R eine mit $\pm dy_1$ beginnende Entwicklung besitzt, während $\bar{c}_2$ mit Gliedern von höherer als der λ_1-ten Dimension beginnt. Man kann nämlich allgemein erreichen, daß $\bar{c}_1$ und $\bar{c}_2$ Entwicklungen

$$a_{11} z_1 + a_{12} z_2 \quad \text{und} \quad a_{21} z_1 + a_{22} z_2 \qquad (a_{11}, a_{12}, a_{21}, a_{22} \text{ ganze Zahlen})$$

mit $a_{11} a_{22} - a_{12} a_{21} = 1$ besitzen, wobei $\bar{c}_1$ und $\bar{c}_2$ der Bedingung (15) genügen und dieselbe Gruppe erzeugen wie c_1 und c_2. Beginnt nun die Entwicklung von $\bar{c}_2$ in $\mathfrak{R}$ mit dem Polynom $\bar{y}_2$ von der Dimension $\lambda_1 + \mu$, so beginnt die Entwicklung von c mit $d(y_1 \bar{y}_2 - \bar{y}_2 y_1)$. Damit ist Satz V völlig bewiesen.

Zusatz bei der Korrektur (5. 3. 1937). In einer mir nachträglich bekannt gewordenen Arbeit beweist E. Witt eine wesentliche Verallgemeinerung von Satz I sowie eine sehr wichtige Ergänzung dazu. Die Arbeit von E. Witt erscheint demnächst in diesem Journal.

Eingegangen 26. Oktober 1936.

Note (added 1983): There is a gap in the proof of Hilfssatz 4, p. 113. The proof of formulas (12) is not as obvious as claimed. They are, however, correct.

Über die Anzahl der in einem Geschlecht enthaltenen Klassen von positiv-definiten quadratischen Formen.

Von

Wilhelm Magnus in Frankfurt am Main.

Der Hauptsatz des ersten Teiles der Arbeit von C. L. Siegel: „Über die analytische Theorie der quadratischen Formen"[1]) liefert unmittelbar einen sehr einfachen Ausdruck für die Anzahl der Darstellungen einer positiv-definiten quadratischen Form $\mathfrak{T}$ mit ganzzahligen Koeffizienten durch eine ebensolche Form $\mathfrak{S}$, falls die Anzahl der im Geschlecht von $\mathfrak{S}$ enthaltenen Klassen gleich eins ist. Im folgenden wird der Nachweis geliefert, daß es nur endlich viele nicht äquivalente Formen $\mathfrak{S}$ in mehr als zwei Variablen gibt, in deren Geschlecht nur eine beschränkte Anzahl von Klassen enthalten ist. Der Beweis wird mit Hilfe der von Siegel angegebenen Formel für das Maß des Geschlechtes von $\mathfrak{S}$ geführt, ist aber im übrigen durchaus elementarer Natur. Ein großer Teil der im folgenden benutzten Formeln ließe sich der Arbeit von Minkowski: „Bestimmung der Anzahl verschiedener Formen, welche ein gegebenes Genus enthält"[2]) entnehmen; da die dort gegebenen Ableitungen sich jedoch an mehreren Punkten auf frühere Arbeiten von Minkowski stützen, und da die hier benötigten Formeln sich mit geringerer Mühe ableiten lassen als die weitergehenden Sätze von Minkowski, ist im folgenden nur ein einfacher Hilfssatz von Minkowski und Hilfssatz 18 der Arbeit von Siegel[1]) übernommen worden.

Es sei $\mathfrak{S}$ eine symmetrische Matrix von m Zeilen und Spalten; die Elemente $s_{ik} = s_{ki}$ $(i, k = 1, \ldots, m)$ von $\mathfrak{S}$ seien ganze Zahlen, und die Determinante $S = |\mathfrak{S}|$ von $\mathfrak{S}$ sei von Null verschieden. Die Matrizen $\mathfrak{S}$ und $\mathfrak{T}$ heißen äquivalent, wenn es eine Matrix $\mathfrak{U}$ von m Zeilen und Spalten mit ganzzahligen Koeffizienten und der Determinante $|\mathfrak{U}| = \pm 1$ gibt, so daß

$$(1) \qquad \mathfrak{U}'\mathfrak{S}\mathfrak{U} = \mathfrak{T}$$

wird, wobei $\mathfrak{U}'$ die aus $\mathfrak{U}$ durch Vertauschung von Zeilen und Spalten entstehende Matrix bedeutet. Ist q eine ganze Zahl > 1, und gibt es

[1]) Annals of Mathematics **36** (1935), 527–606.

[2]) Acta Mathematica **7** (1885), 201–258. Gesammelte Abhandlungen Bd. 1, Nr. IV.

eine Matrix $\mathfrak{U}$ mit ganzzahligen Koeffizienten und $|\mathfrak{U}| \equiv \pm 1 \pmod{q}$, so daß

(2) $$\mathfrak{U}' \mathfrak{S} \mathfrak{U} \equiv \mathfrak{T} \pmod{q}$$

wird, so heißen $\mathfrak{S}$ und $\mathfrak{T}$ modulo q äquivalent. Wir definieren ferner als Ordnung $E_q(\mathfrak{S})$ der Einheitengruppe von $\mathfrak{S}$ modulo q die Anzahl der modulo q verschiedenen Matrizen $\mathfrak{V}$ mit ganzzahligen Elementen, für die

(3) $$\mathfrak{V}' \mathfrak{S} \mathfrak{V} \equiv \mathfrak{S} \pmod{q}$$

gilt. Ist $\mathfrak{S}$ mit $\mathfrak{T}$ modulo q äquivalent, so ist $E_q(\mathfrak{S}) = E_q(\mathfrak{T})$. Die Hilfssätze dieses Abschnitts dienen der Berechnung bzw. Abschätzung der Zahlen $E_q(\mathfrak{S})$ für gewisse Moduln q.

Zur Abkürzung werde die folgende Bezeichnung eingeführt: Unter

(4) $$\mathfrak{A} = \begin{pmatrix} \mathfrak{A}_{11} & \mathfrak{A}_{12} \\ \mathfrak{A}_{21} & \mathfrak{A}_{22} \end{pmatrix}$$

verstehen wir eine Matrix, die sich aus vier Teilmatrizen $\mathfrak{A}_{ik}$ $(i, k = 1, 2)$ zusammensetzt. Die $\mathfrak{A}_{ii}$ seien zwei quadratische Matrizen, d. h. $\mathfrak{A}_{ii}$ habe gleich viele, etwa m_i, Zeilen und Spalten; $\mathfrak{A}_{12}$ hat dann m_1 Zeilen und m_2 Spalten, $\mathfrak{A}_{21}$ hat m_2 Zeilen und m_1 Spalten, $\mathfrak{A}$ selber hat $m_1 + m_2$ Zeilen und Spalten. Falls $\mathfrak{A}_{12}$ und $\mathfrak{A}_{21}$ Nullmatrizen sind, schreiben wir statt (4) auch einfach

(5) $$\mathfrak{A} = (\mathfrak{A}_{11}, \mathfrak{A}_{22}).$$

Gelegentlich führen wir auch eine analoge Zerlegung einer Matrix in mehr als vier, allgemein in h^2 Matrizen $\mathfrak{A}_{ik}$ $(i, k = 1, \ldots, h)$ und die (4) und (5) entsprechende Schreibweise ein; wenn sich dabei die Zeilen- und Spalten-Zahl der Teilmatrizen aus dem Zusammenhang mitergibt, wird sie nicht besonders erwähnt. Die Buchstaben $\mathfrak{E}$, $\mathfrak{E}_0$, $\mathfrak{E}^*$ usf. bedeuten stets Einheitsmatrizen.

Hilfssatz 1. *Es sei p eine Primzahl, p^{α_0} die höchste Potenz von p, die in allen Koeffizienten von $\mathfrak{S}$ aufgeht, p^t eine so hohe Potenz von p, daß dieselbe nicht mehr in $4S^2$ aufgeht. Dann gilt*

(6) $$E_{p^t}(\mathfrak{S}) = p^{(m^2+1)\alpha_0} E_{p^t - \alpha_0}(p^{-\alpha_0} \mathfrak{S}).$$

Dabei ist dann $p^{-\alpha_0}\mathfrak{S}$ eine Matrix mit ganzzahligen Koeffizienten, deren Elemente nicht sämtlich durch p teilbar sind. Eine solche heiße „*primitiv modulo p*". Ein einfacher Beweis für Hilfssatz 1 findet sich bei Minkowski, l. c. (2), § 4.

Hilfssatz 2. *Ist die Primzahlpotenz p^t kein Teiler von $4S^2$, so ist $\mathfrak{S}$ mod. p^t mit einer Matrix*

(7) $$(p^{\alpha_0} \mathfrak{S}_0, p^{\alpha_1} \mathfrak{S}_1, \ldots, p^{\alpha_r} \mathfrak{S}_r)$$

äquivalent, wobei die Matrizen $\mathfrak{S}_\varrho$ $(\varrho = 0, 1, \ldots, r)$ nicht durch p teilbare Determinanten besitzen und $0 \leqq \alpha_0 < \alpha_1 \ldots < \alpha_r$ ist.

Zum Beweise genügt es offenbar zu zeigen, daß ein modulo p primitives $\mathfrak{S}$ stets mod. p^t einer Matrix

(8) $$(\mathfrak{S}_0, \mathfrak{S}^*)$$

äquivalent ist, wobei $|\mathfrak{S}_0| \not\equiv 0 \pmod{p^t}$ und jeder Koeffizient von $\mathfrak{S}^*$ durch p teilbar ist; durch Anwendung vollständiger Induktion erhält man dann nach $r \leqq m$ Schritten Hilfssatz 2. Nun ist zunächst jedes primitive $\mathfrak{S}$ modulo p einer Matrix

$$\begin{pmatrix} \mathfrak{S}_0 & 0 \\ 0 & 0 \end{pmatrix}$$

äquivalent, wobei die Nullen Nullmatrizen bedeuten und die Anzahl $\varkappa_0$ der Zeilen und Spalten von $\mathfrak{S}_0$ einfach der Rang von $\mathfrak{S}$ modulo p ist. Da die ganzen Zahlen mod. p einen Körper bilden, verläuft der Beweis hierfür genau wie der des entsprechenden Satzes im Körper der rationalen Zahlen. Man darf also annehmen, daß $\mathfrak{S}$ mod. p^t einer Matrix

$$\begin{pmatrix} \mathfrak{S}_0 & p\mathfrak{A} \\ p\mathfrak{A}' & p\mathfrak{S}^{**} \end{pmatrix}$$

äquivalent ist. Bildet man nun

$$\begin{pmatrix} \mathfrak{E}_0 & 0 \\ \mathfrak{B}' & \mathfrak{E}^* \end{pmatrix} \begin{pmatrix} \mathfrak{S}_0 & p\mathfrak{A} \\ p\mathfrak{A}' & p\mathfrak{S}^{**} \end{pmatrix} \begin{pmatrix} \mathfrak{E}_0 & \mathfrak{B} \\ 0 & \mathfrak{E}^* \end{pmatrix} = \begin{pmatrix} \mathfrak{S}_0, & \mathfrak{S}_0\mathfrak{B} + p\mathfrak{A} \\ \mathfrak{B}'\mathfrak{S}_0 + p\mathfrak{A}', & \mathfrak{S}^* \end{pmatrix},$$

wobei $\mathfrak{E}_0$ und $\mathfrak{E}^*$ Einheitsmatrizen von $\varkappa_0$ bzw. $m - \varkappa_0$ Zeilen und Spalten sind und

$$\mathfrak{S}^* = \mathfrak{B}'\mathfrak{S}_0\mathfrak{B} + p(\mathfrak{A}'\mathfrak{B} + \mathfrak{B}\mathfrak{A}' + \mathfrak{S}^{**})$$

gesetzt ist, so erhält man, wenn man noch $\mathfrak{B} = -p\mathfrak{S}_0^{-1}\mathfrak{A}$ setzt, daß in der Tat $\mathfrak{S}$ mit $(\mathfrak{S}_0, \mathfrak{S}^*)$ mod. p^t äquivalent ist, da $\mathfrak{B}$ mod. p^t einer ganzzahligen Matrix kongruent ist wegen $|\mathfrak{S}_0| \not\equiv 0 \pmod{p}$.

Hilfssatz 3. *Es sei p eine ungerade Primzahl, p^t kein Teiler von S^2 und* $\mathfrak{S} \equiv (\mathfrak{S}_0, \mathfrak{S}^*) \pmod{p^t}$ *mit* $|\mathfrak{S}_0| \not\equiv 0 \pmod{p}$. $\mathfrak{S}^*$ *sei kongruent der Nullmatrix* mod. p, *und die Anzahl der Zeilen und Spalten von* $\mathfrak{S}_0$ *sei* $\varkappa_0$. *Dann gilt*

(9) $$E_{p^t}(\mathfrak{S}) \leqq p^{t\left[\binom{\varkappa_0}{2} + \varkappa_0(m-\varkappa_0)\right]} p^{-\binom{\varkappa_0}{2}} E_p(\mathfrak{S}_0)\; E_{p^t}(\mathfrak{S}^*).$$

Es ist übrigens nicht schwer zu zeigen, daß in (9) das Gleichheitszeichen gilt, doch wird das hier nicht gebraucht.

Beweis: Es sei

$$\mathfrak{B} = \begin{pmatrix} \mathfrak{B}_0 & \mathfrak{B}_1 \\ \mathfrak{B}_2 & \mathfrak{B}^* \end{pmatrix}$$

eine Matrix, die der Kongruenz $\mathfrak{B}'\mathfrak{S}\mathfrak{B} \equiv \mathfrak{S} \pmod{p^t}$ genügt; $\mathfrak{B}_0$ habe dabei ebensoviele (nämlich $\varkappa_0$) Zeilen und Spalten wie $\mathfrak{S}_0$. Man erhält

(10_1) $$\mathfrak{B}_0'\mathfrak{S}_0\mathfrak{B}_0 + \mathfrak{B}_2'\mathfrak{S}^*\mathfrak{B}_2 \equiv \mathfrak{S}_0 \pmod{p^t},$$

(10_2) $$\mathfrak{B}_0'\mathfrak{S}_0\mathfrak{B}_1 + \mathfrak{B}_2'\mathfrak{S}^*\mathfrak{B}^* \equiv 0 \pmod{p^t},$$

(10_3) $$\mathfrak{B}_1'\mathfrak{S}_0\mathfrak{B}_1 + \mathfrak{B}^{*\prime}\mathfrak{S}^*\mathfrak{B}^* \equiv \mathfrak{S}^* \pmod{p^t}.$$

30*

Aus (10_1) folgt $\mathfrak{B}_0' \mathfrak{S}_0 \mathfrak{B}_0 \equiv \mathfrak{S}_0$ (mod. p) und somit $|\mathfrak{B}_0| \equiv \pm 1$ (mod. p). Bei gegebenem $\mathfrak{B}_0$ und $\mathfrak{B}_2$ bestimmt sich daher $\mathfrak{B}_1$ aus (10_2) eindeutig zu

$$(10_4) \qquad \mathfrak{B}_1 \equiv -\mathfrak{S}_0^{-1} \mathfrak{B}_0'^{-1} \mathfrak{B}_2' \mathfrak{S}^* \mathfrak{B}^* \pmod{p^t},$$

und hieraus folgt, daß zwei Matrizen $\mathfrak{B}$ und $\overline{\mathfrak{B}}$, die den Bedingungen

$$(11) \qquad \mathfrak{B}' \mathfrak{S} \mathfrak{B} \equiv \mathfrak{S}, \quad \overline{\mathfrak{B}}' \mathfrak{S} \overline{\mathfrak{B}} \equiv \mathfrak{S} \pmod{p^t}$$

genügen und in den ersten $\varkappa_0$ Spalten (mod. p^t) übereinstimmen, der Bedingung

$$\overline{\mathfrak{B}}^{-1} \mathfrak{B} \equiv (\mathfrak{E}_0, \mathfrak{B}^*) \pmod{p^t}$$

mit $\mathfrak{B}^{*\prime} \mathfrak{S}^* \mathfrak{B}^* \equiv \mathfrak{S}^*$ (mod. p^t) genügen müssen. Die Anzahl $E_{p^t}(\mathfrak{S})$ der mod. p^t inkongruenten Lösungen $\mathfrak{B}$ von (11) ist somit höchstens gleich der Anzahl der hinsichtlich der ersten $\varkappa_0$ Spalten mod. p^t inkongruenten Matrizen $\mathfrak{B}$ mal der Anzahl $E_{p^t}(\mathfrak{S}^*)$. Nun gibt es mod. p^t überhaupt nur

$$p^{\varkappa_0 (m - \varkappa_0) t}$$

verschiedene Matrizen $\mathfrak{B}_2$ von $\varkappa_0$ Spalten und $m - \varkappa_0$ Zeilen; die Kongruenz (10_1) hat ferner bei gegebenem $\mathfrak{B}_2$ entweder keine oder genau $E_{p^t}(\mathfrak{S}_0)$ Lösungen $\mathfrak{B}_0$, denn (10_1) besagt, daß $\mathfrak{B}_0$ die Matrix $\mathfrak{S}_0$ in die Matrix $\mathfrak{S}_0 - \mathfrak{B}_2' \mathfrak{S}^* \mathfrak{B}_2$ transformieren soll, und die Anzahl der Möglichkeiten, eine Matrix in eine zweite zu transformieren, ist hier offensichtlich entweder gleich Null oder gleich der Anzahl der Transformationen von $\mathfrak{S}_0$ in sich selbst, also gleich $E_{p^t}(\mathfrak{S}_0)$. (Aus

$$\mathfrak{S}_0 - \mathfrak{B}_2' \mathfrak{S}^* \mathfrak{B}_2 \equiv \mathfrak{S}_0 \pmod{p}$$

kann man übrigens leicht schließen, daß (10_1) bei gegebenem $\mathfrak{B}_2$ stets mindestens eine Lösung $\mathfrak{B}_0$ besitzt, und aus $\mathfrak{S}^* \equiv 0$ (mod. p) folgt in ähnlicher Weise, daß die aus (10_3) durch Einsetzen von $\mathfrak{B}_1$ aus (10_4) entstehende Kongruenz bei willkürlichem $\mathfrak{B}_2$ und einem (10_1) befriedigenden $\mathfrak{B}_0$ stets mindestens eine Lösung $\mathfrak{B}^*$ hat, woraus dann folgt, daß in Hilfssatz 4 das Gleichheitszeichen gilt.) Aus den bisherigen Überlegungen ergibt sich mithin

$$(12) \qquad E_{p^t}(\mathfrak{S}) \leqq p^{t(m-\varkappa_0)\varkappa_0} E_{p^t}(\mathfrak{S}_0)\, E_{p^t}(\mathfrak{S}^*),$$

und da nach Siegel l. c.[1]), Hilfssatz 18,

$$E_{p^t}(\mathfrak{S}_0) = p^{(t-1)\binom{\varkappa_0}{2}} E_p(\mathfrak{S}_0)$$

ist, ist Hilfssatz 3 hiermit bewiesen. Aus demselben Siegelschen Hilfssatz ergibt sich auch noch ohne weiteres die folgende

Ergänzung zu Hilfssatz 3. *Für die in Hilfssatz 3 definierte Zahl* $a_{\varkappa_0} = p^{-\binom{\varkappa_0}{2}} E_p(\mathfrak{S}_0)$ *gilt unabhängig von* $\mathfrak{S}_0$ *stets*

$$a_{\varkappa_0} \leqq 2 \text{ für } \varkappa_0 \neq 2, \qquad a_{\varkappa_0} \leqq 2\left(1 + \frac{1}{p}\right) \text{ für } \varkappa_0 = 2.$$

Hilfssatz 4. *Ist* 2^t *kein Teiler von* $4S^2$, *und ist* $\mathfrak{S}$ *modulo* 2^t *mit einer Matrix* $(\mathfrak{S}_0, \mathfrak{S}^*)$ *äquivalent, wobei* $|\mathfrak{S}_0| \equiv 1$ (mod. 2) *und die Matrix* $\mathfrak{S}^*$ *kongruent der Nullmatrix* (mod. 2) *ist, so ist, wenn* $\mathfrak{S}_0$ $\varkappa_0$ *Zeilen und Spalten besitzt,*

$$E_{2^t}(\mathfrak{S}) \leqq 2^{2\varkappa_0 + t\left[\binom{\varkappa_0}{2} + \varkappa_0(m-\varkappa_0)\right]} E_{2^t}(\mathfrak{S}^*). \tag{13}$$

Beim Beweise kann man zunächst genau wie beim Beweise von Hilfssatz 3 vorgehen und erhält

$$E_{2^t}(\mathfrak{S}) \leqq 2^{t\left[\binom{\varkappa_0}{2} + \varkappa_0(m-\varkappa_0)\right]} 2^{-3\binom{\varkappa_0}{2}} E_8(\mathfrak{S}_0) E_{2^t}(\mathfrak{S}^*),$$

da nach Siegel, l. c.[1]), Hilfssatz 18, $E_{2^t}(\mathfrak{S}_0) = 2^{(t-3)\binom{\varkappa_0}{2}} \cdot E_8(\mathfrak{S}_0)$ gilt, und es handelt sich jetzt nur noch um den Nachweis, daß

$$2^{-3\binom{\varkappa_0}{2}} E_8(\mathfrak{S}_0) \leqq 2^{2\varkappa_0}$$

ist. Wir können dabei noch mit Hilfe der beim Beweise von Hilfssatz 2 benutzten Schlußweise zeigen, daß $\mathfrak{S}_0$ mod. 2 einer Matrix $\mathfrak{F}_0$ kongruent ist, die entweder die Einheitsmatrix $\mathfrak{E}_0$ oder die Matrix $\mathfrak{Z}_0 = (z_{ik})$ ist, in der alle $z_{ik} = 0$ sind bis auf die $z_{2i-1, 2i} = z_{2i, 2i-1}$, die $= 1$ sind; der zweite Fall kann nur für gerades $\varkappa_0$ eintreten. Wir können daher $\mathfrak{S}_0 \equiv \mathfrak{F}_0$ (mod. 2) annehmen. Betrachten wir nun in der Gruppe $\mathfrak{G}_8$ aller mod. 8 verschiedenen Matrizen $\mathfrak{V}$, die der Kongruenz

$$\mathfrak{V}' \mathfrak{S}_0 \mathfrak{V} \equiv \mathfrak{S}_0 \pmod{8}$$

genügen, die Untergruppe $\mathfrak{H}_8$ der Matrizen $\mathfrak{V}$, die außerdem noch der Kongruenz

$$\mathfrak{V} \equiv \mathfrak{E}_0 \pmod{2}$$

genügen, so ergibt sich, daß der Index von $\mathfrak{H}_8$ in $\mathfrak{G}_8$ höchstens gleich $E_2(\mathfrak{F}_0)$ ist, und wenn $H_8(\mathfrak{S}_0)$ die Ordnung von $\mathfrak{H}_8$ bedeutet, so erhalten wir mithin

$$E_8(\mathfrak{S}_0) \leqq E_2(\mathfrak{F}_0) H_8(\mathfrak{S}_0).$$

Zur Bestimmung von $H_8(\mathfrak{S}_0)$ nehme man $\mathfrak{S}_0$ in der Form

$$\mathfrak{S}_0 \equiv \mathfrak{F}_0 + 2\mathfrak{R}_0 \pmod{8}$$

an, wobei $\mathfrak{R}_0$ mod. 4 eindeutig bestimmt ist. Ferner sei, mit mod. 4 eindeutig bestimmtem $\mathfrak{V}_0$,

$$\mathfrak{V}_0 \equiv \mathfrak{E}_0 + 2\mathfrak{W}_0 \pmod{8}.$$

Soll dann $\mathfrak{V}_0' \mathfrak{S}_0 \mathfrak{V}_0 \equiv \mathfrak{S}_0$ (mod. 8) gelten, so muß

$$2(\mathfrak{W}_0' \mathfrak{F}_0 + \mathfrak{F}_0 \mathfrak{W}_0) + 4(\mathfrak{W}_0' \mathfrak{F}_0 \mathfrak{W}_0 + \mathfrak{W}_0' \mathfrak{R}_0 + \mathfrak{R}_0 \mathfrak{W}_0) \equiv 0 \pmod{8} \tag{14}$$

sein, wobei die Null auf der rechten Seite die Nullmatrix bedeutet. Man kann nun die Matrix $\mathfrak{F}_0 \mathfrak{W}_0$ in der Form schreiben:

$$\mathfrak{F}_0 \mathfrak{W}_0 \equiv \mathfrak{T}_0 + \mathfrak{P}_0 + 2(\mathfrak{T}_1 + \mathfrak{P}_1) \pmod{4}, \tag{15}$$

wobei $\mathfrak{T}_0$, $\mathfrak{T}_1$ symmetrische Matrizen mit Elementen 0 oder 1 sind, und $\mathfrak{P}_0$ und $\mathfrak{P}_1$ Matrizen sind, die in und unter der Hauptdiagonale nur Nullen als Elemente haben, während über der Hauptdiagonale nur Nullen oder Einsen stehen. $\mathfrak{T}_0$, $\mathfrak{T}_1$, $\mathfrak{P}_0$, $\mathfrak{P}_1$ sind dann durch (15) eindeutig bestimmt. (14) liefert zunächst, daß $\mathfrak{P}_0$ die Nullmatrix sein muß; für $\mathfrak{T}_0$, $\mathfrak{P}_1$ ergibt sich dann wegen $\mathfrak{F}_0^2 = \mathfrak{E}_0$:

(16) $\quad \mathfrak{T}_0 + \mathfrak{P}_1 + \mathfrak{P}_1' + \mathfrak{T}_0 \mathfrak{F}_0 \mathfrak{T}_0 + \mathfrak{T}_0 \mathfrak{F}_0 \mathfrak{R}_0 + \mathfrak{R}_0 \mathfrak{F}_0 \mathfrak{T}_0 \equiv 0 \pmod{2}$,

während $\mathfrak{T}_1$ willkürlich gewählt werden kann. $\mathfrak{P}_1$ ist bei gegebenem $\mathfrak{T}_0$ offenbar durch $\mathfrak{F}_0$ und $\mathfrak{R}_0$, d. h. durch $\mathfrak{S}_0$ eindeutig bestimmt; aber $\mathfrak{T}_0$ selber ist nicht willkürlich wählbar, vielmehr folgt aus (16), daß die Diagonalelemente von

$$\mathfrak{T}_0 + \mathfrak{T}_0 \mathfrak{F}_0 \mathfrak{T}_0$$

sämtlich $\equiv 0 \pmod{2}$ sein müssen. Ist $\mathfrak{F}_0 = \mathfrak{E}_0$, so folgt daraus, daß in jeder Spalte von $\mathfrak{T}_0$ die Summe der nicht in der Hauptdiagonale stehenden Elemente gerade sein muß, während für $\mathfrak{F}_0 = \mathfrak{Z}_0$ die Elemente in der Hauptdiagonale von $\mathfrak{T}_0$ gerade, d. h. Null sein müssen. Im ersten Falle haben wir höchstens $2^{\binom{\varkappa_0}{2}+1}$, im zweiten höchstens $2^{\binom{\varkappa_0}{2}}$ Möglichkeiten für $\mathfrak{T}_0$; zusammen mit den $2^{\binom{\varkappa_0+1}{2}}$ Möglichkeiten für die Wahl von $\mathfrak{T}_1$ ergibt sich also

(17) $\qquad \begin{aligned} H_8(\mathfrak{E}_0 + 2\mathfrak{R}_0) &\leqq 2^{\varkappa_0 + 1 + 2\binom{\varkappa_0}{2}}, \\ H_8(\mathfrak{Z}_0 + 2\mathfrak{R}_0) &\leqq 2^{\varkappa_0 + 2\binom{\varkappa_0}{2}}. \end{aligned}$

Es bleibt nun noch die Bestimmung der Zahlen $E_2(\mathfrak{E}_0)$ und $E_2(\mathfrak{Z}_0)$ zu erledigen. Sei allgemein $\mathfrak{G}_\varkappa$ die Gruppe der mod. 2 inkongruenten Matrizen $\mathfrak{B}_\varkappa$ von $\varkappa$ Reihen und Spalten, für die

$$\mathfrak{B}_\varkappa \mathfrak{E}_\varkappa \mathfrak{B}_\varkappa \equiv \mathfrak{E}_\varkappa \pmod{2}$$

gilt, wobei $\mathfrak{E}_\varkappa$ die Einheitsmatrix von $\varkappa$ Zeilen und Spalten bedeutet, so ist der Index von $\mathfrak{G}_{\varkappa-1}$ in $\mathfrak{G}_\varkappa$ höchstens gleich der Anzahl der mod. 2 inkongruenten Lösungssysteme von

$$x_1^2 + x_2^2 + \ldots + x_\varkappa^2 \equiv 1 \pmod{2}.$$

Diese berechnet sich sofort zu

$$\binom{\varkappa}{1} + \binom{\varkappa}{3} + \binom{\varkappa}{5} + \ldots = 2^{\varkappa-1},$$

da ja eine ungerade Anzahl u der x_ϱ ($\varrho = 1, \ldots, \varkappa$) $\equiv 1$ mod. 2 sein muß, und man genau $\binom{\varkappa}{u}$ Möglichkeiten hat, u von den x_ϱ kongruent 1 (mod. 2) zu wählen. Hieraus ergibt sich sofort

$$E_2(\mathfrak{E}_0) \leqq 2^{\binom{\varkappa_0}{2}}.$$

Analog findet man: Da die Anzahl der mod. 2 inkongruenten Lösungssysteme von

$$x_1 y_1 + x_2 y_2 + \ldots + x_\varkappa y_\varkappa \equiv 1 \pmod{2}$$

gleich $(2^\varkappa - 1)\, 2^{\varkappa-1}$ ist – es dürfen nämlich nicht alle $x_\varrho \equiv 0 \pmod{2}$ sein, was $2^\varkappa - 1$ Möglichkeiten für die x_ϱ gibt, nach deren Festlegung eine mod. 2 nicht identisch erfüllte lineare Beziehung zwischen den y_ϱ übrigbleibt, die $2^{\varkappa-1}$ Lösungen besitzt –, so gilt

$$E_2(\mathfrak{Z}_0) \leqq (2^{\varkappa_0} - 1)(2^{\varkappa_0 - 2} - 1) \ldots (2^2 - 1) \cdot 2^{\varkappa_0^2/4} < 2^{\binom{\varkappa_0+1}{2}}.$$

Hier gilt übrigens in der ersten Ungleichung bekanntlich das Gleichheitszeichen (s. etwa bei L. E. Dickson, Linear groups, Leipzig 1901, Theorem 115, p. 94). Damit erhalten wir also insgesamt

$$E_8(\mathfrak{S}_0) \leqq 2^{\varkappa_0 + 1 + 3\binom{\varkappa_0}{2}} \quad \text{für } \mathfrak{S}_0 \equiv \mathfrak{C}_0 \pmod{2},$$
$$E_8(\mathfrak{S}_0) \leqq 2^{2\varkappa_0 + 3\binom{\varkappa_0}{2}} \quad \text{für } \mathfrak{S}_0 \equiv \mathfrak{Z}_0 \pmod{2},$$

und wegen $\varkappa_0 + 1 \leqq 2\varkappa_0$ in jedem Falle Hilfssatz 4.

Hilfssatz 5. *Es sei $\mathfrak{S}$ primitiv, d. h. es sei der größte gemeinsame Teiler aller Elemente s_{ik} von $\mathfrak{S}$ gleich Eins. Die Anzahl m der Zeilen und Spalten von $\mathfrak{S}$ sei $\geqq 3$. Es sei p eine Primzahl, und $\alpha_p(\mathfrak{S}) = \frac{1}{2} p^{-t\binom{m}{2}} E_{p^t}(\mathfrak{S})$, wobei p^t eine so hohe Potenz von p sei, daß p^t nicht in $4S^2$ aufgeht, wobei S die Determinante von $\mathfrak{S}$ ist; es sei ferner S_p die höchste Potenz von p, die in S aufgeht, und man setze*

$$\beta_p(\mathfrak{S}) = \tfrac{1}{2} S_p^{-\frac{m+1}{2}} p^{-t\binom{m}{2}} E_{p^t}(\mathfrak{S}) = S_p^{-\frac{m+1}{2}} \alpha_p(\mathfrak{S}).$$

Dann gelten die Ungleichungen

$$\beta_p(\mathfrak{S}) < S_p^{-1/2} \quad \textit{für } p > 2.$$
$$\beta_2(\mathfrak{S}) < 2^{2m-1} S_2^{-1/2}.$$

Zum Beweise nehme man zunächst $p > 2$ an. Nach Hilfssatz 2 ist dann $\mathfrak{S}$ mod. p^t äquivalent mit einer Matrix

$$(p^{\alpha_0} \mathfrak{S}_0, p^{\alpha_1} \mathfrak{S}_1, \ldots, p^{\alpha_r} \mathfrak{S}_r) = (\mathfrak{S}_0, p\,\mathfrak{S}^*);$$

die Matrizen $\mathfrak{S}_\varrho$ ($\varrho = 0, 1, \ldots, r$) haben dann zu p teilerfremde Diskriminanten, die Anzahl der Zeilen und Spalten von $\mathfrak{S}_\varrho$ sei $\varkappa_\varrho$. Die Zahl α_0 ist gleich Null, da $\mathfrak{S}$ primitiv ist. Wendet man nun Hilfssatz 3 an, so ergibt sich eine Abschätzung für $E_{p^t}(\mathfrak{S})$, in der noch $E_{p^t}(\mathfrak{S}^*)$ als Faktor vorkommt. Nach Hilfssatz 1 ist dann

$$E_{p^t}(\mathfrak{S}^*) = p^{[(m-\varkappa_0)^2 - 1]\alpha_1} E_{p^{t-\alpha_1}}(\overline{\mathfrak{S}}^*),$$

wobei

$$\overline{\mathfrak{S}}^* = (\mathfrak{S}_1, p^{\alpha_2 - \alpha_1} \mathfrak{S}_2, \ldots, p^{\alpha_r - \alpha_1} \mathfrak{S}_r)$$

wieder mod. p primitiv ist, so daß man wiederum Hilfssatz 3 anwenden kann usf. Da die Größe S_p sich zu

$$S_p = p^{m_1 \omega_1 + m_2 \omega_2 + \ldots + m_r \omega_r}$$

ergibt, wobei für $\varrho = 1, 2, \ldots, r$

$$\omega_\varrho = \alpha_\varrho - \alpha_{\varrho-1}, \quad m_\varrho = m - \varkappa_0 - \varkappa_1 - \ldots - \varkappa_{\varrho-1}$$

gesetzt ist, so erhält man durch eine einfache Rechnung

$$\beta_p \leqq \tfrac{1}{2} a_{\varkappa_0} a_{\varkappa_1} \ldots a_{\varkappa_r} p^{-\alpha_r} p^{-\frac{1}{2}\sum\limits_{\varrho=1}^{r} \omega_\varrho m_\varrho (m - m_\varrho)},$$

wobei die $a_{\varkappa_\varrho}$ analog zu dem $a_{\varkappa_0}$ in der Ergänzung zu Hilfssatz 3 definiert sind. Hier ist nun $\alpha_r \geqq r$ und

$$a = \tfrac{1}{2} a_{\varkappa_0} a_{\varkappa_1} \ldots a_{\varkappa_r} \leqq 2^r \left(1 + \frac{1}{p}\right)^{r+1},$$

wie in der Ergänzung zu Hilfssatz 3 angegeben wurde, und wegen $p \geqq 3$ erhält man, daß $a p^{-\alpha_r}$ jedenfalls für $r > 2$ kleiner als eins sein muß. Da ferner

$$\sum_{\varrho=1}^{r} \omega_\varrho m_\varrho (m - m_\varrho) \geqq \sum_{\varrho=1}^{r} \omega_\varrho m_\varrho$$

ist, ergibt sich die Behauptung von Hilfssatz 5 im Falle $r > 2$ sofort. Für $r = 1$ und $r = 2$ hat man zu berücksichtigen, daß nur für $\varkappa_\varrho = 2$ die Zahl $a_{\varkappa_\varrho} > 2$ sein kann; hier führt eine Diskussion der verschiedenen möglichen Einzelfälle ebenfalls zum Beweis von Hilfssatz 5. — Der Fall, daß $p = 2$ ist, erledigt sich durch Anwendung von Hilfssatz 4 statt Hilfssatz 3 genau so wie der Fall $p > 2$.

Die Matrix $\mathfrak{S} = (s_{ik})$ sei nun die Matrix einer positiv definiten quadratischen Form

$$\sum_{i,k=1}^{m} s_{ik} x_i x_k.$$

Es werde $E(\mathfrak{S})$ definiert als die Anzahl der verschiedenen Matrizen $\mathfrak{V}$ mit ganzzahligen Elementen und

$$\mathfrak{V}' \mathfrak{S} \mathfrak{V} = \mathfrak{S}.$$

Es seien $\mathfrak{S}, \mathfrak{S}^{(1)}, \mathfrak{S}^{(2)}, \ldots$ Repräsentanten der verschiedenen in dem Geschlecht von $\mathfrak{S}$ enthaltenen Klassen äquivalenter Matrizen. Dann ist das Maß $M(\mathfrak{S})$ des Geschlechtes von $\mathfrak{S}$ definiert als

$$M(\mathfrak{S}) = \frac{1}{E(\mathfrak{S})} + \frac{1}{E(\mathfrak{S}^{(1)})} + \frac{1}{E(\mathfrak{S}^{(2)})} + \ldots. \tag{18}$$

Nach Siegel, l. c. (1), S. 568, gilt

$$M(\mathfrak{S}) = \frac{2\,\Gamma\left(\frac{1}{2}\right)\Gamma\left(\frac{2}{2}\right)\ldots\Gamma\left(\frac{m}{2}\right)}{\pi^{\frac{m(m+1)}{4}} \prod\limits_p \beta_p(\mathfrak{S})}, \tag{19}$$

wobei das Produkt im Nenner über alle Primzahlen p zu erstrecken ist. Wenn nun in dem Geschlecht von $\mathfrak{S}$ nur eine Klasse enthalten ist, so gilt, da $E(\mathfrak{S}) \geqq 2$ ist,

$$M(\mathfrak{S}) \leqq \tfrac{1}{2}, \tag{20}$$

während andererseits Hilfssatz 5 für ein primitives $\mathfrak{S}$ die Aussage liefert:

$$M(\mathfrak{S}) \geqq \frac{\Gamma\left(\frac{1}{2}\right)\Gamma\left(\frac{2}{2}\right)\ldots\Gamma\left(\frac{m}{2}\right)}{2^{2m-2}\,\pi^{\frac{m(m+1)}{4}}} S^{\frac{1}{2}}, \tag{21}$$

da nämlich das über alle Primzahlen erstreckte Produkt der S_p gerade gleich S ist. Da nun für reelles x

$$\ln\Gamma(x) \geqq (x-\tfrac{1}{2})\ln x - x + \tfrac{1}{2}\ln 2\pi$$

ist, (siehe etwa Whittaker-Watson, Modern Analysis, 3rd ed. Cambridge 1920, p. 251), und da $\ln\Gamma(x)$ für $x \geqq 2$ monoton zunimmt, wird, wenn man

$$h_m = 4\cdot 2^{-2m}\prod_{\mu=1}^{m}\Gamma\left(\frac{\mu}{2}\right)\,\pi^{-\frac{m(m+1)}{4}} \tag{22}$$

setzt, für $m \geqq 4$:

$$\ln h_m \geqq \ln 2\pi - 2m\ln 2 + 2\int_2^{\frac{m}{2}}[(x-\tfrac{1}{2})\ln x - x + \tfrac{1}{2}\ln 2\pi]\,dx - \frac{m(m+1)}{4}\ln\pi$$

$$= \frac{m^2}{4}(\ln m - \tfrac{3}{2} - \ln 2\pi) - \frac{m}{2}(\ln m - 1 - \tfrac{1}{2}\ln\pi + 2\ln 2] + \ln\frac{e^4}{8\pi},$$

und hieraus folgt

$$h_m > \tfrac{1}{2} \quad \text{für} \quad m \geqq 35;$$

für $m \geqq 35$ sind also die Ungleichungen (20) und (21) nicht verträglich, und es gilt daher der Satz:

Es gibt nur endlich viele nicht äquivalente positiv definite quadratische Formen

$$\sum_{i,k=1}^{m} s_{ik}\,x_i\,x_k$$

mit ganzzahligen Koeffizienten s_{ik} *und* $m \geqq 3$ *Variablen, deren Geschlecht nur eine Klasse äquivalenter Formen enthält. Ist* d *der größte gemeinsame Teiler der ganzen Zahlen* s_{ik}, *so gilt im Falle* $d = 1$, *daß für* $m \geqq 35$ *keine solche Form existiert, während für* $m < 35$ *nur solche Formen die Eigenschaft haben können, daß in ihrem Geschlecht nur eine Klasse äquivalenter Formen enthalten ist, für welche die Diskriminante* $|s_{ik}|$ *höchstens gleich* $\frac{1}{4}h_m^2$ *ist, wobei* h_m *durch (22) definiert ist; es gibt nur endlich viele nicht äquivalente solche Formen. Für* $d > 1$, *d. h. wenn die Form nicht primitiv ist, ist in dem Geschlecht derselben stets mehr als eine Klasse nicht äquivalenter Formen enthalten.*

Zu beweisen ist hiervon nur noch die Behauptung über die nichtprimitiven Formen. Nun gilt: Ist $\mathfrak{S}$ eine primitive Form, so ist

$$M(d\,\mathfrak{S}) = d\,M(\mathfrak{S}); \tag{23}$$

der Beweis ergibt sich sofort durch Anwendung von Hilfssatz 1. Andererseits ergibt sich leicht

$$E(d\,\mathfrak{S}) = E(\mathfrak{S}), \tag{24}$$

und aus der Definition des Maßes eines Geschlechtes folgt hieraus die Behauptung.

Gleichung (23) und die Ungleichung (22) lassen erkennen, daß es allgemein nur endlich viele nicht äquivalente positiv-definite Formen geben kann, in deren Geschlecht nur eine beschränkte Anzahl von Klassen enthalten ist.

Ein besonderes Interesse verdienen die Formen

$$\sum_{i=1}^{m} x_i^2,$$

deren Matrix die Einheitsmatrix $\mathfrak{E}_m$ von m Zeilen und Spalten ist, da, wie Siegel, l. c.[1]) gezeigt hat, die Anzahl der Zerlegungen einer Zahl in m Quadrate sich durch eine sehr einfache Formel ausdrücken läßt, wenn das Geschlecht von $\mathfrak{E}_m$ nur eine Klasse enthält. Nun liefert die beim Beweise der Hilfssätze 3 und 4 angewandte Methode zusammen mit (19) und l. c.[1]) Hilfssatz 13 leicht die für $m > 4$ gültige Ungleichung

$$M(\mathfrak{E}_m) \geqq \frac{\Gamma\left(\frac{m}{2}\right)\Gamma\left(\frac{m-1}{2}\right)}{\pi^{\frac{2m-1}{2}}\;4}\, M(\mathfrak{E}_{m-2}) \prod_{p>2} \frac{1-p^{-(m-2)/2}}{1+p^{-(m-2)/2}}.$$

Es ist $E(\mathfrak{E}_m) = 2^m\, m!$ und $M(\mathfrak{E}_{m-2}) \geqq \dfrac{1}{(m-2)!\;2^{m-2}}$; soll also in dem Geschlecht von $\mathfrak{E}_m$ nur eine Klasse enthalten sein, so folgt daraus

$$\frac{\zeta^2\left(\frac{m-2}{2}\right)}{4\,m\,(m-1)} \geqq \frac{\Gamma\left(\frac{m}{2}\right)\Gamma\left(\frac{m-1}{2}\right)}{4\;\pi^{\frac{2m-1}{2}}}.$$

Diese Ungleichung ist aber für $m \geqq 12$ nicht mehr erfüllt, und daraus folgt:

Das Geschlecht von $\mathfrak{E}_m$ enthält für $m > 11$ mehr als eine Klasse.

Zusatz bei der Korrektur. März 1937. Einer freundlichen Mitteilung von Herrn Hasse entnehme ich die folgenden Formeln: Setzt man $m^* = \left[\frac{m-1}{2}\right]$, und ist B_ν bzw. E_ν der absolute Betrag der ν-ten

Bernoullischen bzw. Eulerschen Zahl, so wird, je nach dem Rest von m mod. 4:

$$(25)\begin{cases} M(\mathfrak{E}_m) = \dfrac{2}{\beta_2(\mathfrak{E}_m)} \displaystyle\prod_{\nu=1}^{m^*} \frac{B_{2\nu}}{2\nu}(1-2^{-2\nu}); & (m \text{ ungerade}), \\ M(\mathfrak{E}_m) = \dfrac{2}{\beta_2(\mathfrak{E}_m)} \cdot \dfrac{1}{m} B_{m/2}(2^{m/2}-1) \displaystyle\prod_{\nu=1}^{m^*} \frac{B_{2\nu}}{2\nu}(1-2^{-2\nu}); & (m \equiv 0 \bmod. 4), \\ M(\mathfrak{E}_m) = \dfrac{2}{\beta_2(\mathfrak{E}_m)} \cdot E_{m^*} \cdot 2^{-m/2-1} \displaystyle\prod_{\nu=1}^{m^*} \frac{B_{2\nu}}{2\nu}(1-2^{-2\nu}); & (m \equiv 2 \bmod. 4). \end{cases}$$

Dabei berechnet sich $\beta_2(\mathfrak{E}_m)$ zu

$$(26) \qquad \beta_2(\mathfrak{E}_m) = \frac{1}{2} \prod_{\mu=1}^{m} \delta_\mu,$$

wobei δ_μ die dyadische Dichte der Darstellungen der Zahl 1 durch die Form $\sum_{i=1}^{m} x_i^2$ bedeutet. Es ist für

$$\begin{array}{llllll} \mu \equiv 1, & 2, & 3, & 4, & 5, \\ \delta_\mu = 1 + 2^{-\mu^*} \not+ 2^{2-\mu}, & 1 + 2^{-\mu^*}, & 1 + 2^{-\mu^*}, & 1, & 1 - 2^{-\mu^*} - 2^{2-\mu}, \\ & 6, & 7, & 8 \text{ (mod. 8)}. \\ & 1 - 2^{-\mu^*}, & 1 - 2^{-\mu^*}, & 1. \end{array}$$

Hieraus folgt $M(\mathfrak{E}_m) = \frac{1}{2^m\, m!}$ für $2 \leqq m \leqq 8$ und

$$M(\mathfrak{E}_9) = \frac{1}{2^9\, 9!} \cdot \frac{3^2 \cdot 17}{137}, \quad M(\mathfrak{E}_{10}) = \frac{1}{2^{10} \cdot 10!} \frac{3^2 \cdot 5^2}{137},$$

$$M(\mathfrak{E}_{11}) = \frac{1}{2^{11} \cdot 11!} \frac{3 \cdot 5 \cdot 31}{137}.$$

In dem Geschlecht von $\mathfrak{E}_m$ ist also dann und nur dann nicht mehr als eine Klasse enthalten, wenn $m \leqq 8$ ist. — Die Formeln (25) und (26) gestatten zugleich, die Ungleichung (21) durch eine genaue Untersuchung des asymptotischen Verhaltens von $M(\mathfrak{E}_m)$ zu ergänzen. Z. B. ergibt sich leicht

$$\ln M(\mathfrak{E}_m) = \frac{m^2}{4}\left(\ln m - \frac{3}{2} - \ln 2\pi\right) + O(m \ln m).$$

(Eingegangen am 12. 1. 1937.)

Reprinted from
Mathematische Annalen **114** (1937), 465–475.

Sonderabdruck
aus „*Mathematische Annalen*" **115**, 643, 1938.
Verlag von Julius Springer, Berlin W 9.

Berichtigung

zu der Arbeit von Wilhelm Magnus in Frankfurt a. M.:

„Über die Anzahl der in einem Geschlecht enthaltenen Klassen von positiv-definiten quadratischen Formen",

Math. Ann. **114**, S. 465—475.

Einer Mitteilung von Fräulein H. Braun verdanke ich den Hinweis, daß die Formel (23), S. 474, falsch ist und durch die Formel

$$(23^*) \qquad\qquad M\,(d\mathfrak{S}) = M\,(\mathfrak{S})$$

zu ersetzen ist, da die in Hilfssatz 1 angegebene Formel (6) unrichtig und durch

$$(6^*) \qquad\qquad E_{p^t}\,(\mathfrak{S}) = p^{m^2\,\alpha_0}\,E_{p^t-\alpha_0}\,(p^{-\alpha_0}\,\mathfrak{S})$$

zu ersetzen ist. Der Fehler beruht darauf, daß bei Siegel nicht wie bei Minkowski, aus dessen Arbeit Hilfssatz 1 entnommen wurde, vorausgesetzt wird, daß die Determinante der Matrix $\mathfrak{B}$ in (3) kongruent 1 mod. q ist. Die von Minkowski angegebene Überlegung führt dann sofort zu (6*) anstatt zu (6). — Der Hilfssatz 1 wird erst beim Beweise von Hilfssatz 5 wieder gebraucht, der seinerseits zur Ableitung der Formel (21) benutzt wird. Führt man nun statt der in Hilfssatz 5 benutzten Zahlen β_p die für $p > 2$ mit diesen identischen Zahlen γ_p ein durch die Definitionen

$$(A) \qquad \gamma_p = S_p^{-\frac{m+1}{2}}\,\alpha_p\,(\mathfrak{S})\ \text{für}\ p>2;\ \gamma_2 = S_2^{-\frac{m+1}{2}}\,\alpha_2\,(\mathfrak{S})\,2^{-2m+1}\qquad \text{für}\quad p = 2,$$

so erhält man aus (19), wenn man noch das Produkt aller γ_p^{-1}, erstreckt über die in S aufgehenden Primzahlen p, mit $W_m\,(\mathfrak{S})$ bezeichnet, statt (21) die Formel

$$(21^*) \qquad M\,(\mathfrak{S}) \geqq \Gamma\left(\frac{1}{2}\right)\Gamma\left(\frac{2}{2}\right)\ldots\Gamma\left(\frac{m}{2}\right)2^{-2m+2}\,\pi^{-m(m+1)/4}\,W_m\,(\mathfrak{S}),$$

da für nicht in S aufgehende Primzahlen p stets $\gamma_p \leqq 1$ ist, und zum Beweis des ersten (richtigen) Teils des Hauptresultats (auf S. 473) ist nun zu zeigen: Wenn die Matrix $\mathfrak{S}$ primitiv ist, d. h. wenn der größte gemeinsame Teiler der Elemente von $\mathfrak{S}$ gleich 1 ist, so besitzt die (ursprünglich in (21) durch $S^{\frac{1}{2}}$ nach unten abgeschätzte) Funktion $W_m\,(\mathfrak{S})$ jedenfalls die Eigenschaft, für alle $m \geqq 3$ gleichmäßig nach unten beschränkt zu sein, für $m > 34$ stets $\geqq 1$ zu sein, und bei festem m mit $S \to \infty$ ebenfalls über alle Grenzen zu wachsen. Hierzu genügt es zu beweisen: Ist $S = S_0\,S_3\,S_5$, wobei S_0 also alle von 3 und 5 verschiedenen in S aufgehenden Primfaktoren enthält, so gilt:

$$(B) \quad \left\{ \begin{array}{l} W_m\,(\mathfrak{S}) \geqq S^{\frac{1}{4}}\ \text{für}\ m \geqq 7, \\[2mm] W_m\,(\mathfrak{S}) \geqq S_0^{\frac{1}{4}}S_3^{\frac{1}{2}}S_5^{\frac{1}{2}}\left(1+\frac{1}{3}\right)^{-m}\left(1+\frac{1}{5}\right)^{-m}2^{2-2m} \geqq 4\,S^{\frac{1}{4}}\left(\frac{5}{32}\right)^m \end{array}\right.$$

$$\text{für}\quad 6 \geqq m \geqq 3.$$

Zum Beweis leite man zunächst mit den nach Hilfssatz 5 (auf S. 471, unten) angegebenen Überlegungen mit Hilfe von (6*) statt (6) die Formeln ab

$$\text{(C)}\qquad \begin{cases} \gamma_p \leqq 2^r\left(1+\frac{1}{p}\right)^{r+1} p^{-\frac{1}{2}\sum\limits_{\varrho=1}^{r}\omega_\varrho m_\varrho(m-m_\varrho)} & \text{für } p > 2,\\ \gamma_2 \leqq 2^{-\frac{1}{2}\sum\limits_{\varrho=1}^{r}\omega_\varrho m_\varrho(m-m_\varrho)} & \text{für } p = 2. \end{cases}$$

Die Zahlen $r, \omega_\varrho, m_\varrho$ hängen dabei noch von p ab; da $\mathfrak{S}$ primitiv sein soll, gelten jedoch jedenfalls die Ungleichungen

$$\text{(D)}\qquad 1 \leqq r \leqq m-1;\quad \omega_\varrho \geqq 1,\quad m_\varrho(m-m_\varrho) \geqq m-1;$$

$$\text{(E)}\qquad S_p = p^{\sum\limits_{\varrho=1}^{r}\omega_\varrho m_\varrho} \leqq p^{\sum\limits_{\varrho=1}^{r}\omega_\varrho m_\varrho(m-m_\varrho)}$$

Ist nun die Primzahl p_0 so groß, daß

$$\text{(F)}\qquad 2\left(1+\frac{1}{p_0}\right)^2 \leqq p_0^{\frac{m-1}{4}}$$

ist, so erhält man aus (C), (D), (E), (F) die Abschätzungen

$$\text{(G)}\qquad \begin{cases} \gamma_r \leqq \left[2\left(1+\frac{1}{p}\right)^2\right]^r p^{-\frac{1}{4}\sum\limits_{\varrho=1}^{r}\omega_\varrho m_\varrho(m-m_\varrho)} \cdot S_p^{-\frac{1}{4}}\\ \leqq \left[2\left(1+\frac{1}{p}\right)^2 p^{-\frac{(m-1)}{4}}\right]^r S_p^{-\frac{1}{4}} \leqq S_p^{-\frac{1}{4}} \quad \text{für } p \geqq p_0; \end{cases}$$

wegen (E) und der zweiten Ungleichung (C) gilt auch noch $\gamma_2 \leqq S_2^{-\frac{1}{4}}$. Nun rechnet man leicht nach, daß man für $m \geqq 3$ jedenfalls $p_0 = 7$ und für $m \geqq 7$ sogar $p_0 = 3$ wählen darf. Indem man noch für $6 \geqq m \geqq 3$ die Zahlen γ_3 und γ_5 direkt mittelst (C) und (E) abschätzt, erhält man aus (G) unmittelbar (B).

Bisher wurde $\mathfrak{S}$ primitiv angenommen. Ist nun d eine natürliche Zahl, so ist die Anzahl der im Geschlecht von $d\mathfrak{S}$ enthaltenen Klassen äquivalenter Matrizen gleich der Anzahl der im Geschlecht von $\mathfrak{S}$ enthaltenen Klassen; dies folgt am kürzesten aus dem Satz (siehe Minkowski, Ges. Abh. I, S. 221/222), daß verwandte Matrizen sich durch eine Matrix ineinander transformieren lassen, deren Determinante gleich 1 ist und deren Elemente rationale Zahlen mit zu einer beliebig vorgeschriebenen Zahl d teilerfremden Nennern sind. Alle mit $d\mathfrak{S}$ verwandten Matrizen lassen sich also in der Gestalt $d\mathfrak{S}_1$ schreiben, wobei $\mathfrak{S}_1$ eine mit $\mathfrak{S}$ verwandte Matrix bedeutet. Dies widerspricht dem zweiten Teil des Hauptresultats, welches also nunmehr so zu formulieren ist:

Es gibt nur endlich viele nicht äquivalente positiv-definite quadratische Formen

$$Q = \sum_{i,k=1}^{m} s_{ik} x_i x_k \qquad (s_{ik} = s_{ki})$$

in $m \geqq 3$ Variablen x_i mit ganzzahligen Koeffizienten s_{ik}, deren größter gemeinsamer Teiler gleich 1 ist, für die die Anzahl der im Geschlecht von Q enthaltenen Klassen äquivalenter Formen unterhalb einer festen Zahl liegt. — Für $m > 34$ gibt es keine Form, deren Geschlecht nur eine Klasse enthält.

(Eingegangen am 22. 11. 1937.)

Note (added 1983): The formulas after (26) p. 475 (which are given without proof) are correct only for $\mu < 8$.

Sonderabdruck aus Enzyklopädie der math. Wissensch. I. 2. Aufl. Heft 4, I.
Verlag und Druck von B. G. Teubner in Leipzig.

9. ALLGEMEINE GRUPPENTHEORIE

VON

WILHELM MAGNUS

IN FRANKFURT A. M.

Inhaltsübersicht

Übersetzungen der Fachausdrücke

Reihenfolge der Übersetzungen: englisch, französisch, italienisch

Ableitung: derived group; groupe dérivé; derivato.
auflösbar: soluble; résoluble; risolubile.
äußerer Automorphismus: outer (contragredient) automorphism; automorphisme contragrédient.
Durchschnitt: common part, meet, intersection, cross-cut; plus grand commun diviseur.
einfach: simple; simple; semplice.
Einheitselement: identity; unité; identità.

elementare Gruppe: elementary group; groupe principal.
Erzeugende: generator; générateur; operazione generatrice.
Faktorgruppe: quotient group, factor group; groupe facteur; gruppo complementare.
Gruppenbild: colour-group, group diagram.
Gruppentafel: multiplication table; table de multiplication.
Hauptreihe: chief-series; série de composition principal; serie principale di composizione.
innerer Automorphismus: inner (cogredient) automorphism; automorphisme cogrédient.
Kompositionsreihe: composition series; série (suite) de composition; serie di composizione.
Kommutatorgruppe: commutator subgroup; commutant.
Nebengruppe: coset.
Normalteiler: self-conjugate subgroup; sousgroupe invariant; sottogruppo invariante.
Ordnung: order; ordre; ordine.
perfekt: perfect; parfait.
Untergruppe: subgroup; sousgroupe; sottogruppo.
Verfeinerung (S. 23): —; élargissement.
vollständig (= vollkommen): complete.
obere (untere) Zentralreihe: upper (lower) central series.
zerlegbar: decomposable; décomposable.

Lehrbücher und Monographien

L. Baumgartner, Gruppentheorie. Berlin 1921 (Sammlung Göschen 837).
H. Burkhardt, Encyklopädie der mathematischen Wissenschaften, 1. Aufl. I 1, A 6.
W. Burnside, The theory of groups of finite order. Cambridge 1897, 2. Aufl. 1911.
R. D. Carmichael, Introduction to the theory of groups of finite order. Boston-New-York 1937.
E. Galois, Œuvres mathématiques. Paris 1897, S. 25—61.
P. A. Gravé, Theorie der endlichen Gruppen. Kiew 1908 (russisch).
H. Hilton, An introduction to the theory of groups of finite order. Oxford 1908.
C. Jordan, Traité des substitutions. Paris 1870.
A. Loewy, in E. Pascal, Repertorium der höheren Mathematik. Bd. 1, 2. Aufl., Leipzig und Berlin 1910.
L. C. Mathewson, Elementary theory of finite groups. Hought in Mifflin 1930.
G. A. Miller, H. F. Blichfeldt, L. E. Dickson, Theory and applications of finite groups. New York 1916. 2. Aufl. 1938.
E. Netto, Substitutionentheorie und ihre Anwendungen auf die Algebra. Leipzig 1882. Gruppen- und Substitutionentheorie. Leipzig 1908 (zitiert als „Netto Bd. 1" bzw. „Bd. 2").
O. J. Schmidt, Abstrakte Gruppentheorie. Kiew 1916 (russisch).
J. A. de Séguier, Théorie des groupes finis. Bd. 1: Éléments de la théorie des groupes abstraits. Paris 1904; Bd. 2: Éléments de la théorie des groupes de substitutions. Paris 1912.
J. A. Serret, Cours d'algèbre superieur. Bd. 2. Paris 3. Aufl. 1866, 7. Aufl. 1928.
S. Sono, Gruppentheorie. Tokyo 1928 (japanisch).
A. Speiser, Die Theorie der Gruppen von endlicher Ordnung. Berlin 1923, 2. Aufl. 1927, 3. Aufl. 1937.
B. L. van der Waerden, Moderne Algebra. 2 Bde. Berlin 1930/31; Bd. 1, 2. Aufl. 1937.
H. Weber, Lehrbuch der Algebra. 2 Bde. Braunschweig 1896, 2. Aufl. 1899.
A. Wiman, Encyklopädie der mathematischen Wissenschaften, 1. Aufl. I 1, B 3 f.
H. Zassenhaus, Lehrbuch der Gruppentheorie. Bd. 1. Leipzig und Berlin 1937.

Auf die obengenannten Werke wird weiterhin nur durch Angabe von Verfassernamen, Bandnummer und Auflage verwiesen. Monographien, die nur für einzelne Nummern wichtig sind, werden am Beginn derselben zitiert.

1. Vorbemerkungen zur Literatur. Die Entwicklung der Gruppentheorie bis zum Jahre 1900 hat *G. A. Miller*[1]) dargestellt und *B. S. Easton*[2]) hat ein Verzeichnis der bis zu diesem Zeitpunkt erschienenen Literatur und eine Aufzählung der bis dahin erzielten Resultate unter Berücksichtigung der chronologischen Anordnung gegeben, wobei jedoch die Theorie der kontinuierlichen Gruppen nicht mitbehandelt ist. Für weitere Arbeiten zur Geschichte der Gruppentheorie s. [3]); über die Vorgeschichte der Gruppentheorie vgl. *A. Speiser*[3]); über die Entstehung der in der Gruppentheorie benutzten Terminologie s. a. den Art. I 1 A 6 von *H. Burkhardt* in der ersten Auflage der Enzyklopädie.

Die seit 1900 erschienenen Lehrbücher und Monographien über Gruppentheorie sowie einige ältere historisch wichtige Werke werden in der oben gegebenen Zusammenstellung aufgezählt, soweit sie für das ganze in dem vorliegenden Artikel behandelte Gebiet von Bedeutung sind. Für die hier nicht berücksichtigte Theorie der kontinuierlichen Gruppen vgl. man den Art. II A 6 von *H. Burkhardt* und *L. Maurer* in der ersten Auflage sowie den Anhang von *H. Zassenhaus* zu Art. 16 in diesem Bande der Enzyklopädie. Vgl. ferner Nr. **16.**

A. Allgemeine Begriffe der Gruppentheorie

2. Definition einer Gruppe. Verwandte Begriffsbildungen. Eine Gruppe ist eine nicht leere Menge G von Elementen mit den folgenden Eigenschaften[4]).

I. Zwischen den Elementen von G ist eine Verknüpfung erklärt, durch die jedem geordneten Paar a, b von Elementen aus G ein eindeutig bestimmtes Element c zugeordnet wird. Man schreibt die Verknüpfung meist als Multiplikation, d. h. in der Form

$$ab = c, \tag{1}$$

und nennt c das Produkt von a und b (in dieser Reihenfolge).

II. Die in I erklärte Multiplikation genügt dem Assoziativgesetz, d. h. für irgend drei Elemente a_1, a_2, a_3 aus G gilt

$$a_1(a_2 a_3) = (a_1 a_2) a_3. \tag{2}$$

---

1) The collected works of *George Abram Miller,* S. 427—467. Urbana (Illinois) 1935; s. a. Bibliotheca Mathematica (3) **10**, 317—329, 1910.

2) The constructive development of group-theory. Publications of the University of Pennsylvania. Boston 1901/1902.

3) Historische Notizen sind enthalten in den eingangs zitierten Monographien von A. Speiser, H. Burkhardt, A. Loewy, sowie in der Encyclopédie des sciences mathématiques, *H. Burkhardt, H. Vogt,* I, I 8, S. 532—616 (nicht vollendet), Paris und Leipzig 1909—1914.

4) S. *H. Weber,* Math. Ann. **43**, 521—523, 1893; **20**, 302—303, 1882; s. ferner 1. Aufl. Bd. 2, § 1, S. 1—6.

1*

Hieraus folgt, daß auch für $n > 2$ das Produkt von n geordneten Elementen von G eindeutig ohne Klammern erklärt ist.

III. Zu irgend zwei Elementen a und c aus G gibt es zwei eindeutig bestimmte Elemente x und y aus G, so daß

$$ax = c, \quad ya = c \tag{3}$$

wird.

Die Postulate I, II, III sind mit jeder der weiteren Forderungen verträglich, daß G endlich, abzählbar oder nicht abzählbar viele Elemente enthalten soll[5]). Im ersten Falle heißt G eine *endliche Gruppe*, und die Anzahl ihrer Elemente heißt die *Ordnung* von G; in den beiden anderen Fällen heißt G eine *unendliche Gruppe*. — Aus I, II, III folgt nach *H. Weber*[4]):

IV. In G gibt es genau ein Element e, so daß für jedes Element a aus G stets $ae = ea = a$ ist; e heißt das *Einheitselement* von G und wird auch mit 1 bezeichnet.

V. In G gibt es zu jedem Element a genau ein *inverses* oder *reziprokes Element* a^{-1} mit der Eigenschaft $aa^{-1} = a^{-1}a = 1$.

Aus I, II, IV, V folgt[4]) III. Setzt man G als endlich voraus, so folgt aus dem Erfülltsein von I, II und dem aus III durch Abschwächung entstehenden Postulat

III*. „Sind a und c irgend zwei Elemente aus G, so gibt es höchstens ein weiteres Element x und höchstens ein weiteres Element y in G, so daß $ax = c$ und $ya = c$ ist", daß G eine Gruppe ist[6]); ohne die Voraussetzung, daß G endlich ist, gilt dies nicht allgemein. Eine Menge G, deren Elemente den Postulaten I, II und III* genügen heißt *Semigruppe* (*J. A. de Séguier*[7]), *L. E. Dickson*[8])); fordert man für G nur das Erfülltsein von I und II, so heißt G auch *Halbgruppe*.

Eingehende axiomatische Untersuchungen über den Gruppenbegriff haben vor allem *E. H. Moore*[5]), *L. E. Dickson*[5])[8]), *E. Huntington*[9]), *R. Baer*[10]) und *F. Levi*[10]) durchgeführt.

---

5) *E. H. Moore,* Trans. Amer. Math. Soc. **3**, 485—492, 1902; **5**, 549, 1904; **6**, 179—180, 1905. *L. E. Dickson,* ebd. **6**, 198—204, 1905.

6) *L. Kronecker,* S. B. Preuß. Akad. Wiss. 1870, 881—889; *G. Frobenius,* J. reine angew. Math. **100**, 179—181, 1887; *H. Weber*[4]).

7) Bd. 1, S. 8. Über Semigruppen s. a. *A. Suschkewitsch,* Commun. Soc. Math. Kharkoff (4) **8**, 25—27, 1934; **12**, 89—96, 1935; **13**, 29—33, 1935.

8) Trans. Amer. Math. Soc. **6**, 205—208, 1905.

9) Trans. Amer. Math. Soc. **4**, 27—30, 1903; **6**, 181—197, 1905; Bull. Amer. Math. Soc. (2) **8**, 296—300, 388—391, 1902.

10) S. B. Heidelberger Akad. Wiss. 1932, Abh. 2, 1—12. Vgl. ferner *O. Taussky,* Ergebnisse Math. Kolloquium Wien **4**, 2—3, 1933; *R. Garver,* Bull. Amer. Math. Soc. **42**, 125—129, 1936: *R. M. Foster,* ebd. **42**, 846—848; *S. Leśniewski,* Fund. Math. **13**, 319 bis 332, 1929; **14**, 242—251, 1929; *J. Haupt,* Über die koassoziativen Gesetze, Münster 1934 (Diss.).

Durch Abschwächung oder Abänderung der Postulate I, II, III ergeben sich eine Reihe von neuen, mit dem Gruppenbegriff verwandten Begriffsbildungen. Ausgehend von dem Problem der Komposition der quaternären quadratischen Formen definiert *H. Brandt*[11]) ein *Gruppoid* als eine nicht leere Menge G, zwischen deren Elementen eine Verknüpfung definiert ist, welche gewissen, aber nicht notwendig allen geordneten Paaren von Elementen aus G ein Element aus G zuordnet. Ist dem Elementepaar a, b aus G das Element c zugeordnet, so sagt man, das Produkt ab existiere und sei gleich c. Sind a_1, a_2, a_3 irgend drei Elemente aus G, und existieren von den vier Produkten $(a_1 a_2) a_3$, $a_1 a_2$, $a_2 a_3$, $a_1 (a_2 a_3)$ zwei aufeinanderfolgende, so sollen auch die beiden anderen existieren, und es soll $(a_1 a_2) a_3$ gleich $a_1 (a_2 a_3)$ sein. Die Verknüpfung soll III* befriedigen, und in Analogie zu IV, V soll es zu jedem Element a aus G eindeutig zugeordnete Elemente e_a, e'_a und a' geben, so daß $a e_a$, $e'_a a$, $a' a$ existieren und resp. gleich a, a, e_a werden. Man nennt e_a bzw. e'_a Rechts- bzw. Linkseinheit von a; zu zwei Elementen a und b soll es stets ein Element c in G geben, für das e_a die Rechtseinheit und e'_b die Linkseinheit ist.

Die Theorie der Gruppoide ist mit der der *Mischgruppen* äquivalent; diese sind von *A. Loewy*[12]) zur Begründung der Galoisschen Theorie eingeführt worden; die Elemente eines Gruppoids G, die dieselbe Linkseinheit e besitzen, bilden eine Mischgruppe M; die Elemente von G, für die e auch Rechtseinheit ist, bilden eine Gruppe (bei der in G erklärten Verknüpfung), welche der Kern von M heißt. Über Gruppoide mit endlich vielen Elementen und ihre Konstruktion mit Hilfe von endlichen Gruppen siehe *F. K. Schmidt*[13]).

Wie dem Begriff des Gruppoids liegt auch dem von *F. Marty*[14]) in die Theorie der algebraischen Funktionen eingeführten Begriff der *Hypergruppe* eine Abschwächung des Postulates I zugrunde, nämlich der Verzicht auf die Forderung der eindeutigen Bestimmtheit des Produktes ab. *W. Dörnte*[15]) ändert den Gruppenbegriff ab, indem er in I das Produkt von Elementen eines geordneten n-Tupels ($n > 2$) einführt. Durch Abschwächung von II aus dem Gruppenbegriff entstehende Systeme untersuchen *E. Schoenhardt*[16]) (*Unionen*) und *R. Moufang*[17]) (*Quasigruppen*). Durch Abschwächung von III

11) Math. Ann. **96**, 360—366, 1927.

12) J. reine angew. Math. **157**, 239—254, 1927; S. B. Heidelberger Akad. Wiss. 1927, 1. Abh.; s. a. *R. Baer*, ebd. 1928, 4. Abh., Nr. 4 u. Nr. 5.

13) S. B. Heidelberger Akad. Wiss. 1927, 8. Abh., 91—103. Verallgemeinert von Baer[12]).

14) 8. Skand. Mat. Kongress 45—49, 1935; Ann. École norm. (3) **53**, 83—123, 1936.

15) Math. Z. **29**, 1—19, 1929.

16) J. reine angew. Math. **163**, 183—230, 1930.

17) Math. Ann. **110**, 416—430, 1934.

erhalten *H. Rauter*[18a]) und *A. Suschkewitsch*[18b]) Verallgemeinerungen des Gruppenbegriffs; *M. Ward*[19]) ersetzt II und III durch verschiedene andere Postulate.

A. Cayley[20]) definiert eine endliche Gruppe G mit Hilfe ihrer *Gruppentafel*; eine solche ist ein quadratisches Schema, in dessen i-ter Zeile und k-ter Spalte das Element $a_i a_k$ (oder, da dies für manche Zwecke geeigneter ist, das Element $a_i a_k^{-1}$) steht; hierbei sind a_i für $i = 1, 2, \ldots, g$ die Elemente und g die Ordnung von G.

3. Komplexe. Untergruppen. Quotientengruppen. Eine Teilmenge von verschiedenen Elementen einer Gruppe G heißt nach *G. Frobenius*[21]) ein *Komplex.* Die zwei Komplexen K_1 und K_2 gemeinsamen Elemente von G bilden den *Durchschnitt* $K_1 \wedge K_2$ von K_1 und K_2. Die *Summe* $K_1 + K_2$ bzw. das *Produkt* $K_1 K_2$ *zweier Komplexe* K_1 und K_2 wird erklärt als der kleinste Komplex von Elementen aus G, der alle Elemente von K_1 und von K_2 bzw. alle Elemente $k_1 k_2$ enthält; hierbei sind k_1 bzw. k_2 beliebige Elemente von K_1 bzw. K_2. Ist $K_1 K_2$ gleich $K_2 K_1$, so heißen K_1 und K_2 *vertauschbar*; ist jedes Element von K_1 mit jedem Element von K_2 vertauschbar, so heißen K_1 und K_2 *elementweise vertauschbar.* Sind zwei beliebige Elemente von G vertauschbar, so heißt G eine *abelsche*[22]) oder *kommutative Gruppe.* Die Addition und Multiplikation von Komplexen genügen beiden distributiven und dem assoziativen Gesetz; letzteres ermöglicht die Definition der n-ten Potenz K^n eines Komplexes K für jede natürliche Zahl n, so daß

$$K^{n_1} K^{n_2} = K^{n_1+n_2} \qquad (n_1, n_2 \text{ natürliche Zahlen})$$

gilt. Der Komplex aus den Inversen k^{-1} der Elemente k von K werde mit K^{-1} und seine n-te Potenz mit K^{-n} bezeichnet. K^0 bedeute das Einheitselement.

Ist H ein Komplex von Elementen aus G, so daß die Elemente von H bei der für die Elemente von G festgesetzten Verknüpfung eine Gruppe bilden, so heißt H *Untergruppe* oder *Teiler* von G, und G heißt *Obergruppe* von H.

18) a) J. reine angew. Math. **159**, 229—237, 1928; b) Math. Ann. **99**, 30—50, 1928; Commun. Soc. Math. Kharkoff (4) **6**, 27—38, 1933; **9**, 39—44, 1934; Math. Z. **38**, 643 bis 649, 1934; s. a. *A. H. Clifford,* Ann. math (2) **34**, 865—871, 1933.

19) Trans. Amer. Math. Soc. **32**, 520—526, 1930.

20) Philos. Magazine **7**, 40—47, 1854. The collected Mathematical papers **2**, 123—130, Cambridge 1889. Für die Gruppentafel s. a. *A. E. Mayer,* Mh. Math. Phys. **45**, 8—12, 1936, sowie *H. Brandt*[11]).

21) S. B. Preuß. Akad. Wiss. 1895, 163—194; s. a. *R. Dedekind* in *P. G. L. Dirichlet,* Vorlesungen über Zahlentheorie, Braunschweig 1894, 4. Aufl., S. 482ff. Für eine Frage über „erzeugende Komplexe" einer Gruppe s. *H. Rohrbach,* Math. Z. **42**, 538—542, 1937.

22) *L. Kronecker*[6]) spricht von „abelschen Gleichungen", *H. Weber,* Bd. 1, 1. Aufl., S. 536 von „abelschen Gruppen" wegen der in der Arbeit von *N. H. Abel,* J. reine angew. Math. **4**, 131ff., 1829 dargelegten Bedeutung dieser Gruppen für die Auflösung von algebraischen Gleichungen durch Radikale.

Ist H von G verschieden, so heißt H eine *echte Untergruppe* von G; eine echte Untergruppe, die nicht nur aus dem Einheitselement besteht, heißt *eigentliche Untergruppe*; ist eine solche nicht echte Untergruppe einer echten Untergruppe von G, so heißt sie *maximale Untergruppe*[23]) von G. Der Komplex H ist dann und nur dann Untergruppe von G, wenn H gleich H^{-1} und H^2 in H enthalten ist; wenn H endlich ist, genügt die zweite Bedingung[21]).

Ist K ein beliebiger Komplex von Elementen aus G, so bilden die sämtlichen in mindestens einem der Komplexe

$$(K + K^{-1})^n \qquad (n = 1, 2, \ldots)$$

enthaltenen Elemente von G eine Untergruppe von G, welche mit $\{K\}$ bezeichnet werde; sie heißt *die von K erzeugte Untergruppe*, und die Elemente von K heißen *Erzeugende* dieser Untergruppe, die auch die ganze Gruppe G sein kann. Sind H_1 und H_2 Untergruppen von G, so ist auch ihr Durchschnitt $H_1 \cap H_2$ eine Untergruppe von G; diese heißt *größter gemeinsamer Teiler* von H_1 und H_2 und wird auch mit (H_1, H_2) bezeichnet. Als *kleinstes gemeinsames Vielfaches* oder *Kompositum* von H_1 und H_2 bezeichnet man die von dem Komplex $H_1 + H_2$ erzeugte Untergruppe, für die man auch $\{H_1, H_2\}$ schreibt. — Summe und Durchschnitt einer beliebigen Menge von Komplexen, und damit auch Kompositum und Durchschnitt einer beliebigen Menge von Untergruppen werden analog wie für zwei Komplexe bzw. Untergruppen definiert, und sind unabhängig von irgendeiner Anordnung der Komplexe bzw. Untergruppen dieser Menge.

Eine von einem einzigen Elemente g von G erzeugte Untergruppe $\{g\}$ heißt eine *zyklische Gruppe*; ihre Ordnung heißt die *Ordnung des Elementes* g; alle Elemente von $\{g\}$ sind gleich Potenzen von g; je nachdem ob die Ordnung von g unendlich oder gleich der natürlichen Zahl m ist, ist jedes Element von $\{g\}$ gleich genau einer Potenz g^μ von g, wobei μ alle ganzen Zahlen bzw. ein vollständiges Restsystem von mod. m inkongruenten Zahlen durchläuft[24]). Ist die Ordnung m des Elementes g aus G gleich dem Produkt der teilerfremden Zahlen m_1 und m_2, so ist g das Produkt von zwei eindeutig bestimmten vertauschbaren Elementen g_1 und g_2 von G, deren Ordnung gleich m_1 bzw. m_2 ist[25]).

Ist H eine Untergruppe und g irgend ein Element von G, so heißt der Komplex gH bzw. Hg eine *links-* bzw. *rechtsseitige Nebengruppe* oder *Links-* bzw. *Rechtsklasse* von H in G. Sind g_1 und g_2 zwei Elemente von G, so sind g_1H und g_2H (und ebenso Hg_1 und Hg_2) entweder identisch oder sie ent-

23) S. hierüber: a) *C. Jordan*, S. 41 ff.; *J. A. de Séguier*, Bd. 1, S. 56, 92; b) *B. H. Neumann*, J. London Math. Soc. **12**, 120—127, 1937, sowie Nr. 5.

24) S. hierzu *L. Euler*, Opera omnia, Series prima, Vol. 2, S. 504. *A. Speiser*, Klassische Stücke der Mathematik, Zürich 1925, S. 110.

25) *G. Frobenius*, S. B. Preuß. Akad. Wiss. 1895, 981—993.

halten kein gemeinsames Element. Es gibt daher Elemente g_i in G, wobei i entweder endlich viele Werte $1, 2, \ldots, j$ oder die Reihe der natürlichen Zahlen oder allgemein eine geeignete „Indexmenge" (i) durchläuft[26]), so daß jedes Element von G in einer und nur einer Nebengruppe Hg_i vorkommt. Man schreibt nach *E. Galois*, von dem die Zerlegung von G in Nebengruppen nach H stammt:

$$G = \sum_{(i)} Hg_i, \tag{4}$$

und nennt (4) eine *rechtsseitige Zerlegung* von G mod. H; eine *linksseitige Zerlegung* wird analog definiert. Die g_i heißen *Repräsentanten* der rechtsseitigen Nebengruppen von H in G; die Nebengruppen selber sind von der Wahl der Repräsentanten unabhängig; ist ihre Anzahl endlich und gleich j, so heißt j der *Index von H in G*, und H heißt in diesem Falle eine Untergruppe von endlichem (andernfalls: von unendlichem) Index in G. Zu einer Untergruppe H, deren Index[27 a]) in G oder deren Ordnung[27 b]) endlich ist, lassen sich stets Elemente g_i bestimmen, die Repräsentanten sowohl der rechts- wie der linksseitigen Nebengruppen von H in G sind[27]).

Da alle Nebengruppen einer endlichen Untergruppe H ebenso viele Elemente enthalten wie H selbst, folgt aus (4) der

Satz von Lagrange[28]): *In einer endlichen Gruppe G sind Ordnung und Index einer Untergruppe Teiler der Ordnung von G.*

Ist K ein Komplex und g ein Element aus G, so heißt $K_1 = g^{-1}Kg$ *der mit g transformierte Komplex K*, und K_1 und K heißen *ähnlich* oder *konjugiert* in G. Der Komplex aller mit einem Element g in G konjugierten Elemente heißt die *Klasse*[29]) von g. Ist ein Komplex gleich allen mit ihm konjugierten Komplexen, so heißt er *invariant* in G. Eine invariante Untergruppe heißt auch *Normalteiler* von G. Ist N ein solcher, so ist jede rechtsseitige Nebengruppe von N in G auch linkseitige Nebengruppe, und das Produkt zweier Nebengruppen von N ist wieder eine solche; dieselben bilden

26) Wenn, wie hier, über die Mächtigkeit der von einem Index zu durchlaufenden Menge keine besonderen Voraussetzungen gemacht werden sollen, wird dies weiterhin durch Verweis auf diese Fußnote angedeutet.

27) a) *G. A. Miller*, Quart. J. of Math. **41**, 382—384, 1910; Bull. Amer. Math. Soc. **29**, 394—398, 1923; *H. W. Chapman*, Messenger of Math. (2) **42**, 132—134, 1913; *G. Scorza*, Boll. Un. mat. Ital. **6**, 1—6, 1927; *D. König*, Math. Ann. **77**, 453—465, 1915; dort und in den folgenden Arbeiten: *B. L. van der Waerden*, Abh. math. Sem. Hamburg. Univ. **5**, 185—188, 1927; *E. Sperner*, ebd. 232; *P. Hall*, J. London Math. Soc. **10**, 26—30, 1935; *W. Maak*, Abh. Math. Sem. Hamburg. Univ. **11**, 242, 1936 als Spezialfall eines mengentheoretischen Satzes bewiesen. b) s. van der Waerden[27 a]) u. *D. König* und *S. Valkó*, Math. Ann. **95**, 135—138, 1926.

28) In speziellerer Form in: Œuvres de *Lagrange*, Bd. 3, Paris 1869, S. 373.

29) *G. Frobenius*[6]). Über die Frage der Existenz von Klassen mit gegebener Anzahl von Elementen s. *A. P. Dietzmann* und *S. A. Čounikhin*, C. R. Acad. Sci. URSS., N. s. **2**, 311—313, 1936.

daher bei der für Komplexe aus G erklärten Multiplikation eine Gruppe, die *Faktorgruppe*[30]) oder *Quotientengruppe* von G nach N heißt und mit G/N bezeichnet wird. Elemente aus derselben Nebengruppe oder „*Restklasse*" von N heißen auch *kongruent mod. N*. Eine Gruppe heißt *einfach*[31]), wenn sie keine eigentlichen invarianten Untergruppen enthält; andernfalls heißt sie *zusammengesetzt*.

Die mit einem Komplex K vertauschbaren Elemente aus G bilden eine Untergruppe $\mathsf{N}(K)$, die der *Normalisator*[32]) *von K in G* heißt; in diesem ist als invariante Untergruppe der *Zentralisator*[33]) $\mathsf{Z}(K)$ von K enthalten, der aus allen mit K elementweise vertauschbaren Elementen von G besteht. Der Zentralisator von G heißt das *Zentrum*[34]) von G; dieses ist stets eine abelsche Gruppe; Eigenschaften und Bedeutung des Zentrums $\mathsf{Z}(G)$ und der Faktorgruppe $G/\mathsf{Z}(G)$ sind für nicht abelsche Gruppen G vielfach untersucht[35]).

Die Anzahl[32])[36]) der verschiedenen mit K in G konjugierten Komplexe ist gleich dem Index von $\mathsf{N}(K)$ in G und daher, falls G endlich ist, ein Teiler der Ordnung von G.

Ist H eine Untergruppe von G, so sind die mit H in G konjugierten Komplexe ebenfalls Untergruppen von G. Dann und nur dann ist H Normalteiler der H enthaltenden Untergruppe H_1 von G, wenn H_1 im Normalisator von H enthalten ist. Durchschnitt und Kompositum der sämtlichen mit H konjugierten Untergruppen sind Normalteiler von G. Ist G eine endliche Gruppe und H echte Untergruppe von G, so enthalten die mit H in G konjugierten Untergruppen niemals alle Elemente von G.

Sind H_1 und H_2 Untergruppen, g und $\bar{g}$ Elemente von G, so sind die Komplexe $H_1 g H_2$ und $H_1 \bar{g} H_2$ entweder identisch, oder sie enthalten kein gemeinsames Element, je nachdem ob $\bar{g}$ in $H_1 g H_2$ und damit auch g in $H_1 \bar{g} H_2$ liegt oder nicht. Es gibt daher Elemente g_i von G, wobei i eine geeignete Indexmenge (i) durchläuft[26]), so daß jedes Element von G in einem

---

30) a) *C. Jordan*, Bull. Soc. Math. de France **1**, 40, 1873; b) *O. Hölder*, Math. Ann. **34**, 26—56, 1889.

31) Begriff von *E. Galois*, S. 26. Bezeichnung von *C. Jordan*, S. 41.

32) *J. A. de Séguier*, Bd. 1, S. 63; *H. Hilton*, S. 64, 65; *A. Speiser*, 2. u. 3. Aufl. S. 61, 66. Ohne besonderen Namen tritt der Normalisator schon früher auf. Eine Verallgemeinerung („Quasinormalisatoren") bei *W. K. Turkin*, Rec. Math. Moscou **44**, 1011 bis 1015, 1937.

33) *P. Hall*, Proc. London Math. Soc. (2) **40**, 468—501, 1936, besonders S. 470, 486.

34) Nach *J. A. de Séguier*, Bd. 1, S. 57, 87.

35) *W. B. Fite*, Trans. Amer. Math. Soc. **3**, 331—353, 1902; *G. A. Miller*, ebd. **10**, 50—60, 1909; Amer. J. Math. **39**, 404—406, 1917. *S. Tschounichin*, Math. Ann. **112**, 583 bis 585, 1936 gibt eine obere Grenze für die Ordnungen der Elemente einer Gruppe ohne Zentrum; s. ferner *R. Baer*, Math. Z. **38**, 375—416, 1934, § 6, sowie Nr. **12**, **13**.

36) *G. Frobenius*, J. reine angew. Math. **101**, 273—299, 1887; S. B. Preuß. Akad. Wiss. 163—194, 1895. S. a. *C. Jordan*, S. 26.

und nur einem Komplex $H_1 g_i H_2$ enthalten ist. Man schreibt nach *G. Frobenius*[36])

$$G = \sum_{(i)} H_1 g_i H_2, \tag{5}$$

und nennt (5) eine *Zerlegung von G nach dem Doppelmodul* H_1, H_2 oder eine *Zerlegung modd.* H_1, H_2. Die Komplexe $H_1 g_i H_2$ sind dabei von der speziellen Wahl ihrer Repräsentanten g_i unabhängig. Jeder Komplex $H_1 g H_2$ besteht aus vollen rechtsseitigen Nebengruppen von H_1 und linksseitigen Nebengruppen von H_2 in G; die Anzahlen derselben sind[36]), falls G endlich ist, gleich dem Index des Durchschnittes von $g^{-1} H_1 g$ und H_2 in H_2 bzw. in $g^{-1} H_1 g$, und somit jedenfalls Teiler der Ordnung von G. Hieraus folgt[37]), daß der Index von H_1 in G nicht kleiner ist als der Index von (H_1, H_2) in H_2. In jeder Gruppe G ist der Index von (H_1, H_2) endlich, wenn die Indizes der Untergruppen H_1 und H_2 endlich sind.

Ist jedes Element g von G gleich einem Produkt $h_1 h_2$, wobei h_1 bzw. h_2 ein Element der eigentlichen Untergruppe H_1 bzw. H_2 von G ist, so heißt G *zerlegbar*[38]) *in das Produkt von* H_1 *und* H_2; dann ist $G = H_1 H_2$. Allgemein gilt: Der aus zwei Untergruppen H_1 und H_2 gebildete Komplex $H_1 H_2$ ist dann und nur dann eine Untergruppe, wenn $H_1 H_2 = H_2 H_1$ (und damit $= \{H_1, H_2\}$) ist. Auch einfache Gruppen können zerlegbar sein. Die Zerlegbarkeit einer Gruppe G in beliebig viele Faktoren wird analog wie die Zerlegbarkeit in zwei Faktoren erklärt. Über die Zerlegung in ein Produkt zyklischer Gruppen und den Begriff der *Basis einer Gruppe* s. a.[39]).

Ein Spezialfall der Zerlegbarkeit in ein Produkt ist die Zerlegbarkeit in ein *direktes Produkt*[40]): Die Gruppe G heißt *zerfallend* in das direkte Produkt ihrer eigentlichen Untergruppen H_i (i durchlaufe eine Indexmenge[26]) (i)), wenn alle H_i Normalteiler von G sind, deren jeder mit dem kleinsten gemeinsamen Vielfachen aller übrigen nur das Einheitselement gemeinsam hat. Gleichbedeutend mit dieser Definition ist die folgende: G enthält Untergruppen H_i, von denen je zwei verschiedene elementweise vertauschbar sind, und jedes vom Einheitselement verschiedene Element g von G läßt sich, abgesehen von der Reihenfolge der Faktoren, auf genau eine Weise als ein Produkt

$$g = h_{i_1} \ldots h_{i_l} \tag{6}$$

37) S. hierzu *C. Jordan*, S. 280; *G. A. Miller*, Ann. math. Princeton **14**, 95, 1912/13; Proc. Nat. Acad. Sci. USA. **14**, 518—520, 1928; *A. Speiser*. 2. u. 3. Aufl. S. 61—63.

38) Bezeichnung von E. Maillet. Für Literatur und Sätze s. *J. A. de Séguier*, Bd. 1, S. 59, 92—96; Bd. 2, S. 41. Vgl. a. *G. Frobenius*[21]), S. 166; *G. A. Miller*, Proc. Nat. Acad. Sci. USA. **13**, 758—759, 1927; **16**, 398—401, 527—530, 1930; *B. H. Neumann*, J. London Math. Soc. (2) **10**, 3—6, 1935.

39) *C. Hopkins*, Trans. Amer. Math. Soc. **41**, 287—313, 1937.

40) S. *W. Dyck*, Math. Ann. **17**, 485, 1880; **22**, 70—108, 1883; *O. Hölder*[30]) und Math. Ann. **43**, 330, 1893; s. ferner Nr. **6**, und, für eine Verallgemeinerung („*Relatives Produkt*"), *A. Scholz*, Math. Z. **42**, 161—188, 1937, sowie Art. 26.

schreiben, wobei $h_{i_1}, \ldots, h_{i_l}$ von 1 verschiedene Elemente aus irgend einer Anzahl l von verschiedenen Untergruppen H_i sind. Ist G direktes Produkt der endlich vielen *„direkten Faktoren"* $H_1, \ldots, H_r$, so schreibt man

$$G = H_1 \times \cdots \times H_r. \tag{7}$$

Die Ordnung von G ist gleich dem Produkt der Ordnungen von $H_1, \ldots, H_r$. Ist G eine nicht zerfallende Gruppe, so heißt G auch *direkt unzerlegbar.*

M. Cipolla[41]) nennt einen Komplex, dessen einzelne Elemente ein und dieselbe Untergruppe H der Gruppe G als Zentralisator besitzen, ein *Fundamentalsystem* von G; die sämtlichen Elemente einer endlichen Gruppe lassen sich auf Fundamentalsysteme verteilen, von denen je zwei kein gemeinsames Element besitzen. — Über die Möglichkeit der Verteilung der Elemente von G auf Untergruppen, von denen je zwei nur das Einheitselement gemeinsam haben s. [42]).

Über Gruppen, in denen sämtliche Elemente oder alle echten Untergruppen vorgegebene Eigenschaften besitzen, liegen, entsprechend der verschiedenen Wahl dieser Eigenschaften, mannigfache Untersuchungen vor[43]). Genannt seien hier nur die nicht-abelschen Gruppen, deren sämtliche Untergruppen Normalteiler sind. Diese heißen *hamiltonsche Gruppen*[44]); es sind alle und nur die Gruppen H hamiltonsch, die eine nicht-abelsche Untergruppe Q der Ordnung 8, die sogenannte *Quaternionengruppe*[44]) enthalten, und direktes Produkt von dieser mit einer beliebigen Anzahl von Gruppen der Ordnung 2 und einer abelschen Gruppe mit lauter Elementen von endlicher ungerader Ordnung sind. Q besitzt genau ein Element der Ordnung 2; die Faktorgruppe von Q nach ihrem Zentrum ist direktes Produkt zweier Gruppen der

41) a) Rend. R. Acc. sc. fis. mat. Napoli (3) **15**, 44—54, 113—124, 1909; b) ebd. **17**, 226—232, 1911; **18**, 29—35, 1912; **20**, 118, 126, 136, 1914; *V. Amato,* ebd. **23**, 107 bis 113, **24**, 121—131, 136—144, 1917/18; Note Esercit. mat. **6**, 30—42, 75—81, 1931; Atti Accad. Gioeniae Catania **19**, mem. 8, 1—10, 1932; Acta Soc. Gioeniae Catinenses Naturalium Sci. **20**, Mem. 11, 1—21, 1934; *A. Sorrentino,* ebd. **20**, Mem. 16, 1—9, 1934. *G. Scorza,* Rend. Accad. d. Lincei Roma (6), **6**, 361—365, 441—445, 1927. In diesen Arbeiten werden die von M. Cipolla geschaffenen Begriffe u. a. zu einer Klassifikation der endlichen Gruppen benutzt.

42) *G. A. Miller,* Bull. Amer. Math. Soc. **12**, 446, 1905/06; *J. W. Young,* ebd. **33**, 453—461, 1927.

43) *G. A. Miller* and *H. C. Moreno,* Trans. Amer. Math. Soc. **4**, 398—404, 1903; *G. A. Miller,* Amer. J. Math. **29**, 289—294, 1907; Trans. Amer. Math. Soc. **8**, 25—29, 1907; *O. Schmidt,* Rec. Math. Moscou **31**, 366—372, 1924; *L. Weisner,* Bull. Amer. Math. Soc. **31**, 413—416, 1925. Vgl. im übrigen Nr. **7**, **11**, **12**.

44) a) Bezeichnung von *R. Dedekind,* Math. Ann. **48**, 548—561, 1897; die Quaternionengruppe ist die Gruppe der „Einheiten" der von W. R. Hamilton entdeckten Quaternionen. Vgl. I A 4 (*E. Study*) in der 1. Aufl. der Encyklopädie; b) *G. A. Miller,* Bull. Amer. Math. Soc. **4**, 510—515, 1898; Math. Ann. **60**, 597—606, 1905; c) *E. Wendt,* ebd. **59**, 187 bis 192, 1904; **60**, 319—320, 1905; **62**, 381—400, 1906; d) *O. Taussky,* ebd. **108**, 615 bis 620, 1933. e) *R. Baer,* Compos. Math. **2**, 241—246, 1935.

Ordnung 2; sie heißt die *Vierergruppe*. Über einige Verallgemeinerungen der hamiltonschen Gruppen s. [45]).

4. Homomorphe Abbildungen. Operatoren. Isomorphie. Automorphismen. Charakteristische Untergruppen. In einer Gruppe G sei eine Funktion Θ erklärt, welche jedem Element g von G eindeutig ein Element f einer Gruppe F zuordnet. Man schreibt für f gewöhnlich $\Theta(g)$ oder $g\Theta$; auch g^{Θ} ist üblich. Die Gruppe F heißt *homomorphes Bild* von G oder *homomorph zu* G, und Θ wird eine *homomorphe Abbildung von* G *auf* F genannt, wenn erstens jedes Element von F Bildelement eines Elementes von G ist und wenn zweitens für irgend zwei Elemente g_1, g_2 von G stets

$$\Theta(g_1)\,\Theta(g_2) = \Theta(g_1 g_2) \tag{8}$$

ist. Wenn die Abbildung Θ von G auf F außerdem noch umkehrbar-eindeutig ist, heißen die Gruppen G und F *isomorph* oder *abstrakt gleich* oder einfach „gleich", wenn eine Verwechselung ausgeschlossen ist; konjugierte Untergruppen einer Gruppe G sind stets isomorph, aber als Untergruppen der gemeinsamen Obergruppe G i. a. verschieden. Für „G ist isomorph mit F" schreibt man $G \cong F$. Die Bezeichnungen „isomorph" und „homomorph" werden nicht durchweg in dem hier erklärten Sinne gebraucht; so führen z. B. *A. Capelli* [46a]), *L. E. Dickson* [8]), *A. Loewy* [46b]) einen allgemeineren Isomorphiebegriff ein; für dessen Eigenschaften sowie für die Ausdrücke „einstufig-" oder „holoëdrisch-isomorph", „(n, m)stufig-" und „meroëdrisch-isomorph" s. a. [47]). Vgl. ferner das Ende von Nr. 4.

Es gibt nur endlich viele verschiedene, d. h. nicht isomorphe endliche Gruppen einer gegebenen Ordnung γ; ist γ eine Primzahl, so gibt es nur eine Gruppe dieser Ordnung; diese ist zyklisch. Auch die Anzahl der verschiedenen endlichen Gruppen, die eine feste Anzahl von Klassen konjugierter Elemente besitzen, ist endlich [48]).

Ist die Gruppe F homomorphes Bild der Gruppe G, so werden die Elemente einer Untergruppe von G auf die Elemente einer Untergruppe von F abgebildet. *Ist* N *der Komplex der Elemente von* G, *denen das Einheitsele-*

---

45) *W. Burnside,* Proc. London Math. Soc. **35**, 28—37, 1903; *W. B. Fite,* Math. Ann. **67**, 498—510, 1909; *C. Hopkins,* Amer. J Math. **51**, 35—41, 1929 behandeln Gruppen in denen konjugierte Elemente vertauschbar sind. Sonstige Verallgemeinerungen in [44b]), [44c]), Math. Ann. **60**, **62** und von *G. A. Miller,* Arch. Math. Phys. (3) **11**, 76—79, 1906; *O. Schmidt,* Rec. Math. Moscou **33**, 161—172, 1926.

46) a) Giorn. mat. Bataglini **16**, 32—87, 1878; b) Heinrich-Weber-Festschrift, S. 198—227, Leipzig und Berlin 1912.

47) *A. Speiser,* 2. Aufl. S. 33, 3. Aufl. S. 34; *H. Hilton,* S. 71; *J. A. de Séguier,* Bd. 1, S. 66.

48) *E. Landau,* Math. Ann. **56**, 674—676, 1903; verallgemeinert von *W. K. Turkin,* C. R. Acad. Sci. URSS., N. s. **3**, 59—62, 1935; *G. A. Miller,* Trans. Amer. Math. Soc. **20**, 260—270, 1919.

ment von F zugeordnet ist, so ist N ein Normalteiler von G und F ist isomorph mit der Faktorgruppe G/N. Umgekehrt ist jede Faktorgruppe $F = G/N$ eines Normalteilers N von G homomorphes Bild von G; F entsteht aus G, indem man jedem Element aus G die Nebengruppe von N zuordnet, in der es enthalten ist; diese Nebengruppen bilden dann die Elemente von F (s. Nr. **3**). Man nennt diese Aussage den *Homomorphiesatz*[49]).

Als ersten bzw. zweiten Isomorphiesatz[49]) bezeichnet man die beiden folgenden Sätze:

Ist N ein Normalteiler und H eine Untergruppe von G, so sind (N, H) bzw. N Normalteiler in H bzw. $\{N, H\}$, und es gilt

$$\{N, H\}/N \cong H/(N, H). \tag{9}$$

Ist F homomorphes Bild von G, so bilden die den Elementen einer Untergruppe M^* von F zugeordneten Elemente von G eine Untergruppe M von G. Dann und nur dann ist M Normalteiler von G, wenn M^* Normalteiler von F ist, und in diesem Falle gilt

$$G/M \cong F/M^*. \tag{10}$$

Eine Verallgemeinerung von (9) ist der Satz[50]): Sind U und V Untergruppen von G und U^* bzw. V^* Normalteiler von U bzw. V, so sind die Gruppen $\{U^*, (U, V^*)\}$ bzw. $\{V^*, (V, U^*)\}$ Normalteiler der Gruppen $\{U^*, (U, V)\}$ bzw. $\{V^*, (V, U)\}$, und es gilt

$$\{U^*, (U, V)\}/\{U^*, (U, V^*)\} \cong \{V^*, (V, U)\}/\{V^*, (V, U^*)\}. \tag{11}$$

Eine homomorphe Abbildung von G auf eine Untergruppe von G heißt ein *Endomorphismus*[51c]) von G. Ist zu einer Gruppe G eine weitere Menge Ω gegeben, und ist zu jedem Element ω aus Ω und zu jedem Element a aus G ein „Produkt" $\omega \cdot a$ (auch $a \cdot \omega$ oder $\omega(a)$ geschrieben) erklärt, welches wieder ein Element von G ist, wobei diese (nicht mit der in G erklärten Verknüpfung zu verwechselnde) Produktbildung die Eigenschaft hat, daß für alle Elemente a, b aus G stets $\omega \cdot (ab) = (\omega \cdot a)(\omega \cdot b)$ ist, so heißt ω ein *Operator*[51a]) und Ω ein *Operatorenbereich*[49b]) von G. Jeder Operator ω erzeugt durch die Zuordnung von $\omega \cdot a$ zu a einen Endomorphismus von G; erzeugen verschiedene Elemente von Ω verschiedene Endomorphismen von G, so heißt Ω auch ein *absoluter Operatorenbereich*[49b]) von G. Eine Untergruppe H (oder allgemeiner ein Komplex) von G heißt *Ω-zulässig*[51b]) oder kurz *zulässig*, wenn jedes Element von H durch jeden Operator aus Ω wieder auf ein

---

49) a) *O. Hölder*[30]); s. a. *C. Jordan*[30]); b) für die Formulierung s. *E. Noether*, Math. Z. **30**, 641—692, 1929.

50) *H. Zassenhaus*, Abh. math. Sem. Hamburg. Univ. **10**, 106—108, 1934.

51) Für diese Begriffe sehe man: a) *W. Krull*, Math. Z. **23**, 161—196, 1925; S. B. Heidelberger Akad. Wiss. 1926, Nr. 1; b) *O. Schmidt*, Math. Z. **29**, 34—41, 1929. c) *H. Fitting*, Math. Ann. **114**, 355—372, 1937, S. 357.

Element von H abgebildet wird. Derselbe Operatorenbereich Ω kann für verschiedene Gruppen G_1 und G_2 erklärt sein; z. B. sind Operatoren einer Gruppe G aus einem Bereich Ω zugleich Operatoren für die Ω-zulässigen Untergruppen und die Faktorgruppen nach Ω-zulässigen Normalteilern von G. Gibt es eine homomorphe Abbildung σ von G_1 auf G_2, so daß für jedes Element g_1 aus G_1 und alle ω aus Ω stets $\sigma(\omega(g_1))$ gleich $\omega(\sigma(g_1))$ ist, so heißt G_2 zu G_1 *operatorhomomorph*; ist σ unkehrbar-eindeutig, so heißen sie *operatorisomorph*; sind G_1 und G_2 identisch, so heißt σ ein *Operatorendomorphismus*. Der Homomorphiesatz, beide Isomorphiesätze und Formel (11) bleiben gültig, wenn man in ihnen, unter Zugrundelegung eines beliebigen Operatorenbereichs, die Worte „Untergruppe" und „isomorph" durch „zulässige Untergruppe" und „operatorisomorph" ersetzt.[49b])

Sind Θ_1 und Θ_2 Endomorphismen von G und ist g ein beliebiges Element aus G, so wird durch

$$\Theta(g) = \Theta_2(\Theta_1(g)) \tag{12}$$

ein Endomorphismus Θ von G erklärt, der das Produkt $\Theta_1\Theta_2$ (zuweilen auch $\Theta_2\Theta_1$) von Θ_1 und Θ_2 heißt. Die Endomorphismen von G, die G umkehrbar-eindeutig auf sich selber abbilden, heißen *Automorphismen*[52]) von G; sie bilden bei der durch (12) erklärten Multiplikation eine Gruppe $\mathsf{A}(G)$, die die *Automorphismengruppe*[52]) von G heißt; ihr Einheitselement ist der *identische* Automorphismus, der jedes Element von G sich selber zuordnet. Die Ordnung eines Elementes α aus $\mathsf{A}(G)$ heißt die *Ordnung* des Automorphismus α. Ist a ein festes, g ein beliebiges Element von G, so wird durch

$$\alpha_0(g) = a^{-1} g a \tag{13}$$

ein Automorphismus α_0 von G definiert; ein solcher heißt *innerer* oder *kogredienter* Automorphismus von G; ein Automorphismus, der kein innerer ist, heißt *äußerer* oder *kontragredienter* Automorphismus. Die inneren Automor-

52) a) Bezeichnung von *G. Frobenius,* S. B. Preuß. Akad. Wiss. 1901, 1324—1329; s. ferner b) *E. H. Moore,* Bull. Amer. Math. Soc. **1**, 61—66, 1894; s. a. *G. A. Miller,* Philosoph. Mag. (5) **45**, 234—242, 1898. c) *O. Hölder,* Math. Ann. **43**, 301—412, 1893; ebd. **46**, 326, 1895; d) Für spezielle Typen von Automorphismen s. *J. W. Young,* Trans. Amer. Math. Soc. **3**, 186—191; 1902; *W. A. Manning,* ebd. **7**, 233—240. 1906; *W. Burnside,* Messenger of Math. (2), **33**, 124—126, 1903; *G. A. Miller,* Proc. Nat. Acad. Sci. USA. **4**, 293—294, 1918; **15**, 89—91, 369—372, 672—675, 1929; **16**, 86—88, 168—172, 1930; **17**, 39—43, 1931; Bull. Amer. Math. Soc. **35**, 559—564, 1929. S. a.[54]) e) Über Gruppen mit speziellen Automorphismengruppen s. W. B. Fite[35]), *G. A. Miller,* Trans. Amer. Math. Soc. **1**, 395—401, 1900; vgl. a.[56]) und Miller[143]). f) Automorphismen spezieller Gruppen behandeln: *O. Hölder,* Math. Ann. **46**, 321—422, 1895; *G. A. Miller,* Bull. Amer. Math. Soc. (2), **6**, 337—339, 1900; **17**, 518—519, 1911; Philos. Mag. (6), **15**, 223—232, 1908; Trans. Amer. Math. Soc. **12**, 387—402, 1911; Tôhoku Math. J. **29**, 231—235, 1928; *O. Schreier* und *B. L. van der Waerden*, Abh. Math. Sem. Hamburg. Univ **6**, 303—322, 1928. — S. ferner die Angaben bei den verschiedenen Klassen spezieller Gruppen.

phismen von G bilden eine mit der Faktorgruppe von G nach ihrem Zentrum isomorphe Gruppe $\mathsf{I}(G)$, die Normalteiler von $\mathsf{A}(G)$ ist; die Quotientengruppe $\mathsf{A}(G)/\mathsf{I}(G)$ heißt *Gruppe der äußeren Automorphismen* oder *der Automorphismenklassen*[52c]), wobei eine Automorphismenklasse als eine Nebengruppe von $\mathsf{I}(G)$ in $\mathsf{A}(G)$ definiert ist. Über die Ordnung der Automorphismengruppe einer endlichen Gruppe s. [53]). Die Ordnung des Automorphismus α einer endlichen Gruppe G ist nur durch in der Ordnung von G aufgehende Primzahlen teilbar, falls durch α die Klassen konjugierter Elemente von G einzeln in sich übergeführt werden[54a]); α ist jedoch dann nicht notwendig ein innerer Automorphismus[54b]).

Gruppen, deren Zentrum nur aus dem Einheitselement besteht, und deren sämtliche Automorphismen kogredient sind, heißen *vollständig*[55]); ist eine vollständige Gruppe V eigentlicher Normalteiler der Gruppe G, so zerfällt G in ein direktes Produkt, dessen einer Faktor V ist. Über weitere Sätze und Beispiele s. [55]). Für Gruppen mit speziellen Automorphismengruppen s. a. [52e])[56]).

Ist die Gruppe G Normalteiler der Gruppe G_0, so geht G bei jedem inneren Automorphismus α_0 von G_0 in sich über; α_0 definiert daher eindeutig einen Automorphismus von G; dieser heißt der durch α_0 in G *induzierte Automorphismus*. Die Gruppe der durch die sämtlichen inneren Automorphismen von G_0 in G induzierten Automorphismen ist isomorph mit der Faktorgruppe von G_0 nach dem Zentralisator von G in G_0. Zu jeder Gruppe G gibt es eine abstrakt eindeutig bestimmte Gruppe $\mathsf{H}(G)$, welche das *Holomorph*[57]) von G heißt und durch die folgenden Eigenschaften charakterisiert ist: G ist Normalteiler von $\mathsf{H}(G)$; in $\mathsf{H}(G)$ ist eine mit $\mathsf{A}(G)$ isomorphe Untergruppe A_0 enthalten, deren Durchschnitt mit G das Einheitselement ist. Die Elemente von A_0 bilden ein vollständiges Repräsentantensystem der Nebengruppen von G in $\mathsf{H}(G)$, und zu jedem Automorphismus α von G gibt es genau ein Element α_0 aus A_0, so daß α durch Transformation der Elemente g von G mit

---

53) *G. Birkhoff* und *P. Hall*, Trans. Amer. Math, Soc. **39**, 496—499, 1936.

54) *W. Burnside,* a) 1. Aufl. S. 229, 2. Aufl. S. 89; b) Proc. London Math. Soc. (2) **11**, 40—42, 1913; *G. A. Miller,* Bull. Amer. Math. Soc. (2) **20**, 311, 1914.

55) Von *O. Hölder,* Math. Ann. **46**, 325, 1895 *„vollkommen"* genannt. S. a. *W. Burnside,* Proc. London Math. Soc. **27**, 354—367, 1896 und 2. Aufl. S. 95; vgl. a. das Ende von Nr. **13** sowie *G. A. Miller,* Messenger of Math. (2) **37**, 54—55, 1907; Tôhoku Math. J. **29**, 231 bis 235, 1928. Vgl. a. die allgemeineren Sätze in Nr. **13**.

56) Über Gruppen mit abelscher Automorphismengruppe s. *G. A. Miller,* Messenger of Math. (2) **43**, 124—125, 1913; Bull. Amer. Math. Soc. (2) **20**, 310, 1914; *C. Hopkins,* Ann. of Math. (2) **29**, 508—520, 1928.

57) Bezeichnung von W. Burnside; s. 1. Aufl. S. 228ff. Von *G. Frobenius*[21]) als Normalisator der regulären Darstellung von G (s. Art. 16) in der Gruppe aller Permutationen der Elemente von G eingeführt. Vgl. *H. Zassenhaus,* Bd. 1, S. 46ff.; *G. Birkhoff,* Proc. Cambridge Phil. Soc. **29**, 257—259, 1933.

α_0 induziert wird, d. h. so, daß

(14) $$\alpha(G) = \alpha_0^{-1} g \alpha_0$$

ist. Für Untersuchungen über das Holomorph s. a.[58]).

Die für $\mathsf{I}(G)$ als Operatorenbereich zulässigen Untergruppen von G sind die Normalteiler. Die für $\mathsf{A}(G)$ zulässigen Untergruppen heißen *charakteristisch*[21]), und die für den Bereich aller Endomorphismen von G zulässigen Untergruppen von G heißen *vollinvariant*[59]). Charakteristische Untergruppen eines Normalteilers von G sind selbst invariant in G. Sind C_1 und C_2 charakteristische Untergruppen von G, und ist C_2 in C_1 enthalten, so heiße C_1/C_2 eine *für G charakteristische Gruppe*; da ein Automorphismus α von G eine Nebengruppe von C_2 in C_1 wieder in eine solche überführt, induziert α in C_1/C_2 einen Automorphismus dieser Gruppe.

Ein Normalteiler einer endlichen Gruppe mit zu seiner Ordnung teilerfremdem Index ist charakteristische Untergruppe. Im folgenden sind die wichtigsten für j e d e Gruppe G definierten (und in isomorphen Gruppen isomorphen) charakteristischen Untergruppen aufgezählt (s. a. Nr. **12**, S. 35; **14**, S. 43, 44).

Charakteristische, aber i. a. nicht vollinvariante Untergruppen von G sind das Zentrum und die als *Gruppen der oberen Zentralreihe*[60]) bezeichneten Untergruppen $\zeta_i(G)$, die rekursiv durch die Festsetzungen definiert sind, daß $\zeta_1(G)$ das Zentrum von G und, für $i = 2, 3, \ldots$, $\zeta_i(G)/\zeta_{i-1}(G)$ das Zentrum von $G/\zeta_{i-1}(G)$ sein soll; die letzte Gruppe heißt auch die $(i-1)$*-te kogrediente Automorphismengruppe* von G. Ist l der kleinste Wert von i, so daß $\zeta_{l+1}(G)$ gleich $\zeta_l(G)$ wird, so heißt diese Gruppe das *Hyperzentrum*[61]) von G; ist $\zeta_l(G)$ gleich G, so nennt man G *nilpotent*[62]), und l heißt die *Klasse*[60b]) *von G*. Die mit allen Untergruppen von G vertauschbaren Elemente bilden eine abelsche oder hamiltonsche charakteristische Untergruppe, die der *Kern* von G heißt; ihre Beziehungen zu anderen charakteristischen Untergruppen hat *R. Baer*[63]) untersucht.

58) *G. A. Miller*. Math. Ann. **66**, 133—142, 1908; Amer. Math. Monthly **37**, 482—484, 1930. Vgl. a. Nr. **13**.

59) *F. Levi*, Math. Z. **37**, 90—97, 1933.

60) S. hierzu: a) *W. Burnside*, 1. Aufl. S. 115, 2. Aufl. S. 166ff.; b) *W. B. Fite*[35]) und Bull. Amer. Math. Soc. (2) **9**, 139—141, 1902; ebd. **8**, 236—239, 1901; c) *P. Hall*, Proc. London Math. Soc. (2) **36**, 29—95, 1933; Bezeichnung ebd. S. 49; d) *A. Loewy*, Math. Ann. **55**, 67—73, 1902. Vgl. ferner *Hilton*, S. 167 f. sowie Nr. **12**.

61) S. *R. Remak*, J. reine angew. Math. **163**, 3, 1930; für Eigenschaften des Hyperzentrums in endlichen Gruppen s. a. *P. Hall*, Proc. London Math. Soc. (2) **43**, 507—528, 1937, S. 527.

62) Bezeichnung von *H. Zassenhaus*, Bd. 1, S. 105 wegen der bei endlichen kontinuierlichen Gruppen auftretenden Verhältnisse eingeführt; hierfür s. a. *W. Ahrens*, Ber. Sächs. Ges. Wiss. Leipzig, math.-phys. Klasse **49**, 358—368, 616—626, 1897 und vgl. [60d]). Andere Bezeichnungen für „nilpotent" sind: *hyperkommutativ, hyperzentral, speziell.*

63) Compositio math. **1**, 254—283, 1934; **2**, 241—249, 1935; **4**, 1—77, 1936.

Sind C_1 und C_2 charakteristische Untergruppen von G, so ist auch die durch alle „*Kommutatoren*“ $c_1^{-1}c_2c_1c_2^{-1}$ irgend eines Elementes c_1 von C_1 mit irgend einem Element c_2 von C_2 erzeugte Untergruppe $[C_1, C_2]$ charakteristisch. *P. Hall*[64]) hat allgemein die durch dieses „Verfahren der Kommutatorbildung“ definierten charakteristischen Untergruppen von G und ihre Beziehungen zueinander untersucht. Von besonderer Bedeutung sind die vollinvarianten Untergruppen

$$(15) \qquad G' = [G, G], \quad G^{(\varkappa+1)} = [G^{(\varkappa)}, G^{(\varkappa)}] \qquad (\varkappa = 1, 2, 3, \ldots)$$

und die ebenfalls vollinvarianten, rekursiv durch

$$(16) \qquad \mathsf{Z}_1(G) = G, \quad \mathsf{Z}_{\lambda+1}(G) = [G, \mathsf{Z}_\lambda(G)] \qquad (\lambda = 1, 2, 3, \ldots)$$

definierten Untergruppen von G; man nennt $G^{(\varkappa)}$ die *$\varkappa$-te Ableitung*[65a]) oder die *$\varkappa$-te Kommutatorgruppe*[65b]) und $\mathsf{Z}_\lambda(G)$ die *λ-te Gruppe der unteren Zentralreihe*[66]) von G. Die Ableitung G' von G ist Durchschnitt aller Normalteiler von G mit abelscher Faktorgruppe[65c]); G/G' ist abelsch; ist $G = G'$, so heißt G *perfekt*[67]). Nicht-abelsche einfache Gruppen und direkte Produkte perfekter Gruppen sind perfekt. Gibt es eine Zahl h, so daß $G^{(h)} = 1$, $G^{(h-1)} \neq 1$ ist, so heißt G eine *h-stufige* Gruppe[68]); Faktorgruppen und Untergruppen einer solchen sind h'-stufig mit $h' \leq h$. Für $\lambda \leq 2^\varkappa$ ist $G^{(\varkappa)}$ in $\mathsf{Z}_\lambda(G)$ enthalten[64a]). Dann und nur dann ist G nilpotent (s. oben), wenn $\mathsf{Z}_{\lambda+1}(G)$ für hinreichend große Werte von λ gleich dem Einheitselement von G ist; der kleinste Wert l von λ, für den dies zutrifft, ist[64a]) dann zugleich die Klasse von G, doch ist $\mathsf{Z}_\lambda(G)$ nicht stets gleich einer der Gruppen $\zeta_i(G)$.

64) a) Proc. London Math. Soc. (2) **36**, 29—95, 1933; s. ferner: b) *W. Magnus*, Math. Ann. **111**, 259—280, 1935; *O. Grün*, Deutsche Mathematik **1**, 772—782, 1936; *E. Witt*, J. reine angew. Math. **177**, 152—160, 1937; *W. Magnus*, ebd. 105—115. Vgl. a. *F. Hausdorff*, S. B. Sächs. Akad. Wiss. Leipzig, math. phys. Kl., **58**, 19—48, 1906.

65) a) *S. Lie* spricht von der „derivierten Gruppe“; s. Gesammelte Abhandl., Oslo und Leipzig 1927, Bd. 6, 235. b) S. *R. Dedekind*, Gesammelte mathematische Werke, Braunschweig 1931, Bd. 2, 102. c) Für die Eigenschaften der Ableitung s. *G. A. Miller*, Quart. J. of Math. **28**, 232—284, 1896; Bull. Amer. Math. Soc. **4**, 135—139, 1898. d) ebd. **6**, 105—109, 1899; **13**, 497—501, 1907. Über Gruppen, die Ableitungen anderer Gruppen sind, s. a. *W. B. Fite*[35]) ebd. ein Beispiel dafür, daß nicht jedes Element der Kommutatorgruppe von G ein Kommutator zweier Elemente von G sein muß; s. a. *G. A. Miller*, Tôhoku Math. J. **8**, 67—72, 1915, *W. Burnside*, Proc. London Math. Soc. (2) **11**, 225—243, 1913, sowie [56]) als Beispiel dafür, daß eine Gruppe nicht stets die Ableitung einer anderen ist. — S. ferner [64]) und Nr. **11**.

66) S. *P. Hall*[64a]), S. 49; für frühere Untersuchungen s. *W. B. Fite*, Trans. Amer. Math. Soc. **7**, 61—68, 1906; **15**, 47—50, 1914; **16**, 134—138, 1915; *W. Burnside*[65]) und 2. Aufl. S. 167, und besonders *K. Reidemeister*, Abh. Math. Sem. Hamburg. Univ. **5**, 33—39, 1927; *H. Adelsberger*, J. reine angew. Math. **163**, 103—124, 1930. Für weitere Sätze s. [64b]).

67) S. *G. A. Miller*, Amer. J. Math **20**, 277—282, 1898.

68) S. *H. Hasse*, Jber. DMV, Ergänzungsband VI, 172, 1930. Dort heißen solche Gruppen *h-stufig metabelsch;* 2-stufige Gruppen heißen oft „*metabelssh*“ schlechthin. Vgl. zur Bezeichnung (h-stufig = auflösbar) den letzten Absatz von Nr. **5** und den Anfang von Nr. **11**. Vgl. a. *G. A. Miller*[65c]). W. B. Fite nennt eine Gruppe der Klasse 2 „*metabelian*“.

Ein homomorphes Bild einer Untergruppe von G heißt nach *G. Frobenius*[69]) ein *Teil* von G; dieser Begriff dient ebenfalls zur Definition charakteristischer Untergruppen.

Eine homomorphe Abbildung von G auf eine Untergruppe von H/H', wobei H eine Untergruppe von endlichem Index in G ist, erhält man folgendermaßen: Es sei g ein beliebiges Element von G und C die von g erzeugte zyklische Untergruppe von G. Ferner sei

$$G = \sum_{i=1}^{r} H t_i C \tag{17}$$

eine Zerlegung von G modd. H, C, und f_i sei die kleinste natürliche Zahl, für die $t_i g^{f_i} t_i^{-1}$ ein Element von H ist. Wird dieses Element mit h_i bezeichnet, so ist das Produkt der sämtlichen r Nebengruppen $h_i H'$ von H' in H wieder eine solche und damit ein Element von H/H'. Dieses Element wird mit $V_H(g)$ bezeichnet und heißt nach *H. Hasse*[70]) die *Verlagerung von G nach H mod. H'*. Man schreibt

$$V_H(g) \equiv \prod_{i=1}^{r} t_i g^{f_i} t_i^{-1} \quad \text{mod. } H', \tag{18}$$

und zeigt, daß $V_H(g)$ weder von der speziellen Wahl der t_i noch von der Reihenfolge der Faktoren in dem Produkt in (18) abhängt, und daß die Zuordnung von $V_H(g)$ zu g eine homomorphe Abbildung von G auf eine Untergruppe von H/H' liefert. Ist speziell H gleich der Ableitung G' von G, so gilt nach *Ph. Furtwängler*[71]) für alle g aus G

$$V_{G'}(g) \equiv 1 \quad \text{mod. } G'', \tag{19}$$

falls G/G' endlich ist und G'/G'' endlich viele Erzeugende besitzt. Die Beziehung (19) heißt wegen ihrer zahlentheoretischen Bedeutung „der Hauptidealsatz".

Eine umkehrbar-eindeutige Zuordnung α der Untergruppen H von G zu den Untergruppen H^* der Gruppe G^* heißt eine *situationstreue Abbildung*[72]) von G auf G^*, wenn die Menge der Elemente bzw. der Nebengruppen von H in G stets dieselbe Mächtigkeit besitzt wie die der Elemente bzw. Neben-

69) S. B. Preuß. Akad. Wiss. 1916, 542—547; s. a. *C. Jordan,* S. 279—284; *W. Burnside,* 2. Aufl., S. 73f.

70) S. [68]), S. 170. Vgl. a. *E. Artin,* Abh. Math. Sem. Hamburg. Univ. **7**, 46—51, 1930. Zum ersten Mal hat *I. Schur,* S. B. Preuß. Akad. Wiss. 1902, 1013—1019, von der Verlagerung Gebrauch gemacht.

71) Abh. Math. Sem. Hamburg. Univ. **7**, 14—36, 1929; weitere Beweise von *K. Taketa,* Japan. J. Math. **9**, 199—218, 1932; *W. Magnus,* J. reine angew. Math. **170**, 235—240, 1934; *S. Iyanaga,* Abh. Math. Sem. Hamburg. Univ. **10**, 349—357, 1934 (hierzu s. a. *E. Witt,* ebd. **11**, 221, 1936); *H. G. Schumann,* ebd. **12**, 42—47, 1937.

72) a) *A. Rottländer,* Math. Z. **28**, 641—653, 1928; s. a. *G. A. Miller,* Proc. Nat. Acad. Sci. USA. **20**, 430—433, 1934. b) *R. Baer,* S. B. Heidelberg Akad. Wiss. 1933, Abh. 2, 12—17.

gruppen der H in G^* zugeordneten Untergruppe $\alpha(H)$, wenn ferner H_1 und H_2 dann und nur dann in einer Untergruppe H von G konjugierte Untergruppen sind, falls $\alpha(H_1)$ und $\alpha(H_2)$ in $\alpha(H)$ konjugiert sind, und wenn dann und nur dann H_1 in H_2 enthalten ist, falls $\alpha(H_1)$ in $\alpha(H_2)$ enthalten ist. Zur Frage, wann zwei situationstreu aufeinander abbildbare Gruppen isomorph sind, s. [72b]).

Zwei endliche Gruppen heißen *konform*, wenn für jede natürliche Zahl n die Anzahl der Elemente der Ordnung n in beiden Gruppen übereinstimmt. Über die mit einer gegebenen abelschen Gruppe konformen Gruppen s. [73]).

B. Struktur der Gruppen mit endlichen Untergruppenketten

5. Kompositionsreihen. Unter einer aufsteigenden bzw. absteigenden *Kette* von Untergruppen einer Gruppe G werde eine Folge von Untergruppen verstanden, deren jede die vorhergehende enthält bzw. in ihr enthalten ist. Ist jede Untergruppe einer aufsteigenden (absteigenden) Kette Normalteiler der folgenden (vorhergehenden), so spricht man von einer *Normalteilerkette*. Sind zwei Ketten von Untergruppen gegeben und kommt jede Untergruppe der ersten Kette auch in der zweiten vor (aber nicht umgekehrt), so heißt die zweite Kette eine (echte) *Verfeinerung* der ersten. Eine absteigende Normalteilerkette von endlich vielen verschiedenen Untergruppen, deren erste die ganze Gruppe und deren letzte das Einheitselement ist, heiße eine *Normalreihe* von G. Ist

$$G = H_0, H_1, \ldots, H_r, H_{r+1} = 1 \tag{20}$$

eine solche, so heißen, für $\varrho = 0, 1, \ldots, r$, die Gruppen $H_\varrho/H_{\varrho+1}$ die *Faktorgruppen* und ihre Ordnungen die *Faktoren* der Normalreihe (20); die Anzahl $r+2$ werde die *Länge* der Normalreihe genannt. Besitzt (20) keine echte Verfeinerung, die wieder Normalreihe von G ist, so heißt (20) eine *Kompositionsreihe* von G; dann und nur dann ist eine Normalreihe eine Kompositionsreihe, wenn alle ihre Faktorgruppen einfache Gruppen sind. *Für jede endliche Gruppe G gilt der Satz* [74]) *von Jordan und Hölder: Zwei Kompositionsreihen von G haben stets dieselbe Länge, und ihre Faktorgruppen lassen sich umkehrbar-eindeutig so zuordnen, daß entsprechende Faktorgruppen isomorph sind.* Dies folgt aus dem für beliebige Gruppen G

---

73) a) *G. A. Miller,* Bull. Amer. Math. Soc. (2) **8**, 154—156, 1902; Messenger of Math. (2) **31**, 148—150, 1902; b) *C. Hopkins,* Trans. Amer. Math. Soc. **37**, 161—195, 1935.

74) *C. Jordan,* S. 41 ff., beweist den Satz für die Faktoren zweier Kompositionsreihen; vereinfachter Beweis bei *E. Netto,* Bd. 1, S. 87—90; Beweis des ganzen Satzes bei *O. Hölder* [30]). Für die Stellung des Satzes im Rahmen der Theorie der *„Verbände"* (*„lattices"*, *„Dedekind structures"*) s. *O. Ore,* Trans. Amer. Math. Soc. **41**, 266—275, 1937; Duke Math. J. **3**, 149—174, 1937, sowie Art. 13 (*H. Hermes—G. Köthe*). —Verallgemeinerungen s. a. im Text, unten.

2*

gültigen *Satz von O. Schreier*[75]): *Sind zwei Normalreihen von G gegeben, so läßt sich zu jeder von ihnen eine Verfeinerung finden, die wieder Normalreihe ist, derart, daß die Faktorgruppen der verfeinerten Normalreihen einander umkehrbar eindeutig so zuordnen lassen, daß entsprechende Faktorgruppen isomorph sind.* Der Beweis erfolgt[50]) z. B. mit (11) aus Nr. 4.

Ist G eine Gruppe mit einem Operatorenbereich Ω, so bleiben die Sätze von Jordan-Hölder und Schreier unverändert gültig, wenn man unter „isomorph" und „Untergruppe" stets „operatorisomorph" und „zulässige Untergruppe" versteht und statt der Voraussetzung, daß G endlich ist, die Gültigkeit des *Doppelkettensatzes* annimmt, d. h. vorausgesetzt, daß in G jede aufsteigende und jede absteigende Kette von (zulässigen!) Untergruppen nur endlich viele verschiedene Untergruppen enthält[76]). Wichtige Beispiele hierzu sind die Fälle[77]) $\Omega = \mathsf{I}(G)$ und $\Omega = \mathsf{A}(G)$ (s. Nr. 4); im ersten Falle heißt eine zulässige Kompositionsreihe eine *Hauptreihe*[77a]), im zweiten Falle eine *charakteristische Reihe*[77b]). Die erste bzw. die letzte eigentliche Untergruppe in einer Hauptreihe ist ein maximaler bzw. ein minimaler[78]) Normalteiler, d. h. es gibt keinen anderen eigentlichen Normalteiler von G, der sie enthält bzw. in ihr enthalten ist. Die Faktorgruppen einer Hauptreihe enthalten keine eigentlichen charakteristischen Untergruppen; derartige Gruppen heißen *elementar*[77b]); endliche elementare Gruppen sind einfach oder das direkte Produkt isomorpher einfacher Gruppen. Auch die Faktorgruppen einer charakteristischen Reihe sind elementare Gruppen. Durch Verfeinerung einer charakteristischen Reihe bzw. einer Hauptreihe läßt sich in einer endlichen Gruppe stets eine Hauptreihe bzw. eine Kompositionsreihe herstellen, doch ist i. a. nicht jede Kompositionsreihe Verfeinerung einer Hauptreihe[77c]).

Zu der Frage, inwieweit sich der Jordan-Höldersche Satz auf beliebige unendliche Gruppen ausdehnen läßt, s. [79]).

Auf Grund des Jordan-Hölderschen Satzes werden die endlichen Gruppen G klassifiziert nach der Art der einfachen Gruppen, die als Faktorgruppen

---

75) Abh. Math. Sem. Hamburg. Univ. **6**, 300—302, 1928.

76) S. hierzu *E. Noether*[49]) sowie Math. Ann. **83**, 24—66, 1921; **96**, 26—61, 1927; *O. Schmidt,* Math. Z. **29**, 34—41, 1929; *O. Schreier*[75]); vgl. a. Art. 11 (*W. Krull*) Nr. **2**. Die beiden Teilbedingungen des Doppelkettensatzes werden auch als *Maximal-* und *Minimalbedingung* oder als *Vielfachen-* und *Teilerkettensatz* oder als *Obergruppen-* und *Untergruppensatz* bezeichnet.

77) Für die folgenden Bezeichnungen und Sätze s.: a) *Netto,* Bd. 1, S. 92; *C. Jordan,* S. 48, 663; *O. Hölder*[30]), S. 38; b) *W. Burnside,* 1. Aufl. S. 127 u. 232; *G. Frobenius,* S. B. Preuß. Akad. Wiss. 1895, 1027—1044, S. 1027 f.; ebd. 1902, 351—369, S. 358; c) *Miller-Blichfeldt-Dickson,* S. 180 f.

78) Für diese s. besonders *R. Remak,* J. reine angew. Math. **162**, 1—16, 1930.

79) *G. Birkhoff,* Bull. Amer. Math. Soc. (2) **40**, 847—850, 1934; *A. Kurosch,* Math. Ann. **111**, 13—18, 1935; vgl. a. *D. van Dantzig,* Compositio Math. **3**, 408—426, 1936.

einer Kompositionsreihe von G auftreten; s. *O. Hölder*[80]). G heißt *auflösbar* oder *metazyklisch*, wenn alle Faktorgruppen einer Kompositionsreihe von G Gruppen von Primzahlordnung sind; s. Nr. **11**. G ist dann und nur dann auflösbar, wenn in G eine Normalreihe mit abelschen Faktorgruppen existiert. Auch unendliche Gruppen mit dieser Eigenschaft heißen auflösbar; s. [68]). Man kennt unendlich viele einfache Gruppen, deren Ordnung keine Primzahl ist, weiß jedoch nicht, ob es noch weitere bisher nicht entdeckte derartige Gruppen gibt (s. Nr. **10**), so daß über nicht auflösbare zusammengesetzte Gruppen sehr wenig bekannt ist; für Spezialfälle s. [80]).

6. Endomorphismenbereiche und Zerlegungen einer Gruppe in ein direktes Produkt[81]). In dieser Nummer bedeute G eine Gruppe mit einem beliebigen Operatorenbereich Ω. Alle betrachteten Untergruppen seien Ω-zulässig und alle homomorphen Abbildungen, die auftreten, seien hinsichtlich Ω operatorhomomorph[82]).

Ist G direktes Produkt einer Menge (i) von Untergruppen H_i von G, so ist G als abstrakte Gruppe durch Angabe der H_i als abstrakter Gruppen eindeutig bestimmt, und es gibt auch stets eine Gruppe G, die, bei beliebiger Wahl einer Menge (i) von abstrakten Gruppen H_i^*, zu jedem i eine mit H_i^* isomorphe Untergruppe H_i enthält und direktes Produkt dieser H_i ist. Die umgekehrte Frage nach den bei den Zerlegungen einer gegebenen Gruppe G in ein direktes Produkt als direkte Faktoren auftretenden Untergruppen läßt sich nach *H. Fitting*[83])[83 d]) zurückführen auf die Untersuchung der Endomorphismen von G, falls in G der Doppelkettensatz (s. Nr. **5**) für Normalteiler gilt, d. h. falls G eine Hauptreihe besitzt.

Ein Endomorphismus Θ von G heiße *normal*[83 a]), wenn er bei der durch (12) erklärten Multiplikation von Endomorphismen mit allen inneren Automorphismen von G vertauschbar ist. Die Gesamtheit der normalen Endomorphismen heiße N. Ist für alle Elemente g von G stets $\Theta(g)g^{-1}$ ein Element des Zentrums von G, so heißt der Endomorphismus Θ *zentral*[84]); Automorphismen sind stets zentral, wenn sie normal sind und umgekehrt[83]). Die Endomorphismen Θ_1 und Θ_2 heißen *addierbar*[83]), wenn durch

$$\Theta(g) = \Theta_1(g)\Theta_2(g) \tag{21}$$

80) Math. Ann. **46**, 321—422, 1895; für Gruppen gegebener Ordnung bzw. mit gegebenen Faktorgruppen einer Kompositionsreihe vgl. a. Nr. **11**, **12**, **13**. Für die Resultate bis 1900 s. *B. S. Easton*[2]), S. 79 ff.

81) Vgl. zu den hier auftretenden Begriffen a) *B. L. van der Waerden*, Bd. 1, 2 und Art. 11 (*W. Krull*) Nr. **2—4**. b) s. speziell van der Waerden, Bd. 2. § 117, S. 165—169.

82) „Zentrum" bedeutet also z. B. die größte Ω-zulässige Untergruppe des gewöhnlichen Zentrums von G, usw.

83) a) Math. Ann. **107**, 514—542, 1932; **109**, 616, 1933; b) **114**, 84—98; c) 355—372, 1937; d) Math. Z. **39**, 16—30, 1934.

84) *R. Remak*, a) J. reine angew. Math. **139**, 293—308, 1911. b) S. B. physiko-math. Ges. zu Kiew 1913, 9 S. c) Math. Z. **10**, 12—16, 1921; d) J. reine angew. Math. **153**, 131—140, 1923.

ein Endomorphismus Θ von G definiert wird; man schreibt $\Theta_1 + \Theta_2$ für Θ; die „Addition" (21) von Endomorphismen ist nicht immer ausführbar. Bei Anwendung der Verknüpfungen (12) und (21) bilden nun die Endomorphismen aus N ein von *H. Fitting*[83]) „Bereich" genanntes System, das sich auch ohne den Begriff des Endomorphismus mit Hilfe von Axiomen erklären läßt, die durch Abschwächung aus den zur Definition eines Ringes[81]) (ohne kommutative Multiplikation) benutzten Postulaten entstehen. Analog wie in einem Ring lassen sich auch in N Ideale[81]) definieren, der in Nr. 7, S. 25, Absatz 3 für den Endomorphismenring formulierte Satz kann auf den „Bereich" der normalen Endomorphismen übertragen werden, und es läßt sich eine umkehrbar eindeutige Korrespondenz zwischen den Zerlegungen von N in eine direkte Summe von Idealen und den Zerlegungen von G in ein direktes Produkt herleiten. Hieraus ergeben sich[83d]) dann die von *J. H. Maclagan-Wedderburn*[85]), *R. Remak*[84]), *W. Krull*[86a]), *O. Schmidt*[86b]) entdeckten und bewiesenen Sätze, nämlich der *Zerlegungssatz: Besitzt die Gruppe G eine Hauptreihe, so ist G direktes Produkt von endlich vielen direkt unzerlegbaren Untergruppen H_i $(i = 1, \ldots, n)$. Ist G auch direktes Produkt der direkt unzerlegbaren Untergruppen K_j $(j = 1, \ldots, m)$, so ist $n = m$, und es gibt einen zentralen Automorphismus von G, durch den jede Untergruppe H_i auf genau eine Untergruppe K_{j_i} abgebildet wird, wobei die Indizes j_i zusammen mit i die Zahlen $1, \ldots, n$ (evtl. in anderer Reihenfolge) durchlaufen.* Ferner gilt der *Austauschsatz*[86b]):

(22) $$G = K_{j_1} \times \cdots \times K_{j_i} \times H_{i+1} \times \cdots \times H_m \qquad (i = 1, \ldots, m).$$

Dann und nur dann sind die n Untergruppen H_i die einzigen direkt unzerlegbaren direkten Faktoren von G, wenn sie für die Gruppe N^* der normalen Automorphismen zulässige Untergruppen sind[87a]). Dies tritt z. B. ein, wenn es nur einen einzigen G auf eine Untergruppe des Zentrums von G abbildenden Endomorphismus gibt (nämlich den G auf 1 abbildenden Endomorphismus), also sicher dann, wenn G perfekt oder das Zentrum von G das Einheitselement ist[87b]). Für die Frage, inwieweit sich beim Beweise des Zerlegungssatzes die Voraussetzung, daß G eine Hauptreihe besitzt, abschwächen läßt, s. *A. Kurosch*[88]) und *V. Kořínek*[89]). Es gibt zerfallende Gruppen mit abzählbar vielen Elementen, die keinen direkten Faktor $(\neq 1)$ besitzen, der nicht zerfällt[90]).

85) Ann. of Math. (2) **10**, 173—176, 1908/09.

86) a) Math. Z. **23**, 161—196, 1925; b) Bull. Soc. Math. France **41**, 161—164, 1913; Math. Ztschr. **29**, 34—41, 1929.

87) a) *H. Fitting*[83d]) und, verallgemeinert, *A. Kurosch*, Rec. Math. Moscou, N. s. **1**, 345—349, 1936; b) *A. Speiser*, 2., 3. Aufl. S. 136; *R. Remak*[84a]); *K. Shoda*, J. Fac. Sci. Univ. Tokyo **2**, 25—50, 1930.

88) Math. Ann. **106**, 107—113, 1932.

89) Čas. mat. fys. **66**, 261—286, 1937; **67**, 209—210, 1938.

90) a) *H. Fitting*, Math. Z. **41**, 380—395, 1936; vgl. auch b) *H. Prüfer*, Math. Z. **17**, 36—61, 1923.

Ist eine beliebige Gruppe G direktes Produkt der endlich vielen Gruppen H_i, deren jede in das direkte Produkt endlich vieler Gruppen $H_{i,k}$ zerfällt, so ist G direktes Produkt aller $H_{i,k}$, und die Zerlegung von G in das direkte Produkt der $H_{i,k}$ heißt eine *Verfeinerung der Zerlegung* in das direkte Produkt der H_i. Die Frage, wann zu zwei Zerlegungen von G in ein direktes Produkt gemeinsame Verfeinerungen bzw. solche Verfeinerungen existieren, die (im Sinne des Zerlegungssatzes) durch einen zentralen Automorphismus ineinander übergeführt werden können, ist von *H. Fitting*[90]) und *V. Kořínek*[89]) behandelt worden. Zwei Zerlegungen in das direkte Produkt charakteristischer Untergruppen besitzen stets eine gemeinsame Verfeinerung; s. *A. Kurosch*[87a]).

Über die Automorphismen zerfallender endlicher Gruppen — allgemeiner von Gruppen mit Hauptreihe — und die Zerlegung solcher Gruppen in ein direktes Produkt charakteristischer Untergruppen s. *L. Mathewson*[91]), *K. Shoda*[87]), *H. Fitting*[83])[90]). Es handelt sich hierbei wesentlich um eine Verallgemeinerung der bei der Untersuchung abelscher Gruppen (s. Nr. 7) angewandten Methoden; auch die dort benutzte „Methode der Strahlbildung" läßt sich übertragen und unter anderem zur Untersuchung der von den zentralen Automorphismen gebildeten Gruppe verwenden[92]).

Die Untergruppen der direkten Produkte von endlichen Gruppen haben vor allem *R. Remak*[93a]) und *K. Shoda*[94]) untersucht. R. Remak nennt eine endliche Gruppe H *subdirekt zerlegbar*, wenn sie Untergruppe des direkten Produktes von zwei Gruppen ist, deren Ordnung kleiner ist als die von H. Dann und nur dann ist H nicht subdirekt zerlegbar, wenn H nur einen minimalen Normalteiler (s. Nr. 5) besitzt. Für zahlreiche weitere hierher gehörige Sätze s. [93a]). — Das Produkt aller minimalen invarianten Untergruppen heißt der *Sockel*[78]) von G; dieser ist eine *„vollständig reduzible"* Gruppe[81a]), d. h. direktes Produkt einfacher Gruppen. Wiederholte Faktorgruppenbildung nach dem Sockel liefert die *„Loewysche Kompositionsreihe"*. Hierzu s. [93b]).

7. Abelsche Gruppen mit endlicher Basis[95]). Die in Nr. 2 als Multiplikation geschriebene Verknüpfung wird für die Elemente $a, b, \ldots$ einer abelschen

---

91) Amer. J. Math. **38**, 19—44, 1916; Trans. Amer. Math. Soc. **19**, 331—340, 1918.

92) S. hierzu *Fitting*[83c]). Für eine verwandte Methode und ihre Anwendungen s. *Magnus*[64b]) sowie *C. Hopkins*, Trans. Amer. Math. Soc. **41**, 287—313, 1937.

93) a) J. reine angew. Math. **163**, 1—44, 1930; **164**, 197—242, 1931; **166**, 65—100, 1932; s. a. R. Fricke in *F. Klein*, Theorie der elliptischen Modulfunktionen, Bd. 1, Leipzig 1890, S. 402—406. b) *A. Loewy*, Trans. Amer. Math. Soc. **4**, 171—177, 1903; *W. Krull*, S. B. Heidelberg. Akad. Wiss., Math. Naturw. Kl., 1. Abh., 1926.

94) J. Fac. Sci. Univ. Tokyo **2**, 25—50, 51—72, 1930.

95) Vgl. zu dieser Nummer, auch für historische Angaben, *A. Chatelet*, Les groupes Abéliens finis et les modules de points entièrs, Trav. mém. de l'université de Lille, N. s. II, **3**, Paris 1924; s. a. Nr. **17**.

Gruppe meist als Addition geschrieben; man schreibt also $a + b, 0, -a, na$ statt $ab, 1, a^{-1}, a^n$, und sagt „Summe" statt „Produkt" usw. Ist Θ ein Operator, so schreibt man Θa statt a^Θ oder $\Theta(a)$.

Dann und nur dann gilt in einer abelschen Gruppe A der Obergruppensatz (s. [76])), wenn A endlich viele Erzeugende besitzt. In diesem Falle ist A die direkte Summe einer endlichen Anzahl r von zyklischen Gruppen Z_ϱ. Ist z_ϱ (für $\varrho = 1, \ldots, r$) ein erzeugendes Element von Z_ϱ, so heißen die z_ϱ *Basiselemente* von A, und man sagt, A besitze eine *Basis vom Range* r. Der kleinste mögliche Wert für den Rang einer Basis heiße der *Rang der abelschen Gruppe* A. Eine besonders übersichtliche Basis erhält man durch Zerlegung von A in die direkte Summe direkt unzerlegbarer zyklischer Gruppen; die Ordnung von solchen ist unendlich oder eine Primzahlpotenz, und es gilt der sogenannte *Basissatz* oder *Fundamentalsatz*[96]) *für abelsche Gruppen: Jede abelsche Gruppe* A *von endlich vielen Erzeugenden besitzt eine Basis; die Basiselemente lassen sich so wählen, daß ihre Ordnungen unendlich oder Primzahlpotenzen sind.* Ist hierbei β die Anzahl der Basiselemente von unendlicher Ordnung, und sind n_μ (für $\mu = 1, \ldots, m$) die Ordnungen der m übrigen Basiselemente, so nennt man die Zahlen β und n_μ die *Invarianten* von A; β heißt auch *Bettische Zahl* und die n_μ heißen *Torsionszahlen* von A; β ist positiv oder Null, je nachdem ob A unendlich ist oder nicht. Es gilt ferner[96]): *Dann und nur dann sind zwei abelsche Gruppen mit endlich vielen Erzeugenden isomorph, wenn ihre Bettischen Zahlen gleich sind und ihre Torsionszahlen, abgesehen von der Reihenfolge, miteinander übereinstimmen.* Im Basissatz enthalten sind die folgenden Sätze: A ist direkte Summe der von den Elementen endlicher Ordnung aus A gebildeten Untergruppe T und einer Untergruppe B, die direkte Summe unendlicher zyklischer Gruppen ist; eine solche Gruppe B heißt auch eine *freie abelsche Gruppe.* T ist direkte Summe von Gruppen P_ν (mit $\nu = 1, \ldots, h$), in denen die Ordnung jedes Elementes endlich und Potenz einer festen Primzahl p_ν ist. Derartige Gruppen heißen *primär.* Die P_ν sind zugleich die Untergruppen von T, die von allen den Elementen aus T gebildet werden, deren Ordnung eine Potenz von p_ν ist; sie heißen daher die (zu den Primzahlen p_ν gehörigen) *Primärkomponenten* von A. Die Menge (n_μ) der Invarianten n_μ einer endlichen abelschen Gruppe A heißt der *Typ* von A; ist A primär und n_μ gleich p^{α_μ}, wobei p

---

96) a) Für endliche Gruppen zuerst bewiesen von *G. Frobenius* und *L. Stickelberger*, J. reine angew. Math. **86**, 217—262, 1879. b) Spätere Vereinfachungen u. a. von *A. Korselt* und *W. Franz*, ebd. **164**, 61—62, 63, 1931. c) Für den Basissatz in der hier angegebenen Form s. a. *H. Weber*, Math. Ann. **48**, 435—441, 1897; *I. A. de Séguier*, Bd. 1, S. 97f., Bd. 2, S. 221; *E. Steinitz*, Math. Ann. **52**, 1—57, 1899; *W. Schmeidler*, Math. Z. **6**, 274—280, 1920; *H. Prüfer*, ebd. **20**, 165—187, 1924. d) Für die aus der Topologie übernommenen Bezeichnungen sowie für eine andere Definition des Ranges s. etwa *P. Alexandroff* und *H. Hopf*, Topologie, Bd. 1, Berlin 1935, S. 554—593.

eine Primzahl ist, so heißt auch das System

$$(\alpha_1, \ldots, \alpha_m)$$

der m natürlichen Zahlen α_μ der Typ von A.

Die Endomorphismen einer abelschen Gruppe A bilden nach *A. Chatelet*[95]) bei den durch (12) und (21) in Nr. 4 und Nr. 6 erklärten Verknüpfungen einen Ring[81]) R_A mit einer im allgemeinen nicht kommutativen Multiplikation; dieser heiße der *Endomorphismenring* von A. Die „Einheitengruppe" E_A von R_A ist die Automorphismengruppe von A; ihr Einheitselement ε ist zugleich Haupteinheit[81]) von R_A. Ist A endlich, und sind P_ν die Primärkomponenten von A, so wird R_A die direkte Summe zweiseitiger Ideale[81]), die mit den Endomorphismenringen der P_ν isomorph sind; die Automorphismengruppe von A wird das direkte Produkt der Automorphismengruppen der primären Gruppen P_ν, auf deren Behandlung man sich daher beschränken kann. Es bedeute nun also A eine endliche abelsche Gruppe von Primzahlpotenzordnung. Nach *K. Shoda*[97]) lassen sich dann in A zwei Reihen von charakteristischen Untergruppen definieren, denen jeweils Reihen von zweiseitigen Idealen in R_A entsprechen. Diese lassen sich ihrerseits folgendermaßen zur Definition von Normalteilern in der Automorphismengruppe E_A von A benutzen: Wird ein *Strahl*[98]) definiert als die Gesamtheit der Elemente von R_A, die modulo einem zweiseitigen Ideal von R_A dem Einheitselement ε von E_A kongruent sind, so bilden die in einem solchen Strahl enthaltenen Elemente von E_A einen Normalteiler von E_A. Über die auf diesem Wege erlangte Kompositionsreihe für E_A und sonstige Eigenschaften von E_A s. [97]). Für weitere Untersuchungen über Automorphismen und charakteristische Untergruppen endlicher abelscher Gruppen s. [99]).

Ist Ω ein Operatorenbereich für die abelsche Gruppe A, und gilt für die Ω-zulässigen Untergruppen von A der Doppelkettensatz, so besitzt der Ring R_A der Operatorendomorphismen von A ein Radikal[81a]) C, und der Quotientenring R_A / C ist vollständig reduzibel[81a]). Hierzu und für die Verallgemeinerung dieses Satzes auf nichtabelsche Gruppen s. H. Fitting[83a]) u. vgl.[81b]).

Die Theorie der abelschen Gruppen A mit einem Operatorenbereich Ω führt hinüber in das Gebiet der Modul- und Ringtheorie. Man vgl. Art. 11 (*W. Krull*) Nr. 2. An Begriffen, die hauptsächlich für die allgemeine Gruppentheorie

---

97) a) Math. Ann. **100**, 674—686, 1928; b) Math. Z. **31**, 611—624, 1930; Proc. Acad. Sci. Tokyo **5**, 314—317, 1929; **6**, 9—11, 1930.

98) *K. Shoda*[97a]), S. 682. Die Definition von Shoda ist etwas allgemeiner. Vgl. hierzu [92]) und [64b]) sowie *A. Speiser*, 2. Aufl. S. 130f., 3. Aufl. 128f.

99) *G. A. Miller*, Amer. J. Math. **27**, 15—24, 1905; Bull. Amer. Math. Soc. (2) **20**, 179, 364—368, 1913; *H. A. Bender*, Amer. J. Math. **45**, 223—250, 1923; *G. Birkhoff*, Proc. London Math. Soc. (2) **38**, 385—400, 1934. Vgl. ferner *L. E. Dickson*, Linear groups, Leipzig 1901, 2. Teil.

wichtig sind, seien die folgenden genannt: Man sagt[100]), A besitze eine endliche Anzahl r von Erzeugenden c_ϱ, wenn jedes Element aus A gleich einer Summe von (höchstens) r Elementen $\Theta_\varrho c_\varrho$ ist, wobei die Θ_ϱ geeignete Elemente aus Ω sind. Ist Ω ein Ring mit kommutativer Multiplikation, und sind $\Theta_{\varrho,\lambda}$ irgend r^2 Elemente aus Ω, so daß die r Beziehungen

$$(23) \qquad \sum_{\varrho=1}^{r} \Theta_{\varrho,\lambda} c_\varrho = 0 \qquad (\lambda = 1, \ldots, r)$$

bestehen, so kann man die Determinante $|\Theta_{\varrho,\lambda}|$ des „Systems (23) von r linearen Gleichungen in den c_ϱ" bilden. Alle möglichen derartigen Determinanten erzeugen dann ein von der speziellen Wahl der Erzeugenden c_ϱ unabhängiges Ideal in Ω, welches das *Ordnungsideal*[100a]) von A heißt. Hierzu s. a. [100d]).

Ist Ω der Ring der ganzen Zahlen, d. h. ist A eine abelsche Gruppe ohne Operatoren und sind die c_ϱ Erzeugende von A im üblichen Sinne (s. Nr. **3**), so gibt es endlich viele Gleichungen von der Art der in (23) betrachteten, so daß alle anderen derartigen Gleichungen aus diesen durch Addition und Subtraktion gewonnen werden können. Die Matrix $(\Theta_{\varrho,\lambda})$ eines solchen Gleichungssystems heißt eine *Relationenmatrix* von A; die Invarianten von A berechnen sich aus den Elementarteilern einer solchen. Hierzu und für die weitere Verwendung von Matrizen bei der Untersuchung abelscher Gruppen s. [101]).

C. Endliche Gruppen

8. Existenz und Anzahl von Untergruppen und Elementen gegebener Ordnung in einer endlichen Gruppe. Der Satz von *Lagrange*[28]), daß in einer endlichen Gruppe G die Ordnung einer Untergruppe ein Teiler der Ordnung n von G ist, läßt sich in gewissen Fällen durch den Nachweis ergänzen, daß Elemente oder Untergruppen in G existieren, deren Ordnung gleich einem gegebenen Teiler von n ist. So gilt nach *A. L. Cauchy*[102]) der Satz, daß G ein Element Ordnung p enthält, wenn p eine in n aufgehende Primzahl ist. Dieses Ergebnis wird verallgemeinert durch die *Sätze von L. Sylow*[103]): *Ist p^λ die höchste Potenz der Primzahl p, die in der Ordnung n der Gruppe G aufgeht, so enthält G mindestens eine Untergruppe P_λ der Ordnung p^λ.* Man nennt P_λ eine *Sylowgruppe* oder genauer eine „zur Primzahl p gehörige" oder p-Sylowgruppe von G. *Die Anzahl der verschie-*

100) S. für das Folgende: a) *Iyanaga*[71]); b) *H. G. Schumann*[71]) und Math. Ann. **114**, 385—413, 1937; c) *A. Scholz*, S. B. Heidelberg Akad. Wiss. Math. naturw. Kl. 1933, Abh. 2, Nr. 4; d) *H. Fitting*, Jber. DMV **46**, 195—228, 1936; e) Vgl. für abelsche Gruppen mit Operatorenring auch *G. Köthe*, Math. Z. **39**, 31—44, 1934.

101) Außer [95]), [96a]), [99]) s. in Nr. **12** [145b]), [146]).

102) Œuvres complètes d'Augustin Cauchy, 1re Série, **9**, 358, Paris 1896.

103) Math. Ann. **5**, 584—594, 1872; s. a. *G. Frobenius*, J. reine angew. Math. **100**, 179—181, 1886; *G. A. Miller*, Ann. Math. (2) **16**, 169—171, 1915.

denen p-Sylowgruppen von G ist $\equiv 1$ *mod. p, und je zwei von ihnen sind in G konjugiert.* Für jede natürliche Zahl $\alpha \leqq \lambda$ gibt es in G mindestens eine Untergruppe P_α der Ordnung p^α; die Anzahl der verschiedenen P_α ist nach *Frobenius*[25]) ebenfalls $\equiv 1$ mod. p. Falls $p > 2$ und wenn P_λ nicht zyklisch ist, ist die Anzahl der verschiedenen P_α für $1 \leqq \alpha < \lambda$ sogar $\equiv 1 + p$ mod. p^2. S. P. Hall[108a]) und vgl.[108b]).

Die Sylowschen Sätze sind in mannigfacher Weise erweitert und ergänzt worden; vgl. hierzu *E. Maillet*[104]), *G. Frobenius*[21])[25]), *W. Burnside*[105]), *G. A. Miller*[106]), *A. Kulakoff*[107]), *S. Tschounichin*[107]) und besonders *P. Hall*[108]), der allgemein Sätze über die Anzahl der mit einer gegebenen Gruppe U isomorphen Untergruppen einer endlichen Gruppe angegeben hat, welche besonders für den Fall, daß U eine zyklische oder eine elementare abelsche Gruppe ist, zu einfachen Resultaten führen.

Der Normalisator $\mathsf{N}(P)$ einer p-Sylowgruppe P von G (und allgemeiner der Normalisator einer Untergruppe, deren Ordnung zu ihrem Index in G teilerfremd ist) ist sein eigener Normalisator in G, und zwei invariante Elemente oder zwei Normalteiler von P, die in G konjugiert sind, sind auch schon in $\mathsf{N}(P)$ konjugiert[21])[105]). Für weitere Sätze, vor allem über den Durchschnitt verschiedener p-Sylowgruppen von G und dessen Normalisator s. [109]). Über Gruppen mit speziellen Sylowgruppen s. Nr. **9**, **11**.

Über endliche Gruppen mit $1 + kp$ $(k = 1, 2, 4)$ zu p gehörigen Sylowgruppen s. [110]); für Gruppen mit gegebener Anzahl von Elementen der Ordnung p^α s. *G. A. Miller*[111a]); desgl.[111b]) über Untergruppen vom Index p oder p^2.

G. Frobenius[25]) leitet die Sylowschen Sätze aus dem folgenden Theorem ab: *Ist h ein Teiler der Ordnung n der Gruppe G, so ist die Anzahl der Elemente x von G, die der Gleichung* $x^h = 1$ *genügen (deren Ordnung also ein Teiler von h ist), durch h teilbar.* Frobenius selber[112a]), ferner *M. Cipolla*[41a]),

104) Thèse, Paris 1892; C. R. Acad. Sci. Paris **118**, 1187, 1894; Ann. Fac. Sci. Toulouse (1) **9**, Mém. 4, 1895.

105) Proc. London Math. Soc. **26**, 191—214, 1895; 1. Aufl. S. 94 ff.; 2. Aufl. S. 151 ff.

106) a) Proc. London Math. Soc. (2) **2**, 142—143, 1904; b) Bull. Amer. Math. Soc. (2) **19**, 63—66, 1912; c) ebd. **4**, 323—327, 1898. d) Ann. Math. Princeton (2) **5**, 187, 1904.

107) Rec. Math. Moscou **39**, Nr. 3, 67—69 (69—70), 1932.

108) a) Proc. London Math. Soc. (2) **40**, 468—501, 1936, § 4; s. a. [61]) u. vgl. *Miller*[106a]); b) Für den Fall $p = 2$ s. *T. E. Easterfield*, Proc. Cambridge Philos. Soc. **34**, 316—320, 1938.

109) *Burnside*[105]), *Maillet*[104]), *Speiser*, 2. u. 3. Aufl. S. 67 ff.; *H. Zassenhaus*, Bd. 1, S. 102; *P. Hall*[61]), *H. F. Blichfeldt*, Trans. Amer. Math. Soc. **11**, 1—14, 1910.

110) *W. Burnside*, Messenger of Math. (2) **31**, 77—81, 1901; *G. Frobenius*, S. B. Preuß. Akad. Wiss. 1902, 351—369, S. 363.

111) a) Amer. J. Math. **35**, 1—9, 1913; b) C. R. Acad. Sci. Paris **140**, 32—33, 1905; Proc. Nat. Acad. Sci. USA. **23**, 13—16, 1937.

112) a) S. B. Preuß. Akad. Wiss. 1903, 987—991; 1907, 428—437; b) Bull. Amer. Math. Soc. **31**, 492—496, 1925; c) C. R. Acad. Sci. Paris **193**, 1059—1061, 1931; d) Rec. Math. Moscou N. s. **1**, 337—339, 1936; e) ebd. 603—605.

L. Weisner[112b]), *W. K. Turkin*[112c]), *A. I. Uzkow*[112d]), *P. E. Dubuque*[112e]) und *P. Hall*[108]) haben diesen Satz in verschiedenen Richtungen erweitert. Die allgemeinsten Resultate hat P. Hall gefunden; von diesen sei hier nur der Satz genannt: Es seien $a_1, \ldots, a_k$ feste Elemente der endlichen Gruppe G, und W_i (für $i = 1, 2, \ldots$) irgendwelche Worte (s. Nr. **14**) in $a_1, \ldots, a_k$ und einem weiteren Element x aus G; die Exponentensumme (s. Nr. **14**) von x in W_i sei m_i. Dann ist die Anzahl der Elemente x von G, die den sämtlichen Gleichungen

$$W_i(a_1, \ldots, a_k, x) = 1 \qquad (i = 1, 2, \ldots)$$

genügen, ein Vielfaches von (m, z_A), wobei m ein gemeinsamer Teiler aller m_i und z_A die Ordnung des Zentralisators des von $a_1, \ldots, a_k$ gebildeten Komplexes A ist.

9. Kriterien für die Existenz von eigentlichen Normalteilern in endlichen Gruppen. *G. Frobenius*[113]) und *W. Burnside*[114]) haben eine Reihe von Sätzen bewiesen, mit deren Hilfe sich von einer endlichen Gruppe G der Ordnung n unter Umständen schon durch die Zerlegung von n in Primfaktoren nachweisen läßt, daß G keine einfache Gruppe sein kann. So gilt unter anderem:

I. Ist $n = ab$ und sind die Primfaktoren von a alle untereinander verschieden und kleiner als der kleinste Primfaktor von b, so enthält G genau b Elemente, deren Ordnung in b aufgeht[113a]), und diese bilden[113d]) eine, notwendig charakteristische, Untergruppe von G. Ist umgekehrt $n = n_1 n_2$, ist $(n_1, n_2) = 1$ und enthält G nicht mehr als n_1 Elemente, deren Ordnung n_1 teilt, und nicht mehr als n_2 Elemente, deren Ordnung n_2 teilt, so zerfällt G in das direkte Produkt zweier Untergruppen[113e]) der Ordnungen n_1 bzw. n_2.

II. Sind alle Sylowgruppen von G abelsche Gruppen vom Range (s. Nr. **7**) 1 oder 2, so ist immer dann die zum größten Primfaktor von n gehörige Sylowgruppe invariant in G, wenn nicht die im Holomorph der Vierergruppe (s. Nr. **3**) enthaltene Gruppe der Ordnung 12 ein Teil (s. Nr. **4**) von G ist[113c]).

III. Enthält G eine Untergruppe H, die ihr eigener Normalisator in G ist, und besteht der Durchschnitt von H und den mit H in G konjugierten, von H verschiedenen Untergruppen stets nur aus dem Einheitselement, so bildet dieses zusammen mit allen den Elementen von G, die nicht mit einem Element von H konjugiert sind, eine charakteristische Untergruppe[113e]) von G.

IV. Ist p eine Primzahl, $n = p^\alpha m$, ist m nicht durch p aber durch mehrere verschiedene Primzahlen teilbar, und ist kein von 1 und m verschiedener Teiler von m kongruent 1 mod. p, so enthält G einen Normalteiler[113h]) der Ordnung p^α.

---

113) a) S. B. Preuß. Akad. Wiss. 1893, 337—345; b) ebd. 1895, 163—194; c) 1895, 1027—1044; d) 1901, 849—857; e) 1901, 1216—1230; f) 1901, 1324—1329; g) 1902, 351—369; h) 1902, 455—459. — Zu e) s. a. *I. Schur*, ebd. 1013—1019.

V. Ist die Anzahl der in der Klasse eines Elementes von G enthaltenen Elemente eine Primzahlpotenz, so ist G nicht einfach[114a]). (Vgl. hierzu Nr. **11**, II.)

VI. Ist die zur Primzahl p gehörige Sylowgruppe P von G im Zentrum ihres Normalisators enthalten, so besitzt G eine mit P isomorphe Faktorgruppe[114b]).

Die Beweise von I, III, IV, V benutzen die Theorie der Gruppencharaktere[115]), deren Verwendung sich vor allem beim Beweise von V bisher nicht hat vermeiden lassen. Das Kriterium VI hat Burnside mit Hilfe der Sätze über die monomialen Darstellungen[115]) endlicher Gruppen abgeleitet; diese sind von *W. K. Turkin*[116]), *L. Weisner*[117a]), *S. Tschounichin*[117b]) und *O. Grün*[118]) verallgemeinert worden, wobei sich VI als eine Anwendung der Sätze über die Verlagerung von G nach einer Untergruppe H ergeben hat[118]) (s. Nr. 4). Dabei ist besonders wichtig der Fall, daß stets zwei in G konjugierte Elemente von H auch schon in H selber konjugiert sind; sowohl ein von *G. Frobenius*[113e, f]) und *I. Schur*[70]) bewiesenes Kriterium für die Existenz eines eigentlichen Normalteilers von G wie einige verwandte Sätze[119]) haben als Grundlage die Voraussetzung bzw. den Nachweis der Existenz einer solchen Untergruppe H von G. Die weitestgehenden Verallgemeinerungen von VI stammen von *O. Grün*[118]), der unter anderem beweist:

VII. Ist P eine zur Primzahl p gehörige Sylowgruppe von G, N ihr Normalisator in G, P_0 eine p-Sylowgruppe der Ableitung N' von N, Π das kleinste gemeinsame Vielfache der sämtlichen Durchschnitte von P mit den konjugierten der Ableitung P' von P in G, und $\overline{P}$ das kleinste gemeinsame Vielfache von Π und P_0, dann ist die p-Sylowgruppe von G/G' isomorph mit $P/\overline{P}$; hierbei ist G' die Ableitung von G.

Für weitere Sätze, Beispiele und Anwendungen vgl. auch [120]) und Nr. **10**, **11**.

---

114) a) Proc. London Math. Soc. (2) **1**, 388—392, 1904; b) 2. Aufl. S. 327 ff.

115) Vgl. für die hier benutzten Begriffe etwa Art. 16 oder *Speiser*, 2., 3. Aufl., *Burnside*, 2. Aufl.

116) a) Math. Z. **38**, 301—305, 1934; b) Math. Ann. **111**, 281—284, 743—747, 1935; c) Rec. Math. Moscou N. s. **1**, 344, 1936.

117) a) Duke Math. J. **2**, 691—697, 1936; b) Math. Ann. **112**, 92—94, 95—97, 1935.

118) J. reine angew. Math. **174**, 1—14, 1935.

119) Vgl. außer [113e]), [f]), [116]), [117]), [118]) noch *A. Kulakoff*, Rec. Math. Moscou N. s. **1**, 261, 1936; *W. K. Turkin*[32]) und besonders *H. F. Blichfeldt*[109]). Dort und bei *Frobenius*[113f]) sind die Voraussetzungen z. T. schwächer als die im Text genannte.

120) Für die Kriterien von Nr. **9** vgl. auch zu I: *W. Burnside*, 2. Aufl. S. 327; *L. Weisner*, Bull. Amer. Math. Soc. **33**, 44—45, 1927; zu III: *A. Speiser*, 3. Aufl. S. 202; für einige mit I—VII nicht unmittelbar zusammenhängende Kriterien für die Existenz von Normalteilern s. *G. Frobenius*[113g]); *G. A. Miller*, C. R. Acad. Sci. Paris **136**, 294—295, 1903; Quart. J. Math., Oxford Ser. **5**, 23—29, 1934; *A. Kulakoff*, C. R. Acad. Sci. Paris **199**, 116—119, 1934; **200**, 2141—2143, 1935; Math. Ann. **113**, 216—225, 1936; Rec. Math. Moscou (2) N. s. **1**, 253—256, 1936; — u. *A. P. Dietzmann*, C. R. Acad. Sci. URSS., N. s. **3**, 11—12, 1935; *S. Tschounichin*, C. R. Acad. Sci. Paris **191**, 397—399, 1930; **198**, 531—532, 1934; *L. P. Siceloff*, Amer. J. Math. **34**, 362, 1912.

10. Einfache Gruppen von zusammengesetzter Ordnung[121]). *E. Galois* hat die Existenz von einfachen Gruppen S entdeckt, deren Ordnung s keine Primzahl ist, und zugleich bemerkt, daß der kleinste mögliche Wert von s gleich 60 ist; es gibt nur eine Gruppe S von dieser Ordnung, die „Ikosaëdergruppe"[115]). Auch die Gruppe S der nächst höheren Ordnung 168 hat Galois entdeckt. Bis jetzt sind alle Gruppen S für $s < 6232$ bekannt, wobei jedoch für die Ordnungen $s = 5616$ und $s = 6048$ die Frage nach der Existenz von mehr als einer einfachen Gruppe offen bleibt[122]). Der kleinste Wert von s, für den zwei nicht isomorphe Gruppen S bekannt sind, ist[123]) $20160 = \frac{1}{2} 8!$; *L. E. Dickson*[121a]) hat unendlich viele Paare nicht isomorpher Gruppen S von gleicher Ordnung angegeben. Die Zahl s muß Produkt von mindestens vier Primfaktoren sein; $s = 60, 168, 660, 1092$ sind erwiesenermaßen die einzigen Fälle, in denen s nicht Produkt von mehr als fünf Primfaktoren ist[113c]). Die Gruppen S, deren Ordnung ein Produkt von 6 Primfaktoren ist, hat *B. Malmrot*[122g]) angegeben. Ist p eine Primzahl > 3, so gibt es für $s = \frac{1}{2} p (p^2 - 1)$ genau eine Gruppe S dieser Ordnung[113g]). Wenn s gerade ist, muß wenigstens eine der Zahlen 12, 16 oder 56 in s aufgehen; der erste Fall trifft bei allen bekannten Gruppen S zu.[114b])[122b]) Die Untersuchungen von *G. A. Miller*[124a]), *W. Burnside*[124b]), *G. Frobenius*[113d]), *H. L. Rietz*[124c]), *W. K. Turkin*[124d]) haben ergeben, daß ein ungerades s größer als 40 000 sein müßte und in das Produkt von mindestens acht Primfaktoren zerlegbar wäre, deren kleinster in der dritten Potenz in s aufgehen müßte.

Die bisher gefundenen Gruppen S ordnen sich, von fünf Ausnahmegruppen abgesehen, in unendlichen Serien an[121]), von denen eine, die Serie der alter-

---

121) Vgl. zu dieser Nummer: a) *L. E. Dickson,* Linear Groups, Leipzig 1901, besonders S. 308—310; b) Trans. Amer. Math. Soc. **2**, 363—394, 1901; Math. Ann. **60**, 137—150, 1905; c) *B. L. van der Waerden,* Gruppen von linearen Transformationen (Ergebnisse der Mathematik **4**, Nr. 2), Berlin 1935; s. bes. Kap. I, §§ 2—7.

122) a) *O. Hölder,* Math. Ann. **40**, 55—88, 1892; b) *W. Burnside,* Proc. London Math. Soc. **26**, 191—214, 325—338, 1895; c) *G. H. Ling* und *G. A. Miller,* Amer. J. Math. **22**, 13—26, 1900; d) *L. P. Siceloff,* ebd. **34**, 361—372, 1912; e) *F. N. Cole,* ebd. **14**, 378 bis 388, 1892; **15**, 303—315, 1893 und f) Bull. Amer. Math. Soc. **30**, 489—492, 1924. g) *B. Malmrot,* Studien über Gruppen, deren Ordnung ein Produkt von 6 Primzahlen ist. Dissertation Uppsala 1925. — Die Beweise unter c), d), f) benutzen die sehr mühsamen früher durchgeführten Aufzählungen der primitiven Permutationsgruppen von niedrigem Grade und sind zum Teil nur skizziert. Für die Methoden vgl. a. Nr. **9**, **11**; für eine Tabelle der bis jetzt bekannten Gruppen S mit $s \leqq 10^6$ s. [121a]).

123) *I. M. Schottenfels,* Ann. Math. (2) **1**, 147—152, 1900; Bull. Amer. Math. Soc. (2) 8, 25—26, 1901.

124) a) Proc. London Math. Soc. **33**, 6—10, 1901; b) ebd. 162—185, 257—268, 1901; hier wird zum erstenmal die Theorie der Gruppencharaktere[115]) auf eine die abstrakten Gruppen betreffende Frage angewandt; c) Amer. J. Math. **26**, 1—30, 1904; d) Math. Ann. **104**, 770—777, 1931; **107**, 767—773, 1933; Rec. Math. Moscou **36**, 383—384, 1929; **40**, 229—235, 1933; die Beweise sind z. T. nur skizziert; e) vgl. a. *A. Kulakoff,* Math. Ann. **113**, 216—225, 1936 und W. K. Turkin[116a]).

nierenden Gruppen der Ordnung $\frac{1}{2}n!$ (für $n = 5, 6, \ldots$) der Theorie der Permutationsgruppen[115]) entstammt, während die übrigen bei Untersuchungen über Gruppen von linearen Substitutionen in endlichen Körpern entdeckt worden sind; die fünf Ausnahmegruppen sind zwei von *E. Mathieu*[125]) entdeckte fünffach transitive[115]) Permutationsgruppen und drei Untergruppen derselben. Für weitere Angaben sei daher auch auf Art. 16 verwiesen. Für den Nachweis, daß die alternierenden Gruppen einfach sind, s. *C. Jordan*[126]), für die Einfachheit der Gruppen der übrigen Serien und für Angaben über die Isomorphie von einzelnen Gruppen verschiedener Serien s. *L. E. Dickson*[121]); die Einfachheit der fünf Ausnahmegruppen haben *G. A. Miller*[127a]) und *F. N. Cole*[127b]) bewiesen; über deren sonstige Eigenschaften s. [127c]). Für die Analogie zwischen den Gruppen S und den einfachen endlichen kontinuierlichen Gruppen s. [121]); für ein auf Grund dieser Analogien entdecktes System endlicher Gruppen, über deren Einfachheit noch nichts bekannt ist, s. *L. E. Dickson*[128]).

In allen bisher daraufhin untersuchten Fällen hat sich gezeigt, daß die Gruppen S von zwei geeignet gewählten Elementen erzeugt werden[129]), und daß die Gruppen ihrer äußeren Automorphismen auflösbar sind.

11. Auflösbare Gruppen[130]). Die in Nr. **5** definierten auflösbaren Gruppen haben ihren Namen wegen ihrer Bedeutung für die Auflösung algebraischer Gleichungen durch Radikale erhalten[131]). Jede endliche Gruppe besitzt einen größten (d. h. einen alle anderen enthaltenden) auflösbaren Normalteiler; s. *H. Fitting*[130]). Es gelten die Sätze von *G. A. Miller*[65c]) und *P. Hall*[132]):

I. Dann und nur dann ist die endliche Gruppe G auflösbar, wenn in der Reihe der Ableitungen $G', G'', \ldots$ von G einmal das Einheitselement auftritt[65c]). (Man vergleiche hierzu das in Nr. **4** über h-stufige Gruppen Gesagte.)

---

125) J. Math. pur. appl. (2) **5**, 9—42, 1860; **6**, 241—323, 1861; **18**, 25—47, 1873.

126) S. 60—66; vgl. a. *W. Burnside,* 2. Aufl. S. 180f.; *A. Speiser,* 3. Aufl. S. 109f.

127) a) Quart. J. Math. **29**, 224—249, 1897; Bull. Soc. Math. de France **28**, 266—267, 1900; b) Quart. J. Math. **27**, 48, 1894; c) *W. Burnside,* 1. Aufl. S. 220; *G. Frobenius,* S. B. Preuß. Akad. Wiss. 1904, 558—571; *G. A. Miller,* Arch. Math. Phys. (3) **12**, 249—251, 1907; *E. Witt,* Abh. Math. Sem. Hamburg. Univ. **12**, 256—264, 1938.

128) Quart. J. Math. **33**, 145—173, 1901; **39**, 205—209, 1908.

129) Vgl. etwa *H. R. Brahana,* Ann. Math. Princeton (2) **31**, 529—549, 1930.

130) Vgl. zu dieser Nummer das Referat von *W. Magnus,* Jber. DMV **47**, 69—78, 1937. S. ferner *H. Fitting,* ebd. **48**, 77—141, 1938. Die dort entwickelte Theorie ist im Text nicht mehr berücksichtigt.

131) S. *C. Jordan,* S. 387; *Netto,* Bd. 1, S. 277; *Burnside,* 1. Aufl. S. 130 für Bezeichnung und Sätze.

132) a) J. London Math. Soc. **3**, 98—105, 1928; b) ebd. **12**, 198—200, 1937; c) ebd. **12**, 201—204, 1937; d) Proc. London Math. Soc. (2) **43**, 316—323, 1937; e) ebd. **43**, 507—528, 1937; f) vgl. zu b) auch *G. A. Miller,* Bull. Amer. Math. Soc. **19**, 303—310, 1913. — Die in d), e) entwickelte Theorie ist im Text nicht mehr berücksichtigt. — Vgl. Zu a) auch *H. Zassenhaus,* Bd 1, S. 127.

II. Die Ordnung n der endlichen Gruppe G sei gleich dem Produkt $p_1^{\alpha_1} \dots p_r^{\alpha_r}$, wobei $p_1, \dots, p_r$ verschiedene Primzahlen sind. Dann[132b]) und nur dann[132a]) ist G auflösbar, wenn G, für $\varrho = 1, \dots, r$, eine Untergruppe H_ϱ vom Index $p_\varrho^{\alpha_\varrho}$ enthält. In einer auflösbaren Gruppe G gelten[132a]) die Verallgemeinerungen der Sylowschen Sätze (s. Nr. 8): Ist $n = n_1 n_2$ eine Zerlegung von n in das Produkt der teilerfremden Zahlen n_1 und n_2, so gibt es in G mindestens eine Untergruppe der Ordnung n_1; alle Untergruppen der Ordnung n_1 sind in G konjugiert und ihre Anzahl ist ein Produkt von Primzahlpotenzen, die Teiler der Faktoren einer Hauptreihe von G und kongruent eins modulo gewissen Primfaktoren von n_1 sind. Für noch weitergehende Verallgemeinerungen s. [132d, e]). Als Folgerung aus II ergibt sich[132b]):

III. Ist G eine auflösbare Gruppe und sind $\overline{H}_1, \overline{H}_2, \dots, \overline{H}_r$ irgend r Untergruppen von G, deren Indizes in G den größten gemeinsamen Teiler eins besitzen, so ist $G = H_1 H_2 \dots H_r$.

In II ist der von *W. Burnside*[114a]) mit Hilfe des Kriteriums V aus Nr. **9** bewiesene Satz enthalten, daß eine Gruppe G der Ordnung n auflösbar ist, wenn in n nur zwei verschiedene Primzahlen aufgehen[133]); die Gruppen H_ϱ aus II sind dann Sylowgruppen. Der Satz von Burnside wird beim Beweis von II benutzt. Aus den Kriterien in Nr. **9** folgt ferner die Auflösbarkeit der Gruppen von quadratfreier Ordnung n, für die n also ein Produkt von lauter verschiedenen Primfaktoren ist[134a]), und allgemeiner der Gruppen mit lauter zyklischen Sylowgruppen[134b]); diese enthalten einen zyklischen Normalteiler mit zyklischer Faktorgruppe; ein Spezialfall ist das Holomorph einer zyklischen Gruppe der Primzahlordnung p, dessen Ordnung gleich $p(p-1)$ ist und das *„die" metazyklische Gruppe vom Grade p* heißt[134c]). Über die nach Satz I auflösbaren Gruppen mit abelscher Kommutatorgruppe s. Nr. **13** und Art. 26 (*A. Scholz*). Für Gruppen, deren Hauptreihen Primzahlen als Faktoren besitzen, s. *E. Wendt*[135]); als Spezialfälle sind unter diesen die in Nr. **12** behandelten endlichen Gruppen enthalten.

Über die Verwendung von II zur Konstruktion aller auflösbaren Gruppen von gegebener Ordnung, zur Definition charakteristischer Untergruppen mittels einer Zerlegung von n in teilerfremde Faktoren, zur Untersuchung von Automorphismengruppen auflösbarer Gruppen s. *P. Hall*[132]) sowie *A. C. Lunn*[136])

133) Für diese G s. *W. Burnside*, Proc. London Math. Soc. (2) **1**, 388—392, 1904; ebd. **2**, 432—437, 1905; vgl. a. *J. A. de Séguier*, Bull. Soc. math. France **33**, 242—250; 1905; *G. Frobenius*, Acta Math. **26**, 189—198, 1902.

134) Für diese Gruppen s.: a) *O. Hölder*, Abh. Ges. Wiss. Göttingen 1895, 211—229; *P. Hall*[132c]): b) *W. Burnside*, 1. Aufl. S. 352ff.; Proc. London Math. Soc. **24**, 199, 1895; Messenger of Math. (2) **35**, 46—50, 1905; *H. Zassenhaus*, Abh. Math. Sem. Hamburg. Univ. **11**, 198—205, 1936. c) Vgl. *Burnside*, 1. Aufl. S. 239 f.; 2. Aufl. 114 f.; Bezeichnung nach Kronecker.

135) Math. Ann. **55**, 479—492, 1902.

136) Amer. J. Math. **56**, 319—327, 328—338, 511—512, 1934; **57**, 254—260, 1935; **58**, 290—304, 1936.

und *I. K. Senior*[136]). Für weitere Arbeiten, die für die genannten Fragen sowie allgemein für auflösbare Gruppen von Bedeutung sind, s. [137]) sowie Nr. **13**. Für Untersuchungen und z. T. auch explizite Aufzählungen aller nicht isomorphen auflösbaren Gruppen einer gegebenen Ordnung n, besonders auch für den Fall, daß n höchstens 6 Primfaktoren enthält und für $n < 216$, $n \neq 192$, s. [138]).

12. Gruppen von Primzahlpotenzordnung[130]). Eine endliche Gruppe heiße eine *p-Gruppe*, wenn ihre Ordnung eine Potenz der Primzahl p ist. Jede endliche Gruppe G enthält nach den Sätzen aus Nr. **8** p-Gruppen als Untergruppen, nämlich ihre Sylowgruppen; sind diese sämtlich invariant in G, so ist G direktes Produkt ihrer — zu den verschiedenen, in der Ordnung von G aufgehenden Primzahlen gehörigen — Sylowgruppen; ein Beispiel hierfür sind die endlichen abelschen Gruppen; für diese s. Nr. **7**. Jede der folgenden Bedingungen ist notwendig und hinreichend dafür, daß eine endliche Gruppe G eine p-Gruppe oder direktes Produkt von Gruppen von Primzahlpotenzordnung ist:

I. G ist nilpotent[139b,c]). Man vergleiche hierzu das in Nr. **4** über die obere und untere Zentralreihe Gesagte.

II. Jede Untergruppe von G tritt in einer Kompositionsreihe von G auf[139a,b]). Hieraus folgt, daß jede Untergruppe, deren Index eine Primzahl ist, invariant in G ist.

III. Die Faktoren einer Hauptreihe von G sind Primzahlen, und ihre Reihenfolge kann, durch geeignete Wahl der Hauptreihe, völlig beliebig vorgeschrieben werden[139b]).

IV. Die (am Schluß von Nr. **14** definierte) Φ-Gruppe $\Phi(G)$ von G enthält die Ableitung G' von G. — Die Mindestzahl d von Erzeugenden von G ist daher gleich dem Rang der abelschen Gruppe G/G', und $\Phi(G)$ ist der Durchschnitt aller Untergruppen von Primzahlindex[139c,d]).

Über weitere Eigenschaften endlicher nilpotenter Gruppen s. [140]), u. a. gilt,

137) *E. Maillet*, Quart. J. Math. **29**, 250—269, 1897; *H. Fitting*[83c]); *O. Grün*[118]) und J. reine angew. Math. **171**, 170—172, 1934.

138) Vgl. *Lunn* u. *Senior*[136]), *Hall*[132a]), *B. Malmrot*[122g]), *O. Hölder*[80]) und Math. Ann. **43**, 301—412, 1893; *E. A. Western*, Proc. London Math. Soc. **30**, 209—263, 1899; *R. le Vavasseur*, Toulouse Ann. **5**, 63—123, 1903; *O. E. Glenn*, Trans. Amer. Math. Soc. **7**, 137—151, 1906; *G. A. Miller*, Quart. J. Math. **30**, 243—263, 1898. Proc. Nat. Acad. Sci. USA. **7**, 146—148, 1921; Amer. J. Math. **51**, 491—494, 1929; Ann. Math. Princeton (2) **31**, 163—168, 1930; vgl. a. Nr. **12**.

139) a) *G. Frobenius*[113b]), bes. S. 173, und [25]); b) *W. Burnside* (1. Aufl. S. 62, 65, 115), 2. Aufl. S. 119, 122, 131, 166; c) Proc. London Math. Soc. (2) **13**, 6—12, 1913/14; d) *H. Wielandt*, Math. Z. **41**, 281—282, 1936; vgl. a. *H. Zassenhaus*, Bd. 1, S. 108; e) *P. Hall*[64a]); ebd. eine Übersicht über frühere Resultate und zahlreiche im Text nicht berücksichtigte Sätze.

140) *R. Remak*[93]); *S. Tschounichin*, Rec. Math. Moscou **36**, Nr. 2, 135—137, 383—384, 1929; **40**, Nr. 1, 39—41, 1933; *M. Tazawa*, Proc. Imp. Acad. Japan **9**, 472—475, 1933;

daß in einer solchen der Durchschnitt irgendeines eigentlichen Normalteilers mit dem Zentrum nicht nur aus dem Einheitselement besteht[25]). Jede endliche Gruppe besitzt einen größten (d. h. einen alle anderen enthaltenden) nilpotenten Normalteiler; s. *E. Wendt*[135]).

Für eine p-Gruppe P lassen sich Verschärfungen der Sylowschen Sätze aus Nr. 8 mit Hilfe des *Abzählungsprinzips* von *P. Hall*[64a]) ableiten, welches besagt: Es sei $\Phi(P)$ der Durchschnitt aller Untergruppen vom Index p in P, und p^d der Index von $\Phi(P)$ (vgl. IV). Eine $\Phi(P)$ enthaltende Untergruppe P_α vom Index p^α in P heiße für $0 \leqq \alpha \leqq d$ eine „große Untergruppe" von P. Es sei M eine Menge von verschiedenen Komplexen aus Elementen von G, deren jeder in mindestens einer Untergruppe P_1 enthalten sei, und es bedeute allgemein $n(H)$ die Anzahl der Komplexe aus M, die in der Untergruppe H von G enthalten sind. Dann gilt

$$\sum_{\alpha=0}^{d} (-1)^\alpha p^{\alpha(\alpha-1)/2} \sum_{(P_\alpha)} n(P_\alpha) = 0, \tag{24}$$

wobei die innere Summe über alle verschiedenen großen Untergruppen P_α von G zu erstrecken ist. Folgerungen hieraus sind die Sätze[141]): In P ist sowohl die Anzahl der Normalteiler wie die der Untergruppen gegebener Ordnung $\equiv 1$ mod. p; die Anzahl der eigentlichen Untergruppen gegebener Ordnung ist $\equiv 1 + p$ mod. p^2, wenn P nicht zyklisch und $p > 2$ ist[141b]), [108]).

Der Satz von Frobenius aus Nr. 8 läßt sich nach *P. Hall*[108]) ebenfalls verschärfen; es gilt: In einer p-Gruppe P ist die Anzahl der Elemente, deren Ordnung in p^α aufgeht, entweder durch $p^{\alpha(p-1)}$ teilbar, oder diese Elemente bilden eine charakteristische Untergruppe, und ihre Anzahl ist genau gleich einer Potenz von p.

Ist p^n die Ordnung von P, so enthält P einen abelschen Normalteiler der Ordnung p^α, falls $n > \alpha(\alpha - 1)/2$ ist[142]). Ist P eine k-stufige Gruppe, so ist $n \geqq 2^{k-1} + k - 1$. Dies folgt aus den in Nr. 4 (S. 17, vgl. die dort erklärten Bezeichnungen) erwähnten Beziehungen zwischen den Gruppen $P^{(\varkappa)}$ und $\mathsf{Z}_\lambda(P)$ und dem Satz: Ist N ein nicht-abelscher Normalteiler von P, der in $\mathsf{Z}_\lambda(P)$ enthalten ist, so ist die Ordnung von N/N' mindestens gleich $p^{\lambda+1}$. Hierüber und für verwandte Sätze s. *P. Hall*[64a]).

---

vgl. a. [60d]). Über unendliche p-Gruppen, d. h. über unendliche Gruppen, in denen die Ordnung jedes Elementes eine Potenz von p ist, s. *A. P. Dietzmann*, C. R. Acad. Sci. URSS. **15**, 71—76, 1937; — und *A. Kurosch* und *A. I. Uzkow*, Rec. Math. Moscou **3**, 179—184, 1938. Vgl. a. *R. Baer*, Compos. Math. **1**, 254—283, 1934; **4**, 1—77, 1936.

141) a) *G. Frobenius*[25]); b) *G. A. Miller*, Proc. Nat. Acad. Sci. USA. **9**, 237—238, 1923 (Beweis nur skizziert); *A. Kulakoff*, Math. Ann. **104**, 778—793, 1931; vgl. *P. Hall*[108]), S. 500f.; s. ferner c) *O. Schmidt*, Rec. Math. Moscou **39**, Nr. 1/2, 66—71, 1932; *M. Tazawa*, Sci. Rep. Tôhoku Univ. (1) **23**, 449—476, 1934; **24**, 161—163, 1935.

142) *G. A. Miller* in Miller-Blichfeldt-Dickson, S. 120; Messenger of Math. **27**, 119—121, 1898; **36**, 79, 1907. Verallgemeinert von *P. Hall*[64a]), [108a]).

Die Automorphismengruppe $\mathsf{A}(P)$ der p-Gruppe P enthält eine invariante p-Gruppe P^*, die aus den in $P/\Phi(P)$ den identischen Automorphismus induzierenden Elementen von $\mathsf{A}(P)$ besteht; s. hierzu [139e]); für weitere Untersuchungen über $\mathsf{A}(P)$, besonders über die zu einer Primzahl $q \neq p$ gehörigen Sylowgruppen von $\mathsf{A}(P)$ s. *O. Grün*[137]), *A. C. Lunn*[136]) und *J. K. Senior*[136]). Über Automorphismen spezieller p-Gruppen s. [143]) und Nr. 7.

Besonders einfache Eigenschaften besitzen die *regulären p-Gruppen* von *P. Hall*[64a]), die dadurch definiert sind, daß in ihnen für irgend zwei Elemente a, b eine Beziehung

$$(25) \qquad (ab)^q = a^q b^q c_1^q \ldots c_r^q$$

besteht, wobei $q = p^\alpha$ eine beliebige Potenz von p ist und $c_1, \ldots, c_r$ Elemente der Ableitung der von a und b erzeugten Untergruppe sind. Eine p-Gruppe, deren Klasse $\leqq p - 1$ ist, ist stets regulär; für weitere Kriterien s. [144]). Reguläre p-Gruppen P_0 besitzen eine Basis mit ähnlichen Eigenschaften[64a])[144]) wie eine Basis einer abelschen Gruppe; ferner bestehen in ihnen zahlreiche Beziehungen zwischen den in Nr. 4 „durch Kommutatorbildung" erklärten charakteristischen Untergruppen einerseits und den von den p^α-ten Potenzen der Elemente von P_0 bzw. den von den Elementen mit einer in p^α aufgehenden Ordnung erzeugten charakteristischen Untergruppen andererseits[64a]); vgl. *P. Hall*[108]).

Über p-Gruppen mit abelscher Kommutatorgruppe s. vor allem *A. Scholz*[145a]) und *K. Taketa*[145b]), über solche der Klasse $l = 2$ oder 3 (vgl. Nr. 4 u. s.[68])) s. *W. B. Fite*[146a]), *H. R. Brahana*[146b]), *C. Hopkins*[144]), *H. Terry*[146c]). Über p-Gruppen der Ordnung p^n mit $n \leqq 6$ s. [147]). Wichtige spezielle p-Gruppen

143) Vgl. [56]) u. *J. W. Young,* Amer. J. Math. **25**, 206—212, 1903; *G. A. Miller,* Messenger of Math. (2) **43**, 126—128, 1913; *R. W. Marriott,* Amer. J. Math. **38**, 139—154, 1916.

144) *C. Hopkins,* Trans. Amer. Math. Soc. **37**, 161—195, 1935; **41**, 287—313, 1937; zu Gl. (25) s. a. [64b]).

145) a) Math. Z. **30**, 332—356, 1929; S. B. Heidelberger Akad. Wiss. 1929, Nr. 14; 1933, Nr. 2; Math. Ann. **109**, 161—190, 1934; **110**, 633—649, 1935; — u. *O. Taussky,* J. reine angew. Math. **171**, 19—41, 1934; vgl. ferner Art. 26 (*A. Scholz*). b) Proc. Imp. Acad. Japan. **9**, 480—481, 1933; Japan. J. Math. **13**, 129—232, 1937.

146) a) Bull. Amer. Math. Soc. (2) **10**, 346—350, 1904; Trans. Amer. Math. Soc. **7**, 61—68, 1906; **15**, 47—50, 1914; **16**, 134—138, 1915 sowie *Fite*[35]), [45]), [60]); b) Amer. J. Math. **55**, 553—584, 1933; **56**, 53—61, 490—510, 1934; **57**, 645—667, 1935; **58**, 290—304, 1936; Trans. Amer. Math. Soc. **36**, 776—792, 1934; *A. Sinkov,* ebd. **35**, 372—385, 1933; c) Duke Math. J. **1**, 27—34, 1935.

147) *O. Hölder,* Math. Ann. **43**, 301—412, 1894; *E. Bagnera,* Ann. di Mat. (3) **1**, 137—228, 1898; **2**, 263—275, 1899; *H. A. Bender,* Ann. Math. Princeton (2) **29**, 61—72, 1927; *O. Schreier,* Abh. Math. Sem. Hamburg. Univ. **4**, 321—346, 1926; *G. A. Miller,* Proc. Nat. Acad. Sci. USA. **22**, 112—115, 1936; Amer. J. Math. **52**, 617—634, 1930; *M. Potron,* Sur quelques groupes d'ordre p^6, Thèse, Paris 1904; Bull. Soc. Math. France **32**, 296—300, 1904.

3*

sind die Sylowgruppen der symmetrischen[115]) Gruppen[148a]) und der Automorphismengruppen elementarer abelscher Gruppen[148b]). Für sonstige spezielle p-Gruppen s. [148c]).

D. Konstruktion von Gruppen / Unendliche Gruppen

13. Erweiterung von Gruppen[149]). Die einfachen Faktorgruppen einer Kompositionsreihe einer Gruppe G bestimmen selbst bei vorgeschriebener Reihenfolge im allgemeinen G als abstrakte Gruppe nicht eindeutig. Hieraus ergibt sich das von *O. Hölder*[80]) formulierte Problem: *Zu zwei gegebenen Gruppen N und F alle Gruppen G zu finden, die einen mit N isomorphen Normalteiler enthalten, dessen Faktorgruppe G/N mit F isomorph ist.* Eine Gruppe G mit dieser Eigenschaft heißt eine *Erweiterung*[150]) *von N durch F.* Nach *O. Schreier*[150a,b]) läßt sich die Auffindung aller Erweiterungen von N durch F zurückführen auf die Lösung der beiden Aufgaben, erstens alle *Darstellungen von F durch Automorphismenklassen von N*, das heißt alle zu F homomorphen Untergruppen F^* in der Gruppe der Automorphismenklassen (s. Nr. **4**) von N anzugeben (wobei dann die in den Automorphismenklassen aus F^* enthaltenen Automorphismen gerade die in N durch Transformation mit den Elementen aus G induzierten Automorphismen sind), und zweitens alle Systeme von Elementen aus dem Zentrum $\zeta(N)$ von N aufzufinden, die gewisse durch F und F^* eindeutig bestimmte Relationen (s. Nr. **14**) erfüllen. Besonders wichtig sind die beiden extremen Fälle $\zeta(N) = 1$ und $\zeta(N) = N$. Im ersten Falle ist die Erweiterung G von N durch F schon durch die Angabe von F^* (als Gruppe von Automorphismenklassen, nicht nur als ab-

148) a) *W. Findlay,* Trans. Amer. Math. Soc. **5**, 263—278, 1904; *de Séguier,* Bd. 2, S. 41—46; b) *L. E. Dickson,* Bull. Amer. Math. Soc. (2) **10**, 385—397, 1904; Amer. J. Math. **27**, 280—302, 1905; *A. Speiser*[98]), *O. Grün*[137]); c) *G. A. Miller,* Trans. Amer. Math. Soc. **3**, 383—397, 1902; **6**, 58—62, 1905; Bull. Amer. Math. Soc. (2) **11**, 494—499, 1905; **12**, 74—77, 1905; *L. I. Neikirk,* Trans. Amer. Math. Soc. **6**, 316—325, 1905; Publications Univ. Pennsylvania Nr. 3, Boston 1905; *W. Burnside*[45]) u. 2. Aufl. S. 130 ff.; *A. Speiser,* 3. Aufl. S. 71 ff.; *Hopkins*[45]) u. [56]).

149) Vgl. zu dieser Nummer *H. Zassenhaus,* Bd. 1, S. 75—98, 125—143 und *H. Fitting*[130]); die dort entwickelte Theorie ist im Text nicht mehr berücksichtigt. — Als wichtige Beispiele vgl. in Nr. **4** die Sätze über das Holomorph und die vollständigen Gruppen.

150) a) *O. Schreier,* Mh. Math. Phys. **34**, 165—180, 1926; b) Abh. Math. Sem. Hamburg. Univ. **4**, 321—346, 1926; c) s. a. *R. Baer,* „Automorphismen von Erweiterungsgruppen", Act. sci. industr. Nr. 205, (Exposés Math., publ. à la mém. de Jacques Herbrand X), Paris 1935; Math. Z. **38**, 375—416, 1934; d) *A. Scholz*[40]), [145a]) und Math. Z. **32**, 187—189, 1930. Danach heißt G auch eine *Aufspaltung* von F durch N. S. ferner *K. Taketa,* Jap. J. Math. **13**, 129—232, 1937. e) *N. Tschebotarew,* J. reine angew. Math. **161**, 179—193, 1929. f) *Marshall Hall,* Ann. Math. (2) **39**, 220—234, 1938. g) Ist N eine Gruppe deren Zentrum $= 1$ ist, so führt die wiederholte Bildung der Automorphismengruppe, d. h. die Folge der Gruppen $\mathsf{A}(N)$, $\mathsf{A}(\mathsf{A}(N))$, ... (s. Nr. **4**) nach endlich vielen Schritten zu einer vollständigen Gruppe; s. *H. Wielandt,* Math. Z. **45**, 1939.

strakte Gruppe) eindeutig bestimmt, und zwar gibt es dann stets auch wirklich eine Gruppe G, so daß die durch die Elemente von G in N induzierten Automorphismen gerade die in den Automorphismenklassen von F^* enthaltenen Automorphismen sind (im Falle $N \neq \zeta(N) \neq 1$ braucht es bei gegebenem zu F homomorphem F^* keine solche Erweiterung G zu geben). Im zweiten Fall ist N eine abelsche Gruppe A, statt einer Darstellung von F durch Automorphismenklassen hat man eine solche durch Automorphismen von A, und es ergeben sich die folgenden Beziehungen:

Es seien $s, t, u, \ldots$ Elemente der abstrakten Gruppe F. Jedem Element s von F sei ein Automorphismus von A zugeordnet, bei dem das Element a von A in das Element a^s von A übergeht. Notwendig und hinreichend dafür, daß diese Automorphismen eine zu F homomorphe Gruppe F^* bilden, ist das Bestehen der Beziehungen[151])

(26) $$(a^s)^t = a^{ts}$$

für beliebige s, t und a. Sind $V_s, V_t, \ldots$ Repräsentanten der den Elementen $s, t, \ldots$ von F in einer Erweiterung G von A durch F zugeordneten Nebengruppen von A in G, so liefert die Transformation der Elemente von A mit V_s, da A abelsch ist, einen Automorphismus von A, der nur von der V_s enthaltenden Nebengruppe von A in G abhängt; d. h. es ist[151])

(27) $$V_s a V_s^{-1} = a^s.$$

Da A Normalteiler von G ist, muß es zu jedem Paar von Elementen s, t aus F ein Element $c_{s,t}$ aus A geben, so daß

(28) $$V_s V_t = c_{s,t} V_{st}$$

ist, wobei V_{st} Repräsentant der st zugeordneten Nebengruppe von A in G ist. Da $V_s(V_t V_u)$ gleich $(V_s V_t) V_u$ sein muß, folgt

(29) $$c_{s,t}\, c_{st,u} = c_{t,u}^{s}\, c_{s,tu}.$$

Die Elemente $c_{s,t}$ heißen ein *zu F^* gehöriges Faktorensystem*[152]) *von F in A*; es gilt der Satz, daß durch die Angabe von F^* und durch die Wahl eines die Bedingungen (29) befriedigenden Systems von Elementen $c_{s,t}$ als Faktorensystem die Erweiterung G von A durch F eindeutig bestimmt ist. Ordnet man jedem Element s aus F ein Element d_s aus A zu, so bilden auch die Elemente

(30) $$c'_{s,t} = d_s d_t^s c_{s,t} d_{st}^{-1}$$

---

151) Die in (26) und (27) benutzte Schreibweise ist verschieden von der durch (13) eingeführten; sie ist in der Literatur vor allem wegen der sich hierbei ergebenden etwas einfacheren Form von (29) üblich.

152) a) *I. Schur*[70]); b) *I. Schur*, Math. Z. 5, 7—10, 1919; vgl. a. *A. Speiser*, ebd. 1—6 und Atti Congresso Bologna 2, 79—80, 1930; c) *S. Iyanaga*[71]). — Für die Beziehungen zwischen Verlagerung (Nr. 4) und Faktorensystemen vgl. a) und c).

ein zu F^* gehöriges Faktorensystem von F in A (dies folgt, indem man in (28) V_s durch $d_s V_s$ ersetzt, usw.). Man nennt $c_{s,t}$ und $c'_{s,t}$ *assoziierte Faktorensysteme*; sie bestimmen dieselbe Erweiterung von A durch F. Lassen sich in (30) die Elemente d_s so wählen, daß alle $c'_{s,t}$ gleich dem Einheitselement werden, so heist $c_{s,t}$ ein *zerfallendes Faktorensytem.*[152c]) Dann und nur dann zerfällt ein Faktorensystem von F in A, wenn in der zugehörigen Erweiterung G von F durch A eine mit G/A isomorphe Untergruppe F_0 enthalten ist, deren Elemente ein Repräsentantensystem der Nebengruppen von A in G bilden; F_0 heißt eine *Vertretergruppe* für G/A; genau ebenso läßt sich der Begriff einer Vertretergruppe für G/N erklären, wenn N ein beliebiger, nicht notwendig abelscher Normalteiler von G ist. Nach *E. Artin* (s. [152c])) läßt sich stets eine G als Untergruppe enthaltende Gruppe $\overline{G}$ finden, die einen A als Untergruppe enthaltenden abelschen Normalteiler $\bar{A}$ und eine mit G/A isomorphe Vertretergruppe $\overline{F}_0$ für $\overline{G}/\bar{A}$ besitzt, wobei zugleich die Repräsentanten der Nebengruppen von A in G auch Repräsentanten der Nebengruppen von $\bar{A}$ in $\overline{G}$ sind. Man nennt $\overline{G}$ eine *Zerfällungsgruppe von G über A.*

Auch bei der Erweiterung einer nicht-abelschen Gruppe N durch eine Gruppe F läßt sich auf analoge Art ein zugehöriges Faktorensystem von F in N erklären; hierüber s. [149]) [150a,b]). *H. Zassenhaus*[149]) hat ferner einen, für den Fall, daß N abelsch ist, auf *G. Frobenius*[113e]) und *I. Schur*[70]) zurückgehenden Satz verallgemeinert und bewiesen: *Ist in der endlichen Gruppe G der Index des Normalteilers N teilerfremd zu der Ordnung von N, so enthält G eine Vertretergruppe für G/N; ist mindestens eine der Gruppen N oder G/N auflösbar, so sind alle Vertretergruppen für G/N in G konjugiert.*

Die Erweiterungen G einer Gruppe N durch eine Gruppe F sind besonders eingehend untersucht worden unter der Voraussetzung, daß N oder F oder N und F endliche abelsche Gruppen sind[150]); der letzte Fall ist vor allem auch unter der weiteren Annahme behandelt worden, daß N die Ableitung von G ist[150b,d,e]); zugleich bildet er häufig den Ausgangspunkt für die Untersuchungen über p-Gruppen (Nr. **12**, s. [144–146])). Für sonstige Beispiele zur Lösung des Erweiterungsproblems s. vor allem *O. Hölder*[80]).

I. Schur[153a]) hat gezeigt, daß das Problem der Darstellung einer Gruppe durch gebrochen-lineare Substitutionen[115]) auf die folgende Frage führt:

Gegeben sei eine endliche Gruppe G; gesucht ist eine Gruppe D mit folgenden drei Eigenschaften: I. D enthält einen Normalteiler M, der im Zentrum $\zeta(D)$ von D enthalten ist, so daß D/M isomorph mit G ist. II. Die Ableitung D' von D enthält M. III. Es gibt keine Gruppe mit einer größeren

153) a) J. reine angew. Math. **127**, 20—50, 1904; **132**, 85—137, 1907. b) S. ferner *R. Frucht,* ebd. **166**, 16—29, 1931; *G. A. Miller,* Trans. Amer. Math. Soc. **14**, 444—452, 1913; Tôhoku Math. J. **6**, 35—41, 1914.

Ordnung als D, welche die Eigenschaften I und II besitzt. Man nennt D eine *Darstellungsgruppe* und M den *Multiplikator* von G; ist G selber eine Darstellungsgruppe von G, so heißt G eine *abgeschlossene Gruppe*. Es gilt: Die Gruppe G besitzt im allgemeinen mehrere Darstellungsgruppen; dagegen ist M in allen Darstellungsgruppen dieselbe abstrakte Gruppe und somit durch G eindeutig bestimmt. Eine den Bedingungen I und II genügende abgeschlossene Gruppe D ist stets Darstellungsgruppe von G. Für die Anzahl der verschiedenen Darstellungsgruppen von G ergibt sich eine obere Schranke, die von den Invarianten der abelschen Gruppen G/G' und M abhängt (G' ist die Ableitung von G) und bei den vollständigen Gruppen (s. Nr. 4) wirklich erreicht wird. Ist die Ordnung von G/G' zur Ordnung von M teilerfremd, so besitzt G nur eine Darstellungsgruppe. Über die Konstruktion der Darstellungsgruppen von G, falls G durch Erzeugende und definierende Relationen (s. Nr. **14**) gegeben ist, für Beispiele von abgeschlossenen Gruppen und für eine Reihe von weiteren Resultaten s. [153]).

14. Erzeugende und definierende Relationen. Freie Gruppen[154]). Durch Verallgemeinerung des Begriffs der Gruppentafel (s. Nr. 2) erhält man ein Verfahren zur Konstruktion von Gruppen aus gewissen willkürlich wählbaren Bestimmungsstücken; dieses beruht auf der Einführung von „rationalen Funktionen[155]) in n Unbestimmten" (den sogenannten „Worten", s. unten), die unabhängig von irgendeiner speziellen Gruppe erklärt werden und durch die jedem System von n Elementen aus irgendeiner Gruppe G wieder ein Element aus G zugeordnet wird.

B e z e i c h n u n g e n: In dieser und der folgenden Nummer sollen die Buchstaben $\lambda, \mu, \ldots$ als Indizes stets eine nicht leere Indexmenge $(\lambda), (\mu), \ldots$ durchlaufen, die, wenn nichts anderes gesagt ist, völlig beliebig sein kann; $\lambda_0, \lambda_1, \lambda_2, \ldots$ seien gleiche oder verschiedene Werte aus (λ); die Buchstaben $l, m, n, \ldots$ sollen nicht negative ganze Zahlen bedeuten, und unter $\varepsilon, \varepsilon_1, \varepsilon_2, \ldots$ werde stets eine der Zahlen $+1$ oder -1 verstanden.

Gegeben seien[156]) Symbole x_λ^{+1} (oder x_λ) und x_λ^{-1}; eine endliche Folge

$$W(x_\lambda) \equiv x_{\lambda_1}^{\varepsilon_1} x_{\lambda_2}^{\varepsilon_2} \ldots x_{\lambda_l}^{\varepsilon_l} \tag{31}$$

von l Symbolen $x_\lambda^{\pm 1}$ werde als ein *Wort*[156b]) *in den* x_λ bezeichnet; für den

154) Vgl. zu dieser Nummer: *K. Reidemeister,* Einführung in die kombinatorische Topologie, Braunschweig 1932, S. 3—97; speziell a) S. 23, 81; b) S. 126 ff.

155) *R. Baer,* J. reine angew. Math. **160**, 199—207, 1929, S. 200.

156) Zur Einführung von Erzeugenden und Relationen vgl.: a) *W. Dyck,* Math. Ann. **20**, 1—44, 1882; **22**, 70—108, 1883; *O. Hölder*[80])[138]); b) *M. Dehn,* ebd. **69**, 137—168, 1910; **71**, 116—144, 1912, sowie § 1—3 in J. reine angew. Math. **163**, 141—165, 1930 (W. Magnus); c) *O. Schreier,* Abh. Math. Sem. Hamburg Univ. **5**, 161—183, 1927. — Für freie Gruppen s. außer a) und c) vor allem: d) *J. Nielsen,* Math. Ann. **78**, 385—397, 1918; **79**, 269—272, 1919; **91**, 169—209, 1924; e) *E. Artin* in: *F. Klein,* Vorlesungen über höhere Geometrie, Berlin 1926, S. 361 ff.

Fall $l = 0$, wenn also die Folge gar kein Symbol enthält, heiße $W(x_\lambda)$ das *leere Wort* und werde mit 1 bezeichnet. Zwei Worte W_1 und W_2 in den x_λ heißen *identisch* oder verschieden, und man schreibt $W_1 \equiv W_2$ oder $W_1 \not\equiv W_2$, je nachdem ob sich W_1 durch Einfügen und Streichen der speziellen Teilfolgen $x_\lambda x_\lambda^{-1}$ und $x_\lambda^{-1} x_\lambda$ in W_2 überführen läßt oder nicht. Die Summe der als Exponenten eines bestimmten x_{λ_0} in $W(x_\lambda)$ auftretenden ε_ν $(\nu = 1, \ldots, l)$ heißt die *Exponentensumme von x_{λ_0} in $W(x_\lambda)$*.

Wird jedem der Symbole x_λ irgendein Element g_λ einer Gruppe G zugeordnet, so wird dadurch dem Wort $W(x_\lambda)$ aus (31) ein mit $W(g_\lambda)$ bezeichnetes „Wort in den g_λ" zugeordnet durch die Festsetzung

$$W(g_\lambda) = g_{\lambda_1}^{\varepsilon_1} g_{\lambda_2}^{\varepsilon_2} \cdots g_{\lambda_l}^{\varepsilon_l}, \tag{32}$$

wobei die rechte Seite als das Produkt der $g_{\lambda_1}^{\varepsilon_1}, \ldots, g_{\lambda_l}^{\varepsilon_l}$ aufzufassen ist; dem leeren Wort werde das Einheitselement von G zugeordnet. Dann und nur dann sind zwei Worte $W_1(x_\lambda)$ und $W_2(x_\lambda)$ in den x_λ identisch, wenn in jeder Gruppe G und bei beliebiger Wahl der g_λ stets $W_1(g_\lambda)$ gleich $W_2(g_\lambda)$ ist; dies beruht darauf, daß die verschiedenen Worte in den x_λ bei der Operation des „Aneinandersetzens" oder des „Hintereinanderschreibens" als Verknüpfung selber eine Gruppe F bilden, die von den x_λ (als Elemente von F betrachtet) erzeugt wird, deren Einheitselement das leere Wort ist und in der das Inverse zu dem Element $W(x_\lambda)$ aus (31) definiert wird durch

$$W^{-1}(x_\lambda) \equiv x_{\lambda_l}^{-\varepsilon_l} \ldots x_{\lambda_2}^{-\varepsilon_2} x_{\lambda_1}^{-\varepsilon_1}. \tag{33}$$

Diese Gruppe F heißt eine *freie Gruppe*[156d]), die x_λ heißen *freie Erzeugende von F*; ihre Anzahl bestimmt F als abstrakte Gruppe eindeutig, und ein Wort W in den x_λ ist dann und nur dann gleich dem Einheitselement, wenn $W \equiv 1$ ist.

Es seien nun die Elemente a_λ Erzeugende (s. Nr. 3) der Gruppe G. Dann ist jedes Element von G gleich einem Wort in den a_λ, und G wird (als abstrakte Gruppe) eindeutig bestimmt durch Angabe der Worte in den a_λ, die in G gleich dem Einheitselement sind. Es seien $R_\mu(x_\lambda)$ Worte in den x_λ, so daß in G die *Gleichungen* oder *Relationen*

$$R_\mu(a_\lambda) = 1 \tag{34}$$

gelten; T_σ seien beliebige Worte in den x_λ, und es sei

$$R(x_\lambda) \equiv T_1^{-1} R_{\mu_1}^{\varepsilon_1} T_1 \ldots T_n^{-1} R_{\mu_n}^{\varepsilon_n} T_n$$

ein Produkt von Transformierten der $R_\mu^{\pm 1}(x_\lambda)$. Dann ist auch $R(a_\lambda) = 1$, und man sagt, die Beziehung $R(a_\lambda) = 1$ sei eine *Folgerelation*[156c]) der Relationen (34); sind diese so beschaffen, daß alle zwischen den a_λ bestehenden Relationen Folgerelationen von ihnen sind, so heißt (34) ein System von *definierenden Relationen* für G. Jede Gruppe G kann definiert werden durch eine geeignete Anzahl von Erzeugenden a_λ und ein System (34) von definierenden Relationen; G ist dann Faktorgruppe der freien Gruppe mit derselben Anzahl von freien Erzeugenden x_λ; jede Faktorgruppe von G erhält man durch Hinzufügen weiterer Relationen zu (34). Ein System von Symbolen x_λ und von beliebigen Worten $R_\mu(x_\lambda)$ in diesen liefert stets eine Gruppe G mit gleich vielen Erzeugenden a_λ, so daß die definierenden Relationen von G gerade die Gleichungen $R_\mu(a_\lambda) = 1$ sind.

Die Definition einer Gruppe mit Hilfe von Erzeugenden und definierenden Relationen ist für viele schon vorher bekannte, vor allem für viele endliche Gruppen durchgeführt worden; sie tritt bei Fragen der Topologie als ursprüngliche Definition der zu untersuchenden Gruppen auf[157]), was nach *M. Dehn*[156]) die folgenden Aufgaben liefert: Ein Verfahren zu finden, um in endlich vielen Schritten zu entscheiden: I. Ob ein beliebiges Wort $W(a_\lambda)$ in den Erzeugenden a_λ der durch Erzeugende und definierende Relationen gegebenen Gruppe G gleich 1 ist oder nicht (*Identitäts-* oder *Wortproblem*). II. Ob zwei beliebig gewählte Worte $W_1(a_\lambda)$ und $W_2(a_\lambda)$ in den a_λ konjugierte Elemente von G sind (*Transformationsproblem*). III. Ob zwei durch Erzeugende und definierende Relationen gegebene Gruppen isomorph sind (*Isomorphieproblem*). Die Fragen II und III sind nur in Einzelfällen gelöst, I außerdem noch für einige spezielle Klassen von Gruppen; hierzu s. Nr. **15**.

K. Reidemeister[158]) und *O. Schreier*[156]) haben ein Verfahren angegeben, um aus einem System von Erzeugenden und definierenden Relationen für eine Gruppe G ein ebensolches für eine beliebige Untergruppe H von G abzuleiten. Es gilt:

G sei eine Gruppe mit den Erzeugenden a_λ und $G = \sum_{(\nu)} H V_\nu$ eine Zerlegung von G in Nebengruppen nach der Untergruppe H; die Repräsentanten V_ν seien als Worte in den a_λ gegeben, und der Repräsentant von H sei 1. Dann wird H von den Elementen

$$(35) \qquad b_{\nu,\lambda} = V_\nu a_\lambda (\overline{V_\nu a_\lambda})^{-1}$$

erzeugt, wobei $\overline{V_\nu a_\lambda}$ der Repräsentant der $V_\nu a_\lambda$ enthaltenden Nebengruppe von H sei. Indem man die $b_{\nu,\lambda}$ ebenfalls als Erzeugende von G ansieht und die Gleichungen (35), die ursprünglich zur Definition der $b_{\nu,\lambda}$ dienten, zu den definierenden Relationen von G mit hinzunimmt, erkennt man, daß man die Aufgabe, Erzeugende und definierende Relationen für eine Untergruppe H von G zu finden, nur noch für den Fall zu lösen braucht, daß H von einer Teilmenge der Erzeugenden von G erzeugt wird. Es sollen also nunmehr die

157) Für Beispiele vgl. die Literaturangaben in [154]), sowie in *K. Reidemeister,* Knotentheorie (Ergebnisse der Mathematik Bd. 1, Nr. 1), Berlin 1932; *H. Seifert* und *W. Threlfall,* Lehrbuch der Topologie, Leipzig und Berlin 1934.

158) Abh. Math. Sem. Hamburg Univ. 5, 7—23, 1927.

Elemente b_σ von G eine Teilmenge der Erzeugenden a_λ von G bilden; H werde von den b_σ erzeugt. Durch (34) sei ein System von definierenden Relationen von G gegeben. Dann wird

$$V_\nu a_\lambda (\overline{V_\nu a_\lambda})^{-1} = U_{\nu,\lambda}(b_\sigma), \tag{36}$$

wobei die rechten Seiten in (36) ein für allemal fest gewählte Worte in den b_σ sind; falls V_ν gleich 1 ist und a_λ gleich einem der b_σ ist, werde $U_{\nu,\lambda}$ gleich diesem b_σ gesetzt. Es sei W ein Wort in den a_λ, das gleich einem Element von H ist, und es sei für $\varrho = 1, \ldots, m$

$$W_\varrho \equiv a_{\lambda_1}^{\varepsilon_1} a_{\lambda_2}^{\varepsilon_2} \ldots a_{\lambda_\varrho}^{\varepsilon_\varrho}; \quad W_m \equiv W \equiv a_{\lambda_1}^{\varepsilon_1} a_{\lambda_2}^{\varepsilon_2} \ldots a_{\lambda_m}^{\varepsilon_m}. \tag{37}$$

Die W_ϱ heißen die Abschnitte von W. Dann wird

$$W \equiv (a_{\lambda_1}^{\varepsilon_1} \overline{W}_1^{-1})(\overline{W}_1 a_{\lambda_2}^{\varepsilon_2} \overline{W}_2^{-1}) \ldots (\overline{W}_{m-1} a_{\lambda_m}^{\varepsilon_m} \overline{W}_m^{-1}) \overline{W}_m; \tag{38}$$

da $\overline{W}_m = 1$ ist und da die einzelnen Klammern wegen (36) gleich gewissen Worten $U_{\nu,\lambda}^{\pm 1}$ in den b_σ werden, ist durch (36) und (38) eindeutig ein Verfahren festgelegt, um W durch die b_σ auszudrücken. Man wende dieses Verfahren speziell auf die sämtlichen Worte $V_\nu R_\mu V_\nu^{-1}$ in den a_λ an; diese sind nach (34) in G und mithin auch in H gleich 1; indem man sie mit Hilfe von (36) und (38) durch die b_σ ausdrückt und die entstehenden Worte in den b_σ gleich eins setzt, erhält man ein System von definierenden Relationen (zwischen den b_σ) für H.

Das eben geschilderte Verfahren läßt sich durch geeignete Wahl der Repräsentanten V_ν übersichtlicher gestalten[156c]); wenn H ein Normalteiler N von G ist, treten weitere Vereinfachungen ein[158]). Über den Zusammenhang zwischen den Erzeugenden und definierenden Relationen für die Gruppen G, N und G/N s. a.[154a]).

Für freie Gruppen ergibt sich[159]): Jede Untergruppe H einer freien Gruppe F ist wieder eine freie Gruppe, wenn man die Gruppe der Ordnung 1 als freie Gruppe von Null Erzeugenden rechnet. Ist n die Anzahl der freien Erzeugenden von F und m der Index von H in F, so ist die Anzahl der freien Erzeugenden von H gleich $1 + m(n-1)$. Ein eigentlicher Normalteiler von unendlichem Index in F hat stets unendlich viele freie Erzeugende.

Notwendige Bedingungen für die Isomorphie zweier Gruppen G und $\overline{G}$ werden geliefert durch die Isomorphie von für G und $\overline{G}$ charakteristischen Gruppen[160]). Sind G und $\overline{G}$ durch endlich viele Erzeugende und definierende

159) S. *J. Nielsen,* Math. Tidsskrift, B. 1921, 78—94; *O. Schreier*[156]); s. ferner *W. Hurewicz,* Abh. Math. Sem. Hamburg. Univ. **8**, 307—314, 1930; *K. Reidemeister*[154b]); *L. Locher,* Comment. math. Helv. **6**, 76—82, 1933; *F. Levi,* Math. Z. **32**, 315—318, 1930.

160) Vgl. hierzu noch: a) *H. Adelsberger*[66]); b) *W. Magnus*[64]); c) *K. Reidemeister*[157]), Kap. III sowie *K. Reidemeister* und *H. G. Schumann,* Abh. Math. Sem. Hamburg. Univ. **10**, 256—262, 1934.

Relationen gegeben, so läßt sich nach *K. Reidemeister*[66]) insbesondere die Isomorphie der in Nr. 4, S. 17 definierten Gruppen $Z_i(G)/Z_{i+1}(G)$ und $Z_i(\overline{G})/Z_{i+1}(\overline{G})$ durch Berechnung der Invarianten dieser eine endliche Basis besitzenden abelschen Gruppen feststellen[160a, b]). Für $i = 1$ erhält man eine Relationenmatrix (s. Nr. 7) für $G/Z_2(G)$, in deren Zeilen die Exponentensummen der in einer Relation von G auftretenden Erzeugenden stehen. Auch über die Automorphismengruppe von G lassen sich Aussagen machen, indem man die von den Automorphismen von G in für G charakteristischen Untergruppen induzierten Automorphismen untersucht[160b]). Sind $P_\nu(x_\varrho)$ irgendwelche Worte in einem System von Symbolen x_ϱ, so erzeugen die sämtlichen Worte $P_\nu(g_\varrho)$, die man erhält, indem man in P_ν für x_ϱ unabhängig voneinander alle Elemente g_ϱ von G einsetzt, eine charakteristische Untergruppe C von G; man erhält G/C, indem man zu den Relationen von G alle Relationen $P_\nu(g_\varrho) = 1$ hinzufügt. Man sagt, *in* G/C *gelten die Regeln* $P_\nu(x_\varrho) = 1$, und nennt C eine *durch Regeln definierte charakteristische Untergruppe.* S. hierzu *B. H. Neumann*[161a]).

Für freie Gruppen F_n mit einer endlichen Anzahl n von freien Erzeugenden hat *J. Nielsen*[162]) die Automorphismengruppe $A(F_n)$ durch Erzeugende und Relationen definiert und ihre Eigenschaften untersucht. *J. H. C. Whitehead*[163]) hat die Fragen behandelt, wann zwei beliebig gegebene Systeme aus einer endlichen Anzahl k von Elementen oder Klassen von F_n durch einen Automorphismus von F_n ineinander übergeführt werden können, und wann zwei Komplexe aus k Elementen von F_n dieselbe Untergruppe von F_n erzeugen. Alle vollinvarianten Untergruppen von F_n lassen sich durch Regeln definieren[161a]); für weitere Sätze über charakteristische und vollinvariante Untergruppen von F_n s. *F. Levi*[164]). Die von *W. Burnside*[161]) aufgeworfene Frage, für welche Werte von n und m die durch Hinzufügen der Regel $x^m = 1$ aus F_n entstehende Faktorgruppe endlich ist, ist erst für $m \leqq 4$ behandelt[161b]). Die Faktorgruppe eines eigentlichen Normalteilers von F_n ist niemals mit F_n isomorph[164]); für beliebige Gruppen G mit endlich vielen Erzeugenden und definierenden Relationen ist dieser Satz nicht bewiesen; vgl. jedoch [160b]).

H. Tietze[165]) hat gezeigt, daß zwei durch endlich viele Erzeugende und de-

161) a) Math. Ann. **114**, 506—525, 1937; ein verwandtes Problem für Ringe bei *M. Dehn*, ebd. **85**, 184—194, 1922, und *W. Wagner*, ebd. **113**, 528—567, 1937; b) *W. Burnside*, Quart. J. Math. **33**, 230—238, 1902; *J. A. de Séguier*, Bd. 1, S. 72—74; *F. Levi* und *B. L. van der Waerden*, Abh. Math. Sem. Hamburg. Univ. **9**, 154—158, 1933.

162) S. [156d]) und vgl.: Danske Videnskaberne Selskabs. Math. fys. Medd. **5**, Nr. 12, 3—29, 1924; *B. H. Neumann*, Math. Ann. **107**, 367—386, 1932; *W. Magnus*, Acta Math. **64**, 353—367, 1935.

163) Proc. London Math. Soc. (2) **41**, 48—56, 1936; Ann. Math. (2) **37**, 782—800, 1936.

164) Math. Z. **37**, 90—97, 1933; s. a. *B. H. Neumann*[161a]).

165) Mh. Math. Phys. **19**, 56 ff., 1908; vgl. a. [154]), S. 46 ff. u. *H. S. M. Coxeter*, J. London Math. Soc. **9**, 211—212, 1934.

finierende Relationen gegebene Gruppen G_1 und G_2 dann und nur dann isomorph sind, wenn sich die Erzeugenden und Relationen von G_1 durch gewisse „elementare", d. h. jeweils nur eine Erzeugende und eine Relation betreffende Abänderungen in die von G_2 überführen lassen. Zwei verschiedene Systeme von definierenden Relationen zwischen gegebenen Erzeugenden einer Gruppe heißen *äquivalente Relationensysteme*; hierzu s. [166]).

A. Cayley [167]), *W. Dyck* [156]), *M. Dehn* [156]) und andere haben als Hilfsmittel zur Untersuchung einer durch Erzeugende und definierende Relationen gegebenen Gruppe G in verschiedener Weise gewisse durch die Gruppe und ihre Erzeugenden bestimmte Streckenkomplexe eingeführt[168]). G besitze n Erzeugende a_ν; dann gibt es nach M. Dehn einen eindeutig durch G und die a_ν bestimmten Streckenkomplex Γ, der ein regulärer Graph ist, bei dem von jedem Punkt $2n$ orientierte Strecken ausgehen, wobei je zwei der von einem Punkt Q von Γ ausgehenden Strecken mit a_ν bezeichnet werden und je eine von diesen beiden Strecken Q als Anfangspunkt bzw. als Endpunkt besitzt, derart, daß die die Bezeichnung und die Orientierung der Strecken erhaltenden Decktransformationen von Γ eine mit G isomorphe Gruppe bilden. Man nennt Γ das *Gruppenbild* von G; seine Konstruktion ist mit der Lösung des Identitätsproblems für G gleichwertig. Über Anwendungen des Gruppenbilds auf endliche Gruppen und die Definition für das *Geschlecht*[168c]) einer solchen s. [168c, d]).

Ist von den Erzeugenden a_ν der Gruppe G keine gleich einem Wort aus den übrigen, so heißen die a_ν *unabhängige Erzeugende von G.* Die in keinem System von unabhängigen Erzeugenden auftretenden Elemente von G bilden nach *G. Frattini*[169a]) eine charakteristische Untergruppe $\Phi(G)$, die die *Φ-Gruppe von G* heißt. Ist G eine endliche Gruppe, so ist $\Phi(G)$ der Durchschnitt aller maximalen Untergruppen von G und das direkte Produkt von Gruppen von Primzahlpotenzordnung[169]). Über die Φ-Gruppe von unendlichen Gruppen s. [166b]).

---

166) a) *W. Magnus*, J. reine angew. Math. **163**, 141—165, 1930; b) *B. H. Neumann*, J. London Math. Soc. **12**, 120—127, 1937.

167) Amer. J. Math. **1**, 174—176, 1878; **11**, 139—157, 1889; Collected papers **10**, **12**; s. a. *W. Burnside,* 2. Aufl., Kap. XVIII.

168) a) Für die topologischen Begriffsbildungen s. [154]); für das Gruppenbild vgl. besonders *W. Threlfall*, Abh. Sächs. Akad. Wiss. Leipzig, Math.-naturw. Kl. **41**, Nr. 6, 1932. b) Für verwandte Methoden s. *Schreier*[156]), *Whitehead*[163]) und [171d]), [172c]) aus Nr. **15**. Für Anwendungen und Beispiele s. a.: c) *A. Hurwitz,* Math. Ann. **41**, 426, 1893; *H. Maschke*, Amer. J. Math. **18**, 156—194, 1896; Abh. Ges. Wiss. Göttingen 1896, 55—59; d) *L. Heffter*, Math. Ann. **50**, 261—268, 1898; *H. R. Brahana*, Amer. J. Math. **48**, 225—240, 1926; *R. P. Baker,* ebd. **53**, 645—669, 1931. e) Für Fragen und Methoden, die mit den Gruppenbildern wichtiger spezieller Gruppen zusammenhängen s. vor allem *J. Nielsen,* Acta Math. **50**, 189—358, 1927; **53**, 1—76, 1929; **58**, 87—167, 1932, u. vgl. *Tsai-Han Kiang*, J. Chinese Math. Soc. **1**, 93—153, 1936.

169) a) Rend. Atti Reale Accad. Lincei (4) **1**, 281—285, 455—457, 1885; (4), **2**, 18, 1886.

P. Hall[170a]) nennt die Anzahl $\varphi_n(G)$ der verschiedenen geordneten Systeme von n Erzeugenden der endlichen Gruppe G die *n-te Eulersche Funktion von* G; für die Eigenschaften von $\varphi_n(G)$ s. a. [170b]); für Anwendungen, eine Verallgemeinerung und eine Berechnung von $\varphi_n(G)$ für spezielle G s. [170a]).

15. Freie Produkte. (In dieser Nummer werden die am Beginn von Nr. **14** erklärten Bezeichnungen benutzt.) Die Sätze über freie Produkte sind in vieler Hinsicht analog zu den Sätzen über direkte Produkte (s. Nr. **6**). Nach *E. Artin*[156]) gilt: Sind H_λ irgendwelche Gruppen, so gibt es eine eindeutig bestimmte abstrakte Gruppe G, die für alle λ eine zu H_λ isomorphe, wieder mit H_λ bezeichnete Untergruppe enthält, derart, daß jedes Element $g \neq 1$ aus G sich auf genau eine Weise als ein Produkt

$$g = h_{\lambda_1} h_{\lambda_2} \ldots h_{\lambda_n} \tag{39}$$

schreiben läßt, wobei (für $\nu = 1, \ldots, n$) h_{λ_ν} ein Element $\neq 1$ aus H_{λ_ν} bedeutet, ferner (für $\nu = 2, \ldots, n$) niemals $\lambda_{\nu-1}$ gleich λ_ν ist und n eine beliebige natürliche Zahl ist. Man nennt G das *freie Produkt* der *freien Faktoren* H_λ; eine Gruppe, die nicht freies Produkt von mindestens zweien ihrer eigentlichen Untergruppen ist, heißt *frei unzerlegbar.* Das Identitätsproblem in dem freien Produkt G ist gelöst, wenn man es für die freien Faktoren H_λ gelöst hat. Die freien Gruppen sind freie Produkte der unendlichen zyklischen von ihren freien Erzeugenden erzeugten Untergruppen. Über freie Produkte endlicher abelscher Gruppen s. [171a]).

Nach *A. Kurosch*[171b]) gelten die Sätze: *Ist die Gruppe G freies Produkt der frei unzerlegbaren Gruppen H_λ, so ist jede Untergruppe von G zerlegbar in ein freies Produkt von Gruppen, welche, soweit sie nicht freie Gruppen sind, jedenfalls in G mit Untergruppen der Gruppen H_λ konjugiert sind. Ist G sowohl freies Produkt der frei unzerlegbaren Gruppen H_λ wie der frei unzerlegbaren Gruppen K_μ, so lassen sich die Gruppen H_λ umkehrbar-eindeutig den Gruppen K_μ zuordnen, derart, daß entsprechende Gruppen isomorph sind; soweit die Gruppen H_λ und K_μ nicht unendliche zyklische Gruppen sind, läßt sich die Zuordnung so treffen, das entsprechende Gruppen in G konjugiert sind.* Nicht jede frei zerlegbare Gruppe ist freies Produkt von frei unzerlegbaren Gruppen[171c]). Dagegen gilt nach *R. Baer* und *F. Levi*[171d]), daß zwei Zerlegungen von G in freie Produkte stets gewisse, analog wie bei den direkten Zerlegungen erklärte „Verfeinerungen" besitzen, deren Faktoren

b) *G. A. Miller,* Proc. Nat. Acad. Sci. USA. **1**, 6—7, 1915; Trans. Amer. Math. Soc. **16**, 20—26, 399—404, 1915.

170) a) Quart. J. Math., Oxford Ser., **7**, 134—151, 1936; b) *L. Weisner,* Trans. Amer. Math. Soc. **38**, 474—484, 1935.

171) a) *A. Kurosch,* Math. Ann. **108**, 26—36, 1933; b) ebd. **109**, 647—660, 1934; c) Rec. Math. Moscou **44**, 995—1001, 1937; d) *R. Baer* und *F. Levi,* Compositio Math. **3**, 391—398, 1936.

sich umkehrbar eindeutig so zuordnen lassen, daß entsprechende Faktoren isomorph und, soweit sie nicht freie Gruppen sind, auch in G konjugiert sind.

O. Schreier[156]) hat den Begriff des freien Produktes verallgemeinert. Gegeben seien zwei Gruppen A bzw. B mit den Erzeugenden a_λ und c_ϱ bzw. b_μ und d_ϱ und den definierenden Relationen $R_\nu = 1$ bzw. $P_\sigma = 1$. Die von den Elementen c_ϱ bzw. d_ϱ erzeugten Untergruppen von A bzw. B mögen H bzw. K heißen, und indem man für alle ϱ die Elemente c_ϱ und d_ϱ einander zuordnet, soll sich eine isomorphe Abbildung von H auf K ergeben. Die Gruppe G mit den Erzeugenden a_λ, c_ϱ, b_μ, d_ϱ und den definierenden Relationen

$$(40) \qquad R_\nu(a_\lambda, c_\varrho) = 1, \quad P_\sigma(b_\mu, d_\varrho) = 1, \quad c_\varrho = d_\varrho$$

heiße dann das *freie Produkt von A und B mit vereinigten Untergruppen H und K.* Dieser Begriff läßt sich, ähnlich wie der des freien Produktes, auch für mehr als zwei „Faktoren" A und B und ohne Bezugnahme auf Erzeugende und Relationen erklären[172]). Ist $H = K = 1$, so ist G das freie Produkt von A und B. Die Eigenschaften des freien Produktes mit vereinigten Untergruppen gestatten einen Beweis des Satzes von M. Dehn, daß in einer Gruppe G_1 mit nur einer definierenden Relation eine echte Teilmenge der Erzeugenden, von trivialen, leicht angebbaren Ausnahmen abgesehen, aus freien Erzeugenden einer freien Untergruppe von G_1 besteht[166a]). Hieraus läßt sich eine Lösung des Identitätsproblems für alle G_1 gewinnen[172b]). Für die Untergruppen freier Produkte mit vereinigten Untergruppen in einigen Spezialfällen s. [173]).

16. Topologische Gruppen und Limesgruppen. Metrische Gruppen[174]). Der Gegenstand dieser Nummer, nämlich die Verbindung von Begriffen der Topologie und der Punktmengenlehre mit der Gruppentheorie, ist hauptsächlich im Anschluß an die von *Sophus Lie* begründete Theorie der kontinuierlichen Gruppen [vgl. die Literaturangaben in Nr. **1**] entstanden, und gehört auch seinen Resultaten nach vielfach dieser Theorie an. Daher sollen hier nur einige grundlegende Definitionen, die wichtigste Literatur und solche Resultate mitgeteilt werden, die ihrem Inhalt und ihrer Bedeutung nach von der Theorie der kontinuierlichen Gruppen unabhängig sind. Hierzu gehören auch die am Schluß von Nr. **17** mitgeteilten Sätze von L. Pontrjagin.

---

172) a) Nach *O. Schreier*[156]); b) die Definition im Text nach *W. Magnus*[166]) und Math. Ann. **106**, 295—307, 1932; s. a.: c) *E. R. van Kampen,* Amer. J. Math. **55**, 268 bis 273, 1933.

173) *A. Kurosch* und *V. Kulaschnikov,* C. R. Acad. Sci. URSS. **1**, 285, 1935; *I. Johansson,* Skrifter utgitt av det Norske Videnskaps Akademi i. Oslo, I. Mat. Naturv. Klasse 1931, Nr. 1, S. 56.

174) Für die in dieser Nummer benutzten Begriffe s. *F. Hausdorff,* Grundzüge der Mengenlehre, 2. Aufl., Leipzig 1927, 1. Aufl. 1914; dort besonders a) S. 213f., 263; b) S. 211. c) Vgl. ferner das Referat von *G. Köthe,* Jber. DMV **49**, 1939.

Eine *topologische Gruppe* T ist eine Gruppe, zu deren als „Punkte" bezeichneten Elementen gewisse Komplexe U_i erklärt sind, welche „Umgebungen" heißen und den folgenden von *F. Hausdorff*[174a]) herrührenden Postulaten genügen: I. Jeder Punkt ist in jeder Umgebung dieses Punktes enthalten. II. Der Durchschnitt zweier Umgebungen eines Punktes enthält eine Umgebung dieses Punktes. III. Jede Umgebung enthält eine Umgebung jedes in ihr enthaltenen Punktes. IV. Zu je zwei verschiedenen Punkten gibt es Umgebungen dieser Punkte, die keinen Punkt gemeinsam haben. V. Es gibt unter den U_i abzählbar viele Umgebungen U_ν ($\nu = 1, 2, \ldots$), so daß jede Umgebung eines Punktes x eine Umgebung U_ν enthält, die zugleich Umgebung von x ist. — Mit Hilfe eines Umgebungssystems mit diesen fünf Eigenschaften lassen sich die Begriffe „Häufungspunkt", „offen", „abgeschlossen", „kompakt", „zusammenhängend" usw. für eine Teilmenge von T und die Begriffe „Konvergenz", „Limes" usw. für eine Folge von Elementen aus T in der üblichen Weise erklären. In einer topologischen Gruppe T soll nun noch gelten:

VI. Haben die Folgen x_ν und y_ν ($\nu = 1, 2, \ldots$) der Elemente x_ν und y_ν aus T das Element x bzw. y als Limes, so soll auch die Folge $x_\nu y_\nu^{-1}$ konvergieren und den Limes xy^{-1} besitzen.

Diese Definition einer topologischen Gruppe stammt von *D. van Dantzig*[175]); über ein mit I—VI nicht äquivalentes schwächeres System von Postulaten für eine topologische Gruppe s. *R. Baer*[176]), s. ebenda auch für Untersuchungen über topologische Gruppen, deren Elemente Anordnungspostulaten genügen. — Als Umgebungen U_i dienen unter anderem Nebengruppen von Normalteilern oder allgemeiner Scharen, wobei eine *Schar* definiert ist als ein Komplex, der mit irgend drei Elementen a_1, a_2, a_3 einer Gruppe auch das Element $a_1 a_2^{-1} a_3$ enthält[177]). Oft wird eine topologische Gruppe auch nur durch I—IV und VI definiert.

O. Schreier[178]) erklärt eine *L-Gruppe* als eine Gruppe, in der für Folgen von Elementen ein Limesbegriff mit den üblichen Eigenschaften erklärt und VI. erfüllt ist, und führt sodann in naheliegender Weise Umgebungen ein. Eine topologische oder eine L-Gruppe heißt *r-parametrig*, *r-dimensional* oder *r-gliedrig*, wenn jeder Punkt eine Umgebung besitzt, die sich umkehrbar-eindeutig und umkehrbar stetig auf eine offene Kugel im r-dimensionalen Euklidischen Raum abbilden läßt. Jede r-gliedrige L-Gruppe L_r besitzt genau

175) Math. Ann. **107**, 587—626, 1932; ebd. eine Bibliographie; s. a. *D. van Dantzig*[79]).

176) J. reine angew. Math. **160**, 208—226, 1929; s. a. *F. Leja*, Fundam. Math. **9**, 37—44, 1927.

177) a) *H. Prüfer*, Math. Z. **20**, 165—187, 1924; §§ 3—5; b) *R. Baer*[155]); vgl. a. *Lie* und *Scheffers*, Vorlesungen über kontinuierliche Gruppen, Leipzig 1893, S. 470.

178) Abh. Math. Sem. Hamburg Univ. **4**, 15—32, 1925; **5**, 233—244, 1927.

eine zusammenhängende r-gliedrige L-Gruppe als Untergruppe; O. Schreier hat u. a. die Beziehungen zwischen einer Gruppe L_r und ihren r-gliedrigen Faktor-L-Gruppen untersucht[178]). — *I. v. Neumann*[179a]) hat u. a. bewiesen, daß jede r-parametrige, kompakte, im kleinen zusammenhängende topologische Gruppe T sich isomorph und umkehrbar stetig auf eine abgeschlossene Gruppe aus endlich-vieldimensionalen unitären Matrizen (mit komplexen Zahlen als Elementen) abbilden läßt; hierbei wird das Resultat von *A. Haar*[179b]) benutzt, daß sich in T ein Maßbegriff erklären läßt; dieses von Haar eingeführte Maß besitzt die üblichen Eigenschaften[174]) und ist *rechtsinvariant,* d. h.: Ist U ein Komplex und a ein Element aus T, so ist mit U auch Ua meßbar, und Ua besitzt dasselbe Maß wie U. Für weitere Sätze und für Anwendungen der Resultate von Neumann und Haar auf kontinuierliche Gruppen s. [179a,b]). — Über fastperiodische Funktionen in Gruppen und ihre Anwendungen s. [179c]). Über weitere hierher gehörige Fragen s. [179d]).

Eine Folge x_ν von Elementen einer topologischen Gruppe T heißt *Fundamentalfolge*[175]), wenn die Elemente $x_\nu x_\mu^{-1}$ für $\nu > N$, $\mu > N$ bei hinreichend großer Wahl der natürlichen Zahl N stets in einer beliebig vorgeschriebenen Umgebung des Einheitselementes liegen; T heißt *komplett,* wenn jede Fundamentalfolge konvergiert; dann und nur dann ist T *komplettierbar*[175]), das heißt isomorph und homöomorph[174]) auf eine Untergruppe einer kompletten Gruppe abbildbar, wenn jede Folge $y_\nu^{-1} x_\nu y_\nu$ gegen 1 konvergiert, falls die Folge der x_ν dies tut, und die y_ν eine beliebige Fundamentalfolge bilden. Über die Komplettierung topologischer Gruppen s. *D. van Dantzig*[175]); vgl. a. *H. Freudenthal*[179d]).

Eine Gruppe M heißt *metrisch*[180]), wenn zu irgend zwei Elementen x, y aus M eine reelle Zahl $\varrho(x, y)$, die *Abstandsfunktion,* mit den üblichen Eigenschaften[174b]) ($\varrho(x, x) = 0$; „Dreiecksungleichung") definiert ist, die außerdem noch den Bedingungen

$$\varrho(xz, yz) = \varrho(zx, zy) = \varrho(x, y) \tag{41}$$

---

179) a) *I. v. Neumann,* Ann. Math. (2) **34**, 170—190, 1933; *L. Pontrjagin,* C. R. Acad. Sci. Paris **198**, 238—240, 1934; *E. R. van Kampen,* Amer. J. Math. **57**, 301—308, 1935; **58**, 177—180, 1936. b) *A. Haar,* Ann. Math. (2) **34**, 147—169, 1933; *Béla de Sz. Nagy,* C. R. Acad. Sci. Paris **202**, 1248—1250, 1936; *A. Weil,* ebd. 1147—1149, 1936; *I. v. Neumann,* Compos. Math. **1**, 106—114, 1934; Rec. Math. Moscou. N. s. **1**, 721—734, 1936. c) *I. v. Neumann,* Trans. Amer. Math. Soc. **36**, 445—492, 1934; — und *S. Bochner,* ebd. **37**, 21—50, 1935; *E. R. van Kampen,* Ann. Math. (2) **37**, 78—91, 1936; *H. Freudenthal,* ebd. **37**, 57—77, 1936; *E. Livenson,* ebd. **38**, 920—922, 1937; *W. Maak*[27]). d) *D. van Dantzig*[79]), [175]); *I. Schreier,* Fundam. Math. **25**, 198—199, 1935; — und *S. Ulam,* ebd. **24**, 302—304, 1935; *H. Freudenthal,* Ann. Math. (2) **37**, 46—56, 1936; *D. Montgomery,* Bull. Amer. Math. Soc. **42**, 879—882, 1936.

180) a) *D. van Dantzig* und *B. L. van der Waerden,* Abh. Math. Sem. Hamburg. Univ. **6**, 367—376, 1928; b) s. *D. van Dantzig*[175]); *S. Kakutani,* Proc. Imp. Acad. Japan **12**, 82—84, 1936; c) *K. Menger,* Ergebnisse Math. Kolloquium Wien H. **5**, 1—6, 1933; d) *A. Haar,* Ann. Math. Princeton (2) **34**, 147—169, 1933.

für alle Elemente x, y, z aus M genügt. Die Begriffe „überall dichte Teilmenge", „separabel" usw. werden dann in den in der Punktmengenlehre[174]) üblichen Weise erklärt; ebenso lassen sich „sphärische" Umgebungen eines Elementes erklären, so daß also eine separable metrische Gruppe zugleich eine topologische Gruppe ist; umgekehrt läßt sich eine topologische Gruppe T dann und nur dann isomorph und homöomorph auf eine metrische Gruppe abbilden, wenn für eine beliebige Folge y_ν und eine beliebige gegen 1 konvergierende Folge x_ν aus T auch die Folge $y_\nu^{-1} x_\nu y_\nu$ gegen 1 konvergiert[175]). Über die Metrisierung von Gruppen s. a. [180b]); über die Geometrie in metrischen Gruppen (Kurven, Bogenlänge usw) s. [180c]), über die Einführung und die Eigenschaften eines Maßbegriffes s. [180d]).

Eine Untergruppe einer topologischen Gruppe T, deren Elemente in T keinen Häufungspunkt besitzen, heißt *diskret* oder *diskontinuierlich*, doch werden diese Bezeichnungen in wechselnder Bedeutung und oft auch lediglich für abzählbare Gruppen gebraucht.

Ist G eine Gruppe und M eine beliebige Menge, so läßt sich nach *K. Menger* unter Umständen den Elementenpaaren aus M ein „Abstand" zuordnen, der aus Paaren $(xy^{-1}, y^{-1}x)$ besteht, wobei x, y Elemente aus G sind. M heißt dann eine *G-metrische Menge*[181]); über G-metrische Gruppen s. a. [44d]).

17. Unendliche abelsche Gruppen. (In dieser Nummer werden die in Nr. 7 erklärten Bezeichnungen benutzt.) Man sagt allgemein, eine abelsche Gruppe A besitze eine *Basis*, wenn sie direkte Summe einer beliebigen Menge von zyklischen Gruppen ist. Wenn A unendlich ist, tritt dieser Fall im allgemeinen nicht ein; es ist sogar möglich, daß A direkt zerlegbar ist, ohne direkte Summe von direkt unzerlegbaren Summanden zu sein[90b]). Jede von endlich vielen Elementen erzeugte Untergruppe von A besitzt (s. Nr. 7) einen endlichen Rang; gibt es einen größten Wert r für den Rang dieser Untergruppen von A, so sagt man — unter Verallgemeinerung des Rangbegriffes —, A bebesitze den *endlichen Rang r*; oft wird auch die größte Anzahl linear unabhängiger Elemente von A als Rang von A bezeichnet[96d]); es kann jedoch jetzt eine Gruppe von beliebigem endlichen Rang direkt unzerlegbar sein[182]).

Die Elemente von endlicher Ordnung in A bilden eine Untergruppe T, in der jedes Element eine endliche Ordnung besitzt; man nennt T eine *Torsionsgruppe*. Die Gruppe $B = A / T$ enthält außer dem Nullelement kein Element von endlicher Ordnung; eine solche Gruppe heißt *torsionsfrei*. Im allgemeinen ist T kein direkter Summand von A; wann dies der Fall ist, hat *R. Baer*[183]) untersucht.

181) *K. Menger*, Math. Z. **33**, 396—418, 1931.

182) a) *F. Levi*, Abelsche Gruppen mit abzählbaren Elementen, Leipzig 1917; vgl.: b) *R. Baer*, Duke Math. J. **3**, 68—122, 1937. c) Zur Gültigkeit des Basissatzes s. a. *R. Baer*, Compos. Math. **1**, 274—275, 1934.

183) Ann. Math. Princeton (2) **37**, 766—781, 1936; s. a. *S. Fomin*, Rec. Math. Moscou **44**, 1007—1009, 1937.

Torsionsfreie Gruppen B sind, vor allem auch unter der Annahme, daß B von endlichem Rang ist, von *F. Levi*[182]), *A. Kurosch*[184]) und *R. Baer*[182b]) untersucht worden; es gibt direkt unzerlegbare torsionsfreie Gruppen B_r von beliebigem endlichen Range r; die Gruppen B_1 sind Untergruppen der additiven Gruppen der rationalen Zahlen[182]).

Für Torsionsgruppen T gilt allgemein, daß sie sich auf genau eine Weise in die direkte Summe ihrer Primärkomponenten zerlegen lassen[90b]). Ist P eine zur Primzahl p gehörige primäre abelsche Gruppe, so wird der *Höhenexponent* α des Elements a von P definiert durch die Festsetzung: α ist gleich der natürlichen Zahl n oder gleich ∞, je nachdem ob die Gleichungen $p^\nu x_\nu = a$ nur für $\nu \leqq n$ oder aber für alle natürlichen Zahlen ν durch ein Element x_ν von P gelöst werden können. Nach *H. Prüfer*[90]) gilt: Ist P von endlichem Rang, so ist P direkte Summe primärer Gruppen vom Range 1; das gleiche trifft allgemein bei abzählbarem P dann und nur dann zu, wenn jedes Element vom Höhenexponenten ∞ aus P in einer Untergruppe vom Range 1 und vom Typ (p^∞) enthalten ist, wobei die Gruppen vom Range 1 und vom *Typ* (p^∞) definiert sind durch abzählbar viele Erzeugende a_λ $(\lambda = 1, 2, \ldots)$ und die zwischen diesen bestehenden definierenden Relationen $pa_1 = 0$, $pa_{\lambda+1} = a_\lambda$; alle primären Gruppen vom Range 1 sind entweder vom Typ (p^∞) oder sie sind zyklische Gruppen der Ordnung p^n, d. h. Gruppen vom Typ (p^n). Nicht abzählbare Torsionsgruppen brauchen selbst dann nicht eine direkte Summe von Gruppen vom Range 1 zu sein, wenn sie keine Elemente von unendlichem Höhenexponenten besitzen[185]). Für abzählbare Torsionsgruppen T hat *H. Ulm*[186a]) durch Untersuchung einer unendlichen Relationenmatrix analog wie bei den abelschen Gruppen mit einer endlichen Basis ein vollständiges Invariantensystem angegeben, so daß also zwei solche Gruppen dann und nur dann isomorph sind, wenn ihre Invariantensysteme übereinstimmen, und daß zu jedem Invariantensystem wirklich eine Gruppe gehört. Die Resultate von H. Ulm hat *L. Zippin*[186b]) auf anderem Wege neu abgeleitet.

Für weitere Sätze über unendliche abelsche Gruppen, besonders auch über charakteristische Untergruppen s.[187]). Für das Folgende vgl. Nr. **16** und s.[174c]).

Es sei R die additive Gruppe der reellen Zahlen und K die mit der Gruppe der Drehungen eines Kreises in sich isomorphe Faktorgruppe von R nach

---

184) Ann. Math. Princeton (2) **38**, 175—203, 1937. Dort und bei *D. Derry*, Proc. London Math. Soc. (2) **43**, 490—506, 1937, weitere Untersuchungen über torsionsfreie Gruppen.

185) *H. Ulm*, Math. Z. **40**, 205—207, 1936.

186) a) Math. Ann. **107**, 774—803, 1933; vgl. a. ebd. **114**, 493—505, 1937; b) Ann. Math. Princeton (2) **36**, 86—99, 1935.

187) *R. Baer*, Quart. J. Math. Oxford Ser. **6**, 217—232, 1935; Proc. London Math. Soc. (2) **39**, 481—514, 1935; Amer. J. Math. **59**, 99—117, 1937; s. ferner *H. Prüfer*, Math. Z. **20**, 165—187, 1924; **22**, 222—249, 1925.

der additiven Gruppe der ganzen Zahlen. K ist eine kompakte topologische Gruppe. Eine homomorphe Abbildung χ einer abelschen Gruppe A auf eine Untergruppe von K heißt ein *Charakter* von A; durch χ wird jedem Element a von A ein Element $\chi(a)$ von K zugeordnet. Die in K gebildete Summe $\chi_1(a) + \chi_2(a) = \chi_3(a)$ zweier Charaktere χ_1 und χ_2 von A ist wieder ein Charakter von A. Ist A eine topologische Gruppe, so werde von $\chi(a)$ noch Stetigkeit verlangt, d. h. aus $\lim_{n\to\infty} a_n = a$ (die a_n sind Elemente von A) folge $\lim_{n\to\infty} \chi(a_n) = \chi(a)$. Die Charaktere bilden bei Addition eine abelsche Gruppe $C(A)$, die die *Charakterengruppe* von A heißt. In $C(A)$ ist ein Limesbegriff für eine Folge χ_n von Charakteren erklärt durch die Festsetzung: $\lim_{n\to\infty} \chi_n = \chi$, wenn für alle Elemente a aus A $\lim_{n\to\infty} \chi_n(a) = \chi(a)$ ist. Nun gelten die Dualitätssätze von *L. Pontrjagin*[188]): Ist A eine abzählbare bzw. eine kompakte topologische abelsche Gruppe, so ist $C(A)$ eine kompakte topologische bzw. eine abzählbare Gruppe. In beiden Fällen ist $C(C(A)) = A$, und wenn A in die direkte Summe von endlich vielen[189]) abzählbaren bzw. in A abgeschlossenen kompakten Untergruppen A_m zerfällt, so zerfällt $C(A)$ in die direkte Summe der Gruppen $C(A_m)$. Ist A abzählbar, und ist r die größte Anzahl linear unabhängiger Elemente von A (also $r = 0$ in Torsionsgruppen), so ist $C(A)$ eine r-dimensionale topologische Gruppe, und $C(A)$ ist dann und nur dann zusammenhängend, wenn A torsionsfrei ist. Ist A eine zusammenhängende und im kleinen kompakte topologische Gruppe, so ist A direkte Summe einer kompakten in A abgeschlossenen Untergruppe Δ und einer Anzahl r von mit R isomorphen Gruppen; Δ und r sind dann durch A eindeutig bestimmt. Ist A auch im kleinen zusammenhängend, so läßt sich Δ in höchstens abzählbar[189]) viele mit K isomorphe direket Summanden zerlegen. Für weitere Sätze s. [188]).

---

188) Ann. Math. Princeton (2) **35**, 361—388, 1934. Verallgemeinerungen bei *E. R. van Kampen*, ebd. **36**, 448—463, 1935. Pontrjagin benutzt Resultate von *F. Peter* und *H. Weyl*, Math. Ann. **97**, 737—755, 1927 und *A. Haar*[180d]). Charaktere abelscher Gruppen behandeln ferner *J. W. Alexander*, Ann. Math. Princeton (2) **35**, 389—395, 1934; — und *L. Zippin*, ebd. **36**, 71—85, 1935.

189) Die direkte Zerlegung in abzählbar viele Summanden macht bei topologischen Gruppen eine allgemeinere als die in Nr. **3** gegebene Definition der direkten Zerlegung notwendig. Mit dieser gilt der Dualitätssatz ohne Beschränkung auf endlich viele Summanden.

4*

Über freie Faktorgruppen und freie Untergruppen gegebener Gruppen.

Von Wilhelm Magnus in Frankfurt am Main.

Ph. Furtwängler zum 70. Geburtstag.

Die wichtigste bekannte Methode zur Untersuchung von Gruppen, die durch Erzeugende und Relationen definiert sind besteht darin, daß man sich eine möglichst umfassende Menge von charakteristischen Faktorgruppen mit Endlichkeitseigenschaften — z. B. mit Maximalbedingung für Normalteiler — zu verschaffen sucht, und dann durch Untersuchung dieser Faktorgruppen Aussagen über die ganze Gruppe erhält. Für Fragen, die nicht nur einzelne Beispiele von Gruppen betreffen, hat sich hierbei vor allem — wenigstens bei Gruppen mit endlich vielen Erzeugenden — die Untersuchung der Gruppen der „unteren Zentralreihe" als nützlich erwiesen[1]); dies beruht darauf, daß erstens die Quotientengruppe zweier aufeinanderfolgender von diesen Gruppen eine Abelsche Gruppe mit endlicher Basis, also eine Gruppe mit wohlbekannten Eigenschaften ist[1]), und daß zweitens in einer freien Gruppe das einzige, allen Gruppen der unteren Zentralreihe gemeinsame Element das Einheitselement ist[2]). Im Folgenden (s. besonders Satz 3 und 4) wird von diesen Eigenschaften der Gruppen der unteren Zentralreihe Gebrauch gemacht. Daß unter Umständen auch die Betrachtung anderer Untergruppen nützlich sein kann, möge durch folgende Bemerkung illustriert werden: Der Satz, daß eine freie Gruppe mit endlich vielen Erzeugenden niemals mit einer ihrer echten Faktorengruppen isomorph sein kann[3]) läßt sich ableiten durch Benutzung des (leicht zu beweisenden) Satzes:

---

[1]) s. K. Reidemeister, Abhandlungen aus dem mathematischen Seminar der Hamburgischen Universität, Bd. 5, 33—39, 1927; die Definition der unteren Zentralreihe stammt von W. B. Fite, Trans. American Math. Soc. 7, 61—68, 1906, der sie zur Behandlung von Gruppen von Primzahlpotenzordnung benutzt hat; systematisch untersucht und angewandt hat sie vor allem P. Hall, Proc. London Math. Soc. (2), 36, 29—95, 1933.

[2]) W. Magnus, *a)* Mathematische Annalen, 111, 259—280, 1935; *b)* Journal für die reine und angewandte Mathematik, 177, 105—115, 1937.

[3]) F. Levi, Mathematische Zeitschrift, 37, S. 95, 1933, allgemeiner bei W. Magnus [2a]).

Ist a ein beliebiges Element $\neq 1$ einer freien Gruppe F, so gibt es stets eine Untergruppe H von F, deren Index in F eine Potenz von 2 ist, so daß H das Element a nicht enthält.

Es handelt sich im Folgenden zunächst um den Beweis von

Satz 1: Ist G eine Gruppe mit $n+r$ Erzeugenden und r definierenden Relationen, und wird G auch schon von n geeignet gewählten Elementen erzeugt, so ist G eine freie Gruppe mit n freien Erzeugenden. Diese Behauptung erscheint trivial. Es sei daher bemerkt, daß sie sich nicht aus einem verwandten Resultat von F. Levi[3]) ableiten läßt, da dort die untersuchte Gruppe als frei vorausgesetzt wird, was hier gerade bewiesen werden soll. Auch das Verfahren von H. Tietze[4]), Erzeugende und definierende Relationen isomorpher Gruppen ineinander überzuführen liefert keinen Anhaltspunkt zum Beweis, da bei Tietze der Überschuß der Anzahl der Erzeugenden über die Anzahl der definierenden Relationen sich im Laufe des Abänderungsverfahrens beliebig vermindern kann. — Für den Fall $r=1$ wurde Satz 1 früher von M. Dehn bewiesen[5]). Nach einer Mitteilung von J. H. C. Whitehead folgt aus Satz 1 der

Satz 2: Ist G eine Gruppe mit den Erzeugenden a_ν $(\nu=1,\ldots,n)$ und b_ϱ $(\varrho=1,\ldots,r)$ und den definierenden Relationen

$$P_\varrho(a_1,\ldots,a_n,b_1,\ldots,b_r)=1 \qquad (\varrho=1,\ldots,r),$$

und folgt aus diesen Relationen

$$b_1=\ldots=b_r=1,$$

so ist

$$P_\varrho(a_1,\ldots,a_n,1,\ldots,1)\equiv 1, \qquad (\varrho=1,\ldots,r);$$

das heißt die Potenzprodukte

$$P_\varrho(a_1,\ldots,a_n,b_1,\ldots,b_r)$$

lassen sich durch Wegstreichen von Faktoren $a_\nu a_\nu^{-1}$ und $a_\nu^{-1} a_\nu$ in das Einheitselement verwandeln, wenn man vorher in ihnen für $b_1,\ldots,b_r$ überall das Einheitselement eingesetzt hat. In der Tat sind die a_ν offen-

---

[4]) Monatshefte für Mathematik und Physik, 19, 56 ff., 1908. S. a. Reidemeister, Einführung in die kombinatorische Topologie, Braunschweig 1932, S. 46 ff.

[5]) Nicht publiziert. Dehn benutzt den von ihm entdeckten „Freiheitssatz". (Für einen Beweis s. W. Magnus, Journal für die reine und angewandte Mathemathik, 163, 141—165, 1930). Hier soll ein anderes Verfahren benutzt werden, das übrigens, in Gestalt von Satz 4, eine gewisse Verallgemeinerung des Freiheitssatzes auf Gruppen mit mehr als einer definierenden Relation liefert.

sichtlich Erzeugende von G; da G nach Satz 1 eine freie Gruppe mit n freien Erzeugenden sein muß, und daher mit keiner ihrer echten Faktorgruppen isomorph sein kann[3]), müssen auch die a_ν freie Erzeugende von G sein, woraus Satz 2 folgt.

Um Satz 1 zu beweisen, sollen zunächst einige Bezeichnungen eingeführt werden. Es werden weiterhin benutzt die

Definitionen: Ist G eine Gruppe und sind H_1 und H_2 Untergruppen von G, so werde die von allen Kommutatoren $h_1 h_2 h_1^{-1} h_2^{-1}$ eines beliebigen Elementes h_1 aus H_1 mit einem beliebigen Element h_2 aus H_2 erzeugte Untergruppe mit $[H_1, H_2]$ bezeichnet. Es werde ferner $G = G_1$ und rekursiv für $m > 1$

$$G_m = [G_{m-1}, G]$$

gesetzt. Die Gruppen G_m heißen die Gruppen der unteren Zentralreihe von G. Es ist

$$G_m / G_{m+1} = A_m(G)$$

eine Abelsche Gruppe; diese besitzt eine endliche Basis, wenn G endlich viele Erzeugende besitzt. Sind G und H isomorphe Gruppen, so müssen auch $A_m(G)$ und $A_m(H)$ für $m = 1, 2, \ldots$ isomorph sein. Das Umgekehrte ist im Allgemeinen nicht richtig, es gilt jedoch der

Satz 3: Es sei G eine Gruppe mit n Erzeugenden, und es sei F die freie Gruppe mit n freien Erzeugenden. Wenn für alle Werte von $m = 1, 2, \ldots$ stets $A_m(G)$ und $A_m(F)$ isomorph sind, so sind auch G und F isomorph.

Beweis: G ist jedenfalls eine Faktorgruppe von F. Es sei $G = F/N$, wobei N ein Normalteiler $\neq 1$ von F ist. Da das einzige allen Gruppen F_m gemeinsame Element das Einheitselement ist, gibt es eine kleinste natürliche Zahl i, so daß N in F_i aber nicht in F_{i+1} enthalten ist. Dann wird

$$A_i(G) = F_i / \{N, F_{i+1}\},$$

wobei $\{N, F_{i+1}\}$ das Produkt von N und F_{i+1} ist. Da N in F_i aber nicht in F_{i+1} enthalten ist, ist also $A_i(G)$ eine echte Faktorgruppe von $A_i(F)$, wegen

$$A_i(F) = F_i / F_{i+1}.$$

Nun kann die Gruppe $A_i(F)$ als Abelsche Gruppe mit endlicher Basis mit keiner ihrer echten Faktorgruppen isomorph sein und ist folglich nicht mit $A_i(G)$ isomorph, wenn $N \neq 1$ ist.

Der Beweis von Satz 1 läßt sich nun durch Anwendung von Satz 3 führen, indem man zunächst zeigt, daß sich die Relationen der Gruppe G aus Satz 1 auf eine verhältnismäßig übersichtliche Form bringen lassen; es gilt nämlich

Hilfssatz 1. Es sei G eine Gruppe mit $n+r$ Erzeugenden a_ν ($\nu=1, \ldots, n$) und b_ϱ ($\rho=1, \ldots, r$) und mit r definierenden Relationen $P_\varrho=1$, und es sei $A_1(G)$, — *d. h.* die Faktorgruppe von G nach der Kommutatorgruppe von G, — isomorph mit dem direkten Produkt von n unendlichen zyklischen Gruppen. Dann lassen sich die Erzeugenden von G so wählen, daß die definierenden Relationen die Gestalt annehmen

$$(1) \qquad b_\varrho \cdot C_\varrho(a_1, \ldots, a_n, b_1, \ldots, b_r)=1,$$

wobei die C_ϱ Produkte von Kommutatoren von Potenzprodukten der a_ν, b_ϱ sind. — Ersichtlich erfüllen die in Satz 1 genannten Gruppen die Bedingung von Hilfssatz 1; um den Hilfssatz zu beweisen, betrachte man zunächst die freie Gruppe F von $n+r$ Erzeugenden. G ist dann gleich eine Faktorgruppe F/N von F, und es ist G/G' (wobei $G'=G_2$ die Ableitung von G ist) gleich $F/\{N, F'\}$; hierbei ist $\{N, F\}$ das Produkt von N und der Ableitung von F. Es ist $F/\{N, F'\}$ zugleich eine Faktorgruppe der Gruppe $F^*=F/F'$; da F^* das direkte Produkt von $n+r$ unendlichen zyklischen Gruppen ist, gibt es einen Automorphismus α^* von F^*, so daß der Normalteiler $\{N, F'\}/F'=F^{**}$ von F^* gerade die Untergruppe von F^* wird, deren Erzeugende die einem System von r geeignet gewählten Erzeugenden von F^* bei Ausübung von α^* zugeordneten Elemente von F^* sind, da ja F^*/F^{**} direktes Produkt von n unendlichen zyklischen Gruppen sein soll. Nach einem Satz von J. Nielsen[6]) gibt es dann auch einen Automorphismus α von F, bei dem die Restklassen von F' in F gerade die durch α^* angegebene Substitution erfahren. Durch Anwendung von α auf F gehen die Erzeugenden von F in neue Erzeugende über; diese mögen $a_1, \ldots, a_n$ und $b_1, \ldots, b_r$ heißen. Es geht N in einen Normalteiler $\bar{N}$ von F über, und es enthält dann $\{\bar{N}, F'\}$ genau r Erzeugende von F; diese seien gerade die Erzeugenden b_ϱ ($\rho=1, \ldots, r$). Es ist $F/\bar{N}$ isomorph mit $F/N=G$; wir bezeichnen $F/\bar{N}$ wieder mit G. Da G genau r definierende Relationen besitzt, und da diese ausdrücken, daß die b_ϱ in $\{F', \bar{N}\}$ enthalten sind, müssen sie die Gestalt (1) haben, wenn man nötigenfalls noch nachträglich

[6]) Mathematische Annalen, 78, 385—397, 1918; 79, 269—271, 1919.

die Relationen von G durch ein gleichwertiges System anderer Relationen ersetzt, indem man das System der Relationen

$$P_1 = P_2 = \ldots = P_r = 1$$

durch das der Relationen

$$P_1 = P_2 = \ldots = P_{\lambda-1} = 1,\ P_\lambda^{-1} = 1,\ P_{\lambda+1} = \ldots = P_r = 1$$

oder (mit einem Wert $\mu \neq \lambda$)

$$P_1 = P_2 = \ldots = P_{\lambda-1} = 1,\ P_\lambda P_\mu = 1,\ P_{\lambda+1} = \ldots = P_r = 1$$

ersetzt, und diese Abänderungen — mit verschiedenen Werten von $\mu, \lambda = 1, \ldots, r$ — wiederholt ausführt.

Um nun Satz 3 anwenden zu können, beweisen wir

Hilfssatz 2: Es sei G eine Gruppe mit $n+r$ Erzeugenden a_ν $(\nu = 1, \ldots, n)$ und b_ϱ $(\varrho = 1, \ldots, r)$ und den definierenden Relationen

$$b_\varrho\, C_\varrho\, (a_1, \ldots, a_n, b_1, \ldots, b_r) = 1 \quad (\varrho = 1, \ldots, r),$$

wobei die C_ϱ genau wie in Hilfssatz 1 definiert sind. Es sei F die freie Gruppe von n freien Erzeugenden. Dann ist G/G_m isomorph mit F/F_m für alle Werte von $m = 1, 2, \ldots$; hierbei bedeutet G_m bzw. F_m die m—te Gruppe der unteren Zentralreihe von G bzw. F. Zum Beweise beachte man zunächst, daß man die Erzeugenden einer Gruppe zugleich als Erzeugende jeder ihrer Faktorgruppen ansehen kann, wobei dann in der Faktorgruppe zusätzliche (d. h. in der Gruppe selber nicht erfüllte) Relationen zwischen den Erzeugenden bestehen. Es sei nun Φ die freie Gruppe mit den freien Erzeugenden a_ν, b_ϱ, und es werde $\Phi/\Phi_m = \Phi^*$, $G/G_m = G^*$, $F/F_m = F^*$ gesetzt. Man erhält G^* aus Φ^* durch Hinzufügen der Relationen $b_\varrho\, C_\varrho = 1$, d. h. es ist $G^* = \Phi^*/N^*$, wobei N^* der kleinste die Elemente $b_\varrho\, C_\varrho$ enthaltende Normalteiler von Φ^* ist. Wir zeigen nun: Es gibt einen Automorphismus α^* von Φ^*, so daß bei Anwendung von α^* die Elemente α_ν von Φ^* in sich und die Elemente $b_\varrho\, C_\varrho$ in b_ϱ übergehen. Um dies nachzuweisen, hat man zu zeigen, daß erstens alle Relationen, die zwischen den a_ν, b_ϱ bestehen, richtig bleiben, wenn man b_ϱ durch $b_\varrho\, C_\varrho$ ersetzt, und daß zweitens die a_ν zusammen mit den $b_\varrho\, C_\varrho$ die Gruppe Φ^* erzeugen. Da Φ^* mit keiner echten Faktorgruppe von Φ^* isomorph sein kann, — in Φ^* bricht jede aufsteigende Kette von Normalteilern nach endlich vielen Schritten ab[7]) — ist α^*

[7]) Denn Φ^* enthält eine endliche Normalreihe, in denen Faktorgruppen aufeinanderfolgender Glieder Abelsche Gruppen mit endlicher Basis sind. S. [1]). Am einfachsten schließt man wie beim Beweis von Satz 3.

21*

dann wirklich ein Automorphismus[8]) von Φ^*. Daß nun alle Relationen zwischen den a_ν, b_ϱ bei Einsetzen von $b_\varrho C_\varrho$ für b_ϱ richtig bleiben, folgt so: Der Kommutator zweier Elemente aus Φ^* werde als zweifacher Kommutator bezeichnet, und es werde, für $h \geqq 2$, der Kommutator eines Elementes von Φ^* und eines h-fachen Kommutators als $(h+1)$-fachen Kommutator bezeichnet. Man kann dann Φ^* definieren durch die Relationen: Jeder m-fache Kommutator in Φ^* ist $=1$. Dann sind die definierenden Relationen für jedes System von $n+r$ Erzeugenden dieselben, und die erste Behauptung ist bewiesen. Daß nun zweitens die a_ν zusammen mit den $b_\varrho C_\varrho$ wirklich Φ^* erzeugen, ergibt sich mit einer von W. Burnside[9]), P. Furtwängler[10]) und P. Hall[1]) ausführlich dargelegten Schlußweise, auf die hier verwiesen werden kann. — Nunmehr werde der Automorphismus α^* auf Φ^* angewendet; hierbei geht N^* in einen Normalteiler N^{**} von Φ^* über, und es ist Φ^*/N^{**} isomorph mit Φ^*/N^*, also isomorph mit G^*. Wir erhalten aber ersichtlich Φ^*/N^{**}, indem wir in Φ^* noch die Relationen $b_1 = b_2 = \ldots = b_r = 1$ hinzufügen; es ist also G^* isomorph mit der Gruppe von $n+r$ Erzeugenden, deren definierende Relationen aussagen, daß r von diesen Erzeugenden $=1$ sind, und daß jeder m-fache Kommutator $=1$ ist; dies sind aber zugleich definierende Relationen für die Gruppe F^*, und Hilfssatz 2 ist mithin bewiesen. Wir können noch anmerken, daß G^* von den a_ν erzeugt wird; bezeichnet man die von den a_ν erzeugte Untergruppe von G mit H, so ist also sicher G/G_m mit H/H_m isomorph, und mithin ist auch H/H_m mit F/F_m isomorph; H ist also nach Satz 3 eine freie Untergruppe von n freien Erzeugenden von G, und wir erhalten so als Hauptresultat den

Satz 4. Ist G eine Gruppe mit $n+r$ Erzeugenden und r definierenden Relationen, und ist die Faktorgruppe G/G' von G nach der Kommutatorgruppe G' das direkte Produkt von n unendlichen zyklischen Gruppen, so ist es möglich, die

---

[8]) Daß allein aus dem Erfülltsein der zuerst genannten Bedingungen nicht folgt, daß α^* ein Automorphismus ist, zeigt folgendes Beispiel: Die Gruppe H sei direktes Produkt von unendlich vielen unendlichen zyklischen Gruppen Z_ν, ($\nu = 1, 2, \ldots$), wobei Z_ν von einem Element z_ν erzeugt werde. Dann liefert die Zuordnung

$$z_1 \to 1, \quad z_\mu \to z_{\mu-1} \text{ für } \mu = 2, 3, \ldots$$

eine homomorphe Abbildung von H auf sich, die nicht umkehrbar eindeutig, also kein Automorphismus ist.

[9]) Theory of groups of finite order, 2nd ed., Cambridge 1911, S. 167.

[10]) Abhandlungen aus dem Mathematischen Seminar der Hamburgischen Universität, 7, 16—18, 1929.

$n+r$ Erzeugenden von G so auszuwählen, daß n von ihnen freie Erzeugende einer freien Untergruppe von G sind und überdies (für jeden Wert von $m=1, 2, \ldots$) auch G/G_m erzeugen.

Hieraus folgt insbesondere Satz 1. Denn da leicht einzusehen ist, daß bei den in Satz 1 über G gemachten Voraussetzungen die Bedingungen von Satz 4 erfüllt sind, ist G/G_m mit F/F_m isomorph, die n Erzeugenden von G erzeugen also nach Satz 3 eine freie Gruppe. Es sei jedoch hervorgehoben, daß keineswegs jede den Bedingungen von Satz 4 genügende Gruppe G sich schon von n geeignet gewählten Elementen erzeugen läßt; Beispiele hierfür lassen sich etwa für $n=0$, $r=2$ — wegen der Existenz endlicher perfekter Gruppen von 2 Erzeugenden — leicht angeben.

(Eingegangen: 30. I. 1939.)

Reprinted from
Aus den Monatsheften für Mathematik und Physik, Vol. 47.
Leipzig und Wien, 1939, pp. 307–313.

Annals of Mathematics
Vol. 40, No. 4, October, 1939

ON A THEOREM OF MARSHALL HALL

By Wilhelm Magnus

(Received October 1, 1938)

It is the purpose of this note, to show that a simple proof of the theorem 4.1, as stated by Marshall Hall in his paper on "Group-rings and Extensions[1] I" can be given with the aid of a lemma, proved below, which also might be of some interest in itself.

Let us denote by $x, y, \cdots$ the generators of a group H, and by $\bar{\bar{x}}, \bar{\bar{y}}, \cdots$, a set of free generators of a free group F. By the correspondence $\bar{\bar{x}} \to x, \bar{\bar{y}} \to y, \cdots$, the free group F is mapped homomorphically onto H; therefore we have $F/R \simeq H$, where R is a self-conjugate subgroup of F. Let R' be the commutator—subgroup of R, and let us denote R/R' by A. Then the group $\bar{G} = F/R'$ is an extension of the abelian group A by the group H. Let $\bar{x}, \bar{y}, \cdots$ be the generators of $\bar{G}$, corresponding to the generators $\bar{\bar{x}}, \bar{\bar{y}}, \cdots$ of F. Hence we have $F \to \bar{G} \to H$, $\bar{\bar{x}} \to \bar{x} \to x$. The group A depends on the number n of generators of H; this number will not be the same throughout this paper, and we shall write $A(x, y, \cdots)$ instead of A, whenever this will be necessary to avoid confusion. The group A is the direct product of cyclic groups of infinite order. The number of the direct factors, or the rank of A, is equal to[2] $1 + (n - 1)j$, if j is the order of H.

Now there holds the following

Lemma. *Let $t_x, t_y, \cdots$ be independent parameters, corresponding to $x, y, \cdots$ respectively, and permutable with all the elements of H. Then a true (that is, a one-to- one-isomorphic) representation of $\bar{G}$ by matrices is given by putting*

$$\bar{x} \to \begin{pmatrix} x & 0 \\ t_x & 1 \end{pmatrix}, \quad \bar{y} \to \begin{pmatrix} y & 0 \\ t_y & 1 \end{pmatrix}, \cdots. \tag{1}$$

We shall prove this lemma only in the case that H is a group of finite order j. If H is abelian, the lemma has been proved before.[3]

It is clear that, by the correspondence (1), a representation of $\bar{G}$ is given. For if $\phi(x, y, \cdots) = 1$ is a relation holding for the generators $x, y, \cdots$ of H, we have

$$\phi(\bar{x}, \bar{y}, \cdots) \to \begin{pmatrix} 1 & 0 \\ L & 1 \end{pmatrix}, \tag{2}$$

---

[1] Annals of Math. (2), **39**, pp. 220–234, 1938.

[2] s. O. Schreier, Abhandl. Math. Sem. der Hamburgischen Universität. **5**, p. 179, 1927.

[3] s. W. Magnus, *Über den Beweis des Hauptidealsatzes*, Journal für die reine und angewandte Mathematik **170**, pp. 235–240, 1934.

where L is a linear function of the parameters $t_x, t_y, \cdots$

$$L = t_x h_x + t_y h_y + \cdots, \tag{3}$$

the coefficients $h_x, h_y, \cdots$ being elements of the group-ring H^* of H. Therefore the group generated by the matrices (1) has a quotient-group isomorphic to H, the self-conjugate subgroup Λ corresponding to the identity of H being the additive group of certain linear forms of type (3). It is clear that the representation of $\bar{G}$ by (1) is a true one if and only if the number of the linearly independent forms (3) equals the rank of $A(x, y, \cdots)$, for Λ necessarily is a factor-group of A. This may be seen as follows. By definition, the group $\bar{G}$ may be considered as the "most general" group with generators $\bar{x}, \bar{y}, \cdots$, having the following property: Whenever $\varphi_i(x, y, \cdots) = 1$, $\varphi_j(x, y, \cdots) = 1$ in H, then the elements $\varphi_i(\bar{x}, \bar{y}, \cdots)$ and $\varphi_j(\bar{x}, \bar{y}, \cdots)$ of $\bar{G}$ are permutable; here the expression "most general" means that every group with generators $\bar{x}, \bar{y}, \cdots$, having this property, is a quotient group of $\bar{G}$. Now the group generated by the matrices occurring in formula (1) actually has this property.

For later purposes, we may notice here the relations (using now the equality-sign instead of the arrow):

$$\bar{x}^{-1} = \begin{pmatrix} x^{-1} & 0 \\ -t_x x^{-1} & 1 \end{pmatrix}; \qquad \bar{x}^{-1}\bar{y}\bar{x} = \begin{pmatrix} x^{-1}yx & 0 \\ -t_x x^{-1}yx + t_y x + t_x & 1 \end{pmatrix}. \tag{4}$$

$$\phi^x \equiv \bar{x}^{-1}\phi(\bar{x}, \bar{y}, \cdots)\bar{x} = \begin{pmatrix} 1 & 0 \\ Lx & 1 \end{pmatrix}. \tag{4'}$$

First, we shall prove the lemma in the special case that all the elements $u, v, \cdots$ of H, except the identity, are generators of H. In this case we have

$$\bar{u} = \begin{pmatrix} u & 0 \\ t_u & 1 \end{pmatrix}, \qquad \bar{v} = \begin{pmatrix} v & 0 \\ t_v & 1 \end{pmatrix}, \cdots, \tag{5}$$

and, of course, $t_u \equiv 0$ if $u = 1$. By a theorem of Reidemeister,[4] $A(u, v, \cdots)$ is generated by the elements

$$\overline{uv}^{-1}\bar{u}\bar{v} = \begin{pmatrix} 1 & 0 \\ -t_{uv} + t_u v + t_v & 1 \end{pmatrix}, \tag{6}$$

and therefore we must prove that there are

$$1 + (j - 2)j = (j - 1)^2 \tag{7}$$

linearly independent forms among the functions

$$-t_{uv} + t_u v + t_v, \tag{8}$$

$(j - 1)^2$ being the rank of $A(u, v, \cdots)$. Apparently, the $(j - 1)^2$ products $t_u v (u \neq 1, v \neq 1)$ are linearly independent, and therefore the same is true for the $(j - 1)^2$ functions (8) containing those products.

[4] Abhandl. Math. Sem. Hamburgischen Universität **5**, p. 7, 1927.

Now we turn to the investigation of the general case. Suppose the lemma had been proved already if H has exactly $k + 1$ generators $x_1, \cdots, x_k, y$, and let us assume that the generator y can be eliminated by a relation

$$\rho(x_1, \cdots, x_k)y = 1. \tag{9}$$

Then we have to show: If the group Λ as defined after (3) has the rank $1 + kj$ for the group generated by the matrices

$$\bar{x}_i = \begin{pmatrix} x_i & 0 \\ t_{x_i} & 1 \end{pmatrix}, \quad \bar{y} = \begin{pmatrix} y & 0 \\ t_y & 1 \end{pmatrix}, \qquad (i = 1, \cdots, k), \tag{10}$$

then the corresponding group Λ^* defined by the matrices

$$\bar{x}_i = \begin{pmatrix} x_i & 0 \\ t_{x_i} & 1 \end{pmatrix}, \qquad (i = 1, \cdots, k), \tag{11}$$

has at least the rank $1 + (k - 1)j$. Now we have

$$\rho(\bar{x}_1, \cdots, \bar{x}_k) = \begin{pmatrix} y^{-1} & 0 \\ L & 1 \end{pmatrix}, \tag{12}$$

where L is a linear function of $t_{x_1}, \cdots, t_{x_k}$ of the type occurring in (3). Therefore

$$\rho(\bar{x}_1, \cdots, \bar{x}_k)\bar{y} = \begin{pmatrix} 1 & 0 \\ Ly + t_y & 1 \end{pmatrix}. \tag{13}$$

This shows that we may pass from Λ to Λ^* by postulating the relation

$$t_y = -L\rho^{-1}(x_1, \cdots, x_k) \tag{14}$$

for the parameters $t_{x_1}, \cdots, t_{x_k}, t_y$, the coefficients of this relation being elements of the group-ring H^*. Now there are at most j linearly independent linear forms to be combined from

$$t_y + L\rho^{-1}(x_1, \cdots, x_k) \tag{15}$$

by multiplication with elements of H^*, for H^* contains exactly j linearly independent elements. Therefore, by adding the equation (14), the rank of Λ will be diminished at most by j. This completes the proof of the lemma.—From (4′), we easily can deduce the following

COROLLARY: *Given any quotient-group $\bar{G}/C$ of $\bar{G}$, where C is contained in A, we can construct a true representation of $\bar{G}/C$ by matrices of type* (1), *by postulating the existence of certain linear relations for the parameters $t_x, t_y, \cdots$, the coefficients of these relations being elements of the group-ring H^*.*

In proving the theorem 4.1, page 225, of the paper by Marshall Hall, we shall adapt the notations used there.

Let $\phi_i(x, y, \cdots) = 1$ be a set of relations holding for the generators of H. From (1) and (2), we have

$$\phi_i(\bar{x}, \bar{y}, \cdots) = \begin{pmatrix} 1 & 0 \\ L_i & 1 \end{pmatrix}, \tag{16}$$

where $L_i = t_x x_i^* + t_y y_i^* + \cdots$, and $x_i^*, y_i^*, \cdots$ are elements of the group-ring H^* of H. If h_i is an arbitrary element of H^* we have by (4′):

$$\phi_i^{h_i} = \begin{pmatrix} 1 & 0 \\ L_i h_i & 1 \end{pmatrix}. \tag{17}$$

Now we define elements $\xi, \eta, \cdots$ by

$$\xi = \begin{pmatrix} 1 & 0 \\ t_\xi & 1 \end{pmatrix}, \quad \eta = \begin{pmatrix} 1 & 0 \\ t_\eta & 1 \end{pmatrix}, \cdots, \tag{18}$$

$t_\xi, t_\eta, \cdots$ being parameters of the same kind as $t_x, t_y, \cdots$. If u is an element of H, we have

$$\xi^u = \bar{u}^{-1} \xi \bar{u} = \begin{pmatrix} 1 & 0 \\ t_\xi u & 1 \end{pmatrix} \tag{19}$$

and generally, if h is an element of H^*, we have

$$\xi^h = \begin{pmatrix} 1 & 0 \\ t_\xi h & 1 \end{pmatrix}. \tag{19′}$$

The group formed by the elements ξ^h apparently is "operator free" in the sense defined by Hall (cf. p. 223).

Now we have

$$\xi \bar{x} = \begin{pmatrix} x & 0 \\ t_\xi x + t_x & 1 \end{pmatrix}, \tag{20}$$

and therefore we will find $\phi_i(\xi\bar{x}, \eta\bar{y}, \cdots)$ by substituting $t_\xi x + t_x$ for t_x etc. in the linear form L_i occurring in the matrix

$$\phi_i = \begin{pmatrix} 1 & 0 \\ L_i & 1 \end{pmatrix},$$

that is:

$$\phi_i(\xi\bar{x}, \eta\bar{y}, \cdots) = \begin{pmatrix} 1 & 0 \\ (t_\xi x + t_x)x_i^* + (t_\eta y + t_y)y_i^* + \cdots & 1 \end{pmatrix}. \tag{21}$$

Therefore we have

$$\phi_i(\xi\bar{x}, \eta\bar{y}, \cdots) = \phi_i(\bar{x}, \bar{y}, \cdots)\xi^{x x_i^*}\eta^{y y_i^*} \cdots. \tag{22}$$

On the other hand, it follows from (16) that $\prod \phi_i^{h_i}(\bar{x}, \bar{y}, \cdots) = 1$ then and only then, if

$$\sum x_i^* h_i = \sum y_i^* h_i = \cdots = 0. \tag{23}$$

This is the same as

$$\sum xx_i^* h_i = \sum yy_i^* h_i = \cdots = 0. \tag{24}$$

From (22) it follows that $xx_i^* = x_i$, $yy_i^* = y_i$, $\cdots$ in the sense x_i, y_i, $\cdots$ are defined by Hall. Therefore $\sum x_i h_i = \sum y_i h_i = \cdots = 0$ are the necessary and sufficient conditions for $\prod \phi_i^{h_i}(\bar{x}, \bar{y}, \cdots) = 1$. This is the statement of the theorem 4.1.

FRANKFURT A. M., GERMANY.

Über Gruppen und zugeordnete Liesche Ringe.

Von *Wilhelm Magnus* in Berlin.

1. W. B. Fite[1]) hat im Jahre 1906 bei seinen Untersuchungen über Gruppen von Primzahlpotenzordnung folgende charakteristische Untergruppen einer gegebenen Gruppe $\mathfrak{G}$ eingeführt: Ist $\mathfrak{H}$ eine Untergruppe von $\mathfrak{G}$, so verstehe man unter $[\mathfrak{H}, \mathfrak{G}]$ die von allen Kommutatoren eines beliebigen Elementes von $\mathfrak{G}$ mit einem beliebigen Element von $\mathfrak{H}$ erzeugte Untergruppe von $\mathfrak{G}$, und man definiere rekursiv: $\mathfrak{G}_n = [\mathfrak{G}_{n-1}, \mathfrak{G}]$ $(n = 2, 3, \ldots)$; $\mathfrak{G}_1 = \mathfrak{G}$. Die Gruppen $\mathfrak{G}_n$ $(n = 1, 2, \ldots)$ heißen nach P. Hall[2]) die „Gruppen der unteren Zentralreihe von $\mathfrak{G}$"; die Untersuchungen von Reidemeister[3]) und von Hall haben gezeigt, daß sie ein außerordentlich anwendungsfähiges Instrument in der allgemeinen Gruppentheorie bilden. Im folgenden soll vor allem die Beziehung der Gruppen $\mathfrak{G}_n$ zu einem der Gruppe $\mathfrak{G}$ zugeordneten Lieschen Ring nebst einigen einfachen Anwendungen dieser Zuordnung dargelegt werden.

2. Die Gruppen $\mathfrak{G}_n/\mathfrak{G}_{n+1}$ sollen mit $\mathfrak{A}_n(\mathfrak{G})$, oder, wenn keine Verwechslung möglich ist, mit $\mathfrak{A}_n$ bezeichnet werden. Wenn $\mathfrak{G}$ endlich viele Erzeugende besitzt, so besitzen die abelschen Gruppen $\mathfrak{A}_n$ eine endliche Basis. Es liegt nahe, solche Gruppen $\mathfrak{G}$ und $\mathfrak{G}^*$ zu einem Typ zusammenzufassen, für die für alle Werte von $n = 1, 2, \ldots$ stets die Gruppen $\mathfrak{A}_n(\mathfrak{G})$ und $\mathfrak{A}_n(\mathfrak{G}^*)$ isomorph sind. Hierbei ergibt sich dann die Frage, wann man zu einer vorgegebenen Folge von Abelschen Gruppen $\mathfrak{A}_1, \mathfrak{A}_2, \ldots$ eine Gruppe $\mathfrak{G}$ finden kann, so daß für $n = 1, 2, \ldots$ stets $\mathfrak{A}_n \simeq \mathfrak{A}_n(\mathfrak{G})$ ist. Es ist leicht zu sehen, daß die Gruppen $\mathfrak{A}_n$ hierbei nicht unabhängig voneinander wählbar sind; die zwischen ihnen bestehenden Beziehungen lassen sich nach der folgenden Methode untersuchen:

3. Man betrachte $\mathfrak{G}$ als Faktorgruppe $\mathfrak{F}/\mathfrak{N}$ einer freien Gruppe $\mathfrak{F}$ nach einem Normalteiler $\mathfrak{N}$. Es ist dann

$$\mathfrak{A}_n(\mathfrak{G}) \sim \mathfrak{F}_n/\{\mathfrak{F}_{n+1} \cdot (\mathfrak{F}_n, \mathfrak{N})\}, \tag{1}$$

wobei durch $\{\,\}$ das Produkt der in der Klammer stehenden Normalteiler bezeichnet wird. $\mathfrak{A}_n(\mathfrak{G})$ ist somit eine Faktorgruppe von $\mathfrak{A}_n(\mathfrak{F})$, und diese Gruppe soll nun zunächst untersucht werden. Man denke sich $\mathfrak{G}$ erzeugt aus gewissen Elementen $a, b, \ldots$; diese lassen sich zugleich als Erzeugende von $\mathfrak{F}$ ansehen, wobei zwischen den Erzeugenden von $\mathfrak{G}$ dann im allgemeinen mehr Relationen bestehen werden als zwischen denen von $\mathfrak{F}$. Nunmehr setze man

$$\begin{gathered} a = 1 + x, \quad b = 1 + y, \ldots \\ a^{-1} = 1 - x + x^2 \mp \cdots, \quad b^{-1} = 1 - y + y^2 \mp \cdots, \end{gathered} \tag{2}$$

[1]) W. B. Fite, Transactions of the American Mathematical Society **7**, 61—68, 1906.

[2]) P. Hall, Proceedings of the London Mathematical Society (2) **36**, 29—95, 1933.

[3]) K. Reidemeister, Abhandlungen aus dem mathematischen Seminar der Hamburgischen Universität **5**, 33—39, 1927.

wobei $x, y, \ldots$ erzeugende Elemente eines „freien" Ringes $\mathfrak{R}$ mit Einheitselement 1 seien; der Ring $\mathfrak{R}$ soll, genauer gesagt, aus allen formal verschiedenen Potenzreihen mit ganzzahligen Koeffizienten in den nicht kommutativen, aber assoziativen Variablen $x, y, \ldots$ bestehen [4]). Jedem „Wort" oder Potenzprodukt $W(a, b, \ldots)$ der Erzeugenden von $\mathfrak{F}$ ist dann ein Element von $\mathfrak{R}$ zugeordnet, das man sich nach Gliedern gleicher Dimension oder gleichen Grades in den Variablen $x, y, \ldots$ geordnet denken kann, d. h. es ist:

$$(3) \qquad W(a, b, \ldots) = 1 + d_n(x, y, \ldots) + d_{n+1}(x, y, \ldots) + \cdots,$$

wobei $d_n(x, y, \ldots)$ die Glieder n-ten Grades bedeutet; die Glieder vom 1. bis $(n-1)$-ten Grade seien dabei identisch Null; zum Beispiel ist:

$$aba^{-1}b^{-1} = 1 + xy - yx + \cdots = 1 + (xy - yx)\sum_{\nu,\mu=0}^{\infty}(-1)^{\nu+\mu}x^\nu y^\mu.$$

In diesem Fall ist $n = 2$, $d_2 \equiv xy - yx$.

Es läßt sich nun zeigen [4b]), daß dann und nur dann in der Beziehung (3) gerade die Glieder 1. bis $(n-1)$-ten Grades identisch verschwinden, wenn W ein Element von $\mathfrak{F}_n$ aber nicht von $\mathfrak{F}_{n+1}$ ist; indem man dem Element $W(a, b, \ldots)$ das Polynom $D(W) \equiv d_n(x, y, \ldots)$ zuordnet, hat man jedem Element $\neq 1$ aus $\mathfrak{F}$ ein homogenes Polynom n-ten Grades in $x, y, \ldots$ zugeordnet, dessen Grad zugleich genau angibt, welches die erste Gruppe der unteren Zentralreihe von $\mathfrak{F}$ ist, die W enthält. Zweckmäßigerweise definiert man noch $D(1) = 0$. Man bemerkt leicht, daß (für $D(W_1) + D(W_2) \neq 0$)

$$(4) \qquad \begin{cases} D(W_1W_2) = D(W_1) + D(W_2), & \text{wenn } W_1, W_2 \text{ den gleichen Grad besitzen,} \\ D(W_1W_2) = D(W_1) & \text{wenn der Grad von } W_1 < \text{Grad von } W_2 \text{ ist.} \end{cases}$$

In jedem Falle gilt $D(W_1W_2) = D(W_2W_1)$. Mit Hilfe dieser Beziehung läßt sich leicht eine (nicht archimedische) Bewertung von $\mathfrak{F}$ erklären, und der Kern einiger Schlüsse, die bei der Verwendung der unteren Zentralreihe auftreten, gehört in die topologische Algebra.

Durch die hier angegebene Beziehung zwischen den Gruppen der unteren Zentralreihe und den „Entwicklungen" (3) der Elemente von $\mathfrak{F}$ in eine Potenzreihe aus $\mathfrak{R}$ lassen sich eine Reihe von gruppentheoretischen Sätzen beweisen. Man vergleiche hierzu [4c]). Weiterhin kann man beispielsweise die von P. Hall [2]) erwähnte Frage beantworten, ob es nicht-reguläre (im Hallschen Sinne) p-Gruppen gibt, für die die Ordnung der Automorphismengruppe die von Hall angegebene obere Schranke erreicht. Dies ist tatsächlich der Fall; man erhält solche Gruppen mit den Erzeugenden $a, b, \ldots,$ indem man in (2) auf der rechten Seite für $x, y, \ldots$ Erzeugende eines Ringes $\mathfrak{R}^*$ einsetzt, der aus $\mathfrak{R}$ dadurch hervorgeht, daß man in $\mathfrak{R}$ die Relationen $px = 0$, $py = 0, \ldots$ ansetzt, und überdies alle Produkte von mindestens $m \geqq p$ Faktoren $x, y, \ldots$ gleich Null setzt. Auch die Ordnung einer solchen Gruppe läßt sich nach E. Witt [5]) bestimmen.

4. Es ist bemerkenswert, daß die Polynome $d_n(x, y, \ldots)$ nicht beliebige Polynome n-ten Grades sein können. Vielmehr gilt, daß sie sich als Bilder der Elemente eines Lieschen Ringes Λ bei einer geeigneten Darstellung von Λ durch Elemente von $\mathfrak{R}$ auffassen lassen. Ein Liescher Ring wird erklärt als eine Gesamtheit von Elementen $\varphi, \psi, \chi, \ldots,$ zwischen denen eine Addition und eine Multiplikation erklärt ist, wobei statt des kommutativen und assoziativen Gesetzes der Multiplikation die Gesetze gelten:

---

[4]) Man vgl. hierzu: W. Magnus: a) Über Beziehungen zwischen Gruppen und Idealen in einem speziellen Ring. Mathematische Annalen **111**, 259—280, 1935. b) Journal für die reine und angewandte Mathematik **177**, 105—115, 1937. c) Monatshefte für Mathematik und Physik **47**, 307—313, 1939.

[5]) E. Witt, Journal für die reine und angewandte Mathematik **177**, 152—160, 1937.

$$(5)\qquad \begin{gathered}[\varphi\psi]+[\psi\varphi]=0\\ \varphi[\psi\chi]+\psi[\chi\varphi]+\chi[\varphi\psi]=0.\end{gathered}$$

Man betrachte nun einen freien Lieschen Ring Λ mit Erzeugenden $\xi, \eta, \ldots$, wobei das Wort „frei" bedeuten soll, daß zwischen $\xi, \eta, \ldots$ und ihren Produkten nur solche Beziehungen bestehen sollen, die allein aus den Rechengesetzen folgen. Man erhält dann eine treue Darstellung von Λ in $\mathfrak{R}$, wenn man folgende Zuordnungen trifft [4b,5]):

$$(6)\qquad \begin{gathered}\xi \to x,\ \eta \to y, \ldots;\ \text{Summe in } \Lambda \to \text{Summe in } \mathfrak{R}.\\ \text{Mit } \varphi \to f(x, y, \ldots),\quad \psi \to g(x, y, \ldots)\ \text{ gelte } [\varphi\psi] \to fg - gf.\end{gathered}$$

Dabei gilt dann, daß die möglichen Polynome $D(W) = d_n$ gerade alle und nur die Elemente von $\mathfrak{R}$ sind, welche bei der Zuordnung (6) als Bilder eines homogenen Polynoms n-ten Grades in $\xi, \eta, \ldots$ mit ganzzahligen Koeffizienten in $\mathfrak{R}$ auftreten. Es gibt also genau ein Polynom $\delta_n(\xi, \eta, \ldots)$ vom n-ten Grade in Λ, so daß

$$\delta_n(\xi, \eta, \ldots) \to d_n(x, y, \ldots).$$

Wir setzen $\delta_n \equiv \Delta(W)$, und bezeichnen d_n auch als *Wert von* δ_n *in* $\mathfrak{R}$; in diesem Sinne schreiben wir kurz

$$(7)\qquad d_n = \overline{\delta_n(\xi, \eta, \ldots)},\quad \text{also } x = \bar{\xi},\quad xy - yx = \overline{[\xi\eta]},\ \text{usw.}$$

Schließlich treffe man noch folgende Festsetzungen: Man betrachte alle Elemente aus $\mathfrak{F}_n$, die nicht in $\mathfrak{F}_{n+1}$ liegen. Ihnen sind zugeordnet gewisse Polynome n-ten Grades d_n aus $\mathfrak{R}$. Wir notieren uns alle diejenigen d_n, die gleich einem $D(W)$ sind, wobei W in $\{(\mathfrak{N}, \mathfrak{F}_n), \mathfrak{F}_{n+1}\}$ liegt. Sie bilden, bei Hinzufügung der Null, einen Modul $\mathfrak{M}_n$ von homogenen Polynomen n-ten Grades aus $\mathfrak{R}$; den Modul aller d_n nennen wir P_n. Dann gilt:

$$(8)\qquad \mathfrak{A}_n \simeq P_n/\mathfrak{M}_n,$$

beide Moduln als additive Abelsche Gruppen aufgefaßt. Es ist weiterhin sowohl $\mathfrak{M}_n$ wie P_n Bild eines Moduls aus homogenen Polynomen n-ten Grades M_n bzw. Λ_n aus Λ; Λ_n ist der Modul aller homogenen Polynome n-ten Grades in $\xi, \eta, \ldots$ mit ganzzahligen Koeffizienten. Jetzt erhält man den Satz:

I. *Die Summe aller Moduln* M_n *bildet ein Ideal* M *in* Λ. *Der Liesche Quotientenring* $\Lambda/\mathsf{M} = \Lambda^*$ *ist unabhängig von der Wahl der Erzeugenden eindeutig durch* $\mathfrak{G}$ *bestimmt; er heiße der der Gruppe* $\mathfrak{G}$ *zugeordnete Liesche Ring.* Λ^* *ist nilpotent, und zwar ist* $\Lambda^{*k} = 0$, *wenn* $\mathfrak{G}_k = \mathfrak{G}_{k+1}$ *ist. Wenn* $\mathfrak{G}$ *eine p-Gruppe ist, so enthalten* $\mathfrak{G}$ *und* Λ^* *gleichviele Elemente.*

Daß die Moduln M_n ein Ideal bilden, besagt nur, daß für einen Normalteiler $\mathfrak{N}$ von $\mathfrak{F}$ das Produkt zweier Elemente aus $\mathfrak{N}$ und der Kommutator eines Elementes aus $\mathfrak{N}$ und eines Elementes aus $\mathfrak{F}$ wieder in $\mathfrak{N}$ liegen; aus dieser Bemerkung ergeben sich dann auch die übrigen Behauptungen des Satzes.

5. Es fehlt jetzt noch eine Verbindung zwischen Λ und $\mathfrak{R}$, welche klarstellt, daß in der Tat für die Untersuchung von $\mathfrak{G}$ durch die Zuordnung (2) nur solche Elemente von $\mathfrak{R}$ gebraucht werden, welche Bilder von Elementen aus Λ bei der Zuordnung (6) sind. Zunächst treten ja z. B. in den Ausdrücken für $ab = 1 + x + y + xy$ oder für $aba^{-1}b^{-1}$ in den Gliedern höheren Grades auch Summanden auf, die sich nicht aus Bildern von Elementen aus Λ zusammensetzen lassen (z. B. xy). Der fehlende Zusammenhang wird geleistet durch die sogenannte Hausdorffsche Formel [6]), die man folgendermaßen einführen kann: Es sei $\mathfrak{R}'$ ein weiterer freier Ring von derselben Art wie $\mathfrak{R}$ und mit Erzeugenden $x', y', \ldots$; es sei ferner Λ' ein weiterer Liescher Ring derselben Art wie Λ

[6]) F. Hausdorff, Sitzungsberichte der Sächsischen Akademie der Wissenschaften in Leipzig, Mathematisch-physikalische Klasse, 58, 19—48, 1906.

mit Erzeugenden $\xi', \eta', \ldots$, nur daß wir jetzt als Elemente von Λ' beliebige Potenzreihen (analog wie bei $\mathfrak{R}$) mit rationalen Koeffizienten zulassen wollen. Nun ordne man zu:

$$(9) \qquad \xi' \to x', \ [\xi'\eta'] \to x'y' - y'x' \text{ usw. wie in (6).}$$

Ferner setze man (das Gleichheitszeichen für die Zuordnung ist hier erlaubt, da sich bei der Zuordnung isomorphe Abbildungen ergeben, wie leicht zu sehen):

$$(9') \quad a = 1 + x = e^{x'} = \sum_{\nu=0}^{\infty} \frac{x'^{\nu}}{\nu!}, \quad b = e^{y'} = \sum_{\nu=0}^{\infty} \frac{y'^{\nu}}{\nu!}, \ldots; \quad x' = \sum_{\nu=1}^{\infty} \frac{(-x)^{\nu+1}}{\nu}, \ldots \text{ usw.}$$

Dann wird, wie Hausdorff gezeigt hat:

$$(10) \quad ab = e^{x'+y'+\frac{x'y'-y'x'}{2}+\cdots} = e^{\overline{\mathsf{H}(\xi',\eta')}}, \quad \mathsf{H} = \xi' + \eta' + \frac{[\xi'\eta']}{2} + \cdots,$$

und allgemein

$$(11) \qquad W(a, b, \ldots) = e^{\overline{\Omega(\xi', \eta', \ldots)}},$$

wobei Ω ein Element aus Λ' ist, und $\overline{\Omega}$ als „Wert von Ω in $\mathfrak{R}'$" genau so erklärt ist wie oben der Wert eines Elementes aus Λ in $\mathfrak{R}$ auf Grund von (6) erklärt wurde. Die Potenzreihen Ω besitzen rationale Koeffizienten von nicht bekannter Zusammensetzung; man weiß nur, daß in den Nennern der Koeffizienten von Gliedern eines Grades $< p$ die Primzahl p nicht auftreten kann, und daß andererseits in den Nennern beliebig hohe Potenzen beliebiger Primzahlen als Faktoren enthalten sein können. Die Frage nach den Nennern in den Koeffizienten der Hausdorffschen Formel (10) hängt zusammen mit einer von Hall [2]) entdeckten Identität, die sich übrigens mit den hier entwickelten Hilfsmitteln leicht beweisen läßt[4b]). Im einfachsten Falle lautet die Hallsche Identität: Ist $\mathfrak{F}$ die freie Gruppe mit den freien Erzeugenden $a, b, \ldots$, so ist für jede Primzahl p:

$$(12) \qquad (ab)^p \equiv a^p b^p C^p \cdot C_p,$$

wobei C ein Element aus der Kommutatorengruppe $\mathfrak{F}_2$ von $\mathfrak{F}$ und C_p ein Element aus $\mathfrak{F}_p$ ist. Hierbei ist C_p (unabhängig von der möglichen Wahl von C) eindeutig modulo $\mathfrak{F}_{p+1}$ und modulo p-ten Potenzen von Elementen aus $\mathfrak{F}_p$ bestimmt; dies bedeutet, daß $D(C_p)$ eindeutig modulo p bestimmt ist. Ist nun $\mathsf{H}_p(\xi', \eta')$ der homogene Bestandteil p-ten Grades von H aus (10), so gilt

$$(13) \qquad p\,\overline{\mathsf{H}_p(\xi', \eta')} \equiv D(C_p) \text{ mod. } p.$$

$D(C_p)$ berechnet sich also eindeutig aus den Gliedern von H_p, deren Nenner den Faktor p enthalten. Die explizite Kenntnis von C_p ist für manche Zwecke sehr interessant, sie spielt insbesondere für ein Problem von Burnside [7]) eine wichtige Rolle; man kennt indessen die Koeffizienten der Hausdorffschen Formel so wenig, daß man zur Berechnung von $D(C_p)$ auf andere, von O. Grün [8]) und H. Zassenhaus [9]) entdeckte Methoden zurückgreifen muß.

6. Um die durch Satz I erklärte Zuordnung eines Lieschen Ringes Λ^* zu einer Gruppe $\mathfrak{G}$ nutzbar zu machen, ist zunächst die Frage zu untersuchen, inwieweit umgekehrt zu jedem Lieschen Ring mit den ganzen Zahlen als Koeffizientenbereich eine Gruppe gehört, der dieser Liesche Ring zugeordnet ist, vorausgesetzt, daß dieser Liesche Ring „homogene" Relationen besitzt, d. h. daß er sich aus einem freien Lieschen Ring

---

[7]) W. Burnside, Quarterly Journal of Mathematics **33**, 230—238, 1902. Vgl. die Angaben in der unter [8]) zitierten Arbeit von O. Grün.

[8]) O. Grün, in diesem Bande. Ebenda auch weitere Identitäten vom Charakter der Hallschen Identität (12) und nähere Angaben über die Bedeutung der Berechnung von C_p.

[9]) H. Zassenhaus, Abhandlungen aus dem Mathematischen Seminar der Hansischen Universität Hamburg **13**, 1—100, besonders 90—95, 1939.

durch Hinzufügen von Relationen definieren läßt, die in den Erzeugenden des Ringes homogen sind. (Als solche Relationen kann man wählen: Erzeugende Elemente der Moduln M_n gleich Null.) Der wichtigste Spezialfall dieser Frage ist der, daß der gegebene Liesche Ring Λ^* nilpotent ist, und daß seine Elemente mit einer Potenz der Primzahl p multipliziert gleich Null werden; Λ^* muß dann einer p-Gruppe $\mathfrak{P}$ zugeordnet sein, wenn es überhaupt eine Gruppe gibt, der Λ^* zugeordnet ist. Es sei also

(14) $$\Lambda^{*k} = 0; \quad p^m \Lambda^* = 0.$$

Dann gilt der Satz:

II. *Wenn $k \leqq p$ ist und die Beziehungen* (14) *erfüllt sind, so gibt es mindestens eine Gruppe $\mathfrak{P}$, deren Ordnung eine Potenz von p ist, so daß Λ^* der nach Satz* I *der Gruppe $\mathfrak{P}$ zugeordnete Liesche Ring ist.*

Der Beweis läßt sich ohne Mühe mit Hilfe der Hausdorffschen Formel (11) erbringen, indem man einfach für $\xi', \eta', \ldots$ Erzeugende von Λ^* einsetzt, und durch (9), (9′), (2) eine Gruppe mit den Erzeugenden $a, b, \ldots$ konstruiert. Da wegen $k \leqq p$ hier der Nenner p in der Hausdorffschen Formel nicht auftritt, sind dann nämlich alle in (11) auftretenden Funktionen $\Omega(\xi', \eta', \ldots)$ wieder Elemente von Λ^*. Man kann dann weiter mit geringer Mühe zeigen, daß der dieser Gruppe zugeordnete Liesche Ring wirklich wieder isomorph mit Λ^* ist. Die Voraussetzung $k \leqq p$ kann in Satz II nicht entbehrt werden, es gilt nämlich als Ergänzung zu II:

IIa. *Es gibt keine Gruppe $\mathfrak{P}$, deren nach Satz I zugeordneter Liescher Ring der Ring Λ^* von zwei Erzeugenden ξ, η mit $\Lambda^{*p+2} = p\Lambda^* = 0$ ist, wobei in Λ^* keine Relationen bestehen sollen, die nicht aus diesen Forderungen folgen.*

Wäre nämlich $\mathfrak{P}$ eine Gruppe, der der Liesche Ring Λ^* aus IIa zugeordnet ist, so müßte es auch eine p-Gruppe geben, der Λ^* zugeordnet ist. Diese heiße wieder $\mathfrak{P}$. Es besäße dann $\mathfrak{P}$ zwei Erzeugende a, b, es wäre $\mathfrak{P}_{p+2} = 1$ und es würde (für $k = 1, \ldots, p+1$) die p-te Potenz jedes Elementes aus $\mathfrak{P}_k$ in $\mathfrak{P}_{k+1}$ liegen. Andererseits wäre für ein beliebiges Wort $W(a, b)$ aus a und b stets $W(a, b)$ ein Element aus $\mathfrak{P}_k$ aber nicht aus $\mathfrak{P}_{k+1}$, wenn $D(W)$ vom k-ten Grade und inkongruent Null modulo p ist. Nun folgt aus der Hallschen Identität, daß ab mit $a^p b^p C^p C_p$ vertauschbar ist; $a^p b^p C^p C_p$ ist nach dem oben Bemerkten ein Element Γ aus $\mathfrak{P}_2$; liegt nun Γ nicht in $\mathfrak{P}_{p+1}$, sondern in einer Untergruppe $\mathfrak{P}_k$ mit $2 \leqq k \leqq p$, so ist Γ gleich einem Wort $W(a, b)$, so daß $D(W)$ den Grad k hat und $\not\equiv 0 \bmod. p$ ist. Dann besitzt aber $D(ab\Gamma b^{-1} a^{-1} \Gamma^{-1})$ den Grad $k+1$ und ist ebenfalls $\not\equiv 0 \bmod. p$, wie man leicht nachrechnet, und wie übrigens auch aus einem an anderer Stelle[4b]) bewiesenen Satz folgt. Da andererseits $ab\Gamma b^{-1} a^{-1} \Gamma^{-1}$ gleich 1 sein muß, folgt also, daß Γ in $\mathfrak{P}_{p+1}$ liegen muß. Dann müssen aber, wie man leicht sieht, die p-ten Potenzen aller Elemente von $\mathfrak{P}$ in $\mathfrak{P}_{p+1}$ liegen; es wäre also $\mathfrak{P}/\mathfrak{P}_{p+1} = \mathfrak{G}$ eine p-Gruppe, in der jede p-te Potenz gleich 1 wäre, und der $\mathfrak{G}$ zugeordnete Liesche Ring Λ' wäre genau so beschaffen wie Λ^*, nur daß jetzt $\Lambda'^{p+1} = 0$ wäre. Andererseits wäre dann in $\mathfrak{G}$ sicher $C_p = 1$, entgegen der von Grün[8]) und Zassenhaus[9]) bewiesenen Tatsache, daß $D(C_p)$ vom Grade p ist und $\not\equiv 0 \bmod. p$ ist. Bei der Beschaffenheit von Λ' dürfte also C_p nicht $= 1$ sein, und damit ist gezeigt, daß $\mathfrak{G}$ und mithin auch $\mathfrak{P}$ nicht existieren kann.

Aus IIa folgt, daß, mindestens für p-Gruppen, die durch Satz I vorgenommene Zuordnung eines Lieschen Ringes zu einer Gruppe nicht die günstigste ist. In der Tat scheint es so zu sein, daß bei der von H. Zassenhaus[10]) mitgeteilten Zuordnung eines Lieschen Ringes mit der Charakteristik p zu einer p-Gruppe nicht der Fall eintreten

---

[10]) H. Zassenhaus, Abhandlungen aus dem Mathematischen Seminar der Hansischen Universität Hamburg **13**, 200—207, 1940.

kann, daß zu einem Lieschen Ring der von Zassenhaus angegebenen Art keine p-Gruppe gehört, der er zugeordnet ist. Ein Beweis hierfür fehlt allerdings vorläufig noch; jedenfalls aber dürfte die von Zassenhaus angegebene Zuordnung eines Lieschen Ringes zu einer p-Gruppe die zweckmäßigere sein.

7. Eine Frage, die mit den Sätzen I und II unmittelbar zusammenhängt, ist die folgende:

Jeder Relation $R(a, b, \ldots) = 1$ zwischen den Erzeugenden der Gruppe $\mathfrak{G}$ entspricht eine Relation, die man in dem Ring $\mathfrak{R}$ mit den Erzeugenden $x, y, \ldots$ oder in dem Lieschen Ring Λ der Erzeugenden $\xi', \eta', \ldots$ ansetzen kann; ist nämlich

$$R(a, b, \ldots) \equiv 1 + F(x, y, \ldots) = e^{\overline{\Omega(\xi', \eta', \ldots)}},$$

so kann man setzen: $F = 0$ bzw. $\Omega(\xi', \eta', \ldots) = 0$. Indem man zu jeder Relation $R = 1$ die zugehörige Relation $\Omega = 0$ bildet, erhält man aus Λ' einen Ring $\overline{\Lambda}$, und wenn man nun $\xi', \eta', \ldots$ als Erzeugende von $\overline{\Lambda}$ betrachtet, liefern die Beziehungen (10), (11) (9'), (9) eine Darstellung der Gruppe $\mathfrak{G}$. Es fragt sich, wann dieselbe treu sein wird. Dies kann natürlich nur der Fall sein, wenn der Durchschnitt aller Gruppen $\mathfrak{G}_k$ das Einheitselement ist; es ist sicher der Fall, wenn $\mathfrak{G}$ eine p-Gruppe mit $\mathfrak{G}_p = 1$ ist, wie unmittelbar aus dem über die Hausdorffsche Formel Gesagten zu entnehmen ist. *Für p-Gruppen mit $\mathfrak{G}_p = 1$ bekommt man auf diese Weise eine umkehrbar-eindeutige Beziehung zwischen diesen und endlichen Lieschen Ringen $\overline{\Lambda}$, für die $\overline{\Lambda}^p = 0$ und $q\overline{\Lambda} = 0$ ist, wobei q eine Potenz von p ist*; die Relationen von $\overline{\Lambda}$ sind dabei i. a. nicht mehr homogen (s. o.). Inwieweit sich eine solche Beziehung für umfassendere Klassen von p-Gruppen herstellen läßt, ist eine noch offene Frage. Man vergleiche hierzu auch H. Zassenhaus [10]).

8. Zum Schluß sei noch auf ein an anderer Stelle[4a]) erwähntes Problem hingewiesen, für welches die Zuordnung eines Lieschen Ringes zu einer Gruppe ebenfalls nutzbar gemacht werden kann. Es wäre nämlich sowohl für die Untersuchung der Automorphismen einer durch Erzeugende und definierende Relationen gegebenen Gruppe als auch für die Frage nach den durch reine Kommutatorbildung erklärbaren vollinvarianten Untergruppen einer freien Gruppe sehr wichtig, zu wissen: Welches sind die im Ring der ganzen Zahlen irreduziblen Darstellungsmoduln innerhalb des Moduls der Polynome $d_n(x, y, \ldots)$ aus (3) (bei festem n) für die Gruppe der linearen Substitutionen mit ganzzahligen Koeffizienten der Variabeln $x, y, \ldots$? Dies ist gleichbedeutend mit der Frage nach den irreduziblen Darstellungsmoduln derselben Substitutionsgruppe, geschrieben mit den Erzeugenden $\xi, \eta, \ldots$ eines freien Lieschen Ringes als Variablen; insbesondere wäre es interessant zu wissen, *ob es im freien Lieschen Ring Λ mit den Erzeugenden $\xi, \eta, \ldots$ Invarianten gegenüber der Gruppe aller umkehrbaren linearen Substitutionen von $\xi, \eta, \ldots$ gibt*; die Voraussetzung, daß die Substitutionskoeffizienten ganz sein sollen, kann offenbar weggelassen werden, da sie keine Einschränkung bedeutet. Man weiß hierüber folgendes:

Es sei k die Anzahl der Erzeugenden $\xi, \eta, \zeta, \ldots$ des Lieschen Ringes Λ. Dann gibt es gegenüber der Gruppe der unimodularen Substitutionen von $\xi, \eta, \zeta, \ldots$ Invarianten, wenn $k = 2$ ist, und zwar gibt es zu jedem Grade m, der das Doppelte einer ungeraden Zahl ist, mindestens eine Invariante, z. B. für $m = 2, 6, \ldots$ die Invarianten

$$[\xi, \eta], \quad [[\xi, [\xi, \eta]], \; [\eta, [\xi, \eta]]] \quad \text{usw.}$$

Für die Werte von $m > 6$ gibt es im allgemeinen mehrere Invarianten. — Für $k > 2$ läßt sich zeigen, daß es keine Invarianten von einem Grade $< 2k$ gibt. Es kann allgemein nur Invarianten geben, deren Grad ein Vielfaches von k ist. Ferner läßt sich ein Verfahren

19*

angeben, um alle Invarianten zu finden. Jedem homogenen Polynom in $\xi, \eta, \ldots$ entspricht nach (6) eindeutig ein homogenes Polynom in den Variablen $x, y, \ldots$, und diesem läßt sich wiederum ein homogenes Polynom gleichen Grades in kommutativen Variablen zuordnen. Es genügt, eine solche Zuordnung für die Potenzprodukte von $x, y, \ldots$ zu treffen. Es sei m der Grad des betrachteten Potenzproduktes. Jeder der nicht-kommutativen Variablen $x, y, \ldots$ ordne man dann m kommutative Variable zu; es seien etwa $x_1, \ldots x_m$ bzw. $y_1, \ldots, y_m$ usw. zugeordnet zu x bzw. y usw. Dann ordne man jedem Produkt von $x, y, \ldots$ ein solches Produkt der Variablen $x_1, \ldots, x_m$; $y_1, \ldots, y_m$ usw. zu, in dem der Index die Stelle angibt, an der die gleichbezeichnete Variable in dem nicht kommutativen Produkt steht. Es sollen also z. B. die in der folgenden Tabelle untereinanderstehenden Produkte einander zugeordnet sein

$$\begin{matrix} x & y & x^n & xy^2 & yxxy & \ldots \\ x_1 & y_1 & x_1 \ldots x_n & x_1 y_2 y_3 & y_1 x_2 x_3 y_4 & \ldots . \end{matrix}$$

Einer Summe sei dann die entsprechende Summe zugeordnet. Es fragt sich nun, wie man diejenigen homogenen Polynome in den Variablen $x_1, \ldots, x_m$; $y_1, \ldots, y_m$; ... charakterisieren kann, die solchen homogenen Polynomen m-ten Grades in $x, y, \ldots$ zugeordnet sind, welche ihrerseits Bilder von Polynomen m-ten Grades in dem freien Lieschen Ring sind, der von $\xi, \eta, \ldots$ erzeugt wird. Wir wollen derartige Polynome in den Variablen $x_1, \ldots, x_m$; $y_1, \ldots, y_m$; ... „Liesche Formen" nennen, und die Variablen nur durch einen Buchstaben $x_\mu, y_\mu, \ldots$ $(\mu = 1, \ldots, m)$ andeuten. Nun gilt: Ein homogenes Polynom m-ten Grades $P(x_\mu, y_\mu, \ldots)$ ist dann und nur dann eine Liesche Form, wenn es ein weiteres homogenes Polynom $Q(x_\mu, y_\mu, \ldots)$ m-ten Grades gibt, so daß P aus Q durch Anwendung des Operators

$$(1 - \pi_m)(1 - \pi_{m-1}) \cdots (1 - \pi_2) \equiv \omega$$

hervorgeht, wobei ω ein Element des Gruppenringes der symmetrischen Gruppe der Permutationen von m Dingen ist; 1 bedeutet die identische Permutation, π_k bedeutet die Permutation

$$\begin{pmatrix} 1 & 2 & \cdots & k-1 & k & k+1 \cdots m \\ 2 & 3 & \cdots & k & 1 & k+1 \cdots m \end{pmatrix}.$$

Der Operator ω ist auf die Indizes der Variabeln in Q anzuwenden und im übrigen distributiv. Nun läßt sich zeigen: *Ist eine Liesche Form $P(x_\mu, y_\mu, \ldots)$ vom m-ten Grade das Bild einer Invariante m-ten Grades aus den Erzeugenden $\xi, \eta, \ldots$ des freien Lieschen Ringes Λ, so muß es eine simultane Invariante $J(x_\mu, y_\mu, \ldots)$ m-ten Grades der Variablenreihen*

$$x_1, y_1, \ldots; \; x_2, y_2, \ldots; \; \ldots; \; x_m, y_m, \ldots,$$

geben, so daß

$$P(x_\mu, y_\mu, \ldots) \equiv \omega J(x_\mu, y_\mu, \ldots)$$

wird. Zum Beispiel ist für zwei Variable und den Grad 2:

$$x_1 y_2 - x_2 y_1 \equiv (1 - \pi_2)\left(\frac{x_1 y_2 - x_2 y_1}{2}\right).$$

Man kennt nun alle Formen $J(x_\mu, y_\mu, \ldots)$; sie sind Produkte aus Determinanten

$$\begin{vmatrix} x_{\mu_1} & y_{\mu_1} & \cdots \\ x_{\mu_2} & y_{\mu_2} & \cdots \\ \cdot & \cdot & \cdot \\ x_{\mu_k} & y_{\mu_k} & \cdots \end{vmatrix},$$

wobei k die Anzahl der Variablen $\xi, \eta, \ldots$ bedeutet. Die Schwierigkeit besteht dann darin, festzustellen, ob durch Anwendung des Operators ω alle Formen J identisch Null werden; dies ist für $m = k$ der Fall; es ist z. B. für $m = k = 3$

$$(1 - \pi_3)(1 - \pi_2)\begin{vmatrix} x_1 & y_1 & z_1 \\ x_2 & y_2 & z_2 \\ x_3 & y_3 & z_3 \end{vmatrix} \equiv 0.$$

Man darf vielleicht erwarten, daß die hier aufgeworfene kombinatorische Frage sich mit Hilfe der „quantitative substitutional analysis" von A. Young [11]) lösen läßt. Sie läßt sich, ebenso wie einige verwandte Fragen, auf Untersuchungen allein über den Gruppenring der symmetrischen Gruppe zurückführen [12]).

---

[11]) A. Young, Proceedings of the London Mathematical Society (1), **33**, 97—146, 1901; **34**, 361—397, 1902.

[12]) Man vergleiche § 3 der Arbeit von O. Grün in diesem Bande. Die oben gegebene Beschreibung der „Lieschen Formen" verdanke ich einer mündlichen Mitteilung von Herrn Grün.

Eingegangen 30. Januar 1940.

Reprinted from
Journal für die reine und angewandte Mathematik **182** (1940), 142–149.

Sonderabdruck aus dem
Jahresbericht der Deutschen Mathematiker-Vereinigung. Band 50. 1940. Heft 2,
Herausgeber: E. Sperner, Königsberg i. Pr. / Verlag u. Druck, B. G. Teubner, Leipzig.

Über eine Randwertaufgabe der Wellengleichung für den parabolischen Zylinder.

Von Wilhelm Magnus.

Mit 4 Figuren.

Einleitung. Es soll hier eine Randwertaufgabe für die zweidimensionale Wellengleichung

$$\frac{\partial^2 u}{\partial x^2} + \frac{\partial^2 u}{\partial y^2} + k^2 u = 0 \qquad (k = \text{constans}) \tag{1}$$

gelöst werden, der das folgende Problem zugrunde liegt:

Im Innern eines parabolischen Zylinders von vollkommener Leitfähigkeit befindet sich ein System von diskret oder kontinuierlich verteilten Achsen von ausstrahlenden elektromagnetischen Zylinderwellen, wobei diese Achsen parallel zum Zylindermantel sein sollen. Gefragt ist nach der durch Reflexion am Zylindermantel entstehenden Welle. Es bedeutet mathematisch keine Beschränkung der Allgemeinheit, anzunehmen, daß die elektrische Feldstärke der ausgesandten Wellen stets parallel zum Zylindermantel ist; dasselbe gilt dann auch für die elektrische Feldstärke v der reflektierten Welle. Indem man in der üblichen Weise monochromatische Schwingungen voraussetzt, d. h. indem man für die Abhängigkeit von v von der Zeit t den Ansatz macht

$$v = u e^{i\omega t}, \tag{2}$$

wobei ω eine positive reelle Zahl sein soll, findet man, daß u der Differentialgleichung (1) genügen muß; es bedeuten x und y dabei rechtwinklige kartesische Koordinaten in einer zum Mantel des parabolischen Zylinders senkrechten Ebene, und es ist $k = \frac{\omega}{c}$, wobei c die Lichtgeschwindigkeit ist. Setzt man schließlich noch voraus, daß die Schnittpunkte der Achsen der Zylinderwellen mit der x, y-Ebene ganz in einem endlichen, abgeschlossenen Gebiet im Innern der Schnittparabel $\mathfrak{P}$ von Zylinder und x, y-Ebene liegen, so erhält man folgende mathematische Frage als Äquivalent des physikalischen Problems[1]):

Gesucht ist eine Lösung $u(x, y)$ der Differentialgleichung (1) mit vorgegebenen Randwerten auf einer Parabel der x, y-Ebene; u soll im Innern der Parabel stetig und zweimal stetig differenzierbar sein und der (in § 2 formulierten) „Ausstrahlungsbedingung" genügen. Über

1) Man vergleiche hierzu etwa den Artikel von A. Sommerfeld in Frank-Mises, Die Differential- und Integralgleichungen der Mechanik und Physik, Bd. II, 2. Aufl., Braunschweig 1935, S. 863—874 (Kap. XX, § 4).

die Randwerte soll dabei vorausgesetzt werden, daß sie eine analytische Funktion der Bogenlänge auf der Parabel sind und für große Werte der Bogenlänge eine (in § 6 angegebene) asymptotische Entwicklung besitzen, die der Natur und der (oben charakterisierten) Verteilung der ausstrahlenden Zylinderwellen entspricht.

In einer von A. Sommerfeld angeregten Arbeit hat P. Epstein[2]) derartige Randwertaufgaben unter einem anderen Gesichtspunkt in einem hinreichend allgemeinen Spezialfall behandelt. Die von Epstein gefundene Lösung besitzt die Form einer unendlichen Reihe, die um so schlechter konvergiert, je weiter man sich vom Brennpunkt der Parabel entfernt. Das asymptotische Verhalten der Lösung in großer Entfernung vom Brennpunkt ist daher aus den Epsteinschen Formeln nicht zu entnehmen; gerade dieses Verhalten interessiert aber z. B. beim zylindrisch-parabolischen Scheinwerfer mit leuchtender Brennlinie.

Die Lösung der Randwertaufgabe, die im folgenden gegeben wird, hat die Form eines Wegintegrals in der Ebene eines komplexen Parameters n, wobei unter dem Integralzeichen die von n abhängigen, durch Separation der Variablen gewonnenen Partikularlösungen von (1) stehen. Das asymptotische Verhalten dieser Partikularlösungen für große Entfernungen vom Brennpunkt ist genau bekannt; die Partikularlösungen nehmen bei geeigneter Wahl des Integrationsweges mit einer Potenz der Entfernung ab. Durch Deformation des Integrationsweges und Anwendung des Residuensatzes läßt sich die Epsteinsche Lösung zurückgewinnen (s. § 6).

In § 1 werden die dem Problem angemessenen Koordinaten und partikulären Lösungen eingeführt. § 2 behandelt die „Ausstrahlungsbedingung", mit deren Hilfe sich die physikalisch sinnvolle Lösung in der Mannigfaltigkeit aller Lösungen mit denselben Randwerten bestimmen läßt. § 3 diskutiert kurz den Poyntingschen Satz; in § 4 wird der notwendige Formelapparat entwickelt, mit dessen Hilfe dann in § 5 eine Darstellung der Lösung gelingt. Die dabei noch fehlenden Konvergenzbeweise sowie eine Reihe von Beiträgen zur Diskussion und Bemerkungen über andere Darstellungen der Lösung werden in § 6 gegeben.

2) Paul S. Epstein, Über die Beugung an einem ebenen Schirm unter Berücksichtigung des Materialeinflusses. Dissertation München 1914 (Leipzig, J. A. Barth).

§ 1. Einführung parabolischer Koordinaten und Separation der Variablen.

Führt man in der x, y-Ebene neue Koordinaten ξ, η ein durch die Formeln

$$x = k^{-1}\xi\eta, \quad y = k^{-1}\frac{\xi^2 - \eta^2}{2}, \tag{3}$$

so geht dadurch die Differentialgleichung (1) über in die Differentialgleichung

$$\left(\frac{\partial^2 u}{\partial \xi^2} + \frac{\partial^2 u}{\partial \eta^2}\right)\frac{1}{\xi^2 + \eta^2} + u = 0. \tag{4}$$

Die Linien $\xi =$ constans und $\eta =$ constans sind konfokale Parabeln in der x, y-Ebene mit dem Nullpunkt als Brennpunkt. Da die Transformation (3) nicht eindeutig umkehrbar ist, muß der Wertebereich für ξ und η so eingeschränkt werden, daß die Wertepaare ξ, η umkehrbar-eindeutig den Punkten der x, y-Ebene entsprechen. Dies kann geschehen durch die Festsetzungen

$$0 \leqq \xi < \infty, \quad -\infty < \eta < +\infty. \tag{3a}$$

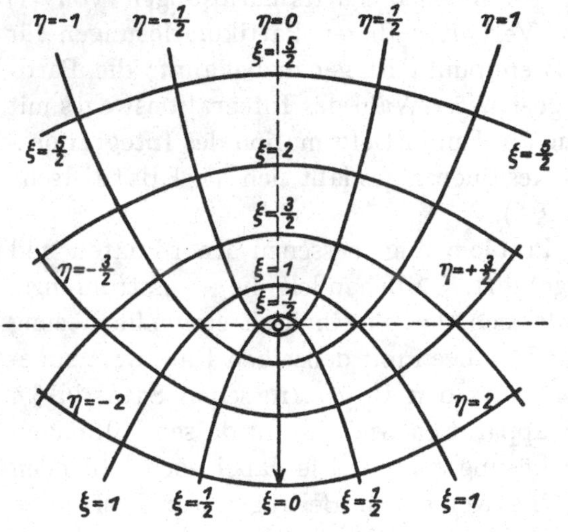

Fig. 1

Die Kurve $\xi = \xi_0$ ist dann eine volle Parabel, die in Richtung der negativen y-Achse geöffnet ist; dagegen sind die Kurven $\eta = \eta_0$ und $\eta = -\eta_0$ Halbparabeln, die zusammen eine volle in Richtung der positiven y-Achse geöffnete Parabel bilden. Man vergleiche hierzu Fig. 1.

Der Ansatz der Trennung der Veränderlichen liefert nun für die Differentialgleichung (4):

$$u = A(\xi)\, B(\eta); \quad \frac{A''}{A} + \frac{B''}{B} + (\xi^2 + \eta^2) = 0. \tag{5}$$

Hieraus ergibt sich mit der üblichen Schlußweise, daß A und B je einer Differentialgleichung genügen müssen, nämlich

$$\begin{cases} A'' + (\xi^2 + \lambda)\, A = 0 \\ B'' + (\eta^2 - \lambda)\, B = 0; \end{cases} \tag{6}$$

hierbei ist λ eine willkürliche komplexe Konstante, von deren Wert natürlich der Verlauf der Lösungen von (6) abhängt. Es ist zweckmäßig, statt λ einen anderen Parameter n einzuführen durch die Festsetzung

(6a) $$n \equiv \nu + i\mu = \frac{\lambda}{2i} - \frac{1}{2}; \quad \lambda = 2i\left(n + \frac{1}{2}\right).$$

Die Lösungen von (6), die zu einem vorgegebenen Wert von n gehören, sollen dann weiterhin mit $A_n(\xi)$ bzw. $B_n(\eta)$ bezeichnet werden; jedes Produkt

(7) $$u_n(\xi, \eta) = A_n(\xi)\, B_n(\eta)$$

ist dann eine Partikularlösung von (1). Damit eine solche Lösung u_n im ganzen Innern einer Parabel $\eta = \pm\eta_0$ stetig und zweimal stetig differenzierbar sein soll muß gelten

$A_n(\xi)$ und $B_n(\eta)$ sind entweder beide gerade oder beide ungerade Funktionen von ξ bzw. η. Denn nur dann ist $u_n(\xi, \eta)$ eine eindeutige Funktion von x und y.

Die Lösung der Randwertaufgabe besitzt nun bei Epstein die Form

$$u = \sum_{n=0}^{\infty} c_n A_n(\xi)\, B_n(\eta),$$

wobei hier, für $n = 0, 1, 2, \ldots$, gesetzt ist:

$$A_n(\xi) = e^{-i\xi^2/2} H_n((1+i)\xi), \quad B_n(\eta) = e^{+i\eta^2/2} H_n((i-1)\eta),$$

und H_n das n-te Hermitesche Polynom bedeutet, während die c_n Konstanten sind. Da die Lösung im Innern einer Parabel $\eta = \pm\eta_0$ diskutiert werden soll, kommt es für das asymptotische Verhalten von $u_n(\xi, \eta)$ bei großen Abständen vom Brennpunkt wesentlich darauf an, wie $A_n(\xi)$ sich für große Werte von ξ verhält. Man kann aus dem Energieprinzip folgern, daß sich $|u|$ asymptotisch wie $\xi^{-1/2}$ verhalten muß (vgl. hierzu § 3); andererseits wird sich in § 5 zeigen, daß es i. a. nicht möglich ist, u aus lauter Partikularlösungen u_n mit dieser Eigenschaft zusammenzusetzen.

§ 2. Ausstrahlungsbedingung und eindeutige Bestimmtheit der Lösung.

Bekanntlich ist eine Lösung der Wellengleichung (1) durch die Angabe ihrer Werte auf dem Rande einer geschlossenen Kurve im Innern dieser Kurve i. a. nicht eindeutig bestimmt wegen der Existenz von „Eigenlösungen" oder, physikalisch gesprochen, wegen der Existenz stehender Wellen. Um diese auszuschließen, braucht man für ein ins Unendliche verlaufendes Gebiet, in dem die Lösung bestimmt werden soll, eine zusätzliche Forderung, die sogenannte Ausstrahlungsbedin-

10*

gung; diese besagt, daß ein bestimmtes Verhalten der Lösung „im Unendlichen" gefordert wird; physikalisch gesprochen besagt sie, daß die Wellen in einer bestimmten Richtung fortschreiten sollen oder daß ein beständiger Energieabfluß in dieser Richtung stattfinden soll.[3]) Für das Innere einer Parabel nimmt nun diese Ausstrahlungsbedingung eine Form an, die von der sonst üblichen etwas abweicht; es hängt dies damit zusammen, daß das Parabelinnere sich nur in einer Richtung ins Unendliche erstreckt. Es gilt der folgende Satz:

I. Ist $u(\xi, \eta)$ eine der Differentialgleichung

$$\frac{\partial^2 u}{\partial \xi^2} + \frac{\partial^2 u}{\partial \eta^2} + (\xi^2 + \eta^2)\, u = 0$$

genügende Funktion, die auf dem Rande der durch $\eta = \pm\, \eta_0$ definierten Parabel $\mathfrak{P}$ gleich einer vorgegebenen stetig differenzierbaren Funktion von ξ ist und im Innern und auf dem Rande von $\mathfrak{P}$ stetig nach ξ und η differenzierbar ist, und genügt u für hinreichend große Werte von ξ und beliebige Werte von η mit $|\eta| \leqq |\eta_0|$ unabhängig von η der „Ausstrahlungsbedingung"

$$\left| \xi^{-1} \frac{\partial u}{\partial \xi} + i u \right| \leqq \xi^{-\varepsilon} |u|, \tag{8}$$

wobei ε eine beliebig kleine positive feste Zahl ist, so ist u durch diese Forderungen im Innern von $\mathfrak{P}$ eindeutig bestimmt. Wie sogleich gezeigt werden wird, läßt sich hierbei (8) *durch eine schwächere Forderung* (11) *ersetzen.*

Zum Beweise genügt es, zu zeigen: Wenn u den oben formulierten Bedingungen genügt und auf der Parabel $\mathfrak{P}$ überall gleich Null ist, so ist u im Innern von $\mathfrak{P}$ identisch Null. Die Bedingung (8) läßt sich auch so formulieren: Setzt man $u = e^{-i\xi^2/2}\, \omega$, so soll gelten:

$$\left| \frac{\partial \omega}{\partial \xi} \right| \leqq \xi^{1-\varepsilon} |\omega| \tag{8a}$$

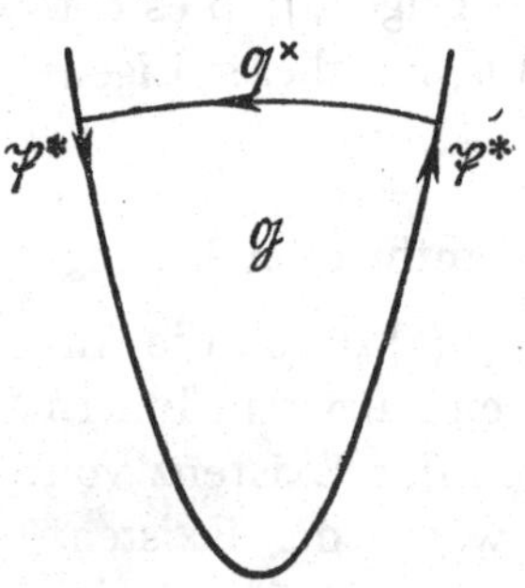

Fig. 2

für alle hinreichend großen Werte von ξ; u soll sich also, bis auf einen „langsam veränderlichen" Faktor für große Werte von ξ wie $e^{-i\xi^2/2}$ verhalten.

Zum Beweise des Satzes betrachte man ein Gebiet $\mathfrak{G}$, welches begrenzt wird von einem Stück $\mathfrak{P}^*$ der Parabel $\mathfrak{P}$ und einem Bogen $\mathfrak{Q}^*$ der Parabel $\xi = \xi_0$; $\mathfrak{G}$ ist ein Teilgebiet des Innern der Parabel $\mathfrak{P}$ (Fig. 2). Da u nach Voraussetzung auf $\mathfrak{P}$ und also

3) s. A. Sommerfeld l. c. 1) oder Jahresbericht der D. M. V. **21** (1912), S. 309.

auch auf $\mathfrak{P}^*$ verschwinden soll, gilt die aus dem Gaußschen Satz abgeleitete Formel:

$$(9)\quad \iint\limits_{\mathfrak{G}} \left\{\frac{\partial \bar{u}}{\partial \xi}\frac{\partial u}{\partial \xi} + \frac{\partial \bar{u}}{\partial \eta}\frac{\partial u}{\partial \eta} - (\xi^2+\eta^2)\,\bar{u}u\right\} d\xi\, d\eta = -\int_{\eta_0}^{-\eta_0} \bar{u}(\xi_0,\eta)\frac{\partial u(\xi_0,\eta)}{\partial \xi}\, d\eta.$$

Hierbei bedeutet $\bar{u}$ die zu u konjugiert-komplexe Funktion. Nun ist wegen der Ausstrahlungsbedingung (8) für genügend große ξ

$$(9\text{a})\qquad \frac{\partial u}{\partial \xi} = -i\xi u + R, \qquad |R| \leqq \xi_0^{1-\varepsilon}|u|.$$

Da die linke Seite in (9) reell ist, muß der Imaginärteil der rechten Seite identisch verschwinden; die rechte Seite wird aber gleich

$$(10)\qquad i\int_{\eta_0}^{-\eta_0} \xi_0 \bar{u}u\, d\eta - \int_{\eta_0}^{-\eta_0} \bar{u}R\, d\eta,$$

und wegen der Beschränkung für $|R|$ aus (9a) folgt hieraus, daß für hinreichend große Werte von ξ_0 sicher $u \equiv 0$ sein muß. Denn $\bar{u}u$ ist reell, der erste Summand in (10) ist also rein imaginär und muß sich gegen den Imaginärteil des absolut genommen kleineren, zweiten Summanden in (10) wegheben. Zugleich erkennt man, daß man die Ausstrahlungsbedingung nur in der schwächeren Form hätte ansetzen müssen:

$$(11)\qquad \left|\int_{\eta_0}^{-\eta_0} \bar{u}\left\{\xi^{-1}\frac{\partial u}{\partial \xi} + iu\right\} d\eta\right| \leqq \left|\xi^{-\varepsilon}\int_{\eta_0}^{-\eta_0} |u|^2\, d\eta\right|$$

(für genügend große ξ).

Daß im übrigen aus dem Verschwinden von u in einem zweidimensionalen Teilgebiet des Inneren von $\mathfrak{P}$ das identische Verschwinden von u im ganzen Innern von $\mathfrak{P}$ folgt, ist eine aus der analytischen Natur von u folgende bekannte Tatsache.

Eine Funktion $u(\xi,\eta)$, welche der Differentialgleichung (4) im Innern von $\mathfrak{P}$ genügt, und von der die Werte $u(\xi, \pm\eta_0)$ und $\frac{\partial}{\partial \eta} u(\xi, \pm\eta_0)$, d. h. die Randwerte von u und seiner Ableitung in Richtung der Normalen von $\mathfrak{P}$ auf $\mathfrak{P}$ gegeben sind, läßt sich mit Hilfe der „Grundlösung" der Wellengleichung durch diese Randwerte in bekannter Weise darstellen, wenn man über das Verhalten von u für große Werte von ξ noch einige Voraussetzungen macht. Es gilt nämlich der Satz:

II. Es sei $\varrho = \sqrt{(x-x_0)^2 + (y-y_0)^2}$ der Abstand des beliebigen Punktes (x, y) von dem Punkte P_0 mit den kartesischen Koordinaten

x_0, y_0. *Mit* $u(P_0)$ *werde der Wert von* u *im Punkte* P_0 *bezeichnet. Es sei ferner die „Grundlösung"*

$$W = H_0^{(2)}(k\varrho)$$

die zweite Hankelsche Funktion vom Index 0 *und dem Argument* $k\varrho$. *Dann gilt: Wenn* u *im Innern der Parabel* $\mathfrak{P}$ *den Bedingungen*

$$\lim_{\xi\to\infty} \xi^{\varepsilon} \left| \xi^{-1} \frac{\partial u}{\partial \xi} + iu \right| = \lim_{\xi\to\infty} \xi^{\varepsilon-1} \left| \frac{\partial u}{\partial \xi} \right| = \lim_{\xi\to\infty} \xi^{\varepsilon-1} \left| \frac{\partial u}{\partial \eta} \right| = \lim_{\xi\to\infty} \xi^{\varepsilon-1} |u| = 0$$

genügt, so ist für $\eta_0 > 0$

$$(12) \quad \left[-\int_{\infty}^{0} \left\{ u \frac{\partial W}{\partial \eta} - W \frac{\partial u}{\partial \eta} \right\} d\xi \right]_{\eta=-\eta_0} + \left[\int_{0}^{\infty} \left\{ u \frac{\partial W}{\partial \eta} - W \frac{\partial u}{\partial \eta} \right\} d\xi \right]_{\eta=+\eta_0}$$

gleich $4u(P_0)$ *oder gleich Null, je nachdem, ob* P_0 *im Innern oder im Äußern der Parabel* $\eta = \pm \eta_0$ *liegt.* Man erhält dieses Ergebnis durch Anwendung der Greenschen Formel

$$\iint_{\mathfrak{G}} (u\Delta W - W\Delta u)\, d\mathfrak{G} = -\int_{\mathfrak{C}} \left(u \frac{\partial W}{\partial \mathfrak{n}} - W \frac{\partial u}{\partial \mathfrak{n}} \right) d\mathfrak{s},$$

wobei $\mathfrak{G}$ der beim Beweise von Satz I erklärte Bereich, $\mathfrak{C}$ sein positiv durchlaufener Rand, $\mathfrak{s}$ die Bogenlänge und $\mathfrak{n}$ die nach innen weisende Normale von $\mathfrak{C}$ ist, indem man den Bogen der Parabel $\mathfrak{Q}^*$ ins Unendliche rücken läßt.

§ 3. Der Poyntingsche Satz in parabolischen Koordinaten.

Zur Diskussion der Lösung der Randwertaufgabe ist es zweckmäßig, den Poyntingschen Satz in parabolischen Koordinaten anzuschreiben. Ist die elektrische Feldstärke stets parallel zum Mantel des parabolischen Zylinders und ist ihr Wert (der Realteil des Ausdruckes in (2)) gleich

$$(13\text{a}) \qquad \alpha(\xi, \eta) \cos \omega t + \beta(\xi, \eta) \sin \omega t,$$

wobei für u in (2) $\alpha - i\beta$ gesetzt ist, so gilt:

Bedeuten S_ξ bzw. S_η die zeitlichen Mittelwerte der Komponenten des Poyntingschen Vektors in Richtung der nach außen weisenden Normalen der Parabel $\xi =$ constans bzw. der nach innen weisenden Normalen der Parabel $\eta =$ constans, so ergibt sich

$$(13\text{b}) \qquad +2k^2 S_\xi = \left(\alpha \frac{\partial \beta}{\partial \xi} - \beta \frac{\partial \alpha}{\partial \xi} \right) \frac{1}{\sqrt{\xi^2 + \eta^2}},$$

$$(13\text{c}) \qquad -2k^2 S_\eta = \operatorname{sign} \eta \left(\alpha \frac{\partial \beta}{\partial \eta} - \beta \frac{\partial \alpha}{\partial \eta} \right) \frac{1}{\sqrt{\xi^2 + \eta^2}}.$$

Der Faktor sign η (= Vorzeichen von η) muß mit Rücksicht auf die in § 1 eingeführte Normierung der parabolischen Koordinaten hinzugefügt werden.

Wegen der in der Einleitung formulierten Bedingungen für die Verteilung der Strahlungsquellen im Innern der Parabel $\eta = \pm\,\eta_0$ muß der Energiefluß durch den im Innern der Parabel $\eta = \pm\,\eta_0$ gelegenen Bogen der Parabel $\xi = \xi_0$ mit $\xi_0 \to \infty$ einem festen Grenzwert zustreben. Das liefert

$$(14) \qquad \lim_{\xi\to\infty} \int\limits_{\eta_0}^{-\eta_0} \left(\alpha \frac{\partial\beta}{\partial\xi} - \beta \frac{\partial\alpha}{\partial\xi}\right) d\eta = -S,$$

wobei S eine Konstante ist. Da nach der Ausstrahlungsbedingung (8) für genügend große Werte von ξ

$$\left|\frac{\partial\alpha}{\partial\xi} - i\frac{\partial\beta}{\partial\xi} + i\xi(\alpha - i\beta)\right| \leqq \xi^{1-\varepsilon}\sqrt{\alpha^2+\beta^2}$$

sein soll, so folgt aus (14), daß

$$S = \lim_{\xi\to\infty} \int\limits_{-\eta_0}^{+\eta_0} \xi(\alpha^2+\beta^2)\, d\eta$$

sein muß, oder daß $|u| = |\alpha - i\beta|$ für große Werte von ξ „im Mittel" wie $\xi^{-1/2}$ abnehmen muß.

§ 4. Integraldarstellungen und Diskussion des Verlaufes der geraden und ungeraden Partikularlösungen.

Die Lösungen der Differentialgleichungen (6) sind analytische Funktionen von ξ bzw. η und des Parameters $n = \frac{\lambda}{2i} - \frac{1}{2}$. Um den Verlauf dieser Funktionen von n und ξ bzw. η übersehen zu können, braucht man einerseits Integraldarstellungen, die nachher auch bei der Lösung der Randwertaufgabe herangezogen werden müssen, und andererseits asymptotische Entwicklungen für große Werte von ξ bzw. η. Wie in § 1 bemerkt wurde, kommen nur gerade bzw. ungerade Lösungen der Differentialgleichungen (6) für die Lösung der Randwertaufgabe in Frage; weiterhin sollen alle Entwicklungen sich auf die geraden Lösungen beziehen, während für die ungeraden Lösungen nur die Endformeln mitgeteilt werden sollen.

Durch die Substitutionen

$$A = e^{-i\xi^2/2} P(\xi, n), \quad B = e^{i\eta^2/2} Q(\eta, n) \tag{15}$$

erhält man für P bzw. Q die Differentialgleichungen

$$\frac{d^2 P}{d\xi^2} + 2i\left(-\xi \frac{dP}{d\xi} + nP\right) = 0, \tag{16a}$$

$$\frac{d^2 Q}{d\eta^2} - 2i\left(-\eta \frac{dQ}{d\eta} + nQ\right) = 0. \tag{16b}$$

Hieraus ergibt sich: Ist $P(\xi, n)$ eine Lösung von (16a), so ist $P(\eta, \bar{n})$ eine Lösung von (16b), wobei der Querstrich über einer Größe ihren konjugiert-komplexen Wert bezeichnen soll. Es genügt daher, weiterhin nur die Lösungen von (16a) zu behandeln; eine (in ξ) gerade Lösung von (16a) ist durch ihren Anfangswert $P(0, n)$ eindeutig bestimmt.

Integraldarstellungen von geraden Lösungen von (16a) erhält man[4]) nun durch

Hilfssatz 1. Es sei t eine komplexe Variable, und $\mathfrak{C}$ sei eine Kurve in der t-Ebene, die vom Punkt $t = \infty$ ausgehend längs der positiven reellen Achse verläuft, den Punkt $t = 0$ einmal umschlingt und längs der positiven reellen Achse nach $t = \infty$ zurückläuft. Dann gilt[3])

1. Für alle Werte von n ist

$$P_1(\xi, n) = \int_{\mathfrak{C}} \operatorname{Cof}\{(1+i)\xi t\}\, e^{-t^2/2} t^{-n-1}\, dt \tag{17a}$$

eine gerade Lösung von (16a) mit $P_1(0, n) = (e^{2\pi i n} - 1)\, 2^{-n/2-1}\, \Gamma\left(-\frac{n}{2}\right)$.

2. Für solche Werte von $n = \nu + i\mu$, für die $\nu \geqq -1$ ist, ist

$$P_2(\xi, n) = \int_{\mathfrak{C}} \cos \xi t\, e^{-it^2/4}\, t^{-n-1}\, dt \tag{17b}$$

eine gerade Lösung von (16a) mit

$$P_2(0, n) = (e^{2\pi i n} - 1)\, 2^{-n-1}\, e^{n\pi i/4}\, \Gamma\left(-\frac{n}{2}\right).$$

3. Für solche Werte von $n = \nu + i\mu$, für die $-1 \leqq \nu < 0$ ist, ist

$$p(\xi, n) = \int_0^\infty \cos \xi t\, e^{-it^2/4}\, t^{-n-1}\, dt \tag{17c}$$

eine gerade Lösung von (16a) mit $p(0, n) = 2^{-n-1}\, e^{n\pi i/4}\, \Gamma\left(-\frac{n}{2}\right)$.

Ungerade Lösungen erhält man entsprechend, indem man den hyperbolischen bzw. den gewöhnlichen Kosinus durch den Sinus ersetzt.

---

4) S. die Darstellung bei Whittaker-Watson, Modern Analysis, 4. Aufl., Cambridge 1935, p. 347ff.

Der Beweis der ersten Behauptung wird geführt durch die Bemerkung, daß die Relation besteht

$$\frac{d^2 P_1}{d\xi^2} + 2i\left(-\xi\frac{dP_1}{d\xi} + nP_1\right) = -2i\int_{\mathfrak{C}} \frac{d}{dt}\left\{\mathfrak{Cos}\{(1+i)\xi t\}\, e^{-t^2/2}\, t^{-n}\right\} dt = 0.$$

Der Beweis der zweiten Behauptung kann für die Werte von n mit $\nu > 2$ genau so geführt werden; für $2 \geqq \nu \geqq -1$ integriere man zweimal unbestimmt nach ξ und zeige, daß die so entstehende Funktion einer Differentialgleichung genügt, aus der durch zweimalige Differentiation die Differentialgleichung (16a) hervorgeht. Die dritte Behauptung schließlich folgt unmittelbar aus der zweiten durch Zusammenziehen des Integrationsweges auf die reelle Achse.

Man entnimmt aus Hilfssatz 1 noch die folgende später benötigte Formel: Ist $n = \nu + i\mu$ und $\nu < 0$, so ist

$$\text{(17d)}\quad p(\xi, n) = \int_0^\infty \mathfrak{Cos}\{(1+i)\xi t\}\, e^{-t^2/2}\, t^{-n-1}\, dt \cdot 2^{-n/2}\, e^{n\pi i/4}.$$

Durch mehrfache partielle Integration folgt hieraus für $l = 0, 1, 2, \ldots$

$$\text{(17e)}\quad p(\xi, n) = \frac{2^{-n/2}\, e^{n\pi i/4}}{n(n-1)\cdots(n-l)}\int_0^\infty t^{l-n}\frac{d^{l+1}}{dt^{l+1}}\left\{\mathfrak{Cos}\{(1+i)\xi t\}\, e^{-t^2/2}\right\} dt.$$

Wegen der analytischen Abhängigkeit von n der Funktionen auf beiden Seiten gilt diese Formel dann sogar für $\nu < l + 1$, die Stellen $n = 0, 1, \ldots, l$ ausgenommen.

Als nächste Frage ist zu untersuchen, für welche reellen positiven Werte von ξ die Funktion $p(\xi, n)$ Nullstellen besitzt. Denkt man sich n fixiert und setzt man

$$\text{(18)}\qquad p(\xi, n) = R\, e^{i\psi},$$

so erhält man aus (16a) die Formeln

$$\text{(18a)}\qquad \frac{d^2 R}{d\xi^2} + R\left(\xi^2 - 2\mu - \left(\xi - \frac{d\psi}{d\xi}\right)^2\right) = 0,$$

$$\text{(18b)}\qquad 2\left(\xi - \frac{d\psi}{d\xi}\right)\frac{dR}{d\xi} = R\left(\frac{d^2\psi}{d\xi^2} + 2\nu\right).$$

Aus der zweiten Formel ergibt sich

$$\text{(18c)}\qquad (1 + 2\nu)\int_0^\xi R^2(t)\, dt = R^2(\xi)\left\{\xi - \frac{d\psi}{d\xi}\right\}.$$

Hieraus geht hervor, daß für $1 + 2\nu \neq 0$ stets R von Null verschieden sein muß, abgesehen von dem Fall einer ungeraden Lösung, wo für

$\xi = 0$ auch $R = 0$ ist. Ferner folgt, daß $\xi - \frac{d\psi}{d\xi}$ stets dasselbe Vorzeichen wie $1 + 2\nu$ besitzen muß. Für $\nu = -\frac{1}{2}$ ist $\xi \equiv \frac{d\psi}{d\xi}$; jede gerade oder ungerade Lösung von (16a) ist dann, mit $e^{-i\xi^2/2}$ multipliziert, bis auf einen konstanten Faktor eine reelle Funktion von ξ, die unendlich viele Nullstellen besitzt; für den Fall $n = -\frac{1}{2}$ erhält man als Lösung von (16a) insbesondere die Funktionen

$$\sqrt{\xi}\, e^{i\xi^2/2} H^{(1)}_{1/4}\left(\frac{\xi^2}{2}\right) \quad \text{und} \quad \sqrt{\xi}\, e^{i\xi^2/2} H^{(2)}_{1/4}\left(\frac{\xi^2}{2}\right),$$

wobei $H^{(1)}_{1/4}$ und $H^{(2)}_{1/4}$ die erste und zweite Hankelsche Funktion vom Index $\frac{1}{4}$ ist. Allgemein wird für $\nu = -\frac{1}{2}$ der Parameter λ aus (6) reell, und man kann die Differentialgleichungen (6) mit den Sturmschen Methoden diskutieren.

Man braucht ferner asymptotische Entwicklungen der Lösungen von (16a) für große Werte von ξ. Hierzu möge ein dem Werk von Whittaker-Watson[4]) entnommener Hilfssatz herangezogen werden. Es gilt nämlich

Hilfssatz 2. Ist $D_n(z)$ eine Funktion der komplexen Variablen z, die der Differentialgleichung

$$\frac{d^2 D_n(z)}{dz^2} + \left(n + \frac{1}{2} - z^2/4\right) D_n(z) = 0 \tag{19}$$

genügt, und ist D_n insbesondere diejenige Lösung dieser Differentialgleichung, deren Potenzreihenentwicklung nach z mit den Gliedern

$$\frac{\Gamma\left(\frac{1}{2}\right) 2^{n/2}}{\Gamma\left(\frac{1-n}{2}\right)} + \frac{\Gamma\left(-\frac{1}{2}\right) 2^{(n-1)/2}}{\Gamma\left(-\frac{n}{2}\right)} z \tag{20}$$

beginnt, so gelten für große Werte von $|z|$ die semikonvergenten Entwicklungen

$$\begin{aligned} &D_n(z) = e^{-z^2/4} z^n \left\{1 - \frac{n(n-1)}{2z^2} \pm \cdots\right\} \text{ für } |\arg z| < \frac{3}{4}\pi \\ (21)\quad &D_n(z) = e^{-z^2/4} z^n \left\{1 - \frac{n(n-1)}{2z^2} \pm \cdots\right\} \\ &-\frac{\sqrt{2\pi}}{\Gamma(-n)} e^{n\pi i} e^{z^2/4} z^{-n-1} \left\{1 + \frac{n(n+1)}{2z^2} + \cdots\right\} \text{ für } \frac{5}{4}\pi > \arg z > \frac{\pi}{4}. \end{aligned}$$

Für $-\frac{\pi}{4} > \arg z > -\frac{5}{4}\pi$ gilt eine Entwicklung, die aus der zweiten durch Einsetzen von $e^{-n\pi i}$ an Stelle von $e^{n\pi i}$ hervorgeht.

Aus diesem Hilfssatz ergeben sich für das asymptotische Verhalten der Lösungen der Differentialgleichungen (6) und (16) ebenfalls semikonvergente Reihen. Setzt man nämlich $(1+i)\,\xi = z$ bzw. $(i-1)\,\eta = z$, so gehen die Differentialgleichungen (6) für A bzw. B in die Differentialgleichung für $D_n(z)$ über; eine gerade oder ungerade Lösung dieser Differentialgleichungen erhält man also in der Form $D_n(z) + D_n(-z)$ oder $D_n(z) - D_n(-z)$; für die gerade Lösung $p(\xi, n)$ von (16a) aus Hilfssatz 1 ergibt sich insbesondere

$$(22)\quad p(\xi,n) = \cos\frac{n\pi}{2}\Gamma(-n)\,\xi^n\,[1+O(\xi^{-2})] - \sqrt{2\pi}\,2^{-n-3/2}\,e^{3\pi i/4}\,\xi^{-n-1}\,e^{i\xi^2}[1+O(\xi^{-2})].$$

Eine entsprechende Formel gilt für die ungerade Lösung von (16a).

Als Ergänzung sei noch die asymptotische Formel

$$\int_0^\xi p(t,n)\,\bar{p}(t,n)\,dt = \frac{1}{1+2\nu}\left\{\alpha\,\xi^{2\nu+1} - \beta\,\xi^{-2\nu-1} + \alpha\mu\,\xi^{2\nu-1}\right\}[1+O(\xi^{-2})],$$

$$\alpha = \frac{1}{4}\Gamma(-n)\,\Gamma(-\bar{n})\,(e^{\mu\pi} + e^{-\mu\pi} + 2\cos\nu\pi),\quad \beta = \frac{\pi}{4}2^{-2\nu}$$

angegeben, die für alle Werte von $n = \nu + i\mu$ mit $-1 \leqq \nu < 0$ gilt.

Die asymptotischen Formeln von Hilfssatz 2 bleiben bei Differentiation nach z bzw. ξ richtig. Dies folgt, indem man aus der Rekursionsformel

$$(23)\qquad \frac{d\,D_n(z)}{dz} = -\frac{1}{2}z\,D_n(z) + n\,D_{n-1}(z)$$

durch Einsetzen der semikonvergenten Reihen für D_n und D_{n-1} eine solche für $\frac{dD_n}{dz}$ gewinnt.

Schließlich muß man noch imstande sein zu überblicken, wie sich die Lösungen von (16a) bei festem ξ und wachsendem Imaginärteil μ von n als Funktion von $|\mu|$ verhalten. Hierzu beweisen wir die folgenden Hilfssätze:

Hilfssatz 3a. Es sei $n = \nu + i\mu$ und $\mu > 0$. Es sei $p(\xi, n) = R e^{i\psi}$ eine gerade Lösung von (16a) mit dem Anfangswert $p(0, n) = R_0$. Dann gilt: Der absolute Betrag R von p wächst für $0 \leqq \xi \leqq \sqrt{2\mu}$ monoton an, und es gilt darüber hinaus

$$(24)\qquad R \geqq R_0\,\frac{e^{\mu\xi} + e^{-\mu\xi}}{2}\quad \text{für } 0 \leqq \xi \leqq \sqrt{\mu}.$$

Hilfssatz 3b. Es sei $n = \nu + i\mu$ und $\mu < 0$. Dann läßt sich das Verhalten der Lösungen von

$$(6)\qquad \frac{d^2A}{d\xi^2} + A\,(\xi^2 + \lambda) = 0\qquad \left(\lambda = 2i\left(\nu + \frac{1}{2} + i\mu\right)\right),$$

bei wachsendem $|\mu|$ folgendermaßen beschreiben: Jede Lösung von (6) läßt sich gewinnen durch lineare Kombination von zwei Lösungen $A_{(+)}(\xi)$ und $A_{(-)}(\xi)$ der Form

$$(25)\quad \begin{cases} A_{(+)}(\xi) = e^{i\vartheta\xi}\,\{1 + \vartheta^{-1}\,a_{(+)}(\xi)\} & (a_{(+)}(0) = 0), \\ A_{(-)}(\xi) = e^{-i\vartheta\xi}\{1 + \vartheta^{-1}\,a_{(-)}(\xi)\}, & (a_{(-)}(0) = 0), \end{cases}$$

wobei $\vartheta^2 = \lambda$ ist, und wobei für $0 \leqq \xi \leqq \xi_0$ die Funktionen $a_{(+)}(\xi)$ und $a_{(-)}(\xi)$ unabhängig von ϑ bei wachsendem $|\vartheta|$ beschränkt sind, falls nur ν eine feste Zahl ist und $|\mu|$ hinreichend groß gegen $|\nu + \frac{1}{2}|$ und ξ_0 ist.

Der Beweis von Hilfssatz 3a folgt fast unmittelbar aus Formel (18a); danach ist nämlich

$$\frac{d^2 R}{d\xi^2} \geqq R\,(2\mu - \xi^2),$$

und hieraus ergibt sich mit Hilfe der bekannten Sturmschen Methoden leicht die Behauptung (24). Zum Beweis von Hilfssatz 3b beachte man zunächst: Es ist $\lambda = 2i(\nu + \frac{1}{2}) + m^2$, wobei $m^2 = -2\mu$ gesetzt ist. Es ist also $\sqrt{\lambda} = \vartheta = \vartheta_1 + i\vartheta_2$, wobei ϑ_1 bzw. ϑ_2 für große Werte von m mit beliebiger Genauigkeit durch m bzw. $\left(\frac{\nu + \frac{1}{2}}{m}\right)$ ersetzt werden können. Hieraus folgt, daß die Funktionen $e^{i\vartheta\xi}$ und $e^{-i\vartheta\xi}$ für $0 \leqq \xi \leqq \xi_0$ absolut genommen unter einer zwar von ξ_0, aber bei wachsendem m nicht von m abhängigen Schranke liegen. Nun löse man die Differentialgleichung (6) aus Hilfssatz 3b durch sukzessive Approximation, indem man setzt

$$(26)\quad \begin{cases} A_{(+)}(\xi) = \lim\limits_{l\to\infty} a_l(\xi); \quad a_0(\xi) = e^{i\vartheta\xi}, \quad a_l'' + \vartheta^2 a_l = -\xi^2 a_{l-1}, \\ a_l(\xi) = e^{i\vartheta\xi}\left\{1 - \int\limits_0^{\xi} e^{-2i\vartheta t}\int\limits_0^{t} e^{i\vartheta\tau}\,\tau^2\,a_{l-1}(\tau)\,d\tau\,dt\right\}. \end{cases}$$

Hierbei durchläuft l die Zahlen 1, 2, 3, ... Die Integrationen in der rechten Seite von (26) lassen sich sämtlich ausführen, und die Existenz des $\lim\limits_{l\to\infty} a_l(\xi)$ ist aus dem allgemeinen Existenzbeweis für die Lösungen gewöhnlicher Differentialgleichungen wohl bekannt. Man erhält für $a_l(\xi)$ dabei Ausdrücke der Form

$$e^{i\vartheta\xi}\{1 - s_l(\xi)\},$$

wobei $s_l(\xi)$ Ausdrücke der Form

$$\alpha_l(\xi) + e^{-2i\vartheta\xi}\,\beta_l(\xi)$$

sind, und α_l und β_λ Polynome in ξ bedeuten, deren Koeffizienten, als Funktionen von ϑ betrachtet, mit wachsendem $|\vartheta|$ sämtlich wie eine negative ganzzahlige Potenz von ϑ gegen Null gehen. Wegen der Beschränktheit von $| e^{i\vartheta\xi} |$ folgt daraus die Behauptung von Hilfssatz 3b über $A_{(+)}$ und genau so die entsprechende Behauptung über $A_{(-)}$.

§ 5. Formale Lösung der Randwertaufgabe.

Gesucht ist eine Lösung $u(\xi, \eta)$ der Differentialgleichung

$$\frac{\partial^2 u}{\partial \xi^2} + \frac{\partial^2 u}{\partial \eta^2} + (\xi^2 + \eta^2) u = 0,$$

die auf den Halbparabeln $\eta = +\eta_0$, $0 \leqq \xi < \infty$ und $\eta = -\eta_0$, $0 \leqq \xi < \infty$ vorgegebene Randwerte

$$u(\xi, \eta_0) = g_1(\xi), \quad u(\xi, -\eta_0) = g_2(\xi) \qquad (0 \leqq \xi < \infty),$$

annimmt. Die Voraussetzungen, die über g_1 und g_2 zu machen sind, sollen im nächsten Paragraphen formuliert werden; sie ergeben sich aus der in der Einleitung genannten physikalischen Fragestellung, die der Randwertaufgabe zugrunde liegt. Hier möge nur angenommen werden, daß die Funktionen $\frac{1}{2}(g_1 + g_2)$ bzw. $\frac{1}{2}(g_1 - g_2)$ gerade bzw. ungerade Funktionen von ξ sind. Es genügt dann, die Randwertaufgabe für die beiden Fälle zu lösen, daß die Randwerte auf den beiden Parabelhälften entweder gleich $\frac{1}{2}(g_1 + g_2)$ oder gleich $\pm \frac{1}{2}(g_1 - g_2)$ sind, wobei im zweiten Falle das obere Vorzeichen auf der Halbparabel $\eta = +\eta_0$, das untere Vorzeichen auf der Halbparabel $\eta = -\eta_0$ gilt. Weiterhin soll nur der erste Fall behandelt werden; es ist ersichtlich, daß $u(\xi, \eta)$ dann eine gerade Funktion von ξ und η sein muß. Wir formulieren die Randwertaufgabe für diesen Fall noch einmal mit geeigneten Bezeichnungen.

Gesucht ist eine Lösung $u(\xi, \eta)$ der Differentialgleichung $\Delta u + (\xi^2 + \eta^2) u = 0$, so daß

$$u(\xi, \eta_0) = u(\xi, -\eta_0) = e^{-i(\xi^2 - \eta_0^2)/2} \gamma(\xi), \qquad (0 \leqq \xi < \infty) \tag{27}$$

wird, wobei $\gamma(\xi)$ eine gerade Funktion von ξ ist.

Die gesuchte Funktion $u(\xi, \eta)$ soll nun zusammengesetzt werden durch Superposition von Partikularlösungen $u_n(\xi, \eta)$; das heißt, es soll $u(\xi, \eta)$ dargestellt werden in der Form

$$u(\xi, \eta) = e^{\frac{-i}{2}(\xi^2 - \eta^2)} \int_{\mathfrak{W}} P(\xi, n) \frac{Q(\eta, n)}{Q(\eta_0, n)} h(n)\, dn, \tag{28}$$

wobei $P(\xi, n)$ bzw. $Q(\eta, n)$ eine gerade Lösung der Differentialgleichung (16a) bzw. (16b) ist und $h(n)$ eine noch zu bestimmende Funktion von n bedeutet, während $\mathfrak{W}$ einen geeignet gewählten Weg in der komplexen $n = (\nu + i\mu)$-Ebene bedeutet. u wird dann also zusammengesetzt aus den Partikularlösungen

$$u_n(\xi, \eta) = e^{\frac{-i}{2}(\xi^2 - \eta^2)} P(\xi, n) Q(\eta, n),$$

wobei n die einzelnen Punkte des Weges $\mathfrak{W}$ durchläuft. Einen Anhaltspunkt für die Wahl des Weges $\mathfrak{W}$ liefern die folgenden Forderungen, die man an die Partikularlösungen u_n stellen muß.

1. Die Funktionen u_n sollen den Ausstrahlungsbedingungen (8) aus § 2 genügen. — Dies bedeutet, daß der Realteil ν von n größer als $-\frac{1}{2}$ sein muß, wie man sofort aus den in § 4, Hilfssatz 2 angegebenen asymptotischen Entwicklungen entnehmen kann, die in (22) zur Anwendung für den vorliegenden Fall formuliert sind.

2. Die Funktionen $u_n(\xi, \eta)$ sollen mit $\xi \to \infty$ verschwinden. Diese Forderung ist an sich zur formalen Lösung der Randwertaufgabe nicht notwendig; die in der Einleitung erwähnte Epsteinsche Lösung genügt ihr ja auch keineswegs. Wie aus der physikalischen Formulierung der Randwertaufgabe hervorgeht und wie sich auch nachträglich bestätigen wird, kommt als Lösung nur eine mit $\xi \to \infty$ gegen Null strebende Funktion in Frage; eine Diskussion von u für große Werte von ξ an Hand einer Darstellung (28) ist also nur dann ohne weiteres möglich, wenn die Funktionen u_n ebenfalls mit $\xi \to \infty$ verschwinden. Daß man die Funktionen u_n nicht so wählen kann, daß $\lim_{\xi \to \infty} \xi^{1/2} | u_n |$ existiert und nicht identisch Null in η ist, folgt ohne weiteres daraus, daß für Funktionen u_n dieser Art der Realteil ν von n gleich $-\frac{1}{2}$ sein müßte, wie aus (22) hervorgeht; andererseits ist dann aber die Ausstrahlungsbedingung nicht befriedigt, und es ist leicht zu sehen, daß es für $\nu = -\frac{1}{2}$ tatsächlich unendlich viele auf der Parabel $\eta = \pm \eta_0$ verschwindende aber nicht identisch verschwindende Lösungen u_n gibt; man vergleiche hierzu die Bemerkungen in § 4 (18c) über die Nullstellen von u_n.

Aus den Forderungen 1. und 2. ergibt sich, daß der Weg $\mathfrak{W}$ in dem Streifen $0 > \nu > -\frac{1}{2}$ der n-Ebene verlaufen muß. Im folgenden soll $\mathfrak{W}$ eine Gerade parallel zur μ-Achse mit einer Abszisse ν zwischen 0 und $-\frac{1}{2}$ sein. Als Funktion $P(\xi, n)$ kann man dann in (28) die durch (17c) aus § 4, Hilfssatz 1 definierte Funktion $p(\xi, n)$ benutzen. Man erhält dann statt (28)

$$\text{(28a)}\quad u(\xi, \eta) = e^{-i/2(\xi^2 - \eta^2)} \int_{\nu - i\infty}^{\nu + i\infty} p(\xi, n) \frac{Q(\eta, n)}{Q(\eta_0, n)} h(n)\, dn \qquad \left(0 > \nu > -\frac{1}{2}\right);$$

wobei $h(n)$, wie aus (27) folgt, aus der Gleichung bestimmt werden muß

$$\gamma(\xi) = \int_{\nu - i\infty}^{\nu + i\infty} p(\xi, n)\, h(n)\, dn \qquad \left(0 > \nu > -\tfrac{1}{2}\right). \tag{29}$$

Setzt man in (29) den Wert von $p(\xi, n)$ aus (17c), § 4 ein, so ergibt sich

$$\gamma(\xi) = \int_{\nu - i\infty}^{\nu + i\infty} h(n) \left\{ \int_0^\infty \cos \xi t\, e^{-i t^2/4} t^{-n-1}\, dt \right\} dn. \tag{29a}$$

Setzt man voraus, daß man die Integrationen vertauschen kann und daß man die Mellinsche Umkehrung anwenden darf, so erhält man

$$\gamma(\xi) = 2\pi i \int_0^\infty \cos \xi t \cdot \omega(t)\, e^{-i t^2/4}\, dt, \tag{29b}$$

wobei $\omega(t)$ definiert ist durch

$$t\omega(t) = \frac{1}{2\pi i} \int_{\nu - i\infty}^{\nu + i\infty} t^{-n} h(n)\, dn \tag{29c}$$

und nach der Mellinschen Formel umgekehrt

$$h(n) = \int_0^\infty t^n \omega(t)\, dt \tag{29d}$$

ist. Setzt man weiterhin voraus, daß man auf (29b) das Fouriersche Integraltheorem anwenden darf, so erhält man

$$e^{-i t^2/4} \omega(t) = \frac{-i}{\pi^2} \int_0^\infty \cos \xi t \cdot \gamma(\xi)\, d\xi. \tag{29e}$$

Damit aber hat man $h(n)$ durch die Randwerte $\gamma(\xi)$ ausgedrückt; faßt man die Formeln (29e) bis (29c) rückwärts gehend zusammen, so ergibt sich nach neuer Bezeichnung der Integrationsvariablen

$$h(n) = \frac{-i}{\pi^2} \int_0^\infty \tau^n e^{i \tau^2/4} \left\{ \int_0^\infty \cos \tau\sigma \cdot \gamma(\sigma)\, d\sigma \right\} d\tau. \tag{30}$$

Indem man wieder mit einem Querstrich den konjugiert-komplexen Wert der überstrichenen Größe bezeichnet, findet man aus (17c), unter der Voraussetzung, daß man in (30) die Integrationen vertauschen darf,

$$h(n) = \frac{-i}{\pi^2} \int_0^\infty \bar{p}(\sigma, -\bar{n} - 1)\, \gamma(\sigma)\, d\sigma. \tag{31}$$

Indem man den nach den Formeln (16) in § 4 angemerkten Zusammenhang zwischen den Lösungen von (16a) und (16b) berücksichtigt, lassen sich die Resultate von § 5 zusammenfassen in dem

Hauptsatz: *Es sei $\gamma(\xi)$ eine den Bedingungen von § 6, Hilfssatz 4 genügende gerade, für $0 \leqq \xi < \infty$ analytische Funktion von ξ. Es sei $p(\xi, n)$ die Lösung der Differentialgleichung*

(a) $$\frac{d^2 p}{d\xi^2} + 2i\left(-\xi\frac{dp}{d\xi} + np\right) = 0,$$

die eine gerade Funktion von ξ mit dem Anfangswert

$$p(0, n) = 2^{-n-1} e^{n\pi i/4}\,\Gamma\left(\frac{-n}{2}\right)$$

ist; es ist dann für solche Werte der komplexen Zahl $n = \nu + i\mu$, für die der Realteil ν von n zwischen -1 und 0 liegt,

(b) $$p(\xi, n) = \int_0^\infty \cos\xi t\, e^{-it^2/4} t^{-n-1}\, dt.$$

Dann gibt es genau eine der Ausstrahlungsbedingung (11), *§ 2 genügende Lösung $u(\xi, \eta)$ der Differentialgleichung*

(c) $$\frac{\partial^2 u}{\partial\xi^2} + \frac{\partial^2 u}{\partial\eta^2} + (\xi^2 + \eta^2)\, u = 0,$$

so daß für $0 \leqq \xi < \infty$ stets

(d) $$u(\xi, \eta_0) = u(\xi, -\eta_0) = e^{-i/2(\xi^2-\eta_0^2)}\gamma(\xi)$$

ist, und diese Lösung u wird gegeben durch

(e) $$u(\xi, \eta) = e^{-i/2(\xi^2-\eta^2)} \int_{\nu-i\infty}^{\nu+i\infty} \frac{\bar p(\eta, \bar n)}{\bar p(\eta_0, \bar n)}\, p(\xi, n)\, h(n)\, dn, \quad \left(0 > \nu > \frac{-1}{2}\right),$$

wobei $n = \nu + i\mu$ ist und $h(n)$ sich aus $\gamma(\xi)$ berechnet durch

(f) $$h(n) = \frac{-i}{\pi^2}\int_0^\infty \bar p(\sigma, -\bar n - 1)\,\gamma(\sigma)\, d\sigma = \frac{-i}{\pi^2}\int_0^\infty \tau^n e^{i\tau^2/4} \int_0^\infty \cos\tau\sigma\cdot\gamma(\sigma)\, d\sigma\, d\tau.$$

Zum vollständigen Beweis des Hauptsatzes fehlt vor allem noch der Nachweis, daß die in den Formeln (29) bis (29e) vorgenommenen Vertauschungen von Integrationen und die Anwendung der Mellinschen und Fourierschen Umkehrung erlaubt sind. Dieser Nachweis wird in § 6 geliefert werden. Die vollständige Lösung der Randwertaufgabe würde eigentlich noch erfordern, daß man unter Zugrundelegung einer ungeraden Funktion $\gamma^*(\xi)$ die Differentialgleichung (c) des Hauptsatzes mit der Randbedingung

(d*) $$u(\xi, \eta_0) = -u(\xi, -\eta_0) = e^{-i/2(\xi^2-\eta_0^2)}\gamma^*(\xi)$$

löst. Hierzu hat man in den Formeln (e) und (f) nur konsequent $p(\xi, n)$ durch

$$p^*(\xi, n) = \int_0^\infty \sin \xi t \, e^{-it^2/4} t^{-n-1} dt \tag{b*}$$

und den cosinus durch den sinus zu ersetzen.

§ 6. Konvergenzbeweise. Verschiedene Darstellungen der Lösung.

Der Beweis für die Formeln des § 5, insbesondere für die Formeln (f) des Hauptsatzes, ist nicht möglich ohne nähere Voraussetzungen über die Natur der die Randwerte charakterisierenden Funktion $\gamma(\xi)$. Nun sollen, wie in der Einleitung gesagt wurde, die Randwerte der Funktion u auf der Parabel $\mathfrak{P}$, die durch $\eta = \pm \eta_0$ definiert ist, zugleich (bis auf das Vorzeichen) die Randwerte von einer Funktion sein, der physikalisch gesprochen ein System von diskret oder kontinuierlich verteilten Lichtquellen im Innern der Parabel $\mathfrak{P}$ entspricht, wobei die Zentren dieser Lichtquellen auf einen endlichen, ganz im Innern von $\mathfrak{P}$ enthaltenen Bereich beschränkt bleiben sollten. Sind nun x_0, y_0 die kartesischen Koordinaten eines beliebigen Punktes P_0 im Innern von $\mathfrak{P}$, so erhält man eine ausstrahlende Lichtquelle in P_0 durch jede der Funktionen

$$H_0^{(2)}(k\varrho), \quad \varrho = \sqrt{(x-x_0)^2 + (y-y_0)^2}$$

sowie ihre partiellen Ableitungen beliebiger Ordnung nach x_0 und y_0; hierbei ist $H_0^{(2)}$ wieder die zweite Hankelsche Funktion vom Index Null. Bildet man nun eine Summe oder ein Integral, erstreckt über verschiedene Werte von x_0, y_0, über Funktionen

$$c(x_0, y_0)\, H(x, y, x_0, y_0),$$

wobei H eine der Funktionen $H_0^{(2)}(k\varrho)$ oder ihre partiellen Ableitungen nach x_0, y_0 bedeutet, so ist es die durch diese Summation oder Integration entstehende Funktion $H^*(x, y)$, deren Randwerte auf $\mathfrak{P}$, bis auf das Vorzeichen, die Randwerte der gesuchten Lösung u der Wellengleichung sein sollen. Aus der bekannten asymptotischen Entwicklung für $H_0^{(2)}(k\varrho)$ für große Werte von ϱ:

$$H_0^{(2)}(k\varrho) = \left(\frac{2}{\pi k \varrho}\right)^{1/2} \frac{1}{\Gamma(\frac{1}{2})} e^{-i(k\varrho - \pi/4)} \left\{ \sum_{\nu=0}^{l-1} \binom{-\frac{1}{2}}{\nu} \Gamma\left(\nu + \frac{1}{2}\right) \left(\frac{-i}{2k\varrho}\right)^\nu + O((k\varrho)^{-l}) \right\}$$

ergibt sich nun, wegen $x = k^{-1}\xi\eta$, $y = \frac{k^{-1}(\xi^2 - \eta^2)}{2}$, daß die Randwerte von H^* auf $\mathfrak{P}$ eine analytische Funktion von ξ sind, deren gerader und ungerader Bestandteil („gerade" und „ungerade" bezogen auf die Abhängigkeit von ξ) ebenfalls asymptotische Entwicklungen derselben Art wie $H_0^{(2)}(k\varrho)$ besitzen. Bezeichnet man nun noch mit $\gamma(\xi)$ bzw. $\gamma^*(\xi)$ den mit $e^{i/2(\xi^2-\eta^2)}$ multiplizierten geraden bzw. ungeraden Teil der Randwerte, so erhält man den

Hilfssatz 4. Für große Werte von ξ gelten die asymptotischen Entwicklungen für die geraden bzw. ungeraden analytischen Funktionen $\gamma(\xi)$ bzw. $\gamma^*(\xi)$

$$\gamma(\xi) = \frac{c_0}{\sqrt{\eta_0^2+\xi^2}} + \frac{c_1}{\xi^2} + \frac{c_2}{\xi^3} + \cdots + \frac{c_{l-2}}{\xi^{l-1}} + O(\xi^{-l}) \tag{32a}$$

$$\gamma^*(\xi) = \frac{d_1}{\xi^2} + \frac{d_2}{\xi^3} + \cdots + \frac{d_{l-2}}{\xi^{l-1}} + O(\xi^{-l}) \tag{32b}$$

für jeden endlichen Wert der natürlichen Zahl l, und diese Beziehungen bleiben gültig, wenn man beide Seiten mehrfach nach ξ differenziert. $c_0, c_1, \ldots$ sowie $d_1, d_2 \ldots$ sind von ξ unabhängig. — Es soll nun bewiesen werden:

Unter der Voraussetzung, daß $\gamma(\xi)$ den Bedingungen (32a) *von Hilfssatz 4 genügt, ist der Hauptsatz aus § 5 richtig; insbesondere gilt die Behauptung (f) des Hauptsatzes, d. h. aus Formel* (30) *in § 5 folgt rückwärts die Formel* (29). *Über das Verhalten der Funktion $h(n)$ für große Werte des Imaginärteils von n lassen sich nähere Aussagen machen.*

Hierzu dienen die unten bewiesenen weiteren Hilfssätze.

Hilfssatz 5. Wenn die gerade Funktion $\gamma(\xi)$ die asymptotische Entwicklung (32a) aus Hilfssatz 4 besitzt, so gilt:

Die Funktion

$$i\pi^2 e^{-i\tau^2/4}\,\omega(\tau) = \int_0^\infty \cos\sigma\tau \cdot \gamma(\sigma)\,d\sigma$$

nimmt mit wachsendem τ rascher ab als jede Potenz τ^{-l}, wobei l eine natürliche Zahl ist. Hieraus folgt sofort, daß die Anwendung des Fourierschen Integraltheorems, die von (29b) zu (29c) führte, erlaubt ist, und daß man in Formel (f) des Hauptsatzes aus § 5 wirklich für $h(n)$ auch die Integraldarstellung

$$h(n) = \frac{-i}{\pi^2}\int_0^\infty p(\sigma, -n-1)\,\gamma(\sigma)\,d\sigma$$

einsetzen darf.

Beweis: Man berechne zunächst $\int\limits_0^\infty \frac{\cos\sigma\tau}{\sqrt{\eta_0^2+\sigma^2}}\,d\sigma$. Wegen der bekannten Formeln

$$H_0^{(1)}(i\tau) = \frac{2}{\pi i}\int\limits_1^\infty \frac{e^{-\sigma\tau}}{\sqrt{\sigma^2-1}}\,d\sigma\,;$$

$$\int\limits_0^\infty \frac{e^{i\sigma\tau}\,d\sigma}{\sqrt{1+\sigma^2}} = \int\limits_1^\infty \frac{e^{-\sigma\tau}}{\sqrt{\sigma^2-1}}\,d\sigma + i\int\limits_0^1 \frac{e^{-\sigma\tau}}{\sqrt{1-\sigma^2}}\,d\sigma\,,$$

wobei $H_0^{(1)}$ die erste Hankelsche Funktion vom Index Null bedeutet, erhält man

$$\int\limits_0^\infty \frac{\cos\sigma\tau}{\sqrt{\eta_0^2+\sigma^2}}\,d\sigma = \int\limits_1^\infty \frac{e^{-\sigma\eta_0\tau}}{\sqrt{\sigma^2-1}}\,d\sigma = \frac{\pi i}{2} H_0^{(1)}(i\eta_0\tau)\,.$$

Es ist bekannt, daß $H_0^{(1)}(i\eta_0\tau)$ wie $e^{-\eta_0\tau}$ mit wachsendem τ abnimmt. Setzt man nun $\gamma - \frac{c_0}{\sqrt{\eta_0^2+\sigma^2}} = \gamma_1$, so ist γ_1 ebenfalls eine gerade Funktion von ξ, und γ_1 verschwindet, ebenso wie alle Ableitungen von γ_1, mit wachsendem σ. Man erhält nun

$$\int\limits_0^\infty \cos\sigma\tau\cdot\gamma_1(\sigma)\,d\sigma = \left[\frac{\sin\sigma\tau}{\tau}\,\gamma_1(\sigma)\right]_{\sigma=0}^{\sigma=\infty} - \int\limits_0^\infty \frac{\sin\sigma\tau}{\tau}\,\gamma_1'(\sigma)\,d\sigma$$

$$= \left[\frac{\sin\sigma\tau}{\tau}\,\gamma_1(\sigma) + \frac{\cos\sigma\tau}{\tau^2}\,\gamma_1'(\sigma) + \frac{\sin\sigma\tau}{\tau^3}\,\gamma_1''(\sigma)\right]_{\sigma=0}^{\sigma=\infty} - \int\limits_0^\infty \frac{\sin\sigma\tau}{\tau^3}\,\gamma_1'''(\sigma)\,d\sigma,\quad \text{usw.}$$

und da die ungeraden Ableitungen von $\gamma_1(\sigma)$ bei $\sigma = 0$ verschwinden, folgt daraus die Behauptung des Hilfssatzes 5 für $\gamma(\sigma)$. — Eine Konsequenz von Hilfssatz 5 ist

Hilfssatz 6. Die Funktion $h(n)$ des Hauptsatzes, welche gegeben ist durch

$$h(n) = \int\limits_0^\infty \omega(\tau)\,\tau^n\,d\tau;\quad e^{-i\tau^2/4}\,\omega(\tau) = \frac{-i}{\pi^2}\int\limits_0^\infty \gamma(\sigma)\cos\sigma\tau\,d\sigma$$

besitzt folgende Eigenschaft: Wenn $n = \nu + i\mu$ und $\nu > -1$ ist, so nimmt $|h(n)|$ mit $|\mu| \to \infty$ stärker gegen Null ab als jede Potenz $|\mu|^{-l}$, wenn nur die gerade Funktion $\gamma(\sigma)$ den Bedingungen von Hilfssatz 4 genügt. Eine Konsequenz von Hilfssatz 6 ist, daß man die zum Übergang von (29c) zu (29d) benutzte Mellinsche Formel anwenden darf.

11*

Beweis: Nach Hilfssatz 5 nimmt $|\omega(\tau)|$ mit $\tau \to \infty$ stärker ab als τ^{-l}, und dasselbe gilt für alle Ableitungen von ω; außerdem ist $\omega(\tau)$ eine gerade Funktion von τ. Man erhält daher durch mehrfache partielle Integration

$$\int_0^\infty \omega(\tau)\,\tau^n\,d\tau = \frac{(-1)^l}{n(n+1)\cdots(n+l)}\int_0^\infty \tau^{n+l}\,\omega^{(l)}(\tau)\,d\tau,$$

und da $|\tau^{n+l}| = \tau^{\nu+l}$ unabhängig von μ ist, ist das Integral rechts unabhängig von μ beschränkt, woraus Hilfssatz 6 folgt.

Es fehlt jetzt noch der Nachweis, daß man von (29a) zu (29b) durch Vertauschung der Integrationen in (29a) gelangen kann. Dieser Nachweis läßt sich leicht liefern mit Hilfe von

Hilfssatz 7. Es sei $n = \nu + i\mu$ und es sei

$$p(\xi, n) = \int_0^\infty e^{-it^2/4}\,t^{-n-1}\cos\xi t\,dt \qquad \left(0 > \nu > -\tfrac{1}{2}\right);$$

dann gelten für $|p(\xi, n)|$ bei festem ξ und wachsendem $|\mu|$ die folgenden Abschätzungen: Für $\mu > 0$ ist

$$|p(\xi, n)| \leqq C\,e^{-\mu\pi/4},$$

wobei C von ξ und ν aber nicht von μ abhängt. Für $\mu < 0$ gilt entsprechend

$$|p(\xi, n)| \leqq C\,e^{|\mu|\pi/4}\left|\Gamma\left(\frac{-\nu - i\mu}{2}\right)\right| \leqq C_1\,|\mu|^{\nu+3/2}.$$

Zum Beweis der Abschätzung von $|p|$ für $\mu > 0$ genügt die Formel (17d) nach Hilfssatz 1, § 4. Zum Beweis der Abschätzung von $|p|$ für $\mu < 0$ muß man Hilfssatz 3b von § 4 heranziehen, und berücksichtigen, daß die Anfangswerte $p(0, n)$ von p nach Hilfssatz 1 gleich $e^{n\pi i/4}\,2^{-n-1}\,\Gamma\left(-\frac{n}{2}\right)$ sind. Nach Hilfssatz 3b verhält sich nämlich $|p(\xi, n)|$ bei festem ξ und großen Werten von $|\mu|$ mit $\mu < 0$ näherungsweise wie

$$\frac{1}{2}\,|p(0, n)|\,|e^{i\vartheta\xi} + e^{-\vartheta\xi}|; \quad \vartheta = \sqrt{-2\mu + 2i\left(\nu + \tfrac{1}{2}\right)}.$$

Daß $|p(0, n)| \leqq$ constans $|\mu|^{\nu+3/2}$ ist für hinreichend große $|\mu|$, folgt leicht aus den bekannten Sätzen über die Gammafunktion.

Zusammen mit den Resultaten der Hilfssätze 5 und 6 über das Verhalten von $|\omega(t)|$ für große Werte von t und von $|h(n)|$ für große Werte von $|\mu|$ folgt nun leicht die Möglichkeit, von (29a) zu (29b) zu gelangen. Der Nachweis, daß durch die Formel (e) des Hauptsatzes nicht nur eine Funktion u mit den vorgeschriebenen Randwerten, sondern tatsächlich eine der Ausstrahlungsbedingung genügende Lösung der Randwertaufgabe für (c) geliefert wird, läßt sich mit den hier entwickelten Mitteln ohne weiteres erbringen. Zur Diskussion des Verhaltens von

$$\frac{p(\eta, \bar{n})}{p(\eta_0, \bar{n})}$$

für große Werte von $|\mu|$ hat man für $\mu > 0$ Hilfssatz 3a, für $\mu < 0$ Hilfssatz 3b heranzuziehen. Über das Verhalten von $p(\xi, n)$ und $h(n)$ für große $|\mu|$ geben die Hilfssätze 4—7 hinlänglich Auskunft.

Man braucht in der Formel (e) des Hauptsatzes den Integrationsweg $\mathfrak{W}$ in der n-Ebene nicht als eine Parallele zur imaginären Achse zu wählen; wie aus Hilfssatz 5 folgt, ist $h(n)$ nämlich eine analytische Funktion von n, und man kann daher $\mathfrak{W}$ beliebig deformieren, sofern nur $\mathfrak{W}$ beständig in der Halbebene $\nu > -\frac{1}{2}$ verbleibt. Für $\nu \geqq 0$ hat man dabei zur Definition von $p(\xi, n)$ die Formel (17e) aus § 4 heranzuziehen, mit deren Hilfe sich $p(\xi, n)$ für alle Werte von n, die keine ganzen Zahlen $\geqq 0$ sind, definieren läßt. Ist l gleich einer ganzen Zahl $\geqq 0$, so besitzt die Funktion $p(\xi, n)$ von n für $n = l$ einen Pol. Durch Deformation von $\mathfrak{W}$ in der durch Fig. 3 angedeuteten Weise in einen Weg $\mathfrak{W}^*$ und durch Anwendung des Residuensatzes bekommt man aus dem Hauptsatz die Epsteinsche Lösung, die in der Einleitung erwähnt wird.

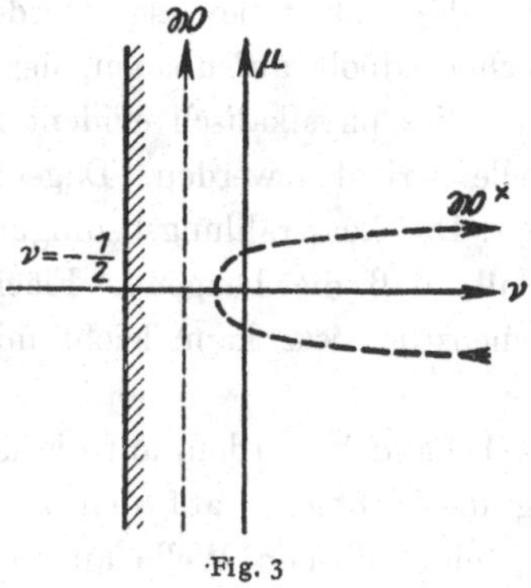

Fig. 3

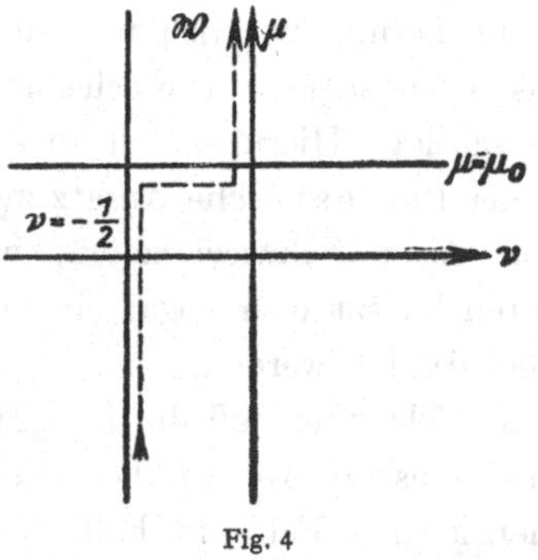

Fig. 4

Zur Diskussion von $u(\xi, \eta)$ für große ξ und $-\eta_0 \leqq \eta \leqq \eta_0$ ist es zweckmäßig, den Integrationsweg $\mathfrak{W}$ so zu wählen, wie das in Fig. 4 angedeutet ist. Dabei ist μ_0 der kleinste Wert von μ, für den $p(\eta_0, \bar{n})$ mit $\bar{n} = -\frac{1}{2} - i\mu$ gleich Null ist. Je näher η_0 an Null liegt, um so größer wird μ_0. Weitere Untersuchungen hierüber sollen einer späteren Arbeit vorbehalten werden.

(Eingegangen am 23. 5. 1940.)

Über die Beugung elektromagnetischer Wellen an einer Halbebene.

Von **Wilhelm Magnus.**

(Eingegangen am 17. September 1940.)

Die von Sommerfeld entwickelten Formeln für die Beugung ebener elektromagnetischer Wellen an einer Halbebene von vollkommener elektrischer Leitfähigkeit werden durch direkte Berechnung der auf dem beugenden Schirm fließenden Ströme neu abgeleitet.

Einleitung. H. Poincaré[1]) hat vorgeschlagen, die Beugung elektromagnetischer Wellen an vollkommen leitenden Flächen durch Berechnung der auf den Flächen fließenden Ströme zu behandeln. Dies bedeutet, daß die beugende Fläche zu ersetzen ist durch eine mit Hertzschen Dipolen belegte Fläche, wobei die Achsen der Hertzschen Dipole überall tangential zur Fläche liegen. Dieser Ansatz scheint indessen nicht weiter verfolgt worden zu sein; wenigstens werden die bisher bekannten strengen Lösungen des Beugungsproblems durchweg mit anderen Methoden behandelt[2]). Der Poincarésche Ansatz führt auf Integralgleichungen[3]), deren Kern dieselbe Singularität besitzt wie das Potential einer punktförmigen Ladung; abgesehen von den allgemeinen Schwierigkeiten, die der Lösung einer solchen Integralgleichung entgegenstehen, tritt noch eine besondere Komplikation dadurch auf, daß bisher nicht allgemein die Möglichkeit bewiesen worden ist, die Lösung wirklich nur mit Hilfe solcher Dipole aufzubauen, deren Achsen tangential zur Fläche liegen, obwohl dies physikalisch evident zu sein scheint. Hierüber soll an anderer Stelle berichtet werden. Dagegen hat der Poincarésche Ansatz zwei Vorzüge: Die Ausstrahlungsbedingung macht keine Schwierigkeiten, und der Fall, daß die beugende Fläche Kanten besitzt oder sogar ein offenes Flächenstück ist, kann leicht mitberücksichtigt werden.

Im folgenden soll die Integralgleichung behandelt werden, auf die der Poincarésche Ansatz (bei Beschränkung des Problems auf den zweidimensionalen Fall) im Falle der Beugung einer ebenen Welle an einer

---

[1]) Sur la théorie des oscillations hertziennes. Compt. Rend. de l'Academie des sciences. Paris **113**, 515–519, 1891. — [2]) Für eine Darstellung des Gebietes und für Literaturangaben vgl. etwa A. Sommerfeld in Frank-Mises „Die Differential- und Integralgleichungen der Mechanik und Physik", 2. Aufl., Bd. 2, S. 808–875. — [3]) Die Theorie der Integralgleichungen war zur Zeit des Erscheinens der Note von Poincaré eben erst im Entstehen. Poincaré erwähnt sie dort überhaupt nicht.

Halbebene führt. Das dabei auftretende Beispiel eines nicht trivialen, aber explizit lösbaren Systems von unendlich vielen Gleichungen mit unendlich vielen Unbekannten [Formeln (14) und (16)] darf vielleicht auch für sich einiges Interesse beanspruchen. Das scheinbare Leuchten der beugenden Kante wird aus der berechneten Verteilung der Ströme auf der Halbebene unmittelbar verständlich. Einen einfachen Ausdruck für die Stromverteilung gibt Formel (23).

Es ist kaum notwendig, hinzuzufügen, daß das Problem der Beugung an einer Halbebene an sich vollständig gelöst ist; die Frage wurde schon von Poincaré[1]) untersucht und von Sommerfeld[2]) mit Hilfe seiner berühmten „verzweigten Funktion der ebenen Welle" erschöpfend diskutiert.

1. Formulierung des Problems. Es seien x, y, z rechtwinklige kartesische Koordinaten; die Hälfte der y, z-Ebene, auf der $y \geqq 0$ ist, werde von einem Schirm von vollkommener Leitfähigkeit eingenommen. Auf diesen Schirm falle eine ebene Welle, die so polarisiert sei, daß nur die z-Komponente E_0 der elektrischen Feldstärke von Null verschieden und überdies von z unabhängig ist. Nach Abspaltung eines Faktors $e^{i\omega t}$ (t ist die Zeit, ω die Kreisfrequenz der ebenen Welle) läßt sich dann E in der Form schreiben

$$E_0 = A e^{-i\varkappa(x\cos\alpha + y\sin\alpha)} \quad (A = \text{Konstante}), \tag{1}$$

wobei $\varkappa = \frac{2\pi c}{\lambda}$ (c = Lichtgeschwindigkeit, λ = Wellenlänge der ebenen Welle) und α der Winkel ist, den die Fortschreitungsrichtung der ebenen Welle mit der positiven x-Achse bildet. Durch das Auftreffen der ebenen Welle auf den Schirm entsteht eine Beugungswelle, deren elektrische Feldstärke ebenfalls nur eine z-Komponente u besitzt, die ihrerseits von z unabhängig ist. Es ist dann $E = E_0 + u$ die z-Komponente der elektrischen Feldstärke der gesamten, durch Beugung an der Halbebene entstehenden Welle, und es ist u hierbei bestimmt durch die Forderungen:

I. Es soll u eine Lösung der Wellengleichung

$$\frac{\partial^2 u}{\partial x^2} + \frac{\partial^2 u}{\partial y^2} + \varkappa^2 u = 0 \tag{2}$$

sein, welche im ganzen Raume stetig ist.

II. Es soll u der Ausstrahlungsbedingung genügen; für deren Formulierung siehe man Sommerfeld[3]).

[1]) Acta Math. **16**, 297, 1892. — [2]) Gött. Nachr. 1894, S. 338—342; 1895, S. 268—274; Math. Ann. **47**, 317—374, 1896; Proc. London Math. Soc. **28**, 359—429, 1897; ZS. f. Math. u. Phys. **46**, 11—97, 1901. — [3]) Siehe Fußnote 2 auf S. 168, dort S. 803—808, oder Jahresber. d. D. Mathematikervereinigung **21**, 309, 1921.

III. Die Werte von u auf dem beugenden Schirm sollen entgegengesetzt gleich sein den Werten von E_0 auf dem Schirm.

2. *Ansatz* zur *Lösung*. Die Bedingungen I und II werden von selber befriedigt durch den Ansatz:

$$u = A\varkappa \int_0^\infty f(\varkappa\eta)\, H_0^{(2)}\left(\varkappa\sqrt{x^2 + (y-\eta)^2}\right) d\eta, \tag{3}$$

wobei $H_0^{(2)}$ die zweite Hankelsche Funktion vom Index Null bedeutet. Der Ansatz (3) bedeutet, daß man den beugenden Schirm ersetzt durch eine Belegung mit Wechselströmen der Kreisfrequenz $\omega = \varkappa c$, deren Richtung überall parallel zur z-Achse ist, und deren Amplitude für $y = \eta$ (unabhängig von z) den Wert $\pi A\varkappa\,|f(\varkappa\eta)|\,d\eta$ besitzt; $f(\varkappa\eta)$ gibt also die Belegungsdichte und Phase der Wechselströme an. — Indem man $\varkappa x$ und $\varkappa y$ als neue Koordinaten einführt, kann man nachträglich $\varkappa = 1$ setzen; die Bedingung III liefert dann für die Funktion die Integralgleichung

$$-e^{-iy\sin\alpha} = \int_0^\infty f(\eta)\, H_0^{(2)}(|y-\eta|)\, d\eta; \tag{4}$$

es ist, etwas allgemeiner, die Integralgleichung

$$g(y) = \int_0^\infty f(\eta)\, H_0^{(2)}(|y-\eta|)\, d\eta, \tag{5}$$

in der $g(y)$ eine gegebene Funktion von y bedeutet, die im folgenden untersucht werden soll. Zunächst sei nur noch angemerkt: Setzt man in (4) $\alpha = 0$, so kann man von vornherein zwei Behauptungen über das zugehörige $f(\eta)$ als plausibel annehmen: Erstens wird $|f(\eta)|$ für kleine Werte von η wie $\eta^{-1/2}$ unendlich werden, und zweitens wird $f(\eta)$ für große Werte von η sich beliebig wenig von $-1/2$ unterscheiden müssen. Die erste Bemerkung leitet sich daraus her, daß der Kern der Integralgleichung (4) eine logarithmische Singularität besitzt, so daß man für $|f(\eta)|$ bei Annäherung an die Kante des Schirmes ein ähnliches Verhalten erwarten wird wie für die Ladungsdichte auf einer vollkommen leitenden elektrostatisch geladenen Halbebene. Die zweite Bemerkung läßt sich damit begründen, daß in großer Entfernung von der Kante des Schirmes dieselben Verhältnisse zu erwarten sind, wie sie eintreten würden, wenn der Schirm eine volle unbegrenzte Ebene wäre. In diesem Falle ergibt sich aber wegen

$$\int_{-\infty}^{+\infty} H_0^{(2)}\left(\sqrt{x^2 + (y-\eta)^2}\right) d\eta = 2e^{-i|x|},$$

daß für $E_0 = e^{-ix}$ einfach $f(\eta) = -{}^1/_2$ folgt, und daß

$$E = E_0 + u = e^{-ix} - \tfrac{1}{2} \int_{-\infty}^{+\infty} H_0^{(2)}\left(\sqrt{x^2+\eta^2}\right) d\eta = e^{-ix} - e^{-i|x|}$$

die stehende Welle charakterisiert, die durch Auftreffen der ebenen Welle E_0 auf die vollkommen leitende y, z-Ebene entsteht; es ist bemerkenswert, daß hier der Poincarésche Ansatz die Lösung für den *ganzen* Raum liefert und nicht nur für den Halbraum, aus dem die Welle E_0 einfällt.

3. Hilfssätze über Besselsche Funktionen[1]). Das Additionstheorem der Zylinderfunktionen liefert die bekannte Formel:

$$H_0^{(2)}(|y-\eta|) = \begin{cases} \sum\limits_{n=0}^{\infty} \varepsilon_n H_n^{(2)}(y) J_n(\eta) & \text{für} \quad y \geqq \eta, \\ \sum\limits_{n=0}^{\infty} \varepsilon_n H_n^{(2)}(\eta) J_n(y) & \text{für} \quad \eta \geqq y. \end{cases} \tag{6}$$

Hierbei bedeutet $H_n^{(2)}$ bzw. J_n die zweite Hankelsche bzw. die Besselsche Funktion vom Index n, und es ist

$$\varepsilon_n = 1 \quad \text{für} \quad n = 0, \qquad \varepsilon_n = 2 \quad \text{für} \quad n = 1, 2, 3, \ldots \tag{7}$$

gesetzt. Mit Rücksicht auf diese Formeln liegt es nahe, in der Integralgleichung (5) für $f(\eta)$ solche Funktionen einzusetzen, die eine explizite Ausführung der Integrationen in (5) mit Hilfe der Formeln (6) gestatten. Als solche Funktionen kann man $\frac{1}{\eta} J_\mu(\eta)$ wählen, wobei der Index μ der Besselschen Funktion J_μ eine positive reelle Zahl und zunächst nicht ganzzahlig sein soll. Definiert man nun

$$\psi_\mu(y) = \int_0^\infty J_\mu(\eta) H_0^{(2)}(|y-\eta|) \frac{d\eta}{\eta}, \tag{8}$$

so liefert (6) zusammen mit den Formeln

$$\int J_\mu(\eta) H_n^{(2)}(\eta) \frac{d\eta}{\eta} = \frac{\eta\,[J_\mu' H_n^{(2)} - H_n^{(2)\prime} J_\mu]}{\mu^2 - n^2}, \tag{9 a}$$

$$\lim_{y \to \infty} y\,[J_\mu'(y) H_n^{(2)}(y) - J_\mu(y) H_n^{(2)\prime}(y)] = \frac{2i}{\pi} e^{-\frac{i\pi}{2}(\mu - n)}, \tag{9 b}$$

$$y\,[J_n'(y) H_n^{(2)}(y) - J_n(y) H_n^{(2)\prime}(y)] = \frac{2i}{\pi} \text{ (unabhängig von } y\text{)}, \tag{9 c}$$

$$\sum_{n=0}^{\infty} \frac{\varepsilon_n}{\mu^2 - n^2} = \frac{\pi}{\mu} \frac{\cos \mu\pi}{\sin \mu\pi}, \tag{9 d}$$

[1]) Die hier angegebenen Formeln stehen in allen Werken über Zylinderfunktionen. Siehe z. B. R. Weyrich, Die Zylinderfunktionen und ihre Anwendungen, Leipzig 1937.

das verhältnismäßig einfache Resultat

$$\psi_\mu(y) = \frac{2i}{\pi}\left\{-J_\mu(y)\frac{\pi}{\mu}\frac{\cos\mu\pi}{\sin\mu\pi} + \sum_{n=0}^{\infty} J_n(y)\frac{i^n\varepsilon_n e^{-\frac{i\pi\mu}{2}}}{\mu^2-n^2}\right\}. \quad (10)$$

Durch einen Grenzübergang kann man auch den in Formel (10) zunächst ausgeschlossenen Fall behandeln, daß μ gleich einer ganzen Zahl $m > 0$ ist; hier bekommt man allerdings nur für die Laplace-transformierte von ψ_m einen einfachen Ausdruck; setzt man

$$\mathfrak{L}\psi_\mu(y) \equiv \int_0^\infty e^{-py}\psi_\mu(y)\,dy = \chi_\mu(p).$$

so wird wegen

$$\mathfrak{L}J_\mu(y) \equiv \int_0^\infty e^{-py}J_\mu(y)\,dy = \frac{q^\mu}{\sqrt{1+p^2}};\quad q = \sqrt{1+p^2}-p,$$

die Laplace-transformierte χ_m von ψ_m zu

$$\chi_m(p) = \frac{2i}{\pi}\frac{1}{\sqrt{1+p^2}}\left\{\frac{q^m}{2m^2}(1-im\pi-2m\ln q) + \sum_{\substack{n=0\\ n\neq m}}^{\infty}\frac{\varepsilon_n (iq)^n i^{-m}}{m^2-n^2}\right\}. \quad (10\,\mathrm{a})$$

Diese Formel wird im folgenden nicht gebraucht; dagegen ist für den hier vorliegenden Zweck sehr wichtig die bekannte Formel

$$e^{-iy\sin\alpha} = \sum_{n=0}^{\infty}\varepsilon_n J_{2n}(y)\cos 2n\alpha - 2i\sum_{n=0}^{\infty} J_{2n+1}(y)\sin(2n+1)\alpha. \quad (11)$$

4. Lösung der Integralgleichung (5). Die Formeln (10) vereinfachen sich, wenn μ die Hälfte einer ungeraden Zahl wird, da dann $\cos\mu\pi$ gleich Null ist. Denkt man sich in der Integralgleichung (5) die unbekannte Funktion $\eta f(\eta)$ als Summe von Bessel-Funktionen mit halbzahligem Index dargestellt, so erhält man daraus eine Entwicklung der gegebenen Funktion $g(y)$ nach Bessel-Funktionen mit ganzzahligem Index; wie die Formeln (11) zeigen, ist aber eine solche Entwicklung für $g(y)$ gerade in dem hauptsächlich interessierenden Spezialfall (4) von (5) bekannt, und es handelt sich nur noch darum, rückwärts aus dieser Entwicklung eine solche für $\eta f(\eta)$ zu gewinnen. Wir machen den Ansatz:

$$f(\eta) = \frac{\pi}{2i}e^{i\pi/4}\sum_{m=0}^{\infty} i^m(2m+1)c_m\frac{1}{\eta}J_{\frac{2m+1}{2}}(\eta) \quad (12)$$

und versuchen, die zunächst noch unbekannten Konstanten c_m so zu bestimmen, daß sich für die Funktion

$$g(y) = \int_0^\infty f(\eta)H_0^{(2)}(|y-\eta|)\,d\eta$$

eine Entwicklung

$$g(y) = \sum_{n=0}^{\infty} i^n a_n J_n(y) \tag{13}$$

ergibt, in der die Konstanten a_n vorgegebene Größen sind. Die Anwendung der Formel (10) liefert zwischen den Größen a_n und c_m die Beziehungen:

$$a_n = \sum_{m=0}^{\infty} c_m \varepsilon_n \left(\frac{1}{\frac{2m+1}{2} - n} + \frac{1}{\frac{2m+1}{2} + n} \right), \tag{14}$$

und es handelt sich nun um die Auflösung dieses Systems von unendlich vielen Gleichungen mit unendlich vielen Unbekannten. Ein Ansatz dazu wird nahegelegt durch die Formel

$$2 \int_0^{\pi} \cos n\varphi \cos \frac{2m+1}{2} \varphi \, d\varphi = (-1)^{n+m} \left(\frac{1}{\frac{2m+1}{2} - n} + \frac{1}{\frac{2m+1}{2} + n} \right). \tag{15 a}$$

Bildet man nämlich, zunächst ohne Rücksicht auf Fragen der Konvergenz, die Hilfsfunktion

$$h(\varphi) = 2 \sum_{m=0}^{\infty} (-1)^m c_m \cos \frac{2m+1}{2} \varphi, \tag{15 b}$$

so wird

$$(-1)^n a_n = \varepsilon_n \int_0^{\pi} h(\varphi) \cos n\varphi \, d\varphi. \tag{15 c}$$

Denkt man sich andererseits $h(\varphi)$ im Intervall $-\pi \leqq \varphi \leqq \pi$ in eine Fouriersche Reihe entwickelt, und berücksichtigt man, daß $h(\varphi)$ eine gerade Funktion von φ ist, so liefert die rechte Seite von (15c) im wesentlichen die Fourier-Koeffizienten von $h(\varphi)$, und man erhält

$$h(\varphi) = \frac{1}{\pi} \sum_{n=0}^{\infty} (-1)^n a_n \cos n\varphi. \tag{15 d}$$

Wegen der Orthogonalitätsrelationen

$$\int_0^{\pi} \cos \frac{2m+1}{2} \varphi \cos \frac{2l+1}{2} \varphi \, d\varphi = \begin{cases} 0 & \text{für} \quad l \neq m \\ \frac{\pi}{2} & \text{für} \quad l = m \end{cases} \tag{15 e}$$

erhält man somit aus (15b)

$$(-1)^m \pi c_m = \int_0^{\pi} h(\varphi) \cos \frac{2m+1}{2} \varphi \, d\varphi, \tag{15 f}$$

und hieraus durch Einsetzen von $h(\varphi)$ aus (15d):

$$c_m = \frac{1}{2\pi^2}\sum_{n=0}^{\infty} a_n\left(\frac{1}{\frac{2m+1}{2}-n}+\frac{1}{\frac{2m+1}{2}+n}\right). \tag{16}$$

Nach der Herleitung von (16) aus (14) sind die Gleichungen (16) sicher dann die Auflösung der Gleichungen (14), wenn die Reihe $\sum\limits_{n=0}^{\infty}|a_n|$ konvergiert. Daß aus der Konvergenz der Reihen in (16) nicht rückwärts das Gleichungssystem (14) folgt, zeigt das Beispiel $a_n = \varepsilon_n$ ($\varepsilon_0 = 1$, $\varepsilon_n = 2$ für $n > 1$). In diesem Falle wird nämlich

$$\sum_{n=0}^{\infty}\varepsilon_n\left(\frac{1}{\frac{2m+1}{2}-n}+\frac{1}{\frac{2m+1}{2}+n}\right)=0,$$

so daß bei Einsetzen dieser Summe in (14) nachträglich $a_n = 0$ herauskäme. Die Matrix des Gleichungssystems (16) besitzt den Eigenwert Null und einen zugehörigen Eigenvektor mit den Komponenten (1, 2, 2, 2, ...). — Das bisherige Ergebnis läßt sich jetzt so formulieren:

Satz 1. Wenn die Funktion $g(y)$ sich für alle Werte von $y \geqq 0$ in eine Reihe

$$g(y) = \sum_{n=0}^{\infty} i^n a_n J_n(y)$$

entwickeln läßt, dann besitzt die Integralgleichung

$$g(y) = \int_0^{\infty} f(\eta)\, H_0^{(2)}(|y-\eta|)\, d\eta$$

die Lösung

$$f(\eta) = \frac{\pi}{2} e^{-\frac{i\pi}{4}} \sum_{m=0}^{\infty} i^m (2m+1)\, c_m \frac{1}{\eta} J_{\frac{2m+1}{2}}(\eta),$$

wobei sich die Konstanten c_m aus den Größen a_n durch die Gleichungen

$$c_m = \frac{1}{2\pi^2}\sum_{n=0}^{\infty} a_n\left(\frac{1}{\frac{2m+1}{2}-n}+\frac{1}{\frac{2m+1}{2}+n}\right)$$

berechnen. Hinreichende, aber nicht notwendige Voraussetzung dabei ist die Konvergenz der Reihe $\sum\limits_{n=0}^{\infty}|a_n|$.

5. *Lösung der Integralgleichung* (4). Die allgemeinen Formeln von Satz 1 sind nun auszuwerten für den Fall, daß die gegebene Funktion $g(y)$ die Gestalt hat

$$g(y) = e^{-iy\sin\alpha} = \sum_{n=0}^{\infty} i^n a_n J_n(y),$$

wobei hier die Größen a_n sich aus Formel (11) berechnen zu:

$$a_n = \tfrac{1}{2}\varepsilon_n i^n \left(e^{in\alpha} + (-1)^n e^{-in\alpha}\right) = \varepsilon_n \cos n\left(\alpha + \frac{\pi}{2}\right). \tag{17}$$

Mit Hilfe der Formel (16) ergibt sich hieraus, mit $\beta = \alpha + \frac{\pi}{2}$:

$$\begin{aligned}
2\pi^2 c_m &= \sum_{n=0}^{\infty} \varepsilon_n \cos n\beta \left\{ \frac{1}{\frac{2m+1}{2} - n} + \frac{1}{\frac{2m+1}{2} + n} \right\} \\
&= \cos\frac{2m+1}{2}\beta \sum_{n=0}^{\infty} \varepsilon_n \left\{ \frac{\cos\left(\frac{2m+1}{2} - n\right)\beta}{\frac{2m+1}{2} - n} + \frac{\cos\left(\frac{2m+1}{2} + n\right)\beta}{\frac{2m+1}{2} + n} \right\} + \\
&\quad + \sin\frac{2m+1}{2}\beta \sum_{n=0}^{\infty} \varepsilon_n \left\{ \frac{\sin\left(\frac{2m+1}{2} - n\right)\beta}{\frac{2m+1}{2} - n} + \frac{\sin\left(\frac{2m+1}{2} + n\right)\beta}{\frac{2m+1}{2} + n} \right\} \\
&= 2\cos\frac{2m+1}{2}\beta \sum_{l=-\infty}^{+\infty} \frac{\cos\frac{2l+1}{2}\beta}{\frac{2l+1}{2}} + \\
&\quad + 2\sin\frac{2m+1}{2}\beta \sum_{l=-\infty}^{+\infty} \frac{\sin\frac{2l+1}{2}\beta}{\frac{2l+1}{2}}.
\end{aligned} \tag{18}$$

Die letzte Summe ist bekanntlich gleich π für $0 < \beta < 2\pi$, und hieraus ergibt sich:

$$c_m = \frac{1}{\pi}\sin\left\{\frac{2m+1}{2}\left(\alpha + \frac{\pi}{2}\right)\right\}; \quad \left(\frac{3\pi}{2} > \alpha > -\frac{\pi}{2}\right). \tag{19}$$

Voraussetzung bei den in den Formeln (18) ausgeführten Umformungen ist, daß $\beta = \alpha + \frac{\pi}{2}$ kein ganzzahliges Vielfaches von 2π ist, da dann die Umordnung der in (18) auftretenden unendlichen Reihen nicht erlaubt ist. Man erhält rückwärts aus den Größen c_m in Formel (19) mit Hilfe von Formel (14) die Größen aus Formel (17) zurück, und zwar mit derselben Schlußweise und derselben Voraussetzung wie bei den Umwandlungen in den Formeln (18). Man erhält so das Resultat:

Satz 2. Die Integralgleichung

$$-e^{-iy\sin\alpha} = \int_0^{\infty} f(\eta)\, H_0^{(2)}(|y-\eta|)\, d\eta$$

besitzt für $-\frac{\pi}{2} < \alpha < \frac{3\pi}{2}$ *die Lösung*

$$f(\eta) = i \sum_{m=0}^{\infty} e^{i\frac{2m+1}{4}\pi} \frac{2m+1}{2} \sin\left\{\frac{2m+1}{2}\left(\alpha + \frac{\pi}{2}\right)\right\} \frac{1}{\eta} J_{\frac{2m+1}{2}}(\eta).$$

Diese Reihe für $f(\eta)$ *läßt sich summieren* [*s. Formel* (23)]. *Für* $\alpha = 0$ (*die ebene Welle trifft senkrecht auf den Schirm*) *erhält man:*

$$f(\eta) = \frac{1}{2} \frac{i-1}{\sqrt{2\pi}} \left(i\sqrt{\eta} \int_0^1 \frac{e^{-i\eta\sigma}}{\sqrt{\sigma}} \, d\sigma + \frac{1}{\sqrt{\eta}} e^{-i\eta} \right)$$

$$= \frac{i-1}{\sqrt{2\pi}} \left(i \int_0^{\sqrt{\eta}} e^{-i\tau^2} \, d\tau + \frac{d}{d\eta} \int_0^{\sqrt{\eta}} e^{-i\tau^2} \, d\tau \right).$$

Man entnimmt hieraus ohne Mühe die eingangs erwähnten Eigenschaften von $f(\eta)$, nämlich

$$\lim_{\eta \to 0} \eta^{1/2} f(\eta) = \frac{1}{2} \frac{i-1}{\sqrt{2\pi}}; \qquad \lim_{\eta \to \infty} f(\eta) = -\frac{1}{2}.$$

6. *Herleitung eines geschlossenen Ausdruckes für die Stromverteilung* $f(\eta)$. Die in Satz 2 angegebene Form von $f(\eta)$ ist eine für große Werte von η sehr schlecht konvergierende unendliche Reihe. Um einen einfacheren Ausdruck zu erhalten, gehe man aus von der Formel[1]):

$$e^{i\eta\tau} = \sqrt{\frac{\pi}{2\eta}} \sum_{m=0}^{\infty} i^m (2m+1) J_{\frac{2m+1}{2}}(\eta) P_m(\tau), \tag{20}$$

in der P_m das m-te Legendresche Polynom bedeutet. Ferner schreibe man $f(\eta)$ in der Gestalt

$$f(\eta) = -\frac{i e^{i\pi/4}}{\eta} \frac{d}{d\beta} \sum_{m=0}^{\infty} i^m \cos\frac{2m+1}{2}\beta \, J_{\frac{2m+1}{2}}(\eta), \tag{21}$$

wobei $\beta = \alpha + \frac{\pi}{2}$ gesetzt ist. Nun suche man eine Funktion $p(\tau)$, so daß

$$\int_{-1}^{+1} P_m(\tau) \, p(\tau) \, d\tau = \frac{\cos\frac{2m+1}{2}\beta}{2m+1} \tag{22}$$

ist. Dann folgt aus (20) und (21) sogleich

$$f(\eta) = -i \sqrt{\frac{2}{\pi}} \frac{e^{i\pi/4}}{\sqrt{\eta}} \frac{d}{d\beta} \int_{-1}^{1} e^{i\eta\tau} p(\tau) \, d\tau.$$

---

[1]) Siehe Fußnote 2 auf S. 168, dort A. Sommerfeld, S. 868.

An sich würde sich hieraus wegen der Orthogonalität der Legendreschen Polynome für $p(\tau)$ der Ausdruck

$$\frac{1}{2}\sum_{m=0}^{\infty} \cos\frac{2m+1}{2}\beta\, P_m(\tau)$$

ergeben; da diese Reihe nicht konvergiert, setzte man

$$p(\tau) = \frac{1}{2}\sum_{m=0}^{\infty} \cos\frac{2m+1}{2}\beta\, \varrho^m P_m(\tau)$$

mit reellem, positivem $\varrho < 1$, und mache den Grenzübergang $\varrho \to 1$. Durch Zerlegung des Kosinus in eine Summe von zwei Exponentialfunktionen und Benutzung der Formel

$$(1 - 2s\tau + s^2)^{-1/2} = \sum_{m=0}^{\infty} s^m P_m(\tau); \quad (s = \varrho\, e^{\pm i\beta})$$

findet man dann

$$\lim_{\varrho\to 1} p(\tau) = \frac{1}{4}\sqrt{\frac{\cos\beta - \tau + |\cos\beta - \tau|}{|\cos\beta - \tau|}};$$

die Wurzel hat dabei das Vorzeichen von $\cos\beta/2$, ist also jedenfalls für $0 < \beta < \pi$ positiv zu nehmen. Nun erhält man

$$\frac{d}{d\beta}\int_{-1}^{+1} e^{i\eta\tau} p(\tau)\, d\tau = -\frac{\sin\beta}{2\sqrt{2}}\left\{i\eta\, e^{i\eta\cos\beta}\int_0^{1+\cos\beta}\frac{e^{-i\eta\sigma}}{\sqrt{\sigma}}\, d\sigma + \frac{e^{-i\eta}}{\sqrt{1+\cos\beta}}\right\}.$$

Daraus ergibt sich schließlich für $f(\eta)$ der Ausdruck:

$$f(\eta) = \frac{i\, e^{i\pi/4}}{2\sqrt{\pi}}\sin\beta\left\{i\sqrt{\eta}\, e^{i\eta\cos\beta}\int_0^{1+\cos\beta}\frac{e^{-i\eta\sigma}}{\sqrt{\sigma}}\, d\sigma + \frac{1}{\sqrt{\eta}}\frac{e^{-i\eta}}{\sqrt{1+\cos\beta}}\right\}. \qquad (23)$$

$$\left(\beta = \alpha + \frac{\pi}{2}, \quad -\frac{\pi}{2} < \alpha < \frac{\pi}{2}\right).$$

Die Formel (23) vereinfacht sich für spezielle Werte von α (bzw. β). Der physikalisch hauptsächlich interessante Fall $\alpha = 0$ wurde schon in Satz 2 angegeben. Aber auch der Fall $\alpha = \frac{\pi}{2}$ liefert ein sehr einfaches Ergebnis; er ist zwar in Formel (23) nach der Art der Ableitung dieser Formel nicht mit enthalten, kann aber entweder durch einen Grenzübergang oder direkt aus (20) abgeleitet werden, indem man dort $\tau = -1$ setzt. Man erhält

$$f(\eta) = \frac{i\, e^{i\pi/4}}{\sqrt{2\pi}}\,\frac{e^{-i\eta}}{\sqrt{\eta}}; \quad \left(\alpha = \frac{\pi}{2}\right),$$

und dies liefert also die Stromverteilung auf einer leitenden Halbebene, auf die eine ebene Welle trifft, die sich in der Richtung fortpflanzt, in der sich der Schirm (von der Kante fort) erstreckt, und deren elektrische Feldstärke die Richtung der Schirmkante besitzt.

7. *Übergang zu den Formeln von Sommerfeld.* Zur Auswertung des Integrals

$$u = \int_0^\infty f(\eta)\, H_0^{(2)}\left(\sqrt{x^2 + (y-\eta)^2}\right) d\eta, \tag{24}$$

wobei für $f(\eta)$ die in (23) definierte Funktion einzusetzen ist, könnte man entweder durch Anwendung des Additionstheorems der Hankelschen Funktion oder durch eine auf die Variable x angewandte Fourier-Transformation zu dem von Sommerfeld angegebenen einfachen Ausdruck für u gelangen. Beide Wege sind indessen recht umständlich, und es soll deshalb hier die Übereinstimmung der Formel (24) mit dem von Sommerfeld gefundenen Wert für u lediglich auf einfache Weise verifiziert werden. Wir beschränken uns der Einfachheit halber auf den Fall $\alpha = 0$ (die ebene Welle fällt senkrecht auf den Schirm); diese Einschränkung ist übrigens nicht wesentlich. Nach Satz 2 ist dann

$$f(\eta) = i \sum_{m=0}^{\infty} e^{i\pi/4}\, i^m \frac{2m+1}{2} \sin\left(\frac{2m+1}{2}\frac{\pi}{2}\right) \frac{1}{\eta} J_{\frac{2m+1}{2}}(\eta);$$

andererseits ist aus (24) leicht zu entnehmen, daß

$$-2if(y) = \lim_{x\to 0} \frac{\partial u}{\partial |x|}$$

ist, d. h. $f(y)$ ist proportional zu der Ableitung von u in Richtung der Schirmnormalen. Andererseits hat man nach Einführung von Polarkoordinaten r, φ durch die Gleichungen

$$x = r\cos\varphi, \qquad y = r\sin\varphi$$

n den Funktionen

$$J_{\frac{2m+1}{2}}(r)\cos\frac{2m+1}{2}\varphi \quad \text{und} \quad J_{\frac{2m+1}{2}}(r)\cos\left\{\frac{2m+1}{2}(\varphi+\pi)\right\}$$

Lösungen der Wellengleichung (2) (mit $\varkappa = 1$), deren Ableitung in Richtung der Normalen auf dem Schirm gerade die Werte

$$\frac{2m+1}{2}\frac{1}{y} J_{\frac{2m+1}{2}}(y) \sin\left(\frac{2m+1}{2}\frac{\pi}{2}\right)$$

besitzen, während die Werte dieser Funktionen auf dem Schirm entgegengesetzt gleich, nämlich gleich

$$J_{\frac{2m+1}{2}}(y)\cos\left(\frac{2m+1}{2}\frac{\pi}{2}\right) \quad \text{und} \quad -J_{\frac{2m+1}{2}}(y)\cos\left(\frac{2m+1}{2}\frac{\pi}{2}\right)$$

sind. Bildet man also die Funktion

$$v = e^{i\pi/4} \sum_{m=0}^{\infty} J_{\frac{2m+1}{2}}(r)\, i^m \left[\cos \frac{2m+1}{2}\varphi + \cos\left\{\frac{2m+1}{2}(\varphi+\pi)\right\}\right], \quad (25)$$

so sind deren Randwerte auf dem Schirm gleich Null, während die Werte ihrer Ableitung in Richtung der Normalen dieselben sind wie für u; für $v - u$ sind diese Werte also gleich Null, während die Randwerte von $v - u$ auf dem Schirm nach Satz 2 gleich 1 sind. Also muß $v - u$ gleich $\cos x$ sein, da eine Lösung der Wellengleichung durch ihre Werte und die Werte ihrer Ableitung in der Normalenrichtung auf einem Flächenstück eindeutig bestimmt ist, wenn sie keine Singularitäten im Endlichen besitzt. Die elektrische Feldstärke E von einfallender plus gebeugter Welle berechnet sich also zu

$$E = e^{-ix} + u = -\cos x + e^{-ix} + v = \tfrac{1}{2}(e^{-ix} - e^{ix}) + v.$$

Die Reihe (25) für v läßt sich nun genau nach derselben Methode summieren, mit deren Hilfe oben [Formeln (22) bis (22c)] ein geschlossener Ausdruck für $f(\eta)$ abgeleitet wurde. Unter Berücksichtigung der nach Formel (22c) gemachten Bemerkung über das Vorzeichen ergibt sich für $-{}^3/_2\,\pi \leqq \varphi \leqq \frac{\pi}{2}$:

$$v = \frac{e^{i\pi/4}}{\sqrt{\pi}}\left\{e^{ir\cos\varphi}\sqrt{r}\int_0^{\sqrt{2}\cos\frac{\varphi}{2}} e^{-ir\tau^2}\,d\tau - e^{ir\cos(\varphi+\pi)}\sqrt{r}\int_0^{\sqrt{2}\sin\frac{\varphi}{2}} e^{-ir\tau^2}\,d\tau\right\}.$$

Indem man noch für $\frac{1}{2}e^{\pm ix}$ die Ausdrücke $\frac{e^{\pm ix}}{\sqrt{\pi}} e^{i\pi/4}\int_0^{\infty} e^{-i\tau^2}\,d\tau$ einsetzt und $\tau\sqrt{r}$ als neue Variable einführt, erhält man schließlich

$$E = \frac{e^{i\pi/4}}{\sqrt{\pi}}\left\{e^{-ix}\int_{\sqrt{2r}\sin\frac{\varphi}{2}}^{\infty} e^{-i\tau^2}\,d\tau - e^{ix}\int_{\sqrt{2r}\cos\frac{\varphi}{2}}^{\infty} e^{-i\tau^2}\,d\tau\right\}, \quad \left(\text{für } -\frac{3\pi}{2} \leqq \varphi \leqq \frac{\pi}{2}\right)$$

und dies ist die Formel von Sommerfeld.

Reprinted from
Zeitschrift für Physik **117** (1941), 168–179.

Sonderdruck aus Hochfrequenztechnik und Elektroakustik
früher: Jahrbuch der drahtlosen Telegraphie und Telephonie
57 (1941) 97—101
Akademische Verlagsgesellschaft
Becker & Erler Kom.-Ges., Leipzig

Zur Theorie der geraden Empfangsantenne.

Von **W. Magnus** und **F. Oberhettinger.**
(Mitteilung aus dem Telefunkenlaboratorium).

Inhaltsübersicht.

Einleitung.

In den letzten Jahren sind die Eigenschaften der geraden Empfangsantenne von verschiedenen Seiten theoretisch untersucht worden. Die meisten dieser Arbeiten, insbesondere F. M. Colebrook [1], J. Grosskopf [2], K. F. Niessen und G. de Vriess [3] gehen dabei von der Theorie der Doppelleitung aus; abgesehen davon, daß diese nur als ein behelfsmäßiges Fundament für die theoretische Untersuchung anzusehen ist, sind die Resultate auch für die Zwecke der Praxis nur mit Einschränkungen verwendbar. Unter sehr allgemeinen Voraussetzungen hat dagegen E. Hallén [4, 5] in zwei großen Arbeiten eine Theorie der Sende- und Empfangsantennen auf Grund der Maxwellschen Theorie entwickelt; da seine Veröffentlichungen schwer zugänglich und gerade wegen ihrer großen Allgemeinheit auch durch umfangreiche mathematische Entwicklungen belastet sind, haben sie indessen bisher keine Beachtung gefunden. Im folgenden sollen nun einige Resultate von Hallén für die Anwendung in der Praxis brauchbar gemacht werden; ein kurzer Auszug der Theorie Halléns, welcher nur die für den vorliegenden Zweck notwendigen vereinfachten Formeln enthält, wird in I. mitgeteilt.

Es zeigt sich, daß die strenge Theorie einfachere Ergebnisse liefert als die Leitungstheorie. Man kann das wichtigste Resultat etwa so formulieren: Die Empfangsantenne läßt sich auffassen als ein Generator, dessen elektromotorische Kraft $\mathfrak{V}$ sich in einfacher Weise aus dem einfallenden Feld berechnet, und dessen innerer Widerstand $\mathfrak{R}_i$ vom einfallenden Feld und dem Abschlußwiderstand unabhängig ist. Dabei ist $\mathfrak{R}_i$ zugleich der Wert des Eingangswiderstandes einer geometrisch mit der Empfangsantenne identischen Sendeantenne[1]).

Herrn Dr. W. Moser danken wir für sein förderndes Interesse und für die Anregung zu dieser Arbeit.

I. Die Theorie von Hallén.

Die Empfangsantenne bestehe aus einem geraden Kreiszylinder der Länge $2l$ und mit einem Querschnittradius ϱ. In der Mitte ist die Antenne unterbrochen und durch einen Empfangskreis mit dem komplexen Widerstand $\mathfrak{R}_a$ wieder geschlossen (s. Abb. 1). Es sei x die von der Antennenmitte aus gerechnete laufende Koordinate auf der Zylinderachse; es gilt also $-l \leqq x \leqq +l$. Der Radius ϱ des Zylinderquerschnitts sei klein gegen die Länge $2l$ des Zylinders und gegen die Wellenlänge λ der einfallenden Strahlung. Die Komponente der elektrischen Feldstärke der einfallenden Welle auf der Zylinderachse ist eine Funktion von x und der Zeit t; sie sei gegeben durch

$$E(x)\, e^{j\omega t}; \; (\omega = \frac{2\pi c}{\lambda}\,; \; c = \text{Lichtgeschwindigkeit}).$$

Die Antenne bestehe aus einem Material von vollkommener elektrischer Leitfähigkeit; innerhalb der Antenne ist also die elektrische Feldstärke überall gleich Null; und die auf der Antenne fließenden Ströme sind reine Oberflächenströme, deren Flächendichte auf der Oberfläche

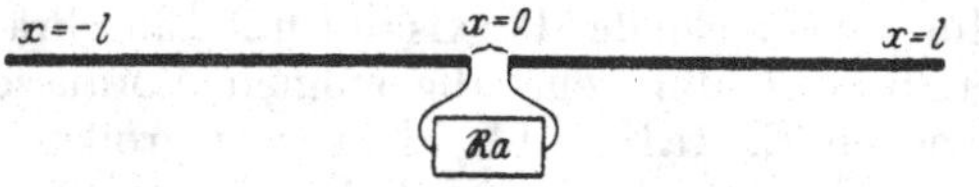

Abb. 1. Schema der Empfangsantenne.

man wegen der Kleinheit des Antennenquerschnittes als Funktion von x und t allein, also unabhängig von den anderen räumlichen Koordinaten annehmen darf. Der

[1]) Siehe K. Fränz, Hochfrequenztechn. u. Elektroak. **65** (1940) 118–119. Für die Sendeantenne hat E. Hallén [5] den Eingangswiderstand berechnet; in der Tat ergibt sich für diesen die im Text erklärte Größe $\mathfrak{R}_i$, die somit auch für die Sendeantenne von Wichtigkeit ist.

Gesamtstrom durch einen Zylinderquerschnitt in der Höhe x hat also die Gestalt

$$I(x)\, e^{j\omega t};$$

für die Anwendungen kann man sich den Strom in der Zylinderachse konzentriert denken, nicht jedoch für den theoretischen Ansatz zur Berechnung von $I(x)$. Hier hat man folgendermaßen zu verfahren:

Wenn die Ströme auf der Zylinderoberfläche bekannt sind, so berechnet sich aus ihnen zunächst der Hertzsche Vektor des durch die Ströme erzeugten Feldes. Vernachlässigt man die etwa in den Zylinderdeckeln fließenden Ströme, was wegen der Kleinheit von ϱ offenbar erlaubt ist, so ist nur die x-Komponente des Hertzschen Vektors von Null verschieden; wird diese gleich $\Phi\, e^{j\omega t}$ gesetzt, so berechnet sich Φ bekanntlich mit Hilfe der Formel

$$\Phi = \frac{1}{c}\int_{-l}^{+l} d\xi \int_{0}^{2\pi} \varrho\, d\alpha \frac{I(\xi)}{2\pi\varrho}\frac{e^{-j\varkappa R}}{R}, \tag{1}$$

wobei zur Abkürzung gesetzt ist

$$\varkappa = \frac{2\pi}{\lambda}; \quad R = \sqrt{(x-\xi)^2 + (y - \varrho\cos\alpha)^2 + (z - \varrho\sin\alpha)^2}, \tag{1'}$$

wo y und z zusammen mit x rechtwinklig-kartesische Koordinaten im Raume sind. $\frac{1}{2\pi\varrho} I$ ist die Flächendichte des Stromes auf der Zylinderoberfläche, $\varrho\, d\alpha\, d\xi$ das Flächenelement derselben. Φ ist eine Funktion von x, y, z, die auch auf der Zylinderfläche stetig ist; aus ihr ergibt sich nach der Maxwellschen Theorie für die x-Komponente $\mathfrak{E}_x$ des von den Strömen erzeugten Feldes, falls man die Dielektrizitätskonstante des Mediums, in dem sich die Antenne befindet, gleich 1 setzen darf:

$$\mathfrak{E}_x = -\frac{j}{\varkappa}\left(\frac{\partial^2 \Phi}{\partial x^2} + \varkappa^2 \Phi\right).$$

Andererseits ist $\mathfrak{E}_x$ auf der Zylinderoberfläche die Tangentialkomponente des von den Strömen erzeugten elektrischen Feldes; wegen der vollkommenen Leitfähigkeit der Antenne muß also $\mathfrak{E}_x$ zusammen mit der Tangentialkomponente E des einfallenden Feldes den Wert Null ergeben und man erhält so für Φ die einfache Differentialgleichung

$$\frac{\partial^2 \Phi}{\partial x^2} + \varkappa^2 \Phi = -j\varkappa E(x), \tag{2}$$

die für alle Punkte der Zylinderfläche gilt; auf dieser hängt Φ, wie sich aus (1) ohne weiteres ergibt, nur von x und von $\sqrt{y^2 + z^2} = \varrho$ ab, ist also bei festem Querschnitt der Antenne eine Funktion von x allein. Durchbrochen wird die Gültigkeit der Differentialgleichung (2) nur in der Antennenmitte, falls zwischen den Abnahmeklemmen des Empfängerkreises eine Spannungsdifferenz $\mathfrak{U}$ besteht; diese ist nach der Maxwellschen Theorie durch

$$-\mathfrak{U} = \frac{j}{\varkappa}\left\{\frac{\partial \Phi}{\partial x}\Big/_{x=+0} - \frac{\partial \Phi}{\partial x}\Big/_{x=-0}\right\} \tag{3}$$

gegeben, d. h. bis auf den Faktor $j/\varkappa$ gleich der Differenz der Werte von $\frac{\partial \Phi}{\partial x}$ bei Annäherung an $x = 0$ von positiven bzw. negativen x-Werten her.

Nun hängt Φ mit der Stromverteilung $I(x)$ durch die Gl. (1) zusammen. Da nach (2) Φ jedenfalls an den Antennenenden nebst seiner zweiten Ableitung nach x stetig bleiben muß, ergibt sich aus (1)

$$I(l) = I(-l) = 0, \tag{4}$$

d. h. der Strom verschwindet an den Enden des Zylinders; man erhält dies leicht mit den in der Potentialtheorie ausgebildeten Schlüssen, die Integrale mit derselben Singularität behandeln, wie sie die rechte Seite von (1) besitzt. Um aus (1) weitere Formeln abzuleiten, führt man am besten die schon bei Abraham [6] in ähnlicher Weise auftretende Voraussetzung ein, daß der Radius ϱ des Zylinderquerschnitts so klein ist, daß man Glieder der Größenordnung ϱ/l und ϱ/λ vernachlässigen kann; dagegen sollen Glieder der Größenordnung $1/\Omega$ cder eventuell auch $1/\Omega^2$ usw. noch mit berücksichtigt werden, wobei

$$\Omega = 2 \ln \frac{2l}{\varrho}$$

proportional zu dem Wellenwiderstand der Antenne ist, wenn man diese als Doppelleitung auffassen würde. Man zeigt dann zunächst, daß man in der rechten Seite von (1) überall R durch $\sqrt{(x-\xi)^2 + \varrho^2}$ ersetzen kann[2]; nach Ausführung der Integration über α läßt sich (1) dann in der Gestalt schreiben

$$c\,\Phi(x) =$$

$$= I(x) \int_{-l}^{+l} \frac{d\xi}{\sqrt{(x-\xi)^2+\varrho^2}} + \int_{-l}^{+l} \frac{I(\xi)e^{-j\varkappa\sqrt{(x-\xi)^2+\varrho^2}} - I(x)}{\sqrt{(x-\xi)^2+\varrho^2}}\, d\xi;$$

das erste Integral rechts läßt sich auswerten, und in dem zweiten Integral läßt sich $\sqrt{(x-\xi)^2+\varrho^2}$ durch $|x-\xi|$ ersetzen, da man hierbei wiederum nur einen

[2]) Dies bedeutet, daß man den Wert von Φ auf der Zylinderoberfläche durch den auf der Zylinderachse ersetzt; den Fehler hat die Größenordnung $\frac{\varrho}{\lambda} + \frac{\varrho}{l}$.

Fehler der Größenordnung $\frac{\varrho}{\lambda}$ macht; aus (1) entsteht dann die Beziehung

$$I(x) = \frac{c}{\Omega}\Phi(x) - I(x)\frac{h(x,l)}{\Omega} - \frac{1}{\Omega}\int_{-l}^{+l}\frac{I(\xi)\,e^{-j\varkappa|x-\xi|} - I(x)}{|x-\xi|}\,d\xi, \tag{5}$$

in der die Funktion h gleich

$$\ln\frac{\sqrt{(l+x)^2+\varrho^2}+l+x}{2l} + \ln\frac{\sqrt{(l-x)^2+\varrho^2}+l-x}{2l} \tag{6}$$

gesetzt ist; da $I(x)$ bei $x = \pm l$ verschwinden muß, **kann man für h mit guter Näherung**

$$h(x,l) \approx \ln\left(1 - \frac{x^2}{l^2}\right) \tag{6a}$$

setzen; für die folgenden Entwicklungen kann dies ohne Bedenken geschehen, soweit es sich nicht um die Berechnung von h für $x = \pm l$ handelt.

Das Verfahren von Hallén besteht nun darin, $\Phi(x)$ aus (2) zu bestimmen, die so gefundene Funktion, die noch Integrationskonstanten enthält, in (5) einzusetzen, sodann für $I(x)$ in der üblichen Weise durch Iteration eine Reihenentwicklung nach Potenzen von $1/\Omega$ abzuleiten und schließlich die Integrationskonstanten durch Befriedigung der Randbedingungen für I und Φ zu bestimmen. Dies soll nunmehr am Beispiel der Empfangsantenne vorgeführt werden.

II. Die Formeln für die Empfangsantenne.

Die Formel (2) liefert für $\Phi(x)$ den Ausdruck:

$$\Phi(x) = a' \sin\varkappa x + b' \cos\varkappa x + f(x),$$

wobei $f(x)$ die bei $x = 0$ nebst ihrer ersten Ableitung verschwindende Funktion

$$f(x) = -j\int_0^x E(s)\sin\varkappa(x-s)\,ds \tag{7}$$

st. Die Größen a' und b' sind konstant in jedem Intervall, ın dem die Differentialgleichung (2) uneingeschränkt gilt, also für $0 < x \leq l$ und für $-l \leq x < 0$; es brauchen aber die Werte von a' und b' in diesen Intervallen nicht dieselben zu sein. Man hat daher anzusetzen:

$$\Phi(x) = \begin{cases} a'_+ \sin\varkappa x + b'_+ \cos\varkappa x + f(x) & \text{für } x > 0 \\ a'_- \sin\varkappa x + b'_- \cos\varkappa x + f(x) & \text{für } x < 0, \end{cases} \tag{8}$$

wobei nun a'_+, b'_+, a'_-, b'_- Integrationskonstanten sind.

Da in (5) nicht $\Phi(x)$, sondern $\frac{c}{\Omega}\Phi(x)$ vorkommt, setze man

$$\frac{c}{\Omega}a'_+ = a_+,\ \frac{c}{\Omega}a'_- = a_-,\ \frac{c}{\Omega}b'_+ = b_+,\ \frac{c}{\Omega}b'_- = b_-;$$

in der Integralgleichung (5) für $I(x)$ haben dann auf der rechten Seite alle Glieder den Nenner Ω mit Ausnahme des von dem ersten Summanden $\Phi(x)$ herrührenden Bestandteils

$$\psi(x) = \begin{cases} a_+ \sin \varkappa x + b_+ \cos \varkappa x & \text{für } x > 0 \\ a_- \sin \varkappa x + b_- \cos \varkappa x & \text{für } x < 0. \end{cases}$$

Die Methode der Lösung durch Iteration besteht nun darin, in der rechten Seite von (5) für I überall $\psi(x)$ einzusetzen; man gewinnt dann einen Ausdruck für die auf der linken Seite von (5) stehende Funktion $I(x)$, den man abermals auf der rechten Seite einsetzen kann usw. Hier soll nur der erste Schritt dieses Verfahrens ausgeführt werden; Glieder mit $1/\Omega^2$ sollen dabei vernachlässigt werden. Man erhält so:

$$I(x) = \psi(x) + \frac{c}{\Omega}f(x) - \frac{\psi(x)}{\Omega}\ln\left(1-\frac{x^2}{l^2}\right) - \frac{1}{\Omega}\int_{-l}^{+l}\frac{\psi(\xi)\,e^{-j\varkappa|x-\xi|} - \psi(x)}{|x-\xi|}\,d\xi. \tag{9}$$

Hierbei ist für h schon $\ln\left(1-\frac{x^2}{l^2}\right)$ eingesetzt. Die Integration auf der rechten Seite führt auf den Integralsinus $Si(x)$ und Integralcosinus $Ci(x)$; zur Auswertung des Integrals ist es zweckmäßig, die folgenden Funktionen einzuführen, die sich in einfacher Weise aus $Ci(x)$ und $Si(x)$ berechnen: Man setze nämlich:

$$S(x) \equiv Si\,(x) = \int_0^x \frac{\sin\xi}{\xi}\,d\xi$$

$$C(x) \equiv \gamma + \ln x - Ci(x) = \int_0^x \frac{1-\cos\xi}{\xi}\,d\xi \tag{10}$$

($\gamma = 0{,}5772$ ist die Eulersche Konstante)

$$M(x) = \int_0^x (\cos\xi\, e^{-j\xi} - 1)\frac{d\xi}{\xi} = -\frac{1}{2}\,[C(2x) + jS(2x)]$$

Mit diesen Abkürzungen wird

$$\left.\begin{aligned}
I(x) &= (a_+ \sin \varkappa x + b_+ \cos \varkappa x)\left[1 - \frac{\ln\left(1-\frac{x^2}{l^2}\right)}{\Omega}\right] \\
&\quad + \frac{c}{\Omega} f(x) - \frac{1}{\Omega} H_+(x) \qquad (\text{für } x > 0) \\
I(x) &= (a_- \sin \varkappa x + b_- \cos \varkappa x)\left[1 - \frac{\ln\left(1-\frac{x^2}{l^2}\right)}{\Omega}\right] \\
&\quad + \frac{c}{\Omega} f(x) - \frac{1}{\Omega} H_-(x) \qquad (\text{für } x < 0),
\end{aligned}\right\} \tag{11}$$

wobei H_+ und H_- erklärt sind durch

$$\left.\begin{aligned}
H_+(x) &= [a_-\sin\varkappa x + b_-\cos\varkappa x]\,[M(\varkappa x+\varkappa l) - M(\varkappa x)] \\
&\quad + j\,[a_-\cos\varkappa x - b_-\sin\varkappa x]\,[M(\varkappa x) - M(\varkappa x+\varkappa l)] \\
&\quad + [a_+\sin\varkappa x + b_+\cos\varkappa x]\,[M(\varkappa l-\varkappa x) + M(\varkappa x)] \\
&\quad + j\,[a_+\cos\varkappa x - b_+\sin\varkappa x]\,[M(\varkappa l-\varkappa x) - M(\varkappa x)] \\
H_-(x) &= [a_-\sin\varkappa x + b_-\cos\varkappa x]\,[M(\varkappa x+\varkappa l) + M(-\varkappa x)] \\
&\quad + j\,[a_-\cos\varkappa x - b_-\sin\varkappa x]\,[M(-\varkappa x) - M(\varkappa x+\varkappa l)] \\
&\quad + [a_+\sin\varkappa x + b_+\cos\varkappa x]\,[M(\varkappa l-\varkappa x) - M(-\varkappa x)] \\
&\quad + j\,[a_+\cos\varkappa x - b_+\sin\varkappa x]\,[M(\varkappa l-\varkappa x) - M(-\varkappa x)].
\end{aligned}\right\} \tag{12}$$

Die Konstanten a_+, a_-, b_+, b_- sind aus den Randbedingungen zu bestimmen. Diese lauten für die Empfangsantenne:

I. Der Strom verschwindet an den Antennenenden, es ist $I(l) = I(-l) = 0$; dabei ist es jedoch nicht erlaubt, die Formel (11) zu benutzen; man hat vielmehr in (5) auf der rechten Seite den exakten Wert (6) für h einzusetzen, da für $x = \pm l$ die in (11) schon eingesetzte Näherungsformel (6a) für h unbrauchbar wird; tatsächlich ist für $x = \pm l$ ja $h \approx \ln \frac{\varrho}{2l} = -\frac{1}{2}\Omega$ und $\frac{1}{\Omega} h$ hat somit für $x = \pm l$ gar nicht mehr die Größenordnung $1/\Omega$; $I \frac{1}{\Omega} h$ gehört also nun auf die linke Seite von (5). Man erhält so die Bedingungen:

$$\left.\begin{aligned}
a_+ \sin \varkappa l + b_+ \cos \varkappa l + \frac{c}{\Omega} f(l) - \frac{1}{\Omega} H_+(l) &= 0 \\
-a_- \sin \varkappa l + b_- \cos \varkappa l + \frac{c}{\Omega} f(-l) - \frac{1}{\Omega} H_-(-l) &= 0.
\end{aligned}\right\} \tag{13a}$$

II. Der Strom, der in den Empfangskreis hereinfließt, muß derselbe sein, wie der herausfließende Strom; es muß also $I(+0) = I(-0)$ sein, und dies ergibt wegen

$f(0) = 0$ die Bedingung

$$b_+ = b_-; \tag{13b}$$

man kann also weiterhin für b_+ und b_- einfach ein und dieselbe Größe b einsetzen.

III. Die Spannungsdifferenz $\mathfrak{U}$ an den Klemmen des Empfangskreises ist gleich dessen Widerstand $\mathfrak{R}_a$, multipliziert mit $I(0)$; da andererseits $\mathfrak{U}$ sich aus der Gl. (3) bestimmt, erhält man wegen $f'(0) = 0$:

$$\mathfrak{U} = -\frac{j\Omega}{c}[a_+ - a_-] = \mathfrak{R}_a I(0),$$

oder, nach Berücksichtigung von (13b):

$$[a_+ - a_-]\left\{-\frac{j\Omega}{c} + j\,\mathfrak{R}_a \frac{M(\varkappa l)}{\Omega}\right\} = b\,\mathfrak{R}_a\left\{1 - \frac{2M(\varkappa l)}{\Omega}\right\}. \tag{13c}$$

Aus den vier Gleichungen (13a), (13b), (13c) lassen sich die Größen a_+, a_-, $b_+ = b_- = b$ bestimmen; man erhält:

$$b = \frac{j}{c\,\mathfrak{R}_a}[a_+ - a_-]\frac{-\Omega^2 + \mathfrak{R}_a M(\varkappa l)}{\Omega - 2M(\varkappa l)} \tag{14a}$$

$$a_+ + a_- = \frac{-c\,[f(l) - f(-l)]}{\Omega \sin \varkappa l + j\,e^{j\varkappa l} M(2\varkappa l)} \tag{14b}$$

$$a_+ - a_- = \frac{-\frac{c}{\Omega}\mathfrak{R}_a[f(l) + f(-l)]\left[1 - \frac{2M(\varkappa l)}{\Omega}\right]}{\mathfrak{R}_a\left\{\sin \varkappa l - \frac{j\,e^{j\varkappa l}}{\Omega}[M(2\varkappa l) - 4M(\varkappa l)]\right\} - \frac{2j\Omega}{c}\left\{\cos \varkappa l - \frac{e^{j\varkappa l}}{\Omega}M(2\varkappa l)\right\}}$$

Hierbei haben $f(l)$ und $f(-l)$ die Dimensionen einer Spannung und sind in Volt angegeben, falls man die einfallende Feldstärke in Volt pro Längeneinheit mißt; b, a_+ und a_- haben die Dimension von Stromstärken und sind in Ampere ausgedrückt, falls man außerdem $\mathfrak{R}_a$ in Ohm mißt und c durch $1/_{30}$ ersetzt. Anzumerken ist, daß $a_+ + a_-$ nicht von $\mathfrak{R}_a$ abhängt.

Für den Strom $I(0)$ an den Klemmen des Empfangskreises findet man nunmehr:

$$I(0) = \frac{j\,[f(l) + f(-l)]\,\mathfrak{W}}{\mathfrak{R}_a + \mathfrak{R}_i}, \tag{15}$$

wobei $\mathfrak{R}_i$ und $\mathfrak{W}$ nicht von $\mathfrak{R}_a$ und nicht vom einfallenden Felde abhängen; nach Zerlegung in Real- und Imaginärteil schreibt sich $\mathfrak{R}_i$ in der Form

$$\mathfrak{R}_i = R - jX \tag{16}$$

$$R = 30\,\frac{\alpha_0}{\sin^2 \varkappa l + \frac{1}{2\Omega}\gamma_1 + \frac{1}{4\Omega^2}\gamma_2} \tag{16a}$$

$$-X = 30\,\frac{\Omega \sin 2\varkappa l + \beta_0}{\sin^2 \varkappa l + \frac{1}{2\Omega}\gamma_1 + \frac{1}{4\Omega^2}\gamma_2} \tag{16b}$$

$$\left.\begin{aligned}
\alpha_0 &= \sin 2\varkappa l\,[S(4\varkappa l) - 2S(2\varkappa l)] \\
&\quad - \cos 2\varkappa l\,[C(4\varkappa l) - 2C(2\varkappa l)] + 2C(2\varkappa l) \\
\beta_0 &= 2(1 + \cos 2\varkappa l)\,S(2\varkappa l) + 2\sin 2\varkappa l\,C(2\varkappa l) \\
&\quad - S(4\varkappa l) \\
\gamma_1 &= (1 - \cos 2\varkappa l)\,[4C(2\varkappa l) - C(4\varkappa l)] \\
&\quad + \sin 2\varkappa l\,[4S(2\varkappa l) - S(4\varkappa l)] \\
\gamma_2 &= [4C(2\varkappa l) - C(4\varkappa l)]^2 + [4S(2\varkappa l) - S(4\varkappa l)]^2.
\end{aligned}\right\} \quad (17)$$

Im Zähler von R und $-X$ sind dabei Glieder mit dem Faktor $\frac{1}{\Omega}$ fortgelassen, da sie nach dem Gang der Rechnung nicht mehr gesichert waren. Man hat $\mathfrak{R}_i$ aufzufassen als den inneren Widerstand der Empfangsantenne; in den Formeln (16) ist $\mathfrak{R}_i$ in Ohm angegeben. Der im Zähler von $I(0)$ stehende Ausdruck

$$j\,[f(l) + f(-l)] = \mathfrak{B}$$

hängt nur vom einfallenden Feld und von der Länge der Antenne ab; er läßt sich auffassen als eine durch das äußere Feld bewirkte Spannung; man erhält:

$$\begin{aligned}
\mathfrak{B} &= j\,[f(l) + f(-l)] \\
&= \int_0^l [E(x) + E(-x)] \sin \varkappa(l-x)\, dx;
\end{aligned} \qquad (18)$$

für eine ebene linear polarisierte Welle, deren elektrische Feldstärke mit der Antenne den Winkel δ bildet, erhält man

$$E = E_0\, e^{-j\varkappa x \sin\delta} \cos\delta \qquad (19a)$$

und somit

$$\mathfrak{B} = -E_0 \frac{\lambda}{\pi} \frac{\cos\varkappa l - \cos(\varkappa l \sin\delta)}{\cos\delta}. \qquad (19b)$$

Den Faktor $\mathfrak{W}$ im Zähler von $I(0)$ kann man als eine Art von Übersetzungsfaktor auffassen. Man findet für $\mathfrak{W}$ den Wert:

$$\mathfrak{W} = \frac{1 + \frac{1}{\Omega}\,[C(2\varkappa l) + j\,S(2\varkappa l)]}{\sin\varkappa l + \frac{j e^{j\varkappa l}}{\Omega}\,[4\,M(\varkappa l) - M(2\varkappa l)]}. \qquad (14c)$$

Nur der absolute Betrag von $\mathfrak{W}$ hat praktische Bedeutung, man findet, mit dem gleichen Grad der Genauigkeit, wie er für $\mathfrak{R}_i$ erzielt wurde:

$$|\mathfrak{W}| \equiv W = \frac{1 + \frac{1}{\Omega} C(2\varkappa l)}{\sqrt{\sin^2\varkappa l + \frac{1}{2\Omega}\gamma_1 + \frac{1}{4\Omega^2}\gamma_2}}, \qquad (20)$$

wobei γ_1 und γ_2 die oben in Formel (17) erklärten Funktionen von $\varkappa l$ sind.

In den Abbildungen ist der Verlauf von Real- und Imaginärteil des inneren Widerstandes $\mathfrak{R}_i$ der Antenne für $\Omega = 17{,}68$ als Funktion von $\frac{l}{\lambda} = \frac{\varkappa l}{2\pi}$ aufgetragen; dieser Wert von Ω entspricht einem Wellenwiderstand

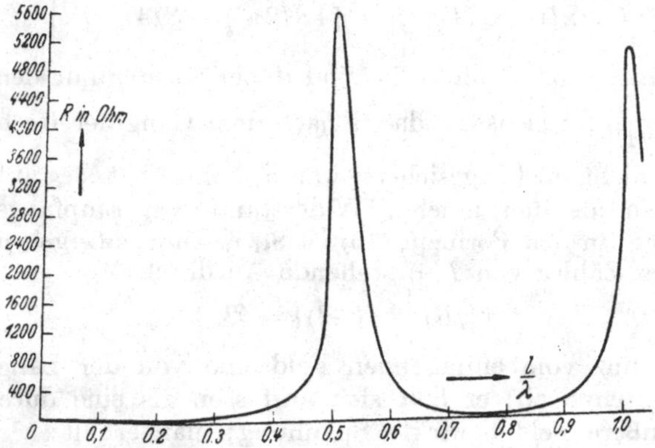

Abb. 2. Realteil des in neren Widerstandes $\mathfrak{R}_i$ der Antenne für $2\, ln \frac{2\,l}{\varrho} = 17{,}68$.

von 1060 Ohm. Ferner ist der Verlauf der in den Formeln (17) definierten Funktionen α_0, β_0, γ_1, γ_2 dargestellt; mit Hilfe dieser Funktionen läßt sich aus den Formeln (16) und (20) leicht der Wert von $\mathfrak{R}_i$ und des Übersetzungsmaßes W für jeden Wert von Ω berechnen. Es ist zu beachten, daß l die halbe Länge der Antenne ist, und daß $\Omega = 2 \ln \frac{2\,l}{\varrho}$ nicht zu klein werden darf, da nach Voraussetzung der Zylinderradius ϱ klein gegen λ und l sein muß.

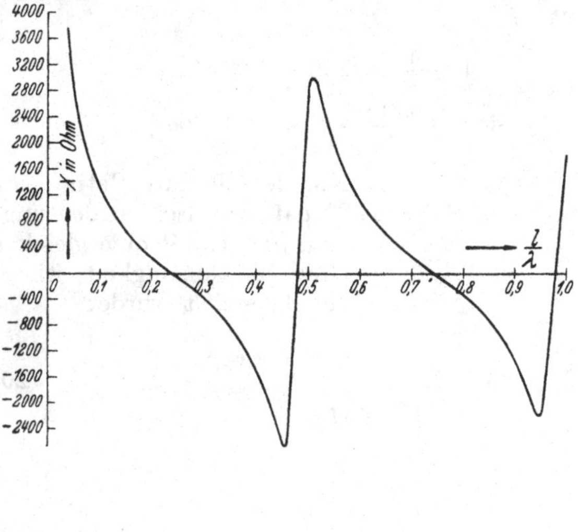

Abb. 3. Imaginärteil des inneren Widerstandes $\mathfrak{R}_i$ der Antenne

für $2\,ln\,\frac{2l}{\varrho} = 1{,}68$.

Zusammenfassung.

Die Theorie von Hallén wird zur Berechnung des Stromes I_0 im Empfängereingang einer zylindrischen, in der Mitte durch den Empfangskreis unterbrochenen Antenne benutzt. Der Strom I_0 hat die Gestalt

$$I_0 = \frac{\mathfrak{B}\,\mathfrak{W}}{\mathfrak{R}_a + \mathfrak{R}_i},$$

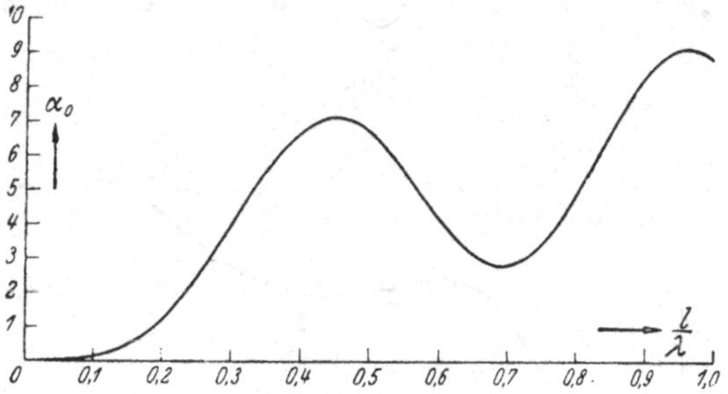

Abb. 4.

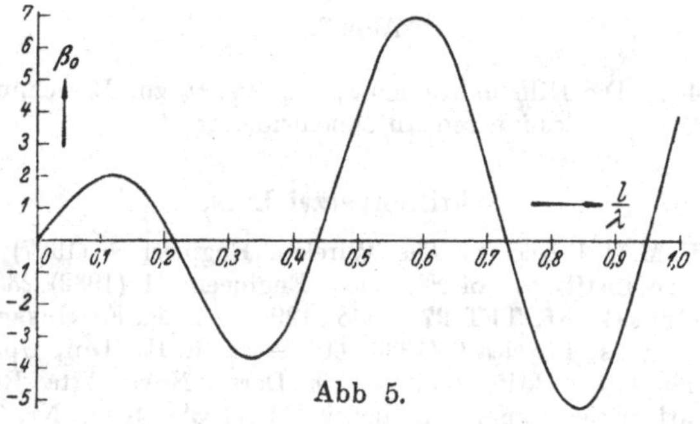

Abb 5.

wobei $\mathfrak{B}$ eine nur vom äußeren Felde und der Antennenlänge abhängige Spannung und $\mathfrak{R}_a$ den Widerstand des Empfängers bedeutet, während der „innere Widerstand" $\mathfrak{R}_i$ und der „Übersetzungsfaktor" $\mathfrak{W}$ nur von der Länge und dem Querschnitt der Antenne abhängen. Die zur Berechnung von $\mathfrak{R}_i$ und $|\mathfrak{W}|$ notwendigen Daten werden in den Kurven von Abb. 4 bis 7 mitgeteilt.

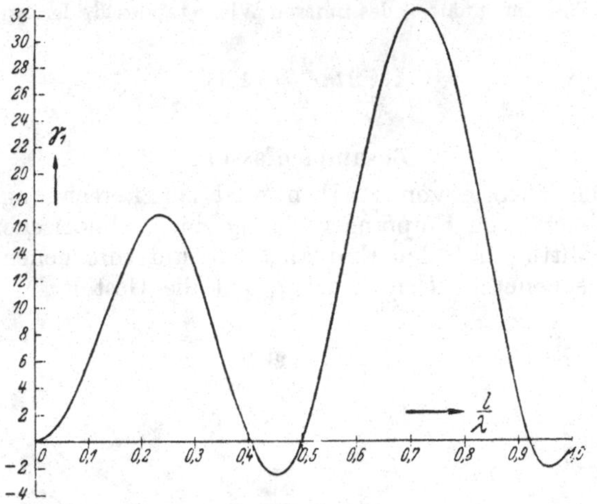

Abb. 6.

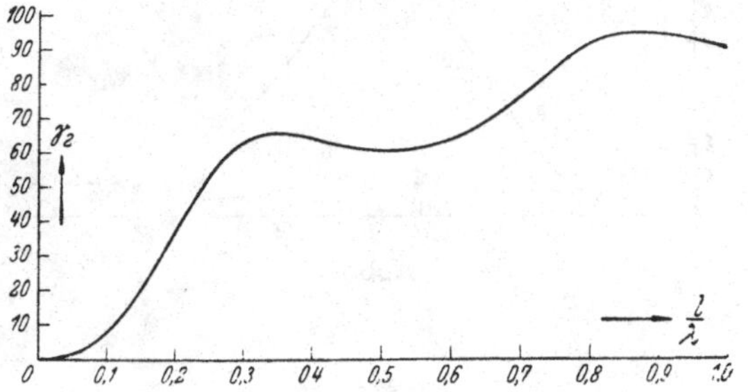

Abb. 7.

Abb. 4–7. Die Hilfsfunktionen α_0, β_0, γ_1, γ_2 zur Berechnung des inneren Antennenwiderstandes.

Schriftenverzeichnis.

1. F. M. Colebrook, The Wireless Engineer **4** (1927) 657; J. of the Institution of Electrical Engineers **71** (1932) 235. — 2. J. Grosskopf, TFT **27** (1938) 129. — 3. K. F. Niessen u. G. de Vriess, Physica **6** (1939) 601. — 4. E. Hallén, Uppsala Universitets Arsskrift 1930. — 5. Ders., Nova Acta Regiae Societatis Scientiarum Upsaliensis **11** (1938) 1-44, Nr. 4. — 6. M. Abraham, Ann. Physik **66** (1898) 435.

(Eingegangen am 24. Januar 1941.)

Zur Theorie des zylindrisch-parabolischen Spiegels.

Von **Wilhelm Magnus.**

Mit 3 Abbildungen. (Eingegangen am 30. Juni 1941.)

Es wird das Verhalten der elektromagnetischen Welle untersucht, die im Innern eines parabolischen Zylinders von vollkommener elektrischer Leitfähigkeit unter der Wirkung einer leuchtenden Brennlinie entsteht. Die strenge Lösung der zugehörigen Randwertaufgabe der Wellengleichung wird in Form einer Reihe gegeben, die für den praktisch interessierenden Fall von gleicher Größenordnung der Brennweite und der Wellenlänge gut diskutiert werden kann und insbesondere eine numerisch auswertbare Formel für den Strahlungswiderstand pro Längeneinheit der Brennlinie liefert.

Einleitung. Die strenge Behandlung der Fragen von Beugung und Reflexion elektromagnetischer Wellen ist bisher nur in den Fällen gelungen. in denen die beugende Fläche eine Fläche zweiter Ordnung oder die Ausartung einer solchen ist, da die Wellengleichung nur in elliptischen Koordinaten separierbar ist. Jedoch erfordert auch der Ansatz der Trennung der Veränderlichen in jedem Spezialfall noch besondere Untersuchungen. Für den Fall zweidimensionaler, d. h. von einer Koordinate unabhängiger Wellen im Innern eines parabolischen Zylinders wurden die allgemeinen Grundlagen an anderer Stelle[1]) durch eine Integraldarstellung der Lösung der zugehörigen Randwertaufgabe gegeben. Im folgenden wird nun aus dieser Integraldarstellung in einem praktisch interessierenden Spezialfall mit Hilfe eines in ähnlicher Form auch sonst benutzten Verfahrens[2]) eine Reihendarstellung der Lösung abgeleitet, die eine eingehende Diskussion derselben gestattet.

Im einzelnen enthält Abschnitt 1 die notwendigen Bezeichnungen; in Abschnitt 2 wird eine Integraldarstellung der Lösung angegeben und in eine Reihendarstellung umgewandelt, welche in Abschnitt 3 näher diskutiert wird und insbesondere eine Formel für den Strahlungswiderstand pro Längeneinheit der Brennlinie liefert; Abschnitt 4 enthält dann einige Beiträge zur numerischen Auswertung der Resultate. Schließlich enthält Abschnitt 5 eine Studie über die „Funktionen des parabolischen Zylinders", in der die wichtigsten Formeln zusammengestellt und, soweit sie nicht schon bekannt sind, kurz abgeleitet werden. Hierbei ergibt sich auch eine Darstellung des Hertzschen Vektors eines (unendlich kurzen) Dipols im leeren Raum durch die Funktionen des parabolischen Zylinders; diese Formel ist als Ausgangspunkt anzusehen für eine Behandlung der Strahlung, die von

[1]) W. Magnus, Jahresbericht der Deutschen Mathematikervereinigung **50**, 140—161, 1940. — [2]) Siehe G. N. Watson, Proc. Roy. Soc. London (A) **95**, 83—99, 546—563, 1918/19; H. Buchholz, Ann. d. Phys. (5) **39**, 81—128, 1941.

einem in der Brennlinie eines zylindrisch parabolischen Spiegels befindlichen Hertzschen Dipol ausgesandt wird.

1. Formulierung der Aufgabe und Bezeichnungen.

Es seien x, y, z rechtwinklig-kartesische Koordinaten im Raum. Die z-Achse sei Brennlinie eines parabolischen Zylinders mit der Brennweite f. Die Wirkung der leuchtenden Brennlinie (ohne Anwesenheit des spiegelnden Zylinders) wird dadurch beschrieben, daß von ihr ein elektromagnetisches Feld ausgeht, dessen elektrische Feldstärke überall parallel der z-Achse ist und abgesehen von einem gleich 1 gesetzten Amplitudenfaktor die Größe

$$E_0 = e^{i\omega t} H_0^{(2)}(\varkappa\sqrt{x^2+y^2})$$

besitzt, wobei t die Zeit, ω die Kreisfrequenz, $2\pi/\varkappa = \lambda$ die Wellenlänge der ausgesandten Strahlung und $H_0^{(2)}$ die zweite Hankelsche Funktion vom Index Null bedeutet. Die Brennlinie sendet also eine „Zylinderwelle" aus.

Führt man nun in der x, y-Ebene parabolische Koordinaten ξ, η ein durch die Beziehungen

$$x = \varkappa^{-1}\xi\eta, \qquad y = \varkappa^{-1}\frac{\xi^2-\eta^2}{2}, \tag{1}$$

so ergibt sich das elektromagnetische Feld im Innern des parabolischen Zylinders aus den folgenden Angaben:

Die elektrische Feldstärke besitzt nur in Richtung der z-Achse eine von Null verschiedene Komponente; diese werde mit

$$E e^{i\omega t} \tag{2}$$

bezeichnet; E hängt dann nur von x und y bzw. ξ und η ab und hat die Gestalt

$$E = -u(\xi,\eta) + H_0^{(2)}\left(\frac{\xi^2+\eta^2}{2}\right), \tag{3}$$

wobei $\frac{\xi^2+\eta^2}{2} \equiv \varkappa\sqrt{x^2+y^2}$ ist und die Funktion u durch die Lösung der folgenden Randwertaufgabe zu bestimmen ist: u ist im Innern der Parabel $\mathfrak{P}$, die von der x, y-Ebene aus dem parabolischen Zylinder ausgeschnitten wird, eine der „Ausstrahlungsbedingung [1]) genügende Lösung der „Wellengleichung"

$$\frac{\partial^2 u}{\partial x^2} + \frac{\partial^2 u}{\partial y} + \varkappa^2 u = 0,$$

oder, in parabolischen Koordinaten

$$\left(\frac{\partial^2 u}{\partial \xi^2} + \frac{\partial^2 u}{\partial \eta^2}\right)\frac{1}{\xi^2+\eta^2} + u = 0, \tag{4}$$

und besitzt auf $\mathfrak{P}$ dieselben Werte wie $H_0^{(2)}\left(\frac{\xi^2+\eta^2}{2}\right)$. Die Parabel $\mathfrak{P}$ sei definiert durch die Festsetzung

$$\eta = \pm\eta_0; \quad \eta_0 = \sqrt{2\varkappa f};$$

/343 [1]) Siehe A. Sommerfeld, Jahresbericht der Deutschen Mathematiker-vereinigung **21**, 309, 1912 oder § 2 in l. c.[1]) von S. [redacted] es ist dann $\mathfrak{P}$ eine in Richtung der positiven y-Achse geöffnete Parabel, bestehend aus den beiden Halbparabeln $\eta = +\eta_0$ und $\eta = -\eta_0$. Die parabolische Koordinate ξ habe stets einen nicht negativen Wert; diese Vorschrift ist notwendig, um eine eindeutige Koordinatenbestimmung zu erzielen, da die Gleichungen (1) sonst nicht eindeutig nach ξ und η auflösbar sind. Fig. 1 zeigt den Verlauf der Parabeln ξ = constans und η = constans.

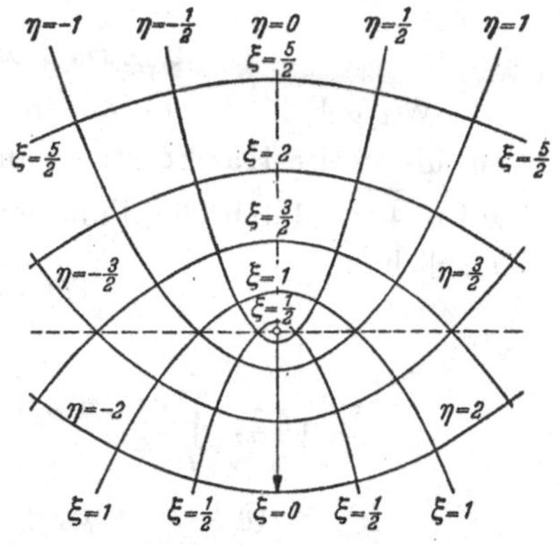

Fig. 1. Die Kurven ξ = constans und η = constans in der x, y-Ebene. $x = \xi\eta$, $y = \frac{1}{2}(\xi^2 - \eta^2)$.

Die Wellengleichung (4) in parabolischen Koordinaten besitzt Partikularlösungen $u_n(\xi, \eta)$, die noch von einem komplexen Parameter $n = \nu + i\mu$ abhängen und durch den Ansatz der Trennung der Veränderlichen gewonnen werden; wir setzen speziell

$$u_n(\xi, \eta) = e^{-i(\xi^2+\eta^2)/2}\,\delta(\xi, n)\,\delta(\eta, -n-1), \tag{5}$$

wobei dann $\delta(\xi, n)$ als Funktion von ξ der Differentialgleichung

$$\delta'' + 2i(-\xi\delta' + n\delta) = 0 \quad \left(\delta' \text{ heißt } \frac{\partial\delta}{\partial\xi}\right) \tag{6}$$

genügt und im übrigen durch die Anfangsbedingungen

$$\delta(0, n) = \frac{\Gamma\left(\frac{1}{2}\right)2^{n/2}}{\Gamma\left(\frac{1-n}{2}\right)}; \quad \delta'(0, n) = (1+i)\frac{\Gamma\left(-\frac{1}{2}\right)2^{(n-1)/2}}{\Gamma\left(\frac{-n}{2}\right)} \tag{7}$$

eindeutig bestimmt ist. Außer der Funktion δ führen wir noch eine weitere Lösung der Differentialgleichung (6) ein, nämlich die Funktion

$$p(\xi,n) = \pi^{-1/2}\,\Gamma\left(\frac{1-n}{2}\right)\Gamma\left(\frac{-n}{2}\right)e^{n\pi i/4}\,2^{-(3n+4)/2}[\delta(\xi,n) + \delta(-\xi,n)]; \tag{8}$$

$p(\xi, n)$ ist demnach eine gerade Funktion von ξ. Schließlich definieren wir noch gewisse Funktionen $A_\mu(\xi)$, die von dem reellen Parameter μ abhängen und durch die Festsetzungen definiert sind: A_μ ist eine gerade Funktion von ξ; es ist $A_\mu(0) = 1$ und A_μ genügt als Funktion von ξ der Differentialgleichung

$$A_\mu'' + (\xi^2 + 2\mu)A_\mu = 0. \tag{9}$$

Die Funktion A_μ hängt mit der Funktion p zusammen durch die Beziehung

$$A_\mu(\xi) = \frac{2^{1/2 - i\mu}\,e^{\pi i/8 - \pi\mu/4}}{\Gamma\left(\frac{1}{4} + i\frac{\mu}{2}\right)}\,e^{-i\xi^2/2}\,p\left(\xi, -\frac{1}{2} - i\mu\right); \tag{10}$$

sie ist für reelle Werte von ξ eine reelle Funktion, deren Verhalten für verschiedene Werte von μ in Abschnitt 4 kurz diskutiert wird.

2. *Zwei Darstellungen der Lösung.*

Wir gehen aus von der in Abschnitt 5 bewiesenen Integraldarstellung für die zweite Hankelsche Funktion vom Index Null und dem Argument $\varkappa \sqrt{x^2 + y^2}$ durch die Funktionen des parabolischen Zylinders. Es gilt nämlich

$$\left.\begin{aligned} &e^{i(\xi^2+\eta^2)/2} H_0^{(2)}\left(\frac{\xi^2+\eta^2}{2}\right) \\ &= \frac{1}{\sqrt{2}\,\pi^2} \int\limits_{\nu-i\infty}^{\nu+i\infty} \delta(\xi, n)\, \delta(\eta, -n-1)\, \Gamma\left(\frac{-n}{2}\right) \Gamma\left(\frac{n+1}{2}\right) dn \\ &(n = \nu + i\mu, \ -1 < \nu < 0; \ \xi \geqq 0, \eta \geqq 0). \end{aligned}\right\} \quad (11)$$

Hieraus ergibt sich die gesuchte Funktion $E(\xi, \eta)$ durch die Beziehung

$$\left.\begin{aligned} &\pi^2 \sqrt{2}\, e^{i(\xi^2+\eta^2)/2} E(\xi, \eta) \\ &= -\int\limits_{\nu-i\infty}^{\nu+i\infty} \delta(\xi, n) \left\{ \frac{p(\eta, -n-1)}{p(\eta_0, -n-1)}\, \delta(|\eta_0|, -n-1) - \delta(|\eta|, -n-1) \right\} \Gamma\left(\frac{-n}{2}\right) \Gamma\left(\frac{n+1}{2}\right) dn \\ &(n = \nu + i\mu; \ -\tfrac{1}{2} < \nu < 0). \end{aligned}\right\} \quad (12)$$

In der Tat wird nämlich $E = -u + H_0^{(2)}\left(\frac{\xi^2+\eta^2}{2}\right)$ mit

$$u = \frac{1}{\sqrt{2}\,\pi^2}\, e^{-i/2(\xi^2+\eta^2)} \int\limits_{\nu-i\infty}^{\nu+i\infty} \delta(\xi, n)\, \frac{p(\eta, -n-1)}{p(\eta_0, -n-1)}\, \delta(|\eta_0|, -n-1)\, \Gamma\left(\frac{-n}{2}\right) \Gamma\left(\frac{n+1}{2}\right) dn, \quad (13)$$

und u hat ersichtlich nach (11) für $\eta = \pm \eta_0$ den Wert $H_0^{(2)}\left(\frac{\xi^2+\eta_0^2}{2}\right)$ erfüllt, also die Randbedingung. Daß u ferner im Innern von $\mathfrak{P}$ überall der Differentialgleichung (4) genügt, wurde schon früher[1]) bewiesen und ergibt sich im übrigen ohne Mühe aus den Formeln (17), (20), (25) und (27a). Das Erfülltsein der Ausstrahlungsbedingung[2]) ergibt sich ohne weiteres aus den Formeln (20) oder (25).

Der Integrationsweg in Formel (12) ist eine Gerade in der n-Ebene, die parallel zur imaginären Achse verläuft und eine ν-Abszisse zwischen $-\frac{1}{2}$ und 0 besitzt (vgl. Fig. 2). Der Integrand besitzt Pole, die auf drei Halbgeraden verteilt liegen, nämlich einmal auf der positiven ν-Achse an den Stellen $n = 0, 2, 4, \ldots$, ferner auf der negativen ν-Achse an den Stellen $n = -1, -3, -5, \ldots$ und schließlich auf einem Teil der Geraden

---

[1]) Siehe Fußnote 1, S. [redacted]. — [2]) Siehe Fußnote 1, S. [redacted].

$n = -\frac{1}{2} + i\mu$, da dort Nullstellen der Funktion $p(\eta_0, -n-1)$ liegen, welche hier bis auf einen nicht verschwindenden Faktor gleich der Funktion $A_\mu(\eta_0)$ ist. Wir bezeichnen diejenigen Werte von μ, für die $A_\mu(\eta_0) = 0$ ist, mit

$$\mu_1, \mu_2, \mu_3, \ldots;$$

die Zahlen μ_l $(l = 1, 2, 3, \ldots)$ hängen von η_0 ab, und es ist allgemein μ_l derjenige Wert von μ, für den η_0 die l-te Nullstelle von $A_\mu(\eta)$ ist. Die Zahlen μ_l bilden eine monoton über alle Grenzen wachsende Folge; sie genügen den aus (9) ableitbaren Ungleichungen

$$\left(\pi \frac{2l-1}{2\eta_0}\right)^2 > 2\mu_l > \left(\pi \frac{2l-1}{2\eta_0}\right)^2 - \eta_0^2. \quad (14)$$

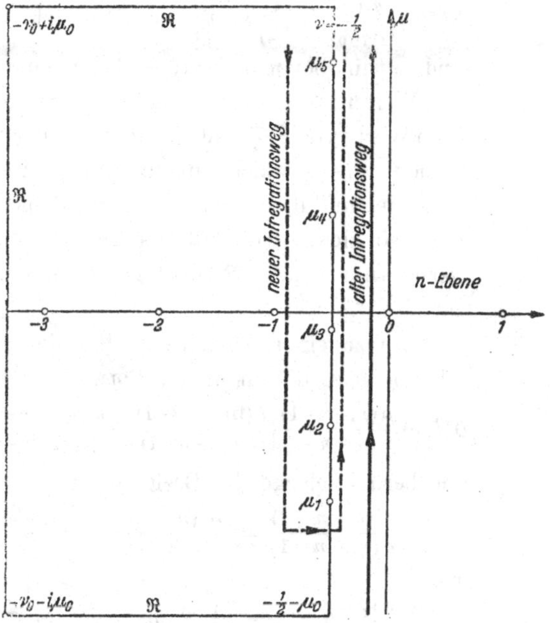

Fig. 2. Integrationswege in der n-Ebene.

Es läßt sich nun zeigen, daß die auf der negativen ν-Achse liegenden Pole des Integranden in (12) nur scheinbare sind, da sich die meromorphen Teile der beiden unter dem Integral in (12) stehenden Summanden gegeneinander fortheben, und daß man weiterhin den Integrationsweg in der in Fig. 2 skizzierten Weise deformieren und damit das Integral durch die Summe der Residuen des Integranden an den Stellen $n = -\frac{1}{2} + i\mu_l$ ausdrücken kann.

Zum Beweise hat man sich zunächst zu vergewissern, daß der Integrand (12) bei $n = -1, -3, \ldots$ keine Pole besitzt. Nun ergibt sich aus den Formeln (7) und (8), daß eine Beziehung besteht:

$$\delta(\xi, -n-1) = \frac{\Gamma\left(\frac{1}{2}\right) 2^{-(n+1)/2}}{\Gamma\left(1+\frac{n}{2}\right)} \frac{p(\xi, -n-1)}{p(0, -n-1)} + $$

$$+ (1+i) \frac{\Gamma\left(-\frac{1}{2}\right) 2^{-(n+2)/2}}{\Gamma\left(\frac{n+1}{2}\right)} s(\xi, -n-1), \quad (15)$$

wobei $\frac{p(\xi, -n-1)}{p(0, -n-1)}$ bzw. $s(\xi, -n-1)$ die gerade bzw. ungerade Lösung der Differentialgleichung für δ sind, für die der Anfangswert der geraden

Lösung bzw. der Anfangswert der Ableitung der ungeraden Lösung gleich 1 sind. Der Integrand in (12) wird danach zu

$$\delta(\xi, n)\left\{\frac{p(\eta, -n-1)}{p(\eta_0, -n-1)} s(|\eta_0|, -n-1) - s(|\eta|, -n-1)\right\}(1+i)\,\Gamma\left(-\frac{1}{2}\right)\Gamma\left(\frac{-n}{2}\right)2^{-\frac{n+2}{2}}$$

und mithin bei $n = -1, -3, \ldots$ eine reguläre Funktion von n.

Weiterhin hat man sich zu überzeugen, daß der Integrand in (12) für feste Werte von ξ, η und η_0 auf einem Rechteckszug $\mathfrak{R}$ der negativen ν-Halbebene (s. Fig. 2), welcher einen Punkt $-\frac{1}{2} - i\mu_0$ mit einem Punkt $-\frac{1}{2} + i\mu_0$ verbindet und die ν-Achse in einem Punkt $-\nu_0$ schneidet, mit wachsendem μ_0, ν_0 so klein wird, daß das Integral über $\mathfrak{R}$ mit wachsendem μ_0 und ν_0 verschwindet, falls $\mathfrak{R}$ nicht gerade in einer Nullstelle von $p(\eta_0, -n-1)$ mündet.

Um zu einer Abschätzung für den Integranden in (12) zu kommen, schreibe man diesen in der Form

$$\delta(\xi, n)\frac{p(\eta, -n-1)}{p(0, -n-1)}\left\{\frac{\delta(|\eta_0|, -n-1)}{p(\eta_0, -n-1)} - \frac{\delta(|\eta|, -n-1)}{p(\eta, -n-1)}\right\} p(0, -n-1)\,\Gamma\left(\frac{-n}{2}\right)\Gamma\left(\frac{n+1}{2}\right)$$

und berücksichtige die Beziehungen

$$\frac{d}{d\eta}\,\frac{\delta(\eta, -n-1)}{p(\eta, -n-1)} = \frac{\delta'(\eta, -n-1)\,p(\eta, -n-1) - \delta(\eta, -n-1)\,p'(\eta, -n-1)}{p^2(\eta, -n-1)}$$

und

$$e^{-i\eta^2}\{\delta'(\eta, -n-1)\,p(\eta, -n-1) - \delta(\eta, -n-1)\,p'(n, -n1)\}$$
$$= \text{constans} = \delta'(0, -n-1)\,p(0, -n-1).$$

Dann läßt sich der Integrand von (12) bei Berücksichtigung der Integraldarstellung (27) aus Abschnitt 5 für $\delta(\xi, n)$ in der Form schreiben:

$$C_0 \int\limits_0^\infty \frac{e^{-i\xi^2\gamma^2}\,\gamma^{-n-1}}{(1+\gamma^2)^{\frac{1-n}{2}}}\,d\gamma \int\limits_{|\eta|}^{\eta_0} \frac{e^{is^2}\,ds}{\left\{\frac{p(s, -n-1)}{p(0, -n-1)}\right\}^2}\,\frac{p(\eta, -n-1)}{p(0, -n-1)}, \tag{16}$$

wobei C_0 eine von n unabhängige Größe ist. Setzen wir weiterhin

$$\vartheta = \sqrt{-2i(n+\tfrac{1}{2})} = \sqrt{-2i(\nu+\tfrac{1}{2}) + 2\mu},$$

so läßt sich für hinreichend große Werte von $|\vartheta|$ die asymptotische Formel ableiten, siehe [a. a. O[1]), Hilfssatz 3b, S. 152]:

$$\frac{p(\eta, -n-1)}{p(0, -n-1)} = e^{i\eta^2/2}\{\cos\vartheta\eta\,[1 + O|\vartheta^{-1}|] + \sin\vartheta\eta \cdot O|\vartheta^{-1}|\}, \tag{17}$$

wobei das Symbol $O|\vartheta^{-1}|$ wie üblich einen Ausdruck bedeutet, der mit wachsendem $|\vartheta|$ mindestens wie constans mal $|\vartheta^{-1}|$ gegen Null geht.

Die Formeln (16) und (17) erlauben mit geringer Mühe zu zeigen, daß der Integrand in (12) auf $\mathfrak{R}$ so klein wird, daß das Integral längs $\mathfrak{R}$ mit wachsendem ν_0 beliebig klein wird, wenn man außerdem $\mu_0 > \nu_0^2$ wählt.

343

[1]) Siehe Fußnote 1, S. [redacted].

Die Anwendung des Residuensatzes auf (12) ergibt nun, bei Einführung von $A_\mu(\eta_0)$ an Stelle von $p(\eta_0, -n-1)$ und unter Berücksichtigung der Tatsache, daß $p(\eta_0, -n-1)$ als Funktion von n nur einfache Nullstellen hat:

$$e^{i(\xi^2+\eta_0^2)/2} E(\xi, \eta)$$

$$= \frac{-i\sqrt{2}}{\pi} \sum_{l=1}^{\infty} \delta\left(\xi, i\mu_l - \frac{1}{2}\right) \delta\left(\eta_0, -i\mu_l - \frac{1}{2}\right) A_{\mu_l}(\eta) \times$$

$$\times \Gamma\left(\frac{1}{4} + \frac{i}{2}\mu_l\right) \Gamma\left(\frac{1}{4} - \frac{i}{2}\mu_l\right) \left[\frac{\partial}{\partial \mu} A_\mu(\eta_0)\right]^{-1}_{\mu=\mu_l}. \tag{18}$$

Setzt man $\frac{\partial A_\mu(\eta)}{\partial \mu} = B_\mu(\eta)$ und berücksichtigt man die Beziehungen

$$A_\mu'' + A_\mu(\eta^2 + 2\mu) = 0; \; B_\mu'' + B_\mu \cdot (\eta^2 + 2\mu) = -2A_\mu,$$

$$\frac{d}{d\eta}(B_\mu A_\mu' - A_\mu B_\mu') = 2A_\mu^2; \quad A_{\mu_l}(\eta_0) = 0,$$

$$e^{-i\eta_0^2/2} \delta(\eta_0, -\tfrac{1}{2} - i\mu_l) A_{\mu_l}'(\eta_0) = -A_{\mu_l}(0) \delta'(0, -\tfrac{1}{2} - i\mu_l),$$

so lassen sich die Glieder unter dem Summenzeichen in (18) vereinfachen, und man erhält zusammenfassend:

Satz 1. Die in einem parabolischen Zylinder mit leuchtender Brennlinie erzeugte elektrische Feldstärke $E e^{i\omega t}$ *ist parallel der Brennlinie und wird durch die Formel gegeben*

$$e^{i\xi^2/2} E(\xi, \eta) = -\frac{e^{3\pi i/4}\, 2^{1/4}}{\sqrt{\pi}} \sum_{l=1}^{\infty} \delta\left(\xi, i\mu_l - \frac{1}{2}\right) \times$$

$$\times A_{\mu_l}(\eta)\, 2^{-i\mu_l/2} \Gamma\left(\frac{1}{4} - \frac{i}{2}\mu_l\right) \left\{\int_0^{\eta_0} A_{\mu_l}^2(s)\, ds\right\}^{-1}. \tag{19}$$

Für große Werte von ξ *findet man durch Einsetzen der asymptotischen Entwicklung (25) für* δ *bis auf einen Fehler der Größenordnung* ξ^{-2}:

$$E(\xi, \eta) = \frac{e^{-i\xi^2/2}}{\sqrt{\xi}} \frac{e^{-3i\pi/8}}{\sqrt{\pi}} \sum_{l=1}^{\infty} \xi^{i\mu_l} A_{\mu_l}(\eta) \frac{e^{-\pi\mu_l/4}\, \Gamma\left(\frac{1}{4} - \frac{i}{2}\mu_l\right)}{\int_0^{\eta_0} A_{\mu_l}^2(s)\, ds}. \tag{20}$$

Hierbei ist $\eta_0 = \sqrt{4\pi f/\lambda}$, *wobei* f *die Brennweite des Zylinders ist, und es genügt* $A_{\mu_l}(\eta)$ *der Differentialgleichung*

$$A_{\mu_l}'' + A_{\mu_l}(\eta^2 + 2\mu_l) = 0$$

mit den Anfangsbedingungen $A_{\mu_l}(0) = 1$, $A_{\mu_l}'(0) = 0$ *und* μ_l *bestimmt sich durch die Forderung, daß* η_0 *die* l*-te Nullstelle von* $A_{\mu_l}(\eta)$ *ist.*

3. Diskussion der Lösung und Berechnung des Strahlungswiderstandes für die Längeneinheit der Brennlinie.

Die Reihe (19) aus Satz 1 konvergiert für alle Werte von ξ und η mit $\xi^2 + \eta^2 > 0$; der Konvergenzbeweis kann mit Hilfe der aus (17) abgeleiteten Formel

$$A_\mu(\eta) = \cos(\sqrt{2\mu}\,\eta)\{1 + O\,|\mu^{-1/2}|\} + \sin(\sqrt{2\mu}\,\eta)\,O\,|\mu^{-1/2}| \quad (20\,\mathrm{a})$$

und der Integraldarstellung (27a) aus Abschnitt 5 geliefert werden. Jedoch ist die Konvergenz der Reihe (19) im allgemeinen nicht sehr gut; dagegen konvergiert die Reihe (20) aus Satz 1 immer dann sehr rasch, wenn η_0 nicht zu groß ist, also nur wenige negative Werte μ_l auftreten. Für $\eta_0 = 2{,}006$, d. h. für $f/\lambda = 0{,}318\ldots$ wird $\mu_1 = 0$; für kleinere Werte von f/λ konvergiert die Reihe (20) also sehr gut, für größere Werte zunehmend schlechter, ist jedoch für $f/\lambda \leqq 4$ noch praktisch brauchbar.

Vor einer weiteren Diskussion der Formel (20) aus Satz 1 werde zunächst noch der Strahlungswiderstand pro Längeneinheit der Brennlinie, d. h. der Quotient von ausgestrahlter Energie und Quadrat der Stromamplitude berechnet. Mit Hilfe der früher [a. a. O.[1]), S. 147] abgeleiteten Formel für die ausgestrahlte Energie und wegen der Orthogonalitätsrelationen

$$\int_{-\eta_0}^{+\eta_0} A_{\mu_l}(\eta)\, A_{\mu_m}(\eta)\, d\eta = 0 \quad (l \neq m, \quad l, m \text{ natürliche Zahlen})$$

läßt sich sofort das folgende Ergebnis ableiten:

Satz 2. Es sei R_S der Strahlungswiderstand pro Längeneinheit der Brennlinie des parabolischen Zylinders und R_0 der Strahlungswiderstand pro Längeneinheit einer leuchtenden Linie im leeren Raum. Dann ist:

$$\frac{R_S}{R_0} = \frac{1}{4\pi} \sum_{l=1}^{\infty} e^{-\pi\mu_l/2} \left|\Gamma\left(\frac{1}{4} - \frac{i}{2}\mu_l\right)\right|^2 \left\{\int_0^{\eta_0} A_{\mu_l}^2(s)\, ds\right\}^{-1}. \quad (21)$$

Die Größen μ_l, η_0 und die Funktionen A_{μ_l} sind in Satz 1 definiert. Die Reihe (21) konvergiert für alle Werte von $\eta_0 = \sqrt{4\pi f/\lambda} \leqq 2{,}006$ sehr gut; allerdings nimmt der Strahlungswiderstand R_S dann mit abnehmendem η_0 sehr rasch ab. Für sehr große Werte von η_0 ($\eta_0 \gg 1$) ist die Formel (21) zur Berechnung von R_S/R_0 nicht mehr geeignet; den Hauptbeitrag liefern jedoch auch dann die Summanden, in denen μ_l in der Nähe von Null liegt, wobei unter diesen die Summanden mit $\mu_l \leqq 0$ stärker ins Gewicht fallen.

Bei der Diskussion der Formel (20) ist zu beachten, daß ξ und η parabolische Koordinaten sind; bezeichnet man mit r den Abstand vom Parabelbrennpunkt in der Ebene eines senkrecht zur Brennlinie durch den Zylinder

[1]) Siehe Fußnote 1, S. [redacted].

gelegten Schnittes, so liegt das kartesische x, y-System so, daß die y-Achse Parabelachse ist, und man kann für große Werte von r näherungsweise

$$\xi \approx \sqrt{2\varkappa r}; \quad \eta \approx x\sqrt{\frac{2\varkappa}{r}}; \quad r \approx y \left(\varkappa = \frac{2\pi}{\lambda}\right)$$

setzen. Von einem Feldstärkediagramm im üblichen Sinne kann daher bei den Wellen in einem parabolischen Zylinder nicht gesprochen werden (entsprechend der Tatsache, daß eine Parabel den Öffnungswinkel Null hat); man hat vielmehr statt der Geraden durch den Nullpunkt die Halbparabeln $\eta =$ constans $(|\eta| \leqq \eta_0)$ als die Kurven zu benutzen, auf denen, in großer Entfernung vom Brennpunkt, die Feldstärkewerte anzugeben sind. Indessen existiert auch in diesem modifizierten Sinne kein Strahlungsdiagramm für durch (20) definierte Welle innerhalb des parabolischen Zylinders. Die einzelnen Summanden in der unendlichen Reihe (20) liefern zwar fortschreitende Wellen mit einem Strahlungsdiagramm, welches bis auf einen von η unabhängigen Faktor durch $A_{\mu_l}(\eta)$ gegeben wird; man kann aber die Strahlungsdiagramme dieser Teilwellen nicht zu einem solchen der Gesamtwelle zusammensetzen aus dem folgenden Grunde:

Die einzelnen Summanden in (20) stellen Wellen dar, die in Richtung der Parabelachse fortschreiten, wobei die Amplitude mit der vierten Wurzel der reziproken Entfernung vom Brennpunkt abnimmt. Die Phasengeschwindigkeit ist dabei aber wegen der Faktoren $\xi^{i\mu_l}$ nicht gleich der Lichtgeschwindigkeit c, sondern gleich

$$c\left(1 - \frac{\mu_l}{2r}\right),$$

wobei r der Abstand vom Brennpunkt ist. Für große Werte von r nähert sich also die Phasengeschwindigkeit der Lichtgeschwindigkeit, aber die Phasen der Teilwellen selber streben bei wachsender Entfernung vom Brennpunkt nicht festen Verhältnissen zu. Hier zeigt sich, daß der unendlich ausgedehnte parabolische Zylinder im allgemeinen eine praktisch nicht mehr lässige Idealisierung darstellt; nur wenn eine Teilwelle den überwiegenden Teil der Strahlungsenergie enthält — dies ist für kleine Werte von f/λ der Fall — kann man noch von einem Strahlungsdiagramm sprechen. Trotzdem ließen sich die hier erzielten Resultate bei einem parabolischen Zylinder mit endlicher, in Wellenlängen gemessen hinreichend großer Öffnung durch Anwendung des Huyghensschen Prinzips zur Berechnung des Strahlungsdiagramms der in den freien Raum ausstrahlenden Welle verwenden.

4. *Bemerkungen zur Berechnung des Strahlungswiderstandes.*

Zur Auswertung der Formel (21) braucht man einen Überblick über den Verlauf der Funktionen $A_\mu(\eta)$ und ihrer Nullstellen, um die Werte μ_l berechnen zu können, und ferner eine Tabelle der Werte von $\left|\Gamma\left(\frac{1}{4} - \frac{i\mu}{2}\right)\right|$.

Für nicht zu große Werte von $|\mu\eta^2|$ kann man die Potenzreihenentwicklung für $A_\mu(\eta)$ benutzen; die ersten Glieder derselben lauten:

$$A_\mu(\eta) = 1 - \mu\eta^2 + \frac{2\mu^2-1}{12}\eta^4 - \frac{2\mu^3-7\mu}{180}\eta^6 + \left(\frac{\mu^4}{2520} - \frac{11\mu^2}{5040} + \frac{1}{672}\right)\eta^8 \mp \cdots.$$

Die Fig. 3 zeigt den Verlauf der Kurven $A_\mu(\eta)$ für $0 \leqq \eta \leqq 2{,}2$ und $\mu = -\frac{1}{3}$, $\mu = 0$ und $\mu = 1$. Man entnimmt hieraus, daß für $\eta_0 = 2{,}006$ der Wert μ_1 gleich Null wird, während μ_2 dann > 1 wird. Man kann daher in Formel (21) bei einer Rechengenauigkeit von 10% mit dem ersten Glied der unendlichen Reihe auskommen und findet, daß für ein Verhältnis von Brennweite zu Wellenlänge von 0,318 der Wert von R_S/R_0 etwas größer als 0,8 ist.

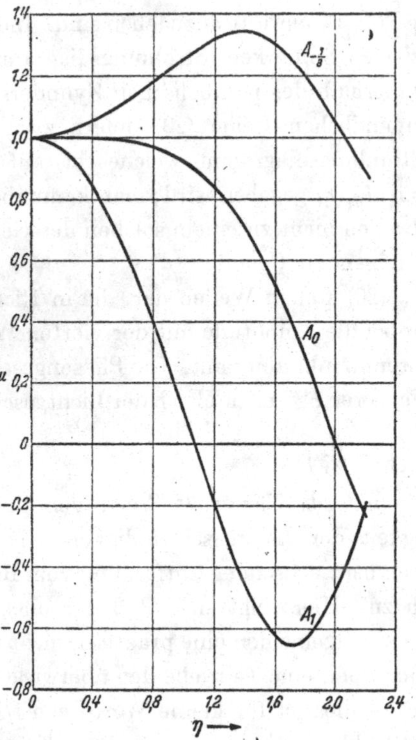

Fig. 3. Die Kurven $A_\mu(\eta)$ für $\mu = -\frac{1}{3}$, 0, 1.

Die Funktionen $A_\mu(\eta)$ haben allgemein für $\mu \geqq 0$ ihr absolutes Maximum bei $\eta = 0$ mit $A_\mu(0) = 1$; für $\mu < 0$ liegt dagegen dort ein (relatives) Minimum, von dem aus der Funktionswert mit wachsendem η zunächst bis $\eta = \sqrt{-2\mu}$ zunehmend ansteigt; bei $\eta = \sqrt{-2\mu}$ liegt ein Wendepunkt, und für Werte von η, die groß gegen $\sqrt{-2\mu}$ sind, verläuft die Funktion genau wie bei positiven Werten von μ oszillierend, mit dem Betrage nach gegen Null abnehmenden Extrema. Die asymptotischen Formeln (20a) aus Abschnitt 3 bzw. (26) aus Abschnitt 5 geben die für den allgemeinen Verlauf von $A_\mu(\eta)$ charakteristischen Aussagen für $|\mu| \gg 1$ bzw. für $\eta \gg |\mu|$.

Zur Berechnung von $\left|\Gamma\left(\frac{1}{4} - \frac{i\mu}{2}\right)\right|$ kann man sich für große Werte von $|\mu|$ der bekannten asymptotischen Formel

$$\left|\Gamma\left(\frac{1}{4} \pm \frac{i}{2}\mu\right)\right| \approx \sqrt{2\pi}\, 2^{1/4} |\mu|^{-1/4} e^{-|\mu|\pi/4}$$

bedienen, während für kleine Werte von $|\mu|$ die Formel

$$G(\mu) \equiv \left\{ \frac{\left| \Gamma\left(\frac{1}{4} + \frac{i}{2}\mu\right) \right|}{\Gamma\left(\frac{1}{4}\right)} \right\}^2 = \prod_{l=0}^{\infty} \left[1 + \left(\frac{2\mu}{4l+1} \right)^2 \right]^{-1}$$

benutzt werden kann; hierbei ist $\Gamma(\frac{1}{4}) = 3{,}626 \ldots$ Zur Illustration des erforderlichen Rechenaufwandes sei bemerkt, daß die asymptotische Formel für $G(2)$ den Wert 0,0183 ... liefert, während die Produktformel bei Berücksichtigung der ersten fünf Faktoren mit einem prozentualen Fehler der Größenordnung $\mu^2/17$ die nachstehende Tabelle liefert:

μ	0	0,2	0,4	0,6	0,8	1,0	1,5	2,0
$G(\mu)$	1	0,854	0,584	0,377	0,241	0,160	0,062	0,026

5. *Die Funktionen des parabolischen Zylinders.*

Als „Funktionen des parabolischen Zylinders" werden in dem Werk von Whittaker und Watson[1]) die Funktionen $D_n(z)$ eingeführt, welche der Differentialgleichung

$$D_n'' + \left(n + \frac{1}{2} - \frac{z^2}{4}\right) D_n = 0 \tag{22}$$

genügen und die Anfangswerte

$$D_n(0) = \frac{\Gamma\left(\frac{1}{2}\right) 2^{n/2}}{\Gamma\left(\frac{1-n}{2}\right)}; \quad D_n'(0) = \frac{\Gamma\left(-\frac{1}{2}\right) 2^{(n-1)/2}}{\Gamma\left(\frac{-n}{2}\right)}$$

besitzen. Für ganzzahlige positive Werte von n wird

$$D_n(z) = (-1)^n e^{z^2/4} \frac{d^n}{dz^n} (e^{-z^2/2}),$$

also bis auf einen Faktor constans $\cdot\, e^{-z^2/4}$ ein Hermitesches Polynom. Außer $D_n(z)$ sind auch $D_n(-z)$ und $D_{-n-1}(\pm iz)$ Lösungen von (22); es bestehen die Beziehungen

$$\left.\begin{aligned} D_n(z) &= \frac{\Gamma(n+1)}{\sqrt{2\pi}} [e^{in\pi/2} D_{-n-1}(iz) + e^{-in\pi/2} D_{-n-1}(-iz)] \\ &= e^{-n\pi i} D_n(-z) + \frac{\sqrt{2\pi}}{\Gamma(-n)} e^{-(n+1)\pi i/2} D_{-n-1}(iz); \end{aligned}\right\} \tag{23}$$

diese Beziehungen sind wichtig, wenn man aus asymptotischen Entwicklungen für einen bestimmten Wertebereich von $\arg z$ solche für beliebige komplexe z ableiten will.

Mit den in Abschnitt 1 eingeführten Funktionen $\delta(\xi, n)$ hängen die Funktionen $D_n(z)$ durch die Beziehung

$$e^{i\xi^2/2} D_n([1+i]\xi) = \delta(\xi, n)$$

[1]) A course of modern analysis. Cambridge 1927 (4. Aufl.), 1935 (5. Aufl.), S. 347—354.

zusammen. Es mögen zunächst einige Integraldarstellungen für $\delta(\xi, n)$ angegeben werden; dabei bedeute im folgenden $\mathfrak{C}$ stets einen Integrationsweg, der in der Ebene der Variablen, über die integriert wird, vom unendlich fernen Punkt ausgehend längs der positiven reellen Achse verläuft, den Nullpunkt in einem kleinen Kreise (durchlaufen im Gegensinn des Uhrzeigers) umschlingt und längs der positiven reellen Achse nach dem unendlich fernen Punkte zurückkehrt. Es sei weiterhin die komplexe Zahl n gleich $\nu + i\mu$ gesetzt. Dann gilt zunächst für beliebige komplexe ξ:

$$\delta(\xi, -n-1) = \frac{2^{-n}\sqrt{\pi}}{\Gamma\left(\frac{n+1}{2}\right)\Gamma\left(1+\frac{n}{2}\right)} \frac{1}{e^{2\pi i n}-1} \int_{\mathfrak{C}} e^{-\xi\tau(1+i)-\tau^2/2}\,\tau^n\,d\tau. \tag{24}$$

Diese Beziehung ist nach Whittaker und Watson leicht zu verifizieren, indem man direkt bestätigt, daß δ der Differentialgleichung (6) mit den richtigen Anfangsbedingungen genügt. Durch Drehung und Deformation des Integrationsweges erhält man aus (24) die für alle ξ mit nicht positivem Imaginärteil und für $\nu \leqq 0$ bzw. $0 \geqq \nu > -1$ gültigen Formeln:

$$\delta(\xi, -n-1) = \frac{2^{-(n-1)/2}\sqrt{\pi}\,e^{\pi i(n+1)/4}}{\Gamma\left(\frac{n+1}{2}\right)\Gamma\left(\frac{n+2}{2}\right)(e^{2\pi i n}-1)} \int_{\mathfrak{C}} e^{-i\xi\tau-i\tau^2/4}\,\tau^n\,d\tau, \tag{24a}$$

$$\delta(\xi, -n-1) = \frac{2^{-(n-1)/2}\sqrt{\pi}\,e^{\pi i(n+1)/4}}{\Gamma\left(\frac{n+1}{2}\right)\Gamma\left(\frac{n+2}{2}\right)} \int_0^\infty e^{-i\xi\tau-i\tau^2/4}\,\tau^n\,d\tau. \tag{24b}$$

Man erhält aus (24) für alle Werte von ξ, für die der Realteil von $(1+i)\xi$ positiv ist, die für große $|\xi|$ gültige asymptotische Entwicklung:

$$\left.\begin{aligned} &\delta(\xi, n) = e^{i n\pi/4}\,2^{n/2}\,\xi^n\left\{1 - \frac{n(n-1)}{4i\xi^2} \pm \cdots\right\} \\ &\left(\text{für} \quad \pi/4 > \arg\xi > -\frac{3\pi}{4}\right); \end{aligned}\right\} \tag{25}$$

sie gilt nach Whittaker-Watson[1]) sogar für $\frac{3\pi}{4} > |\arg\xi|$ und kann mit Hilfe von (23) zur Ableitung entsprechender Formeln für beliebige Werte von $\arg\xi$ benutzt werden. Man erhält dann insbesondere [vgl. a. a. O.[1]), S. 151] für reelle $\xi \gg 1$:

$$A_\mu(\xi) = \frac{2\sqrt{\pi}\,e^{-\mu\pi/4}}{\left|\Gamma\left(\frac{1}{4}+\frac{i}{2}\mu\right)\right|} \cos\left\{\xi^2/2 - \mu\ln\xi - \frac{\pi}{8} + \varphi(\mu)\right\}[1 + O\,\xi^{-2}], \tag{26}$$

wobei $\varphi(\mu) = \arg\Gamma\left(\frac{1}{4}+\frac{i}{2}\mu\right)$ ist.

Die folgenden Integraldarstellungen gelten für $-1 < \nu < 0$ und werden ebenso verifiziert wie die Darstellungen (24), (24a) und (24b).

[1]) Siehe Fußnote 1, S. [redacted].

Es gelten die Beziehungen

$$\left.\begin{aligned}\delta(\xi, -n-1) &= \frac{2^{-(n-1)/2}}{\Gamma\left(\frac{n+1}{2}\right)}\int_0^\infty \frac{e^{-i\xi^2\gamma^2}\gamma^n}{(1+\gamma^2)^{n/2+1}}\,\mathrm{d}\gamma\\ &(n = \nu + i\mu;\ -1 < \nu;\ \text{Realteil von } i\xi^2 \geqq 0),\end{aligned}\right\} \tag{27}$$

$$\left.\begin{aligned}\delta(\xi, n) &= \frac{2^{(n+1)/2}}{\Gamma\left(\frac{-n}{2}\right)} e^{i\xi^2/2}\int_1^\infty e^{-i\xi^2\tau/2}\frac{(\tau+1)^{(n-1)/2}}{(\tau-1)^{1+n/2}}\,\mathrm{d}\tau.\\ &(n = \nu + i\mu;\ \nu < 0,\ \text{Realteil von } i\xi^2 \geqq 0).\end{aligned}\right\} \tag{28}$$

ıs (27) erhält man durch partielle Integration die weiteren Formeln:

$$\left.\begin{aligned}\delta(\xi,-n-1) &= -\frac{2^{-(n-1)/2}}{\Gamma\left(\frac{n+1}{2}\right)}\int_0^\infty \frac{e^{-i\xi^2\gamma^2}\gamma^{n+1}}{(1+\gamma^2)^{n/2}}\,\frac{d}{\mathrm{d}\gamma}\left\{\frac{1}{\gamma^2-2i\xi^2\gamma^2(1+\gamma^2)+n+1}\right\}\mathrm{d}\gamma\\ &(n = \nu + i\mu;\ \nu > -1,\ \text{Realteil von } i\xi^2 \geqq 0),\end{aligned}\right\} \tag{27 a}$$

$$\left.\begin{aligned}\delta(\xi,-n-1) &= -\frac{2^{-(n-1)/2}}{\Gamma\left(\frac{n+1}{2}\right)}\int_0^\infty e^{-i\xi^2\gamma^2}[1-2i\xi^2(1+\gamma^2)]\left(\frac{\gamma}{\sqrt{1+\gamma^2}}\right)^{n+2}\frac{\mathrm{d}\gamma}{n+1}\\ &(n = \nu + i\mu;\ \nu > -1,\ \text{Realteil von } i\xi^2 > 0).\end{aligned}\right\} \tag{27 b}$$

Aus der Integraldarstellung (27a) ergibt sich die Konvergenz des Integrals auf der rechten Seite von (11). Wenn man mit Hilfe von (27b) die Gültigkeit von (11) für den Fall positiver Realteile von $i\xi^2$ und $i\eta^2$ nachweisen kann, folgt die Richtigkeit von (11) wegen der Stetigkeit beider Seiten in ξ und η dann auch für reelle Werte von $\xi \geqq 0$ und $\eta \geqq 0$ mit $\xi^2 + \eta^2 \neq 0$. Dieser Nachweis läßt sich nun in der Tat erbringen durch Einsetzen der Integraldarstellung (27b) für δ in Formel (11), nachfolgende Vertauschung der Integrationen, Benutzung der Formel

$$\int_{\nu-i\infty}^{\nu+i\infty} s^n \frac{\mathrm{d}n}{n(n+1)} = \begin{cases} -\dfrac{2\pi i}{s} & \text{für } s \geqq 1,\\ -2\pi i & \text{für } s \leqq 1\end{cases}$$
$$(n = \nu + i\mu;\ -1 < \nu < 0)$$

eine weitere partielle Integration und Benutzung der Formel

$$\frac{2i}{\pi}\int_0^\infty e^{-iz\,\mathfrak{Cos}\,\alpha}\,\mathrm{d}\alpha = H_0^{(2)}(z). \tag{28 a}$$

Mit Hilfe einer von R. Weyrich[1]) bewiesenen Formel folgt aus (11) schließlich noch das Resultat:

[1]) Journal für die reine und angewandte Mathematik **172**, 133, 1934.

Satz 3. Es seien x, y, z kartesische rechtwinklige Koordinaten im Raum, und es seien $\varkappa z = \zeta$ sowie die durch (1) definierten Größen ξ und η parabolische Zylinderkoordinaten. Dann gilt für die „Grundlösung" der Wellengleichung mit einer Singularität im Nullpunkt, nämlich für die Funktion

$$\frac{e^{-i\varkappa\sqrt{x^2+y^2+z^2}}}{\varkappa\sqrt{x^2+y^2+z^2}}$$

die Darstellung in parabolischen Zylinderkoordinaten

$$\frac{-i}{2\sqrt{2}\,\pi^2}\int\limits_{-\infty}^{+\infty} e^{-is\zeta}\,ds \int\limits_{\nu-i\infty}^{\nu+i\infty} e^{-i\sqrt{1-s^2}\,(\xi^2+\eta^2)/2}\,\delta\left(|\xi|\sqrt[4]{1-s^2}, n\right)\times$$

$$\times\,\delta\left(|\eta|\sqrt[4]{1-s^2}, -n-1\right)\Gamma\left(\frac{-n}{2}\right)\Gamma\left(\frac{n+1}{2}\right)dn,$$

wobei $n = \nu + i\mu$ und $-1 < \nu < 0$ ist und die vierte Wurzel aus $1 - s^2$ für $|s| < 1$ positiv und für $s^2 > 1$ so zu wählen ist, daß

$$\lim_{|s|\to\infty} |s|^{-1/4}(1-s^2)^{1/4} = e^{-i\pi/4}$$

ist.

Zum Schluß ist anzumerken, daß es für reelle Werte von ξ und η noch eine von (11) verschiedene Integraldarstellung von $H_0^{(2)}\left(\frac{\xi^2+\eta^2}{2}\right)$ gibt. Man erhält sie aus einem früher [a. a. O.[1]), S. 156] angegebenen Umkehrtheorem, indem man für die dort mit $\gamma(\xi)$ bezeichnete Funktion

$$e^{i(\xi^2+\eta^2)/2}\,H_0^{(2)}\left(\frac{\xi^2+\eta^2}{2}\right)$$

einsetzt und zugleich für die Hankelsche Funktion die Integraldarstellung ([redacted]) benutzt. Vertauschung der Integrationen und Benutzung der Formel (27) führt dann zu dem Resultat:

$$e^{i(\xi^2+\eta^2)/2}\,H_0^{(2)}\left(\frac{\xi^2+\eta^2}{2}\right)$$

$$= \pi^{-5/2}\int\limits_{\nu-i\infty}^{\nu+i\infty} 2^{\frac{3n+1}{2}}\,e^{in\pi/4}\,\Gamma^2\left(\frac{n+1}{2}\right)p(\xi,n)\,\delta(|\eta|, -n-1)\,dn. \qquad (29)$$

$$(n = \nu + i\mu;\quad -1 < \nu < 0).$$

Diese Integraldarstellung ist jedoch für den vorliegenden Zweck nicht geeignet, da wegen des Faktors $\Gamma^2\left(\frac{n+1}{2}\right)$ der Integrand für negative ungerade ganzzahlige Werte von n einen zweifachen Pol bekommt und die in Abschnitt 2 vorgenommene Deformation des Integrationsweges hier nicht möglich ist.

---

[1]) Siehe Fußnote 1, S. [redacted].

Reprinted from
Zeitschrift für Physik **118** (1941), 343–356.

Sonderabdruck aus dem
Jahresbericht der Deutschen Mathematiker-Vereinigung. Band 52. 1943. Heft 3.
Herausgeber: E. Sperner, Königsberg i. Pr. / Verlag und Druck: B. G. Teubner, Leipzig.

Über Eindeutigkeitsfragen bei einer Randwertaufgabe von $\Delta u + k^2 u = 0$.

Von WILHELM MAGNUS in Berlin.

Die mathematische Behandlung der Reflexion und Beugung von Wellen führt auf Randwertaufgaben der Schwingungsgleichung $\Delta u + k^2 u = 0$, welche durch die bekannten Sätze über die Lösungen und Eigenwerte dieser Differentialgleichung nicht miterledigt werden, sondern vielmehr, wie A. Sommerfeld[1]) ausführlich dargelegt hat, auf noch unerledigte Existenz- und Eindeutigkeitsfragen führen.

Im folgenden wird zunächst gezeigt, daß sich der von A. Sommerfeld[1]) mit Hilfe der Greenschen Funktion geführte Beweis für die Eindeutigkeit einer der „Ausstrahlungsbedingung" genügenden Lösung der ersten Randwertaufgabe von $\Delta u + k^2 u = 0$ auch elementar erbringen läßt, das heißt ohne Benutzung der die Lösung eines Existenzproblems voraussetzenden Greenschen Funktion.

Es ist bemerkenswert, daß schon der Eindeutigkeitsbeweis hier umständlicher geführt werden muß, als dies bei der entsprechenden trivialen Frage der Potentialtheorie notwendig ist; an Hand einer am Schluß von § 1 angegebenen, schon von F. Pockels[2]) mitgeteilten Formel läßt sich die Ursache dieser Komplikation sehr gut illustrieren.

Im zweiten Abschnitt wird ein Ansatz zur mathematischen Behandlung des Problems der Reflexion elektrischer Wellen an vollkommen leitenden Flächen entwickelt, welcher auf einen nicht näher ausgeführten Vorschlag von H. Poincaré[3]) zurückgeht und, physikalisch gesprochen, besagt, daß man die Wirkung der reflektierenden Fläche durch die Gesamtheit der auf ihr fließenden Ströme ersetzt. Dieser Ansatz hat zwei Vorteile: Die Ausstrahlungsbedingung, welcher die Lösung nach Sommerfeld genügen muß, ist dabei von selber erfüllt, und die aus der Maxwellschen Theorie nicht ohne weiteres zu entnehmenden Bedingungen für das Verhalten der Lösung an freien Rändern oder an Kanten der reflektierenden Fläche werden durch sehr einfache Bedingungen für die „Stromverteilung", d. h. für eine die

---

1) Jahresber. d. DMV. **21** (1912), S. 309—353. Vgl. auch Frank-Mises, Die Differential- und Integralgleichungen der Physik, Bd. 2, 2. Aufl., Braunschweig 1935, S. 803—808.

2) Über die partielle Differentialgleichung $\Delta u + k^2 u = 0$ und deren Auftreten in der mathematischen Physik, S. 236f., Leipzig 1891.

3) C. R. Acad. Sci. **113** (1891), S. 515—519.

Lösung bestimmende Belegungsfunktion auf der Fläche ersetzt (s. Satz IIIa). Auch hier wird ausschließlich die Eindeutigkeitsfrage behandelt, während sich für die sehr viel schwierigere Frage nach der Existenz der Lösung nur ein Hinweis ergibt, welcher vermuten läßt, daß das Problem nicht bei beliebigen Randwerten lösbar ist[4]), daß vielmehr für diese noch besondere zweckmäßigerweise aus der physikalischen Herkunft des Problems zu entnehmende Bedingungen aufzustellen sind. Eine ausführlichere Darlegung dieses Sachverhaltes an Hand von explizit durchführbaren Beispielen soll an anderer Stelle gegeben werden.

Herrn Professor Sommerfeld bin ich für freundliches Interesse und wertvolle Ratschläge zu der vorliegenden Arbeit zu größtem Dank verpflichtet.

§ 1. Über die „Ausstrahlungsbedingung" von A. Sommerfeld.

Das Ziel dieses Abschnittes ist ein elementarer Beweis des folgenden von A. Sommerfeld herrührenden Satzes:

I. *Es sei F eine ganz im Endlichen des dreidimensionalen* (x, y, z)-*Raumes gelegene Fläche, welche den Raum in zwei Teile zerlegt und in jedem ihrer Punkte eine Tangentialebene besitzt. Es sei ferner* $u(x, y, z)$ *eine Lösung der Differentialgleichung*

$$\Delta u + k^2 u = 0 \tag{1}$$

(mit reellem konstantem k), welche den folgenden Bedingungen genügt:

(a) *Auf der Fläche F ist u überall gleich Null.*

(b) *Im Äußeren von F ist u überall eindeutig und zweimal nach x, y, z differenzierbar; auf F ist die Ableitung* $\frac{\partial u}{\partial n}$ *in Richtung der nach außen weisenden Normalen n von F stetig.*

(c) *Es seien* r, ϑ, φ *räumliche Polarkoordinaten. Dann gilt für u als Funktion von* r, ϑ, φ, *daß im ganzen Äußeren von F die Funktion* $|ru|$ *beschränkt ist.*

4) Wenigstens, wenn man darauf verzichtet, in den entstehenden Integralgleichungen das Integral im Sinne von Stieltjes zu verstehen.

(d) *u genügt der Ausstrahlungsbedingung*[5])

$$\lim_{r\to\infty} r\left|\frac{\partial u}{\partial r} + iku\right| = 0$$

(unabhängig von ϑ und φ). Dann gilt:

Es ist u identisch Null im Äußeren von F.

Zum Beweise führe man die Funktion

$$(2) \qquad v = \frac{e^{-ikR}}{R} \quad \text{mit} \quad R = \sqrt{(x-x_0)^2 + (y-y_0)^2 + (z-z_0)^2}$$

ein, wobei (x_0, y_0, z_0) ein beliebiger Punkt P_0 der Fläche F und x, y, z ein beliebiger Punkt P im Äußeren von F oder auf F ist. Aus den Voraussetzungen (a), (b), (c) und (d) für u ergibt sich dann mit Hilfe der Greenschen Formel genau wie bei Sommerfeld das Resultat

$$(3) \qquad 4\pi u(x,y,z) = \iint_F \left(u\frac{\partial v}{\partial n} - v\frac{\partial u}{\partial n}\right) dF = -\iint_F v\frac{\partial u}{\partial n}\, dF,$$

wobei das Integral über F so zu verstehen ist, daß u bzw. $\frac{\partial u}{\partial n}$ als Funktionen des Punktes $P_0(x_0, x_0, z_0)$ auf F anzusehen sind und über alle Punkte P_0 von F integriert wird; $\frac{\partial}{\partial n}$ bedeutet die Ableitung in Richtung der nach dem Äußeren von F weisenden Normalen; führt man nun eine in allen Punkten $P_0(x_0, y_0, z_0)$ der Fläche F definierte Funktion

$$w(x_0, y_0, z_0) = -\frac{1}{4\pi}\frac{\partial u}{\partial n}$$

ein, so reduziert sich der Beweis von Satz I auf den Beweis von:

II. *Es sei W eine überall auf der Fläche F erklärte stetige Funktion. Wenn dann die im ganzen Raume definierte Funktion*

$$(4) \qquad u(x,y,z) = \iint_F v w\, dF,$$

---

5) In vielen Arbeiten, insbesondere bei Sommerfeld selber, wird die Ausstrahlungsbedingung in der Form

$$\lim_{r\to\infty} r\left|\frac{\partial u}{\partial r} - iku\right| = 0$$

geschrieben. Der Vorzeichenunterschied ist für die Beweise belanglos; er wird bedingt durch verschiedene Konventionen über das Vorzeichen in der Zeitabhängigkeit der monochromatischen Lösungen der Maxwellschen Gleichungen; man kann hier $e^{+i\omega t}$ schreiben — wovon in dieser Arbeit ausgegangen wird — oder $e^{-i\omega t}$ wie bei Sommerfeld. Die erste Festsetzung ist in der Theorie der Stromkreise allgemein üblich; da dort meistens j für i geschrieben wird, könnte man das von Sommerfeld gewählte Vorzeichen erhalten, indem man $j = -i$ setzt.

welche aus w mit Hilfe der durch (2) definierten Funktion v gebildet ist, überall auf F verschwindet, so ist u im Äußeren von F identisch Null.

Ersichtlich erfüllt die Funktion u die Differentialgleichung (1) und die Bedingungen (b), (c), und (d) aus I ganz von selber; um nun die Voraussetzung des Erfülltseins von (a) auszunutzen, bediene man sich der Gaußschen Formel, welche das über einen räumlichen Bereich erstreckte Integral über die Divergenz eines Vektors durch ein Oberflächenintegral über die Normalkomponente desselben ausdrückt. Als Begrenzung des räumlichen Bereiches wähle man dabei die Fläche F und eine Kugel $\mathfrak{K}$ um den Nullpunkt des Polarkoordinatensystems, deren Radius r so groß sei, daß $\mathfrak{K}$ keinen Punkt mit F gemeinsam hat. Als Vektor, auf den die Gaußsche Formel anzuwenden ist, wähle man

$$u \operatorname{grad} \bar{u} - \bar{u} \operatorname{grad} u,$$

wobei $\bar{u}$ die zu u konjugiert komplexe Funktion ist, welche natürlich ebenfalls eine die Bedingungen (a), (b) und (c) befriedigende Lösung von (1) ist, die statt (d) der Bedingung

$$\operatorname*{limes}_{r\to\infty} r \left| \frac{\partial \bar{u}}{\partial r} - i k \bar{u} \right| = 0$$

genügt. Man erhält dann

$$\iint_{\mathfrak{K}} \left(u \frac{\partial \bar{u}}{\partial r} - \bar{u} \frac{\partial u}{\partial r} \right) d\mathfrak{K} = 0 \tag{5}$$

für alle hinreichend großen Werte von r. Weiterhin läßt sich die Funktion v aus (2) für alle Werte $r \geqq r_0$ mit $r_0^2 >$ Maximum $(x_0^2 + y_0^2 + z_0^2)$, (wobei (x_0, y_0, z_0) auf F liegt), in eine absolut und gleichmäßig konvergente Reihe

$$v = \frac{e^{-ikr}}{r} \left\{ h_0 + \frac{h_1}{r} + \frac{h_2}{r^2} + \cdots \right\} \tag{6}$$

entwickeln, in der die Funktionen $h_0, h_1, h_2, \ldots$ nur von $x_0, y_0, z_0, \vartheta, \varphi$ abhängen; es ist z. B.

$$h_0 = e^{ik(x_0 \cos\varphi \sin\vartheta + y_0 \sin\varphi \sin\vartheta + z_0 \cos\vartheta)}. \tag{7}$$

Setzt man nun noch für $l = 0, 1, 2, \ldots$

$$\iint_F h_l w \, dF = g_l(\vartheta, \varphi), \tag{8}$$

so wird

$$u = \frac{e^{-ikr}}{r} \sum_{l=0}^{\infty} g_l(\vartheta, \varphi) r^{-l}, \tag{9}$$

und durch Einsetzen in (5) erhält man hieraus sukzessiv durch Nullsetzen der Koeffizienten von $r^0, r^{-1}, r^{-2}, \ldots$, daß

$$2ik\int_0^{\pi}\int_0^{2\pi} g_l \bar{g}_l \sin\vartheta\, d\vartheta\, d\varphi = 0,$$

also, wegen der Stetigkeit der Funktionen g_l für $k \neq 0$ auch

$$g_l \equiv 0$$

sein muß. Daraus folgt aber das identische Verschwinden von u für $r \geqq r_0$, und damit, wegen der analytischen Natur von u im Äußeren von F (welche aus (2) und (4) sogleich abzulesen ist), die Behauptung von Satz II. Für $k = 0$, also im Falle der Potentialtheorie, versagt dieser Beweis, ist aber hier durch die einfache Bemerkung zu ersetzen, daß das über das ganze Äußere von F erstreckte Integral über $|\operatorname{grad} u|^2$ nach (a) und (d) verschwindet, u also eine Konstante sein muß, welche wegen (c) ebenfalls verschwindet. Der charakteristische Unterschied zwischen dem Verhalten der Lösungen von $\Delta u = 0$ und $\Delta u + k^2 u = 0$ kommt im übrigen noch im folgenden deutlich zum Ausdruck: Während aus dem identischen Verschwinden von

$$u = \iint_F \frac{w(F)}{r}\, dF \qquad \left(R = \sqrt{(x - x_0)^2 + (y - y_0)^2 + (z - z_0)^2}\right)$$

(wobei w eine in allen Punkten x_0, y_0, z_0 von F erklärte stetige Funktion ist) im ganzen Äußeren von F stets das identische Verschwinden von w auf F folgt, wie man durch Aufstellung einer Integralgleichung für w mit Hilfe der Gleichung $\frac{\partial u}{\partial n} = 0$ zeigen kann, ist die entsprechende Behauptung bei der Schwingungsgleichung $\Delta u + k^2 u = 0$ nicht mehr richtig; es kann hier vielmehr die Funktion

$$u = \iint_F \frac{e^{-ikR}}{R}\, w(F)\, dF$$

im Äußeren von F identisch verschwinden, ohne daß $w(F)$ auf F identisch verschwindet. Ein Beispiel hierfür erhält man, indem man $W(F) = 1$ setzt und für F eine Kugel $\mathfrak{K}$ vom Radius a wählt. Dann gilt (vgl. Pockels[2]), daß

$$u_0(x, y, z) \equiv \iint_{\mathfrak{K}} \frac{e^{-ikR}}{R}\, d\mathfrak{K} = a^2 \int_0^{\pi}\int_0^{2\pi} \frac{e^{-ikR}}{R} \sin\vartheta\, d\vartheta\, d\varphi$$

mit $R^2 = (x - a\cos\varphi\sin\vartheta)^2 + (y - a\sin\varphi\sin\vartheta)^2 + (z - a\cos\vartheta)^2$

gleich $$4\pi a^2 \frac{\sin ka}{ka} \frac{e^{-ikr}}{r} \quad \text{für} \quad \sqrt{x^2+y^2+z^2} = r \geqq a$$

beziehungsweise $$4\pi a^2 \frac{e^{-ika}}{a} \frac{\sin kr}{kr} \quad \text{für} \quad r \leqq a$$

wird. Wenn ka ein ganzzahliges Vielfaches von π wird, verschwindet also u_0 identisch außerhalb der Kugel $\mathfrak{K}$. Es wird nachher (siehe Satz IV) in einem anderen Zusammenhang gezeigt werden, daß die hier beschriebene Erscheinung jedenfalls dann nicht auftreten kann, wenn F ein Stück einer Ebene ist.

§ 2. Über einen Ansatz von H. Poincaré.

Die Behandlung der Reflexion einer monochromatischen elektromagnetischen Welle an einer Fläche von vollkommener elektrischer Leitfähigkeit führt auf folgende mathematische Frage:

(A) Gegeben sei eine ganz im Endlichen gelegene Fläche F des dreidimensionalen x, y, z-Raumes, welche „im allgemeinen" in jedem Punkte eine Tangentialebene besitzt, aber auch endlich viele „glatte" Kanten oder freie Ränder besitzen darf. Vorausgesetzt werde, daß die Fläche in dem folgenden Sinne ein „Äußeres" besitzt. Jeder Punkt der Fläche läßt sich mit dem unendlich fernen Teil des Raumes durch einen die Fläche sonst nicht treffenden Polygonzug verbinden; diese Bedingung ist z. B. auch für ein Stück einer Ebene erfüllt. Als Normale $\mathfrak{n}$ werde in jedem Punkt der Fläche die in das Äußere weisende Normale verstanden. Bei einem berandeten Flächenstück sind die Flächenpunkte doppelt zu zählen, und an Kanten oder freien Rändern gibt es dann zwei oder mehr in natürlicher Weise zu erklärende Normalenrichtungen.

(B) Gesucht ist ein im ganzen Äußeren der Fläche F und überall auf F erklärter stetiger und stetig differenzierbarer Vektor Π (das Vektorpotential), welcher folgenden Bedingungen genügt:

Die Komponenten von Π sind im Äußeren von F Lösungen der Schwingungsgleichung (1) aus Satz I und genügen den dort für u formulierten Bedingungen (b), (c), (d).

Ferner soll gelten: Der Vektor $\mathfrak{E}$ (die elektrische Feldstärke), der durch

(10) $$-ik\mathfrak{E} = k^2\Pi + \operatorname{grad}\operatorname{div}\Pi$$

definiert und im ganzen Äußeren von F erklärt ist, soll in den Punkten der Fläche F vorgeschriebene Tangentialkomponenten besitzen (an allen Stellen, an denen F eine Tangentialebene hat). Ist wieder $P_0(x_0, y_0, z_0)$ ein beliebiger Punkt auf F, so soll also in jedem Punkte P_0 ein Vektor $\mathfrak{E}_0$ mit den Komponenten $E_1(x_0, y_0, z_0)$, $E_2(x_0, y_0, z_0)$, $E_3(x_0, y_0, z_0)$ gegeben sein, so daß $(\mathfrak{n}, \mathfrak{E}_0) = 0$ ist und die zu $\mathfrak{n}$ senkrechte Komponente von $\mathfrak{E}$ in P_0 gleich $\mathfrak{E}_0$ ist. In Punkten P_0, in denen F keine Tangentialebene besitzt, bleibt der Wert von $\mathfrak{E}_0$ zunächst unbestimmt. Von dem Vektor $\mathfrak{E}_0$ werde Beschränktheit und, in Punkten mit Tangentialebene, Differenzierbarkeit verlangt. Physikalisch gesprochen ist — $\mathfrak{E}_0$ die Tangentialkomponente der elektrischen Feldstärke der einfallenden Welle.

(C) Der Vorschlag von Poincaré besteht nun darin, das Potential Π mit Hilfe eines überall auf F definierten zu F tangentialen Vektors $\mathfrak{s}$ (der Stromdichte) zu erzeugen, wobei also $\mathfrak{s}$ ein denselben Bedingungen wie $\mathfrak{E}_0$ genügender auf F erklärter Vektor mit den Komponenten s_1, s_2, s_3 ist, und Π sich aus $\mathfrak{s}$ durch die Beziehung

$$\Pi = \gamma \iint_F \frac{e^{-ikR}}{R} \mathfrak{s}\, dF \tag{11}$$

berechnet; R ist die durch (2) erklärte Funktion von x, y, z, x_0, y_0, z_0 und γ ist ein konstanter Proportionalitätsfaktor, der im folgenden gleich eins gesetzt wird.

Ersichtlich hat der unter (C) formulierte Ansatz den Vorteil, daß die unter (B) für Π gestellten Forderungen mit Ausnahme der letzten, welche sich auf die Randwerte von $\mathfrak{E}$ beziehen, von selber erfüllt sind. Um diese letzte Bedingung, welche die eigentliche Randwertaufgabe enthält, in eine Bedingung für die gesuchte Stromdichte $\mathfrak{s}$ zu verwandeln, muß man wegen (10) zunächst grad div Π ausrechnen. Dies kann nicht ohne weiteres durch Differentiation unter dem Integralzeichen geschehen, da die Ableitungen von e^{-ikR}/R nach x, y, z für $R \to 0$ mit R^{-2} unendlich werden, so daß man dann in (11) den Aufpunkt $P(x, y, z)$ nicht ohne weiteres auf die Fläche rücken lassen darf. Denkt man sich nun die Fläche F bzw. ihre glatten Stücke in Parameterform gegeben, indem man die Komponenten des Vektors $\mathfrak{x}_0 = (x_0, y_0, z_0)$ als Funktionen zweier Parameter σ und τ ansetzt, und bezeichnet man e^{-ikR}/R zur Abkürzung mit L, so wird

$$\left(\frac{\partial \mathfrak{x}_0}{\partial \sigma}, \operatorname{grad} L\right) = -\frac{\partial L}{\partial \sigma}\,; \left(\frac{\partial \mathfrak{x}_0}{\partial \tau}, \operatorname{grad} L\right) = -\frac{\partial L}{\partial \tau},$$

und dies ermöglicht, zunächst für div Π und dann auch für grad div Π mit Hilfe von partieller Integration auch auf F gültige Integraldarstellungen zu erhalten. Die bei der partiellen Integration im Falle einer mit Kanten oder freien Rändern behafteten Fläche auftretenden Randintegrale über diese Kanten bzw. Ränder liefern dann noch Bedingungen für das Verhalten der Stromdichte $\mathfrak{s}$ an diesen Rändern und Kanten. Diese Bedingungen sind leicht anzugeben und werden unten in Satz IIIa formuliert; dagegen erhält man zur Bestimmung der Komponenten von $\mathfrak{s}$ auf der Fläche F im allgemeinen drei komplizierte Integralgleichungen mit verschiedenen Kernen; diese vereinfachen sich jedoch erheblich, wenn F ein ebenes Flächenstück ist, und sollen für diesen Fall in Satz IIIb angegeben werden.

Die Aussagen über das Verhalten von $\mathfrak{s}$ an Kanten und Rändern von F lassen sich unter der Voraussetzung, daß $\mathfrak{s}$ in den glatten Teilen von F im allgemeinen differenzierbar ist, folgendermaßen zusammenfassen:

IIIa. *Die Fläche F bestehe aus glatten Flächenstücken, welche entweder längs Kanten zusammenstoßen oder in freien Rändern enden. Die Kanten und Ränder seien ihrerseits überall glatte Kurven. Es sei*

$$\mathrm{div}_F\,\mathfrak{s}$$

die auf der Fläche F gebildete flächenhafte Divergenz des Vektors $\mathfrak{s}$ *(der Stromdichte), und es sei* $\mathfrak{s}_\nu$ *die bei Annäherung an eine Kante oder einen freien Rand eines glatten Flächenstückes senkrecht auf diesem Rand stehende Komponente des Flächenvektors* $\mathfrak{s}$. *Dann gilt: Damit sich aus dem durch* (11) *mit Hilfe von* $\mathfrak{s}$ *definierten Potential* Π *ein auf F überall endlicher Vektor* $\mathfrak{E}$ *mit Hilfe von* (10) *ergibt, muß* $\mathfrak{s}_\nu$ *~~an allen Kanten und freien Rändern verschwinden~~ und* $\mathrm{div}_F\,\mathfrak{s}$ *~~muß sich~~ bei Annäherung an einen Kantenpunkt von verschiedenen Flächenstücken her demselben Grenzwert nähern und bei Annäherung an einen freien Rand verschwinden.*

Dies sind sehr einfache Bedingungen für das Verhalten der Stromdichte $\mathfrak{s}$ an Kanten und Rändern; wenn sie erfüllt sind, ergibt sich, wie noch angemerkt sei, aus (11)

$$\mathrm{div}\,\Pi = \iint\limits_F \frac{e^{-ikR}}{R}\,\mathrm{div}_F\,\mathfrak{s}\,dF. \tag{12}$$

Die Bildung von grad div Π ist indessen recht umständlich, wenn nicht F ein ebenes Flächenstück ist; in diesem Falle jedoch erhält man:

III b. *Es sei F ein endliches Stück der x, y-Ebene, welches von einer glatten Kurve $\mathfrak{C}$ begrenzt wird. Die Lösung der in* (A), (B), (C) *formulierten Randwertaufgabe wird dann durch* (11) *gegeben, wenn der in allen Punkten (x_0, y_0) von F definierte ebene Vektor $\mathfrak{s}$ mit den Komponenten $s_1(x_0, y_0)$, $s_2(x_0, y_0)$ den Bedingungen genügt: s_1, s_2 sind Lösungen der Integralgleichungen*

$$(13)\quad \begin{aligned} E_1(x, y) &= \iint_F \frac{e^{-ikR_0}}{R_0}\left\{k^2 s_1 + \frac{\partial}{\partial x_0}\left[\frac{\partial s_1}{\partial x_0} + \frac{\partial s_2}{\partial y_0}\right]\right\} d x_0\, d y_0, \\ E_2(x, y) &= \iint_F \frac{e^{-ikR_0}}{R_0}\left\{k^2 s_2 + \frac{\partial}{\partial y_0}\left[\frac{\partial s_1}{\partial x_0} + \frac{\partial s_2}{\partial y_0}\right]\right\} d x_0\, d y_0, \end{aligned}$$

wobei E_1, E_2 in ganz F gegebene Funktionen von x, y, und

$$(14)\qquad R_0 = \sqrt{(x - x_0)^2 + (y - y_0)^2}$$

ist; längs $\mathfrak{C}$ müssen ferner die senkrecht auf $\mathfrak{C}$ stehenden Komponenten von $\mathfrak{s}$ und die Divergenz von $\mathfrak{s}$

$$\operatorname{div}_F \mathfrak{s} = \frac{\partial s_1}{\partial x_0} + \frac{\partial s_2}{\partial y_0}$$

durchweg verschwinden.

Die Lösung der Integralgleichungen (13) aus Satz III b läßt sich auf zwei Teilprobleme zurückführen. Erstens auf die Lösung zweier Integralgleichungen vom Typ

$$(15)\qquad E(x, y) = \iint_F \frac{e^{-ikR_0}}{R_0}\, g(x_0, y_0)\, d y_0\, d y_0,$$

wobei E eine gegebene, g eine gesuchte, in F erklärte Funktion bedeutet, und zweitens auf die Lösung der Aufgabe: Eine in F definierte Funktion $p(x_0, y_0)$ zu finden, welche dort einer Differentialgleichung

$$(16)\qquad \frac{\partial^2 p}{\partial x_0^2} + \frac{\partial^2 p}{\partial y_0^2} + k^2 p = h(x_0, y_0)$$

mit gegebener Funktion h und vorgeschriebenen Randwerten für p und die normale Ableitung von p längs $\mathfrak{C}$ genügt. Setzt man nämlich

$$(17)\qquad \frac{\partial s_1}{\partial x_0} + \frac{\partial s_2}{\partial y_0} = p$$

$$(18)\qquad k^2 s_1 + \frac{\partial p}{\partial x_0} = g_1, \quad k^2 s_2 + \frac{\partial p}{\partial y_0} = g_2,$$

E: Rechts Im Falle der Kreisscheibe haben wir bei Rotationssymmetrie komponente

$$E(r) = \int_0^a \int_0^{2\pi} \frac{e^{-ik\sqrt{r^2+\rho^2-2r\rho\cos\varphi}}}{\sqrt{r^2+\rho^2-2r\rho\cos\varphi}}\, \rho \cos\varphi\, d\varphi \left\{k^2 s + \frac{\partial}{\partial\rho}\left(\frac{1}{\rho}\frac{\partial}{\partial\rho}\rho s\right)\right\} d\rho$$

so bestimmen sich g_1 und g_2 aus den Integralgleichungen

$$E_{1,2} = \iint_F \frac{e^{-ikR_0}}{R_0} g_{1,2}\, d x_0\, d y_0;$$

setzt man weiter $\frac{\partial g_1}{\partial x_0} + \frac{\partial g_2}{\partial y_0} = h(x_0, y_0)$, so erhält man für p die Differentialgleichung (16), und die Randbedingungen für $\mathfrak{s}$ liefern sofort, daß längs $\mathfrak{C}$ die Normalkomponente des Vektors (g_1, g_2) gleich der normalen Ableitung von p und p selber gleich Null sein muß. Wenn p bekannt ist, berechnen sich s_1 und s_2 mit Hilfe von (18) aus g_1 und g_2. Die Bestimmung von p aus (16) ist eine Frage für sich; wegen der Randbedingungen für p ist zwar p eindeutig bestimmt, kann aber im allgemeinen nicht singularitätenfrei sein; logarithmische Singularitäten von p würden übrigens kein Hindernis bei der Durchführung des Poincaréschen Ansatzes bilden. Jedoch ist diese Frage wahrscheinlich nicht leicht allgemein zu erledigen.

Die Integralgleichung (15) ist eine solche von erster Art; man darf daher nicht erwarten, daß (15) für beliebige stetige Funktionen E eine stetige Lösung g besitzt. Indessen handelt es sich bei der physikalischen Aufgabe, aus der die Randwertaufgabe gewonnen wurde, niemals um willkürliche stetige oder auch nur um willkürliche analytische Funktionen E; es würde in dem hier behandelten Fall z. B. genügen, (15) für alle Funktionen

(19) $$E = (k^2 P + D^2 P)_{z=0}$$

zu lösen, wobei P durch eine Gleichung

(20a) $$P = \frac{e^{-ikR_1}}{R_1} \quad \text{mit} \quad R_1 = \sqrt{(x-a)^2 + (y-b)^2 + (z-c)^2}$$

und (a, b, c) nicht auf F oder

(20b) $$P = e^{-ik(\alpha x + \beta y + \gamma z)} \qquad (\alpha^2 + \beta^2 + \gamma^2 = 1)$$

definiert ist, und $D^2 P$ eine zweifache partielle Ableitung von P nach x, y, z bedeutet; alle für E in Frage kommenden Funktionen lassen sich aus diesen durch ein Stieltjessches Integral über a, b, c, kombiniert mit Differentiation nach diesen Parametern, gewinnen. Hier soll indessen nur die Frage nach der Eindeutigkeit der Lösungen von (15) untersucht werden, sie wird gewährleistet durch den Satz:

IV. *Es sei F ein endlicher von einer glatten Kurve $\mathfrak{C}$ begrenzter Bereich der (x, y)-Ebene. Die homogene Integralgleichung erster Art (mit $R_0 = \sqrt{(x - x_0)^2 + (y - y_0)^2}$) :*

$$\iint_F \frac{e^{-ikR_0}}{R_0} g(x_0, y_0)\, dx_0\, dy_0 = 0 \text{ auf } F \tag{20}$$

besitzt als stetige Lösung nur $g \equiv 0$ in F.

Zum Beweise setze man, mit $R = \sqrt{(x - x_0)^2 + (y - y_0)^2 + z^2}$:

$$u(x, y, z) = \iint_F \frac{e^{-ikR}}{R} g(x_0, y_0)\, dx_0\, dy_0, \tag{21}$$

wobei g eine stetige Lösung von (20) sein soll. Auf u ist dann Satz II anwendbar, obwohl die dort für F geforderten Bedingungen nicht alle erfüllt sind; man kann sich von der Anwendbarkeit von II im Falle IV jedoch überzeugen, indem man den Rand $\mathfrak{C}$ von F aus IV zunächst durch einen ringförmigen Wulst ersetzt und den Durchmesser dieses Ringes gegen Null gehen läßt. Es muß also die Funktion u aus (21) im ganzen Raum identisch verschwinden; hieraus ist nun das Verschwinden von g zu folgern.

Führt man im Raume und in F Polarkoordinaten ein durch die Beziehungen

$$x = r\cos\varphi\sin\vartheta,\quad y = r\sin\varphi\sin\vartheta,\quad z = r\cos\vartheta$$

$$x_0 = \varrho\cos\alpha,\quad y_0 = \varrho\sin\alpha,$$

so folgt aus $\lim\limits_{r\to\infty} ru = 0$, daß, mit $f(\varrho, \alpha) = g(x_0, y_0)$

$$\iint_F e^{-ik\varrho\cos(\varphi-\alpha)\sin\vartheta} f(\varrho, \alpha)\, \varrho\, d\varrho\, d\alpha \tag{22}$$

sein muß, identisch in ϑ und φ. Da die linke Seite von (22) eine analytische Funktion von $\sin\vartheta$ ist, kann man für $\sin\vartheta$ eine beliebig veränderliche komplexe Variable τ einsetzen, und findet wegen

$$e^{ik\varrho\tau\cos(\varphi-\alpha)} = \sum_{n=-\infty}^{+\infty} i^n e^{in(\varphi-\alpha)} \mathfrak{J}_n(k\varrho\tau),$$

wobei $\mathfrak{J}_n$ die n-te Besselsche Funktion ist, durch Multiplikation von (22) mit $e^{im\varphi}$ $(m = 0, \pm 1, \pm 2, \ldots)$ und Integration über φ von 0 bis 2π, daß identisch in τ

$$\iint_F \mathfrak{J}_m(k\varrho\tau)\, e^{-im\alpha} F(\varrho, \alpha)\, \varrho\, d\varrho\, d\alpha = 0 \tag{23}$$

ist; durch Potenzreihenentwicklung von $\mathfrak{J}_m$ und Nullsetzen der einzelnen Koeffizienten der Potenzen von τ in (23), erhält man schließlich

$$\iint_F \varrho^{m+l} e^{\pm i m \alpha} f(\varrho, \alpha)\, \varrho\, d\varrho\, d\alpha = 0 \tag{24}$$

für alle ganzzahligen nicht negativen Werte von l und m; hieraus läßt sich aber das identische Verschwinden von $f(\varrho, \alpha)$ für $\varrho > 0$ leicht erschließen; für $\varrho = 0$ folgt es dann aus der Stetigkeit von f. Wenn f sich in der Form

$$\sum_{\nu=-\infty}^{+\infty} f_\nu(\varrho)\, e^{i\nu\alpha}$$

darstellen läßt, folgt die Behauptung direkt aus dem Weierstraßschen Approximationssatz.

Der Beweis von Satz IV läßt erkennen, daß bei nicht identisch verschwindendem stetigen g die durch (21) definierte Funktion u im Unendlichen nicht durchweg stärker als r^{-1} verschwinden kann; man erhält so den

Zusatz zu IV. *Wenn $g(x_0, y_0)$ eine in dem ebenen Bereich F stetige nicht durchweg verschwindende Funktion ist, wird für die durch* (21) *erklärte Funktion u*

$$\operatorname*{limes}_{r\to\infty} r u$$

nicht durchweg gleich Null.

Es ist zu vermuten, daß dieselbe Behauptung für mindestens eine Komponente des durch (11) definierten Vektors Π gelten muß, wenn F z. B. eine beliebige glatte geschlossene Fläche ist und $\mathfrak{s}$ ein auf F überall erklärter stetiger tangentialer Vektor ist, der nicht überall auf F verschwindet; physikalisch würde das bedeuten, daß eine Fläche immer strahlt, wenn sie mit Strömen belegt ist, die von der Zeit t nur durch einen Faktor $e^{i\omega t}$ (ω ist reell und konstant) abhängen; obwohl dies sehr plausibel ist, zeigen doch die Bemerkungen am Schluß von § 1, daß eine solche Behauptung nicht trivial sein kann. Für ein ebenes Flächenstück ist sie nach IV jedenfalls richtig.

(Eingegangen am 3. 12. 1941.)

Über einige Randwertprobleme der Schwingungsgleichung $\Delta u + k^2 u = 0$ im Falle ebener Begrenzungen.

Von *W. Magnus* und *F. Oberhettinger* in Berlin.

Einleitung.

Im folgenden werden eine Reihe von Anwendungen der „Spiegelungsmethode" auf Randwertaufgaben von $\Delta u + k^2 u = 0$ mitgeteilt, bei denen die Benutzung der Poissonschen Summenformel zu einer besonders einfachen Lösung des Problems führt.

Das Problem der Ausbreitung akustischer oder elektromagnetischer Wellen in einem begrenzten homogenen und isotropen Medium führt auf Randwertaufgaben der Wellengleichung

$$\Delta u + k^2 u = 0,$$

worin k eine Konstante ist. Vielfach sind hierbei die Randbedingungen für u von besonders einfacher Gestalt, wenn nämlich das Verschwinden von u oder der normalen Ableitung von u an den Grenzflächen vorausgesetzt wird. Bestehen diese Grenzflächen aus linearen Gebilden, d. h. sind sie Stücke von Geraden oder Ebenen (je nachdem ob es sich um zwei- oder dreidimensionale Probleme handelt), und handelt es sich um die Ausbreitung der von einer punktförmigen (bei zweidimensionalen Problemen linienförmigen, senkrecht zur betrachteten Ebene sich erstreckenden) Strahlungsquelle ausgehenden Wellen, so bietet sich als Lösungsverfahren für die hier entstehenden Randwertaufgaben des Spiegelungsprinzip dar, wobei die gesuchte Welle als Superposition von (i. a. unendlich vielen) Wellen aufgefaßt wird, welche von virtuellen punktförmigen Strahlungsquellen ausgehen, deren Zentren durch immer wiederholte (je nach den Randbedingungen gleich- oder gegenphasige) Spiegelungen des Zentrums der ursprünglichen Strahlungsquelle an den ebenen Begrenzungsflächen entstehen.

Im folgenden wird gezeigt, daß dieses Spiegelungsverfahren in einer Reihe von Fällen sehr rasch zum Ziele führt, in denen die sonst üblichen Methoden auf recht komplizierte Rechnungen führen. Als Hilfsmittel wird dabei die Poissonsche Summenformel benutzt, die, in Kombination mit einigen Formeln der Fourierschen Integraltransformation unmittelbar die Lösung des Problems liefert. Die nötigen mathematischen Entwicklungen werden in § 1 mitgeteilt, wobei auch die dabei auftretenden, an sich bekannten, Fouriertransformationen kurz besprochen werden. In § 2 werden die Resultate von § 1 dann auf die Bedandlung der folgenden Randwertaufgaben bzw. der mit ihnen äquivalenten physikalischen Probleme angewandt:

Elektromagnetische bzw. akustische Strahlungsquelle zwischen zwei parallen unendlich ausgedehnten Ebenen, die ideal leitend bzw. schallhart oder schallweich sind, ferner elektro-

magnetischer bzw. akustischer Punktstrahler in einem Hohlleiter bzw. schallharten Rohr von rechteckigem Querschnitt.

§ 1. Anwendungen der Poissonschen Summenformel.

1. *Bezeichnungen und Formulierung der Resultate.* Die Funktion $F(\eta)$ der reellen Variablen η sei für $-\infty < \eta < \infty$ erklärt und besitze eine Fourier-Transformierte $f(\xi)$ definiert durch:

$$f(\xi) = \int_{-\infty}^{+\infty} e^{i\xi\eta} F(\eta)\, d\eta\,. \tag{1}$$

Dann liefert die Poissonsche Summenformel in ihrer einfachsten Gestalt — das Erfülltsein der notwendigen Konvergenzbedingungen vorausgesetzt — das Resultat:

$$\sum_{n=-\infty}^{+\infty} F(y+nd) = \frac{1}{d}\sum_{n=-\infty}^{+\infty} e^{-i2\pi n\frac{y}{d}} f\left(\frac{2\pi n}{d}\right). \tag{2}$$

Hierbei sind y und d reelle Parameter; der Wert von d werde weiterhin als positiv vorausgesetzt. Durch eine leichte Modifikation dieser Formel — indem man nämlich berücksichtigt, daß

$$(-1)^n F(y+nd) = e^{i\pi\frac{y+nd-y}{d}} F(y+nd)\,,$$

$$\int_{-\infty}^{+\infty} e^{i\pi\frac{\eta}{d}} e^{i\xi\eta} F(\eta)\, d\eta = f\left(\xi + \frac{\pi}{d}\right)$$

ist, findet man, daß

$$\sum_{n=-\infty}^{+\infty} (-1)^n F(y+nd) = \frac{1}{d}\sum_{n=-\infty}^{+\infty} e^{-i\pi(2n+1)\frac{y}{d}} f\left[(2n+1)\frac{\pi}{d}\right] \tag{3}$$

wird. Diese Formeln gestatten es also, Summen über die Werte einer Funktion in den Punkten eines linearen Gitters umzuformen in ebensolche Summen über die Werte der Fouriertransformierten der ursprünglichen Funktion. Die Anwendung der Poissonschen Summenformel liefert dabei unmittelbar die Fourier-Entwicklungen der in y perodischen Funktionen in den linken Seiten der Formeln (2) und (3), wobei die Fourier-Koeffizienten dieser Entwicklungen sich als Werte der durch die Fouriersche Integraltransformation gemäß (1) aus F entstehenden Funktion f ergeben.

Im folgenden bedeute $H_0^{(2)}$ die zweite Hankelsche Funktion vom Index Null; die Größen x und k seien Parameter und zwar sei x reell und von Null verschieden, während k entweder reell und positiv sein soll oder einen positiven Real- und einen negativen Imaginärteil besitzen möge. Es gelten dann die folgenden Fourierschen Transformationsformeln:

$$\int_{-\infty}^{+\infty} e^{i\xi\eta} H_0^{(2)}\left(k\sqrt{x^2+\eta^2}\right) d\eta = \frac{2e^{-i(x)\sqrt{k^2-\xi^2}}}{\sqrt{k^2-\xi^2}} \tag{4}$$

$$\int_{-\infty}^{+\infty} e^{i\xi\eta} \frac{e^{-ik\sqrt{x^2+\eta^2}}}{\sqrt{x^{-2}+\eta^2}}\, d\eta = -i\pi H_0^{(2)}\left(|x|\sqrt{k^2-\xi^2}\right). \tag{5}$$

Hierin ist durchweg das Vorzeichen von $\sqrt{k^2-\xi^2}$ so zu bestimmen, daß

$$-\pi < \arg\sqrt{k^2-\xi^2} \leqq 0 \tag{6}$$

ist, wobei „arg" das Zeichen für das Argument oder den Arcus einer komplexen Zahl bedeutet.

Die Poissonsche Summenformel liefert nun unmittelbar aus diesen Fouriertransformationen die folgenden Resultate, die noch mit Hilfe der Bezeichnungen

$$\varepsilon_n = 1 \text{ für } n = 0, \quad \varepsilon_n = 2 \text{ für } n = 1, 2, 3, \ldots$$

und den Abkürzungen

$$(7) \qquad k_n = k\sqrt{1 - \left(\frac{2\pi n}{kd}\right)^2}, \quad k_{n+\frac{1}{2}} = k\sqrt{1 - \left(\frac{2\pi\,(n+\frac{1}{2})}{kd}\right)^2}$$

etwas einfacher geschrieben werden können:

$$(8) \qquad \sum_{n=-\infty}^{+\infty} H_0^{(2)}\left(k\sqrt{x^2 + (y-nd)^2}\right) = 2\sum_{n=-\infty}^{+\infty} \frac{e^{-i|x|k_n}\, e^{i2\pi n\frac{y}{d}}}{k_n d}$$

$$= 2\sum_{n=0}^{+\infty} \varepsilon_n \cdot \frac{e^{-i|x|k_n}}{k_n d} \cos\left(2\pi n\frac{y}{d}\right),$$

$$(9) \qquad \sum_{n=-\infty}^{+\infty} (-1)^n H_0^{(2)}\left(k\sqrt{x^2 + (y-nd)^2}\right) = 2\sum_{n=-\infty}^{+\infty} \frac{e^{-i|x|\cdot k_{n+\frac{1}{2}}}}{k_{n+\frac{1}{2}} d}\, e^{-i(2n+1)\pi\frac{y}{d}}$$

$$= 4\sum_{n=0}^{+\infty} \frac{e^{-i|x|k_{n+\frac{1}{2}}}}{k_{n+\frac{1}{2}} d} \cos\left[(2n+1)\pi\frac{y}{d}\right],$$

$$(10) \qquad \sum_{n=-\infty}^{+\infty} \frac{e^{-ik\sqrt{x^2+(y-nd)^2}}}{\sqrt{x^2 + (y-nd)^2}} = -i\frac{\pi}{d}\sum_{n=-\infty}^{+\infty} H_0^{(2)}(|x|\,k_n)\, e^{-i2n\pi\frac{y}{d}}$$

$$= -i\frac{\pi}{d}\sum_{n=0}^{+\infty} \varepsilon_n H_0^{(2)}(|x|\,k_n) \cos\left(2n\pi\frac{y}{d}\right)$$

$$(11) \qquad \sum_{n=-\infty}^{+\infty} (-1)^n \frac{e^{-ik\sqrt{x^2+(y-nd)^2}}}{\sqrt{x^2 + (y-nd^2)}} = -i\frac{\pi}{d}\sum_{n=-\infty}^{+\infty} H_0^{(2)}(|x|\cdot k_{n+\frac{1}{2}})\, e^{-i(2n+1)\pi\frac{y}{d}}$$

$$= -2i\frac{\pi}{d}\sum_{n=0}^{\infty} H_0^{(2)}(|x|\,k_{n+\frac{1}{2}}) \cos\left[(2n+1)\pi\frac{y}{d}\right].$$

Die Bedeutung dieser Umformungen liegt u. a. auch darin, daß die auf den linken Seiten der Formeln (8) bis (11) stehenden Reihen nur bedingt konvergieren, falls k reell ist, während die Reihen auf den rechten Seiten absolut, und, bei nicht zu kleinen Werten von $|x|$, auch sehr rasch konvergieren, weil nur endlich viele der Zahlen k_n bzw. $k_{n+\frac{1}{2}}$ reell sind, während die folgenden einen negativen Imaginärteil besitzen, so daß die betreffenden Reihenglieder, als Funktion von $|x|$, für große Werte von x wie $e^{-2n\pi|x|/d}$ abnehmen.

2. *Beweise und Konvergenzbetrachtungen.* Die Anwendbarkeit der Poissonschen Summenformel ergibt sich in den hier vorliegenden Fällen leicht durch Zurückgehen auf den Beweis dieser Formel, der auf der Bemerkung beruht, daß

$$(12) \qquad \sum_{n=-N}^{+N} e^{inx} = \frac{\sin\,(N+\frac{1}{2})\,x}{\sin\frac{x}{2}}$$

mit wachsendem N eine „Dirac-Funktion" $\delta(x)$ approximiert, welche die Eigenschaft hat, an den Stellen $x \neq 0, \pm 2\pi, \pm 4\pi, \ldots$ zu verschwinden, während das Integral von $\delta(x)$ über ein die Stellen $0, \pm 2\pi, \pm 4\pi, \ldots$ enthaltendes Interwall für jede dieser Stellen den Beitrag 2π liefert. Man hat dabei nur konsequent die Interpretation

$$\sum_{n=-\infty}^{+\infty} = \lim_{N\to\infty} \sum_{n=-N}^{+N}$$

zu verwenden.

Zu den Fourier-Transformationen (4), (5) sind vielleicht einige Bemerkungen über deren Beweis am Platze, da sie zwar bekannt, aber, was die erste von ihnen betrifft, anscheinend nirgends in einfacher Weise abgeleitet worden sind.

Die bekannte Formel von Weyrich[1])

$$(13)\qquad \frac{e^{-ik\sqrt{x^2+\eta^2}}}{\sqrt{x^{-2}+\eta^2}} = -\frac{i}{2}\int\limits_{-\infty}^{+\infty} e^{-i\xi\eta} H_0^{(2)}(|x|\sqrt{k^2-\xi^2})\,d\xi$$

$$\left(x \text{ und } \eta \text{ reell}, \ -\pi < \arg\sqrt{k^2-\xi^2} \leqq 0, \ -\frac{\pi}{2} \leqq \arg k \leqq 0\right)$$

liefert unmittelbar durch Anwendung des Fourierschen Umkehrtheorems die zweite der hier benutzten Fonrierschen Transformationsformeln (Formel (5)). Andrerseits liefert die Formel von Weyrich auch direkt die erste der Fourierschen Transformationsformeln (4). Zu diesem Zweck beachte man, dem man statt (13) auch

$$(13\text{a})\qquad \frac{e^{-i|x|\sqrt{k^2+\xi^2}}}{\sqrt{k^2+\xi^2}} = -i\int\limits_0^{\infty} \cos(\xi\eta)\, H_0^{(2)}(k\sqrt{x^2-\eta^2})\,d\eta$$

schreiben kann, wenn man die Bezeichnungen ξ und η sowie k und x miteinander vertauscht, und berücksichtigt, daß der Integrand ohne den Faktor $e^{-i\xi\eta}$ eine gerade Funktion der Integrationsvariablen ist. Es möge k hierbei zunächst als reell vorausgesetzt werden; es bedeutet keine Schwierigkeit, nachträglich durch analytische Fortsetzung für k auch wieder komplexe Werte zuzulassen. Nun ist leicht zu sehen, daß man in der letzten Formel den Integrationsweg in der komplexen η-Ebene in die negative imaginäre Halbachse hinüberdrehen kann, solange $|\xi| < k$ und $k > 0$ ist. Man erhält dann:

$$(13\text{b})\qquad \frac{e^{-i|x|\sqrt{k^2+\xi^2}}}{\sqrt{k^2+\xi^2}} = \int\limits_0^{\infty} \operatorname{Cos}(\xi\eta)\, H_0^{(2)}(k\sqrt{x^2+\eta^2})\,d\eta$$

Diese Formel gilt, wie bekannt, für $|\xi| < k$ und zwar, vermöge der analytischen Fortsetzbarkeit beider Seiten, auch für den Fall eines rein imaginären ξ; man kann daher zunächst $i\xi$ statt ξ schreiben, wodurch man

$$(13\text{c})\qquad \frac{e^{-i|x|\sqrt{k^2-\xi^2}}}{\sqrt{k^2-\xi^2}} = \int\limits_0^{\infty} \cos(\xi\eta)\, H_0^{(2)}(k\sqrt{x^2+\eta^2})\,d\eta$$

mit der Einschränkung $|\xi| < k$ erhält. Nun steht aber einer analytischen Fortsetzung beider Seiten dieser Formel in das Gebiet $-\frac{\pi}{2} < \arg k \leqq 0$, einer anschließenden Fortsetzung in einen hinreichend schmalen Streifen um die positive reelle ξ-Achse und schließlich, durch einen Grenzübergang zu reellen positiven Werten von k und beliebigen reellen Werten von $\xi < k$ nichts mehr im Wege. Die sich hierbei ergebenden Vorschriften für die Werte von $\sqrt{k^2-\xi^2}$ sind schon oben genannt worden.

§ 2. Lösung von Randwertaufgaben mit Hilfe des Spiegelungsprinzips.

Durch Anwendung des Spiegelungsprinzips läßt sich die Berechnung einer Reihe von Randwertproblemen der Wellengleichung in einfacher Weise auf die Bestimmung der in § 1 angegebenen Summenformeln zurückführen. Es werden nachstehend einige Fälle, deren Lösungen z. T. in der Literatur bereits angegeben sind[2]), nach der oben beschriebenen Methode dargestellt.

---

[1]) R. Weyrich, [redacted], J. reine u. angew. Mathematik **172**, (1934), S. 133-150.

[2]) R. Weyrich, [redacted], Ann. Phys. (IV) **85** (1928), S. 552—580.

H. Stenzel, [redacted], ebd. (V) **43** (1943), S. 1—31.

H. Buchholz, [redacted], Jahrbuch der AEG-Forschung **6** (1939), S. 53—68.

1. *Strahlungsquelle zwischen zwei unendlich ausgedehnten parallelen idealleitenden Ebenen.*

a) *Punktförmige Strahlungsquellen.*

Zwischen zwei im gegenseitigen Abstand b parallel verlaufenden unendlich ausgedehnten Ebenen von idealer elektrischer Leitfähigkeit befinde sich eine elektromagnetische punktförmige Strahlungsquelle Q im Abstand η von der Symmetrieebene (s. Fig. 1). Durch fortgesetzte Spiegelung der Quelle Q an den Begrenzungsebenen $z = \pm \frac{b}{2}$ entstehen zwei unendliche Reihen 1 bzw. 1′ von äquidistanten (gegenseitiger Abstand 2b) punktförmigen Quellen (vgl. die rechte Hälfte von Fig. 1). Je nachdem, ob die Reflexion der Strahlung an den Grenzebenen gleich- oder gegenphasig erfolgt, also je nach Art und Anordnung des Punktstrahlers Q ist die Punktreihe 1′ gleich- oder gegenphasig zu Punktreihe 1.

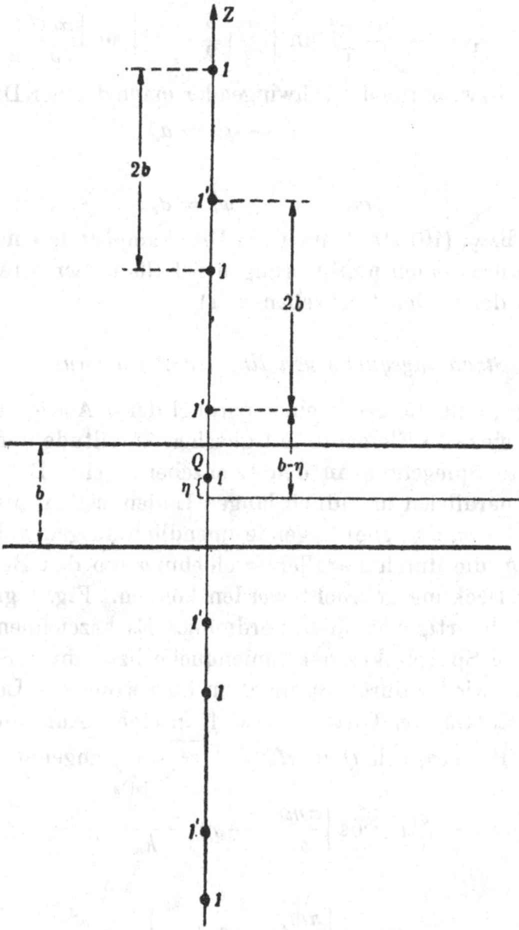

Fig. 1. Querschnitt der Strahleranordnung mit punktförmiger Strahlungsquelle Q und virtuellen (gespiegelten) Punktstrahlern.

Durch Summation der Teilfelder sämtlicher Punktstrahler ergibt sich sofort gemäß (10) für das Vektorpotential φ_1 bzw. φ_1' der Reihe 1 bzw. 1′ in einem Aufpunkt $P(x, y, z)$, wenn das Vektorpotential der das Feld erregenden Strahlungsquelle zu $\frac{e^{ikR}}{R}$ angenommen ist, $(R = \sqrt{x^2 + y^2 + z^2})$

$$\varphi_1 = -\frac{\pi i}{2b}\sum_0^\infty \varepsilon_m H_0^{(2)}(k_{\frac{m}{2}}\varrho)\cos\left[\frac{\pi m}{b}(z-\eta)\right],$$

(14)
$$\varphi_1' = -\frac{\pi i}{2b}\sum_0^\infty \varepsilon_m H_0^{(2)}(k_{\frac{m}{2}}\varrho)\cos\left[\frac{\pi m}{b}(z-b+\eta)\right]$$

$$\text{mit } \varrho = \sqrt{x^2+y^2};\; k_m = k\sqrt{1-\left(\frac{2\pi m}{kb}\right)^2}.$$

Ist die Strahlungsquelle ein parallel der z-Achse schwingender elektrischer Dipol, so erfolgt die Reflexion and en Grenzebenen mit gleichem Vorzeichen. Das Vektorpotential a_z dieses Feldes ergibt sich somit aus (14) zu

(15) $$a_z = \varphi_1 + \varphi_1' = -\frac{\pi i}{b}\sum_0^\infty \varepsilon_m \cos\left[\frac{\pi m}{b}\left(\frac{b}{2}-z\right)\right]\cos\left[\frac{\pi m}{b}\left(\frac{b}{2}-\eta\right)\right] H_0^{(2)}(k_{\frac{m}{2}}\varrho)$$

in Übereinstimmung mit dem von Weyrich[2]) gefundenen Ergebnis.

Für einen parallel der x-Achse schwingenden elektrischen Dipol folgt:

(16) $$a_x = \varphi_1 - \varphi_1' = -\frac{2\pi i}{b}\sum_1^\infty \sin\left[\frac{\pi m}{b}\left(\frac{b}{2}-z\right)\right]\sin\left[\frac{\pi m}{b}\left(\frac{b}{2}-\eta\right)\right] H_0^{(2)}(k_{\frac{m}{2}}\varrho).$$

Ist Q ein parallel z bzw. parallel x schwingender magnetischer Dipol, so ist

(17) $$m_z = \varphi_1 - \varphi_1' = a_x$$

bzw.

(18) $$m_x = \varphi_1 + \varphi_1' = a_z\,.$$

Die Formeln (15) bzw. (16) stellt auch die Druckamplitude eines Schallfeldes dar, im Falle der Erregung durch einen punktförmigen Schallstrahler Q für schallhartes bzw. schallweiches Verhalten der beiden Grenzebenen (2).

b. *Strahlungsquelle von linearer Ausdehnung.*

Hat die Strahlungsquelle die Form einer parallel der x-Achse verlaufenden unendlich langen Linie, deren einzelne Elemente mit gleicher Amplitude und Phase schwingen' so ergibt die fortgesetzte Spiegelung an den Grenzebenen eine Doppelreihe von äquidistanten (Abstand 2b) parallelen unendlich langen Linienquellen, also zwei kongruente in der gleichen Ebene (der x, z-Ebene) liegende unendlich ausgedehnte Liniengitter von regelmäßiger Anordnung, die durch Parallelverschiebung um den Betrag $b - 2\eta$ (siehe Fig. 1) miteinander zur Deckung gebracht werden können. Fig. 1 gibt nunmehr einen Querschnitt durch eine derartige Strahleranordnung. Es bezeichnen jetzt Q bzw. die Punktreihen 1 und 1' die Spurpunkte der Linienquelle bzw. ihrer Spiegelbilder in der y, z-Ebene. Es folgt also wieder durch Summation über sämtliche Linienquellen gemäß Gl. (8) für das Vektorpotential der Gitter 1 bzw. 1' in einem Aufpunkt $P(x, y, z)$, wenn das Vektorpotential der Primärquelle Q zu $H_0^{(2)}(k\sqrt{x^2+z^2})$ angenommen ist:

$$\varphi_1 = \frac{1}{b}\sum_0^\infty \varepsilon_m \cos\left[\frac{\pi m}{b}(z-\eta)\right]\frac{e^{-i|y|k_{\frac{m}{2}}}}{k_{\frac{m}{2}}},$$

(19)

$$\varphi_1' = \frac{1}{b}\sum_0^\infty \varepsilon_m \cos\left[\frac{\pi m}{b}(z-b+\eta)\right]\frac{e^{-i|y|k_{\frac{m}{2}}}}{k_{\frac{m}{2}}}.$$

Erfolgt die Reflexion an den Grenzebenen gleichphasig, so ist:

(20) $$a_x = \varphi_1 + \varphi_1' = \frac{2}{b}\sum_0^\infty \varepsilon_m \cos\left[\frac{\pi m}{b}\left(\frac{b}{2}-z\right)\right]\cos\left[\frac{\pi m}{b}\left(\frac{b}{2}-\eta\right)\right]\frac{e^{-i|y|k_{\frac{m}{2}}}}{k_{\frac{m}{2}}}$$

Für die gegenphasige Reflexion (leuchtende Linie zwischen zwei spiegelnden Ebenen) ergibt sich:

$$(21)\qquad a_x = \varphi_1 - \varphi_1' = \frac{4}{b}\sum_1^{\infty} \sin\left[\frac{\pi m}{b}\left(\frac{b}{2} - z\right)\right] \sin\left[\frac{\pi m}{b}\left(\frac{b}{2} - \eta\right)\right] \frac{e^{-i|y|\cdot k_{\frac{m}{2}}}}{k_{\frac{m}{2}}}$$

2. *Punktförmige Strahlungsquelle in einem Hohlleiter von rechteckigem Querschnitt.*

Wird die unter § 2, 1a (Fig. 1) behandelte Strahlenanordnung in ihrer Ausdehnung längs der y-Achse durch zwei unendlich ausgedehnte ideal leitende Ebenen parallel der x, z-Ebene im Abstand $\pm \frac{a}{2}$ zu dieser begrenzt, so entsteht ein in der x-Richtung unendlich ausgedehnter Hohlleiter von rechteckigem Querschnitt (Fig. 2).

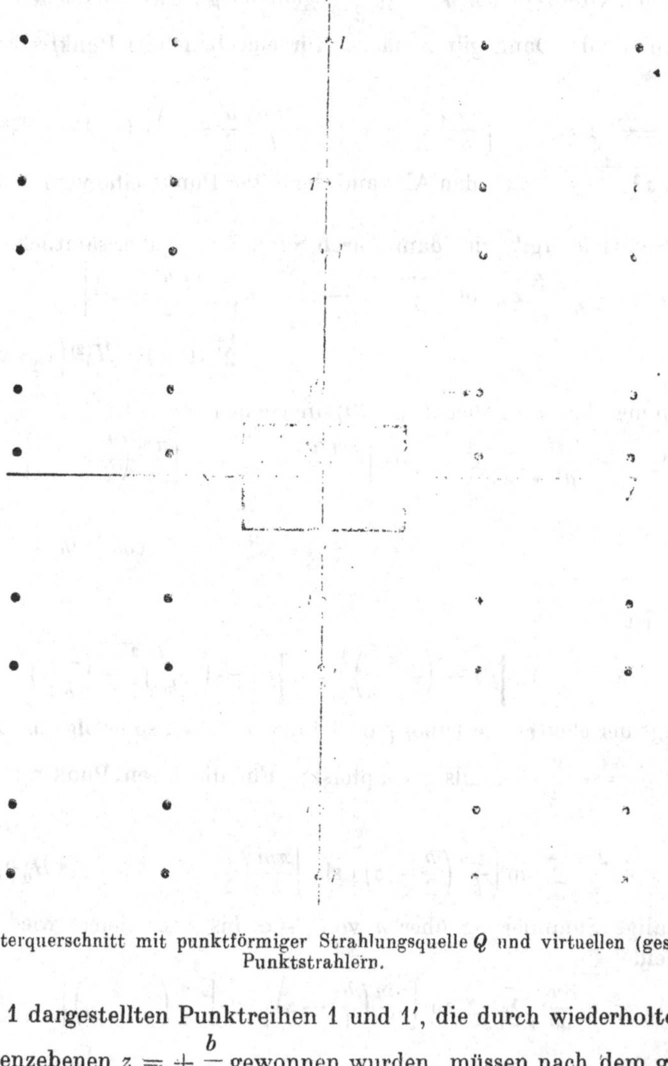

Fig. 2. Hohlleiterquerschnitt mit punktförmiger Strahlungsquelle Q und virtuellen (gespiegelten) Punktstrahlern.

Die in Fig. 1 dargestellten Punktreihen 1 und 1', die durch wiederholte Spiegelung von Q an den Grenzebenen $z = \pm \frac{b}{2}$ gewonnen wurden, müssen nach dem gleichen Verfahren wiederum an den nunmehr neu hinzutretenden Grenzebenen $y = \pm \frac{a}{2}$ fortgesetzt gespiegelt werden. Es entsteht also eine Netzebene, da zu den in Fig. 1 dargestellten Punktreihen 1 und 1' noch unendlich viele kongruente hinzutreten, die aus den Reihen 1 und 1' durch Parallelverschiebung um den Betrag $y = \pm na$ ($n = 1, 2, 3, \ldots$) hervorgegangen sind. Das von dem auf diese Weise entstehenden ebenen Punktgitter (Netzebene) erzeugte Feld stellt dann im Bereich

$$-\infty < x < +\infty; \quad -\frac{a}{2} \leqq y \leqq +\frac{a}{2}; \quad -\frac{b}{2} \leqq z \leqq +\frac{b}{2}$$

das gesuchte Feld dar.

Je nachdem, ob die Reflexion der Strahlung an den Grgnzebenen $y = \pm \frac{a}{2}$ gleich- oder gegenphasig erfolgt, sind die Vorzeichen der durch Spiegelung an diesen Ebenen hervorgegangenen Punktreihen $y = \pm na$ untereinander gleich oder alternierend. Es sei Q ein parallel der z-Achse schwingender elektrischer Dipol. In diesem Falle erfolgt die Reflexion an den Grenzebenen $y = \pm \frac{a}{2}$ gegenphasig. Das Vorzeichen der Punktreihen ist also alternierend. Dann gilt zunächst für eine beliebige Punktreihe $y = na$ gemäß Gl. (15)

$$a_z = -\frac{\pi i}{b} \sum_0^\infty \varepsilon_m \cos\left[\frac{\pi m}{b}\left(\frac{b}{2} - z\right)\right] \cos \frac{\pi m}{b}\left(\frac{b}{2} - \eta\right)\Big] (-1)^n \cdot H_0^{(2)}\left(k_{\frac{m}{2}} \varrho_n\right),$$

wobei $\varrho_n = \sqrt{x^2 + (y - na)^2}$ den Abstand der n-ten Punktreihe vom Aufpunkt $P(x, y, z)$ bedeutet

Das Gesamtfeld ergibt sich dann durch Summierung über sämtliche Punktreihen zu:

$$A_z = \sum_{n=-\infty}^{+\infty} a_z = -\frac{\pi i}{b} \sum_{m=0}^{\infty} \varepsilon_m \cos\left[\frac{\pi m}{b}\left(\frac{b}{2} - z\right)\right] \cos\left[\frac{\pi m}{b}\left(\frac{b}{2} - \eta\right)\right]$$
$$\sum_{n=-\infty}^{+\infty} (-1)^n H_0^{(2)}\left(k_{\frac{m}{2}} \sqrt{x^2 + (y - na)^2}\right)$$

Die Summe über n ist aber in Gl. (9) angegeben. Mithin:

$$A_z = -\frac{4\pi i}{ab} \sum_{m=0}^{\infty} \sum_{n=0}^{\infty} \varepsilon_m \cos\left[\frac{\pi m}{b}\left(\frac{b}{2} - z\right)\right] \cos\left[\frac{\pi m}{b}\left(\frac{b}{2} - \eta\right)\right]$$
$$\cos\left[(2n + 1)\frac{\pi y}{a}\right] \frac{e^{-i|x|k_{n+\frac{1}{2}, \frac{m}{2}}}}{k_{n+\frac{1}{2}, \frac{m}{2}}}. \tag{22}$$

Hierbei ist

$$k_{n,m} = k_m \sqrt{1 - \left(\frac{2\pi n}{k_m \cdot a}\right)^2} = k\sqrt{1 - \left(\frac{2\pi m}{kb}\right)^2 - \left(\frac{2\pi n}{ka}\right)^2}$$

Schwingt der elektrische Dipol parallel der x-Achse, so erfolgt die Reflexion an den Grenzebenen $y = \pm \frac{a}{2}$ ebenfalls gegenphasig. Für die n-ten Punktreihe folgt dann aus Gl. (16)

$$a_x = -\frac{2\pi i}{b} \sum_1^\infty \sin\left[\frac{\pi m}{b}\left(\frac{b}{2} - z\right)\right] \sin\left[\frac{\pi m}{b}\left(\frac{b}{2} - \eta\right)\right] (-1)^n H_0^{(2)}\left(k_{\frac{m}{2}} \varrho_n\right).$$

Abermalige Summierung über n von $-\infty$ bis $+\infty$ liefert wieder gemäß Gl. (9) das Gesamtfeld

$$A_x = -\frac{8\pi i}{ab} \sum_{m=1}^{\infty} \sum_{n=0}^{\infty} \sin\left[\frac{\pi m}{b}\left(\frac{b}{1} - z\right)\right] \sin\left[\frac{\pi m}{b}\left(\frac{b}{2} - \eta\right)\right]$$
$$\cos\left[(2n + 1)\frac{\pi y}{a}\right] \frac{e^{-i|x|k_{n+\frac{1}{2},m}}}{k_{n+\frac{1}{2},m}}. \tag{23}$$

Da die Reflexion der Strahlung eines parallel der z- oder der x-Achse schwingenden magnetischen Dipols an den Grenzebenen $y = \pm a$ gleichphasig erfolgt, so ergeben sich für diese Fälle gemäß den Gl. (17), (18) und (8) folgende Darstellungen für das Feld:

$$(24)\quad M_z = -\frac{4\pi i}{ab}\sum_{m=1}^{\infty}\sum_{n=0}^{\infty}\varepsilon_n \sin\left[\frac{\pi m}{b}\left(\frac{b}{2}-z\right)\right]\sin\left[\frac{\pi m}{b}\left(\frac{b}{2}-r_l\right)\right]\cos\left(2\pi n\frac{y}{a}\right)\frac{e^{-i|x|k_{n+\frac{1}{2},m}}}{k_{n,\frac{m}{2}}},$$

$$(25)\quad M_x = -\frac{2\pi i}{ab}\sum_{m=0}^{\infty}\sum_{n=0}^{\infty}\varepsilon_m\,\varepsilon_n \cos\left[\frac{\pi m}{b}\left(\frac{b}{2}-z\right)\right]\cos\left[\frac{\pi m}{b}\left(\frac{b}{2}-r\right)\right]\cos\left(2\pi n\frac{y}{a}\right)\frac{e^{-i|x|k_{m,\frac{n}{2}}}}{k_{m,\frac{n}{2}}}.$$

Diese Formeln sind in Übereinstimmung mit den von H. Buchholz angegebenen. Gl. (25) stellt außerdem das durch einen punktförmigen Schallstrahler erregte Schallfeld dar für schallharte Begrenzungsebenen. Es verursacht keinerlei Schwierigkeiten, die vorstehend aufgeführten Fälle dahin zu erweitern, daß der Strahler Q nicht auf der z-Achse, sondern im Abstand ξ von dieser liegt. Das Spiegelungsverfahren liefert dann analog den Ausführungen unter § 2, 1a zwei gegeneinander parallel verschobene ebene Punktgitter, die wieder je nach Art der Erregung im Gleich- oder Gegentakt schwingen und deren Felder sich infolgedessen addieren oder subtrahieren.

Eingegangen 26. Januar 1944.

Reprinted from the
Journal für reine und angewandte Mathematik **186** (1945), 184–192.

Sonderdruck aus
„Archiv für Elektrotechnik", 37. Band, 1943, 8. Heft, S. 380—390

Verlag der ETZ-Verlag G.m.b.H., Berlin-Charlottenburg. Im Buchhandel durch Springer-Verlag, Berlin W 9
Nachdruck verboten. — Printed in Germany

Die Berechnung des Wellenwiderstandes einer Bandleitung mit kreisförmigem bzw. rechteckigem Außenleiterquerschnitt

Von

W. Magnus und F. Oberhettinger, Berlin

(Eingegangen am 6. 5. 1943)

DK 537. 311. 6: 621. 315. 5

Übersicht. Es werden die Formeln für den Wellenwiderstand einer Leiteranordnung, bestehend aus einem geraden Zylinder mit kreisförmigem bzw. rechteckigem Querschnitt als Außenleiter und einem Bande als Innenleiter mittels der Methode der konformen Abbildung berechnet und numerische und graphische Ergebnisse mitgeteilt.

Einleitung

Die Berechnung des Wellenwiderstandes einer Leiteranordnung erfordert zunächst die Bestimmung des elektrostatischen Feldes durch Integration der zweidimensionalen Laplaceschen Differentialgleichung

$$\frac{\partial^2 u}{\partial x^2} + \frac{\partial^2 u}{\partial y^2} = 0$$

wobei u das elektrostatische Potential bedeutet. Dabei ist ein ebenes Feld vorausgesetzt, d. h. alle vorhandenen Leiter sind unendlich lange Zylinder beliebigen Querschnitts, deren Mantellinien parallel einer Achse gerichtet sind. Mit Kenntnis des Potentialfeldes u läßt sich ohne weiteres die Kapazität je Einheit der Längserstreckung und damit auch der Wellenwiderstand angeben. Besonders wichtig sind Anordnungen, bei denen eine der Elektroden als Hohlzylinder beliebigen Querschnitts ausgebildet ist, während die andere ganz in dem Hohlraum und parallel zum ersten Leiter verläuft. Hierbei ist es zweckmäßig, dem Innenleiter die Form eines Drahtes von kreisförmigem Querschnitt oder die Form eines Bandes zu geben, welche Möglichkeit besonders wichtig ist für die Erzielung niedriger Werte des Wellenwiderstandes.

Es soll hier zunächst kurz dargelegt werden, wie im Falle des drahtförmigen Innenleiters die allgemeine Lösung durch die sogenannte Greensche Funktion des Querschnitts des Außenleiters angegeben werden kann.

Im Falle des bandförmigen Innenleiters wird ebenfalls der allgemeine Lösungsweg angedeutet und für zwei spezielle Querschnittsformen des Außenleiters, nämlich Kreis und Rechteck, die Formel für den Wellenwiderstand angegeben und numerisch ausgewertet.

1. Drahtförmiger Innenleiter

Besteht der Innenleiter aus einem dünnen geraden Draht mit der Ladung $+q$ je Längeneinheit, der geerdete Außenleiter aus einem geraden Zylinder beliebigen Querschnitts, so läßt sich das elektrostatische Feld dieser Leiteranordnung mit Hilfe der Greenschen Funktion folgendermaßen bestimmen (Bild 1).

Es bedeutet $z = x + iy$ den Aufpunkt und $z' = x' + iy'$ den Spurpunkt des Innenleiters in der komplexen z-Ebene.

Ist $w = f(z)$ eine Abbildungsfunktion, die den Querschnitt $\mathfrak{B}$ des Außenleiters in das Innere und die Randkurve $\mathfrak{C}$ in den Umfang des Einheitskreises der w-Ebene überführt, so ist die Greensche Funktion[1] des (als einfach zusammenhängend vorausgesetzten) Bereiches gegeben durch:

$$G = \ln \left| \frac{1 - \overline{f(z')} \cdot f(z)}{f(z) - f(z')} \right|.$$

[1]) Frank-Mises, Bd. I, S. 709.

Dabei ist $\overline{f(z')}$ der konjugiert komplexe Wert der Abbildungsfunktion $f(z)$ im Punkte $z = z'$.

Die Greensche Funktion genügt nach ihrer Definition folgenden Bedingungen:

1. Sie genügt in $\mathfrak{B}$ der Potentialgleichung;
2. auf dem Rande $\mathfrak{C}$ von $\mathfrak{B}$ nimmt sie den Wert Null an;
3. bei Annäherung an den Quellpunkt z' wird sie logarithmisch singulär;

stellt also bis auf einen konstanten Faktor das Potential u dar. Und zwar ist die Potentialfunktion des gesuchten elektrostatischen Feldes im Aufpunkt $z\,(x, y)$

$$u\,(x, y) = 2q\,G = 2q \cdot \ln \left| \frac{1 - \overline{f(z')} \cdot f(z)}{f(z) - f(z')} \right|.$$

Diese ist sofort bestimmt für derartige Querschnittsformen $\mathfrak{B}$ des Außenleiters, deren Abbildungsfunktion auf den Einheitskreis sich angeben läßt. Dies ist z. B. der Fall für folgende Außenleiterformen:

Keilförmiger Querschnitt (Draht im Winkel zweier sich schneidender ebener Leiter) [1];

Rechteckiger Querschnitt, insbesondere eine Rechteckseite unendlich lang (Draht in einem Zylinder mit rechteckigem Querschnitt, insbesondere Draht zwischen zwei parallelen Ebenen) [2], [3], [4].

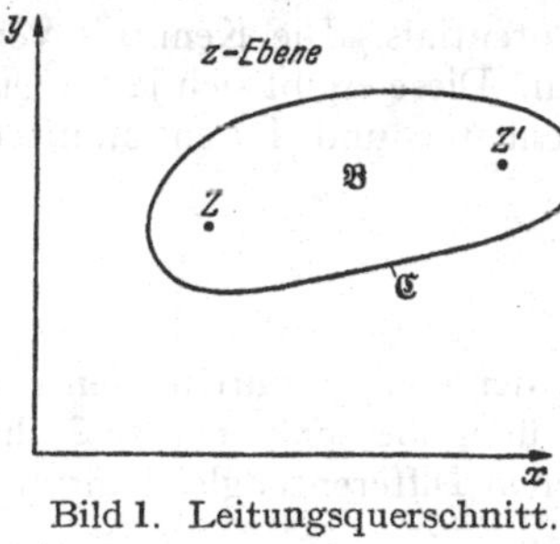

Bild 1. Leitungsquerschnitt.

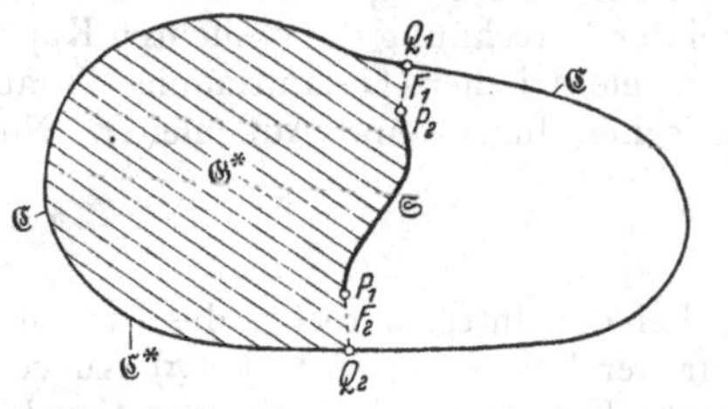

Bild 2. Querschnitt durch die Bandleitung.

Der Fall einer Reihe leitend verbundener Drähte in einem Außenleiter läßt sich ohne weiteres durch Superposition der Einzelfelder bestimmen, so z. B. eine Reihe leitend verbundener äquidistanter Drähte zwischen zwei parallelen Ebenen [5], [6].

2. Bandförmiger Innenleiter [7], [8], [9], [10], [11], [12], [13]

a) Das Problem und der mathematische Ansatz

Während sich die Berechnung der Kapazität je Längeneinheit (und damit des Wellenwiderstandes) eines dünnen Drahtes in einem zylindrischen Rohr stets in einfacher Weise zurückführen läßt auf die Abbildung eines einfach zusammenhängenden Bereiches auf einen Kreis, führt der in Bild 2 angedeutete Fall eines bandförmigen Leiters in einem Zylinder im allgemeinen auf die Aufgabe, die universelle Überlagerungsfläche eines Schlitzbereiches auf einen Streifen konform abzubilden und überdies die Periode der Umkehrfunktion festzustellen. Im folgenden sollen jedoch nur solche Fälle behandelt werden, in denen die Symmetrie des Problems es gestattet, die Lösung durch die Abbildung eines einfach zusammenhängenden Bereiches auf ein Rechteck zu konstruieren.

In Bild 2 ist der Querschnitt einer Doppelleitung gezeichnet, deren äußerer (zylindrischer) Leiter die Querschnittsebene in einer geschlossenen Kurve $\mathfrak{C}$ schneidet, während der innere (bandförmige) Leiter die Querschnittsebene in einem (im folgenden stets gradlinigen) einfachen, d. h. sich selbst nicht durchsetzenden Schlitz $\mathfrak{S}$ mit zwei Endpunkten P_1 und P_2 schneidet.

Zur Berechnung der Kapazität je Längeneinheit des Innenleiters gegen den Außenleiter muß man die folgende mathematische Aufgabe lösen: In der Querschnittsebene, in der rechtwinklige kartesische Koordinaten x, y eingeführt seien, eine Funktion $u(x, y)$ zu finden, welche physikalisch gesprochen das elektrostatische Potential bedeutet, und die den folgenden mathematischen Bedingungen genügt: $u(x, y)$ ist im Innern der Kurve $\mathfrak{C}$ eine eindeutige und stetige Funktion von x und y, welche auf $\mathfrak{C}$ den Wert Null und auf $\mathfrak{S}$ einen konstanten Wert A annimmt, während in dem Gebiet $\mathfrak{G}$ zwischen $\mathfrak{S}$ und $\mathfrak{C}$ überall

$$\Delta u \equiv \frac{\partial^2 u}{\partial x^2} + \frac{\partial^2 u}{\partial y^2} = 0$$

ist.

Man führt zweckmäßigerweise die zu u konjugierte Potentialfunktion $v(x, y)$ ein, die nun allerdings in dem Gebiet $\mathfrak{G}$ zwar stetig ist aber nicht eindeutig zu sein braucht; u und v hängen zusammen durch die Cauchy-Riemannschen Differentialgleichungen

$$\frac{\partial u}{\partial x} = \frac{\partial v}{\partial y}, \qquad \frac{\partial u}{\partial y} = -\frac{\partial v}{\partial x},$$

und v ist durch diese und durch die Angabe von u bis auf eine additive Konstante bestimmt; die Linien $v =$ konst. stehen senkrecht auf den Linien $u =$ konst.; jene sind die Feldlinien, diese die Linien konstanten Potentials. Die Kenntnis von v ist bei der Berechnung der gesuchten Kapazität nützlich. Diese ergibt sich ja als Quotient von elektrischer Gesamtladung E auf dem Innenleiter und Potentialdifferenz A zwischen Innen- und Außenleiter. Nun ist aber

$$2\pi E = \int_{\mathfrak{S}} \frac{\partial u}{\partial n} \cdot d\mathfrak{S},$$

wobei das Integral rechts das Linienintegral längs der einfach durchlaufenen (daher nur der Faktor 2π anstatt 4π) Kurve $\mathfrak{S}$, erstreckt über die senkrecht zu $\mathfrak{S}$ differenzierte Funktion u ist; aus den Cauchy-Riemannschen Differentialgleichungen ergibt sich hieraus

$$\pm E = \frac{1}{2\pi}[v(P_1) - v(P_2)],$$

wobei $v(P_2)$ bzw. $v(P_1)$ den Wert von v in den Punkten P_2 bzw. P_1 bedeutet. Die Kapazität C je Längeneinheit des Innenleiters gegen den Außenleiter wird damit, wenn Kapazitäten im Längenmaß gemessen werden:

$$C = \left| \frac{[v(P_1) - v(P_2)]}{2\pi A} \right|$$

und der Wellenwiderstand Z der Leitung wird

$$Z = \left| \frac{60\pi A}{v(P_1) - v(P_2)} \right| \Omega.$$

Die Absolutstriche in den Formeln für C und Z sichern einen positiven Wert für diese Größen; das Vorzeichen von $v(P_1) - v(P_2)$ wäre sonst noch gesondert zu bestimmen. An sich wäre überhaupt noch festzustellen, welche der unendlich vielen verschiedenen Werte der mehrdeutigen Funktion v für $v(P_1)$ und $v(P_2)$ zu wählen sind, jedoch wird diese Frage in den hier behandelten Fällen mit Symmetrien sich von selber erledigen. Wir machen nämlich jetzt die folgende vereinfachende Annahme:

Die durch die Punkte P_1 und P_2 von $\mathfrak{S}$ nach $\mathfrak{C}$ verlaufenden Feldlinien (d. h. die durch diese Punkte gehenden Kurven $v =$ konst.) seien bekannt.

Wir bezeichnen diese Feldlinien mit F_1 und F_2; sie zerlegen das Gebiet $\mathfrak{G}$ in zwei einfach zusammenhängende Teile, deren einer in Bild 2 schraffiert und mit $\mathfrak{G}^*$ bezeichnet ist; die Endpunkte von F_1 bzw. F_2 auf $\mathfrak{C}$ mögen Q_1 bzw. Q_2 heißen. Es ist dann $\mathfrak{G}^*$ ein von den Kurven F_1, $\mathfrak{S}$, F_2 und dem zwischen Q_1 und Q_2 gelegenen Teil $\mathfrak{C}^*$ von $\mathfrak{C}$ begrenztes Viereck mit den Ecken Q_1, P_1, P_2, Q_2. Bilden wir nunmehr die komplexe Veränderliche

$$z = x + i\,y$$

und die Funktion

$$w = u + i\,v,$$

so ist w eine analytische Funktion von z, die in dem einfach zusammenhängenden Gebiet $\mathfrak{G}^*$ eindeutig erklärt und, abgesehen von den Ecken, regulär analytisch ist. Jedem Punkt z aus $\mathfrak{G}^*$ der (x, y)- oder z-Ebene wird eindeutig ein Punkt w der (u, v)-oder w-Ebene zugeordnet, und diese Punkte bilden in der w-Ebene einen Bereich $\mathfrak{R}^*$, der, wie wir zeigen wollen, ein Rechteck ist. Da w eine analytische Funktion von z ist, ist im übrigen die Abbildung von $\mathfrak{G}^*$ auf $\mathfrak{R}^*$ eine, abgesehen von den Eckpunkten, konforme Abbildung. Daß $\mathfrak{R}^*$ ein Rechteck ist, folgt einfach daraus, daß auf den Kurven, welche $\mathfrak{G}^*$ begrenzen, immer entweder u oder v einen konstanten Wert besitzt; das Rechteck $\mathfrak{R}^*$ ist in Bild 3 wiedergegeben.

Nimmt man an, daß v auf F_2 gleich Null ist — es ist ja v nur bis auf eine additive Konstante bestimmt, über die hier verfügt werden kann —, so wird Q_2 in den Punkt $w = 0$, P_2 in den Punkt $u = A$, $v = 0$, P_1 in einen Punkt mit den Koordinaten $u = A$ und $v = v(P_1) - v(P_2)$ abgebildet; für das weitere setzen wir

$$v(P_1) - v(P_2) = B;$$

das Rechteck $\mathfrak{R}^*$ hat also Seiten von der Länge A bzw. B, und der gesuchte Wellenwiderstand ergibt sich zu

$$Z = 60\pi \frac{A}{B}\,\Omega.$$

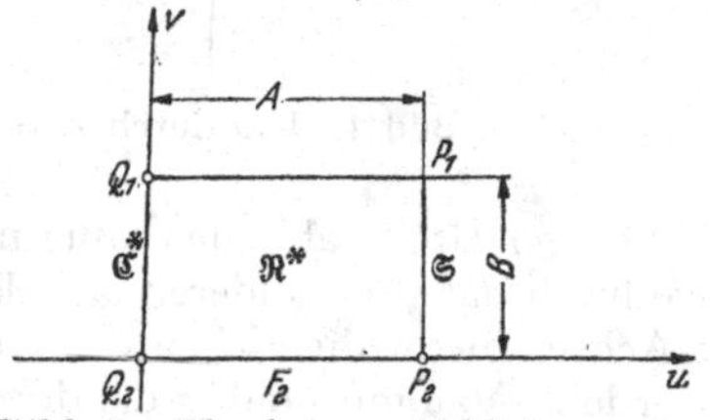

Bild 3. Konforme Abbildung des halben Leitungsquerschnitts auf ein Rechteck.

Natürlich liefert die Kenntnis der Funktion w nicht nur die Kapazität je Längeneinheit des Innenleiters gegen den Außenleiter, sondern überhaupt den Verlauf des elektrostatischen Feldes zwischen den Leitern; die Berechnung von C bzw. Z führt indessen im folgenden auf Formeln, die nicht so kompliziert sind wie die Formeln für die Funktionen u und v, obwohl diese sich im Laufe der Untersuchung stets von selber mit ergeben, auch wenn sie nicht besonders vermerkt sind.

b) Zusammenstellung einiger Formeln und Bezeichnungen aus der Theorie der konformen Abbildung und der elliptischen Funktionen

Wir brauchen zunächst einige konforme Abbildungen durch elementare Funktionen. Es seien z und σ komplexe Variable, deren Wertebereiche jeweils durch eine z-Ebene und eine σ-Ebene veranschaulicht werden mögen. Die Funktion σ von z, gegeben durch

$$\sigma = \frac{1}{2}\left(z + \frac{d^2}{4z}\right),$$

worin d eine reelle positive Konstante bedeutet, bildet das Innere des Halbkreises vom Durchmesser d mit dem Nullpunkt der z-Ebene als Mittelpunkt und dem Scheitel in der oberen z-Halbebene konform auf die untere σ-Halbebene ab, wie dies in Bild 4 veranschaulicht ist.

Die gebrochen lineare Funktion

$$\sigma = \frac{az + b}{cz + d},$$

wobei a, b, c, d reelle Konstanten und $a\,d - b\,c > 0$ ist, bildet die obere z-Halbebene auf die obere σ-Halbebene ab. Die Konstanten a, b, c, d können so bestimmt werden.

daß drei beliebige Punkte auf der reellen z-Achse in drei beliebig vorgeschriebene (verschiedene) Punkte der reellen σ-Achse übergehen.

Die Abbildung der oberen z-Halbebene auf ein Rechteck der σ-Ebene wird bewirkt durch ein elliptisches Integral erster Gattung; die Abbildung eines Rechtecks der z-Ebene auf die obere σ-Halbebene wird bewirkt durch eine elliptische Funktion. Es ist zweckmäßig, sich bei solchen Abbildungen nur der tabulierten elliptischen Funktionen zu bedienen. Dabei muß man dann allerdings beachten, daß sich durch diese speziellen elliptischen Integrale eine Halbebene zwar auf ein Rechteck beliebiger Gestalt, d. h. von vorgeschriebenem Seitenverhältnis, aber nicht auf ein solches

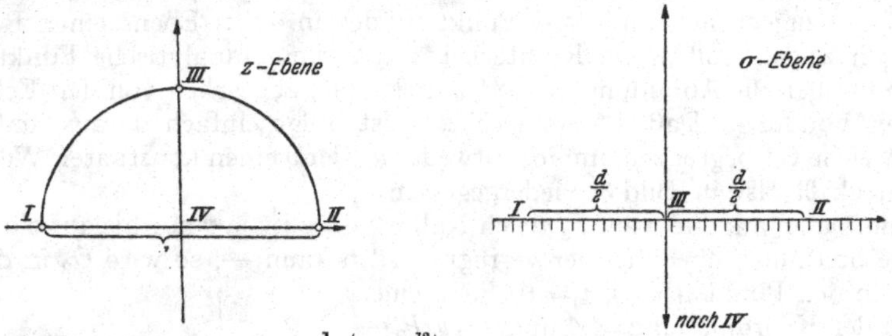

Bild 4. Die durch $\sigma = \frac{1}{2}\left(z + \frac{d^2}{4z}\right)$ vermittelte konforme Abbildung.

beliebiger Größe abbilden läßt; man kann nur eine Seite des Rechtecks vorschreiben, wodurch dann die andere von selbst gegeben ist. Auch können die Punkte der reellen z-Achse, die in die Ecken des Rechtecks übergehen sollen, nicht willkürlich gewählt werden. Man muß daher die durch elliptische Integrale bzw. Funktionen vermittelten Abbildungen zuweilen noch mit einer allseitigen Dehnung ($\sigma = a\,z$), oder mit der Abbildung durch eine gebrochene lineare Funktion kombinieren.

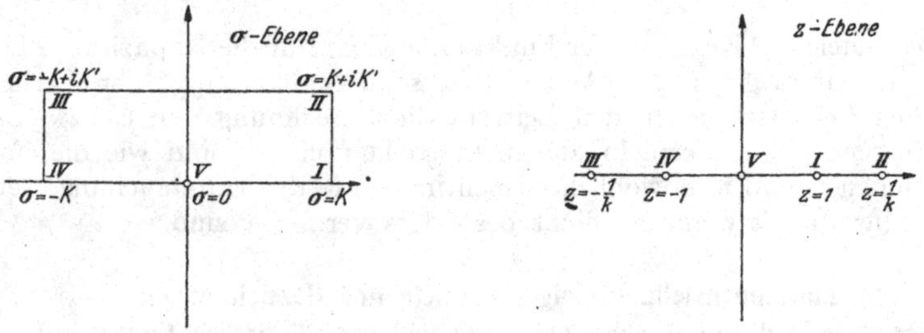

Bild 5. Die durch $z = \mathrm{sn}\,(\sigma, k)$ vermittelte konforme Abbildung.

Für die elliptischen Funktionen und Integrale mögen die folgenden Bezeichnungen benutzt werden. Der Modul der elliptischen Funktionen und Integrale in der Jacobischen Normalform heiße k, oder, wenn zwei verschiedene Moduln auftreten, k_0. Als k' bzw. k_0' wird stets die Größe $\sqrt{1-k^2}$ bzw. $\sqrt{1-k_0^2}$ bezeichnet. Das vollständige elliptische Normalintegral erster Gattung, als Funktion von k bzw. k_0 aufgefaßt, heiße K bzw. K_0:

$$K(k) = \int_0^{\pi/2} \frac{d\varphi}{\sqrt{1-k^2\sin^2\varphi}}.$$

Der Funktionswert $K(k') = K\,(\sqrt{1-k^2})$ werde mit K' bezeichnet. Die Umkehrfunktion von

$$\omega = \int_0^{\varphi} \frac{d\psi}{\sqrt{1-k^2\sin^2\psi}},$$

die von φ und k abhängt, heißt „Amplitude von ω", und werde als

$$\varphi = \operatorname{am}(\omega, k)$$

geschrieben. Die Umkehrfunktion des elliptischen Normalintegrals erster Gattung

$$\sigma(z, k) = \int_0^z \frac{\mathrm{d}t}{\sqrt{(1-t^2)(1-k^2 t^2)}}$$

heißt Sinus amplitudimis; wir schreiben hierfür

$$z = \operatorname{sn}(\sigma, k)$$

und setzen, wie üblich,

$$\operatorname{cn}(\sigma, k) = \sqrt{1 - [\operatorname{sn}(\sigma, k)]^2}.$$

Die durch $z = \operatorname{sn}(\sigma, k)$ vermittelte Abbildung eines Rechtecks der σ-Ebene auf die obere z-Halbebene wird durch Bild 5 veranschaulicht.

c) Außenleiter von kreisförmigem Querschnitt mit ebenem, durch die Achse gehenden Band als Innenleiter

Als erste Anwendung betrachten wir eine Leiteranordnung, deren Querschnitt mit der (x, y)- oder z-Ebene einen Kreis mit einem geradlinigen, durch den Mittelpunkt des Kreises gehenden Streifen für den Innenleiter darstellt. Es ist nicht notwendig, daß die Mitte von $\mathfrak{S}$ der Kreismittelpunkt ist, doch soll dies der Einfachheit halber angenommen werden. In Bild 6 sind die geometrischen Verhältnisse veranschaulicht.

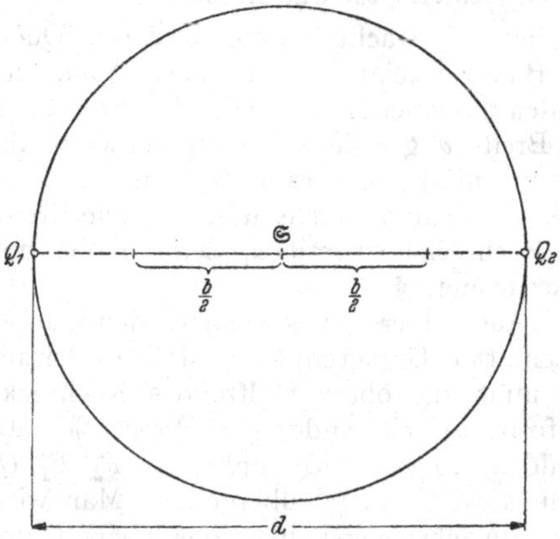

Bild 6.
Kreiszylinder mit ebenem Band.

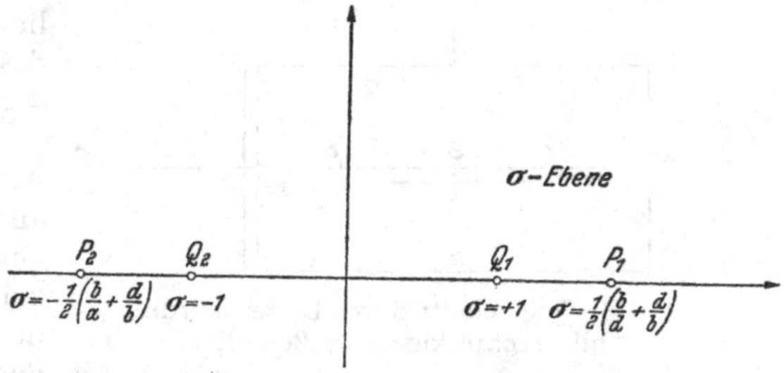

Bild 7. Abbildung eines Halbkreises der z-Ebene durch $\sigma = -\frac{1}{d}\left(z + \frac{d^2}{4z}\right)$.

Die Bandbreite ist mit b, der Kreisdurchmesser mit d bezeichnet, die x-Achse enthalte das Band, der Koordinatenursprung sei der Nullpunkt, so daß der Kreis also durch $|z| = d/2$ definiert ist. Man sieht sofort, daß die zu Beginn von Abschnitt 2 geforderten Symmetrieverhältnisse hier vorliegen; die Verlängerungen des Schlitzes $\mathfrak{S}$ sind Feldlinien F_1 und F_2, und es kommt nun darauf an, den oberen Halbkreis so auf ein Rechteck $\mathfrak{R}^*$ einer w-Ebene abzubilden, daß die Punkte Q_2, P_2, P_1, Q_1 in die Ecken des Rechtecks übergehen. Das mit 60π multiplizierte Verhältnis der Rechteckseiten ist dann der gesuchte Wellenwiderstand.

Durch die Funktion

$$\sigma = -\frac{1}{\mathrm{d}}\left(z + \frac{\mathrm{d}^2}{4z}\right)$$

wird der obere Halbkreis in der z-Ebene abgebildet auf die obere σ-Halbebene, und zwar so, wie es Bild 7 zeigt.

Führt man die Veränderliche w ein durch die Beziehung

$$\sigma = \operatorname{sn}(w, k) \quad \text{mit} \quad k = \frac{2bd}{b^2 + d^2},$$

so wird hierdurch die obere σ-Halbebene auf ein Rechteck der in Bild 5 angegebenen Art abgebildet, derart, daß die Punkte P_2, Q_2, Q_1, P_1 in die Ecken dieses Rechtecks übergehen, und die in Abschnitt 2 eingangs durchgeführten Betrachtungen ergeben unmittelbar für den Wellenwiderstand der in Bild 6 im Querschnitt gezeigten Leiteranordnung den Wert:

$$Z = 30\pi \cdot \frac{K\left(\frac{1-(b/d)^2}{1+(b/d)^2}\right)}{K\left(\frac{2\frac{b}{d}}{1+(b/d)^2}\right)}\ \Omega. \tag{1}$$

Wie man sieht, hängt Z nur von b/d ab; der Verlauf von Z als Funktion von b/d ist in Bild 11 (Kurve 6) wiedergegeben. — Wenn die Mitte der Strecke $\mathfrak{S}$ in Bild 6 nicht der Mittelpunkt des Kreises ist, aber die Strecke $\mathfrak{S}$ wenigstens ein Stück eines Kreisdurchmessers ist, kommt man mit denselben Betrachtungen zum Ziel, nur daß man zwischendurch σ noch einer gebrochen linearen Substitution unterwerfen muß. Die Formeln werden dann kompliziert, und sollen hier nicht wiedergegeben werden.

d) Ebenes Band im Außenleiter von rechteckigem Querschnitt

Es soll nun der Fall einer Leiteranordnung betrachtet werden, deren Querschnitt mit der (x, y)- oder z-Ebene die in Bild 8 gezeigte Gestalt hat. Auch hier ist es nicht wesentlich, daß die Mitte der den Innenleiter darstellenden Strecke $\mathfrak{S}$ der Breite b gerade mit dem Schwerpunkt zusammenfällt, aber es muß $\mathfrak{S}$ auf einer der beiden Koordinatenachsen liegen. Die Breite des Rechtecks ist mit a, seine Höhe mit d bezeichnet.

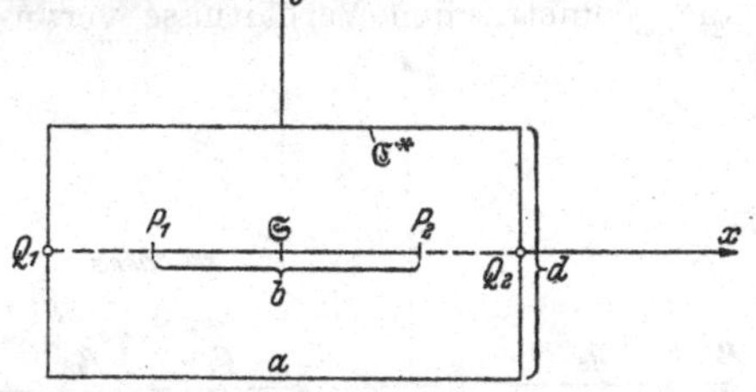

Bild 8. Querschnitt durch Leiteranordnung mit rechteckigem Außenleiter.

Auch hier ist es nach dem unter Abschnitt 1 Gesagten klar, daß es darauf ankommt, die obere Hälfte des Rechtecks konform auf ein anderes Rechteck $\mathfrak{R}^*$ abzubilden, so daß die Punkte Q_2, P_2, P_1, Q_1 in die Ecken von $\mathfrak{R}^*$ übergehen. Man wird dazu zunächst versuchen, das obere Halbrechteck in Bild 8 durch eine Funktion $\sigma = \operatorname{sn}(z, k_0)$ auf eine Halbebene, und diese sodann wieder mit Hilfe einer Funktion $\sigma = \operatorname{sn}(w, k)$ auf ein Rechteck abzubilden.

Hier ist nun zunächst zu beachten, daß man nicht jedes Rechteck durch eine Funktion $\sigma = \operatorname{sn}(z, k_0)$ auf eine Halbebene abbilden kann. Nur das Verhältnis $d/2a$ der Rechteckseiten kann willkürlich vorgeschrieben werden. Es ist daher notwendig, das fragliche obere Halbrechteck in Bild 8 zunächst so zu vergrößern, daß seine Seiten $d/2$ und a sich verhalten wie die Funktionswerte $K(\sqrt{1-k_0^2})$ und $2K(k_0)$ der Funktion K für eine geeignet gewählte Größe k_0, d. h. man hat zunächst die transzendente Gleichung

$$\frac{a}{d} = \frac{K(k_0)}{K(\sqrt{1-k_0^2})}$$

zu lösen; aus dieser ergibt sich ein reeller Wert für k_0 mit $0 \leq k_0 \leq 1$; es werde noch

$$K(k_0) = K_0; \qquad K(\sqrt{1-k_0^2}) = K_0'$$

gesetzt. Nunmehr bilde man das im Verhältnis K_0 zu $a/2$ vergrößerte Halbrechteck aus Bild 8 auf die obere σ-Halbebene ab durch die Beziehung

$$\sigma = \operatorname{sn}\left(2 K_0 \frac{z}{a}, k_0\right),$$

wodurch die Punkte Q_2, P_2, P_1, Q_1 der z-Ebene in Punkte der reellen σ-Achse übergehen, die alle vom Nullpunkt einen Abstand ≤ 1 haben; die Bildpunkte von P_1 und P_2 liegen näher an $\sigma = 0$ als die Bildpunkte von Q_2 und Q_1, welche auf die Punkte $\sigma = \pm 1$ fallen. Eine neue Abbildung

$$\sigma^* = -\frac{1}{\sigma}$$

führt die obere Halbebene der σ-Ebene in die obere Halbebene der σ^*-Ebene über. Die Bildpunkte der Punkte Q_1, Q_2 sind wieder die Punkte $\sigma^* = \pm 1$, aber die Bildpunkte von P_1, P_2 haben nun die Koordinaten $\sigma^* = \frac{\pm 1}{\operatorname{sn}(K_0 b/a, k_0)}$ und sind somit weiter von $\sigma = 0$ entfernt, als die Bildpunkte von P_1 und P_2. Man kann die schon früher

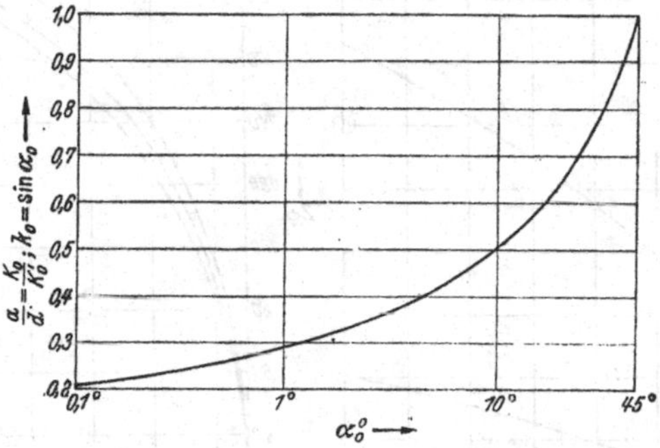

Bild 9. Hilfskurve zur numerischen Rechnung.

(beim geraden Band im Leiter von kreisförmigem Querschnitt) benutzte Schlußweise wiederholen (vgl. Bild 7) und findet durch die neue Abbildung

$$\sigma^* = \operatorname{sn}(w, k) \quad \text{mit} \quad k = \operatorname{sn}\left(K_0 \frac{b}{a}, k_0\right)$$

der σ^*-Halbebene auf ein Rechteck der w-Ebene, daß der Wellenwiderstand der Leiteranordnung sich berechnet zu

$$Z = 30\pi \cdot \frac{K\left[\operatorname{cn}\left(\frac{b}{a} K_0, k_0\right)\right]}{K\left[\operatorname{sn}\left(\frac{b}{a} K_0, k_0\right)\right]} \, \Omega. \tag{2}$$

Als Spezialfälle der Gl. (2) sind von Interesse die Fälle $a = d$, wenn also das Rechteck ein Quadrat ist, und die Fälle $a \to \infty$ oder $d \to \infty$, welche auf den Fall eines Bandes zwischen zwei parallelen Ebenen entsprechen, wobei das Band parallel oder senkrecht zu den Ebenen steht. Im Falle $a = d$ wird

$$k_0 = \frac{1}{\sqrt{2}}; \qquad K_0 = \frac{1}{4\pi} \cdot \Gamma\left(\frac{1}{4}\right) \cdot \Gamma\left(\frac{1}{4}\right) = 1{,}854,$$

im Falle $a \to \infty$ wird

$$k_0 = 1; \qquad k = \operatorname{cn}\left(K_0 \frac{b}{a}, k_0\right) = \frac{1}{\operatorname{Cof}\left(\frac{\pi}{2} \frac{b}{d}\right)}$$

und im Falle $d \to \infty$ wird

$$k_0 = 0; \qquad k = \operatorname{cn}\left(K_0 \frac{b}{a}, k_0\right) = \cos\left(\frac{\pi}{2} \frac{b}{a}\right).$$

Diese Spezialfälle sind in der am Schluß wiedergegebenen Tafel 1 aufgeführt; der Verlauf von Z als Funktion von b/a bzw. b/d (wobei a dann wieder mit d bezeichnet ist) ist aus den Kurven in Bild 10 und 11 zu entnehmen.

e) Einige Hinweise zur numerischen Berechnung

Zur Auswertung der Formel für den Wellenwiderstand $Z = 30\pi\, K(k)/K(k')$ ist es notwendig, den Modul k des vollständigen elliptischen Integrals erster Gattung aus den geometrischen Dimensionen der Leiteranordnung zu berechnen. Es ist:

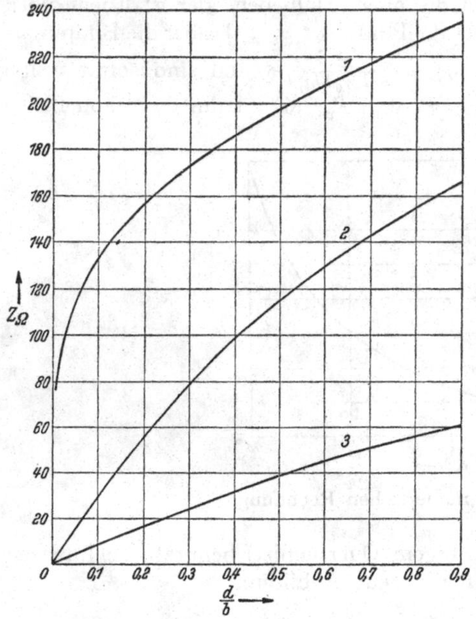

Bild 10. Die Zahlen an den einzelnen Kurven entsprechen den aus Tafel 1 ersichtlichen Leiteranordnungen.

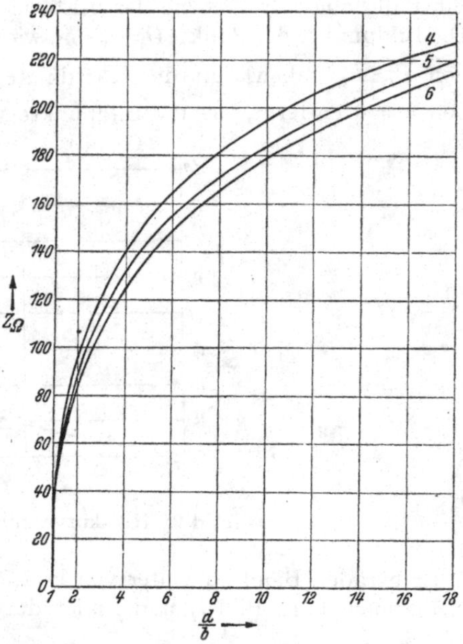

Bild 11. Die Zahlen an den einzelnen Kurven entsprechen den aus Tafel 1 ersichtlichen Leiteranordnungen.

$k = \mathrm{cn}\,(K_0\, b/a,\, k_0)$, $K_0 = K(k_0)$, wobei sich der Modul k_0 der Funktion $\mathrm{cn}\,(K_0\, b/a)$ aus folgender Gleichung ergibt:

$$a/d = K(k_0)/K(k_0').$$

Werden an Stelle der Moduln k und k_0 die Modularwinkel α und α_0 eingeführt, $k = \sin\alpha$ bzw. $k_0 = \sin\alpha_0$, so wird $a/d = f(\alpha_0)$. Aus dem Bild 9 kann dann für jedes vorgegebene $a/d < 1$ der Modularwinkel α_0 sofort abgelesen werden. Für ein Verhältnis $a/d > 1$ ist zunächst der dem Ordinatenwert d/a entsprechende Winkel aufzusuchen, der von $90°$ zu subtrahieren ist um den Winkel α_0 zu erhalten. Mit Kenntnis des Modularwinkels α_0 ist $K(k_0)$ mit $k_0 = \sin\alpha_0$ aufzusuchen und nunmehr α aus $k = \sin\alpha = \mathrm{cn}\,(K_0\, b/a,\, k_0)$ zu berechnen.

Es folgt $\alpha = \pi/2 - am\,(K_0\, b/a,\, k_0)$, womit Z ohne weiteres berechnet werden kann.

In der Tafel 1 sind unter den Nummern 3 bis 6 die in vorliegender Arbeit berechneten Konfigurationen dargestellt. Über die zum Vergleich hierzu unter 1 und 2 aufgeführten Anordnungen siehe [7], [11], [12] des Literaturnachweises. Der Wellenwiderstand Z berechnet sich in allen sechs Fällen als Produkt eines konstanten Zahlenfaktors mit dem Faktor K/K'. Es kann also zu seiner Berechnung die Kurve in Bild 9, die K/K' als Funktion von $\alpha = \arcsin k$ darstellt, herangezogen werden.

Der Verlauf von Z ist für die einzelnen Leiteranordnungen in den Kurven der Bilder 10 und 11 graphisch dargestellt.

Tafel 1.

$K = K(k)$, $K' = K(k')$	$k'^2 = 1 - k^2$	Z Ω	Modul k	Näherungsformeln für Z	
1	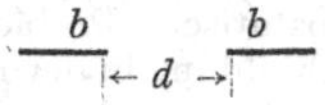	$120\,\pi \cdot \frac{K}{K'}$	$\frac{\frac{d}{b}}{2 + \frac{d}{b}}$	$\frac{d}{b} \ll 1$ $\frac{60\,\pi^2}{\ln 4\left(1 + 2\frac{b}{d}\right)}$	$\frac{d}{b} \gg 1$ $120 \cdot \ln 4\left(2 + \frac{d}{b}\right)$
2	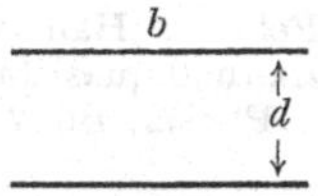	$120\,\pi \cdot \frac{K'}{K}$	siehe Fußnote *)	$\frac{d}{b} \ll 1$ $120\,\pi\,\frac{d}{b}$	$\frac{d}{b} \gg 1$ $120 \cdot \ln\left(4\,\frac{d}{b}\right)$
3	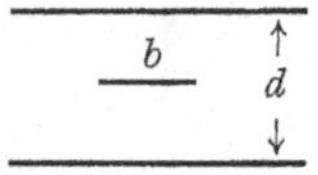	$30\,\pi \cdot \frac{K}{K'}$	$\frac{1}{\text{Cof}\left(\frac{\pi}{2}\frac{b}{d}\right)}$	$\frac{d}{b} \ll 1$ $\frac{15\,\pi^2}{\ln 2 + \frac{\pi}{2}\frac{b}{d}}$	$\frac{d}{b} \gg 1$ $60 \cdot \ln\left(\frac{8}{\pi} \cdot \frac{d}{b}\right)$
4	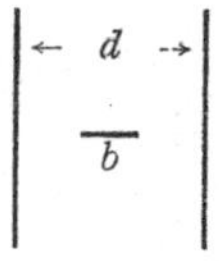	$30\,\pi \cdot \frac{K}{K'}$	$\cos\left(\frac{\pi}{2}\frac{b}{d}\right)$	$\frac{d}{b} \sim 1$ $\frac{15\,\pi^2}{\ln\left[\frac{8}{\pi\left(1 - \frac{b}{d}\right)}\right]}$	$\frac{d}{b} \gg 1$ $60 \cdot \ln\left(\frac{8}{\pi} \cdot \frac{d}{b}\right)$
5	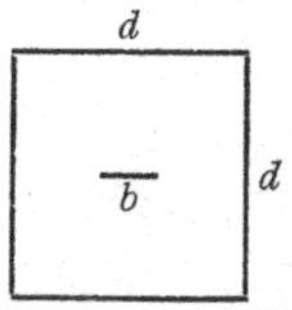	$30\,\pi \cdot \frac{K}{K'}$	$\text{cn}\left(1{,}854\,\frac{b}{d}, \frac{1}{\sqrt{2}}\right)$	$\frac{d}{b} \sim 1$ $\frac{15\,\pi^2}{\ln\left(\frac{3{,}06}{1 - \frac{b}{d}}\right)}$	$\frac{d}{b} \gg 1$ $60 \cdot \ln\left(2{,}16 \cdot \frac{d}{b}\right)$.
6	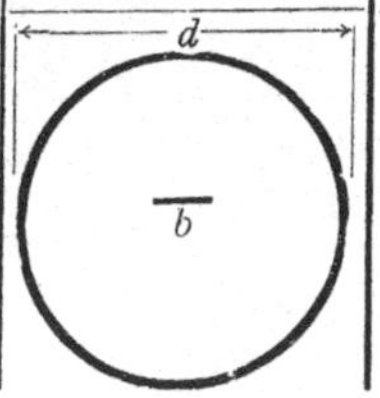	$30\,\pi \cdot \frac{K}{K'}$	$\frac{1 - \left(\frac{b}{d}\right)^2}{1 + \left(\frac{b}{d}\right)^2}$	$\frac{d}{b} \sim 1$ $\frac{15\,\pi^2}{\ln\left(\frac{4}{1 - \frac{b}{d}}\right)}$	$\frac{d}{b} \gg 1$ $60 \cdot \ln\left(2\,\frac{d}{b}\right)$

*) k ist zu bestimmen aus folgender Gleichung: zn $(u_1, k) = 2/\pi \cdot K(k) \cdot b/d$, zn (u_1, k) = Maximalwert von zn (u, k), wobei zn die Jakobische Zetafunktion ist.

Für förderndes Interesse an vorliegender Arbeit sprechen wir Herrn Dr. Moser unseren Dank aus.

Zusammenfassung

Die Theorie der elliptischen Funktionen liefert einfache Formeln für den Wellenwiderstand einer Reihe von zylindrischen Leiteranordnungen. Die veröffentlichten Tafeln der elliptischen Integrale und Funktionen gestatten eine rasche numerische Auswertung dieser Formeln, insbesondere, wenn man sich geeigneter Hilfskurven dabei bedient.

Schrifttum

1. I. W. Wodrow, Determination of capacities by means of conjugate functions. Phys. Rev. 35 (1912) S. 434. — 2. J. Kunz u. P. L. Bayley, Some applications of the method of images. Phys. Rev. 17 (1921) S. 147. — 3. C. M. Herbert, Some applications of the method of images II. Phys. Rev. 17 (1921) S. 157. — 4. H. Jenns, Kapazitätsberechnung für einen geraden Draht im quadratischen Zylinder. Arch. Elektrotechn. 24 (1930) S. 317. — 5. F. Noether, Über eine Aufgabe der Kapazitätsberechnung. Wiss. Veröff. Siemens-Werk 2 (1922) S. 198. — 6. R. C. Knight and W. B. Mullen, The Potential of a screen of cylinder wires between two conducting planes. Phil. Mag. 24 (1937) S. 35. — 7. W. B. Morton, On the parallel plate condensor and other two dimensional fields specified by elliptic functions. Phil. Mag. 2 (1926) S. 827. — 8. H. Petersohn, Zweidimensionale elektrostatische Probleme. Z. Phys. 38 (1926) S. 727. — 9. E. Kehren, Anwendung der konformen Abbildung in der Elektrostatik. Ann. Phys. 14 (1932) S. 367. — 10. J. C. Maxwell, Lehrbuch der Elektrotechnik und des Magnetismus, Bd. 1, S. 293. 1883. — 11. J. J. Thomson, Recent researches in electricity and magnetism, 1893. — 12. F. Kottler, Elektrostatik der Leiter im Handbuch der Physik, Bd. 12, S. 475. — 13. G. Hoffmann, Das elektrostatische Feld, im Handbuch der Experimental-Physik, Bd. 10, S. 29. — 14. F. Noether, Das stationäre (und quasistationäre) elektromagnetische Feld, in Frank-Mises, Differentialgleichungen der Physik, Bd. 2, S. 649.

Druck der Universitätsdruckerei H. Stürtz A.G., Würzburg.

Sonderdruck aus:
Nachrichten der Akademie der Wissenschaften in Göttingen, Math.-Phys. Klasse 1946

Über eine Beziehung zwischen Whittakerschen Funktionen

Von

Wilhelm Magnus

Vorgelegt von G. Herglotz in der Sitzung vom 4. Januar 1946

Bei der Lösung von Randwertaufgaben der Wellengleichung $\Delta u + u = 0$ für den parabolischen Zylinder und das Rotationsparaboloid tritt unter anderem die Aufgabe auf, eine Grundlösung der Wellengleichung mit der Singularität im Brennpunkt (bzw. der Brennlinie) der Fläche zusammenzusetzen aus solchen Partikularlösungen von $\Delta u + u = 0$, welche sich durch Separation dieser Differentialgleichung in parabolischen Koordinaten ergeben. Diese Aufgabe führt auf Integralformeln für Whittakersche Funktionen[1]), die, wie nunmehr gezeigt werden soll, Spezialfälle einer einzigen allgemeinen Formel sind, die zugleich als eine Art Additionstheorem für die Hankelschen Funktionen aufgefaßt werden kann, welche ja spezielle Whittakersche Funktionen sind.

Es sei, in der Bezeichnungsweise von Whittaker[2]), $W_{\varkappa,\mu}(z)$ die Whittakersche Funktion mit dem Argument z und den Parametern $\varkappa$, μ, welche definiert ist als diejenige Lösung der Differentialgleichung

$$\frac{d^2 W}{d z^2} + \left(-\tfrac{1}{4} + \frac{\varkappa}{z} + \frac{\tfrac{1}{4} - \mu^2}{z^2}\right) W = 0,$$

welche sich für große Werte von $|z|$ im Bereich $|\operatorname{arc} z| < \pi$ wie

$$e^{-z/2} z^{\varkappa}[1 + O(z^{-1})]$$

verhält, und im übrigen für einen positiven Realteil von z und von $\mu + \frac{1}{2} - \varkappa$ die Integraldarstellung

$$W_{\varkappa,\mu}(z) = \frac{z^{\mu+1/2} e^{-z/2}}{\Gamma(\mu + \frac{1}{2} - \varkappa)} \int_0^\infty e^{-zt} t^{\mu-\varkappa-1/2} (1+t)^{\mu+\varkappa-1/2} dt$$

1) Für den parabolischen Zylinder ist die betreffende Formel abgeleitet von W. Magnus, „Zur Theorie des zylindrisch parabolischen Spiegels", Zeitschrift für Physik 118, S. 343—356, 1943 (Formel 11), für das Rotationsparaboloid von H. Buchholz, „Die konfluente hypergeometrische Funktion mit besonderer Berücksichtigung ihrer Bedeutung für die Integration der Wellengleichung in Koordinaten eines Rotationsparaboloids". Zeitschrift für angewandte Mathematik und Mechanik **23**, S. 47—58, 101—118, 1943.

2) S. Whittaker-Watson, "A course of modern Analysis", 5. Auflage, Cambridge 1935.

besitzt. Führt man statt ihrer die Funktion

$$\psi(\varkappa, \mu, z) = \frac{\Gamma(\mu + \frac{1}{2} - \varkappa)\, e^{z/2}}{z^{\mu + 1/2}} W_{\varkappa, \mu}(z)$$

ein, welche für nicht negativen Realteil von z und Realteile von μ und $\varkappa - \mu$ zwischen $-1/2$ und $+1/2$ die Integraldarstellung

$$(1) \qquad \psi(\varkappa, \mu; z) = \int_0^\infty e^{-zt} (1 + t^{-1})^\varkappa [t(1+t)]^{\mu - 1/2} dt$$

besitzt, so lautet die allgemeine Formel, aus welcher die oben erwähnten speziellen Formeln für $\mu = -1/4$ und $\mu = 0$ gewonnen werden:

$$(2) \qquad \frac{1}{2\pi i} \int_{-i\infty}^{+i\infty} \psi(\varkappa, \mu; z)\, \psi(-\varkappa, \mu; \zeta)\, d\varkappa = \psi(0, 2\mu + \tfrac{1}{2}; z + \zeta),$$

worin nach bekannten Formeln[2]):

$$(3) \quad \psi(0, 2\mu + \tfrac{1}{2}; z+\zeta) = i \frac{\sqrt{\pi}}{2} \frac{\Gamma(2\mu + 1)}{(z + \zeta)^{2\mu + 1/2}} e^{\frac{1}{2}[z + \zeta + i\pi(2\mu + \frac{1}{2})]} H^{(1)}_{2\mu + 1/2}\left(\frac{i}{2}(z+\zeta)\right)$$

ist, wobei $H^{(1)}_{2\mu + 1/2}$ die erste Hankelsche Funktion vom Index $2\mu + 1/2$ bedeutet. Die Formel (2) ist gültig für nicht negative Realteile von z und ζ und einen Realteil von μ, welcher größer als $-1/2$ ist; sie wird bewiesen durch Einsetzen der Integraldarstellung (1), in der man zunächst nach $(1 + t^{-1})$ partiell integriert, um einen Faktor $(\varkappa + 1)^{-1}$ zu erhalten; beim Beweise muß man zunächst noch die Realteile von z und ζ als positiv und den Realteil von μ als zwischen $-1/2$ und $+1/2$ gelegen annehmen; eine nachträgliche Ausdehnung der Gültigkeit der Formel innerhalb der oben genannten Grenzen macht dann keine Schwierigkeiten. Für rein imaginäre Werte von z und ζ sind beide Einschränkungen für den Realteil von μ beizubehalten. Die Fälle $z = 0$; $z + \zeta = 0$ oder $\zeta = 0$ sind natürlich auszuschließen.

Sonderdruck.
Abhandlungen aus dem Mathematischen Seminar der Universität Hamburg
Band 16 Heft 1/2
Vandenhoeck & Ruprecht in Göttingen

Fragen der Eindeutigkeit und des Verhaltens im Unendlichen für Lösungen von $\Delta u + k^2 u = 0$

Von WILHELM MAGNUS

Einleitung: Bei der Behandlung des Problems der Aufwindverteilung über einem Gebirge ist G. LYRA[1]) auf die Aufgabe gestoßen, unter den mathematisch möglichen Lösungen einer Randwertaufgabe der zweidimensionalen Wellengleichung $\Delta u + k^2 u = 0$, die physikalisch sinnvolle zu charakterisieren. Dies geschieht dort durch eine Forderung, welche besagt, daß u auf mindestens einer Parallelen zu der einen Koordinatenachse für hinreichend große negative Werte dieser Koordinate eine monotone Funktion derselben werden muß. Mit den Resultaten der vorliegenden, durch die LYRAsche Fragestellung angeregten Arbeit läßt sich leicht zeigen, daß diese Forderung ersetzt werden kann durch die Bedingung eines hinreichend starken „Verschwindens im Unendlichen" von u auf den Halbstrahlen eines Quadranten; die Konstruktion der von *Lyra* explizit angegebenen Lösung des von ihm behandelten Randwertproblems ist übrigens mit den Mitteln der vorliegenden Arbeit ebenfalls leicht auszuführen.

Eine Inhaltsangabe und eine kurze Diskussion der Resultate findet sich in § 1. Die übrigen Paragraphen enthalten die Beweise, wobei § 3 durch die dort vorgeführte Diskussion von kegelförmigen Wellenbündeln im mehrdimensionalen Raum gewisse Beziehungen zu einer Arbeit von A. SOMMERFELD[2]) besitzt.

Herrn G. HERGLOTZ danke ich für wertvolle Ratschläge bei der Abfassung dieser Arbeit. Insbesondere ist mir der Beweis von Hilfssatz 1 durch einen Vortrag von HERGLOTZ[3]) bekannt geworden, was mir die Übertragung der Resultate von zwei auf beliebig viele Dimensionen ermöglicht hat. Die von HERGLOTZ in diesem Vortrag formulierten Ergebnisse werden ferner zum Beweise des Corrollars zu Satz 1 herangezogen.

---

[1]) G. LYRA, Theorie der stationären Leewellenströmung in freier Atmosphäre. Zeitschrift für angewandte Mathematik und Mechanik **23**, (1943), 1—28.

[2]) A. SOMMERFELD, Die ebene und sphärische Welle im polydimensionalen Raum. Mathematische Annalen **119**, (1943), 1—20.

[3]) G. HERGLOTZ, Die ganzen Lösungen der Wellengleichung. Vorgetragen am 1. November 1945 in der Mathematischen Gesellschaft in Göttingen (noch nicht veröffentlicht).

§ 1. Formulierung und Diskussion der Resultate.

Es seien $x_1, x_2, \ldots, x_p$ $(p \geqq 2)$ kartesische Koordinaten eines p-dimensionalen Raumes, in welchem durch

$$\begin{aligned}
x_1 &= r\cos\vartheta & &(0 \leqq \vartheta \leqq \pi)\\
x_2 &= r\sin\vartheta\cos\varphi_1 & &(0 \leqq \varphi_1 \leqq \pi)\\
&\cdots\cdots & &\cdots\cdots\\
x_{p-1} &= r\sin\vartheta\sin\varphi_1\cdots\sin\varphi_{p-3}\cos\varphi_{p-2} & &(0 \leqq \varphi_{p-3} \leqq \pi)\\
x_p &= r\sin\vartheta\sin\varphi_1\cdots\sin\varphi_{p-3}\sin\varphi_{p-2} & &(0 \leqq \varphi_{p-2} \leqq 2\pi)
\end{aligned}$$

Polarkoordinaten eingeführt seien; hierbei ist also

$$r = \sqrt{x_1^2 + x_2^2 + \cdots + x_p^2}\,.$$

Die Gesamtheit der Punkte mit konstanten Winkelkoordinaten $\vartheta, \varphi_1, \ldots, \varphi_{p-2}$ und variablem Radius Vektor $0 \leqq r < \infty$ erfüllen einen *Halbstrahl*, der eindeutig definiert ist durch einen Punkt der $(p-1)$ dimensionalen Einheitskugel $r = 1$, nämlich eben durch die Angabe der festen Werte von $\vartheta, \varphi_1, \ldots, \varphi_{p-2}$ oder auch durch einen Einheitsvektor

$$\xi = \left(\frac{x_1}{r}, \frac{x_2}{r}, \ldots, \frac{x_p}{r}\right).$$

Wir bezeichnen die $(p-1)$-dimensionale Einheitskugel mit Ω und führen auf ihr „verallgemeinerte Halbkugeln" ein durch die

Definition: Ein abgeschlossener Bereich ω auf Ω heißt *„verallgemeinerte Halbkugel"*, wenn er aus endlich vielen von (für $p > 2$) stückweise glatten $(p-2)$-dimensionalen Kurven begrenzten Teilen besteht, derart, daß von zwei diametral entgegengesetzten Punkten von Ω (welche also durch Einheitsvektoren ξ und $-\xi$ definiert sind) stets genau einer zu ω gehört, abgesehen von den Randpunkten von ω, die nebst ihren diametral gegenüberliegenden zu ω gehören.

Für $p = 2$, $x_1 = r\cos\vartheta$, $x_2 = r\sin\vartheta$ bilden also zum Beispiel die Punkte

$$0 \leqq \vartheta \leqq \frac{\pi}{3}, \quad \frac{2\pi}{3} \leqq \vartheta \leqq \pi, \quad \frac{4\pi}{3} \leqq \vartheta \leqq \frac{5\pi}{3}$$

des Einheitskreises $r = 1$ eine solche „verallgemeinerte Halbkugel". Im übrigen ist jede gewöhnliche, von einer $(p-1)$-dimensionalen durch $r = 0$ gehenden Hyperebene aus Ω ausgeschnittene $(p-1)$-dimensionale Halbkugel ebenfalls eine „verallgemeinerte Halbkugel".

Satz 1. *Es sei k eine reelle positive Konstante und u eine im ganzen p-dimensionalen Raume reguläre (d.h. eindeutige und zweimal stetig nach allen Variablen differentiierbare) Lösung von*

$$\Delta u + k^2 u = \sum_{\nu=1}^{p} \frac{\partial^2 u}{\partial x_\nu^2} + k^2 u = 0\,, \tag{1}$$

welche den Bedingungen genügt:

1. *Es ist*

$$|r^{(p-1)/2}\,u| \leqq M \tag{2}$$

mit einer festen, von $x_1, x_2, \ldots, x_p$ unabhängigen Konstanten M; wir bezeichnen dies als „Beschränktheitsbedingung".

2. *Es ist für alle Halbstrahlen, welche zu inneren Punkten einer verallgemeinerten Halbkugel ω gehören*

$$\lim_{r\to\infty} r^{(p-1)/2}\, u = 0\,. \tag{3}$$

Wir nennen dies die „Bedingung des Verschwindens auf einer unendlich fernen (verallgemeinerten) Halbkugel".

Wenn u diese Voraussetzungen erfüllt, so ist u identisch Null.

Zusatz zu Satz 1. Die Bedingung (2) kann ersetzt werden durch die aus ihr folgende „*Bedingung der Beschränktheit im Mittel*"

$$\frac{1}{r}\int_{\mathfrak{K}_r} |u^2|\, dV \leqq M^*, \tag{2a}$$

worin M^* eine von r unabhängige Konstante ist und das Integral über das Volumen V einer p-dimensionalen Kugel $\mathfrak{K}_r$ von Radius r zu nehmen ist.

Satz 1 läßt sich in zweierlei Hinsicht sicher nicht mehr verschärfen. Es gilt nämlich erstens:

Die Beschränktheitsbedingung (2) kann in Satz 1 nicht entbehrt werden. Ein Gegenbeispiel ist

$$u = e^{kx_1}\sin(k\sqrt{2}\,x_2)\,,$$

wobei als Halbkugel ω die Punkte der Einheitskugel Ω mit $x_1 \leqq 0$ zugrunde gelegt ist.

Zweitens läßt sich zeigen, daß der Begriff der „verallgemeinerten Halbkugel" so weit als möglich gefaßt ist. Es gilt nämlich:

Corrollar zu Satz 1: *Satz 1 wird ungültig, wenn man in der Bedingung des Verschwindens auf einer unendlich fernen Halbkugel die verallgemeinerte Halbkugel ω ersetzt durch ein Gebiet γ, welches nur die Eigenschaft haben soll, einen Punkt P der Einheitskugel, den ihm diametral gegenüberliegenden Punkt P' sowie eine beliebig kleine Umgebung von P und P' auf der Einheitskugel nicht zu enthalten. Im übrigen kann γ also „fast" die ganze Einheitskugel umfassen.*

Schließlich ist noch anzumerken, daß der Inhalt von Satz 1 offenbar unabhängig ist von der Wahl des zugrundegelegten Koordinatensystems.

Die Beschränktheitsbedingung (2) scheint zunächst einen recht willkürlichen Charakter zu besitzen. Aus einem Satz von F. Rel-

LICH[4]) geht hervor, daß sie in gewisser Hinsicht als eine sehr starke Bedingung anzusehen ist; nach diesem Satze gilt nämlich:

Ist u eine Lösung von $\Delta u + k^2 u = 0$, welche außerhalb einer $(p-1)$-dimensionalen Kugelfläche im p-dimensionalen Raum überall regulär ist, und genügt u auf allen Halbstrahlen der Bedingung

$$\lim_{r\to\infty} r^{(p-1)/2} u = 0,$$

so ist u identisch Null. (Dies folgt nicht aus Satz 1, da u jetzt in einem ganz im Endlichen gelegenen Raumteil beliebige Singularitäten besitzen darf.) Daraus folgt, daß die Schranke M in der Beschränktheitsbedingung (2) nicht einmal für das Gebiet einer beliebig großen Kugel beliebig klein gemacht werden kann, wenn u nicht identisch verschwindet.

Nun ist es eine aus vielen physikalischen Problemen wohlbekannte Tatsache, daß die in diesen auftretenden Lösungen von $\Delta u + k^2 u = 0$ immer dann wenigstens außerhalb einer genügend großen Kugel der Beschränktheitsbedingung (2) genügen, wenn es sich etwa bei akustischen oder elektromagnetischen Beugungsproblemen um solche Anordnungen handelt, bei denen alle Strahlungsquellen und alle beugenden Objekte ganz im Endlichen liegen. In diesem Falle ist das Erfülltsein der Beschränktheitsbedingung wenigstens für das Gebiet außerhalb einer hinreichend großen Kugel auch physikalisch leicht einzusehen, da es sich bei derartigen Problemen immer um ausstrahlende Wellen handelt, bei denen nach dem Energiesatz die Amplitude der ausgestrahlten Wellen, das heißt eben der Betrag von u, wie $r^{(1-p)/2}$ abnehmen muß. Diese physikalische Begründung für die Vorzugsstellung der der Beschränktheitsbedingung genügenden Lösungen von $\Delta u + k^2 u = 0$ läßt sich nun mathematisch präzisieren durch einen Satz von F. RELLICH[4]) und eine unten als „Satz 2" formulierte Ergänzung dazu. Der Satz von RELLICH lautet (nach Spezialisierung des allgemeineren RELLICHschen Resultates für den hier in Frage kommenden Fall):

Ist u eine Lösung von $\Delta u + k^2 u = 0$, welche auf einer ganz im Endlichen gelegenen $(p-1)$-dimensionalen Fläche gegebene Randwerte annimmt, außerhalb dieser Fläche regulär ist und im übrigen auf allen Halbstrahlen der SOMMERFELDschen Ausstrahlungsbedingung[5])

$$\lim_{r\to\infty} r^{(p-1)/2} \left| \frac{\partial u}{\partial r} + iku \right| = 0 \tag{4}$$

[4]) F. RELLICH, Über das asymptotische Verhalten der Lösungen von $\Delta u + \lambda u = 0$ in unendlichen Gebieten. Jahresbericht der deutschen Mathematiker Vereinigung **53**, (1943), 157—165.

[5]) A. SOMMERFELD, Die Greensche Funktion der Schwingungsgleichung. Jahresbericht der deutschen Mathematiker Vereinigung **21**, (1912), 309—353.

genügt, so ist u durch seine Randwerte auf der Fläche eindeutig bestimmt.

Dieser Satz läßt sich nun ergänzen durch den folgenden

Satz 2: *Ist u eine Lösung von $\Delta u + k^2 u = 0$, welche außerhalb einer hinreichend großen Kugel regulär ist und auf allen Halbstrahlen der Sommerfeldschen Ausstrahlungsbedingung* (4) *genügt, so genügt u außerhalb einer hinreichend großen Kugel auch der Beschränktheitsbedingung*

$$|r^{(p-1)/2} u| \leqq M,$$

worin M eine Konstante und p die Dimensionszahl des Problems bedeutet. Übrigens ist Satz 2 insofern ein sehr naheliegendes Resultat, als von A. SOMMERFELD[5]) und von W. MAGNUS[6]) der oben formulierte Eindeutigkeitssatz unter wesentlicher zusätzlicher Benutzung der Beschränktheitsbedingung (für das Gebiet außerhalb einer hinreichend großen Kugel) abgeleitet wurde; ihre Entbehrlichkeit in dem Beweise von RELLICH läßt also vermuten, daß sie in Wirklichkeit eine Folge der Ausstrahlungsbedingung ist.

Es sei zum Schluß noch vermerkt, daß für das Anwachsen der Lösungen von $\Delta u + k^2 u = 0$ auf einem Halbstrahl insofern keine obere Schranke gefunden werden kann, als dieses Anwachsen ebenso stark sein kann wie bei einer beliebigen ganzen transzendenten Funktion einer komplexen Variablen z:

$$G(z) = \sum_{n=0}^{\infty} g_n z^n$$

auf einem Halbstrahl $\arg z =$ constans. Es wächst nämlich die der Gleichung $\Delta u + k^2 u = 0$ genügende, im Endlichen überall reguläre Funktion

$$\sum_{n=0}^{\infty} g_n e^{k n x_1} \cos(k \sqrt{1 + n^2}\, x_2)$$

auf der positiven x_1-Achse ebenso stark an wie $G(e^z)$ auf der reellen positiven Achse der z-Ebene.

§ 2. Heuristische Betrachtungen und Beweis von Satz 1.

Wir benutzen in diesem Paragraphen die in § 1 eingeführten Bezeichnungen und leiten im übrigen zunächst eine Reihe von Hilfssätzen ab. An den als Grundlage für alles Weitere benötigten Hilfssatz 1 lassen sich einige heuristische Betrachtungen anschließen, die

[6]) W. MAGNUS, Über Eindeutigkeitsfragen bei einer Randwertaufgabe von $\Delta u + k^2 u = 0$. Jahresbericht der deutschen Mathematiker Vereinigung **52**, (1942), 177—188.

6

im übrigen durch Heranziehung der Ergebnisse einer Untersuchung von G. HERGLOTZ[3]) wesentlich präzisiert werden könnten. Es gilt (vgl.[3])):

Hilfssatz 1. Jede Lösung von $\Delta u + k^2 u = 0$, welche im ganzen p-dimensionalen Raume regulär ist, läßt sich auf genau eine Weise in eine beständig konvergente Reihe der folgenden Art entwickeln:

$$u = \sum_{n=0}^{\infty} c_n r^{-(p-2)/2} J_{n+(p-2)/2}(kr) Y_n^{p-1}(\xi). \tag{5}$$

Hierin sind die c_n Konstanten, $J_{n+(p-2)/2}$ bedeutet die BESSELsche Funktion der Ordnung $n + (p-2)/2$, es ist ξ der Einheitsvektor mit den Komponenten $\frac{x_1}{r}, \ldots, \frac{x_r}{r}$, und $Y_n^{p-1}(\xi)$ bedeutet eine auf der Oberfläche der $(p-1)$-dimensionalen Einheitskugel $r = 1$ erklärte Kugelflächenfunktion der Ordnung n; eine solche kann durch die Festsetzung definiert werden, daß

$$W = r^p Y_n{}^{p-1}(\xi)$$

ein homogenes Polynom vom n-ten Grade in $x_1, \cdots, x_r$ ist, welches der Gleichung

$$\sum_{\nu=1}^{p} \frac{\partial^2 W}{\partial x_\nu^2} = 0 \tag{6}$$

genügt. Es gibt für $p \geqq 3$

$$\frac{(m+p-3)!}{(p-2)!\,m!}(2m+p-2)$$

linear unabhängige Polynome dieser Art und eine entsprechende Anzahl von Möglichkeiten für Y_n^{p-1} in (5); es soll aber von dem in (5) auftretenden Y_n^{p-1} jedenfalls nur verlangt werden, daß das über die ganze Oberfläche Ω der Einheitskugel erstreckte Integral

$$\int |Y_n^{p-1}(\xi)|^2 d\Omega = 1 \tag{7}$$

ist.

Zum Beweise vom Hilfssatz 1 führen wir eine Kugel $\mathfrak{K}$ mit dem Mittelpunkt im Ursprung des Koordinatensystems ein; der Radius von $\mathfrak{K}$ heiße ϱ, ein willkürlicher Punkt auf $\mathfrak{K}$ werde durch $\varrho\eta$ gegeben, wobei η der Einheitsvektor

$$\eta = \frac{1}{\varrho}(y_1, \cdots, y_p) \text{ mit } \varrho^2 = \sum_{\nu=1}^{p} y_\nu^2$$

ist. Wir setzen ferner

$$R = \sqrt{r^2 + \varrho^2 - 2r\varrho\cos\Theta},$$

worin

$$\cos\Theta = (\xi, \eta)$$

das innere Produkt der Einheitsvektoren ξ und η ist, und erklären schließlich eine „Grundlösung" v durch

$$v = R^{-(p-2)/2} H^{(2)}_{(p-2)/2}(kR),$$

worin $H^{(2)}_{(p-2)/2}$ die zweite HANKELsche Funktion der Ordnung $(p-2)/2$ ist. Dann ist nach dem GREENschen Satz für alle Punkte mit den Koordinaten $x_1, \cdots, x_p$, für welche $r < \varrho$ ist:

$$(8) \qquad u(x_1, \cdots, x_p) = \alpha \int_{\mathfrak{K}} \left[u(y_1, \cdots, y_p) \frac{\partial v}{\partial \varrho} - v \frac{\partial u(y_1, \cdots, y_p)}{\partial \varrho} \right] d\mathfrak{K},$$

worin α eine von den Koordinaten unabhängige Konstante ist und das Integral über die volle Oberfläche der Kugel

$$y_1^2 + \cdots + y_p^2 = \varrho^2$$

zu erstrecken ist. Die Ableitung $\frac{\partial u}{\partial \varrho}$ bedeutet, daß man $y_\nu = \varrho \eta_\nu$ mit festen η_ν und $\sum \eta_\nu^2 = 1$ zu setzen hat und dann u nach ϱ differenziert.

Nach dem Additionstheorem der Zylinderfunktionen gilt nun für $r < \varrho$:

$$\left(\frac{k}{2}\right)^{(p-2)/2} v$$
$$= \Gamma\left(\frac{p-2}{2}\right) \sum_{n=0}^{\infty} \left(n + \frac{p-2}{2}\right) \frac{J_{n+(p-2)/2}(kr)}{r^{(p-2)/2}} \frac{H^{(2)}_{n+(p-2)/2}(k\varrho)}{\varrho^{(p-2)/2}} C_n^{(p-2)/2}(\cos\Theta),$$

und zwar konvergiert diese Reihe bei festem ϱ gleichmäßig absolut für alle $r < \varrho_0 < \varrho$ und ist gliedweise nach ϱ differentiierbar. $C_n^{(p-2)/2}$ bedeutet das Gegenbauersche Polynom. Einsetzen der Reihe für v in die rechte Seite von (8) und gliedweise Integration ergibt dann für u zunächst formal eine Reihe vom Typ (5), da $C_n^{(p-2)/2}(\cos\Theta)$ nach Multiplikation mit r^n ein homogenes Polynom n-ten Grades in $x_1, \cdots, x_p$ wird, welches (6) genügt; diese Eigenschaft bleibt auch nach Multiplikation mit einer von den Parametern ϱ und η_ν abhängigen Funktion und Integration über die η_ν erhalten, und mithin sind die Werte dieser Integrale wirklich Kugelflächenfunktionen. Die Konvergenzfrage ist zu erledigen durch die Bemerkungen, daß u und $\frac{\partial u}{\partial \varrho}$ auf $\mathfrak{K}$ naturgemäß beschränkt und stetig sind, daß ferner für reelle Werte von μ

$$|C_n^\mu(\cos\Theta)| \leqq \frac{\Gamma(n+2\mu)}{n!\,\Gamma(2\mu)},$$

und daß für große positive reelle Werte von $m = n + (p-2)/2$

$$|J_m(kr) H_m^{(2)}(k\varrho)| = \frac{1}{\pi m}\left(\frac{r}{\varrho}\right)^m [1 + O(m^{-1})]$$

6*

wird. Daraus folgt die Gültigkeit einer Reihenentwicklung (5) für u im Gebiet $r < \varrho$; es ist leicht zu sehen, daß eine gegebene zweimal differenzierbare Funktion u nur *eine* solche Reihenentwicklung besitzen kann, und damit ist Hilfssatz 1 vollständig bewiesen.

An Hilfssatz 1 lassen sich die folgenden heuristischen Betrachtungen anknüpfen: Falls die Reihe (5) so gut konvergiert, daß man in ihr bei sehr großen Werten von kr (gleichmäßig in n) die BESSELschen Funktionen durch ihre asymptotischen Werte für großes Argument ersetzen dürfte, dann ließe sich wegen

$$Y_n^{(p-1)}(-\xi) = (-1)^n Y_n^{(p-1)}(\xi) \tag{9}$$

die Funktion u für große Werte von kr asymptotisch in der Gestalt

$$r^{(p-1)/2} u \approx e^{ikr}\, i^{(1-p)/2} F(\xi) + e^{-ikr}\, i^{(p-1)/2} F(-\xi) \tag{10}$$

schreiben, wobei $F(\xi)$ eine Funktion der „Richtung“ ξ ist. Eine Annahme über das Verschwinden von u auf einer unendlich fernen Halbkugel liefert dann offensichtlich, daß $F(\xi)$ und $F(-\xi)$ auf einer (verallgemeinerten) Halbkugel verschwinden müssen, woraus das identische Verschwinden von $F(\xi)$ und sodann auch das identische Verschwinden von u folgen würde. Physikalisch bedeutet dies: Eine stehende Welle entsteht durch Superposition einer einstrahlenden und einer deren Singularitäten genau kompensierenden ausstrahlenden Welle; eine Bedingung für das Verhalten einer stehenden Welle im Unendlichen liefert daher eine Bedingung sowohl für die einstrahlende als auch für die durch sie eindeutig mitbestimmte ausstrahlende Welle und ist also in diesem Sinne doppelt zu zählen.

G. HERGLOTZ[3]) hat übrigens gezeigt, daß eine (2a) befriedigende Lösung u von (1) zwar im allgemeinen nicht selber, wohl aber eine aus ihr durch eine einfache oder zweifache Mittelung entstehende Lösung von $\Delta u + k^2 u = 0$ auf die Gestalt (10) gebracht werden kann; der Prozeß der Mittelung ist dabei folgendermaßen vorzunehmen:

Faßt man u als Funktion von r und ξ auf, setzt also $u \equiv u(r, \xi)$, so wird die Mittelung $M_\delta\{u(r,\xi)\}$ von u (innerhalb eines Kreiskegels vom Öffnungswinkel 2 arc cos δ) definiert durch

$$M_\delta\{u(r,\xi)\} = \int_{(\xi,\eta) \geqq \cos\delta} u(r,\eta)\, d\omega_\eta,$$

worin $d\omega_\eta$ das Oberflächenelement der Einheitskugel in bezug auf den Einheitsvektor η ist und das Integral über denjenigen Teil der Einheitskugel zu erstrecken ist, auf welchem das innere Produkt $(\xi, \eta) \geqq \cos\delta$ ist.

Hilfssatz 2. Es sei ν eine nicht negative reelle Zahl. Dann ist der Mittelwert

$$\frac{1}{r}\int\limits_0^r \varrho J^2(k\varrho)\,d\varrho$$

unabhängig von ν und r beschränkt.

Beweis: Wegen

$$\lim_{r\to\infty}\frac{1}{r}\int\limits_0^r \varrho J_\nu^2(k\varrho)\,d\varrho = \frac{1}{k\pi}$$

gilt dieser Satz jedenfalls für $0 \leqq \nu \leqq 2$. Ist nun $\nu > 2$, so folgt aus

$$\varrho\,\{J_{\nu-2}(k\varrho) + J_\nu(k\varrho)\} = \frac{2(\nu-1)}{k\varrho} J_{\nu-1}(k\varrho)$$

$$J_{\nu-2}(k\varrho) - J_\nu(k\varrho) = \frac{2}{k}\frac{d}{d\varrho} J_{\nu-1}(k\varrho)$$

durch Multiplikation und Integration von 0 bis r:

$$\frac{1}{r}\int\limits_0^r \varrho J_\nu^2(k\varrho)\,d\varrho = \frac{1}{r}\int\limits_0^r \varrho J_{\nu-2}^2(k\varrho)\,d\varrho - \frac{2(\nu-1)}{k^2} J_{\nu-1}^2(kr)$$

$$\leqq \frac{1}{r}\int\limits_0^r \varrho J_{\nu-2}^2(k\varrho)\,d\varrho\,,$$

und daraus folgt die Behauptung allgemein.

Hilfssatz 3. Es sei σ eine nicht negative reelle Zahl, und es mögen α, β, α', β' ganze Zahlen der Reihe 0, 1, 2, $\cdots$ bedeuten. Dann existieren die Mittelwerte

$$\mu_{\alpha,\beta} = k \lim_{r\to\infty}\frac{1}{r}\int\limits_0^r \varrho J_{\alpha+\sigma}(k\varrho) J_{\beta+\sigma}(k\varrho)\,d\varrho$$

$$\mu_{\alpha,\beta,\alpha',\beta'} = k^2 \lim_{r\to\infty}\frac{1}{r}\int\limits_0^r \varrho^2 J_{\alpha+\sigma}(k\varrho) J_{\beta+\sigma}(k\varrho) J_{\alpha'+\sigma}(k\varrho) J_{\beta'+\sigma}(k\varrho)\,d\varrho\,,$$

und es ist

$$\mu_{\alpha,\alpha} = \frac{1}{\pi}$$

$$\mu_{\alpha,\beta} = 0 \text{ wenn } \alpha-\beta \equiv 1 \text{ mod. } 2$$

$$\mu_{2\alpha,2\beta} = \mu_{2\alpha+1,\,2\beta+1} = (-1)^{\alpha+\beta}\frac{1}{\pi}$$

$$\mu_{\alpha,\alpha,\beta,\beta} = \begin{cases} \dfrac{1}{2\pi^2} \text{ wenn } \alpha-\beta \equiv 1 \text{ mod } 2. \\[2mm] \dfrac{3}{2\pi^2} \text{ wenn } \alpha-\beta \equiv 0 \text{ mod } 2. \end{cases}$$

$$\mu_{2\alpha,\,2\alpha'+1,\,2\beta+1,\,2\beta'+1} = \mu_{2\alpha+1,\,2\alpha',\,2\beta,\,2\beta'} = 0.$$

$$\mu_{2\alpha,\,2\alpha',\,2\beta+1,\,2\beta'+1} = (-1)^{\alpha+\beta+\alpha'+\beta'}\frac{1}{2\pi^2}\,.$$

Der Beweis erfolgt in einfacher Weise durch Heranziehen der asymptotischen Formeln für die Besselschen Funktionen mit großem Argument. Es ist noch anzumerken, daß die sämtlichen Mittelwerte offenbar unverändert bleiben, wenn man ihre Indizes beliebig vertauscht.

Für den Beweis von Satz 1 bedeutet es keine Beschränkung der Allgemeinheit, die Funktion u und damit die Konstanten c_n und die Funktionen $Y_n^{p-1}(\xi)$ als reell vorauszusetzen. Durch Integration von $r^{p-1} u^2$ über die volle Oberfläche Ω der $(p-1)$-dimensionalen Einheitskugel erhält man dann wegen der Normierung (7) und wegen

$$\int_{\Omega} Y_n^{p-1}(\xi)\, Y_{n'}^{p-1}(\xi)\, d\Omega = 0 \text{ für } n \neq n' \tag{11}$$

das Ergebnis

$$A(r) \equiv \int_{\Omega} r^{p-1} u^2 d\Omega = \sum_{n=0}^{\infty} c_n^2 r J^2_{n+(p-2)/2}(kr) .$$

Aus der Beschränktheitsbedingung (2) folgt zugleich

$$0 \leqq A(r) \leqq \Omega_0 M^2 ,$$

worin Ω_0 die Gesamtoberfläche der Einheitskugel bedeutet. Es ist also auch

$$\frac{1}{r}\int_0^r A(\varrho)\, d\varrho = \sum_{n=0}^{\infty} c_n^2 \frac{1}{r}\int_0^r \varrho\, J^2_{n+(p-2)/2}(k\varrho)\, d\varrho \leqq \Omega_0 M^2 , \tag{12}$$

und daraus findet man durch einen Grenzübergang $r \to \infty$ und durch Anwendung von Hilfssatz 3:

$$\sum_{n=0}^{\infty} c_n^2 \leqq k\pi\, \Omega_0\, M^2 .$$

Die Quadratsumme der c_n konvergiert also, wenn die Beschränktheitsbedingung oder auch nur die Bedingung (2a) der Beschränktheit im Mittel erfüllt ist. Die Vertauschungen von Summation und Integration, welche zur Ableitung von (12) notwendig sind, lassen sich durch die Bemerkung rechtfertigen, daß die Reihe (5) nach ihrer Herleitung gleichmäßig innerhalb jeder endlichen Kugel konvergiert. Hieraus und durch Anwendung von Hilfssatz 2 auf Formel (12) läßt sich dann auch das Resultat ableiten:

Hilfssatz 4: Dann und nur dann befriedigt eine durch (5) und (7) definierte Funktion die aus (2) folgende Bedingung (2a) der Beschränktheit im Mittel, wenn die Quadratsumme der absoluten Beträge der Koeffizienten c_n in (5) konvergiert.

Wir müssen nun, um Satz 1 zu beweisen, auch noch die Bedingung (3) des Verschwindens auf einer unendlich fernen Halbkugel ausnützen. Bedeutet ω eine „verallgemeinerte“ Halbkugel, so ergibt sich zunächst durch Integration von $r^{p-1} u^2$ über ω:

$$(13)\qquad B(r) \equiv \int\limits_{\omega} r^{p-1} u^2 d\omega = \sum_{n, n'=0}^{\infty} c_n c_{n'} B_{n,n'} J_{n+(p-2)/2}(kr) J_{n'+(p-2)/2}(kr),$$

worin

$$B_{n,n'} = \int\limits_{\omega} Y_n^{p-1}(\xi) Y_{n'}^{p-1}(\xi) d\omega$$

gesetzt ist. Aus (7), (9), (11) findet man

$$(14)\qquad B_{n,n'} = \begin{cases} \frac{1}{2} \text{ für } n = n' \\ 0 \text{ für } n \neq n', \; n - n' \equiv 0 \text{ mod. } 2\,. \end{cases}$$

$$|B_{n,n'}| \leqq \tfrac{1}{2} \text{ für } n - n' \equiv 1 \text{ mod. } 2.$$

Ferner läßt sich zeigen:

$$(15)\qquad \lim_{r \to \infty} B(r) = 0\,.$$

Dies folgt aus einem Satz von ARZELÀ und OSGOOD[7]), welcher besagt: Ist $F(r, \xi_1, \cdots, \xi_l)$ eine stetige Funktion von $r, \xi_1, \cdots, \xi_l$, welche für alle Werte der Variablen $\xi_1, \cdots, \xi_l$ aus einem abgeschlossenen Bereich $\mathfrak{B}$ mit $r \to \infty$ gegen Null strebt und in $\mathfrak{B}$ unabhängig von r gleichmäßig beschränkt ist, dann strebt auch das über $\mathfrak{B}$ erstreckte Integral von F mit $r \to \infty$ gegen Null. Als Bereich $\mathfrak{B}$ läßt sich in unserem Falle ein ganz im Innern von ω enthaltener abgeschlossener Bereich wählen, dessen Inhalt beliebig wenig von ω verschieden ist; die Funktion F ist dann in unserem Falle gleich $r^{p-1} u^2$ zu setzen.

Nunmehr definieren wir nach Wahl einer natürlichen Zahl N:

$$(16\text{a})\qquad u_N = r^{-(p-2)/2} \sum_{n=0}^{N} c_n J_{n+(p-2)/2}(kr)\, Y_n^{p-1}(\xi),$$

$$(16\text{b})\qquad B_N(r) = \sum_{n,n'=0}^{N} c_n c_{n'} B_{n,n'}\, r J_{n+(p-2)/2}(kr) J_{n'+(p-2)/2}(kr)$$

$$= \int\limits_{\omega} r^{p-1} u_N^2 d\omega\,,$$

und finden

$$|B(r) - B_N(r)|^2 = \Big| \int\limits_{\omega} r^{p-1}(u^2 - u_N^2)\, d\omega \Big|^2$$

$$\leqq \int\limits_{\Omega} r^{p-1}(u - u_N)^2 d\Omega \int\limits_{\Omega} r^{p-1}(u + u_N)^2 d\Omega$$

$$\leqq \Big\{ \sum_{n=N+1}^{\infty} c_n^2\, r J_{n+(p-2)/2}^2(kr) \Big\} \Big\{ 4 \sum_{n=0}^{\infty} c_n^2\, r J_{n+(p-2)/2}^2(kr) \Big\}$$

$$\leqq \Big\{ \sum_{n=N+1}^{\infty} c_n^2\, r J_{n+(p-2)/2}^2(kr) \Big\}\, 4\, \Omega_0 M^2,$$

[7]) Vgl. E. LANDAU, Ein Satz über Riemannsche Integrale, Mathematische Zeitschrift 2, (1918), 350—351.

worin Ω_0 wieder die Gesamtoberfläche der $(p-1)$-dimensionalen Einheitskugel Ω bedeutet, und M die Konstante aus der Beschränktheitsbedingung (2) ist. Aus Hilfssatz 2 und aus der in Hilfssatz 4 ausgesprochenen Konvergenz von $\sum_{n=0}^{\infty} c_n^2$ entnehmen wir nun

$$\frac{1}{r}\int_0^r [B(\varrho)-B_N(\varrho)]^2\, d\varrho \leqq \varepsilon(N), \tag{17}$$

wobei $\varepsilon(N)$ unabhängig von r beliebig klein gemacht werden kann, wenn N genügend groß gewählt wird. Ferner ist $B_N(r)$ eine für alle Werte von r gleichmäßig beschränkte Funktion von r, weil in (16b) rechts nur eine endliche Summe steht. Daher ergibt eine Kombination von (15) und (17) das Resultat

$$W_N \equiv \lim_{r\to\infty} \frac{k^2}{r}\int_0^r B_N^2(\varrho)\, d\varrho \leqq k^2\, \varepsilon(N). \tag{18}$$

Die linke Seite von (18) läßt sich durch die Mittelwerte aus Hilfssatz 3 und durch die in (14) erklärten Größen ausdrücken; es wird:

$$W_N = \sum_{\alpha,\alpha',\beta,\beta'=0}^{N} c_\alpha c_{\alpha'} c_\beta c_{\beta'} B_{\alpha,\alpha'} B_{\beta,\beta'} \mu_{\alpha,\alpha',\beta,\beta'}.$$

Wir verkleinern die rechte Seite, wenn wir die Größen $\mu_{\alpha,\alpha',\beta,\beta'}$ ersetzen durch neue Größen

$$\mu^*_{\alpha,\alpha',\beta,\beta'} = \begin{cases} \dfrac{1}{2\pi^2} & \text{falls } \alpha=\alpha' \text{ und } \beta=\beta' \\ \mu_{\alpha,\alpha',\beta,\beta'} & \text{sonst.} \end{cases} \tag{19}$$

Denn es ist $\mu_{\alpha,\alpha,\beta,\beta} \geqq \frac{1}{2\pi^2}$ nach Hilfssatz 3. Wir haben also

$$W_N \geqq \sum_{\alpha,\alpha',\beta,\beta'=0}^{N} c_\alpha c_{\alpha'} c_\beta c_{\beta'} B_{\alpha,\alpha'} B_{\beta,\beta'} \mu^*_{\alpha,\alpha',\beta,\beta'}. \tag{20}$$

Nun sind die Produkte

$$B_{\alpha,\alpha'} B_{\beta,\beta'} \mu_{\alpha,\alpha',\beta,\beta'} \tag{21}$$

in sehr vielen Fällen gleich Null, nämlich immer dann, wenn

$\alpha-\alpha'$ gerade und $\neq 0$

oder $\beta-\beta'$ gerade und $\neq 0$

oder wenn von den vier Zahlen $\alpha, \alpha', \beta, \beta'$ genau eine gerade oder genau eine ungerade ist.

Damit ein Ausdruck (21) von Null verschieden ist, muß also entweder $\alpha=\alpha'$ und $\beta=\beta'$ sein, oder es müssen die Zahlenpaare α, α' und β, β' je eine gerade und eine ungerade Zahl enthalten. Da sowohl die $B_{\alpha,\alpha'}$ als auch die $\mu^*_{\alpha,\alpha',\beta,\beta'}$ sich nicht ändern, wenn man die Indizes permutiert, können wir annehmen, daß entweder $\alpha = \alpha'$ und $\beta = \beta'$ ist oder daß α gerade, α' ungerade und β gerade, β' ungerade ist, wobei der zweite Fall vierfach zu zählen ist. Wir erhalten mithin:

$$W_N \geqq \sum_{\alpha,\beta=0}^{N} c_\alpha^2 c_\beta^2 B_{\alpha,\alpha} B_{\beta,\beta} \mu^*_{\alpha,\alpha;\beta,\beta}$$
$$+ 4 \sum c_{2\alpha} c_{2\alpha'+1} c_{2\beta} c_{2\beta'+1} B_{2\alpha,2\alpha'+1} B_{2\beta,2\beta'+1} \mu_{2\alpha,2\alpha'+1,2\beta,2\beta'+1},$$

wobei nun in der zweiten Summe α, α', β, β' alle ganzen Zahlen zu durchlaufen haben, so daß

$$0 \leqq 2\alpha \leqq N, \quad 0 \leqq 2\alpha'+1 \leqq N, \quad 0 \leqq 2\beta \leqq N, \quad 0 \leqq 2\beta'+1 \leqq N.$$

Jetzt setze man die Werte der μ^* nach Hilfssatz 3 und Formel (19) ein, und berücksichtige noch die erste Formel (14). Dann ergibt sich:

$$W_N \geqq \frac{1}{8\pi^2} \sum_{\alpha,\beta=0}^{N} c_\alpha^2 c_\beta^2$$
$$+ \frac{2}{\pi^2} \sum c_{2\alpha} c_{2\alpha'+1} c_{2\beta} c_{2\beta'+1} B_{2\alpha,2\alpha'+1} B_{2\beta,2\beta'+1} (-1)^{\alpha+\alpha'+\beta+\beta'}$$
$$= \frac{1}{8\pi^2} \left(\sum_{\alpha=0}^{N} c_\alpha^2 \right)^2 + \frac{2}{\pi^2} \left(\sum c_{2\alpha} c_{2\alpha'+1} B_{2\alpha,2\alpha'+1} (-1)^{\alpha+\alpha'} \right)^2,$$

worin alle Summationen so zu leiten sind, daß α, α', β, β' ganze Zahlen sind und alle Indizes zwischen 0 und N (mit Einschluß von 0 und N) liegen. Damit erhalten wir schließlich:

$$\frac{1}{8\pi^2} \left(\sum_{\alpha=0}^{N} c_\alpha^2 \right)^2 \leqq W_N \leqq k^2 \varepsilon(N),$$

und daraus folgt durch einen Grenzübergang $N \to \infty$, daß alle Koeffizienten c_n in (5) verschwinden müssen. Das ist aber der Inhalt von Satz 1.

§ 3. Beweis des Corrollars zu Satz 1 durch Konstruktion von Wellenkegeln im p-dimensionalen Raum.

Durch Superposition ebener Wellen, deren Normalen das Innere eines Kreiskegels mit der x_1-Achse als Rotationsachse erfüllen, erhält man die Funktion

$$u_0(r, \xi) = \int_{\eta_1 \geqq \cos\delta} e^{-ikr(\xi,\eta)} \, d\omega_\eta . \tag{22}$$

Hierin bedeutet ξ und η Einheitsvektoren, deren erste Komponenten ξ_1 bzw. η_1 heißen mögen; $d\omega_\eta$ ist das Flächenelement der $(p-1)$-dimensionalen Einheitskugel in bezug auf η (wobei also η einen willkürlichen Punkt der Oberfläche der Einheitskugel definiert), und die Integration ist zu erstrecken über dasjenige Gebiet der Einheitskugel, auf welchem $\eta_1 \geqq \cos\delta$ ist; hierbei bedeutet δ einen beliebig kleinen Winkel zwischen 0 und $\pi/8$. Wir zeigen zunächst, daß u_0 die folgenden Eigenschaften besitzt:

I. Es ist u_0 überall regulär, und es ist

$$\varDelta u_0 + k^2 u_0 = 0 .$$

II. u_0 genügt der Bedingung (2a) der „Beschränktheit im Mittel".

III. Auf allen Halbstrahlen, welche mit der positiven x_1-Achse (wobei $x_1 = \xi_1 r$ ist) einen Winkel einschließen, der zwischen δ und $\pi - \delta$ liegt, genügt u_0 der Bedingung (3) des Verschwindens im Unendlichen.

IV. u_0 verschwindet nicht identisch.

Da man δ beliebig klein wählen kann, ist damit das Corrollar zu Satz 1 bewiesen, wenn man in Satz 1 die Bedingung (2) durch die schwächere Bedingung (2a) der Beschränktheit im Mittel ersetzt. Das Gebiet γ aus dem Corrollar zu Satz 1 besteht dann aus allen Teilen der Einheitskugel, auf deren $|\xi_1| \leqq \cos\delta$ ist. Am Schluß dieses Paragraphen wird dann gezeigt werden, daß das Corrolar zu Satz 1 auch in der in § 1 angegebenen Form (mit (2) anstatt mit (2a) in II) richtig ist.

Zunächst ist es evident, daß u_0 den Bedingungen I und IV genügt. Zum Beweise, daß auch die zweite und dritte Bedingung erfüllt sind, verfahre man folgendermaßen: Der Einheitsvektor ξ sei definiert durch die Winkelkoordinaten $\vartheta, \varphi_1, \cdots, \varphi_{p-2}$; die entsprechenden Winkelkoordinaten für den Einheitsvektor η mögen mit $\alpha, \beta_1, \cdots, \beta_{p-2}$ bezeichnet werden. Dann ist:

$$(\xi, \eta) = \cos\vartheta \cos\alpha + \sin\vartheta \sin\alpha \cos\Theta' ,$$

worin Θ' den Winkel zwischen den Vektoren ξ' und η' mit $p-1$ Komponenten behandelt, welche aus ξ und η durch Weglassen der ersten Komponente entstehen. Bezeichnen wir mit ξ^* und η^* die mit ξ' und η' gleichgerichteten $(p-1)$-dimensionalen Einheitsvektoren, so wird

$$(23) \qquad u_0 = \int\limits_0^\delta d\alpha (\sin\alpha)^{p-2} \int\limits_{\Omega^*} d\omega_{\eta^*}\, e^{-ikr[\cos\vartheta\cos\alpha + \sin\vartheta\sin\alpha(\xi^*, \eta^*)]} ,$$

wobei die Integration nach $d\omega_{\eta^*}$ über die volle Oberfläche der $(p-2)$-dimensionalen Einheitskugel auszuführen ist, deren allgemeiner Punkt durch η^* definiert ist.

Nach einem Satz von E. Hecke[8]) läßt sich die Integration über Ω^* ausführen, und man erhält:

[8]) E. Hecke, Über orthogonalinvariante Integralgleichungen. Mathematische Annalen **78**, (1918), 398—404. Vgl. auch A. Erdelyi, Die Funksche Integral-

$$(24)\qquad u_0 = (2\pi)^{(p-1)/2} \int_0^\delta \frac{J_{(p-3)/2}(kr \sin\vartheta \sin\alpha)}{(kr\sin\vartheta\sin\alpha)^{(p-3)/2}}\, e^{-ikr\cos\vartheta\cos\alpha} \sin^{p-2}\alpha\, d\alpha\,.$$

Jetzt hängt u_0 also nur noch von r und von der ersten Komponente $\xi_1 = \cos\vartheta$ von ξ ab, wenn man absieht von dem „Öffnungswinkel" δ des Wellenkegels. Nunmehr können wir das Erfülltsein von II nachweisen durch Anwendung der Formel:

$$(25)\qquad \frac{J_{\nu-1/2}(kr\sin\vartheta\sin\alpha)}{(kr\sin\vartheta\sin\alpha)^{\nu-1/2}}\, e^{-ikr\cos\vartheta\cos\alpha}$$

$$= \sqrt{2}\,\frac{\Gamma(\nu)}{\Gamma(\nu+1/2)} \sum_{m=0}^{\infty} (n+m)\, i^{-m}\, \frac{J_{\nu+m}(kr)}{(kr)^\nu}\, \frac{C_m^\nu(\cos\vartheta)\, C_m^\nu(\cos\alpha)}{C_m^\nu(1)}\,,$$

worin $C_m^\nu(\cos\vartheta)$ das durch

$$(1-2z\cos\vartheta+z^2)^{-\nu} = \sum_{m=0}^{\infty} C_m^\nu(\cos\vartheta)\, z^m$$

definierte Gegenbauersche Polynom ist; es ist ferner

$$C_m^\nu(1) = \frac{\Gamma(m+2\nu)}{\Gamma(m+1)\,\Gamma(2\nu)}$$

und es bestehen die Orthogonalitätsrelationen

$$(26)\qquad \int_0^\pi C_m^\nu(\cos\vartheta)\, C_n^\nu(\cos\vartheta)\, \sin^{2\nu}\vartheta\, d\vartheta = \begin{cases} 0 & \text{für } n \neq m \\ \dfrac{\pi\,\Gamma(2\nu+m)}{2^{2\nu-1}\, m!\,(\nu+m)\,(\Gamma(\nu))^2} & \text{für } n \neq m\,. \end{cases}$$

Man kann (25) beweisen durch Einsetzen der Poissonschen Integraldarstellung für $J_{\nu-1/2}$, Anwendung des „entarteten" Additionstheorems der Besselschen Funktionen und Anwendung des Additionstheorems der Gegenbauerschen Polynome. Für ganzzahlige Werte von $2\nu = 2p-2$ kann man (25) mit Hilfe von Hilfssatz 1 und der Bemerkung beweisen, daß in (25) sowohl die linke Seite als auch jeder Summand der rechten Seiten der p-dimensionalen Gleichung $\Delta u + k^2 u = 0$ genügt, und daß die Fälle $\alpha = 0$ oder $\vartheta = 0$ das „entartete" Additionstheorem ergeben müssen.

Setzt man (25) in (24) ein, so folgt aus Hilfssatz 4, daß die Bedingung II gleichbedeutend ist mit der Konvergenz der Reihe

$$(27)\qquad \sum_{m=0}^{\infty} \frac{1}{N_m^2} \left(\int_0^\delta C_m(\cos\alpha)\, \sin^{2\nu}\alpha\, d\alpha \right)^2,$$

worin $2\nu = p-2$ und

$$N_m^2 = \int_0^\pi [C_m^\nu(\cos\alpha)]^2 \sin^{2\nu}\alpha\, d\alpha$$

---

gleichung der Kugelflächenfunktionen und ihre Übertragung auf die Überkugel. Mathematische Annalen **115**, (1938), 456—462.

gesetzt ist. Aus (26) folgt nun aber, daß die Reihe (27) tatsächlich konvergiert, weil ihre Summanden die Quadrate der Entwicklungskoeffizienten von

$$f(\alpha) = \begin{cases} \sin^\nu \alpha \text{ für } 0 \leqq \alpha \leqq \delta \\ 0 \quad \text{für } \delta < \alpha \leqq \pi \end{cases}$$

nach den Orthogonalsystem der Funktionen

$$\frac{1}{N_m} C_m^\nu(\cos\alpha)\sin^\nu\alpha$$

sind.

Es bleibt nun noch zu beweisen, daß die Bedingung III erfüllt ist, daß also für $\delta < \vartheta < \pi - \delta$ stets

$$\lim_{r\to\infty} r^{(p-1)/2} u_0 = 0$$

ist. Mit den Abkürzungen und Beziehungen

$$\mu = (p-3)/2\,, \qquad z = kr\sin\vartheta\sin\alpha$$

$$2J_\mu(z) = H_\mu^{(1)}(z) + H_\mu^{(2)}(z)$$

$$H_\mu^{(1,2)}(z) = \sqrt{\frac{2}{\pi z}}\,\frac{e^{\pm i(z-\mu\pi/2-\pi/4)}}{\Gamma(\mu+1)}\int_0^\infty e^{-t}t^{\mu-1/2}\left(1\pm\frac{it}{2z}\right)^{\mu-1/2}dt\,,$$

(wobei das obere Vorzeichen bei $H_\mu^{(1)}$, das untere bei $H_\mu^{(2)}$ steht) findet man, daß III dann und nur dann erfüllt ist, wenn die Integrale

$$L\pm \equiv \int_0^\delta d\alpha\sin^{\mu+1/2}\alpha\, e^{-ikr\cos(\vartheta+\alpha)}\int_0^\infty dt\, e^{-t}\,t^{\mu-1/2}\left(1\pm\frac{it}{2kr\sin\vartheta\sin\alpha}\right)^{\mu-1/2}$$

die Eigenschaft haben

$$(28) \qquad \lim_{r\to\infty}\sqrt{r}\,L_\pm = 0 \text{ für } \delta < \vartheta < \pi-\delta\,.$$

Nun ergibt eine partielle Integration:

$$L\pm = \left[\frac{e^{-ikr\cos(\vartheta\pm\alpha)}}{\pm ikr\sin(\vartheta\pm\alpha)}\int_0^\infty dt\, e^{-t}t^{\mu-1/2}\left(1\pm\frac{it}{2kr\sin\vartheta\sin\alpha}\right)^{\mu-1/2}\sin^{\mu+1/2}\alpha\right]_{\alpha=0}^{\alpha=\delta}$$

$$-\int_0^\delta d\alpha\,\frac{e^{-ikr\cos(\vartheta\pm\alpha)}}{\pm ikr\sin(\vartheta\pm\alpha)}\frac{\partial}{\partial\alpha}\int_0^\infty dt\, e^{-t}t^{\mu-1/2}\left(1\pm\frac{it}{2kr\sin\vartheta\sin\alpha}\right)^{\mu-1/2}\sin^{\mu+1/2}\alpha.$$

Die partielle Integration ist zulässig, weil $\sin(\vartheta\pm\alpha)$ im Integrationsintervall $0\leqq\alpha\leqq\delta$ nirgends verschwindet, wenn $\delta<\vartheta<\pi-\delta$ ist, und weil $\sin\vartheta > \sin\delta$ ist. Diese Formeln machen es evident, daß (28) und damit III befriedigt ist.

Wendet man nun auf u_0 zweimal das in § 1 (nach Hilfssatz 1) geschilderte Mittelungsverfahren von Herglotz[3]) an, so erhält man nach den dort (S. 84) formulierten Resultaten von Herglotz eine

Lösung von $\Delta u + k^2 u = 0$, welche den Bedingungen I, III, IV (mit einem viermal so großen Öffnungswinkel δ) genügt und statt II sogar die volle Beschränktheitsbedingung (2) aus § 1, Satz 1, befriedigt. Damit ist das Corrollar zu Satz 1 vollständig bewiesen.

§ 4. Beweis von Satz 2.

Mit denselben Methoden wie Hilfssatz 1 aus § 2 kann man beweisen:

Hilfssatz 5. Genügt u den Bedingungen von Satz 2, und ist insbesondere u regulär für $r \geqq r_0$, so läßt sich u auf der Oberfläche einer Kugel vom Radius $a > r_0$ in eine gleichmäßig absolut konvergente Reihe entwickeln von der Form

$$u(a,\xi) = \sum_{n=0}^{\infty} d_n\, Y_n^{p-1}(\xi). \tag{29}$$

Beim Beweise hat man den GREENschen Satz anzuwenden auf ein Gebiet, das von zwei konzentrischen Kugelschalen mit den Radien r_1 und r_2 begrenzt wird, wobei gilt

$$r_0 < r_1 < a < r_2.$$

Wir konstruieren nun eine Lösung u_0 von $\Delta u + k^2 u = 0$, welche auf der Kugel $r = a$ durch (29) gegeben ist, und welche der Ausstrahlungsbedingung (4) genügt. Nach einem in § 1 zitierten Satz von RELLICH[4]) ist dann $u \equiv u_0$ für $r > a$. Andererseits weisen wir direkt nach, daß u_0 der Beschränktheitsbedingung genügt, womit dann Satz 2 bewiesen ist.

Als Funktion u_0 wählen wir:

$$u_0(r,\xi) = \sum_{n=0}^{\infty} d_n \left(\frac{a}{r}\right)^{(p-2)/2} \frac{H^{(2)}_{n+(p-2)/2}(kr)}{H^{(2)}_{n+(p-2)/2}(ka)}\, Y_n^{p-1}(\xi). \tag{30}$$

Da für genügend große Werte von n bei beschränkten Werten von $r > a$ Ungleichungen

$$\left(\frac{a}{r}\right)^{n+(p-2)/2} (1-\varepsilon) < \left| \frac{H^{(2)}_{n+(p-2)/2}(kr)}{H^{(2)}_{n+(p-2)/2)}(ka)} \right| < \left(\frac{a}{r}\right)^{n+(p-2)/2} (1+\varepsilon) \tag{31}$$

mit beliebig kleinem von n unabhängigem positiven ε bestehen, konvergiert die Reihe (30) gleichmäßig absolut in jedem endlichen abgeschlossenen Gebiet außerhalb der Kugel $r = a$. Dasselbe gilt, wie die Betrachtungen am Schluß dieses Paragraphen zeigen, für die gliedweise nach r differenzierte Reihe (30). Wie die Greensche Formel (8), angewandt auf zwei konzentrische Kugeln lehrt, genügt infolgedessen u_0 der Gleichung $\Delta u + k^2 u = 0$, da jeder einzelne Summand der Reihe (30) dies tut. Das Erfülltsein der Beschränktheitsbedingung (2) für u_0 ergibt sich sofort aus der für reelle $\nu > \frac{1}{2}$ gültigen Ungleichung

$$\left|\frac{H_\nu^{(2)}(kr)}{H_\nu^{(2)}(ka)}\right| \leqq \sqrt{\frac{a}{r}} \tag{32}$$

und der gleichmäßig-absoluten Konvergenz von (29). Es bleibt nun nur noch nachzuweisen, daß u_0 auch die Ausstrahlungsbedingung (4) befriedigt. Offenbar tut dies jeder einzelne Summand auf der rechten Seite von (30). Man hat also nur noch zu zeigen, daß für alle hinreichend großen Werte von r ein von r unabhängiger Index N existiert, so daß

$$v_N = \sum_{n=N+1}^{\infty} \left| d_n\, a^{(p-2)/2} \sqrt{r}\, \frac{kH_{n+(p-2)/2}^{(2)\prime}(kr) + ikH_{n+(p-2)/2}^{(2)}(kr)}{H_{n+(p-2)/2}^{(2)}(ka)}\, Y_n^{p-1}(\xi)\right| \tag{33}$$

beliebig klein wird.

Setzen wir $kr = x$, und bedeutet ν wieder eine reelle positive Größe, so ist $|H_\nu^{(2)}(x)|$ eine bei festem x monoton zunehmende Funktion von ν. Infolgedessen ist

$$|H_\nu^{(2)\prime}(x)| = \left|H_{\nu-1}^{(2)}(x) - \frac{\nu}{x} H_\nu^{(2)}(x)\right| \leqq \left(1 + \frac{\nu}{x}\right) |H_\nu^{(2)}(x)|\,. \tag{34}$$

Wir wählen nun eine feste Zahl $b > a$, so daß wir mit $r = b$ die Ungleichungen (31) für alle $n \geqq N$ mit einem $\varepsilon < \frac{1}{2}$ anwenden können, und finden durch Einsetzen von (34) in (33):

$$v_N \leqq \sum_{n=N+1}^{\infty} 2ka^{(p-2)/2} \left| d_n Y_n^{p-1}(\xi)\right| \left(\frac{a}{b}\right)^\nu \left(2 + \frac{\nu}{kr}\right) \left|\frac{H_\nu^{(2)}(kr)}{H_\nu^{(2)}(kb)}\right| \sqrt{r}\,,$$

wobei $\nu = n + (p-2)/2$ gesetzt ist.

Aus der absolut-gleichmäßigen Konvergenz von (29) findet man nun durch Anwendung von (32), indem man dort a durch b ersetzt, daß v_N unabhängig von r beliebig klein wird, falls N groß genug ist. Damit ist der Beweis von Satz 2 beendet.

ANNALS OF MATHEMATICS
Vol. 52, No. 1, July, 1950

A CONNECTION BETWEEN THE BAKER-HAUSDORFF FORMULA AND A PROBLEM OF BURNSIDE

BY WILHELM MAGNUS

(Received May 23, 1949)

1. A restricted form of Burnside's problem

Let F be the free group of k generators and let V be the subgroup of F which is generated by the pth powers of all the elements of F. Then the quotient group $B = F/V$ has the property that $X^p = 1$ in B, where X stands for an arbitrary element of B. We shall say that B is the group of k generators defined by the *"identical relation"* $X^p = 1$ (cf. B. H. Neumann [1]). W. Burnside [2] was the first to investigate the problem for which values of k and p the group B will be finite. A connection of this problem with the general theory of groups was pointed out by M. Dehn in 1922. For a full account of this and of related questions cf. R. Baer [3].

We shall confine ourselves to the case where p is a fixed prime number >2, the case $p = 2$ being trivial. We shall also assume k to be equal to 2; this restriction is not essential but it will render the proofs a little shorter. For some purposes (e.g. in the theory of p-groups; cf. [3] and Ph. Hall [4, 5]) it would be sufficient to solve the "restricted problem of Burnside":

Does there exist a maximum finite group B^* among the set of finite groups B' with two generators and with the property that $X^p = 1$ for every element X of B', such that every B' is a quotient-group of B?

It is known (cf. [3] and O. Gruen [6]) that if there exists a group B^* then either B is also finite and isomorphic with B^* or there exists an infinite group B_∞ such that B_∞ has a finite number of generators, $X^p = 1$ in B_∞ and B_∞ is identical with its commutator subgroup. The group B^* exists if and only if the lower central series B_1 $(\equiv B)$, B_2, B_3, $\cdots$, B_n, $\cdots$ of B terminates that is if all the B_n are identical for $n > m$ where B_m either is the unit element or a group B_∞. Accordingly, we shall try to find relations in B which follow from $X^p = 1$ and which, roughly speaking, involve commutators rather than p^{th} powers. For related results compare also [3, 4, 6, 7, 8].

2. The Baker-Hausdorff formula

Let x and y be the free generators of a free associative (but non-commutative) ring R with a unit element 1 and with the rational numbers as the field of its coefficients. Then the general element of R will be a finite or infinite sum of terms of the type

$$rx^{\alpha_1}y^{\beta_1}x^{\alpha_2}y^{\beta_2}\cdots x^{\alpha_m}y^{\beta_m} \tag{2.1}$$

where r denotes a rational number and where α_1, β_1, $\cdots$, α_m, β_m are positive integers with the exception of α_1 and β_m which may be zero. We shall call

$\alpha = \alpha_1 + \cdots + \alpha_m$ and $\beta = \beta_1 + \cdots + \beta_m$ the degree of the term (2.1) with respect to x and y; the sum $\alpha + \beta$ will be called the degree of the term (2.1), and a sum of terms of the same degree will be called homogeneous.

Apart from the associative multiplication in R we introduce a *"Lie"* or *"bracket multiplication"* by

$$(2.2) \qquad [xy] = xy - yx, \qquad [[xy]x] = (xy - yx)x - x(xy - yx) \text{ etc.}$$

An element of R which can be derived from x and y (including both x and y itself) by a repeated application of Lie-multiplications will be called an *"alternant"* and a finite or infinite sum of alternants with rational coefficients will be called a *"Lie-element"* of R. The Lie-product of two alternants is a sum of alternants again and therefore a Lie-element. The modulus of all Lie-elements of R shall be denoted by Λ; actually, Λ can be considered as a true representation of a free Lie-ring by means of elements of R (cf. [7] and E. Witt [9], H. Zassehaus [10]). We can define Lie-elements with integer coefficients by using

LEMMA 1. *It is possible to find a basis of* Λ *such that*

(α) *every basis element* λ *is homogeneous with respect to both* x *and* y.

(β) *Every* λ *is a sum of terms of the type in* (1) *such that the rational coefficients* r *are all integers.*

(γ) *Every element* λ^* *of* Λ *which has the property* (β) *can be represented as a linear combination, with integer coefficients, of the basis elements.*

This follows from the fact that in R a basis for the elements with integer coefficients can be chosen in such a way that a part of it is also a basis for the elements of Λ (cf. [7, 9]).

The associative ring R can be mapped upon Λ by an operator which transforms every associative product into a Lie-product. To do this, we introduce

DEFINITION 1. Let $G(x, y)$, $G'(x, y)$ be any elements of R which do not involve a term of degree zero. Then we can define a "bracket operator" $\{\ \}$ such that $\{G\}$ belongs to Λ if we postulate:

(α) $\{G\} = G$ if G is homogeneous and of the first degree.

(β) $\{rG\} = r\{G\}$ if r is a rational number.

(γ) $\{G + G'\} = \{G\} + \{G'\}$

(δ) $\{Gx\} = \{G\}x - x\{G\}$, $\{Gy\} = \{G\}y - y\{G\}$

which is the same as

$$\{Gx\} = [\{G\}, x], \qquad \{Gy\} = [\{G\}, y].$$

In particular we have

$$(2.3) \qquad \{x^2G\} = \{y^2G\} = 0$$

$$(2.4) \qquad \{xy^n\} = xy^n - \binom{n}{1} yxy^{n-1} + \cdots + (-1)^k \binom{n}{k}^k y^kxy^{n-k} + \cdots + (-1)^n y^n x.$$

The bracket operator maps Λ upon itself. We have:
Let ω be a Lie-element and $\omega = \sum \omega_n$, where ω_n denotes the sum of homogeneous terms of degree n involved in ω, then

$$\{\omega_n\} = n\omega_n \tag{2.5}$$

Let u be an element of R which does not involve a term of degree zero, then

$$\{u\omega\} = \{u\}\omega - \omega\{u\} \equiv [\{u\}, \omega] \tag{2.6}$$

Using a notation which will be explained below we may also write instead of (2.5):

$$\{\omega\} = \left(x\frac{\partial}{\partial x} + y\frac{\partial}{\partial y}\right)\omega. \tag{2.7}$$

Formula (2.5) has been proved (independently from each other and by different methods) by E. B. Dynkin [11], W. Specht [12], F. Wever [13]. Formula (2.6) is due to H. F. Baker [14] who also has proved, about at the same time as F. Hausdorff [15]:

If

$$e^x = \sum_{n=0}^{\infty} x^n/n!, \qquad e^y = \sum_{n=0}^{\infty} y^n/n!,$$

then

$$e^x e^y = e^z = \sum_{n=0}^{\infty} z^n/n!, \tag{2.8}$$

where

$$z = x + y + \tfrac{1}{2}[x, y] + \tfrac{1}{12}(\{xy^2\} + \{yx^2\}) + \tfrac{1}{24}\{xy^2x\} + \cdots \tag{2.9}$$

is a Lie-element of R. Finally, it is easy to derive from [15] that

$$e^{-y}e^x e^y = \exp\,(x + [xy]/1! + \{xy^2\}/2! + \cdots) = \exp\,\{xe^y\}. \tag{2.10}$$

3. The relation modulus M of B

Let a, b be free generators of a free group F and let $F \equiv F_1, F_2, \cdots, F_n, \cdots$ be the groups of the lower central series of F. Let R_n and Λ_n be the finite modulus of elements of degree n in R and Λ respectively. Then we have (cf. [7, 8, 9]):

If we put

$$a = e^x, b = e^y, a^{-1} = e^{-x}, ab = e^z, \cdots, \tag{3.1}$$

then we obtain a true representation of F in R. If $W(a, b)$ is a word in a and b, (i.e. an element of F expressed as a product of powers of a and b), we have

$$W(a, b) = \exp\,\omega(x, y), \tag{3.2}$$

where $\omega(x, y)$ is an element of Λ.

Now we shall introduce a function of $W(a, b)$ whose value is a homogeneous element of Λ:

DEFINITION 2. If $\omega(x, y)$ is given by (3.2), then $\mathrm{P}(W(a, b))$ shall be defined by

$$\mathrm{P}(W(a, b)) = 0 \text{ if } W = 1 \text{ in } F,$$

$$\mathrm{P}(W(a, b)) = \omega_n(x, y),$$

if $\omega = \omega_n + \omega_{n+1} + \omega_{n+2} + \cdots$, where ω_k denotes the terms of degree k involved in ω and where $\omega_1 = \cdots = \omega_{n-1} = 0$ but where ω_n does not vanish identically.

We have from [6]: If $\mathrm{P}(W) = \omega_n$, then W belongs to F_n but not to F_{n+1}. The coefficients of ω_n (but in general not those of $\omega_{n+1}, \omega_{n+2}, \cdots$) are integers and ω_n belongs to Λ_n. If an arbitrary element ω_n of Λ_n is given such that ω_n has integer coefficients then there exists an element $W(a, b)$ of F such that

$$\mathrm{P}(W(a, b)) = \omega_n .$$

DEFINITION 3. Let M_r denote the set of all homogeneous Lie-elemets μ_n of degree n such that there exists an element $W(a, b)$ of F for which

$$\mathrm{P}(W(a, b)) = \mu_n$$

but for which the corresponding element of $B = F/V$ is in B_{n+1}, (the $(n + 1)^{\text{th}}$ group of the lower central series of B). Then M_n is a modulus (cf. [7]) and the modulus generated from all these M_n by the process of addition will be called the *"relation modulus"* M of B.—The M_n are the homogeneous components of M. Apparently, all the elements of M have integer coefficients.

DEFINITION 4. (Baker-Hausdorff differentiation). Let R^* be the free associative ring generated by three free generators x, y, u. Let $\phi(x, y)$, $\phi'(x, y)$ be alternants which are of degrees m, m' with respect to x. We shall replace one factor x of ϕ by u. This can be done in precisely m different ways. Then we shall add all the m alternants thus obtained. This sum we denote by $u(\partial/\partial x)\phi$. In an analogous manner we can define $u(\partial/\partial_y)\phi$. We can extend the definition of these operators by postulating

$$\text{(3.3)} \qquad \begin{aligned} u\frac{\partial}{\partial x}(r\phi + r'\phi') &= ru\frac{\partial}{\partial x}\phi + r'u\frac{\partial}{\partial x}\phi', \\ u\frac{\partial}{\partial y}(r\phi + r'\phi') &= ru\frac{\partial}{\partial y}\phi + r'u\frac{\partial}{\partial y}\phi', \end{aligned}$$

where r, r' are rational numbers. Then $u(\partial/\partial x)\phi(x, y)$ can be defined for all Lie-elements ϕ. If $\psi(x, y)$ is an arbitrary Lie-element we define $\psi(\partial/\partial x)\phi$ by introducing $u = \psi(x, y)$ in $u(\partial/\partial x)\phi$. In the case of the higher derivatives we distinguish between $(\psi(\partial/\partial x))^n\phi$ and $(\psi(x, y)(\partial/\partial x))^n\phi$. The first expression will be obtained if we introduce $u = \psi(x, y)$ in $(u(\partial/\partial x))^n\phi$; the second one denotes the result of a repeated application of $\psi(\partial/\partial x)$, where we substitute the explicit expression for ψ in terms of x and y after each application of the operator $\psi(\partial/\partial x)$. We have

LEMMA 2. *If $\phi(x, y)$ is a Lie-element, then*

$$(3.4) \qquad \phi(x + ru, y) = \phi(x, y) + \frac{r}{1!} u \frac{\partial}{\partial x} \phi(x, y) + \frac{r^2}{2!} \left(u \frac{\partial}{\partial x}\right)^2 \phi(x, y) + \cdots,$$

where r is a rational number. If the coefficients of $\phi(x, y)$ are integers, then this is also true for $(u(\partial/\partial x))^n \phi(x, y)/n!$. If $\phi_{n,m}(x, y)$ is homogeneous and of degrees n, m with respect to x, y, then

$$(3.5) \qquad \begin{cases} x \dfrac{\partial}{\partial x} \phi_{n,m} = n\phi_{n,m}; \qquad y \dfrac{\partial}{\partial y} \phi_{n,m} = m\phi_{n,m}. \\ \left(x \dfrac{\partial}{\partial y} y \dfrac{\partial}{\partial x} - y \dfrac{\partial}{\partial x} x \dfrac{\partial}{\partial y}\right) \phi_{n,m} = (n - m)\phi_{n,m}. \end{cases}$$

The last statement can be proved by induction with respect to the number of factors in an alternant. The others follow immediately from definition 4.

The lower central series of B terminates if and only if $M_m = \Lambda_m$ for a sufficiently large value of m (cf. [8]). Therefore the investigation of M is equivalent to an investigation of the restricted problem of Burnside. We have:

THEOREM 1. *Let $\xi(x, y)$, $\eta(x, y)$ be arbitrary homogeneous Lie-elements with integer coefficients and let $\mu(x, y)$ be a homogeneous Lie-element which belongs to M, then*

(α) $[\mu, x] = \mu x - x\mu$, $[\mu, y] = \mu y - y\mu$ *belongs to M.*

(β) *$\mu(\xi, \eta)$ and in particular $\mu(a_{11}x + a_{12}y, a_{21}x + a_{22}y)$ belongs to M if*

$$a_{11}, \cdots, a_{22}$$

are integers.

(γ) *$p\xi(x, y)$, $p\eta(x, y)$ belongs to M.*

(δ) *If the degree of ξ is > 1, then*

$$\xi \frac{\partial}{\partial x} \mu(x, y), \qquad \xi \frac{\partial}{\partial y} \mu(x, y)$$

belong to M.

(ε) *If ξ is of the first degree, (in particular if $\xi = x$ or $\xi = y$), then*

$$\left\{\sum \{(m + n(p - 1))!\}^{-1} \left(\xi \frac{\partial}{\partial x}\right)^{m+n(p-1)}\right\} \mu(x, y)$$

belongs to M, where the sum is taken over the integers $n = 0, 1, 2, \cdots$, and where $m = 1, 2, \cdots, p - 1$. Of course we could also write $\xi(\partial/\partial y)$ instead of $\xi(\partial/\partial x)$.

Of these five statements, (α) has been proved in [8]. To prove (β), we construct (cf. [7]) elements $W(a, b)$, $W'(a, b)$ of F such that $\mathrm{P}(W) = \xi$, $\mathrm{P}(W') = \eta$ (cf. definition 2). Then we know (cf. definition 3) that there exists an element $G(a, b)$ of F_n, where n denotes the degree of μ, such that $\mathrm{P}(G) = \mu$ and

$$G(a, b) = 1$$

in B, because μ belongs to M. Since B is defined by an identical relation we have $G(W, W') = 1$ in B and $\mathrm{P}(G(W, W')) = \mu(\xi, \eta)$. Similarly, since $\mathrm{P}(W^p) = p\mathrm{P}(W)$, we obtain ($\gamma$).

To prove (δ) and (ε) we chose again a word $G(a, b)$ of F_n such that $G(a, b) = 1$ in B and $\mathrm{P}(G) = \mu$. We denote $W(a, b)$ by c, where $\mathrm{P}(c) = \mathrm{P}(W) = \xi$, and compute $\mathrm{P}(U)$ where

$$U(a, b) = G(ac, b)(G(a, b))^{-1}.$$

Let d be the degree of ξ and let us write ξ_d instead of ξ. Then we have

$$c = \exp(\xi_d + \xi_{d+1} + \cdots)$$

where the subscript $d + l$ in ξ_{d+l} denotes the degree of this term. In a similar way we have, with $\mu \equiv \mu_n$:

$$G(a, b) = \exp(\mu_n + \mu_{n+1} + \cdots)$$

and from (2.9), if we put $\bar{\xi} = \xi_d + \xi_{d+1} + \cdots$:

$$\begin{aligned} ac &= \exp(x + \bar{\xi} + \tfrac{1}{2}[x, \bar{\xi}] + \tfrac{1}{6}([[x, \bar{\xi}]\bar{\xi}] + [[\bar{\xi}, x]x]) + \cdots) \\ &= \exp(x + \xi_d + \bar{o} + \cdots), \end{aligned}$$

where $\bar{o}$ denotes a sum of terms of a degree $\geqq d + 1$. This gives

$$\begin{aligned} G(ac, b) &= \exp(\mu_n(x + \xi_d + \bar{o} + \cdots, y) + \mu_{n+1}(x + \xi_d + \cdots, y) + \cdots) \\ &= \exp\left(\textstyle\sum \mu_{n+l}(x + \xi_d, y) + \rho\right) \end{aligned}$$

where the sum is taken over $l = 0, 1, 2, \cdots$ and where ρ denotes a sum of terms of a degree $\geqq n + d$. Since

$$(G(a, b))^{-1} = \exp(-\mu_n(x, y) - \mu_{n+1}(x, y) - \cdots)$$

we obtain from (2.9) that

$$U(a, b) = \exp\left(\textstyle\sum_l (\mu_{n+l}(x + \xi_d, y) - \mu_{n+l}(x, y)) + \rho'\right)$$

where again ρ' is a sum of terms of a degree $\geqq n + d$. To show this we may observe that

$$\begin{aligned} &[\textstyle\sum_l \mu_{n+l}(x + \xi_d, y), \sum_l \mu_{n+l}(x, y)] \\ &\qquad = [\textstyle\sum_l (\mu_{n+l}(x + \xi_d, y) - \mu_{n+l}(x, y)), \sum_l \mu_{n+l}(x, y)]. \end{aligned}$$

Therefore we find that $\mathrm{P}(U)$ is the sum of terms of degree $n + d - 1$ in

$$\mu_n(x + \xi_d, y) - \mu_n(x, y) \tag{3.6}$$

provided that the terms of this degree do not vanish identically in which case they also belong to M. If we apply (3.4) to (3.6) we obtain (δ). To prove (ε) we compute

$$\mathrm{P}(G(ac^k, b)(G(a, b))^{-1},$$

where $k = 1, 2, 3, \cdots, p - 1$ and we find that

$$\mu_n(x + k\xi_d, y) - \mu_n(x, y) \tag{3.7}$$

belongs to M if $d = 1$. Since $k^p \equiv k \bmod p$, a combination of the $p - 1$ expressions in (3.7) gives (ε) if we apply (3.4) and (γ). Finally we have the

COROLLARY TO THEOREM 1. The statement (α) is a consequence of (δ) because of the identity

$$\left([u, x] \frac{\partial}{\partial x} + [u, y] \frac{\partial}{\partial y}\right) \mu(x, y) = [u, \mu] = u\mu - \mu u$$

which holds for all elements u and μ of Λ. The proof is trivial.

Until now it has not been proved that M contains any elements except those which are $\equiv 0 \bmod p$, (i.e. all of whose coefficients are divisible by p). The existence of such an element of M has been proved by Ph. Hall [4] and it has been calculated explicitly by H. Zassenhaus [10] who uses an identity discovered by E. Artin (cf. [10]) and N. Jacobson [16]. Of these results we need first Hall's identity (cf. [4, 8]): In a free group F we have

$$(ab)^p = a^p b^p C_2^p \cdots C_{p-1}^p C_p, \tag{3.8}$$

where $C_\nu (\nu = 2, \cdots, p)$ belongs to F_ν. We also need the formula of Zassenhaus: if $z(x, y)$ is defined by (2.8), (2.9) and

$$z = z_1 + z_2 + \cdots + z_n + \cdots, \tag{3.9}$$

where z_n is homogeneous and of degree n, then

$$pz_p \equiv \mathrm{P}(C_p) \equiv \sum_{\nu=0}^{p-2} ((\nu + 1)!)^{-1} \left(x \frac{\partial}{\partial y}\right)^\nu \{xy^{p-1}\} \bmod p. \tag{3.10}$$

From this we obtain that

$$pz_p \equiv \mu^{(0)}(x, y) \bmod p, \tag{3.11}$$

where $\mu^{(0)}$ belongs to M and can be obtained from (3.10) if we replace there $((\nu + 1)!)^{-1}$ by integers h_ν such that $h_\nu(\nu + 1)! \equiv 1 \bmod p$. If we define the numbers β_n by

$$t/(e^t - 1) = \sum_{n=0}^{\infty} \beta_n t^n, \tag{3.12}$$

and if $\bar\beta_n$ is an integer such that $\bar\beta_n \equiv \beta_n \bmod p$ for $n = 0, 1, \cdots, p - 2$, then

$$\{xy^{p-1}\} \equiv \sum_{n=0}^{p-2} \bar\beta_n \left(x \frac{\partial}{\partial y}\right)^n \mu^{(0)}(x, y) \bmod p, \tag{3.13}$$

which shows that $\{xy^{p-1}\}$ belongs to M according to Theorem 1; cf. [6, 10]. Now we have:

THEOREM 2. *Let $G_1(x, y)$, $G_2(x, y)$ be any elements of R with integer coefficients* *such that G_1 does not involve a term of degree zero and let ξ be a homogeneous Lie-element with integer coefficients, then*

(α) $\{G_1\xi^{n-1}G_2\}$ *belongs to* M.

Let $\mu_n(x, y)$ be a homogeneous Lie-element of degree n which belongs to M, such that $\mu_n \not\equiv 0 \bmod p$. *Then*

(β) $n \geqq p$.

If all the terms of μ_n are of a degree $\leqq p + 1$ with respect to y, then

(γ) $(l!)^{-1}(x(\partial/\partial y))^l\mu_n(x, y)$ *belongs to M for* $l = 1, 2, 3, \cdots$.

Let $W_n(a, b)$ be an element of F_n such that $W_n(a, b) = 1$ in B. Then, if

$$W_n(a, b) = \exp(\mu_n + \mu_{n+1} + \cdots + \mu_{n+l} + \cdots),$$

where μ_{n+l} is homogeneous and of degree $n + l$, we have

(δ) μ_{n+l} *belongs to M for $l = 0, 1, \cdots, p - 2$ if its coefficients are replaced by integers which are congruent to them* mod p.

The element C_p of Hall's identity (3.8) is an element W_n of this type where $n = p$. From this we can obtain the

Corollary of Theorem 2. If $p > 2$ and if z_{p+1} is given by (2.8), (3.9), then not only pz_p but also pz_{p+1} belongs to M (in the same sense as μ_{n+l} of (δ)).

Of these statements, (α) is a consequence of (3.13), of Theorem 1, (β) and of (2.6) which show that $\{x\xi^{p-1}\}$ and $\{y\xi^{p-1}\}$ also belong to M. To prove (β), we may observe that it can be derived from (3.8) (or from 3.15 below) or from the general theorem of Hall [4] that a p-group of a class $<p$ is always regular (in the sense defined by Hall). We obtain (γ) from Theorem 1, (ε) if we can show that

$$\left(x\frac{\partial}{\partial y}\right)^l \mu_n(x, y)(l!)^{-1}$$

belongs to M for $l = p, p + 1$. This follows from the fact that such a term is at most of degree one with respect to y and at least of degree p with respect to x, and that its coefficients are integers. Therefore it must be either zero or a linear combination of terms which are of the type $\{yx^m\}$ where $m \geqq p$. Then it follows from (α) that these terms belong to M.

To prove (δ) we may assume first that $\mathrm{P}(W) = \mu_n$ is $\not\equiv 0 \bmod p$. Then $n \geqq p$. Now we form the following elements of F:

$$W_n(a^\lambda, b^\lambda)(W_n(a, b))^{-\lambda^n} = W_\lambda^*(a, b), \qquad (\lambda = 2, 3, \cdots, p - 1).$$

Apparently we have $W_\lambda^*(a, b) = 1$ in B and, since $n \geqq p$, we find that

$$(W_2^*)^{\rho_2}(W_3^*)^{\rho_3} \cdots (W_{p-1}^*)^{\rho_{p-1}} = \exp(\theta_{n+1} + \cdots + \theta_{n+p-2} + \bar{\theta}),$$

where

$$\theta_{n+l} = \left(\sum_{\lambda=2}^{p-1} \rho_\lambda \lambda^n(\lambda^l - 1)\right)\mu_{n+l}, \qquad (l = 1, \cdots, p - 2)$$

and where is $\bar{\theta}$ the sum of all terms of a degree $\geqq n + p - 1$. Now we can determine the integers ρ_λ in such a way that for any given $m = 1, 2, \cdots, p-2$ we have

$$\theta_{n+m} = j_m \mu_{n+m}, \qquad \theta_{n+l} = 0 \text{ if } l \neq m, \qquad 1 \leqq l \leqq p-2,$$

where j_m is an integer not divisible by p. Because of Theorem 1, (γ) this proves (δ) if $\mathrm{P}(W_n) \not\equiv 0 \bmod p$. To prove the full statement (δ) and the corollary of Theorem 2 we need

LEMMA 3. *If $W_n(a, b)$ is an element of F_n and*

$$W_n(a, b) = \exp(\omega_n + \cdots + \omega_{n+l} + \cdots),$$

where ω_{n+l} is homogeneous and of degree $n + l$, then

$$p\omega_n \equiv 0, \qquad p\omega_{n+1} \equiv 0, \cdots, p\omega_{n+p-2} \equiv 0 \bmod p \tag{3.14}$$

$$p^2\omega_{n+p-1} \equiv 0, \cdots, p^2\omega_{n+2p-3} \equiv 0 \bmod p, \tag{3.15}$$

where (3.14) *indicates that the denominators of the coefficients of the terms in*

$$\omega_{n+l} \; (l = 0, \cdots, p-2)$$

are not divisible by p.

To prove this we denote $e^x - 1$, $e^y - 1$ by $\bar{x}, \bar{y}$; then we have

$$a^{-1} = 1 - \bar{x} + \bar{x}^2 \mp \cdots, \qquad a = 1 + \bar{x},$$

$$b^{-1} = 1 - \bar{y} + \bar{y}^2 \mp \cdots, \qquad b = 1 + \bar{y}$$

and $W_n(a, b)$ becomes equal to a power series of $\bar{x}$, $\bar{y}$ with integer coefficients. The terms of degree n (with respect to $\bar{x}$, $\bar{y}$) in this series are given (cf. [7]) by $\omega_n(\bar{x}, \bar{y})$, where $\omega_n(x, y) = \mathrm{P}(W_n)$. Now we introduce again $\exp x - 1$ and $\exp y - 1$ instead of $\bar{x}$ and $\bar{y}$ into this power series; then we find that

$$\exp(\omega_n + \omega_{n+1} + \cdots)$$

is a power series of x and y, say

$$1 + \phi_n(x, y) + \phi_{n+1}(x, y) + \cdots = 1 + \psi(x, y)$$

where $\phi_n = \omega_n$ and where $p\phi_{n+1}, \cdots, p\phi_{n+p-2}$ are $\equiv 0 \bmod p$. Now we have

$$\omega_n + \omega_{n+1} + \cdots = \sum_{l=1}^{\infty} l^{-1}(\psi(x, y))^l.$$

The terms of lowest degree on the right hand side whose coefficients can have a denominator divisible by p must be contained in ψ or in ψ^p/p. Therefore their degree cannot be less than the smaller one of the numbers $n + p - 1$ and np. Together with a similar argument for the terms of higher degree this proves Lemma 3.

If, in (δ) of Theorem 2, we have $\mathrm{P}(W_n) = p\nu_n(x, y)$, where $\nu_n(x, y)$ is a Lie-element of degree n which has integer coefficients, then we can find an element $C_n(a, b)$ of F_n such that $\mathrm{P}(C_n) = \nu_n(x, y)$. Now we form

$$W_n C_n^{-p} = W_{n+1}.$$

Then we can deduce from Lemma 3 and in particular from its special case (cf. (2.8), (2.9), (3.9))

$$pz_1 \equiv pz_2 \equiv \cdots \equiv pz_{p-1} \equiv 0 \mod p, \tag{3.16}$$

that $\mathrm{P}(W_{n+1}) \equiv \mu_{n+1} \mod p$. Repeating this process (which also leads to a proof of (3.8)) we obtain the full statement (δ).

In the special case of

$$a^{-1}bab^{-1} = \exp(\chi_2 + \chi_3 + \cdots), \tag{3.17}$$

where $\chi_2 = yx - xy$, we can also say something about χ_{p+1}. First we have from (2.10):

$$\chi_2 + \chi_3 + \chi_4 + \cdots = z_1(\xi, -y) + z_2(\xi, -y) + \cdots, \tag{3.18}$$

where

$$\xi = \{ye^x\} = y + \text{terms of higher degree.}$$

Since $z_l(y, -y) = 0$ for $l = 1, 2, 3, \cdots$, the terms on the right hand side in (3.16) which contribute to χ_{p+1} and which can have a coefficient with a denominator divisible by p are either of the type

$$z_l(\{yx^p\}/p!, -y), \qquad \{yx^p\}\frac{\partial}{\partial x} z_l(x, -y)/p! \qquad (l = 1, 2, \cdots) \tag{3.19}$$

or of the type

$$[yx]\frac{\partial}{\partial x} z_p(x, -y) = -[z_p(x, -y), y]. \tag{3.20}$$

Of these (3.19) gives only the term $\chi'_{p+1} = \{yx^p\}/p!$ of degree $p + 1$ and (3.20) also contributes only a term χ''_{p+1} such that $p\chi'_{p+1}$ as well as $p\chi''_{p+1}$ belongs to M according to Theorem 2. Here again we mean by $\psi'_{p+1}, \chi''_{p+1} \subset M$ that this holds mod p, that is after a replacement of the coefficients in $\chi'_{p+1}, \chi''_{p+1}$ by the corresponding integers mod p.

Now we start to compute from (3.8) the term μ_{p+1} of degree $p + 1$ in

$$C_p = \exp(\mu_p + \mu_{p+1} + \cdots)$$

We can take $C_2 = (a^{-1}bab^{-1})^\lambda$, where λ is an integer. Therefore, if

$$a^p b^p C_2^p = e^\sigma,$$

the terms of degree $p + 1$ in σ are $\equiv p\lambda\chi_{p+1} \mod p$, because in

$$e^{px}e^{py} = e^{p\zeta}$$

all the components of ζ of a degree >1 are $\equiv 0 \mod p$ if $p > 2$. Then we can derive from (3.8) and from Lemma 3 that

$$pz_{p+1} \equiv p\lambda\chi_{p+1} + \mu_{p+1} \mod p, \tag{3.21}$$

and because of Theorem 2, (δ), this completes the proof of the corollary.

4. The modulus H defined by Hall's identity

Let Λ_0 be the set of Lie-elements with integer coefficients and let $\bar{\Lambda}_0$ be the subset of Λ_0 which contains all the elements of a degree $\geqq p$. Then $\bar{\Lambda}_0$ is a a Lie-ideal in Λ_0 (i.e. $\bar{\Lambda}_0$ is invariant with respect to Lie-multiplication by x and y) and $\Lambda_0/\bar{\Lambda}_0$ is a nilpotent Lie-ring such that the product of any p of its elements is zero. Taking the coefficients of $\Lambda_0/\bar{\Lambda}_0$ mod p we obtain a finite Lie-ring Λ^* which is a homomorphic image of Λ^0. If we denote the homomorphic mapping of Λ_0 upon Λ^* by an arrow, and if

$$x \rightarrow x^*, \qquad y \rightarrow y^*,$$

then

$$px \rightarrow 0, \qquad py \rightarrow 0, \qquad \psi(x, y) \rightarrow 0,$$

where $\psi(x, y)$ is an arbitrary Lie-element with integer coefficients and of a degree $\geqq p$. We define

$$a^* = \exp x^* = 1 + x^* + \cdots + x^{*p-1}/(p-1)!,$$

$$b^* = \exp y^*, \qquad a^*b^* = \exp z^*,$$

Then z^* is an element of Λ^* and a^*, b^*, generate a group B^* such that the pth power of every element of B^* is the unit element; the order of B^* is equal to the number of elements of Λ^*. We can express the fact that z^* is an element of Λ^* by saying that Λ^* *"admits a Hausdorff formula"*, and apparently the construction of the group B^* is equivalent to the fact that Λ^* is a Lie-ring of characteristic p which admits a Hausdorff formula. We shall now construct a Lie-ring Λ' of this type which contains more elements than Λ^* if $p \geqq 5$. According to Witt [9] the order of Λ^* and B^* is p^L, where

$$L = \sum_{r=1}^{p-1} n^{-1} \left(\sum_d \mu(d) 2^{n/d}\right). \tag{4.1}$$

Here $\mu(d)$ denotes the Moebius function and d is an arbitrary divisor of n

DEFINITION 5. Let $u, u_1, u_2, \cdots, u_{p-1}$ be free non-commutative generators of an associative ring. Let

$$\phi = \sum \{u u_1 u_2 \cdots u_{p-1}\} = \phi(u, u_1, \cdots, u_{p-1}),$$

where the sum is taken over all the $(p-1)!$ different arrangements of $u_1, u_2, \cdots, u_{p-1}$. Then we define the modulus H by the postulates

(α) If ψ_1 and ψ_2 belong to H, and if r and r_2 are rational numbers, then

$$r_1\psi_1 + r_2\psi_2$$

also belongs to H.

(β) If $\xi, \xi_1, \cdots, \xi_{p-1}$ are homogeneous elements of Λ, then $\phi(\xi, \xi_1, \cdots, \xi_{p-1})$ belongs to H.

(γ) If ψ belongs to H, then $[\psi, x]$ and $[\psi, y]$ also belong to H.

The set of elements of H which have integer coefficients will be denoted by H_0.

If $\xi, \xi_1, \cdots, \xi_{p-1}$ are homogeneous elements of Λ which have integer coefficients then it follows from Theorem 2 that $\phi(\xi, \xi_1, \cdots, \xi_{p-1})$ belongs both to H_0 and to M. For the investigation of Burnside's problem it would be interesting to know how far H_0 is contained in M. On the one hand H can be obtained from certain elements of M by an extension of the ring of coefficients; on the other hand "almost all" terms of $z(x, y)$ lie in H and therefore this is also true for "almost all" terms of ω, if $\exp \omega = W(a, b)$, where $W(a, b)$ is an element of F. This is shown by:

THEOREM 3. *Let $z_{n,m}$ denote the homogeneous terms contained in z (where* exp *$z = (\exp x)(\exp y)$) which are of degree n and m with respect to x and y. Then there exist Lie-elements $\zeta_{n,m}$ whose coefficients are "integers* mod p" *(i.e. the denominators of the coefficients are not divisible by p) such that*

$$z_{n,m} \equiv \zeta_{n,m} \bmod H \text{ if } n + m < 3p$$

$$z_{n,m} \equiv \zeta_{n,m}/(n + m) \bmod H \text{ if } 3p \leqq n + m \leqq 2p^2 - 7p + 7$$

$$z_{n,m} \equiv 0 \bmod H \text{ if } 2p^2 - 7p + 7 < n + m.$$

To prove this we start with

$$z = \sum_{n=1}^{\infty} (-1)^{n+1} n^{-1} (e^x e^y - 1)^n \tag{4.2}$$

and apply the bracket operator (cf. definition 1) to both sides of (4.2). Then we obtain from (2.6) and (2.7):

$$\begin{aligned} \{z\} &= \left(x \frac{\partial}{\partial x} + y \frac{\partial}{\partial y}\right) z = \sum_{n,m} (n + m) z_{n,m} \\ &= \left\{ \sum_{n=1}^{p-1} (-1)^{n+1} n^{-1} (\exp x \exp y - 1)^n \right\} + \sum_{l=0}^{\infty} r_l \{u u_1 \cdots u_{p+l-1}\}_z \end{aligned} \tag{4.3}$$

Here $\{u u_1 u_2 \cdots u_{p+l-1}\}_z$ denotes the Lie-element which we obtain if we form $\{u u_1 u_2 \cdots u_{p+l-1}\}$ and substitute $u = \{z\}$ and $u_1 = u_2 = \cdots = u_{p+l-1} = z$ afterwards. According to (3.4) and definition 5 this gives an element of H, and therefore we have now to investigate only the finite sum in (4.3). From definition 5 we find (by putting $u_1 = \cdots = u_{p-1} = x$) that

$$\{G_1(x, y) x^{p-1} G_2(x, y)\}$$

belongs to H for all elements G_1 and G_2 of R and therefore we can replace (mod H) $\exp x$ by the first $p - 1$ terms of the series. Finally we have $\{x^2 G\} = \{y^2 G\} = 0$ according to (2.3) and therefore the term of highest degree in

$$\sum_{m=1}^{p-1} (-1)^{n+1} n^{-1} \{(e^x e^y - 1)^n\} \tag{4.4}$$

which is not contained in H is

$$(-1)^p (p - 1)^{-1} ((p - 2)!)^{-2p+3} \{x y^{p-2} (x^{p-2} y^{p-2})^{p-2}\}.$$

The degree of this term is $2p^2 - 7p + 7$. Since the coefficients of all the terms in (4.4) are integers mod p, the second and third statement of Theorem 3 follows from (4.3), (4.4). To prove the first statement we shall show: If n_0, m_0 are the smallest values of n and m respectively such that z_{n_0,m_0} is not congruent (mod H) to an element which has integer coefficients mod p, then n_0 and m_0 must be multiples of p and $n_0 + m_0$ must be *odd*. Then apparently $n_0 + m_0$ must be $\geqq 3p$.

In order to show that n_0 and m_0 must be $\equiv 0$ mod p we use a formula of Hausdorff [15]:

$$x\frac{\partial}{\partial x}z = \{xu(1 - \exp(-u))^{-1}\}_{u=z} \tag{4.5}$$

which means that in the right hand side of (4.5) we have to take u as an independent variable first and substitute z for u after the application of the bracket operator. The result is

$$x\frac{\partial}{\partial x}z = x + \beta_1[x, z] + \beta_2[[x, z]z] + \cdots, \tag{4.6}$$

where 1, β_1, β_2, $\cdots$ are the coefficients of 1, u, u^2, $\cdots$ in the expansion of $u/(1 - e^{-u})$. It is easy to show that $\beta_1, \cdots, \beta_{p-2}$ are integers mod p and evidently $\{xu^{p-1+l}\}_{u=z}$ belongs to H. Therefore we have from (4.6) that, (mod H), $nz_{n,m}$ can be expressed by those components of z which are of a degree less than $n + m$ in such a way that the coefficients are integers mod p. Therefore n_0 and m_0 must be multiples of p.

In order to show that $n_0 + m_0$ must be odd we use a formula of Baker [14]:

$$2z_{2k} = -[z_{2k-1}, x] - [[z_{2k-2}, x]x]/2! - \cdots.$$

If $n_0 + m_0$ would be equal to $2k$ this would show that (mod H) z_{2k} would be congruent to an expression which has integer coefficients mod p if $p > 2$. This completes the proof of Theorem 3. As a consequence we have:

Corollary of Theorem 3. *Let Λ^* be a nilpotent Lie ring with two generators x^*, y^* and with the Galois field of order p as its ring of coefficients. If*
every Lie-product of $3p$ factors x^*, y^* is zero in Λ^*, and if
all elements $\phi(\xi^*, \xi_1^*, \cdots, \xi_{p-1}^*)$ are zero, where ϕ is given by definition 5 and where ξ, ξ_1, $\cdots$, ξ_{p-1} are arbitrary elements of Λ^*,
then the order of the group B is not less than the number of elements of Λ^*.

This follows from the fact that Λ^* admits a Hausdorff formula in the sense explained at the beginning of this section. It can be shown that Λ^* contains precisely

$$(2^p - 2 - p^2 + p)/p$$

linearly independent elements of degree p. Therefore Λ^* contains more than p^L elements if $p \geqq 5$. Here L is given by (4.1).

5. The case $p = 5$

As an example we shall investigate $\bar{B} = B/B_7$ in the case where $p = 5$. For this purpose we shall need a basis of Λ_5 and Λ_6 ; according to [7] we can find such a basis systematically and the result is

for Λ_5 :

$$\beta_1 = \{\Delta x^3\}, \qquad \beta_2 = \{\Delta x^2 y\}, \qquad \beta_3 = \{\Delta x y^2\}, \qquad \beta_4 = \{\Delta y^3\}$$

$$\gamma_1 = \{\Delta x \Delta\}, \qquad \gamma_2 = \{\Delta y \Delta\}$$

and for Λ_6 :

$$\delta_1 = \{\Delta x^4\}, \quad \delta_2 = \{\Delta x^3 y\}, \quad \delta_3 = \{\Delta x^2 y^2\}, \quad \delta_4 = \{\Delta x y^3\}, \quad \delta_5 = \{\Delta y^4\}$$

$$\varepsilon_1 = \{\Delta x^2 \Delta\}, \quad \varepsilon_2 = \{\Delta x y \Delta\}, \quad \varepsilon_3 = \{\Delta y^2 \Delta\},$$

$$\zeta = [[\Delta x], [\Delta y]] = [[[xy]x], [[xy]y]].$$

Here Δ denotes $xy - yx$ and the bracket operator $\{\ \}$ is to be applied as if Δ would be a new variable (e.g. $\{\Delta xy\} = [[[xy]x]y]$).

From Theorem 1 and 2 we find that M_5 contains the elements

$$\sigma_1 = \beta_1, \qquad \sigma_2 = \beta_2 - 4\gamma_1, \qquad \sigma_3 = \beta_3 - 2\gamma_2, \qquad \sigma_4 = \beta_4, \tag{5.1}$$

and it can be shown that M_5 is identical with the set of elements

$$c_1\sigma_1 + c_2\sigma_2 + c_3\sigma_3 + c_4\sigma_4 + 5c_5\gamma_1 + 5c_6\gamma_2, \tag{5.2}$$

where $c_1, \cdots, c_6$ are integers. In a similar way we find: If

$$\begin{aligned} \tau_1 = \delta_1, \qquad \tau_2 = \delta_2, \qquad \tau_3 &= \delta_3 - 4\varepsilon_2 - 4\zeta, \\ \tau_4 = \delta_4 - 2\varepsilon_3, \qquad \tau_5 &= \delta_5 \end{aligned} \tag{5.3}$$

then M_6 contains all the elements

$$c_1\tau_1 + \cdots + c_5\tau_5 + 5(c_6\varepsilon_1 + c_7\varepsilon_2 + c_8\varepsilon_3 + c_9\zeta), \tag{5.4}$$

where $c_1, \cdots, c_9$ are integers. We shall show that (5.4) is the general element of M_6. Then Λ_6 contains four elements which are linearly independent mod M_6 if we take the Galois field of order 5 as the field of coefficients. This will prove that B_6/B_7 is of order 5^4 and that B/B_7 is of order 5^{14}.

The terms of z have been computed for all degrees up to the sixth. The result is (c.f. Baker [14]):

$$144\, z_5 = 1/5(\sigma_1 - \sigma_4 - 4\sigma_3 + 4\sigma_2) + 2\gamma_1 - 2\gamma_2 \tag{5.5}$$

$$288\, z_6 = 1/5(\tau_2 + 4\tau_3 + \tau_4) + 2\varepsilon_2 + 2\zeta. \tag{5.6}$$

Let $r_1, r_2, \cdots; r_1', r_2', \cdots$ denote rational numbers which are integers mod 5 (that is which have denominators not divisible by 5). The fact that all the coefficients of a Lie element λ have numerators which are divisible by 5 shall be expressed by writing $\lambda \equiv 0 \bmod 5$. Now we have:

(I) If $W(a, b)$ is an element of F and if $W(a, b) = \exp(\omega_1 + \omega_2 + \cdots)$ then the terms ω_5 and ω_6 of degree 5 and 6 are of the type

$$\omega_5 = 1/5(r_1\sigma_1 + r_2\sigma_2 + r_3\sigma_3 + r_4\sigma_4) + r_1'\gamma_1 + r_2'\gamma_2 \tag{5.7}$$

$$\omega_6 = 1/5(r_1''\tau_1 + \cdots + r_5''\tau_5) + r_1^*\varepsilon_1 + r_2^*\varepsilon_2 + r_3^*\varepsilon_3 + r_4^*\zeta. \tag{5.8}$$

This is true for $W = a, b, ab$, and we can prove that it is true for W_1W_2 if it holds for W_1 and W_2. To show this we must only observe that:

(II) $\sigma_1, \cdots, \sigma_4$ (and $\tau_1, \cdots, \tau_5$) undergo linear substitutions apart from terms which are multiples of 5 if x and y undergo a linear substitution with integer coefficients, and that:

(III) Both $[\sigma_1, x], \cdots [\sigma_4, x], [\sigma_1, y], \cdots, [\sigma_4, y]$

and $$[x, y]\frac{\partial}{\partial x}\sigma_v, [x, y]\frac{\partial}{\partial y}\sigma_v \qquad (v = 1, \cdots, 4)$$

are linear combinations of $\tau_1, \cdots, \tau_5$, apart from terms which are $\equiv 0 \bmod 5$.

Then the proof of (I) follows from an examination of the law of composition in Λ which is represented by the function $z(x, y)$.

Our next step is the construction of a normal subgroup V^* of F. We shall say that the element $W(a, b)$ of F is a V^*-element if

$$\omega_1 \equiv \omega_2 \equiv \omega_3 \equiv \omega_4 \equiv 0 \bmod 5 \tag{5.9}$$

$$\omega_5 = r_1\sigma_1 + \cdots + r_4\sigma_4 + 5r_1'\gamma_1 + 5r_2'\gamma_2 \tag{5.10}$$

$$\omega_6 = r_1''\tau_1 + \cdots + r_5''\tau_5 + 5(r_1^*\varepsilon_1 + r_2^*\varepsilon_2 + r_3^*\varepsilon_3 + r_4^*\xi). \tag{5.11}$$

Then we have from (I): The fifth power of every element of F is a V^*-element. Now we shall show that:

(IV) The product of two V^*-elements is again a V^*-element.

(V) If v^* is a V^*-element, then the same is true for $a^{\pm 1}v^*a^{\mp 1}, b^{\pm 1}v^*b^{\mp 1}$.

(VI) If v^* is a V^*-element, then we can find elements $W_1, \cdots, W_6$ of F such that F_7 contains the element

$$v^*W_1^{-5}\,W_2^{-5}\cdots W_6^{-5}.$$

We can deduce (IV) and (V) from (I) and (II) by observing that (2.9) and (2.10) are the basic formulas which show how the composition of group elements in F does express itself in Λ.

To prove (VI) we observe first that if

$$v^* = \exp(\omega_1 + \omega_2 + \cdots)$$

then ω_1 has integer coefficients and therefore (and because of (5.9)) there exists and element W_1 such that $\mathrm{P}(W_1) = \frac{1}{5}\omega_1$. Now we form $v^*W_1^{-5} = v_1^*$; then

$$v_1^* = \exp(\omega_2' + \omega_3' + \cdots)$$

where $\omega_2' \equiv 0 \bmod 5$ and where the coefficients of ω_2' must be integers again according to [7, 8]. From (I), (II), (III) we find that v_1^* is a V^*-element again. We can repeat this process until we arrive at a V^*-element

$$v_4^* = v^* W_1^{-5} W_2^{-5} W_3^{-5} W_4^{-5} = \exp(\bar{\omega}_5 + \bar{\omega}_6 + \cdots),$$

where again $\bar{\omega}_5$ has integer coefficients and satisfies (5.10). Now we can construct W_5 and W_6 by using Theorem 2 and (3.21), because (3.21) shows that C_p (as defined by (3.8)) is a V^*-element. This completes the proof of (VI), and therefore we have:

THEOREM 4. *If $p = 5$, then the Burnside-group B with two generators is at least of order 5^{14}, and B_6/B_7 is precisely of order 5^4.*

CALIFORNIA INSTITUTE OF TECHNOLOGY

REFERENCES

[1] B. H. NEUMANN, Math. Ann. 114, 506–525, 1937.
[2] W. BURNSIDE, Quart. J. Math., 33, 230–238, 1902.
[3] R. BAER, Bull. Amer. Math. Soc., 50, 143–160, 1944.
[4, 5] PHILIP HALL, Proc. London Math. Soc., (2), 36, 29–95, 1933, and J. Reine Angew. Math., 182, 156–157, 1940.
[6] O. GRUEN, J. Reine Angew. Math., 182, 158–177, 1940.
[7, 8] W. MAGNUS, J. Reine Angew. Math., 177, 105–115, 1937, and 182, 142–149, 1940.
[9] E. WITT, J. Reine Angew. Math., 177, 152–160, 1937.
[10] H. ZASSENHAUS, Abh. Math. Sem. Hansischen. Univ., 13, 1–100, 1939; 13, 200–207, 1940.
[11] F. B. DYNKIN, C. R. (Doklady) Acad. Sci. URSS, 2nd series, 57, 323–326, 1947.
[12] W. SPECHT, Math. Zeit., 51, 367–376, 1948.
[13] F. WEVER, Math. Ann. 120, 563–580, 1949.
[14] H. F. BAKER, Proc. London Math. Soc., (2) 3, 24–47, 1905.
[15] F. HAUSDORFF, Berichte der Saechsischen Akademie der Wissenschaften, (Math. Phys. Kl.) Leipzig, 58, 19–48, 1906.
[16] N. JACOBSON, Trans. Amer. Math. Soc., 42, 206–244, 1937.

Annals of Mathematics
Vol. 57, No. 3, May, 1953
Printed in U.S.A.

ERRATA

A Connection between the Baker-Hausdorff formula and a problem of Burnside

By W. Magnus

These Annals, Vol. 52, (1950), pp. 111–126

(Received October 17, 1952)

I am indebted to Professor Marshall Hall, Jr. for calling my attention to the fact that there is a gap in the proof of assertion (β) of Theorem 1. It is not always (as stated on top of page 116) true that $P(G(W, W')) = \mu(\xi, \eta)$. If e.g., the degree of ξ is greater than the degree of η and if in

$$G(a, b) = \exp \{\mu(x, y) + \mu_1(x, y) + \cdots \}$$

some of the higher terms $\mu_1, \cdots$ are of lesser degree than μ with respect to x, it may happen that $\mu_1(\xi, \eta)$ contributes terms of lower degree than $\mu(\xi, \eta)$. With the methods used in the paper, only the following weaker statement can be proved:

(β'): If the degrees of ξ and η are equal then $\mu(\xi, \eta)$ belongs to M. If, for instance, the degree of ξ exceeds the degree of η, then $\mu(\xi, \eta)$ still belongs to M if the (maximum) degree of $\mu(x, y)$ with respect to x is less than p.

The proof of (β') can be carried out by using the process of linearization which leads from (3.13) to the quantity Φ in Definition 5 and by applying the method by which the statements (δ) and (ε) of Theorem 1 are proved.

The weaker statement (β') suffices to prove (α) of Theorem 2 where (β) was used. Whether (β) itself is true or not remains undecided.

On page 118, third line from above, the exponent of ξ is $p - 1$, not $n - 1$.

ON THE SPECTRUM OF HILBERT'S MATRIX.* [1]

By WILHELM MAGNUS.

1. Introduction and summary. It has been shown by Hilbert that the infinite matrix

$$(1.1) \qquad (\alpha_{nm}), \text{ where } \alpha_{nm} = (n+m+1)^{-1}; \qquad n, m = 0, 1, 2, \cdots,$$

is bounded, and Hilbert's inequality,

$$(1.2) \qquad 0 \leqq \sum_{n=0}^{\infty} \sum_{m=0}^{\infty} x_n x_m/(n+m+1) \leqq \pi \sum_{n=0}^{\infty} x^2{}_n,$$

for real x_n, has been proved in many different ways; for references cf. Hardy, Littlewood and Pólya [2]. The finite segments of (1.1) have been investigated by H. Frazer [1] and O. Taussky [6]. The matrix (1.1) is associated with Legendre's polynomials (cf. Szegö [4]), and the quadratic form in (1.2) has been used by Szegö [5] for a normalization of Hankel forms.

Hilbert's original proof of (1.2) (cf. H. Weyl [7], I. Schur [3]) suggests that the spectrum of (1.1) is purely continuous. We shall obtain the following result: [2]

THEOREM 1. *The spectrum of Hilbert's matrix* (1.1) *is purely continuous. Every real value of* λ *for which* $0 \leqq \lambda \leqq \pi$ *belongs to the spectrum.*

2. An integral equation. We shall prove

THEOREM 2. *If the real numbers* g_n, h_n, $(n = 0, 1, 2, \cdots)$ *satisfy*

$$(2.1) \qquad \sum_0^{\infty} g^2{}_n = M < \infty, \qquad \sum_0^{\infty} h^2{}_n = N < \infty$$

* Received January 25, 1950.

[1] Work sponsored by the Office of Naval Research.

[2] I am indebted to Professor Wintner for calling my attention to the fact that the second statement of Theorem 1 can be derived from Carleman's work (*Sur les équations intégrales singulières à noyau réel et symmétrique*, Uppsala, 1923, pp. 169) on the integral analogue of Hilbert's matrix. Carleman shows that the kernel $(s+t)^{-1}$, $0 \leqq s, t < \infty$, has the purely continuous spectrum $[0, \pi]$; from this, from Hilbert's original proof of (1.2), and from a result due to H. Weyl (*Rendiconti del Circolo Matematico di Palermo*, vol. 27 (1909), pp. 373-392), it follows that every point of $[0, \pi]$ belongs to the spectrum of (1.1).

(*which implies that the power series*

(2.2) $$g(z)=\sum_0^\infty g_n z^n, \qquad h(z)=\sum_0^\infty h_n z^n$$

converge for $|z|<1$), *and if* λ *denotes a real number such that* $0\leqq\lambda\leqq\pi$, *then neither of the integral equations*

(2.3) $$\int_0^1 g(t)/(1-tz)\,dt=\lambda g(z),$$

(2.4) $$\int_0^1 h(t)/(1-tz)\,dt=\lambda h(z)+1$$

has a solution, except for the solution $g(z)\equiv 0$ *of* (2.3).

This is equivalent to Theorem 1. We can show this by expanding $(1-tz)^{-1}$ in a series of ascending powers of zt, introducing this expansion into (2.3) and (2.4), and observing that, because of (2.1), term by term integration is permitted.

To prove Theorem 2, we deduce first from (2.1) and from Schwarz's inequality that, for $|z|<1$,

(2.5) $$|g(z)|\leqq M^{\frac{1}{2}}|1-z^2|^{-\frac{1}{2}}, \qquad |h(z)|\leqq N^{\frac{1}{2}}|1-z^2|^{-\frac{1}{2}}.$$

This shows that we can iterate (2.3) and (2.4) which gives

(2.6) $$\int_0^1 \{g(t)/(t-z)\}\log\{(1-z)/(1-t)\}dt =\lambda^2 g(z),$$

(2.7) $$\int_0^1 \{h(t)/(t-z)\}\log\{(1-z)/(1-t)\}dt =\lambda^2 h(z)+\lambda-z^{-1}\log(1-z).$$

We now introduce

(2.8) $$1-t=e^{-\tau}, \qquad 1-z=e^{-\zeta}, \qquad g(t)=\gamma(\tau), \qquad h(t)=\eta(\tau).$$

Multiplying (2.6) and (2.7) by $e^{-p\zeta}$ and integrating with respect to ζ from 0 to ∞, we find

(2.9) $$\lambda^2\int_0^\infty \gamma(\zeta)e^{-p\zeta}d\zeta$$
$$=\int_0^\infty \gamma(\tau)e^{-p\tau}d\tau\{\int_0^\infty e^{-p\sigma}\sigma/(1-e^{-\sigma})\,d\sigma$$
$$+\int_0^\infty e^{-\sigma(1-p)}\sigma d\sigma/(1-e^{-\sigma})-\int_\tau^\infty e^{-\sigma(1-p)}\sigma/(1-e^{-\sigma})\,d\sigma\}.$$

The exchanging of the integrations is permitted if $\operatorname{Re} p > \frac{1}{2}$, where Re denotes the real part.

The integrals from 0 to ∞ with respect to σ in (2.9) can be evaluated explicitly, and the integral from τ to ∞ can be evaluated by an expansion of $\{1-\exp(-\sigma)\}^{-1}$ into a sum of terms $\exp(-n\sigma)$, provided that $\operatorname{Re} p < 1$. The result is

$$(2.10)\quad \{(\pi/\sin \pi p)^2 - \lambda^2\} \int_0^\infty e^{-p\zeta}\gamma(\zeta)\,d\zeta = \sum_{k=0}^{\infty} \{b_k(1-p+k)^{-1} + a_k(1-p+k)^{-2}\},$$

where $\frac{1}{2} < \operatorname{Re} p < 1$ and

$$(2.11)\quad a_k = \int_0^\infty \gamma(\sigma)e^{-(k+1)\sigma}d\sigma = \int_0^1 g(t)(1-t)^k dt,$$

$$(2.12)\quad b_k = \int_0^\infty \gamma(\sigma)e^{-(k+1)\sigma}d\sigma = -\int_0^1 g(t)(1-t)^k \log(1-t)\,dt.$$

But since the integral on the left-hand side of (2.9) is an analytic function of p if $\operatorname{Re} p > \frac{1}{2}$, the latter condition is the only restriction for the validity of (2.10), the right hand side being regular in p except for poles at $p = k+1$ $(k = 0, 1, 2, \cdots)$. Since the left-hand side in (2.10) vanishes at

$$(2.13)\quad p = \tfrac{1}{2} + n \pm i\theta, \qquad (\theta = \pi^{-1}\{\log(\pi + (\pi^2-\lambda^2)^{\frac{1}{2}}) - \log\lambda\}),$$

where $n = 1, 2, \cdots$, the same must hold for the right-hand side of (2.10).

We can deduce from (2.1) that an application of the inversion formula of the Laplace transform

$$(2.14)\qquad \int_0^\infty e^{-p\zeta}\gamma(\zeta)\,d\zeta$$

must give $\gamma(\zeta)$. If we compute (2.14) from (2.10), this supplies a representation of $\gamma(\zeta)$ by an integral taken over a parallel to the imaginary axis of the p-plane, which then can be evaluted by an application of the formula of residues. To prove this, we deduce from (2.5) that

$$(2.15)\qquad |a_k| \leqq M^{\frac{1}{2}}(k+\tfrac{1}{2})^{-1}, \qquad |b_k| \leqq M^{\frac{1}{2}}(k+\tfrac{1}{2})^{-2},$$

which shows that the series on the right-hand side of (2.10) tends to zero if $\operatorname{Re} p < 1$ and $|p| \to \infty$. Going back from ζ to z, the result is, for $0 < \lambda < \pi$,

$$(2.16)\quad g(z) = \tfrac{1}{2}\lambda^{-2}(\pi^2-\lambda^2)^{-\frac{1}{2}} \sum_{m=0}^{\infty} (1-z)^{m-\frac{1}{2}}\{q_m(1-z)^{-i\theta} + \bar{q}_m(1-z)^{i\theta}\},$$

where θ is defined by (2.13) and q_n by

$$(2.17) \quad q_m = -i\sum_{k=0}^{\infty}\{a_k(\tfrac{1}{2}+m+k-i\theta)^{-2}+b_k(\tfrac{1}{2}+m+k-i\theta)^{-1}\}.$$

In a similar way, we find from (2.7) that

$$(2.18) \quad h(z) = \tfrac{1}{2}\lambda^{-2}(\pi^2-\lambda^2)^{-\frac{1}{2}}\sum_{m=0}^{\infty}(1-z)^{m-\frac{1}{2}}\{r_m(1-z)^{-i\theta}+\bar{r}_m(1-z)^{i\theta}\},$$

where

$$(2.19) \quad r_m + \lambda(\tfrac{1}{2}-m+i\theta)^{-1} + i\sum_{k=0}^{\infty}(\tfrac{1}{2}+k-m+i\theta)^{-2}$$
$$= -i\sum_{k=0}^{\infty}\{\alpha_k(\tfrac{1}{2}+m+k-i\theta)^{-2}+\beta_k(\tfrac{1}{2}+m+k-\theta)^{-1}\},$$

$$(2.20) \quad \alpha_k = \int_0^1 h(t)(1-t)^k dt, \qquad \beta_k = -\int_0^1 h(t)(1-t)^k \log(1-t)dt.$$

Finally, it follows from (2.3), by Stieltjes' inversion formula, that, if $w > 1$,

$$(2.21) \quad \lim_{\epsilon\to 0}\{g(w+i\epsilon)-g(w-i\epsilon)\} = 2\pi i(w/\lambda)g(w^{-1}),$$

where $g(w\pm i\epsilon)$ denotes the analytic continuation of $g(z)$ into the neighborhood of the upper and lower side of the real axis. (2.21) is also satisfied if we substitute $h(z)$ for $g(z)$. Combined with (2.16), this gives

$$(2.22) \quad w\sum_{m=0}^{\infty}(-1)^m(w-1)^{m-\frac{1}{2}}\{q_m(w-1)^{-i\theta}+\bar{q}_m(w-1)^{i\theta}\}$$
$$= \sum_{m=0}^{\infty}(1-w^{-1})^{m-\frac{1}{2}}\{q_m(1-w^{-1})^{-i\theta}+\bar{q}_m(1-w^{-1})^{i\theta}\}.$$

From this we see, by letting $w\to 1$, that if $q_0 = 0$, then $q_1 = 0$. But q_0 must be zero, because

$$(2.33) \quad \int_0^1\{g(z)\}^2 dz = \sum_{n,m=0}^{\infty} g_n g_m(n+m+1)^{-1} \leqq \pi\sum_0^{\infty} g^2{}_n$$

is finite, according to (1.2) and (2.1). On the other hand, it follows from (2.16) that the integral on the left in (2.23) is infinite unless $q_0 = 0$. Hence, if $g(z)$ satisfies (2.1) and (2.3), and if $0 < \lambda < \pi$, then

$$(2.24) \quad g(1) = g'(1) = 0, \qquad |g'(z)| \leqq M',$$

where M' is a constant and $0 \leqq z \leqq 1$. Similarly, we find

$$(2.25) \quad h(1) = h'(1) = 0, \qquad |h'(z)| \leqq N'.$$

Differentiating (2.3) and (2.4) with respect to z, we have from (2.24), (2.25)

$$\lambda g'(z) = \int_0^1 (1-tz)^{-2}\{tg(t)\}dt \tag{2.26}$$

$$= -z^{-1}\int_0^1 (1-zt)^{-1}\{tg'(t)+g(t)\}dt,$$

and (2.26) is also valid if we substitute $h(z)$ for $g(z)$.

If we combine (2.26) and (2.3), we obtain

$$\lambda\{zg'(z)+g(z)\} = \int_0^1 tg'(t)(1-tz)^{-1}dt.$$

Since $|g'(t)| \leqq M'$, this gives $\lambda(n+1)|g_n| \leqq M' \int_0^1 t^{n+1}dt$, which shows that

$$\sum_0^\infty \{(n+1)g_n\}^2 < \infty. \tag{2.27}$$

We can replace the second equation in (2.26) by an infinite system of linear equations, viz.,

$$\sum_{m=0}^\infty (m+1)g_m(n+m+1)^{-1} = -\lambda n g_n, \qquad (n=0,1,2,\cdots).$$

Putting $(m+1)g_m = x_m$, we find

$$\sum_{n=0}^\infty \sum_{m=0}^\infty x_n x_m/(n+m+1) = -\lambda \sum_{n=0}^\infty n/(n+1)x^2_n. \tag{2.28}$$

Because of (2.27), we can apply (1.2), obtaining a contradiction unless $x_1 = x_2 = \cdots = 0$. Hence we see from (2.28) that also $x_0 = 0$, and therefore $g(z) \equiv 0$. The proof for $h(z) \equiv 0$ (i.e., for the non-existence of $h(z)$) is precisely the same. This proves Theorem 2 for $0 < \lambda < \pi$.

To complete the proof of Theorem 2, it will be sufficient to show that $g(z) \equiv 0$ if $\lambda = 0$ or $\lambda = \pi$, since the spectrum is a closed set. Therefore we have to exclude only the possibility that $\lambda = 0$ or $\lambda = \pi$ belongs to the point spectrum of (1.1). The case $\lambda = 0$ can easily be excluded by introducing $G(z) = \sum_0^\infty g_n z^{n+1}(n+1)^{-1}$. This is a continuous function of z for $0 \leqq z \leqq 1$, and from (2.3) we have in the case $\lambda = 0$

$$\int_0^1 g(t)t^n dt = G(1) - n\int_0^1 G(t)t^{n-1}dt = 0$$

for $n = 0, 1, 2, \cdots$. For $n = 0$, this gives $G(1) = 0$, and for $n = 1, 2, \cdots$ we find that all the moments of $G(t)$ vanish, i. e., $G(t) \equiv 0$. The case $\lambda = \pi$ can be dealt with in the same way as the general case if we modify (2.16) according to the fact that the evaluation of $\gamma(\zeta)$ from (2.10) requires the computation of residues at poles of the second order of the integrand. The analogue of (2.16) then involes a term with $\log(1 - z)$.

CALIFORNIA INSTITUTE OF TECHNOLOGY.

REFERENCES.

[1] H. Frazer, "Note on Hilbert's inequality," *Journal of the London Mathematical Society*, vol. 21 (1946), pp. 7-9.

[2] G. H. Hardy, J. E. Littlewood, G. Pólya, *Inequalities*, Cambridge (1934), pp. 226-227.

[3] I. Schur, "Bemerkungen zur Theorie der beschränkten Bilinearformen mit unendlich vielen Veränderlichen," *Journal für die reine und angewandte Mathematik*, vol. 140 (1911), pp. 1-28.

[4] G. Szegö, *Orthogonal polynomials*. New York (1939).

[5] ———, "A Hankel-Féle Formákról," *Mathematikai es Természettudományi értesitö*, vol. 36 (1918), pp. 497-538. Review in *Jahrbuch über die Fortschritte der Mathematik*, vol. 46 (1916-1918), p. 649.

[6] O. Taussky, "A remark concerning the characteristic roots of the finite segments of the Hilbert matrix," *Quarterly Journal of Mathematics*, Oxford ser., vol. 20 (1949), pp. 80-83.

[7] H. Weyl, *Singuläre Integralgleichungen mit besonderer Berücksichtigung des Fourierschen Integraltheorems*. Dissertation, Göttingen, 1908, pp. 83-86.

Reprinted from the
American Journal of Mathematics **72** (1950), 699–704.

Über einige beschränkte Matrizen

Von WILHELM MAGNUS in New Rochelle, N.Y. (U.S.A.)

ERNST HELLINGER gewidmet

1. Einleitung. Im folgenden bedeute m den Spalten- und n den Zeilenindex einer Matrix, wobei n, m stets die Werte $0, 1, 2, \dots$ durchlaufen. Θ ist ein reeller Parameter und wir betrachten die von Θ abhängigen Matrizen

$$H(\Theta) = \left(\frac{1}{n+m+\Theta}\right), \quad A(\Theta) = \frac{\sin \pi\Theta}{\pi}\left(\frac{1}{-n+m+\Theta}\right) \tag{1}$$

deren Beschränktheit I. SCHUR [1] bewiesen hat[1]). TITCHMARSH [2] hat die zweiseitig unendliche Matrix

$$\frac{\sin \pi\Theta}{\pi}\left(\frac{1}{k+l+\Theta}\right), \quad k, l = 0, \pm 1, \pm 2, \dots \tag{2}$$

untersucht, deren formal gebildetes Quadrat die Einheitsmatrix ist und hat eine ausführliche Analyse der Bedingungen gegeben, unter denen das zu (2) gehörige inhomogene lineare Gleichungssystem auflösbar ist. In der vorliegenden Note werden erstens für $A(\Theta)$ und zweitens für gewisse lineare Kombinationen aus $H^2(\Theta)$ und der Einheitsmatrix formale Reziproke angegeben, deren Beschränktheit untersucht wird. Im zweiten Falle läßt sich dies auch als Auflösungsformel einer Integralgleichung schreiben. Dabei ergeben sich einerseits Verallgemeinerungen der HILBERTschen Ungleichung, andrerseits explizite Beispiele zu besonderen Vorkommnissen bei nicht mehr beschränkten Matrizen (Abhängigkeit der Bildung der dritten Potenz von der Reihenfolge der Komposition der Faktoren, gleichzeitiges Vorhandensein einer beschränkten und einer nicht beschränkten Inversen einer beschränkten symmetrischen Matrix). Schließlich werden die Grenzen des Spektrums von $H(\Theta)$ für $\Theta > 0$ genau bestimmt; auch daß $H(1+\Theta)$ und $H(1-\Theta)$ für $0 \leqq \Theta < \frac{1}{2}$ dasselbe Spektrum haben, läßt sich aus (21) und Satz 4 ableiten; das Hauptziel, das man sich in diesem Zusammenhang setzen würde, nämlich eine Spektraldarstellung für $H(\Theta)$ wird jedoch nicht erreicht. Daß übrigens mindestens $H(1)$ ein rein kontinuierliches Spektrum besitzt, soll an anderer Stelle gezeigt werden.

[1]) Zahlen in eckigen Klammern sind Verweise auf das Literaturverzeichnis am Schluß.

Bezeichnungen und Hilfsformeln sind im Anhang zusammengestellt. Auf letztere wird durch Nummern (A 1) usw. verwiesen.

Die vorliegende Note ist bei der Mitarbeit an einem vom „Office of Naval Research of the U.S.A." unterstützten Projekt entstanden.

Für wertvolle Hinweise zur Literatur und zur Sache bin ich Herrn A. Erdélyi zu besonderem Dank verpflichtet.

2. Ungleichungen. Es seien x_n, $(n = 0, 1, 2, \ldots)$ die (reellen) Komponenten eines Vektors $\mathfrak{x}$ mit beschränkter Norm. Dann gilt:

Satz 1. *Es ist für* $\Theta > 0$

$$0 \leqq \Big(\sum_{n,\,m=0}^{\infty} \frac{x_n\, x_m}{n+m+\Theta}\Big) \Big/ \Big(\sum_{n=0}^{\infty} x_n^2\Big) \leqq M(\Theta)\,, \tag{3}$$

wobei die bestmögliche Schranke $M(\Theta)$ *gegeben ist durch*

$$M(\Theta) = \pi \text{ für } \Theta \geqq \tfrac{1}{2}\,, \qquad M(\Theta) = \pi / |\sin \pi\, \Theta| \text{ für } 0 < \Theta \leqq \tfrac{1}{2}\,. \tag{4}$$

Ferner ist für $0 \leqq \Theta < \frac{1}{2}$ *mit nicht näher bestimmter Schranke* $M'(\Theta) \geqq \pi$

$$0 \leqq \sum_{n,\,m=0}^{\infty} \frac{x_n\, x_m}{[(n+1)\,(m+1)]^{\Theta}\,(n+m+1)^{1-2\,\Theta}} \leqq M'(\Theta) \sum_{n=0}^{\infty} x_n^2\,. \tag{5}$$

Beweis: Bildet man die Funktion

$$f(z) = \sum x_n\, z^n\,, \tag{6}$$

so folgt aus der Beschränktheit von $H(\Theta)$ und aus

$$\int_0^1 \{f(z)\}^2 z^{\Theta-1}\, dz = \sum_{n,\,m=0}^{\infty} x_n\, x_m / (n+m+\Theta)\,, \tag{7}$$

daß $M(\Theta)$ eine nicht zunehmende Funktion von Θ ist. Da I. Schur [1] schon $M(\Theta) \leqq \pi/(|\sin \pi\, \Theta|)$ bewiesen hat, bleibt also zum Beweise von (3), (4) nur noch zu zeigen, daß die oberen Schranken in (4) wirklich beliebig gut approximiert werden können. Hierzu wähle man die Größen $x_n = (1-\sigma)_n/n!$, wobei $\sigma > \frac{1}{2}$ sein soll. Dann existiert die Norm von $\mathfrak{x}$ und es wird der Quotient der Summen in (3) nach (A 1), (A 9), (A 10) gleich

$$\Gamma(\sigma)\, \Gamma(\sigma)\, \Gamma(\Theta)/\Gamma(2\,\sigma + \Theta - 1)\,. \tag{8}$$

Im Falle $\Theta \geqq \frac{1}{2}$ lasse man $\sigma \to \frac{1}{2}$ streben; dann strebt (8) gegen π. Falls $0 < \Theta < \frac{1}{2}$ setze man $\sigma = 1 - \Theta$ und erhält in (8) $\pi/\sin \pi\, \Theta$. In diesem Falle wird die obere Grenze der zu $H(\Theta)$ gehörigen Form wirklich angenommen. Zu dieser Frage (für $\Theta = 1$) vgl. O. Taussky [3].

Beim Beweise von (5) können wir uns damit begnügen, die Beschränktheit der quadratischen Form nach oben (und das heißt für nicht negative x_n) nachzuweisen; daß sie keine negativen Werte annehmen kann, folgt aus den Resultaten von J. W. S. Cassels [4]. Seine mit (5) verwandten allgemeineren Resultate zum Beweise von (5) zu verwenden scheint jedoch, falls es möglich ist, nicht einfach zu sein. Wir werden (5) aus der Beschränktheit der in (16) definierten Matrix $U(\Theta)$ herleiten, deren allgemeines Element $u_{n,m}$ gegeben ist durch

$$U_{n,m} = \frac{\Gamma(n+1+\Theta)}{n!}\frac{\Gamma(m+1+\Theta)}{m!}\sum_{r=0}^{\infty}\left\{\frac{(1-\Theta)_r}{r!}\right\}^2 \frac{1}{n+r+1}\,\frac{1}{m+r+1} \tag{9}$$

Hier wird die Summe für $n \neq m$ (der Fall $n = m$ ist noch einfacher) gleich

$$\frac{1}{n-m}\int_0^1 F(1-\Theta, 1-\Theta; 1; t)\,(t^m - t^n)\,dt. \tag{10}$$

Nach bekannten Formeln für F wird für $0 < \Theta < \frac{1}{2}$

$$(1-t)^{2\Theta-1} \leqq F(1-\Theta, 1-\Theta; 1; t) \leqq (1-t)^{2\Theta-1}\frac{\Gamma(1-2\Theta)}{\{\Gamma(1-\Theta)\}^2}. \tag{11}$$

Zusammen mit den Bemerkungen, daß für $n > m$ sicher $n+1 > \frac{1}{2}(n+m+1)$ und, mit der Abkürzung $s = (n+1)/(m+1)$, sicher

$$(s^{\Theta} - s^{-\Theta})/(s-1)$$

zwischen zwei festen positiven Vielfachen von $s^{\Theta-1}$ liegt, folgt aus (9), (10), (11), daß

$$C_1 u_{n,m} \leqq [(n+1)(m+1)]^{-\Theta}(n+m+1)^{2\Theta-1} \leqq C_2 u_{n,m}, \tag{12}$$

wobei C_1, C_2 positive, von n, m unabhängige Konstanten sind. Für $-\frac{1}{2} < \Theta < 0$ läßt sich eine analoge Abschätzung mit $|\Theta|$ anstatt Θ angeben. Dies führt (5) auf die Beschränktheit von $U(\Theta)$ zurück. Es sei hier noch angemerkt, daß man für $\frac{1}{2} < \Theta < 1$ (mit von n, m unabhängigen C_2, C_3) findet

$$C_2[(n+1)(m+1)^{\Theta-1} \leqq u_{n,m} \leqq C_3[(n+1)(m+1)]^{\Theta-1}. \tag{13}$$

Der Beweis folgt hier aus der Konvergenz von $\sum\{(1-\Theta)_r/r!\}^2$ (vgl. (A 11)).

3. Identitäten. Außer $H(\Theta)$ und $A(\Theta)$ (vgl. (1)) führen wir noch die folgenden Matrizen ein:

$$D(\Theta) = \left(\frac{\Gamma(1+n+\Theta)}{n!}\delta_{n,m}\right), \quad E = (\delta_{n,m}), \quad \delta_{n,m} = \begin{cases} 1 \text{ für } n = m \\ 0 \text{ für } n \neq m \end{cases} \tag{14}$$

$$\Phi = (\varphi_{n,m}), \quad \varphi_{n,n} = \psi(n+1), \quad \varphi_{n,m} = 1/(m-n), \quad (n \neq m) \tag{15}$$

$$S(\Theta) = A(\Theta)\,D(\Theta); \; U(\Theta) = D(\Theta)\,H(1)\,D(-\Theta)\,D(-\Theta)\,H(1)\,D(\Theta), \tag{16}$$

wobei in (16) $-\frac{1}{2} < \Theta < 1$ sein soll. Wenn wir den Vektor $\mathfrak{x}$ durch die Funktion $f(z)$ in (6) repräsentieren, lassen sich H und D darstellen als die Integraloperatoren

$$H(\Theta)\,f(z) = \int_0^1 \frac{f(t)\,t^{\Theta-1}}{1-tz}\,dt \qquad (\Theta > 0) \tag{17}$$

$$D(-\Theta)\,f(z) = \frac{1}{\Gamma(\Theta)} \int_0^1 f(z\,t)\,t^{-\Theta}(1-t)^{\Theta-1}\,dt\,, \qquad (0 < \Theta < 1) \tag{18}$$

$$D(\Theta)\,f(z) = \frac{1}{\Gamma(1-\Theta)}\,\frac{d}{dz}\,z \int_0^1 f(z\,t)\,t^{\Theta}(1-t)^{-\Theta}\,dt\,, \quad (0 < \Theta < 1) \tag{19}$$

Hierbei wird nicht mehr als die Existenz der resultierenden Funktion für $|z| < 1$ unter der Annahme $(\mathfrak{x}, \mathfrak{x}) < \infty$ behauptet. In einem ebenfalls rein formalen Sinne gilt

Satz 2. *Bei Anwendung der Regeln für Matrizenmultiplikation bestehen die Beziehungen*

$$\left(\frac{\sin \pi\Theta}{\pi}\right)^2 H(1+\Theta)\,H(1+\Theta) \;+\; A(-\Theta)\,A(\Theta) = E \tag{20}$$

$$H(1-\Theta)\,A(\Theta) \;+\; A(\Theta)\,H(1+\Theta) = 0 \tag{21}$$

$$S(\Theta)\,S(\sigma) = S(\Theta+\sigma)\,, \quad (\Theta < 1) \tag{22}$$

$$S(\Theta) = \exp \Theta\,\Phi\,, \quad (-\tfrac{1}{2} < \Theta < \tfrac{1}{2}) \tag{23}$$

$$A(\Theta)\cdot D(\Theta)\,A(-\Theta)\,D(-\Theta) = E = D(\Theta)\,S(-\Theta)\cdot A(\Theta) \tag{24}$$

$$D(\Theta)\,A(-\Theta)\,D(-\Theta)\,\mathrm{D}(-\Theta)\,A(\Theta)\,D(\Theta) = E + \left(\frac{\sin \pi\Theta}{\pi}\right)^2 U(\Theta) \tag{25}$$

$$\left\{E - \left[\frac{\sin \pi\Theta}{\pi}\,H(1+\Theta)\right]^2\right\}\cdot\left\{E + \left(\frac{\sin \pi\Theta}{\pi}\right)^2 U(\Theta)\right\} = E \tag{26}$$

$$H(1+\Theta)\,U(\Theta) = U(\Theta)\,H(1+\Theta)\,, \tag{27}$$

wobei alle Beziehungen außer (23) *jedenfalls für* $-\frac{1}{2} < \Theta < 1$ *gelten.* Diese Beziehungen (mit Ausnahme von (23), was weiterhin nicht gebraucht wird) können mit den Summenumformungen des Anhangs durch elementare Rechnungen verifiziert werden. Wir ziehen aus (22) noch den Schluß:

Corollar zu Satz 2. *Für* $\frac{1}{2} < \Theta < 1$ *existiert formal* $S(\Theta)\,S(\Theta) = S(2\Theta)$ *und* $(S\Theta)\,\{S(\Theta)\,S(\Theta)\} = S(3\Theta)$ *aber nicht* $\{S(\Theta)\,S(\Theta)\}\,S(\Theta)$.

4. Umkehrungen. Wir zeigen zunächst, daß die Matrix $U(\Theta)$ aus (16) für $-\frac{1}{2} < \Theta < \frac{1}{2}$ beschränkt ist. (Daß sie für $\frac{1}{2} < \Theta < 1$ nicht beschränkt ist, folgt sofort aus (13).) Für $\Theta = 0$ ist dies trivial. Für $\Theta \neq 0$ und $-\frac{1}{2} < \Theta < \frac{1}{2}$ besitzt

$$E - \pi^{-2} (\sin \pi\Theta)^2 H(1 + \Theta) H(1 + \Theta)$$

nach Satz 1 eine beschränkte Reziproke $\beta(\Theta)$, die definiert werden kann durch

$$B(\Theta) = E + \left\{ \frac{\sin \pi \Theta}{\pi} H(1 + \Theta) \right\}^2 + \left\{ \frac{\sin \pi \Theta}{\pi} H(1 + \Theta) \right\}^4 + \dots . \tag{28}$$

Setzen wir noch

$$G(\Theta) = B(\Theta) - E - \pi^{-2} (\sin \pi\Theta)^2 U(\Theta) , \tag{29}$$

so folgt aus (26) rein formal

$$\{ E - \pi^{-2} (\sin \pi\Theta)^2 H(1 + \Theta) H(1 + \Theta) \} G(\Theta) = 0 . \tag{30}$$

Da nun für den linken Faktor in (30) nach Satz 1 Null nicht zum Spektrum gehört, müssen die Spalten von $G(\Theta)$ identisch Null sein, falls sie eine beschränkte Norm besitzen. Nach (12) ist dies aber für $-\frac{1}{2} < \Theta < \frac{1}{2}$ der Fall. Folglich ist hier $G(\Theta) \equiv 0$ und $U(\Theta)$ ist beschränkt. Hieraus, aus (20), (24), (25) und $A'(\Theta) = A(-\Theta)$ (wobei ein Strich die Transponierte bedeutet) folgt, daß für $-\frac{1}{2} < \Theta < \frac{1}{2}$ auch $A(\Theta)$ eine beschränkte Inverse besitzt. Da leicht zu sehen ist, für welche Vektoren $\mathfrak{x}$ mit beschränkter Norm $U(\Theta)\,\mathfrak{x}$ wiederum beschränkt ist, wenn $\frac{1}{2} < \Theta < 1$ ist, erhalten wir daher

Satz 3. Die Matrix $E - \pi^{-2} (\sin \pi\, \Theta)^2 \{ H(1 + \Theta) \}^2$ *besitzt für* $-\frac{1}{2} < \Theta < \frac{1}{2}$ *die beschränkte Reziproke*

$$E + \left(\frac{\sin \pi \Theta}{\pi}\right)^2 U(\Theta) = V(\Theta) , \tag{31}$$

welche in diesem Falle mit der Matrix $B(\Theta)$ *in* (28) *identisch ist. Für* $\frac{1}{2} < \Theta < 1$ *ist* $B(\Theta)$ *ebenfalls eine beschränkte Reziproke, aber nicht* $V(\Theta)$. *Jedoch definieren dann* $B(\Theta)$ *und* $V(\Theta)$ *in einem linearen Teilraum des* HILBERT*schen Raumes der Vektoren* $\mathfrak{X}$ *mit beschränkter Norm denselben Operator; dieser Teilraum ist gegeben durch*

$$\sum_{n=0}^{\infty} \mu_n x_n = 0 , \quad \mu_n = \frac{\Gamma(1 + n + \Theta)}{n!} \sum_{r=0}^{\infty} \left\{ \frac{(1 - \Theta)_r}{r!} \right\}^2 \frac{1}{n + r + 1} . \tag{32}$$

Die Linearform in (32) ist nicht vollstetig und der Teilraum nicht abgeschlossen, weil die Quadratsumme der μ_n nicht konvergiert. (Übrigens kann dies auch leicht explizit nachgewiesen werden.)

Mit Hilfe von (17), (18), (19) lassen sich diese Aussagen als Integralumkehrungen formulieren. Aus der Beschränktheit von $A^{-1}(\Theta)$ erhalten wir in einer gewissen Analogie zu TITCHMARSH [2]:

Satz 4. Das Gleichungssystem

$$\frac{\sin \pi\Theta}{\pi} \sum_{m=0}^{\infty} \frac{x_m}{-n+m+\Theta} = y_n \,, \quad \sum_{n=0}^{\infty} y_n^2 < \infty \,, \quad y_n \text{ reell}$$

besitzt für $-\frac{1}{2} < \Theta < \frac{1}{2}$ *ein und nur ein Lösungssystem* x_n *mit beschränkter Quadratsumme, nämlich*

$$\frac{\Gamma(1+n+\Theta)}{n!} \frac{\sin \pi\Theta}{\pi} \sum_{m=0}^{\infty} \frac{y_m}{n-m+\Theta} \frac{\Gamma(1+m-\Theta)}{m!} = x_n \,.$$

Die Einzigkeit der Lösung ist schon von S. H. HILDING [5] bewiesen worden[1]).

Anhang. Bezeichnungen und Hilfsformeln. Es bedeutet im folgenden Γ die Gammafunktion, ψ ihre logarithmische Ableitung, $F(a, b; c; z)$ die hypergeometrische Funktion, $(a)_n$ den Quotienten $\Gamma(a+n)/\Gamma(a)$ für $n = 0, 1, 2, \ldots$. Soweit die Beweise der Formeln nicht skizziert sind, finden sie sich in WHITTAKER-WATSON, A course of modern analysis, Cambridge 1927 (vierte Auflage). Es bedeutet Θ eine reelle Größe.

Aus der Integraldarstellung der EULERschen Beta-Funktion folgt

$$\frac{\Gamma(\Theta)\,\Gamma(z)}{\Gamma(z+\Theta)} = \sum_{r=0}^{\infty} \frac{(1-\Theta)_r}{r!} \frac{1}{z+r} \qquad (\Theta > 0)\,, \tag{A1}$$

und hieraus durch Differenzenbildung bzw. Differentiation nach z:

$$\sum_{r=0}^{\infty} \frac{(1-\Theta)_r}{r!} \left\{ \frac{1}{z+r} - \frac{1}{\xi+r} \right\} = \Gamma(\Theta) \left\{ \frac{\Gamma(z)}{\Gamma(z+\Theta)} - \frac{\Gamma(\xi)}{\Gamma(\xi+\Theta)} \right\}, \tag{A2}$$

was nun auch für $\Theta > -1$ gilt, sowie

$$\sum_{r=0}^{\infty} \frac{(1-\Theta)_r}{r!} \frac{1}{(r-m-\Theta)^2} = \frac{\pi}{\sin \pi\Theta} \frac{\Gamma(\Theta)\, m!}{\Gamma(1+m+\Theta)} \tag{A3}$$
$$(m = 0, 1, 2, \ldots; \; \Theta > -1)\,.$$

---

[1]) Ich bemerke jetzt, daß die Umkehrungsformel aus Satz 4 schon von E. H. LINFOOT und W. M. SHEPHERD (Quarterly Journal of Mathematics, Oxford Series, **10**, 84—98, 1939) bewiesen worden ist. — Die Beschränktheit der Inversen hat kürzlich F. W. SCHAEFKE (Mathematische Nachrichten **3**, 40—58, 1950), mit anderen Mitteln bewiesen.

Durch Anwendung der Umkehrung der MELLIN-Transformation auf die BARNESsche Integraldarstellung der hypergeometrischen Funktion, Benutzung der Formel

$$F(a, b; c; -z) = \frac{\Gamma(c)\,\Gamma(b-a)}{\Gamma(b)\,\Gamma(c-a)}\, z^{-a} F(a, 1-c+a; 1-b+a; -z^{-1}) + \frac{\Gamma(c)\,\Gamma(a-b)}{\Gamma(a)\,\Gamma(c-b)}\, z^{-b} F(b, 1-c+b; 1-a+b; -z^{-1}), \tag{A4}$$

und einige Zwischenrechnungen findet man

$$\begin{aligned}\int_0^1 & F(a, b; 1-b+a; z)\, z^{-1+a/2}\,(z^w + z^{-w})\, dz \\ &= \sum_{r=0}^{\infty} \frac{(a)_r\,(b)_r}{(1-b+a)_r\, r!} \left\{ \frac{1}{\frac12 a + r + w} + \frac{1}{\frac12 a + r - w} \right\} \\ &= \frac{\Gamma(1-b+a)\,\Gamma(1-b)}{\Gamma(a)}\, \frac{\Gamma(\frac12 a - w)\,\Gamma(\frac12 a + w)}{\Gamma(1-b+\frac12 a - w)\,\Gamma(1-b+\frac12 a + w)}\,.\end{aligned} \tag{A5}$$

Die zweite Gleichung in (A5) gilt für beliebige w und für $Re\, a > 0$, $Re\,(1-b) > 0$. Man erhält aus ihr unter anderem für $a = b = 1 - \Theta$

$$\sum_{r=0}^{\infty} \frac{(1-\Theta)_r}{r!}\, \frac{(1-\Theta)_r}{r!} \left\{ \frac{1}{r+m+1} + \frac{1}{r-m-\Theta)} \right\} = 0 \tag{A6}$$

$$(m = 0, 1, 2, \ldots;\ \Theta > 0;\ \Theta \neq 1, 2, \ldots)$$

$$\sum_{r=0}^{\infty} \frac{(1-\Theta)_r}{r!}\, \frac{(1-\Theta)_r}{r!} \left\{ \frac{1}{(r-m-\Theta)^2} - \frac{1}{(r+m+1)^2} \right\} = 0 \tag{A7}$$

$$(m = 0, 1, 2, \ldots;\ \Theta > -1;\ \Theta \neq 0, 1, 2, \ldots)$$

$$\sum_{r=0}^{\infty} \frac{(1-\Theta)_r}{r!}\, \frac{(1-\Theta)_r}{r!} \left\{ \frac{1}{r+m+1} - \frac{1}{r+n+1} + \frac{1}{r-m-\Theta} - \frac{1}{r-n-\Theta} \right\} = 0 \tag{A8}$$

$$(m, n = 0, 1, 2, \ldots;\ \Theta > -1;\ \Theta \neq 0, 1, 2, \ldots).$$

Aus der GAUSSschen Formel für $F(a, b; c; 1)$ folgt für reelles $\sigma > \frac12$

$$\sum_{r=0}^{\infty} \left\{ \frac{(1-\sigma)_r}{r!} \right\}^2 = \frac{\Gamma(2\sigma - 1)}{\Gamma(\sigma)\,\Gamma(\sigma)} \tag{A9}$$

$$\sum_{r=0}^{\infty} \frac{(1-\sigma)_r}{r!}\, \frac{(\Theta)_r}{(\sigma+\Theta)_r} = \frac{\Gamma(\sigma+\Theta)\,\Gamma(2\sigma-1)}{\Gamma(\sigma)\,\Gamma(2\sigma+\Theta-1)}\,. \tag{A10}$$

Für weitere Formeln aus der Theorie der Gammafunktion vgl. WHITTAKER-WATSON. Wir benutzen noch daß

$$\lim_{n\to\infty} \frac{\Gamma(n+1+\Theta)}{n!}(n+1)^{-\Theta} = 1. \tag{A11}$$

Literaturverzeichnis

[1] I. SCHUR: Bemerkungen zur Theorie der beschränkten Bilinearformen mit unendlich vielen Veränderlichen. J. f. d. reine u. angew. Math. **140**, 1—28, 1911.

[2] E. C. TITCHMARSH: A series inversion formula. Proc. London Math. Soc. (2), **26**, 1—11, 1927.

[3] OLGA TAUSSKY: A remark concerning the characteristic roots of the finite segments of the HILBERT matrix. Quart. J. Math. Oxford series **20**, 80—83, 1949.

[4] J. W. S. CASSELS: An elementary proof of some inequalities. J. London Math. Soc. **23**, 285—290, 1948.

[5] S. H. HILDING: On infinite sets of homogeneous linear equations in HILBERT space. Quart. J. Math. Oxford series, **17**, 240—244, 1946.

(Eingegangen am 28. 3. 1950.)

Reprinted from
Archiv der Mathematik **2** (1949/1950), 405-412.

On Systems of Linear Equations in the Theory of Guided Waves

By W. MAGNUS and F. OBERHETTINGER
California Institute of Technology

Introduction and Summary

We investigate the diffraction of an electromagnetic wave between two parallel planes or in a wave guide of rectangular cross section by a plane strip. We assume that all components of the field depend on the time t in a purely periodic way which can be described by a factor $\exp \{i\omega t\}$, and that the frequency ω and the proportions of the wave guide are such that there exists essentially only one type of waves which is not attenuated. If the incoming wave is of the type $\exp \{i\alpha x\} \cos \beta y$ where α, β are real, the components of the diffracted wave can be expanded in a Fourier series. It becomes evident that the coefficients of the series are uniquely determined by the condition of the finiteness of the total energy in any finite part of the space. This condition has already been used by Bouwkamp [1], Maue [6] and Meixner [7] who also showed that the components of the electromagnetic field behave at the edge of a plane diffracting obstacle like $\rho^{n/2}$, where $n = -1, 0, 1, \cdots$ and where ρ is the distance from the edge. The Fourier coefficients are determined by an infinite system of linear equations; for a certain closely related system the existence of a solution was proved recently by Schaefke [11]. If the width of the diffracting strip is exactly one half of the width of the wave guide, the system of linear equations can be dealt with by a process of successive approximation, such that the first steps can be carried through explicitly. The results of Meixner [7] are used as a guiding principle for the successive approximations. The method is discussed in section 5. The mathematical aids are given in the appendix.

Notations

The system of units is the "practical system"; i.e., the electric field strength is measured in volt/cm etc. The frequency ω of the incoming waves defines

Paper presented at the June, 1950, Symposium on the Theory of Electromagnetic Waves, under the sponsorship of the Washington Square College of Arts and Sciences and the Institute for Mathematics and Mechanics of New York University and the Geophysical Research Directories of the Air Force Cambridge Research Laboratories.

393 (S39)

the wave length $\lambda = 2\pi c/\omega$, (c = velocity of light); a, b are the measures of the wave guides, and we define:

$k = k_0 = 2\pi/\lambda$

$k_m = k_0[1 - m^2\lambda^2 b^{-2}]^{1/2}, \qquad m = 0, 1, 2, \cdots$

k_m is negative imaginary if $m \geqq 1$.

$\mu = \lambda/b$ in Part one; $\quad (\mu > 1)$

$k_{m+1/2} = k[1 - (m + \frac{1}{2})^2\lambda^2 a^{-2}]^{1/2}, \qquad m = 0, 1, 2, \cdots$

$k_{1/2}$ is real and positive, $k_{m+1/2}$ is negative imaginary if

$m \geqq 1$

$\mu = \lambda/a$ in Part two; $\quad (2 > \mu > 2/3)$

β denotes the relative width of the diffracting strip (as compared with b or a in §2 or §3).

$\delta_{nm} = 0$ if $n \neq m$, $\delta_{n,n} = 1$; $\quad n, m = 0, 1, 2, \cdots$.

$I = (\delta_{n,m})$ is the unit-matrix.

$\epsilon_n = 2$ if $n = 1, 2, 3, \cdots$; $\quad \epsilon_0 = 1$; $\quad (a)_n = \Gamma(a + n)/\Gamma(a)$

I. A Diffracting Strip between Two Parallel Planes

1. *Elementary Results*

We consider two parallel planes which, in Cartesian coordinates x, y, z are defined by the equations $z = \pm\frac{1}{2}b$. Between the two planes we have an infinite strip defined by $x = 0$, $-\frac{1}{2}\beta b \leqq z \leqq \frac{1}{2}\beta b$, $-\infty < y < \infty$; $0 < \beta < 1$. A cross section of this arrangement is shown in Figure 1.

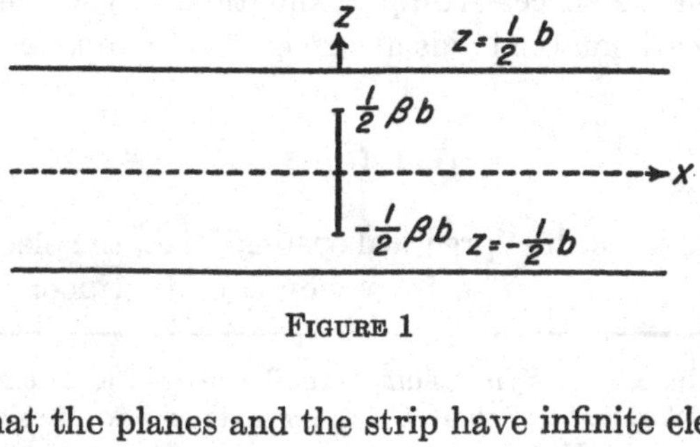

FIGURE 1

We assume that the planes and the strip have infinite electric conductivity and we consider an incoming electromagnetic wave which is defined by

$$E = E_0 e^{-ikx}, \tag{1.1}$$

where E denotes the z-component of the electric field, E_0 is a constant, and where the other components of the electric field vanish. The time factor exp $\{i\omega t\}$ will be omitted everywhere.

We may assume that the x and y components of the diffracted wave vanish and that its z-component E_z can be expanded in a series

$$(1.2) \qquad E_z(x, z) = -60\pi \sum_{m=0}^{\infty} A_m(k_m/k) \cos (2\pi mz/b) \exp \{-i \mid x \mid k_m\}$$

which is convergent for all $x \neq 0$. If the series

$$(1.3) \qquad I(z) = \sum_{m=0}^{\infty} A_m \cos 2\pi mz/b$$

converges, we may call $I(z)$ the current on the strip. We could derive the expression for E_z from $I(z)$ and from the formula for the field of an electric dipole between two parallel planes (cf. for instance [8]).

From the condition that the total energy of the field contained in any finite part of the space should be finite we find that

$$(1.4) \qquad \iint \mid E_z \mid^2 dx\, dz = \mid A_0 \mid^2 + \frac{1}{2} \sum_{m=1}^{\infty} \mid A_m^2 \mid \int_{\epsilon}^{1} \exp \{-2 \mid xk_m \mid\} \mid k_m \mid^2 dx$$

is bounded if $\epsilon \to 0$. Therefore we have

$$(1.5) \qquad \sum_{m=1}^{\infty} \mid A_m^2 \mid \mid k_m \mid < \infty .$$

The boundary conditions are

(i) $\quad E_z(0, z) = -E_0 \quad$ for $\quad -\frac{1}{2}\beta b < z < \frac{1}{2}\beta b$

(ii) $\quad I(z) = 0 \quad$ for $\quad \frac{1}{2}\beta b < \mid z \mid < \frac{1}{2}b;$

Condition (ii) can be derived from the fact that $I(z)$ is (apart from a constant factor) the y-component of the magnetic field at $x = 0$. It must be regular outside the strip. From Maxwell's equations it follows that $I(z)$ is an odd function of x since the electric field is an even function of x. If $x \to \infty$ we assume: (iii) There exists a constant C such that

$$(1.6) \qquad \lim_{|x| \to \infty} \mid E_z(x, z) - C \exp \{-ik \mid x \mid\} \mid = 0.$$

In the present very simple case this happens to be equivalent to Sommerfeld's "radiation condition [4, 10, 13], because we assume that only $k_0 = k$ is real and that k_m is negative-imaginary for $m = 1, 2, 3, \cdots$.

From (i) and (ii) we find

$$(1.7) \qquad \int_{-\frac{1}{2}b}^{\frac{1}{2}b} I(z)\{\bar{E}_z(0, z) + \bar{E}_0\}\, dz = 0.$$

Since $E_z(x, z)$ must approach $E_z(0, z)$ if $x \to 0$ we deduce from (1.2) and (1.5) that we can introduce the formal series for $\overline{E}_z(0, z)$ and $I(z)$ into (1.7). This gives

$$60\pi A_0 \overline{A}_0 = \mathcal{R}e A_0 \overline{E}_0 \tag{1.8}$$

$$30\pi \sum_{m=1}^{\infty} | k_m | A_m \overline{A}_m = \mathcal{I}m\, k A_0 \overline{E}_0 . \tag{1.9}$$

Therefore the A_m are uniquely determined by (1.5) and by the boundary conditions. If this were not true, a non-trivial solution of the problem would exist for which $E_0 = 0$; this contradicts (1.8), (1.9). Finally, the complete solution of the problem is uniquely determined by (iii) if the A_m are given.

If $| x | \to \infty$, only the first term in the expansion (1.2) contributes to E_z. Therefore we may call

$$R = -60\pi A_0/E_0 \tag{1.10}$$

the "reflection coefficient". It can be shown (in an elementary way) that $| R |$ is always different from 0 and 1 if β (the relative width of the diffracting strip) is different from 0 and 1. But the inequalities for $| R |$ which can be obtained by an elementary method are unsatisfactory.

2. *The Linear Equations for* $\beta = \frac{1}{2}$

From (1.5) it does not follow that the expansion (1.2) is convergent if $x = 0$. In order to obtain a system of linear equations for the A_m we shall assume that this is the case. This assumption can be justified to some extent by the results in [7]. According to Meixner,

$$\lim E_z(0, z)[\tfrac{1}{4}\beta^2 b^2 - z^2]^{1/2}$$

exists if $z = \pm\frac{1}{2}\beta b \pm \epsilon$ and $\epsilon \to 0$. Since we can construct a convergent Fourier series for a function which is constant in one of the domains $\frac{1}{2}\beta b < | z | < \frac{1}{2}b$ and $-\frac{1}{2}\beta b < z < \frac{1}{2}\beta b$ and is equal to

$$[\tfrac{1}{4}\beta^2 b^2 - z^2]^{-1/2}$$

in the other domain, we may expect that $E_z(0, z)$ can be expanded in a series of this type plus the Fourier series of an L^2-function which is at least of the class C'' except at $z = \pm\frac{1}{2}\beta b$. This and the formulas (A.18), (A.19) of the appendix lead to the assumption that

$$| A_m m^{3/2} | \leq M \tag{2.1}$$

where M is independent of m.

Normalization. We denote z/b by ζ and we take $E_0 = 60\pi$. Then $-A_0$ is the reflection coefficient. We define a complete orthonormal system of even functions $\phi_m(\zeta)$ in $(-\frac{1}{2}, \frac{1}{2})$ by

$$\phi_0(\zeta) = 1, \qquad \phi_m(\zeta) = \sqrt{2}\cos 2\pi m\zeta, \qquad m = 1, 2, 3, \cdots \tag{2.2}$$

According to H. L. Schmid's lemma (cf. Appendix I) we find that the A_n have to be computed from

$$A_n = \sum_{m=0}^{\infty} u_{n,m} x_m; \qquad u_{n,m} = \int_{-\frac{1}{2}\beta}^{\frac{1}{2}\beta} \phi_n(\zeta)\phi_m(\zeta)\, d\zeta, \tag{2.3}$$

where the x_m are determined by the equations

$$\frac{k_n}{k} \sum_{m=0}^{\infty} u_{n,m} x_m + \sum_{m=0}^{\infty} (\delta_{n,m} - u_{n,m}) x_m = \delta_{0,n}, \qquad n = 0, 1, 2, \cdots. \tag{2.4}$$

Restriction to $\beta = \frac{1}{2}$, and Approximation. If $\beta = \frac{1}{2}$, we may write $u_{n,m} = \frac{1}{2}\delta_{n,m} + \frac{1}{2}s_{n,m}$, where the matrix $S = (s_{n,m})$ satisfies $S^2 = I$. Introducing

$$\gamma_l = \sqrt{\epsilon_l}\,(-1)^l x_{2l}, \qquad \eta_r = (-1)^r x_{2r+1}, \qquad l, r = 0, 1, 2, \cdots \tag{2.5}$$

and computing the $s_{n,m}$ from (2.3) we find that (2.4) can be written in the form

$$\gamma_0 = 1 \tag{2.6}$$

$$\tau_{2l}\gamma_l + \frac{1}{\pi\sqrt{2}} \sum_{r=0}^{\infty} \left(\frac{2}{l + r + \frac{1}{2}} + \frac{2}{-l + r + \frac{1}{2}} \right) \eta_r = 0, \qquad l = 1, 2, 3, \cdots \tag{2.7}$$

$$\tau_{2r+1}\eta_r + \frac{1}{\pi\sqrt{2}} \sum_{l=0}^{\infty} \left(\frac{1}{l + r + \frac{1}{2}} + \frac{1}{-l + r + \frac{1}{2}} \right) \gamma_l = 0, \qquad r = 0, 1, \cdots \tag{2.8}$$

where

$$\tau_m = \frac{k_m + k}{k_m - k} = 1 + \frac{2i}{m\mu}[1 - m^{-2}\mu^{-2}]^{1/2} - \frac{2}{m^2\mu^2}; \qquad \left(\mu = \frac{\lambda}{b}\right), \qquad m = 1, 2, 3, \cdots. \tag{2.9}$$

We can express the γ_l in terms of the η_r by applying Titchmarsh's inversion formula (cf. Appendix I, (A.7), (A.8)) to (2.8). This gives

$$\gamma_l = -\frac{\epsilon_l}{\pi\sqrt{2}} \sum_{r=0}^{\infty} \left(\frac{1}{-l + r + \frac{1}{2}} + \frac{1}{l + r + \frac{1}{2}} \right) \tau_{2r+1}\eta_r \tag{2.10}$$

$$l = 0, 1, 2, \cdots; \qquad \epsilon_0 = 1; \qquad \epsilon_1 = \epsilon_2 = \cdots = 2.$$

Eliminating the γ_l, we find from (2.6), (2.9), (2.10):

$$\frac{\sqrt{2}}{\pi}\sum_{r=0}^{\infty}\frac{\tau_{2r+1}\eta_r}{r+\frac{1}{2}} = -1 \tag{2.11}$$

$$\sum_{r=0}^{\infty}\left\{\frac{1}{-l+r+\frac{1}{2}}+\frac{1}{l+r+\frac{1}{2}}\right\}(\tau_{2l}^{-1}-\tau_{2r+1})\eta_r = 0, \qquad l = 1, 2, 3, \cdots \tag{2.12}$$

Expanding the τ_m in a series of powers of $(m\mu)^{-1}$ and neglecting the terms of a degree greater than two, we obtain the *Approximative set of linear equations*:

$$\begin{cases} \dfrac{1}{\pi}\displaystyle\sum_{r=0}^{\infty}\frac{\eta_r}{r+\frac{1}{2}}\left\{1+\frac{i}{\mu(r+\frac{1}{2})}-\frac{1}{2}\frac{1}{\mu^2(r+\frac{1}{2})^2}\right\} = -\frac{1}{\sqrt{2}} \\ \dfrac{1}{\pi}\displaystyle\sum_{r=0}^{\infty}\frac{\eta_r}{-l+r+\frac{1}{2}}\left\{1-\frac{i}{2\mu}\left[\frac{1}{l}-\frac{1}{r+\frac{1}{2}}\right]\right\} = 0, \qquad l = 1, 2, 3, \cdots \end{cases} \tag{2.13}$$

We apply the Linfoot-Shepherd inversion formula for $\theta = \frac{1}{2}$(cf. Appendix I) by multiplying the l-th equation by

$$\left(n+\frac{1}{2}\right)\frac{(\frac{1}{2})_n}{n!}\frac{1}{-l+n+\frac{1}{2}}\frac{(\frac{1}{2})_l}{l!}, \qquad n = 0, 1, 2, \cdots$$

and adding all the equations. This and an application of the formulas in Appendix IV gives

$$\begin{aligned} \eta_n + \frac{1}{\pi}\frac{(\frac{1}{2})_n}{n!}\frac{i}{\mu}\Bigg\{\sum_{r=0}^{\infty}\eta_r\left[\frac{-\log 2}{r+\frac{1}{2}}+\frac{1}{(r+\frac{1}{2})^2}+\frac{i}{2\mu}\frac{1}{(r+\frac{1}{2})^3}\right] \\ +\frac{1}{2}\frac{1}{n+\frac{1}{2}}\sum_{r=0}^{\infty}\frac{\eta_r}{r+\frac{1}{2}}\Bigg\} = -\frac{1}{\sqrt{2}}\frac{(\frac{1}{2})_n}{n!}. \end{aligned} \tag{2.14}$$

We can obtain a solution of (2.14) by letting

$$\eta_n = -\frac{1}{\sqrt{2}}\frac{(\frac{1}{2})_n}{n!}\left\{\sigma+\frac{1}{2}\frac{1}{n+\frac{1}{2}}\tau\right\}. \tag{2.15}$$

Defining S and T by

$$S = \sum_{r=0}^{\infty}\eta_r\left\{\frac{-\log 2}{r+\frac{1}{2}}+\frac{1}{(r+\frac{1}{2})^2}+\frac{i}{2\mu}\frac{1}{(r+\frac{1}{2})^3}\right\} \tag{2.16}$$

$$T = \sum_{r=0}^{\infty}\frac{\eta_r}{r+\frac{1}{2}}, \tag{2.17}$$

they become linear functions of σ, τ if we substitute the right side of (2.15) in (2.16), (2.17); then equation (2.14) can be written in the form

$$\sigma+\frac{1}{2}\frac{1}{n+\frac{1}{2}}\tau-\frac{i}{\mu}\frac{\sqrt{2}}{\pi}\left(S+\frac{1}{2}\frac{1}{n+\frac{1}{2}}T\right) = 1. \tag{2.18}$$

This is satisfied (for all values of n) if and only if

$$\sigma - \frac{i}{\mu}\frac{\sqrt{2}}{\pi} S = 1, \qquad \tau - \frac{i}{\mu}\frac{\sqrt{2}}{\pi} T = 0. \tag{2.19}$$

Therefore we obtain two linear equations for σ, τ, which can be written in the form

$$\begin{aligned} &\sigma\left\{1 + \frac{i}{\pi\mu}\left[-(\log 2)S_1 + S_2 + \frac{i}{2\mu} S_3\right]\right\} \\ &\qquad + \frac{i}{\pi\mu}\,\tau\left\{-\frac{1}{2}(\log 2)S_2 + S_3 + \frac{i}{2\mu} S_4\right\} = 1 \end{aligned} \tag{2.20}$$

$$\sigma \frac{i}{\pi\mu} S_1 + \tau\left(1 + \frac{1}{2\pi\mu} S_2\right) = 0 \tag{2.21}$$

where (cf. Appendix IV, A.23)

$$S_n = \sum_{r=0}^{\infty} \frac{(\frac{1}{2})_r}{r!}\left(r + \frac{1}{2}\right)^{-n}, \qquad n = 1, 2, 3, \cdots \tag{2.22}$$

$$S_1 = \pi; \qquad S_2 = 2\pi \log 2; \qquad S_3 = 2\pi\left[(\log 2)^2 - \frac{1}{12}\pi^2\right]. \tag{2.23}$$

Equations (2.20) and (2.21) determine σ, τ uniquely; therefore the η_r are given by (2.15). From these approximate values of the η_r we obtain approximate values of the γ_l from (2.6), (2.7). From (2.3) and from the equations (2.7), (2.8) we can now compute the A_n, $n = 0, 1, 2, \cdots$. This gives

Theorem 1. *If we simplify the linear equations* (2.6), (2.7), (2.8) *by substituting for* τ_m *in* (2.9) *the first three terms of its expansion in a series of powers of* $(\mu m)^{-1}$, *then the Fourier-coefficients of the "current" on the diffracting strip become*

$$A_0 = \tfrac{1}{2} - \tfrac{1}{2}(\sigma + \tau \log 2) \tag{2.24}$$

$$A_{2l} = \frac{(-1)^{l+1}}{\sqrt{2}}\,[1 - i(4l^2\mu^2 - 1)^{1/2}]^{-1}\,\frac{(\frac{1}{2})_l}{l!}\left(\sigma - \frac{1}{2l}\tau\right), \qquad l = 1, 2, 3, \cdots \tag{2.25}$$

$$A_{2r+1} = \frac{(-1)^{r+1}}{\sqrt{2}}\,\{1 + i[(2r+1)^2\mu^2 - 1]^{1/2}\}^{-1}\,\frac{(\frac{1}{2})_r}{r!}\left(\sigma + \frac{1}{2r+1}\tau\right), \qquad r = 0, 1, 2, \cdots \tag{2.26}$$

where σ, τ *are defined by* (2.20), (2.21). For large values of μ we have approximately

$$\sigma = \frac{1}{1 + \mu^{-1} i \log 2} + \mathcal{O}(\mu^{-2}); \qquad \tau = -\frac{i}{\mu}\left(1 + \frac{i}{\mu} \log 2\right)^{-2} + \mathcal{O}(\mu^{-2}).$$

The approximate solutions A_n in equations (2.24), (2.25), (2.26) satisfy (2.1); the reflection coefficient $A_0 \to 0$ if $\mu \to \infty$.

II. A Diffracting Strip in a Wave Guide with a Rectangular Cross Section

3. *Elementary Results*

Let us consider a rectangular wave guide which extends in the direction of the x-axis. The corners of the cross section of the wave guide in the y,z-plane are given by $y = \pm\frac{1}{2}a$, $z = \pm\frac{1}{2}a'$, a diffracting strip occupies the area $-\frac{1}{2}\beta a \leqq y \leqq \frac{1}{2}\beta a$, $-\frac{1}{2}a' \leqq z \leqq \frac{1}{2}a'$, where $0 < \beta < 1$; in §4, we shall choose $\beta = \frac{1}{2}$. Figure 2 shows the cross section of the wave guide.

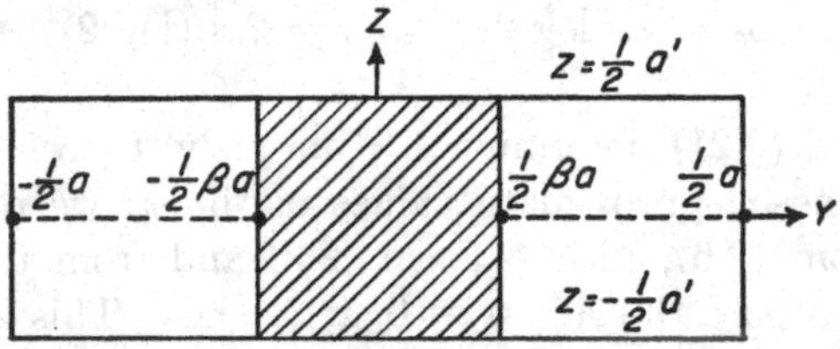

FIGURE 2

We assume that the wave guide and the (infinitely thin) strip have infinite electrical conductivity and we consider an incoming wave which is defined by

$$E = E_0 \cos(\pi y/a) \exp\{-ixk_{1/2}\}, \tag{3.1}$$

where E denotes the z-component of the electric field, E_0 is a constant, and all the other components of the incoming electric field vanish. The time factor $\exp\{i\omega t\}$ will be omitted everywhere.

As in §1, we can show that the diffracted wave has an electric field parallel to the z-axis, and that its z-component can be expanded in a series

$$E_z(x, y) = -60\pi k \sum_{m=0}^{\infty} \frac{A_m}{k_{m+1/2}} \cos(2m+1)\frac{\pi y}{a} \exp\{-i \mid x \mid k_{m+1/2}\} \tag{3.2}$$

which converges for all $|x| > 0$ (and even for $x = 0$, as we shall see). If the series

(3.3) $$I(y) = \sum_{m=0}^{\infty} A_m \cos ((2m + 1)\pi y/a)$$

converges, we can call $I(y)$ the current on the strip and derive the diffracted wave from (3.3) and the formulas for the electric field of a dipole in a wave guide. (cf. [8]). Apart from a constant factor, $I(y)$ is the y-component H_y of the magnetic field of the diffracted wave; we have

(3.4) $$I(y) = 0 \quad \text{if} \quad \tfrac{1}{2}\beta a < | y | < \tfrac{1}{2}a.$$

The other boundary conditions are

(3.5) $$E_z(0, y) = -E_0 \cos \frac{\pi y}{a} \quad \text{for} \quad -\frac{1}{2}\beta a < y < \frac{1}{2}\beta a$$

(3.6) $$\lim_{|x| \to \infty} \left| E_z(x, y) - C \cos \frac{\pi y}{a} \exp \{-i \,| x |\, k_{1/2}\} \right| = 0$$

for a suitably chosen constant C. This is not the radiation condition of Sommerfeld which, in general, cannot be satisfied in a wave guide, not even in the form allowing the boundaries to extend to the infinite parts of the space, (see Rellich [9]).

The condition of the finiteness of the total energy in a finite part of the space gives

(3.7) $$\sum_{m=1}^{\infty} | A_m |^2 \, | k_{m+1/2} |^{-1} < \infty .$$

This can be shown by integrating the square of the y-component of the magnetic field over the volume. As a consequence of (3.7) we see that the series in (3.2) can be used for the representation of E_z if $x = 0$. As in §1, we can show that

(3.8) $$\frac{\overline{E}_0 k_{1/2}}{60\pi k} A_0 = A_0\overline{A}_0 + ik_{1/2} \sum_{m=1}^{\infty} A_m\overline{A}_m/| k_{m+1/2} |.$$

This proves the *uniqueness theorem.* If the A_m satisfy (3.7) they are uniquely determined by (3.4), (3.5). The complete solution is also uniquely determined because of (3.6).

The reflection coefficient becomes

(3.9) $$R = -\frac{60\pi k}{E_0 k_{1/2}} A_0 .$$

It can be shown that $| R |$ is always different from 0 and 1 if $\beta \neq 0$, $\beta \neq 1$. We can also prove an inequality which $| R |$ must satisfy.
Since

(3.10) $$\int_{-\frac{1}{2}a}^{\frac{1}{2}a} | E_z(0, y) |^2 \, dy \geqq \int_{-\frac{1}{2}\beta a}^{\frac{1}{2}\beta a} | E_0 |^2 \left(\cos \frac{\pi y}{a}\right)^2 dy$$

it can be shown (from (3.8), (3.2)) that

$$|R|^2 \geqq \beta + \frac{1}{\pi}\sin \pi\beta - \frac{1}{2}\left(1 - \frac{1}{4}\mu^2\right)^{1/2}, \tag{3.11}$$

where

$$\mu = \lambda/a; \qquad 2 > \mu > 2/3. \tag{3.12}$$

4. *The Linear Equations for* β = ½

We normalize E_0 in such a way that

$$\frac{60\pi k}{E_0 k_{1/2}} = 1 \tag{4.1}$$

and we introduce $\zeta = \pi y/a$ as a new variable. The functions

$$\phi_m(\zeta) = \sqrt{2}\cos((2m+1)\pi\zeta) \tag{4.2}$$

form a complete orthonormal set of even functions in $-\frac{1}{2} \leqq \zeta \leqq \frac{1}{2}$. The equations to be satisfied are (if $\beta = \frac{1}{2}$):

$$\sum_{m=0}^{\infty} A_m \phi_m(\zeta) = 0 \qquad \text{if} \qquad +\frac{1}{4} < |\zeta| < \frac{1}{2} \tag{4.3}$$

$$\sum_{m=0}^{\infty} A_m \frac{k_{1/2}}{k_{m+1/2}} \phi_m(\zeta) = \phi_0(\zeta) \qquad \text{if} \qquad -\frac{1}{4} < \zeta < \frac{1}{4}. \tag{4.4}$$

According to Meixner [7] we shall have to expect that the series in (4.3) becomes infinite like $(-\zeta^2 + 1/16)^{-1/2}$ in $(-\frac{1}{4}, \frac{1}{4})$; from (A.19) in the Appendix we see that in this case

$$A_{2l} = C_1 l^{-1/2} + O(l^{-1}), \qquad l = 1, 2, 3, \cdots \tag{4.5}$$

$$|A_{2r+1}r| \leqq C_2, \qquad r = 0, 1, 2, \cdots \tag{4.6}$$

where C_1, C_2 are constants.

From H. L. Schmid's lemma (Appendix I) and from (4.3), (4.4) we find the linear equations

$$x_n + \theta_n \sum_{m=0}^{\infty} s_{n,m} x_m = \delta_{0,n} \tag{4.7}$$

where

$$\theta_n = \frac{k_{1/2} - k_{n+1/2}}{k_{1/2} + k_{n+1/2}} \tag{4.8}$$

$$= -\frac{1 - \dfrac{2ik_{1/2}}{\mu(n+1/2)}\left(1 - \mu^{-2}\left(n + \dfrac{1}{2}\right)^{-2}\right)^{1/2} - \dfrac{2 - \mu^2/4}{\mu^2(n+1/2)^2}}{1 - (2n+1)^{-2}}$$

$$s_{n,m} = 2 \int_{-1/4}^{1/4} \phi_n(\zeta)\phi_m(\zeta)\, d\zeta - \delta_{n,m} \tag{4.9}$$

and where the original unknown quantities A_n are given by

$$A_n = \frac{1}{2} \sum_{m=0}^{\infty} (\delta_{n,m} + s_{n,m}) x_m . \tag{4.10}$$

Introducing the new variables

$$(-1)^l x_{2l} = \gamma_l , \qquad (-1)^r x_{2r+1} = \eta_r , \qquad l, r = 0, 1, 2, \cdots$$

and evaluating the $s_{n,m}$ from (4.9) we find

$$\gamma_0 = 1 \tag{4.11}$$

$$\gamma_l + \theta_{2l}\pi^{-1} \sum_{r=0}^{\infty} \frac{\gamma_r}{l + r + \frac{1}{2}} + \theta_{2l}\pi^{-1} \sum_{r=0}^{\infty} \frac{\eta_r}{-l + r + \frac{1}{2}} = 0, \qquad l > 0 \tag{4.12}$$

$$\eta_r + \theta_{2r+1}\pi^{-1} \sum_{l=0}^{\infty} \frac{\gamma_l}{-l + r + \frac{1}{2}} - \theta_{2r+1}\pi^{-1} \sum_{l=0}^{\infty} \frac{\eta_l}{l + r + \frac{3}{2}} = 0, \quad r \geqq 0. \tag{4.13}$$

We can use (4.13) in order to express the γ_l in terms of the η_r. For this purpose we have to apply the Linfoot-Shepherd inversion (cf. Appendix I) in the case where the value of the parameter θ in (A.10) is $-\frac{1}{2}$. The inversion formula is not unique in this case, but the γ_l are uniquely determined if we apply (A.10) in a formal way, as will be seen later. That this is permitted could also be shown by a closer analysis of (4.12), (4.13). We can eliminate the γ_l by using (4.11), (4.12). The result is the following set of linear equations for the η_r in which we did not yet neglect any terms whatsoever:

$$\sum_{r=0}^{\infty} \frac{(\frac{1}{2})_r}{r!} \left\{ -\theta_{2r+1}^{-1} + \frac{r + \frac{1}{2}}{r + 1} \right\} \eta_r = 1 \tag{4.14}$$

$$\sum_{r=0}^{\infty} \frac{(\frac{1}{2})_r}{r!} \left\{ \frac{\theta_{2l} - \theta_{2r+1}^{-1}}{-l + r + \frac{1}{2}} + \frac{1 - \theta_{2l}\theta_{2r+1}^{-1}}{l + r + 1} \right\} \left(r + \frac{1}{2}\right) \eta_r = 0, \; l = 1, 2, 3, \cdots . \tag{4.15}$$

We expand the θ_m in (4.8) in a series of powers of m^{-1}, $m = 1, 2, 3, \cdots$, neglecting all terms of order m^{-2} and of higher order. Substituting these approximations for the θ_{2l}, θ_{2r+1} in (4.14), (4.15) we obtain the *approximate equations*:

$$\sum_{r=0}^{\infty} \frac{(\frac{1}{2})_r}{r!} \left(r + \frac{1}{2}\right) \left\{ \frac{1}{r + \frac{1}{2}} + \frac{1}{r + 1} + \frac{2\sigma}{(r + \frac{1}{2})(r + \frac{3}{4})} \right\} \eta_r = 1 \tag{4.16}$$

$$\sum_{r=0}^{\infty} \frac{(\frac{1}{2})_r}{r!} \left(r + \frac{1}{2}\right) \left\{ \frac{1}{-l + r + \frac{1}{2}} + \frac{1}{l + r + 1} - \frac{1}{r + \frac{3}{4}} \right\} \eta_r = 0, \tag{4.17}$$

$$l = 1, 2, 3, \cdots$$

where

$$\sigma = \frac{1}{2}\frac{i(1-\mu^2/4)^{1/2}}{\mu}, \qquad 2 > \mu > \frac{2}{3}. \tag{4.18}$$

We now apply the inversion formula (A.14) in the appendix to (4.16), (4.17); the result is

$$\eta_r + \frac{(\frac{1}{2})_r}{r!}\sum_{s=0}^{\infty}\eta_s\frac{(\frac{1}{2})_s(s+\frac{1}{2})}{s!}\left[\frac{\sigma}{(s+\frac{1}{2})(s+\frac{3}{4})}+\frac{\frac{1}{2}}{s+\frac{3}{4}}\right] = \frac{1}{2}\frac{(\frac{1}{2})_r}{(r+1)!}, \tag{4.19}$$

$$r = 0, 1, 2, \cdots.$$

In deriving (4.19) we have used the formulas (A.20) to (A.22). By a repeated application of these formulas and by putting

$$\eta_r = C\frac{(\frac{1}{2})_r}{(r+1)!} \tag{4.20}$$

we find for the constant C the value

$$C = \frac{1}{2}\left\{1 + 16\sigma/\pi + \left(\frac{1}{4} - 2\sigma\right)\left[\Gamma\left(\frac{3}{4}\right)/\Gamma\left(\frac{5}{4}\right)\right]^2\right\}^{-1}. \tag{4.21}$$

In order to determine the γ_l, we us again (4.13) to express the γ_l in terms of η_r. Combining this with (4.12), we find

$$\mathbf{g} = -A^{-1}\left(-\frac{1}{2}\right)\left[I - \frac{1}{\pi}H\left(\frac{3}{2}\right)\right]\mathbf{h} \tag{4.22}$$

where the matrices $A(-\frac{1}{2})$, I, $H(\frac{3}{2})$ are defined as in the Appendix (A.6), and **g**, **h**, denote the vectors with the components

$$(1 + \theta_{2l}^{-1})\gamma_l, \qquad (1 + \theta_{2r+1}^{-1})\eta_r. \tag{4.23}$$

If we substitute again

$$-1 - 4\sigma/(m + \tfrac{1}{2}), \qquad \sigma = \tfrac{1}{2}i\mu^{-1}(1 - \mu^2/4)^{1/2} \tag{4.24}$$

for θ_m^{-1}, $m = 1, 2, 3, \cdots$, we obtain from (4.22), (4.20) and from (A.22)

$$\gamma_l = C\left\{\frac{\Gamma(\frac{3}{4})}{\Gamma(\frac{5}{4})}\right\}^2\frac{(\frac{1}{2})_l}{l!}, \qquad l = 1, 2, 3, \cdots. \tag{4.25}$$

Now we can compute the coefficients A_n from (4.10), (4.20), (4.21), (4.25), (4.11), (4.12), (4.13). The result is

Theorem 2. *If we substitute* $-1 \pm 4\sigma m^{-1}$ *for* $\theta_m^{\pm 1}$ *in* (4.12), (4.13), (4.22), *we obtain the following approximate values for the constants* A_n *which determine the diffracted wave:*

$$A_0 = \frac{1}{2} + \frac{1}{\pi} + \frac{\pi - 2}{2\pi} \frac{1 + 2Q_1}{1 + Q_1 + \sigma Q_2} \tag{4.26}$$

$$A_{2l} = (-1)^l (1 - \theta_{2l}^{-1}) \frac{Q_1}{1 + Q_1 + \sigma Q_2} \frac{(\frac{1}{2})_l}{l!}, \qquad l = 1, 2, \cdots \tag{4.27}$$

$$A_{2r+1} = (-1)^r (1 - \theta_{2r+1}^{-1}) \frac{\frac{1}{4}}{1 + Q_1 + \sigma Q_2} \frac{(\frac{1}{2})_r}{(r+1)!}, \qquad r = 0, 1, \cdots \tag{4.28}$$

where

$$Q_1 = \left\{\frac{1}{2}\,\Gamma\left(\frac{3}{4}\right)/\Gamma\left(\frac{5}{4}\right)\right\}^2, \qquad Q_2 = \frac{16}{\pi} - 8Q_1 \tag{4.29}$$

$$\sigma = \tfrac{1}{2} i \mu^{-1} (1 - \mu^2/4)^{1/2}, \qquad \mu = \lambda/a, \qquad \tfrac{2}{3} < \mu < 2 \tag{4.30}$$

and where the θ_m, $m = 1, 2, 3, \cdots$, *are given by* (4.8).

The A_n satisfy (3.7).

Although A_0 (which now is the reflection coefficient R) satisfies the inequality (3.11), the approximation (4.26) is unsatisfactory since $A_0 \to 1.07$ (instead of $A_0 \to 1$) if $\sigma \to 0$. This is due to the fact that the expansion of θ_m in a series of powers of m^{-1} is not also an expansion in a series of powers of σ. Therefore the higher terms of this expansion would contribute to the terms of A_0 which do not involve σ.

5. *Concluding Remarks*

(i) *Higher Approximations.* The formulas of theorems 1 and 2 may be characterized as a second and a first approximation respectively, according to the number of terms in the expansion of the τ_m, θ_m which have been kept for the final setup of the linear equations. If we wish to deal with higher approximations, it is not necessary to develop any new methods. It can be shown that the solution of the original (exact) system of linear equations involves the inversion of a bounded linear operator T at a point of its spectrum which lies on the boundary of the spectrum of T^*T (where T^* denotes the adjoined operator). The Linfoot-Shepherd inversion for $\theta = \pm\frac{1}{2}$ is an inversion of this type. After its application the solution of an approximation of finite order of the given system of linear equations requires only the inversion of linear operators which have a bounded inverse and the solution of a finite system of linear equations. In the case dealt with in §2 it can be shown that (at least for a sufficiently large μ) the solutions for the n-th approximation tend towards the solution of the exact system of linear equations. By a different method, Lamb [2] has obtained a first approximation for the solution of the problem of §2. However, it seems that his method does not lead to an approximation of a higher degree.

(ii) *The Restriction* $\beta = \frac{1}{2}$. It can be shown that the Linfoot-Shepherd inversion with $\theta = \frac{1}{2}$ is equivalent to the solution of the first boundary value problem of Laplace's equation in two dimensions, where the boundary consists of all the intervals

$$(5.1) \qquad x = 0, \qquad n - \tfrac{1}{4} \leqq y \leqq n + \tfrac{1}{4}, \qquad n = 0, \pm 1, \pm 2, \cdots$$

of a straight line (the y-axis) and where the boundary conditions are periodic and of period one. This explains why the Linfoot-Shepherd formula can be applied to the problem of §2, which, for $\mu \to \infty$, reduces to a problem connected with Laplace's equation. It is to be expected that a solution of the corresponding boundary value problem for $\beta \neq \frac{1}{2}$ will lead to the right generalization of this inversion formula.

(iii) *The Case of a Diffracting Thin Wire.* We can replace the diffracting strip by a thin wire of radius ρ, the length of which equals the width of the strip. In this case the coefficients of the linear equations (2.4) or (4.12), (4.13) must be changed in the following way:

In (2.4) substitute

$$(5.2) \qquad \tfrac{1}{2}k_m^2 J_0(k_m\rho)H_0^{(2)}(k_m\rho), \qquad m = 0, 1, 2, \cdots ; \qquad k_0 = k,$$

for k_m, where J_0, $H_0^{(2)}$ denote Bessel functions of the first and third kind respectively.

Instead of (4.12), (4.13) use again (2.4) and replace k_m by

$$(5.3) \qquad \tfrac{1}{2}k_m^2 J_0(k_m\rho) S_m(\rho, a, d)$$

where d denotes the y-coordinate of the axis of the wire and where

$$(5.4) \quad S_m = H_0^{(2)}(k_m\rho) + 2\sum_{n=1}^{\infty} H_0^{(2)}(2ank_m) - \sum_{n=-\infty}^{\infty} H_0^{(2)}(|\,(2n+1)a + 2d\,|\,k_m).$$

The quantities which are to be substituted for the k_m have the same asymptotic behavior as the k_m for $m \to \infty$, and therefore a first approximation for the linear equations can be derived and dealt with in the same way as in the case of a diffracting strip. For the uniqueness theorem cf. Schaefke [10]. The S_m have been tabulated, because they play a role for the computation of the effect of a diffracting wire which connects the opposite boundaries of a wave guide.

Appendix

1. *H. L. Schmid's Lemma*

Let $\phi_m(x)$, $m = 0, 1, 2, \cdots$, be a complete set of orthonormal functions for the interval (0, 1). Let β be a real number, $0 < \beta < 1$ and let

$$\text{(A.1)} \qquad \sum_{m=0}^{\infty} A_m \phi_m(x) = 0 \quad \text{if} \quad \beta < x < 1$$

$$\text{(A.2)} \qquad \sum \kappa_m A_m \phi_m(x) = \phi_0(x) \quad \text{if} \quad 0 < x < \beta.$$

We define

$$\text{(A.3)} \qquad u_{n,m} = \int_0^\beta \phi_n(x)\phi_m(x)\,dx; \qquad v_{n,m} = \int_\beta^1 \phi_n(x)\phi_m(x)\,dx.$$

Then the matrices U, V with the general element $u_{n,m}$, $v_{n,m}$ satisfy

$$\text{(A.4)} \qquad UV = VU = 0; \qquad U + V = I; \qquad U^2 = U, \qquad V^2 = V,$$

where I denotes the identity. If we denote by $\mathbf{a}$ the vector with the components A_n, then there exists a vector $\mathbf{x}$ such that

$$\text{(A.5)} \qquad \mathbf{a} = U\mathbf{x}, \qquad (V + KU)\mathbf{x} = \mathbf{e}$$

where $\mathbf{e} = (1, 0, 0, \cdots)$ and where K denotes the diagonal matrix $(\delta_{n,m}\kappa_m)$. This statement is valid if the functions on the left hand side of (A.1), (A.2) are absolutely integrable and if it is permitted to multiply (A.1), (A.2) by $\phi_n(x)$ and to integrate the left hand side term by term in $(0, \beta)$ and $(\beta, 1)$. A proof can be derived from Schaefke [10].

2. *Inversion Formulas*

Let θ be a real parameter, $\theta \neq 0, -1, -2, \cdots$ and let $A(\theta)$, $H(\theta)$ be the matrices with the general elements

$$\text{(A.6)} \qquad \begin{aligned} a_{n,m}(\theta) &= \frac{\sin \pi\theta}{\pi} \frac{1}{-n + m + \theta}, \\ h_{n,m}(\theta) &= \frac{1}{n + m + \theta}, \qquad n, m = 0, 1, 2, \cdots \end{aligned}$$

where n denotes the row and m denotes the column of the matrix elements $a_{n,m}$, $h_{n,m}$. The matrices $A(\theta)$, $H(\theta)$ are bounded; cf. [11]. The following is a special case of *Titchmarsh's inversion formula* [13]: The matrix

$$\text{(A.7)} \qquad T = 2^{-1/2} A\left(\frac{1}{2}\right) + \frac{1}{\pi\sqrt{2}} H\left(\frac{1}{2}\right)$$

has a bounded inverse T^{-1} the general element of which is

$$\text{(A.8)} \qquad \frac{1}{\pi\sqrt{2}} \left\{ \frac{\epsilon_n}{-n + m + \frac{1}{2}} + \frac{\epsilon_n}{n + m + \frac{1}{2}} \right\}; \qquad \epsilon_0 = 1, \qquad \epsilon_1 = \epsilon_2 = \cdots = 2.$$

Titchmarsh has shown, that under very wide conditions for a vector $\mathbf{y}$

$$T^{-1}\mathbf{y} = \mathbf{x} \quad \text{if} \quad T\mathbf{x} = \mathbf{y} \tag{A.9}$$

and vice versa.

The Linfoot-Shepherd inversion formula gives a formal inverse $A^{-1}(\theta)$ of $A(\theta)$. The general element of $A^{-1}(\theta)$ is

$$-\frac{\sin \pi\theta}{\pi}\frac{\Gamma(1+n+\theta)}{n!}\frac{1}{-n+m-\theta}\frac{\Gamma(1+m-\theta)}{m!}, \; n, m = 0, 1, \cdots. \tag{A.10}$$

Linfoot and Shepherd [3] stated certain sufficient conditions for a vector $\mathbf{y}$ such that

$$A^{-1}(\theta)\mathbf{y} = \mathbf{x} \quad \text{if} \quad A(\theta)\mathbf{x} = \mathbf{y}. \tag{A.11}$$

They also showed that for $\theta \geqq 0$ the homogeneous equations

$$A(\theta)\mathbf{x} = 0 \tag{A.12}$$

do not have any solution whatsoever except $\mathbf{x} = 0$ and that for $-1 < \theta < 0$, (A.12) has the only non-trivial solution $\mathbf{x} = \{x_m\}$ where

$$x_m = C\frac{(\theta+1)_m}{m!}.$$

Here C is an arbitrary constant and

$$\begin{aligned}(u)_m &= \frac{\Gamma(u+m)}{\Gamma(u)} \\ &= u(u+1)\cdots(u+m-1) \quad \text{if} \quad m = 1, 2, \cdots; \quad (u)_0 = 1.\end{aligned} \tag{A.13}$$

It can be shown that $A^{-1}(\theta)$ is bounded if and only if $-\frac{1}{2} < \theta < \frac{1}{2}$ cf. [5], [10]. A result connected with (A.10) is:

The inverse of $\pi A(\frac{1}{2}) + H(1) = G$ *is a bounded matrix* $G^{-1} = (g_{n,m})$ *the general element of which is*

$$g_{n,m} = -\left\{\frac{(n+\frac{1}{2})(\frac{1}{2})_n}{n!}\frac{(\frac{1}{2})_m}{m!}\right\}^2\left\{\frac{1}{-n+m+\frac{1}{2}} + \frac{1}{n+m+1}\right\}. \tag{A.14}$$

The boundedness of G^{-1} follows from (A.14) because

$$\begin{aligned}&\frac{1}{-n+m+\frac{1}{2}} + \frac{1}{n+m+1} \\ &= -\frac{2m+\frac{1}{2}}{2n+\frac{3}{4}}\left\{\frac{-1}{-n+m-\frac{1}{2}} + \frac{1}{n+m+1}\right\}\end{aligned} \tag{A.15}$$

and

$$\lim_{n\to\infty}\frac{(\frac{1}{2})_n}{n!}\sqrt{n} = \pi^{-1/2}. \tag{A.16}$$

This shows that the elements of G^{-1} can be obtained from those of $H(1)$ −

$\pi A(-\frac{1}{2})$ by multiplying them by certain bounded positive factors; the rest follows from a criterion of I. Schur [11]. The proof of (A.14) can be obtained from [5]. It is not difficult to prove that G^*G has a minimum >0 and that therefore G has a bounded inverse. But although (A.14) is a formal inverse of G it is still necessary to prove that it is bounded; cf. [5].

3. *Some Special Fourier Series*

From the Hansen-Bessel integral representation for the Bessel function J_0 of the first kind

$$J_0(z) = \pi^{-1} \int_{-1}^{1} \frac{\cos zt}{(1-t^2)^{1/2}}\, dt \tag{A.17}$$

we find that

$$\sum_{m=0}^{\infty} \epsilon_m \pi J_0(\pi m\beta) \cos 2\pi m x = \begin{cases} 0 & \text{if} \quad \frac{1}{2}\beta < x < \frac{1}{2} \\ (\frac{1}{4}\beta^2 - x^2)^{-1/2} & \text{if} \quad -\frac{1}{2}\beta < x < \frac{1}{2}\beta. \end{cases} \tag{A.18}$$

The convergence of the series on the left hand side in (A.18) can be proved by expressing the partial sums as an integral which can be derived from (A.17). The behavior of the coefficients in (A.18) if $m \to \infty$ is given by

$$J_0(m\pi\beta) = \pi^{-1}\left(\frac{2}{m\beta}\right)^{1/2} \cos\left(m\pi\beta - \frac{1}{4}\right)[1 + O(m^{-1})].$$

The formula

$$\sum_{n=0}^{\infty} (-1)^n \frac{(\frac{1}{2})_n}{n!} \cos\{\pi(4n+1)x\} = \begin{cases} (2\cos 2\pi x)^{-1/2} & \text{if} \quad -\frac{1}{4} < x < \frac{1}{4} \\ 0 & \text{if} \quad \frac{1}{4} < |x| < \frac{1}{2} \end{cases} \tag{A.19}$$

can be proved by expressing the series in terms of two hypergeometric functions of argument $\exp\{\pm i4\pi x\}$.

4. *Sums*

The summations which are involved in the multiplication of infinite matrices in sections 2 and 4 can be carried out explicitly by using the following formulas and their derivatives with respect to z:

$$\frac{\Gamma(\theta)\Gamma(z)}{\Gamma(z+\theta)} = \sum_{n=0}^{\infty} \frac{(1-\theta)_n}{n!} \frac{1}{z+n}, \qquad (\Re e\,\theta > 0) \tag{A.20}$$

$$\begin{aligned} &\Gamma(\theta)\left\{\frac{\Gamma(z)}{\Gamma(z+\theta)} - \frac{\Gamma(\zeta)}{\Gamma(\zeta+\theta)}\right\} \\ &= \sum_{n=0}^{\infty} \frac{(1-\theta)_n}{n!}\left\{\frac{1}{z+n} - \frac{1}{\zeta+n}\right\}, \qquad (\Re e\,\theta > -1) \end{aligned} \tag{A.21}$$

$$\frac{\Gamma(1-2b+2a)\Gamma(1-2b)}{\Gamma(2a)} \frac{\Gamma(a-z)\Gamma(a+z)}{\Gamma(1+a-2b-z)\Gamma(1+a-2b+z)}$$

(A.22)

$$= \sum_{n=0}^{\infty} \frac{(2a)_n(2b)_n}{(1-2b+2a)_n n!} \left\{\frac{1}{a+n-z} + \frac{1}{a+n+z}\right\}; \qquad (\Re b < \tfrac{1}{2}).$$

Equations (A.20), (A.21) follow from the expansion of Euler's Beta-integral in an infinite series. For a proof of (A.22) cf. [5]. The sums S_n in (2.22) have the generating function

$$\text{(A.23)} \qquad \frac{\Gamma(\frac{1}{2})\Gamma(\frac{1}{2}+z)}{\Gamma(z+1)} = \sum_{n=0}^{\infty} (-1)^n S_{n+1} z^n$$

and the first three of them can be expressed in terms of π and log 2 by using well known properties of the Gamma Function.

Bibliography

1. C. J. Bouwkamp, *On the freely vibrating circular disc and diffraction by circular discs and apertures*, Physica, Volume 16, 1950, pp. 1–16.
2. H. Lamb, *On the reflection and transmission of electric waves by a metallic grating*, Proceedings of the London Mathematical Society, Volume 29, 1898, pp. 523–544.
3. E. H. Linfoot and W. M. Shepherd, *On a set of linear equations (II)*, Quarterly Journal of Mathematics, (Oxford Series), Volume 10, 1939, pp. 84–98.
4. W. Magnus, *Über Eindeutigkeitsfragen bei einer Randwertaufgabe von $\Delta u + k^2 u = 0$*, Jahresbericht der Deutschen mathematiker Vereinigung, Volume 52, 1943, pp. 177–188.
5. W. Magnus, *Über einige beschränkte Matrizen*, to appear in Archiv der Mathematik.
6. A. W. Maue, *Zur Formulierung eines allgemeinen Beugungsproblems durch eine Integralgleichung*, Zeitschrift für Physik, Volume 126, 1949, pp. 601–618.
7. J. Meixner, *Die Kantenbedingung in der Theorie der Beugung elektromagnetischer Wellen an vollkommen leitenden Schirmen*, Annalen der Physik (Series 6), Volume 6, 1949, pp. 1–7.
8. F. Oberhettinger and W. Magnus, *Über einige Randwertprobleme der Schwingungsgleichung*, Journal für die reine und angewandte Mathematik, Volume 186, 1945, pp. 1–9.
9. F. Rellich, *Über das asymptotische Verhalten von Lösungen von $\Delta u + \lambda u = 0$ in unendlichen Gebieten*, Jahresbericht der Deutschen mathematiker Vereinigung, Volume 53, 1943, pp. 157–165.
10. F. W. Schaefke, *Über einige unendliche lineare Gleichungssysteme*, Mathematische Nachrichten, Volume 3, 1949, pp. 40–58.
11. I. Schur, *Bemerkungen zur Theorie der beschränkten Bilinearformen*, Journal für die reine und angewandte Mathematik, Volume 140, 1911, pp. 1–28.
12. A. Sommerfeld, *Die Greensche Funktion der Schwingungsgleichung*, Jahresbericht der Deutschen mathematiker Vereinigung, Volume 21, 1912, pp. 309–353.
13. E. C. Titchmarsh, *A series inversion formula*, Proceedings of the London Mathematical Society (Series 2), Volume 26, 1927, pp. 1–11.

Reprinted from
Communications on Pure and Applied Mathematics
3 (1950), 393–410.

Reprinted from
QUARTERLY OF APPLIED MATHEMATICS
Vol. XI, No. 1, April, 1953

INFINITE MATRICES ASSOCIATED WITH DIFFRACTION BY AN APERTURE*

BY
WILHELM MAGNUS
New York University

1. Introduction and summary. As an example of their "variational method", LEVINE and SCHWINGER [1] investigated a boundary value problem which arises from the diffraction of a plane scalar (acoustical) wave by a plane screen with a circular aperture. It is equivalent to the problem of finding the field of a freely vibrating circular disk. A full discussion of the physical problems was given by Bouwkamp [2]. Let z, ρ, θ be cylindrical coordinates and let $z = 0$ be the plane occupied by the screen. Let $z = 0$, $0 \leqq \rho < a$ define the aperture (or the vibrating disk). The diffracted field is given by a function u which satisfies $\nabla^2 u + k^2 u = 0$ (with a constant k) everywhere except for $z = 0$ and at infinity satisfies a Sommerfeld radiation condition. For $z = 0$, u must satisfy the "mixed" boundary conditions $u = 0$ for $\rho > a$ and $\partial u/\partial z = v_0$ with a given constant value v_0 for $0 \leqq \rho < a$. These conditions determine u uniquely. For $z = 0$, $0 \leqq \rho < a$, $u = \Phi(\rho)$ becomes a function of ρ only, and if $\Phi(\rho)$ is known or even if only $C_0\Phi(\rho)$ with an undetermined constant factor C_0 is known, u can be determined everywhere; see formulas (A.1), (A.2), (A.3) in [1].

Levine and Schwinger [1] show that the ratio of the energy transmitted through the aperture to the energy incident on the aperture is the imaginary part of the complex transmission coefficient T^*, which is a quotient of two integrals involving $\Phi(\rho)$ quadratically. As a functional of $\Phi(\rho)$, T^* becomes stationary for the correct function Φ which determines u. Levine and Schwinger find approximate values for T^* by expanding first $\Phi(\rho)$ in an infinite series of auxiliary functions (see 3.1 and 3.2) with coefficients D_m. Then T^* becomes a linear form in the D_m (see 3.10), and the unknowns D_m are determined by an inhomogeneous system of infinitely many linear equations with a coefficient matrix L (see 3.4, 3.5). In [1], these equations are solved "section wise", using the first $l = 1, 2, 3, \cdots$ equations to determine the first l unknowns. All quantities D_m, T^*, L are power series in $\beta = ka/2$, and Levine and Schwinger compute the first coefficients of the expansion of T^* in a power series in β which were determined independently by Bouwkamp [2], who used spheroidal wave functions.

It will be shown that the algebraic properties of the matrix L make it possible not only to find approximate values for T^* as in [1] but also to determine $\Phi(\rho)$. This is due to the fact that L factorizes in a product $L^{(0)}S$, where $L^{(0)}$ is the matrix for the static case $k = 0$ and where S can be inverted by solving finite recurrence relations. The details are stated in lemma 1 and theorem 1 of section 3. Lemma 2 gives additional algebraic relations. Problems of convergence and uniqueness are settled in section 5. These depend largely on an investigation of the properties of $L^{(0)}$ which is carried through in section 4. There it is shown that in the limiting cases $k = 0$ and $k = \infty$ the matrices $L^{(0)}$ and $L^{(\infty)}$ of the linear equations also arise from a problem of moments. This also makes it possible to prove that the variational method for the calculation of the transmission

*Received March 27, 1952. This work was performed at Washington Square College of Arts and Science, New York University, and was supported in part by Contract No. AF-19(122)-42 with the United States Air Force through sponsorship of Geophysical Research Division, Air Force Cambridge Research Center, Air Materiel Command.

coefficient will work even for $k = \infty$ where the linear equations for the D_m do not have any solution at all.

2. Notations. The elements of (infinite) matrices are denoted by subscripts n, $m = 0, 1, 2, \cdots$ where n denotes the rows and m denotes the columns. A vector with components x_m is denoted by $\{x_m\}$. We also use the notations

$$(a)_n = \Gamma(a + n)/\Gamma(a) = a(a + 1) \cdots (a + n - 1); \qquad a)_0 = 1, \tag{2.1}$$

$$F(a, b; c; z) = \sum_{n=0}^{\infty} \frac{(a)_n(b)_n}{(c)_n n!} z^n, \tag{2.2}$$

where Γ denotes the gamma function and F denotes the hypergeometric series. For results needed here see Whittaker and Watson [3] and Bailey [4].

3. Algebraic properties of the linear equations. Let

$$\Phi(\rho) = -\frac{1}{2} aC_0 \sum_{m=0}^{\infty} x_m(1 - \rho^2/a^2)^{m+1/2} \tag{3.1}$$

be the expansion of the field $\Phi(\rho)$ in the aperture in terms of powers of $1 - \rho^2/a^2$. Here C_0 denotes an undetermined constant and

$$-\tfrac{1}{2}ax_m = D_m \tag{3.2}$$

where the D_m are the unknowns used by Levine and Schwinger [1]. The linear equations for the x_m as obtained from the variational method can be written as follows:

Let $p, q = 0, 1, 2, \cdots$ and let $L^{(2p)}$, $L^{(2q+3)}$ be infinite matrices with elements $l^{(2p)}_{n,m}$, $l^{(2q+3)}_{n,m}$ defined by

$$l^{(2p)}_{n,m} = (-1)^p\pi^{1/2}A(n, m, p)/B(n, m, p), \tag{3.3}$$

$$l^{(2q+3)}_{n,m} = i(-1)^q\pi^{1/2}A(n, m, q + 3/2)/B(n, m, q + 3/2), \tag{3.4}$$

where, for any values of n, m, t

$$A(n, m, t) = \Gamma(n + 3/2)\Gamma(m + 3/2)\Gamma(n + m + 2t + 1),$$

$$B(n, m, t) = 4\Gamma(t + 1)\Gamma(n + t + 1)\Gamma(m + t + 1)\Gamma(n + m + t + 5/2).$$

Let L be the matrix

$$L = \sum_{p=0}^{\infty} \beta^{2p}L^{(2p)} + \sum_{q=0}^{\infty} \beta^{(2q+3)}L^{(2q+3)}, \tag{3.5}$$

the general element $l_{n,m} = l_{n,m}(\beta)$ of which is a power series in $\beta = \tfrac{1}{2}ka$. Then

$$\sum_{m=0}^{\infty} l_{n,m}x_m = (n + 3/2)^{-1}. \tag{3.6}$$

Let ξ denote the vector with the components x_m and let $\xi^{(r)}$, $r = 0, 1, \cdots$ be the vector with the components $x^{(r)}_m$ where

$$x_m = \sum_{r=0}^{\infty} \beta^r x^{(r)}_m. \tag{3.7}$$

Let $\eta^{(0)}$ denote the vector with the components $1/(m + 3/2)$. Comparing the coefficients of β^r, $r = 0, 1, \cdots$, on both sides of (3.6) we find

$$L^{(0)}\xi^{(0)} = \eta^{(0)}, \qquad L^{(0)}\xi^{(1)} = 0, \tag{3.8}$$

and, for $r = 2, 3, 4, \cdots$:

$$L^{(0)}\xi^{(r)} + L^{(2)}\xi^{(r-2)} + \cdots + L^{(r)}\xi^{(0)} = 0. \tag{3.9}$$

If

$$T^* = \sum_{m=0}^{\infty} x_m/(m + 3/2), \tag{3.10}$$

the transmission coefficient T becomes

$$T = \beta/2 \text{ Im } T^* \tag{3.11}$$

where Im denotes the imaginary part. We shall now show that $L^{(0)}$ is a common left hand factor of all the matrices $L^{(2p)}$, $L^{(2q+3)}$, such that the right hand factor is a bounded matrix.

Lemma 1. *Let* $p = 1, 2, 3, \cdots$ *and* $q = 0, 1, 2, \cdots$, *and let* $S^{(2p)} = (s_{n,m}^{(2p)})$ and $S^{(2q+3)} = (s_{n,m}^{(2q+3)})$ *be the matrices defined by*

$$\left.\begin{aligned} s_{n,m}^{(2p)} &= 0 \quad \text{if} \quad n > p + m \\ s_{n,m}^{(2q+3)} &= 0 \quad \text{if} \quad n > q \end{aligned}\right\} \tag{3.12}$$

and otherwise

$$s_{n,m}^{(2p)} = (-1)^p G(n, m, p)/H(n, m, p), \tag{3.13}$$

$$s_{n,m}^{(2q+3)} = i(-1)^q G(n, m, q + 3/2)/H(n, m, q + 3/2), \tag{3.14}$$

where, for any values of n, m, t

$$G(n, m, t) = (-t + 3/2)_n \Gamma(2t - n + m)\Gamma(m + 3/2),$$
$$H(n, m, t) = \Gamma(t + 1)\Gamma(t)\Gamma(t + m - n + 1)\Gamma(t + m + 3/2)(3/2)_n .$$

Then

$$L^{(2p)} = L^{(0)} S^{(2p)}, \qquad L^{(2q+3)} = L^{(0)} S^{(2q+3)}. \tag{3.15}$$

Proof: The element in the n-th row and m-th column of $L^{(0)}S^{(2p)}$ is

$$\frac{\sqrt{\pi}}{4} \frac{(-1)^p}{p!(p-1)!} \frac{\Gamma(n + 3/2)}{n!} \frac{\Gamma(m + 3/2)}{\Gamma(m + p + 3/2)} \sum \tag{3.16}$$

where, because of (2.1) and simple properties of the Gamma function

$$\sum_{n,m} = \sum_{r=0}^{p+m} \frac{(n + r!)}{r!} \frac{\Gamma(r + 3/2)}{\Gamma(n + r + 5/2)} \frac{(-p + 3/2)_r}{(3/2)_r} \frac{\Gamma(2p + m - r)}{\Gamma(p + m - r + 1)} \tag{3.17}$$

$$= \frac{n!\Gamma(2p + m)\Gamma(3/2)}{(p + m)!\Gamma(n + 5/2)} \sum_{r=0}^{p+m} \frac{(n + 1)_r}{r!} \frac{(3/2 - p)_r}{(n + 5/2)_r} \frac{(-p - m)_r}{(1 - m - 2p)_r}. \tag{3.18}$$

The sum in (3.18) can be computed by using Saalschuetz's formula (cf. Bailey [4] for a simple proof) which can be written in the form

$$\sum_{r=0}^{k} \frac{(a)_r(b)_r(-k)_r}{r!(c)_r(1 + a + b - c - k)_r} = \frac{(c - a)_k(c - b)_k}{(c)_k(c - a - b)_k}. \tag{3.19}$$

$(k = 0, 1, 2, \cdots; c \neq 0, -1, -2, \cdots -k - 1; 1 + a + b - c \neq 1, 2, \cdots, k)$

Taking $a = n + 1$, $b = -p + 3/2$, $c = 5/2 + n$, $k = p + m$, (3.19) gives for $\sum_{n,m}$ in (3.17)

$$\sum_{n,m} = \frac{n!\Gamma(2p + m)\Gamma(3/2)}{(p + m)!\Gamma(n + 5/2)} \frac{(3/2)_{m+p}(n + p + 1)_{m+p}}{(n + 5/2)_{m+p}(p)_{m+p}}. \tag{3.20}$$

From (3.20) and (3.16) it follows that $L^{(2p)} = L^{(0)}S^{(2p)}$. The proof of $L^{(2p+3)} = L^{(0)}S^{(2p+3)}$ follows by the same method.

The elements of the matrices $S^{(2q+3)}$ are zero except for those in the first q rows. This is not true for the $S^{(2p)}$ but the following lemma shows that $S^{(2p)}$ is a polynomial in $S^{(2)}$ apart from right hand factors which are either the identity or of the type of the $S^{(2q+3)}$.

We have:

Lemma 2. Let $p, t = 1, 2, 3, \cdots$ and let $R^{(t)}$ be the matrix for which the element in the first row and m-th column is

$$\frac{(-1)^{t+1}}{(t - 1/2)t!(t - 1)!} \frac{\Gamma(m + 3/2)\Gamma(2t + m + 1)}{\Gamma(m + t + 3/2)(t + m + 1)!} \tag{3.21}$$

all other elements of $R^{(t)}$ being zero. Then

$$S^{(2)}S^{(2t)} - \frac{t + 1}{1 - 2t} S^{(2t+2)} = R^{(t)}, \tag{3.22}$$

$$S^{(2t+2)} = \sum_{\mu=0}^{t} (-2)^{\mu+1}[(-t + 1/2)_{\mu+1}/(-1 - t)_{\mu+1}]\{S^{(2)}\}^{\mu}R^{(t-\mu)}, \tag{3.23}$$

where, for $\mu = t$, $R^{(0)}$ denotes $S^{(2)}$. In general,

$$S^{(2p)}S^{(2t)} - \frac{(t + p)!}{p!t!} \frac{\Gamma(3/2)\Gamma(-t - p + 3/2)}{\Gamma(-p + 3/2)\Gamma(-t + 3/2)} S^{(2p+2t)} \tag{3.24}$$

is a matrix in which all elements are zero except those in the first p rows.

The proof of lemma 2 follows again from Saalschuetz's formula. We have now:

Theorem 1. If the equations

$$L^{(0)}\xi^{(0)} = \eta \tag{3.25}$$

have a solution, then all the vectors $\xi^{(m)}$ are determined by $\xi^{(0)}$ and by the relations $\xi^{(1)} = 0$ and the recurrence relations

$$\xi^{(r)} = -S^{(2)}\xi^{(r-2)} - S^{(3)}\xi^{(r-3)} - \cdots - S^{(r)}\xi^{(0)}. \tag{3.26}$$

In the particular case where

$$\eta = \eta^{(0)} = (2/3, 2/5, 2/7, \cdots), \tag{3.27}$$

we have

$$\xi^{(0)} = (8/\pi, 0, 0, 0, \cdots), \tag{3.28}$$

and at most the first $r + 1$ components of $\xi^{(r)}$ are different from zero. $\xi^{(0)}, \cdots, \xi^{(r)}$ are the solutions of the original system (3.6), if we use the first $r + 1$ equations for determining the first $r + 1$ unknowns and thereby neglect all terms involving the higher powers of β from the r-th power onwards. $\xi^{(0)}, \cdots, \xi^{(r)}$ also determine the exact values of the first $r + 1$ coefficients of the expansion of T^* in powers of β.

The proof of theorem 1 follows immediately from lemma 1 and in particular from the fact that the $S^{(2p)}$, $S^{(2q+3)}$ involve many vanishing elements. The uniqueness of the $\xi^{(r)}$, and the existence of the x_m (at least for sufficiently small values of β) will be proved in section 5.

4. Limiting cases for the matrix L. Let

$$P(t) = \Gamma(t + 3/2)/\Gamma(t + 1), \qquad Q(t) = \Gamma(t + 5/2)/\Gamma(t + 1). \tag{4.1}$$

Then Theorem 1 states that the equations

$$\sum_{m=0}^{\infty} l_{n,m}(\beta)x_m = h_n \qquad (n = 0, 1, 2, \cdots) \tag{4.2}$$

can be solved by formal (i.e. not necessarily convergent) power series in β if the equations

$$4L^{(0)}\xi \equiv \left\{\pi^{1/2}P(n) \sum_{m=0}^{\infty} x_m P(m)/Q(n + m)\right\} = \{4h_n\} \tag{4.3}$$

have a solution $x_m = x_m^{(0)}$. We shall investigate (4.3) together with the limiting case $\beta \to \infty$. Levine and Schwinger [1] have shown that then (4.2) tends towards the system of linear equations

$$L^{(\infty)}\xi \equiv \left\{\sum_{m=0}^{\infty} x_m/(n + m + 2)\right\} = \mu\{h_n\}, \qquad (n = 0, 1, 2, \cdots) \tag{4.4}$$

where μ is a constant.

We have to define first the linear space of admissible solutions x_m from the nature of the problem. Since (3.1) is supposed to define the field in the aperture, and since the field cannot have a singularity in the center of the aperture, we must assume that

$$\lim_{\epsilon \to 0} \sum_{m=0} x_m(1 - \epsilon)^m \tag{4.5}$$

exists. Since the original system (3.6) was set up merely in order to define the transmission coefficient, we shall assume that

$$\sum_{m=0}^{\infty} x_m/(m + 3/2) \tag{4.6}$$

converges. This implies, that

$$\sum_{m=0}^{\infty} x_m z^m \tag{4.7}$$

converges for $|z| < 1$ and therefore that the x_m actually define the field in the aperture. Then we prove first:

Lemma 3. *If the vector ξ with the components x_m satisfies* (4.5) *and* (4.6), *then the operators $L^{(0)}$ and $L^{(\infty)}$ are defined for ξ in the sense that the sums in* (4.3), (4.4) *converge for $n = 0, 1, 2, \cdots$*

Proof: Let $Q(t)$ be defined as in (4.1) and let

$$\tau_m = Q(m)/Q(n + m), \qquad \sigma_m = \sum_{r=0}^{m} x_r/(r + 3/2). \tag{4.8}$$

Then the partial sums of the series in (4.3) are

$$\sum_{r=0}^{m} \tau_r x_r/(r + 3/2) = \sum_{r=0}^{m-1} (\tau_r - \tau_{r+1})\sigma_r + \tau_m\sigma_m \tag{4.9}$$

where

$$2\tau_{r+1} - 2\tau_r = 3nP(r+1)/\{Q(n+r)[n+r+5/2]\}. \tag{4.10}$$

Since the $|\sigma_n|$ are bounded and $\sum_r |\tau_r - \tau_{r+1}|$ converges, the sums in (4.3) also converge. The proof for the convergence of the sums in (4.4) is even simpler.

Theorem 2. If the equations $L^{(0)}\xi = \{h_n\}$ *or* $L^{(\infty)}\xi = \{h_n^*\}$ *have a solution* $\xi = \{x_m^{(0)}\}$ *or* $\xi = \{x_m^{(\infty)}\}$ *satisfying* (4.5) *and* (4.6), *then the integral equations*

$$\int_0^1 f(v)(1-v)^{1/2}(1-vz)^{-1}\,dv = 4\pi^{-1/2}\sum_{n=0}^{\infty} z^n h_n n!/(3/2)_n, \tag{4.11}$$

$$\int_0^1 f^*(v)v(1-vz)^{-1}\,dv = \sum_{n=0}^{\infty} h_n^* z^n, \tag{4.12}$$

have analytic solutions

$$f(v) = \sum_{m=0}^{\infty} v^m x_m^{(0)}\Gamma(m+3/2)/m!, \qquad f^*(v) = \sum_{m=0}^{\infty} x_m^{(\infty)} v^m. \tag{4.13}$$

The solutions are unique and they also solve the problems of moments

$$\int_0^1 f(v)(1-v)^{1/2}v^n\,dv = 4\pi^{-1/2}h_n n!/(3/2)_n, \qquad \int_0^1 f^*(v)v^{n+1}\,dv = h_n^*. \tag{4.14}$$

The integrals in (4.11) (4.12) are defined by

$$\int_0^1 = \lim_{\epsilon\to+0}\int_0^{1-\epsilon}. \tag{4.15}$$

Since a formal expansion of the left hand sides of (4.11) and (4.12) leads to the linear equations $L^{(0)}\xi = \{h_n\}$ and $L^{(\infty)}\xi = \{h_n^*\}$, it has only to be shown that, under the assumptions made about the x_m, such an expansion is legitimate. It suffices to prove that

$$\lim_{\epsilon\to 0}\int_0^{1-\epsilon} f(v)(1-v)^{1/2}v^n\,dv = 8\pi^{-1}h_n n!/\Gamma(n+3/2) \tag{4.16}$$

where now $f(v)$ is defined by (4.13) and h_n by $L^{(0)}\xi = \{h_n\}$. Since it follows from the assumption (4.5) about the x_m that $f(v)$ converges absolutely and uniformly for $0 \leqq v \leqq 1-\epsilon$, we may integrate term by term in (4.16). Putting $Y_m = x_m^{(0)}\Gamma(m+3/2)/m!$ this gives (with $v = (1-\epsilon)W$)

$$\sum_{m=0}^{\infty} Y_m \int_0^{1-\epsilon} v^{n+m}(1-v)^{1/2}\,dv$$

$$= \sum_{m=0}^{\infty} Y_m(1-\epsilon)^{n+m+1}\int_0^1 W^{n+m}[1-(1-\epsilon)W]^{1/2}\,dW \tag{4.17}$$

$$= \sum_{m=0}^{\infty} Y_m(1-\epsilon)^{n+m+1}(n+m+1)^{-1}F(-1/2, n+m+1, n+m+2; 1-\epsilon) \tag{4.18}$$

$$= \sum_{m=0}^{\infty} Y_m(1-\epsilon)^{n+m+1}(n+m+1)^{-1}F(-1/2, n+m+1; n+m+2; 1)$$

$$+ \sum_{m=0}^{\infty} Y_m(1-\epsilon)^{n+m+1}(n+m+1)^{-1}\{F(\cdots; 1-\epsilon) - F(\cdots; 1)\}. \tag{4.19}$$

According to Gauss's formula (cf. Whittaker-Watson [3])

$$F(-1/2, n + m + 1; n + m + 2; 1) = (n + m + 1)!\Gamma(3/2)/\Gamma(n + m + 5/2), \tag{4.20}$$

and from Abel's lemma and from lemma 3 it follows that

$$\lim_{\epsilon \to 0} \sum_{m=0}^{\infty} Y_m(1 - \epsilon)^{n+m+1}\Gamma(3/2)(n + m)!/(\Gamma(n + m + 5/2) = 4\pi^{-1/2}h_n n!/(3/2)_n . \tag{4.21}$$

Now we have to show that the second sum in (4.19) tends towards zero as $\epsilon \to 0$. Because of (4.5) it suffices to show that

$$\begin{aligned} c_{m,n}(\epsilon) & \\ &= \Gamma(m + 3/2)[m!]^{-1}[n + m + 1]^{-1}\{F(-1/2, n + m + 1; n + m + 2; 1 - \epsilon) \quad (4.22)\\ &\qquad - F(-1/2, n + m + 1; n + m + 2; 1)\} \\ &= \Gamma(m + 3/2)(2m!)^{-1} \sum_{k=0}^{\infty} [1 - (1 - \epsilon)^{k+1}] \\ &\qquad \cdot (1/2)_k/\{(k + 1)!(n + m + k + 2)\} \to 0 \quad (4.23) \end{aligned}$$

as $\epsilon \to 0$ uniformly in n, m. We can prove that $| c_{m,n}(\epsilon) | < \epsilon$ by observing that $1 - (1 - \epsilon)^{k+1} \leqq (k + 1)\epsilon$. This and (4.23) gives

$$\begin{aligned} | c_{m,n}(\epsilon) | &\leqq \epsilon\Gamma(m + 3/2)(2m!)^{-1} \sum_{k=0}^{\infty} (1/2)_k(n + m + k + 2)^{-1}\{k!\}^{-1} \\ &= \epsilon\Gamma(m + 3/2)\{2m!(n + m + 2)\}^{-1}F(1/2, n + m + 2; n + m + 3; 1) \\ &= \epsilon\Gamma(1/2)\Gamma(m + 3/2)(n + m + 1)!\{2m!\Gamma(n + m + 5/2)\}^{-1} \quad (4.24)\\ &= \epsilon\frac{\pi^{1/2}}{2} \frac{(m + 1)(m + 2) \cdots (m + n + 1)}{(m + 3/2)(m + 5/2) \cdots (m + n + 3/2)} \leqq \epsilon\pi^{1/2}/2 < \epsilon. \end{aligned}$$

The uniqueness of the solution follows from

Lemma 4: *If* $\sum_{m=0}^{\infty} x_m/(m + 3/2)$ *converges, then for* $0 \leqq v < 1$, $(1 - v)^{3/2} | f(v) |$ *is bounded.* The proof follows from summation by parts with the notation (4.8) and from the remark that

$$\sum_{m=0}^{\infty} \Gamma(m + 5/2) | \sigma_m | v^m/(m + 1)! \leqq C[(1 - v)^{-3/2} - 1]v^{-1}, \tag{4.25}$$

where c does not depend on v.

Now we can show that (4.3) cannot have a null solution. Because then the difference $\phi(v)$ of two solutions of (4.11) would satisfy

$$\int_0^1 \phi(v)(1 - v)^{1/2}v^n \, dv = 0, \qquad n = 0, 1, 2, \cdots , \tag{4.26}$$

and therefore:

$$\int_0^1 \phi(v)(1 - v)^{1/2}(1 - v)v^n \, dv = 0, \qquad n = 0, 1, 2, \cdots \tag{4.27}$$

But $\phi(v)$ $(1 - v)^{3/2}$ would be a function continuous in $0 \leqq v \leqq 1$ according to lemma 4 and therefore (4.27) shows that $\phi(v)(1 - v)^{3/2}$ would be identically zero.

Conclusions from theorem 1. The equivalence of the equations $L^{(0)}\xi = \{h_m\}$ and $L^{(\infty)}\xi = \{h_m^*\}$ to a problem of moments shows that these sets of linear equations are unstable in the following sense: Not only may these equations have no solution at all, but this is certain to happen if we start with a set $\{h_m\}$ of right hand sides for which a solution exists and then change a finite number of the h_m by an amount however small. In this case there does not even exist a continuous function $f(v)$ which satisfies (4.11) or (4.12) with the modified right hand sides.

The integral operators in (4.11), (4.12) are extensions of the linear operators defined by $L^{(0)}$ or $L^{(\infty)}$, since (4.11) or (4.12) may have a continuous solution $f(v)$ which is not analytic. Consequently, a quantity like the transmission coefficient

$$T^* = \int_0^1 f(v)v^{1/2}\,dv = \sum_{m=0}^{\infty} x_m/(m + 3/2) \tag{4.28}$$

can be defined even in cases where the x_m do not exist. An easy example is offered by the equations

$$\sum_{m=0}^{\infty} x_m/(n + m + 2) = \mu/(n + 3/2), \qquad (n = 0, 1, 2, \cdots) \tag{4.29}$$

which were also investigated by Levine and Schwinger. The corresponding integral equation is

$$\int_0^1 f(v)v(1 - vW)^{-1}\,dv = \mu \sum_{n=0}^{\infty} W^n/(n + 3/2) = \mu \int_0^1 v^{1/2}/(1 - vW)^{-1}\,dv \tag{4.30}$$

which gives

$$f(v) = \mu v^{-1/2}, \qquad T^* = \mu. \tag{4.31}$$

In this case no set of x_m satisfying (4.29) can exist. However, it is possible to find sequences of constants $Y_m^{(r)}$ such that

$$\sum_{m=0}^{\infty} Y_m^{(r)}(m + n + 2)^{-1} = \psi_n^{(r)} \tag{4.32}$$

exist and

$$\lim_{r\to\infty} \sum_{n=0}^{\infty} \{\psi_n^{(r)} - \mu/(n + 3/2)\}^2 = 0, \qquad \lim_{r\to\infty} \sum_{m=0}^{\infty} Y_m^{(r)}/(m + 3/2) = \mu. \tag{4.33}$$

For this purpose, we can choose the $Y_m^{(r)}$ from

$$\sum_{m=0}^{\infty} Y_m^{(r)} v^m = \sum_{k=0}^{r} (1 - v)^k (1/2)_k/k! \tag{4.34}$$

The right hand side in (4.34) is a polynomial which approximates $v^{-1/2}$, since it is the $(r + 1)$-th partial sum of $[1 - (1 - v)]^{-1/2}$. Clearly, the $Y_m^{(r)} \to \infty$ as $r \to \infty$.

5. Uniqueness and existence of the solution. Once a vector $\xi^{(0)}$ has been determined such that $L^{(0)}\xi^{(0)} = \eta$, where η is the vector of the right hand sides in the original equations $L\xi = \eta$, we can determine ξ from

$$M\xi = \xi^{(0)} \tag{5.1}$$

where, for all values of β, M is defined by

$$M = \mathscr{I} + \sum_{p=1}^{\infty} \beta^{2p} S^{(2p)} + \sum_{q=0}^{\infty} \beta^{2q+3} S^{(2q+3)} \tag{5.2}$$

Here $\mathscr{I}$ denotes the identity. We shall call a vector ξ bounded if $\sum |\xi_m|^2 < \infty$ and we shall call a matrix M bounded if there exists a constant $U > 0$ such that for all bounded vectors ξ:

$$\xi^* M'^* M \xi \leqq U^2 \sum |\xi_m|^2 \tag{5.3}$$

where M' is the transposed matrix of M and an asterisk denotes the conjugate complex quantity. U is called an upper bound for M. It is well known that, if U_r is an upper bound for $S^{(r)} (r = 1, 2, 3 \cdots)$, the matrix M in (5.2) has a bounded inverse M^{-1} if

$$\sum_{r=2}^{\infty} \beta^r U_r < 1 \tag{5.4}$$

M^{-1} can be obtained from a Neumann series. We can use this in order to prove:

Theorem 3. *Let* $L, M, \eta^{(0)}, \xi^{(0)}$ *be defined by* (3.5), (5.1), (3.27), (3.28). *Then* M^{-1} *exists and is bounded for sufficiently small values of* $|\beta| < \beta_0$ *and the equations* $L\xi = \eta^{(0)}$ *have exactly one solution* ξ *which satisfies* (4.5) *and* (4.6), *namely* $\xi = M^{-1}\xi^{(0)}$.

Proof: Let $V^{(r)}$ be matrices such that

$$\left\{\mathscr{I} + \sum_{r=2}^{\infty} \beta^r S^{(r)}\right\}\left\{\mathscr{I} + \sum_{r=0}^{\infty} \beta^r V^{(r)}\right\} = \mathscr{I}. \tag{5.5}$$

It is easily seen that the $V^{(r)}$ can be obtained from the $S^{(r)}$ by recurrence formulas. Let $U^{(r)}$ be upper bounds for the $S^{(r)}$ and assume that there exist constants Ω_r such that

$$\left(1 - \sum_{r=2}^{\infty} \beta^r U_r\right)\left(1 + \sum_{r=2}^{\infty} \beta^r \Omega_r\right) = 1. \tag{5.6}$$

This is true if

$$1 - \sum_{r=2}^{\infty} \beta^r U_r \tag{5.7}$$

is convergent and positive for $0 \leqq \beta < \beta_0$. Then it can be shown that Ω_r is an upper bound for $V^{(r)}$. Since it can also be shown that x_m (the m-th component of $\xi = M^{-1}\xi^{(0)}$) is equal to the m-th component of

$$\left\{\sum_{r=m}^{\infty} \beta^r V^{(r)}\right\}\xi_0 \tag{5.8}$$

it follows that

$$|x_m| \leqq \sum_{r=m}^{\infty} \beta^r \Omega_r . \tag{5.9}$$

From this it can easily be shown that for $|\beta| < \beta_0$ condition (4.5) for the x_m is satisfied. This proves the existence of M^{-1} and of a bounded ξ satisfying (4.5), (condition (4.6) is always satisfied for bounded ξ) if we can find U_r which are sufficiently small. We have

Lemma 4. *The matrices*

$$\{S^{(2)}\}^t, \qquad R^{(t)}, \qquad S^{(2t+2)}, \qquad S^{(2q+3)} \tag{5.10}$$

have as upper bounds

$$\pi(\pi^2 - 8)^{1/2}/4, \qquad 2^{1/2}(\pi^2 - 8)^{1/2}/t!, \qquad (2\pi^2 - 16)^{1/2}2^{t+2}(1/2)_t/(t+1)!,$$
$$2^{q+1}(2\pi^2 - 16)^{1/2}/(q+1)! \tag{5.11}$$

The proof is elementary but laborious and will be omitted since the upper bounds are not the best possible ones.

In order to prove the uniqueness of the solution $\xi = M^{-1}\xi^{(0)}$ we observe first that $(M - \mathfrak{I})\xi$ is bounded for every ξ merely satisfying (4.5); provided that β is so small that (5.4), with the U_r from Lemma 4, converges. This can be proved by an elementary investigation of the $S^{(r)}$. Now if there is a ξ^* satisfying (4.5) and (4.6) such that $L\xi^* = 0$, we would have $M\xi^* = \xi^* + \zeta$ where ζ is bounded and $L^{(0)}\xi^* + L^{(0)}\zeta = 0$. Now it follows from the equivalence of the operator $L^{(0)}$ to the operator of a moment problem (cf. Theorem 2) that $\xi^* + \zeta = 0$. Therefore ξ^* is bounded, and since M^{-1} is bounded, ξ^* must be zero since $M\xi^* = \xi^* + \zeta = 0$.

No numerical values for the permissible ranges of β are given since it is entirely possible that the inverse M^{-1} exists for all values of β. This seems to be indicated by a result of Sommerfeld and Perron [5] who showed that for the related problem of the freely vibrating disc the real part of a resulting set of linear equations can be solved explicitly and without restrictions.

References

[1] H. Levine and J. Schwinger, *On the theory of diffraction by an aperture in an infinite plane screen.* Phys. Review **74**, No. 8, October (1948), 958-974.

[2] C. J. Bouwkamp, *Theoretische en numerieke behandelung van de buigung door een ronde opening.* Dissertation. Groningen (1941), 1-64.

[3] E. T. Whittaker and G. N. Watson, *A course on modern analysis*, Cambridge (1927).

[4] W. N. Bailey, *Generalized hypergeometric series*, Cambridge Tracts No. 32, London (1935).

[5] A. Sommerfeld, *Die freischwingende Kolbenmembran.* Annalen der Physik (5) 42, 389-420 (1943) and an addition in 6-th series, 2, 85-86 (1947).

COMMUNICATIONS ON PURE AND APPLIED MATHEMATICS, VOL. VII, 649-673 (1954)

On the Exponential Solution of Differential Equations for a Linear Operator*

By WILHELM MAGNUS

Introduction and Summary

The present investigation was stimulated by a recent paper of K. O. Friedrichs [1], who arrived at some purely algebraic problems in connection with the theory of linear operators in quantum mechanics. In particular, Friedrichs used a theorem by which the Lie elements in a free associative ring can be characterized. This theorem is proved in Section II of the present paper together with some applications which concern the addition theorem of the exponential function for non-commuting variables, the so-called Baker-Hausdorff formula. Section I contains some algebraic preliminaries. It is of a purely expository character and so is part of Section III. Otherwise, Section III deals with the following problem, also considered by Friedrichs: Let $A(t)$ be a linear operator depending on a real variable t. Let $Y(t)$ be a second operator satisfying the differential equation

$$dY/dt = AY \tag{1}$$

and the initial condition $Y(0) = I$, where I denotes the identity operator. The problem is to define, in terms of A, an operator $\Omega(t)$ such that $Y = \exp \Omega$. Feynman [2], using a symbolic interpretation of

$$\exp \int_0^t A\, dt \tag{2}$$

has derived a solution of (1) in the infinite series form obtained when (1) is solved by iteration. The expression for Ω obtained in the present paper is also an infinite series but it satisfies the condition that the partial sums of this series become Hermitian after multiplication by i if iA is a Hermitian operator. This formula for Ω is the continuous analogue of the Baker-Hausdorff formula. All of these results are essentially algebraic; they are supplemented in Section IV by a proof of Zassenhaus' formula, which may be described as the dual of Hausdorff's formula.

The simplest instance of an equation of type (1) is given by a finite system of linear differential equations. In this case, $A(t)$ is the matrix of the coefficients of the system, and the convergence of the infinite series for $\Omega(t)$ can be discussed.

*This research was supported in part by the United States Air Force, through the Office of Scientific Research of the Air Research and Development Command.

This is done in Section VI. In a special case, which is treated in Section VII, necessary and sufficient conditions are derived for the existence and regularity of $\Omega(t)$ for all values of t. Section V supplements a recent investigation by H. B. Keller and J. B. Keller [3], who resumed and continued the work by H. F. Baker [4] on systems of ordinary linear differential equations. In [3], the investigation starts with the assumption that the matrix $A(t)$ can be diagonalized. In Section V we show that the continuous analogue of the Baker-Hausdorff formula provides non-trivial sufficient conditions for the existence of elementary solutions of (1) in cases where $A(t)$ cannot be diagonalized. Here the term "elementary" refers to algebraic operations and applications of a finite number of quadratures to $A(t)$.

FIRST PART: FORMAL ALGEBRA

1. *Preliminaries*

A free associative ring R_0 with n free generators $x_1, \cdots, x_n$ and an identity 1 will be defined by the following four axioms:

(a) The elements of a field f_0 of characteristic zero (for instance the field of real numbers) are in R_0, and the unit element 1 of f_0 is the identity of R_0. The field f_0 belongs to the center of R_0, i.e., all its elements commute with all the elements of R. We shall call f_0 the *field of the coefficients*.

(b) The addition in R_0 is commutative and associative, and the multiplication is associative.

(c) There exist no relations between the elements of R except those which follow from (a) and (b).

(d) Every element of R_0 can be obtained from the elements of f_0 and from $x_1, \cdots, x_n$ by carrying out a finite number of additions and multiplications.

It follows from the axioms (a)–(d) that the identity 1 and the products of any number of "factors" x_ν^α i.e., the products

$$x_{\nu_1}^{\alpha_1} x_{\nu_2}^{\alpha_2} \cdots x_{\nu_m}^{\alpha_m}, \qquad (\alpha_1, \alpha_2, \cdots, \alpha_m = 1, 2, 3, \cdots), \tag{1.1}$$

with

$$\nu_1 \neq \nu_2 \neq \nu_3 \cdots \nu_{m-1} \neq \nu_m, \ \nu_\mu = 1, 2, \cdots n \text{ for } \mu = 1, \cdots, m \tag{1.2}$$

form a basis of linearly independent elements of R_0 with respect to f_0.

We may extend R_0 to a ring R, which consists of all the formal power series with coefficients c_0, $c(\nu_1, \cdots, \nu_m, \alpha_1, \cdots, \alpha_m)$ in f_0, the generic element A of R being

$$A = c_0 + \sum c(\nu_1, \cdots, \nu_m; \alpha_1, \cdots, \alpha_m) x_{\nu_1}^{\alpha_1} \cdots x_{\nu_m}^{\alpha_m}. \tag{1.3}$$

The sum in (1.3) is taken over all possible combinations of integers $\nu_1, \cdots, \nu_m, \alpha_1, \cdots, \alpha_m$ satisfying (1.1) and (1.2) for $m = 1, 2, 3, \cdots$. A power series of the type described by (1.3) will also be called a *function* of $x_1, \cdots, x_n$ and will be denoted by $F(x_1, \cdots, x_n)$. Problems of convergence do not play a role; if, for instance, f_0 is the field of rational numbers, both

$$\sum_{n=0}^{\infty} n!x_1^n$$

and its square

$$\sum_{n=0}^{\infty} \sum_{r=0}^{n} r!(n-r)!x_1^n$$

belong to R. Here we have used the natural notation according to which $x_\nu^0 = 1$ for any ν.

As an example which will be used later we may consider the case of two free generators x, y; we take for f_0 the field of real numbers. The exponential function is defined by

$$e^x = \sum_{n=0}^{\infty} x^n/n! \tag{1.4}$$

and we have

$$e^x e^y = \sum_{n,m=0}^{\infty} x^n y^m/(n!m!). \tag{1.5}$$

We can find a function z of x and y such that

$$e^x e^y = e^z \tag{1.6}$$

and

$$z = u - \tfrac{1}{2}u^2 + \tfrac{1}{3}u^3 \mp \cdots, \tag{1.7}$$

where

$$u = (e^x e^y - 1) = x + y + \frac{x^2}{2!} + \frac{xy}{1!1!} + \frac{y^2}{2!} + \cdots. \tag{1.8}$$

If we substitute for u its value from (1.8), it is easily shown that the series in (1.7) leads to an element of R. For this purpose, we shall call

$$\alpha_1 + \alpha_2 + \cdots + \alpha_n$$

the *degree* (in $x_1, \cdots, x_n$) of the basis element (1.1); in (1.5) the terms of degree l (in x, y) will then consist of the sum

$$\frac{1}{l!} \sum_{r=0}^{l} \binom{l}{r} x^r y^{l-r}. \tag{1.9}$$

Only a finite number of powers of u will involve terms of a given degree in x, y, since the terms of lowest degree in u^k are of degree k in x and y. From this we derive easily that z becomes a power series in x, y with rational coefficients, the first terms being

$$z = x + y + \tfrac{1}{2}xy - \tfrac{1}{2}yx + \cdots. \tag{1.10}$$

Therefore, the mere existence of an element z of R satisfying (6) is almost obvious. Also, it would be easy to prove that z is uniquely determined by (6). But it is much more difficult to show that z has a certain algebraic property which will be described presently, and to provide a method by which z can be computed and expressed in a form which exhibits this property. These results were obtained first and independently by Baker [5] and Hausdorff [6]; in order to formulate them, we need the following definitions:

Let u, v be any elements of R. Then the *bracket-product* or *Lie-product* $[u, v]$ of u and v is defined by

$$[u, v] = uv - vu. \tag{1.11}$$

Using Lie-multiplication, we can define recursively a *Lie-element* of R. We shall call x and y (or, in the general case, the free generators x_ν) Lie-elements of degree one. Any linear combination of Lie-elements of degree one with coefficients from f_0 and any Lie-product of Lie-elements shall also be called a Lie-element. The total set of Lie-elements obtained in this manner will be called Λ. For properties of this set see [7], [8], and [9]. In the case of two free generators x, y the general Lie-element involving terms of a degree $\leqq 3$ is

$$\begin{aligned} c_1x + c_2y + c_{12}(xy - yx) &+ c_{121}((xy - yx)x - x(xy - yx)) \\ &+ c_{122}((xy - yx)y - y(xy - yx)), \end{aligned} \tag{1.12}$$

where $c_1, \cdots, c_{122}$ are elements of the field f_0 (e.g., rational numbers).

We shall call the following statement the *Baker-Hausdorff theorem*: *let z be the element of R defined by $\exp x \exp y = \exp z$. Then z is a Lie-element.* A new proof of this theorem will be given in the next section. The explicit expression of z in terms of Lie-elements of R shall be called the *Baker-Hausdorff formula.* Methods for finding recursively the terms of a degree $\leqq n$ for $n = 1, 2, 3, \cdots$ of this formula will be discussed in Sections III and IV.

II. *A Theorem of Friedrichs**

In a discussion of the theory of operators of quantum mechanics, Friedrichs [1] found a characterization of Lie-elements and proved it in a particular case by using a theory of representation of these operators. We shall formulate and prove Friedrichs' theorem in the case where the ring R has two free generators x, y. But the proof for a free ring with any number of generators is almost literally the same.

We construct first an isomorphic replica R' of R which has two free generators x', y'. Then we construct the direct product $\tilde{R}$ of R and R', identifying the elements of the underlying isomorphic fields of coefficients in R and R'. The

*A proof different from the one given here and based on a lemma due to Birkhoff and Witt [8] has been communicated to the author by Dr. P. M. Cohn of Manchester University.

ring $\tilde{R}$ is generated by x, y, x', y', where the generators are not entirely free but satisfy the relation

$$xx' = x'x, \qquad yy' = y'y, \qquad xy' = y'x, \qquad x'y = yx'. \tag{2.1}$$

We may consider any element of R as an element of $\tilde{R}$, which contains R. Now we can state Friedrichs' theorem:

THEOREM I: *Let $F(x, y)$ be a function of x and y. Then F is a Lie-element of R if and only if*

$$F(x + x', y + y') = F(x, y) + F(x', y'). \tag{2.2}$$

To prove this theorem, we may confine ourselves to the case where F is homogeneous in x, y, that is where F is a sum of terms of a fixed degree. It is easily seen that (2.2) holds if F is a Lie-element. In this case, F must be a sum of terms which have been derived from the generators by a repeated application of Lie-multiplication. Consider a term w involved in F, which has been obtained from two Lie-elements u and v of R by Lie-multiplication:

$$w = [u, v].$$

Then u and v are of lesser degree than w and we may assume that, as functions of x and y, they satisfy (2.2). Since it follows from (2.1) that the bracket product of a factor depending on x, y and a factor depending on x', y' is always zero, we find that w also satisfies (2.2).

To show that only Lie-elements satisfy (2.2) we introduce first the following definition:

Any r elements ($r = 1, 2, 3, \cdots$) of R are called *algebraically independent* if they generate a subring of R which is isomorphic with a free ring of r free generators. More specifically, let $u_1, \cdots, u_r$ be the r elements of R and let $y_1, \cdots, y_r$ be free generators of a free ring R^*. Then we shall call the u_ρ, ($\rho = 1, \cdots, r$) algebraically independent if the mapping

$$y_\rho \to u_\rho \qquad (\rho = 1, \cdots, r)$$

determines an isomorphic (one-to-one) correspondence between R^* and the smallest subring of R which contains the u_ρ. (We define the maps of sums and products in the natural manner.)

Next, we need the following two lemmas, which have been proved elsewhere (see [7]):

LEMMA 1: *Let $u_1, \cdots, u_r$ and v be $r + 1$ algebraically independent elements of a free ring R^*. For $l = 1, 2, 3, \cdots$ and $\rho = 1, 2, \cdots, r$, let*

$$u_\rho^{(l)} = [[\cdots[[u_\rho v]v]\cdots]v], \tag{2.3}$$

$$u_\rho^{(0)} = u_\rho . \tag{2.4}$$

The right hand side in (3) is the result of an l-fold bracket multiplication of u_ρ by v from the right. Then all the $u_\rho^{(l)}$ are algebraically independent (for $l = 0, 1, 2, \cdots$).

Lemma 1 shows that there exist any number of algebraically independent elements (and in particular of Lie-elements) in R; if we take, for instance, $r = 1$, $u_1 = x$, $v = y$, the resulting elements $u_1^{(l)}$ are all Lie-elements. With the same assumptions as in Lemma 1 we have:

LEMMA 2: *Every function $H(u_1, \cdots, u_r, v)$ can be written in a unique way in the form*

$$H = H_0 + H_1 v + H_2 v^2 + \cdots, \tag{2.5}$$

where $H_0, H_1, H_2, \cdots$ are functions of the $u_\rho^{(l)}$, $(l = 0, 1, 2, \cdots)$.

We shall apply these lemmas to the proof of Friedrichs' theorem. Let $F(x, y)$ be a function which satisfies (2) and is of degree d in x, y. F is then expressed in terms of Lie-elements of the first degree.

Assume that F could also be written as a function $H(u_1, \cdots, u_r, v)$ of algebraically *independent Lie-elements* $u_1, u_2, \cdots, u_r, v$ of degrees

$$l_1 \geqq l_2 \geqq \cdots \geqq l_r \geqq l_0,$$

where l_0 is the degree of v in x, y and l_ρ denotes the degree of u_ρ. Then we can prove

LEMMA 3: *If H is expanded according to Lemma 2, then either $H = H_0(u_\rho^{(l)})$ or $H = H_0(u_\rho^{(l)}) + hv$, where h is a constant (that is where h is an element of the field of coefficients f_0).*

Proof: We have now to use the fact that, in terms of the Lie-elements $u_1, u_2, \cdots, u_r, v$,

$$F(x, y) = H(u_1, u_2, \cdots, u_r; v), \tag{2.6}$$

and to show that if F has the property (2.2) either

$$F(x, y) = H_0(u_\rho^{(l)}) \tag{2.7a}$$

or

$$F(s, y) = H_0(u_\rho^{(l)}) + hv \tag{2.7b}$$

holds. Since the "variables" $u_1, \cdots, u_r, v$ are Lie-elements of the ring R generated by x, y, we have

$$w(x + x', y + y') = w(x, y) + w(x', y'), \tag{2.8}$$

where w stands for any one of the elements $u_1, \cdots, u_r, v$. We shall write w' for $w(x', y')$ and, correspondingly, u_ρ', v' for $u_\rho(x', y'), v(x', y')$. Now we have from (2.2), (2.6) and (2.8)

$$F(x + x', y + y') = H(u_1 + u_1', \cdots, u_r + u_r', v + v'). \tag{2.9}$$

Applying Lemma 2 to H, we find

$$\begin{aligned} H(u_1 + u_1', \cdots, u_r', v + v') &= H_0(u_\rho^{(l)} + u_\rho^{(l)\prime}) \\ &+ H_1(u_\rho^{(l)} + u_\rho^{(l)\prime})(v + v') + H_2(u_\rho^{(l)} + u^{(l)\prime})(v + v')^2 + \cdots, \end{aligned} \tag{2.10}$$

where the $u_\rho^{(l)\prime}$ are derived from the $u_\rho^{(l)}$ by the transition from x, y to x', y'. Now condition (2.2) gives

$$\begin{aligned} &H(u_1 + u_1', \cdots, u_r + u_r', v + v') \\ &\qquad = H(u_1, \cdots, u_r, v) + H(u_1', \cdots, u_r', v') \\ &\qquad = H_0(u_\rho^{(l)}) + H_0(u_\rho^{(l)\prime}) + H_1(u_\rho^{(l)})v + H_1(u_\rho^{(l)\prime})v' \\ &\qquad\qquad + H_2(u_\rho^{(l)})v^2 + H_2(u_\rho^{(l)\prime})v'^2 + \cdots . \end{aligned} \tag{2.11}$$

According to Lemma 2, the coefficients of the products $v^k v'^{k'}$ on the right hand sides of (2.10) and (2.11) must be the same. From this we have

$$H_0(u_\rho^{(l)} + u_\rho^{(l)\prime}) = H_0(u_\rho^{(l)}) + H_0(u_\rho^{(l)\prime}), \tag{2.12}$$

$$H_1(u_\rho^{(l)} + u_\rho^{(l)\prime}) = H_1(u_\rho^{(l)}) = H_1(u_\rho^{(l)\prime}) = h, \tag{2.13}$$

$$H_2(u_\rho^{(l)} + u_\rho^{(l)\prime}) = H_2(u_\rho^{(l)}) = H_2(u_\rho^{(l)\prime}) = 0, \tag{2.14}$$

$$\cdots\cdots\cdots\cdots\cdots\cdots\cdots .$$

Equations (2.12), (2.13), (2.14) contain the proof of Lemma 3. Now we can prove Theorem I by using the following argument: Since F is homogeneous with respect to x, y, the case where $h \neq 0$ in (2.13) can arise only if $l_0 = l_1 = \cdots = l_r = d$ where d is the degree of F with respect to x, y. In this case, F is a linear combination of the Lie-elements $u_1, \cdots, u_r, v$ and therefore is itself a Lie-element as we wanted it to be. If $d > l_0$, the constant h in (2.13) must vanish. But in this case we can apply our Lemma 3 to $H_0(u_\rho^{(l)})$. According to Lemma 1, the $u_\rho^{(l)}$ are again algebraically independent Lie-elements, their degrees with respect to x, y are $l_\rho + ll_0$, therefore the number of Lie-elements of lowest degree l_0 involved in H_0 has diminished by one, and we see that a repeated application of Lemma 3 leads to a proof of Theorem I.

Friedrichs used Theorem I for a proof of the following results, both of which had been derived by Hausdorff in a different manner:

THEOREM II: *Let x, y be free generators of an associative ring R. Let z and w be the elements defined by*

$$e^x e^y = e^z, \tag{2.15}$$

$$e^{-x} y e^x = w. \tag{2.16}$$

Then z and w are Lie-elements in R.

The proof follows immediately from Theorem I if we observe that $e^{x+x'} = e^x \cdot e^{x'}$ and $xx' = x'x$. Baker [5] and Hausdorff [6] proved Theorem II by a recursive construction of z and by an explicit formula for w. Once one knows that w is a Lie-element, it is easy to determine it explicitly. Since it is of first degree in y, it must be expressible in terms of the Lie-elements

$$\{y, x^l\} = [\cdots[[y, x]x]\cdots x] \tag{2.17}$$

which are obtained from y by an l-fold bracket multiplication by x. The result is

$$w = \sum_{l=0}^{\infty} \frac{1}{l!} \{y, x^l\}, \tag{2.18}$$

where $\{y, x^0\}$ stands for y itself.

In a remarkably simple manner, D. Finkelstein has proved that Lie-elements can also be characterised by the following property: Let $F(x, y)$, x, y, x', y' be defined as in Theorem I. Let $\Delta x = x - x'$, $\Delta y = y - y'$, and define ΔF in such a manner that for a sum $F = C_1F_1 + C_2F_2$ with constant C_1, C_2

$$\Delta F = C_1\Delta F_1 + C_2\Delta F_2 .$$

Then ΔF is defined for all F if ΔF_0 is defined for all products F_0 of the generators. For any such product F_0, let $\tilde{F}_0$ denote the product of the same factors in the inverse order (for example $\widetilde{(xy)} = yx$) and define

$$\Delta F_0(x, y) = F_0(x, y) - \tilde{F}_0(x', y').$$

Then $F(x, y)$ is a Lie element if and only if

$$\Delta F(x, y) = F(x - x', y - y'). \tag{2.19}$$

It can be shown that the properties (2.2) and (2.19) are equivalent by observing that they are equivalent for any F of type (4.4). D. Finkelstein's results, which include also a new and simple derivation of Theorem II and of formulas (3.16), (3.17), are presented in a forthcoming publication.

III. *Differentiation and Differential Operators*

Let R be a free associative ring with free generators $x, y, x_1, y_1 \cdots$. Let $F(x, y)$ be an element of R and let λ be a parameter, i.e., an arbitrary number from the field f_0 (for instance an arbitrary real number). Then we can expand $F(x + \lambda x_1, y)$ in a series of powers of λ:

$$F(x + \lambda x_1, y) = F(x, y) + \lambda F_1(x, x_1, y) + \cdots . \tag{3.1}$$

We shall call the coefficient of λ a derivative and write

$$F_1(x, x_1, y) = \left(x_1 \frac{\partial}{\partial x}\right) F(x, y). \tag{3.2}$$

The word "derivative" was introduced by Hausdorff. Another more customary term for this coefficient is "*polar,*" and the process by which F_1 is obtained from F is also called "polarization." The definition of a derivative used here is related to but different from the one used by Falk [10]. If F is a monomial (that is, an element of the type (1.1)), polarization consists of first replacing one factor x by x_1 in every possible way and then adding all the resulting terms afterwards. The polar of a sum of terms is the sum of the polars of the terms. If F does not involve x, its polar with respect to x is zero. It is not necessary that x_1 be different from x; we can define $(x\cdot\partial/\partial x)F$ by forming $(x\cdot\partial/\partial x)F$ and substituting x for x_1 after the polarization. We may also substitute any element u of R for x_1 after polarization; the result will be denoted by $(u\cdot\partial/\partial x)F$.

We extend the notation introduced by (2.17) and (2.18) to

$$\{y, P(x)\} = \sum_{l=0}^{\infty} p_l\{y, x^l\} \tag{3.3}$$

where

$$P(x) = \sum_{l=0}^{\infty} p_l x^l \tag{3.4}$$

with constant coefficients p_l. With this notation, we have, according to Hausdorff [6], the formulas

$$e^{-x}\left(y\frac{\partial}{\partial x}\right)e^{x} = \left\{y, \frac{e^{x}-1}{x}\right\}, \quad \left(\left(y\frac{\partial}{\partial x}\right)e^{x}\right)e^{-x} = \left\{y, \frac{1-e^{-x}}{x}\right\} \tag{3.5}$$

and the following theorem:

LEMMA 4: *Let $P(x)$ and $Q(x)$ be two power series in x which satisfy*

$$P(x)Q(x) = 1. \tag{3.6}$$

Then each of the equations

$$\{y, P(x)\} = u, \qquad y = \{u, Q(x)\} \tag{3.7}$$

is a consequence of the other.

The proof consists of a simple straightforward computation, using the relations between the coefficients of $P(x)$ and $Q(x)$ which result from (3.6) and the identity

$$\{\{y, x^n\}, x^m\} = \{y, x^{n+m}\} \qquad (n, m = 0, 1, 2, \cdots). \tag{3.8}$$

The equations (3.5) and Lemma 4 lead to Hausdorff's representation of the function $z(x, y)$ defined by $\exp x \exp y = \exp z$. We have from (3.5)

$$e^{-z}\left(u\frac{\partial}{\partial x}\right)e^{z} = \left\{\zeta, \frac{e^{z}-1}{z}\right\} \tag{3.9}$$

where u is any indeterminate quantity and where

$$\zeta = \left(u\frac{\partial}{\partial x}\right)z. \tag{3.10}$$

On the other hand, we have from the definition of z and from (3.5)

$$e^{-z}\left(u\frac{\partial}{\partial x}\right)e^{z} = e^{-y}e^{-x}\left(u\frac{\partial}{\partial x}\right)e^{x}e^{y} = e^{-y}\left\{u, \frac{e^{x}-1}{x}\right\}e^{y}. \tag{3.11}$$

Similarly, if we put

$$\zeta^* = \left(y \frac{\partial}{\partial y}\right) z \tag{3.12}$$

we have from (3.5) and the definition of z:

$$e^{-z}\left(y \frac{\partial}{\partial y}\right) e^{z} = \left\{\zeta^*, \frac{e^z - 1}{z}\right\} = e^{-y}e^{-x}\left(y \frac{\partial}{\partial y}\right) e^{x}e^{y} = e^{-y}\left(y \frac{\partial}{\partial y}\right) e^{y} = y \tag{3.13}$$

Now we shall replace u in (3.9) and (3.11) by

$$\omega = \left\{y, \frac{x}{e^x - 1}\right\}. \tag{3.14}$$

Then we see from Lemma 4 that the last term in (3.11) becomes simply y, and by substituting this value of the first term in (3.11) for the left hand side of (3.9), we find from (3.9), Lemma 4 and (3.12)

$$\left(y \frac{\partial}{\partial y}\right) z = \left(\omega \frac{\partial}{\partial x}\right) z = \left\{y, \frac{z}{e^z - 1}\right\}. \tag{3.15}$$

This is a partial differential equation for z which can be solved by the method of power series expansion and coefficient comparison. Indeed, if we write

$$z = x + z_1 + z_2 + z_3 + \cdots . \tag{3.16}$$

where z_n contains exactly these terms of z which are of degree n with respect to y, we find first $(y \cdot \partial/\partial y)\, z_n = nz_n$ and then from (3.15)

$$z_1 = \left(\omega \frac{\partial}{\partial x}\right) x = \omega, \quad z_2 = \frac{1}{2}\left(\omega \frac{\partial}{\partial x}\right) z_1 , \quad \cdots , z_{n+1} = \frac{1}{n+1}\left(\omega \frac{\partial}{\partial x}\right) z_n , \cdots \tag{3.17}$$

since ω is linear in y. It is obvious that (3.17) gives recurrence formulas for the computation of z in terms of Lie-elements. The first terms are

$$\begin{aligned} z = x + y &+ \frac{1}{2}[x, y] + \frac{1}{12}\{x, y^2\} + \frac{1}{12}\{y, x^2\} \\ &- \frac{1}{24}[\{x, y^2\}, x] - \frac{1}{720}\{x, y^4\} - \frac{1}{720}\{y, x^4\} \\ &+ \frac{1}{180}[[\Delta_1 , x]y] - \frac{1}{180}\{\Delta_1 , y^2\} \\ &- \frac{1}{120}[\Delta_1 , \Delta] - \frac{1}{360}[\Delta_2 , \Delta] + \cdots \end{aligned} \tag{3.19}$$

where

$$\Delta = [x, y], \qquad \Delta_1 = [\Delta, x], \qquad \Delta_2 = [\Delta, y]. \tag{3.20}$$

We shall consider now an associative ring R the elements of which are differentiable functions of a real parameter t. As an example we may take a ring of finite or infinite matrices with real or complex elements which are differentiable functions of t. For our purposes, two types of properties of these ring elements are required, formal properties and properties dealing with convergence.

The formal properties needed are:

(a) $A(t)$ is an element of R for all real values of t. For any sufficiently small ϵ,

$$A(t + \epsilon) = A(t) + \epsilon A_1(t) + \epsilon^2 A_2(t) + \cdots, \tag{3.21}$$

where the terms on the right hand side of (3.10) are in R and where their sums are to be defined in R. We shall define dA/dt to be $A_1(t)$.

(b) The formal laws of differentiation for a sum and a product hold.

(c) If $P(x)$ is a power series in x and if $P(A(t)) = B(t)$ exists in R, then

$$\frac{dB}{dt} = \left(y \frac{\partial}{\partial x}\right) P(x), \qquad y = \frac{dA}{dt}, \qquad x = A(t). \tag{3.22}$$

(d) Given $A(t)$, there exists in R a uniquely determined function $A^*(t)$ such that

$$\frac{dA^*}{dt} = A(t), \qquad A^*(0) = 0. \tag{3.23}$$

We shall write

$$\int_0^t A(\tau)\, d\tau = A^*(t). \tag{3.24}$$

The second type of property, which is more difficult to describe, concerns problems of convergence. For the present purposes it will be necessary to assume that exp A exists for all functions under consideration and is differentiable in the sense described under (a). Also, it will be necessary to assume that certain repeated integrals (where integration is defined by (3.23), (3.24)) exist.

Furthermore, we must be able to define certain infinite sums. If the elements of R are linear operators acting on a Hilbert space, definitions are readily available. A different type of example of a ring R in which the constructions of this section are permissible can be obtained as follows: Let u_n be a sequence of elements of a free associative ring of the type defined in Section I. Let μ_n be the minimum of the degrees of terms involved in u_n; if $u_n = 0$, we define μ_n to be $-\infty$. We shall call the sequence of the u_n a null sequence if

$$\lim_{n\to\infty} \mu_n^{-1} = 0.$$

Now we define R as the ring of all power series in a real variable t of the type

$$A(t) = \sum_{n=0}^{\infty} u_n t^n$$

where the u_n form a null sequence and where t commutes with all other quantities.

The case where the $A(t)$ are finite matrices with elements depending on t will be considered in Sections V and VI.

We can state

THEOREM III: *Let $A(t)$ be a known function of t in an associative ring R, and let $U(t)$ be an unknown function satisfying*

$$\frac{dU}{dt} = AU, \qquad U(0) = 1. \tag{3.25}$$

Then, if certain unspecified conditions of convergence are satisfied, $U(t)$ can be written in the form

$$U(t) = \exp \Omega(t) \tag{3.26}$$

where

$$\begin{aligned} \frac{d\Omega}{dt} &= \left\{A, \frac{\Omega}{1 - e^{-\Omega}}\right\} = \sum_{n=0}^{\infty} \beta_n\{A, \Omega^n\} \\ &= A + \frac{1}{2}[A, \Omega] + \frac{1}{12}\{A, \Omega^2\} \mp \cdots . \end{aligned} \tag{3.27}$$

The β_n vanish for $n = 3, 5, 7, \cdots$, and $\beta_{2m} = (-1)^{m-1} B_{2m}/(2m)!$, where the B_{2m} (for $m = 1, 2, 3, \cdots$) are the Bernoulli numbers. Integration of (3.27) *by iteration leads to an infinite series for Ω the first terms of which (up to terms involving three integrations) are*

$$\begin{aligned} \Omega = \int_0^t A(\tau)\, d\tau &+ \frac{1}{2}\int_0^t \left[A(\tau), \int_0^\tau A(\sigma)\, d\sigma\right] d\tau \\ &+ \frac{1}{4}\int_0^t \left[A(\tau), \int_0^\tau \left[A(\sigma), \int_0^\sigma A(\rho)\, d\rho\right] d\sigma\right] d\tau \\ &+ \frac{1}{12}\int_0^t \left[\left[A(\tau), \int_0^\tau A(\sigma)\, d\sigma\right] \int_0^\tau A(\sigma)\, d\sigma\right] d\tau \\ &+ \cdots . \end{aligned} \tag{3.28}$$

Formula (3.28) is the continuous analogue of the Baker-Hausdorff formula by which z is expressed in (3.19) as a Lie-element of x, y. We can prove Theorem III in the following manner: If $U = \exp \Omega$, then, according to (3.22) and (3.5),

$$\frac{dU}{dt} = \left(\frac{d\Omega}{dt}\frac{\partial}{\partial\Omega}\right) e^{\Omega} = \left\{\frac{d\Omega}{dt}, \frac{1 - e^{-\Omega}}{\Omega}\right\} e^{\Omega}. \tag{3.29}$$

Therefore we find from (3.25) and from Lemma 4

$$A = \left\{\frac{d\Omega}{dt}, \frac{1 - e^{-\Omega}}{\Omega}\right\}, \qquad \frac{d\Omega}{dt} = \left\{A, \frac{\Omega}{1 - e^{-\Omega}}\right\}. \tag{3.30}$$

This proves (3.27). The proof of (3.28) is carried out by defining

$$\Omega_0 = 0, \qquad \Omega_1 = \int_0^t A(\tau)\, d\tau,$$

(3.31)

$$\Omega_n = \int_0^t \left(A(\tau) + \frac{1}{2}[A, \Omega_{n-1}] + \frac{1}{12}[[A, \Omega_{n-1}]\Omega_{n-1}] + \cdots \right) d\tau$$

and putting $\Omega = \lim_{n\to\infty} \Omega_n$. In the case where $A(\tau)$ is a finite matrix with bounded elements it can be shown by standard methods that (3.31) actually leads to a function Ω satisfying (3.26) for sufficiently small values of t.

A different method of deriving (3.28) can be based on (3.19). If we set

$$t = n\delta, \qquad A(\nu\delta) = A_\nu \qquad (\nu = 1, 2, \cdots, n)$$

and if we integrate (3.25) by substituting for $A(\tau)$, $0 \leqq \tau \leqq t$ a piecewise constant function with values A_ν, we find for $U(t)$ the approximate value

(3.20) $$\exp A_n\delta \exp A_{n-1}\delta \cdots \exp A_2\delta \exp A_1\delta.$$

Repeated application of (3.19) and passage to the limit $n \to \infty$ gives easily the first two terms of the right hand side of (3.28). But the complexity of the calculations increases rapidly with the number of terms, and the convergence difficulties involved in the application of (3.19) are considerable even if x, y are finite matrices.

IV. *The Zassenhaus Formula*

Let R be the free ring with two generators x, y and with rational coefficients. It has been observed by Zassenhaus [11] that there exists a formula which may be called the dual of Hausdorff's formula. We may state his result as follows:

There exist uniquely determined Lie-elements C_n $(n = 2, 3, 4, \cdots)$ in R which are exactly of degree n in x, y such that

(4.1) $$e^{x+y} = e^x e^y e^{C_2} e^{C_3} \cdots e^{C_n} \cdots.$$

The existence of a formula of type (1) is an immediate consequence of Hausdorff's theorem.

In fact, we find successively that $\exp(-x) \exp(x + y) = \exp(y + C)$, where C involves Lie-elements of a degree > 1, that $\exp(-y) \exp(y + C) = \exp(C_2 + C^*)$ where C^* involves Lie-elements of a degree > 2 and so on. But the computation of C_n becomes rather difficult if it is based on Hausdorff's complicated formula. A simpler method for the calculation of the C_n can be derived from a result due to Dynkin [12], Specht [13], and Wever [14]. The method employed here has already been used by Dynkin to derive the coefficients of the terms of degree n in Hausdorff's formula without the use of the coefficients of terms of lower degree.

For every element $F(x, y)$ in R we define a corresponding Lie-element F, where the "curly bracket operator" $\{\quad\}$ has the following properties:

(a) For any element C in the field of coefficients,

$$\{CF\} = C\{F\}. \tag{4.2}$$

(b) For any two elements F_1, F_2 of R

$$\{F_1 + F_2\} = \{F_1\} + \{F_2\}. \tag{4.3}$$

(c) Let x_ν, for $\nu = 1, 2, \cdots, n$, be any one of the generators. Then for any monomial $x_1 x_2 \cdots x_n$ we define

$$\{x_1\, x_2 \cdots x_n\} = [[\cdots [[x_1\, x_2]x_3] \cdots]x_n]; \qquad \{x_\nu\} = x_\nu \tag{4.4}$$

and for the identity we define

$$\{1\} = 0.$$

It is clear that the operator $\{\quad\}$ is defined uniquely for all F in R by the rules (a), (b), (c). In [12], [13], [14], the following theorem is proved: Let G be a homogeneous Lie-element in R which is of degree n; then

$$\{G\} = nG. \tag{4.5}$$

From Wever's paper [14] we can easily derive

LEMMA 5: *If G is a homogeneous Lie-element and F is any element of R, then*

$$\{G^2F\} = 0. \tag{4.6}$$

We expand both sides of (1) in power series and apply the operator $\{\quad\}$. According to Lemma 5 we find

$$\begin{aligned}\{e^{x+y}\} &= \{1\} + \{x + y\} + \frac{1}{2!}\{(x + y)^2\} + \frac{1}{3!}\{(x + y)^3\} + \cdots \\ &= x + y\end{aligned} \tag{4.7}$$

since $\{(x + y)^n\} = 0$ if $n > 1$. In the same manner we find for the right hand side in (1)

$$\begin{aligned}\{e^x e^y e^{C_2} e^{C_3} \cdots\} &= \left\{\sum \frac{x^n}{n!} \sum \frac{y^n}{n!} \sum \frac{C_2^n}{n!} \cdots\right\} \\ &= x + y + \{xy\} + \{C_2\} + \frac{\{xy^2\}}{2!} + \{xC_2\} + \{yC_2\} + \{C_3\} + \cdots,\end{aligned} \tag{4.8}$$

where the omitted terms are of a degree greater than three. By comparing terms of the same degree in (7) and (8) we find

$$\{C_2\} + \{xy\} = 0,$$
$$\{C_3\} + \{xC_2\} + \{yC_2\} + \tfrac{1}{2}\{xy^2\} = 0$$

and therefore, because of (4.5),

$$C_2 = -\tfrac{1}{2}[x, y],$$
$$C_3 = -\tfrac{1}{6}[[x, y]y] + \tfrac{1}{6}\{(x + y)(xy - yx)\}$$
$$= -\tfrac{1}{3}[[x, y]y] - \tfrac{1}{6}[[x, y]x].$$

It is clear that by this method we may also compute C_n for any $n > 3$ by recurrence formulas.

SECOND PART: MATRICES

V. *Integration of Systems of Ordinary Differential Equations by Elementary Formulas*

Let $A(t)$ and $Y(t)$ be n by n matrices the elements of which depend on a parameter t. We consider the system of linear homogeneous differential equations

$$dY/dt = AY \tag{5.1}$$

subject to the initial conditions

$$Y(0) = I, \tag{5.2}$$

where I denotes the unit matrix.

From well-known general theorems we know that (5.1) always has a uniquely determined solution $Y(t)$ which is continuous and has a continuous first derivative in any interval in which $A(t)$ is continuous. The elements of the k-th column of $Y(t)$ are the solutions y_ν of the system of linear differential equations

$$\frac{dy_\nu}{dt} = \sum_{\mu=1}^{n} a_{\nu,\mu} y_\mu, \qquad (\nu = 1, 2, \cdots, n) \tag{5.3}$$

subject to the initial conditions

$$y_\nu(0) = 0 \text{ if } \nu \neq k, \qquad y_k(0) = 1. \tag{5.4}$$

The $a_{\nu,\mu}$ are, of course, the elements of A, and they are functions of t. The determinant of Y is always different from zero; its value is given by

$$|\, Y \,| = \exp\left(\int_0^t \sum_{\nu=1}^{n} a_{\nu\nu}(s)\, ds\right). \tag{5.5}$$

We wish to apply Theorem III and in particular formula (3.28) to equation (5.1), assuming that Y can be written in the form $Y = \exp \Omega$. In general, the use of Theorem III involves difficulties of convergence; some of these will be discussed in Sections VI, VII. But there is one case in which (3.28) clearly determines Ω for all values of t, namely, when the series in the right hand side of (3.28) terminates. This will happen, for instance, if

$$A(t)\left(\int_0^t A(\tau)\,d\tau\right) - \left(\int_0^t A(\tau)\,d\tau\right)A(t) \equiv 0 \tag{5.6}$$

identically for all values of t. If (5.6) is true, Ω becomes simply

$$\int_0^t A(\tau)\,d\tau \tag{5.7}$$

and $Y = \exp \Omega$ satisfies (5.1).

In order to state a concise result, we introduce the following

Definition of a Lie-integral Functional. Let $A(t)$ be an integrable function of t (in the ordinary sense). We define a Lie-integral functional Φ_n of weight n of A recursively as follows:

(i) The functional of weight 1 is any multiple of

$$\int_0^t A(s)\,ds. \tag{5.8}$$

(ii) Let $\Phi_\lambda, \Phi_\mu, \cdots, \Phi_\nu$ be any functionals of weight $\lambda, \mu, \cdots, \nu$ such that

$$\lambda + \mu + \cdots + \nu + \rho = n - 1. \tag{5.9}$$

Then a functional of weight n is defined as any linear combination of terms of the type

$$\int_c^t [[\cdots[[A(s), \Phi_\lambda]\Phi_\mu]\cdots]\Phi_\nu]\Phi_\rho]\,ds, \tag{5.10}$$

where $\Phi_\lambda, \cdots, \Phi_\rho$ are written as functions of the independent variable s.

Apparently, the terms involving $1, 2, \cdots, n$ integrations in (3.28) are functionals of the type described above; we shall call them the *Baker-Hausdorff functionals* B_n of $A(t)$ (for $c = 0$), and we shall write (3.28) in the form

$$\Omega = B_1 + B_2 + B_3 + \cdots, \tag{5.11}$$

where the B_n will be written as

$$B_n(A, t, c) \tag{5.12}$$

if the matrix A, the variable t, and the constant c are to be exhibited. In (3.28), we assumed that $c = 0$. Now we can state

THEOREM IV: *If all Lie-integral functionals of A of a weight m vanish* ($n < m \leqq 2n - 1$), *then the solution of* (5.1) *with initial conditions* (5.2) *is given by $Y = exp\,\Omega$, where*

$$\Omega = \sum_{\nu=1}^{n} B_\nu(A, t, 0). \tag{5.13}$$

The B_ν are the Baker-Hausdorff functions defined by (3.28) and (5.11).

A sufficient (but not a necessary) condition for the vanishing of Lie-integral functionals of weight greater than n is that

$$[[\cdots[[A(s_1), A(s_2)]A(s_3)]\cdots]A(s_{n+1})] = 0 \tag{5.14}$$

for any choice of $s_1, \cdots, s_{n+1}$.

Clearly, the fact that all functionals of type (5.10) vanish for weight m between n and $2n - 1$ implies that but a finite number of linearly independent functionals must vanish identically.

In order to prove Theorem IV we need first

LEMMA 6: *If all Lie-integral functionals of a weight m vanish, where $n < m \leqq 2n - 1$, then all Lie-integral functionals of any weight $m > n$ also vanish.*

Proof: We shall consider a functional of type (5.10), assuming now that $m = 1 + \lambda + \mu + \cdots + \rho$ and that $m > n$. Since our Lemma is trivial for $n = 1$, we may assume that $n > 1$. Now we shall apply induction with respect to m, assuming that $m \geqq 2n$. If one of the weights $\lambda, \mu, \cdots, \rho$ is greater than n, the corresponding Φ vanishes identically and the Lemma holds. But suppose all of the weights $\lambda, \mu, \cdots, \rho$ are $\leqq n$; then we consider the first number S greater than n in the sequence

$$1, 1 + \lambda, 1 + \lambda + \mu, \cdots, 1 + \lambda + \mu + \cdots + \nu, 1 + \lambda + \cdots + \nu + \rho.$$

This number is necessarily at most equal to $2n$. If $S < 2n$, and, if $S = 1 + \lambda + \cdots + \nu$, then

$$[[\cdots[[A, \Phi_\lambda]\Phi_\mu]\cdots]\Phi_\nu] \tag{5.15}$$

is the derivative of a functional of degree S, where $n < S < 2n$, and therefore not only this functional but also (5.10) vanishes identically. Hence for this case our lemma is true. There remains the case $S = 2n$ which can take place only if the last term ν in $S = 1 + \lambda + \cdots + \nu$ is equal to n. Now we use a lemma proved by Wever [14] according to which a Lie-product (5.15) can also be written as a sum of Lie-products in which Φ_ν always appears in the first place, but in which the factors and the arrangement of the brackets are the same as in (5.15). This lemma follows without difficulty from the Dynkin-Wever-Specht formula (4.5). Consider now any Lie-product of type (5.15) in which the first factor is Φ_ν. The second factor is either A or one of the other factors, which may be called Ψ. Now we merely have to show that

$$[\Phi_\nu, A] = 0, \qquad [\Phi_\nu, \Psi] = 0. \tag{5.16}$$

If (5.16) holds, any product involving the left hand sides in (5.16) also vanishes and therefore the product in (5.15) vanishes. Now (5.16) is true because $[\Phi_\nu, A] = -[A, \Phi_\nu]$ is the derivative of a vanishing functional of weight $n + 1$. Similarly, $[\Phi_\nu, \Phi_\mu] = 0$ since

$$\frac{d}{dt}[\Phi_\nu, \Psi] = \left[\frac{d\Phi_\nu}{dt}, \Psi\right] - \left[\frac{d\Psi}{dt}, \Phi_\nu\right]. \tag{5.17}$$

Both $d\Phi_\nu/dt$ and $d\Psi/dt$ are sums of terms of the type

$$[\cdots[[A, \Psi_1]\Psi_2]\cdots],$$

where $\Psi_1, \Psi_2, \cdots$ are Lie-integral functionals. Therefore, the right hand side of (5.17) vanishes since the individual terms are derivatives of Lie-integral functionals of a weight k ($n + 1 \leqq k \leqq 2n - 1$). The inequalities for k follow from the fact that the weight of Φ_ν equals n and the weight of Ψ is less than n and at least equal to unity.

This finishes the proof of Lemma 6. Probably, a better result could be obtained for any given n; for example, for $n = 2$ it is easily shown that the vanishing of all functionals of weight 3 implies the vanishing of all functionals of weight 4. For $n = 1$, it is trivial that all functionals of a weight $\geqq 2$ vanish if those of weight 2 vanish.

To prove Theorem IV we observe that all steps in the formal proof of (3.28) now involve only a finite number of terms. First, the solution of (3.27) by iteration gives a finite sum of functionals which we denote by B_ν ($\nu = 1, \cdots, n$) in accordance with (5.11). Secondly, it follows directly that the Lie-product

$$\left[\left[\cdots\left[\left[\frac{d\Omega}{dt}, \Omega\right]\Omega\right]\cdots\right]\Omega\right], \tag{5.18}$$

of at least $m + 1$ factors vanishes identically if $m \geqq n$. Now we consider the following equation which is equivalent to (3.29):

$$\left(\frac{d}{dt}e^{\Omega}\right)e^{-\Omega} = \frac{d\Omega}{dt} - \frac{1}{2!}\left[\frac{d\Omega}{dt}, \Omega\right] + \frac{1}{3!}\left[\left[\frac{d\Omega}{dt}, \Omega\right]\Omega\right] \mp \cdots. \tag{5.19}$$

This formula makes sense for any differentiable finite matrix $\Omega(t)$ since it can be shown to be an absolutely and uniformly convergent rearrangement of the series obtained by differentiating $\exp \Omega$ directly term by term and multiplying by $\exp(-\Omega)$ afterwards. From (5.18) it follows that the right hand side in (5.19) is a terminating series. Calling its sum B, we find directly from (5.18), (5.19) that

$$\frac{d\Omega}{dt} = \sum_{\nu=0}^{n-1} \beta_\nu\{B, \Omega^\nu\}, \tag{5.20}$$

where the β_ν are explained in Theorem III. On the other hand, Ω could also have been derived from

$$\frac{d\Omega}{dt} = \sum_{\nu=0}^{n-1} \beta_\nu\{A, \Omega^\nu\} \tag{5.21}$$

since the higher terms in (3.27) do not contribute to $d\Omega/dt$. Putting $B - A = C$ we merely have to show that the equation

$$\sum_{\nu=0}^{n-1} \beta_\nu\{C, \Omega^\nu\} = 0 \tag{5.22}$$

cannot have a solution C which does not vanish identically and which is such that $\{C, \Omega^m\} = 0$ if $m \geqq n$. This can be shown by applying bracket multiplication to (5.22) $k = n - 1, n - 2, \cdots, 1$ times. Then we find that

$$\sum_{\nu=0}^{n-1} \beta_\nu \{C, \Omega^{\nu+k}\} = \sum_{\nu=0}^{n-k-1} \beta_\nu \{C, \Omega^{\nu+k}\} = 0, \tag{5.23}$$

and this gives recursively

$$\beta_0\{C, \Omega^{n-1}\} = \beta_0\{C, \Omega^{n-2}\} = \cdots = \beta_0[C, \Omega] = 0. \tag{5.24}$$

Since $\beta_0 \neq 0$, combining (5.22) and (5.24) we find that $C = 0$, and this finishes the proof of the first part of Theorem IV.

The statement in Theorem IV that (5.14) is a sufficient condition for (5.13) is almost trivial. To show that it is not a necessary condition we take $n = 1$ and

$$A(t) = (\cos t - \cos 2t)\begin{pmatrix} 0 & 1 \\ 1 & 0 \end{pmatrix} \quad \text{for } 0 \leqq t \leqq 2\pi,$$

(5.25)

$$A(t) = \begin{pmatrix} (t - 2\pi)^2 & 0 \\ 0 & (t - 2\pi)^3 \end{pmatrix} \quad \text{for } t \geqq 2\pi.$$

Clearly,

$$\left[A(t), \int_0^t A(s)\, ds\right] = 0 \tag{5.26}$$

but if $0 < s_1 < \pi/4$ and if $s_2 > 2\pi$, then

$$[A(s_1), A(s_2)] \neq 0. \tag{5.27}$$

It can be shown that even in the case $n = 1$ and even if the elements of $A(t)$ are polynomials in t, there exist infinitely many examples involving an $A(t)$ which satisfies (5.26) but not (5.27). The implications of (5.26) will be investigated in detail in a forthcoming paper by M. Hellman.

VI. *Conditions for Existence of a Solution $Y = \exp \Omega$ for $\dot{Y} = AY$*

In this section, we shall derive some results about the existence in the large of solutions of (5.1).

We consider again a system of linear differential equations of the first order

$$dY/dt = A(t)Y(t), \tag{6.1}$$

where Y and A are n by n matrices the elements of which are functions of parameter t. We assume again that $Y(0)$ is the identity I and that $A(t)$ is continuous in t, although it is well known that the latter condition could be weakened.

If we wish to represent the solution of (6.1) in the form $Y = \exp \Omega$, the technique based on (3.27) and (3.28) will work for sufficiently small values of $|t|$. Also, it is well known that any preassigned constant matrix Y can be written in the form $\exp \Omega$, if the determinant $|Y|$ of Y is different from zero. From Section V we know that Y is finite and $|Y| \neq 0$ everywhere. Nevertheless, if the function $\Omega(t)$ is assumed to be differentiable, it may not exist everywhere. This can be shown by the following considerations. We may start from $t = 0$ and arrive at the value for the solution of (6.1) for $t = t_0$:

$$Y_0 = Y(t_0) = \exp \Omega_0 , \ \Omega_0 = (t_0). \tag{6.2}$$

Let us consider Y_0 and Ω_0 as points of $2n^2$-dimensional spaces S_y and S_ω, respectively, where the Cartesian coordinates η_ν and ω_ν of these spaces consist of the real and imaginary parts of the n^2 elements of an arbitrary matrix Y or Ω. The formula

$$Y = \exp \Omega \tag{6.3}$$

defines a mapping of S_ω into S_y such that the coordinates in S_y become entire analytic functions of the coordinates of S_ω. The functional determinant

$$\Delta = | \partial\eta_\nu/\partial\omega_\mu | \qquad (\nu, \mu = 1, \cdots, 2n^2) \tag{6.4}$$

of this mapping is an analytic function of the ω_μ. If Δ does not vanish at a certain point Ω_0 of S_ω, then a neighborhood of Ω_0 is mapped continuously with a one-to-one correspondence upon a full neighborhood of Y_0. In this case, the solution $Y = \exp \Omega$ of (6.1) can be continued beyond the value $t = t_0$ to a value $t_1 > t_0$. If, however, $\Delta = 0$ at $Y = Y_0$, then $dY/dt = AY$ may point towards a part of S_y which is not covered by the map of S_ω in S_y. In this case, $d\Omega/dt$ cannot exist at $\Omega = \Omega_0$. Actually, the question reduces to the problem of solving

$$\left\{\frac{d\Omega}{dt}, \frac{e^\Omega - 1}{\Omega}\right\} = A \tag{6.5}$$

with respect to $d\Omega/dt$. If this is possible for any A in the neighborhood (in S_ω) of a point $\Omega = \Omega_0$, and if the result is of the type

$$d\Omega/dt = F(A, \Omega), \tag{6.6}$$

where the right-hand side in (6.6) is a matrix depending analytically on the elements of Ω, then (1) has a solution of type (6.3) in the neighborhood of $Y_0 = \exp \Omega_0 = \exp \Omega(t_0)$. We shall prove the following result:

THEOREM V: *The functional determinant* Δ *defined by* (6.4) *does not vanish, and* (6.5) *can be solved by an expression* (6.6) *in the neighborhood of any point* Ω_0 *in* S_ω *for an arbitrary* A *if and only if none of the differences between any two of the eigenvalues of* Ω_0 *equals* $2m\pi i$, *where* $m = \pm 1, \pm 2, \cdots, m \neq 0$.

Proof: If (6.3) holds, the determinant $|Y|$ of Y is different from zero. Setting

$$dY \cdot Y^{-1} = dZ, \tag{6.7}$$

we may compute the determinant which connects the elements of dZ and $d\Omega$. It will differ from Δ only by a power of $|Y|^{-1}$ since the elements of each row of dZ are obtained from the corresponding row of dY by a linear substitution, the matrix of which is the transpose of Y^{-1}. From (3.24) we have

$$dZ = d\Omega - \frac{1}{2!}[d\Omega, \Omega] + \frac{1}{3!}[[d\Omega, \Omega]\Omega] \mp \cdots . \tag{6.8}$$

Let

$$dZ = (dz_{\nu,\mu}), \qquad d\Omega = (d\omega_{\nu,\mu}) \qquad (\nu, \mu = 1, \cdots, n) \tag{6.9}$$

and assume that

$$\Omega = \Lambda = |\lambda_1, \cdots, \lambda_n| \tag{6.10}$$

is a diagonal matrix with the numbers $\lambda_1, \cdots, \lambda_n$ in the main diagonal. In this case we have from (6.8), (6.9), and (6.10)

$$dz_{\nu,\mu} = \frac{\exp(\lambda_\nu - \lambda_\mu) - 1}{\lambda_\nu - \lambda_\mu} d\omega_{\nu,\mu} . \tag{6.11}$$

The n^2 quantities $dz_{\nu,\mu}$ are linear functions of the n^2 quantities $d\omega_{\nu,\mu}$, and the determinant of (6.11) is

$$\Delta^* = \prod_{\nu \neq \mu} \frac{\exp(\lambda_\nu - \lambda_\mu) - 1}{\lambda_\nu - \lambda_\mu} \tag{6.12}$$

where the product is extended over $\nu, \mu = 1, \cdots, n$, with $\nu \neq \mu$. Let

$$\begin{aligned}(x - \lambda_1)(x - \lambda_2) \cdots (x - \lambda_n)& \\ = x^n - s_1x^{n-1} + s_2x^{n-2} + \cdots + (-1)^n s_n ,&\end{aligned} \tag{6.13}$$

where the s_ν $(\nu = 1, \cdots, n)$ are the elementary symmetric functions of the λ_ν. Then Δ^* becomes a function of the s_ν which is analytic and entire in each s_ν. Next, let

$$\Omega = C\Lambda C^{-1}, \tag{6.14}$$

where C is a matrix the determinant of which equals unity. If we introduce

$$dZ^* = C^{-1} \cdot dZ \cdot C, \qquad d\Omega^* = C^{-1} \cdot d\Omega \cdot C, \tag{6.15}$$

equation (6.8) becomes

$$dZ^* = d\Omega^* - \frac{1}{2!}[d\Omega^*, \Lambda] + \frac{1}{3!}[[d\Omega^*, \Lambda]\Lambda] \mp \cdots \tag{6.16}$$

and instead of (6.11) we have

$$dz^*_{\nu,\mu} = \frac{\exp(\lambda_\nu - \lambda_\mu) - 1}{\lambda_\nu - \lambda_\mu} d\omega^*_{\nu,\mu} . \tag{6.17}$$

Now

$$(dz^*_{\nu,\mu}) = C^*(dz_{\nu,\mu}), \qquad (d\omega^*_{\nu,\mu}) = C^*(d\omega_{\nu,\mu}),$$

where $C^* = C^{-1} \otimes C'$ is the Kronecker product of C^{-1} and the transpose C' of C and where $(dz^*_{\nu,\mu})$ stands for the vector with n^2 components $dz^*_{\nu,\mu}$. Since the determinant of C^* equals 1, the $dz_{\nu,\mu}$ are again linear functions of the $d\omega_{\nu,\mu}$, where the determinant of the relation is Δ^*. This shows that

$$\Delta^* = |\, \partial z_{\nu,\mu}/\partial \omega_{\nu,\mu} \,| \tag{6.18}$$

whenever Ω can be transformed into diagonal form. Now Δ^* in (6.12) is a function of the s_ν, which are the coefficients of the characteristic equation for Ω. Since Δ^* must be a continuous function of the $\omega_{\nu,\mu}$, we shall write Δ^* as a function of the s_ν. This gives an expression for Δ^* which is valid if Ω has different eigenvalues. But in S_ω the neighborhood of every point Ω_0 contains points corresponding to matrices which have different eigenvalues. Therefore the Δ^* in (6.18) is given by (6.12) for all Ω. This proves Theorem V, since Δ^* will vanish if and only if the conditions of Theorem V are satisfied.

VII. *Example of the Ordinary Differential Equation of Second Order*

In this section, the simplest non-trivial case of a differential equation of type (6.1) will be studied. It will be shown explicitly that, in general, a solution of the type $Y = \exp \Omega$ does not exist in the large.

The equation

$$y'' + Q(t)y = 0 \tag{7.1}$$

may be written as

$$y_1' = y_2, \qquad y_2' = -Qy_1 \tag{7.2}$$

and leads to the matrix equation

$$\frac{dY}{dt} = AY, \qquad Y = \begin{pmatrix} y_1 & \eta_1 \\ y_2 & \eta_2 \end{pmatrix}, \qquad A = \begin{pmatrix} 0 & 1 \\ -Q & 0 \end{pmatrix}, \tag{7.3}$$

where y_1, η_1 denote two linearly independent solutions of (7.1). If we choose these in such a way that

$$\begin{aligned} y_1(0) &= 1, \qquad y_2(0) = y_1'(0) = 0, \\ \eta_1(0) &= 0, \qquad \eta_2(0) = \eta_1'(0) = 1, \end{aligned} \tag{7.4}$$

then $Y(0) = I$ and the determinant $|\, Y \,|$ of Y equals unity for all values of t. Therefore, if

$$Y = \exp \Omega,$$

the trace of Ω vanishes and we may put Ω into the form

$$\Omega = \begin{pmatrix} \omega & \phi \\ \Psi & -\omega \end{pmatrix}. \tag{7.5}$$

If we introduce

$$\Delta = \sqrt{\omega^2 + \phi\Psi}, \tag{7.6}$$

we find after some calculation

$$Y = \frac{(\sinh \Delta)}{\Delta} \Omega + (\cosh \Delta) I. \tag{7.7}$$

Let

$$\theta = y_1 + \eta_2 \tag{7.8}$$

be the trace of Y. Then we have from (7.7)

$$\theta = 2 \cosh \Delta \tag{7.9}$$

(since the trace of Ω vanishes). Actually, 2Δ is the difference between the eigenvalues λ_1, λ_2 of Ω. If this difference is a multiple of $2\pi i$ but different from zero, then $\lambda_1 \neq \lambda_2$ since $\lambda_1 + \lambda_2 = 0$. In this case, Ω can be transformed into the diagonal form. But then, although both the eigenvalues of Y equal $+1$ or -1, it is possible that Y is not a multiple of the unit matrix. Instead, if we combine (7.7) and (7.9) we find

$$\Omega = (2Y - \theta I)(\Delta/\sqrt{\theta^2 - 4}) \tag{7.10}$$

where we have $\theta^2 = 4$ if $\Delta = 2n\pi i$; therefore if $\Delta \neq 0$ and Ω is finite, $2Y - \theta I = 0$. In order to discuss at least one case completely we prove

THEOREM VI: *Let $Q(t) > 0$ for all $t \geqq 0$. Then a solution Y of (7.3), with the initial condition $Y(0) = I$, has a representation*

$$Y(t) = \exp \Omega(t), \qquad \Omega(0) = 0,$$

for $t \geqq 0$ with a two times differentiable $\Omega(t)$, if and only if

$$(\text{trace } Y)^2 \leqq 4 \tag{7.11}$$

for $t \geqq 0$.

Proof: We know from (7.10) that $2Y = \theta I$ whenever $\theta^2 = 4$ and $\Delta \neq 0$ (which implies $\Omega \neq 0$). Also, we know that $Y = I$ for $t = 0$, $\theta = 2$, $\Delta = 0$. Now we shall consider a value of $t = t_0$ for which $\theta^2 = 4$, $Y = \frac{1}{2}\theta I$. We find at this point

$$\frac{d\theta}{dt} = y_1' + \eta_2' = y_1' - Q\eta_1 = 0, \tag{7.12}$$

$$\frac{d^2\theta}{dt^2} = y_1'' - Q\eta_2 - Q'\eta_1 = -\theta Q = \mp 2Q. \tag{7.13}$$

Therefore, if $Q > 0$, then $\theta^2 < 4$ for $t = t_0 + \epsilon$ if ϵ is positive and sufficiently small.

Next, we observe that $\theta' \neq 0$ and $\Delta' \neq 0$ in any interval $t_0 < t < t_1$ in which $\theta^2 < 4$. Since $| Y | = y_1\eta_1' - y_1'\eta_1 = 1$ we find for $\theta' = 0$ from (7.13) that $y_1\eta_1' = 1 + Q\eta_1^2$. Therefore, y_1 and η_1' have the same sign and are different from zero. However,

$$(7.14) \qquad (y_1 - \eta_1')^2 = \theta^2 - 4Y_1\eta_1' = \theta^2 - 4 - Q\eta_1^2 < 0$$

if $\theta^2 - 4 < 0$, and this is a contradiction. Therefore $\theta' \neq 0$. We find from (7.9) by differentiation that Δ' can vanish only if $\theta' = 0$ or if $\sin h\ \Delta = 0$; but then $\theta^2 = 4$ which had been excluded.

We consider now the behaviour of $\theta(t)$ and $\Delta(t)$ for $t > 0$, starting at $t = 0$. We have shown that there exists a smallest positive number t_1 (which may be ∞) such that $\theta^2 < 4$ in $0 < t < t_1$. For $0 < t < t_1$, Δ must be purely imaginary according to (7.9). We put $\Delta = iD$. We find from (7.9) that

$$(7.15) \qquad \theta' = -2D' \sin D.$$

Therefore, D either increases in $0 < t < t_1$ or decreases monotonically, and if t_1 is finite and $\theta(t_1) = -2$, then $D(t_1) = \pi$ or $-\pi$. If $t_1 = \infty$, we see from (7.10) and (7.9) that Theorem VI is true. Therefore, assume that t_1 is finite. Then beyond this point, say for $t = t_1 + \epsilon$, $\theta(t)$ must increase again since it follows from (7.10) that $Y(t_1) = -I$. If we differentiate (7.9) two times, we find for $t = t_1$ from $\sin D(t_1) = 0$ and from (7.13) that

$$(7.16) \qquad \tfrac{1}{2}\theta'' = -D'^2 \cos D = D'^2(t_1) > 0.$$

Therefore, D' cannot even vanish at $t = t_1$. Going from $t = t_1$ to the next point $t_2 > t_1$ for which $\theta^2 = 4$, etc., we find that D' must be always real and positive or always real and negative since we shall never come back to $D = 0$ for $t > 0$. Therefore, $D(t)$ is a monotonic function of t for $t > 0$, and this proves that $\theta^2 < 4$ is a necessary condition for the existence of Ω. That it is also a sufficient condition can be seen as follows: If $\Delta \neq \pm in\pi$, $n = 1, 2, 3, \cdots$, then Ω is completely determined by postulating that $D(t)$ is monotonic and by using (7.9) and (7.10). In order to find $\Omega(t)$ for the exceptional values $t = t_n$ for which $\Delta = in\pi$ (or $\Delta = -in\pi$, consistently with the same sign), we multiply both sides of (7.10) by $\sqrt{\theta^2 - 4}$ and then differentiate with respect to t. We find

$$(7.17) \qquad 2(\Delta' \cosh \Delta)\Omega + 2(\sinh \Delta)\Omega' = (2Y - 2\theta I)\Delta' + (2Y' - \theta' I)\Delta.$$

Since $\sinh \Delta = 0$, $\cosh \Delta = (-1)^n$ and $2Y - \theta I = 0$, $\theta' = 0$, $Y' = AY$ for $t = t_n$, (7.17) becomes

$$(7.18) \qquad (-1)^n\Delta'(t_n)\Omega(t_n) = AY\Delta = A(-1)^n\Delta(t_n).$$

Since $\Delta(t_n) = \epsilon\, in\pi$ where ϵ is independent of n and $\epsilon = \pm 1$, it is easily seen that (7.18), (7.6), (7.5) and (7.3) suffice to determine Ω uniquely for $t = t_n$. The result is independent of ϵ if we define consistently $\sqrt{\theta^2 - 4} = 2 \sinh \Delta$.

Also, it is easily seen that the condition (7.11) will not be satisfied generally for a differential equation (7.1) or (7.2). As an example, we may take $Q = \exp 2t$. Then

$$y_1 = \frac{J_0(e^t)}{J_0(1)},$$

$$\eta_1 = \frac{[Y_0(e^t) - Y_0(1)y_1(t)]}{Y_0'(1)}$$

where J_0, Y_0 denote the Bessel functions of the first and second kind respectively. The asymptotic expansions for the Bessel functions and their derivatives show that $\theta^2 > 4$ for infinitely many values of t.

Bibliography

[1] K. O. Friedrichs. *Mathematical aspects of the quantum theory of fields, Part V.*, Communications on Pure and Applied Mathematics, Vol. 6, 1953, pp. 1-72.

[2] R. P. Feynman, *An operator calculus having applications in quantum electrodynamics*, Physical Review, Vol. 84, No. 1, 1951, pp. 108-128.

[3] Herbert B. Keller and Joseph B. Keller, *On systems of linear ordinary differential equations*, Research Report EM-33, New York University, Washington Square College of Arts and Science, Mathematics Research group.

[4] H. F. Baker, *On the integration of linear differential equations*, Proceedings of the London Mathematical Society, Vol. 35, 1903, pp. 333-374; Vol. 34, 1902, pp. 347-360; Second Series, Vol. 2, 1904, pp. 293-296.

[5] H. F. Baker, *Alternants and continuous groups*, Proceedings of the London Mathematical Society, Second Series, Vol. 3, 1904, pp. 24-47.

[6] F. Hausdorff, *Die symbolische Exponentialformel in der Gruppentheorie*, Berichte der Sächsischen Akademie der Wissenschaften (Math. Phys. Klasse), Leipzig, Vol. 58, 1906, pp. 19-48.

[7] W. Magnus, *Über Beziehungen zwischen höheren Kommutatoren*, Journal f. d. Reine u. Angewandte Mathematik, Vol. 177, 1937, pp. 105-115.

[8] E. Witt, *Treue Darstellung Liescher Ringe*, Journal f. d. Reine u. Angewandte Mathematik, Vol. 177, 1937, pp. 152-160.

[9] W. Magnus, *A connection between the Baker-Hausdorff formula and a problem of Burnside*, Annals of Mathematics, Vol. 52, 1950, pp. 111-126.

[10] G. Falk, *Konstanzelemente in Ringen mit Differentiation*, Mathematische Annalen, Vol. 124, 1952, pp. 182-186.

[11] H. Zassenhaus, Unpublished.

[12] E. B. Dynkin, *Calculation of the coefficients in the Campbell-Hausdorff formula*, Doklady Akad. Nauk USSR (N.S.), Vol. 57, 1947, pp. 323-326 (Russian).

[13] W. Specht, *Die linearen Beziehungen zwischen höheren Kommutatoren*, Mathematische Zeitschrift, Vol. 51, 1948, pp. 367-376.

[14] F. Wever, *Operatoren in Lieschen Ringen*, Journal f. d. Reine u. Angewandte mathematik, Vol. 187, 1947, pp. 44-55.

INFINITE DETERMINANTS ASSOCIATED WITH HILL'S EQUATION

WILHELM MAGNUS

1. Introduction and Summary. Hill's equation is the differential equation for a one-dimensional linear oscillator with a periodic potential. In most applications, the question of the existence of a periodic solution arises. The main purpose of this investigation is to examine the analytic character of the transcendental function, whose zeros determine the periodic solutions. For the special case of Mathieu's equation the results obtained here have previously been used for solving the inhomogeneous equation, and the cases where Hill's equation has two periodic solutions have been discussed in detail and applied to the construction of "transparent layers" [1].

We consider the differential equation of Hill's type:

$$y'' + 4(\omega^2 + q(x))y = 0\,, \tag{1.1}$$

where $q(x)$ is an even function of period π which can be expanded in a Fourier series

$$q(x) = 2\sum_{n=1}^{\infty} t_n \cos 2nx\,. \tag{1.2}$$

We shall assume that the constants t_n satisfy

$$\sum_{n=1}^{\infty} |t_n| < \infty\,. \tag{1.3}$$

The most widely investigated problem connected with (1.1) is the question of the existence of solutions with period π or 2π. Let $y_1(x)$, $y_2(x)$ denote the solutions of (1.1) which satisfy the initial conditions

$$y_1(0)=1,\ y_1'(0)=0\,;\quad y_2(0)=0,\ y_2'(1)=1. \tag{1.4}$$

Then the following elementary statements hold (see for instance Schaefke [5]: Equation (1.1) has

(α) an even solution of period π if and only if $y_1'(\pi/2)=0$
(α') an odd solution of period π if and only if $y_2(\pi/2)=0$
(β) an even solution of period 2π if and only if $y_1(\pi/2)=0$
(β') an odd solution of period 2π if and only if $y_2'(\pi/2)=0$.

Received June 30, 1954. The research reported in this article was done at the Institute of Mathematical Sciences, New York University, and was supported by the United States Air Force, through the Office of Scientific Research of the Air Research and Development Command.

The conditions (α), (α') and (β), (β') can be reduced to two single ones because

$$(1.5) \qquad y_1(\pi)-1=2y_1'(\pi/2)y_2(\pi/2)\,,$$

$$(1.6) \qquad y_1(\pi)+1=2y_1(\pi/2)y_2'(\pi/2)\,.$$

In order to find directly a solution of (1.1) which has a period π, we put

$$(1.7) \qquad y=\sum_{n=-\infty}^{\infty} c_n \exp(2nxi)\,,$$

where

$$(1.8) \qquad \bar{c}_n=c_{-n}$$

for a real function $y(x)$. (As usual, a bar denotes the conjugate complex quantity). By substituting (1.7) into (1.2) we obtain an infinite system of homogeneous linear equations for the c_n. The determinant of this system can be written in the form

$$(1.9) \qquad \sin^2 \pi\omega\, D_0(\omega)$$

where $D_0(\omega)$ is an infinite determinant of the type

$$(1.10) \qquad D_0(\omega)=|d_{n,m}|\,, \qquad n,\ m=0,\ \pm 1,\ \pm 2,\cdots.$$

Here

$$(1.11) \qquad d_{n,m}=\delta_{n,m}+\left(\frac{t_{n-m}}{\omega^2-n^2}\right),$$

$$(1.12) \qquad t_{n-m}=t_{m-n}=t_{|n-m|}\,, \quad t_0=0\,.$$

As usual, $\delta_{n,m}=1$ if $n=m$ and $\delta_{n,m}=0$ if $n\neq m$.

The vanishing of the expression (1.9) is a necessary and sufficient condition for (1.1) to have a solution with period π. According to Whittaker and Watson [7]

$$(1.13) \qquad y_1(\pi)-1=-2D_0(\omega)\sin^2\pi\omega\,.$$

This shows that the vanishing of (1.5) is an immediate consequence of the vanishing of the term (1.9) and vice versa. Also, it provides two alternative ways of approximating the eigenvalues ω for which $y_1(\pi)=1$. If we compute $y_1(\pi)$ approximately by applying the Picard iteration to (1.1), we arrive at trigonometric polynomials or series. If we use the principal minors of D_0, we obtain algebraic equations for the approximate values of ω which will be particularly suitable for large ω.

To obtain even or odd solutions of (1.1) which are of period π we may put

$$y=\left(\frac{c_0}{\sqrt{2}}\right)+\sum_{n=1}^{\infty} c_n \cos 2nx \tag{1.14}$$

or

$$y=\sum_{n=1}^{\infty} c_n \sin 2nx \tag{1.15}$$

respectively. By substituting (1.14) or (1.15) into (1.1) we obtain an infinite system of homogeneous linear equations for the c_n. After an appropriate normalization of these equations, we can write the determinants of the resulting systems in the form $\omega \sin(\pi\omega)C_+$ and $\omega^{-1} \sin(\pi\omega)S_+$, where the infinite determinants C_+ and S_+ can be defined as follows: Let

$$\varepsilon_m=2 \text{ for } m=\pm 1, \pm 2, \pm 3, \cdots; \ \varepsilon_0=1 \tag{1.16}$$

$$\begin{cases} \operatorname{sgn} m=1 \text{ for } m=1, 2, 3, \cdots; \ \operatorname{sgn} 0=0 \\ \operatorname{sgn} m=-1 \text{ for } m=-1, -2, -3, \cdots. \end{cases} \tag{1.17}$$

Let the t_n be defined by (1.2) and (1.12). Then

$$C_+=|(\varepsilon_n\varepsilon_m)^{-1/2}(1+\operatorname{sgn} n \operatorname{sgn} m)[\delta_{n,m}+(t_{n-m}+t_{n+m})(\omega^2-n^2)^{-1}]| \quad (n, m=0, 1, 2,\cdots), \tag{1.18}$$

$$S_+=|\delta_{n,m}+(t_{n-m}-t_{n+m})(\omega^2-n^2)^{-1}| \quad (n, m=1, 2, 3, \cdots), \tag{1.19}$$

where n denotes the rows and m denotes the columns of the infinite determinants C_+ and S_+.

We shall prove the following extension of Equation (1.13):

THEOREM 1. *The infinite determinants C_+ and S_+ can be expressed in terms of $y_1'(\pi/2)$ and $y_2(\pi/2)$ as*

$$2\omega \sin(\pi\omega)C_+=-y_1'(\pi/2), \tag{1.20}$$

$$\omega^{-1} \sin(\pi\omega)S_+=2y_2(\pi/2). \tag{1.21}$$

They are related to the infinite determinant D_0 by

$$D_0=C_+S_+. \tag{1.22}$$

A similar factorization theorem can be proved for the infinite determinant arising in the problem of determing whether (1.1) has a solution of period 2π.

Equations (1.19) and (1.21) show that S_+ and $y_2(\pi/2)$ depend in a special way on ω. We shall write $S_+(\omega)$ for S_+ and $y_2(\pi/2, \omega)$ for $y_2(\pi/2)$ if we wish to emphasize the dependency on ω. $S_+(\omega)$ has poles of the first order (at most) at $\omega=\pm 1, \pm 2, \cdots$. Since the individual terms in the determinant $S_+(\omega)$ tend to $\delta_{n,m}$ as $|\omega|\to\infty$, we may expect that $S_+(\omega)\to 1$ as $|\omega|\to\infty$. Therefore we may expect that (1.21) will lead to a formula of the type

$$y_2(\pi/2, \omega)=\sum_{n=0}^{\infty} g_n \frac{\sin \pi\omega}{\omega-n}, \tag{1.23}$$

where g_n are constant coefficients. Now the form of the infinite series on the right-hand side of (1.23) suggests that it can also be written as

$$\int_{-\pi/2}^{\pi/2} G(\theta) \exp(2i\omega\theta)\, d\theta, \tag{1.24}$$

which would imply the existence of a formula of the type

$$\int_{-\infty}^{\infty} y_2(\pi/2, \omega) \exp(-2i\omega\theta)\, d\omega=0 \quad \text{for } |\theta|>\frac{\pi}{2}. \tag{1.25}$$

Actually, a result more general than (1.25) is true. We shall prove the following formula for the Fourier transformation with respect to ω.

THEOREM 2. *Let the t_n in (1.12) be real constants satisfying*

$$\sum_{n=1}^{\infty} n^2 |t_n| < \infty,$$

and let $y(x, \omega)$ be the solution of (1.1) for a real value of ω which satisfies the initial conditions

$$y(0, \omega)=a, \quad y'(0, \omega)=b. \tag{1.26}$$

Then there exists a function $G(x, \theta)$ of the real variables x and θ which is defined in the region $-|x|\leq\theta\leq|x|$ such that

$$y(x, \omega)=a \cos 2\omega x+\int_{-x}^{x} G(x, \theta) e^{2i\omega\theta} d\theta, \tag{1.27}$$

$$\frac{\partial^2 G}{\partial x^2}-\frac{\partial^2 G}{\partial \theta^2}+4q(x)G=0, \tag{1.28}$$

$$G(x, x)=G(x, -x)=\frac{b}{2}-a\sum_{n=1}^{\infty}\frac{t_n}{n}\sin 2\pi x, \tag{1.29}$$

$$(1.30)\qquad G_\theta(x,\ x) = -G_\theta(x,\ -x) = 2\sum_{n=1}^{\infty} t_n \sin nx\left\{a \sin nx + \frac{b}{n}\cos nx\right\}$$
$$+a \sum_{n,\, m=1}^{\infty} \frac{t_n t_m}{nm} \sin 2nx \sin 2mx\,.$$

Here G_θ stands for $\partial G/\partial\theta$.

2. Proof of Theorem 1. Since Theorem 1 involves the determinants of infinite matrices, it is important to know something about their finite " sections ". We shall define these sections as follows: Let N be a nonnegative integer, and let (M) be an infinite matrix. If the rows and columns of (M) are labeled by subscripts running from one to infinity, we denote by (M_N) the square matrix of order N which results if we let the subscripts in (M) run from one to N only. If the rows and columns in (M) are labeled by the subscripts $0, 1, 2, \cdots$, we define (M_N) by the rows and columns of (M) for which the subscripts run from zero to N. Finally, if the subscripts in (M) run from $-\infty$ to $+\infty$, then in (M_N) we let them run from $-N$ to $+N$ only. In each case, (M_N) is called the Nth section of (M). The determinant of (M) is defined as the limit of the determinants of (M_N) as $N\to\infty$.

We shall denote by (D), (C), (S) the matrices whose elements are given respectively by the elements of the infinite determinants D_0, C_+, and S_+. In addition, we shall introduce the matrix (T) with the general element $\tau_{n,\,m}(n,\ m=0,\ \pm 1,\ \pm 2,\cdots)$, where

$$(2.1)\qquad \tau_{n,\,m} = (\delta_{n,\,m} + \operatorname{sgn} n\,\delta_{-n,\,m})(\varepsilon_n)^{1/2}.$$

As usual the first subscript n in $\tau_{n,\,m}$ denotes the rows of (T) and the second subscript denotes the columns. The matrix (T) has a formal inverse (T^{-1}), whose general element is given by

$$(2.2)\qquad (\delta_{n,\,m} + \operatorname{sgn} m\,\delta_{-n,\,m})(\varepsilon_m)^{-1/2}.$$

In fact it follows from an easy computation that the general element of $(T)(T^{-1})$ is

$$(2.3)\qquad \{\delta_{n,\,m}(1+\operatorname{sgn} n \operatorname{sgn} m) + \delta_{-n,\,m}(\operatorname{sgn} n + \operatorname{sgn} m)\}(\varepsilon_n\varepsilon_m)^{-1/2} = \delta_{n,\,m}\,.$$

It is important to observe that the Nth section (T_N^{-1}) of (T^{-1}) is the inverse of the Nth section (T_N) of T.

Now we shall compute, in a purely formal way, the elements of the matrix

$$(2.4)\qquad (D^*) = (T)(D)(T^{-1})\,.$$

By a simple computation we find from (1.11), (1.12), (2.1) and (2.2) that the general element $d^*_{n,m}$ of (D^*) is given by

$$(2.5)\quad (\varepsilon_n\varepsilon_m)^{1/2}\, d^*_{n,m}=\delta_{n,m}(1+\operatorname{sgn} n \operatorname{sgn} m)+\delta_{n,-m}(\operatorname{sgn} n+\operatorname{sgn} m) + \frac{t_{n-m}}{\omega^2-n^2}(1+\operatorname{sgn} n \operatorname{sgn} m)+\frac{t_{n+m}}{\omega^2-n^2}(\operatorname{sgn} n+\operatorname{sgn} m).$$

Equation (2.5) shows that $d^*_{n,m}=0$ if n and m are both different from zero and of different sign. It also shows that for n, $m=0, 1, 2, 3, \cdots$ the elements of (D^*) are exactly those of (C). In fact, for $n\geq 0$, $m\geq 0$, we always have $\delta_{n,-m}(\operatorname{sgn} n+\operatorname{sgn} m)=0$, and $\operatorname{sgn} n+\operatorname{sgn} m=1+\operatorname{sgn} n \operatorname{sgn} m$, unless $n=m=0$. But in this case, $t_{n-m}=t_{n+m}=0$, and again $d^*_{n,m}$ is equal to the corresponding element of C_+ in (1.18). Similarly, we find that for n, $m=-1, -2, -3, \cdots$, the elements of (D^*) are exactly those of (S) if we "invert" the labeling of the elements of (S) by substituting for every subscript its opposite (negative) value.

Therefore (1.22) would be proven if we could deal with infinite determinants in the same way as with finite ones. In the particular problem under consideration this is actually the case. If we form the matrix $(T_N)(D_N)(T_N^{-1})$ we obtain (D_N^*) for all N and we find that its determinant actually equals the product of the determinants of (S_N) and (C_N) because its elements are those of (S_N) and (C_N) respectively. Equation (1.22), namely $D_0=C_+S_+$, follows if we simply let N tend towards infinity.

Next we must prove equations (1.20) and (1.21). It suffices to do this for arbitrary but fixed real values of $t_1, t_2, t_3, \cdots$. Indeed, it is not difficult to show that both sides in (1.20) and (1.21) depend analytically on any particular parameter t_ν $(\nu=1, 2, \cdots)$. Then the only variable which matters is ω. As mentioned above, we shall write $y_2(\pi/2, \omega)$ and $y_1'(\pi/2, \omega)$ for $y_2(\pi/2)$ and $y_1'(\pi/2)$ whenever we wish to exhibit the dependency on ω of these quantities; similarly, we shall write $C_+(\omega)$ and $S_+(\omega)$ for C_+ and S_+. It is easily seen that both sides in (1.20) and (1.21) are entire functions of ω and also entire functions of $\lambda=\omega^2$.

Now we can prove (1.20) and (1.21) by proving the following lemmas:

LEMMA 1. *The quotients*

$$(2.6)\quad \frac{2\omega \sin \pi\omega\, C_+(\omega)}{y_1'(\pi/2, \omega)}, \qquad \frac{\omega^{-1} \sin \pi\omega S(\omega)}{2y_2(\pi/2, \omega)}$$

are entire functions of $\omega^2=\lambda$.

Proof. It has been mentioned in the introduction that the numerator and denominator of (2.6) vanish for the same values of $\lambda=\omega^2$. It remains merely to be shown that the denominators have simple zeros only. We observe first that these zeros are real, because any solution or derivative of a solution of (1.1) that vanishes at $x=0$ and $x=\pi/2$ is a solution of a Sturm-Liouville problem. Since

$$\frac{\partial}{\partial\lambda} y_2(\pi/2)=4\{y_2'(\pi/2)\}^{-1}\int_0^{\pi/2}\{y_2(x)\}^2dx \tag{2.7}$$

$$\frac{\partial}{\partial\lambda} y_1'(\pi/2)=-4\{y_1(\pi/2)\}^{-1}\int_0^{\pi/2}\{y_1(x)\}^2dx\,, \tag{2.8}$$

the right-hand sides of (2.7) and (2.8) are different from zero and therefore the denominator in (2.6) has simple zeros. This completes the proof of Lemma 1.

LEMMA 2. *The quotients* (2.6) *are entire functions without zeros*.

Proof. From (1.5), (1.13), (1.22) we see that the product of the quotients (2.6) equals -1.

LEMMA 3. *The quotients* (2.6) *are independent of* $\lambda=\omega^2$.

Proof. This lemma follows from the fact that for both the numerators and the denominators of the quotients (2.6) the order of growth with respect to λ does not exceed 1/2. For $y_2(\pi/2, \omega)$ we can show this by solving (1.1) with the help of Picard's iteration method. Putting

$$u_0(x, \omega)=(\sin 2\omega x)/(2\omega)\,, \tag{2.9}$$

$$u_n(x, \omega)=-\frac{2}{\omega}\int_0^x \sin 2\omega(x-\xi)q(\xi)u_{n-1}(\xi, \omega)d\xi\,, \quad (n=1, 2, \cdots), \tag{2.10}$$

we have

$$y_2(x, \omega)=\sum_{n=0}^{\infty} u_n(x, \omega)\,. \tag{2.11}$$

In order to estimate $|y_2|$ for large values of $|\omega|$, let Q be a positive constant such that

$$|q(\xi)|\leq Q \tag{2.12}$$

for all real values of ξ. Let $|\omega|\geq 2$. Then obviously $|u_0|\leq \exp(2|\omega|x)$ for real positive x. From this it follows by induction and by using

(2.10) that for real positive values of x

(2.13) $$|u_n(x,\ \omega)| \leq x^n Q^n e^{2|\omega|x}(n!)^{-1}(\omega/2)^{-n-1}.$$

Therefore we have from (2.11) for $|\omega| \geq 2$:

(2.14) $$|y_2(\pi/2,\ \omega)| \leq \exp(\pi|\omega| + Q\pi/2).$$

A similar estimate can be derived for $y_1'(\pi/2,\ \omega)$. Since the right-hand side of (2.14) is of order of growth unity with respect to ω, its order of growth with respect to λ is 1/2.

The corresponding statement for the numerators in (2.6) can be derived from Hadamard's inequality for determinants. If we write

(2.15) $$(\pi/2)\sum_{n=1}^{\infty}\left(1-\frac{\omega^2}{n^2}\right),$$

for $(\sin \pi\omega)/(2\omega)$, and if we multiply each row of S_+ by the corresponding factor of (2.15), the numerator involving S_+ in (2.6) becomes a determinant for which the sum of the squares of the absolute values of the nth row is at most σ_n, where

(2.16) $$\sigma_n = \{1 + (|\omega|^2 + |t_{2n}|)n^{-2}\}^2 + \sum_{m=1}^{\infty}(|t_{n-m}| + |t_{n+m}|)^2 n^{-4}.$$

We have from Hadamard's inequality

(2.17) $$|(2\omega)^{-1}(\sin \pi\omega)S_+(\omega)| \leq 2\pi^{-1}\prod_{n=1}^{\infty}\{\sigma_n\}^{1/2}.$$

Now we wish to estimate $|\sigma_n|$. From (1.2) we find that there exists a constant M such that for all $n=1,\ 2,\ 3, \cdots$

(2.18) $$|t_{2n}| \leq 2M,\ \sum_{m=1}^{\infty}(|t_{n-m}| + |t_{n+m}|)^2 \leq M^2.$$

Therefore

(2.19) $$|\sigma_n| \leq \{1 + (|\omega|^2 + M)n^{-2}\}^2$$

and

(2.20) $$\prod_{n=1}^{\infty}\{\sigma_n\}^{1/2} \leq \{\sinh \pi(|\omega^2| + M)^{1/2}\}\pi^{-1/2}(|\omega|^2 + M)^{-1/2}.$$

Together with (2.17), this shows that the left-hand side of (2.17) is of order of growth $\leq 1/2$ with respect to $\lambda = \omega^2$. An analogous proof can be given for $|2\omega \sin \pi\omega\, C_+(\omega)|$.

Now we can prove Lemma 3 by using a known theorem about factorization of functions of an order of growth <1 (See Nevanlinna

[2, pp. 205–213] or Titchmarsh [6, Chap. VIII]. According to this theorem we have for both the numerators and the denominators of the quotients (2.6) a representation of the form

$$A\,\omega^{2a}\prod_{n=1}^{\infty}\left(1-\frac{\omega^2}{a_n}\right),$$

where the a_n are the simple roots common to the numerator and denominator if both are considered as functions of $\lambda=\omega^2$. Therefore, the quotients in (2.6) are independent of ω, as stated in Lemma 3.

Now we can prove (1.20) and (1.21) by computing the value of the quotients in (2.6) for $\omega\to i\infty$. It is easily seen that for $\omega\to i\infty$ both S_+ and C_+ tend toward unity. From (2.9), (2.10) and (2.11) we can show that $y_2(\pi/2,\,\omega)/u_0(\omega)$ tends also towards unity as $\omega\to i\infty$, regardless of the particular nature of $q(x)$. The behavior of $y_1'(\pi/2,\,\omega)/(2\omega\sin\pi\omega)$ can be described in a similar manner, and this completes the proof of Theorem 1.

3. Proof of Theorem 2. In this section, we shall use a theorem given by Paley and Wiener [3, Theorem X, p. 13]. According to this theorem, *the following two classes of functions are identical*:

(I) *The class of all entire functions $F(\omega)$ satisfying*

$$|F(\omega)|=o(e^{2A|\omega|}) \qquad (|\omega|\to\infty) \tag{3.1}$$

for a positive real value of A; and

(II) *The class of all entire functions of the form*

$$F(\omega)=\int_{-A}^{A} f(\theta)e^{2i\omega\theta}\,d\theta\,, \tag{3.2}$$

where $f(\theta)$ belongs to L_2 over $(-A,\,A)$.

In proving Theorem 2 we shall confine ourselves to the case where $a=0$, $y=y_2(x,\,\omega)$. If we construct y_2 in the manner described by (2.9), (2.10), (2.11), we find from (2.13) that for $x>0$ and $|\omega|\to\infty$:

$$\Big|y_2(x,\,\omega)-\{u_0(x,\,\omega)+\cdots+u_n(x,\,\omega)\}\Big|=O(|\omega|^{-n-2}e^{2|\omega|x}) \tag{3.3}$$

and

$$|u_n(x,\,\omega)|=O(|\omega|^{-n-1}e^{2|\omega|x}). \tag{3.4}$$

Now it follows from an application of Paley and Wiener's theorem that

$$y_2(x,\,\omega)=\int_{-x}^{x} e^{2i\omega\theta}G(x,\,\theta)\,d\theta, \tag{3.5}$$

where

$$G(x, \theta)=\sum_{n=0}^{\infty} g_n(x, \theta), \tag{3.6}$$

$$g_n(x, \theta)=\pi^{-1}\int_{-\infty}^{\infty} e^{-2i\omega\theta}u_n(x, \omega)\, d\omega . \tag{3.7}$$

It follows from (3.4) that for $n>0$, $g_n(x, \theta)$ is $(n-1)$ times differentiable with respect to θ, with a continuous $(n-1)^{st}$ derivative. Outside the interval $-x\leq\theta\leq x$, all of the $g_n(x, \theta)$ vanish identically. Therefore at $\theta=\pm x$ only $g_0(x, \theta)$ and $g_1(x, \theta)$ contribute to the value of $G(x, \theta)$ and to its first derivative with respect to θ. These contributions can be found by a direct computation. In the same way, it can be verified that g_0, g_1, g_2 are twice differentiable within the region $-x<\theta<x$, having one-sided continuous derivatives at $\theta=\pm x$, provided that $\sum_{n=1}^{\infty} n^2|t_n|<\infty$.

The only part of Theorem 2 that now remains to be proved is equation (1.28). If we substitute the expression (3.6) for G into (1.28), it will suffice to prove that for $n=1, 2, 3,\cdots$,

$$\frac{\partial^2 g_n}{\partial x^2}-\frac{\partial^2 g_n}{\partial \theta^2}+4q(x)g_{n-1}=0 \tag{3.8}$$

and for $n=0$

$$\frac{\partial^2 g_0}{\partial x^2}-\frac{\partial^2 g_0}{\partial \theta^2}=0 . \tag{3.9}$$

Since $g_0=1/2$ for $-x<\theta<x$, it is trivial to show that (3.9) holds. Equation (3.8) may be verified for $n=1$ directly by observing that

$$g_1(x, \theta)=\sum_{n=1}^{\infty} \frac{2t_n}{n^2}\cos nx\ (\cos nx-\cos n\theta) . \tag{3.10}$$

For $n\geq 2$ we may proceed as follows. It suffices to prove, instead of (3.8), that

$$\int_{-x}^{x}\left(\frac{\partial^2 g_n}{\partial x^2}-\frac{\partial^2 g_n}{\partial \theta^2}+q(x)g_{n-1}\right)e^{2i\omega\theta}d\theta=0 \tag{3.11}$$

for all values of ω. Since the left-hand side of (3.11) is an analytic function of ω, it suffices to show that it vanishes for all real values of ω. We shall prove this by expressing the left-hand side of (3.11) in terms of the $u_n(x, \omega)$ which satisfy the recurrence relations

$$\frac{\partial^2 u_n}{\partial x^2}+4\omega^2 u_n+4q(x)u_{n-1}=0. \tag{3.12}$$

((3.12) can be derived easily from (2.9) and (2.10)). It follows from (3.5) and (3.7) that

$$u_n(x, \omega)=\int_{-\infty}^{\infty} g_n(x, \theta)e^{2i\omega\theta}\, d\theta\,. \tag{3.13}$$

Therefore we have for $n\geq 2$:

$$\frac{\partial^2 u_n}{\partial x^2}=\int_{-\infty}^{\infty} \frac{\partial^2 g_n}{\partial x^2} e^{2i\omega\theta}\, d\theta\,, \tag{3.14}$$

since any term derived by differentiating the integral in (3.13) with respect to its limits vanishes for $n\geq 2$. For the same reason we find from an integration by parts that

$$-\int_{-\infty}^{\infty} \frac{\partial^2 g_n}{\partial x^2} \exp(2i\omega\theta)\, d\theta=4\omega^2 u_n(x, \theta)\,. \tag{3.15}$$

Equations (3.15), (3.13), (3.12) show that (3.11) and (3.12) are equivalent. Since (3.12) is true, the proof of Theorem 2 has been completed.

References

1. W. Magnus, *Infinite Determinants in the Theory of Mathieu's and Hill's Equations*, New York University, Institute of Mathematical Sciences, Research Report No. BR-1.
2. R. Nevanlinna, *Eindeutige analytische Funktionen*; Berlin, 1936.
3. R.E.A.C. Paley and N. Wiener, *Fourier transforms in the complex domain*, Amer. Math. Soc. Publications, **19**, 1934.
4. F.W. Schaefke, *Zur Parameterabhängigkeit beim Anfangswertproblem für gewöhnliche Differentialgleichungen*, Math. Nachr., **3** (1945), 20-39.
5. ———, *Über die Stabilitätskarte der Mathieuschen Differentialgleichung*, Math. Nachr., **4** (1951), 176-183.
6. E.C. Titchmarsh, *The theory of functions*, Oxford, 1938.
7. E.C. Whittaker and G.N. Watson, *A course of modern analysis*, Combridge, 1927.

NEW YORK UNIVERSITY

Reprinted from the
Pacific Journal of Mathematics **5** (1955), 941-951.

A FOURIER THEOREM FOR MATRICES[1]

WILHELM MAGNUS

1. Introduction and summary. We start by considering the nature of the mapping

$$U = \exp(iH), \tag{1.1}$$

where H is a hermitian matrix of n rows and columns, and where consequently U is a unitary matrix. We may consider H and U as points in a space of n^2 real dimensions, and then (1.1) defines a mapping of one of these spaces upon the other. As coordinates in the space S_H of matrices H we may choose the real and imaginary parts of the elements of H. If

$$\begin{gathered} H = (k_{\nu,\mu}) = (s_{\nu,\mu} + ia_{\nu,\mu}), \qquad \nu, \mu = 1, \cdots, n, \\ s_{\nu,\mu} = s_{\mu,\nu}, \quad a_{\nu,\mu} = -a_{\mu,\nu}, \end{gathered} \tag{1.2}$$

then the values of the variables $s_{\nu,\mu}$ and $a_{\nu,\mu}$ determine H uniquely, and vice versa. S_H can also be considered as a vector space, since any linear combination of hermitian matrices with constant real coefficients is a hermitian matrix again. The neighborhood of a point in S_H can be defined in a natural way by introducing the Euclidean distance between two points whose Cartesian coordinates are the $a_{\nu,\mu}$, $s_{\nu,\mu}$.

Since the unitary matrices U form a multiplicative group, the natural definition of a neighborhood of a point in the space S_U of matrices U must be derived from a definition of a neighborhood of the identity I. We shall say that U is in a neighborhood of the matrix U_0 if UU_0^{-1} is in the neighborhood of I. A neighborhood of I is defined by all those unitary matrices V for which

$$\sum_{\nu,\mu=1}^{n} |u_{\nu,\mu} - \delta_{\nu,\mu}|^2 \leq \epsilon^2, \quad V = (u_{\nu,\mu}), I = (\delta_{\nu,\mu}). \tag{1.3}$$

The manifold S_U of matrices U is a part of the linear space of *all* matrices M; this space has $2n^2$ real dimensions. Since every U can be expressed by (1.1) in terms of a matrix H, we may introduce the

---

Received by the editors January 18, 1955.

[1] The research reported in this article was done at the Institute of Mathematical Sciences, New York University, and was supported by the United States Air Force, through the Office of Scientific Research of the Air Research and Development Command.

$s_{\nu,\mu}$, $a_{\nu,\mu}$ as coordinates in S_U. In terms of these coordinates we shall define in S_U the volume element $d\tau$, which has the property of being invariant under the multiplicative group. This means that the volume of a small region R in the neighborhood of a point U_0 on S_U will be measured in terms of the volume of the region RU_0^{-1} in the neighborhood of I. Here RU_0^{-1} is defined as the set of points or unitary matrices on S_U obtained from the set of matrices belonging to R by right multiplication by U_0^{-1}. The result is

$$d\tau = \prod_{\nu<\mu} \left\{ \frac{2 \sin (\lambda_\nu - \lambda_\mu)/2}{\lambda_\nu - \lambda_\mu} \right\}^2 \prod_{\nu \leqq \mu} ds_{\nu,\mu} \prod_{\nu<\mu} da_{\nu,\mu}, \tag{1.4}$$

where the λ_ν ($\nu=1, \cdots, n$) are the eigenvalues of H and where all products are to be taken over ν, $\mu=1, \cdots, n$ with the restrictions indicated below the $\prod$-symbols.

It should be observed that the first product on the right-hand side of (1.4) is an entire symmetric function of the λ_ν and therefore can be expressed as an entire function of the coefficients of the characteristic equation of H. It becomes unity if H is the null matrix.

Any other invariant volume element can differ from $d\tau$ only by a factor which is independent of H. Obviously, (1.4) implies the following statement:

LEMMA 1. *Let S denote the region in S_H which is defined by*

$$|\lambda_\nu - \lambda_\mu| \leqq 2\pi \qquad (\nu, \mu = 1, \cdots, n). \tag{1.5}$$

Then S is the largest connected region of S_H which contains the null matrix $H=0$ and which is such that a full neighborhood of any interior point H_0 of S is mapped upon a full neighborhood of $U_0 = \exp(iH_0)$ in S_U. This region S is needed for the following

FOURIER THEOREM. *Let*

$$F(t) = (f_{\nu,\mu}(t)) \qquad (\nu, \mu = 1, \cdots, n) \tag{1.6}$$

be a matrix whose elements $f_{\nu,\mu}$ depend on a parameter t; suppose also that F is defined for $-\infty < t < \infty$ and that

$$\int_{-\infty}^{+\infty} |f_{\nu,\mu}(t)| \, dt < \infty \qquad (\nu, \mu = 1, \cdots, n). \tag{1.7}$$

Let H be any hermitian matrix represented by a point in S. Then

$$\int_{-\infty}^{\infty} F(t) \exp (itH) dt = G(H) \tag{1.8}$$

exists, and

$$\int\!\!\int_S G(H) \exp(-itH)d\tau = L_n F(t), \tag{1.9}$$

where the scalar L_n depends on n but not on H or F.

If the integral in (1.9) does not converge absolutely, it may be necessary to prescribe an appropriate method of evaluation. As a supplement to the Fourier theorem we have the

PLANCHEREL THEOREM. *If the elements $f_{\nu,\mu}$ are L^2, then*

$$\operatorname{trace} \int_{-\infty}^{\infty} F^*(t)F(t)dt = L_n^{-1} \operatorname{trace} \int_S\!\!\int G^*(H)G(H)d\tau, \tag{1.10}$$

where the asterisk denotes the complex conjugate of the transpose of a matrix.

Some of the properties of the matrices $G(H)$ which arise from relation (1.8) will be given in §5. We shall show there that the elements of G are linear combinations of partial derivatives of unitary invariants of H (the partial derivatives are taken with respect to the elements of H). In §5 we also define these unitary invariants and give the partial differential equations which they satisfy.

2. Computation of the volume element. Consider a matrix $H+dH$, where

$$\begin{aligned} dH &= (ds_{\nu,\mu}) + i(da_{\nu,\mu}) \qquad (\nu, \mu = 1, \cdots, n)' \\ ds_{\nu,\mu} &= ds_{\mu,\nu}, \ da_{\nu,\mu} = -\, da_{\mu,\nu}. \end{aligned} \tag{2.1}$$

Now we proceed to compute the quantity

$$\exp(iH + idH) \exp(-iH). \tag{2.2}$$

The terms in (2.2) that are linear in dH are given by

$$idV = idH - (1/2!)[idH, iH] + (1/3!)[[idH, iH], iH] \mp \cdots \tag{2.3}$$

(see [1]), where, for any matrices A, B,

$$[A, B] = AB - BA, \ [[A, B], B] = AB^2 - 2BAB + B^2A, \cdots. \tag{2.4}$$

The matrix dV is hermitian; if we write

$$dV = (d\sigma_{\nu,\mu}) + i(d\alpha_{\nu,\mu}) \qquad (\nu, \mu = 1, \cdots, n) \tag{2.5}$$

then the n^2 variables $d\sigma_{\nu,\mu}(\nu \leqq \mu)$ and $d\alpha_{\nu,\mu}(\nu < \mu)$ become linear functions of the n^2 variables $ds_{\nu,\mu}(\nu \leqq \mu)$ and $da_{\nu,\mu}(\nu < \mu)$.

The determinant D of these n^2 linear functions is the factor of $\prod ds_{\nu,\mu} \prod da_{\nu,\mu}$ in equation (1.4) times another factor which is a power of i.

We can determine D by diagonalizing H. Then the right-hand side in (2.3) can be summed explicitly, and a lengthy but straightforward computation leads directly to (1.4).

3. **The Fourier theorem.** We proceed now with the proof of the Fourier theorem stated in (1.6)–(1.9). We need the following

LEMMA 2.[2] *Let $H=(s_{\nu,\mu}+ia_{\nu,\mu})$ be a hermitian matrix. Let*

$$\epsilon_{\nu,\mu} = 1/2, \qquad (\nu \neq \mu), \ \epsilon_{\nu,\nu} = 1, \tag{3.1}$$

and let ∇_H be the matrix differential operator

$$\nabla_H = \left(\epsilon_{\nu,\mu}\frac{\partial}{\partial s_{\nu,\mu}} + i\epsilon_{\nu,\mu}\frac{\partial}{\partial a_{\nu,\mu}}\right). \tag{3.2}$$

Then we have

$$e^{itH} = \sum_{\nu=1}^{n} e^{i\lambda_\nu t}\nabla_H\lambda_\nu, \tag{3.3}$$

where the λ_ν are the eigenvalues of H. In applying ∇_H to any function λ of the variables $s_{\nu,\mu}(\nu\leqq\mu)$, and $a_{\nu,\mu}(\nu<\mu)$, it is to be understood that

$$\frac{\partial\lambda}{\partial s_{\nu,\mu}} = \frac{\partial\lambda}{\partial s_{\mu,\nu}}, \qquad \frac{\partial\lambda}{\partial a_{\nu,\mu}} = -\frac{\partial\lambda}{\partial a_{\mu,\nu}}.$$

We shall prove Lemma 2 by using a formula due to Sylvester. Let

$$P(\lambda) = |\lambda I - H| \tag{3.4}$$

be the characteristic polynomial of H. Its roots are the eigenvalues λ_ν of H, and we put

$$\frac{dP(\lambda)}{d\lambda} = P'(\lambda), \qquad p_\nu = P'(\lambda_\nu) \qquad (\nu = 1, \cdots, n), \tag{3.5}$$

$$P_\nu(\lambda) = P(\lambda)/(\lambda - \lambda_\nu). \tag{3.6}$$

Then we have

$$e^{itH} = \sum_{\nu=1}^{n} e^{it\lambda_\nu}\frac{P_\nu(H)}{p_\nu}, \tag{3.7}$$

[2] I am indebted to Professor B. Friedman for his simple derivation of (3.3) from (3.7), which is used in the proof of this lemma.

provided that the λ_ν are different from each other; in this case, (3.7) can be proved easily by transforming H into a diagonal matrix. But even if we pass to the limit and several of the λ_ν become equal, (3.7) makes sense, as we shall prove later from equation (3.12).

We shall first prove (3.3) for the case where all the λ_ν are different from each other. We proceed as follows:

Let $\nu=1, \cdots, n$, and let

$$x^{(\nu)} = (x_1^{(\nu)}, \cdots, x_n^{(\nu)}) \tag{3.8}$$

be the set of orthonormal eigenvectors of H such that $x^{(\nu)}$ belongs to λ_ν. We consider $x^{(\nu)}$ as a matrix of one column. The transpose and complex conjugate vector of $x^{(\nu)}$ will be denoted by $x^{(\nu)*}$; it is a matrix of one row. The inner product $(x^{(\nu)*}, x^{(\mu)})$ equals $\delta_{\nu,\mu}$, where $\delta_{\nu,\mu}$ is the Kronecker symbol. If we put

$$P_\nu(H)/p_\nu = H_\nu, \tag{3.9}$$

then

$$H_\nu x^{(\mu)} = \delta_{\nu,\mu} x^{(\mu)}. \tag{3.10}$$

The matrix H_ν is uniquely defined by (3.10), since if there were two matrices H_ν and H_ν' satisfying (3.10), then their difference G_ν would satisfy

$$G_\nu x^{(\mu)} = 0 \tag{3.11}$$

for $\mu=1, 2, \cdots, n$, and this is impossible if $G_\nu \neq 0$ because the $x^{(\mu)}$ span the n-dimensional space. Then from the definition (3.10) we know that the element in the jth row and in the kth column of H_ν must be

$$x_j^{(\nu)} \bar{x}_k^{(\nu)}, \tag{3.12}$$

where the bar denotes the complex conjugate quantity. (Any matrix having these elements (3.12) satisfies equation (3.10) and hence must be identical with H_ν.)

Now we are prepared to prove (3.3). We have

$$(H - \lambda_\nu I)x^{(\nu)} = 0. \tag{3.13}$$

If we differentiate with respect to y, where y stands for one of the variables $s_{\nu,\mu}$, $a_{\nu,\mu}$, we find

$$0 = \frac{\partial}{\partial y}(H - \lambda_\nu I)x^{(\nu)} = (H - \lambda_\nu I)\frac{\partial x^{(\nu)}}{\partial y} + \left(\frac{\partial H}{\partial y} - \frac{\partial \lambda_\nu}{\partial y} I\right)x^{(\nu)}. \tag{3.14}$$

Multiplying the left side of (3.14) by $x^{(\nu)*}$, we obtain

$$(3.15) \qquad x^{(\nu)*}\frac{\partial H}{\partial y}x^{(\nu)} = x^{(\nu)*}\frac{\partial \lambda_\nu}{\partial y}x^{(\nu)} = \frac{\partial \lambda_\nu}{\partial y}.$$

Now $\partial H/\partial y$ is a matrix with one or two elements different from zero. If $y = s_{\nu,\nu}$, only one element of $\partial H/\partial y$ equals unity and all the others vanish. If $y = s_{\nu,\mu}$, $v \neq \mu$, two of the elements of $\partial H/\partial y$ are unity, and if $y = s_{\nu,\mu}$, one element is $+i$ and one is $-i$. Computing the left-hand side of (3.15) for each of these cases and using (3.12) as an expression for the elements of H_ν in (3.9) we arrive at (3.3).

From the form (3.12) of the elements of the matrix (3.9) we can derive the following:

Lemma 3. *Let the elements of H depend linearly on a parameter ρ in such a way that the eigenvalues of H are different from each other if ρ is sufficiently small but not equal to 0. Then $\lim_{\rho\to 0} H_\nu$ exists and the moduli of its elements are not greater than unity.*

Proof. The elements of the eigenvectors of H are of the form

$$(3.16) \qquad D_k\left\{\sum_{k=1}^{n}\overline{D}_k D_k\right\}^{-1/2},$$

where the D_k are determinants involving the elements of H and its eigenvalues. All of these are single-valued analytic functions of a fractional power $\rho^{1/l}$ (l integral) in the neighborhood of $\rho = 0$. Not all of the D_k vanish as $\rho \to 0$, except at $\rho = 0$. Therefore, the limit of the expression (3.16) exists for $\rho \to 0$.

It can be shown that every point in the space S_H of matrices H can be reached by a "straight line" of the type described in Lemma 2. Since the points in S_H on which not all the λ_ν are different from each other form an algebraic manifold, it follows that the elements of the matrix H_ν are integrable bounded functions in S_H.

Now we need a decomposition of S_H into a one-parameter set of manifolds $S(\sigma)$. We proceed as follows.

Definition. Let $S(\sigma)$ be the set of all points in S_H for which

$$(3.17) \qquad \text{trace } H = s_{11} + s_{22} + \cdots + s_{nn} = n\sigma$$

is a fixed multiple of σ. Then we have:

Lemma 4. *$S(0)$ is a linear subspace of S_H. The transformation*

$$(3.18) \qquad \widehat{H} = H + \sigma I,$$

which maps S_H onto itself by mapping H upon $\widehat{H}$, also maps $S(0)$ onto

$S(\sigma)$. We can replace the coordinates $s_{11}, \cdots, s_{nn}$ in S_H by n linear homogeneous functions $\sigma, \rho_1, \cdots, \rho_{n-1}$ of these coordinates; these functions are chosen such that the volume element $d\tau$ in S_H can be written as

$$d\tau = n^{1/2} d\tau_0 d\sigma \tag{3.19}$$

where

$$d\tau_0 = D\left\{\prod_{\nu<\mu} (ds_{\nu,\mu} da_{\nu,\mu})\right\} d\rho_1 d\rho_2 \cdots d\rho_{n-1}, \tag{3.20}$$

and where D denotes the first product on the right-hand side of (1.4). *The value of D is the same in all points of H which can be mapped upon each other by the transformation* (3.18); *that is, D does not depend on σ. Then the matrix of the substitution connecting the $s_{11}, \cdots, s_{nn}$ and the variables $n^{1/2}\sigma, \rho_1, \cdots, \rho_{n-1}$ can be chosen to be a real orthogonal matrix.*

The proof of Lemma 4 is almost obvious. We choose a vector $v_0 = 1/n^{1/2}$ $(1, 1, \cdots, 1)$ and $n-1$ vectors $v_1, \cdots, v_{n-1}$ which together with v_0, form the rows of an orthogonal matrix. Putting $s = (s_{11}, \cdots, s_{nn})$ and

$$n^{1/2}\sigma = (v_0, s), \qquad \rho_1 = (v_1, s), \cdots, \rho_{n-1} = (v_{n-1}, s) \tag{3.21}$$

we obtain the required transformation of coordinates in S_H and the expression for $d\tau_0$ in (3.19). Now we have merely to show that $\lambda_\nu - \lambda_\mu$ is independent of σ; then the same is true for D. But

$$\lambda_\nu = \lambda_{\nu,0} + \sigma, \tag{3.22}$$

where $\lambda_{\nu,0}$ is the value derived from λ_ν by keeping fixed all coordinates $s_{\nu,\mu}, a_{\nu,\mu} (\nu<\mu)$ and $\rho_1, \cdots, \rho_{n-1}$ in S_H and replacing σ by zero. This completes the proof of Lemma 4.

LEMMA 5. *The set of $\overline{S}(\sigma)$ of points in $S(\sigma)$ at which not all of the λ_ν are different from each other is given by σ = constant and an algebraic relation between the coordinates $s_{\nu,\mu}, a_{\nu,\mu}(\nu<\mu)$ and $\rho_1, \cdots, \rho_{n-1}$.*

PROOF. The discriminant of the algebraic equation for the λ_ν is a polynomial in the coordinates of S_H. It does not vanish identically for any given σ as a function of the $s_{\nu,\mu}, a_{\nu,\mu}(\nu<\mu)$ and $\rho_1, \cdots, \rho_{n-1}$, since hermitian matrices with eigenvalues different from each other can be constructed for any preassigned value of $\sigma = (\lambda_1 + \cdots + \lambda_n)/n$.

LEMMA 6. *The elements of the matrix H_ν in* (3.9) *do not depend on σ if $s_{11}, \cdots, s_{nn}$ are replaced by $n^{1/2}\sigma$ and $\rho_1, \cdots, \rho_n$. They are bounded and integrable functions in every finite part of S_H.*

PROOF. The independence of the elements of H_ν from σ follows from the independence of $\lambda_\nu - \lambda_\mu$ from σ and from (3.9). For all H for which the λ_ν are different from each other, (3.9) also guarantees the continuity of the elements of H_ν. The rest follows from Lemma 5 (whose analogue for S_H is also true), and from Lemma 3.

Now we are ready to prove the Fourier theorem. Let

$$\int_{-\infty}^{+\infty} F(t)e^{i\lambda t}dt = B(\lambda). \tag{3.23}$$

Then we have from (3.3) and (3.7):

$$\int_{-\infty}^{+\infty} F(t)e^{itH}dt = \sum_{\nu=1}^{n} B(\lambda_\nu)H_\nu = G(H), \tag{3.24}$$

where we used the notation of §1. Multiplying the right-hand side of (3.24) by

$$e^{-itH} = \sum_{\nu=1}^{n} e^{-i\lambda_\nu t}H_\nu, \tag{3.25}$$

and observing that according to (3.12)

$$H_\nu H_\mu = \delta_{\nu,\mu}H_\nu, \tag{3.26}$$

we find

$$\int_S\int G(H)e^{-itH}d\tau = \sum_{\nu=1}^{n}\int\int_S B(\lambda_\nu)e^{-i\lambda_\nu t}H_\nu d\tau. \tag{3.27}$$

By applying Lemma 4 and Lemma 6 to (3.27) we find with $\lambda_{\nu,0} = \lambda_\nu - \sigma$,

$$\begin{aligned} &\int_S\int G(H)e^{-itH}d\tau \\ &= \sum_{\nu=1}^{n} n^{1/2}\int_{S_0} H_\nu d\tau_0 \int_{-\infty}^{\infty} d\sigma\{B(\lambda_{\nu,0}+\sigma)\exp[-it(\lambda_{\nu,0}+\sigma)]\} \end{aligned} \tag{3.28}$$

where S_0 is the part of the space $S(0)$ of Lemma 4 that lies within the part S of S_H defined in the Lemmas in §1. It should be noted that if H_0 is a point of S_0, then S contains all the points $H_0+\sigma I$ for $-\infty<\sigma<\infty$, and, conversely, if H is in S, then there exists a uniquely determined matrix H_0 (with trace zero) in S_0 and uniquely determined value of σ such that $H=H_0+\sigma I$.

By applying the ordinary Fourier theorem to (3.28) and using the identity

$$\sum_{\nu=1}^{n} H_\nu = I, \tag{3.29}$$

we find

$$\iint_S G(H)e^{itH}d\tau = F(t)2\pi n^{1/2}\int_{S_0} d\tau_0. \tag{3.30}$$

This is the Fourier theorem (1.9) with

$$L_n = 2\pi n^{1/2}\int_{S_0} d\tau_0 = 2\pi n^{1/2}V_{n,0}, \tag{3.31}$$

where $V_{n,0}$ is the volume of S_0, computed from the volume element $d\tau_0$ of Lemma 4.

The problem of computing $V_{n,0}$ seems to be a difficult one if $n>2$. For $n=2$, we find by elementary calculations that $L_2=(2\pi)^3$.

4. **Plancherel theorem.** In this section we shall prove formula (1.10). We have for the left-hand side of (1.10)

$$\sum_{\nu,\mu=1}^{n}\int_{-\infty}^{\infty} | f_{\nu,\mu}(t) |^2 dt. \tag{4.1}$$

As in (3.23), we define $b_{\nu,\mu}(\lambda)$ by

$$\int_{-\infty}^{\infty} e^{it\lambda}f_{\nu,\mu}(t)dt = b_{\nu,\mu}(\lambda); \tag{4.2}$$

then we find from (3.24), from $H_\nu^* = H_\nu$, and from $H_\nu H_\mu = \delta_{\nu,\mu}H_\nu$ that

$$\operatorname{trace} G^*G = \operatorname{trace} GG^* = \sum_{\nu=1}^{n}\sum_{l,r,\rho=1}^{n} b_{l,r}(\lambda_\nu)h_{r,\rho}^{(\nu)}\bar{b}_{l,\rho}(\lambda_\nu), \tag{4.3}$$

where $h_{r,\rho}^{(\nu)}$ is the element in the rth row and ρth column of H_ν.

In order to compute

$$\iint_S \operatorname{trace} GG^* d\tau \tag{4.4}$$

we decompose the integration [as in (3.28)] into an integration over S_0 and an integration over σ from $-\infty$ to ∞. Carrying out the integration with respect to σ, and observing that $h_{r,\rho}^{(\nu)}$ is independent of σ, we find

$$\int_{-\infty}^{\infty} b_{l,r}(\lambda_\nu)\bar{b}_{l,\rho}(\lambda_\nu)d\sigma = \int_{-\infty}^{\infty} b_{l,r}(\sigma)\bar{b}_{l,\rho}(\sigma)d\sigma = \gamma_{l,\rho,r}. \tag{4.5}$$

The $\gamma_{\nu,\rho,r}$ in (4.5) are constants which do not depend on ν, that is, they are independent of the particular eigenvalue λ_ν which appears in the left-hand side of (4.5). Because of (4.2) the ordinary Plancherel theorem gives

$$\gamma_{l,r,r} = 2\pi \int_{-\infty}^{\infty} | f_{l,r}(t) |^2 dt \tag{4.6}$$

for $r=\rho$. Using the fact that $H_1+H_2+ \cdots +H_n=I$, that is,

$$\sum_{\nu=1}^{n} h_{r,\rho}^{(\nu)} = \delta_{r,\rho}, \tag{4.7}$$

we find from (4.5), (4.6) and (4.7) that

$$\int_{-\infty}^{\infty} \text{trace}\, GG^* d\sigma = 2\pi \int_{-\infty}^{\infty} \text{trace}\, F^*(t)F(t)dt. \tag{4.8}$$

By integrating the left-hand side of (4.8) over S_0 we arrive now at (1.10).

5. Some properties of the transformed functions. It is clear that the elements of a matrix $G(H)$ cannot be arbitrary functions of n^2 variables of H. We shall use Lemma 2 of §3 to prove that the elements of $G(H)$ can be written as derivatives of unitary invariants of H. For this purpose, we define first a *unitary invariant* $j(H)$ in the following manner: Let U be any unitary matrix and let $H=(s_{\nu,\mu}+ia_{\nu,\mu})$ be a hermitian matrix. Then

$$U^{-1}HU = \hat{H} = (\hat{s}_{\nu,\mu} + i\hat{a}_{\nu,\mu}) \tag{5.1}$$

is a hermitian matrix again. A one-valued function

$$j(H) = j(s_{\nu,\mu}, a_{\nu,\mu}) \tag{5.2}$$

which is defined for all real values of the variables $s_{\nu,\mu}$ and $a_{\nu,\mu}$ is called a unitary invariant if, for any matrix U and any variables $\hat{s}_{\nu,\mu}$, $\hat{a}_{\nu,\mu}$ derived from U by means of (5.1),

$$j(\hat{s}_{\nu,\mu}, \hat{a}_{\nu,\mu}) = j(s_{\nu,\mu}, a_{\nu,\mu}). \tag{5.3}$$

We state the following

LEMMA 7. *A function $j(s_{\nu,\mu}, a_{\nu,\mu})$ is a continuously differentiable unitary invariant if and only if*

$$(\nabla_H j)H - H(\nabla_H j) = 0, \tag{5.4}$$

where ∇_H is the differential operator defined by (3.2).

The proof is based on a standard procedure. Since the space of unitary transformation is connected, a sufficient condition for a function to be a unitary invariant is that it be a invariant under infinitesimal unitary substitutions. From this remark, Lemma 7 can be derived by a brief computation. The "general" solution of (5.4) is, of course, an arbitrary sufficiently regular function of the coefficients of the characteristic equation of H.

Now we consider the elements $g_{\nu,\mu}$ of $G(H)$. Let $b_{\nu,\mu}$ be the elements of the matrix $B(\lambda)$ defined by (3.23). Let $\hat{b}_{\nu,\mu}$ be the indefinite integral of $b_{\nu,\mu}(\lambda)$, that is,

$$d\hat{b}_{\nu,\mu}/d\lambda = b_{\nu,\mu}. \tag{5.5}$$

Then

$$j_{\nu,\mu}(H) = \sum_{l=1}^{n} \hat{b}_{\nu,\mu}(\lambda_l) \tag{5.6}$$

is a unitary invariant of H since it is a symmetric function of its eigenvalues. From Lemma 2 of §3 and from (3.24) we find now

$$g_{\nu,\mu} = \sum_{l=1}^{n} \left(\frac{\partial j_{\nu l}}{\partial s_{l\mu}} + i \frac{\partial j_{\nu l}}{\partial a_{l\mu}} \right) \epsilon_{l\mu}, \tag{5.7}$$

where $\epsilon_{\nu,\mu} = 1/2$ if $\nu \neq \mu$, and where $\epsilon_{\nu,\nu} = 1$. Equation (5.7) is the representation of the elements of G in terms of unitary invariants of H which was mentioned in the introduction.

Reference

1. F. Hausdorff, *Die symbolische Exponentialformel in der Gruppentheorie*, Berichte der Saechsischen Akademie der Wissenschaften zu Leipzig, Math. Phys. Klasse vol. 58 (1906) pp. 19–48.

New York University

Reprinted from the
Proceedings of the American Mathematical Society
6 (1955), 880–890.

MAGNUS, W., und R. MOUFANG
Math. Annalen, Bd. 127, S. 215—227 (1954).

MAX DEHN zum Gedächtnis.

Von
WILHELM MAGNUS in New York und RUTH MOUFANG in Frankfurt a. M.

I. Geometrie und Grundlagen der Geometrie.

Die Bedeutung MAX DEHNs für die Mathematik liegt auf drei Gebieten: Grundlagen der Geometrie, Gruppentheorie und Topologie. Er hat diese Disziplinen um entscheidende Resultate und neue Ideen bereichert. DEHN

Photo: Elisabeth Reidemeister (Florida 1950)

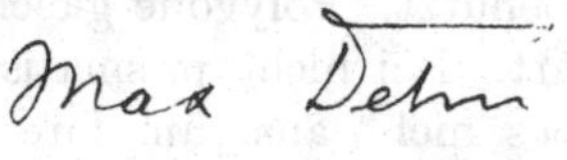

war ein Geometer von ausgezeichneter Phantasie, seine Probleme wurzeln im Anschaulichen. Die dem Geometer nach einem Worte von FELIX KLEIN eigentümliche Freude, sehen zu können, was er denkt, wird an DEHNs Forschungsweise lebendig.

DEHNs Arbeiten in der Grundlagenforschung der Geometrie erstrecken sich auf die Jahre 1900 bis 1906 und wurden dann durch topologische und gruppentheoretische Untersuchungen abgelöst. 1922 hat DEHN noch einmal ein Problem der Grundlagenforschung aufgegriffen, ohne bis zu seiner Lösung durchzustoßen.

DEHNs Arbeiten in der Grundlagenforschung beginnen mit seiner Dissertation [1], zu der ihn HILBERT anregte. Dort wird im Rahmen des von HILBERT geschaffenen axiomatischen Aufbaus der Geometrie die logische Abhängigkeit der Aussage untersucht: Zu einer Geraden gibt es durch einen Punkt außerhalb keine bzw. eine bzw. unendlich viele Parallelen; die Winkelsumme im Dreieck ist größer bzw. gleich bzw. kleiner als zwei Rechte. Unter Zuhilfenahme der Stetigkeit folgt, daß die Winkelsumme im Dreieck größer bzw. gleich bzw. kleiner als zwei Rechte ist, je nachdem es zu einer Geraden durch einen Punkt außerhalb keine bzw. eine bzw. unendlich viele Parallelen gibt. Die 1810 von LEGENDRE bewiesenen Sätze: „1. Die Winkelsumme im Dreieck kann nicht größer als zwei Rechte sein. 2. Wenn in einem Dreieck die Winkelsumme gleich zwei Rechten ist, so ist dies in jedem Dreieck der Fall" hat DEHN auf ihre Abhängigkeit von der Gültigkeit des Archimedischen Postulates untersucht und gezeigt: Ohne Zuhilfenahme dieses Postulates ergibt sich: Wenn in einem Dreieck die Winkelsumme größer bzw. gleich bzw. kleiner als zwei Rechte ist, so gilt dies in jedem Dreieck. Der erste Satz von LEGENDRE ist dagegen nicht ohne das Archimedische Postulat beweisbar. DEHN konnte eine nicht-Archimedische Modellgeometrie angeben, in der die Winkelsumme größer als zwei Rechte ist und durch einen Punkt zu einer Geraden unendlich viele Parallelen existieren (nicht-LEGENDREsche Geometrie), und eine weitere nicht-Archimedische Modellgeometrie, in der die Winkelsumme zwei Rechte beträgt und durch einen Punkt zu einer Geraden ebenfalls unendlich viele Parallelen existieren (semi-euklidische Geometrie). DEHN konstruierte diese Modelle aus einer ebenen Geometrie, in der die HILBERTschen Axiome der Verknüpfung, Anordnung und Kongruenz erfüllt sind. Ferner folgt aus diesen Axiomen und der Nichtexistenz von Parallelen, daß die Winkelsumme größer als zwei Rechte ist.

In seinen nächsten Arbeiten [2], [3] löste DEHN das dritte der von HILBERT auf dem Internationalen Mathematikerkongreß in Paris 1900 aufgeworfenen ungelösten Probleme der Mathematik. Es betrifft die bereits von GAUSS gestellte Frage nach der Notwendigkeit, bei der Begründung der Inhaltslehre von Polyedern von Grenzprozessen Gebrauch zu machen, die sich in der Ebene vermeiden lassen, wenn man den Begriff der Ergänzungsgleichheit als Grundlage der Polygonvergleichung benutzt. Polygone gleichen Inhaltsmaßes sind ergänzungsgleich und umgekehrt. Bei nicht prismatischen Polyedern reicht die Gleichheit des Inhaltsmaßes nicht aus, um ihre Zerlegungs- bzw. Ergänzungsgleichheit (kurz ihre Endlichgleichheit) zu sichern. DEHN zeigte, daß, wie BRICARD 1896 vermutete, zur Endlichgleichheit eine Beziehung zwischen den Kantenwinkeln α_i bzw. α'_j der Teilpolyeder notwendig ist, nämlich $\sum_i n_i \alpha_i = \sum_j n'_j \alpha'_j + N\pi$, n_i, $n'_j > 0$ ganz, $N \gtreqless 0$ ganz. Damit ist z. B.

ein reguläres Tetraeder niemals endlichgleich zu einem Würfel gleichen Inhaltsmaßes. Die Schwierigkeit, diese Vermutung zu beweisen, liegt in der Bewältigung der zunächst nicht übersehbaren Fülle von Möglichkeiten, ein Polyeder in Teilpolyeder zu zerlegen. DEHN überwand diese Schwierigkeit durch die bewunderungswürdige Idee, das dreidimensionale Problem einer Polyederunterteilung in ein zweidimensionales Problem zu überführen, das auf die lückenlose Erfüllung eines Rechtecks mit Rechtecken hinauskommt, aus der sich durch elementare Betrachtungen das behauptete Theorem als ein Satz über die Lösungen eines Systems homogener linearer Gleichungen mit ganzzahligen Koeffizienten ergibt. — Die Frage nach hinreichenden Bedingungen für die Zerlegungsgleichheit ist erst in neuerer Zeit durch HADWIGER in Angriff genommen worden[1]).

Im Anschluß an die angegebenen Beispiele nicht endlichgleicher, aber inhaltsgleicher Polyeder wirft DEHN noch die Frage auf, ob diese Beispiele als Ausnahmefälle zu betrachten sind. Er zeigt [5], daß es nicht abzählbar unendlichviele solcher Polyederpaare gibt, und zwar sowohl im euklidischen wie im nichteuklidischen Raum.

Die Figur der Zerlegung eines Rechtecks in Rechtecke, die in [3] auftrat, veranlaßte DEHN, tiefer in dieses Zerlegungsproblem einzudringen; ist es doch eine grundlegende Fragestellung der anschaulichen Geometrie, ob es eine einparametrige Schar von ebenen Polygonen gibt, aus denen sich jedes Polygon zusammensetzen läßt, eine Frage, die wahrscheinlich zu verneinen ist. DEHN konnte zeigen [4], daß sich jedenfalls aus einer eingliedrigen Schar von Rechtecken wieder nur Rechtecke einer eingliedrigen Schar zusammensetzen lassen, insbesondere läßt sich ein Quadrat nur in solche Quadrate unterteilen, deren Seite zu den Seiten des großen Quadrates kommensurabel ist.

Mit den Untersuchungen über die Begründung der Inhaltslehre in zwei und mehr Dimensionen beschließt DEHN diese Untersuchungsreihe. Analog wie in der euklidischen Ebene läßt sich in der zweidimensionalen elliptischen Geometrie die Inhaltslehre von Polygonen ohne Stetigkeit aus den graphischen Axiomen und den Kongruenzaxiomen begründen [6] auf Grund der Tatsache, daß der sphärische Exzess eine Zerlegungsinvariante ist, die für endlichgleiche Polygone eine charakteristische Zahl darstellt. Ferner ergibt sich mit Hilfe des sphärischen Exzesses ein einfacher Ausdruck für den Inhalt des sphärischen Dreiecks.

Die analoge Frage in höheren Dimensionen enthüllt andere Verhältnisse, wobei sich insbesondere, wie DEHN für die Dimensionen drei und vier gezeigt und für höhere Dimensionen vermutet hat, ein Unterschied zwischen den Räumen gerader und ungerader Dimension ergibt [7]. Im nichteuklidischen R_3 existiert ein einfacher, aus den Winkeln gebildeter Ausdruck für den Tetraederinhalt nicht. Erst im R_4 existiert für das Penta-Tetraeder wieder eine solche Formel, hierbei tritt an Stelle des Winkelsummenexzesses im R_2 die zerlegungsinvariante Größe $I = W - 4\,\mathfrak{M}_0 - 4\,\pi$, W ist die Summe der von den

[1]) H. HADWIGER: Zerlegungsgleichheit und additive Polyeder-Funktionale. Comment. Math. Helvetii 24, 204—218 (1950).

15*

Begrenzungsräumen gebildeten Winkel des Penta-Tetraeders, $\mathfrak{M}_0$ die Summe der sog. Eckenzahlen. Zur Bestimmung der Eckenzahl einer Ecke beschreibe man um diese Ecke als Zentrum eine Hypersphäre; das Verhältnis des aus der Hypersphäre von dem Penta-Tetraeder ausgeschnittenen sphärischen Tetraeders zum Inhalt der Begrenzung der Hypersphäre ist die Eckenzahl. Die Größe I ist für Penta-Tetraeder im euklidischen R_4 gleich Null. Im nicht-euklidischen R_4 ist sowohl für den hypersphärischen wie für den hyperpseudosphärischen Raum I stets negativ und bis auf eine multiplikative Konstante gleich dem Inhalt des zugehörigen Penta-Tetraeders. Als Analogon zu den LEGENDREschen Sätzen in der Ebene hat man jetzt: Ist für *ein* Penta-Tetraeder $I = 0$ bzw. ist für *ein* Penta-Tetraeder I negativ, so gilt dies für jedes Penta-Tetraeder. Der Ausgangspunkt DEHNs bei diesen Untersuchungen war die Frage, ob sich in höheren Dimensionen die EULERsche Polyederformel in analoger Weise aus einer Zerlegungsformel des Raumes nächstniedrigerer Dimension gewinnen lasse, so wie die EULERsche Formel für konvexe, von lauter konvexen Polygonen begrenzte Polyeder sich aus der Kernformel $M_2 = 2\,M_0 + 1$ der einfachen Zerlegungen eines ebenen Dreiecks in Dreiecke ergibt. Dabei ist M_2 die Anzahl der Teildreiecke, M_0 die Anzahl der durch die Teilung hinzukommenden Dreiecksecken. Eine Triangulation heißt einfach, wenn keine Ecke eines Teildreiecks auf einer Seite eines Teildreiecks oder des Hauptdreiecks liegt. Diese Formel fließt aus einer einfachen Winkelbetrachtung. Es ergibt sich nun, daß die EULERsche Formel im R_4 aus der entsprechenden Formel für den R_3 wiederum durch eine einfache Winkelbetrachtung herleitbar ist. In 5 Dimensionen ergab sich jedoch das Bestehen von 3 linearen Beziehungen zwischen den Anzahlen der Begrenzungsmannigfaltigkeiten einer nur von Penta-Tetraedern begrenzten konvexen Mannigfaltigkeit. Für eine allgemein begrenzte konvexe Mannigfaltigkeit gibt es dagegen nur eine lineare Beziehung, nämlich die EULERsche Formel, die sich aus einer von den genannten Beziehungen vermittels der EULERschen Formeln für die Räume kleinerer Dimension ergibt.

In seinen späteren Arbeiten ist DEHN noch einmal auf die Grundlagen der Geometrie zurückgekommen [15], und zwar auf ein Problem der ebenen Schnittpunktsätze: Gibt es Schnittpunktsätze, die „zwischen" dem Satz von DESARGUES und dem Satz von PASCAL liegen, d. h. die einerseits nicht aus dem Satz von DESARGUES folgen, andererseits zusammen mit dem Satz von DESARGUES nicht den Satz von PASCAL zur Folge haben, und zwar im Rahmen der Verknüpfungs- und Anordnungsaxiome der projektiven Geometrie. Die algebraische Formulierung dieses Problems ist die Frage, ob jeder Schiefkörper, in dem eine rationale Rechenregel in endlichvielen Parametern gilt, stets ein Körper ist. DEHNs Schüler W. WAGNER[2]) konnte 1936 in Weiterführung der von DEHN zur Lösung dieses Problems gegebenen Ansätze zeigen, daß jede geordnete Algebra über den reellen Zahlen, in der eine Polynomidentität gilt, kommutativ ist. Die Forderung der Anordenbarkeit ist dabei

[2]) W. WAGNER: Über die Grundlagen der projektiven Geometrie und allgemeine Zahlsysteme. Math. Ann. **113**, 528—567 (1937).

unentbehrlich. Das von DEHN aufgeworfene Problem ist bezüglich allgemein rationaler Rechenregeln noch nicht gelöst. In letzter Zeit hat J. KAPLANSKY[3]) einen weiteren interessanten Beitrag zur Theorie der Divisionsringe mit einer Polynomidentität geliefert, indem er zeigte, daß jeder solche Ring über seinem Zentrum endlich-dimensional ist, und darüber hinaus, daß jede primitive Algebra mit einer Polynomidentität über ihrem Zentrum endlich-dimensional ist. Unter der zusätzlichen Voraussetzung der Anordenbarkeit ergibt sich hieraus ein kurzer Beweis für einen Spezialfall des WAGNERschen Resultates.

Die Idee von HILBERT, eine affine oder projektive Ebene, in der gewisse Schnittpunktsätze gelten, isomorph abzubilden auf eine Koordinatengeometrie über einem gewissen Zahlsystem und dadurch einer Strukturuntersuchung leichter zugänglich zu machen, ist in DEHNs Arbeit [15] wieder aufgegriffen. Das von ihm allgemein gefaßte Problem [19], die Schnittpunktsätze der Ebene in Systeme projektiv äquivalenter Schnittpunktsätze einzuteilen, hat dann in der Folge zu einer Reihe von Untersuchungen Anlaß gegeben, die in jüngster Zeit durch das überraschende Resultat von R. H. BRUCK und E. KLEINFELD[4]) einerseits, L. A. SKORNJAKOV[5]) andererseits bezüglich des Satzes von DESARGUES und seiner Spezialfälle einen ersten Abschluß gefunden haben: Die Einzigkeit der Cayley-Dickson Algebren als nicht assoziative alternative Divisionsalgebren[6]) und daher die Nichtexistenz geordneter echter Alternativkörper. Dieses Resultat wirft erneut ein Licht auf die Bedeutung der Anordnungsaxiome in der ebenen Geometrie: Auf Grund der Verknüpfungs- und Anordnungsaxiome folgt der Satz von DESARGUES aus dem Satz vom vollständigen Vierseit, jedoch nicht auf Grund der Verknüpfungssätze allein[7]).

DEHNs Interesse galt auch in hohem Maße der angewandten Mathematik, insbesondere der graphischen Statik. Aus seiner Tätigkeit an der Technischen Hochschule Breslau ist eine Untersuchung hervorgegangen, die den CAUCHYschen Satz, daß zwei gleich zusammengesetzte konvexe Polyeder mit paarweise kongruenten Seitenflächen selbst kongruent oder symmetrisch sind, weiterführt zu dem Satz, daß ein aus starren Seitenflächen aufgebautes konvexes Polyeder stabil ist [14], d. h. auch infinitesimal nur wie ein starrer Körper beweglich ist. Dieser Satz läßt sich auch aussprechen in der Form, daß ein sich im Gleichgewicht befindendes Kräftesystem, das an den Ecken eines konvexen Polyeders angreift, ersetzbar ist durch ein äquivalentes Kräftesystem, dessen Kräfte jeweils nur in den Polyederflächen wirken und um eine Ecke herum mit den an derselben Ecke angreifenden Kräften des ersten

---

[3]) J. KAPLANSKY: Rings with a polynomial identity. Bull. Amer. Math. Soc. 54. 575—580 (1948).

[4]) R. H. BRUCK and E. KLEINFELD: The structure of alternative division rings. Proc. Amer. Math. Soc. 2, 878—890 (1951).

[5]) L. A. SKORNJAKOV: Alternativkörper. Ukrain. mat. Ž. 2, Nr. 1, 70—85 (1950) (russ.),

[6]) Diese Formulierung ist der Kürze halber etwas schwächer als der von den Verff. bewiesene Satz.

[7]) R. MOUFANG: Alternativkörper und der Satz vom vollständigen Vierseit (D_9). Hamb. Abhdlg. 9, 207—222 (1933).

Systems im Gleichgewicht stehen, wobei die in einer Seitenfläche wirkenden Kräfte für sich im Gleichgewicht sind.

In einer kleinen Studie über die Größenbeziehungen zwischen den Sehnen und den zugehörigen Peripheriewinkeln im Kreis analysiert DEHN die Approximation der Kreislinie durch Polygone und die Beweise der Sätze: Der einem Kreisbogen einbeschriebene n-gliedrige Streckenzug ist am größten, wenn alle Strecken gleich lang sind; ein einbeschriebener Streckenzug wird länger, falls alle Seiten kleiner gewählt werden als alle anfänglich vorliegenden Seiten. DEHN bemerkt, daß das Wesentliche beim Beweis die Existenz von zwei Systemen monoton, aber nicht notwendig archimedisch geordneter Symbole $a, b, c, \ldots$ bzw. $\alpha, \beta, \gamma, \ldots$ ist, die sich elementweise einander entsprechen. Jedes System ist hinsichtlich einer Verknüpfung abgeschlossen; für diese Systeme sollen ferner gewisse Aussagen über die Größenbeziehung zwischen Produkten einander zugeordneter Elemente gelten. DEHN bemüht sich, die Geometrie zu formalisieren, um die Struktur geometrischer Sätze klarer hervortreten zu lassen.

Die Lehrbuchliteratur hat DEHN durch die Neuherausgabe und Ergänzung von zwei Geometriebüchern bereichert: das Buch von A. SCHOENFLIES über analytische Geometrie [18] und das Buch von M. PASCH über neuere Geometrie [17] enthalten je einen Anhang von DEHN, der durchaus den Charakter einer Monographie hat. Die historische Entwicklung der betreffenden Disziplinen ist besonders berücksichtigt, und einige Probleme werden ausführlich und vertieft behandelt. In der analytischen Geometrie ist das die Theorie der linearen Transformationen und ihrer Invarianten in Verbindung mit geometrischen Problemen. Die Theorie der Elementarteiler wird unter Benutzung des Fundamentalsatzes der Algebra bis zum Äquivalenzkriterium nicht-singulärer Transformationen entwickelt. Von den Gebilden 2. Grades wird die Transformationstheorie ausführlich behandelt und an einigen besonders schönen Sätzen die Eigenart geometrischer Forschung deutlich gemacht. Der Anfänger bekommt dabei zugleich einen Einblick in allgemeine Zusammenhänge und ungelöste Probleme. So wird noch die Zerlegung eines Rechtecks in Rechtecke [4] behandelt als ein Beispiel für das allgemeine Problem der kombinatorischen Topologie, ein Flächenstück in Teilstücke zu zerlegen. Die systematische Übersicht dieser Zerlegungsfiguren ist bisher weder kombinatorisch gelungen noch einer Algebraisierung zugänglich gewesen. — In dem Anhang zu dem Buche von PASCH nimmt das Historische naturgemäß noch einen breiteren Raum ein. Die Untersuchungen gruppieren sich im Rahmen allgemeiner axiomatischer Betrachtungen um vier Hauptprobleme: das Parallelenpostulat, das Archimedische Postulat, die Begründung der projektiven Geometrie und die Inhaltslehre. Der Leser bekommt einen ausgezeichneten Einblick in die geometrische Grundlagenforschung und die Zusammenhänge zwischen ihren Hauptproblemen.

II. Topologie und Gruppentheorie.

Die früheste Arbeit von DEHN über Topologie dürfte eine unveröffentlichte, 1899 in Göttingen entstandene Note sein. Sie enthält einen Beweis des JORDANschen Kurvensatzes und einen Beweis des entsprechenden Satzes für Polyeder, ausgehend von den HILBERTschen Axiomen der Geometrie. Zunächst beweist DEHN die Hilfssätze, daß ein geschlossenes, doppelpunktfreies, ebenes Polygon mindestens drei konvexe Ecken hat und mindestens eine Diagonale, die das Polygon nur in den Eckpunkten trifft.

Der 1907 abgeschlossene Enzyklopädie-Artikel von DEHN und HEEGAARD über Analysis situs [8] enthält eine von den Verfassern neu geschaffene Grundlegung und systematische Einteilung des ganzen Gebietes. Die Topologie war seit RIEMANN eine selbständige, wichtige Disziplin geworden, die durch die Fülle der Entdeckungen POINCARÉs in eine lebhafte Entwicklung geraten war. Die Klärung und Präzisierung der Begriffe war eine dringliche und schwierige Aufgabe. Die ersten sieben Abschnitte des Kapitels über die Grundlagen der Topologie enthalten rein kombinatorische Axiome und Sätze über — nach dem Vorbild HILBERTs — nicht näher definierte Klassen von Elementen (Punkte, Strecken, Flächenstücke usw.) und ihrer Verbindungen (Komplexe). Erst im achten Abschnitt werden drei Gruppen von Axiomen eingeführt (Existential- und Zerlegungsaxiome, Deformationsaxiome), die sich auf die Auffassung der topologischen Gebilde als Punktmengen gründen.

Die folgenden vier Arbeiten [10], [11], [12], [13] von DEHN gehören eng zusammen. Sie sind ebenso bedeutsam durch ihre Ergebnisse und Methoden wie durch die Anregung zu weiterer Forschung, die von ihnen ausgegangen ist. Als rein topologische Ergebnisse enthalten sie u. a. die elegante Konstruktion unendlich vieler POINCARÉscher Räume (siehe [10]) und den zum klassischen Bestand der Topologie gehörenden ersten Beweis des Satzes, daß eine Kleeblattschlinge im sphärischen Raum nicht mit ihrem Spiegelbild äquivalent ist [13].

Eine wesentliche Rolle in allen vier Arbeiten spielen die Untersuchungen über gewisse unendliche Gruppen, ein Thema, dem vorwiegend die Arbeit [11] gewidmet ist. Bindeglied zwischen Topologie und Gruppentheorie ist die wichtige von DEHN entwickelte Methode, die Gruppe eines Knotens unmittelbar aus seiner Projektion abzulesen. POINCARÉs Entdeckung der Fundamentalgruppe einer Mannigfaltigkeit hatte einen neuen Aspekt in die Gruppentheorie eingeführt: das Studium der durch Erzeugende und definierende Relationen abstrakt gegebenen Gruppen. DEHN formulierte zunächst die Hauptprobleme dieses neuen Zweiges der Gruppentheorie: das Identitäts- oder Wortproblem ist die Aufgabe, zu einer durch Erzeugende und definierende Relationen gegebenen Gruppe ein Verfahren zu finden, mit dessen Hilfe für jedes Potenzprodukt — oder „Wort" — in den Erzeugenden entschieden werden kann, ob es gleich dem Einheitselement ist oder nicht. Das Transformationsproblem betrifft die Frage, wann zwei Elemente in der Gruppe konjugiert sind, und das Isomorphieproblem verlangt die Angabe eines Verfahrens, zu entscheiden, ob zwei durch Erzeugende und Relationen gegebene Gruppen isomorph sind. Diese Probleme haben bei Fundamentalgruppen eine unmittelbare topologische Bedeutung. Aber auch für eine rein gruppentheoretische Betrachtung ist die Wichtigkeit dieser Probleme evident. Zum Beispiel ist das Resultat von O. SCHREIER[8]) über die Existenz des freien Produktes mit vereinigten Untergruppen die Lösung des Identitätsproblems für Gruppen mit einem bestimmten Typus von definierenden Relationen.

DEHN hat später die abstrakte Darstellung diskontinuierlicher Gruppen durch Erzeugende und definierende Relationen auch auf kontinuierliche Gruppen übertragen [19] und an der Gruppe der linearen Transformationen einer reellen Veränderlichen dargestellt und von dieser Seite eine Begründung der nicht-euklidischen Geometrie in 2 und 3 Dimensionen skizziert. Der grundlegende Unterschied gegenüber der Darstellung diskontinuierlicher Gruppen ist dabei das Auftreten einseitiger, d. h. gerichteter Verwandlungsregeln neben gewöhnlichen Verwandlungsregeln. Zur Begründung der Geometrie ist darüber hinaus erforderlich, Eigenschaften der Gruppe hinsichtlich der Existenz gewisser Automorphismen zu postulieren.

Der außerordentlichen Schwierigkeit der aus der Topologie stammenden Probleme begegnete DEHN in überraschender Weise durch Anwendung geometrischer, insbesondere topologischer Methoden. Eine Zuordnung von Streckenkomplexen zu endlichen Gruppen war schon 1860 von CAYLEY betrachtet worden. DEHN bewies, daß diese Zuordnung für die hier betrachteten Gruppen immer möglich ist und zeigte, wie der von ihm als „Gruppenbild" bezeichnete Streckenkomplex zur Untersuchung der Eigenschaften der Gruppe benutzt werden kann. Die Fundamentalgruppe F_p der geschlossenen zweiseitigen Flächen vom Geschlecht p bietet hierfür ein ideales Beispiel. Für $p = 2$ ist das Gruppenbild hier realisierbar als ein Netz von $4p$-Ecken in der hyperbolischen Ebene. Diese Tatsache benutzt DEHN bei der Lösung des Identitäts- und Transformationsproblems der F_p. Die in [12] gegebene Lösung ist von großer Eleganz und in dieser Form mit den später entwickelten rein algebraischen Methoden nicht ohne beträchtliche Mühe erreichbar. Auch sonst wird das Gruppenbild in den Arbeiten [10] bis [13] sehr wirksam benutzt. Das gilt insbesondere für [13], wo die Gruppe der Automorphismen der Fundamentalgruppe des Knotenaußenraumes benötigt wird.

Man kann vielleicht sagen, daß die Idee des Gruppenbildes besonders durch die Anregungen, die von ihm ausgegangen sind, bedeutungsvoll geworden ist. DEHN selbst hat das Gruppenbild benutzt, um zu zeigen, daß die Untergruppen der freien Gruppen wieder frei sind; ferner hat er es benutzt bei seinem „Freiheitssatz", demzufolge in einer Gruppe mit $n + 1$ Erzeugenden und einer definierenden Relation, die in einem leicht zu präzisierenden Sinne alle Erzeugenden enthält, zwischen irgend n dieser Erzeugenden keine Relation besteht. DEHN hat seine Überlegungen nicht publiziert. Die später von anderen zum Teil auf seine Anregung hin publizierten Beweise dieser Sätze benutzen algebraische Methoden. J. NIELSEN[9]) bezieht sich in der Einleitung zu seinen drei großen Arbeiten über die Topologie der geschlossenen zweiseitigen Flächen auf das Gruppenbild.

---

[8]) O. SCHREIER: Die Untergruppen der freien Gruppen. Hamb. Abhdl. **5**, 161—183 (1927).

[9]) J. NIELSEN: Untersuchungen zur Topologie der geschlossenen zweiseitigen Flächen I, II, III. Acta Math. **50**, 190—358 (1927), **53**, 1—76 (1929); **58**, 87—167 (1932).

In der Einleitung des Kapitels über „Grundlagen" im Enzyklopädieartikel schreibt DEHN, es erscheine „die Analysis situs dargestellt als ein durch seine anschauliche Bedeutung ausgezeichneter Teil der Kombinatorik". In der Abhandlung [22] entwickelte er die Anfänge einer diesen Teil der Kombinatorik beherrschenden Algebra. Bäume, allgemeine Streckenkomplexe und Polyeder werden in umkehrbar eindeutiger Weise durch Symbolketten repräsentiert, und die Wirkung von Zerlegung oder Verschmelzung des topologischen Objektes auf die Darstellung wird fixiert. Als Anwendungen ergeben sich eine vollständige Lösung des GAUSSschen Problems der Trakte und der folgende Färbungssatz: die Ecken eines Polyeders und seine Seitenflächen kann man mit je zwei Farben so färben, daß nicht gleichzeitig die beiden Eckpunkte einer Kante gleichgefärbt sind und die beiden an sie anstoßenden Flächen gleiche Farbe tragen.

Die Abhandlungen [25], [27], [36] behandeln unter anderem die Gruppe A_p der Abbildungsklassen einer geschlossenen zweiseitigen Fläche vom Geschlecht p. Diese Gruppe spielt eine wichtige Rolle für das Problem der Moduln einer RIEMANNschen Fläche bei konformer Abbildung. DEHN behandelt A_p direkt durch Einführung eines kombinatorischen Symbols, das aus den Überkreuzungen zweier Kurvensysteme auf der Fläche abgelesen werden kann. Dabei ergibt sich 1. ein System von endlich vielen Erzeugenden für A_p, 2. eine topologische Kennzeichnung dieser Erzeugenden als „Schraubungen", 3. eine Darstellung von A_p durch lineare Transformationen und 4. der Satz, daß die Faktorgruppe A_p/K_p von A_p nach ihrer Kommutatorgruppe K_p zyklisch ist, und daß ihre Ordnung ein Teiler von $2\,(2\,p+1)\,(p+1)$ ist.

Der Anfang dieser Arbeit geht zurück auf einen nicht publizierten hektographierten Vortrag aus dem Jahre 1922. An ihn schließt sich eine Arbeit von R. BAER an[10]).

DEHN hat in der Gruppentheorie und bei algebraischen Problemen, die aus den Grundlagen der Geometrie entspringen, stets ein methodisches Prinzip vertreten, das heute allgemein anerkannt ist: es läßt sich ungefähr so formulieren, daß man zur Untersuchung eines algebraischen Systems (Gruppe, Ring) zweckmäßigerweise nicht Relationen, sondern Rechengesetze („Regeln", Identitäten) adjungiert und auf diese Weise für das System charakteristische (d. h. für isomorphe Systeme isomorphe) zugeordnete Objekte (Faktorgruppen, Quotientenringe) erhält. In der Gruppentheorie führt dieses Prinzip zunächst zur Definition der freien Gruppe als einem System, das durch Erzeugende gegeben ist, zwischen denen keine Relation besteht, die nicht aus den Gruppenaxiomen folgt: ferner führt es zu den Gruppen mit Identitäten, d. h. mit vorgeschriebenen, für jedes Element oder jedes n-Tupel von Elementen gültigen Relationen. In unpublizierten Vorträgen behandelt DEHN die Gruppe mit zwei Erzeugenden, in der jede dritte Potenz das Einselement ist, und die Gruppe mit zwei Erzeugenden, in der für irgend zwei Elemente x_1, x_2 stets $x_1^2\, x_2 x_1^{-2} x_2^{-1} = 1$ ist.

[10]) R. BAER: Kurventypen auf Flächen. J. f. M. **156**, 231—246 (1927).

III. Studien über Geschichte und Ursprung der Mathematik.

DEHNs Arbeiten zur Geschichte der Mathematik sind entstanden nach jahrelangem und überaus sorgfältigem Studium der Quellen in der Sprache des Originals. Sie verfolgen das Ziel, sich auf das Wesen der Mathematik zu besinnen durch eine genaue Betrachtung einiger der großen und einflußreichen Entdeckungen der Vergangenheit, ihrer Entstehung und ihrer Umwandlung. Vor allem interessierte DEHN das gewaltige Werk des Euklid und aus neuerer Zeit die Entstehung der Infinitesimalrechnung. Die Fülle der von DEHN, seinen Kollegen und Schülern gewonnenen Einsichten spiegelt sich in den Publikationen nur unvollständig wider. Die Veröffentlichung von Resultaten war etwas Zufälliges neben dem vielfältigen geistigen Gewinn des historischen Studiums, über das JACOB BURCKHARDT so eindrucksvoll in der Einleitung zu seinen „Weltgeschichtlichen Betrachtungen" gesprochen hat. Es sei gestattet, hier einen Abschnitt aus dieser Einleitung zu zitieren[11]), weil BURCKHARDT dort präzise eine Frage formuliert, die auch in DEHNs Abhandlungen [20] und [27] wesentlich zur Sprache kommt: „Ob das Studium der Mathematik und der Naturwissenschaften ihrerseits alle geschichtliche Betrachtung schlechterdings ausschließe, fragen wir dabei nicht. Jedenfalls sollte sich die Geschichte des Geistes nicht von diesen Fächern ausschließen lassen. Eine der riesigsten Tatsachen dieser Geschichte des Geistes war die Entstehung der Mathematik. Wir fragen uns, ob sich von den Dingen zuerst Zahlen oder Linien oder Flächen loslösten. Und wie schloß sich bei den einzelnen Völkern der nötige Konsensus hierüber? Welches war der Moment dieser Kristallisation?"

DEHNs größtenteils unveröffentlichte Untersuchungen über Ornamentik gehören hierher. Freilich hat sich DEHN neben der Frage nach der Entstehung und Entwicklung der Mathematik innerhalb der Zivilisation immer wieder der philosophischen Frage nach dem Ursprung und der Entfaltung der Mathematik im menschlichen Geiste zugewandt [16], [20], [24]. Beide Betrachtungsweisen waren für DEHN eng miteinander verknüpft; die Studie über „das Mathematische im Menschen" [20] könnte nach DEHNs eigenen Worten auch die Einleitung zu einer Geschichte der Mathematik sein. — Den Fortschritt der Mathematik sah DEHN in der Konzeption neuer Ideen, nicht in Untersuchungen über spezielle Fälle und in Verallgemeinerungen. Seine Bewunderung galt der schöpferischen Leistung.

Der nachhaltige Einfluß DEHNs auf seine Schüler war ein Teil der außerordentlichen Wirkung, die von ihm ausging und ihn mit dem Kreis seiner Freunde, Kollegen und Schüler verband. Seine ursprüngliche Lebendigkeit, die Universalität und die Unabhängigkeit seines Geistes gaben seiner Persönlichkeit ein einmaliges Gepräge. Die harmonische Zusammenarbeit von DEHN mit PAUL EPSTEIN, ERNST HELLINGER, CARL LUDWIG SIEGEL und OTTO SZÁSZ, mit denen ihn lebenslange Freundschaft verband, war am Frankfurter Mathematischen Seminar einzigartig. Lehren war für DEHN immer ein Mit-

[11]) Zitiert nach KRÖNERs Taschenausgabe, Bd. 55. Leipzig 1935.

teilen im Sinne von Geben, und er gab Vieles: zunächst eine Reihe von mathematischen Ideen, deren Einfluß sich in dem Verzeichnis der von ihm angeregten Arbeiten nur sehr unvollständig widerspiegelt. In völlig undogmatischer Weise und immer bereit, auf den Gesprächspartner einzugehen, war seine Belehrung, meist auf Spaziergängen, immer lebendig und überzeugend, nie überredend. DEHN war ein wahrhafter, leidenschaftlicher Humanist, unablässig um ein genaues und vorurteilsfreies Verständnis des Menschen und der Wirklichkeit bemüht. Er war überzeugt, daß die Beschäftigung mit geistigen Dingen den Menschen beglücke und ihn frei mache von Überheblichkeit und Befangenheit in Vorurteilen, von Furcht, Hass und Habgier. Demütigungen, Sorgen und Gefahr ertrug er mit Gelassenheit und Optimismus und einer unbesiegbaren inneren Unabhängigkeit, die in ihm keine Erbitterung aufkommen ließ. Unmittelbar nach dem Kriege rief er an seinem College eine Hilfsaktion für die Frankfurter Kollegen ins Leben. Er schrieb an die Frankfurter Fakultät: „In uns, den unmittelbar oder mittelbar Getroffenen muß die Liebe stark genug sein, die schlimmen Bilder der Vergangenheit blasser zu machen."

In den Schlußworten einer akademischen Festrede „Über die geistige Eigenart des Mathematikers", die DEHN im Jahre 1928 hielt, kennzeichnet er den schaffenden Mathematiker, kennzeichnet er sich also auch selbst. So klingen diese Worte heute wie ein Nachruf. „Der Mathematiker hat zuweilen die Leidenschaft des Dichters oder Eroberers, die Strenge in seinen Überlegungen wie ein verantwortungsbewußter Staatsmann oder, einfacher ausgedrückt, wie ein besorgter Hausvater, die Nachsicht und Resignation eines alten Weisen; er ist revolutionär und konservativ, ganz skeptisch und doch gläubig optimistisch."

Lebensdaten.

13. 11. 1878	geboren in Hamburg
1900	Promotion zum Dr. phil. in Göttingen
1900—1901	Assistent an der Technischen Hochschule Karlsruhe
1901	Habilitation in Münster i. W.
1901—1911	Privatdozent in Münster i. W.
1911—1913	Extraordinarius in Kiel
1913—1921	Ordinarius an der Technischen Hochschule Breslau
1915—1918	Dienst in der Armee
1921—1935	Ordinarius für reine und angewandte Mathematik an der Universität Frankfurt a. M.
1935	Versetzung in den Ruhestand durch die nationalsozialistische Regierung
1935—1938	Vorträge und Vorlesungen in verschiedenen europäischen Ländern
1939	Emigration aus Deutschland
1939—1940	Vertreter von VIGGO BRUN an der Technischen Hochschule Trondheim
1940	Ausreise nach den Vereinigten Staaten von Nordamerika
1941—1942	Assistant Professor of Mathematics and Philosophy an der University of Idaho, Pocatello, Idaho
1942—1943	Visiting Professor of Mathematics am Illinois Institute of Technology, Chicago, Illinois
1943—1944	Tutor am St. John's College, Annapolis, Maryland

1945—1952 Professor of Mathematics and Philosophy am Black Mountain College, Black Mountain, North Carolina
Wintersemester 1946—47, Wintersemester 1948—49 und Sommersemester 1949 Urlaub von Black Mountain zu Vorlesungen an der University of Wisconsin, Madison, Wisconsin
6. 6. 1952 Emeritierung am Black Mountain College
27. 6. 1952 gestorben in Black Mountain.

Wissenschaftliche Ehrungen:

Mitglied der Norwegischen Akademie der Wissenschaften
Mitglied der Straßburger Naturforschenden Gesellschaft
Ehrenmitglied der Indischen Mathematischen Gesellschaft.

Verzeichnis der Veröffentlichungen.

[1] Die LEGENDREschen Sätze über die Winkelsumme im Dreieck. Math. Ann. **53**, 404—439 (1900) (Dissertation). — [2] Über raumgleiche Polyeder. Göttinger Nachrichten 1900, 345—354. — [3] Über den Rauminhalt. Math. Ann. **55**, 465—478 (1901) (Habilitationsschrift). — [4] Über Zerlegung von Rechtecken in Rechtecke. Math. Ann. **57**, 314—332 (1903). — [5] Zwei Anwendungen der Mengenlehre in der elementaren Geometrie. Math. Ann. **59**, 84—88 (1904). — [6] Über den Inhalt sphärischer Dreiecke. Math. Ann. **60**, 166—174 (1905). — [7] Die EULERsche Formel im Zusammenhang mit dem Inhalt in der Nicht-Euklidischen Geometrie. Math. Ann. **61**, 561—586 (1906). — [8] Analysis situs (mit POUL HEEGAARD), Enzyklop. d. math. Wissensch. III_1, 153—220 (1907). — [9] Topologie. PASCALs Rep. d. höh. Math. II_1, Kap. 9, 174—192 (1910). — [10] Über die Topologie des dreidimensionalen Raumes. Math. Ann. **69**, 137—168 (1910). — [11] Über unendliche diskontinuierliche Gruppen. Math. Ann. **71**, 116—144 (1911). — [12] Transformation der Kurven auf zweiseitigen Flächen. Math. Ann. **72**, 413—421 (1912). — [13] Die beiden Kleeblattschlingen. Math. Ann. **75**, 402—413 (1914). — [14] Über die Starrheit konvexer Polyeder. Math. Ann. **77**, 466—473 (1916). — [15] Über die Grundlagen der Geometrie und allgemeine Zahlsysteme. Math. Ann. **85**, 184—194 (1922). — [16] Über die geistige Eigenart des Mathematikers. Frankfurter Universitätsreden 1928. Univ.-Druckerei Werner u. Winter, Frankfurt a. M., 28 Seiten. — [17] Die Grundlegung der Geometrie in historischer Entwicklung. 87 Seiten. In: M. PASCH und M. DEHN, Vorlesungen über neuere Geometrie, Berlin 1926. — [18] Einführung in die analytische Geometrie der Ebene und des Raumes. 2. Auflage des Buches von A. SCHOENFLIES, bearbeitet und durch 6 Anhänge ergänzt von M. DEHN. Berlin 1931. 114 Seiten. — [19] Über einige neuere Forschungen in den Grundlagen der Geometrie. Mat. Tidsskrift, B 1931, 63—83. — [20] Das Mathematische im Menschen. Scientia, Bologna 1932, 61—74. — [21] MORITZ PASCH. Gedenkrede (mit F. ENGEL). Jahresber. DMV **44**, 120—142 (1934). — [22] Über kombinatorische Topologie. Acta Math. **67**, 123—168 (1936). — [23] Raum, Zeit, Zahl bei Aristoteles, vom mathematischen Standpunkt aus. I, II. Scientia, Bologna 1936, 12—21 und 69—74. — [24] Beziehungen zwischen der Philosophie und der Grundlegung der Mathematik im Altertum. Quell. Stud. Geschichte d. Math., Astron., Phys. B 4, 1—28 (1937). — [25] Die Gruppe der Abbildungsklassen. (Das arithmetische Feld auf Flächen). Acta Math. **69**, 135—206 (1939). — [26] On GREGORYs Vera Quadratura (mit E. HELLINGER). Royal Society of Edinburgh. Tercentenary Memorial Volume, Edinburgh 1939, 468—478. — [27] Über Abbildungen. Mat. Tidsskrift B 1939, 25—48. — [28] Über Ornamentik. Norske Mat. Tidsskrift **21**, 121—153 (1940). — [29] Bogen und Sehnen im Kreis, Paare von Größensystemen. Norske Vid. Selsk. Forhdl. **13**, 103—106 (1940). — [30] Certain mathematical achievements of JAMES GREGORY (mit E. HELLINGER). Amer. Math. Monthly **50**, 149—163 (1943). — [31] Mathematics 600 BC—400 BC. Amer. Math. Monthly **50**, 357—360 (1943). — [32] Mathematics 400 BC—300 BC. Amer. Math. Monthly **50**, 411—414 (1943). — [33] Mathematics 300 BC—200 BC. Amer. Math. Monthly **51**, 25—31 (1944). — [34] Mathematics 200 BC—600 AD. Amer. Math. Monthly

51, 149—157 (1944). — [35] On the approximation of a function by a power series. The Mathematics Student **15**, 79—82 (1947). — [36] Über Abbildungen geschlossener Flächen auf sich. Mat. Tidsskrift B 1950, 146—151.

Verzeichnis der unter Anleitung von MAX DEHN entstandenen Arbeiten.

1. HUGO GIESEKING: Analytische Untersuchungen über topologische Gruppen. Hilchenbach i. W.: L. Wiegand. XVI u. 250 S. Diss. Münster i. W. 1912.

2. JAKOB NIELSEN: Kurvennetze auf Flächen. Diss. Kiel 1913, 58 S.

3. MAX FROMMER: Die Integralkurven einer gewöhnlichen Differentialgleichung 1. Ordnung in der Umgebung rationaler Unbestimmtheitsstellen. Math. Ann **99**, 222—272 (1928). Diss. Frankfurt a. M. 1926.

4. WILHELM MAGNUS: Über unendliche diskontinuierliche Gruppen mit einer definierenden Relation (der Freiheitssatz). J. f. M. **163**, 141—165 (1930). Diss. Frankfurt a. M. 1929.

5. OTT-HEINRICH KELLER: Über die lückenlose Erfüllung des Raumes mit Würfeln. J. f. M. **163**, 231—248 (1930). Diss. Frankfurt a. M. 1929.

6. RUTH MOUFANG: Zur Struktur der projektiven Geometrie der Ebene. Math. Ann. **105** 536—601 (1931). Diss. Frankfurt a. M. 1930.

7. ADOLF PRAG: John Wallis. Quellen und Studien zur Geschichte der Math., Astron. u. Physik. Abt. B Studien I, 381—412. Berlin 1931.

8. WALTER WAGNER: Über die Grundlagen der Geometrie und allgemeine Zahlsysteme. Math. Ann. **113**, 528—567 (1937). Diss. Frankfurt a. M. 1936.

9. JOSEPH H. ENGEL: Some contributions to the solution of the word problem for groups. (Canonical forms in hypo-Abelian groups.) Thesis, 1949, University of Wisconsin, Madison, Wisconsin.

10. CHIA-SHUN YIH: An extension of DEHN's theorem on the approximation of a function by a power series. The Mathematics Student **18**, 117—122 (1950).

11. TRUMAN MCHENRY: Non angular geometry. Master's thesis Black Mountain 1952 (unveröff.).

(Eingegangen am 20. Mai 1953.)

SOME FINITE GROUPS WITH GEOMETRICAL PROPERTIES

by W. Magnus

1. Introduction

This is an expository paper. The term geometrical refers to the classical meaning of the word, namely to those properties of a group of transformations which permit the definition of congruence in the corresponding geometry.

The first attempt at characterizing a group of motions in terms of properties of the group itself seems to be a paper by M. DEHN[1], in which he studies the abstract properties of the group of motions (including reflections) of the hyperbolic Non-Euclidean plane and describes an abstract characterization of other continuous groups.

Although we shall not discuss projective groups, it seems appropriate to quote here a paper by N. S. MENDELSOHN,[2] the methods of which are closely related to ours.* Mendelsohn succeeds in characterizing completely the plane projective groups by two sets of conjugate subgroups, their normalizers and their intersection. (His methods can be generalized for higher dimensions.) The proofs of the theorems stated here are to appear soon in the extended version of the Ph.D. thesis of G. Bachman.[3] We shall present his results with some modifications.

2. Axioms

Definition 1. A group M is called a group of n-dimensional motions if it satisfies the following conditions:

(i) There exists a set of proper subgroups P_i of M which con-

*I am indebted to Professor G. de B. Robinson for calling my attention to this paper at the Symposium on Finite Groups.

sists of the set of all subgroups conjugate in M with one of the P_i ($i = 1,2, \ldots, m$) such that each P_i is its own normalizer in M.

(ii) The P_i are called zero-dimensional subgroups. For $d = 1,2, \ldots, n - 1$, we define a d-dimensional subgroup recursively as the intersection of a zero-dimensional subgroup P and a (d - 1)-dimensional subgroup not contained in P. We postulate that any two d-dimensional subgroups L_d and L_d^* contained in a (d - 1)-dimensional subgroup L_{d-1} are conjugate in L_{d-1}.

(iii) All d-dimensional subgroups are conjugate in M for $d = 1,2, \ldots, n - 2$.

(iv) The (n - 1)-dimensional subgroups, but none of those of a dimension less than n - 1, consist of the unit element only.

We shall say that a group M and a set of subgroups P_i satisfying (i) to (iv) define an n-dimensional geometry in which certain postulates as specified below will be satisfied. As an explanation of our procedure, we may make the following remarks first. Suppose a group M acts as a group of transformations on a set S of elements π_i ($i = 1, \ldots, m$) which we wish to look upon as the points of a geometry. Let P_i be the largest subgroup of M which keeps π_i fixed. Assume that t is a transformation (i.e., an element of M) which maps π_i into π_k. Then tP_it^{-1} will be a subgroup which keeps π_k fixed. If the group M is such that it separates the points (or, equivalently, if a point is, as Euclid phrases it, something which has no parts), then tP_it^{-1} must be different from P_i—otherwise P_i would leave both π_i and π_k fixed. In this case, we could not distinguish between π_i and π_k by looking at the group of transformations and the smallest units between which we could distinguish would be the complete set of elements $\pi_i, \pi_k, \ldots$ left invariant by P_i. For this reason, we shall have to assume that P_i is its own normalizer in M. At the same time, we see that, in this case, we do not need the elements π_i of the set at all since we can replace it now by the set of subgroups P_i. These observations lead to the following

Definition 2. Let M be a group which contains a complete set of conjugate subgroups P_i (i = 1, . . . m) satisfying the postulation of Definition 1. Then the P_i shall be called the points of a geometry Γ. The group M acts as a group of transformations on Γ according to the rule that, for any element t of M, the map $t(P_i)$ of P_i is defined by

$$t(P_i) = tP_it^{-1}.$$

The d-dimensional subgroups of M are called the d-dimensional subspaces of Γ; in particular, we shall call the one-dimensional subspaces 'lines' and the two-dimensional subspaces 'planes.' A point P_i is called incident on a subspace L_d if L_d is a subgroup of P_i. The number n is called the dimension of the geometry. The action of t on L_d is defined by

$$t(L_d) = tL_dt^{-1}.$$

Two sets Σ_1 and Σ_2 of points or subspaces are called congruent if there exists an element t of M such that

$$t(\Sigma_1) = \Sigma_2.$$

Now elements t of M are called the motions of the geometry.

From the axioms (i) to (iv) for M, we can derive the following

Statement of properties of Γ:

(i) Any two points are congruent.

(ii) Any two d-dimensional subspaces are congruent.

(iii) Let P be a point and let L_d and L_d' be two d-dimensional subspaces incident on P where $d \geqq 1$. Then there exists a motion which leaves P fixed and maps L_d onto L_d'. The corresponding fact is true for two (d + k)-dimensional subspaces incident on a d-dimensional subspace.

(iv) Any d + 1 points not incident on a (d - 1)-dimensional subspace lie on exactly one d-dimensional subspace.

(v) A motion leaving n points fixed which are not on an (n - 2) dimensional subspace is the identity.

It should be noted that neither our postulates nor our statements of properties of a group of n-dimensional motions and the corresponding geometry Γ involve (n - 1)-dimensional subspaces. For example, a geometry arising from a group of two-dimensional motions does not, by definition, include any lines. In order to introduce lines into a two-dimensional geometry (or (n - 1)-dimensional subspaces into an n-dimensional one), it is necessary to postulate the existence of certain subgroups which have the properties of groups of translations. In particular, the elements of these groups must not leave any point of the geometry fixed.

It turns out that, at least in the two-dimensional case, the existence of translations need not be postulated if we confine ourselves to finite groups. It is for this reason (which will be stated fully in Section 3) that we did not extend our system of basic postulates in a manner that would include the existence of (n - 1)-dimensional subspaces.

3. Finite Groups of Two Dimensional Motions

A group M_2 of two-dimensional motions contains a set of conjugate subgroups P_i (i = 1,2, . . . , m) each of which is its own normalizer in M_2 and any two of which intersect in the identity. According to a well-known theorem due to Frobenius, in a finite group M_2 there exists a normal divisor T consisting of all the elements not contained in any one of the P_i and of the identity. If t is any element $\neq 1$ of T, then $tP_it^{-1} \neq P_i$. Therefore, we have the following

<u>Geometrical interpretation of Frobenius' Theorem: A finite group of two-dimensional motions contains a subgroup of translations, namely, a normal divisor</u> T <u>the elements</u> $t \neq 1$ <u>of which act transi-</u>

tively and without fix points on the points of the corresponding geometry.

Obviously, Frobenius' Theorem cannot be extended to infinite groups since the motions of the Non-Euclidean (hyperbolic) plane provide a counter example.

In the two-dimensional case, a finite group M_2 of motions determines a geometry uniquely. We shall state this as

Bachman's Theorem: If a finite group M contains a complete set of conjugate subgroups P_i which are their own normalizers in M and any two of which intersect in the identity, then the P_i are uniquely determined by M.

The proof follows from the result stated in Bachman,[3] Theorem 3.2, and an application of J. G. Thompson's Theorem. Bachman showed: If M is a finite group containing two subgroups P and Q, each of which is its own normalizer in M such that both P and Q have the property that each of them intersects with any one of its conjugates in the identity only, then either P contains one of the conjugates of Q or Q contains one of the conjugates of P. Obviously, we may assume that P contains Q.

We wish to show that P = Q. Let N_P and N_Q, respectively, be the normal divisors consisting of the identity together with the elements not in P or its conjugates and not in Q or its conjugates. If P contains Q, then N_Q contains N_P. According to Burnside,[4] the orders of P and N_P are coprime and the same is true for the orders of Q and N_Q. Therefore, N_Q must contain at least one Sylow subgroup of P. According to Thompson, the group N_Q is nilpotent and its Sylow subgroups are characteristic in N_Q. Since N_Q is normal in M, its Sylow subgroups are also normal in M. Therefore, P must contain a normal divisor of M which is incompatible with the assumption that the conjugates of P intersect in the identity only. Therefore, P = Q.

Once the subgroup T of translations in a group M_2 of two-dimensional motions is known, a line can be defined by a point P (which is one of the subgroups P_i) and its maps

$$\lambda P \lambda^{-1},$$

where λ runs through the elements of a maximal cyclic subgroup L of T. In general, M_2 will not act transitively on the lines; an example arises from the extension of an abelian, non-cyclic group A of odd order by the automorphism α which maps every element of A onto its inverse. Any two points will always be on a line, but two lines will, in general, have more than one point in common unless T is the direct sum of cyclic groups of prime order.

4. Finite Groups of 3-Dimensional Motions

In a group M_3, we have a subgroup P and its conjugates P_i ($i = 1, \ldots, m$; $P = P_1$) such that the normalizer N(P) of P in M_3 equals P and that the groups

$$D_i = P \cap P_i, \quad i = 1, \ldots, m$$

are conjugate in P and that

$$D_i \cap D_k = 1 \quad (i \neq k).$$

In general, there will not exist a subgroup of translations in M_3; in fact, M_3 may be simple since every linear fractional group LF(2,g) of degree 2 with coefficients in a Galois field Γ of order g is a group M_3. The group P may be chosen to be the group of substitutions

$$x' = \alpha^2 x + \beta \quad (\alpha \neq 0),$$

where $\alpha, \beta, \in \Gamma$ and the D_i are the groups of substitutions

$$x' - \gamma = \alpha^2 (x - \gamma)$$

where $\gamma \in \Gamma$ is fixed. In this case, we have

$$m = g + 1.$$

61

Since

$$LF(2,5) \simeq LF(2,4),$$

we also have an example of a group M_3 which has two different sets of subgroups P_i satisfying all the postulates for a group of three-dimensional motions.

Bachman[3] has found necessary and sufficient conditions for an M_3 to have a normal divisor T of translations in the case where the D_i are their own normalizers in P. Geometrically, this means that, if a one-dimentional subspace (a line) is mapped onto itself in such a manner that one point remains fixed, the mapping is the identity.

Let M_3 be a finite group of three-dimensional motions and let P, P_i, $D = D_2$ and D_i be defined as above. Assume that the normalizer $N_P(D)$ of D in P satisfies

$$N_P(D) = D.$$

Then M_3 has a normal divisor T which acts transitively and without fixed points on the P_i if and only if

(i) The normalizer N(D) of D in M_3 is the direct product of D and a subgroup θ of N(D).

(ii) Let η run through the elements of P outside D and its conjugates. Assume that the smallest subgroup T of M_3 containing θ and all $\eta\theta\eta^{-1}$ has no element in common with P.

Bachman has shown that T is always a normal divisir of M_3. If T has no element in common with P, then

$$M_3/T \simeq P.$$

We shall prove now that conditions (i) and (ii) are necessary. (That they are also sufficient has already been shown by Bachman who also exhibited examples of groups M_3 with a normal divisor T.) Thus, let us assume that T exists and consider $\theta = T \cap N(D)$. Clearly, θ is normal in N(D) since T is normal in M_3 and $\theta \cap D = 1$ since the elements $\neq 1$ of θ will not leave any P_i fixed whereas D leaves P fixed. Therefore, N(D) contains the direct product $\theta \times D$. Since the number of P_i containing D equals the index of D in N(D), we have $\theta \times D = N(D)$. Therefore, (i) is necessary. Now T must contain all of the groups $\eta \theta \eta^{-1}$ and, therefore, the smallest group T^* generated by θ and the $\eta\theta\eta^{-1}$.

Obviously, $T \cap P = 1$ since the elements of $T \neq 1$ do not have fix points. Therefore, $T^* \cap P = 1$. Since $M_3/T \simeq P$, it follows from $T^* \subset T$ that $T = T^*$. For a variety of details, see Bachman.[3]

We may conclude with the remark that, for $n > 2$, a large number of simple groups can be interpreted as groups of type M_n. In particular, this is true for the linear fractional groups LF(m,g) in a Galois field of order g, and for the alternating groups.

References

1. M. Dehn — Ueber einige neuere Forschungen in den Grundlagen der Geometrie. Mat. Tidsskrift, B 1931, 63-83.
2. N. S.Mendelsohn — A group theoretic characterization of the general projective collineation group. Trans. Roy. Soc. Canada. Section III, 3rd Series, Vol. 40, May 1946, 37-38.
3. G. Bachman — Geometry in certain finite groups. Math. Z. 70, 466-479, 1959.
4. W. Burnside — Theory of groups of finite order. 2nd Edition. Reprinted 1955, Dover Publications.

Reprinted from

A Symposium in Pure Mathematics **1** (1959), 56–63.

The Zeros of the Hankel Function as a Function of its Order*

By

Wilhelm Magnus and **Leon Kotin**

1. Introduction

The theory of diffraction of electromagnetic waves by a sphere requires a knowledge of the zeros of certain transcendental functions.

In the simplest case of a perfectly conducting sphere of radius a, the equation in question is $H_\nu^1(ka) = 0$, where H_ν^1 is the Hankel function of the first kind of order ν, and k is the wave number of the incident wave. The quantity to be determined is the order ν, with ka being regarded as a parameter. Special attention is paid to the case in which $z = ka$ is real.

We evaluate ν only for sufficiently large values. For other values, we investigate the behavior of ν as a function of the argument. Specifically, we derive certain inequalities satisfied by the real and imaginary parts of ν and the argument z; we investigate the behavior of ν as $z \to 0$; and we obtain an expression for $\frac{d\nu}{dz}$.

Although many of the results can be extended, the argument z of H_ν^1 will be restricted for the most part to the right half plane; i.e., $|\arg z| \leqq \frac{\pi}{2}$. This represents the physically significant case.

As usual, a bar will denote the complex conjugate of a quantity. Because of the relation $\overline{H_{\bar\nu}^1(z)} = H_\nu^2(\bar z)$, any result concerning a zero of H_ν^1 can be interpreted in terms of H_ν^2; e.g., for real z, the zeros of H_ν^1 and H_ν^2 are conjugates.

Another immediate result is the fact that the zeros of H_ν^1 are symmetric about the origin, since $H_{-\nu}^1(z) = e^{i\nu\pi} H_\nu^1(z)$, so there is no loss of generality in letting the real part of the zeros be non-negative, as we shall sometimes do.

Throughout this paper, the letters x and y will be reserved for the real and imaginary parts of z, and $\alpha + i\beta$ will likewise denote ν.

2. The order of growth of $H_\nu^1(z)$ with respect to ν

The preceding results, and all the subsequent ones predicated on the vanishing of H_ν^1, would be true vacuously if there were no zeros. To lend substance to these results, therefore, it is necessary to prove the existence of zeros. For this purpose we shall apply function theoretical considerations. Specifically, since H_ν^1 is not only analytic but entire in ν, we shall apply the concept of the

* This research was supported by the U.S. Air Force through the Air Force Office of Scientific Research of the Air Research and Development Command under Contract No. AF 49(638)229, and by the U.S. Army Signal Research and Development Laboratory.

order of an entire function to prove that there exists an infinite number of zeros, and also to obtain an infinite product representation.

From HEINE's formula (see [1], p. 26), for $0<\arg z<\pi$,

$$g(\nu) \equiv \frac{\pi}{2} e^{(\nu+1)\pi i/2} H_\nu^1(z) = \int_0^\infty e^{iz\cosh t}\cosh \nu t\, dt.$$

If we let $|\nu| = \varrho$,

$$|g(\nu)| \leqq \int_0^\infty e^{-y\cosh t+\varrho t}\, dt.$$

We shall show that the order of $g(\nu)$ is $\leqq 1$; i.e., that

$$|g(\nu)| < M e^{\varrho^{1+\varepsilon}} \quad \text{for all} \quad \varepsilon > 0, \quad \text{as} \quad \varrho \to \infty,$$

where M is a suitable quantity which may depend on ε but is independent of ϱ. It suffices to show that

$$I \equiv \int_0^\infty e^{-y\cosh t+\varrho(t-\varrho^\varepsilon)}\, dt < M.$$

But

$$I \leqq \int_0^{\varrho^\varepsilon} e^{-y\cosh t}\, dt + \int_{\varrho^\varepsilon}^\infty e^{-y\cosh t + t^{(1+\varepsilon)/\varepsilon}}\, dt.$$

Since each of these integrals converges, $g(\nu) = O(e^{\varrho^{1+\varepsilon}})$ for large ϱ; i.e., the order of $g(\nu)$ is $\leqq 1$.

Now let $\nu^2 = \lambda$. Then $g(\nu) = g(\lambda^{\frac{1}{2}}) \equiv f(\lambda)$ is an entire function of λ and the order of $f(\lambda)$ is $\leqq \frac{1}{2}$. Hence (see [2], p. 250),

$$f(\lambda) = f(0) \prod_k \left(1 - \frac{\lambda}{\lambda_k}\right),$$

where the λ_k are the zeros of $f(\lambda)$. We note that $f(0) \neq 0$ since $H_0^1(z) \neq 0$ from Theorem 3.3, to be proved later.

In terms of ν, this product becomes

$$H_\nu^1 = e^{-\nu\pi i/2} H_0^1 \prod_k \left(1 - \frac{\nu^2}{\nu_k^2}\right)$$

where the ν_k are the zeros of $H_\nu^1(z)$ for $y > 0$.

Expanding $f(\lambda)$ in powers of λ and equating coefficients of the linear terms, we find

$$\sum_k \frac{1}{\lambda_k} = -f'(0)/f(0),$$

or

$$\sum_k \frac{1}{\nu_k^2} = -\left.\frac{g'(\nu)}{g(\nu)}\frac{d\nu}{d\lambda}\right|_{\nu=0} = -\frac{\int_0^\infty t^2 e^{iz\cosh t}\, dt}{2\int_0^\infty e^{iz\cosh t}\, dt}.$$

Since $f(\lambda)$ is an entire function of order <1 and is not a polynomial, it, together with the Hankel function, assumes each value infinitely often. In particular, when $y>0$, $H_\nu^1(z)$ has an infinite number of zeros (see [2], ch. 8).

We can extend this result to the real axis by applying the same technique to the function $h(\nu)$ defined below. When $x>0$, from NICHOLSON's formula ([1], p. 31),

$$h(\nu) \equiv \frac{\pi^2}{8} H_\nu^1(z)\, H_\nu^2(z) = \int\limits_0^\infty K_0(2z\sinh t)\cosh 2\nu t\, dt, \tag{2.1}$$

where K_0 is the modified Hankel function of order zero. Then if we put $|\nu| = \varrho$,

$$|h(\nu)| \leqq \int\limits_0^\infty |K_0(2z\sinh t)|\, e^{2\varrho t}\, dt.$$

Now for any ν and z for which $x>0$ ([3], p. 181),

$$K_\nu(z) = \int\limits_0^\infty e^{-z\cosh s}\cosh \nu s\, ds. \tag{2.2}$$

Therefore,

$$|K_0(2z\sinh t)| \leqq \int\limits_0^\infty e^{-2x\sinh t\cosh s}\, ds \leqq e^{-2x\sinh t}\int\limits_0^\infty e^{-s^2 x\sinh t}\, ds$$

$$= \frac{\sqrt{\pi}}{2}\,\frac{e^{-2x\sinh t}}{\sqrt{x\sinh t}}.$$

Thus

$$|h(\nu)| \leqq \frac{\sqrt{\pi}}{2}\int\limits_0^\infty \frac{e^{-2x\sinh t + 2\varrho t}}{\sqrt{x\sinh t}}\, dt.$$

To show that the order of $h(\nu)$ is $\leqq 1$, it suffices to show that

$$I' \equiv \int\limits_0^\infty \frac{\exp[-2x\sinh t + \varrho(2t - \varrho^\varepsilon)]}{\sqrt{x\sinh t}}\, dt < M.$$

Now

$$I' \leqq \int\limits_0^{\varrho^\varepsilon/2} \frac{e^{-2x\sinh t}}{\sqrt{x\sinh t}}\, dt + \int\limits_{\varrho^\varepsilon/2}^\infty \frac{\exp[-2x\sinh t + (2t)^{1+1/\varepsilon}]}{\sqrt{x\sinh t}}\, dt.$$

Since each integral converges, $h(\nu) = 0(e^{\varrho^{1+\varepsilon}})$ for all positive ε, and the order of $h(\nu)$ is $\leqq 1$.

As before, we have $h(\nu) = h(\lambda^{\frac{1}{2}}) \equiv P(\lambda)$. Since $\cosh 2\nu t$ is an even function of ν, $P(\lambda)$ is an entire function, and is of order $\leqq \frac{1}{2}$. Then there are an infinite number of zeros of $P(\lambda)$, and hence of $H_\nu^1 H_\nu^2$. If $z(=x)$ is real and positive, then $\overline{H_\nu^1(x)} = H_{\bar\nu}^2(x)$ and $H_\nu^1(e^{i\pi}x) = -\overline{H_{-\bar\nu}^1}(x)$, and with our previous results we have

Theorem 2.1. If $0 \leqq \arg z \leqq \pi$, there are an infinite number of zeros of $H_\nu^1(z)$.

Since $P(\lambda)$ is of order $\leqq \frac{1}{2}$,

$$P(\lambda) = P(0)\prod_k \left(1 - \frac{\lambda}{\lambda_k}\right),$$

or

$$H_\nu^1(z)\, H_\nu^2(z) = H_0^1(z)\, H_0^2(z)\prod_k \left(1 - \frac{\nu^2}{\nu_k^2}\right)$$

for $x>0$, where the ν_k are now the zeros of $H_\nu^1 H_\nu^2$. Moreover, equating coefficients of ν^2, we have

$$\sum \frac{1}{\nu_k^2} = -\frac{h''(0)}{2h(0)} = -\frac{2\int\limits_0^\infty t^2 K_0(2z\sinh t)\,dt}{\int\limits_0^\infty K_0(2z\sinh t)\,dt}.$$

For z real and positive, if $\nu^{(j)}$ is a zero of H_ν^j, we have $\nu_k^{(1)}=\overline{\nu_k^{(2)}}$. Hence

$$\sum_k \frac{1}{\nu_k^2} = \sum_k \left[\frac{1}{\nu_k^{(1)\,2}} + \frac{1}{\nu_k^{(2)\,2}}\right] = \sum_k \left[\frac{1}{\nu_k^{(1)\,2}} + \overline{\frac{1}{\nu_k^{(1)\,2}}}\right]$$

and

Theorem 2.2.

$$Re\sum_k \frac{1}{\nu_k^{(1)\,2}} = -\frac{\int\limits_0^\infty t^2 K_0(2x\sinh t)\,dt}{\int\limits_0^\infty K_0(2x\sinh t)\,dt}.$$

To show that H_ν^1 has only simple zeros, we require the following well-known

Lemma 2.1. Let $F(t)$ be positive, continuous, and decreasing for $t>0$. Then $\int\limits_0^\infty F(t)\sin t\,dt>0$.

Proof.

$$\int\limits_0^\infty F(t)\sin t\,dt = \sum_{n=0}^\infty \left[\int\limits_{2n\pi}^{(2n+1)\pi} F(t)\sin t\,dt + \int\limits_{(2n+1)\pi}^{(2n+2)\pi} F(t)\sin t\,dt\right].$$

By the first mean value theorem,

$$\int\limits_{2n\pi}^{(2n+1)\pi} F(t)\sin t\,dt + \int\limits_{(2n+1)\pi}^{(2n+2)\pi} F(t)\sin t\,dt = 2F(t') - 2F(t''),$$

for some t', t'' such that $2n\pi<t'<(2n+1)\pi$ and $(2n+1)\pi<t''<(2n+2)\pi$. Since $F(t)$ is strictly decreasing, $F(t')-F(t'')>0$.

We generalize this result in

Lemma 2.2. Let $q(0)=0$, $q'(t)>0$, $q''(t)\geqq 0$, $p(t)>0$, $p'(t)<0$, with $p'(t)$ continuous, for $t>0$. Then

$$\int\limits_0^\infty p(t)\sin q(t)\,dt>0.$$

Let $x=q(t)$. Since $q'(t)>0$, $t=q^{-1}(x)=t(x)$. Then

$$\int\limits_0^\infty p(t)\sin q(t)\,dt = \int\limits_0^\infty \frac{p[t(x)]}{q'[t(x)]}\sin x\,dx.$$

Applying Lemma 2.1 to the function $F(x)=\dfrac{p}{q'}$ completes the proof.

Now we can prove the simplicity of the zeros. For if we let $H_\nu^1(z)=0$ where $x>0$, from a formula of Watson (see [*1*], p. 30)

$$H_\nu^2(z)\frac{\partial H_\nu^1(z)}{\partial \nu} = -\frac{8i}{\pi}\int\limits_0^\infty K_0(2z\sinh t)\,e^{-2\nu t}\,dt.$$

17*

Since $H_\nu^2(z) \neq 0$, using (2.2) it suffices to show that

$$Im \int_0^\infty \int_0^\infty \exp(-2z \sinh t \cosh s - 2\nu t)\, ds\, dt \neq 0,$$

or

$$\int_0^\infty \int_0^\infty \exp(-2x \sinh t \cosh s - 2\alpha t) \sin(2y \sinh t \cosh s + 2\beta t)\, dt\, ds \neq 0,$$

where we changed the order of integration. As mentioned earlier, we can assume $\alpha \geqq 0$ with no loss in generality. Since for $y \geqq 0$ we can prove that $\beta > 0$ (see Theorems 3.3 and 4.1), the integrand, as a function of t, satisfies the requirements of Lemma 2.2 and is therefore positive for each s. Consequently $\frac{\partial H_\nu^1(z)}{\partial \nu} \neq 0$ and we have

Theorem 2.3. The zeros of $H_\nu^1(z)$ are simple when $x > 0$ and $y \geqq 0$.

We note that the proof is valid for the general cylindrical function of the form $a J_\nu(z) + b Y_\nu(z)$ in which the coefficients are independent of ν.

3. Zeros of $H_\nu^1(z)$ for a fixed, complex z

In this section we shall derive several inequalities relating the zeros ν and the complex arguments z. For the most part, z will be restricted to the upper half plane. If we include the positive real axis this corresponds to the actual physical situation, since the wave number, which is essentially z, lies in the first quadrant.

Theorem 3.1. Given $\beta \neq 0$, there exists a positive y such that $H_{i\beta}^1(iy) = 0$.

Proof. For b real, we have (see [1], p. 34)

$$\int_0^\infty e^{-t\cosh b} H_{i\beta}^1(it)\, dt = -\frac{2i\, e^{\beta\pi/2} \sin(\beta b)}{\sinh \beta\pi \sinh b}.$$

Choose $\beta = \frac{\pi}{b}$. Then the integral vanishes. Since

$$-H_{i\beta}^1(it) = H_{i\beta}^2(-it) = \overline{H_{i\beta}^1(it)},$$

it is pure imaginary, and must vanish for some $t > 0$.

In this case we can show that $|\beta| > y$ by means of the following classical argument. The function $H_\nu^1(ze^t) = u(t) + iv(t)$ satisfies the equation

$$\frac{d^2}{dt^2} H_\nu^1(ze^t) + (z^2 e^{2t} - \nu^2) H_\nu^1(ze^t) = 0.$$

If we multiply by $\overline{H_\nu^1(ze^t)}$, separate the real and imaginary parts, and integrate, we obtain for $y > 0$

$$\int_{t_0}^\infty (xy\, e^{2t} - \alpha\beta)(u^2 + v^2)\, dt = 0 \tag{3.1}$$

where t_0 is a root of $u(t) + iv(t)$ and

$$\int_{t_0}^\infty [(x^2 - y^2)\, e^{2t} - (\alpha^2 - \beta^2)]\, (u^2 + v^2)\, dt = \int_{t_0}^\infty (u'^2 + v'^2)\, dt > 0. \tag{3.2}$$

We now let $z=\nu$. Then equation (3.1) becomes

$$\alpha\beta\int_{t_0}^{\infty}(e^{2t}-1)(u^2+v^2)\,dt=0.$$

If $t_0\geqq 0$, then we must have $\alpha\beta=0$. But then $\alpha=0$ since $\beta=y>0$, and (3.2) becomes

$$\beta^2\int_{t_0}^{\infty}(1-e^{2t})(u^2+v^2)\,dt>0.$$

This, however, is impossible if $t_0\geqq 0$. Therefore, t_0 must be negative.

We have thus obtained the following result.

Theorem 3.2. If $H_\nu^1(a\nu)=0$ for $a>0$ and $\beta>0$, then $a<1$.

We have as a special case

Corollary 3.1. If $H_{i\beta}^1(iy)=0$ for $y>0$, then $|\beta|>y$.

We can exploit equation (3.1) somewhat further. For instance let $x>0$, and recall that $y>0$. If t is sufficiently large, $xye^{2t}-\alpha\beta>0$. Then for the integral in (3.1) to vanish, since the above function is monotonic in t, we must have $xye^{2t_0}-\alpha\beta<0$. Similarly, if $x<0$, the inequality is reversed. Finally if $x=0$, $\alpha\beta=0$. This establishes

Theorem 3.3. If $H_\nu^1(z)=0$ for $y>0$, then $\operatorname{sgn}(\alpha\beta-xy)=\operatorname{sgn}x$.

Moreover, if $y=0$, then $H_\alpha^1(x)=\overline{H_\alpha^2(x)}$. But these, as linearly independent solutions of BESSEL's equation, cannot vanish simultaneously. Together with Theorem 3.3, this proves that if $y\geqq 0$, then $H_\alpha^1(z)\neq 0$, a result first obtained by MACDONALD ([3], p. 511).

If we choose $\alpha=0$ in Theorem 3.3, then $x=0$.

Corollary 3.2. If $H_{i\beta}^1(z)=0$ and $y>0$, then $z=iy$.

If we now let $x=0$, then $\alpha\beta=0$. But $\beta\neq 0$ since by HEINE's formula

$$H_\nu^1(iy)=\frac{2}{\pi i}\,e^{-\nu\pi i/2}\int_0^{\infty}e^{-y\cosh t}\cosh\nu t\,dt\neq 0$$

for ν real. Thus $\alpha=0$.

Corollary 3.3. The zeros of $H_\nu^1(iy)$ for $y>0$ are pure imaginary.

If we now consider equation (3.2) and assume $x^2-y^2\leqq 0$, the previous reasoning indicates that $(x^2-y^2)e^{2t_0}-(\alpha^2-\beta^2)>0$. This is the content of

Theorem 3.4. If $H_\nu^1(z)=0$ with $x^2\leqq y^2$ and $y>0$, then $\alpha^2-\beta^2<x^2-y^2$.

Further results restricting the location of the zeros can be obtained from HANKEL's asymptotic formula. This expression is valid not only for the magnitude r of z large compared to that of ν and 1, when it attains greatest accuracy, but also for small values of z. If we consider only the first term of the expansion, HANKEL's formula is

$$H_\nu^1(z)=\left(\frac{2}{\pi z}\right)^{\frac{1}{2}}e^{i\left(z-\frac{\nu\pi}{2}-\frac{\pi}{4}\right)}(1+R). \tag{3.3}$$

We shall find conditions under which the remainder R has magnitude less than unity, whence $H_\nu^1(z)\neq 0$. First we shall use WEBER's form for the remainder.

The derivation of this formula for real values of ν is reproduced in WATSON ([3], pp. 211–212). This can be extended to complex values by only slight changes. Without going through this lengthy analysis, we merely state the following inequality for R. If $2|z| = 2r \geqq \alpha - \frac{1}{2} > 0$, $\beta \geqq 0$, and $x > 0$, then

$$|R| \leqq \frac{\pi}{2r} \left|\nu^2 - \frac{1}{4}\right| \left(1 - \frac{\alpha - \frac{1}{2}}{2r}\right)^{-2\alpha-1} \left|\frac{\Gamma(\alpha+\frac{1}{2})}{\Gamma(\nu+\frac{1}{2})}\right|^2.$$

But it can easily be shown that when $(\alpha+1)(\alpha-\frac{1}{2}) < r$,

$$|R| \leqq \frac{\pi}{2r} \left|\nu^2 - \frac{1}{4}\right| \frac{2r - \alpha + \frac{1}{2}}{2r - (\alpha+1)(2\alpha-1)} \frac{\sinh \beta\pi}{\beta\pi}.$$

This implies

Theorem 3.5. If $H_\nu^1(z) = 0$ for $\alpha > \frac{1}{2}$, $\beta \geqq 0$, and $x > 0$, then

$$2|z| \leqq (\alpha+1)(2\alpha-1) + \left|\nu^2 - \frac{1}{4}\right| \frac{\sinh \beta\pi}{\beta}.$$

We can complement this result insofar as α is concerned by considering another form for the remainder due to SCHLÄFLI [(3], p. 219). When $|\alpha| < \frac{3}{2}$ and $-\frac{\pi}{2} < \arg z < \frac{3\pi}{2}$,

$$|R| \leqq \left|\frac{\cos \nu\pi}{\cos \alpha\pi}\right| \frac{|\alpha^2 - \frac{1}{4}|\, c}{2r} \leqq \frac{\cosh \beta\pi}{|\cos \alpha\pi|} \frac{|\alpha^2 - \frac{1}{4}|\, c}{2r} \tag{3.4}$$

where $c = 1$ when $y \geqq 0$ and $c = |\sec \arg z|$ when $y \leqq 0$. Then if $H_\nu^1(z) = 0$, we must have $|R| = 1$, which gives the following result.

Theorem 3.6. If $H_\nu^1(z) = 0$ for $|\alpha| < \frac{3}{2}$ and $-\frac{\pi}{2} < \arg z < \frac{3\pi}{2}$, then

$$2r \leqq \frac{c \cosh \beta\pi}{|\cos \alpha\pi|} \left|\alpha^2 - \frac{1}{4}\right|$$

where c is defined as above.

Since $|\alpha| < \frac{3}{2}$, we obtain the following less accurate but simpler inequality for $y \geqq 0$:

$$r \leqq \frac{\cosh \beta\pi}{|\cos \alpha\pi|}.$$

4. Roots of $H_\nu^{(1)}(z) = 0$ for real, positive values of z

Most of the results of the preceding section are valid only when $y > 0$. In this section we shall restrict z to the positive real axis.

Lemma 4.1. If $H_\nu^1(x) = 0$ and $x > 0$, then

$$\int_x^\infty |H_\nu^1(t)|^2 \frac{dt}{t} = \frac{e^{\beta\pi}}{\alpha\beta\pi}.$$

Proof. We consider the self adjoint form of BESSEL's differential equation for $H_\nu^1(x)$ and $H_{\bar\nu}^2(x)$. After multiplying each equation by the other function, subtracting, and integrating, we obtain

$$\int_x^\infty \frac{\nu^2 - \bar\nu^2}{t} H_\nu^1(t) H_{\bar\nu}^2(t)\, dt = t\left[H_\nu^1(t) \frac{d}{dt} H_{\bar\nu}^2(t) - H_{\bar\nu}^2(t) \frac{d}{dt} H_\nu^1(t)\right]_x^\infty$$

or

$$4i\alpha\beta\int_x^\infty |H_\nu^1(t)|^2\frac{dt}{t}=\frac{4i}{\pi}e^{\beta\pi}$$

from the behavior of the Hankel functions at infinity, and the fact that $H_{\bar\nu}^2(t)=\overline{H_\nu^1(t)}$.

Since the last integral converges, we have

Theorem 4.1. If $H_\nu^1(x)=0$ for $x>0$, then $\alpha\beta>0$.

As far as α is concerned, this tells us only that $|\alpha|>0$. We can improve this inequality, but first we require the following well-known extension of Lemma 2.1.

Lemma 4.2. Let $\int_0^\infty f(t)\cos bt\,dt$ exist for $b\neq0$, where $f(t)$ is twice differentiable for $t>0$ with $f'(t)<0$ and $f''(t)>0$. Then $\int_0^\infty f(t)\cos bt\,dt>0$.

Proof. Integrating by parts, we obtain

$$\int_0^\infty f(t)\cos bt\,dt=\frac{1}{b}f(t)\sin bt|_0^\infty-\frac{1}{b}\int_0^\infty f'(t)\sin bt\,dt.$$

Since $\int_0^\infty f(t)\cos bt dt$ exists with $f'(t)<0$, then both $\lim_{t\to\infty}f(t)=0$ and $f(t)=O(t^{-1})$ as $t\to0$. Then

$$\int_0^\infty f(t)\cos bt\,dt=-\frac{1}{b}\int_0^\infty f'(t)\sin bt\,dt,$$

and an application of Lemma 2.1 completes the proof.

We are now able to prove

Theorem 4.2. Let $H_\nu^1(x)=0$ with $x>0$. Then $|\alpha|>x-\sqrt{x/2}$.

Proof. From Nicholson's formula (2.1) for $x>0$,

$$Re\left[\frac{\pi^2}{8}H_\nu^1(x)H_{\bar\nu}^2(x)\right]=\int_0^\infty f(t)\cos 2\beta t\,dt$$

where

$$\begin{aligned}f(t)&=K_0(2x\sinh t)\cosh 2\alpha t\\&=\int_0^\infty \exp[-2x\sinh t\cosh s]\cosh 2\alpha t\,ds.\end{aligned}$$

After differentiating twice it can be shown that the conditions of the preceding lemma are satisfied when $\alpha>0$ and $4x\geqq4\alpha+1+\sqrt{8\alpha+1}$, whence $H_\nu^{(1)}(x)\neq0$. The obverse then implies the theorem.

If we restrict $|\alpha|$ to less than $\frac{1}{2}$, we obtain another inequality.

Theorem 4.3. Let $H_\nu^1(x)=0$ with $x>0$ and $|\alpha|<\frac{1}{2}$. Then $x\leqq\beta\tan\alpha\pi+\frac{1}{4}$.

Proof. Using a formula due to Watson ([3], p. 445), we find for $x>0$ and $|\alpha|<\frac{1}{2}$ that

$$\begin{aligned}\frac{8i\sin 2\alpha\pi}{\pi^2}\int_0^\infty K_{2\alpha}(2x\sinh t)e^{-2i\beta t}dt&=H_{-\bar\nu}^1(x)H_{\bar\nu}^2(x)-H_\nu^1(x)H_{-\bar\nu}^2(x)\\&=|H_{\bar\nu}^2(x)|^2e^{i\bar\nu\pi}-|H_\nu^1(x)|^2e^{-i\bar\nu\pi}.\end{aligned}$$

Then

$$\cos\alpha\pi\int_0^\infty K_{2\alpha}(2x\sinh t)\cos 2\beta t\,dt=\frac{\pi^2}{16}\left(|H_\nu^2|^2 e^{\beta\pi}+|H_\nu^1|^2 e^{-\beta\pi}\right), \tag{4.1}$$

$$\sin\alpha\pi\int_0^\infty K_{2\alpha}(2x\sinh t)\sin 2\beta t\,dt=\frac{\pi^2}{16}\left(|H_\nu^2|^2 e^{\beta\pi}-|H_\nu^1|^2 e^{-\beta\pi}\right). \tag{4.2}$$

After subtracting we obtain

$$\frac{\pi^2}{8}|H_\nu^1(x)|^2 e^{-\beta\pi}=\int_0^\infty K_{2\alpha}(2x\sinh t)\cos(2\beta t+\alpha\pi)\,dt.$$

After dividing both sides by $\cos\alpha\pi$, integrating by parts, and applying equation (2.2) for $K_{2\alpha}$ we find that when $x>\beta\tan\alpha\pi+\frac{1}{4}$, Lemma 2.1 is applicable.

We can close the α interval under consideration in the following manner. If we let $\nu=\frac{1}{2}+i\beta$, then

$$\frac{4}{\pi t}=i(H_\nu^1 H_{\nu-1}^2-H_{\nu-1}^1 H_\nu^2)=i(H_\nu^1 H_{-\nu}^2-H_{-\bar\nu}^1 H_\nu^2)=|H_\nu^1|^2 e^{-\beta\pi}+|H_\nu^2|^2 e^{\beta\pi},$$

where the argument of both Hankel functions is t. This is as easily proved for $\alpha=-\frac{1}{2}$, and incidentally provides an extension of (4.1). Now if we divide both sides by t and integrate from x to ∞, applying Lemma 4.1 we find

$$\frac{4}{\pi x}=\frac{2}{\beta\pi}+e^{\beta\pi}\int_x^\infty |H_\nu^2(t)|^2\frac{dt}{t},$$

whence

Theorem 4.4. Let $H_\nu^1(x)=0$ with $x>0$, $\alpha=\pm\frac{1}{2}$. Then $|\beta|>\frac{x}{2}$.

If we apply Lemma 2.1 to equation (4.2), we obtain

Theorem 4.5. If $x>0$ and $|\alpha|<\frac{1}{2}$, then

$$\operatorname{sgn}\left[|H_\nu^2(x)|\,e^{\beta\pi}-|H_\nu^1(x)|\right]=\operatorname{sgn}\alpha\beta.$$

5. An application of HURWITZ'S Theorem

We can extend the results of the preceding section by using the following theorem due to HURWITZ ([2], p. 119).

Theorem 5.1. Let $f_n(z)$ be a sequence of analytic functions which converge uniformly to $f(z)\not\equiv 0$. Then z_0 is a zero of $f(z)$ if and only if it is a limit point of the set of zeros of $f_n(z)$.

In particular, if $f_n(z)$ is the partial sum of a power series, we can use the following result due to CAUCHY to get a bound on the zeros of the limit.

Lemma 5.1. Let $f_n(z)\equiv a_0+a_1z+a_2z^2+\cdots+a_nz^n=0$ with $a_0\neq 0$. Then

$$|z|\geq\left[1+\frac{1}{|a_0|}\max|a_j|\right]^{-1}.$$

Now for $x>0$,

$$\frac{\pi^2}{8} H_\nu^1(x)\, H_\nu^2(x) = \int_0^\infty K_0(2x\sinh t)\cosh 2\nu t\, dt$$

$$= \sum_{n=0}^\infty a_n \nu^{2n}$$

where

$$a_n = \frac{1}{(2n)!}\int_0^\infty (2t)^{2n} K_0(2x\sinh t)\, dt$$

after reversing the order of summation and integration. Applying HURWITZ's Theorem, we obtain

Lemma 5.2. If $H_\nu^1(x)=0$ and $x>0$, then

$$|\nu| \geqq \left[1+\frac{1}{a_0}\max_n a_n\right]^{-\frac{1}{2}}.$$

We note that

$$a_n < \int_0^\infty K_0(2x\sinh t)\cosh 2t\, dt$$

$$= \frac{\pi^2}{8}|H_1^1(x)|^2$$

and

$$a_0 = \frac{\pi^2}{8}|H_0^1(x)|^2.$$

This results in the following simpler inequality.

Theorem 5.2. If $H_\nu^1(x)=0$ and $x>0$, then

$$|\nu| > \left[1+\left|\frac{H_1^1(x)}{H_0^1(x)}\right|^2\right]^{-\frac{1}{2}},$$

which implies

$$|\nu| > \left[1+\frac{2}{\pi x}\,\frac{\left(1+\frac{3}{8x}\right)^2}{|H_0^1(x)|^2}\right]^{-\frac{1}{2}}$$

and, if $x>\frac{1}{8}$,

$$|\nu| > \left[1+\left|\frac{8x+3}{8x-1}\right|^2\right]^{-\frac{1}{2}}.$$

The latter inequalities are obtained from an application of the asymptotic formula (3.3) and (3.4).

These inequalities can be improved at the expense of the range of x.

Theorem 5.3. Let $H_\nu^1(x)=0$. If $x\geqq 0.6312$ then

$$|\nu| \geqq \left[1+\frac{2}{\pi x|H_0^1(x)|^2}\right]^{-\frac{1}{2}}.$$

Proof. It can be shown that $\operatorname{arc\,sinh} s \leqq s^k$ where $k=\frac{6}{11}$ and $s\geqq 0$. Then

$$a_n < \frac{2^{2n}}{(2n)!}\int_0^\infty s^{2kn} K_0(2xs)\, ds.$$

According to [3], p. 388, this is

$$= \frac{2^{2n-2}}{(2n)!\,x^{2kn+1}} \Gamma^2\left(kn+\frac{1}{2}\right) = b_n.$$

Forming b_{n+1}/b_n we find from the fact that $\Gamma(x)$ increases for $x \geqq 1.5$ that $b_{n+1} < b_n$ for $n \geqq 1$ if $x^{2k} \geqq 0.5$. For $n=0$, $b_1 > b_0$ if $x^{2k} \geqq 0.606\ldots = 2\Gamma^2(k+\frac{1}{2})/\pi$. Thus $a_n < b_0$ for all n and the theorem follows from Lemma 5.2.

The resulting inequality is stronger, as asserted; for when $x > 0$,

$$|H_1^1(x)|^2 = \frac{8}{\pi^2} \int_0^\infty K_0(2x \sinh t) \cosh 2t\, dt$$

$$> \frac{8}{\pi^2} \int_0^\infty K_0(2x \sinh t) \cosh t\, dt$$

$$= \frac{2}{\pi x}.$$

6. Behavior of the zeros as $x \to 0$

The inequalities $|\alpha| > x - \sqrt{x/2}$ and $x \leqq \beta \tan a\pi + \frac{1}{4}$ which we found previously give us no information when $0 < x < \frac{1}{4}$. We can explore one end of this range by letting x tend to zero, which enables us to employ approximation formulas of a relatively simple nature.

First we prove that $\alpha \to 0$ with x. For if we multiply both sides of BESSEL's equation by $\overline{H_\nu^1(t)}$, integrate the real part, and apply Lemma 4.1, we obtain

$$\text{(6.1)} \qquad \int_x^\infty t\left\{|H_\nu^1|^2 - \left|\frac{dH_\nu^1}{dt}\right|^2\right\} dt = \frac{(\alpha^2-\beta^2)\,e^{\beta\pi}}{\alpha\beta\pi}.$$

We anticipate the results of the sequel by noting that β is an increasing function of x (Corollary 7.1) and thus remains bounded as $x \to 0$. So does α, since α and β can approach infinity only simultaneously (Theorem 8.1). Now consider the integrand for small t. An examination of the series expansion for $H_\nu^1(t)$ and its derivative reveals that the latter dominates the integrand, causing the integral to diverge to $-\infty$ as $x \to 0$. Since $\alpha\beta > 0$, we must conclude from (6.1) that $\alpha \to 0$.

With this we can prove the following.

Theorem 6.1. Let $H_\nu^1(x) = 0$. Then

$$\lim_{x \to 0+} \nu^{-1} \alpha \log x = 0.$$

Proof.

$$\text{(6.2)} \qquad H_\nu^1(x) = \frac{J_{-\nu}(x) - e^{-i\nu\pi} J_\nu(x)}{i \sin \nu\pi}$$

$$= \frac{1}{\pi i}\left\{\left(\frac{x}{2}\right)^{-\nu}\Gamma(\nu) + e^{-i\nu\pi}\left(\frac{x}{2}\right)^{\nu}\Gamma(-\nu)\right\}\left(1+O(x^2)\right)$$

as long as ν is bounded away from $-1, -2, -3, \ldots$. Hence

$$\lim_{x\to 0}\left\{e^{-\alpha \log x/2}|\Gamma(\nu)| - \exp\left[\alpha \log\frac{x}{2} + \beta\pi\right]|\Gamma(-\nu)|\right\} = 0.$$

Since $\alpha \to 0$, $|\Gamma(\nu)| \sim |\Gamma(-\nu)|$ and we find that $\lim\left(\alpha \log \frac{x}{2} + \frac{\beta\pi}{2}\right) = 0$. It remains to show that $\beta \to 0$, for then $\Gamma(\nu) \sim \frac{1}{\nu}$ and the proof would be complete. This is shown in

Theorem 6.2. Let $H_\nu^1(x) = 0$ with $x \to 0+$. Then $\nu \to 0$. Moreover for some integer k, $\beta \log x + k\pi = o(\nu x)$.

Proof. We know that $\alpha \to 0$. Suppose $\beta \nrightarrow 0$. Then since β decreases with x (Corollary 7.1), β approaches a limit β_0 which we may assume positive. Applying $\left(\frac{x}{2}\right)^\alpha \sim e^{-\beta\pi/2}$, from the proof of the preceding theorem, to (6.2), we obtain

$$e^{\beta_0\pi/2}\Gamma(i\beta_0)\left[\cos\left(\beta_0 \log \frac{x}{2}\right) - i \sin\left(\beta_0 \log \frac{x}{2}\right)\right] +$$
$$+ e^{\beta_0\pi/2}\Gamma(-i\beta_0)\left[\cos\left(\beta_0 \log \frac{x}{2}\right) + i \sin\left(\beta_0 \log \frac{x}{2}\right)\right] = o(x).$$

Choose a sequence of x's converging to zero such that $\sin\left(\beta_0 \log \frac{x}{2}\right) = 0$ for each x. Then $\Gamma(i\beta_0) + \Gamma(-i\beta_0) = 0$. Similarly choose another sequence of x's such that $\cos\left(\beta_0 \log \frac{x}{2}\right) = 0$. Then $\Gamma(i\beta_0) - \Gamma(-i\beta_0) = 0$. These results are incompatible; thus $\beta_0 = 0$.

Therefore from Theorem 6.1 we have $\left(\frac{x}{2}\right)^{\pm\alpha} \to 1$. Also $\Gamma(\nu) \sim \frac{1}{\nu}$. Then from (6.2)

$$\begin{aligned} o(x) &= \frac{1}{\nu}\left[\cos\left(\beta \log \frac{x}{2}\right) - i \sin\left(\beta \log \frac{x}{2}\right)\right] \\ &\quad - \frac{1}{\nu}\left[\cos\left(\beta \log \frac{x}{2}\right) + i \sin\left(\beta \log \frac{x}{2}\right)\right] \\ &= -\frac{2i}{\nu}\sin\left(\beta \log \frac{x}{2}\right) \\ &\sim -\frac{2i}{\nu}(-1)^k\left(k\pi + \beta \log \frac{x}{2}\right) \end{aligned}$$

for some integer k, depending on which zero ν we take. Then $\beta \log x + k\pi = o(\nu k)$.

7. The derivative of ν

In this section, we shall derive a formula which was first obtained by WATSON (see [3], p. 508),

$$\frac{dc}{d\nu} = 2c \int_0^\infty K_0(2c \sinh t)\, e^{-2\nu t}\, dt,$$

where ν is real and c is a positive zero (in z) of the cylindrical function $J_\nu(z) \cos s + Y_\nu(z) \sin s$ for constant s. This form immediately excludes H_ν^1. We shall generalize it to apply to complex values of z and ν, as well as to any function of the form $C_\nu(z) = c_1 J_\nu(z) + c_2 Y_\nu(z)$, where c_1 and c_2 are independent of both z and ν.

All the results of this section will be corollaries of

Theorem 7.1. If $C_\nu(z)$ is of the above form, with $x > 0$, then any zero ν satisfies

$$2z \frac{d\nu}{dz} \int_0^\infty K_0(2z \sinh t)\, e^{-2\nu t}\, dt = 1. \qquad (7.1)$$

Proof. Let $B_\nu(z) = b_1 J_\nu(z) + b_2 Y_\nu(z)$ be a function of the same type as $C_\nu(z)$ and linearly independent of it. Then

$$\delta = b_1 c_2 - b_2 c_1 \neq 0.$$

The Wronskians of these functions with respect to ν and z are respectively

$$B_\nu \frac{\partial C_\nu}{\partial \nu} - C_\nu \frac{\partial B_\nu}{\partial \nu} = \delta \left(J_\nu \frac{\partial Y_\nu}{\partial \nu} - Y_\nu \frac{\partial J_\nu}{\partial \nu} \right)$$
$$= -\frac{4\delta}{\pi} \int_0^\infty K_0(2z \sinh t)\, e^{-2\nu t}\, dt$$

([*1*], p. 30), and

$$B_\nu \frac{dC_\nu}{dz} - C_\nu \frac{dB_\nu}{dz} = \frac{2\delta}{\pi z}.$$

If $C_\nu(z) \equiv 0$, then

$$B_\nu \frac{dC_\nu}{dz} + B_\nu \frac{d\nu}{dz} \frac{\partial C_\nu}{\partial \nu} = 0,$$

whence $\frac{d\nu}{dz} \neq 0$. Each term can now be replaced by one of the above Wronskians, giving us the theorem.

We shall restrict C_ν to H_ν^1, although many of the following results are valid for the general cylindrical function.

Corollary 7.1. Let $H_\nu^1(x) = 0$ for α and x positive. Then $\alpha'(x) > 0$ when $\alpha \geqq \frac{1}{8}$ or $x \geqq \frac{1}{4}$; and $\beta'(x) > 0$.

Proof. Solving (7.1) for $\frac{d\nu}{dx}$ and separating real and imaginary parts, we find

$$\frac{d\alpha}{dx} = 2x \left| \frac{d\nu}{dx} \right|^2 \int_0^\infty K_0(2x \sinh t)\, e^{-2\alpha t} \cos 2\beta t\, dt \tag{7.2}$$

and

$$\frac{d\beta}{dx} = 2x \left| \frac{d\nu}{dx} \right|^2 \int_0^\infty K_0(2x \sinh t)\, e^{-2\alpha t} \sin 2\beta t\, dt. \tag{7.3}$$

If we express the kernel as

$$\begin{aligned} f(t) &\equiv K_0(2x \sinh t)\, e^{-2\alpha t} \\ &= \int_0^\infty \exp[-2x \sinh t \cosh s - 2\alpha t]\, ds, \end{aligned} \tag{7.4}$$

the corollary thus follows from an application of Lemmas 4.2 and 2.1 respectively.

Moreover, with $\alpha > 0$, we have from (7.1) and (2.1)

$$1 \leqq 2x |\nu'| \int_0^\infty K_0(2x \sinh t)\, dt = \frac{\pi^2}{4} x |\nu'|\, |H_0^1(x)|^2.$$

Since

$$|H_0^1(x)| \leqq \left(\frac{2}{\pi x} \right)^{\frac{1}{2}} \left(1 + \frac{1}{8x} \right)$$

from (3.3) and (3.4), we obtain

Corollary 7.2. If $H_\nu^1(x) = 0$ with $x>0$, then

$$|\nu'(x)| \geqq \frac{4}{\pi^2 x |H_0^1(x)|^2},$$

which implies

$$|\nu'(x)| \geqq \frac{2}{\pi\left(1+\frac{1}{8x}\right)^2}.$$

We note from the first inequality that $\lim_{x\to 0}|\nu'(x)| = \infty$.

A similar inequality is obtained from (7.2) and (7.3). For from these,

$$\begin{aligned}|\alpha'| &\leqq 2x|\nu'|^2 \int_0^\infty K_0(2xt)\, e^{-2\alpha t}\, dt \\ &= |\nu'|^2 \left(\frac{\alpha^2}{x^2} - 1\right)^{-\frac{1}{2}} \operatorname{arc\,cosh} \frac{\alpha}{x} \quad \text{if} \quad \alpha > x \\ &= |\nu'|^2 \left(1 - \frac{\alpha^2}{x^2}\right)^{-\frac{1}{2}} \operatorname{arc\,cos} \frac{\alpha}{x}, \quad \text{if} \quad \alpha < x\end{aligned}$$

(see [3], p. 388). The same inequality is satisfied by $|\beta'|$, and we obtain the next result, where $\gamma = \operatorname{arc\,cos}(\mathrm{h})\, \frac{\alpha}{x}$, the hyperbolic function being used if $|\alpha| > x$.

Corollary 7.3. If $H_\nu^1(x) = 0$ with $x>0$, then

$$\left|\frac{d\nu}{dx}\right| \geqq \frac{\sin(\mathrm{h})\,\gamma}{2\gamma}.$$

If we consider the k-th zero ν_k and let $k\to\infty$, since $\alpha_k\to\infty$ (see section 8) we find that $\lim_{k\to\infty}|\nu_k'| = \infty$.

These conditions on $|\nu'|$ give us no picture of the trace of the zeros in the ν-plane as x increases. We can remedy this by considering β as a function of α and determining the behavior of $\frac{d\beta}{d\alpha}$.

Corollary 7.4. Let $H_\nu^1(x) = 0$ with $x>0$ and $\alpha > \frac{1}{8}$. Then

$$\frac{d\beta}{d\alpha} \leqq \frac{2\beta}{\sqrt{8\alpha - 1}}.$$

Proof. From (7.2) to (7.4)

$$\frac{d\beta}{d\alpha} = \frac{\int_0^\infty f(t) \sin 2\beta t\, dt}{\int_0^\infty f(t) \cos 2\beta t\, dt}$$

where $\alpha > \frac{1}{8}$. After integrating by parts, we find that $\frac{d\beta}{d\alpha} < 2\beta\delta$ whenever δ satisfies

$$\int_0^\infty [f(t) + \delta f'(t)] \sin 2\beta t\, dt < 0.$$

Now if $\delta > \frac{1}{2(x+\alpha)}$, the kernel is negative. Its derivative is positive if $\delta > \frac{1}{\sqrt{8\alpha-1}}$. We note that this value exceeds the preceding one, and applying Lemma 2.1 we find that $\frac{d\beta}{d\alpha} < 2\beta\delta$. This implies the corollary.

These results have so far been restricted to real values x. For complex values z, we get the following analogue of Corollary 7.1.

Corollary 7.5. Let $H_\nu^1(z)=0$ with x, y, α, β positive. Then

$$x\frac{\partial\alpha}{\partial x}-y\frac{\partial\beta}{\partial x}>0 \quad\text{when } \alpha\geqq\frac{1}{2};$$

and

$$x\frac{\partial\beta}{\partial x}+y\frac{\partial\alpha}{\partial x}>0.$$

Proof. From (2.2) for $x>0$

$$\int_0^\infty K_0(2z\sinh t)\,e^{-2\nu t}\,dt=\int_0^\infty\int_0^\infty \exp[2z\sinh t\cosh s-2\nu t]\,ds\,dt=\int_0^\infty\int_0^\infty e^{-p-iq}\,ds\,dt$$

where

$$p(t)=2x\sinh t\cosh s+2\alpha t$$

and

$$q(t)=2y\sinh t\cosh s+2\beta t.$$

Substituting this in (7.1) and separating real and imaginary parts, we get

$$x\alpha_x-y\beta_x=2|z\nu'|^2\int_0^\infty\int_0^\infty e^{-p}\cos q\,dt\,ds$$

and

$$x\beta_x+y\alpha_x=2|z\nu'|^2\int_0^\infty\int_0^\infty e^{-p}\sin q\,dt\,ds$$

where we changed the order of integration. An application of Lemmas 4.2 and 2.1 to the integrands then yields the result.

These inequalities can be expressed more simply in terms of the partial derivatives with respect to the polar coordinates r and φ of the z-plane, if we make use of the Cauchy-Riemann equations for the analytic function $\nu(z)$.

Corollary 7.6. Let $H_\nu^1(z)=0$ with x, y, a, β positive. Then $\frac{\partial\alpha}{\partial\varphi}<0$ and $\frac{\partial\beta}{\partial r}>0$. If in addition $\alpha\geqq\frac{1}{2}$, then $\frac{\partial\alpha}{\partial r}>0$ and $\frac{\partial\beta}{\partial\varphi}>0$.

8. Behavior of the large zeros

In this section we shall approximate the large zeros by considering the behavior of $H_\nu^1(z)$ for $|\nu|$ large compared to 1 and $|z|$.

The first Hankel function may be defined by

$$H_\nu^1(z)=\frac{J_{-\nu}(z)-e^{-i\nu\pi}J_\nu(z)}{i\sin\nu\pi}.$$

It follows that

$$-i\nu\sin\nu\pi\,H_\nu^1(2z)=A(\nu)+D(\nu)$$

where

$$A(\nu)=\frac{z^{-\nu}}{\Gamma(-\nu)}+\frac{e^{-i\nu\pi}z^\nu}{\Gamma(\nu)}$$

and

$$D(\nu)=\nu\sum_{k=1}^\infty\frac{(-1)^k z^{2k}}{k!}\left[-\frac{z^{-\nu}}{\Gamma(-\nu+k+1)}+\frac{e^{-i\nu\pi}z^\nu}{\Gamma(\nu+k+1)}\right]\equiv D_1(\nu)+D_2(\nu).$$

Using STIRLING's approximation for the gamma function, we can approximate the large zeros of $A(\nu)$. Then we can show that $|A(\nu)|>|D(\nu)|$ on a circle of radius $\left[\log \frac{|\nu|}{e|z|}\right]^{-1}$ centered at each zero. By ROUCHÉ's Theorem, the zeros of $A(\nu)$ approximate those of $H_\nu^1(2z)$. These results are summarized in

Theorem 8.1. Let $z=re^{i\varphi}$ and $0<\arg \nu<\pi$. If $|\nu|$ is sufficiently large, the real and imaginary parts of the zeros of $H_\nu^1(z)$ are given by

$$\alpha=\pi\left(\frac{\pi}{2}-\varphi\right)\left(n+\frac{1}{4}\right)\left[\log\frac{(n+\frac{1}{4})\,\pi}{e\,r}\right]^{-2}[1+\varepsilon_n],$$

$$\beta=\pi\left(n+\frac{1}{4}\right)\left[\log\frac{(n+\frac{1}{4})\,\pi}{e\,r}\right]^{-1}[1+\delta_n]$$

where n is a large integer and $\varepsilon_n,\ \delta_n=0\left[\frac{\log\log n}{\log n}\right]$.

This shows that the distance of two consecutive zeros of $H_\nu^1(x)$ tends to zero, and that the argument of the zeros tends towards $\pi/2$, although their real part tends towards infinity. Therefore the behavior of the zeros as derived from the well known formulas of VAN DER POL and BREMMER is not the final one. According to these, we have for large x (i.e. for $x\gg 1$), the approximate expression

$$\nu_n \sim x + x^{\frac{1}{3}}\,\tau_n$$

for the n-th zero ν_n of $H_\nu^1(x)$, where for large n

$$\tau_n=\tfrac{1}{2}\left[3\pi\left(n+\tfrac{3}{4}\right)\right]^{\frac{2}{3}}e^{i\pi/3}$$

and where

$$\tau_0=1.856\,e^{i\pi/3}$$

$$\tau_1=3.245\,e^{i\pi/3}$$

and so on.

9. Survey of results on the zeros of $H_\nu^1(x)$, $x>0$

Let x be a fixed positive number. Let $\nu=\alpha+i\beta$ be a complex number and let $H_\nu^1(x)$ be the Hankel function of the first kind and of order ν with argument x. We have:

(1) The function $H_\nu^1(x)$ is an entire function of ν which vanishes for infinitely many values of $\nu=\pm\nu_k$, $k=1, 2, 3, \ldots$

(2) $$e^{i\nu\pi/2}H_\nu^1(x)=H_0^1(x)\prod_{k=1}^{\infty}\left(1-\frac{\nu^2}{\nu_k^2}\right),$$

where the ν_k depend on x.

(3) For values $|\nu|$ which are sufficiently large compared to 1 and to x, the zeros of $H_\nu^1(x)$ are given by $\nu_n=\pm(\alpha_n+i\beta_n)$ where

$$\alpha_n=\frac{\pi^2}{2}\left(n+\frac{1}{4}\right)\left\{\log\left[\left(n+\frac{1}{4}\right)\frac{\pi}{e\,x}\right]\right\}^{-2}\left[1+O\left(\frac{\log\log n}{\log n}\right)\right]$$

$$\beta_n=\pi\left(n+\frac{1}{4}\right)\left\{\log\left[\left(n+\frac{1}{4}\right)\frac{\pi}{e\,x}\right]\right\}^{-1}\left[1+O\left(\frac{\log\log n}{\log n}\right)\right]$$

and where n is a (large) positive integer.

(4) For the zeros ν_k of $H_\nu^1(x)$, with $k=1, 2, 3, \ldots$, we have

$$Re\sum_{k=1}^{\infty}\frac{1}{\nu_k^2} = -\frac{\int_0^\infty t^2 K_0(2x\sinh t)\,dt}{\int_0^\infty K_0(2x\sinh t)\,dt}$$

where K_0 denotes the modified Hankel function of order zero.

(5) The following inequalities hold: If $\nu=\alpha+i\beta$ and $H_\nu^{(1)}(a\nu)=0$, where a is real and positive and $\beta>0$, then $a<1$.

If $\nu=\alpha+i\beta$ and $H_\nu^1(x)=0$ where $x>0$, then

a) $\alpha\beta>0$,

b) $|\alpha|>x-\sqrt{x/2}$,

c) $x\leqq\beta\tan\alpha\pi+\frac{1}{4}$ when $|\alpha|<\frac{1}{2}$,

d) $|\beta|>\frac{x}{2}$ when $|\alpha|=\frac{1}{2}$,

e) $|\nu|>\left[1+\left|\frac{H_1^1(x)}{H_0^1(x)}\right|^2\right]^{-\frac{1}{2}}$,

f) $\lim_{x\to 0}\nu=0$.

(6) If $\nu=\alpha+i\beta$ and $H_\nu^{(1)}(x)=0$, then α, β may be considered as functions of the positive real variable x. We have

$$\frac{d\alpha}{dx}>0 \quad\text{whenever}\quad \alpha\geqq\frac{1}{8} \ \text{or}\ x\geqq\frac{1}{4}.$$

$$\frac{d\beta}{dx}>0 \quad\text{whenever}\quad \alpha>0 \ \text{and}\ x>0.$$

$$\lim_{x\to 0}\left|\frac{d\alpha}{dx}+i\frac{d\beta}{dx}\right|=\infty.$$

$$\frac{d\beta}{d\alpha}\leqq\frac{2\beta}{\sqrt{8\alpha-1}} \quad\text{when}\ \alpha>\frac{1}{8}.$$

References

[1] MAGNUS, W., and F. OBERHETTINGER: Formulas and Theorems for the Functions of Mathematical Physics. New York: Chelsea Publ. Co. 1949.

[2] TITCHMARSH, E. C.: The Theory of Functions, 2nd Ed. New York: Oxford Univ. Press 1939.

[3] WATSON, G. N.: A Treatise on the Theory of Bessel Functions, 2nd Ed. New York: Cambridge Univ. Press 1944.

New York University
25 Waverly Place
New York 3, New York
and
U. S. Army Signal Research
and Development Laboratory
Fort Monmouth, New Jersey

(Received November 9, 1959)

Reprinted from
Numerische Mathematik **2** (1960), 228–244.

COMMUNICATIONS ON PURE AND APPLIED MATHEMATICS, VOL. XIII, 57–66 (1960)

Elements of Finite Order in Groups With a Single Defining Relation

A. KARRASS, W. MAGNUS, D. SOLITAR

This paper has been stimulated by a letter from Dr. Papakyriakopoulos in which he raised the following question:

Let G be a group on generators a_i, b_i, $i = 1, 2, \cdots, g$, and let W be a word in these generators such that the sum of the exponents in W vanishes for every one of the generators. Let

$$\prod_{i=1}^{g} a_i b_i a_i^{-1} b_i^{-1} = 1$$

and

$$a_1 b_1 W a_1^{-1} W^{-1} b_1^{-1} = 1$$

be defining relations of G. Can G have any elements of finite order (except for the unit element 1)?

We have not been able to prove that all elements of G are of infinite order, except for the case in which W does not involve at least one of the generators $a_2, b_2, \cdots, a_g, b_g$. In this case, Theorem 5 below and the two subsequent corollaries prove, indeed, that G does not have any elements of finite order. But apart from this restricted result, we have been able to show that the groups with a single defining relation will contain elements of finite order only in those cases where the defining relation itself makes it obvious that such elements must exist.

The methods used in deriving this and similar results are almost identical with those needed for a proof (see [1]) of the "Independence Theorem" (Freiheitssatz) which was first pronounced by M. Dehn and according to which a true subset of the generators of a group with a single defining relation will be a set of free generators of a free subgroup unless the defining relation involves only the generators of the subset.

Footnote added in proof: Papakyriakopoulos had come across this question in connection with his investigation of Poincaré's conjecture. We understand that, since this paper went to print, Papakyriakopoulos has shown with other methods that G does not contain elements of finite order. For a formulation of Poincaré's conjecture and its implications see C. D. Papakyriakopoulos, *Some problems on 3-dimensional manifolds*, Bull. Amer. Math. Soc., Vol. 64, 1958, pp. 317–335, in particular pp. 325, 330, and 332.

Now, we shall start with a proof of

THEOREM 1. *Let G be a group with generators a, b, c, ⋯ and a single defining relation* $R(a, b, c, \cdots) = 1$. *If G has an element of finite order, then R must be a true power, i.e.* $R = W^k$, $k > 1$, $W \neq 1$.

Proof: The proof is by induction on the length of the relator R (i.e., the sum of the absolute values of the exponents of $a, b, c, \cdots$ in R). If R has length 2 or if R involves only one generator the assertion follows trivially.

Assume the assertion holds for all groups with a single defining relator whose length is less than that of R. If R is not cyclically reduced, some conjugate of R has shorter length and may be taken as the single defining relator for G. One may therefore assume that R is cyclically reduced and involves at least two generators, say a and b.

We first consider the case where $R(a, b, c, \cdots)$ has zero exponent-sum on one of the generators involved in it, say a. If H is the normal subgroup generated by $b, c, \cdots$, then G/H is infinite cyclic, and so the elements of finite order in G are also in H. Since a^λ, $\lambda = 0, \pm 1, \pm 2, \cdots$, form a Schreier representative system for G mod H, we may use them to obtain a presentation for H. H is generated by $b_\lambda = a^\lambda b a^{-\lambda}$, $c_\lambda = a^\lambda c a^{-\lambda}, \cdots$, $\lambda = 0, \pm 1, \pm 2, \cdots$. Any word $W(a, b, c, \cdots)$ in H is easily written in terms of these generators; replace an occurrence in W of a generator b by b_λ, where λ is the sum of the a-exponents in W preceding this occurrence of b, and similarly for c, etc. In particular, if $R_0(\cdots, b_\lambda, c_\lambda, \cdots)$ is the result of rewriting $R(a, b, c, \cdots)$, then the defining relators for H are obtained by rewriting $a^\rho R a^{-\rho}$; they are

$$R_\rho(\cdots, b_\lambda, c_\lambda, \cdots) = R_0(\cdots, b_{\lambda+\rho}, c_{\lambda+\rho}, \cdots).$$

If we present a group by listing first its generators and then its relators (= left hand sides of the defining relations) in brackets $\langle\ \rangle$, we have

$$H = \langle \cdots, b_\lambda, c_\lambda, \cdots; R_\rho(\cdots b_\lambda, c_\lambda, \cdots)\rangle,$$

where λ and ρ range over the integers. Although H is not a group with one defining relator, H is a free product with amalgamations of such groups. We will apply the inductive hypothesis to these factors. Note that the relators $R_\rho(\cdots, b_\lambda, c_\lambda, \cdots)$ are cyclically reduced. (For, if R_ρ begins and ends, respectively, with say, b_λ and b_λ^{-1}, then $a^\rho R(a, b, c, \cdots)\, a^{-\rho}$ begins and ends with $a^\lambda b$ and $b^{-1}a^{-\lambda}$, respectively, contrary to $R(a, b, c, \cdots)$ being cyclically reduced.)

Let $m(b)$, $M(b)$ denote the minimum and maximum a-exponent sum preceding the occurrence of any b in $R(a, b, c, \cdots)$, and use similar definitions for $m(c)$, $M(c), \cdots$. Then only those b_λ can occur in $R_\rho(\cdots, b_\lambda, c_\lambda, \cdots)$ which have $m(b)+\rho \leqq \lambda \leqq M(b)+\rho$, and similarly for c_λ, etc. Let H_ρ be the abstract group with generators

$$b_\lambda, c_\mu, \cdots,$$
$$m(b)+\rho \leqq \lambda \leqq M(b)+\rho, \qquad m(c)+\rho \leqq \mu \leqq M(c)+\rho, \cdots,$$

and the defining relator R_ρ, which is a word in these generators. Since $R_0(\cdots, b_\lambda, c_\lambda, \cdots)$ has shorter length than $R(a, b, c, \cdots)$ (all a-symbols are deleted when a word is rewritten), R_ρ also has shorter length than R. Moreover, $R(a, b, c, \cdots)$ is a k-th power if and only if $R_0(\cdots, b_\lambda, c_\lambda, \cdots)$ is a k-th power. For, $R(a, b, c, \cdots) = V^k(a, b, c, \cdots)$ implies that $V(a, b, c, \cdots)$ has zero exponent-sum on a and

$$R_0(\cdots, b_\lambda, c_\lambda, \cdots) = V_0^k(\cdots, b_\lambda, c_\lambda, \cdots).$$

On the other hand,

$$R_0(\cdots, b_\lambda, c_\lambda, \cdots) = W^k(\cdots, b_\lambda, c_\lambda, \cdots)$$

implies

$$R_0(\cdots, a^\lambda b a^{-\lambda}, a^\lambda c a^{-\lambda}, \cdots) = W^k(\cdots, a^\lambda b a^{-\lambda}, a^\lambda c a^{-\lambda}, \cdots)$$

which is freely equal in $a, b, c, \cdots$ to $R(a, b, c, \cdots)$. Next we show that H_0 has an element of finite order.

The generators which H_ρ and $H_{\rho+1}$ have in common freely generate a free subgroup in both H_ρ and $H_{\rho+1}$. For, b is truly involved in $R(a, b, c, \cdots)$ and so $b_{m(b)+\rho}$ and $b_{M(b)+\rho+1}$ are each truly involved in the single defining relator of H_ρ and $H_{\rho+1}$, respectively, but are not in both defining relators. Hence, the generators in common to H_ρ and $H_{\rho+1}$ do not include all those involved in either defining relator, and by the "Freiheitssatz" (see [1]) these common generators freely generate (isomorphic) free subgroups of H_ρ and $H_{\rho+1}$. Thus the abstract group $H_\rho \cup H_{\rho+1}$ obtained by collecting the generators and defining relators of H_ρ and $H_{\rho+1}$ is the free product of H_ρ and $H_{\rho+1}$ with an amalgamated free subgroup. Therefore, $H_\rho \cup H_{\rho+1}$ contains (in the obvious manner) H_ρ and $H_{\rho+1}$ as subgroups. The generators of $H_{\rho+2}$ in common with those of $H_\rho \cup H_{\rho+1}$ are those which $H_{\rho+2}$ has in common with $H_{\rho+1}$. Thus $H_\rho \cup H_{\rho+1} \cup H_{\rho+2}$ is the free product of $H_\rho \cup H_{\rho+1}$ and $H_{\rho+2}$ with an amalgamated free subgroup. Continuing in this way, and working downward as well, we obtain the groups

$$H_{-\sigma} \cup H_{-\sigma+1} \cdots H_0 \cup H_1 \cdots H_{\sigma-1} \cup H_\sigma \tag{1}$$

by successively taking the free product of two groups with an amalgamated free subgroup. Now H is (in the obvious sense) the union of the ascending chain of groups in (1) with $\sigma = 0, 1, 2, \cdots$. Since H has an element of finite order, one of the groups (1), and therefore also H_0, has an element of finite order (see [2]). By the induction hypothesis, $R_0(\cdots, b_\lambda, c_\lambda, \cdots)$, and hence $R(a, b, c, \cdots)$ is a k-th power.

There remains the case where each exponent sum in $R(a, b, c, \cdots)$ is different from 0. We then construct the group $\bar{G}$ defined as

$$\bar{G} = \langle x, a, b, c, \cdots; R(a, b, c, \cdots), a^{-1}x^{\beta} \rangle, \tag{2}$$

where β is the exponent sum of b in $R(a, b, c, \cdots)$. Now using Tietze transformations [3], $\bar{G}$ may be presented as a group with one defining relator which has zero exponent-sum on x:

$$\bar{G} = \langle x, b, c, \cdots; R(x^{\beta}, b, c, \cdots) \rangle, \tag{3}$$

$$\bar{G} = \langle x, y, b, c, \cdots; R(x^{\beta}, b, c, \cdots), y^{-1}x^{\alpha}b \rangle, \tag{4}$$

$$\bar{G} = \langle x, y, c, \cdots; R(x^{\beta}, x^{-\alpha}y, c, \cdots) \rangle, \tag{5}$$

where α is the exponent-sum of a in $R(a, b, c, \cdots)$.

Note that in (5), x has zero exponent-sum in the defining relator and the exponent-sum of y is $\beta \neq 0$. Moreover, $R(a, b, c, \cdots)$ is a k-th power in the free group on $a, b, c, \cdots$ if and only if $R(x^{\beta}, x^{-\alpha}y, c, \cdots)$ is a k-th power in the free group on $x, y, c, \cdots$. For, if $R(x^{\beta}, x^{-\alpha}y, c, \cdots)$ is a k-th power, then $R(x^{\beta}, y, c, \cdots)$ obtained from it by a Nielsen transformation (i.e., by a transformation of the generators which, if applied to free generators of a free group, produces an automorphism) is also a k-th power, say $V^k(x, y, c, \cdots)$. Since $R(a, b, c, \cdots)$ is cyclically reduced and involves at least two generators, $R(x^{\beta}, y, c, \cdots)$, and therefore V, is also cyclically reduced, and so each exponent of x in V must be a multiple of β. The "only if" part is trivial.

From (2) we see that G is a subgroup of $\bar{G}$. For, (2) is the free product of G and the infinite cyclic group on x with the amalgamated isomorphic subgroups generated by a and x^{β}, respectively. That a generates an infinite cyclic subgroup of G is clear by the "Freiheitssatz" (see [1]). Thus $\bar{G}$ has elements of finite order.

If $R(x^{\beta}, x^{-\alpha}y, c, \cdots)$ is not cyclically reduced in $x, y, c, \cdots$, replace it by $\bar{R}(x, y, c, \cdots)$, the cyclically reduced conjugate and proper part of it. $\bar{R}$ is a k-th power if and only if $R(a, b, c, \cdots)$ is a k-th power.

Let $\bar{H}$ be the normal subgroup of $\bar{G}$ generated by $y, c, \cdots$. Then x^{λ}, $\lambda = 0, \pm 1, \pm 2, \cdots$, are Schreier representatives for $\bar{G} \bmod \bar{H}$ and using these we may present $\bar{H}$. Once more when $R(x^{\beta}, x^{-\alpha}y, c, \cdots)$ (or $\bar{R}(x, y, c, \cdots)$) is rewritten within the subgroup $\bar{H}$, its new form will have shorter length than that of $R(a, b, c, \cdots)$. We may then follow the argument employed when some generator in $R(a, b, c, \cdots)$ had zero exponent-sum using $\bar{H}$ in place of H.

THEOREM 2. *Let G be a group with generators $a, b, c, \cdots$ and a single defining relation $UV = VU$, where U and V are words in the generators. Then G does not have any elements of finite order.*

Proof: We must show that the commutator of U, V (denoted $[U, V]$) is not a true power in the free group F on $a, b, c, \cdots$. Suppose $[U, V] = W^k$, $k > 1$. Consider the subgroup H of F generated by U, V, W. If H is cyclic, then $[U, V] = 1$ and $[U, V]$ is not a true power in F. Since U, V, W satisfy a non-trivial relation they cannot be free generators of H. Therefore, H is a free group on two free generators, say x, y. Thus,

$$U = U(x, y), \qquad V = V(x, y), \qquad W^k = [U(x, y), V(x, y)].$$

Since W has zero exponent-sum on x and y, it follows that $U(x, y)$, $V(x, y)$ are generators for the free abelian group on x, y. It can then be shown (see [4]) that there exist new free generators $\bar{x}, \bar{y}$ for H and a sequence of Nielsen transformations of the type $(Z_1, Z_2) \to (Z_1, Z_2Z_1^\alpha)$ or $(Z_1, Z_2) \to (Z_1Z_2^\alpha, Z_2)$ carrying $U(x, y)$, $V(x, y)$ into $\bar{U}(x, y)$, $\bar{V}(x, y)$, where the exponent-sum of $\bar{U}, \bar{V}$ on $\bar{x}$ is 1, 0, respectively, and on $\bar{y}$ is 0, 1, respectively. But

$$[Z_1, Z_2] = [Z_1, Z_2Z_1^\alpha] = [Z_1Z_2^\alpha, Z_2],$$

so that

$$[U(x, y), V(x, y)] = [\bar{U}(x, y), \bar{V}(x, y)] = W^k.$$

We may assume then that U and V have exponent sum 1, 0 and 0, 1 on x, y, respectively.

When $UVU^{-1}V^{-1}$ is rewritten in the normal subgroup of H generated by x, it takes the form

$$(6) \quad U_0(\cdots, x_\lambda, \cdots)T_0(\cdots, x_\lambda, \cdots)U_0^{-1}(\cdots, x_{\lambda+1}, \cdots)T_0^{-1}(\ldots, x_\lambda, \cdots),$$

where $x_\lambda = y^\lambda x y^{-\lambda}$ and $V(x, y) = T(x, y) \cdot y$. Moreover, since $W(x, y)$ is in the normal subgroup generated by x, (6) must be $W_0(\cdots, x_\lambda, \cdots)^k$. Let σ_λ denote the exponent sum of x_λ in $U_0(\cdots, x_\lambda, \cdots)$. Since U has exponent sum 1 on x, and each occurrence of x (or x^{-1}) in U is replaced by some x_λ (or x^{-1}), $\sum_\lambda \sigma_\lambda = 1$. On the other hand, (6) has exponent sum $\sigma_\lambda - \sigma_{\lambda-1}$ on x_λ and so k divides $\sigma_\lambda - \sigma_{\lambda-1}$. Hence, if m, M are the smallest and largest subscripts on x actually occurring in U_0, then k divides $\sigma_m, \sigma_{m+1} - \sigma_m, \cdots, \sigma_M - \sigma_{M-1}$, and therefore k divides $\sigma_m, \sigma_{m+1}, \cdots, \sigma_M$ contrary to $\sigma_m + \sigma_{m+1} + \cdots + \sigma_M = 1$.

THEOREM 3. *Let G be a group with generators $a, b, c, \cdots$ and a single defining relator $V^k(a, b, c, \cdots)$, $k > 1$, where $V(a, b, c, \cdots)$ is not itself a true power. Then V has order k and the elements of finite order in G are just the powers of V and their conjugates.*

Proof: If $V(a, b, c, \cdots)$ involves only one generator, the result follows immediately. Assume that the assertion holds for all groups with a defining relator W^r, $r > 1$, where the length W is less than the length of V. If $V(a, b, c, \cdots)$ is not cyclically reduced, we may replace it by the cyclically reduced part of V which is conjugate to V. The assertion then follows by the induction hypothesis.

Assume that $V(a, b, c, \cdots)$ is cyclically reduced. If it has zero exponent-sum on one of its generators, then using the notation in the proof of Theorem 1,

$$R(a, b, c, \cdots) = V^k(a, b, c, \cdots)$$

and

$$R_\rho(\cdots, b_\lambda, c_\lambda, \cdots) = V_\rho^k(\cdots, b_\lambda, c_\lambda, \cdots).$$

By the induction hypothesis, the elements of H_ρ of finite order are the powers of $V_\rho(\cdots, b_\lambda, c_\lambda, \cdots)$ and their conjugates. An element h of finite order in H is in some group (1) and, therefore, a conjugate of h is in one of the factors H_ρ. Hence, each element of finite order in G (which is therefore in H) is a conjugate of a power of some $V_\rho(\cdots, b_\lambda, c_\lambda, \cdots)$; rewriting this in $a, b, c, \cdots$ yields the assertion.

Finally, suppose no generator in $V(a, b, c, \cdots)$ has zero exponent-sum. As in Theorem 1, construct the group $\bar{G}$ presented in (2). Then it follows from the previous case that all elements of $\bar{G}$ of finite order are conjugates of powers of

$$V(x^\beta, x^{-\alpha} y, c, \cdots).$$

Therefore, the elements of finite order in the group

$$\bar{G} = \langle x, b, c, \cdots; V^k(x^\beta, b, c, \cdots)\rangle$$

are conjugates of powers of $V(x^\beta, b, c, \cdots)$.

Consider then an element $W(a, b, c, \cdots)$ of finite order in G. Since $W(x^\beta, b, c, \cdots)$ has finite order in $\bar{G}$,

$$W(x^\beta, b, c, \cdots) = T(x, b, c, \cdots)V^r(x^\beta, b, c, \cdots)T^{-1}(x, b, c, \cdots).$$

Now $\bar{G}$ is the free product of G and the infinite cyclic group on x, with an infinite cyclic amalgamated subgroup. Since $V^r(x^\beta, b, c, \cdots)$, $W(x^\beta, b, c, \cdots)$ are in G and have finite order, they cannot be in a conjugate of the amalgamated subgroup. It then follows that $T(x, b, c, \cdots)$ is in G, and therefore $W(a, b, c, \cdots)$ is a conjugate of a power of $V(a, b, c, \cdots)$. For, if F is the free product of groups P, Q with an amalgamated subgroup S, p in P but not in a conjugate of S, f in F such that fpf^{-1} is in P or Q, then f is in P. This can be shown by reducing fpf^{-1} to its Schreier normal form. If f is not in P, f can be written as a product of factors alternately in P and Q, none of which are in S, and there will be at least one Q-factor. Hence, fpf^{-1} is also such a product and has at least three factors. But then the Schreier normal form of fpf^{-1} will also have at least three factors (see [2]). Thus fpf^{-1} cannot be in P or Q.

COROLLARY. *If*

$$G_1 = \langle a, b, c, \cdots; V_1^k(a, b, c, \cdots)\rangle$$

is isomorphic to

$$G_2 = \langle x, y, z, \cdots; V_2^k(x, y, z, \cdots)\rangle,$$

then

$$G_1^* = \langle a, b, c, \cdots; V_1(a, b, c, \cdots)\rangle$$

is isomorphic to

$$G_2^* = \langle x, y, z, \cdots; V_2(x, y, z, \cdots)\rangle.$$

Proof: Let $V_1 = W_1^r$, where W_1 is not a true power. Then kr is the maximum of the finite orders of the elements of G_1 and hence of G_2. Therefore, $V_2 = W_2^r$, where W_2 is not a true power. Now the normal subgroup G_i' of G_i generated by $W_i^r = V_i$ is the subgroup generated by the elements of order dividing k and hence G_1', G_2' correspond under the isomorphism. Consequently dividing by these normal subgroups we have $G_1^* \simeq G_2^*$.

Remark. Let F be the free group on $a, b, c, \cdots$. Then *if* S^k *is derivable from* R^k (i.e., S^k is in the normal subgroup of F generated by R^k), then S *is derivable from* R. For, let $R = W^r$, where W is not a true power, and consider the group

$$\langle a, b, c, \cdots; R^k\rangle. \tag{7}$$

Since S^k defines the identity in (7), S has order dividing k and by Theorem 3 is a conjugate of $W^{rt} = R^t$ for some t. Then in the free group F, S will be a product of a conjugate of R^t and conjugates of R^k, so that S will be a product of conjugates of R.

The converse, however, is false. For example, $a \cdot bab^{-1}$ is derivable from a, although in the group

$$\langle a, b,; a^2\rangle,$$

$(ab\,ab^{-1})^2$ does not define the identity.

THEOREM 4. *Let G be a group of generators* $a, b, c, \cdots$ *and a single defining relator* $V^k(a, b, c, \cdots)$, $k > 1$, *where* $V(a, b, c, \cdots)$ *is not itself a true power. Then* V *and* TVT^{-1} *generate disjoint subgroups unless* T *defines a power of* V *in* G.

Theorem 4 is contained in a result due to Lyndon [5].

Proof: We again use induction on the length of V. If V involves only one generator, then the assertion follows because the conjugates of a factor of a free product are disjoint. Assume that the assertion holds for all groups with a defining relator U^q, $q > 1$, where the length of U is less than the length of V. If $V(a, b, c, \cdots)$ is not cyclically reduced, we may replace it by the cyclically reduced part of V which is conjugate to V. The assertion then follows by the induction hypothesis. Suppose $V^s = TV^rT^{-1}$, and assume that $V(a, b, c, \cdots)$ is cyclically reduced. If it has zero exponent-sum on one of its generators, say a, we again consider the normal subgroup H of G generated by the other generators. Let $T = Wa^\rho$, where W has zero exponent-sum on a. Then TVT^{-1} is rewritten in H as

$$W_0(\cdots, b_\lambda, c_\lambda, \cdots)V_\rho(\cdots, b_\lambda, c_\lambda, \cdots)W_0^{-1}(\cdots, b_\lambda, c_\lambda, \cdots)$$

and so $V_\rho^r = W_0^{-1}V_0^rW_0$. Let

$$H_{-\sigma} \cup \cdots \cup H_{-1} \cup H_0 \cup H_1 \cup \cdots \cup H_\sigma$$

be one of the groups (1) which contain all the $b_\lambda, c_\lambda, \cdots$ truly involved in V_ρ or W_0. Let

$$P = H_{-\sigma} \cup \cdots \cup H_0, \qquad Q = H_1 \cup \cdots \cup H_\sigma.$$

Then (1) is the free product of P and Q with an amalgamated free subgroup S. Since V_0^s in P has finite order, it is not in any conjugate of S. But $W_0^{-1}V_0^sW_0 = V_\rho^r$ is in P or Q. By the remark at the end of the proof of Theorem 3, W_0, and hence V_ρ^r, is in P. Next, let $\bar{P} = H_0$ and $\bar{Q} = H_{-\sigma} \cup \cdots \cup H_{-1}$. Then P is the free product of $\bar{P}$ and $\bar{Q}$ with an amalgamated free subgroup $\bar{S}$. Now $W_0^{-1}V_0^sW_0 = V_\rho^r$ is in $\bar{P}$ or $\bar{Q}$ and so W_0, V_ρ^r are in $\bar{P} = H_0$. But V_ρ^r is in H_ρ and $H_\rho \cap H_0$ is a free subgroup unless $\rho = 0$. Thus W_0 is in H_0 and $W_0V_0^rW_0^{-1} = V_0^s$. By the induction hypothesis, $W_0 = V_0^t$. But then

$$T(a, b, c, \cdots) = W(a, b, c, \cdots)a^0 = V^t(a, b, c, \cdots).$$

If no generator in $V(a, b, c, \cdots)$ has zero exponent-sum, we construct the group $\bar{G}$ presented in (5) with $R = V^k$. It then follows from the above case that

$$T(x^\beta, x^{-\alpha}y, c, \cdots) = V^t(x^\beta, x^{-\alpha}y, c, \cdots)$$

and so

$$T(a, b, c, \cdots) = V^t(a, b, c, \cdots).$$

COROLLARY. *Under the hypotheses of Theorem 2, distinct conjugates of* $V(a, b, c, \cdots)$ *generate disjoint subgroups.*

It follows that in a group with one defining relation having elements of finite order, the center is trivial. On the other hand, the group

$$\langle a, b; a^2b^2 \rangle,$$

has a non-trivial center.

Theorem 1 can be extended to a class of groups with two defining relations.

THEOREM 5. *Let G be a group with two sets of generators* $x, y, \cdots, a, b, \cdots$ *and two defining relations*

$$R(a, b, \cdots) = 1, \; P(a, b, \cdots)W(x, y, \cdots) = W(x, y, \cdots)Q(a, b, \cdots),$$

where $P(a, b, \cdots)$, $Q(a, b, \cdots)$ *are not derivable from* $R(a, b, \cdots)$. *Then if G has an element of finite order,* $R(a, b, \cdots)$ *must be a true power.*

Proof: For notational convenience, we write $x, y, \cdots$ as x, y and $a, b, \cdots$ as a, b. Assume $R(a, b)$ is not a true power. If H is the normal subgroup of G generated by a, b then G/H is isomorphic to F, the free group on x, y. Clearly any element of finite order in G must be in H. We may choose, as Schreier representatives for G and H, all freely reduced words in x, y. Then if

$$a_S = S(x, y)aS^{-1}(x, y), \qquad b_S = S(x, y)bS^{-1}(x, y),$$

a_S and b_S $(S(x, y) \in F)$ generate H, and H has the defining relators

$$R(a_S, b_S), \qquad P(a_S, b_S)Q^{-1}(a_{SW}, b_{SW}), \qquad S \in F.$$

If $1 = S_0, S_1, S_2, \cdots$ are left coset representatives for F mod $\{W\}$, the cyclic subgroup generated by $W(x, y)$, then H is the free product of the groups

$$H_i = \langle a_{S_i W^j}, b_{S_i W^j}; R(a_{S_i W^j}, b_{S_i W^j}), P(a_{S_i W^j}, b_{S_i W^j}) \times Q^{-1}(a_{S_i W^{j+1}}, b_{S_i W^{j+1}})\rangle$$

with $j = 0, \pm 1, \pm 2, \cdots$. These are all isomorphic to the abstract group

$$H^* = \langle a_j, b_j; R(a_j, b_j), P(a_j, b_j)Q^{-1}(a_{j+1}, b_{j+1})\rangle$$

with $j = 0, \pm 1, \pm 2, \cdots$. Since H has an element of finite order, H^* must have an element of finite order. If

$$H_j^* = \langle a_j, b_j; R(a_j, b_j)\rangle,$$

then, since $R(a_j, b_j)$ is not a true power, $P(a_j, b_j)$, $Q(a_{j+1}, b_{j+1})$ are each of infinite order in H_j, H_{j+1}, respectively, and so

$$H_j^* \cup H_{j+1}^* = \langle a_j, b_j; R(a_j, b_j), R(a_{j+1}, b_{j+1}), P(a_j, b_j)Q^{-1}(a_{j+1}, b_{j+1})\rangle$$

is a free product with an amalgamated infinite cyclic subgroup of H_j^* and H_{j+1}^*. Continuing to form, free products with an amalgamated infinite cyclic subgroup, we obtain H^* as the union of the groups

$$H_{-n} \cup \cdots \cup H_{-1} \cup H_0 \cup H_1 \cup \cdots \cup H_n$$

each of which has only elements of infinite order contrary to the existence of an element of finite order in H^*. This proves Theorem 5.

For example, if $R = [W_1(a, b), W_2(a, b)]$ and $P(a, b)$, $Q(a, b)$ do not have zero exponent-sum on both a, b, then G of Theorem 5 has no elements of finite order.

In a similar manner, one can derive analogues of Theorems 3 and 4.

COROLLARY. *Under the hypotheses of Theorem* 5, *if* $R = V^k$, $k > 1$, *where* V *itself is not a true power and if* P *and* Q *have the same order in*

$$\langle a, b, \cdots ; V^k \rangle,$$

then the elements of finite order in G *are just the conjugates of the powers of* V.

COROLLARY. *Under the hypotheses of Theorem* 5, *if* $R = V^k$, $k > 1$, *where* V *itself is not a true power and if* P *and* Q *have infinite order, then* V *and* TVT^{-1} *generate disjoint cyclic subgroups unless* T *is a power of* V *in* G.

The applicability of Theorem 5 and its corollaries to a group

$$\langle a, b, \cdots, x, y, \cdots ; R(a, b, \cdots), P(a, b, \cdots)W(x, y, \cdots)Q^{-1}(a, b, \cdots)W^{-1}(x, y, \cdots)\rangle$$

can be decided using the solution of the word problem in free groups with one defining relation given in [6]. For, in the free group on $a, b, \cdots$, one can decide if R is a true power and, if so, can then write $R = V^k$, where V is not a true power. Since P, Q have order dividing k, or else have infinite order, one may test P^d, Q^d for all $d|k$ to see if any are the identity in $\langle a, b, \cdots ; V^k\rangle$.

Bibliography

[1] Magnus, W., *Ueber diskontinuierliche Gruppen mit einer definierenden Relation* (*Der Freiheitssatz*), J. Reine Angew. Math., Vol. 163, 1930, pp. 141–165.

[2] Neumann, B. H., *An essay on free products of groups with amalgamation*, Philos. Trans. Roy. Soc. London, Ser. A., Vol. 246, 1954, pp. 503–554.

[3] Reidemeister, K., *Einfuehrung in die Kombinatorische Topologie*, F. Vieweg und Sohn, Braunschweig, 1932.

[4] Nielsen, J., *Die Isomorphismen der allgemeinen unendlichen Gruppe von zwei Erzeugenden*, Math. Ann., Vol. 78, 1918, pp. 385–397.

(5) Lyndon, R. C., *Cohomology theory of groups with a single defining relation*, Ann. of Math., Vol. 52, 1950, pp. 650–665.

[6] Magnus, W., *Das Identitaetsproblem fuer Gruppen mit einer definierenden Relation*, Math. Ann., Vol. 106, 1932, pp. 295–307.

Received June, 1959.

JOURNAL OF RESEARCH of the National Bureau of Standards—D. Radio Propagation
Vol. 67D, No. 2, March–April 1963

Perturbation Method in a Problem of Waveguide Theory[1]

David Fox and Wilhelm Magnus

Contribution from New York University, Courant Institute of Mathematical Sciences, New York, N.Y.

(Received July 12, 1962; revised September 17, 1962)

The reflection coefficient for the basic mode in a widening, straight, two-dimensional waveguide is computed for small wave numbers by using the perturbation method with the electrostatic case as the unperturbed case. The problem is treated as a perturbed infinite system of inhomogeneous linear equations, and it is shown that the matrix of the unperturbed system (which corresponds to the electrostatic case) can be inverted explicitly by using conformal mappings and physically unrealistic modes. Questions of convergence are discussed, and other examples for application of the method are indicated.

1. The Physical Problem

1.1. Structure

The problem which we are considering is a two-dimensional one arising from a three-dimensional waveguide structure in which the perfectly conducting surfaces extend from $-\infty$ to ∞ in the direction of the z-axis in a Cartesian coordinate system. The intersection of these conducting surfaces with the x,y-plane is given by the six lines:

$$x \geq 0,\ y = q\pi \quad (0<q<1)$$
$$x \geq 0,\ y = -q\pi$$
$$x = 0,\ q\pi \leq y \leq \pi$$
$$x = 0,\ -q\pi \geq y \geq -\pi$$
$$x \leq 0,\ y = \pi$$
$$x \leq 0,\ y = -\pi.$$

The segment of the y-axis between $-q\pi$ and $q\pi$, which we shall refer to as the aperture, separates the waveguide structure into two simple regions, I and II.

1.2. Conditions on the Electric Field

Let the electric field $\vec{E} = (E_x, E_y, E_z)$, and assume that the time dependency is given by $e^{i\omega t}$ where

$$\omega = kc, \quad k = \text{wave number}, \quad c = \text{velocity of light}.$$

Then we have the conditions

(1) E_x, E_y, and E_z satisfy $\Delta u + k^2 u = 0$;

(2) $\dfrac{\partial E_x}{\partial x} + \dfrac{\partial E_y}{\partial y} + \dfrac{\partial E_z}{\partial z} = 0$;

(3) the tangential component of $\vec{E}$ vanishes at the boundaries.

We shall also make the following assumptions:

(4) E_y is an even function of y

(5) $E_z \equiv 0$.

The behavior of $\vec{E}$ at infinity must satisfy

(6) $\lim_{x \to -\infty} |E_y - \tau E_o e^{ikx}| = 0, \qquad E_x \to 0$

(7) $\lim_{x \to +\infty} |E_y - E_o e^{ikx} - \rho E_o e^{-ikx}| = 0, \qquad E_x \to 0$

(8) $\iint (E_x^2 + E_y^2)\,dxdy$ is bounded over every finite region.

We shall introduce the following definitions:

τ (condition (6)) is called the transmission coefficient.

ρ (condition (7)) is called the reflection coefficient.

$E_o e^{ikx}$ is called the incident wave.

$E_y - E_o e^{ikx}$ is called the diffracted wave.

[1] This research was supported by the Electronics Research Directorate of the Air Force Cambridge Research Laboratories, Office of Aerospace Research (USAF), Bedford, Mass., under Contract No. AF 19(604)5238.

We shall now show that the field is completely determined by E_y alone. Conditions (2) and (5) give

$$(2') \quad \frac{\partial E_y}{\partial y} = -\frac{\partial E_x}{\partial x}.$$

This shows that E_y determines E_x up to an arbitrary function of x only. But since E_x and E_y satisfy the reduced wave equation $\Delta u + k^2 u = 0$, the same must be true for both sides of (2′). Furthermore, from (6) and (7) we know that E_x must approach 0 at ∞. This fact gives us the uniqueness we seek. For if (2′), with a fixed E_y, gave rise to two different solutions for E_x, then their difference could only be a function of x alone. If this difference is $D(x)$, then

$$\frac{d^2}{dx^2} D(x) + k^2 D(x) = 0$$

and

$$D(x) \to 0 \text{ at } \infty.$$

This implies $D(x) \equiv 0$. Thus, in what follows, we shall limit our attention to the determination of the y-component of the electric field. Our first task is to write the boundary conditions on E_y.

From (1) we have

$$\text{(a)} \quad \Delta E_y + k^2 E_y = 0.$$

From (3) we have

$$\text{(b)} \quad \frac{\partial E_y}{\partial y}(x, \pm q\pi) = 0 \qquad x > 0$$

$$\text{(c)} \quad \frac{\partial E_y}{\partial y}(x, \pm \pi) = 0 \qquad x < 0$$

$$\text{(d)} \quad E_y(o, y) = 0 \qquad q\pi < |y| < \pi.$$

Note that in (b) and (c) we used the fact that $E_x = 0$ everywhere on those boundaries. This implied that $\frac{\partial E_x}{\partial x} = 0$, there; and then (2′) was used to get (b) and (c). Continuity conditions in the aperture are

$$\text{(e)} \quad E_y(0^+, y) = E_y(0^-, y) \qquad |y| < q\pi$$

$$\text{(f)} \quad \frac{\partial E_y}{\partial x}(0^+, y) = \frac{\partial E_y}{\partial x}(0^-, y) \qquad |y| < q\pi.$$

And from (6) and (7)

$$\text{(g)} \quad \lim_{x \to -\infty} |E_y - \tau E_o e^{ikx}| = 0$$

$$\text{(h)} \quad \lim_{x \to +\infty} |E_y - E_o e^{ikx} - \rho E_o e^{-ikx}| = 0.$$

2. Method and Summary

The problem described above has been treated before, and the material has been presented by Marcuvitz [1951, p. 141] and by Saxon [1943]. Quantitative data have been given by Marcuvitz [1951, p. 307]. Furthermore, the problem has been treated earlier as a perturbation of the electrostatic case [Marcuvitz, 1951, p. 153], a method which will be used as the starting point for the present paper also.

The essential feature of the present approach is the explicit inversion of an infinite matrix which characterizes the electrostatic case. In the special case where $q = ½$, this has already been done by Magnus and Oberhettinger [1950], who used algebraic relations connecting the matrix elements for this purpose. The present paper uses instead, integration in the complex plane, an approach which is of much wider applicability. The details may be described as follows:

The first step toward finding the reflection coefficient at the interface is to expand the field in each of the regions (I and II) in Fourier series. The modes are determined on each side by applying all the boundary conditions except the matching condition at the interface. The solution is then assumed to be a series in these modes with constant coefficients.

Applying the matching conditions at the interface gives rise to two infinite sets of linear equations, one arising from matching the fields, and the other from matching the normal derivatives. Using these two sets of equations we can eliminate one group of coefficients, leaving an infinite matrix equation for the other group and a scalar side condition involving the reflection coefficient. Solving this matrix equation, then, will allow us to apply the scalar side condition, and this will yield the value of the reflection coefficient.

The matrix equation which arises from the matching conditions is derived in full and is valid for all values of the wave number, $k < 1$. The coefficients of the expansion of the field in region II give the unknown vector. The equation is solved using a perturbation method. The electrostatic case ($k = 0$) serves as the unperturbed case. We shall see that the ability to solve the electrostatic case for arbitrary right-hand sides provides us with enough power to determine the higher order terms in the electromagnetic case ($k \neq 0$). Using this fact, and the scalar side condition, we shall determine the reflection coefficient up to terms of order k^2.

The one remaining facet of the method is the proof of solvability of the electrostatic case for arbitrary right-hand sides. Since the equation in this case is Laplace's equation, we may use conformal mapping as an aid. We map the whole waveguide onto the infinite strip, using the Schwartz-Christoffel formula. This enables us to make use of the fact that each unknown is a Fourier coefficient which can be written as an integral (across the aperture) of the field. The field is written as the derivative of a harmonic potential. In this way the matrix equation may be solved in the electrostatic case for a specific right-hand side. However, this same technique can be used for more general right-hand sides. In order to accomplish this, we introduce into the original problem "unrealistic" modes, i.e., modes which do not die out at $+\infty$. The Nth unrealistic mode will give rise to a right-hand side consisting of $N+1$ nonzero entries. Thus, solving for all such unrealistic fields will yield a solution matrix whose product with the original matrix is a triangular matrix. The entries in the triangular matrix can be computed, using the conformal mapping; thus, the original matrix can be inverted. Therefore, we shall have solved the electrostatic case for arbitrary right-hand sides.

3. Infinite System of Linear Equations

In all that follows we shall use the notation that the restriction of E_y to region I is denoted by E_y^{I} and similarly for E_y^{II}. When referring to the entire waveguide we shall write simply E_y. Inasmuch as our ultimate goal is to apply a perturbation technique to this problem, we shall assume that $k<1$ so that

$$n^2-k^2q^2>0 \text{ for all integers } n\neq 0.$$

By separating variables in (a) and applying conditions (b) and (h) in region I we have

$$E_y^{\mathrm{I}}(x,y)=E_o[e^{ikx}+\rho e^{-ikx}]+\sum_{n=1}^{\infty} c_n e^{i\frac{k_n}{q}x}\cos\frac{n}{q}y \quad (1)$$

where

$$k_n=i\sqrt{n^2-k^2q^2}, \qquad n=1,2,\ldots.$$

In region II we have the additional condition (d) placed on the modes. So we must introduce a set of functions, ϕ_N, satisfying (a), (c), (d), and (g). In addition, let the Nth function satisfy

$$(e')\ \phi_N(0^-,y)=\cos\frac{N}{q}y, \qquad |y|<q\pi$$

in the aperture. The reason for condition (e′) is that the wave coming in from the right is a superposition of cosines in the aperture.

It will be necessary for us to have the ϕ_N explicitly, so we shall derive them here. The Nth mode must satisfy the conditions indicated in the sketch below.

Separating variables, we see that ϕ_N can be expanded in a series of the form

$$\phi_N(x,y)=\sum_{n=0}^{\infty}\alpha_n^{(N)}e^{il_nx}\cos ny \qquad \text{(region II)}$$

where

$$l_n=\begin{cases}-i\sqrt{n^2-k^2} & n\neq 0\\ k & n=0.\end{cases}$$

At $x=0$ we have

$$\phi_N(o,y)=\sum_{n=0}^{\infty}\alpha_n^{(N)}\cos ny=\begin{cases}\cos\frac{N}{q}y & |y|<q\pi\\ 0 & q\pi<|y|<\pi.\end{cases}$$

Consider the case $N\neq 0$, and multiply both sides by $\cos my$ and integrate

$$\alpha_o^{(N)}=\frac{1}{\pi}\int_o^{q\pi}\cos\frac{N}{q}y\,dy=0$$

$$\alpha_m^{(N)}=\frac{2}{\pi}\int_o^{q\pi}\cos my\cos\frac{N}{q}y\,dy.$$

Thus

$$\phi_N(x,y)=\sum_{m=1}^{\infty}S_{mN}e^{il_mx}\cos my \qquad N=1,2,\ldots \quad (2)$$

where, for $m=1,2,3,\ldots$ and $N=0,1,2,\ldots$

$$S_{mN}=\frac{2}{\pi}\int_o^{q\pi}\cos my\cos\frac{N}{q}y\,dy=(-1)^N\frac{2m\sin(qm\pi)}{\pi(m^2-N^2/q^2)}.$$

Similarly, for $N=0$, we get

$$\phi_o(x,y)=qe^{ikx}+\sum_{m=1}^{\infty}S_{mo}e^{il_mx}\cos my. \quad (3)$$

The field in region II may now be written

$$E_y^{\mathrm{II}}(x,y)=\sum_{n=0}^{\infty}d_n\phi_n(x,y). \quad (4)$$

Applying condition (e), we have

$$E_o(1+\rho)+\sum_{n=1}^{\infty}c_n\cos\frac{n}{q}y=\sum_{m=0}^{\infty}d_m\phi_m(o,y) \qquad |y|<q\pi$$

but, by definition,

$$\phi_m(o,y)=\cos\frac{m}{q}y \qquad |y|<q\pi.$$

Therefore,

$$E_o(1+\rho)=d_0$$

$$c_n=d_n \qquad n=1,2,\ldots. \quad (5)$$

Differentiate (1) with respect to x

$$\frac{\partial E_y^{\mathrm{I}}(x,y)}{\partial x}=ikE_o[e^{ikx}-\rho e^{-ikx}]+\frac{i}{q}\sum_{n=1}^{\infty}c_nk_ne^{i\frac{k_n}{q}x}\cos\frac{n}{q}y.$$

Let

$$\psi_m(x,y)=\frac{\partial\phi_m(x,y)}{\partial x}.$$

Condition (f) gives

191

$$ikE_o(1-\rho)+\frac{i}{q}\sum_{n=1}^{\infty} c_n k_n \cos\frac{n}{q}y=\sum_{m=0}^{\infty} d_m\psi_m(o,y).$$

Solving for the Fourier coefficients on the left-hand side,

$$ikE_o(1-\rho)=\frac{1}{q\pi}\int_o^{q\pi}\sum_{m=0}^{\infty} d_m\psi_m(o,y)dy \tag{6}$$

$$c_n=\frac{2}{\pi k_n i}\int_o^{q\pi}\sum_{m=0}^{\infty} d_m\psi_m(o,y)\cos\frac{n}{q}ydy \qquad n=1,2,\ldots \tag{7}$$

Combining (5) with (7),

$$d_n=\frac{2}{\pi k_n i}\int_o^{q\pi}\sum_{m=0}^{\infty} d_m\psi_m(o,y)\cos\frac{n}{q}ydy \qquad n=1,2,\ldots \tag{8}$$

From (2) and (3) it can be seen that

$$\psi_o(x,y)=ikqe^{ikx}+i\sum_{r=1}^{\infty} S_{ro}l_r e^{il_rx}\cos ry \tag{9a}$$

$$\psi_m(x,y)=i\sum_{r=1}^{\infty} l_rS_{rm}e^{il_rx}\cos ry \qquad m=1,2,\ldots \tag{9b}$$

Therefore,

$$\sum_{m=0}^{\infty} d_m\psi_m(o,y)=ikqd_o+i\sum_{m=0}^{\infty} d_m\sum_{r=1}^{\infty} S_{rm}l_r\cos ry. \tag{10}$$

Substituting into (8),

$$d_n=\frac{2}{\pi k_n}\int_o^{p\pi}\left\{kqd_o+\sum_{m=0}^{\infty} d_m\sum_{r=1}^{\infty} l_rS_{rm}\cos ry\right\}\cos\frac{n}{q}ydy \qquad n=1,2,\ldots$$

$$d_n=\sum_{m=0}^{\infty} d_m\sum_{r=1}^{\infty}\frac{l_r}{k_n}S_{rm}S_{rn} \qquad n=1,2,\ldots \tag{11}$$

Equation (11) is an infinite system of linear equations in the unknown Fourier coefficients, d_n.

A scalar side condition is obtained by substituting (10) into (6).

$$ikE_o(1-\rho)=\frac{1}{q\pi}\int_0^{q\pi}\left\{ikqd_o+i\sum_{m=0}^{\infty} d_m\sum_{r=1}^{\infty} S_{rm}l_r\cos ry\right\}dy$$

$$=ikqd_o+\frac{i}{q\pi}\sum_{m=0}^{\infty} d_m\sum_{r=1}^{\infty}\frac{1}{r}S_{rm}l_r\sin r\pi q. \tag{12}$$

It can be seen from (3), (5), (4) and condition (g) that the transmission coefficient, τ, is given by

$$\tau=q(1+\rho), \tag{13}$$

which gives a simple relation between the reflection and transmission coefficient. Using the value of d_o found in (5), we have from (12)

$$\sum_{m=0}^{\infty} d_m\sum_{r=1}^{\infty}\frac{l_r}{q\pi r}S_{rm}\sin q\pi r=kE_o(1-\rho-q-\rho q). \tag{14}$$

This scalar condition (together with (5)) will be used to evaluate ρ after (11) has been solved for the d_n's.

4. Perturbation Method

In order to use the perturbation method in the solution of the equations of the previous section, we must establish their explicit dependence upon k. Having done that, we shall solve the electrostatic problem ($k=0$) explicitly and use it as the unperturbed case.

Equation (11) depends upon k only in its term, $\frac{l_r}{k_n}$.

$$\frac{l_r}{k_n}=-\frac{\sqrt{r^2-k^2}}{\sqrt{n^2-k^2q^2}}=-\frac{r}{n}\frac{\sqrt{1-\frac{k^2}{r^2}}}{\sqrt{1-\frac{k^2q^2}{n^2}}}$$

$$=-\frac{r}{n}\sqrt{\left(1-\frac{k^2}{r^2}\right)\left(1+\frac{k^2q^2}{n^2}+\ldots\right)}$$

$$=-\frac{r}{n}\sqrt{1-\left(\frac{k^2}{r^2}-\frac{k^2q^2}{n^2}\right)+\ldots}$$

$$=-\frac{r}{n}+\frac{r}{2n}\left(\frac{k^2}{r^2}-\frac{k^2q^2}{n^2}\right)+\ldots$$

$$=-\frac{r}{n}+\frac{k^2}{2}\left(\frac{1}{nr}-\frac{q^2r}{n^3}\right)+\ldots.$$

Equation (14) depends upon k only in its term, l_r.

$$l_r=-i\sqrt{r^2-k^2}=-ir\sqrt{1-\frac{k^2}{r^2}}=-ir+\frac{ik^2}{2r}+\ldots.$$

Neglecting all terms involving powers of k higher than the second, eq (11) can be written in matrix notation as follows: let

$$\vec{d}=(d_0,d_1,d_2,\ldots)$$

$T=$the matrix of elements $T_{nr}=\frac{r}{n}S_{rn}, \quad n\neq0,$

$\qquad =0, \quad n=0,$

$S=$matrix of elements $S_{rn}=\frac{2}{\pi}\int_0^{q\pi}\cos ry\cos\frac{n}{q}ydy$

(as previously defined),

$U=$matrix of elements

$$U_{nr}=-\frac{1}{2}\left(\frac{1}{r^2}-\frac{q^2}{n^2}\right)T_{nr} \qquad n,r\neq 0,$$

$$=0 \qquad n \text{ or } r=0.$$

Now we add (5) to (11) and use the notation that $\vec{1}$ is the vector

$$\vec{1}=\{1,0,0,0,\ldots\}.$$

We assume that all summations go from 0 to $+\infty$.

$$\vec{d}=-\{(T+k^2U)S\}(\vec{d})+E_o(1+\rho)\vec{1}. \qquad (15)$$

If I is the identity matrix, we have

$$\{I+TS+k^2US\}(\vec{d})=E_o(1+\rho)\vec{1}. \qquad (16)$$

Let

$$T^*_{rm}=-\frac{i}{q\pi}S_{rm}\sin q\pi r \qquad r=0,1,2,\ldots$$

$$U^*_{rm}=-\frac{1}{2r^2}T^*_{rm} \qquad r=1,2,\ldots$$

$$U^*_{om}=0.$$

Then (14) becomes

$$\sum_{m=0}^{\infty} d_m \sum_{r=0}^{\infty} (T^*_{rm}+k^2U^*_{rm})=kE_o(1-\rho-q-\rho q) \qquad (17a)$$

For shorthand, let us define vectors $\vec{t}^*$ and $\vec{u}^*$ whose components are:

$$t^*_m=\sum_{r=0}^{\infty} T^*_{rm} \qquad (17b)$$

$$u^*_m=\sum_{r=0}^{\infty} U^*_{rm}. \qquad (17c)$$

Then (17) can be rewritten as

$$(\vec{t}^*+k^2\vec{u}^*)\cdot\vec{d}=kE_o(1-\rho-q-\rho q). \qquad (18)$$

Equations (16) and (18) form the system which we shall solve. First we shall solve (16) using the perturbation method to invert the matrix. Then we shall use the solution vector, $\vec{d}$, in (18) to compute the reflection coefficient, ρ.

The method will proceed as follows. We shall show that the electrostatic system

$$\{I+TS\}(\vec{d})=\vec{R}$$

can be solved for arbitrary right-hand sides, $\vec{R}$, in such a way that $\vec{t}^*\cdot\vec{d}=0$. When this is known, the full system can be solved up to terms of order k^2 by setting

$$\vec{d}=\vec{e}+k^2\vec{f}.$$

Equation (16) becomes

$$\{I+TS+k^2US\}(\vec{e}+k^2\vec{f})=E_o(1+\rho)\vec{1}.$$

Thus, neglecting powers of k higher than the second,

$$\{I+TS\}(\vec{e})+k^2\{I+TS\}(\vec{f})+k^2\{US\}(\vec{e})=E_o(1+\rho)\vec{1}.$$

We now can find a unique vector, $\vec{e}$, such that

$$\{I+TS\}(\vec{e})=\vec{1}$$

(which implies that $E_o(1+\rho)\vec{e}$ solves the electrostatic system) and $\vec{t}^*\cdot\vec{e}=0$. Now, having found $\vec{e}$, we compute $\{US\}(\vec{e})$ and solve

$$\{I+TS\}(\vec{f})=-\{US\}(\vec{e})$$

in such a way that $\vec{t}^*\cdot\vec{f}=0$.

Having found $\vec{d}(=\vec{e}+k^2\vec{f})$, we substitute this solution vector into (18).

$$(\vec{t}^*+k^2\vec{u}^*)\cdot(\vec{e}+k^2\vec{f})=\frac{kE_o(1-\rho-q-\rho q)}{E_o(1+\rho)}.$$

But $\vec{t}^*\cdot\vec{e}=\vec{t}^*\cdot\vec{f}=0$.

Therefore,

$$k^2\vec{u}^*\cdot\vec{e}=\frac{kE_o(1-\rho-q-\rho q)}{E_o(1+\rho)}$$

$$\rho=\frac{1-(q+k\vec{u}^*\cdot\vec{e})}{1+(q+k\vec{u}^*\cdot\vec{e})}. \qquad (19)$$

Our main result may now be stated as

Theorem 1. *For sufficiently small values of k, the reflection coefficient ρ is given by formula (19), where the vector $\vec{u}^*$ has been defined by equation (17) and where the components of the vector $\vec{e}$ are defined by equations (38) and (39); the vector $\vec{e}$ itself describes the solution of the electrostatic problem ($k=0$).*

193

5. Electrostatic Case

We have the system of linear equations

$$\{I+TS\}(\vec{d})=\vec{R},$$

and we wish to show that it can be solved for arbitrary right-hand sides in such a way that the solution vector, $\vec{d}$, satisfies the scalar condition

$$\vec{t^*}\cdot\vec{d}=0.$$

To this end we first invert the matrix $\{I+TS\}$. The method we shall use is to produce a matrix, D, and a triangular matrix, Δ, such that

$$\{I+TS\}\{D\}=\Delta.$$

Since Δ is triangular, its inverse can easily be computed; thus, the full solution is

$$\{I+TS\}^{-1}=D\Delta^{-1}.$$

First we shall construct the triangular matrix, Δ. To this end, let us consider the field in region I. It has the form

$$E_y^{\mathrm{I}}(x,y)=\sum_{n=0}^{\infty}c_n e^{-\frac{n}{q}x}\cos\frac{n}{q}y \tag{20}$$

in the electrostatic case. If we relax the condition at $+\infty$ and allow the field to become exponentially large, new modes may be introduced. We shall refer to these as "unrealistic" modes. Let the Nth unrealistic mode be denoted by $E_N^{\mathrm{I}}(x,y)$. It will increase exponentially for $x\to\infty$, and the order of magnitude of the function at $x\to\infty$ is determined by the first term ($n=-N$) in the expansion:

$$E_N^{\mathrm{I}}(x,y)=\sum_{n=-N}^{\infty}c_n^N e^{-\frac{n}{q}x}\cos\frac{n}{q}y. \tag{21}$$

We wish to determine E_N^{I} in such a manner that it satisfies all conditions for E_y except for (7). This implies that, in region II, we have

$$E_N^{\mathrm{II}}(x,y)=\sum_{n=0}^{\infty}d_n^N\phi_n(x,y), \tag{22}$$

where, in the electrostatic case,

$$\phi_0(x,y)=q+\sum_{m=1}^{\infty}S_{mo}e^{mx}\cos my$$

$$\phi_n(x,y)=\sum_{m=1}^{\infty}S_{mn}e^{mx}\cos my \qquad n\neq 0$$

$$\psi_n(x,y)=\frac{\partial\phi_n}{\partial x}=\sum_{m=1}^{\infty}mS_{mn}e^{mx}\cos my \qquad \text{all } n. \tag{23}$$

Equations (21) and (22) provide us with an infinitude of new fields. Solution of these will yield the matrices, D and Δ, which we seek.

Matching (21) and (22) in the aperture $x=0$, $|y|<q\pi$,

$$\sum_{n=-N}^{\infty}c_n^N\cos\frac{n}{q}y=\sum_{n=0}^{\infty}d_n^N\phi_n(o,y).$$

This implies that

$$\begin{aligned} c_n^N&=d_n^N && n>N\\ c_n^N+c_{-n}^N&=d_n^N && 0<n<N\\ c_o^N&=d_o^N, \end{aligned} \tag{24}$$

since

$$\cos\frac{n}{q}y=\cos\left(-\frac{n}{q}\right)y$$

and

$$\phi_n(o,y)=\cos\frac{n}{q}y, \qquad |y|<q\pi.$$

Let us define

$$c_n^+=\begin{cases} c_n^N & n>0\\ \frac{1}{2}c_o^N & n=0\end{cases}$$

$$c_n^-=\begin{cases} 0 & n>N\\ c_{-n}^N & 0<n\leq N\\ \frac{1}{2}c_o^N & n=0.\end{cases}$$

Then

$$d_n^N=c_n^++c_n^-, \text{ for all } n. \tag{25}$$

We apply the derivative condition

$$\frac{\partial E_N^{\mathrm{I}}(x,y)}{\partial x}=-\frac{1}{q}\sum_{m=-N}^{\infty}mc_m^N e^{-\frac{m}{q}x}\cos\frac{m}{q}y$$

$$\frac{\partial E_N^{\mathrm{II}}(x,y)}{\partial x}=\sum_{n=0}^{\infty}d_n^N\psi_n(x,y)$$

$$\sum_{m=1}^{\infty}\frac{m}{q}(c_m^--c_m^+)\cos\frac{m}{q}y=\sum_{n=0}^{\infty}d_n^N\psi_n(o,y) \qquad |y|<q\pi. \tag{26}$$

Multiply by $\cos\frac{n}{q}y$ and integrate

$$\frac{n}{q}(c_n^--c_n^+)=\frac{2}{q\pi}\int_o^{q\pi}\sum_{m=0}^{\infty}d_m^N\psi_m(o,y)\cos\frac{n}{q}y\,dy.$$

Multiply this by $\frac{q}{n}$ and add (25)

$$2c_n^-=d_n^N+\sum_{m=0}^{\infty}d_m^N\frac{2}{\pi n}\int_o^{q\pi}\psi_m(o,y)\cos\frac{n}{q}y\,dy. \tag{27}$$

However, it is easily seen that (27) is merely

194

$$\{I+TS\}(\vec{d}_N)=2\vec{c}_N \tag{28}$$

where

$$\vec{d}_N=(d_o^N, d_1^N, \ldots)$$

and

$$\vec{c}_N=(\tfrac{1}{2}c_o^N, c_{-1}^N, \ldots, c_{-N}^N, 0, 0 \ldots).$$

If for each N we can compute $\vec{c}_N$ and $\vec{d}_N$, we will have found the matrices D and Δ. The solution vectors, $\vec{d}_N$, will comprise D; and the right-hand sides, $\vec{c}_N$, will comprise the triangular matrix, Δ.

Thus, we must do the following for each N:

(i) Compute the vector $\vec{c}_N$.

(ii) Find the solution vector $\vec{d}_N$.

Problem (i) may be solved as follows: We map the waveguide structure onto the strip $|v|\leq\pi$ in the $w=u+iv$ plane. The Schwartz-Christoffel formula gives us the mapping implicitly. We may state the result as

LEMMA 1. The mapping of the interior of the waveguide in the $z=(x+iy)$ plane (as drawn in fig. 1) onto the strip $|v|\leq\pi$ of the $w=(u+iv)$ plane is given by

$$z=\log\left[\frac{(\sqrt{q^2e^w+1}+q\sqrt{e^w+1})^{2q}e^w(1-q^2)^{1-q}}{(\sqrt{q^2e^w+1}+\sqrt{e^w+1})^2}\right]$$

$$\frac{dw}{dz}=\sqrt{\frac{e^w+1}{q^2e^w+1}} \tag{29}$$

where the square roots are determined by

$\arg\,(q^2e^w+1)^{\frac{1}{2}}=0$ for $w=i\pi+2\log q^{-1}+\sigma$ and $\sigma\leq 0$,

$\arg\,(q^2e^w+1)^{\frac{1}{2}}=\frac{\pi}{2}$ for $w=i\pi+2\log q^{-1}+\sigma$ and $\sigma>0$,

$\arg\,(e^w+1)^{\frac{1}{2}}=0$ for $w=i\pi+\tau$, $\tau\leq 0$,

$\arg\,(e^w+1)^{\frac{1}{2}}=\frac{\pi}{2}$ for $w=i\pi+\tau$, $\tau>0$.

The following points correspond to each other:

$w=i\pi-\infty$ and $z=i\pi-\infty$

$w=i\pi$ and $z=i\pi$

$w=i\pi+2\log q^{-1}$ and $z=i\pi q$

$w=i\pi+\infty$ and $z=i\pi q+\infty$.

Let $\zeta=e^{-\frac{z}{q}}$, $\sigma=e^{-W}$. Substituting into (29),

$$\zeta=\sigma\frac{(\sqrt{q^2+\sigma}+\sqrt{1+\sigma})^{\frac{2}{q}}}{(\sqrt{q^2+\sigma}+q\sqrt{1+\sigma})^2(1-q^2)^{\frac{1-q}{q}}}. \tag{30}$$

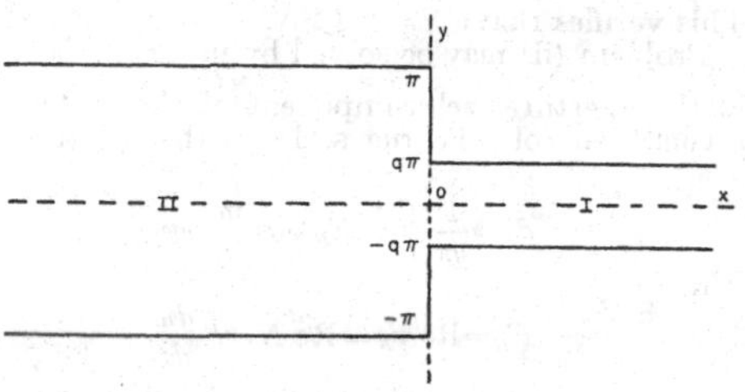

FIGURE 1.

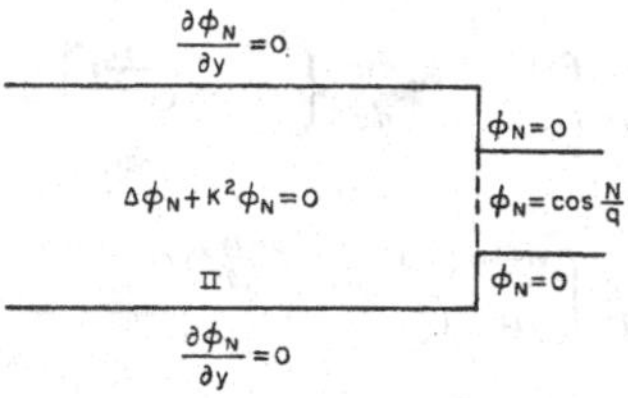

FIGURE 2.

Equation (30) shows that σ can be expanded in a power series in ζ. The field E_N can be written as the real part of the derivative of the potential, e^{Nw}.

Let $\Phi_N=\frac{d}{dz}e^{Nw}$ so that $E_N=\text{Re}\,\Phi_N$. We assert that Φ_N can be expanded in a series of the type

$$c_{-N}^{(N)}e^{\frac{Nz}{q}}+c_{1-N}^{(N)}e^{\frac{(1-N)}{q}z}+\ldots+c_o^{(N)}+\sum_{l=1}^{\infty}c_l^{(N)}e^{-\frac{lz}{q}}=\sum_{l=-N}^{\infty}c_l^{(N)}\zeta^l.$$

This form follows from (30) and from

$$\Phi_N=Ne^{Nw}\frac{dw}{dz}=N\sigma^{-N}\sqrt{\frac{1+\sigma}{q^2+\sigma}}.$$

The residue theorem asserts that

$$c_{-l}^{(N)}=\frac{1}{2\pi i}\oint_{\zeta=0}\Phi_N\zeta^{l-1}d\zeta \qquad 1\leq l\leq N.$$

This reduces to the expression (31) for $C_{-l}^{(N)}$ as an integral over a small circle around $\sigma=0$, taken in the positive sense.

$$c_{-l}^{(N)}=\frac{1}{2\pi i}\frac{N}{q(1-q^2)^{(1-q)\frac{l}{q}}}\oint_{\sigma=0}\sigma^{l-N-1}\frac{(\sqrt{q^2+\sigma}+\sqrt{1+\sigma})^{2\frac{l}{q}}}{(\sqrt{q^2+\sigma}+q\sqrt{1+\sigma})^{2l}}d\sigma. \tag{31}$$

This verifies that $c_{-l}^{(N)}=0,\ l>N$.

Problem (ii) may be solved by using the fact that in the aperture each component of the vector $\vec{d}_N$ is a coefficient of a Fourier series in the aperture.

$$d_m^N=\frac{1}{q\pi}\int_{-q\pi}^{q\pi} E_N \cos\frac{m}{q}y\,dy. \tag{32}$$

But

$$E_N=\text{Re}\ \Phi_N=\text{Re}\ Ne^{Nw}\frac{dw}{dz}.$$

Writing the full complex integral (and dropping the "Re" for now),

$$d_m^N=\frac{1}{2\pi qi}\int_{-q\pi i}^{q\pi i} Ne^{Nw}\frac{dw}{dz}\left\{e^{\frac{m}{q}z}+e^{-\frac{m}{q}z}\right\}dz$$

$$=\frac{N}{2\pi qi}\int_{-\pi i+\log\left(\frac{1}{q^2}\right)}^{\pi i+\log\left(\frac{1}{q^2}\right)} e^{Nw}\left\{e^{\frac{m}{q}F(w)}+e^{-\frac{m}{q}F(w)}\right\}dw,$$

where $F(w)$ is the Schwartz-Christoffel mapping given in (29). Using the substitution $\lambda=e^w$

$$d_m^N=\text{Re}\,\frac{N}{2\pi qi}\Bigg[(1-q^2)^{(1-q)\frac{m}{q}}\int\lambda^{N-1+\frac{m}{q}}$$

$$\frac{(\sqrt{q^2\lambda+1}+q\sqrt{\lambda+1})^{2m}}{(\sqrt{q^2\lambda+1}+\sqrt{\lambda+1})^{2\frac{m}{q}}}d\lambda+(1-q^2)^{(q-1)\frac{m}{q}}$$

$$\int\lambda^{N-1-\frac{m}{q}}\frac{(\sqrt{q^2\lambda+1}+\sqrt{\lambda+1})^{\frac{2m}{q}}}{(\sqrt{q^2\lambda+1}+q\sqrt{\lambda+1})^{2m}}d\lambda\Bigg] \tag{33}$$

The path of integration is around a circle of radius $\frac{1}{q^2}$ in the positive sense, as illustrated in figure 3.

It remains now to show that solutions of the system

$$\{I+TS\}(\vec{d})=\vec{R}$$

satisfy

$$\vec{t}^*\cdot\vec{d}=0.$$

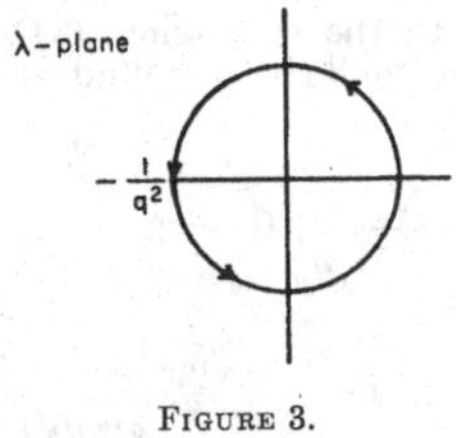

FIGURE 3.

The reason for this is that the components d_m of $\vec{d}$ as well as the components of all the vectors $\vec{d}_N$ are the Fourier coefficients of the derivative of a potential function Re $\Phi=\frac{\partial v}{\partial y}$ (or, in general, of Re $\Phi_N=\frac{\partial}{\partial y}$ [sin Nv exp Nu]). In fact, the definition of the t_m^* by (17b) shows that

$$t_m^*=\int_{-q\pi}^{q\pi}\psi_m(x,y)dy,$$

where the $\psi_m(x,y)$ are defined in the electrostatic case by (9a), (9b) with the additional condition $k=0$. Now the d_m are derived by the fact that

$$\Sigma d_m\psi_m(x,y)$$

is the expansion for Re Φ (or, more generally, Re Φ_N) in region II. Therefore we have

$$\vec{t}^*\cdot\vec{d}=\frac{1}{2q\pi}\int_{-q\pi}^{q\pi}\frac{\partial^2 v(o,y)}{\partial y\partial x}dy=\frac{\partial v}{\partial x}\Bigg|_{(o,-q\pi)}^{(o,q\pi)}. \tag{34}$$

But v is constant on both boundaries, so that there $\partial v/\partial x=0$. Therefore, $\vec{t}^*\cdot\vec{d}=0$.

6. Convergence

It has been tacitly assumed in the previous computations that the convergence of the various infinite series is good enough to justify the operations performed. For example, the final formula for the reflection coefficient (19) involves an infinite series represented by the dot product, $\vec{u}^*\cdot\vec{e}$. It seems to be a rather difficult task to prove that our perturbation method leads to a convergent procedure for the computation of ρ, at least for sufficiently small k. All we shall do here is this: We shall prove that the approximation formula of Theorem 1 is meaningful. For this purpose, we must prove:

THEOREM 2: *The infinite sum represented by the product $\vec{u}^*\cdot\vec{e}$ converges absolutely.*

From equation (17) it can be seen that

$$\vec{u}^*\cdot\vec{e}=\sum_{m=0}^{\infty}e_m\sum_{r=1}^{\infty}\frac{i}{2q\pi r^2}\sin q\pi r\,\frac{2}{\pi}\int_0^{q\pi}\cos ry\cos\frac{m}{q}y\,dy$$

$$=\frac{i}{q\pi^2}\sum_{m=0}^{\infty}e_m\left[\sum_{r=1}^{\infty}\frac{\sin q\pi r}{r^2}\int_0^{q\pi}\cos ry\cos\frac{m}{q}y\,dy\right]. \tag{35}$$

We shall show first that the factor in brackets is less than a constant times $1/m$ for m large. This may be seen as follows: The factor in question is the mth Fourier coefficient of the function

$$f(y)=\frac{1}{2}\sum_{r=1}^{\infty}\left\{\frac{\sin r(q\pi+y)}{r^2}+\frac{\sin r(q\pi-y)}{r^2}\right\}.$$

The formula

$$\sum_{r=1}^{\infty} \frac{\cos ry}{r} = -\log (2 \cos (y/2))$$

shows that $f(y)$ is differentiable except for isolated points in any finite interval. According to Whittaker-Watson [1958], sec. 9.3, the mth Fourier coefficient of such a function has the order of magnitude of $1/m$.

In order to complete the proof of convergence of $\vec{u}^* \cdot \vec{e}$ in (35), we must demonstrate the absolute convergence of

$$\sum_{m=1}^{\infty} \frac{1}{m} e_m. \tag{36}$$

Each component of the vector $\vec{e}$ is a coefficient of the Fourier expansion of the field in the aperture.

$$e_m = \frac{1}{q\pi} \int_{-q\pi}^{q\pi} E_y \cos \frac{m}{q} y dy. \tag{37}$$

Inasmuch as E_y vanishes for $q\pi < |y| < \pi$, (37) can be written as

$$e_m = \frac{1}{q\pi} \int_{-\pi}^{\pi} E_y \cos \frac{m}{q} y dy$$

$$= \frac{1}{2\pi qi} \int_{-\pi i}^{\pi i} \frac{dw}{dz} \left(e^{\frac{m}{q}z} + e^{-\frac{m}{q}z} \right) dz. \tag{38}$$

We can convert this to a line integral in the w-plane using the Schwartz-Christoffel mapping given in (29).

$$e_m = \frac{1}{2\pi qi} \left\{ (1-q^2)^{(1-q)\frac{m}{q}} \int_C e^{\frac{m}{q}w} \frac{(\sqrt{q^2e^w+1} + q\sqrt{e^w+1})^{2m}}{(\sqrt{q^2e^w+1} + \sqrt{e^w+1})^{\frac{2m}{q}}} dw \right.$$

$$\left. + \frac{1}{(1-q^2)^{(1-q)\frac{m}{q}}} \int_C e^{-\frac{m}{q}w} \frac{(\sqrt{q^2e^w+1} + \sqrt{e^w+1})^{\frac{2m}{q}}}{(\sqrt{q^2e^w+1} + q\sqrt{e^w+1})^{2m}} dw \right\}. \tag{39}$$

The path of integration, C, is illustrated in the following sketch (fig. 4):

The first integral will converge if the path is altered in such a way that Re $(w) < 0$, so we shall change the path into the one indicated by figure 5. Along the bottom path we may put

$$w = -\pi i - s, \quad 0 \leq s < \infty.$$

By rewriting the first integral in terms of s, and by using the inequalities

$$(1-q^2)^{\frac{1}{2}} \leq (1-q^2e^{-s})^{\frac{1}{2}} + q(1-e^{-s})^{\frac{1}{2}}$$

$$\leq (1-q^2e^{-s})^{\frac{1}{2}} + (1-e^{-s})^{\frac{1}{2}},$$

we see easily that the resulting integral can be majorized by $1/2\pi m$. The same analysis goes through on the upper path of integration, and this shows the absolute convergence of the first half of (36).

For the second integral in (39) we can break up the path as indicated in figure 6.

We see readily that the integrals along C_2 and C_3 cancel each other out exactly. We are left, then, with integrals along C_1 and C_4. By putting

$$W = \pi i + s, \quad 0 \leq s \leq \log q^{-2}$$

on C_4, and using the substitutions

$$\cos \alpha = (1+e^{-s})^{\frac{1}{2}}(1-q^2)^{-\frac{1}{2}},$$

$$\cos \beta = q(e^s-1)^{\frac{1}{2}}(1-q^2)^{-\frac{1}{2}} \tag{40}$$

$$\frac{d\alpha}{ds} = -\frac{1}{2} e^{-s}(e^{-s}-q^2)^{-\frac{1}{2}}(1-e^{-s})^{-\frac{1}{2}}, \quad 0 \leq \alpha \leq \pi/2 \tag{41}$$

$$\frac{d\beta}{ds} = -\frac{q}{2} e^s(e^s-1)^{-\frac{1}{2}}(1-q^2e^s)^{-\frac{1}{2}}, \quad 0 \leq \beta \leq \pi/2 \tag{42}$$

$$\gamma = \frac{\alpha}{q} - \beta, \ \frac{d\alpha}{ds} = -\frac{1}{2} \tan \beta \quad 0 \leq \gamma \leq \frac{\pi}{2}\left(\frac{1}{q} - 1\right) \tag{43}$$

we find that the second integral along C_4 has the value

$$\frac{(-1)^{m+1}}{2\pi iq} \int_0^{\log q^{-2}} e^{2im\gamma} ds. \tag{44}$$

Applying a similar method to transform the second integral along C_1, we find, after combining the results, the single integral

$$\frac{(-1)^{m+1}}{\pi q} \int_0^{\log q^{-2}} \sin (2m\gamma) ds, \tag{45}$$

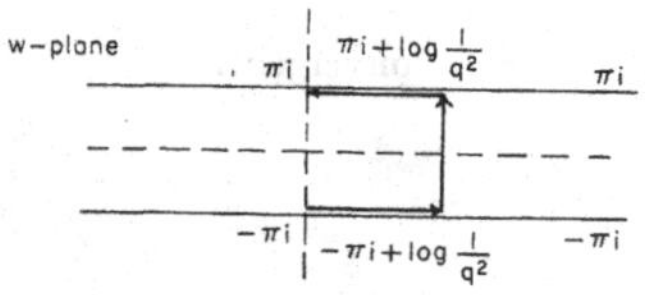

FIGURE 4.

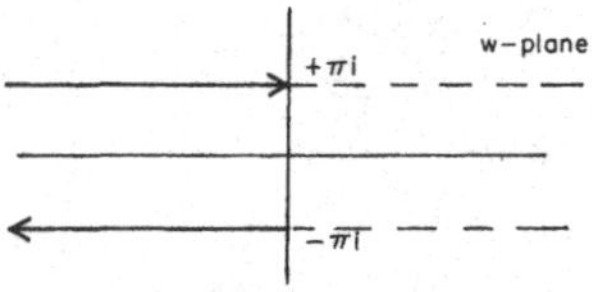

FIGURE 5.

666696—63——8

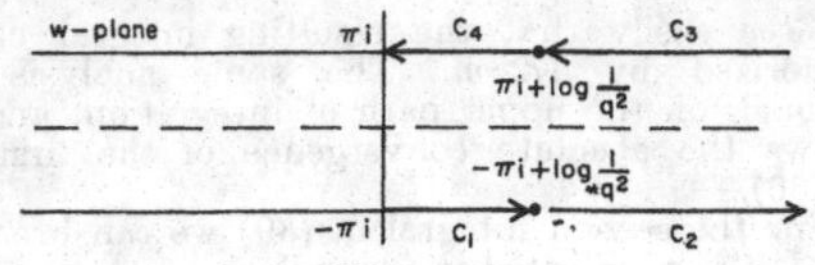

FIGURE 6.

which is now our expression for the second integral in (39). It can be shown that (45) is majorized by a constant multiple of $m^{-2/3}$ for large values of m. The proof for this fact is somewhat tedious, and we shall give a sketch of it only.

Because of (43), the integral in (45) is singular at $s=\log q^{-2}$, $\beta=\pi/2$, where $ds/d\gamma$ becomes infinite. To show that (45) exists and even becomes small for large m, we introduce the variable

$$t=s-\log q^{-2}$$

and show that t depends analytically on $\gamma^{1/3}$ such that (with a constant c)

$$t=c^2\gamma^{2/3}+\text{higher terms in } \gamma^{1/3}. \tag{46}$$

From (46), we can deduce that (45) behaves for large m like

$$\int_0^\delta \frac{\sin 2m\gamma}{\gamma^{\frac{1}{3}}}\,d\gamma, \tag{47}$$

where δ is a fixed, sufficiently small real number. In turn, (47) can be shown to be of the order of $m^{-2/3}$ because of

$$\int_0^\infty \frac{\sin 2m\gamma}{\gamma^{\frac{1}{3}}}\,d\gamma=\Gamma\left(\frac{2}{3}\right)\left(\cos\frac{\pi}{6}\right)(2m)^{-\frac{2}{3}}. \tag{48}$$

Combining all these results shows that $\vec{u}^*\cdot\vec{e}$ converges absolutely, for we have shown that this sum behaves at worst like

$$\sum_m \frac{1}{m^{5/3}}$$

which is absolutely convergent.

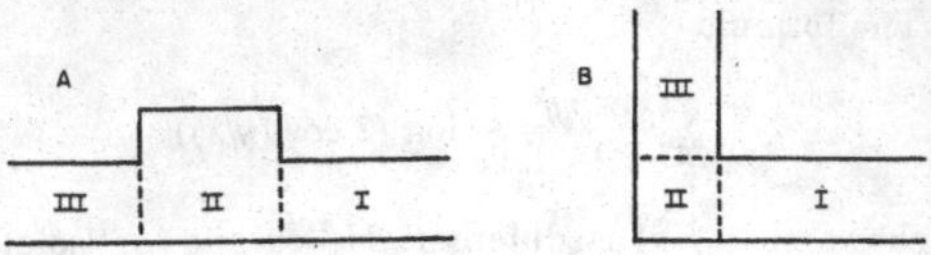

FIGURE 7.

7. Concluding Remarks

We have restricted our investigations to a first-order approximation of the value of the reflection coefficient. Higher-order approximations are available, since we have the inverse of the matrix determining the electrostatic case.

The method of solution used in this paper may be tedious, but it is sufficiently general to be applicable to a wider range of waveguide problems. For example, it can be used in finding the field in more complex waveguide structures such as those illustrated in the following sketches.

In each of these problems there are three distinct regions, and this will give rise to two sets of reflection and transmission coefficients. (At first it might be thought that regions II and III in problem B could be combined into a single region, but elementary analysis shows that a field of this form is overdetermined and can yield only the trivial solution.)

The authors thank the referee for a large number of helpful suggestions.

8. References

Marcuvitz, N. (Editor) (1951), Waveguide handbook, Mass. Inst. Technol. Radiation Laboratory Series **10,** (McGraw-Hill Book Co., Inc., New York, N.Y.).

Saxon, D. S. (1943), Notes on lectures by Julian Schwinger (MIT Radiation Laboratory Report 4304).

Magnus, W., and F. Oberhettinger (1950), On systems of linear equations in the theory of guided waves, Comm. Pure and Appl. Math. **3,** 393–410.

Whittaker, E. T., and G. N. Watson (1958), A course of modern analysis (Cambridge, London).

(Paper 67D2–255)

COMMUNICATIONS ON PURE AND APPLIED MATHEMATICS, VOL. XX, 749–770 (1967)

On Knot Groups*

WILHELM MAGNUS AND ADA PELUSO

1. Introduction and Summary

According to Artin [1] the braid group B_n of braids on n strings can be defined as a group of automorphisms of a free group F_n on n free generators x_ν, $\nu = 1, \cdots, n$. As generators of B_n we can choose the automorphisms σ_ν, $\nu = 1, \cdots, n - 1$, defined by the maps

$$(1.1) \qquad \sigma_\nu : x_\nu \to x_{\nu+1}, \qquad x_{\nu+1} \to x_{\nu+1}^{-1} x_\nu x_{\nu+1}, \qquad x_i \to x_i, \qquad i \neq \nu, \nu + 1 .$$

Obviously, any element $\beta \in B_n$ maps x_ν onto an element

$$(1.2) \qquad T_\nu y_\nu T_\nu^{-1}$$

of F_n, where the T_ν are in F_n and where the y_ν arise from the x_ν by a permutation $\pi(\beta)$. The map

$$(1.3) \qquad \beta \to \pi(\beta)$$

maps B_n onto the symmetric groups Σ_n on n symbols; the kernel K_n of this mapping has been investigated and interpreted geometrically (in different ways) by Magnus [14] and by Artin [2].

If we close the braid corresponding to β we obtain a (tame) linkage $L(\beta)$ of one or several knotted curves in 3-space. The number of disjoint curves in this linkage is the number of cycles in the permutation $\pi(\beta)$. If $\pi(\beta)$ is an n-cycle, we shall call $L(\beta)$ a knot. According to [1], the fundamental group of the remainder of euclidean 3-space after the removal of $L(\beta)$ is a group with n generators x_ν and the defining relations

$$(1.4) \qquad x_\nu^{-1} T_\nu y_\nu T_\nu^{-1} = 1 .$$

The importance of this remark is based on the fact that the fundamental groups for all linkages in 3-space can be obtained by an appropriate choice of n and β. For later purposes we also need the fact (proved geometrically by Artin in [1]

* The research for this paper was supported in part under Grant 5091 of the National Science Foundation. Reproduction in whole or in part is permitted for any purpose of the United States Government.

and group theoretically by Magnus in [14]) that the elements of B_n are completely determined by the facts that the x_ν are mapped into elements of type (1.2) and that the relation

$$x_1 x_2 \cdots x_n = T_1 y_1 T_1^{-1} T_2 y_2 T_2^{-1} \cdots T_n y_n T_n^{-1} \tag{1.5}$$

holds in F_n (it is an identity).

We shall denote the fundamental group belonging to the linkage $L(\beta)$ by $G(\beta)$ or simply by G if β is fixed. If $L(\beta)$ is a knot, the question arises whether it can be deformed into a circle or not. A topological method to decide this question has been given by Haken [11]; a group theoretical method can be based on the results of Dehn [8], and Papakyriakopoulos [16] (who proved "Dehn's Lemma") that $L(\beta)$ can be deformed into a circle if and only if $G(\beta)$ is infinite cyclic. Whenever $L(\beta)$ is a knot, G/G' is infinite cyclic, where G' denotes the commutator subgroup of G. The question is, whether $G' = 1$ or not. Certainly, $G' \neq 1$ if $G'' \neq G'$, and this in turn, is true if and only if the normalized Alexander polynomial $A(v)$ in the variable v of G is not equal to one. However, there are knots for which $G' = G''$ and yet $G' \neq 1$. For these, all solvable quotient groups of the fundamental group G are cyclic. Therefore, nearly all of the effective methods which have been developed to prove non-isomorphism of infinite groups will be inapplicable if $A(v) = 1$.

The Alexander polynomial of $G(\beta)$, like $G(\beta)$ itself, does not depend on β but only on the conjugacy class of β in B_n. It is easy to see that, for $n = 2$, $G(\beta)$ is infinite cyclic if and only if β is conjugate with $\sigma_1^{\pm 1}$, i.e., with the braids having only one crossing, and that $A(v) \neq 1$ for all other closed braids from B_2 which are knots. In Section 2, we shall generalize this result by proving

THEOREM 1. *If β is a 3-braid, the linkage $L(\beta)$ is deformable into a circle if and only if β is conjugate (within B_3) with one of the elements*

$$\sigma_1^{\epsilon}\sigma_2^{\delta}, \qquad \epsilon, \delta = \pm 1 .$$

For all other $\beta \in B_3$ for which $L(\beta)$ is a knot, the normalized Alexander polynomial of $L(\beta)$ is not equal to one.

The proof of Theorem 1 will be based on a matrix representation of B_n which, for $n = 3$, can be proved to be faithful and which, for all n, allows an easy computation of the Alexander polynomial. This representation was discovered by Burau [3], and investigated by Gassner [10] and by Lipschutz [13]. For $n > 3$ the question of its faithfulness is still open. Should the representation be faithful for some or all $n \geqq 4$, interesting contributions to the difficult although solved (see Garside [9], Burde [5]) conjugacy problem in B_n could be expected. However, if the representation should turn out not to be faithful, this too would be of interest because of the following

COROLLARY 1. *Let K_n be the normal subgroup of B_n the elements of which are represented by the unit matrix in the Burau representation of B_n. Then, for any $\beta \in B_n$ which is such that $L(\beta)$ is a knot, all elements of the coset βK_n define knots with the same Alexander polynomial.*

If $K_n \neq 1$, it would be infinite since it contains a normal divisor of a free group and one could expect Corollary 1 to supply an infinitude of closed n-braids with Alexander polynomial 1.

Corollary 1 is an immediate consequence of Lemma 2.2.

In order to find tests which show that a knot group is not cyclic and which are not based on the Alexander polynomial we may start with the remark that in a knot group all generators are conjugate with each other. To be generated by a set of conjugate elements is a property shared by all simple non-cyclic groups since in these every conjugacy class $\neq 1$ generates the whole group. A particularly well investigated set of simple groups of finite order is the one consisting of the projective unimodular groups $PSL(2, p)$ of fractional linear substitutions

$$x' = \frac{ax + b}{cx + d}, \qquad ad - bc = 1, \tag{1.6}$$

with coefficients a, b, c, d in a Galois field of order p, where p denotes a prime number. The class of groups $PSL(2, p)$ is so large that it does not fit into any variety of groups except the one of all groups. This follows from the result that the free groups of any rank are residually $PSL(2, p)$ (which means that, for any element $x \neq 1$ in a free group F, there exists a normal subgroup N not containing x and such that F/N is isomorphic to a group $PSL(2, p)$); for a proof, see Peluso [17]. We shall use these groups in Section 3 to prove a result (Theorem 4) which implies

THEOREM 2. *Let KT denote the knot with a projection of eleven crossings and Alexander polynomial* 1 *discovered by Kinoshita and Terasaka in* 1957 (*see* [12]) *and let $G(KT)$ be the fundamental group of Euclidean three-space after removal of KT. There exist infinitely many prime numbers p for which $G(KT)$ has a quotient group isomorphic with $PSL(2, p)$.* (The details are stated in Theorem 4.)

It may be noted that KT is the simplest knot for which the Alexander polynomial is 1. For a more complicated knot which he had discovered and which also has Alexander polynomial 1, Seifert [18] proved that the group is non-cyclic by showing that it has an infinite Fuchsian group as a quotient group. Otherwise, the methods of proving the non-triviality of knots of this type are of a topological nature.

Theorem 2 proves more than the fact that $G(KT)$ is not cyclic. It may, hopefully, be considered as a first step in proving that the group is residually finite.

In order to show that the method outlined above is suitable for proving the non-cyclic nature of infinite sets of knot groups we shall derive in Section 4

THEOREM 3. *There exist infinitely many elements $\beta_\nu \in B_3$ which are not conjugate in B_3 such that the knot groups $G(\beta_\nu)$ have $PSL(2, 5)$ (i.e., the simple group of order 60) as a quotient group.*

A summary of the properties of Artin's braid groups B_n may be found in [14], Chapter 3.

2. Burau Representation and Alexander Polynomial

In order to obtain a representation of the braid group B_n in terms of finite matrices with elements in a ring R, we may proceed as follows:

Choose a subgroup C of F_n which is B_n-characteristic (i.e., which admits those automorphisms of F_n which are contained in B_n). Let R be the group ring (over the integers Z as ring of coefficients) of F_n/C. B_n then induces automorphisms in the abelian group C/C', and at the same time C/C' is an R-module. We shall obtain a representation of B_n of the desired type if the following conditions are satisfied:

(i) C/C', as an R-module, has a finite R-basis.

(ii) The automorphisms induced by the elements of B_n in C/C' are R-admissible, i.e., considered as operators acting on the module C/C' they commute with the elements of R (which also act as operators on C/C').

If we want R to be a commutative ring, we have to choose C in such a manner that F_n/C is abelian. The natural choice for such a C would be the derived group F_n' of F_n. In this case, condition (i) is satisfied but not condition (ii). We can satisfy condition (ii) by replacing B_n by its subgroup K_n of index $n!$; the resulting representation of K_n has been studied by Gassner [10] and Lipschutz [13]. However, if we choose for C the normal closure of the elements

$$x_\nu x_{\nu+1}^{-1}, \qquad \nu = 1, 2, \cdots, n-1, \tag{2.1}$$

of F_n, then C satisfies both of the conditions (i) and (ii). F_n/C is infinite cyclic, and the ring R is isomorphic with the ring of L-polynomials in a variable v (i.e., with the ring of polynomials in v and v^{-1} with integral coefficients). The Reidemeister-Schreier method shows that C is freely generated by the elements

$$u_\nu^{(k)} = x_1^k x_\nu x_{\nu+1}^{-1} x_1^{-k}, \qquad k = 0, \pm 1, \pm 2, \cdots, \nu = 1, 2, \cdots, n-1. \tag{2.2}$$

If we abelianize C, writing it additively in the process, we can replace $u_\nu^{(k)}$ by

$$v^k \theta_\nu \tag{2.3}$$

and the general element γ of C/C' will then be written in the form

(2.4) $$\gamma = \sum_{\nu=1}^{n-1} P_\nu(v)\theta_\nu ,$$

where the $P_\nu(v)$ are L-polynomials in v. The action of F_n/C on C/C' is defined by

(2.5) $$x_\rho^l \gamma x_\rho^{-l} \to v^l \gamma , \qquad \rho = 1, 2, \cdots, n, \qquad l = 0, \pm 1, \pm 2, \cdots ,$$

and the automorphisms $\sigma_\nu \in B_n$ act on C/C' as follows:

(2.6) $$\sigma_1 : \theta_1 \to -v^{-1}\theta_1 , \qquad \theta_2 \to v^{-1}\theta_1 + \theta_2 , \qquad \theta_\lambda \to \theta_\lambda , \qquad \lambda > 2 ,$$

(2.7) $$\sigma_{n-1} : \theta_{n-2} \to \theta_{n-2} + \theta_{n-1} , \quad \theta_{n-1} \to -v^{-1}\theta_{n-1} , \quad \theta_\lambda \to \theta_\lambda , \quad \lambda < n-2 ,$$

and, for $1 < \rho < n - 1$,

(2.8) $$\sigma_\rho : \theta_{\rho-1} \to \theta_{\rho-1} + \theta_\rho , \quad \theta_\rho \to -v^{-1}\theta_\rho , \quad \theta_{\rho+1} \to v^{-1}\theta_\rho + \theta_{\rho+1} , \quad \theta_\lambda \to \theta_\lambda , \quad \lambda \neq \rho - 1, \rho, \rho + 1 .$$

These linear mappings can be replaced by matrices of $n - 1$ rows and columns with elements which are L-polynomials in v. In turn, these matrices generate a group which is a homomorphic image of B_n. This representation of B_n (or, rather, one in terms of $n \times n$ matrices from which the present representation can be derived by a change of basis elements) was found by Burau, who introduced it without any derivation.

For our purposes, we need only the case $n = 3$. We have

LEMMA 2.1. *The matrix representation*

(2.9) $$\sigma_1 \to \begin{pmatrix} -v^{-1} & 0 \\ v^{-1} & 1 \end{pmatrix} , \qquad \sigma_2 \to \begin{pmatrix} 1 & 1 \\ 0 & -v^{-1} \end{pmatrix}$$

of B_3 is a faithful representation.

Proof: For $v = -1$, σ_1 and σ_2 are represented, respectively, by the matrices

(2.10) $$S_1 = \begin{pmatrix} 1 & 0 \\ -1 & 1 \end{pmatrix} , \qquad S_2 = \begin{pmatrix} 1 & 1 \\ 0 & 1 \end{pmatrix}$$

which generate the homogeneous modular group M_2. Therefore, the group generated by S_1 and S_2 is completely defined by the relations

(2.11) $$S_1S_2S_1 = S_2S_1S_2 , \qquad (S_1S_2)^6 = 1 .$$

In the representation of B_3 given in Lemma 2.1,

$$(\sigma_1\sigma_2)^6 \to \begin{pmatrix} v^{-6} & 0 \\ 0 & v^{-6} \end{pmatrix}. \tag{2.12}$$

Since M_2 arises from B_3 by mapping the infinite cyclic center of B_3 (generated by $(\sigma_1\sigma_2)^3$) onto an element of order 2, the representation of B_3 in Lemma 2.1 is faithful because $\sigma_1\sigma_2$ is represented by an element of infinite order.

Now let β be a fixed element of B_n such that $\pi(\beta)$ is an n-cycle and, therefore, $G(\beta)$ is the group of a knot. Then it is easy to see and well known (see e.g. Crowell and Fox [7] or Magnus, Karrass, Solitar [15], Section 3.4) that G'/G'' is a quotient group of C/C' which arises from C/C' by adjoining $n - 1$ linear relations (with L-polynomials as coefficients) between the basis elements θ_ν of C/C'. These relations can be read off from a set of $n - 1$ defining relations of G and their determinant is the Alexander polynomial $A(v)$ of G. It is determined only up to a factor $\pm v^k$, $k = 0, \pm 1, \pm 2, \cdots$, and it can be normalized in such a manner that the constant term is equal to $+1$ by choosing k properly. Now we have

LEMMA 2.2. *Let $\beta \in B_n$ be such that $\pi(\beta)$ in an n-cycle and let $M_\beta(v)$ be the $n - 1$ by $n - 1$ matrix corresponding to β in the matrix representation of B_n defined by* (2.6), (2.7), (2.8). *Let $A(v)$ be the Alexander polynomial of $G(\beta)$. Then*

$$\frac{1 - v^{-n}}{1 - v^{-1}} A(v) = \det |M_\beta(v) - I|, \tag{2.13}$$

where I is the unit matrix. In (2.13), *$A(v)$ need not be normalized.*

Lemma 2.2 is implicit in a paper by Burau [4]. However, his proof is not a purely group-theoretical one and it has to be extracted from three papers. We give here a simple group-theoretical proof, confining ourselves to the case $n = 3$ in order to have an easily manageable notation.

Suppose β is such that $\pi(\beta)$ is the cycle (1, 2, 3). Then we can take as defining relations for G:

$$x_1x_2^{-1} = T_1x_2T_1^{-1}x_2^{-1}, \qquad x_2x_3^{-1} = T_2x_3T_2^{-1}x_3^{-1}. \tag{2.14}$$

We can change T_ν, $\nu = 1, 2, 3$, on the right-hand side by a factor $x_{\nu+1}^l$ (where $\nu + 1$ is taken mod 3) without affecting the relations. Therefore, we may assume that the T_ν are in C (i.e., that the sum of all exponents of x_1, x_2, x_3 in T_ν adds up to zero). Mapping F_n onto F_n/C', the relations (2.14) may then be written as relations in C/C'. If, under this mapping,

$$T_\nu \to P_{\nu,1}\theta_1 + P_{\nu,2}\theta_2, \tag{2.15}$$

where $P_{\nu,1}$, $P_{\nu,2}$ are L-polynomials in v, the relations (2.14) assume the form

$$(2.16)\qquad \begin{aligned}(1-v)[P_{11}\theta_1+P_{12}\theta_2]-\theta_1&=0\,,\\ (1-v)[P_{21}\theta_1+P_{22}\theta_2]-\theta_2&=0\,,\end{aligned}$$

and therefore we find

$$(2.17)\qquad A(v)=\begin{vmatrix}(1-v)P_{11}-1\,, & (1-v)P_{12}\\ (1-v)P_{21} & (1-v)P_{22}-1\end{vmatrix}.$$

If we use the abbreviation

$$(2.18)\qquad L_\nu=P_{\nu,1}\theta_1+P_{\nu,2}\theta_2\,,$$

we may also say that $A(v)$ is the determinant of the two linear forms

$$(2.19)\qquad (1-v)L_1-\theta_1\,,\qquad (1-v)L_2-\theta_2$$

in θ_1, θ_2.

Next we have to interpret the determinant on the right-hand side of (2.13). It is obtained by taking the determinant of the linear forms

$$\beta(\theta_1)-\theta_1\,,\qquad \beta(\theta_2)-\theta_2\,,$$

where $\beta(\theta_\nu)$ is the map of θ_ν under β, if β is applied to C/C'. These linear forms arise from a mapping of the elements of F_n:

$$T_1x_2T_1^{-1}T_2x_3^{-1}T_2^{-1}(x_1x_2^{-1})^{-1}\,,$$

$$T_2x_3T_2^{-1}T_3x_1^{-1}T_3^{-1}(x_2x_3^{-1})^{-1}\,,$$

into C/C'. We find

$$T_1x_2T_1^{-1}T_2x_3^{-1}T_2^{-1}(x_1x_2^{-1})^{-1}=T_1x_2T_1^{-1}x_2^{-1}x_2x_3^{-1}x_3T_2x_3^{-1}T_2^{-1}(x_1x_2^{-1})^{-1}$$

and

$$T_2x_3T_2^{-1}T_3x_1^{-1}T_3^{-1}(x_2x_3^{-1})^{-1}=T_2x_3T_2^{-1}x_3^{-1}x_3x_1^{-1}x_1T_3x_1^{-1}T_3^{-1}(x_2x_3^{-1})^{-1}\,,$$

and therefore

$$\beta(\theta_1)-\theta_1=(1-v)L_1+\theta_2+(v-1)L_2-\theta_1\,,$$

$$\beta(\theta_2)-\theta_2=(1-v)L_2-\theta_1-\theta_2+(v-1)L_3-\theta_2\,.$$

We can express L_3 in terms of L_1 and L_2 because we have in F_n

$$T_1x_2T_1^{-1}T_2x_3T_2^{-1}T_3x_1T_3^{-1}(x_1x_2x_3)^{-1}=1\,.$$

This can be written as

$$(T_1x_2T_1^{-1}x_2^{-1})x_2x_3(x_3^{-1}T_2x_3T_2^{-1})x_3^{-1}x_2^{-1}x_2x_3x_1(x_1^{-1}T_3x_1T_3^{-1})(x_2x_3x_1)^{-1} \times x_2x_3x_1(x_1x_2x_3)^{-1} = 1\,.$$

By mapping F_n onto F_n/C', we obtain thus the following relation in C/C':

$$(1 - v)L_1 + v^2(v^{-1} - 1)L_2 + v^3(v^{-1} - 1)L_3 + (v^2 - 1)\theta_1 + (v^2 - v)\theta_2 = 0\,.$$

This can be written as

$$(v - 1)L_3 = v^{-2}(1 - v)L_1 + (v^{-1} - 1)L_2 + \theta_1 + \theta_2 - v^{-2}\theta_1 - v^{-1}\theta_2$$

and therefore we have

$$\beta(\theta_2) - \theta_2 = v^{-2}(1 - v)L_1 + (v^{-1} - v)L_2 - (1 + v^{-1})\theta_2 - v^{-2}\theta_1\,.$$

Now the determinant of the pair of linear forms $\beta(\theta_\nu) - \theta_\nu$, $\nu = 1, 2$, is the same as that of the pair

$$\beta(\theta_1) - \theta_1 = (1 - v)L_1 - \theta_1 - [(1 - v)L_2 - \theta_2]$$

and

$$\beta(\theta_2) - \theta_2 - v^{-2}[\beta(\theta_1) - \theta_1] = v^{-2}(1 - v^3)L_2 - (1 + v^{-1} + v^{-2})\theta_2$$

$$= (1 + v^{-1} + v^{-2})[(1 - v)L_2 - \theta_2]\,.$$

Therefore, the determinant of the forms $\beta(\theta_\nu) - \theta_\nu$ arises from the determinant of the forms

$$[(1 - v_1)L_1 - \theta_1] - [(1 - v)L_2 - \theta_2]\,,$$

$$(1 - v_2)L_2 - \theta_2$$

by multiplication with $1 + v^{-1} + v^{-2}$. But obviously, this determinant is the same as that of the forms (2.19) and therefore equal to $A(v)$.

This proves Lemma 2.2 for $n = 3$. For $n > 3$, the same number of steps suffices for the proof, but the formulas are longer.

Now we can prove Theorem 1. By putting $v = -1$, the matrix $M_\beta(v)$ of Lemma 2.2 changes into a matrix of the homogeneous modular group M_2 of the form

$$\begin{pmatrix} a & b \\ c & d \end{pmatrix}$$

with integral elements and $ad - bc = 1$. If

$$A(v) = \pm v^k, \qquad k = 0, \pm 1, \pm 2, \cdots,$$

we find from Lemma 2.2 that

$$\begin{vmatrix} a-1 & b \\ c & d-1 \end{vmatrix} = 2 - (a + d) = \pm 1 .$$

Therefore, $a + d = 1$ or $a + d = 3$. Now we shall prove

LEMMA 2.3. *If the trace of a matrix of M_2 equals 1 or 3, then it is, respectively, conjugate with*

$$(S_1S_2)^{\pm 1}, \qquad (S_1^{-1}S_2)^{\pm 1}$$

within M_2.

We observe first that Lemma 2.3 proves Theorem 1. Since B_3 and M_2 differ only by the orders of their (cyclic) centers, it follows that any $\beta \in B_3$ which is such that the Alexander polynomial of $G(\beta)$ is of the form $\pm v^k$ must be conjugate, within B_3, with one of the elements

$$(\sigma_1\sigma_2)^{\pm 1+6l}, \qquad (\sigma_1^{-1}\sigma_2)^{\pm 1}(\sigma_1\sigma_2)^{6l},$$

where l is an integer. Computing the Alexander polynomials belonging to these elements of B_3 with the help of Lemma 2.2 we find them to be, respectively,

$$(1 + v^{-1} + v^{-2})^{-1}(v^{12l\pm 2} + v^{6l\pm 1} + 1),$$

$$(1 + v^{-1} + v^{-2})^{-1}([v^{6l} - 1]^2 + v^{6l}[v + 1 + v^{-1}]),$$

and only for $l = 0$ are these L-polynomials of the form $\pm v^k$.

It remains to prove Lemma 2.3. If $a + d = 1$, then the corresponding substitution

$$z' = \frac{az + b}{cz + d}$$

of the inhomogeneous modular group M is of order 3. Since M is the free product of a cyclic group of order 2 and a cyclic group of order 3, we know from Kurosh's subgroup theorem that of two elements of order 3 in M one is the conjugate of the other or of its inverse. Since M arises from M_2 by mapping the center of M_2, which is of order 2 and is represented by

$$\begin{pmatrix} -1 & 0 \\ 0 & -1 \end{pmatrix},$$

onto the identity, it follows that of two elements in M_2 with trace 1 one is conjugate with the other or its inverse.

There remains the case where $a + d = 3$. We shall show that every matrix

$$\begin{pmatrix} 1-f & b \\ c & 2+f \end{pmatrix}, \qquad (1-f)(2+f) - bc = 1,$$

is conjugate in M_2 with one of the two matrices

$$S_1^{-1}S_2 = \begin{pmatrix} 1 & +1 \\ +1 & 2 \end{pmatrix}, \qquad S_1S_2^{-1} = \begin{pmatrix} 1 & -1 \\ -1 & 2 \end{pmatrix}.$$

For this purpose we form

$$\begin{pmatrix} 1 & 0 \\ l & 1 \end{pmatrix}\begin{pmatrix} 1-f & b \\ c & 2+f \end{pmatrix}\begin{pmatrix} 1 & 0 \\ -l & 1 \end{pmatrix} = \begin{pmatrix} 1-f-bl & b \\ c-l-2lf-l^2b & 2+f+lb \end{pmatrix},$$

$$\begin{pmatrix} 1 & -k \\ 0 & 1 \end{pmatrix}\begin{pmatrix} 1-f & b \\ c & 2+f \end{pmatrix}\begin{pmatrix} 1 & k \\ 0 & 1 \end{pmatrix} = \begin{pmatrix} 1-f-kc & b-k-2kf-k^2c \\ c & 2+f+kc \end{pmatrix},$$

and observe that, by conjugation, we can replace f by either $f + lb$ or $f + kc$, where l, k are arbitrary integers. Therefore, we can replace f by an integer of smaller absolute value as long as either $|b| \leqq |f|$ or $|c| \leqq |f|$ and $f \neq 0$. However, one of these conditions must be satisfied since

$$|bc| = |1 - f - f^2|,$$

which is incompatible with the assumption that both $|b|$ and $|c|$ are not less than $|f| + 1$. Therefore we can, by repeated conjugation, reach the case where $f = 0$. The only two matrices of this type are $S_1^{-1}S_2$ and $S_1S_2^{-1}$. This proves Lemma 2.3 and, therefore, Theorem 1, completely.

3. The Kinoshita–Terasaka Knot

The knot KT under consideration has a non-alternating projection with eleven crossings, as shown in Figure 1. According to Wirtinger (see, e.g. [7]), we can define the group $G(KT)$ in terms of generators and relations by assigning generators S_ν, $\nu = 1, \cdots, 11$, to the eleven segments of the knot projection which are

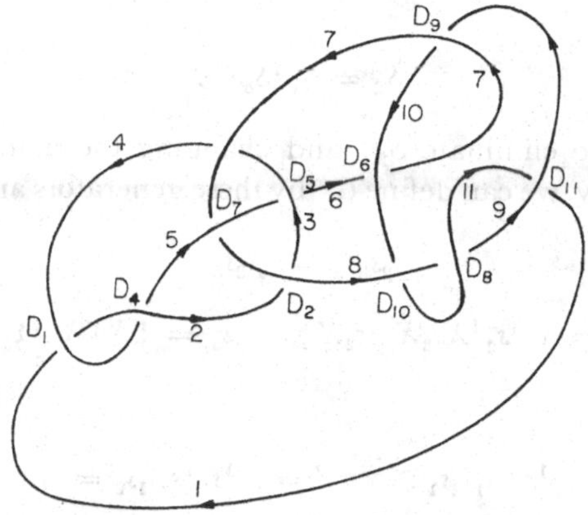

Figure 1
The Kinoshita-Terasaka Knot

not interrupted by an under-crossing. Each one of the 11 crossings D_ν then corresponds to a defining relation between the S_ν involved in that crossing. The defining relations are

$$S_1 = S_9 S_{11} S_9^{-1}, \qquad S_7 = S_{10}^{-1} S_6 S_{10},$$

$$S_2 = S_4^{-1} S_1 S_4, \qquad S_8 = S_5 S_7 S_5^{-1},$$

$$S_3 = S_8^{-1} S_2 S_8, \qquad S_9 = S_{11} S_8 S_{11}^{-1},$$

$$S_4 = S_7 S_3 S_7^{-1}, \qquad S_{10} = S_7^{-1} S_9 S_7,$$

$$S_5 = S_2^{-1} S_4 S_2, \qquad S_{11} = S_8 S_{10} S_8^{-1},$$

$$S_6 = S_3 S_5 S_3^{-1},$$

It is well known that we are permitted to leave out any one of these eleven relations since it will be a consequence of the remaining ten. We shall omit the 7-th, and then we shall use, in this sequence, relations 6, 11, 9, 1, 8, 3, 5 to eliminate the generators S_6, S_{11}, S_9, S_1, S_7, S_3, S_5, retaining S_2, S_4, S_8, S_{10} and the relations

$$S_2 = (S_4^{-1} S_8 S_{10} S_8) S_{10} (S_4^{-1} S_8 S_{10} S_8)^{-1}, \tag{3.1}$$

$$S_4 = (S_2^{-1} S_4^{-1} S_2 S_8 S_2^{-1} S_4 S_2 S_8^{-1}) S_2 (S_2^{-1} S_4^{-1} S_2 S_8 S_2^{-1} S_4 S_2 S_8^{-1})^{-1}, \tag{3.2}$$

$$S_{10} = (S_2^{-1} S_4^{-1} S_2 S_8^{-1} S_2^{-1} S_4 S_2 S_8 S_{10}) S_8 (S_2^{-1} S_4^{-1} S_2 S_8^{-1} S_2^{-1} S_4 S_2 S_8 S_{10})^{-1}. \tag{3.3}$$

We could use the first of these relations to eliminate S_2 and would thus obtain a presentation of $G(KT)$ in terms of three generators and two relations. However, it will simplify things if we pass first from G to a quotient group G^* which arises from G by adding the relation

$$S_8 S_{10} S_8 = S_{10} S_8 S_{10}. \tag{3.4}$$

Then we have in G^*

$$S_2 = S_4^{-1} S_8 S_4 . \tag{3.5}$$

Using this relation to eliminate S_2, and changing the names of S_4, S_8, S_{10} to s_1, s_2, s_3, respectively, we can define G^* by these generators and the three relations

$$s_2 s_3 s_2 = s_3 s_2 s_3 , \tag{3.6}$$

$$s_3 = X^{-1} s_2^{-1} X s_3 X^{-1} s_2 X , \qquad s_1 = YXYX^{-1}Y^{-1} , \tag{3.7}$$

where

$$X = s_1^{-1} s_2^{-1} s_1 s_2 s_1 , \qquad Y = s_2^{-1} s_1^{-1} s_2 s_1 s_2 = s_1 X^{-1} s_2 . \tag{3.8}$$

We shall now show that G^* (and therefore G) has the group $SL(2, p)$ (the group of 2×2 matrices with elements in a field of order p and with determinant $+1$) as a quotient group for infinitely many prime numbers p. Since $PSL(2, p)$ is a quotient group of $SL(2, p)$, this implies Theorem 2. We shall be specific about the choice of the prime numbers p and the mapping of G^* onto $SL(2, p)$. We shall prove

THEOREM 4. *Let b be an integer $\neq 0$. Let p be a prime number which divides the integer*

$$Q(b) = (b^6 + b^4 - 1)^2 + b^2(b^2 + 1)^4 . \tag{3.9}$$

There exist infinitely many such prime numbers. For all of them, $p \equiv 1 \bmod 4$, and there exists a solution λ of the congruence

$$\lambda^2 \equiv -1 \bmod p . \tag{3.10}$$

Let $\lambda b = \theta$, and consider b, λ, θ as elements of a field $GF(p)$ of order p. Set

$$d = (-1 + \theta^2 - \theta^4)\theta^{-1}(1 - \theta^2)^{-2} . \tag{3.11}$$

Then d is well defined and $\neq 0$. The matrices

$$s_1 = \begin{pmatrix} 1 + bd\lambda & -b^2\lambda \\ d^2\lambda & 1 - bd\lambda \end{pmatrix}, \qquad s_2 = \begin{pmatrix} 1 & 0 \\ \lambda & 1 \end{pmatrix}, \qquad s_3 = \begin{pmatrix} 1 & \lambda \\ 0 & 1 \end{pmatrix} \tag{3.12}$$

generate $SL(2, p)$ and satisfy the relations (3.6), (3.7), (3.8).

All but the last one of these statements are nearly trivial. That there exist infinitely many primes p follows from Euclid's argument as used in his proof that there exist infinitely many primes. That $p \equiv 1 \bmod 4$ follows from the fact that p divides the sum of the squares of the integers

$$Q_1(b) = b^6 + b^4 - 1 , \qquad Q_2(b) = b(b^2 + 1)^2 \tag{3.13}$$

and that these two integers are coprime since

$$(b^4 + b^2 - 1)Q_1 + (b - b^5)Q_2 = 1 . \tag{3.14}$$

That d is well defined follows from the fact that

$$R(\theta) = Q(\lambda^{-1}\theta) = Q(b) = (\theta^6 - \theta^4 + 1)^2 - \theta^2(1 - \theta^2)^4 \equiv 0 \bmod p , \tag{3.15}$$

and this congruence is incompatible with $\theta \equiv 0$ and with $\theta^2 \equiv 1 \bmod p$. That $d \not\equiv 0 \bmod p$ follows similarly from the fact that $R(\theta) \equiv 0$ and $\theta^4 - \theta^2 + 1 \equiv 0 \bmod p$ would together imply $\theta^2 \equiv 1$ or $\theta^2 \equiv 0 \bmod p$. That the matrices s_2 and s_3 in (3.12) generate $SL(2, p)$ is easily seen from the fact that the cyclic groups generated by s_2 and s_3 contain the matrices

$$\begin{pmatrix} 1 & 0 \\ -1 & 1 \end{pmatrix}, \quad \begin{pmatrix} 1 & 1 \\ 0 & 1 \end{pmatrix}$$

(mod p), and these are known to generate the homogeneous modular group (with elements in the ring of integers) of which $SL(2, p)$ is a quotient group. (For details see Coxetor and Moser [6], Section 7.5.)

Finally, it is trivially verified that s_2, s_3 in (3.12) satisfy (3.6) and it is easily seen that there exist elements a, c in $GF(p)$ such that the matrix

$$M = \begin{pmatrix} a & b \\ c & d \end{pmatrix} \tag{3.16}$$

has determinant $+1$. We then have

$$Ms_2M^{-1} = s_1 , \tag{3.17}$$

and $M \in SL(2, p)$.

It remains now to verify that s_1, s_2, s_3 in (3.12) satisfy the relations in (3.7) with the notation introduced in (3.8). We shall start with the first relation which states that s_3 commutes with

$$V = X^{-1}s_2X .$$

We shall call a matrix *parabolic* if it has the double eigenvalue $+1$. Obviously, s_1, s_2, s_3 are parabolic, and so are V and X. Now, if

$$V = \begin{pmatrix} u & v \\ w & z \end{pmatrix}$$

and if we know that V is parabolic, then V will commute with s_3 if and only if $w = 0$. Since X^{-1} is parabolic and conjugate with s_1^{-1} and, therefore, with s_2^{-1}, it must be of the form

$$\begin{pmatrix} 1 - \beta\delta\lambda & \beta^2\lambda \\ -\delta^2\lambda & 1 + \beta\delta\lambda \end{pmatrix} = \begin{pmatrix} \alpha^* & \beta^* \\ \gamma^* & \delta^* \end{pmatrix}, \tag{3.18}$$

where β, δ appear in the matrix

$$T = s_1^{-1}s_2^{-1}M = \begin{pmatrix} \alpha & \beta \\ \gamma & \delta \end{pmatrix}, \tag{3.19}$$

since

$$Ts_2^{-1}T^{-1} = X^{-1}. \tag{3.20}$$

Now, if we compute $V = X^{-1}s_2X$, we find

$$w = \delta^{*2}\lambda .$$

Therefore, V will commute with s_3 if and only if

$$\delta^* = 1 + \beta\delta\lambda = 0. \tag{3.21}$$

Now we merely have to compute two elements of T which is done easily: Using $\lambda^2 = -1$ and $\lambda b = \theta$, we find

$$\begin{gathered} \beta = b(1 - \theta^2), \qquad \delta = d(1 - \theta^2) - \theta, \\ \delta^* = 1 + \beta\lambda\delta = 1 + \theta(1 - \theta^2)[d(1 - \theta^2) - \theta], \end{gathered} \tag{3.22}$$

and the relation $\delta^* = 0$ is identical with (3.11) which therefore guarantees that the first relation in (3.7) holds.

Now we have to verify the second relation in (3.7) which may be described by saying that s_2 commutes with

$$\Omega = M^{-1}Us_1^{-1}, \tag{3.23}$$

where

$$U = X^{-1}s_2Xs_2^{-1}. \tag{3.24}$$

The difficulty here is that Ω need not be parabolic. We start with a computation of U. For this purpose, we observe that X^{-1}, as given by (3.18), is such that $1 + \beta\delta\lambda = 0$ and is therefore of the form

$$X^{-1} = \begin{pmatrix} 2 & -\omega \\ \omega^{-1} & 0 \end{pmatrix}, \qquad \omega = -\lambda\beta^2 = -b\theta(1 - \theta^2)^2, \tag{3.25}$$

if we use (3.21), (3.22). We then find easily

$$(3.26)\quad U = \begin{pmatrix} 1+\lambda^2\omega^2 & -\lambda\omega^2 \\ -\lambda & 1 \end{pmatrix} = \begin{pmatrix} 1+\theta^4(1-\theta^2)^4 & -b\theta^3(1-\theta^2)^4 \\ -\lambda & 1 \end{pmatrix}.$$

Let us now write E for

$$(3.27)\qquad Us_1^{-1} = \begin{pmatrix} A & B \\ C & D \end{pmatrix}.$$

Since $M^{-1}E$ will commute with s_2, it must have a zero in the right upper corner, and therefore, since

$$(3.28)\qquad M^{-1} = \begin{pmatrix} d & -\theta/\lambda \\ -c & a \end{pmatrix},$$

we find

$$(3.29)\qquad dB - \frac{\theta D}{\lambda} = 0\,.$$

Here, according to (3.26), (3.27),

$$(3.30)\qquad \begin{aligned} \lambda B &= \theta^2 + \theta^6(1-\theta^2)^4 - (1+\theta d)\theta^4(1-\theta^2)^4\,, \\ D &= 1 + d\theta - \theta^2 = -\theta^2(2-2\theta^2+\theta^4)(1-\theta^2)^{-2}\,. \end{aligned}$$

If we use (3.11) to express d in terms of θ, we have

$$(3.31)\qquad \lambda B = \theta^2[1+\theta^4(2-2\theta^2+\theta^4)(1-\theta^2)^2]\,,$$

$$(3.32)\qquad \frac{\theta D}{d} = \theta^4(2-2\theta^2+\theta^4)(1-\theta^2+\theta^4)^{-1}\,,$$

and therefore

$$(3.33)\qquad \left[\lambda B - \frac{\theta D}{d}\right]\theta^{-2}(1-\theta^2+\theta^4) = (1-\theta^2)^2[1-\theta^2+\theta^4(1-\theta^2+\theta^4)(2-2\theta^2+\theta^4]$$

and the bracket on the right-hand side of (2.33) is indeed

$$(3.34)\qquad (\theta^6-\theta^4+1)^2 - \theta^2(1-\theta^2)^4 = R(\theta) \equiv 0 \bmod p\,,$$

and will vanish according to (3.15) if we calculate mod p.

For $M^{-1}E$ to commute with s_2, condition (3.29) is necessary but not sufficient. As a sufficient condition, we must also have the same $\epsilon = \pm 1$ in both places of the main diagonal of $M^{-1}E$. Equivalently, E must be such that, for either $\epsilon = +1$ or for $\epsilon = -1$,

$$B = \epsilon b\,, \qquad D = \epsilon d\,.$$

If (3.29) is satisfied, one of these conditions implies the other. Therefore, the last fact to be proved is that the assumptions of Theorem 4 imply $D = \epsilon d$ or, according to (3.30) and (3.11), for $\epsilon = +1$

$$\theta^3(\theta^4 - 2\theta^2 + 2) + (1 - \theta^2 + \theta^4) = (\theta + 1)R_1(\theta) \equiv 0 \bmod p \tag{3.35}$$

and for $\epsilon = -1$

$$\theta^3(\theta^4 - 2\theta^2 + 2) - (1 - \theta^2 + \theta^4) = (\theta - 1)R_2(\theta) \equiv 0 \bmod p\,, \tag{3.36}$$

where

$$R_1(\theta) = \theta^6 - \theta^4 + 1 - \theta(1 - \theta^2)^2\,,$$

$$R_2(\theta) = \theta^6 - \theta^4 + 1 + \theta(1 - \theta^2)^2\,.$$

Since $R_1R_2 = R \equiv 0 \bmod p$, it follows that one of the relations (3.35), (3.36) must be satisfied. This proves $D = \epsilon d$ and completes the proof of Theorem 4.

4. PSL(2, 5) as a Quotient Group of Closed 3-Braids

In this section, we shall use the notations of Section 2, in particular the definition of the automorphisms σ_1, σ_2 generating B_3. We shall map the free generators x_ν, $\nu = 1, 2, 3$, respectively, onto three elements a, b, c of $PSL(2, 5)$ which are given by the 2×2 matrices

$$a = \begin{pmatrix} 1 & 0 \\ 2 & 1 \end{pmatrix}, \qquad b = \begin{pmatrix} 1 & 2 \\ 0 & 1 \end{pmatrix}, \qquad c = \begin{pmatrix} -2 & -2 \\ 2 & -1 \end{pmatrix},$$

where the entries are integers mod 5. These matrices generate $PSL(2, 5)$ (according to Section 3) and are conjugate in $PSL(2, 5)$. If we apply any automorphism $\beta \in B_3$ to the x_ν, this induces a mapping of the ordered triplet $\{a, b, c\}$ onto another ordered triplet of conjugate generators of $PSL(2, 5)$ which will be denoted by $\{\beta(a), \beta(b), \beta(c)\}$. If a braid β sends each generator a, b, c into itself, i.e., if

$$\beta(a) = a\,, \qquad \beta(b) = b\,, \qquad \beta(c) = c\,,$$

then $PSL(2, 5)$ is a quotient group of the group of the closed braid corresponding to β. This closed braid is either a knot or a linkage, depending on whether or not β corresponds to a 3-cycle under the natural homomorphism between B_3 and the symmetric group on three letters.

We are going to determine, first, all the ordered triplets which are the images of the triplet (a, b, c) under the braids of B_3. This will give us a representation of B_3 as a permutation group. Then, restricting ourselves to just one of the triplets found, we shall consider the subgroup of B_3 which leaves this triplet fixed. We can then arrive at the conclusion stated in Theorem 3.

There are 20 ordered triplets into which (a, b, c) is mapped by the braids. These are obtained as follows: apply σ_1, σ_2, σ_1^{-1}, σ_2^{-1} to (a, b, c), then apply them to each of the four triplets obtained, and repeat this for the resulting triplets. In this way, we obtain 20 different triplets. It can easily be seen that σ_1 and σ_2, when applied to these triplets, give a permutation of them. Therefore, B_3 provides exactly 20 images of (a, b, c), and these are listed below:

(1) $a' = b$, $b' = c$, $c' = aca^{-1}$,

(2) $a' = b$, $b' = aca^{-1}$, $c' = c^{-1}bc$,

(3) $a' = c$, $b' = c^{-1}bc$, $c' = aca^{-1}$,

(4) $a' = c^{-1}bc$, $b' = b$, $c' = aca^{-1}$,

(5) $a' = aca^{-1}$, $b' = a$, $c' = c^{-1}bc$,

(6) $a' = a$, $b' = c$, $c' = c^{-1}bc$,

(7) $a' = c^{-1}bc$, $b' = c^{-1}ac$, $c' = b$,

(8) $a' = b$, $b' = c^{-1}bc$, $c' = c$,

(9) $a' = aca^{-1}$, $b' = c^{-1}bc$, $c' = c^{-1}ac$,

(10) $a' = c^{-1}ac$, $b' = a$, $c' = b$,

(11) $a' = aca^{-1}$, $b' = c^{-1}ac$, $c' = a$,

(12) $a' = c^{-1}bc$, $b' = a$, $c' = c$,

(13) $a' = c$, $b' = c^{-1}ac$, $c' = c^{-1}bc$,

(14) $a' = a$, $b' = c^{-1}bc$, $c' = b$,

(15) $a' = c^{-1}bc$, $b' = c$, $c' = c^{-1}ac$,

(16) $a' = c^{-1}ac$, $b' = b$, $c' = c^{-1}bc$,

(17) $a' = c$, $b' = aca^{-1}$, $c' = c^{-1}ac$,

(18) $a' = c^{-1}bc$, $b' = aca^{-1}$, $c' = a$,

(19) $a' = c^{-1}ac$, $b' = c^{-1}bc$, $c' = a$,

(20) $a' = a$, $b' = b$, $c' = c$.

Since every braid corresponds to a permutation of degree 20, B_3 is represented as a permutation group P of degree 20. P is transitive because of the manner in which the 20 triplets were obtained. The generators of P are the permutations corresponding to σ_1 and σ_2, which will again be called σ_1, σ_2:

$$\sigma_1 = (1, 3, 4)(2, 5, 6, 13, 16)(7, 10, 14)(8, 12, 20)(9, 15, 17)(11, 19, 18),$$

$$\sigma_2 = (1, 2, 8)(3, 17, 13)(4, 18, 12, 15, 7)(5, 9, 11)(6, 14, 20)(10, 16, 19).$$

Consider σ_1^3, σ_2^3, $(\sigma_1\sigma_2)^3$, and $(\sigma_1, \sigma_2)^2$. These elements commute with each other and each has order 5 in P. Therefore, they generate an abelian subgroup N of P of order 5^4. It can easily be seen that N contains all the conjugates of its generators, from which it follows that N is a normal subgroup of P. In turn, P/N must be a quotient group of the group G defined by

$$G = \langle \sigma_1, \sigma_2; \sigma_1^3 = \sigma_2^3 = (\sigma_1\sigma_2)^3 = (\sigma_1, \sigma_2)^2 = 1 \rangle.$$

If $\sigma_2 = 1$, we obtain $\langle \sigma_1; \sigma_1^3 = 1 \rangle$ as a quotient group of G of order 3. Therefore, G has a normal subgroup K of index 3 with Schreier coset representatives $1, \sigma_1, \sigma_1^2$. The generators of K are

$$\tau_0 = \sigma_2,$$
$$\tau_1 = \sigma_1\sigma_2\sigma_1^{-1},$$
$$\tau_2 = \sigma_1^2\sigma_2\sigma_1^{-2},$$
$$\tau_3 = \sigma_1^3.$$

The defining relators of K are

$$\tau_3, \quad (\tau_3^{-1}\tau_2^{-1}\tau_3\tau_0)^2, \quad (\tau_0^{-1}\tau_1)^2, \quad (\tau_1^{-1}\tau_2)^2,$$
$$\tau_0^3, \quad \tau_1^3, \quad \tau_2^3,$$
$$\tau_1\tau_2\tau_3\tau_0, \quad \tau_2\tau_3\tau_0\tau_1, \quad \tau_3\tau_0\tau_1\tau_2.$$

Now, using $\tau_3 = 1$ and $\tau_2 = \tau_1^{-1}\tau_0^{-1}$, we have the presentation

$$K = \langle \tau_0, \tau_1; \tau_0^3 = \tau_1^3 = 1, (\tau_0\tau_1\tau_0)^2 = 1, (\tau_0\tau_1)^3 = 1, (\tau_0^2\tau_1)^2 = 1, (\tau_1\tau_0^2)^2 = 1\rangle .$$

It follows that $\tau_1\tau_0\tau_1 = \tau_0\tau_1\tau_0$. Therefore,

$$(\tau_0\tau_1)^3 = (\tau_0\tau_1\tau_0)^2 .$$

Also, $(\tau_0\tau_1\tau_0)^2$ and $(\tau_1\tau_0^2)^2$ are derivable from τ_1^3 and $(\tau_0^2\tau_1)^2$. Hence,

$$K = \langle \tau_0, \tau_1; \tau_0^3 = \tau_1^3 = (\tau_0^2\tau_1)^2 = 1\rangle .$$

Finally, if we let $\tau_0^{-1} = u$, we obtain

$$K = \langle u, \tau_1; u^3 = \tau_1^3 = (u\tau_1)^2 = 1\rangle .$$

G, then, has K the alternating group on four letters as a normal subgroup of index 3. It follows that P/N has order $\leqq 36$ and that the order of P is $\leqq 36(5^4)$.

We propose to show next that P/N is actually identical with K. For this purpose we observe that K has the four-group V as a normal subgroup. Since V is characteristic in K it is normal in G because K is normal in G. Let V^* be the pre-image of V in P. It follows that P/V^* can have only elements of order 1 and 3 or 9 and it is not equal to 1 since the representation of σ_1 contains 3-cycles. Also, V^* must contain all elements the order of which is a product of powers of 2 and 5. Obviously, σ_1^3 and σ_2^3 are in V^*, and a simple calculation shows that the same is true for $\sigma_1\sigma_2^{-1}$. Therefore, P/V^* is actually of order 3 and P is exactly of order $3 \cdot 2^2 \cdot 5^4$.

We now return to the twenty triplets obtained above as the images of the generators a, b, c of $PSL(2, 5)$. Let us consider just one of these triplets, say the first one, (1). Let H be the subgroup of B_3 consisting of those braids leaving (1) fixed. H is not a normal subgroup of B_3. The index of H is 20 because P is a transitive group. We shall now obtain a presentation for H.

Let $\alpha = \sigma_1\sigma_2$ and $\beta = \sigma_1\sigma_2\sigma_1$. A set of right coset representatives for B_3 mod H consists of those braids taking triplet (i) into (1), $i = 1, 2, \cdots, 20$. They can be taken as

$$1, \alpha, \alpha^2, \cdots, \alpha^{14}, \beta, \beta^{-1}, \beta\alpha^{-1}, \beta^{-1}\alpha, \beta^{-1}\alpha^{-1} .$$

These form a Schreier system of representatives.

H is then generated by the words $S_{K,\alpha} = K\alpha\overline{K\alpha}^{-1}$ and $S_{K,\beta} = K\beta\overline{K\beta}^{-1}$, where K is an arbitrary representative and $\overline{K\alpha}$ is the representative of the coset of $K\alpha$. We obtain the following 21 generators:

$$\begin{array}{lll} S_{\alpha^i,\beta}, & i = 1, 2, \cdots, 14, & S_{\beta^{-1}\alpha,\alpha}, \\ S_{\beta,\alpha}, & & S_{\beta^{-1}\alpha,\beta}, \\ S_{\beta,\beta}, & & S_{\beta^{-1}\alpha^{-1},\beta}, \\ S_{\beta\alpha^{-1},\beta}, & & S_{\alpha^{14},\alpha} . \end{array}$$

A set of defining relators for H is given by the words $\tau(K \cdot \beta^{-2}\alpha^3 \cdot K^{-1})$, where τ is a Reidemister rewriting process and $\beta^{-2}\alpha^3$ is the defining relator of B_3. That is, the relators are the following:

$$\begin{array}{ll}
S^{-1}_{\alpha^{12},\beta}S_{\alpha^{14},\alpha}\,, & S^{-1}_{\beta^{-1}\alpha,\beta}S^{-1}_{\alpha^3,\beta}\,, \\
S^{-1}_{\alpha^{11},\beta}S^{-1}_{\alpha^{13},\beta}S_{\alpha^{14},\alpha}\,, & S^{-1}_{\alpha^2,\beta}S^{-1}_{\alpha^4,\beta}\,, \\
S^{-1}_{\alpha^4,\beta}S^{-1}_{\alpha^{13},\beta}S_{\alpha^{14},\alpha}\,, & S^{-1}_{\alpha^{10},\beta}S^{-1}_{\alpha^5,\beta}\,, \\
S^{-1}_{\beta,\beta}\,, & S^{-1}_{\beta^{-1}\alpha^{-1},\beta}S^{-1}_{\alpha^6,\beta}\,, \\
S^{-1}_{\alpha^{14},\beta}S^{-1}_{\alpha,\beta}\,, & S^{-1}_{\alpha^5,\beta}S^{-1}_{\alpha^7,\beta}\,, \\
S^{-1}_{\alpha^7,\beta}S^{-1}_{\alpha^2,\beta}\,, & S^{-1}_{\alpha^{13},\beta}S^{-1}_{\alpha^8,\beta}\,, \\
S^{-1}_{\beta\alpha^{-1},\beta}S^{-1}_{\alpha^9,\beta}\,, & S^{-1}_{\alpha^{12},\beta}S^{-1}_{\beta\alpha^{-1},\beta}S_{\beta,\alpha}\,, \\
S^{-1}_{\alpha^8,\beta}S^{-1}_{\alpha^{10},\beta}\,, & S^{-1}_{\alpha^9,\beta}S^{-1}_{\beta^{-1}\alpha^{-1},\beta}S_{\beta^{-1}\alpha,\alpha}\,, \\
S^{-1}_{\alpha,\beta}S^{-1}_{\alpha^{11},\beta}\,, & S^{-1}_{\alpha^3,\beta}S^{-1}_{\beta,\beta}S_{\beta,\alpha}\,, \\
S_{\beta^{-1}\alpha,\alpha}\,, & S^{-1}_{\alpha^6,\beta}S^{-1}_{\beta^{-1}\alpha,\beta}S_{\beta^{-1}\alpha,\alpha}S_{\beta,\alpha}\,.
\end{array}$$

The fourth and sixteenth relators can be used to eliminate the generators $S_{\beta,\beta}$ and $S_{\beta^{-1}\alpha,\alpha}$. The last three relators then become

$$S^{-1}_{\alpha^9,\beta}S^{-1}_{\beta^{-1}\alpha^{-1},\beta}\,,$$

$$S^{-1}_{\alpha^3,\beta}S_{\beta,\alpha}\,,$$

$$S^{-1}_{\alpha^6,\beta}S^{-1}_{\beta^{-1}\alpha,\beta}S_{\beta,\alpha}\,.$$

By using further Tietze transformations, we can eliminate all the generators except for the second and third and all the relators with the exception of the third one. That is, we are left with

$$H = \langle S_{\alpha^2,\beta}\,, S_{\alpha^3,\beta};\, S_{\alpha^2,\beta}S^3_{\alpha^3,\beta} = S^3_{\alpha^3,\beta}S_{\alpha^2,\beta}\rangle$$

or

$$H = \langle x, y;\, xy^3 = y^3x\rangle\,,$$

where

$$x = S_{\alpha^2,\beta} = \alpha^2\beta\alpha^{-7} = \alpha^2\beta^{-3}\alpha^{-1}\,,$$

$$y = S_{\alpha^3,\beta} = \alpha^3\beta\alpha^{-1}\beta = \beta^3\alpha^{-1}\beta\,.$$

Now, to every braid there corresponds a permutation obtained by replacing σ_1 by the transposition (1, 2) and σ_2 by (2, 3). Thus,

$$x \to (1, 3) \qquad \text{and} \qquad y \to (1, 3, 2) .$$

Therefore, H contains infinitely many braids which, when closed, give a knot. The group of each of these knots has $PSL(2, 5)$ as a quotient group.

Conjugate elements of B_3 give rise to isomorphic knot or linkage groups. We now show that there exist infinitely many conjugacy classes of braids in H corresponding to a 3-cycle. Consider the following mapping:

$$\alpha \to \begin{pmatrix} 0 & t^2 \\ -t^2 & t^2 \end{pmatrix},$$

$$\beta \to \begin{pmatrix} 0 & -t^3 \\ t^3 & 0 \end{pmatrix},$$

where, again, $\alpha = \sigma_1\sigma_2$ and $\beta = \sigma_1\sigma_2\sigma_1$. This mapping gives a representation of B_3. Using the same notation, the images of x and y are

$$x = \begin{pmatrix} 2t^{-7} & -t^{-7} \\ t^{-7} & 0 \end{pmatrix}, \qquad y = \begin{pmatrix} 0 & -t^{10} \\ t^{10} & t^{10} \end{pmatrix}.$$

Now, the elements y^k in H, $k \not\equiv 0 \bmod 3$, correspond to 3-cycles. In order for two elements to be conjugate, it is necessary that they have the same trace. The following shows there are infinitely many distinct values for the trace of y^k. Diagonalizing y by using eigenvalues, we obtain

$$\operatorname{trace} y^k = \frac{t^{10k}}{2^k} [(1 + \sqrt{3}\, i)^k + (1 - \sqrt{3}\, i)^k] ,$$

and so there are infinitely many conjugacy classes as desired.

We may mention here the fact that there are other braids in H which also correspond to 3-cycles. Some examples are $(xyx)^k$, $k \not\equiv 0 \bmod 3$, $(y^{-1}xyx)^k$, $k \not\equiv 0 \bmod 3$, and $x(yxy^{-1}x)^k yx$, $k \equiv 2 \bmod 3$.

Bibliography

[1] Artin, E., *Theorie der Zoepfe*, Abh. Math. Sem. Hamburg Univ., Vol. 4, 1925, pp. 47–72.

[2] Artin, E., *Theory of braids*, Annals of Math., Vol. 48, 1947, pp. 101–126.

[3] Burau, W., *Ueber Zopfinvarianten*, Abh. Math. Sem. Hamburg Univ., Vol. 9, 1933, pp. 117–124.

[4] Burau, W., *Ueber Zopfgruppen und gleichsinnig verdrillte Verkettungen*, Abh. Math. Sem. Hansischen Univ., Vol. 11, 1936, pp. 171–178.

[5] Burde, G., *Ueber Normalisatoren von Zopfgruppen*, Abh. Math. Sem. Hamburg Univ., Vol. 27, 1964, pp. 97–115.

[6] Coxeter, H. S. M., and Moser, W. O. J., *Generators and Relations for Discrete Groups, Ergebnisse der Mathematik und ihrer Grenzgebiete*, New series, No. 14, Springer, Berlin, 1965.
[7] Crowell, R. H., and Fox, R. H., *Introduction to Knot Theory*, Ginn and Co., Boston, New York, 1963.
[8] Dehn, M., *Ueber die Topologie des dreidimensionalen Raumes*, Math. Ann., Vol. 69, 1914, pp. 137–168.
[9] Garside, F. A., *The Theory of Knots and Associated Problems*, Thesis, Corpus Christi College, Oxford, 1965.
[10] Gassner, B. J., *On braid groups*, Abh. Math. Sem. Hamburg Univ., Vol. 25, 1961, pp. 10–22.
[11] Haken, W., *Ueber das Homoeomorphieproblem der 3-Mannigfaltigkeiten, I*, Math. Z., Vol. 80, 1962, pp. 89–120.
[12] Kinoshita, S., and Terasaka, H., *On unions of knots*, Osaka Math. J., Vol. 9, 1957, pp. 131–153.
[13] Lipschutz, S., *On a finite matrix representation of the braid groups*, Archiv. Math., Vol. 12, 1961, pp. 7–12.
[14] Magnus, W., *Ueber Automorphismen von Fundamentalgruppen berandeter Flaechen*, Math. Ann., Vol. 109, 1934, pp. 617–646.
[15] Magnus, W., Karrass, A., and Solitar, D., *Combinatorial Group Theory*, John Wiley and Sons, New York, 1966.
[16] Papakyriakopoulos, Ch. D., *On Dehn's lemma and the asphericity of knots*, Ann. of Math., Vol. 66, 1957, pp. 1–26.
[17] Peluso, A., *A residual property of free groups*, Comm. Pure Appl. Math., Vol. 19, 1967, pp. 435–437.
[18] Seifert, H., *Ueber das Geschlecht von Knoten*, Math. Ann., Vol. 110, pp. 571–592.

Received February 1967.

RESIDUALLY FINITE GROUPS

BY WILHELM MAGNUS[1]

1. Introduction. The definition of groups in terms of generators and defining relations became important when H. Poincaré discovered the fundamental (or first homotopy) group of an arcwise connected topological space. In many cases, these fundamental groups can be defined easily in terms of generators and defining relations but not otherwise in a purely group theoretical manner (i.e. without reference to the underlying space).

We shall write

$$(1.1) \qquad \langle a_\sigma; R_\lambda \rangle$$

for a group G with generators a_σ and defining relations $R_\lambda = 1$. Here σ, λ are, respectively, elements of indexing sets Σ, Λ where Σ is non-empty, and the R_λ (the "relators") are finite sequences or *words* in the a_σ, a_σ^{-1}. The unit element is denoted by 1. If Λ is empty, G is called free, and the a_σ are called a set of free generators. We shall call (1.1) a *presentation* of G and shall talk respectively of finitely generated, finitely related and finitely presented groups whenever Σ or Λ or both are finite sets.

It is rather obvious that any sets of symbols a_σ, a_σ^{-1} and words R_λ in these symbols define a group. However, it turns out to be extremely difficult to develop methods which allow one to extract information about groups given by a presentation (1.1) in a purely algebraic manner. The fundamental problems arising here were formulated and investigated by Dehn [17]. The first of these, the word problem, is the question: Which words in the generators of a group G represent the unit element? It became famous when Novikov [47], Boone [13] and Britton [15] exhibited finitely presented groups in which there is no general and effective procedure for determining whether a word in the given generators represents the unit element as a consequence of the given defining relations.

Investigating certain finitely presented groups arising from topology, Dehn [17], [18] found the available algebraic methods inadequate for this purpose and introduced geometric (including topologi-

An address delivered before the Baltimore meeting of the Society on October 26, 1968 by invitation of the Committee to Select Hour Speakers for Eastern Sectional Meetings; received by the editors November 20, 1968.

[1] Preparation of this article was supported in part by the National Science Foundation.

cal) methods to solve group-theoretical problems. Even now, two-thirds of a century and many hundred research papers later, there are some problems concerning fundamental groups of topological spaces which can be solved easily by topological methods but not at all algebraically. A simple example is provided by the fundamental groups Φ_g of two-dimensional, closed, orientable manifolds of genus $g \geqq 1$. Φ_g has a presentation

$$(1.2) \qquad \langle a_1, a_2, \cdots, a_{2g-1}a_{2g}; \qquad \prod_{\nu=1}^{g} a_\nu^{-1} a_{\nu+g}^{-1} a_\nu a_{\nu+g} \rangle$$

as a one-relator group. All subgroups of Φ_g which are of finite index in Φ_g are again groups Φ_h where $h \geqq g$. But for $g > 1$, this has not been proved algebraically, although it follows topologically from basic theorems about the classification of closed two-dimensional manifolds and about covering spaces.

The oldest and simplest way of obtaining at least partial information about a group G presented in the form (1.1) is to abelianize it which means studying the quotient group G/G' of the commutator subgroup (also called the first *derived* group) of G. Generalizing this approach, one may try to find, for a given G, quotient groups which are "well known" for instance in the sense that they have a solvable word problem, and sufficiently numerous in the sense that knowing them provides a solution of the word problem in G. This situation will arise if, for every element $g \in G$, $g \neq 1$, there exists a finite homomorphic image G^* of G such that $g^* \neq 1$, where g^* is the map of g in G^*. Such a group G is said to be *residually finite*. Of course, not all groups have this property. For instance, G. Higman [**28**] gave an example of an infinite group with four generators and four defining relations, the only finite quotient group of which is the trivial one. However, we can describe classes of groups which are residually finite and which are of interest either because of other group theoretical properties or because they occur in problems of geometry.

2. **Residual properties.** Let C be a nonempty class of groups (which may, however, consist of a single group only). Following P. Hall, we shall say that a given group G is *residually* C if, for any element $g \neq 1$ in G there exists a quotient group $G^*(g)$ belonging to C such that the map $g^* \in G^*(g)$ of g is not the unit element of $G^*(g)$. Equivalently, we can say that the intersection of all those normal subgroups N of G for which G/N belongs to C is the unit element of G. If the groups of the class C are characterized by a particular property π (e.g. by the property π_f of being finite) we shall also say that G is *residually* π.

If G is residually C and if C' is a class of groups such that each group in C is residually C', then G is also residually C'. To give examples, let F_n denote the free group on n free generators. Then, for $n \geqq 2$, F_n is residually F_2 (see [**48**]) and F_2 is residually finite [**24**], therefore F_n is residually finite for all n since $n=1$ is a trivial case. Or consider the groups Φ_g defined by (1.2). It can be shown [**20**] that, for $g \geqq 2$, Φ_g is residually F_2 and therefore residually finite. Because of Property II of residually finite groups (as formulated below), this result has topological implications [**31**].

For any finitely generated residually finite group G the following theorems have been proved:

I. *G has a solvable word problem* (A. Mostowski [**43**], McKinsey [**40**]).

II. *G is hopfian, that is every homomorphic mapping of G onto itself is an automorphism* (Malcev [**39**]).

III. *The automorphism group of G is residually finite* (G. Baumslag. For a proof see p. 414 in [**37**]). This proves that the automorphism groups of F_n, Φ_g, and also Artin's braid groups [**1**] are residually finite.

IV. *If G is infinite, it is a totally disconnected topological group with a nontrivial topology in which the normal subgroups of finite index form a basis for the open sets containing the unit element. The completion $\overline{G}$ of G under this topology is the inverse* (also called "projective") *limit of a sequence of finite quotient groups* of G (i.e. G is a *profinite* group as defined by Serre [**51**]). For details and results see Marshall Hall, Jr. [**24**].

Obviously, all subgroups of a residually finite group G are also residually finite. However, this need not be true for all quotient groups of G. For instance, F_2 is residually finite but its quotient group B defined by

$$\langle a, b; a^{-1}b^2ab^{-3}\rangle \tag{2.1}$$

is not. The proof (due to G. Baumslag) is so simple that it can be given in a few lines. Let B^* be a finite homomorphic map of B and let α, β be the maps of a, b. We have from (2.1) that

$$a^{-n}b^{2^n}a^n = b^{3^n}.$$

Therefore, if α is of order n, the order of β divides

$$k = 3^n - 2^n.$$

Since k is coprime with 2 and 3, β is a power of β^2 and the map β_1 of $b_1 = a^{-1}ba$ in B^* is a power of β_1^2 which in turn is β^3. Therefore the map of

$$c = b_1^{-1} b^{-1} b_1 b \tag{2.2}$$

in any finite quotient group B^* of B is the unit element. However it can be shown by standard methods [35] that $c \neq 1$ in B, and therefore B is not residually finite. (It can even be shown [12] that B is non-hopfian.)

K. Gruenberg [22] introduced a class of properties of groups which have essential features in common with the property π_f (of being finite). They are called *root properties* and are defined as follows:

A property ρ is called a root property of a group G if:

(i) All subgroups of G also have property ρ.

(ii) The direct product of any two groups with property ρ again has property ρ.

(iii) Given any three groups $G_0 \supset G_1 \supset G_2$, each normal in its predecessor and such that G_0/G_1 and G_1/G_2 have property ρ, there exists a subgroup N in G_2 which is normal in G_0 such that G_0/N also has property ρ.

Important root properties are: Being finite, being solvable, and the property denoted by $\pi(p)$ which means "being a group of order a finite power of the prime number p." However, nilpotence is not a root property since it fails to satisfy (iii). Gruenberg [22] proved:

If ρ is a root property, then every free product of residually ρ-groups is itself residually ρ if and only if every free group is residually ρ.

Since free groups are residually $\pi(p)$ for all primes p [24] and, therefore, residually finite and residually solvable, free products of respectively residually $\pi(p)$, residually finite, residually solvable groups have the same residual properties. Of course, residually $\pi(p)$ implies residual finiteness, but solvability (let alone residual solvability) does not, not even if we restrict ourselves to solvable groups S with maximum condition (=ascending chain condition) for normal subgroups. (S will then be finitely generated.) A counterexample constructed by Gruenberg [22] is based on the following theorem [22]:

The (restricted) wreath product of the group G by the group U (where U is in its regular representation as a permutation group) is residually finite if and only if both G and U are residually finite and either U is finite or G is abelian.

The counterexample mentioned above will be obtained by choosing for U an infinite cyclic group and for G the nonabelian group of order six.

3. Residual finiteness. A large and important class of residually finite groups is described by the following theorem proved by A. Mal'cev [39].

Let R be a commutative field and let M be a finite set of n-by-n matrices with elements in R and with nonvanishing determinants. Then the matrices in M generate a residually finite group.

Mal'cev's theorem proves, for instance, that Fuchsian groups are residually finite. (These are the finitely generated groups of fractional linear substitutions with real coefficients and determinant $+1$ in a complex variable z which are discontinuous in the upper z-halfplane.) Some of them play an important role in the theory of complex variables (uniformization theorems) and in number theory. Their presentations in terms of generators and defining relations have been given by Fricke [21]. The fundamental groups Φ_g in (1.2) are special cases of Fuchsian groups. So are the groups resulting from the reflections of a noneuclidean triangle in its sides; they are defined by two generators a, b and defining relations

$$a^\alpha = b^\beta = (ab)^\gamma = 1$$

where α, β, γ are positive integers such that

$$\frac{1}{\alpha} + \frac{1}{\beta} + \frac{1}{\gamma} < 1.$$

They have been investigated repeatedly [19], [41], but their residual finiteness cannot yet be proved in all cases without using their geometric definition.

Naturally, free groups have an abundance of residual properties because of the basic property of F_n that every group on n generators is a quotient group of F_n. Free groups are residually nilpotent [36], that is, the groups of their lower central series intersect in the unit element. They are also [32], in the case of a rank $\geqq 2$, residually T_n, where T_n is the single-relator group

$$\langle a, b; a^n \rangle$$

and possibly residually S for a large number of other single-relator groups S. For $n \geqq 2$, F_n is not only residually $\pi(p)$ for every prime number p [24], it is also residually A and residually PSL $(2, p^k)$ for fixed k and variable p, where A denotes the class of alternating groups (or merely the class of alternating groups of degree p) and PSL $(2, p^k)$ denotes the class of groups of fractional linear substitutions with determinant $+1$, in a single variable and over a field of p^k elements [48], [32]. (Being residually A also implies that in F_n the subgroups of prime index intersect in the unit element [32].) Here, incidentally, the story ends. It is not even known whether F_2 is residually PSL $(3, p)$ where p runs through all primes or residually PSL $(2, 2^k)$ where k runs through the positive integers.

The theorems stating residual finiteness for certain classes of groups G use mostly one of two types of assumptions:

I. G contains a finite sequence of subgroups G_ν, $\nu=0, 1, \cdots, n$, where $G_0=G$, $G_n=1$ and where $G_{\nu+1}$ is normal in G_ν such that $G_\nu/G_{\nu+1}$ belongs to a specified, rather restricted class of groups, being for instance a finitely generated group of a nontrivial variety. (For this concept see the expository article by B. H. Neumann [45] or the monograph by Hanna Neumann [46].)

II. G is the generalized free product of two groups G_1, G_2 with an amalgamated subgroup H, where G_1, G_2 are residually finite or in specified classes of residually finite groups and where the restrictions on H are rather severe. Nevertheless, the results using assumptions of this type appear to be very promising for the investigation of some groups arising in topology, particularly knot groups.

The first theorem using assumptions of type I is due to K. Hirsch [30] and states:

Polycyclic groups are residually finite.

There are several equivalent definitions for a polycyclic group G. They are:

(i) There exists a finite sequence

$$G = G_0, G_1, G_2, \cdots, G_k = 1$$

of subgroups G_ν, each normal in the preceding one, such that $G_\nu/G_{\nu+1}$ is cyclic.

(ii) G is solvable (i.e. the derived series G', G'', $\cdots$ terminates with the unit element after finitely many steps) and G/G', G'/G'', $\cdots$ are all finitely generated.

(iii) G is solvable and satisfies the maximum (=ascending chain) condition for subgroups.

Special cases of polycyclic groups are the finitely generated nilpotent groups (i.e. groups for which the lower central series terminates with the unit element after a finite number of steps). Gruenberg [22] showed that "residually nilpotent" and "residually of prime power order" are identical properties for finitely generated groups.

A strong generalization of Hirsch's theorem was proved by P. Hall [26]:

Every finitely generated group G with an abelian normal subgroup N and nilpotent quotient group G/N is residually finite.

P. Hall observes that groups of this type have the property that all of their quotient groups are also residually finite. They are, in his words, residually finite by general dispensation, whereas free groups share this property only by special grace. Earlier (Theorem 7 of [25]) P. Hall had shown that even finitely generated solvable groups may not be residually finite if one goes beyond metabelian groups M (i.e. groups for which $M''=1$). He constructed a two-generator group G the center C of which is an arbitrary countable abelian group (which, obviously, need not be residually finite) such that G/C is metabelian.

The sharpest results about residually finite solvable groups seem to be those of D. J. S. Robinson [49] who proved:

Let A_0 be the class of abelian groups in which the maximum number of generators for all finitely generated torsion free subgroups and for all finitely generated subgroups of order a power of p (any prime number) is bounded. Let S_0 be the class of groups $G=G_0$ for which there exists a finite sequence of subgroups $G_0, G_1, \cdots, G_n=1$, each normal in the preceding one, such that $G_\nu/G_{\nu+1}$ belongs to A_0 for $\nu=0, 1, \cdots, n-1$. Then a group in S_0 is residually finite and every maximal subgroup is of finite index if and only if the center of its Fitting subgroup (= the product of all normal nilpotent subgroups) is reduced.

Whereas even the finitely generated groups of most solvable varieties of groups are not always residually finite, the free groups of these varieties fare much better. K. Gruenberg [22] showed that any free polynilpotent group is residually $\pi(p)$ for all but a finite number of primes p and remarks that a result of P. Hall even allows one to state this result for all p. Here a free polynilpotent group is defined as follows: Let F be a free group, let F_{i_1} be the i_1th group of its lower central series (where $F=F_1$), and define recursively

$$F_{i_1,i_2,\ldots,i_n}, \quad (i_2, i_1, \cdots, i_n \text{ positive integers}) \tag{3.1}$$

as the i_nth group of the lower central series of

$$F_{i_1,i_2,\cdots,i_{n-1}}.$$

Then the quotient group of F with respect to the group (3.1) is called *free polynilpotent of class row,*

$$(i_1 - 1, i_2 - 1, \cdots, i_n - 1).$$

A generalization of this result is the following: Let the finite group G be presented in the form F/R, where R is a normal subgroup of the free group F which shall have a rank not less than 2. Then Lihtman [34] showed (generalizing Gruenberg [23]):

$$F/R_{i_1,i_2,\ldots,i_n}$$

is residually nilpotent if and only if the order of G is a power of a prime.

G. Baumslag [10] showed: If U and V are varieties of groups, and if $UV=W$ denotes the variety of groups G having a normal subgroup N in U such that G/N belongs to V, then the free groups of W are residually $F_2(W)$, where $F_2(W)$ is the free two-generator group of W.

For certain varietal products (generalized "verbal" products as introduced by S. Moran [42]) of groups in a variety U with abelian groups, G. Baumslag [6] characterized those groups which are residually torsion free nilpotent.

We shall turn now to results based on assumptions of type II. Their significance is due to the fact that the generalized free products are the most versatile tool in the investigation of finitely presented groups. The solution of the word problem for single-relator groups [35], the extraction of roots of group elements [35], [44] and the construction of many fundamental groups, including the groups Φ_g in 2.1 (for $g>1$) and certain knot groups described below, all are applications of the theory of generalized free products. Another application is the construction of a nonhopfian (and therefore not residually finite) finitely presented group by G. Higman [27] which was the first one discovered. It is the group defined by

$$\langle a, b, c; a^{-1}cac^{-2}, b^{-1}cbc^{-2}\rangle$$

which is the generalized free product of the one-relator group

$$\langle a, c; a^{-1}cac^{-2}\rangle, \qquad \langle b, c; b^{-1}cbc^{-2}\rangle$$

with the cyclic subgroups generated by c amalgamated. Although these one-relator groups are still residually finite, they have a rather complicated subgroup structure. However, even the generalized free product of two isomorphic two-generator groups which are nilpotent of class two and where the amalgamated subgroups are free abelian of rank two need not be hopfian (let alone residually finite), as was shown by G. Baumslag [3].

For free products (without amalgamations) of residually finite groups, Gruenberg's theorem on root properties establishes residual finiteness. What is known, in the line of positive results, about generalized free products is largely summarized in a paper [5] by G. Baumslag, who also reports on some unpublished work by G. Higman. Some of the results are:

Let A, B be groups, and let H and K be, respectively, subgroups of

A and B which are mapped isomorphically onto each other by an isomorphism θ. Then the free product of A and B with amalgamation of H and K under Θ is residually finite if

A and B are finite or if

A and B are residually finite and H is finite or if

A and B are finitely generated and nilpotent and if H is cyclic or if H as well as K contains any element x if it contains a power of x, or if

A and B are polycyclic and K is in the center of B, or if

A and B are polycyclic, H is normal in A and K is normal in B.

If A and B are finitely generated and nilpotent, any generalized free product with amalgamated subgroups is still the extension of a free group by a residually finite group. The same is true if A and B are merely residually finite and if the isomorphism between H and K can be extended to an isomorphism between A and B.

Other results by G. Baumslag [4], [11] state that a generalized free product of a free group F and a free abelian group A of countable rank is residually free (and thus residually finite) if the amalgamated subgroup is infinite cyclic, its own centralizer in F, and generated by a free generator of A. Also, a free group arising from F by extraction of an mth root is residually finite. This is a generalization of a result found by B. Chandler [16] which in turn shows the residual finiteness of the groups ϕ_g. The proofs depend on realizations of free groups as subgroups of the multiplicative group of rings; in Chandler's paper, the ring is a matrix representation of a ring introduced by Malcev, whereas Baumslag constructs new rings for his purposes. G. Baumslag also proved residual finiteness for certain one-relator groups which contain elements $\neq 1$ of finite order [9].

P. Stebe [52] used generalized free products to prove residual finiteness for a class of knot groups. The group property needed here will be called π_c; it is stronger than residual finiteness and is defined as follows: G is π_c if for any two elements g_1, g_2 in G which are such that for all integers m

$$g_1 \neq g_2^m,$$

there exists a finite homomorphic image G^* such that the maps g_1^*, g_2^* of g_1, g_2 in G^* also satisfy

$$g_1^* \neq g_2^{*m}.$$

(If we chose $g_2=1$, we have the condition for residual finiteness.) Now we have:

Let A_ν, $\nu=1, \cdots, n$, be finitely generated, isomorphic groups which are π_c, and let Θ_ν be the isomorphisms mapping A_1 onto A_ν. Let C_1 be a cyclic subgroup of A_1 and let C_ν be its map under θ_ν. Let G be the generalized free product of the A_ν with amalgamation of C_1 and C_ν (for $\nu=2, \cdots, n$) under the isomorphism Θ_ν. Then G is π_c. (It should be noted that the isomorphisms between the amalgamated subgroups are extended to the factors of the generalized free product.)

As a consequence we have: Let G be finitely generated and π_c. Let G_1 be defined by forming first the free product of G with an infinite cyclic group generated by an element x and then adding either one of the two relations

$$x^m = g, x^{-1}g^{-1}xg = 1; \qquad g \in G.$$

Then G_1 is also π_c. This implies that the knot groups defined by Brauner [14] are residually π_c. These knot groups form a rather large class of groups which are defined only recursively. They are of special interest since they are associated with the algebraic-type singularities of analytic functions of two complex variables.

As a last item to report, it should be mentioned that residually finite groups G_1 and G_2 need not be isomorphic if their sets of finite quotient groups coincide. An example (still unpublished) was found by Joan Landman-Dyer. In this example, all possible finite quotient groups of G_1 and G_2 are nilpotent. Earlier, G. Baumslag [8] had already shown that there exist groups G which are residually nilpotent and not free but for which the quotient groups G/G_n of the groups G_n of the lower central series and also G/G'' coincide with those of a finitely generated free group F. This implies that the sets of all nilpotent and all metabelian quotient groups of F and G coincide.

Some of the references listed below are not referred to in the text but are relevant to the topics mentioned there.

References

1. E. Artin, *Theorie der Zoepfe*, Abh. Math. Sem. Univ. Hamburg **4** (1925), 47–72.

2. B. Baumslag, *Residually free groups*, Proc. London Math. Soc. (3) **17** (1967), 402–418.

3. G. Baumslag, *A non-hopfian group*, Bull. Amer. Math. Soc. **68** (1962), 196–198.

4. ———, *On generalized free products*, Math. Z. **78** (1962), 423–438.

5. ———, *On the residual finiteness of generalized free products of nilpotent groups*, Trans. Amer. Math. Soc. **106** (1963), 193–209.

6. ———, *On the residual nilpotence of some varietal products*, Trans. Amer. Math. Soc. **109** (1963), 357–365.

7. ———, *Residual nilpotence and relations in free groups*, J. Algebra **2** (1965), 271–282.

8. ———, *Some groups that are just about free*, Bull. Amer. Math. Soc. **73** (1967), 621–622.

9. ———, *Residually finite one-relator groups*, Bull. Amer. Math. Soc. **73** (1967), 618–620.

10. ———, *Some theorems on the free groups of certain product varieties*, J. Combinatorial Theory **2** (1967), 77–99.

11. ———, *On the residual nilpotence of certain one-relator groups*, Comm. Pure Appl. Math. **21** (1968), 491–506.

12. G. Baumslag and D. Solitar, *Some two-generator one-relator non-hopfian groups*, Bull. Amer. Math. Soc. **68** (1962), 199–201.

13. W. W. Boone, *Certain simple unsolvable problems of group theory*, Indig. Math. **16** (1955), 231–237, 492–497; **17** (1955), 252–256; **19** (1957), 22–27, 227–232.

14. K. Brauner, *Zur Geometrie der Funktionen zweier komplexer Veraenderlicher*, Abh. Math. Sem. Univ. Hamburg **6** (1928), 1–55.

15. J. L. Britton, *The word problem for groups*, Proc. London Math. Soc. (3) **8** (1958), 493–506.

16. B. Chandler, *The representation of a generalized free product in an associative ring*, Comm. Pure Appl. Math. **21** (1968), 271–288.

17. M. Dehn, *Ueberunendliche diskontinuierliche Gruppen*, Math. Ann. **71** (1911), 116–144.

18. ———, *Transformation der Kurven auf zweiseitigen Flaechen*, Math. Ann. **72** (1912), 413–421.

19. Ralph H. Fox, *On Fenchel's conjecture about F-groups*, Math. Tidsskr. B. (1952), 61–65.

20. Karen Frederick, *The Hopfian property for a class of fundamental groups*, Comm. Pure Appl. Math. **16** (1963), 1–8.

21. R. Fricke and F. Klein, *Vorlesungen über die Theorie der automorphen Funktionen*. I, Teubner, Berlin, 1897, pp. 186–187.

22. K. W. Gruenberg, *Residual properties of infinite soluble groups*, Proc. London Math. Soc. (3) **7** (1957), 29–62.

23. ———, *The residual nilpotence of certain presentations of finite groups*, Arch. Math. **13** (1962), 408–417.

24. Marshall Hall, Jr., *A topology for free groups and related groups*, Ann. of Math. (2) **52** (1950), 127–139.

25. P. Hall, *Finiteness conditions for soluble groups*, Proc. London Math. Soc. (3) **4** (1954), 419–436.

26. ———, *On the finiteness of certain soluble groups*, Proc. London Math. Soc. (3) **9** (1959), 595–622.

27. G. Higman, *A finitely related group with an isomorphic proper factor group*, J. London Math. Soc. **26** (1951), 59–61.

28. ———, *A finitely generated infinite simple group*, J. London Math. Soc. **26** (1951), 61–64.

29. ———, *A remark on finitely generated nilpotent groups*, Proc. Amer. Math. Soc. **6** (1955), 284–285.

30. K. Hirsch, *On infinite soluble groups*. III, Proc. London Math. Soc. (2) **49** (1946), 184–194.

31. H. Hopf, *Beiträge zur Klassifizierung der Flächenabbildungen*, J. Reine Angew. Math. **165** (1931), 225–236.

32. R. Katz and W. Magnus, *Residual properties of free groups*, Comm. Pure Appl. Math. **22** (1969), 1–13.

33. A. Learner, *Residual properties of polycyclic groups*, Illinois J. Math. **8** (1964), 536–542.

34. A. I. Lihtman, *On residually nilpotent groups*, Sibirsk. Mat. Ž. **6** (1965), 862–866.

35. W. Magnus, *Das Identitaetsproblem fuer Gruppen mit einer definienenden Relation*, Math. Ann. **106** (1932), 295–307.

36. ———, *Beziehungen zwischen Gruppen und Idealen in einem speziellen Ring*, Math. Ann. **111** (1935), 259–280.

37. W. Magnus, A. Karrass and D. Solitar, *Combinatorial group theory*, Wiley, New York, 1966.

38. W. Magnus and Ada Peluso, *On knot groups*, Comm. Pure Appl. Math. **20** (1967), 749–770.

39. A. Mal'cev, *On isomorphic matrix representations of infinite groups*, Mat. Sb. **8** (50) (1940), 405–422. (Russian)

40. J. C. C. McKinsey, *The decision problem for some classes of sentences*, J. Symbolic Logic **8** (1943), 61–76.

41. J. Mennicke, *Eine Bemerkung ueber Fuchssche Gruppen*, Invent. Math. **2** (1967), 301–305.

42. S. Moran, *Associative operators in groups*. I, Proc. London Math. Soc. **6** (1956), 581–596.

43. A. W. Mostowski, *On the decidability of some problems in special classes of groups*, Fund. Math. **59** (1966), 123–135.

44. B. H. Neumann, *Adjunction of elements to groups*, J. London Math. Soc. **18** (1943), 4–11.

45. ———, *Varieties of groups*, Bull. Amer. Math. Soc. **73** (1967), 603–613.

46. H. Neumann, *Varieties of groups*, Springer-Verlag, Berlin, 1967.

47. P. S. Novikov, *On the algorithmic insolvability of the word problem in group theory*, Trudy Mat. Inst. Steklov. **44** (1955); English transl., Amer. Math. Soc. Transl. (2) **9** (1958), 1–122.

48. A. Peluso, *A residual property of free groups*, Comm. Pure Appl. Math. **19** (1967), 435–437.

49. D. J. S. Robinson, *Residual properties of some classes of infinite soluble groups*, Proc. London Math. Soc. (3) **18** (1968), 495–520.

50. K. Seksenbaev, *On the theory of polycyclic groups*, Algebra i Logika Sem. **4** (1965), no. 3, 79–83. (Russian)

51. Jean-Pierre Serre, *Cohomologie Galoisienne*, Lecture Notes in Mathematics, Springer-Verlag, Berlin, 1964.

52. P. Stebe, *Residual finiteness of a class of knot groups*, Comm. Pure Appl. Math. **21** (1968), 563–583.

53. A. Steinberg, *On free nilpotent quotient groups*, Math. Z. **85** (1964), 185–196.

Reprinted from the
Bulletin of the American Mathematical Society
75 (1969), 305–316.

COMMUNICATIONS ON PURE AND APPLIED MATHEMATICS, VOL. XXII, 683-692 (1969)

On a Theorem of V. I. Arnol'd*

WILHELM MAGNUS AND ADA PELUSO

1. Introduction and Summary

In a recent paper, Arnol'd [1] defined the k-dimensional monodromy group for a fiber space with base space B and fiber F as the group of automorphisms induced by the fundamental group $\pi_1(B)$ of B in the k-th homology group $H_k(F, Z)$. He proved the following theorem.

THEOREM. *If F is a hyperelliptic curve and B the space of all non-degenerate hyperelliptic curves of degree n, then the one-dimensional monodromy group is a representation of Artin's braid group B_n (cf. [2]) as a subgroup of* $\mathrm{Sp}(g, Z)$ *(the symplectic group of $2g$ by $2g$ matrices with integral elements), where $g = [\frac{1}{2}(n-1)]$ is the genus of the curve. B_n is mapped onto all of* $\mathrm{Sp}(g, Z)$ *if and only if $n = 3, 4, 6$.*

We propose to show that the representation of B_n in this theorem is derivable from a representation found by Burau [7] and characterized group-theoretically in Section 2 of [14] and that purely group-theoretical arguments lead to easy generalizations. Specifically, and in detail, we shall prove in Section 3 the following.

THEOREM 1. *Let $n > 2$ be an integer and let $s > 1$ be a divisor of n. Let*

$$g = \tfrac{1}{2}(s-1)(n-2) .$$

Then the braid group B_n has a representation as a subgroup of the symplectic modular group $\mathrm{Sp}(g, Z)$ *(which can be given explicitly). This representation is reducible in the field $Q(\varepsilon)$ of the s-th root ε of unity and decomposes into the direct sum of $s - 1$ representations which arise from the Burau representation by substituting a power $\varepsilon^l \neq 1$ for an indeterminate. The subgroup of* $\mathrm{Sp}(g, Z)$ *representing B_n coincides with all of* $\mathrm{Sp}(g, Z)$ *if and only if $s = 2$ and $n = 4$ or $n = 6$.*

The restriction of s to divisors of n is unnecessary but simplifies the proofs somewhat. The geometric interpretation of Theorem 1 will be given in Section 2.

---

* W. Magnus is a Fellow of the John Simon Guggenheim Memorial Foundation. Reproduction in whole or in part is permitted for any purpose of the United States Government.

Its group-theoretical details will be given in Theorem 2 (Section 3). Indications of further generalizations, comments and references to other papers will be given both in Section 2 and at the end of Section 3.

2. Mapping Class Groups and Braid Groups

The mapping class group $M(S)$ of a connected space S is defined as the quotient group of all one to one topological mappings of S onto itself with respect to the subgroup of such mappings which can be deformed continuously into the identical mapping. For two-dimensional orientable manifolds $T_{g,n}$ of genus g with n boundary points, $M(T_{g,n})$ is isomorphic (cf. [6]) with a group of automorphism classes (cosets of the subgroup of inner automorphism in the group of all automorphisms) of the fundamental group $\pi_1(T_{g,n})$. For an account of the older literature and results see Section 3.7 in [13]. In what follows, *we shall always restrict ourselves to orientation preserving mappings.*

The braid group B_n is a group of automorphisms of a free group F_n on n free generators x_ν, $\nu = 1, \cdots, n$, which is generated by the particular automorphisms

$$\sigma_\nu : x_\nu \to x_{\nu+1}, \qquad x_{\nu+1} \to x_{\nu+1}^{-1} x_\nu x_{\nu+1}, \tag{2.1}$$
$$x_\mu \to x_\mu, \qquad \mu \neq \nu, \nu+1, \qquad \mu = 1, 2, \cdots, n-1,$$

(cf. [2]) or alternatively by σ_1 and the automorphism

$$\sigma = \sigma_1 \sigma_2 \cdots \sigma_{n-1}. \tag{2.2}$$

It contains a normal subgroup I_n which is the normal closure of the σ_2^ν. The elements of I_n are exactly those automorphisms which map every x_ν into a conjugate of itself. The quotient group B_n/I_n is Σ_n (the symmetric group).

The group $M(T_{0,n})$, i.e., the mapping class group (with preservation of the orientation) of the two-sphere with n punctures is a quotient group of B_n. If the x_ν are interpreted as simple loops enclosing the boundary points P_ν of $T_{0,n}$, the action of B_n on the generators x_ν of $\pi_1(T_{0,n})$ is exactly the one determined by (2.1). Of course, the x_ν are now connected by the relation

$$x_1 x_2 \cdots x_n = 1, \tag{2.3}$$

and they generate a free group of rank $n-1$. For details see [12].

Assume now that $T_{g,0}$ is given as a covering manifold of $T_{0,n}$ which is of the same type as the Riemann surface of an algebraic function with branch points over the points P_ν, $\nu = 1, \cdots, n$, of the complex plane. If the mapping classes in $M(T_{0,n})$ belonging to I_n (which leave the P_ν fixed individually) induce self-mappings of the covering surface $T_{g,0}$, then I_n has a representation I_n^* in terms of automorphisms of $\pi_1(T_{g,0})$ which is a quotient group Q of a subgroup of $\pi_1(T_{0,n})$. (The action of I_n on Q is still completely determined by the action of I_n on the x_ν.) If $T_{g,0}$ covers $T_{0,n}$ in a sufficiently symmetric manner, it will even be possible to represent all of B_n as a subgroup of $M(T_{g,0})$. This will happen, for instance, if $T_{g,0}$ covers $T_{0,n}$ in the same manner as the Riemann surface of the algebraic curve

$$w^s = z^n + a_1 z^{n-1} + \cdots + a_n \tag{2.4}$$

covers the complex z-plane. Here the polynomial on the right-hand side of (2.4) has n distinct zeros at the points P_ν; the Riemann surface has n branch points of order s and exactly one of them lies over each of the points P_ν. (The conditions for s and n are those stated in Theorem 1 of Section 1.) The genus of $T_{g,0}$ is

$$g = \tfrac{1}{2}(s-1)(n-2)$$

according to a well known formula (see e.g., Section 18 in [16]). Using a modification of this argument, Bergau and Mennicke [4] have shown that in fact B_6 can be mapped onto $M(T_{2,0})$. Using a different procedure, Joan Birman [5] has found homomorphic maps of B_n for $n = 3, 4, \cdots, 2g+2$ onto subgroups of $M(T_{g,0})$ which generate the whole group although for $g > 2$ none of the individual subgroups coincides with $M(T_{g,0})$. It is an open question whether her method can be derived from the one outlined above.

In order to determine the fundamental group Φ_g of the Riemann surface defined by (2.4), we have to construct two normal subgroups of the free group generated by the x_ν, $\nu = 1, \cdots, n$, with the defining relation (2.3). First, we need the subgroup C corresponding to curves in the complex z-plane which are projections of closed curves on the Riemann surface. C is the normal closure of the elements

$$t_\mu = x_\mu x_{\mu+1}^{-1}, \qquad \mu = 1, 2, \cdots, n-1. \tag{2.5}$$

Next, we need the subgroup N corresponding to curves which, in the Riemann surface, are homotopic to the identity (although their projections into the punctured z-plane may not have this property). N is the normal closure of the elements x_ν^s. Now

$$\Phi_g = \frac{C}{N \cap C}.$$

The action of B_n on Φ_g induces an action on $\Phi_g^* = \Phi_g/\Phi_g'$, where Φ_g' is the commutator subgroup of Φ_g. It is well known and can be proved group-theoretically (see Section 5.8 in [13]) that the automorphisms of Φ_g induce in the free abelian group Φ_g^* linear transformations belonging to Sp(g, Z). We shall derive them explicitly and in a purely algebraic manner.

3. Symplectic Representations of B_n

A subgroup C of F_n, the free group on n free generators x_ν, is called B-characteristic if it admits the automorphism group B_n. Assume that $\Gamma = F_n/C$ is left fixed elementwise under all of B_n, and denote the group ring over the integers of Γ by $Z\Gamma$. Denote the abelianized group C/C' by Φ^*. Then $Z\Gamma$ acts as a ring of operators on Φ^*. Assume, that Φ^* is a free $Z\Gamma$-module of finite rank r. Then the action of B_n on Φ^* results in a representation of B_n as a group of r by r matrices with entries from $Z\Gamma$.

Consider in particular the group C_∞ which is the normal closure of the elements

$$t_\mu = x_\mu x_{\mu+1}^{-1}, \qquad \mu = 1, 2, \cdots, n-1, \tag{3.1}$$

in F_n. It corresponds to the group C of Section 2 in the case of the (infinite) Riemann surface of the function

$$w = \log (z^n + a_1 z^{n-1} + \cdots + a_n).$$

F_n/C_∞ is infinite cyclic, and $Z\Gamma$, in this case, is isomorphic with the ring $L(v)$ of polynomials in an indeterminate v and its reciprocal v^{-1} and with integral coefficients. C_∞ is freely generated by the elements

$$x_1^k x_\mu x_{\mu+1}^{-1} x_1^{-k}, \qquad k = 0, \pm 1, \pm 2, \cdots, \tag{3.2}$$

and if we write $\Phi_\infty^* = C_\infty/C'_\infty$ additively as elements of a free $L(v)$-module, we find that under the mapping $C_\infty \to \Phi_\infty^*$

$$x_l^k x_\mu x_{\mu+1}^{-1} x_l^{-k} \to v^k t_\mu, \tag{3.3}$$

$$x_\mu^k x_{\mu+1}^{-k} \to \frac{v^k - 1}{v - 1} t_\mu, \tag{3.4}$$

$$(x_1 x_2 \cdots x_n) x_n^{-n} \to t_1 + \frac{v^2 - 1}{v - 1} t_2 + \cdots + \frac{v^{n-1} - 1}{v - 1} t_{n-1}, \tag{3.5}$$

and that the generators σ_1 and σ in (2.1), (2.2) induce linear transformations which will be denoted by $\sigma_1(v)$ and $\sigma(v)$ and which are given by the $(n-1)$

by $(n-1)$ matrices (with $\bar{v} = v^{-1}$):

$$\sigma_1(v) = \begin{pmatrix} -\bar{v} & 0 & 0 & 0 & \cdot \\ \bar{v} & 1 & 0 & 0 & \cdot \\ 0 & 0 & 1 & 0 & \cdot \\ 0 & 0 & 0 & 1 & \cdot \\ \cdot & \cdot & \cdot & \cdot & \cdot \end{pmatrix}, \tag{3.6}$$

$$\sigma(v) = \begin{pmatrix} -\bar{v} & -\bar{v} & -\bar{v} & -\bar{v} & \cdots \\ \bar{v} & 0 & 0 & 0 & \cdots \\ 0 & \bar{v} & 0 & 0 & \cdots \\ 0 & 0 & \bar{v} & 0 & \cdots \\ \cdot & \cdot & \cdot & \cdot & \cdots \end{pmatrix}. \tag{3.7}$$

Clearly, (3.6), (3.7) define other matrix representations of B_n if we replace the ring $L(v)$ by any one of its quotient rings in which v is not mapped onto the zero element. For instance, we can replace v by any algebraic number not equal to zero. In particular, for $v = 1$, (3.6), (3.7) define a mapping of B_n on the symmetric group Σ_n. (Since $\sigma_1(1)$ is of order 2, all the σ_ν^2 are mapped onto the unit element. According to [2], this means a mapping of B_n onto a quotient group of Σ_n. Since the quotient group is not of order 2, it must be Σ_n with the possible exception of $n = 4$, a case easily deduced.)

Now let $s > 1$ be a divisor of n and let $L(u)$ be the quotient ring of $L(v)$ arising from the mapping

$$v \to u, \qquad u^{s-1} + u^{s-2} + \cdots + u + 1 = 0. \tag{3.8}$$

We claim

LEMMA 1. *Let N be the normal closure of the elements*

$$x_1 x_2 \cdots x_n, \; x_\nu^s, \qquad \nu = 1, \cdots, n, \tag{3.9}$$

in F_n, and define Φ_g^* by

$$\Phi_g^* = C_g/C_g', \qquad C_g = C_\infty/(C_\infty \cap N) \sim C_\infty N/N. \tag{3.10}$$

Then N, C_g, Φ_g^* are B_n-characteristic, and Φ_g^* is a free $L(u)$-module arising from C_∞ by the mapping (3.8) *if one adjoins the relation*

$$\sum_{\mu=1}^{n-1} \frac{u^\mu - 1}{u - 1} t_\mu = 0. \tag{3.11}$$

The action of B_n on Φ_g^* is determined by mapping σ_1 and σ, respectively, onto the $(n-2)$ by $(n-2)$ matrices $\sigma_1(u)$ and $\sigma(u)$ defined by

$$(3.12)\qquad \sigma_1(u) = \begin{pmatrix} -\bar{u} & 0 & 0 & 0 & \cdots \\ \bar{u} & 1 & 0 & 0 & \cdots \\ 0 & 0 & 1 & 0 & \cdots \\ 0 & 0 & 0 & 1 & \cdots \end{pmatrix},$$

$$(3.13)\qquad \sigma(u) = \begin{pmatrix} -\bar{u}\omega_1 & -\bar{u}\omega_2 & -\bar{u}\omega_3 & -\bar{u}\omega_4 & \cdots \\ \bar{u} & 0 & 0 & 0 & \cdots \\ 0 & \bar{u} & 0 & 0 & \cdots \\ 0 & 0 & \bar{u} & 0 & \cdots \\ \cdot & \cdot & \cdot & \cdot & \cdots \end{pmatrix},$$

where $\bar{u} = u^{-1} = -\omega_{s-2}$ and

$$(3.14)\qquad \omega_\lambda = u^\lambda + u^{\lambda-1} + \cdots + u + 1\,, \qquad \lambda = 1, \cdots, n-2\,.$$

Proof: That N is B_n-characteristic follows from the fact that $x_1 x_2 \cdots x_n$ is mapped onto itself by all elements of B_n and that the s-th powers of the x_ν are mapped onto s-th powers of conjugates of some x_ν (not necessarily of the same x_ν). The intersection of N and C_∞ consists exactly of those elements of N which have exponent sum zero in all of the x_ν. Therefore, $C_\infty \cap N$ is the normal closure of the elements on the left-hand sides of (3.4), (3.5) for $k = s$ and of the commutators

$$(3.15)\qquad x_1^s x_\nu x_1^{-s} x_\nu^{-1}\,, \qquad \nu = 2, 3, \cdots, n\,,$$

of x_1^s with any one of the x_ν. Under the mapping of C_∞ onto Φ_∞^*, the elements (3.15) are mapped onto

$$(3.16)\qquad (1 - v^s)(t_1 + t_2 + \cdots + t_{\nu-1})\,.$$

Therefore, the module Φ_g^* arises from Φ_∞^* by adjoining the relations which express the vanishing of (3.16) and of the right-hand sides of (3.4), (3.5) in the case $k = s$. This means that

$$(3.17)\qquad v^{s-1} + v^{s-2} + \cdots + 1$$

is an annihilator of Φ_g^* and may be replaced by zero. The relation arising from (3.5) can be used to express t_{n-1} in terms of $t_1, \cdots, t_{n-2}$ since under the mapping $v \to u$:

$$(3.18)\qquad \frac{v^{n-1} - 1}{v - 1} \to -u^{n-1} = -\bar{u}\,.$$

Therefore, Φ_g^* is a free $L(u)$-module of rank $n-2$, and (3.7), (3.8) lead immediately to (3.12), (3.13) since (3.16) does not contribute anything new.

In order to obtain a symplectic representation from (3.12) and (3.13) we observe that the ring $L(u)$ has a faithful representation in terms of $(s-1)$ by $(s-1)$ unimodular matrices if we replace u by the matrix

$$U = \begin{pmatrix} 0 & 1 & 0 & 0 & \cdots & 0 \\ 0 & 0 & 1 & 0 & \cdots & 0 \\ 0 & 0 & 0 & 1 & \cdots & 0 \\ \cdot & \cdot & \cdot & \cdot & \cdots & \cdot \\ 0 & 0 & 0 & 0 & \cdots & 1 \\ -1 & -1 & -1 & -1 & \cdots & -1 \end{pmatrix}, \tag{3.19}$$

which arises from the regular representation of the generator of a cyclic group of order s by splitting off the identical representation. For $s=2$, U is simply -1. Replacing simultaneously u in (3.12), (3.13) by U, and 1 and 0, respectively, by the $(s-1)$ by $(s-1)$ unit matrix and zero matrix, we obtain a representation for σ_1 and σ which we shall denote by $\sigma_1(U)$ and $\sigma(U)$.

Let P be the $(s-1)$ by $(s-1)$ matrix with entries $+1$ in the main diagonal and -1 in the first parallel below the main diagonal. Let $P^* = -P^{tr}$ be the negative transpose of P, and define $Q = -P - P^*$. Finally, define the $2g$ by $2g$ matrix J^* as an $(n-2)$ by $(n-2)$ matrix with entries which are $(s-1)$ by $(s-1)$ matrices as follows:

$$J^* = \begin{pmatrix} Q & P^* & 0 & 0 & \cdots \\ P & Q & P^* & 0 & \cdots \\ 0 & P & Q & P^* & \cdots \\ 0 & 0 & P & Q & \cdots \\ \cdot & \cdot & \cdot & \cdot & \cdots \end{pmatrix}. \tag{3.20}$$

We shall now show that $\sigma_1(U)$ and $\sigma(U)$ generate a symplectic representation of B_n. We summarize the details in

THEOREM 2. *$\sigma_1(U)$ and $\sigma(U)$ generate a subgroup of* $\mathrm{Sp}(g, Z)$. *Specifically, we have:*

(i) *J^* is skew symmetric, and there exists a unimodular matrix Ω such that*

$$\Omega J^* \Omega^{tr} = J = \begin{pmatrix} O & I \\ -I & O \end{pmatrix}, \tag{3.21}$$

where O, I stand, respectively, for the g by g zero matrix and unit matrix.

(ii) $\sigma_1(U)J^*(\sigma_1(U))^{tr} = J^* = \sigma(U)J^*(\sigma(U))^{tr}$. *Therefore,*

$$\Omega\sigma_1(U)\Omega^{-1}, \quad \Omega\sigma(U)\Omega^{-1} \tag{3.22}$$

are elements of Sp(g, Z).

(iii) *If the matrices* (3.22) *generate* Sp(g, Z), *then for every prime number* p *which divides* s *there exists a homomorphic mapping of* Sp(g, Z_p) (*the symplectic modular group modulo* p) *onto* Σ_n, *except for* $n = 4$ *when it can be mapped onto* Σ_3 *and for* $n = 3$ *when it can be mapped onto* Σ_2.

(iv) *The symplectic representation* (3.22) *of* B_n *is all of* Sp(g, Z) *if and only if* $s = 2$ *and* $n = 4$ *or* $n = 6$ (i.e., $g = 1$ *or* $g = 2$).

(v) *The representation of* B_n *generated by* $\sigma_1(U)$ *and* $\sigma(U)$ *is reducible for* $s > 2$ *and conjugate with the direct sum of the* $s - 1$ *representations arising from* (3.12), (3.13) *by setting* $u = \varepsilon$, *where* $\varepsilon^s = 1$ *and* $\varepsilon \neq 1$.

Proof of (i): J^* is skew symmetric by construction. If it has determinant 1, then according to [15], a unimodular Ω with the property (3.20) exists. Multiplying J^* on the left with a matrix which has $n - 2$ "blocks" $(P^*)^{-1}$ in the main diagonal and setting

$$R = (P^*)^{-1}P,$$

we find that we have to compute the determinant of

$$\begin{pmatrix} -1-R & 1 & 0 & 0 & \cdots \\ R & -1-R & 1 & 0 & \cdots \\ 0 & R & -1-R & 1 & \cdots \\ 0 & 0 & R & -1-R & \cdots \\ \cdot & \cdot & \cdot & \cdot & \cdots \end{pmatrix}, \tag{3.22}$$

where 1 denotes the unit matrix. Treating the matrix (3.22) for the moment as an $(n - 2)$ by $(n - 2)$ matrix involving an indeterminate R and denoting the determinant of this matrix by $D(R)$, we find that the determinant Δ of (3.22) is

$$\Delta = \prod_\nu D(r_\nu),$$

where r_ν runs through the eigenvalues of R. An easy induction shows that

$$D(R) = \frac{(-1)^{n-2}(R^{n-1} - 1)}{R - 1}.$$

To compute the eigenvalues of R we observe that, by the same type of calculation,

$$\det|\lambda I - R| = \det|\lambda P^* - P| = \frac{(-1)^{s-1}(\lambda^s - 1)}{\lambda - 1}.$$

Therefore, the eigenvalues of R are the non-trivial s-th roots of unity. Since s divides n, we find $\Delta = 1$.

Proof of (ii): This is an easy computation, based on the relations

$$P^* = UP, \qquad P = UPU^{tr}, \qquad Q = -P - P^*,$$

$$\omega_v P^* + \omega_{v+1} Q + \omega_{v+2} P = 0,$$

and, of course, on

$$U^{n-2} + U^{n-3} + \cdots + 1 = -U^{n-1} = -U^{-1}.$$

Proof of (iii): Whenever $(v^{s-1} - 1)/(v - 1) = 0$, the representation of B_n given by (3.6), (3.7) becomes reducible because then $\sigma_1(v)$ and $\sigma(v)$ carry the linear form on the right-hand side of (3.5) into itself. Splitting off the one-dimensional representation leads exactly to (3.11), (3.12), with v replaced by u. Therefore, if p is a prime number dividing s (and therefore n), the rings $L_p(v)$ and $L_p(u)$ of polynomials with coefficients in Z_p have a common homomorphic image arising from the maps $v \to 1$ and $u \to 1$.

We know that $\sigma_1(1)$ and $\sigma(1)$ in (3.6), (3.7) generate a group isomorphic with Σ_n. If we reduce the representation after mapping the integral entries onto Z_p, we obtain a representation of degree $n - 2$ which, for $n > 4$, certainly has at least three distinct elements (namely the unit matrix and the matrices arising from (3.12), (3.13) by putting $u = 1$). Therefore, it is an isomorphic representation of Σ_n. For $n = 4$, (calculating modulo 2) we obtain a representation of Σ_3 and for $n = 3$ a representation of Σ_2.

Assume now that $\sigma_1(u)$ and $\sigma(u)$ in (3.12), (3.13) generate all of $\mathrm{Sp}(g, Z)$ if we replace u by U (from 3.19). Since the first s powers of U are linearly independent over Z_p, the mapping of the ring $L(u)$ onto $L_p(u)$ and replacement of u by U produces exactly $\mathrm{Sp}(g, Z_p)$ which therefore is isomorphic with the group generated by (3.12), (3.13) over $L_p(u)$. Mapping now $u \to 1$, we obtain a homomorphic image of $\mathrm{Sp}(g, Z_p)$ which is also a homomorphic image of Σ_n and, for all $n \geqq 5$, is isomorphic with Σ_n. This proves (iii).

Proof of (iv): It is known (cf. [8]) that $\mathrm{Sp}(g, Z_p)$ is simple for $p = 2$ and $g > 2$ and that it is a simple group over its center (which is of order 2) when $g > 1$ and $p > 2$. In both cases it cannot be mapped homomorphically onto Σ_n if $n > 4$ which is not simple and has no center. Except for trivial cases (when $g = 1$) this leaves only the case $n = 6$, $p = 2$, $g = 2$, where indeed

$$\mathrm{Sp}(2, Z_2) \simeq \Sigma_6. \tag{3.23}$$

The construction outlined above then gives almost immediately the generators of $\mathrm{Sp}(2, Z)$ found by Hua and Reiner [10].

Proof of (v): We can diagonalize U; the elements in the main diagonal will be the non-trivial s-th roots ε of unity. But then the representation of B_r generated by $\sigma_1(U)$ and $\sigma(U)$ can obviously be reduced into the direct sum of the representations arising from $\sigma_1(\varepsilon)$ and $\sigma(\varepsilon)$ by transformation with a permutation matrix.

Comments. The subgroup I_n of index $n!$ in B_n with the property $B_n/I_n = \Sigma_n$ has a matrix representation of degree n which has been studied repeatedly [9], [11] and appears implicitly in [3]. Here the matrix elements belong to a ring of polynomials in n indeterminates v_ν and their inverses v_ν^{-1}, the coefficients being integers. It is to be expected that appropriately chosen algebraic specializations of the v_ν will lead to symplectic representations of subgroups of I_n which correspond to Riemann surfaces with n branch points, in the manner outlined in Section 2.

It may also be noted that the isomorphism (3.23) which appears in Dickson's book [8] as one of finitely many "incidents" of isomorphisms is, in fact, part of the isolated incident of the existence of a homomorphic mapping of B_6 onto $M(T_2, 0)$.

Bibliography

[1] Arnol'd, V. I., *Remark on the branching of hyperelliptic integrals*, Funktsional. Anal. i Prilozhen., Vol. 2, 1968, pp. 1–3. (In Russian.)

[2] Artin, E., *Theorie der Zoepfe*, Abh. Math. Sem. Hamburg. Univ., Vol. 4, 1925, pp. 47–72.

[3] Bachmuth, S., *Automorphisms of free metabelian groups*, Trans. Amer. Math. Soc., Vol. 118, 1965, pp. 93–104.

[4] Bergau, P., and Mennicke, J., *Ueber topologische Abbildungen der Brezelflacche vom Geschlecht 2*, Math. Z., Vol. 74, 1960, pp. 414–435.

[5] Birman, J., *Automorphisms of the fundamental groups of a closed, orientable 2-manifold*, Proc. Amer. Math. Soc., Vol. 21, 1969, pp. 351–354.

[6] Birman, J., *Mapping class groups and their relationships to braid groups*, Comm. Pure Appl. Math., Vol. 22, 1969, pp. 213–242.

[7] Burau, W., *Ueber Zopfinvarianten*, Abh. Math. Sem. Hamburg. Univ., Vol. 9, 1933, pp. 117–124.

[8] Dickson, L. E., *Linear Groups With an Exposition of the Galois Field Theory*, Dover Publications, New York, 1958. See Theorems 116, p. 94, 117, p. 97, and 118, p. 99.

[9] Gassner, B. J., *On braid groups*, Abh. Math. Sem. Hamburg. Univ., Vol. 25, 1961, pp. 10–22.

[10] Hua, L. K., and Reiner, I., *On the generators of the symplectic modular groups*, Trans. Amer. Math. Soc., Vol. 65, 1949, pp. 415–426.

[11] Lipschutz, S., *On a finite matrix representation of the braid groups*, Archiv Math., Vol. 12, 1961, pp. 7–12.

[12] Magnus, W., *Ueber Automorphismen von Fundamentalgruppen berandeter Flaechen*, Math. Ann., Vol. 109, 1934, pp. 617–646.

[13] Magnus, W., Karrass, A., and Solitar, D., *Combinatorial Group Theory*, John Wiley and Sons New York, 1966.

[14] Magnus, W., and Peluso, A., *On knot groups*, Comm. Pure Appl. Math., Vol. 20, 1967, pp. 749–770.

[15] Siegel, C. L., *Vorlesungen ueber ausgewaehlte Kapitel der Funktionentheorie*, Part III, Section 10, Lecture Notes, Goettingen University, 1967.

[16] Weyl, H., *Die Idee der Riemannschen Flaeche*, B. G. Teubner, Leipzig and Berlin, 1913.

Received March, 1969.

COMMUNICATIONS ON PURE AND APPLIED MATHEMATICS, VOL. XXV, 151–161 (1972)

Braids and Riemann Surfaces*

W. MAGNUS

Introduction and Summary

In recent years, special Riemann surfaces have been used to study the action of the l-th braid group $B_l(S^2)$ of the two-sphere (as defined by Fox and Neuwirth [9]) on the fundamental group Φ of the Riemann surface R_l with ramification over l points of S^2. In particular, Arnol'd [1] and others [11], [17] have used this idea to study the effect of B_l on the homology groups of special algebraic curves, and Birman and Hilden [6] have obtained important information about the mapping class groups of surfaces of a genus greater than or equal to 2. It turns out that, in 1891, A. Hurwitz [13] had defined $B_l(S^2)$ and had set up a machinery for studying the effect of B_l on the monodromy group of R_l for any finite Riemann surface R_l. In the present paper, the method of Hurwitz is used for the following purpose: A group A_l^* of automorphisms of a free group is defined which is closely related both to $B_l(S^2)$ and to Artin's braid group on l strings (cf. [2], [3]). Every finite R_l defines an algebraically computable subgroup $H(R_l)$ of finite index in A_l^* which in turn is mapped homomorphically into the automorphism group of Φ and thereby into the mapping class group of R_l. It is shown that, for every element $\alpha^* \in A_l^*$, $\alpha^* \neq 1$, there exists an R_l such that $\alpha^* \notin H(R_l)$. If the R_l are restricted to be regular (or "Galois") coverings, the same can be shown for $l \leqq 4$ provided that α^* is not an inner automorphism (in which case the statement is trivially false). This establishes both the scope and the limitations of the Hurwitz method.

1. General Riemann Surfaces

Using an explicit (and well known) construction, A. Hurwitz [13] showed that a topological Riemann surface R_l with n sheets and l branchpoints P_λ, $\lambda = 1, \cdots, l$, (i.e., an n-sheeted ramified covering of the two-sphere S^2 with l points P_λ removed and ramification points over the points P_λ only) is defined by the following data: the points P_λ and a set of permutations Π_λ acting on n symbols (the sheets) in such a manner that the Π_λ generate a

* Results obtained at the Courant Institute of Mathematical Sciences, New York University. This research was supported in part by the National Science Foundation, Grant NSF-GP-28536.

transitive permutation group and satisfy the relation

$$\Pi_1 \Pi_2 \cdots \Pi_l = 1, \tag{1}$$

where 1 denotes the identical permutation. We shall call the collection $\{P_\lambda, \Pi_\lambda\}$ of points and permuations, in the order given by their label, the *signature* of R_l.

Let Q be a reference point for the fundamental group F_{l-1} of the two-sphere with l punctures P_λ. Then F_{l-1} is generated by the simple loops x_λ which start and end in Q and go around P_λ exactly once, separating it from all P_μ with $\mu \neq \lambda$. F_{l-1} is a free group of rank $l-1$ generated by the x_λ which satisfy the relation

$$x_1 x_2 \cdots x_l = 1. \tag{2}$$

If the initial point of the simple loop x_λ is lifted to the ν-th sheet of R_l, $\nu = 1, \cdots, n$, then the endpoint of the lifted loop is in the sheet with label ν', where ν' is the image of ν under the action of Π_λ. The Π_λ generate the ordinary (Riemann) monodromy group $M(R_l)$ of R_l. To every Riemann surface R_l there corresponds a point in the space of l-tuples of distinct points $P_\lambda \in S^2$. The topology of S^2 induces a topology both in the space of unordered l-tuples $[P_\lambda]$ and in the space of ordered l-tuples $\{P_\lambda\}$. Hurwitz calls the fundamental groups $\pi_1[P_\lambda]$ and $\pi_1\{P_\lambda\}$, respectively, the *monodromy group* A_l *and the monodromy group* B_l of the space of Riemann surfaces which are ramified over l points of S^2. His definition of A_l agrees with the definition of the braid group $B_l(S^2)$ of the sphere as given by Fox and Neuwirth [9], and his group B_l is the unpermuted braid group $\bar{B}_l(S^2)$ (see Section 2). Hurwitz proves: A_l is generated by elements σ_i, $i = 1, \cdots, l-1$, which act as follows on the Riemann surface R_l with signature $\{P_\lambda, \Pi_\lambda\}$:

$$\tag{3} \begin{array}{llll} \sigma_i : P_i \to P_{i+1}, & P_{i+1} \to P_i, & P_\lambda \to P_\lambda & \text{for} \quad \lambda \neq i, i+1, \\ \Pi_i \to \Pi_{i+1}, & \Pi_{i+1} \to \Pi_{i+1}^{-1} \Pi_i \Pi_{i+1}, & \Pi_\lambda \to \Pi_\lambda & \text{for} \quad \lambda \neq i, i+1. \end{array}$$

The subgroup B_l consists of those elements of A_l which map every P_λ onto itself. Obviously, $B_l \lhd A_l$ and A_l/B_l is the symmetric group on l symbols. Hurwitz' proof is based on an explicit geometric construction. He does not give defining relations for A_l; we shall do this in Section 2, but for now we need a different group which we shall call A_l^* and whose generators we shall also call σ_i, $i = 1, \cdots, l-1$. Both A_l and A_l^* are quotient groups of a larger group

(Artin's braid group) $B_l(E^2)$ which will be defined fully in Section 2. We define now A_l^* as the group of automorphisms of F_{l-1} which is generated by the σ_i, where

$$(4) \quad \sigma_i : x_i \to x_{i+1}, \qquad x_{i+1} \to x_{i+1}^{-1} x_i x_{i+1}, \qquad x_\lambda \to x_\lambda \quad \text{for} \quad \lambda \neq i, i+1.$$

For any $\alpha^* \in A_l^*$, (3) and (4) together define the map (under α^*) of the Riemann surface R_l with signature $\{P_\lambda, \Pi_\lambda\}$ onto a surface R_l' with signature $\{P_\lambda', \Pi_\lambda'\}$, where the P_λ' represent a permutation of the P_λ.

Let γ be the total number of cycles which appear in the permutations $\Pi_1, \cdots, \Pi_l$, including cycles of length one corresponding to symbols which are kept fixed. Then R_l has γ boundary points.

Let C be the subgroup of F_{l-1} arising from the projection onto S^2 of the closed curves on R_l going through a fixed reference point Q' on R_l; if we agree to put Q' into the sheet with label 1, then a word $W(x_\lambda)$ in the x_λ belongs to C if and only if the permutation $W(\Pi_\lambda)$ (which arises from $W(x_\lambda)$ by the map $x_\lambda \to \Pi_\lambda$) keeps the symbol 1 (the first sheet) fixed. C, being a subgroup of index n in F_{l-1}, is free and of rank $1 + n(l-2)$, according to the Schreier formula for subgroups of free groups. C is the fundamental group of R_l, and, since C must be free of rank $\gamma - 1 + 2g$ if $\gamma > 0$ and if g is the genus R_l, we obtain Hurwitz' formula

$$(5) \qquad \gamma - 1 + 2g = 1 + n(l-2).$$

The number $nl - \gamma$ is also known as the branching number of R_l.

We can close R_l by adjoining its γ boundary points. The result is a closed Riemann surface R. The curves contractible to a point on R define a normal subgroup K of C, and $C/K = \Phi(R)$ is the fundamental group of the closed Riemann surface R.

We define the *Hurwitz monodromy group* $H(R_l)$ of R_l as the subgroup of the group A_l^* of automorphisms of F_{l-1}, generated by the σ_i in (4), which leaves C fixed. This group represents an action of a subgroup of the group A_l^* on F_{l-1}. Similarly, we define the *Hurwitz monodromy group* $H^*(R)$ of the closed, compact Riemann surface R as the group of automorphism classes induced by $H(R_l)$ in $C/K = \Phi(R)$. (The automorphism classes are the elements of the quotient group of the group of automorphisms with respect to the subgroup of inner automorphisms contained in it.) For this definition to make sense we have to prove

LEMMA 1. *The elements of $H(R_l)$ keep K fixed.*

Proof: Let $W(x_\lambda)$ be a word in the x_λ (the generators of F_{l-1}). $W(x_\lambda) \in C$ if and only if $W(\Pi_\lambda)$ fixes the symbol 1. To find the elements of K, we observe that we merely have to find the elements y_ρ of C which correspond to closed simple loops around the boundary points of R_l and then take the normal closure of the y_ρ, $\rho = 1, \cdots, \gamma$, in C. Let r_ν, $\nu = 1, \cdots, n$, be right coset representatives of C in F_{l-1}. They are words in the x_λ which, after replacing x_λ by Π_λ, define a permutation which maps the symbol 1 onto ν or, geometrically speaking, the r_ν define a lift into R_l of a closed loop in S^2 which starts in the first sheet and ends in the ν-th sheet of R_l. Suppose that the permutation Π_λ contains the symbol ν in a cycle of order $o_{\nu,\lambda}$. Then

$$r_\nu \, x_\lambda^{o_{\lambda,\nu}} \, r_\nu^{-1} \tag{6}$$

is a simple closed loop around a boundary point (= branchpoint) of R_l, and K is the normal closure (in C) of the elements (6). Let η be any element in $H(R_l)$, and let, respectively,

$$\rho_\nu, \qquad T^{-1}x_\mu T$$

be the images of r_ν, x_λ under η. Then we can write

$$\rho_\nu \, T^{-1} = c r_\kappa \, ,$$

where $c \in C$ and r_κ is another right coset representative. Since the element (6) belongs to C, its image under η, which is

$$c r_\kappa \, x_\mu^{o_{\lambda,\nu}} \, r_\kappa^{-1} \, c^{-1} \, , \tag{7}$$

must also belong to C. For this to be true, the permutation corresponding to (7) must leave the symbol 1 fixed. This can happen only if $o_{\lambda,\nu}$ is a multiple of $o_{\mu,\kappa}$, which means that the element (7) is in K. Since η has an inverse, K is mapped onto K, and η induces a homomorphic mapping of $C/K = \Phi$ onto itself. Since Φ is hopfian (cf. [10]), η induces an automorphism of Φ.

Two one-to-one topological selfmappings of R are said to belong to the same class if they differ by a mapping which can be deformed continuously into the identical mapping. The mapping classes form a group, and, according to J. Nielsen [20], this group is isomorphic with the group of automorphism classes of Φ. This isomorphism is established by the fact that a topological selfmapping of R which maps the reference point of the fundamental group onto itself, induces an automorphism of Φ. We thus obtain

THEOREM 1. *The Hurwitz monodromy group $H^*(R)$ is a subgroup of the mapping class group $M(g, 0)$ of the closed Riemann surface R of genus g.*

(The second entry in $M(g, 0)$ refers to the number of boundary points of R. We could formulate a similar relation between $H(R_l)$ and $M(g, \gamma)$.)

One would hope to be able to use the Hurwitz monodromy groups for the construction of "large" subgroups of $M(g, 0)$. A complete discussion for the case where R is a two sheeted Riemann surface with $l = 2g + 2$ branchpoints has been carried out by J. S. Birman and H. M. Hilden [7] who were even able to derive a presentation of $M(2, 0)$ in terms of generators and defining relations from a proof of the fact that in this case $H^*(R) \approx M(2, 0)$.

The result which we shall prove now goes in the opposite direction. We have

THEOREM 2A. *Let* α^* *be any element not equal to* 1 *in the automorphism group* A_l^* *generated by the* σ_i *in* (4). *There exists a Riemann surface* R_l *such that* $\alpha^* \notin H(R_l)$ *provided that* $l \geqq 3$.

Proof: Assume α^* maps x_1 onto $Tx_1 T^{-1} \neq x_1$. This does not involve a restriction of generality, since we always can find a Riemann surface for which the permutations Π_1 and Π_λ, $\lambda \neq 1$, are of different order, by defining, say, Π_1 as an n-cycle, Π_2 arbitrarily and Π_3 as the inverse of $\Pi_1 \Pi_2$. If α^{*-1} maps x_1 onto a conjugate of x_2, and if Π_2 is of order $e_2 < n$, then $x_1^{e_2}$ has an image in C under α^{*-1} although it does not belong to C; therefore α^* is not in $H(R_l)$. This leaves the case where the image of x_1 under α^* is conjugate with x_1. We may express T in terms of $x_1, \cdots, x_{l-1}$, because of (2), and we may choose $\Pi_1, \cdots, \Pi_{l-1}$ arbitrarily provided that they generate a transitive permutation group of degree n. Now we fix Π_1 as the cycle $(2, 3, \cdots, n)$ or its inverse, leaving the symbol 1 fixed. Therefore, $x_1 \in C$. We have to determine $\Pi_2, \cdots, \Pi_{l-1}$ in such a manner that T maps the symbol 1 onto a symbol $k \neq 1$. Such a choice of $\Pi_2, \cdots, \Pi_{l-1}$, together with our choice of Π_1, guarantees the transitivity of the permutation group, and it also guarantees that $Tx_1 T^{-1}$ does not keep the symbol 1 fixed if we replace the x_λ by the Π_λ. In turn, this implies that α^* maps an element of C (namely x_1) onto an element outside of C and therefore $\alpha^* \notin H(R_l)$.

Let T be of the form

$$y_1 y_2 \cdots y_t, \tag{8}$$

where the y_τ, $\tau = 1, \cdots, t$, are elements x_λ^ε, $\varepsilon = \pm 1$; $\lambda = 1, 2, \cdots, l - 1$. We may assume that both T and $Tx_1 T^{-1}$ are freely reduced; this implies that $y_t \neq x_1^\varepsilon$. Let κ_τ be the permutation Π_λ^ε corresponding to y_τ. The problem is to choose $\Pi_2, \cdots, \Pi_{l-1}$ properly. Let s denote the sum of the absolute values $|\varepsilon|$ of exponents of x_1 appearing in (8), and let τ_1 be the smallest τ such that $\kappa_{\tau_1} \neq \Pi_1^\varepsilon$. We postulate that κ_{τ_1} shall map the symbol 1 onto the symbol 2. Let $\tau_2 > \tau_1$ be the next value of τ for which $y_{\tau_2} \neq x_1^\varepsilon$. We put $\tau_2 - \tau_1 = \delta_1 + 1$, and we have then δ_1 factors $x_1^{\varepsilon_1}$ between y_{τ_1} and y_{τ_2}. Assume that either $\delta_1 = 0$ or $\varepsilon_1 = 1$. Then we choose $\Pi_1 = (2, \cdots, n)$. Otherwise, we choose $\Pi_1 = (n, \cdots, 2)$. In either case we may postulate that κ_{τ_2} maps the symbol $2 + \delta_1$ onto the symbol $3 + \delta_1 + s$ since $\delta_1 = 0$ implies that κ_{τ_2} is not the inverse of κ_{τ_1}. The product of the κ_τ for $\tau \leqq \tau_2$ thus maps 1 onto a symbol greater than 2. Assume that y_{τ_2} is followed by $\delta_2 \geqq 0$ factors $x_1^{\varepsilon_2}$, after which there appears a factor $y_{\tau_3} \neq x_1^{\pm 1}$. If $\delta_2 = 0$, we know that $\kappa_{\tau_2} \neq \kappa_{\tau_1}^{-1}$ and we are therefore free to map $3 + \delta_1 + s$ onto $4 + \delta_1 + 2s$. Should we have $\delta_2 > 0$, then the product of the first $\tau_2 - 1$ permutations κ_τ maps the symbol 1 onto the symbol $3 + \delta_1 + \varepsilon_2 \delta_2 + s$ which is different both from 1, 2 and from $2 + \delta_1$. Therefore, we are free to postulate that x_{τ_2} will map $3 + \delta_1 + \varepsilon_2 \delta_2 + s$ onto $4 + \delta_1 + \varepsilon_2 \delta_2 + 2s$. (Note that, even if $\varepsilon_2 = -1$, $\varepsilon_2 \delta_2 + s \geqq 0$ and therefore the image of $3 + \delta_1 + \varepsilon_2 \delta_2 + s$ has a larger label than the original.) Continuing in this manner, and assuming that n is large enough to accommodate the labels occurring in the process, we arrive at the result that the product of the κ_τ maps 1 onto a symbol $m \neq 1, 2$. But then Π_1 will map m onto $m \pm 1$ (according to our choices of a cycle for Π_1), and the product of the permutations corresponding to $Tx_1 T^{-1}$ will map the symbol 1 onto a different symbol. Therefore, $\alpha^* \notin H(R_l)$.

Our proof is based on the same ideas as Kurosh's proof in [14] of the residual finiteness of free groups. It implies the residual finiteness of the groups of automorphisms A_l^* because of the following rather obvious result.

THEOREM 2B. *$H(R_l)$ is of finite index in A_l^*, which therefore is residually finite.*

Proof: The group C belonging to a given R_l is of finite index n in F_{l-1}. There are only finitely many subgroups of index n in F_{l-1} and these are permuted by the action of the automorphisms of F_{l-1} generated by the σ_i. Therefore, $H(R_l)$ has only finitely many cosets in A_l^*. The result that A_l^* is residually finite follows also from a general and easily proved theorem of G. Baumslag (see p. 414 in [18]).

The orbits of the action of A_l on the Riemann surfaces of a given signature may consist of a single Riemann surface (as in the case of the hyperelliptic surfaces or in the slightly more general case studied in [17]), but they may also be very large as in the case where all the Π_λ are 2-cycles. Hurwitz [13] proved that A_l acts transitively on the set of all R_l with n sheets and with Π_λ all of which are two-cycles, and computed the number of the different R_l.

2. Regular Riemann Surfaces

A Riemann surface R_l is said to be *regular* or to be a *regular* or *Galois covering* of the sphere S_l^2 with l boundary points removed if every lifting of a closed path in S_l^2 is closed provided that one lifting onto R_l is closed. Necessary and sufficient conditions for R_l to be regular are

(i) C is normal in F_{l-1},

or

(ii) the order of the permutation group generated by the Π_λ equals n (the number of sheets).

For regular Riemann surfaces, $F_{l-1}/C \approx M(R_l)$, and the Π_λ generate the right-regular representation of the monodromy group M. In each Π_λ, all cycles are of the same order o_λ. For the closed Riemann surface R, the group K of contractible curves is now the normal closure in F_{l-1} of the elements $x_\lambda^{o_\lambda}$; in particular, K is not only normal in C but normal in F_{l-1}. This can be proved with a minimum of topological arguments by using Theorem 3, p. 297 in [12] from which it follows algebraically that the group C/K has the correct number $2g$ of generators.

We need a few facts about the structure of the Hurwitz group A_l and its relation to braid groups and mapping class groups.

Fox and Neuwirth [9] defined the l-th *braid group* $B_l(S)$ of a space S as the fundamental group of the space of unordered l-tuples of distinct points in S. $B_l(S)$ has a subgroup $\mathring{B}_l(S)$ of index $l!$ consisting of the fundamental group of the space of ordered l-tuples of distinct points in S. We shall call $\mathring{B}_l(S)$ the *unpermuted* l-th *braid* group of S. This is an obvious generalization of Hurwitz' definition; his groups A_l and B_l are, respectively, the braid groups $B_l(S^2)$ and $\mathring{B}_l(S^2)$, where S^2 denotes the two-sphere. Summarizing we have:

I. Let F_l be the fundamental group of the euclidean plane E^2 with l punctures. It is freely generated by l generators x_λ, $\lambda = 1, \cdots, l$. The braid group $B_l(E^2)$ is isomorphic with Artin's braid group on l strings (cf. [2], [3]) and is faithfully represented by the group of automorphisms generated by the σ_i in (3) and now acting on F_l. Defining relations for $B_l(E^2)$ are given by (cf. [2], [15])

$$\text{(9)} \qquad \begin{aligned} \sigma_i \sigma_{i+1} \sigma_i &= \sigma_{i+1} \sigma_i \sigma_{i+1}, \qquad & i &= 1, \cdots, l-1, \\ \sigma_i \sigma_k &= \sigma_k \sigma_i, & |i-k| &\geqq 2. \end{aligned}$$

The center of $B_l(E^2)$ is generated by

$$\text{(10)} \qquad (\sigma_1 \sigma_2 \cdots \sigma_{l-1})^l = \theta ;$$

θ is represented by the inner automorphism

$$\text{(11)} \qquad x_\lambda \to (x_1 x_2 \cdots x_l)^{-1} x_\lambda (x_1 x_2 \cdots x_l) .$$

The quotient group of $B_l(E^2)$ with respect to its center is the group A_l^* (cf. [15]).

The unpermuted braid group $\mathring{B}_l(E^2)$ is the normal closure of σ_1^2 in $B_l(E^2)$; its elements are represented by those automorphisms in $B_l(E^2)$ which map the x_λ into conjugates of themselves. For defining relations see [3].

II. $B_l(E^2)$ acts on F_{l-1} (the quotient group of F_l defined by (2)) as a group of automorphisms. This is the group denoted by A_l^* in the previous section. The relations (9) together with $\theta = 1$ are defining relations for A_l^*. All inner automorphisms are contained in A_l^*; if we denote the inner automorphism

$$x_\lambda \to (x_1 x_2 \cdots x_i)^{-1} x_\lambda (x_1 x_2 \cdots x_i), \quad i = 1, \cdots, l-1, \tag{12}$$

by θ_i, then (cf. [15])

$$\begin{aligned} \theta_1 &= (\sigma_2 \sigma_3 \cdots \sigma_{l-1})^{1-l}, \\ \theta_i &= (\sigma_1 \cdots \sigma_{i-1})^i (\sigma_{i+1} \cdots \sigma_{l-1})^{i-l}, \quad i = 2, \cdots, l-2, \\ \theta_{l-1} &= (\sigma_1 \cdots \sigma_{l-2})^{l-1}. \end{aligned} \tag{13}$$

The group of automorphism classes of F_{l-1} induced by the group of automorphisms generated by the σ_i is the (orientation preserving) mapping class group $M(0, l)$ of the two-sphere with l punctures (cf. [15]). Instead of adjoining all the relations $\theta = \theta_i = 1$ to those of $B_l(E^2)$, it suffices to adjoin the two relations

$$\sigma_1 \sigma_2 \cdots \sigma_{l-1} \sigma_{l-1} \cdots \sigma_2 \sigma_1 = 1, \quad (\sigma_1 \sigma_2 \cdots \sigma_{l-1})^l = 1, \tag{14}$$

in order to obtain a set of defining relations for $M(0, l)$, because, in $B_l(E^2)$,

$$\begin{aligned} \Omega &= \sigma_1 \sigma_2 \cdots \sigma_{l-1} \sigma_{l-1} \cdots \sigma_2 \sigma_1 \\ &= (\sigma_1 \sigma_2 \cdots \sigma_{l-1})^l (\sigma_2 \sigma_3 \cdots \sigma_{l-1})^{1-l} = \theta \theta_1, \end{aligned} \tag{15}$$

and the θ_i are contained in the normal closure of θ_1 in A_l^*.

III. The group A_l of the previous section which we denote now by $B_l(S^2)$ cannot be represented faithfully as a group of automorphisms or automorphism classes of F_{l-1}. It can be defined (cf. [8]) by the generators σ_i, the relations (9), and the additional relation $\Omega = 1$ (where Ω is defined in (15)). It can be shown that $\Omega = 1$ implies the relation $\theta^2 = 1$, and all the relations $\theta_i = \theta$. But $\theta \neq 1$ in $B_l(S^2)$, which therefore is a central extension of $M(0, l)$ by a cyclic center of order 2. (This fact is the topological analogue of the phenomenon that the group of rigid motions of a sphere has a two-valued representation as a matrix group (cf. [19]).

The problem of lifting the elements of $B_l(S^2)$ to self-mappings of a Riemann surface has been solved for the Riemann surfaces of $2g + 2$ branchpoints of order 2 and two sheets (cf. [7]) and has contributed considerably to our knowledge of the mapping class groups $M(g, 0)$. It should be pointed out that we have, essentially, a grouptheoretic and not a topological construction which assigns automorphisms of $\phi(R)$—and therefore selfmappings—to the elements of C/K. It should also be noted that an inner automorphism in A_l^* may induce an automorphism of C/K which is not an inner one. (The simplest example is again offered by the two-sheeted Riemann surfaces, where an inner automorphism of F_{l-1} may induce an interchanging of the sheets.) Therefore, we need A_l^* and not $M(0, l)$ for an effective construction of the Hurwitz monodromy group $H^*(R)$. Now we prove

THEOREM 3. *Let* $\alpha^* \in A_4^*$ *be such that* α^* *does not induce an inner automorphism in* F_3. *Then there exists a regular Riemann surface* R *with four branchpoints such that* $\alpha^* \notin H^*(R)$.

This result is probably true for all A_l^* with $l \geqq 4$, but it appears to be difficult to prove because of our inadequate knowledge of A_l^* for $l > 4$. For $l = 2, 3$, the result is trivial because in these cases the inner automorphisms form a subgroup of finite index in A_l^*. If it could be shown that the Burau representation (cf. [17]) of A_l^* is faithful, it would be possible to restrict the proof of the general case to the construction of Riemann surfaces R_l with metabelian monodromy groups. For $l = 4$, Theorem 3 can be proved as follows.

Let I denote the group of inner automorphisms of F_3; we know that it is contained in A_4^* and generated by $\theta_1, \theta_2, \theta_3$ of (13) for the case $l = 4$. Let A_4' be the subgroup of A_4^* which consists of automorphisms mapping x_4 onto a conjugate of itself. A_4' is of index 4 in A_4^*, $A_4' \supset I$ and it has been proved (cf. [15], [6]) that the coset representatives of I in A_4' may be chosen as words in σ_1, σ_2 alone and that A_4'/I is simply the group A_3^* which has the presentation

$$\sigma_1 \sigma_2 \sigma_1 = \sigma_2 \sigma_1 \sigma_2, \qquad (\sigma_1 \sigma_2)^3 = 1, \tag{16}$$

where σ_1, σ_2 are still defined by (4) as automorphisms of F_3, and where $(\sigma_1 \sigma_2)^3$ generates the cyclic group of inner automorphisms contained in the subgroup A_4'' which is generated by σ_1, σ_2 alone. It follows that Theorem 3 is true if we can show:

(i) If α^* is an element of A_4^* which does not map x_4 onto a conjugate of itself, then there exists a regular Riemann surface R such that $\alpha^* \notin H^*(R)$.

(ii) If α^* is expressed as a word $W(\sigma_1, \sigma_2)$ and is not a power of $(\sigma_1 \sigma_2)^3$, then there exists a regular Riemann surface R' such that $\alpha^* \notin H^*(R')$. (Of course, both R and R' are ramified over exactly four points of S^2.)

To prove (i), it suffices to find a finite permutation group with four generators Π_λ such that Π_4 does not have the same order as a preassigned one of the other

Π_λ, and where the product of the Π_λ is the identity. This can be done by using abelian groups.

To prove (ii), we construct the monodromy group of R' as a quotient group of G:

$$G = \langle x_1, x_2, x_3, x_4 ; x_1^2 = x_2^2 = x_3^2 = x_4^2 = 1, x_1 x_2 x_3 x_4 = 1 \rangle . \tag{17}$$

G contains a subgroup Y of index 2 which is mapped onto itself by all σ_i (acting now on the quotient group G of F_3) and which is free abelian of rank 2. As generators we may choose $y_1 = x_1 x_2$ and $y_2 = x_2 x_3$. The action of σ_1 and σ_2 on Y is defined, respectively, by

$$\begin{aligned} \sigma_1 &: y_1 \to y_1 , \qquad y_2 \to y_1^{-1} y_2 , \\ \sigma_2 &: y_1 \to y_1 y_2 , \qquad y_2 \to y_2 , \end{aligned} \tag{18}$$

and may therefore be represented by the matrices

$$M_1 = \begin{pmatrix} 1 & 0 \\ -1 & 1 \end{pmatrix}, \quad M_2 = \begin{pmatrix} 1 & 1 \\ 0 & 0 \end{pmatrix}, \tag{19}$$

which satisfy the relations

$$M_1 M_2 M_1 = M_2 M_1 M_2 , \qquad (M_1 M_2)^6 = U = \begin{pmatrix} 1 & 0 \\ 0 & 1 \end{pmatrix}. \tag{20}$$

The relations (20) are known to be defining relations for the group generated by M_1, M_2 (if we replace U by the unit element of the group). In fact, M_1, M_2 generate the homogeneous modular group M^* whose elements are the matrices

$$\begin{pmatrix} a, & b \\ c, & d \end{pmatrix}, \qquad ad - bc = 1 , \qquad a, b, c, d \in Z . \tag{21}$$

The matrix corresponding to $(\sigma_1 \sigma_2)^3$ is

$$(M_1 M_2)^3 = -U .$$

Now consider a word $\alpha^* = W(\sigma_1, \sigma_2)$ and assume that the corresponding matrix is given by (21). If α^* is not a power of $(\sigma_1 \sigma_2)^3$, the matrix is different from $\pm U$. We construct a finite group G^* by adding the relations

$$y_1^p = y_2^q = 1$$

to those of G, where p, q are prime numbers greater than max $(|a|, |b|, |c|, |d|)$. In this case α^* cannot induce an automorphism of G^* because it would have to induce an automorphism of $Y^* = \langle y_1, y_2, y_1^p = y_2^q = 1\rangle$. But either

$$y_1' = y_1^a y_2^b \qquad \text{or} \qquad y_2' = y_1^c y_2^d$$

are not of the same order as y_1 or y_2, respectively. This proves Theorem 3.

References

[1] Arnol'd, V. I., *Remarks on the branching of hyperelliptic integrals*, Funkcional. Anal. i Prilozhen, Vol. 2, 1968, pp. 1–3. (In Russian.)

[2] Artin, E., *Theorie der Zoepfe*, Abh. Math. Seminar Hamburg Univ., Vol. 4, 1925, pp. 47–72.

[3] Artin, E., *Theory of braids*, Annals Math., Vol. 48, 1947, pp. 101–126.

[4] Birman, Joan S., *On braid groups*, Comm. Pure Appl. Math., Vol. 22, 1969, pp. 41–72.

[5] Birman, Joan S., *Mapping class groups and their relationship to braid groups*, Comm. Pure Appl. Math, Vol. 22, 1969, pp. 213–238.

[6] Birman, Joan S., *The braid groups of the 2-sphere and the plane*, to appear in Proc. Amer. Math. Soc., 1972.

[7] Birman, J. S., and Hilden, H. M., *On the mapping class groups of closed surfaces as covering spaces*, *Advances in the Theory of Riemann Surfaces*, Princeton University Press, 1971, pp. 85–115.

[8] Fadell, E., and Van Buskirk, J., *The braid groups of E^2 and S^2*, Duke Math. J., Vol. 29, 1962, pp. 243–258.

[9] Fox, R. H., and Neuwirth, L., *The braid groups*, Math. Scand., Vol. 10, 1962, pp. 119–126.

[10] Gorin, E. A., and Lin, V. Ya., *Algebraic equations with continuous coefficients and some problems of the algebraic theory of braids*, Translations of the American Math. Soc., Vol. 7, No. 4, 1969, pp. 533–568, and Mathematics of the U.S.S.R., Sbornik, 78, (120), pp. 579–610.

[12] Hoare, A. H. M., Karrass, A., and Solitar, D., *Subgroups of finite index of Fuchsian groups*, Math. Z., Vol. 120, 1971, pp. 289–298.

[13] Hurwitz, A., *Ueber Riemannsche Flaechen mit gegebenen Verzweigungspunkten*, Math. Ann., Vol. 39, 1891, pp. 1–61.

[14] Kurosh, A. G., *The Theory of Groups*, Second English edition, Vol. 2, Chelsea Publishing Co., New York, 1960.

[15] Magnus, W., *Ueber Automorphismen von Fundamentalgruppen berandeter Flaechen*, Math. Ann., Vol. 109, 1939, pp. 617–646.

[16] Magnus, W., and Peluso, Ada, *On knot groups*, Comm. Pure Appl. Math., Vol. 20, 1967, pp. 749–770.

[17] Magnus, W., and Peluso, Ada, *On a theorem of V. I. Arnol'd*, Comm. Pure Appl. Math., Vol. 22, 1969, pp. 683–692.

[18] Magnus, W., Karrass, A., and Solitar, D., *Combinatorial Group Theory*, John Wiley and Sons, New York, 1966.

[19] Neumann, M. H. A., *On a string of problems of Dirac*, J. London Math. Soc., Vol. 17, 1942, pp. 173–177.

[20] Nielsen, J., *Zur Topologie der geschlossenen zweiseitigen Flaechen, I*, Acta Math., Vol. 50, 1927, pp. 184–358.

Received November, 1971.

Rational Representations of Fuchsian Groups and Non-parabolic Subgroups of the Modular Group

Von *Wilhelm Magnus*, New York

Vorgelegt von Herrn W. Maak in der Sitzung am 27. 4. 1973

1. Introduction and Summary

We shall use the following notations: Let R be a ring with unit element 1. Then PSL (2, R) denotes the group of fractional linear transformations

$$z \to z' = \frac{az+b}{cz+d}, \quad ad - bc = 1, \qquad a, b, c, d \in R. \tag{1}$$

We shall need the following rings: $\mathbb{C}$ (the complex numbers), $\mathbb{R}$ (the reals), Q (the rationals), $\mathbb{Z}$ (the integers), $\mathbb{Z}(i)$ (the Gaussian integers) and $\mathbb{Z}^{(2)}$ (the rational numbers whose denominators are powers of 2). We shall frequently represent a transformation (1) by its 2×2 matrix, but then the negative unit matrix will always represent the identical transformation. We shall discuss representations of groups presented in terms of generators and defining relations as groups of transformations of type (1). Since all representations will be faithful, we shall not distinguish between a group element and its representing matrix.

We shall use the term "Fuchsian group" to denote a subgroup of PSL(2, $\mathbb{R}$) which is discontinuous in the upper z-halfplane, where z now denotes a complex variable. The presentation of finitely generated Fuchsian groups in terms of generators and defining relations is a completely solved problem; the first full account of results was given by Fricke [2]. However, little is known about the arithmetic nature of the coefficients in the possible representations of a given abstract group as a subgroup of PSL(2, $\mathbb{R}$). The main exceptions are the "triangle groups" $T(l, m, n)$ with two generators μ_1, μ_2 and the defining relations

$$\mu_1^l = \mu_2^m = (\mu_1\mu_2)^n = 1$$

where l, m, n are positive integers. Here explicit representations as subgroups of PSL(2, R^*) in well defined rings R^* of algebraic numbers are easily obtained [5, 7] and have been used in [7] for a new proof of the Fenchel conjecture. They could also be used to obtain some of the results of Macbeath [4] on Hurwitz groups. Other exceptions are the unit groups of some indefinite quadratic and hermitian forms [2]. They provide the representation of the fundamental groups Φ_g, $g > 1$ as subgroups of PSL $(2, \mathbb{Z}(i))$ found by Mennicke [8]. (They are conjugate in PSL $(2, \mathbb{C})$ with subgroups of PSL $(2, Q(\sqrt{3}))$.) Here Φ_g is, as usual, presented by generators α_j, β_j, $(j = 1, \ldots, g)$ and the defining relation

$$\prod_{j=1}^{g} (\alpha_j \beta_j \alpha_j^{-1} \beta_j^{-1}) = 1. \tag{2}$$

The representation in [8] is conjugate with a Fuchsian group (in our definition) and, so far, provides the representation in an algebraic number field $\neq Q$ of smallest degree. We shall show here:

Φ_g, for $g \geqq 2$, has infinitely many faithful representations as a discontinuous subgroup of PSL $(2, Q)$. In particular, it has such a representation in PSL $(2, \mathbb{Z}^{(2)})$. This result is obtained by finding 2 by 2 matrices α, β whose elements are rational functions of two parameters r, t such that α, β generate a faithful representation of the group G defined by

$$G = \langle \alpha, \beta; (\alpha \beta \alpha^{-1} \beta^{-1})^2 = 1 \rangle \tag{3}$$

for all $r > 1$, $t > 0$, and every Fuchsian group isomorphic with G is conjugate in PSL $(2, \mathbb{R})$ with one of these representations.

These results will be stated in detail and proved in Section 2. The elements $\alpha^2, \beta, \alpha\beta\alpha^{-1}$ of G generate a subgroup H of index 2 in G which has a faithful representation as a discontinuous subgroup H_0 of Ihara's group $I_2 = \mathrm{PSL}(2, \mathbb{Z}^{(2)})$. It intersects the modular group $M_2 = \mathrm{PSL}(2, \mathbb{Z})$ non-trivially in a subgroup S which is free of parabolic elements (and therefore of infinite index in M_2). This leads to the discussion of nonparabolic subgroups of M_2 and I_2 in Section 3. We show first that certain subgroups of M_2 which were defined arithmetically by B. H. Neumann [9] are, in fact, maximal non-parabolic subgroups of M_2, and that none of them is normal in M_2. We construct a maximal normal non-parabolic subgroup of M_2. Also, we indicate a possible application of the Neumann subgroups to cryptanalysis and formulate conjectures about the embedding of H_0 in a maximal non-parabolic subgroup of I_2 and about non-parabolic subgroups of M_2.

2. Rational Representations of G

We shall prove

Theorem 1. *Let r, t be real parameters and let $r^2 > 1$, $t \neq 0$. Then the matrices*

$$\alpha = \begin{pmatrix} r, & 0 \\ 0, & r^{-1} \end{pmatrix} \qquad \beta = \begin{pmatrix} \dfrac{1}{t(r^2-1)}, & t r^2 \\ \dfrac{2}{t(r^2-1)^2}, & \dfrac{t(1+r^4)}{r^2-1} \end{pmatrix}$$

generate a discontinuous subgroup of PSL $(2, \mathbb{R})$ *isomorphic with G as defined by* (3). *Every discontinuous subgroup of* PSL $(2, \mathbb{R})$ *isomorphic with G is conjugate* *in* PSL (2, ℂ) *with one of the groups generated by* α, β *for suitable values of* r, t.

To prove Theorem 1, we need first a part of a result proved in [10]. We have the

Theorem (Purzitsky and Rosenberger). *Let* α', β' *be real, 2 by 2 matrices with determinant* 1 *and let* x, y, s *be respectively the traces of* $\alpha', \beta', \alpha'\beta'$. *Assume that*

$$(4) \qquad x^2 > 4, \quad y^2 > 4, \quad x^2 + y^2 + s^2 - xys = 2.$$

Then α', β' *generate a discontinuous subgroup* G' *of* PSL (2, ℝ) *isomorphic with* G. *Let* α'', β'' *be generators of another subgroup* G'' *of* PSL (2, ℝ) *for which the traces of* $\alpha'', \beta'', \alpha''\beta''$ *are respectively* x, y, s. *Then there exists an automorphism of* G'' *which sends* $\alpha'', \beta'', \alpha''\beta''$ *into elements* $\alpha^*, \beta^*, \alpha^*\beta^*$ *with the same traces and an element* ϑ *of* PSL (2, ℂ) *such that*

$$\vartheta\alpha'\vartheta^{-1} = \alpha^*, \quad \vartheta\beta'\vartheta^{-1} = \beta^*.$$

Actually, even sharper results than these were proved in [10]. However, the proof of Theorem 1 is now reduced to the proof of the following

Lemma 1. *Given real values of* x, y, s *which satisfy* (4), *there exist real values of* r, t *with* $r^2 > 1$, $t \neq 0$ *such that*

$$(5) \qquad x = r + r^{-1}, \quad y = \frac{1}{t(r^2-1)} + \frac{t(1+r^4)}{r^2-1}, \quad s = \frac{r}{t(r^2-1)} + \frac{t(1+r^4)}{r(r^2-1)}.$$

That the values x, y, s in (5) satisfy the equation in (4) identically in r, s can, of course, be verified by a direct calculation. The same holds for the fact that the matrices α, β in Theorem 1 satisfy the defining relation for G. We find

$$(6) \qquad \alpha\beta\alpha^{-1}\beta^{-1} = \begin{pmatrix} -\dfrac{r^2+1}{r^2-1}, & r^2 \\ -2\dfrac{r^4+1}{r^2(r^2-1)^2}, & \dfrac{r^2+1}{r^2-1} \end{pmatrix}.$$

Now we have to show: Given real numbers x, y, $x^2 > 4$, $y^2 > 4$, we can find values of r with $r^2 > 1$ and of $t \neq 0$ such that the relations (5) hold (where s is now a solution of the equation in (4)). In proving this, we may confine ourselves to the case where $x > 2$, $y > 2$, since we can change the sign of x or y by changing the sign of r or t. In turn, this merely means replacing α by $-\alpha$ or β by $-\beta$, which has no effect on the corresponding elements in PSL (2, ℝ). Now for $x > 2$ there exists exactly one $r > 1$ such that $x = r + r^{-1}$. Therefore it remains to be shown that, for given $r > 1$ and $y > 2$, there exists a real $t > 0$ such that

$$(7) \qquad (r^2 - 1)y = t^{-1} + t(1 + r^4)$$

provided that x, y are such that the equation for s:

$$(8) \qquad s^2 - xys + x^2 + y^2 - 2 = 0, \quad x = r + r^{-1}$$

has real solutions. But the conditions that (7) should have real solutions for t and that (8) should have real solutions for s coincide. The only condition is

$$(9) \qquad (r^2 - 1)^2 y^2 - 4(r^4 + 1) > 0.$$

It shows that for a real value of t, we always have $y^2 > 4$. Automatically, both the solutions for t and for s will be positive when they are real. One of the two values s_1, s_2 of s is, of course, the trace of $\alpha\beta$ in (5). Let s_1 be the trace of $\alpha\beta$. Then $s_2 = xy - s_1$ is the trace of $\alpha\beta^{-1}$ [2]. The equation (7) for t has two solutions t_1, t_2 for a given x, r, y. They are connected by

$$(1 + r^4)t_1 t_2 = 1.$$

We verify easily that

$$s_1 = \frac{r}{t_1(r^2 - 1)} + \frac{t_1(1 + r^4)}{r(r^2 - 1)}$$

implies

$$s_2 = xy - s_1 = \frac{r}{t_2(r^2 - 1)} + \frac{t_2(1 + r^4)}{r(r^2 - 1)}.$$

It follows that we can satisfy the equations (5) for given values of x, y, s satisfying (4) in all cases. Replacing t_1 by t_2 has the same effect as replacing β by β^{-1} (which has the same trace). The mapping $\alpha \to \alpha$, $\beta \to \beta^{-1}$ defines an automorphism of G.

Note that automatically $s > 2$ if $x > 2$, $y > 2$, since $f(s) = s^2 - sxy + x^2 + y^2 - 2$ has a negative derivative and a positive value for $s = 2$ and the minimum of f(s) is at $s = xy/2 > 2$. This is part of the general theorem that the traces of the matrices representing elements of G are > 2 in absolute value (hyperbolic elements) unless they represent conjugates of $\alpha\beta\alpha^{-1}\beta^{-1}$ (trace zero, elliptic elements) or 1 (trace 2). That the elliptic elements are all conjugates of $\alpha\beta\alpha^{-1}\beta^{-1}$ follows from [3]. That all elements of infinite order are hyperbolic follows from the fact that the fundamental region of G is compact. To show this we need

Lemma 2. *Define the elements $\alpha_1, \beta_1, \alpha_2, \beta_2, \gamma$ of G by*

$$(10) \quad \alpha_1 = \alpha^2, \quad \beta_1 = \beta, \quad \alpha_2 = \gamma^{-1}\alpha^2\gamma, \quad \beta_2 = \gamma^{-1}\beta\gamma, \quad \gamma = \alpha\beta\alpha^{-1}\beta^{-1}.$$

Then $\alpha_1, \beta_1, \gamma$ generate a subgroup G_2 of index 2 in G with defining relations

$$(11) \qquad (\alpha_1\beta_1\alpha_1^{-1}\beta_1^{-1}\gamma^{-1})^2 = 1, \quad \gamma^2 = 1,$$

and $\alpha_1, \beta_1, \alpha_2, \beta_2$ generate a subgroup of index 4 in G which is isomorphic with Φ_2 (defined by (2) for $g = 2$). Φ_2 contains Φ_g for $g \geq 2$ as a subgroup of index $g - 1$.

The proof consists of an application of the Reidemeister-Schreier method. G_2 has coset representatives $1, \alpha$ in G and Φ_2 has coset representatives $1, \gamma$

in G_2. For Φ_g we may choose the normal closure of the subgroup generated by α_1^{-1} and $\beta_1, \alpha_2, \beta_2$. Now we have

Corollary 1.1. *The groups G of Theorem* 1 *do not contain parabolic elements.*

Proof. Since G is discontinuous, so is Φ_2. The upper halfplane mod Φ_2 is a Riemann surface whose fundamental group is Φ_2. This surface cannot have boundary points since then the fundamental group would be free. It follows that the fundamental region of Φ_2 is compact. Since it consists of four replicas of the fundamental region FR of G, the same is true for FR.

Corollary 1.2. *Whenever $r^2 > 1$ and $t \neq 0$ are rational numbers, the representation of G in Theorem* 1 *produces a representation of Φ_2 as a discontinuous subgroup of* PSL (2, *Q*). *For $r^2 = 2$, $t = 1$, this representation is contained in Ihara's group $I_2 = \mathrm{PSL}(2, \mathbb{Z}^{(2)})$.*

Proof. By inspection.

Theorem 2. *Let I^* be the group arising from I_2 by adjoining the matrix*

$$\alpha_0 = \begin{pmatrix} \sqrt{2}, & 0 \\ 0, & \frac{1}{\sqrt{2}} \end{pmatrix}. \tag{12}$$

Then I_2 is of index 2 *in I^* with coset representatives* 1, α_0. *The subgroup S^* of I^* generated by α_0 and*

$$\beta_0 = \begin{pmatrix} 1, & 2 \\ 2, & 5 \end{pmatrix}, \quad \omega = \begin{pmatrix} 0, & -1 \\ 1, & 0 \end{pmatrix} \tag{13}$$

is discontinuous and non-parabolic. It has a presentation on generators $\varphi_1, \varphi_2, \varphi_3$ where

$$\varphi_1 = \omega, \quad \varphi_2 = \omega\beta_0^{-1}, \quad \varphi_3 = \omega\alpha_0 \tag{14}$$

with defining relations

$$\varphi_1^2 = \varphi_2^2 = \varphi_3^2 = (\varphi_1\varphi_2\varphi_3)^4 = 1. \tag{15}$$

The elements α_0, β_0 generate the representation G_0 of G arising from Theorem 1 *for $r^2 = 2$, $t = 1$.*

The intersection S of S^* with PSL (2, *Q*) *is of index* 2 *in S^* with coset representatives* 1, φ_3 *and the presentation*

$$\langle \varphi_1, \varphi_2, \varphi_1', \varphi_2'; \varphi_1^2 = \varphi_2^2 = \varphi_1'^2 = \varphi_2'^2 = (\varphi_1\varphi_2\varphi_1'\varphi_2')^2 = 1 \rangle \tag{16}$$

where

$$\varphi_1' = \varphi_3\varphi_1\varphi_3^{-1}, \quad \varphi_2' = \varphi_3\varphi_2\varphi_3^{-1}. \tag{17}$$

The subgroup H_0 of index 2 in S with coset representatives $1, \varphi_1$ has the presentation

$$\langle \eta_1, \eta_2, \eta_3; (\eta_1\eta_3)^2 = (\eta_2\eta_3^{-1}\eta_2^{-1}\eta_1^{-1})^2 = 1\rangle \tag{18}$$

where

$$\eta_1 = \varphi_1\varphi_2 = \beta_0^{-1}, \quad \eta_2 = \varphi_2\varphi_1' = \beta_0\alpha_0^2, \quad \eta_3 = \varphi_1'\varphi_2' = \alpha_0^{-1}\beta_0\alpha_0 \tag{19}$$

and

$$\gamma_0 = \alpha_0\beta_0\alpha_0^{-1}\beta_0^{-1} = \eta_1\eta_2\eta_3\eta_2^{-1}. \tag{20}$$

H_0 is the intersection of G_0 with PSL (2, Q).

Proof. The statements about presentations follow from simple applications of the Reidemeister-Schreier method. The statements about rationality of representations follow from the remark that α_0^2 and the conjugate $\alpha_0\varrho\alpha_0^{-1}$ of a rational matrix ϱ are rational. Only the statement about the presentation (15) of S^* has to be proved. It is easily verified that (15) holds. That $\varphi_1, \varphi_2, \varphi_3$ satisfy only relations derivable from (15) follows from the facts that G_0 has a known presentation according to Theorem 1, and that it is distinct from S^*. If G_0 is distinct from S^*, it must be exactly of index 2. This can be derived from (15). If S^* would not be presented by (15), then relations not derivable from those for G_0 would have to hold in the subgroup of S^* generated by α_0, β_0 which is known to be false. That $G_0 \neq S^*$ follows because G_0 does not contain an element of order 4 according to [3].

A representation of S^* in the biquadratic number field $Q(\sqrt{2}, \sqrt{7})$ has been found by Fricke [2] who showed that it is the group of units of an indefinite ternary quadratic form with integral coefficients and discriminant 7. The representation in Theorem 2 is in the algebraic number field of lowest possible degree since the trace of an element of order 4 must be $\pm\sqrt{2}$.

S^* and S are non-parabolic and discontinuous because G_0 and H_0 (subgroups of finite index) have this property. We state:

Conjecture 1. S is a maximal non-parabolic subgroup of I_2. It is generated by elements γ_λ of the form

$$\gamma_\lambda = \begin{pmatrix} *, & 1 \\ *, & \lambda \end{pmatrix}, \qquad \lambda \in \mathbb{Z}^{(2)}. \tag{21}$$

These belong to M_2 if and only if λ is either an odd integer or has one of the values 0, 2, 4. A matrix with the second column u, v ($u, v \in \mathbb{Z}^{(2)}$) appears in S if and only if it appears in I_2, but it appears exactly once.

The last property of S implies the first. This will be shown in Section 3.

3. Maximal Non-parabolic Subgroups of M_2 and I_2

B. H. Neumann [9] has constructed subgroups N^* of the homogeneous modular group M_2^* (the extension of M_2 by a center element of order 2, represented by the negative unit matrix) with the following properties:

(i) N^* contains the matrix ω (defined in (13)).

(ii) Let a, c be any pair of coprime integers. Then N^* contains exactly one matrix in which the first column consists of the ordered pair a, c.

We shall call such a subgroup N^* of M_2^* a *Neumann subgroup*. It defines uniquely a subgroup N of M_2. Neumann showed: A subgroup N^* of M_2^* has properties (i) and (ii) if it contains ω and has exactly all of the elements τ^n, $(n = 0, \pm 1, \pm 2, \ldots)$ as right coset representatives in M_2^*, where

$$\tau = \begin{pmatrix} 1 & 1 \\ 0 & 1 \end{pmatrix}. \tag{22}$$

To find such an N^* is equivalent to finding a one-one and onto mapping $n \to f(n)$ of $\mathbb{Z}$ onto itself where $f(n)$ satisfies the relations

$$f(f(n)) = n, \quad f(n-1) = 1 + f(f(n) + 1), \quad f(0) = 0. \tag{23}$$

N^* is then generated by the elements

$$\gamma_n = \begin{pmatrix} n, & -1 - nf(n) \\ 1, & -f(n) \end{pmatrix} = \tau^n \omega \tau^{-f(n)}, \qquad n \in \mathbb{Z}. \tag{24}$$

This is a direct application of the Reidemeister-Schreier method. The difficulty consists in finding an $f(n)$ satisfying (23). Neumann constructed an $f(n)$ from any given infinite sequence of digits 0 and 1, showing thereby that the cardinality of the $f(n)$ satisfying (23) is that of the continuum. The particular $f = f_0(n)$ belonging to the sequence consisting of zeros only is given by the following data: $f_0(f_0(n)) = n$, $f_0(0) = 0$, $f_0(-1) = -1$, and, for any positive integer l:

$$\begin{gathered} f_0(2l) = 2l, \quad f_0(6l-1) = -3l-1, \quad f_0(6l-3) = -3l, \\ f_0(6l-5) = 1 - 3l. \end{gathered} \tag{25}$$

Let N_0^* be the Neumann group belonging to the particular choice $f = f_0$, and let N_0 be the corresponding subgroup of M_2. Let η_n be the particular matrices γ_n in (24) for the case $f = f_0$. Then we find after some elementary calculations that N_0 is generated by the elements η_{-1} and η_{2l}, with defining relations

$$\eta_{-1}^2 = \eta_{2l}^2 = 1, \qquad l \in \mathbb{Z}, \quad l \geq 0. \tag{26}$$

This, in turn, shows that the elements

$$\zeta = \eta_0^{-1}\eta_{-1}, \quad \zeta_{2l} = \eta_{2l}\eta_0^{-1} \tag{27}$$

freely generate a free subgroup of infinite rank in N_0. Since an extension by a free group is always a splitting extension it follows that the corresponding subgroup of N_0^* cannot contain the negative unit matrix. We thus find, by computing the matrices defining ζ and ζ_{2l}:

Theorem 3. *The matrices*

$$(28) \qquad \begin{pmatrix} 1, & 1 \\ 1, & 2 \end{pmatrix}, \qquad \begin{pmatrix} 1+4l^2, & 2l \\ 2l, & 1 \end{pmatrix}, \qquad l = 1, 2, 3, \ldots$$

freely generate a free subgroup F^* of M_2^* such that distinct elements of the group have distinct first columns. F^* is of infinite rank.

The fact that the entries in the matrices are positive suggests a possible application of Theorem 3 to cryptography. We choose arbitrarily a finite subset of 40 matrices μ_k ($k = 1, \ldots, 40$) out of the set (28). Then we assign to each letter of the alphabet and to symbols like "space" or the punctuations one of the μ_k. An ordinary message (in, say, English, including punctuations) is then represented as a word $W(\mu_k)$, such that the μ_k appear in W with non-negative exponents. The word W is then represented by a 2×2 matrix with positive entries from $\mathbb{Z}$. The two integers in the first column determine W and, thereby, the message uniquely.

Theorem 4. *Neumann subgroups N^* of M_2^* define maximal non-parabolic subgroups N of M_2. None of them is normal in M_2; the normal closure in M_2 of any generator γ_n in* (24) *contains parabolic elements.*

Proof. Every parabolic element of M_2 is conjugate in M_2 with an element τ^n. If N would contain a parabolic element π, there would exist an element ϑ in M_2 such that $\vartheta^{-1}\pi\vartheta = \tau^n$. If $\vartheta = \nu\tau^m$, where $\nu \in N$, we would find $\nu^{-1}\pi\nu = \tau^n$ which contradicts the definition of N. That N is maximal non-parabolic follows because adjoining any element ϑ not in N would lead to the adjunction of τ^m to N. Therefore, a subgroup N will be maximal non-parabolic even if it satisfies only the condition that the elements τ^n form a complete set of coset representatives but N does not contain ω. The proof that the normal closure of γ_n contains parabolic elements is contained in

Lemma 3. *Let*

$$(29) \qquad \mu = \begin{pmatrix} a, & b \\ c, & d \end{pmatrix} \in M_2^*$$

be such that c *divides $a + d$. Then the normal closure of μ contains a parabolic element.*

Proof. $\mu' = \tau^l\mu\tau^{-l}\mu$ has the element $c(a + d - lc) = c'$ in its left lower corner. We may assume $c \neq 0$, otherwise we would have $a = d = \pm 1$, and $a + d$ would not be a multiple of c. If $a + d \neq 0$, we can find an $l \neq 0$ such that $c' = 0$. In this case, either μ' is parabolic or $\mu' = \pm I$ where I is the unit matrix. But this would imply $\tau^l\mu = \pm\mu^{-1}\tau^l$ from which it would follow that either $c = 0$ or (in case of the minus sign), $c = d = 0$ which is impossible. There remains the case where $c \neq 0$, $a + d = 0$. Here μ must be conjugate in M_2 with ω or ω^{-1} (see (13)). But the normal closure of ω in M_2 has a quotient group of order 3. It is therefore of finite index and contains parabolic elements.

Theorem 5. *A maximal normal non-parabolic subgroup K of M_2 is always contained in a larger, non-normal, non-parabolic subgroup. The normal closure K_0 of the element*

$$(\omega\varphi\omega^{-1}\varphi^{-1})^3, \quad \varphi = \omega^{-1}\tau \tag{30}$$

is non-parabolic and maximal normal. K_0 is the commutator subgroup of the principal congruence subgroup mod 2 *in M_2.*

Proof. The following is a necessary and sufficient condition for a normal subgroup K of M_2 to be non-parabolic: The image τ^* of τ under the homomorphic mapping $M_2 \to M_2/K$ is of infinite order in M_2/K. This condition is equivalent with the one stated earlier that the cosets $K\tau^n$, $n \in \mathbb{Z}$, are all distinct. Assume now that K is normal and non-parabolic. Then K cannot contain ω according to Lemma 3. Adjoining ω to K produces a subgroup K^* of M_2 in which K has index 2 since $K^* = K \cup K\omega$, because $\omega^2 = 1$. Now K^* is still non-parabolic. Otherwise, there would exist a parabolic element ν in $K\omega$. But then $\nu^2 \in (K\omega)^2 = K$, and ν^2 would be a parabolic element of K.

To construct a subgroup K_0 which is non-parabolic and maximal normal (i. e. not contained in another normal, non-parabolic subgroup) we choose K_0 in such a way that $M_2/K_0 = Q^*$ is "just infinite" in the sense of [6], that is, such that all proper quotient groups of Q^* are finite. Then any normal subgroup of M_2 containing K_0 will be of finite index in M_2 and therefore contain parabolic elements.

Defining K_0 as in Theorem 5, we find that Q^* has generators ω, φ and the defining relations

$$\omega^2 = \varphi^3 = (\omega\varphi)^2(\varphi\omega)^2(\omega\varphi)^{-2}(\varphi\omega)^{-2} = 1. \tag{31}$$

Putting $(\omega\varphi)^2 = \varrho_1$, $(\varphi\omega)^2 = \varrho_2$, we find that ϱ_1, ϱ_2 generate a free abelian normal subgroup A of rank 2 in Q^*. We have

$$\omega\varrho_1\omega^{-1} = \varrho_2, \quad \omega\varrho_2\omega^{-1} = \varrho_1, \quad \varphi\varrho_1\varphi^{-1} = \varrho_2, \quad \varphi\varrho_2\varphi^{-1} = \varrho_1^{-1}\varrho_2^{-1}. \tag{32}$$

Therefore Q^* is the extension of A by a finite group of order six whose generators are represented by the matrices

$$\begin{pmatrix} 0 & 1 \\ 1 & 0 \end{pmatrix}, \quad \begin{pmatrix} 0 & 1 \\ -1 & -1 \end{pmatrix}$$

which describe the action of the generators of Q^*/A on the basis elements ϱ_1, ϱ_2 of A. This is an irreducible representation (over $\mathbb{Z}$) of Q^*/A. Therefore,

Q^* is just infinite according to [6]. In fact, Q^* is a two dimensional (euclidean) crystallographic group. It follows from (31) that K_0 is the commutator subgroup of the principal congruence subgroup mod 2 in M_2 because $(\omega\varphi)^2$ and $(\varphi\omega)^2$ are free generators of this congruence subgroup.

Conjecture 2. B. H. Neumann's list of subgroups N of M_2 (as given in [10] and reproduced in [5]) is complete. All N contain non-trivial normal subgroups of M_2.

We can now outline some arguments in support of Conjecture 1. Behr and Mennicke [1] have found generators and defining relations for I_2. If we follow the Neumann method of constructing maximal non-parabolic subgroups of I_2^*, we have to find a subgroup M whose coset representatives are given by

$$\tau(\lambda) = \begin{pmatrix} 1 & \lambda \\ 0 & 1 \end{pmatrix}, \qquad \lambda \in I^{(2)}, \tag{33}$$

and which contains ω and α_0. We find that the existence of M depends on the construction of a one-one mapping $\lambda \to h(\lambda)$ of $\mathbb{Z}^{(2)}$ onto itself which satisfies the conditions

$$h(0) = 0, \quad h(\lambda/2) = 2h(\lambda), \quad h(h(\lambda)) = \lambda, \quad h(2) = 2, \tag{34}$$

$$h(\lambda - 1) = 1 + h(h(\lambda) + 1). \tag{35}$$

The subgroup M is then generated by the elements

$$\eta(\lambda) = \begin{pmatrix} \lambda, & -1 - \lambda h(\lambda) \\ 1, & -h(\lambda) \end{pmatrix}, \qquad \lambda \in \mathbb{Z}^{(2)}.$$

It is obvious that $h(\lambda)$ is uniquely determined by (34), (35) and its values for $\lambda = 2n + 1, n \in \mathbb{Z}$. In addition, direct calculations indicate that $h(\lambda)$ is already determined uniquely by the single additional condition

$$h(-1) = 5,$$

and that $h(2n + 1)$ is an odd integer for all $n \neq 0$. If all of this could be proved, M would turn out to be the group $\sigma S^* \sigma$ where S^* is defined in Theorem 2 and

$$\sigma = \begin{pmatrix} 0 & 1 \\ 1 & 0 \end{pmatrix}.$$

It would also indicate that I_2, in contradistinction to M_2, contains countably many maximal non-parabolic subgroups.

References

[1] H. Behr and J. Mennicke, A presentation of the groups PSL (2, p) Canad. J. Math. 20 (1968) 1432—1438.

[2] R. Fricke and F. Klein, Vorlesungen über die Theorie der automorphen Funktionen, Vol. 1, Teubner Verlag, 1897. Reprinted by Academic Press, New York 1965.

[3] A. Karrass, W. Magnus and D. Solitar, Elements of finite order in groups with a single defining relation, Comm. Pure Appl. Math. **13** (1960) 57—66.
[4] A. M. Macbeath, Generators of the linear fractional groups, Proc. Symp. Pure Math., **12** (Number Theory) (1968) 14—32.
[5] W. Magnus, Noneuclidean Tesselations and Their Groups, Academic Press, New York (to appear).
[6] D. McCarthy, Infinite groups whose proper quotient groups are finite, Comm. Pure Appl. Math. **21** (1968) 545—562.
[7] J. Mennicke, Eine Bemerkung über Fuchssche Gruppen, Invent. Math. **2** (1967) 301—305; **6** (1968) 106.
[8] J. Mennicke, A note on regular coverings of orientable manifolds, Proc. Glasgow Math. Assoc. **5** (1961) 49—66.
[9] B. H. Neumann, Über ein gruppentheoretisch-arithmetisches Problem, Sitzungsber. Preuss. Akad. Wiss. Phys. Math. Kl., No. X (1933) 18pp.
[10] N. Purzitsky and G. Rosenberger, Two generator Fuchsian groups of genus one, Math. Z. **128** (1972) 245—251.

Reprinted from
Nachrichten der Akademie der Wissenschaften in Göttingen
II. Mathematisch-physikalische Klasse.
Vandenhoeck & Ruprecht, Göttingen, **9** (1973), pp. 179–189.

PROC. SECOND INTERNAT. CONF. THEORY OF GROUPS, 55A25, 20E40
CANBERRA, 1973, pp. 463-487.

BRAID GROUPS: A SURVEY

Wilhelm Magnus

1. Introduction

The terms "*braid*" and "*braid groups*" were coined by Artin, 1925. In his paper, an n-braid appears as a specific topological object. We consider two parallel planes in euclidean 3-space which we call respectively the upper and the lower frame. We choose n distinct points U_ν ($\nu = 1, \ldots, n$) in the upper frame and denote their orthogonal projections onto the lower frame by L_ν. Next, we join each U_ν with an L_μ by a polygon which intersects any plane between (and parallel to) the upper and lower frame exactly once. These polygons are called *strings*. We assume that they do not intersect anywhere, and that $\nu \to \mu(\nu)$ is a permutation of the symbols $1, \ldots, n$. By removing the strings from the slice of 3-space between upper and lower frame, we obtain an open subset of 3-space the isotopy class of which we call an n-braid. We define a composition between n-braids by hanging on one n braid to the other one. (This can be done by identifying the upper frame of the second braid with the lower frame of the first one, removing these two frames and compressing the slice of 3-space between the first upper and the second lower frame by an affine transformation to the same thickness as before.) Under this composition, the n-braids form a group B_n which has $n - 1$ generators σ_ν. These are represented respectively by braids which have a projection onto a plane perpendicular to the frames in which the ν-th and $(\nu+1)$-st string seem to cross once whereas all other strings go straight through as line segments orthogonal to both frames. The braid represented by n strings which go straight through is the representative of the unit element of B_n. (Figure 1 shows a representative of the particular 3-braid $\sigma_1\sigma_2^{-1}\sigma_1\sigma_2^{-1}$.) Of course, this rather vague definition of B_n can be made rigorous. See Artin 1947a, Burde 1963.

If we close a given n-braid in the manner indicated by the dotted lines in Figure 1 and then remove the frames we obtain a tame knot or linkage in 3-space. (For precise definitions see Crowell and Fox, 1963.) One of the applications of the

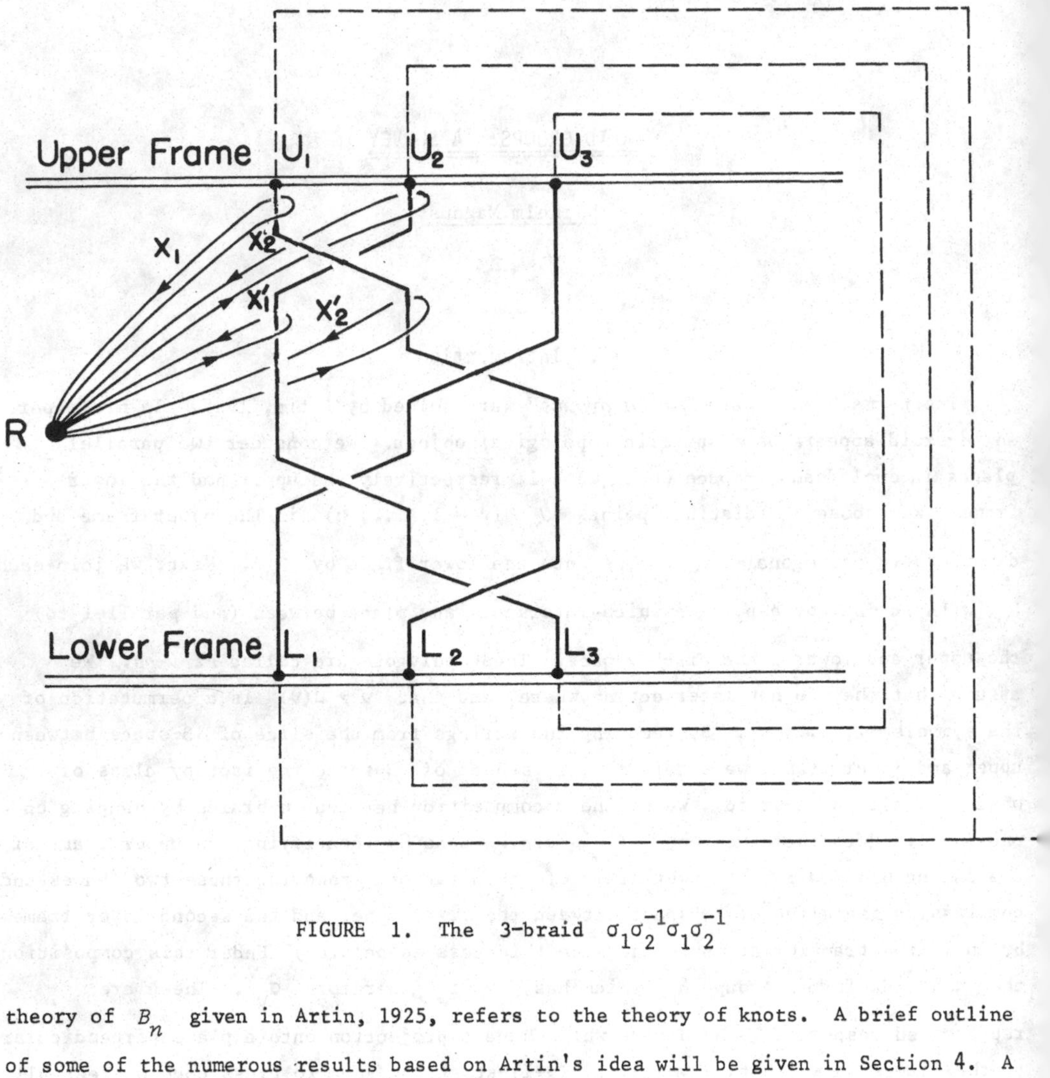

FIGURE 1. The 3-braid $\sigma_1\sigma_2^{-1}\sigma_1\sigma_2^{-1}$

theory of B_n given in Artin, 1925, refers to the theory of knots. A brief outline of some of the numerous results based on Artin's idea will be given in Section 4. A detailed exposition will appear in a monograph by Joan Birman, 1974a.

There exist other important aspects of B_n and they were discovered long before the appearance of Artin's paper. Fricke-Klein, 1897, indicated that B_n modulo its center is the mapping class group of the euclidean plane with n points removed. (For any orientable topological space we define the mapping class group as the group of all isotopy classes of orientation preserving selfhomeomorphisms of the space.) The connection between the definitions of B_n by Fricke and by Artin can be made obvious by a simple geometric argument (Magnus, 1934). We shall deal with the aspect of B_n and its recent generalizations in Section 5. Again, we shall be brief since more detailed information is available in an expository paper by Birman, 1974b.

Fricke's construction of the mapping class group of the euclidean plane with n punctures is implicit already in a paper by Hurwitz, 1891. But Hurwitz then proceeds to relate this group to the fundamental group of a higher dimensional space. Let $\mathbb{C}^n$ be the cartesian product of n replicas of the complex plane $\mathbb{C}$. A point in $\mathbb{C}^n$ is then defined uniquely by an ordered n-tuple of complex numbers z_ν, $(\nu = 1, \ldots, n)$. Consider the function

$$\Delta = \prod_{\nu<\mu} (z_\nu - z_\mu)$$

and remove the points on which $\Delta = 0$ from $\mathbb{C}^n$. The fundamental group of the remainder of the space is a normal subgroup $\overline{B}_n$ of B_n consisting of those elements for which the permutation $\nu \to \nu(\mu)$ is the identical one $\left(B_n/\overline{B}_n = \Sigma_n\right.$, the symmetric group on n symbols$\left.\right)$, and B_n itself is the fundamental group of the space whose coordinates are the elementary symmetric functions of the z_ν after removal of the points on which $\Delta^2 = 0$.

The interpretation of B_n itself as a fundamental group was rediscovered by Fox and Neuwirth 1962 and generalized: The n-th braid group $B_n(S)$ of any space S is the fundamental group of the space of unordered n-tuples of distinct points of S. B_n itself is then $B_n(E^2)$, the n-th braid group of the euclidean plane E^2. This leads again to insights into the structure of mapping class groups, in particular of the groups $M(l, g)$ of mapping classes of two dimensional orientable manifolds of genus g with l boundary points (Birman, 1969a, b). However, the aim of Hurwitz was the investigation of classes of Riemann surfaces with a fixed type of ramification over the closed complex plane $\hat{\mathbb{C}}$. We shall give the necessary definitions and an outline of known results in Section 6. Right now we merely mention that Hurwitz' approach was again rediscovered and generalized, in this case by Arnol'd, 1968. We shall not go into the general theory resulting from the work of Arnol'd, but Section 6 will contain some references.

One of the "asides" in the paper by Artin, 1925, is a remark about the presentation of Σ_n in terms of generators and relations. Artin's presentation of Σ_n is exactly the presentation which shows that Σ_n is one of the groups "generated by reflections". Brieskorn and Saito, 1973, generalized Artin's result, starting with any group R generated by reflections, constructing from it a new group which has the same relationship to R as B_n has to Σ_n and proving that it has properties similar to those of B_n. For definitions and results see Section 7.

Sections 2 and 3 contain a report on the structure of Artin's groups B_n .

This survey stresses the group theoretical aspects of the theory of braid groups. The topological aspects are mentioned mainly for the purpose of motivation and are dealt with very sketchily.

2. The structure of B_n

Artin, 1925, 1947a, showed geometrically that B_n can be presented on $n - 1$ generators σ_ν $(\nu = 1, \ldots, n-1)$ satisfying the defining relations

$$(1) \qquad \sigma_\nu\sigma_{\nu+1}\sigma_\nu = \sigma_{\nu+1}\sigma_\nu\sigma_{\nu+1} , \quad (\nu = 1, \ldots, n-2) ,$$

$$(2) \qquad \sigma_\nu\sigma_\mu = \sigma_\mu\sigma_\nu , \quad (|\nu-\mu| \geq 2) .$$

Introducing

$$\sigma = \sigma_1\sigma_2, \ldots, \sigma_{n-1} ,$$

B_n can be generated by σ_1 and σ because

$$(3) \qquad \sigma^\nu\sigma_1\sigma^{-\nu} = \sigma_{\nu+1} , \quad (\nu = 1, \ldots, n-2) .$$

The kernel $\overline{B}_n$ of the mapping $B_n \to \Sigma_n$ is the normal closure of σ_1^2 , and this leads to a presentation of Σ_n as a group generated by reflections (also called "Coxeter group"). See Coxeter and Moser, 1965, or Benson and Grove, 1971.

Artin also showed that B_n has a representation as a group of automorphisms of a free group F_n on free generators x_ν , $\nu = 1, \ldots, n$. Figure 1 indicates the geometric argument leading to this result. The space between the frames of the braid has, after removal of the braid, a fundamental group (with a reference point R) which is free of rank n with generators x_ν . These may be represented by simple loops around the strings. We may choose these loops on different levels of the braid and replace the x_ν by new generators x'_ν (as indicated in Figure 1, where the x_ν, x'_ν are drawn for $\nu = 1, 2$ in two special cases). Since the transition from one set of free generators of F_n to another one is effected by an automorphism, the following result emerges:

Let α_ν $(\nu = 1, \ldots, n-1)$ denote the automorphism

$$(4) \qquad \alpha_\nu : x_\nu \to x_{\nu+1} , \quad x_{\nu+1} \to x_{\nu+1}^{-1}x_\nu x_{\nu+1} , \quad x_\mu \to x_\mu \quad (\mu \neq \nu, \nu+1)$$

of F_n . Then $\sigma_\nu \to \alpha_\nu$ is a homomorphic mapping of B_n into the automorphism group of F_n .

It has been shown independently by several authors, (Magnus, 1934, Markoff, 1945, Bohnenblust, 1947, Chow, 1948) that the α_ν generate a group with defining relations

$$\alpha_\nu\alpha_{\nu+1}\alpha_\nu = \alpha_{\nu+1}\alpha_\nu\alpha_{\nu+1} , \quad \alpha_\nu\alpha_\mu = \alpha_\mu\alpha_\nu \quad (|\nu-\mu| \geq 2)$$

and therefore provide a faithful presentation of B_n . The automorphisms α in the group generated by the α_ν are exactly those for which

$$(5) \qquad \alpha : x_\nu \to T_\nu x_{\mu(\nu)} T_\nu^{-1} , \quad \prod_{\nu=1}^{n} x_\nu \equiv \prod_{\nu=1}^{n} T_\nu x_{\mu(\nu)} T_\nu^{-1} ,$$

where "≡" stands for "freely equal", and the T_ν are words in the generators of F_n .

We shall, from now on, not distinguish between an element of B_n and its representation as an automorphism of F_n .

The algebraic proof that $\sigma_\nu \to \alpha_\nu$ is an isomorphism reveals the structure of B_n and allows the solution of the *word problem* in two ways: For a group of automorphisms of F_n it is always solved, but in addition it can also be solved if we look upon B_n merely as a group with generators σ_ν and defining relations (1), (2). This follows from the existence of a normal form for the elements of B_n which is based on the existence of a normal series with quotient groups of a simple nature. We have:

Let F_n^* be the quotient group of F_n arising from the adjunction of the relation

$$(6) \qquad x_1 x_2 \cdots x_n = 1 .$$

Let $B_n^{(1)}$ be the subgroup of index n in B_n which consists of the automorphisms (5) in which $\mu(1) = 1$. Since the kernel of the mapping $F_n \to F_n^*$ is invariant under the action of the automorphisms α in (5), both B_n and $B_n^{(1)}$ act as automorphism groups on F_n^* . These automorphism groups will be denoted respectively by B_n^* and $B_n^{(1)*}$. Let $C(G)$ denote the center of G for any group G , and let

(7) $$\Theta = (\sigma_1\sigma_2 \ldots \sigma_{n-1})^n = \sigma^n ,$$

(8) $$\begin{cases} \Theta_1 = (\sigma_2\sigma_3 \ldots \sigma_{n-1})^{1-n} , \\ \Theta_\nu = (\sigma_1 \ldots \sigma_{\nu-1})^\nu (\sigma_{\nu+1} \ldots \sigma_{n-1})^{\nu-n} , \quad \nu = 2, \ldots, n-2 , \\ \Theta_{n-1} = (\sigma_1\sigma_2 \ldots \sigma_{n-2})^{n-1} . \end{cases}$$

Then $C(B_n)$ is generated by Θ which is of infinite order, and

(9) $$B_n^* = B_n/C(B_n) .$$

The elements $\Theta_1, \ldots, \Theta_{n-1}$ in (8) freely generate a free group of rank $n - 1$. Its direct (cartesian) product with $C(B_n)$ is a normal subgroup K_n of both B_n and $B_n^{(1)}$. The Θ_ν in (8) represent generating inner automorphisms of F_n^*. We have

(10) $$B_n^{(1)}/K_n \simeq B_{n-1}/C(B_{n-1})$$

and the right-hand side in (10) can be represented as the group with generators $\sigma_2, \ldots, \sigma_{n-1}$ and defining relations

(11) $$\begin{aligned} \sigma_\nu\sigma_{\nu+1}\sigma_\nu &= \sigma_{\nu+1}\sigma_\nu\sigma_{\nu+1} , \quad (\nu = 2, \ldots, n-1) , \\ \sigma_\nu\sigma_\mu &= \sigma_\mu\sigma_\nu , \quad (|\nu-\mu| > 1) , \\ (\sigma_2\sigma_3 \ldots \sigma_{n-1})^{n-1} &= 1 . \end{aligned}$$

The group K_n has a geometric interpretation: B_n/K_n is the mapping class group of the sphere with n points removed (Magnus, 1934).

It follows now that every element of $B_n^{(1)}$ can be represented in the form

$$W_1(\sigma_2, \ldots, \sigma_{n-1})W_2(\Theta, \Theta_1, \ldots, \Theta_{n-1})$$

where W_1, W_2 are words in the generators appearing in the parentheses, and since $B_n^{(1)}$ is of finite index in B_n this leads (by induction with respect to n) to a solution of the word problem in B_n.

Another solution of the word problem for B_n can be derived from Artin's theory of $\overline{B}_n$ (which is of index $n!$ in B_n). Artin, 1947a, showed the following: Let A_n be the subgroup of $\overline{B}_n$ (the unpermuted braid group with $\mu(\nu) = \nu$ for all ν) consisting of all braids in which only the n-th string does not go straight through in the projection of the braid on the plane. We may also say that A_n consists of those braids which become the trivial braid of $n - 1$ strings if we cut and take out the n-th string. The elements of A_n are called "n-pure" braids. Algebraically, the elements of A_n are automorphisms of F_n which degenerate into the identical automorphisms of the free group on free generators $x_1, \ldots, x_{n-1}$ if we add the relation $x_n = 1$. By "pinching" the frame of the braids so that the initial and terminal points of the n-th string coincide, one sees that A_n is simply the fundamental group of a frame with $n - 1$ strings and therefore indeed free of rank $n - 1$. Also, it is clear that A_n is a normal subgroup in $\overline{B}_n$ since the conjugate of an n-pure braid will be n-pure again. Artin showed that A_n is freely generated by elements a_ν, $\nu = 1, \ldots, n-1$ which are represented by the automorphisms of F_n:

(12) $$a_\nu : x_\mu \to x_\mu , \quad (\mu < \nu) , \quad x_\nu \to x_\nu C , \quad x_\lambda \to C^{-1} x_\lambda C , \quad (\nu < \lambda < n) ,$$
$$x_n \to C^{-1} x_n , \qquad C = x_\nu^{-1} x_n^{-1} x_\nu x_n .$$

Every element in $\overline{B}_n$ can then be written in the form

(13) $$W_1(g_1, \ldots, g_m) W_2(a_1, \ldots, a_{n-1})$$

where $g_1, \ldots, g_m$ are words in $\sigma_1, \ldots, \sigma_{n-2}$ which generate $\overline{B}_{n-1}$. In fact, Artin gives a complete set of generators and defining relations for $\overline{B}_n$. In a purely algebraic way, Burau, 1936, had obtained an equivalent result. Shepperd, 1962, also found a presentation for $\overline{B}_n$ and for a geometrically defined subgroup of $\overline{B}_n$.

The *conjugacy problem* for B_n had withstood all attempts at a solution for quite a while, although partial results were found by Fröhlich, 1936. It has been solved by Garside, 1969, who based his solution on the following result:

A word $P(\sigma_1, \ldots, \sigma_{n-1})$ will be called positive if all the exponents of the σ_ν appearing in P are non-negative. The positive words form a semigroup under multiplication with defining relations (1), (2). This means that positive words which represent the same element in B_n can be changed into each other merely by replacing subwords which have the form of one side of the relations (1), (2) by the other side of the same relation. In particular, positive words of different length represent different elements of B_n. A positive word $\overline{P}$ is called *prime* to a particular positive word Δ if Δ does not appear anywhere as a subword in $\overline{P}$. Now define the *fundamental word* Δ as

(14a) $$\Delta = \Pi_{n-1}\Pi_{n-2} \cdots \Pi_2\Pi_1$$

where, for $\nu = 1, \ldots, n-1$,

(14b) $$\Pi_\nu = \sigma_1\sigma_2 \cdots \sigma_\nu .$$

Let W be any word in the σ_ν. Then there exists a unique integer $m = 0, \pm 1, \pm 2, \ldots$ and a uniquely defined positive word $\overline{P}$ prime to Δ such that

$$W = \Delta^m\overline{P} .$$

Conjugation by $\Delta^{\pm 1}$ has the following effect on the σ_ν:

(15) $$\Delta\sigma_\nu\Delta^{-1} = \sigma_{n-\nu}, \quad \Delta^{-1}\sigma_\nu\Delta = \sigma_{n-\nu} .$$

It follows that $\Delta^2 = \Theta = (\sigma_1 \ldots \sigma_{n-1})^n$ generates the center of B_n for $n > 1$, a result first obtained by Chow, 1948. The full solution of the conjugacy problem still requires some rather technical arguments for which we have to refer to Garside, 1969.

Fadell and Neuwirth, 1962, using topological methods, proved that the braid groups $B_n(S)$ are torsion free if S is the euclidean plane E^2 or a compact two dimensional manifold other than the two sphere S^2 or the projective plane P^2. (For these, see Section 5.) No purely group theoretical proof is known even for the fact that $B_n = B_n(E^2)$ is torsion free, although this is obvious for $\overline{B}_n$ because of (13).

Artin, 1947b, determined all homomorphic images of B_n which are transitive permutation groups on n symbols and showed that $\overline{B}_n$ is always a characteristic subgroup of B_n.

Artin's paper used the fact that there exists a prime number between $n/2$ and $n-2$ for $n \geq 7$. D.I.A. Cohen, 1967, has shown how to prove Artin's results without using the existence of such a prime.

The commutator subgroup B_n' of B_n has been studied in some detail by Gorin and Lin, 1969.

Birman and Hilden, 1972b showed with topological methods that the action (4) of the α_ν on the group with generators x_ν and defining relations $x_\nu^k = 1$ ($k \in Z$, fixed, $\nu = 1, \ldots, n$) produces a group isomorphic with B_n for all $k > 1$.

3. Matrix representations of B_n

If a group B acts as a group of automorphisms on a group F, we may try to obtain a matrix representation of B as follows. Let C be a B-characteristic normal subgroup of F, and let C' be its commutator subgroup. Assume that the automrophisms in B induce the identity in B/C and let L be the group ring of B/C with the integers Z as ring of coefficients. Then C/C' is an L-module which is also a representation module for B. If C/C' has a finite basis as an L-module, we obtain thus a matrix representation of B where the entries of the matrices are elements of L.

In the case $B = B_n$, $F = F_n$, we can choose for C the normal closure of the set of elements $x_\nu x_{\nu+1}^{-1}$, $\nu = 1, \ldots, n-1$. The quotient group F_n/C is then infinite cyclic and its group ring is the ring of L-polynomials $L(v)$, that is of polynomials in $v^{\pm 1}$ with integral coefficients where v is an indeterminate corresponding to the generator of F_n/C. The group C/C' is then an $L(v)$-module with $n - 1$ basis elements t_ν ($\nu = 1, \ldots, n-1$) where the mapping from $C \to C/C'$ is given by

$$x_1^k x_\nu x_{\nu+1}^{-1} x_1^{-k} \to v^k t_\nu \tag{16}$$

and action of B_n on C/C' is described by the linear mappings

(17a) $\sigma_1 : t_1 \to -v^{-1} t_1$, $t_2 \to v^{-1} t_1 + t_2$, $t_\lambda \to t_\lambda$ ($\lambda > 2$)

(17b) $\sigma_{n-1} : t_{n-2} \to t_{n-2} + t_{n-1}$, $t_{n-1} \to -v^{-1} t_{n-1}$, $t_\lambda \to t_\lambda$ ($\lambda < n-2$)

and, for $1 < \rho < n-1$:

(17c) $\sigma_\rho : t_{\rho-1} \to t_{\rho-1} + t_\rho$, $t_\rho \to -v^{-1} t_\rho$, $t_{\rho+1} \to v^{-1} t_\rho + t_{\rho+1}$,
$t_\lambda \to t_\lambda$ ($\lambda \neq \rho-1, \rho, \rho+1$).

The matrix representation (17) of degree $n - 1$ for B_n arises from a representation discovered (and stated without derivation) by Burau, 1936, by observing that his representation is reducible and splitting off a first-degree factor. We shall refer to (17) as the *Burau representation*. The derivation given above is taken from Magnus and Peluso, 1967.

A representation for $\overline{B}_n$ (the unpermuted braid group) of degree $n - 1$ with entries from the ring $L_n = L(v_1, \ldots, v_n)$ of polynomials in n indeterminates v_ν and their reciprocals v_ν^{-1} (with integral coefficients) can be obtained by replacing C by the commutator subgroup F'_n of F_n. Since $\overline{B}_n$ is of index $n!$ in B_n, standard methods of representation theory will then produce also a finite dimensional representation of B_n over L_n. The method to be used here has been described in detail by Bachmuth, 1965 and by Gassner, 1961.

It would be of interest for a question in the theory of knots (Section 4) to know whether the Burau representation of B_n is faithful or not. That this is true for $n = 3$ follows from results due to Lipschutz, 1961, who also showed that the matrices ocrresponding to the elements Θ_ν in (8) generate in pairs a free group of rank 2. The faithfulness of the Burau representation would follow if one could show that they generate a free group of rank $n - 1$. This is not known even for $n = 4$.

If we give numerical values to v in the Burau representations (17) we obtain other representations. For $v = 1$, we get a faithful representation of Σ_n. If we put $v = \varepsilon$, where ε is a primitive s-th root of unity and s is a divisor of n, we obtain a representation which becomes isomorphic with a subgroup of the symplectic group $\mathrm{Sp}(g, Z)$ of degree

(18) $$2g = (s-1)(n-2)$$

after splitting off a factor of degree 1. This emerges from the theory of monodromy groups of classes of Riemann surfaces developed by Hurwitz, 1891 and Arnol'd, 1968. (See Magnus and Peluso, 1969 and Section 6.) The representation with integral entries is obtained (for $s > 2$) by replacing ε by a matrix with integral entries of order s and of degree $s - 1$.

According to Hurwitz, 1891, there exists a representation of B_n as a transitive permutation group on $N(n, k)$ symbols where $k = 3, 4, 5, \ldots$, and where $N(n, k)$ denotes the number of compact Riemann surfaces which have k sheets and exactly one branch point of degree 2 over each one of n fixed points $P_1, \ldots, P_n$ of the Riemann sphere. In particular

$$N(n, 3) = \frac{1}{3!}\left(3^{n-1}-3\right), \quad N(n, 4) = \frac{1}{4!}\left(2^{n-2}-4\right)\left(3^{n-1}-3\right).$$

Hurwitz, 1902, also computed $N(n, k)$ for all k, using the theory of group characters of the symmetric groups. Cohen, 1973, showed that this permutation group is isomorphic to $\mathrm{PSp}(n/2-1, 3)$ for even $n \geq 4$ and $k = 3$, where PSp denotes the projective symplectic group of degree $n - 2$ over the Galois field of three elements and that, for even $n \geq 6$ and $k = 4$ it has $\mathrm{PSp}(n/2-1, 3)$ as a permutation homomorphic image.

4. Braids and links

It has been mentioned in the introduction and indicated in Figure 1 that we can close a braid in a well-defined manner and thus obtain a set of linked curves in 3-space. We shall call such a set a *linkage* or *link* even if it consists of only one curve. Should we wish to emphasize that the linkage consists of only one curve, we shall call it a *knot*. The *trivial knot* is the one which, in 3-space, is isotopic with a circle.

The fundamental group of the space arising from 3-space by removing the points of a link Λ is called the group of Λ. Let α be a braid which is represented by the automorphism (5) of F_n. Then the link $\Lambda(\alpha)$ arising from closing this braid has a group which can be presented in terms of n generators x_ν, $(\nu = 1, \ldots, n)$ and the defining relations

(19) $$x_\nu = T_\nu x_{\mu(\nu)} T_\nu^{-1} \quad (\nu = 1, \ldots, n)$$

(see Artin, 1925). The number of cycles in the permutation $\nu \to \mu(\nu)$ is the number of distinct strings of the link. In particular, (19) is the group of a knot if and only if this permutation is an n-cycle.

Alexander, 1923, had shown that every tame link has a projection on a plane which also is the projection of a closed braid. Therefore, (19) provides a method of enumeration for the groups of all links, since the elements of B_n for all finite n can be enumerated (even recursively). Of course, different elements of the same or of different braid groups may produce, via (19), not only isomorphic link groups but even isotopic links. In particular, elements of B_n which are conjugate in B_n have this property as is obvious geometrically.

The characterization of links in terms of closed braids is a difficult and unsolved problem. The following partial results are known:

Assume that two projections of a link are given, both of which are also projections of closed braids. Markov, 1935, described a finite number of elementary changes of these projections each of which leads to a new projection of the same link and preserves the closed-braid character of the projections. A finite number of applications of these elementary changes will then carry one of the given projections into the other. Markov did not give a detailed proof of this statement. See Birman, 1974a, for a complete discussion.

The fact that conjugate elements of B_n lead, when closed, to isotopic links illustrates the importance of Garside's solution of the conjugacy problem in B_n.

However, there exist non-conjugate braids in the same B_n which, when closed, produce isotopic knots. A first example was given by Birman, 1969c. Murasugi and Thomas, 1972, showed that for $r = 1, 2, 3, \ldots$ the two elements γ_r and γ'_r of B_3 given by

$$\gamma_r = \sigma_1^{-1}\sigma_2^{2r}\sigma_1^{-2r}\sigma_2\ , \quad \gamma'_r = \sigma_1\sigma_2^{-2r}\sigma_1^{2r}\sigma_2^{-1} \tag{20}$$

are not conjugate in B_3 but produce isotopic presentations of the same knot K when closed. In this example, K cannot be presented as a closed braid on fewer than 3 strings. For related questions see Murasugi, 1973.

For any $\alpha \in B_n$, we shall denote the group (19) by $G(\alpha)$ and its commutator subgroup by $G'(\alpha)$. It is obvious that the group $G(\alpha)/G'(\alpha)$ is free abelian and that its rank is the number of strings in $\Lambda(\alpha)$. From the proof of Dehn's Lemma by Papakyriakopoulos, 1957, it follows that $G(\alpha)$ is infinite cyclic if and only if $\Lambda(\alpha)$ is a knot isotopic with the trivial knot (a circle). In this case, $G'(\alpha) = 1$. For a non-trivial knot, in general $G'(\alpha) \neq G''(\alpha)$, which means that $G(\alpha)$ has solvable quotient groups which are not cyclic. A necessary and sufficient condition for $G'(\alpha) \neq G''(\alpha)$ can be obtained from the Burau representation (Burau, 1936, Magnus and Peluso, 1967). Let $M(\alpha)$ be the matrix corresponding to α in the representation defined by (17). Then $G'(\alpha) \neq G''(\alpha)$ if and only if the determinant of $M(\alpha) - I$ is not of the form

$$v^l\left(1-v^{-n}\right)\left(1-v^{-1}\right)^{-1} \tag{21}$$

where l is an integer and I denotes the unit matrix. For $n = 2, 3$, $G'(\alpha) = G''(\alpha)$ if and only if $G'(\alpha) = 1$ and the knot defined by α is trivial. This is not true any more for $n = 4$. Kinoshita and Terasaka, 1957, constructed a non-trivial knot which, according to Birman, has a projection as the closed four-braid belonging to

$$\alpha^* = \sigma_1^{-2}\sigma_2\sigma_3^{-1}\sigma_1^{-1}\sigma_2^{-1}\sigma_3\sigma_1^{3}\sigma_2^{-1}\sigma_3\sigma_2\ , \tag{22}$$

and $G'(\alpha^*) = G''(\alpha^*)$. Infinitely many knots with the same property are known, but they are difficult to find. If the Burau representation of B_n $(n \geq 4)$ should turn out not to be faithful then for every element $\beta^* \in B_n$ for which $M(\beta^*) = I$, $\beta^* \neq 1$ we would have $G'\left(\alpha^*\beta^{*m}\right) = G''\left(\alpha^*\beta^{*m}\right)$ where $m = 0, \pm 1, \pm 2, \ldots$ and where α^* is now any element in B_n defining a knot with $G'(\alpha^*) = G''(\alpha^*)$. If, on the other hand, the Burau representation should be faithful one would have the standard information for B_n which goes with a finite matrix representation over a euclidean ring.

Levinson, 1973, showed how to find all n-braids which are decomposable in the following sense: Removal of any one string results in the trivial $(n-1)$-braid, (corresponding to the unit element of B_{n-1}). The decomposable n-braids form a normal subgroup D_n of $\overline{B}_n$ which is the intersection of Artin's normal subgroups A_ν for $\nu = 1, \ldots, n$ (where A_ν is defined analogously to A_n, see Section 2). For $n > 3$, the group theoretical description of D_n becomes increasingly difficult. However, Levinson describes a mapping μ which maps every element $\overline{\beta} \in \overline{B}_n$ onto an element of D_n and maps $\overline{\beta}$ onto itself if $\overline{\beta} \in D_n$. This leads to a constructive enumeration for the elements of D_n. Similar results are available for decomposable links and for generalizations (e.g. k-decomposable braids, that is, n-braids for which the removal of any k strings produces the trivial $(n-k)$-braid, $k > 1$). For these and numerous examples also see Levinson, 1973.

Braids can be closed in a different way and still produce all tame links. Following Reidemeister, 1960, a *plat* is defined as a closed $2m$-braid in which respectively the points U_{2j} and U_{2j+1} as well as the points L_{2j} and L_{2j-1} of the upper and of the lower frame have been identified for $j = 1, \ldots, m$. The resulting link then has a group defined by $2m$ generators x_{2j}, x_{2j-1} and defining relations

$$x_{2j-1}x_{2j} = 1 \, , \quad T_{2j-1}x_{\mu(2j-1)}T_{2j-1}^{-1}T_{2j}x_{\mu(2j)}^{-1}T_{2j}^{-1} = 1 \tag{23}$$

where the T_{2j}, T_{2j-1} replace the T_ν $(\nu = 1, \ldots, n = 2m)$ in (19). That plats produce all tame links has been proved by Reidemeister, 1960. For a short proof and for motivation see Birman, 1973.

5. Braid groups and mapping class groups

Let $T(g, n)$ be an orientable two dimensional manifold of genus g with n points ("punctures") removed. The fundamental group $\pi_1 T(g, n)$ can then be presented on generators x_ν $(\nu = 1, \ldots, n)$, a_i, b_i $(i = 1, \ldots, g)$ and the defining relation

$$x_1 x_2 \ldots x_n \prod_{i=1}^{g} \left(a_i b_i a_i^{-1} b_i^{-1}\right) = 1 \, . \tag{24}$$

The mapping class group $M(T(g, n))$ can then be defined in a purely group theoretical manner as follows: Consider all automorphisms of $\pi_1 T$ which can be lifted to automorphisms of the free group on the x_ν, a_i, b_i which map each x_ν onto a conjugate of an $x_{\mu(\nu)}$ where $\nu \to \mu(\nu)$ is a permutation and which map the relator in (24) onto a conjugate of itself and not its inverse. This group A^* of automorphisms contains the inner automorphism I^*. Then $A^*/I^* = M(T)$. We note here that, in fact, each automorphism of $\pi_1 T$ can be lifted to an automorphism of the free group, but that this has not been proved group theoretically for $g > 1$. It is not even known how to find algebraically the generators of A^* if $g > 1$, and only topological methods are available here (see Birman, 1974b, for references). However, for $g = 0$ and $g = 1$ everything can be done algebraically, and for $g = 0$ there exists a close relationship between the mapping class groups $M(T(0, n))$, $M(T(0, n+1))$ and the braid groups $B_n(T(0, 0))$ and $B_n(T(0, 1))$, that is, the braid groups respectively of the 2-sphere and of the euclidean plane or a disk.

Using the notations of Section 2, we have (Magnus, 1935): The only inner automorphisms of F_n contained in B_n are the powers of Θ in (7). (According to Chow, 1948, Θ also generates the center of B_n.) We can define the mapping class group $M(E^2)$ of the euclidean plane as the subgroup of the mapping class group of the 2-sphere with $n + 1$ punctures where the neighborhood of one point (the infinite point of the plane) is kept fixed. This leads immediately to the result that $B_n(E^2)$ is the quotient group of B_n arising from an adjunction of the relation $\Theta = 1$ to (1) and (2). The relation between braids and selfmappings of the punctured plane becomes evident from the following remark (Magnus, 1935): An orientation-preserving selfmapping of the euclidean plane can be deformed continuously into the identical mapping. Considering now a selfmapping of the punctured plane, we can complete it to a selfmapping of the unpunctured plane. Deforming this continuously into the identical mapping means that the coordinates of each point P are now functions of a parameter t, $0 \leq t \leq 1$, such that, for any distinct points P_1, P_2, $P_1(t) \neq P_2(t)$. If we now move the plane parallel to itself and upward in the direction of a t-axis in 3-space, the orbits of the punctures during the deformation of the unpunctured plane become strings of an n-braid, the lower and upper frame of this braid being respectively the planes for $t = 0$ and $t = 1$. A modification of this argument has been formulated in a more complex situation by Birman, 1969b, to elucidate the relation between braid groups and mapping class groups.

The mapping class group $M(T(0, n))$ of the sphere with n punctures has been determined algebraically by Magnus, 1935. It is a quotient group of B_n which arises by adjunction of the relations

$$\Theta = \Theta_1 = \ldots = \Theta_{n-1} = 1 \tag{25}$$

(see (7), (8) for definitions). Θ defines the identical automorphism and

$\Theta_1, \ldots, \Theta_{n-1}$ define inner automorphisms of $\pi_1 T(0, n)$. If we define Ω by

(26) $$\Omega = \sigma_1\sigma_2 \ldots \sigma_{n-1}\sigma_{n-1} \ldots \sigma_2\sigma_1 = \Theta\Theta_1$$

we can define $M(T(0, n))$ also by (1), (2) and

(27) $$\Theta = \Omega = 1 .$$

This result is due to Fadell and Van Buskirk, 1962, who showed (with topological methods) that the n-th braid group $B_n(S^2) = B_n(T(0, n))$ of the 2-sphere S^2 arises from B_n by adjoining the single relation $\Omega = 1$, and that $\Omega = 1$ implies $\Theta^2 = \Theta_\nu^2 = 1$ for $\nu = 1, \ldots, n-1$. This shows that $B_n(S^2)$ is a non-splitting central extension of $M(T(0, n))$, a fact which is the topological analogue of the phenomenon that the three dimensional orthogonal group has a two valued representation. (See also Newman, 1942 and Fadell, 1962.)

Gillette and Van Buskirk, 1968 investigated $B_n(S^2)$ and $M(T(0, n))$ in detail, showing that Θ is the center of $B_n(S^2)$ and the only element of order 2 for $n > 1$ and that the center of $M(T(0, n))$ is trivial. They also showed that for $n > 2$ the orders m of elements of finite order in $B_n(S^2)$ are exactly the integers dividing $2n$, $2n - 2$ or $2n - 4$ and that for $n > 3$ and $m \geq 2$ an element of finite order exists in $M(T(0, n))$ if and only if m divides n, $n - 1$ or $n - 2$.

According to Fadell and Van Buskirk, 1962, the only compact 2-manifolds whose braid groups are not torsion free are S^2 and the projective plane P^2. Van Buskirk, 1966, investigated $B_n(P^2)$ in detail, showing in particular that it has always non-trivial elements of finite order. As a presentation, he found:

Generators: σ_ν $(\nu = 1, \ldots, n-1)$, ρ_μ $(\mu = 1, \ldots, n)$.

(28) Defining relations:
$$\begin{cases} \sigma_\nu\sigma_\lambda = \sigma_\lambda\sigma_\nu , & (|\lambda-\nu| \geq 2) , \\ \sigma_\nu\sigma_{\nu+1}\sigma_\nu = \sigma_{\nu+1}\sigma_\nu\sigma_{\nu+1} , & (\nu = 1, \ldots, n-2) , \\ \sigma_\nu\rho_\mu = \rho_\mu\sigma_\nu , & (\mu \neq \nu, \nu+1) , \\ \rho_\nu = \sigma_\nu\rho_{\nu+1}\sigma_\nu , & \rho_{\nu+1}^{-1}\rho_\nu^{-1}\rho_{\nu+1}\rho_\nu = \sigma_\nu^2 , \\ \rho_1^2 = \sigma_1\sigma_2 \ldots \sigma_{n-1}\sigma_{n-1} \ldots \sigma_2\sigma_1 & (= \Omega) . \end{cases}$$

From here on, the theory of braid groups and their relation to mapping class groups has been developed mainly by Birman. She showed first that for spaces S of a dimension > 2 the unpermuted braid group $\overline{B}_n(S)$ is the n-th cartesian power of the fundamental group $\pi_1 S$ (Birman, 1969a). In the same paper, she gave generators of the braid groups of orientable surfaces of arbitrary genus g and defining relations for $g = 1, 2$ with a procedure which indicates how to obtain defining relations for $g > 1$. Next, (Birman, 1969b) she described the relationship between the braid groups of orientable surfaces of arbitrary genus and the mapping class groups $M(T(g, n))$, deriving also a presentation of $M(T(1, n))$ for all n. (Algebraically, this had been done for $n = 1, 2$ by Magnus, 1935.) We shall not go into the details, partly because they are complex and partly because the methods used are strongly topological. A systematic presentation of the theory will be available in Birman, 1974a.

Bergau and Mennicke, 1960, had observed that $M(T(2, 0))$ is a quotient group of B_6. Their result appears as incidental. However, Birman and Hilden, 1972a, gave a presentation of $M(T(0, g))$ as a quotient group of B_6 which explains the relationship in a simple and natural manner. The surface $T(g, 0)$ is presented as a ramified two sheeted covering of the 2-sphere (Riemann surface) with branch points over $2g + 2$ points P_γ, $(\gamma = 1, \ldots, 2g+2)$. A particular selfmapping of $T(g, 0)$ is the involution J which exchanges the points of T covering the same point of the sphere. The normalizer of J in $M(T(g, 0))$ will be denoted by M_J. It consists of selfmappings of T which induce (by projection) a selfmapping of the sphere with punctures P_γ and, even more, induce all of these selfmappings. It turns out that the kernel of the homomorphism $M_J \to M(T(0, 2g+2))$ is the group generated by J. The final result is the following theorem:

$M(T(g, 0))$ contains a subgroup M_J which is an extension of the mapping class group $M(T(0, 2g+2))$ by a center of order 2. M_J is generated by elements σ_ν, $\nu = 1, \ldots, 2g+1$ with defining relations

$$(29)\quad \begin{cases} \sigma_\nu\sigma_\mu = \sigma_\mu\sigma_\nu, \quad |\nu-\mu| \geq 2 \\ \sigma_\nu\sigma_{\nu+1}\sigma_\nu = \sigma_{\nu+1}\sigma_\nu\sigma_{\nu+1} \qquad (\nu = 1, \ldots, 2g) \\ (\sigma_1\sigma_2 \cdots \sigma_{2g+1})^{2g+2} = 1, \\ \Omega^2 = 1, \ \Omega\sigma_1 = \sigma_1\Omega, \ \Omega = \sigma_1\sigma_2 \cdots \sigma_{2g+1}\sigma_{2g+1} \cdots \sigma_2\sigma_1 . \end{cases}$$

For $g = 2$, the group M_J is the full mapping class group $M(T(g, 0))$.

The involution J is represented by the element Ω.

6. Braids and Riemann surfaces

A Riemann surface is a connected ramified covering of the sphere (represented for most purposes as the closed complex plane $\hat{C}$) with a topology agreeing with that of $\hat{C}$ under projection on S^2. We shall consider only finite, compact Riemann surfaces. Let P_ν $(\nu = 1, \ldots, n)$ be the distinct points in $\hat{C}$ over which the Riemann surface R is ramified. Let r denote the number of sheets and let Π_ν denote the permutation of the sheets induced by a simple closed loop with positive orientation around P_ν. (By this we mean the following: Lift the initial point of such a loop to the ρ-th sheet. Its endpoint, although coinciding with the initial point in $\hat{C}$, is then lifted to the sheet with label $\tau(\rho)$. Now Π_ν is the permutation $\rho \to \tau(\rho)$.) We call the collection

$$\{\Pi_1, \ldots, \Pi_n, P_1, \ldots, P_n\} \tag{30}$$

the *signature* of R, but we do not consider two signatures with permutations Π_ν and Π'_ν as distinct if there exists a permutation Π such that

$$\Pi'_\nu = \Pi^{-1}\Pi_\nu\Pi, \quad (\nu = 1, \ldots, n).$$

(Transition from Π_ν to Π_ν can be achieved by a relabeling of the sheets.)

The necessary and sufficient condition for the existence of a Riemann surface with signature (30) to exist are

(i) the Π_ν generate a permutation group which is transitive on the r symbols;

(ii) $\Pi_1\Pi_2 \ldots \Pi_n = 1$ (the identical permutation).

Condition (i) states that R is connected and (ii) states that, going around all branchpoints simultaneously gets us back into the sheet from which we started.

R is called a *regular* or *Galois-covering* if the following is true: If a closed loop in $\hat{C}$ can be lifted to at least one closed loop in R, then all of its lifts into R are closed. A necessary and sufficient condition for this to happen is that

(iii) each Π_ν decomposes into cycles all of which have the same length.

(However, the cycle-length may depend on ν.) An equivalent condition is:

(iv) the Π_ν generate a group of order r.

Let c denote the total number of cycles occuring in all Π_ν. Then the genus g of R is given by the Hurwitz formula

$$2g = r(n-2) - c + 2. \tag{31}$$

Hurwitz, 1891, showed: The mapping class group $M(T(0, n))$ of $\hat{C}$ punctured in the points P_ν acts on the r-sheeted Riemann surfaces with signature (30) as follows: The generator σ_i $(i = 1, \ldots, n-1)$ has the effect:

$$(32)\qquad \sigma_i : \begin{cases} P_i \to P_{i+1}\,,\; P_{i+1} \to P_i\,,\; P_\mu \to P_\mu\,, & (\mu \neq i,\, i+1) \\ \Pi_i \to \Pi_{i+1}\,,\; \Pi_{i+1} \to \Pi_{i+1}^{-1}\Pi_i\Pi_{i+1}\,,\; \Pi_\lambda \to \Pi_\lambda\,, & (\lambda \neq i,\, i+1)\,. \end{cases}$$

He also showed: $M(T(0, n))$ acts transitively on the Riemann surfaces with r sheets and exactly one branch point of degree 2 over every P_ν. (This means that each Π_ν consists of one two cycle and $r - 2$ one cycles.) We already mentioned in Section 3 that Cohen, 1973, has determined the quotient groups of $M(T(0, n))$ resulting from this action for $r = 3, 4$. It should be noted that Hurwitz' proof for the transitivity is topological although the statement is purely group theoretical.

Arnol'd, 1968a, observed that the hyperelliptic algebraic curves of degree n,

$$(33)\qquad y^2 = x^n + s_1x^{n-1} + \ldots + s_{n-1}x + s_n \equiv Q_n(x)\,,$$

which are non-degenerate (that is, for which $Q_n(x)$ has simple roots) form a fiber space with the hyperelliptic curve as fiber and a base space whose fundamental group is the n-th braid group $B_n(S^2)$ of the two-sphere. He used a topological theorem which states that the fundamental group of the base space acts on the homology groups of the fiber as a group of automorphisms to define these automorphism groups as the "*monodromy groups*" of the fiber. In the particular case of the space of hyperelliptic curves of degree n, he thus derives the following result:

The first monodromy group of the hyperelliptic curves of n-th degree is a subgroup of the symplectic group

$$\mathrm{Sp}(g, \mathbb{Z})\,,\quad g = [\tfrac{1}{2}(n-1)]$$

of $2g$ by $2g$ symplectic matrices with integral entries. Only for $n = 3, 4, 6$ is the first monodromy group the whole group $\mathrm{Sp}(g, \mathbb{Z})$.

Other topological investigations of a related nature may be found in Arnol'd, 1968b, 1970a, b, Brieskorn, 1971b and Gorin and Lin, 1969. The last paper contains a detailed investigation of the commutator subgroup of B_n.

The results found by Birman and Hilden, 1972a (see end of Section 5) show that Arnol'd, 1968a, obtains a two-valued representation of $B_n(S^2)$ as a subgroup of $\mathrm{Sp}(g, \mathbb{Z})$. The methods used by Arnol'd are topological. It is possible to derive his results and to generalize them by using essentially group theoretical methods.

Let R_n be a Riemann surface with r sheets and with branch points over n

points P_ν of $\hat{\mathbb{C}}$. Let F_{n-1} be the fundamental group of the sphere $\hat{\mathbb{C}}$ with the points P_ν removed. We present F_{n-1} on n generators x_ν (loops around P_ν) with the defining relation

(34) $$x_1x_2 \ldots x_n = 1 .$$

The automorphisms α_ν in (4), now again denoted by σ_ν, generate a group which we shall now denote by B_n^* (and which is actually the mapping class group of the euclidean plane with n points removed). According to Magnus, 1935, the defining relations of B_n^* are

(35) $$\begin{cases} \sigma_\nu\sigma_{\nu+1}\sigma_\nu = \sigma_{\nu+1}\sigma_\nu\sigma_{\nu+1} & (\nu = 1, \ldots, n-2) \\ \sigma_\nu\sigma_\mu = \sigma_\mu\sigma_\nu & (|\nu-\mu| \geq 2,\ \nu,\ \mu = 1, \ldots, n-1) \\ (\sigma_1\sigma_2 \ldots \sigma_{n-1})^n = 1 . & \end{cases}$$

It can be shown that a subgroup $H(R_n)$ of finite index in B_n^* acts as a group of automorphisms on the fundamental group $\pi_1(R_n)$ of the Riemann surface (Magnus, 1972). We consider the closed curves on R_n. They define (by projection) a subgroup C of F_{n-1}. Next we consider the curves on R_n which are closed and contractible to a point on R_n. They define a subgroup K of F_{n-1} which of course, is a subgroup of C. We can define both C and K algebraically merely by using the Π_ν in the signature of R_n. Then K is normal in C and $C/K = \pi_1(R_n)$. The group $H(R_n)$ is defined as the subgroup of B_n^* which maps C onto itself. It then maps also K onto itself and therefore acts as a group H' of automorphisms on $C/K = \pi_1(R_n)$. If we take the quotient group of $H'(R_n)$ with respect to the subgroup of inner automorphism which it may induce in $\pi_1(R_n)$ we obtain a subgroup $H^*(R_n)$ of the mapping class group of R_n which we shall call the *Hurwitz monodromy group* of R_n (which is now considered as being merely a closed two dimensional manifold of genus g). Magnus, 1972, proved: Given any β in B_n^*, there exists a Riemann surface R_n such that β is not in $H(R_n)$ if $n \geq 3$. Maclachlan, 1973, showed: Given any element β^* in B_n^* which is not an inner automorphism of F_{n-1}, there exists a regular Riemann surface R_n^* such that β^* is not in $H(R_n^*)$. For regular Riemann surfaces the inner automorphisms always belong to $H(R_n^*)$ and K is not only normal in C but even in F_{n-1}. However, inner automorphisms of F_{n-1} need not induce inner automorphisms of C or even of C/K. This explains why we have to use B_n^*

instead of $B_n(S^2)$ to derive subgroups of the mapping class group of R_n. Maclachlan's result also shows that the mapping class group of the sphere with punctures is residually finite.

In some cases $H(R_n)$ coincides with B_n^*. This is true in particular if R_n is the regular Riemann surface in whose signature all of the permutations Π_ν are r-cycles. If r is a divisor of n, this case has been investigated in detail by Magnus and Peluso, 1969. (The case $r = 2$ is the one considered by Arnol'd, 1968a.) The action of B_n^* on the abelianized group C/K can then be derived from the Burau representation (Section 3) by giving v a numerical value and splitting off a first degree factor. The resulting representation of B_n^* (and, therefore, of B_n) is isomorphic with a subgroup of $\mathrm{Sp}(g, \mathbb{Z})$. That it cannot be all of $\mathrm{Sp}(g, \mathbb{Z})$ for $g > 2$ follows then in a simple algebraic manner from our knowledge of isomorphisms (or, rather, non-isomorphisms) of the groups of finite order appearing as symplectic linear groups and the symmetric groups.

7. Artin groups

A *Coxeter matrix* M is defined as an n by n matrix with entries $m_{i,j}$, $i, j = 1, \ldots, n$ which are positive integers or ∞ and such that

$$m_{ij} = m_{ji}, \quad m_{ii} = 1, \quad (i, j = 1, \ldots, n).$$

An *Artin group* G is a group with the following presentation:

$$\text{Generators } a_i, \qquad i = 1, \ldots, n;$$

(36) $$\text{Defining relations: } a_i a_j a_i \ldots = a_j a_i a_j \ldots$$

where in (36) both sides contain m_{ij} factors which are alternatingly a_i and a_j. If $m_{i,j} = \infty$, the relation (36) is omitted.

If we add the relations

(37) $$a_i^2 = 1, \quad (i = 1, \ldots, n)$$

to (36) we obtain a *Coxeter group* $\overline{G}$. (For these groups, see Coxeter and Moser, 1965, or Benson and Grove, 1971.) The term "Artin groups" was coined by Brieskorn and Saito, 1972, because they are a natural generalization of Artin's braid groups B_n. For these, the corresponding Coxeter group is Σ_n.

Brieskorn, 1971a, had shown: If the Coxeter group $\overline{G}$ corresponding to G is an irreducible finite group, then G is the fundamental group of the space of regular orbits of the complex reflection group belonging to $\overline{G}$. (See Coxeter and

Moser, 1965, for definition of terms.) Brieskorn, 1971b, had also derived topological properties for these spaces in some cases, and Deligne, 1972, had generalized his results for all finite $\overline{G}$.

A few of the Artin groups other than B_n were first studied by Garside, 1969, who generalized his results for B_n . Garside's methods are group theoretical. Tits, 1968, gave an elegant solution of the word problem for Coxeter groups which, however, is based on geometric arguments. Brieskorn and Saito, 1972, solved the word problem and the conjugacy problem for the Artin groups G with a finite Coxeter group $\overline{G}$ in the same form in which this had been done by Garside. In particular, they construct a "fundamental word" for G which serves the same purposes as in Garside's paper, and they show that it will exist if and only if $\overline{G}$ is finite. They also show that, in the case of an irreducible $\overline{G}$, the center of G is infinite cyclic and generated by a power of $a_1a_2 \ldots a_n$.

ACKNOWLEDGEMENT. Work on this paper was supported in part by the United States National Science Foundation.

References

J.W. Alexander, II, (1923), "A lemma on systems of knotted curves", *Proc. Nat. Acad. USA* 9, 93-95. FdM49,408.

В.И. Арнольд [V.I. Arnol'd], (1968), "Замечание о ветвлении гиперэллиптических интегралов как функций параметров" [A remark on the branching of hyperelliptic integrals as functions of the parameters], *Funkcional. Anal. i Priložen.* 2, no. 3, 1-3; *Functional Anal. Appl.* 2, 187-189. MR39#5583.

В.И. Арнольд [V.I. Arnol'd], (1968), "О косах алгебраических функций и когомологиях ласточкиных хвостов" [Fibrations of algebraic functions and cohomologies of dovetails], *Uspehi Mat. Nauk* 23, no. 4, 247-248. MR38#156.

В.И. Арнольд [V.I. Arnol'd], (1969), "Кольцо когомологий группы крашеных кос" [The cohomology ring of the group of dyed braids], *Mat. Zametki* 5, 227-231. MR39#3529.

В.И. Арнольд [V.I. Arnol'd], (1970), "Топологические инварианты алгебраических функций. II" [Topological invariants of algebraic functions, II], *Funktional. Anal. i Priložen.* 4, no. 2, 1-9; *Functional Anal. Appl.* 4, 91-98. MR43#1991.

Emil Artin, (1925), "Theorie der Zöpfe", *Abh. Math. Sem. Univ. Hamburg* 4 (1926), 47-72. FdM51,450.

E. Artin, (1947a), "Theory of braids", *Ann. of Math.* (2) 48, 101-126. FdM8,367.

E. Artin, (1947b), "Braids and permutations", *Ann. of Math.* (2) 48, 643-649. MR9,6.

S. Bachmuth, (1965), "Automorphisms of free metabelian groups", *Trans. Amer. Math. Soc.* 118, 93-104. MR31#4831.

C.T. Benson and L.C. Grove, (1971), *Finite reflection groups* (Bogden and Quigley, Tarrytown on Hudson, New York).

P. Bergau und J. Mennicke, (1960), "Über topologische Abbildungen der Brezelfläche vom Geschlecht 2", *Math. Z.* 74, 414-435. MR27#1960.

Joan S. Birman, (1969a), "On braid groups", *Comm. Pure Appl. Math.* 22, 41-72. MR38#2764.

Joan S. Birman, (1969b), "Mapping class groups and their relationship to braid groups", *Comm. Pure Appl. Math.* 22, 213-238. MR39#4840.

Joan S. Birman, (1969c), "Non-conjugate braids can define isotopic knots", *Comm. Pure Appl. Math.* 22, 239-242. MR39#6298.

Joan S. Birman, (1973), "Plat representations for link groups", *Comm. Pure Appl. Math.* 26,

Joan S. Birman, (to appear), "Braids, links and mapping class groups", *A research monograph* (Annals of Mathematics Studies).

Joan S. Birman, (to appear), "Mapping class groups of surfaces: a survey", *Proc. Third Conf. on Riemann Surfaces*, 1974 (Annals of Mathematics Studies).

Joan S. Birman and Hugh M. Hilden, (1971), "On the mapping class groups of closed surfaces as covering spaces", *Advances in the theory of Riemann surfaces*, pp. 81-115 (Proc. 1969 Stony Brook Conf. Annals of Mathematics Studies, 66. Princeton University Press and University of Tokyo Press, Princeton, New Jersey) MR45#1169.

Joan S. Birman and Hugh M. Hilden, (1972), "Isotopies of homeomorphisms of Riemann surfaces and a theorem about Artin's braid group", *Bull. Amer. Math. Soc.* 78, 1002-1004.

F. Bohnenblust, (1947), "The algebraical braid group", *Ann. of Math.* (2) 48, 127-136. MR8,367.

E. Brieskorn, (1971), "Die Fundamentalgruppe des Raumes der regulären Orbits einer endlichen komplexen Spiegelungsgruppe", *Invent. Math.* 12, 57-61. MR45#2692.

Egbert Brieskorn, (1973), "Sur les groupes de tresses d'après V.I. Arnol'd", *Seminaire Bourbaki*, Vol. 1971/72, Exposé 401 (Lecture Notes in Mathematics, 317. Springer-Verlag, Berlin, Heidelberg, New York).

Egbert Brieskorn und Kyoji Saito, (1972), "Artin-Gruppen und Coxeter-Gruppen", *Invent. Math.* 17, 245-271. Zbl.243.20037.

Werner Burau, (1936), "Über Verkettungsgruppen", *Abh. Math. Sem. Hansichen Univ.* 11, 171-178. FdM61,1021.

Gerhard Burde, (1963), "Zur Theorie der Zöpfe", *Math. Ann.* 151, 101-107. MR27#1942.

Wei-Liang Chow, (1948), "On the algebraical braid group", *Ann. of Math.* (2) 49, 654-658. MR10,98.

Daniel I.A. Cohen, (1967), "On representations of the braid group", *J. Algebra* 7, 145-151. MR38#220.

David B. Cohen, (1973), "The Hurwitz monodromy group", (PhD thesis, New York University, New York).

H.S.M. Coxeter, W.O.J. Moser, (1957), *Generators and relations for discrete groups* (Ergebnisse der Mathematik und ihrer Grenzgebiete, Band 14. Springer-Verlag, Berlin, Göttingen, Heidelberg). MR19,527.

Richard H. Crowell and Ralph H. Fox, (1963), *Introduction to knot theory* (Ginn & Co., Boston). MR26#4348.

Pierre Deligne, (1972), "Les immeubles des groupes de tresses généralisés", *Invent. Math.* 17, 273-302. Zbl.238.20034.

E. Fadell, (1962), "Homotopy groups of configuration spaces and the string problem of Dirac", *Duke Math. J.* 29, 231-242. MR25#4538.

Edward Fadell and Lee Neuwirth, (1962), "Configuration spaces", *Math. Scand.* 10, 111-118. MR25#4537.

Edward Fadell and James Van Buskirk, (1962), "The braid groups of E^2 and S^2 ", *Duke Math. J.* 29, 243-257. MR25#4539.

R. Fox and L. Neuwirth, (1962), "The braid groups", *Math. Scand.* 10, 119-126. MR27#742.

R. Fricke und F. Klein, (1965), *Vorlesungen über die Theorie der automorphen Functionen* (Band I. Die Gruppentheoretischen Grundlagen. Teubner, Leipzig, 1897; FdM28,334. Reprinted Johnson Reprint Corp., New York; B.G. Teubner Verlagsgesellschaft, Stuttgart). MR32#1348.

W. Fröhlich, (1936), "Über ein spezielles Transformationsproblem bei einer besonderen Klasse von Zöpfen", *Mh. Math. Phys.* 44, 225-237. FdM62,658.

F.A. Garside, (1969), "The braid group and other groups", *Quart. J. Math. Oxford Ser.* (2) 20, 235-254. MR40#2051.

Betty Jane Gassner, (1961), "On braid groups", *Abh. Math. Sem. Univ. Hamburg* 25, 10-22. MR24#A174.

Richard Gillette and James Van Buskirk, (1968), "The word problem and consequences for the braid groups and mapping class groups of the 2-sphere", *Trans. Amer. Math. Soc.* 131, 277-296. MR38#221.

Е.А. Горин, В.Я. Лин [E.A. Gorin, V.Ja. Lin], (1969), "Алгебраические уравнения с непрерывными коэффициентами и некоторые вопросы алгебраической теории кос" [Algebraic equations with continuous coefficients, and certain questions of the algebraic theory of braids], *Mat. Sb. (NS)* 78 (120), 579-610; *Math. USSR-Sb.* 7, 569-596. MR40#4939.

A. Hurwitz, (1891), "Ueber Riemann'sche Flächen mit gegebenen Verzweigungspunkten", *Math. Ann.* 39, 1-61. FdM23,429.

A. Hurwitz, (1902), "Ueber die Anzahl der Riemann'schen Flächen mit gegebenen Verzweigungspunkten", *Math. Ann.* 55, 53-66. FdM32,404.

S. Kinoshita and H. Terasaka, (1957), "On unions of knots", *Osaka Math. J.* 9, 131-153. MR20#4846.

H. Levinson, (1973), "Decomposable braids and linkages", *Trans. Amer. Math. Soc.* 178, 111-126.

Seymour Lipschutz, (1961), "On a finite matrix representation of the braid group", *Arch. Math.* 12, 7-12. MR23#A2469.

Seymour Lipschutz, (1963), "Note on a paper by Shepperd on the braid group", *Proc. Amer. Math. Soc.* 14, 225-227. MR26#4350.

Colin Maclachlan, (1973), "On a Conjecture of Magnus on the Hurwitz Monodromy Group", *Math. Z.* 132, 45-50.

Wilhelm Magnus, (1934), "Über Automorphismen von Fundamentalgruppen berandeter Flächen", *Math. Ann.* 109, 617-646. FdM60,91.

W. Magnus, (1972), "Braids and Riemann surfaces", *Comm. Pure Appl. Math.* 25, 151-161. Zbl.226.55002.

Wilhelm Magnus and Ada Peluso, (1967), "On knot groups", *Comm. Pure Appl. Math.* 20, 749-770. MR36#5930.

Wilhelm Magnus and Ada Peluso, (1969), "On a theorem of V.I. Arnol'd", *Comm. Pure Appl. Math.* 22, 683-692. MR41#8658.

Г.С. Маканин [G.S. Makanin], (1968), "Проблема сопряженности в группе кос" [The conjugacy problem in the braid group], *Dokl. Akad. Nauk SSSR* 182, 495-496; *Soviet Math. Dokl.* 9, 1156-1157. MR38#2195.

A. Markoff, (1936), "Über die freie Äquivalenz der geschlossenen Zöpfe", *Mat. Sb. (NS)* 1 (43), 73-78. FdM62,658.

А.А. Марков [A. Markoff], (1945), Основы алгеба ической теории кос [*Foundations of the algebraic theory of tresses*] (Trudy Mat. Inst. Steklov 16). MR8,131.

K. Murasugi, (1973), "On closed 3-braids", (Preprint).

K. Murasugi and R.S.D. Thomas, (1972), "Isotopic closed nonconjugate braids", *Proc. Amer. Math. Soc.* 33 , 137-139. MR45#1149.

M.H.A. Newman, (1942), "On a string problem of Dirac", *J. London Math. Soc.* 17, 173-177. MR4,252.

C.D. Papakyriakopoulos, (1957), "On Dehn's lemma and the asphericity of knots", *Ann. of Math.* (2) 66, 1-26. MR19,761.

Kurt Reidemeister, (1960), "Knoten und Geflechte", *Nachr. Akad. Wiss. Gottingen Math.-Phys. Kl.* 2, 105-115. MR22#1913.

G.P. Scott, (1970), "Braid groups and the group of homeomorphisms of a surface", *Proc. Cambridge Philos. Soc.* 68, 605-617. Zbl.203,563.

J.A.H. Shepperd, (1962), "Braids which can be plaited with their ends tied together at each end", *Proc. Roy. Soc. London Ser. A* 265, 229-244. MR24#A2959.

Jacques Tits, (1969), "Le problème des mots dans les groupes de Coxeter", *Symposia Mathematica, INDAM*, Rome, 1967/68, 1, 175-185 (Academic Press, London, New York). MR40#7339.

James Van Buskirk, (1966), "Braid groups of compact 2-manifolds with elements of finite order", *Trans. Amer. Math. Soc.* 122, 81-97. MR32#6440.

О.Я. Виро [O.Ja. Viro], (1972), "Зацепления, двулистные разветвленные накрытия и косы" [Linkings, 2-sheeted branched coverings and braids], *Mat. Sb. (NS)* 87 (129), 216-228; *Math. USSR-Sb.* 16 (1972), 223-236. MR45#7701.

Courant Institute of Mathematical Sciences,
New York University.

Present address:
11 Lomond Place,
New Rochelle, New York 10804, USA.

Vignette of a Cultural Episode

WILHELM MAGNUS
Courant Institute of Mathematical Sciences,
New York University, New York, U.S.A.

In his notes and comments on Persian and Arabic literature, Goethe describes the time of the Barmecides, a noble family whose members administered the empire of the caliphs before and during the time of Harun al-Rashid. Goethe says:

"Proverbially it was a time when, in a particular locality, all human endeavors interacted in such a fortunate way that the recurrence of a similar period could be expected only after many years and in very different places under exceptionally favorable circumstances".

It is the purpose of this article to describe such a period. It nearly coincides with the years 1922–1931 when Cornelius Lanczos lived and taught in Frankfurt am Main in Germany. It is not the whole of the city and not even the whole of the university about which I wish to report, but only a segment of the academic life which I know from first hand experience as a student of mathematics and physics.

What I shall have to say must not be mistaken for the sentimental reminiscences of an old man. I am still in contact with many of the surviving members of the small group of students and professors who met at that time, and if any two of these people meet again after decades, they recall their common experience as something of lasting value and greet each other as old friends. An additional proof of the exceptional nature of this Barmecidian period is the essay by Carl Ludwig Siegel on the history of the Mathematical Seminar in Frankfurt which was reprinted in the third volume of his collected papers. I shall try to describe the same period, but from the point of view of a student rather than that of a professor.

The University of Frankfurt was founded in 1914 with donations from wealthy members of the community. It was the only private university which ever existed in Germany and, as far as I know, the only one in continental Europe. The German inflation after the First World War put an end to the private character of the University. However, the creation of a private institution of higher learning was only the crowning (and, unfortunately, the last) event in a long sequence of remarkable manifestations of the public spirit in the city of Frankfurt. Bridges and hospitals, museums and libraries were among the earlier contributions from private citizens. Of these, the Senckenberg Museum of Natural History and the Rothschild Library may deserve special mention. Although Frankfurt could not compete with Berlin in attracting celebrities, its theatre, opera, concerts and art galleries were of a high quality and contributed to a stimulating cultural atmosphere. So did the many remnants of a great past. The city is first mentioned in 793 by Einhard, the biographer of Charlemagne. Apart from brief interruptions, it was an independent free city until 1866, when it was incorporated into Prussia. Since 1152, the Holy Roman Emperors were elected there. The spirit of moderation which is frequently a characteristic of trade centers seems to have been well developed. There never was a pogrom in the free city. During the Fettmilch riots in the early seventeenth century the city council tried to protect the Jewish community whose members were eventually compensated for their losses. That the first German Parliament convened in Frankfurt after the revolutionary upheavals of 1848 was an acknowledgement of the honorable tradition of the city which had upheld a municipal constitution since the early thirteenth century.

It is hard to say how much the past had contributed to the cultural atmosphere of the city in the nineteen-twenties. But a very simple physical characteristic certainly was of importance. The city was not very large in population (about half a million) and in size. It had a definite center, within the boundaries of the old city, it had a beautiful (and, at that time, only moderately polluted) river and it was easy to get out of it, into forests and mountains which even on a hot summer Sunday offered lonely places to those who knew where to go. At the same time the city was large enough to protect privacy from the intrusive type of gossip which is generated by boredom and to allow the development of special relations which are based on choice rather than on mere proximity.

The university was young, without traditions and the fame based on past achievements. In a surprising and very successful manner it turned this situation to its advantage. The social sciences which were considered as upstarts in many older universities were strongly represented in Frankfurt from the very beginning. The Faculty of Natural Sciences (which included the mathematicians) could not have attracted established celebrities. It managed to appoint a surprising number of future celebrities, in particular the physicists Otto Stern and Max Born who later were awarded the Nobel Prize. The university was not able to hold them for very long and they had already left when I went there in 1926. The mathematicians were more successful. In 1922, the faculty appointed Carl Ludwig Siegel as successor of the highly distinguished mathematician Arthur Schoenflies to the position of a full professor ("Ordinarius"). Siegel was then twenty six, he stayed in Frankfurt for fourteen years. It would be unbecoming for a former student to eulogize his teacher publicly in general terms; for any reader who knows any of the fields in which Siegel has worked it is also completely superfluous. However, it should be pointed out that it was a very unusual procedure to fill a position of highest rank with a scholar so young, and it speaks highly for the good judgement of the mathematicians who were responsible for this action that they resisted the objections of more conservative faculty members which undoubtedly must have been raised against such an untraditional step. The names of these mathematicians were Max Dehn and Ernst Hellinger. Together with the mathematicians Paul Epstein and Otto Szasz, they formed a group of close friends which included also Cornelius Lanczos whose field of research and teaching at that time was exclusively theoretical physics.

The first encounter of a student with the professors of a university takes place in the classroom, and I was incredibly fortunate in meeting teachers whose styles were very much their own, each one being excellent in a particular way. I never took a course with Epstein. His function—which he fulfilled admirably—was to introduce those students into basic parts of mathematics for whom this field was not of primary interest but who had to acquire some mathematical knowledge for an understanding of their major field. The fact that mathematics is, to some degree, the handmaiden of many other sciences is frequently forgotten by Mathematicians, but this was not the case in Frankfurt.

My own experiences started with a course by Szasz and another one by Siegel.

Szasz spoke slowly and carefully. What made his course so attractive was his ability to bring out the specific merit of each idea and to show why it worked. Euler had the same ability, and I believe that this is the reason why, among all of the great mathematicians, he appears to be the most lovable one.

Siegel was demanding. He had very high standards, in the first place for himself, but he also expected his students to work thoroughly and hard. His lectures expressed his complete sovereignty over the material. They were incredibly well prepared—Siegel never used a manuscript and even wrote down the greatest prime number known at that time from memory. He proceeded at a fast pace, but he never glossed over details or brushed computations aside with a deprecating manner. He carried them out, briefly but lucidly. On rare occasions he made remarks of a general nature which expressed his attitude towards mathematics. The mathematical universe, he said, is inhabited not only by important species but also by interesting individuals. As an example, he mentioned the elliptic functions. The insight that the particular as well as the general are needed to make the world of mathematics complete is not always remembered by mathematicians.

Instinctively, everyone in the class knew that none of us would ever be as powerful a mathematician as Siegel. Contrary to all the talk from psychologists and educators who warn against oppressing the developing student, this need not be a depressing experience at all. The opposite is true: it is beneficial to know early what high standards really mean. And Siegel was encouraging when he felt that this was justified. And his word then carried weight.

Hellinger was probably the most widely appreciated teacher among the mathematicians. He, too, was very well prepared. His lectures were highly polished, but he never forgot to mention the motivation for a theorem and he always pointed out connections between different parts of mathematics. His presentation was less austere than Siegel's. He liked to make entertaining remarks and to suspend the need for concentration for a moment, giving the audience a brief respite. He was an outstanding psychologist in the best sense: He always knew exactly how far a student could go, and his advice was given in a tactful manner which, at the same time, left no room for doubt.

When I attended a course taught by Lanczos for the first time, I had already changed my original plan to become a physicist, realizing that I was more at home and at ease in mathematics. Perhaps, this was fortunate, because Lanczos might have made me stay in physics if I had met him earlier. To work in theoretical physics requires an uncanny combination of talents: a specific type of intuitive understanding of the realities of physics and a well developed ability to handle the necessary mathematical tools with complete ease. What made Lanczos such a fascinating teacher for a mathematician was his ability to inject some of the intuition of the physicist into mathematics. Even the supreme clarity of Lanczos' lectures would not have sufficed to produce this effect. What one really could learn from him was the over-riding importance of motivation for the development of a theory.

Max Dehn was my Ph.D. adviser and I have been influenced deeply by him. I took courses taught by him only in my last year at the university, and they had a lasting effect on me in spite of the fact that they were not as polished and smooth as those which I had attended before. Dehn communicated ideas. One had to be ready for this. In fact, one had to be able to enter into a dialogue with him. Even if one had only a tiny contribution to make, and even if one expressed it in a confused way, this was enough. Dehn always understood. He had the ability which Socrates claimed for himself: to act as a midwife at the birth of an idea. This ability went far beyond mathematics. Dehn had an extensive knowledge of philosophy and of history, and he used it to gain the proper perspective for any particular fact or occurrence. He was very undogmatic and did not belong to any philosophical school, but he always tried to see the significance of ideas and facts within the general framework of human experience.

I have tried to describe the characteristic qualities of my teachers in some detail because of a current fashion prevailing at least in the United States to set up standards for good teaching. The questionaires issued in many universities to students for the evaluation of their teachers show that this is considered to be an important problem. I believe that it may be possible to define bad teachers. But good teaching has too many aspects to be evaluated on a quantitative scale.

I have not nearly mentioned all of the outstanding scholars and teachers to whom I owe my education. There was K. W. Meissner, a brilliant experimental physicist whose lectures were models of perfection in planning and execution. And there were many other remarkable scientists, some of whom also contributed to a program which, at that time, may have been unique in Germany. It consisted of lectures for high school students which were given on a reasonably high level and attracted a large audience. And there was the Faculty of Philosophy which could take pride in counting many celebrities among its members. Adhemar Gelb and Max Wertheimer, two of the founders of *gestalttheorie*, were also personal friends of the mathematicians. Their lectures have enabled me to see the limitations of a positivist philosophy which many scientists still consider as the only one which is compatible with their professional work.

In his essay on the history of the Mathematical Seminar in Frankfurt, Siegel has described the close cooperation between the professors and the personal relations between faculty and students. There would be no point in repeating his presentation here, but I should like to supplement it with a few remarks. The studies of the history of mathematics which were conducted by four professors and a few students over many years and were based on the original works of mathematicians from Euclid to Newton have had aftereffects which were not visible at that time. One of them is the fact that many years later the university created a chair for the history of science and appointed to it Willy Hartner, then an internationally known authority in this field and a close friend of Dehn, Hellinger, Siegel and Lanczos who had joined in the historical studies for a long time. Another fact is that A. Prag, the most active of the students who participated in these studies, is now collaborating on a definitive edition of Newton's scientific work.

Although all of the better students took their studies very seriously, the absence of any visible outside pressure on their work was a remarkable and beneficial phenomenon. Even more remarkable was the fact that the students did not compete with each other for attention or distinction. We would have thought it indecent if anyone had tried to do so. I believe that this was a reflection of the harmonious relations between the professors which were of course obvious to the students. But it may be worthwhile to note that a high level of achievement is possible without the stimulus of competition.

We never lacked encouragement or advice, and the general atmosphere was one of informality. This did not diminish our respect for the professors whose authority was based on personal and intellectual qualities which were fully recognized by the students.

The intellectual world in the twenties was very much smaller than it is now. The number of scientists engaged in research was a tiny fraction of today's number, and the amount of learning needed to reach the frontiers of knowledge could be acquired in a much shorter time than today. This had two effects: a greater universality was possible and even required. A knowledge of physics and, to a much lesser degree, of psychology or philosophy, was an indispensable part of the education of a mathematician. The other effect was that the time of studying was much shorter. It was possible and not unusual to obtain a Ph.D. in mathematics four years after leaving high school. The legal minimum was three years, and even that occurred on some rare occasions. It was possible to give much leeway to the student who planned his program. There were no bad marks for dropping out of a course. There were no intermediate examinations which forced the pace of progress for the student. And although the teacher-student ratio was at times rather small, the absolute numbers involved were also small, and it was still possible for a professor to know every student who worked in his field.

All of these things contributed to the existence of a truly academic atmosphere, the word being understood in the original sense of Plato's Academy. However, it would have been impossible to plan, or organize, the composition of the mathematical faculty at Frankfurt in the twenties. Harmonious relations cannot be created by bureaucratic coordination, even if the coordinator is a trained psychologist. No objective test—as, for instance, the number of papers published in a given time – can replace the good judgment of the senior faculty members when the question of tenure or promotion arises.

It should be added here that the economic conditions in Germany at that time were not very good for the academic professions and became increasingly worse with the arrival of the great depression. The chances for entering an academic career were infinitesimal for a young mathematician. The only other profession open at that time, that of a high school teacher, had a very limited number of openings. Lanczos was fortunate to be offered a position at Purdue University in the United States of America; thus it was that Frankfurt lost an established and brilliant scholar and teacher.

It is important to note that life in general was not at all carefree in the Germany of the twenties. That those associated with the mathematicians at Frankfurt remember these years as rich and fruitful ones has to be explained with an insight which was found long ago and which has largely been discredited or forgotten in recent times. The common pursuit of intellectual goals, the search for truth and knowledge, create bonds between us which are stronger and more lasting than those based on common origin and nationality.

The time of the Barmecides came to an end when a distrustful caliph destroyed the illustrious family. The end of the episode I have tried to describe in this essay was a tiny part of a much more horrible and much more encompassing catastrophe. Siegel, in his essay quoted above, has described the destruction of mathematical life in Frankfurt wrought by the Nazi government. There remains a question which I cannot answer. The disaster came very suddenly. No dikes had been built against the pestilential flood which swept away nearly everything. How could the dikes have been built and by whom? The life of the sciences, like that of the arts, is easily destroyed. Adversaries much less monstrous than those who arose in Germany can be deadly. But if some of our works are fragile, this does not mean that we can do without them.

BIBLIOGRAPHY

Siegel, C. L., *Zur Geschichte des Frankfurter Mathematischen Seminars. Collected papers*, Vol. 3, No. 81, pp. 462–474, Springer-Verlag, 1966.

Reprinted from
Studies in Numerical Analysis (by B.K. Scaife)
Academic Press, London, 1974, pp. 7–13.

Two generator subgroups of PSL (2, ℂ)

Von *Wilhelm Magnus*, New Rochelle

Vorgelegt von Herrn C. L. Siegel in der Sitzung vom 7. 2. 1975

1. Introduction

Obtaining a non-trivial representation of a given group G as a subgroup Γ of a linear group over a field Φ of characteristic zero provides information about G even if Γ is not faithful. Assuming that G is finitely generated, we know that Γ is residually finite according to Mal'cev [13] and therefore G has finite quotient groups. If Φ is a subfield of the complex numbers ℂ, Selberg [17] has shown that Γ contains a torsion free subgroup of finite index. And a recent theorem of Tits [20], [4], [21] shows that, "in general" Γ and therefore G will contain free subgroups of rank 2 unless Γ is a finite extension of a solvable group. We shall call such groups "elementary", and all of the representations obtained in the present paper will turn out to be "non-elementary". This is particularly easy to check in the cases which we shall consider since we shall confine ourselves to representations either within the group PSL (2, ℂ), i. e., the group of Moebius transformations of a complex variable z:

$$z \to \frac{az+b}{cz+d}, \quad ad - bc = 1, \quad a, b, c, d \in \mathbb{C},$$

or within the group SL (2, ℂ) of 2 by 2 matrices of determinant $+1$. In these representations, we have the additional advantage that the trace of the matrix representing an element of Γ determines the order of the element. If Φ is an algebraic number field, we can also predict easily the possible finite orders of elements of Γ in PSL (2, Φ) since the traces of such elements are algebraic integers in cyclotomic subfields of Φ. Also, a finitely generated elementary subgroup Γ of PSL (2, ℂ) must contain a non-trivial normal abelian subgroup unless Γ is finite. Since the abelian subgroups of PSL (2, ℂ) either consist of elements which have the same fixed points or are isomorphic with the four-group, we find for instance that two elements A and B of PSL (2, ℂ) generate a non-elementary group if they are of infinite order and if their product does not have trace 0 or ± 2 and their commutator does not have trace ± 2.

Ree and Mendelsohn [15] used the representations of two-generator one-relation groups in Γ to prove that a large class of such groups (including all groups with torsion in which the relator is not conjugate with a power of one of the generators) have the property that a sufficiently high power of one generator together with the other generator freely generate a free subgroups Their result has been sharpened by B. B. Newman [13] who used method. of combinatorial group theory. In Section 3, we analyze the relation between the two methods by showing that, in general, a onerelator group will not have a faithful representation within PSL (2, $\mathbb{C}$) and that, therefore, the full result of B. B. Newman cannot be obtained from the method in [15].

The paper by Ree and Mendelsohn also contains an investigation of the question when a pair A, B of non-commuting parabolic elements (i. e., elements having exactly one fixed point) can freely generate a free group. Such a pair A, B is conjugate with a pair of the type given in (2.1) which depends on a complex parameter μ. The range of values of μ for which A, B freely generate a free group has been greatly expanded by Lyndon and Ullman [7] who also proved the following: If μ_0 is a value of μ for which A and B do not generate a free group of rank 2, then values μ' of μ with the same property are dense in a neighborhood of μ_0 (in the complex plane). In Section 2, we prove the corresponding theorem for discreteness instead of freeness. This proof is based on a test for discreteness (Theorem 1) which, although constructive mainly if the group is not discrete, appears to be useful. So far, tests for discreteness or non-discreteness which are not based on number theoretical arguments but on inequalities have been mainly given in the case of subgroups of PSL (2, $\mathbb{R}$) over the real numbers $\mathbb{R}$. See e. g., Siegel [18]. It should be added that the proofs of freeness for parabolic pairs A, B given by Lyndon and Ullman are actually based on proofs of discontinuity in the complex plane.

Sections 4 and 5 contain examples of applications of representations of two-generator groups as subgroups of PSL (2, $\mathbb{C}$). Section 4 concerns braid and knot groups. Most of the representations for knot groups can be shown to be non-discrete. Their faithfulness could be proved if the freeness of certain finitely generated subgroups could be demonstrated. But this would probably require a more constructive version of Tits' Theorem. In Section 5, a representation of an infinitely generated, perfect, locally free group is used to show that it has infinitely many finite quotient groups.

2. A test for discreteness

Let $T, A, B = T^{-1}A^{-1}T$ be respectively the elements of PSL (2, $\mathbb{C}$) which are defined by the 2 by 2 matrices

$$(2.1) \qquad \begin{pmatrix} 0 & -1 \\ 1 & 0 \end{pmatrix}, \quad \begin{pmatrix} 1, & \mu \\ 0, & 1 \end{pmatrix}, \quad \begin{pmatrix} 1 & 0 \\ \mu & 1 \end{pmatrix},$$

where μ is a fixed complex number. We denote the group generated by T and A by Π^* and its subgroup of index 2 generated by A and B by Π or $\Pi(\mu)$ if we want to specify μ.

We shall call Π *discrete* if the following is true: Let P_n $(n = 1, 2, 3, \ldots)$ be an infinite sequence of distinct elements of Π and let

$$\begin{pmatrix} a_n & b_n \\ c_n & d_n \end{pmatrix} \qquad (a_n d_n - b_n c_n = 1) \tag{2.2}$$

be the corresponding matrices. Then there does not exist any such sequence for which

$$\lim_{n\to\infty} a_n = \lim_{n\to\infty} d_n = 1, \quad \lim_{n\to\infty} b_n = \lim_{n\to\infty} c_n = 0. \tag{2.3}$$

It is known that a discrete subgroup of PSL (2, ℂ) will act as a discontinuous group of transformations on hyperbolic 3-space and vice versa, and that it will act discontinuously on the upper half-plane if all elements are real. See [19], [11]. We shall prove

Theorem 1. *Π is discrete if and only if in any matrix*

$$\begin{pmatrix} a & b \\ c & d \end{pmatrix} \tag{2.4}$$

representing an element P of Π, either $c = 0$ or $|\mu c| \geqq 1$.

Proof. We show first that Π is discrete if $|\mu c| \geqq 1$ for all elements P for which $c \neq 0$. Because then any sequence of elements P_n with matrices converging towards the unit matrix must have entries $c_n = 0$ for almost all n. Since the transpose of every matrix belonging to Π defines again an element of Π, it follows that also $b_n = 0$ for almost all n. Therefore, the sequence in question must contain infinitely many matrices R of the form

$$\begin{pmatrix} \varrho & 0 \\ 0 & \varrho^{-1} \end{pmatrix} \tag{2.5}$$

where $\varrho \neq \pm 1$. If $|\varrho| \neq 1$, then conjugation of B with a suitable power of R produces an element with $0 < |\mu c| < 1$ against the assumption (unless $\mu = 0$, a trivial case). If $|\varrho| = 1$, and if ϱ is not a root of unity, there exists a power ϱ^{2n} of ϱ such that $|\varrho^{2n} - 1) < \varepsilon$ where $\varepsilon \neq 0$ but $|\varepsilon\mu^2| < 1$. In this case,

$$R^{-n} B R^n B^{-1}$$

has the left lower entry $(\varrho^{2n} - 1)\mu$, against the assumption. There remains the case where ϱ is a root of unity. Here we need

Lemma 1. *Let*

$$W = A^{u_1} B^{v_1} A^{u_2} B^{v_2} \ldots A^{u_n} B^{v_n} \tag{2.6}$$

be a freely reduced word in A, B, where $u_1, \ldots, u_n, v_1, \ldots, v_n$ are integers, none of them zero with the possible exception of u_1 and v_n. Then W is represented in Π by a matrix (4) in which a and c are, respectively, polynomials with integral coefficients in μ of degrees $2n$ and $2n-1$ if $u_1 v_n \neq 0$ and of positive degree unless W is a power of A.

The proof of Lemma 1 is nearly trivial and therefore omitted. However, Lemma 1 shows that a matrix of the form (5) with ϱ a root of unity $\neq \pm 1$ can occur only if μ is an algebraic number. In this case all entries of all matrices in Π belong to a finite algebraic extension of the rational number field and therefore only finitely many distinct values of ϱ which are roots of unity can occur in matrices of type (4) belonging to Π. This proves that Π is discrete if always $|\mu c| \geqq 1$ whenever $c \neq 0$.

To prove that Π is not discrete if this condition is violated we need

Lemma 2. *For $0 < |\mu| < 1$, Π is not discrete.*

Proof: We define recursively for $n \geqq 2$:

$$C_2 = ABA^{-1}B^{-1}$$
$$C_{n+1} = C_n B C_n^{-1}$$

and we denote the elements of the matrix representing C_n by

$$\begin{pmatrix} \alpha_n & \beta_n \\ \gamma_n & \delta_n \end{pmatrix}.$$

Then

$$\alpha_{n+2} = 1 - \mu^2 \beta_n (1 - \mu \beta_n \delta_n), \quad \beta_{n+2} = -\mu^3 \beta_n^4$$
$$\gamma_{n+2} = \mu (1 - \mu \beta_n \delta_n)^2, \quad \delta_{n+2} = 1 + \mu^2 \beta_n^2 (1 - \beta_n \delta_n)$$

and in particular

$$\beta_{2m} = -\mu^{(2^{2m}-1)}$$

Since β_{2m} is a power of μ, it follows by an easy induction that α_{2m} and δ_{2m}, as polynomials in μ, have coefficients which are either ± 1 or 0. If $|\mu| < 1$, this means

$$\lim_{m\to\infty} \beta_{2m} = 0.$$

$$|\alpha_{2m+2} - 1| < \frac{2|\mu \beta_{2m}|^2}{1-|\mu|}, \quad |\delta_{2m+2} - 1| < \frac{2|\mu \beta_{2m}|^2}{1-|\mu|}$$

$$|\gamma_{2m+2} - \mu| < \frac{2|\mu \beta_{2m}|}{1-|\mu|} + \frac{|\mu|^3 \beta_{2m}|^2}{(1-|\mu|)^2}$$

and therefore

$$\lim_{m\to\infty} C_{2m} B^{-1} = \lim_{m\to\infty} \begin{pmatrix} \alpha_{2m} - \mu \beta_{2m}, & \beta_{2m} \\ \gamma_{2m} - \mu \delta_{2m}, & \delta_{2m} \end{pmatrix} = \begin{pmatrix} 1, & 0 \\ 0, & 1 \end{pmatrix}$$

Since the entries in the right upper corner of $C_{2m} B^{-1}$ are distinct for distinct values of m, we have thus constructed a sequence of distinct matrices converging towards the unit matrix, showing that Π is not discrete.

To complete the proof of Theorem 1, assume now that an element P is represented by the matrix (4) with $0 < |\mu c| < 1$. Then

$$PAP^{-1} = \begin{pmatrix} 1-\mu ac, & \mu a^2 \\ -\mu c^2, & 1+\mu ac \end{pmatrix}$$

and A will generate a non-discrete subgroup of Π since the pair $PA^{-1}P^{-1}$, A is conjugate in PSL (2, ℂ) with the pair

$$A^* = \begin{pmatrix} 1 & 0 \\ \mu^* & 1 \end{pmatrix}, \quad B^* = \begin{pmatrix} 1 & \mu^* \\ 0 & 1 \end{pmatrix}, \quad \mu^{*2} = \mu^2 c^2$$

which, according to Lemma 2 is a non-discrete group. This means that Π itself cannot be discrete.

As a consequence of Theorem 1 we have

Theorem 2. *Let μ_0 be a value of μ for which $\Pi(\mu)$ is not free. Then for all sufficiently small values of $|\mu - \mu_0|$, $\Pi(\mu)$ is not discrete.*

Proof: According to Lemma 1, the only elements W of Π which are represented by a matrix (4) in which c is identically zero as a polynomial in μ are the elements A^{u_1}. If $\mu_0 = 0$, Theorem 2 follows from Lemma 2. For $\mu_0 \neq 0, A$ is always of infinite order. Therefore, if $\Pi(\mu_0)$ is not free, μ_0 must be the root of a polynomial $c(\mu)$ which appears as the left lower entry of a matrix representing an element W of the type (6) and which has degree ≥ 1 and integral coefficients. Since $c(\mu_0) = 0$, we have $|c(\mu)| \cdot |\mu| < 1$ for sufficiently small values of $|\mu - \mu_0|$. This proves Theorem 2.

As an example, we may take $\mu_0 = 1$. Then $\Pi(1)$ is the modular group PSL (2 ℤ). In $\Pi(1)$, A and B satisfy the defining relations

$$(2.7) \qquad (AB^{-1})^3 = (AB^{-1}A)^2 = 1.$$

Computing the left lower entry of the matrix corresponding to the second element in (7) we find that $\Pi(\mu)$ cannot be discrete if $\mu \neq 0$, $\mu \neq \pm 1$, and

$$|2\mu^2(1-\mu^2)| < 1.$$

Similarly, $\Pi(\sqrt{2})$ is discrete since it is conjugate with a subgroup of the modular group. However, $\Pi(\sqrt{2})$ is not free since in it $(AB^{-1})^2$ defines the unit element. We find, as before, that $\Pi(\mu)$ is not discrete if

$$|\mu^2(\mu^2-2)| < 1, \quad \mu \neq 0, \quad \mu \neq \pm\sqrt{2}.$$

The following remarks serve the purpose of connecting the present results with some older ones. That Π^* and, therefore, Π are discrete and the free products of their respective generators if $|\mu| \geqq 2$ is a result which follows from F. Klein's "composition principle" which also shows that these groups are discontinuous in the whole complex plane after removal of a nonconnected (non-countable) point set. This is shown by observing that the exterior of the unit circle in the complex z-plane is a fundamental region for T and that a strip bounded by parallel lines is a fundamental region for the group generated by A. The width of this strip is $|\mu|$, and for $|\mu| \geqq 2$, it can be selected so that the unit circle is in its interior. The part of the strip outside of the unit circle is then a fundamental region of Π^*. In the case where $\mu = \varrho(1 + i)$, ϱ real, $1 \leqq \varrho \leqq \sqrt{2}$, this construction can be easily modified (by changing the geometric shape of the fundamental region of the group generated by T) so that the same result is obtained. However, it appears to be difficult to construct a fundamental region for $\Pi^*(\mu)$ or $\Pi(\mu)$ in other cases where $|\mu| < 2$ and the group has been proved to be discontinuous in [3], [7].

The case $|\mu| \geqq 2$ can also be treated algebraically in a very simple manner. The words

$$W(u_1, \ldots, u_m) = A^{u_1} T A^{u_2} T \cdots A^{u_m} T, \tag{2.8}$$

where $u_1, \ldots, u_m$ are non-zero integers, are represented by matrices

$$\begin{pmatrix} a_m & b_m \\ c_m & d_m \end{pmatrix}$$

where all entries are polynomials with integral coefficients in μ and where

$$\begin{aligned} a_{m+1} &= u_{m+1}\mu a_m - a_{m-1}, \quad b_{m+1} = a_m, \; a_0 = 1, \; a_1 = \mu u_1 \\ c_{m+1} &= u_{m+1}\mu c_m - c_{m-1}, \quad d_{m+1} = -c_m, \; c_0 = 0, \; c_1 = 1 \end{aligned} \tag{2.9}$$

From these recurrence relations it follows that

$$|c_{m+1}| \geqq |u_{m+1}|\,|\mu|\,|c_m| - |c_{m-1}|$$

and therefore $|c_{m+1}| \geqq |c_m|$ if $|\mu| \geqq 2$ and $|c_m| \geqq |c_{m-1}|$. This proves the fact that Π^* is the free product of the groups generated by T and by A. The discontinuity of the group Π^* can be derived from the fact that a_n/c_n is the n-th partial quotient of an infinite continued fraction which for all admissible choices of $u_1, u_2, \ldots, u_n, \ldots$ always converges towards a uniformly (independent of the u_n) bounded value. (Pringsheim's Test. See p. 254 in [14].)

3. Conditions for faithfulness

Let W be a freely reduced word in the generators a, b, of a free group, and represent W, after the mapping $a \to A$, $b \to B$, by a matrix of the form (2.6) where u_1 and v_n are both different from zero so that W is also cyclically reduced and not conjugate with a power of one of the generators. Now let $k > 1$ be a positive integer and consider the group

$$G = \langle a, b; W^k = 1\rangle, \quad k > 1. \tag{3.1}$$

B. B. Newman [13] proved that in G the elements a^s, b freely generate a free subgroup whenever $s > 2 \max\{|u_1|, |u_2|, \ldots, |u_n|\}$. His methods are those of combinatorial group theory and his result sharpens a theorem in [15] which states that a^r and b^t freely generate a free subgroup of G if rt is large enough. The argument used in [15] can be read off the recurrence relations (2.9) which show the following: Write the matrix representing W in the form (2.8), where now $m = 2n$ is even and $v_1 = u_2, \ldots, v_n = u_m$. Then the trace $\tau(\mu)$ of the matrix representing W is a polynomial of degree $m = 2n$ with highest coefficient

$$u_1 u_2 \cdots u_{m-1} u_m \tag{3.2}$$

and with constant term ± 2. Assume $|u_\lambda| \leqq s^*$, $\lambda = 1, \ldots, m$. Then one of the equations

$$\tau(\mu) = \pm 2 \cos\frac{\pi l}{k} \text{ (l coprime with k)} \tag{3.3}$$

has a solution $|\mu^*| \geqq 1/s^*$ and in the group $\Pi(\mu^*)$ the relation $W^k = 1$ holds. Therefore A^r and B^t freely generate a free group if

$$rt\,|\mu^*|^2 \geqq 4 \quad \text{(i. e. } rt \geqq 4s^{*2}\text{)}. \tag{3.4}$$

This is weaker than and derivable from Newman's result except for the case where the maxima of the absolute values of the exponents of a and b in W are the same and if we choose $r = t$. Of course, the results in [15] can be sharpened by looking not at s^* but at the m-th root of the expression in (3.2), and results not covered by [13] may be obtained in this manner. However, we want to show that the full result [10] cannot be proved by using representations of G as a subgroup of PSL (2, ℂ) by proving that, in general, such a representation cannot be faithful.

We need the concept of the *Fricke-polynomial* associated with the conjugacy class of the word W in two generators a, b of a free group F_2 of rank 2. Consider an arbitrary mapping Θ

$$\Theta: a \to A^*, \; b \to B^*$$

of F_2 into the linear group SL (2, ℂ) and denote respectively the traces of a, b, ab by φ, ψ, ω. Then the trace τ of W under Θ is a polynomial T in φ, ψ, ω with integral coefficients which does not depend on the specific mapping Θ but only on the conjugacy class of W in F_2. We call T *the Fricke-polynomial* of W. In all cases, W and W^{-1} have the same Fricke polynomial, but Horowitz [6] has shown that an arbitrarily large (although finite) number of representatives $W, W', W'', \ldots$ of conjugacy classes not any two of which are inverses of each other can have the same Fricke polynomial. Now we have

Theorem 3a. *Let T be the Fricke polynomial of W. A necessary condition for the one-relator group G in* (3.1) *to have a faithful representation as a subgroup of* PSL (2, $\mathbb{C}$) *is that any element W' of F_2 with the same Fricke polynomial is conjugate in G either with W or with W^{-1}.*

Proof: In any representation of G as a subgroup of PSL (2, $\mathbb{C}$) the elements W and W' have the same traces. Since $W^k = 1$, the trace of W must be of the form $2 \cos \pi l/k$. But then W' also is of order k in our representation. Suppose now that our representation is faithful. It is known [10, Theorem 4.13] that then W' must be equal to a conjugate of a power of W. Since W and W' have the same trace and since W^r has the trace $2 \cos \frac{\pi r l}{k}$, it follows that $r = \pm 1$. It is now easy to construct words W in F_2 such that G in (3.1) cannot have a faithful representation in PSL (2, $\mathbb{C}$). For instance,

$$W = a^{-1}b^2ab^{-3}, \quad W' = ab^2a^{-1}b^{-3}$$

have the same Fricke polynomial. But $W'^2 = 1$ is not derivable from $W^2 = 1$. Numerous other examples can be constructed from a result in [5] which states: Let V be any word $V(a, b)$ in F_2 and let x be any element of F_2. Then

$$W = V(xbx^{-1}, b) \quad \text{and} \quad W' = V(x^{-1}bx, b)$$

always have the same Fricke polynomial.

If we are concerned only with the representation of a group

$$G = \langle a, b;\ R(a, b) = 1 \rangle \tag{3.5}$$

(where the relator R is a freely and cyclically reduced word in two generators a, b) under the mapping

$$a \to A, \quad b \to B \tag{3.6}$$

on a pair of non-commuting parabolic elements of PSL (2, $\mathbb{C}$), Theorem 2a can be sharpened, even though we do not assume now that G has elements of finite order. We have

Theorem 3b. *Necessary conditions for G in* (3.5) *to have a faithful representation under the mapping* (3.6) *are the following: Denote by $\bar{R}(a, b)$ the word arising from R by reversing the order of the symbols. Then the words*

$$R' = R(a^{-1}, b^{-1}), \quad R^* = \bar{R}(b, a)$$

must be cyclic permutations of one of the (freely and cyclically reduced) words R or R^{-1}.

Proof. We need the following

Lemma 3. *Let F be a free group and let N be the normal closure of an element R in F. Let S be another element of F whose normal closure in F is N. Then S is cojugate in F either with R or with R^{-1}.*

For a proof of Lemma 3 see [8] or [10]. It seems that this result has not been used before anywhere else.

Now we prove Theorem 3b as follows. We have to show that the normal closure of R' or R^* in F_2 is the same as that of R. For R', this is simple because the pair A, B is conjugate in PSL (2, ℂ) with the pair A^{-1}, B^{-1}. If A, B are given by (2.1), the conjugating element has the form of a diagonal matrix with i, $-i$ in the main diagonal. The entries of the matrix $R(A, B)$ are polynomials in μ which are either even or odd (according to 2.9). Therefore, if $R(A, B)$ represents the unit element, so does $R'(A, B)$ which arises from $R(A, B)$ by changing μ into $-\mu$. Therefore

$$a \to a^{-1}, \quad b \to b^{-1}$$

defines an automorphism of G, and either $R = 1$ or $R' = 1$ may be taken as the single defining relation for G. Now our result for R' follows from Lemma 3. In the case of R^*, we argue as follows: $R^*(A, B)$ is simply the transpose of the matrix $R(A, B)$. If $R(A, B)$ defines the unit element, so does R^*, and since we assumed that G has $R(a, b) = 1$ as a single defining relation, it follows that

$$R^*(a, b) \equiv \prod_{\nu} \Theta_\nu(a, b)\, R^{\pm 1}(a, b)\, \Theta_\nu^{-1}(a, b) \tag{3.7}$$

where "$\equiv$" stands for "freely equal" and where the Θ_ν are words in a, b. Now the relation (3.7) remains correct if we exchange the names of the symbols a and b and also if we read it from right to left instead of reading from left to right. Therefore, we also have

$$R(a, b) \equiv \prod_{\lambda} \overline{\Theta}_\lambda^{-1}(b, a)\, R^{*\pm 1}(a, b)\, \overline{\Theta}_\lambda(b, a) \tag{3.8}$$

where λ runs through the same set of values as ν but in the opposite direction. Therefore, $R^* = 1$ could also be taken as the single defining relation for G, and Lemma 3 now proves Theorem 3b completely.

4. Applications to braid and knot groups

We shall be concerned here only with the braid group B_3 on three strings which can be defined as a group of automorphisms of a free group F_3 on three free generators x_1, x_2, x_3 as the group generated by σ_1 and σ_2 where

$$\begin{aligned} &\sigma_1 : x_1 \to x_2,\ x_2 \to x_2^{-1} x_1 x_2,\ x_3 \to x_3 \\ &\sigma_2 : x_1 \to x_1,\ x_2 \to x_3,\ x_3 \to x_3^{-1} x_2 x_3 \end{aligned} \tag{4.1}$$

B_3 has the defining relation

(4.2) $$\sigma_1\sigma_2\sigma_1 = \sigma_2\sigma_1\sigma_2$$

and will act also as a group of automorphisms B_3^* on the quotient group F_3^* of F_3 defined by the relations $x_\nu^2 = 1$, $(\nu = 1, 2, 3)$. We denote the action of σ_1 and σ_2 on F_3^* by σ_1^* and σ_2^* and shall prove:

Theorem 4. *The mapping* $\sigma_1 \to \sigma_1^*$, $\sigma_2 \to \sigma_2^*$ *of* B_3 *onto* B_3^* *is an isomorphism.*

This is a rather special case of a theorem proved in [2] with topological methods, and it has been shown by Charles Miller (unpublished) that it is also derivable from the interpretation of the braid groups as mapping class groups [9] and the Jordan curve theorem. Therefore, we shall give here only the barest outlines of the proof, the merit of which consists mainly in its algebraic nature.

F_3^* has a subgroup Y of index 2, freely generated by $y_1 = x_1x_2$ and $y_2 = x_2x_3$. It is easy to show that we can find sufficiently many representations of F_3^* within PSL (2, ℂ) such that the traces of y_1, y_2, y_1y_2, denoted respectively by u, v, w, can be considered as independent variables or indeterminates. The action of B_3^* on F_3^* then induces an action of B_3^* on Y which, in turn, expresses itself as a group of ring-automorphisms of the ring R of polynomials with integral coefficients in the indeterminates u, v, w. The results in [6] then show that this group of ring automorphisms is the same as that of the action of the group of outer automorphisms (or automorphism classes) of Y and that it is isomorphic with the quotient group of B_3 with respect to its (known) center. This then completes the proof of Theorem 4. An extension to more general situations would depend on an improvement of our knowledge of the "Fricke polynomials".

Let β be any element of B_3 and denote the image $\beta(x_\nu)$ of x_ν under the action of β by x'_ν. Then the group

(4.3) $$L(\beta): \langle x_\nu;\ \beta(x_\nu) = x_\nu\rangle$$

is (see [1]) the group of a knot or a linkage arising from the closing of a three-string braid. If $L(\beta)$ is the group of a knot, all the x_ν are conjugate in $L(\beta)$, and if we now try to find representations of $L(\beta)$ as a subgroup of PSL (2, ℂ) we observe that the following is true: Denote respectively the traces of the matrices corresponding to

(4.4) $$x_1,\ x_2,\ x_3,\ x_1x_2,\ x_1x_3,\ x_2x_3$$

by

(4.5) $$t,\ t,\ t,\ t_{12},\ t_{13},\ t_{23}$$

then β acts as an automorphism on the ring Θ of polynomials in the four variables in (4.5). The fixed points of β in Θ determine then traces of the (hypothetical) matrices representing certain elements of $L(\beta)$, and it turns out that these traces determine a representation of $L(\beta)$ in PSL (2, ℂ) up to conjugacy if we exclude a few special cases [5]. It is difficult to carry out this program in general even for closed three braids because of our inadequate knowledge of the automorphisms of Θ. But we can give an infinite sequence of examples as follows:

Theorem 5. *Let $\lambda \in B_3$ be the automorphism $\sigma_1\sigma_2^{-1}$. Let G_n be the group generated by λ, x_1, x_2, x_3 with defining relations*

$$\lambda x_1 \lambda^{-1} = x_2, \ \lambda x_2 \lambda^{-1} = x_2^{-1} x_1 x_2 x_3 x_2^{-1} x_1^{-1} x_2, \ \lambda x_3 \lambda^{-1} = x_2^{-1} x_1 x_2 \tag{4.6}$$

$$\lambda^n = 1. \tag{4.7}$$

Then the subgroup L_n of index n in G_n which consists of all words in λ, x_1, x_2, x_3 with exponent sum zero in λ is the group $L(\lambda^n)$ which is the group of a knot (and not a linkage) whenever n is not a multiple of 3. G_n is generated by λ and $x_2 = x$, and the three relations (4.6) can be replaced by a single one which states that λ commutes with

$$x \lambda x \lambda^{-1} x^{-1} \lambda^{-1} x \lambda x. \tag{4.8}$$

The mapping

$$\lambda \to \begin{pmatrix} \varepsilon & 0 \\ 0 & \varepsilon^{-1} \end{pmatrix}, \quad \varepsilon = e^{\pi i/n}, \quad n > 1 \tag{4.9}$$

$$x \to \begin{pmatrix} u & uw - 1 \\ 1 & w \end{pmatrix} \tag{4.10}$$

defines a representation of G_n for $n > 1$ as a subgroup of PSL (2, ℂ), *if and only if*

$$\begin{aligned} &uw[u(\varepsilon^2 - 1) - w(\varepsilon^{-2} - 1)]^2 \\ &\quad = (u\varepsilon^2 + w\varepsilon^{-2})^2 - 2(u\varepsilon + w\varepsilon^{-1})^2 + uw(\varepsilon - \varepsilon^{-1})^2 + 1. \end{aligned} \tag{4.11}$$

We omit a proof of Theorem 5 because it can be obtained from elementary calculations. However, we shall add comments on related work. For $n = 2$, the group L_2 is the group of Listing's knot (or the "Figure eight" knot) and the representations defined by (4.2) to (4.10) have been given in [22]. Among them, there exists one representation with parabolic generators which is defined by $u + w = 2$. It is conjugate with a pair A, B in (2.1) where μ^2 is a primitive sixth root of unity, i. e., an algebraic integer in an imaginary quadratic number field. It follows easily that the representation is discrete, and it has been proved by R. Riley [16] that it is faithful by constructing a fundamental region in hyperbolic three space.

Nothing is known about the cases where $n > 2$. If n is not divisible by 3, then L_n is an extension of a free group of rank n by an infinite cyclic group (except for $n = 1$). Although it is easily checked that all but finitely many of the representations are non-elementary in the sense defined in the introduction, there seems to be no method available by means of which one could prove that at least one of them is actually faithful.

5. Representations of a perfect locally free group

The group G with generators a_n, b_n and defining relations

$$(5.1)\qquad \begin{aligned} a_n &= a_{n+1} b_{n+1} a_{n+1}^{-1} b_{n+1}^{-1} \\ b_n &= a_{n+1}^{-1} b_{n+1}^{-1} a_{n+1} b_{n+1} \end{aligned} \qquad (n = 0, \pm 1, \pm 2, \ldots)$$

is locally free and perfect. Since free groups have faithful representations as subgroups of SL (2, ℂ), the same must be true for G if we replace ℂ by a suitable field of characteristic zero. (See [12]). We have:

Theorem 6. *G has a faithful representation as a subgroup of* PSL $(2, \Phi)$ *where Φ is an infinite algebraic extension of a field of transcendency degree* 2 *over the rationals Q which is defined by the adjunction of indeterminates x_n, μ_n satisfying the relations*

$$(5.2)\qquad \begin{aligned} x_n &= 2 + \mu_{n+1}^2 (x_{n+1}^2 + \mu_{n+1}^2 - 4) \\ \mu_n &= x_{n+1} \mu_{n+1} (4 - x_{n+1}^2 - \mu_{n+1}^2) . \end{aligned}$$

The representation is obtained as follows: Define ϱ_n by $\varrho_n + \varrho_n^{-1} = x_n$ and define A_n, B_n by

$$A_n = \begin{pmatrix} \varrho_n & \mu_n \\ 0 & \varrho_n^{-1} \end{pmatrix}, \quad B_n = \begin{pmatrix} \varrho_n & 0 \\ \mu_n & \varrho_n^{-1} \end{pmatrix}.$$

Then there exist matrices

$$\Theta_n = \begin{pmatrix} \cos \alpha_n & \sin \alpha_n \\ -\sin \alpha_n & \cos \alpha_n \end{pmatrix}$$

where tg α_n *is a rational function of ϱ_{n+1} and μ_{n+1} such that, for any fixed n, the pair of relations* (5.1) *is satisfied if we use the mapping*

$$a_n \to A_n,\ b_n \to B_n,\ a_{n+1} \to \Theta_n A_{n+1} \Theta_n^{-1},\ b_{n+1} \to \Theta_n B_{n+1} \Theta_n^{-1}.$$

This type of representation does not give us any information about G. We can, however, obtain information by using, for a fixed k, the additional relations

$$x_{n+k} = x_n, \quad \mu_{n+k} = \mu_n .$$

We then obtain a non-elementary representation of G as a subgroup of SL$(2, K)$ over an algebraic number field K which will certainly not be faithful but which shows that, for instance, G has an infinite residually finite quotient group. The simplest case is obtained for $k = 1$. We then obtain (for all n):

$$\mu_n = \mu = 2^{-\frac{1}{2}}, \quad x_n = x = 1 + \mu, \quad \varrho_n = \varrho = \tfrac{1}{2}[x + (x^2 - 4)^{\frac{1}{2}}].$$

G is then mapped on a group Γ with 8 generators A_ν, B_ν, $\nu = 0, 1, 2, 3$ where

$$A_\nu = \Theta^\nu A \Theta^{-\nu}, \quad B_\nu = \Theta^\nu B \Theta^{-\nu}$$

$$A = \begin{pmatrix} \varrho & \mu \\ 0 & \varrho^{-1} \end{pmatrix}, \quad B = \begin{pmatrix} \varrho & 0 \\ \mu & \varrho^{-1} \end{pmatrix}, \quad \Theta = \begin{pmatrix} \mu & -\mu \\ \mu & \mu \end{pmatrix}.$$

The algebraic number field K is then a quadratic extension of the union

$$K_0 = Q(\sqrt{2}, i, \sqrt{17})$$

of three quadratic number fields. Since K_0 is the maximal abelian extension of Q in K, and since the only values of $2 \cos \pi\alpha$ with rational α in K_0 are $0, \pm 1, \pm 2$, it follows that the elements of finite order in Γ must have orders dividing 12. In fact, AB, BA, $(AB)^2(BA)^2$ are of order 4 and both $(AB)^2 BA$ and $(BA)^2 AB$ are of order 3. However, A and B are of infinite order since their traces are not algebraic integers.

References

[1] E. Artin, Theorie der Zöpfe. Abh. Math. Sem. Hamburg Univ. **4** (1925) 47—72.

[2] J. S. Birman, and H. M. Hilden, Isotopie of homeomorphisms of Riemann surfaces and a theorem about Artin's braid groups. Bull. Amer. Math. Soc. **78** (1972) 1002—1004.

[3] B. Chang, S. A. Jennings and R. Ree, On certain pairs of matrices which generate free groups. Canadian J. Math. **10** (1958) 279—284.

[4] John D. Dixon, Free subgroups of linear groups. Lecture Notes in Mathematics **319** (1973) 45—55. Springer Verlag. (Conference on group theory, University of Wisconsin, Parkside. 1972. Ed. Gatterdam.)

[5] R. Horowitz, Characters of free groups represented in the two-dimensional linear group. Comm. Pure Appl. Math. **25** (1972) 635—649.

[6] R. Horowitz, Induced automorphisms on Fricke characters of free groups. To appear in Trans. American Math. Soc. (1975).

[7] R. C. Lyndon and J. L. Ullman, Groups generated by two parabolic linear fractional transformations. Canadian J. Math. **21** (1969) 1388—1403.

[8] W. Magnus, Über diskontinuierliche Gruppen mit einer definierenden Relation. (Der Freiheitssatz.) J. reine u. angew. Math. **163** (1931) 141—165.

[9] W. Magnus, Über Automorphismen von Fundamentalgruppen geschlossener Flächen. Math. Ann. **104** (1934) 617—646.

[10] W. Magnus, A. Karrass, D. Solitar, Combinatorial group theory. (Theorem 4.11) John Wiley (Interscience), New York 1966.

[11] W. Magnus, Non-Euclidean Tesselations and their Groups. (Theorem 2.1) Academic Press, New York 1974.

[12] A. I. Mal'cev, On the faithful representation of infinite groups by matrices. American Mathematical Society Translations Ser. 2, Vol. 45 (1940) 1—18 (1965). Russian original in Mat. Sb. 8 (50) (1940). 251—264.

[13] B. B. Newman, Some results on one-relator groups. Bull. Amer. Math. Soc. **74** (1968) 568—571 (Corollary 3).

[14] O. Perron, Die Lehre von den Kettenbrüchen. (Reprint) Chelsea, New York 1929.

[15] R. Ree and N. S. Mendelsohn, Free subgroups with a single defining relation. Archiv der Mathematik **19** (1974) 577—580.

[16] R. Riley, A quadratic parabolic group. Preprint. 1974.

[17] A. Selberg, On discontinuous groups in higher dimensional symmetric spaces. Int. Colloq. Function Theory. Tata Inst. Fund. Res., Bombay 1960, pp. 147—164.

[18] C. L. Siegel, Über einige Ungleichungen bei Bewegungsgruppen in der nichteuklidischen Ebene (Theorem 3). Math. Ann. **133** (1957) 127—138.

[19] C. L. Siegel, Topics in Complex Function Theory, Vol. 2. John Wiley (Interscience), New York 1971.

[20] J. Tits, Free subgroups in linear groups. J. Algebra **20** (1972) 250—270.

[21] B. A. F. Wehrfritz, Infinite linear groups. Ergebnisse der Mathematik, Vol. **76** (1973), Springer Verlag, New York, Heidelberg, Berlin.

[22] Alice Whittemore, On representations of the group of Listing's knot by subgroups of PSL (2, ℂ). Proc. Amer. Math. Soc., **40** (1973) 378—382.

Reprinted from
Nachrichten der Akademie der Wissenschaften in Göttingen
II. Mathematisch-physikalische Klasse.
Vandenhoeck & Ruprecht, Göttingen, **7** (1975), pp. 81–94.

Monodromy Groups and Hill's Equation*

WILHELM MAGNUS
Polytechnic Institute of New York

Introduction

The basis of this paper is the following simple observation: The trace of a substitution of the monodromy group of a homogeneous linear second-order differential equation with analytic coefficients which have only isolated singularities can be computed as the trace of the Floquet matrix of a linear homogeneous second-order differential equation with periodic coefficients. If these periodic coefficients are real-valued functions, we have the well investigated theory of Hill's equation at our disposal. However, a fair number of results of the theory of Hill's equation remains valid if the coefficients are complex-valued. We shall translate some of these into statements about monodromy groups.

1. Basic Concepts and Results

Let z be a complex variable and let $R(z)$ be a rational function of z with poles at the points $b_1, \cdots, b_n$ (one of which may be ∞). Let z_0 be a point where $R(z)$ is regular, and let Λ be a differentiable, oriented, closed curve (a loop) starting and ending at z_0 and avoiding the poles of $R(z)$. Then Λ defines an element L of the fundamental group F of the two-dimensional manifold arising from the Riemann sphere by removal of the points $b_1, \cdots, b_n$. It is known that F is a free group of rank $n-1$. As generators of F we may use elements L_ν, $\nu = 1, 2, \cdots, n$, corresponding to loops Λ_ν which are simple (i.e., non-selfintersecting) curves through z_0 containing exactly one of the poles b_ν in their interior. The L_ν can be labeled so that

$$L_1 L_2 \cdots L_n = 1 \tag{1}$$

is the single defining relation for F.

We obtain a representation of F as a subgroup of SL (2, $\mathbb{C}$), (the group of 2×2 matrices with entries from the field $\mathbb{C}$ of complex numbers and with determinant $+1$) from the theory of analytic continuation of the solutions of

* Work supported in part by a Grant from the National Science Foundation. Reproduction in whole or in part is permitted for any purpose of the United States Government.

the differential equation

$$y'' + R(z)y = 0 \tag{2}$$

in the following manner: Let y_1, y_2 be two linearly independent solutions of (1) defined by power series in $z - z_0$ within a disk with center z_0. Analytic continuation of y_1 and y_2 along the loop Λ results in a solution y_1^*, y_2^* of the form

$$\begin{aligned} y_1^* &= \tau_{11} y_1 + \tau_1 y_2, \\ y_2^* &= \tau_{21} y_1 + \tau_{22} y_2, \end{aligned} \tag{3}$$

with matrix

$$T(\Lambda) = \begin{pmatrix} \tau_{11} & \tau_{12} \\ \tau_{21} & \tau_{22} \end{pmatrix}. \tag{4}$$

The determinant of $T(\Lambda)$ is $+1$ since $y_1 y_2' - y_2 y_1'$ is independent of z. Also, $T(\Lambda)$ does not depend on Λ but only on the choice of y_1, y_2, z_0, and on the element L of F defined by Λ. In addition, the standard proof of the monodromy theorem for analytic continuation provides us immediately with

LEMMA 1. *The trace $t(\Lambda)$ of $T(\Lambda)$ depends only on the conjugacy class of L in F and not on y_1, y_2, z_0. We shall also write $t(L)$ and $T(L)$ for $t(\Lambda)$ and $T(\Lambda)$.*

The mapping $L \to T(\Lambda)$ defines a representation of F as a subgroup of $SL(2, \mathbb{C})$. The group of matrices $T(\Lambda)$ is the *classical monodromy group* of the differential equation (2) and the subject of papers by Riemann, Poincaré, Hilbert and Plemelj. Since it depends on the choices of the linearly independent solutions y_1, y_2 and of the reference point z_0, and since a change of these data has the effect of conjugating the elements of $T(\Lambda)$ with a fixed matrix, it is reasonable to consider not an individual $T(\Lambda)$ but the class of all groups conjugate with it within $SL(2, \mathbb{C})$. In addition, the statements of some results simplify if we do not consider the representations $T(\Lambda)$ in $SL(2, \mathbb{C})$ but the associated ones in $PSL(2, \mathbb{C})$ which arise by replacing the matrices by the corresponding fractional linear (i.e., Moebius) transformations. This procedure is required anyway in the case of those applications of (2) which arise from conformal mappings of polygons bounded by circular arcs onto the upper half-plane. We thus introduce

DEFINITION 1. The monodromy group $M(R)$ of the differential equation (2) is the conjugacy class, within $SL(2, \mathbb{C})$, of the matrix group generated by the $T(L_\nu)$, $\nu=1,\cdots,n$. The associated conjugacy class of groups in PSL $(2,\mathbb{C})$ will be denoted by $M^*(R)$.

In general, $M(R)$ is determined by finitely many data. We have:

LEMMA 2. *Let*

$$t_{\nu_1,\nu_2,\cdots,\nu_k}$$

denote the trace of the product of matrices

$$T(L_{\nu_1})T(L_{\nu_2})\cdots T(L_{\nu_k}),\quad \nu_1,\cdots,\nu_k\in\{1,\cdots,n\}.$$

Then, if there exist two particular matrices, say $T(L_1)$ *and* $T(L_2)$, *such that*

$$\theta_{12}\equiv t_1^2+t_2^2+t_{12}^2-t_1t_2t_{12}-4\neq 0, \tag{5}$$

the traces

$$t_1,\, t_2,\, t_{1,\lambda},\, t_{2,\mu},\, t_{1,2,\mu},\quad \lambda=2,\cdots,n;\ \mu=3,\cdots,n, \tag{6}$$

determine $M(R)$ *completely.*

It has also been shown in [6] that the traces of all matrices $T(\Lambda)$ are polynomials in finitely many of the traces $t_{\nu_1,\cdots,\nu_k}$.

Proof of Lemma 2: We note that $\theta_{12}+2$ is simply the trace of the commutator of $T(L_1)$ and $T(L_2)$. If $\theta_{12}\neq 0$, then the group M_2 generated by $T(L_1)$ and $T(L_2)$ cannot be metabelian; however we do not need this easily proved fact but merely the following remarks. If $\theta_{12}\neq 0$, we may assume one of the following three statements to be true:

(i) $$t_1\neq\pm 2,$$

(ii) $$t_1=t_2=\pm 2,\qquad t_{12}\neq 2,$$

(iii) $$t_1=-t_2=2,\qquad t_{12}\neq -2.$$

In case (i), we may assume $T(L_1)$ to be of the form

$$\begin{pmatrix}\alpha & 0\\ 0 & \alpha^{-1}\end{pmatrix},\qquad \alpha\neq\pm 1. \tag{7}$$

Since $\theta_{12} \neq 0$, we may then, by conjugation, put $T(L_2)$ in the form

$$\begin{pmatrix} \rho & \rho\sigma - 1 \\ 1 & \sigma \end{pmatrix}, \qquad \rho\sigma \neq 1 . \tag{8}$$

Since, in (7), we can exchange α and α^{-1} by conjugation, we see that α, ρ, σ can be determined uniquely by the relations

$$t_1 = \alpha + \alpha^{-1}, \qquad t_2 = \rho + \sigma, \qquad t_{12} = \alpha\rho + \alpha^{-1}\sigma .$$

(We may normalize α by postulating $|\alpha| \geqq 1$ and, if $|\alpha| = 1$, $\mathcal{I}m\, \alpha > 0$.)

Now let $T(L_\mu)$ (where we may choose $\mu = 3$) be given by

$$\begin{pmatrix} \beta & \gamma \\ \delta & \epsilon \end{pmatrix}, \qquad \beta\epsilon - \gamma\delta = 1 .$$

Then we find that t_3, t_{13}, t_{23} and t_{123} determine β, γ, ϵ uniquely if $\rho\sigma \neq 1$.

In case (ii), we may map $T(L_1)$ and $T(L_2)$ by conjugation with an appropriate element of SL (2, $\mathbb{C}$) into the matrices

$$\begin{pmatrix} 1 & \varphi \\ 0 & 1 \end{pmatrix}, \quad \begin{pmatrix} 1 & 0 \\ \varphi & 1 \end{pmatrix},$$

respectively, by mapping their respective fixed points (which cannot coincide if $\theta_{12} \neq 0$) into ∞ and 0. We find $t_{12} = \varphi^2 + 2$ with $\varphi \neq 0$, and then t_3, t_{13}, t_{23}, t_{123} again determine β, γ, δ, ϵ uniquely. Case (iii) can be settled in the same manner.

The traces listed in (6) are algebraically dependent. According to Fricke [4], t_{123} and t_{132} are the roots of a quadratic equation $t^2 - At + B = 0$, where

$$A = t_{123} + t_{132} = t_1 t_{23} + t_2 t_{13} + t_3 t_{12} - t_1 t_2 t_3 , \tag{9a}$$

$$\begin{aligned} B = t_{123} t_{132} = {} & t_1^2 + t_2^2 + t_3^2 + t_{12}^2 + t_{13}^2 + t_{23}^2 + t_{12} t_{13} t_{23} \\ & - t_1 t_2 t_{12} - t_1 t_3 t_{13} - t_2 t_3 t_{23} - 4 . \end{aligned} \tag{9b}$$

For the traces defining the conjugacy class of a 3-generator subgroup of PSL (2, $\mathbb{C}$) the solutions (9) are the only ones which hold "in general"; this means that any system of traces satisfying these relations actually belongs to a three-generator subgroup of PSL (2, $\mathbb{C}$); see [6]. For four-generator subgroups, the problem becomes already rather difficult; see [18].

In order to determine the monodromy group $M(R)$ of the differential equation (2) we shall utilize the theory of Hill's equation (cf. [10]). We shall use the following

NOTATION. Let $K(z_0, \rho)$ denote the circle in the z-plane with center z_0 and radius ρ. We shall consider only the case where K does not go through any singularity of $R(z)$. Then K defines the conjugacy class of an element of $M(R)$. The trace of this element of $M(R)$ will be denoted by

$$t(z_0, \rho; R)\,. \tag{10}$$

Now we have

THEOREM 1. *Let*

$$R(z) = \sum_{n=-\infty}^{\infty} c_n(z - z_0)^n \tag{11}$$

be a Laurent expansion for $R(z)$ *which converges in an annulus containing* K *defined by*

$$\rho_1 < |z - z_0| < \rho_2\,, \qquad \rho_1 < \rho < \rho_2\,.$$

Define the constants g_n, $n \in Z$, *and* g *by*

$$\begin{aligned} g_0 = 0, \quad g_n &= -4c_{n-2}\rho^n\,, \qquad n \neq 0\,, \\ g &= 1 - 4c_{-2}\,, \end{aligned} \tag{12}$$

and the two-sided infinite determinants D, D' *of Hill's type (cf.* [10]*) by*

$$D(z_0, \rho; R) = \left\| \frac{g_{n-m}}{g - 4n^2} + \delta_{n,m} \right\|, \quad D'(z_0, \rho; R) = \left\| \frac{g_{n-m}}{g - (2n+1)^2} + \delta_{n,m} \right\|, \tag{13}$$

where $n, m = 0, \pm 1, \pm 2, \cdots$ *and* $\delta_{n,m} = 0$ *for* $n \neq m$, $\delta_{n,n} = 1$. *Then*

$$4 \sin^2 (\tfrac{1}{2}\pi\sqrt{g}) D = 2 + t(z_0, \rho; R)\,, \tag{14a}$$

$$4 \cos^2 (\tfrac{1}{2}\pi\sqrt{g}) D' = 2 - t(z_0, \rho; R)\,. \tag{14b}$$

COMMENTS. An infinite determinant $\|a_{n,m}\|$ is defined as the limit $N \to \infty$ of the subdeterminants where n, m run from $-N$ to $+N$. The existence of D and D' in (13) follows immediately from Theorem 2.7, page 29 in [10]. It should be noted that, in computing an infinite determinant, we may add multiples of any fixed column to infinitely many others but we may not let the subscript m defining this column go to infinity. The determinants (13) are not defined if g is the square of an integer. However, the left-hand sides of (14a), (14b) are defined even in this case by an obvious limiting process.

Proof of Theorem 1: If we put

$$z = z_0 + \rho e^{2i\varphi}, \qquad e^{-i\varphi} y(z) = \eta(\varphi)\,, \tag{15}$$

then $\eta(\varphi)$ satisfies the differential equation of Hill's type

$$\frac{d^2\eta}{d\varphi^2} + [1 - 4\rho^2 e^{4i\varphi} R(z_0 + \rho e^{2i\varphi})]\eta = 0\,. \tag{16}$$

The trace of the linear substitution which connects two linearly independent solutions $\eta_1(\varphi)$, $\eta_2(\varphi)$ of (16) with the solutions $\eta_1(\varphi+\pi)$, $\eta_2(\varphi+\pi)$ is then given by $-t(z_0, \rho; R)$ according to Theorem 2.9, page 34 in [10]. Theorem 1 now follows from the remark that $\exp\{i\varphi\}$ is periodic of period 2π and changes its sign when φ increases by π. Otherwise, the independent solutions y_1, y_2 of (2) corresponding to η_1, η_2 undergo the same substitution if we continue y_1, y_2 in the z-plane along the circle K. It should be added that, in [10], only Hill's equations with real coefficients are considered, but that this restriction enters nowhere into the proof of Theorem 2.9 in [10].

REMARK 1. The relation (15) between y and η implies that the trace of the Floquet matrix for (16) is the negative of $t(z_0, \rho; R)$.

REMARK 2. The formulas (13), with the definitions (12), make it obvious that $t(z_0, \rho; R)$ does not depend on ρ as long as $\rho_1 < \rho < \rho_2$ since even the finite subdeterminants used for the approximation of D and D' are independent of ρ. D and D' must be independent of z_0 as long as the circle $K(z_0, \rho)$ contains a fixed set of singularities of $R(z)$. However, it seems to be difficult to use this independence for the purpose of deriving theorems concerning D and D'.

The proof of Theorem 1 does not use the fact that $R(z)$ is a rational function. Therefore, we have

COROLLARY 1.1. *Theorem 1 is true also if $R(z)$ is an everywhere one-valued function with isolated singularities.*

if all of the g_n for $n<0$ vanish, we have $D=1$. This gives the well known result:

COROLLARY 1.2. *If $R(z)$ has a pole of order at most 2 at $z=z_0$, i.e., if in (11) all $c_n=0$ for $n<-2$, then the trace of the substitution corresponding to a simple loop enclosing $z=z_0$ but no other singularity is given by*

$$t=-2\cos\pi(1-4c_{-2})^{1/2}. \tag{17}$$

In particular, if R has a simple pole at $z=z_0$, then $t=2$ and there exists a solution of (2) which is regular at $z=z_0$.

Finally, the correspondence between the solutions of the differential equation (2) and of equation (16), which is of Hill's type, gives us

COROLLARY 1.3. *If and only if (16) has two linearly independent solutions of period π or of period 2π, the element of the (fractional linear) monodromy group $M^*(R)$ belonging to the circle K is the unit element. The existance of one periodic solution means that the corresponding Moebius transformation is parabolic (i.e., has a single fixed point).*

2. Heun's Equation

Every linear homogeneous second-order differential equation with rational functions as coefficients can be transformed into an equation of type (2) through multiplication of the functions satisfying the differential equation by the exponential function of the integral of a rational function. This operation may change the center of the homogeneous monodromy group but does not affect the corresponding group of Moebius transformations. Using a Moebius transformation of the independent variable, we can also prescribe the location of three of the singular points of the differential equation. In the case of four singular points with regular singularity, the equation is called "*Heun's equation*" (see [3]) and can be put into the form

$$y''+H(z)y=0, \tag{18}$$

where

$$\begin{aligned} H(z)=\frac{1}{4}\Big\{\frac{\gamma^*}{z^2}+\frac{\delta^*}{(z-1)^2}+\frac{\epsilon^*}{(z-a)^2}-\frac{2\gamma\delta}{z(z-1)}-\frac{2\gamma\epsilon}{z(z-a)} \\ -\frac{2\delta\epsilon}{(z-1)(z-a)}+4\frac{\alpha\beta z-s}{z(z-1)(z-a)}\Big\} \end{aligned} \tag{19}$$

and where $|a| \geqq 1$, $a \neq 1$, and

$$(20) \quad \gamma^* = 2\gamma - \gamma^2, \quad \delta^* = 2\delta - \delta^2, \quad \epsilon^* = 2\epsilon - \epsilon^2, \quad \alpha + \beta - \gamma - \delta - \epsilon + 1 = 0\,.$$

The coefficient s is called the "*accessory parameter*". We shall denote the group elements corresponding to the simple loops containing, respectively, the points

$$0, \quad 1, \quad a, \quad \infty$$

by L_1, L_2, L_3, L_4. Then it is well known (and follows from Corollary 1.2) that the traces of the corresponding generators of $M(H)$ are given by

$$(21) \quad t_1 = 2\cos\pi\gamma, \quad t_2 = 2\cos\pi\delta, \quad t_3 = 2\cos\pi\epsilon, \quad t_{123} = 2\cos\pi(\alpha - \beta)\,,$$

where $t_{123} = t_4$ since the product of the four generators must be the identity. We shall prove

THEOREM 2. *The traces t_{12} and t_{23} are analytic functions of a which are regular in any closed disk not containing the points* 0, 1, ∞ *but, in general, many-valued with singularities at $a = 0, 1, \infty$. As functions of the accessory parameter s, t_{12} and t_{23} are one-valued, analytic and of exact order of growth $\frac{1}{2}$, assuming therefore every finite value infinitely many times.*

Proof: The first statements of Theorem 2 about the analytic dependence of traces on the parameters a and s are rather obvious because the traces, according to (4), are simply sums of values of linearly independent solutions of the differential equation (18). That the dependence on a will, in general, not be of a one-valued type may be shown as follows:

Moving the point a in a closed simple loop around the point 1 induces an automorphism of the fundamental group of the Riemann sphere with four punctures which is described by the mapping

$$(22) \quad L_1 \to L_1, \qquad L_2 \to L_3^{-1} L_2 L_3, \qquad L_3 \to L_3^{-1} L_2^{-1} L_3 L_2 L_3, \qquad L_4 \to L_4\,.$$

In turn, this induces the following action on the traces (see [6] for a method to calculate):

$$t_\nu \to t_\nu\,, \qquad \nu = 1, 2, 3, 4\,,$$

$$t_{23} \to t_{23}\,, \qquad t_{123} \to t_{123}\,,$$

$$-t_{12} \to t_{13} t_{23} - 2 t_1 t_3 t_{23} + t_3 t_{123} + t_1 t_2 t_3^2 - t_2 t_3 t_{13} - t_{12} = t_{12}^*\,,$$

$$t_{13} \to t_{23} t_{12}^* + t_2 t_{123} + t_1 t_3 - t_{13}$$

and from these formulas it follows immediately that, in general, the traces t_{12}, t_{13} will not be one-valued functions of the parameter a. The same can be shown to be true for t_{23} by moving a on a loop around the point 0.

In order to prove the statements of Theorem 2 about the order of growth of t_{12} and t_{23} as a function of s we need

LEMMA 3. *Let $sn(u, k)$ denote Jacobi's elliptic function with module k (in the standard notation as used in* [8], [12]) *and let*

$$S(u) = sn^2(u, k), \qquad a = k^{-2}. \tag{23}$$

Define $\eta(u)$ by

$$\eta(u) = \dot{S}^{-1/2} y(S(u)), \tag{24}$$

where a dot denotes differentiation with respect to u. Then $\eta(u)$ satisfies the differential equation

$$\ddot{\eta} + \left(\frac{\gamma^{**}}{S} + \frac{\delta^{**}}{S-1} + \frac{\epsilon^{**}}{S-k^{-2}} + \sigma - 4k^2 s + \tau S\right)\eta = 0, \tag{25}$$

where

$$\begin{aligned} &\gamma^{**} = 2\gamma - \gamma^2 - \tfrac{3}{4}, \\ &\delta^{**} = (k^2-1)(2\delta - \delta^2 - \tfrac{3}{4}), \qquad \epsilon^{**} = (k^2-1)(2\epsilon - \epsilon^2 - \tfrac{3}{4}), \end{aligned} \tag{26}$$

$$\sigma = (\tfrac{1}{4} - 2\gamma + \gamma^2)(1+k^2) + (2\delta - 2\epsilon - \epsilon^2)(k^2-1) + 2\gamma\delta + 2k^2\epsilon\delta, \tag{27}$$

$$\tau = k^2(\tfrac{1}{4} - (\alpha - \beta)^2). \tag{28}$$

The proof consists of an elementary but somewhat tedious calculation. The substitution $z = S(u)$ is one of two substitutions frequently used in the literature. The other one uses the Weierstrass p-function. Using the standard notations, the two substitutions are connected through the formulas

$$p(u, 2\omega, 2\omega') = (S(u))^{-1}, \qquad e_3 = 0, \qquad e_1 = 1, \qquad e_2 = k^2,$$

$$\omega = K(k) = \int_0^{\pi/2} (1 - k^2 \sin^2 \varphi)^{-1/2}\, d\varphi, \qquad \omega' = iK'(k) = iK((1-k^2)^{1/2}),$$

where 2ω, $2\omega'$ are the periods of $p(u)$ and, incidentally,

$$k^2 S(u + iK') = p(u).$$

Next, we need straight line segments in the u-plane which are mapped onto loops in the x-plane (containing either the points 0 and 1 or 1 and $a=k^{-2}$) under the mapping

$$z=S(u)=sn^2(u,k)\,. \tag{29}$$

We shall prove

LEMMA 4. *Let θ be real, positive and sufficiently small and let t be a real variable, $0\leqq t\leqq\pi$. Then the mapping (29) will map the interval*

$$u=\frac{2K}{\pi}t+i\theta K'-K\,,\qquad 0\leqq t\leqq\pi\,, \tag{30a}$$

of the u-plane onto a closed simple loop in the z-plane which encloses the points $z=0$ and $z=1$, and it will map the interval

$$u=\frac{2iK'}{\pi}t-iK'+K(1-\theta)\,,\qquad 0\leqq t\leqq\pi\,, \tag{30b}$$

onto a simple closed loop in the z-plane which encloses the points $z=1$ and $z=a=k^{-2}$.

Proof: snu has the periods $4K$ and $2iK'$ and is an odd function of u. It assumes every value exactly twice in a closed period parallelogram (if we give values on the boundary the multiplicity $\frac{1}{2}$ and values at the vertices the multiplicity $\frac{1}{4}$). We shall show that snu assumes every value exactly once in the parallelogram Π with vertices $\pm K\pm iK'$. Then Π is one half of a period parallelogram, the other half Π' arising from Π by a translation $u\to u+2K$. Now, since

$$sn(u+2K)=-snu\,,$$

the values of snu in Π' are the negatives of the values of snu in Π. But since $sn(-u)=-snu$, we see that snu assumes in Π (which is symmetric with respect to the origin) every value $-v$ if it assumes the value v. That is, all values assumed by snu in the union of Π and Π' occur also in Π itself. We conclude that the boundary of the parallelogram $\Pi^*=\frac{1}{2}\Pi$ of the u-plane with vertices

$$-K,\ K,\ K+iK',\ -K+iK'$$

will be mapped by

$$\zeta=snu$$

onto a piecewise differentiable non-selfintersecting curve of the ζ-plane which passes through the points

$$\zeta=-1, \quad 0, \quad 1, \quad k^{-1}, \quad \infty, \quad -k^{-1},$$

which correspond, respectively, to the points

$$u=-K, \quad 0, \quad K, \quad K+iK', \quad iK', \quad iK'-K,$$

and the interior of Π^* will be mapped onto one side of this curve. An inspection of the image of the intervals (30a, b) in the ζ-plane and a mapping of the ζ-plane onto the z-plane by $z=\zeta^2$ proves Lemma 4.

Now we can prove Theorem 2 as follows: Putting

(31a) $$\eta\left(\frac{2K}{\pi}t+i\theta K'-K\right)=\varphi(t),$$

(31b) $$\eta\left(\frac{2iK'}{\pi}t-iK'+K(1-\theta)\right)=\psi(t),$$

we find that φ, ψ satisfy, respectively, the equations

(32a) $$\frac{d^2\varphi}{dt^2}+k^2\frac{4K^2}{\pi^2}(-4s+P_1(t))\varphi=0,$$

(32b) $$\frac{d^2\psi}{dt^2}-k^2\frac{4K'^2}{\pi^2}(-4s+P_2(t))\psi=0,$$

where $P_1(t)$ and $P_2(t)$ are analytic functions of t which are of period π. If we put

(33a) $$k^2\frac{4K^2}{\pi^2}\left(\frac{1}{\pi}\int_0^\pi P_1(t)\,dt-4s\right)=g,$$

(33b) $$k^2\frac{4K'^2}{\pi^2}\left(\frac{1}{\pi}\int_0^\pi P_2(t)\,dt-4s\right)=-g',$$

the proof of Theorem 1 shows that

(34a) $$t_{12}=-2+4\sin^2\tfrac{1}{2}\pi\sqrt{g}\left\|\frac{g_{n-m}}{g-4n^2}+\delta_{n,m}\right\|,$$

(34b) $$t_{23}=-2+4\sin^2\tfrac{1}{2}\pi\sqrt{g'}\left\|\frac{g'_{n-m}}{g'-4n^2}+\delta_{n,m}\right\|,$$

where g_n, g'_n are, respectively, the Fourier coefficients of $P_1(t)$ and $P_2(t)$ for $-\infty < n < \infty$ and $n \neq 0$ and where $g_0 = g'_0 = 0$. (Note that $\dot{S}^{1/2}$ changes its sign if we go in the z-plane through a loop enclosing two of the singularities at $z = 0, 1, a$). Since the infinite determinants in (34a, b) tend to 1 on every ray in the complex s-plane on which g or g', respectively, are not real and positive, it follows that t_{12} and t_{23} are at least of order of growth $\frac{1}{2}$ as functions of s. That the order of growth cannot be higher follows exactly in the same manner in which the corresponding result for real Hill's equations has been proved in [10], Theorem 2.2, page 20, by using Picard iteration. However, the proof given in [10] for the fact that the order of growth is at least $\frac{1}{2}$ breaks down in the complex case.

3. Some Special Cases

3A. A connection with certain Kleinian groups (cf. [1]). If, in (19), we choose

$$\gamma = \delta = \epsilon = \tfrac{1}{2}, \qquad \alpha = \beta = \tfrac{1}{4}, \tag{35}$$

equation (14) assumes the form

$$y'' + \frac{\frac{1}{16}z - s}{z(z-1)(z-a)}\, y = 0, \qquad |a| \geqq 1, a \neq 1, \tag{36}$$

and by using the transformation

$$z = sn^2(u, k), \qquad k^{-2} = a, \tag{37}$$

equation (25) changes into

$$\ddot{\eta} + k^2[\tfrac{1}{4}sn^2(u, k) - 4s]\eta = 0. \tag{38}$$

In this case, the singularities of the coefficient of η in (25) are only the poles of S itself. Therefore, we can choose $\theta = 0$ in Lemma 4. Next, we can compute the integrals occurring in (33a, b) by using the formula

$$\int_0^u sn^2(v, k)\, dv = k^{-2}u(1 - E/K) - k^{-1} zn(u, k), \tag{39}$$

where zn is Jacobi's Zeta function (cf. [8], [12]) which has a known Fourier expansion. In addition, we have (see [8], page 33)

$$zn(K, k) = 0, \qquad zn(K + iK'k) = -\tfrac{1}{2}i\pi K, \qquad E = \int_0^{\pi/2} (1 - k^2 \sin^2 t)^{1/2}\, dt. \tag{40}$$

These data allow us to compute the quantities g and g' in (33a, b). Using Theorem 6.3 in [10] we can also find the first terms of an asymptotic expansion of the infinite determinants in (34a, b) for large values of $|g|$ and of $|g'|$. We shall collect this information by stating

THEOREM 3. *For real values of $a>1$ and s, the quotient of two linearly independent solutions of* (36) *maps the boundary of a quadrangle with angles $\frac{1}{2}\pi$, $\frac{1}{2}\pi$, $\frac{1}{2}\pi$, 0 and with sides which are circular arcs onto the real axis so that the vertices are mapped, respectively, onto the points 0, 1, a, ∞. For all values of s and of $a\neq 0, 1, \infty$, the monodromy group M^* of* (36) (considered as a group of Moebius transformations) *has four generators $T(L_0)$, $T(L_1)$, $T(L_a)$, $T(L_\infty)$ which are, respectively, of order 2, 2, 2, ∞, and $T(L_\infty)$ has trace 2. M^* has a subgroup M^{**} of index 2, generated by Γ_1 and Γ_2, where*

$$(41) \qquad \Gamma_1 = T(L_0L_1), \qquad \Gamma_2 = T(L_1L_a), \qquad \Gamma_1\Gamma_2 = T(L_1L_a).$$

The traces of Γ_1, Γ_2, $\Gamma_1\Gamma_2$ will be denoted by τ_1, τ_2, τ_{12}, respectively. Using (9a, b) *we find that*

$$(42) \qquad \tau_1^2+\tau_2^2+\tau_{12}^2+\tau_1\tau_2\tau_{12}=0$$

and that the trace of the commutator of Γ_1 and Γ_2 is

$$\tau_1^2+\tau_2^2+\tau_{12}^2-\tau_1\tau_2\tau_{12}-2=-2-2\tau_1\tau_2\tau_{12}.$$

Let g, g' be defined by

$$g=K^2\pi^{-2}[1-EK^{-1}-16k^2s], \quad g'=K'^2\pi^{-2}[16k^2s+EK^{-1}-1-\pi(2KK')^{-1}]$$

and let λ denote either g or g'. Then, on every ray in the right half of the λ-plane, $-\tau_1$ and $-\tau_2$ are asymptotically given by

$$2\cos(\pi\lambda^{1/2})+\lambda^{-3/2}\sin(\pi\lambda^{1/2})(C_1+O|\lambda|^{-1})+\lambda^{-2}\cos(\pi\lambda^{1/2})(C_2+O|\lambda|^{-1}),$$

where $\lambda=g$ for $-\tau_1$ and $\lambda=g'$ for $-\tau_2$ and C_1, C_2 are constants.

Since an explicit Fourier expansion for sn^2u is known, we could even write down explicitly the determinant in (34a). However, this does not appear to lead to any simple conclusion, in spite of the fact that the doubly infinite determinants in (34a, b) factorize here into the product of two simply infinite determinants; see page 35 in [10].

THEOREM 4. *The group M^* of Theorem 3 is not discrete if any one of the three pairs of inequalities*

$$0<|\tau_1^2-4|<1, \qquad 0<|\tau_2^2-4|<1, \qquad 0<|(\tau_1\tau_2-\tau_{12})^2-4|<1$$

is satisfied. In the case where k and s are real, k fixed, M^* can be discrete only if s lies in a (possibly infinite) set of intervals for which the sum of their lengths is finite or if s belongs to a particular countable set.

Proof: Denote any one of the matrices $T(L_0)$, $T(L_1)$, $T(L_a)$ by L. Since L is of order 2 and since $L_\infty^{-1}=L_0L_1L_a$ is represented by a parabolic substitution, we may assume that L and L_∞ are represented by matrices

$$\begin{pmatrix}0 & -1\\ 1 & 0\end{pmatrix}, \qquad \pm\begin{pmatrix}1 & \mu\\ 0 & 1\end{pmatrix}. \tag{43}$$

We know (cf. [16]) that the group generated by these matrices is not discrete if $0<|\mu|<1$. Now

$$|\mu^2|=|\text{tr}\, T(LL_\infty LL_\infty)-2|\,.$$

From this we obtain the inequalities in Theorem 4 by using the calculation with traces developed in [4] or [6]. Note that there are other regions in the μ-plane where the group generated by the matrices (43) is not discrete (cf. [9]). If a, s are real, τ_1 and τ_2 (but not necessarily τ_{12}) are real and if $-2<\tau_1<2$, τ_1 is the trace of an elliptic substitution which generates a non-discrete group unless it is of finite order, something which can happen for only countably many values of τ_1. Now $|\tau_1|>2$ if and only if s is such that it defines an interior point of an interval of instability for Hill's equation (32a). The total length of these intervals on the negative real s-axis is finite (see Theorem 2.12, page 40 in [10]). The same is true for the intervals of instability of (32b) on the positive s-axis.

The statements above about the nature of the monodromy groups are certainly far from complete. There exist sharper tests for non-discreteness. In the real case, they are due to Siegel [17] and in the general case, to Jørgensen [7]. However, the asymptotic formulas in Theorem 3 indicate that the easily computed traces become very large in most of the complex s-plane and this fact prohibits the application of these tests.

3B. A connection with Ince's equation. In [10], a particular four-parametric set of equations of Hill's type has been analyzed for the existence of two linearly independent solutions with period π or 2π. By putting $z=\cos^2 x$ in this equation, we obtain special cases of Heun's equation. The results obtained in [10] do not depend on the assumption that the parameters are real. They translate immediately into results on the monodromy group of certain cases of Heun's equation. We state one result as

THEOREM 5. *Assume that, in Heun's equation* (18), (19), $\gamma = \delta = \frac{1}{2}$. *Then the product of the elements* $T(L_1)$ *and* $T(L_2)$ *of* $M^*(H)$ *can be the unit element only if* $t_{12} = \pm 2$ *and* $-\epsilon \pm (\alpha - \beta)$ *is an integer.*

3C. A connection with the equation for spheroidal wave functions. For the general theory of the spheroidal wave functions see [11], [3]. We shall write the basic differential equation in the form

$$y'' + \left[\lambda + \frac{\tau}{1-z^2} + \frac{\sigma}{(1-z^2)^2}\right] y = 0 .$$

For $\lambda \neq 0$, this equation has an essential singularity at $z = \infty$. It must have a solution which is the product of a power z^ν of z with a Laurent series in z, where ν is determined only up to an additive integer; ν is called the "characteristic exponent", and $2\cos\pi\nu$ is the trace of the matrix $T(L_\infty)$. Theorem 1 allows us to express $2\cos\pi\nu$ as an infinite determinant depending on λ, τ, σ. In this determinant, only one of the parallels to the main diagonal which are below it has entries which are not equal to 0. Only these entries depend on λ. By elementary operations, we can also arrange it that above the main diagonal only three parallels to it have entries which are not equal to 0. These formulas lead to an expansion for $\cos\pi\nu$ as a power series in λ.

Bibliography

[1] Bers, L. *Uniformization, moduli, and Kleinian groups,* Bull. London Math. Soc. 4, Section 3. 1, 1972, pp. 257–300.

[2] Byrd, P. E., and Friedman, M. D., *Handbook of Elliptic Integrals for Engineers and Physicists,* Springer Verlag, Berlin-Heidelberg, 1954.

[3] Erdelyi, A., et al., *Higher Transcendental Functions,* Vol. 3, Section 15.3 and 16.9, McGraw Hill Book Company, New York, 1955.

[4] Fricke, R., and Klein, F., *Vorlesungen ueber die Theorie der automorphen Funktionen,* Vol. 1, B. G. Teubner, Leipzig, reprinted by Johnson Reprint, New York, 1965, p. 366.

[5] Hilbert, D., *Grundzuege einer allgemeinen Theorie der Integralgleichungen,* Part Six, Nachrichten K. Ges. d. Wiss. zu Goettingen, Math. Phys. Kl. 1910, pp. 1–65, Reprint Teubner, Leipzig, 1924, Chapter 20.

[6] Horowitz, R., *Characters of free groups represented in the two-dimensional special linear group,* Comm. Pure Appl. Math. 25, 1972, pp. 635–649.

[7] Jørgensen, T., *On discrete groups of Moebius transformations;* Preprint, 1975.

[8] Koppenfels, W. von, and Stallman, F., *Praxis der Konformen Abbildung,* Springer Verlag, Berlin-Heidelberg, 1959.

[9] Magnus, W., *Two generator subgroups of* PSL(2, ℂ). Nachr. Akad. Wiss. Goettingen II, Math. Phys. Kl. NO. 7, 1975, pp. 81–92.

[10] Magnus, W., and Winkler, S., *Hill's Equation*, Interscience Publishers, New York, 1966.
[11] Meixner, J., and Schaefke, F. W., *Mathieusche Funktionen und Sphaeroid Funktionen*, Springer Verlag, Berlin-Heidelberg, 1954.
[12] Oberhettinger, F., and Magnus, W., *Anwendung der Elliptischen Funktionen in Physik und Technik*, Springer-Verlag, Berlin-Heidelberg, 1949.
[13] Plemelj, J., *Problems in the Sense of Klein and Riemann*, Interscience Publishers, New York, 1964.
[14] Poincaré, H., *Oeuvres*. Vol. 2, Gauthiers-Villar, Paris, 1916.
[15] Riemann, B., *Gesammelte Werke*, 1857, pp. 379–390. Reprint Dover Publications, New York, 1953.
[16] Shimizu, H., *On discontinuous groups operating on the product of the upper half-planes*, Ann. of Math. (2) 77, 1963, pp. 33–71.
[17] Siegel, C. L., *Ueber einige Ungleichungen bei Bewegungsgruppen in der nichteuklidischen Ebene*, Math. Ann. 133, 1957, pp. 127–138.
[18] Whittemore, A., *On special linear characters of free groups of rank* $n \geqq 4$, Proc. Amer. Math. Soc. 40, 1973, pp. 383–388.

Received February, 1976.

Max Dehn

Wilhelm Magnus

November 13, 1978, will be the hundredth anniversary of the birth of Max Dehn. His name is probably more widely known–and certainly more widely used–today than it was at the time of his death in 1952. Since then, the terms "Dehn twist" and "Dehn's algorithm" have become standard notations respectively for concepts in topology and in group theory. The monograph on the foundation of geometry, entitled *Vorlesungen über neuere Geometrie* by Moritz Pasch and Max Dehn was republished in 1976, fifty years after its first appearance. Dehn's essay on *Raum, Zeit und Zahl bei Aristoteles* (Space, time and number in the work of Aristotle) which appeared in the Journal "Scientia" in both German and French was republished in 1975.

There is no need now for a short biography or for a standard survey of the mathematical work of Max Dehn. Both are available and easily accessible.[1] The "History of the mathematical seminar in Frankfurt" by C. L. Siegel, 1965, contains a description of Dehn's life as seen through the eyes of a close friend and colleague of many years. An obituary by Magnus and Moufang, 1954, contains a summary of his work, as well as some biographical data and a list of his papers. But a centennial appears to be an appropriate occasion for an evaluation of the secondary effects of Dehn's work. Enough time has passed to make such an evaluation feasible and reliable. Part of the present essay will be dedicated to this task. Another part will be a profile of the very unusual personality of Max Dehn.

In general, it is very difficult to establish a connection between the work and the personality. One may quote Nietzsche[2] who said that for an artist to propagate ascetic ideals in his work says little or nothing about the person. And it is at least very plausible that the work of a mathematician expresses, in general, even less of his personality than that of an artist. However, in the case of Dehn we have an exceptional situation. Not only can we trace some features of the work to characteristics of the person, but we can also say that being a mathematician was an essential part of his personality and that it influenced also his very well founded and deep interests in the humanities, in art, and in nature.

Dehn's research work starts with a paper which was never published. An account of it, with historical comments and many references, was published by H. Guggenheimer, 1977, who writes, "It is a mystery why Dehn never published the paper, which was ahead of its time for many years."

The main topic of this paper is the widely used Jordan curve theorem according to which a closed continuous not self-intersecting curve C in the Euclidean plane divides the plane into two parts, an exterior and an interior, and that two points outside of C can be connected by a continuous curve C^* which does not intersect C if and only if the points lie in the same part of the plane. As Guggenheimer, 1977, observes, Jordan, 1887, assumes the theorem to be true if C and C^* are restricted to the class of polygons. Even this case is not at all trivial, and Dehn not only proves the Jordan curve theorem for polygons but he does it with an incredibly small number of assumptions. All he uses are the axioms of incidence and order for planar geometry which Hilbert, 1900, had formulated in his *Foundations of Geometry*. Dehn's manuscript is not dated, but Guggenheimer supplies indirect evidence which shows that it was probably written in 1899. In any case, Dehn was Hilbert's student at that time and was in Goettingen.

Since the basic training of a mathematician does not, at present, include the foundations of geometry, a few introductory remarks may be in order. We have a mathematical theory which, apart from universally used standard terms like "there exists," "at least one," "exactly one," etc.; and, of course, apart from the terms involving the integers, uses only four technical terms; namely, "point," "line," "incident" and "between." These terms are not explicitly defined, but are determined implicitly through certain relations into which they enter and which take the form of postulates or axioms. The incidence axioms merely state that any two points are incident on exactly one line, that any two lines are both incident on at most one point and that there exist three points which are not incident on one line.

The axioms of order are more complicated. Several of them axiomatize the "betweenness" relations of three or four points on a line. Intuitively, these are as simple and "obvious" as the incidence axioms. They permit the definition of an open interval $\overline{AB}$ with end points A and B. Only the last one of the axioms of order which is called "Pasch's axiom" is of a complicated although still "obvious" nature. It states: If A, B, C are three points in the plane not incident on a single line and if L is a line which is not incident on any one of the points A, B, C but is incident on a point within the open interval $\overline{AB}$, then it is also incident on either a point Y in the open interval $\overline{BC}$ or a point Z in the open interval $\overline{CA}$.

Now it is not difficult to show that a line has exactly two sides in the sense that points on the same side are connected by an interval which has no point in common with the given line whereas this is not true for points on different sides. It is also easy to define the interior I of a triangle with vertices $A\,B\,C$. We denote as the positive side of the line AB through A and B the side which contains C etc. and we define I as the collection of points which are on the positive side of the three lines AB, BC, CA. It is already more difficult to characterize the interior by a property which it does not share with the exterior of the triangle–e.g. the fact that every line through a point of I intersects one of the intervals $\overline{AB}, \overline{BC}, \overline{CA}$. If we now consider a simple (i.e. nonselfintersecting) closed polygon, it requires elaborate definitions and arguments to show that the polygon indeed divides the plane into two parts such that two points not on the polygon can be connected by a finite sequence of closed adjacent intervals which do not intersect the polygon if and only if they lie on the same side of it. Dehn proves not only this, but he also defines the interior of the polygon and shows that at least one diagonal of it lies in the interior unless the polygon is a triangle. All of this requires a text of about 2000 words. It is summarized as a theorem in Section 4 of Chapter 1 of Hilbert, 1900, without proof and with the remark that it can be proved without encountering considerable difficulties. It may be that Hilbert had given this problem to Dehn (who was a student at Goettingen in 1899) as a mere exercise, and that this fact kept Dehn from publishing it. Nevertheless, there still remains a mystery because Dehn also proved, in the second half of his manuscript, that a simple closed polyhedron divides three dimensional space into two parts, using only Hilbert's axioms of incidence and order for three dimensional geometry. (In three dimensions, the concept of a plane is added to those of point and line. The additional axioms are only incidence axioms). But Dehn did not publish this part, either.

The folder containing Dehn's manuscript has as its title: "Beitraege zur Analysis Situs. Prinzipien der Geometry" (Contributions to Analysis Situs. Principles of Geometry). It may be that Dehn's interest in topology which later dominated much of his work was aroused first by his proof of the Jordan curve theorem. One may even speculate that a specific feature of Dehn's approach to topology; namely, avoidance of the concept of continuity as far as possible, may have originated with this paper.

Hilbert's influence on Dehn extends well beyond Dehn's first unpublished paper. It was a most fortunate coincidence that Dehn met Hilbert during Hilbert's "geometric period." The foundations of geometry represent a type of mathematical inquiry which was highly congenial with characteristic features of Dehn's mind. Much of his work is dedicated to this field and he retained a lifelong interest in it. But one cannot say that Dehn was primarily interested in finding minimal sets of axioms or in separating the postulates of a given discipline into sets of even weaker ones and then proving their independence and completeness. This truly axiomatic approach is well represented by Moritz Pasch, whose book *Vorlesungen ueber neuere Geometrie* (Lectures on modern geometry) appeared first in 1882. The second edition of this book appeared in 1926 with a supplementary part by Dehn entitled *Die Grundlegung der Geometrie in historischer Entwicklung* (Historical development of the founding of geometry). This is the book mentioned at the beginning of the present essay which was reprinted in 1976. The contrast between the two parts written respectively by Pasch and by Dehn is striking. The emphasis in Pasch's text is on precision and details and in Dehn's text on insight and ideas. Incidentally, Dehn fully acknowledged the importance of Pasch's work. He observed that part of the credit later given to Hilbert for the foundations of geometry belongs to Pasch. And it seems that Pasch's work also induced him to state that unravelling the strands of the network of the foundations of mathematics would lead to difficulties of the same order of magnitude as those arising in the proofs of the most complex theorems.

What Dehn himself was interested in was the task of giving a solid and, as far as possible, a simple foundation to a theory. Many of his papers can be used to document this fact. In particularly striking form this is true of his article on Analysis Situs (= Topology) in the first edition of the German Encyclopedia of Mathematical Sciences (No. 8, 1907). The article was written jointly with Poul Heegaard. Dehn and Heegaard met[3)] at the third International Congress of Mathematicians at Heidelberg in 1904 and took to each other immediately. They left Heidelberg on the same train, Dehn going to Hamburg and Heegaard returning to Copenhagen. They decided on the train that an Encyclopedia article on topology would be desirable, that they would propose themselves as authors to the editors, and that Heegaard would take care of the literature whereas Dehn would outline a systematic approach which would lay the foundations of the discipline. Nothing like that existed at the time. The Dehn-Heegaard article on "Analysis Situs" is undoubtedly the most original contribution to the Encyclopedia. Today, it is, of course, completely out of date. But at that time, it served an important purpose. H. Tietze, 1908, acknowledged this in a long paper in which he tried, among other things, to clarify the work of Poincaré, 1895, on topology. This was not an easy task. Poincaré, for instance, had used ideas from the theory of differential equations to introduce the concept of a fundamental group (first homotopy group) of a space. Today, we would say that one needs topology to prove the theorems of analysis which Poincaré uses. Of course, this does not detract from the importance of the work of Poincaré, whose visionary genius had shown the way to new and unexplored territories of mathematics.

Concerning Dehn's work, Tietze, 1908, writes: "The possibility of developing analysis situs in a purely combinatorial manner was shown to exist by Dyck, 1890, and developed systematically by Dehn in his recently published article in the encyclopedia." Tietze also mentions that Poincaré had used this method effectively. There are other names one could mention; and some, if not all, of them are quoted by Dehn in his article. However, Dehn's real achievement is not based on any claim to priority but on his insight that the separation of algebraic and point set-theoretic components of topology was an important task and on his efforts which helped to clarify the foundations of the field.

Here one may say that Dehn acted as a mathematician in a way which characterized his attitude towards all problems. He always wanted to find out the specific and essential ingredients of a process leading to a particular effect or situation. When someone made enthusiastic comments on the work *The Decline of the West* by Oswald Spengler (which postulates an inexorable "law of history" according to which civilizations, like individuals, are born, become vigorous, age and die), Dehn said: If you go to your physician and tell him that you feel tired and worn out, and if your doctor says: "Well, this is so because your vitality is ebbing," would you not reply: "At least, you should take my blood pressure." And Dehn added: There are specific reasons for the development of civilizations, and even if we do not understand their origin, we can at least say something about the causes of their end.

Dehn's critical attitude towards new technological achievements had the same root. He was in no way a romantic, and he did not reject technology per se. However, he cautioned against its casual or indiscriminate use—something which in the twenties of this century was not at all a fashionable position to take. When an acquaintance told him that his physician proposed to use X-rays on a stubborn excema, Dehn said: "X-rays! For such a small thing! It took the medical profession three centuries to establish the fact that paresis is always caused by syphilis. Before you get this X-ray treatment, please wait three hundred years." To appreciate this remark one has to remember that it was made long before the genetic damage caused by radiation was known.

One might dismiss these remarks as anecdotes, but they are more than that. Dehn analyzed everything, and he always deliberated about any question which would come up. The remarks quoted above may give the impression that he would produce striking, well-formulated views. But this happened only if he had thought earlier about a topic. More commonly, he would introduce tentative comments into a conversation, correcting himself with second thoughts. He was almost always undogmatic. Although he was a sceptic, he was never cynical and he would never try to be witty at the expense of clarification. All of these affected his teaching. Dehn was very effective as a teacher on the research level, but as he did not have an unusually fast mind, his habit of thinking aloud when lecturing could have a confusing effect on the average student. He was at his best in a genuine dialogue where, in spite of his tremendous knowledge, he never tried to overwhelm his partner.

Returning now to a presentation of Dehn's mathematical work, we mention one of his most famous papers fleetingly. In 1900, Dehn solved the third of the twenty-three problems which Hilbert had posed a little earlier at the International Congress of Mathematicians in Paris.[4)] The problem pertains to the foundations of geometry. Its solution shows that one needs the Archimedian axiom to prove that two tetrahedra have the same volume if they have the same altitudes and have bases of the same area. (To prove the corresponding theorem for the areas of two triangles, the Archimedian axiom is not needed, a result which is implicit in Euclid's *Elements.*) Dehn's paper (No. 2, 1900) is the most famous of his early contributions to the foundations of geometry, but all of them, up to and including No. 7, are of lasting importance. We shall not discuss them here merely because, in these papers, Dehn is building on territory which had been staked out by Hilbert, and we wish to emphasize his role as a pioneer and innovator. Using a bit of hindsight, one may mention here Dehn's fourth paper, which grew out of the methods he used for the solution of Hilbert's third problem and which deals with the decomposition of rectangles into rectangles. There we can observe the first appearance of an important characteristic of much of Dehn's later work: The emphasis on the combinatorial aspects of mathematics. This is definitely not something inherited from Hilbert, and it appears in some of Dehn's work through highly original and innovative ideas.

The article on Analysis Situs in the Encyclopedia uses the term "complex" as the basic concept of topology. The word "continuous" appears in the first eight sections only at the very beginning in the historical introduction. It is not needed for Dehn's definition of homotopy.

It is difficult to appraise the significance of the article on topology in the encyclopedia for future developments. The comments from Tietze, 1908, certainly show that it had at least a contemporary influence. In addition, there can be no doubt that working on it turned Dehn's interest from the foundations of geometry to topology, a field in which the discoveries of Poincaré had opened new frontiers. We cannot here go into the history of topology, which would have to include the names of Euler, Listing, Riemann, C. Jordan, Betti, F. Klein, Tait and many others. But we can say that Dehn's work and the influence of his ideas created a synthesis of topological and group theoretical problems which may be characterized as follows:

(1) The theory of nonabelian groups provides effective tools for the solution of topological problems.

(2) The group theoretical results needed for the purposes of topology have characteristics which did not appear in the previously existing group theoretical literature. The new results were of an algorithmic nature and could be obtained by using either algebraic methods or methods of topology in one or at most two dimensions. Dehn developed the topological methods.

In order to give substance to these general remarks we shall describe in some detail part of Dehn's work published in the papers numbered 10, 11, 12, 13 in his bibliography. These papers appeared in the years 1910/14 and are closely related to each other.

The nonabelian groups appearing in topology are fundamental groups (first homotopy groups) of spaces. The discovery of the fundamental group as topological invariant of a space is, in its full generality, due to Poincaré, 1895. It was also known, at least in the case of two dimensional spaces, that the fundamental groups are "naturally" given through a presentation, i.e. through a set of generators and defining relators. These concepts go back to Hamilton, 1865, and Cayley, 1878, but they were first used systematically in a much quoted paper by Dyck, 1882, whose work developed from the theory of groups of Moebius transformations which act discontinuously on a circular disc in the complex plane. We shall describe the concept of a presentation of a group here not exactly in the form in which it appears in Dehn's papers quoted above but in the slightly modified form which he used later in his lectures.

Suppose a group G contains elements $a, b, c, \ldots$. It then also contains their inverses $a^{-1}, b^{-1}, c^{-1}, \ldots$ and all the products of finitely many factors obtained from these. Such a product is written as a finite sequence which we call a "word" in the generators. (That is, composition in G is achieved by juxtaposition). Every word defines a group element, including the "empty" word with no symbols which is denoted by 1 and represents the identity element of the group. If $g \in G$ is an element represented by a word W, we can immediately represent g^{-1} by the word W^{-1} which arises from W by first reversing the order of the symbols a, a^{-1}, b, b^{-1}, etc. appearing in W and then replacing every a by an a^{-1}, every a^{-1} by an a and so on. But different words need not represent different group elements. In particular, the words $aa^{-1}, a^{-1}a, bb^{-1}, b^{-1}b, cc^{-1}, c^{-1}c, \ldots$ all represent the unit element (or identity element) of G. We call these words the "trivial relators." There will in general be other words representing the unit element. By taking sufficiently many of them—namely all the words xyz^{-1} where x, y are any representatives of group elements and $xy = z$ we clearly can define the group completely. However, we can be more economical by observing that, if certain words R_ν ($\nu = 1, 2, 3, \ldots$) represent the unit element, then all products of words of the form $TR_\nu^{\pm 1} T^{-1}$ do the same. Moreover, any two words W_1 and W_2 which can be changed into each other by insertion and deletion of subwords which are trivial relators or words $R_\nu^{\pm 1}$ will determine the same group element. If we have listed a set of R_ν which suffice for the purpose of changing any word W into any other one which represents the same group element we call the R_ν "defining relators" for G. We see almost immediately that any set of words R_ν can, together with the trivial relators, be considered as a set of defining relators of a group G since we can construct a group from the set of generators and the set of the R_ν by defining the group elements as equivalence classes of words in the generators where equivalence is defined by the processes, just described, which change one word into another. We then call the set of generators $a, b, c, \ldots$ together with the set of the R_ν a "presentation" of G.

Dehn observed that a presentation of a group G does not, per se, provide any information about G and he stated three basic problems which arise if one wishes to utilize the data in the presentation of a fundamental group for an investigation of the space to which it belongs. The problems are:

I. To find a method which makes it possible to decide in a finite number of steps whether any given word in the generators represents the identity element. (*Identitaets problem*, now called "Word problem")

II. To find a method etc. to decide whether, given any two words W_1 and W_2, there exists a T such that W_1 and TW_2T^{-1} represent the same group element. ("*Transformations problem,*" now called "Conjugacy problem")

III. Two groups G_1 and G_2 are given by presentations. To find a method for deciding whether G_1 and G_2 are isomorphic ("Isomorphism problem").

We shall describe later the contributions of Dehn and of his students to the investigation of these problems. Apart from these, there exist long-range effects of Dehn's formulation of the word problem which he himself did not live to see but which he anticipated in a somewhat vague manner. He was always aware of the difficulties which the word problem posed even in the case of finitely presented groups, i.e. groups in which the number of both generators and relators appearing in the presentation is finite. He was the first to observe that such a group may have subgroups which cannot be generated by finitely many elements (page 118 of publication No. 11) and he used to say that one might as well try to solve all mathematical problems if one wanted to solve the word problem for all finite presentations. But neither Dehn himself nor, at the time of his first publication and even long afterwards, anybody else had a precise and general definition of the concept of "a method to decide in a finite number of steps whether an arbitrarily given finite sequence of symbols can be changed into another one by a given finite set of rules for insertions and deletions." Problems of this type were, in fact, investigated by A. Thue, 1906-14, at the time Dehn's papers No. 10 to 13 appeared. It is doubtful[5] that Dehn was influenced by this work and extremely unlikely[6] that Thue had a precise definition of a decision method, let alone a proof of the existence of undecidable problems.

Giving a precise meaning to Dehn's words "To find a method to decide in a finite number of steps. . ." or, in current terminology, to define "a general and effective procedure" to decide whether the word problem in a semigroup or a group given by a finite presentation is solvable is one of the great achievements of mathematical logic. It is connected with the names of Post, Turing, Church and many others. Undoubtedly, recognition of the importance of this type of result by mathematicians working in the older disciplines has been greatly facilitated by the discoveries of Novikoff, 1955, and of Boone, 1955, who showed that there exists finitely presented groups for which there exists no general and effective procedure to solve the word problem. Finally, G. Higman, 1961, established the fact that the theory of groups given by presentations contains concepts and ideas of mathematical logic as an essential ingredient because they enter unavoidably into his theorem which characterizes the finitely generated subgroups of finitely presented groups. An account of this relationship between group theory and mathematical logic, using a minimum of terminology, may be found in Rotman, 1973. For the general theory, see e.g. Malcev, 1970.

Although Dehn did not himself try to utilize the results of mathematical logic, his insistence on characterizing the word problem as a decision problem has played a role in the development outlined above. It is, after all, possible to take a different point of view. Since quite a few groups, starting with the free groups (i.e. those which have a presentation in which only the trivial relators appear) have a solution of the word problem which consists of a unique normal form for the words representing a given element, one may start with a normal form of a particular type and then prove the *existence* of a group for which this normal form is unique and, therefore, defines a solution of the word problem provided that the normal form can always be obtained by a simple and, preferably, obvious process. Accordingly, Artin and Schreier, and, later on, Kurosh, 1934, spoke about the *existence* of free products and free products with amalgamations (terms which we shall not explain here) instead of the solution of the word problem for such groups.

We shall now try to give some typical samples of Dehn's research in topology and group theory which will also illustrate his methods.

In his paper on the topology of 3-space (Dehn, 1910), he proves with the help of group theoretical methods that a particular knot (the trefoil knot) is not isotopic with a circle in three space. The knot is described by its projection into the plane, represented by a closed curve with three double points which are marked as over- or undercrossings (Figure 1). The first problem is a topological one: To find a presentation for the group G of the knot (i.e. the fundamental or first homotopy group of euclidean 3-space after removal of the knot). Dehn proved a general theorem which allows one to read off the presentation from the projection for any knot, or rather, to be in agreement with current terminology, every "tame" knot. The projection of the knot forms the boundary of a certain number of finite domains in the plane. To each of these domains there corresponds a generator, and to each double point of the projection there corresponds a defining relator of G. In the case of the trefoil knot, we have 4 generators $C_1, \ldots, C_4$ and the relators $C_1C_4^{-1}C_2, C_2C_4^{-1}C_3$, $C_3C_4^{-1}C_1$. The problem is now to prove that G is, in this case, not the fundamental group of a circle, which is infinite cyclic.

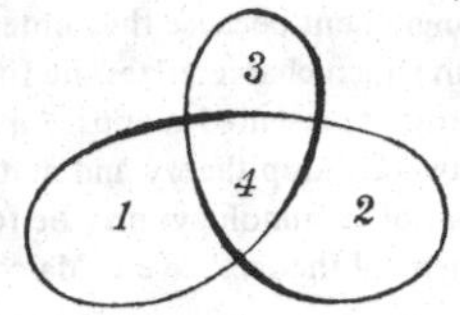

Figure 1.

It is remarkable that Dehn did not solve this problem algebraically although he could have done so with ease using methods at his disposal and calculations which appear in later parts of his paper. Indeed, by eliminating C_2 and C_4 with the help of the relator and putting $C_1C_3C_1 = a$ and $C_1C_3 = b$ one sees that G is, in this case, isomorphic to the group generated by a and b with the defining relator a^2b^{-3}; that this group is not abelian is immediately clear since it has the well-known modular group as a quotient group or, in simpler terms, since the mapping.

$$a \to \begin{pmatrix} 0 & -1 \\ 1 & 0 \end{pmatrix}, \quad b \to \begin{pmatrix} 0 & -1 \\ 1 & 1 \end{pmatrix}$$

produces a nonabelian quotient group of G.

Instead, Dehn used a geometrical representation of groups which he called *Gruppenbild* and which is also known as the "Cayley Diagram" or "Color group." We shall use the term "graph of the group."

The graph of a group G can be described easily as follows: To every element g of G we assign a point P_g of the graph. The points are connected by oriented line segments with "color" ν where the colors are in one-one correspondence with the generators a_ν of G. The points P_g and P_γ are connected by a segment with P_g as initial point and P_γ as end point, if and only if

$$ga_\nu = \gamma$$

Then every point is automatically both the initial and the terminal point of an oriented segment with color ν for all ν. Every word W in the generators describes uniquely an itinerary or path from P_1 to the point P_g where the element g is defined by the word W. The path is closed if and only if W represents the unit element 1.

Clearly, constructing the graph of G is equivalent to the solution of the word problem. Figure 2 shows the graph of the group with two generators a_1, a_2 and three defining relators $a_1^5, a_2^3, (a_1a_2)^2$. It is the simple group of order 60. The drawing is taken from Dehn, 1910.

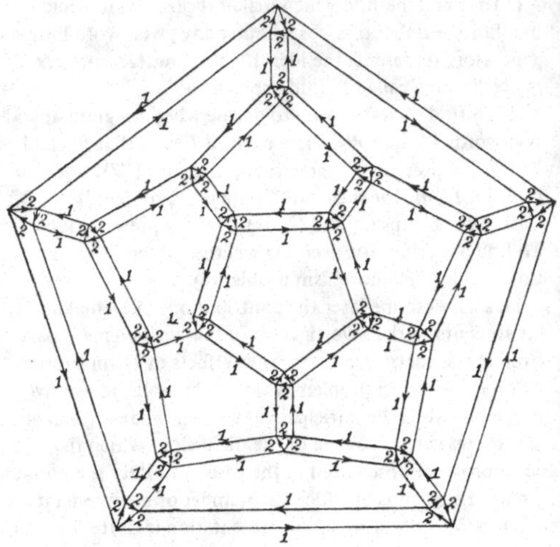

Figure 2.

Dehn remarks in a footnote (p. 144 in Dehn, 1910) "Altogether, the graph of a group presents, for *finite* groups, really nothing new," and he mentions both Maschke and Cayley, whose first paper on this subject appeared, as has been pointed out by Coxeter, 1965, in the year Dehn was born. Nevertheless, there is some justification for the claim raised by Dehn and some of his students, in particular by Nielsen, 1927, that Dehn had introduced a new tool. First of all, Dehn really solved the word problem for the group G of the trefoil knot by constructing its graph in a very simple manner, proving in the process that G is not abelian. The construction is contained in the strip drawn in Figure 3 and the remark that one can obtain the graph of G in a rather obvious way by gluing three replicas of this strip together at the rim in the right manner (with parallel shifts), and continuing with this process at every newly created free rim. If we look upon the strips as two dimensional vertical panels and intersect the whole configuration with a horizontal plane, the strips will produce, as intersection, a tree in which at every point exactly three segments meet.

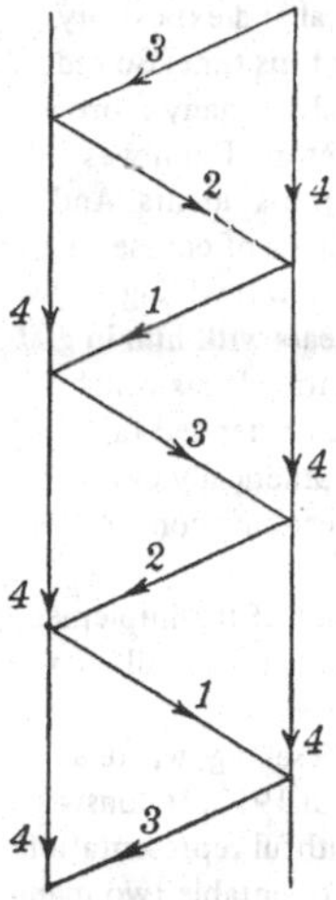

Figure 3.

The question arises: What is new here? The answer is: Not the ingredients, but the synthesis. Strangely enough, even Dehn's method of deriving a presentation for a knot group from the projection of the knot had, in a way, been anticipated by Wirtinger in 1905. In a talk given at the meeting of the German Mathematical Society at Innsbruck, Wirtinger had reported on a similar method for deriving a presentation. In his case, the generators are assigned to the segments of the projection, taken between consecutive undercrossings. Apparently, Dehn was unaware of Wirtinger's result. It is not announced in the report of that meeting; only the title of the talk is given there. Tietze, 1908, p. 105 quotes Wirtinger's talk. He also mentions (p. 82) that the fundamental group of the trefoil knot has the presentation *sts* = *tst* on two generators *s*, *t*, and on p. 105 observes that it is not abelian by mapping *s*, *t* respectively on the permutations (2, 3) and (1, 3) of three symbols. However, Tietze, 1908, does not even mention that Wirtinger had developed a method to find a presentation for a knot group. Reidemeister, 1925, describes the method and gives Wirtinger credit for it, but the first full account of Wirtinger's talk appears in print in the Ph.D. thesis of Brauner, 1928.

Today, it appears to be a hopeless task to assign priorities for the definition and the use of fundamental groups in the study of knots, particularly since Dehn had announced[7] one of the important results of his 1910 paper (the construction of Poincaré spaces with the help of knots) already in 1907. But the formulation of the word problem and the insight that, by its very nature, it has a topological component is certainly very much Dehn's own. Dehn found important results by making use of it, and it has ever since played a significant role in the development of the theory of groups defined by presentations. One may even say that the full utilization of Dehn's insight has been established only in the past decade. We shall now try to substantiate these statements.

The most famous of Dehn's applications of group theory to topology is probably his proof that the trefoil knot is not isotopic with its mirror image in three-space (Dehn, 1914). But his construction of infinitely many Poincaré spaces (now called "zero homology spaces"), i.e. of three-spaces with a perfect nontrivial fundamental group also was, at least at his time, a remarkable result, both per se and because of the very elegant method which Dehn used (Dehn, 1910). The paper by Dehn, 1912, contains the elegant abstract solution of the word- and conjugacy-problem for fundamental groups of a closed orientable two dimensional manifolds of a genus $g \geqslant 2$. These are one relator groups with a relator containing $4g$ symbols. Dehn showed that the topological nature of the graph of the group (which is simply the then well-known[8] tessellation of the noneuclidean plane with regular $4g$-gons) implied that any word which represents the unit element must contain a subword of length $>2g$ which is part of the cyclically written relator or its inverse.

Dehn proved his result by observing that any two $4g$-gons in the graph of the group which represent a relator or its inverse or a cyclic permutation of either cannot have more than one segment in common. Translating this observation into algebraic terms, Greendlinger, 1960, showed that for a very large class of groups both the word and the conjugacy problem can be solved with a generalization of Dehn's argument which Greendlinger called "Dehn's Algorithm," a term which has since become standard.

In a way, Dehn's introduction of the graph of a group makes it a precursor of the "diagram method" developed in "small cancellation theory" which provided a new and very successful approach to theorems of the type found by Greendlinger (See Lyndon and Schupp, 1977, chapter 5). In fact, Dehn did not use the definition of the graph of a group as given above but used a much more intricate description which takes up a full printed page. His definition is based on a process which starts with one loop corresponding to one relator and continues with the attachment of new loops and identification of points on them with points on previously constructed loops. However, there exists no document which would show that Dehn ever carried out the construction of a graph in this manner. Unfortunately, the same is true for Dehn's use of the graph of a group for the proof of the "*Freiheitssatz.*" This theorem states that in a one relator group every true subset of the generators freely generates a free group provided that at least one of the omitted generators actually appears in the relator after the relator is freely and cyclically reduced. Dehn had announced this result in talks he had given, but he must have felt that the proof he had was not suitable for publication and he gave it as a thesis topic to Magnus in July 1928, explaining the basic idea of his proof which consisted of giving a layered structure to the graph of the group. The layers would represent the graphs of subgroups and they would be connected by segments representing one of the generators. Dehn also had definite ideas about the subgroups one would have to use in this construction. All of this came to an end in a little episode which is very characteristic for Dehn's mathematical thinking. Half a year later, Magnus told Dehn that he could now prove the Freiheitssatz. "Ah, then you could use the *Gruppenbild*" said Dehn. When told that the proof was purely algebraic, Dehn said: *Da sind Sie also blind gegangen* ("So you proceeded with a blindfold over your eyes").

Beyond Dehn's own use of the graph of a group, the concept has provided a valuable tool for a long time. Schreier, 1925, generalized it by defining the "coset graph" of a group, and Nielsen, 1927, emphasized its importance. The concept has been linked more closely to topology by Reidemeister, 1932, who defined it in terms of covering spaces. It can be used to define the "ends of groups" (see Hopf, 1944) which, in turn, were used by Stallings, 1968, for the proof of important and difficult group theoretical theorems.

Two of Dehn's topological results deserve special emphasis. One of them is the theorem known as "Dehn's Lemma" (Dehn, 1910) which implies that the group of a knot can be infinite cyclic only if the knot is isotopic with a circle. It is true that Dehn's original proof contains an error which was discovered by Kneser and communicated to Dehn in a letter dated April 22, 1929. A correct proof was given only in 1957 by Papakyriakopoulos. But it is an important and sophisticated theorem and it deserves honorable mention even if one would consider it only as "Dehn's conjecture." The other result is contained in Dehn's paper of 1939. It gives a complete set of generators for the groups of mapping classes of two dimensional, orientable, closed manifolds of any genus, the so called "Dehn twists." We cannot go into details here and refer to the monograph of Birman, 1975, for information. The full importance of this paper was appreciated only long after Dehn's death. It should be noted that it was published when Dehn was 59 and it was written during the years of his enforced retirement. Incidentally, this also shows that the reduction of the number of his purely mathematical research papers in the years after the First World War was not due to a lack of ideas. As his publications show, his historical, philosophical and expository interests then occupied a larger part of his time. So did his teaching commitments which involved many more students in the post-war years than before. Dehn was most effective as a teacher for the better students. And these, especially his Ph.D. students, knew of course that Dehn was always full of ideas which he was willing to give away. All of them remembered the years with him in gratitude, not only because of the stimulating ideas which they had received from him and which extended far beyond the range of mathematics to practically every aspect of life but also because of his genuine concern for them.

We shall not try to give a full account of the implementation of Dehn's ideas by his students but we shall mention a few which are particularly noteworthy.

Dehn's first Ph.D. student, Hugo Gieseking, wrote a thesis which was published privately in 1912. It consists of two parts. The first part gives a faithful representation of the fundamental groups of closed orientable two manifolds of a genus $g \geqslant 2$ in terms of 2×2 matrices. It is based on the explicit construction of a fundamental region of this group in the noneuclidean plane as a regular polygon with $4g$ vertices. The representation is used for the solution of the word and conjugacy problems in these groups. It involves a lot of tedious work, and it is not particularly interesting. The second part contains a construction of the fundamental region of a group G of Moebius transformations which acts as a discontinuous group on noneuclidean three space but not on the complex plane. The construction is then used to derive a presentation for G. This is definitely a "first" in the theory of discontinuous groups of Moebius transformations. The work of Fricke and Klein, 1897, is largely dedicated to the investigations of groups which are discontinuous in a part of the complex plane, and here the fundamental region can be given in advance, determining both the discontinuous nature of the group and its presentation. But until 1914, the only constructions of such groups which are discontinuous merely in three space were based on number theoretical restrictions of the matrix coefficients, and only in one case, the so called "Picard group," did Fricke succeed in deriving a presentation of the group. For details and some later developments we must refer to Section V.2 of Magnus, 1974.

The group G in Gieseking's paper is generated by reflections. It contains a subgroup G_0 of index 2 which consists of orientation preserving noneuclidean motions. It has been observed that G_0 is also the fundamental group of Listing's Knot (also known as "the figure eight knot") which appears in Dehn, 1914 (See Figure 4). There Dehn mentions that a student of his had constructed the graph of G_0. The paper never appeared, and we do not know whether it was based on Gieseking's paper? All we know is the name of the student: Fritz Klein. It is likely that he, like Gieseking, was killed as a soldier during the First World War.

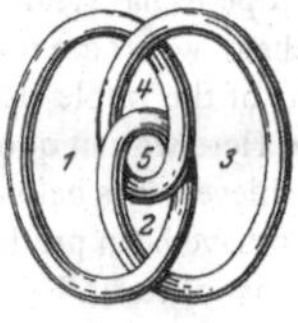

Figure 4.

Jacob Nielsen, whose thesis appeared in 1913, was really only half a student of Dehn. His original thesis advisor, Landsberg, died before Nielsen had finished his thesis, and Dehn took over. The last third of Nielsen's thesis deals with a fixed point theorem posed by Dehn. In his obituary for Nielsen, Fenchel, 1960, observes that a large part of Nielsen's later work can be traced back to this problem, a rather unusual phenomenon in the work of a mathematician of Nielsen's importance. And other aspects of Nielsen's work are also very much in the spirit of Dehn's ideas. This is true in particular for Nielsen's fundamental contributions to the theory of free groups and their automorphisms, the importance of which Dehn had recognized but not investigated himself in his publications.[9)] For a full account of Nielsen's work, see Fenchel, 1960.

Everything we have reported so far documents the fact that Dehn was a geometer "par excellence," with a rare and nearly overwhelming preference for geometric rather than algebraic methods. It is, therefore, not surprising that he was deeply impressed by that part of Hilbert's foundations of geometry which represents, in a way, a reversal of the historical process going from Euclid to Descartes. In this process, geometry is replaced by algebra as the fundamental part of mathematics. But Hilbert showed that the incidence axioms of (projective) geometry, together with a single incidence theorem; namely, the theorem of Pappus, are equivalent to the definition of a field, and that the same axioms together with Desargues' theorem define a skew field. (For details we refer to Freudenthal, 1957). Dehn's interest in this relationship between algebra and geometry is documented first in Dehn, 1922 (No. 15). And it was his student, Ruth Moufang, 1931-1934, who in a sequence of difficult papers proved that there exists a third theorem of the same type: The theorem of the complete quadrilateral (also known as the theorem of the invariance of the fourth harmonic point) is equivalent with the definition of an alternative division ring. Together with the result of Bruck and Kleinfeld, 1951, which shows that all such division rings are "essentially" Cayley algebras, this gives the startling result that Desargues' theorem follows from the theorem of the complete quadrilateral if we use Hilbert's axioms of order but does not follow without them.

The paper of Dehn, 1922, mentioned above is motivated by a related problem: Do there exist incidence theorems which do not imply the validity of Pappus' theorem but do imply the theorem of Desargues without being derivable from it? Such a theorem would exist if there exists an associative but non-commutative division algebra in which a polynomial identity holds. That this cannot happen if the division algebra can be ordered was proved by Dehn's last student in Germany, Wagner, 1937. His paper contains other important results, e.g. the existence of polynomial identities for the ring of n by n matrices over a field, and it may be considered as the origin of the theory of rings with polynomial identities. For a survey of some early results in this area, see Kaplansky, 1948.

The Ph.D. theses by Keller, 1930, and by Frommer, 1926, although not connected with Dehn's main fields of interest are definitely of a geometric nature, and Dehn's affinity for geometry showed even in contexts which were not primarily mathematical. He was an amateur botanist and he liked to take walks through the botanical garden which was close to the university. On these occasions he pointed out the arrangement of leaves in spirals or the existence of sevenfold symmetries which do not exist in inorganic nature. He even described music as a two dimensional ornament, with time and pitch acting as the dimensions.

Ornamentation plays a role in several of Dehn's papers. One of them (No. 28) is dedicated exclusively to this topic. It provides many interesting and even unexpected examples and analyzes ornamentation both as a link between mathematics and the arts and also as a branch of applied mathematics. In an earlier paper (No. 20), ornamentation appears as the first chapter of a history of mathematics which is not so much a history of results as a history of the unfolding of the mathematical traits of the human mind. This paper closes with a statement which summarizes Dehn's motivation for his studies in the history of mathematics. We quote (in a slightly condensed form):

"Viewing the past enables us to free ourselves from the trends of our times and to aim at new goals which may be attainable only to future generations. But historical contemplations will also increase our awareness of the mathematicians' share in the general human condition. It has been the purpose of this essay to strengthen or maybe even to arouse this awareness."

Both of these papers (Nos. 20 and 28) are, in a sense, amplifications of ideas expressed in an earlier paper (No. 16). There Dehn proposes to find the distinguishing characteristics of the mathematician. Dehn himself raises doubts whether such features actually exist, and these doubts were shared by his friends who recognized a resemblance of Dehn's prototype of a mathematician to Dehn himself, and Dehn could hardly be called typical in any sense. But the paper (which, originally, was given as a talk addressing all members of the University) contains much more. We find there philosophical and historical insights presented in a very clear and unpretentious language, suitable for an educated but not specialized audience. If anything can bridge the gap which separates the mathematician from his colleagues in fields outside of the exact sciences it is this essay. And it helps us, more than anything else that he has written, to understand what mathematics meant to him. It was something he felt responsible for, something that was important not only per se but also as a part of a greater whole which included the arts, philosophy and history. Dehn was too conscientious and too modest to describe this greater entity explicitly. But we get a glimpse of it through the last sentence of an essay (No. 23) in which he analyses ideas of Aristotle in modern terminology, expressing the hope that this will clarify our own thoughts. And he concludes:

"There is beauty in the fact that thus, too, we may fulfill our destiny to become ever more conscious beings."

We cannot try to describe here the full scope of Dehn's philosophical and historical writings. They were supported by an extraordinary range of knowledge and a private library of several thousand volumes (which, however, he had to abandon in 1939—see Siegel, 1965).

One did not have to read Dehn's papers in order to know what he was like. He would start a conversation by analyzing something which he had just read and which had moved him. This could be a line from Homer or an essay by Aldous Huxley. And, of course, his comments on mathematics showed his habit of reflecting on everything. The Archimedian postulate appears in dozens if not hundreds of texts. Some authors add a few historical comments when mentioning it (e.g. the year and the circumstances of Archimedes' death). But Dehn asked: How was it possible for the Greek mathematicians to see that here one has to postulate something? The first nonarchimedian number system appears only late in the Nineteenth Century. (Dehn also had an explanation which he admitted to be hypothetical but which is at least plausible.)

Another example of Dehn's comments is his reaction to Wittgenstein's thesis that all mathematical theorems are tautologies. This assertion had been made before but Wittgenstein claimed to have a proof which, reluctantly, was accepted even by Bertrand Russell (see page 370 in Clark, 1976, which is used here as a source). Dehn was not convinced. "Take Lagrange's theorem according to which every positive integer is the sum of the squares of four integers. How can one change that into a tautology?"

Alfred North Whitehead, 1925, analyzed the effects which the emergence of professionalism in the Nineteenth Century had on society. He conceded the need for specialists but warned against the restraint of serious thought within grooves. We hope to have shown that the dangers against which Whitehead warns are not insurmountable. Dehn never lost sight of the whole although he was eminent in his specialty. Here we can quote Siegel, 1965: "Dehn's scientific achievements belong to the most important results which have been produced in mathematics since the end of the last century."

Notes

1) Accessible—that is, for any one who knows German. However, a disregard for linguistic barriers represents exactly Dehn's attitude. When requested to read a mathematical paper, a student of Dehn came back to him the next day and said indignantly: "It is in Norwegian." "What, you cannot read Norwegian?" was Dehn's reply. He himself was fluent in Latin, Greek, Hebrew and, apart from his native German, he spoke not only Norwegian but also English and French fluently. In addition, he could make himself easily understood in Italian and Spanish. His reading knowledge for mathematical papers included also Dutch and Danish.
2) Nietzsche, F., *Was bedeuten asketische Ideale?* Quoted after Kröner's *Taschenausgabe*, Vol. 76, 1930, pp. 339/40. Alfred Kröner, Leipzig.
3) This account of the meeting of Dehn and Heegaard is based on a communication from Mrs. Toni Dehn.
4) For the problems posed by Hilbert and their influence on later developments see "Mathematical developments arising from Hilbert's problems." Proceedings of Symposia in Pure Mathematics Vol. 28. American Mathematical Society, Providence, Rhode Island. 1976 (Edited by F. E. Browder).
5) According to C. L. Siegel, there existed only a fleeting acquaintanceship between Dehn and Thue although Dehn was frequently in Norway. Mrs. Toni Dehn had never heard Thue's name mentioned by her husband. Also, the emphasis in Thue's papers is on infinite sequences with certain properties. It is at least not obvious how his results could be applied to any word problem.
6) Not all of Thue's papers have been published. Hence, we cannot speak with absolute certainty.
7) *Jahresbericht der deutschen Mathematiker–Vereinigung,* Vol. 16, 1907, p. 573.
8) For an account of the theory, with many illustrations, see e.g. Fricke and Klein, 1897, or Magnus, 1974.
9) However, Dehn claimed that he had known long before Nielsen and Schreier that subgroups of a free group are free and that his proof was based on the fact that a subgraph of a tree is a tree.

Acknowledgments. This paper is part of a much larger project describing the development of combinatorial group theory. Its support through a grant of the National Science Foundation is gratefully acknowledged. The author also wishes to thank both Mrs. Toni Dehn for supplying many small but relevant details and Bruce Chandler for valuable critical comments.

References

Artin, E., 1926. Das freie Produkt von Gruppen. § 92 in F. Klein, Vorlesungen ueber hoehere Geometrie. Springer Verlag, Berlin. Reprint 1949, Chelsea Publ. Co., New York.

Birman, J., 1975. Braids, links and mapping class groups. Annals of Math. Studies 82, Princeton University Press, Princeton, N.J.

Boone, W. W., 1955. Certain simple, unsolvable problems of group theory. IV, V, VI. Nederl. Akad. Wetensch. Proc. Ser. A. 58, Indag. Math. 17, 571-577, 19, 22-27, 227-232.

Brauner, K., 1928. Zur Geometrie der Funktionen zweier complexer Veraendenlicher. Abh. Math. Sem. Univ. Hamburg 6, 1-55.

Bruck, R. H. and E. Kleinfeld., 1951. The structure of alternative division rings. Proc. Amer. Math. Soc. 2, 878-890.

Cayley, A., 1878. On the theory of groups. Amer. J. of Math. 1, 50-52, 174-176. Collected papers of Arthur Cayley. 10, 401-403, Cambridge 1896.

Cayley, A., 1889. On the theory of groups. Amer. J. of Math. 11, 139-157. Collected papers of Arthur Cayley. 12, 639-656. Cambridge 1897.

Clark, R. W., 1976. The life of Bertrand Russell. 766 pp. Alfred A. Knopf. New York.

Coxeter, H. S. M. and W. O. Moser, 1965. Generators and relations for discrete groups. 2nd Edition. p. 19. Ergebnisse der Mathematik. 14, Springer Verlag, New York.

Dehn, M., 1975. Raum, Zeit and Zahl bei Aristoteles. p. 199-218 in "Die Naturphilosophie des Aristoteles." Wissenschaftliche Buchhandlung. Darmstadt.

Dyck, W. v., 1882. Gruppentheoretische Studien. Math. Annalen 20, 1-44.

Dyck, W. v., 1888-1890. Beitraege zur Analysis Situs I, II. Math. Annalen 32, 457-512, 37, 273-316.

Fenchel, W., 1960. Jacob Nielsen in memoriam. Acta Math. 103, Issue 3-4, pp. VII–XIX.

Fricke, R. and F. Klein, 1897. Vorlesungen ueber die Theorie der automorphen Functionen. 1, 634 pp. B. G. Teubner. Leipzig. Johnson Reprint (Academic Press) New York, 1966.

Freudenthal, H., 1957. Zur Geschichte der Grundlagen der Geometrie. Nieuw Archief voor Wiskunde (4)5, 105-142.

Frommer, M., 1928. Die Integralkurven einer gewoehnlichen Differentialgleichung. 1. Ordnung in der Umgebung rationaler Unbestimmtheitsstellen. Math. Ann. 99, 222-272.

Gieseking, H., 1912. Analytische Untersuchungen ueber topologische Gruppen. Thesis. Muenster, Germany. Privately printed.

Greendlinger, M., 1960. Dehn's algorithm for the word and conjugacy problems. Comm. Pure & Appl. Math. 13, 67-83, 641-677.

Guggenheimer, H., 1977. The Jordan curve theorem and an unpublished manuscript by Max Dehn. Archive for History of Exact Sciences. 17, 193-200.

Hamilton, W. R., 1856. A new system of roots of unity. Proc. Royal Irish Acad. 6, 415.

Higman, G., 1961. Subgroups of finitely presented groups. Proc. Royal Soc. A., 262, 455-475.

Hilbert, D., 1900. Grundlagen der Geometrie. B. G. Teubner, Leipzig. An English translation "The Foundations of Geometry" appeared in 1902. The Open Court Publishing Co., Chicago.

Hopf, H., 1944. Enden offener Raeume und unendliche discontinuierliche Gruppen. Comment. Math. Helv. 16, 81-100.

Jordan, C., 1887. Cours d'analyse. First edition, Vol. 3, pp. 587-594, Paris, Gauthier Villars.

Kaplansky, I., 1948. Rings with a polynomial identity. Bull. Amer. Math. Soc. 54, 575-580.

Keller, O. H., 1930. Ueber die lueckenlose Erfuellung des Raumes mit Wuerfeln. J. f. d. reine u. angew. Math. 163, 231-248.

Kurosh, A., 1934. Die Untergruppen der freien Produkte von beliebigen Gruppen. Math. Ann. 109, 647-660.

Listing, J. B., 1848. Vorstudien zur Topologie. Goettingen.

Lyndon, R. and P. Schupp, 1977. Combinatorial group theory. Ergebnisse d. Math. 89. Springer Verlag, Berlin–Heidelberg–New York.

Magnus, W., 1930. Ueber unendliche diskontinuierliche Gruppen mit einer definierenden Relation. J. f. d. reine u. angew. Math. 163, 141-165.

Magnus, W., 1932. Das Identitaets problem fuer Gruppen mit einer definierenden Relation. Math. Ann. 106, 295-307.

Magnus, W., 1974. Noneuclidean tesselations and their groups. Academic Press, New York.

Magnus, W. and Ruth Moufang, 1954. Max Dehn zum Gedächtnis. Math. Annalen 127, 215-227.

Malcev, A. I., 1970. Algorithms and recursive functions. Woltens-Noordhoff, Groningen.

Moufang, R., 1931-1934. Zur Structur der projectiven Geometrie der Ebene. Math. Annalen 105, 536-601, 1931, with three continuations in Math. Annalen 105, 759-778, 106, 755-795, 107, 124-139, 108, 296-310. Alternativkoerper und der Staz vom vollstaendigen Vierseit. Abh. Math. Sem. Hamburg Univ. 9, 207-222. Zur Struktur von Alternativkoerpern. Math. Annalen 110, 416-430.

Nielsen, J., 1913. Kurvennetze auf Flaechen. 58 pp. Ph.D. Thesis. Kiel, Germany. Privately printed.

Nielsen, J., 1921. Om Regning med ikke kommutative Faktoren og dens Anvendelse i Gruppeteorien. Mat Tiddskrift B, 77-94.

Nielsen, J., 1924. Die Isomorphismengruppe der freien Gruppen. Math. Ann. 91, 169-209.

Nielsen, J., 1927. Untersuchungen zur Topologie der geschlossenen zweiseitigen Flaechen. Acta Math. 50, 189-358, p. 192.

Novikoff, P. S., 1955. On the algorithmic unsolvability of the word problem in group theory (Russian). Trudy Mat. Inst. im Steklov No. 44, Izdat Akad. Nauk. SSSR. Moscow. 143 pp.

Papakyriakopoulos, Ch. D., 1957. On Dehn's Lemma and the asphericity of knots. Ann. of Math. (2), 66, 1-26.

Poincaré, H., 1895. Analysis Situs (§ 12). J. Ecole Polytechnique 1, 1-121, Oeuvres de Henri Poincaré 6, 193–288. Paris, Gauthier Villars. 1928–1956.

Poincaré, H., 1904. Cinquième complément à l'analysis situs. Rend. del Circulo Mat. di Palermo 18, 45-110. Oeuvres de Henri Poincaré 6, 435-498. Paris, Gauthier Villars. 1928–1956.

Reidemeister, K., 1925. Knoten und Gruppen. Abh. Math. Sem. Univ. Hamburg. 5, 7-23.

Reidemeister, K., 1932. Einfuehrung in die kombinatorische Topologie. Braunschweig, Viehweg & Sohn.

Rotman, J. J., 1973. The theory of groups. 2nd ed. 342 pp. Allyn & Bacon, Boston.

Schreier, O., 1927. Die Untergruppen der freien Gruppen. Abh. Math. Hamburg. Univ. 5, 161-183.

Siegel, C. L., 1965. Zur Geschichte des Frankfurter mathematischen Seminars. Victorio Klostermann. Frankfurt/Main. Reprinted in C. L. Siegel, Gesammelte Abhundlungen. Vol. 3. 462-474, Springer Verlag Berlin-Heidelberg-New York, 1966.

Stallings, J. R., 1968. On torsion free groups with infinitely many ends. Ann. of Math. (2) 88, 312-334.

Tietze, H., 1908. Ueber die topologischen Invarianten mehrdimensionaler Mannigfaltigkeiten. Monatshefte f. Math. & Physik. 19, 1-118.

Thue, A., 1906-14. Selected mathematical papers of Axel Thue. Universitetsforlaget. Oslo-Bergen-Troms. 1977.

Wagner, W., 1937. Ueber die Grundlagen der Geometrie und allgemeine Zahlsysteme. Math. Annalen 113, 528-567.

Whitehead, A. N., 1925. Science and the modern world. pp. 196/98 in the 1967 edition of The Free Press, New York.

Wirtinger, W., 1905. Ueber die Verzweigungen der Funktionen von zwei Veraenderlichen. Jahresber. Deutsche Math. Ver. 14, p. 517.

Department of Mathematics
Polytechnic Institute of New York, USA

Publications of Max Dehn

[1] Die Legendreschen Sätze über die Winkelsumme im Dreieck. Math. Ann. 53, 404-439 (1900) (Dissertation).–[2] Über raumgleiche Polyeder. Göttinger Nachrichten 1900, 345-354.–[3] Über den Rauminhalt. Math. Ann. 55, 465-478 (1901) (Habilitationsschrift).–[4] Über Zerlegung von Rechtecken in Rechtecke. Math. Ann. 57, 314-332 (1903).–[5] Zwei Anwendungen der Mengenlehre in der elementaren Geometrie. Math. Ann. 59, 84-88 (1904).–[6] Über den Inhalt sphärischer Dreiecke. Math. Ann. 60, 166-174 (1905).–[7] Die Eulersche Formel im Zusammenhang mit dem Inhalt in der Nicht-Euklidischen Geometrie. Math. Ann. 61, 561-586 (1906).–[8] Analysis situs (mit Poul Heegaard), Enzyklop. d. math. Wissensch. III$_1$, 153-220 (1907).–[9] Topologie. Pascals Rep. d. höh. Math. II$_1$, Kap. 9, 174-192 (1910).–[10] Über die Topologie des dreidimensionalen Raumes. Math. Ann. 69, 137-168 (1910).–[11] Über unendliche diskontinuierliche Gruppen. Math. Ann. 71, 116-144 (1911).–[12] Transformation der Kurven auf zweiseitigen Flächen. Math. Ann. 72, 413-421 (1912).–[13] Die beiden Kleeblattschlingen. Math. Ann. 75, 402-413 (1914).–[14] Über die Starrheit konvexer Polyeder. Math. Ann. 77, 466-473 (1916).–[15] Über die Grundlagen der Geometrie und allgemeine Zahlsysteme. Math. Ann. 85, 184-194 (1922).–[16] Über die geistige Eigenart des Mathematikers. Frankfurter Universitätsreden 1928. Univ.-Druckerei Werner u. Winter, Frankfurt a. M., 28 Seiten.–[17] Die Grundlegung der Geometrie in historischer Entwicklung. 87 Seiten. In: M. Pasch und M. Dehn, Vorlesungen über neuere Geometrie, Berlin 1926.–[18] Einführung in die analytische Geometrie der Ebene und des Raumes. 2. Auflage des Buches von A. Schoenflies, bearbeitet und durch 6 Anhänge ergänzt von M. Dehn. Berlin 1931. 114 Seiten.–[19] Über einige neuere Forschungen in den Grundlagen der Geometrie. Mat. Tidsskrift, B 1931, 63-83.–[20] Das Mathematische im Menschen. Scientia, Bologna 1932, 61-74.–[21] Moritz Pasch. Gedenkrede (mit F. Engel). Jahresber. DMV 44, 120-142 (1934).–[22] Über kombinatorische Topologie. Acta Math. 67, 123-168 (1936).–[23] Raum, Zeit, Zahl bei Aristoteles, vom mathematischen Standpunkt aus. I, II. Scientia, Bologna 1936, 12-21 und 69-74.–[24] Beziehungen zwischen der Philosophie und der Grundlegung der Mathematik im Altertum. Quell. Stud. Geschichte d. Math., Astron., Phys. B4, 1-28 (1937).–[25] Die Gruppe der Abbildungsklassen. (Das arithmetische Feld auf Flächen). Acta Math. 69, 135-206 (1939).–[26] On Gregorys Vera Quadratura (mit E. Hellinger). Royal Society of Edinburgh. Tercentenary Memorial Volume, Edinburgh 1939, 468-478.–[27] Über Abbildungen. Mat. Tidsskrift B 1939, 25-48.–[28] Über Ornamentik. Norske Mat. Tidsskrift 21, 121-153 (1940).–[29] Bogen und Sehnen im Kreis, Paare von Größensystemen. Norske Vid. Selsk. Forhdl. 13, 103-106 (1940).–[30] Certain mathematical achievements of James Gregory (mit E. Hellinger). Amer. Math. Monthly 50, 149-163 (1943).–[31] Mathematics 600 BC–400 BC. Amer. Math. Monthly 50, 357-360 (1943).–[32] Mathematics 400 BC–300 BC. Amer. Math. Monthly 50, 411-414 (1943).–[33] Mathematics 300 BC–200 BC. Amer. Math. Monthly, 51, 25-31 (1944).–[34] Mathematics 200 BC–600 AD. Amer. Math. Monthly 51, 149-157 (1944).–[35] On the approximation of a function by a power series. The Mathematics Student 15, 79-82 (1947).–[36] Über Abbildungen geschlossener Flächen auf sich. Mat. Tidsskrift B 1950, 146-151.

Springer-Verlag is considering the possibility of publishing the Collected Works of Max Dehn, and this seems an appropriate opportunity to inquire whether there is sufficient demand. If you would buy such an edition yourself (for approx. $40.00) or would recommend it to your library, please write to Mathematics Editorial, Springer-Verlag, 175 Fifth Avenue, New York, N.Y. 10010 USA.

Friends of *Paul Erdös* have begun to make an informal collection of the many problems he has posed. They would appreciate copies of correspondence containing problems and also the following information on the problem(s): the date, the monetary value (if any), the source (whether originated by Erdös or others), and comments on notation, and other facts that would be needed for a general reader's use. They would also value anecdotes and remembrances. Material should be sent to Pat Faudree, 2983 Elgin, Memphis, Tennessee 38118, USA.

Reprinted from
The Mathematical Intelligencer 1 (1978), 132–143.

WILHELM MAGNUS

THE PHILOSOPHER AND THE SCIENTISTS: COMMENTS ON THE PERCEPTION OF THE EXACT SCIENCES IN THE WORK OF HANS JONAS

It is difficult for a scientist to comment on the work of a philosopher. It may even seem to be improper for him to try since full competence is an acknowledged prerequisite for scientific publications. However, this is neither a philosophical essay nor a critical or hermeneutic evaluation of some of the writings of Hans Jonas. Rather, I shall try to formulate a response to the philosophical analysis of science and technology which appears in the work of Jonas, describing briefly its importance for scientists who are seeking an Archimedean standpoint for their activities. I assume that philosophy is not itself a specialized science but a discipline which can stay alive only through a never ending interaction with all human endeavors, and I propose to speak as a recipient, but not as a creator, of philosophical ideas. I hope that this will protect me against the reproach of going beyond my range of competence. I do not doubt that already my assumption about the nature of philosophy is open to criticism from at least some philosophers, but I feel certain that it is not objectionable to Jonas.

What I have to say here is, of necessity, of a very subjective nature, based on personal experience and on the observation of the experiences of fellow scientists. Nevertheless, I hope to contribute to a valid description of the relations of scientists to philosophy.

Of course, there is no unified attitude of scientists towards philosophy or towards any particular philosopher. There exist cases of scientists who are interested in philosophy as far as their time permits them to pursue this interest, which, however, has the same function for them as the interest in music, poetry, painting, history, psychology, economics, etc. has for others. To have interests of this type is the rule rather than the exception among scientists, a fact which should be kept in mind when using C. P. Snow's coinage of the "Two Cultures." I have yet to find someone who was brought up in the Western world and knows the second law of thermodynamics but has not read Hamlet.[1] There is only one human culture of which the exact sciences are a part. The question is how autonomous this part is and what relation it has with the whole. This is a philosophical question unless one chooses to consider it as a socioeconomic problem. The latter interpretation is widespread, but I do not see how it can cope with the following simple

S. F. Spicker (ed.), Organism, Medicine, and Metaphysics, 225–231.

observation. Research in the exact sciences and in technology uses the same ideas and methods in the United States and in Western Europe as it does in the Soviet Union. In particular, mathematical research is absolutely international. The understanding and, where external conditions are favorable, the collaboration between mathematicians throughout the world are perfect. Of course, economic conditions and the specific form of the organization of society can inhibit or favor the development of science. But apparently they cannot affect its essence.

The responses of scientists to the quest for a philosophical understanding of science vary widely. Many of them are not aware of the problem. Others consider the question as meaningless although they may never have read Wittgenstein. (It would be of some interest to know whether this answer has been given at all before Wittgenstein.) Still others have a positivistic or a pragmatistic position because these are considered as the views of "scientific" philosophers. The question after the motivation of scientific research is then usually answered by saying that it is a pleasing game, at least for the scientist. Especially the pure mathematician may then compare it with chess, and in this case even the competitive element of chess may be claimed as a motivation for research. ("We try to show that we are more clever than others.")

The less conventional responses from some leading scientists, especially physicists, are widely known. In particular, philosophical statements claiming a profound cultural role for science are due to Bohr, Einstein, and Heisenberg and have been well documented [6]. The following quotation is a statement made by I.I Rabi.

> It is only in science, I find, that we can get outside ourselves. It's realistic, and to a great degree verifiable, and it has this tremendous stage on which it plays. I have the same feeling – to a certain degree – about some religious expressions, such as the opening verses of the Bible and the story of the Creation. But only to a certain degree. For me, the proper study of mankind is science, which also means that the proper study of mankind is man [2].

Since the philosophical interests of Bohr, Einstein, and Heisenberg are sometimes explained by their European upbringing, it should be noted that Rabi, in interviews [1], emphasizes the fact that he received an American education.

Not only the very great scientists are interested in what may be called "the humanistic significance of science." An essay with this title, published in a philosophical journal by E. Cantore [3], drew nearly two hundred requests for reprints from scientists and engineers of all continents. It thus appears that there exists at least a substantial minority of scientists with a specific relationship to philosophy. Speaking for the members of this minority: What we expect from philosophy is first of all a communicable expression of our intuitive conviction that science is important beyond and above its own results. And here we can turn to Jonas. I quote:

> If we equate the realm of necessity with Plato's "cave," then scientific theory leads not out of the cave; nor is its practical application a return to the cave; it never left it in the first place. It is entirely of the cave and therefore not "theory" at all in the Platonic sense.
>
> Yet its very possibility implies, and its actuality testifies to a "transcendence" in man himself as the condition for it. A freedom beyond the necessities of the cave is manifest in the relation to truth, without which science could not be. This relation – a capacity, a commitment, a quest, in short, that which makes science humanly possible – is itself an extrascientific fact. As much, therefore, as science is of the cave by its objects and its uses, by its originating cause "in the soul" it is not. There is still "pure theory" as dedication to the discovery of truth and as devotion to Being, the content of truth: of that dedication science is the modern form.
>
> To philosophy as trans-scientific theory the human fact of science can provide a clue for the theory of man, so that we may know again about the essence of man – and through it, perhaps, even something about the essence of Being ([9], p. 210).

The title of the essay from which this quotation has been taken is simply, "The Practical Uses of Theory." To a pragmatist, this may raise hopes of finding, after all, a usable definition of "applied" versus "pure" science. I believe that the majority of scientists, like myself, will find Jonas' arguments convincing that such a definition cannot exist because there can be no theory of the practical uses of theory. However, this question is only a side issue in the essay. The very term "use" implies the question of "ends," and indeed Jonas provides a thorough analysis of the relation between "value-free" sciences and values. That this is an extremely important problem need not be emphasized. In fact, today's scientists have good reasons to pay attention to it since there is no lack of publications which describe science as a modern evil. However, I would have to write a philosophical essay myself if I wanted to discuss the specifics of Jonas' analysis of the problem. All I can do is try to explain the reasons why I believe that his essay meets the particular philosophical demands of scientists.

We do not expect scientific certainty from a philosophical investigation. Otherwise, we would stay within science, dealing with a specialty which is ours and which could, at best, arouse a passing interest. What we expect is not certainty but elucidation ('*Erhellung*', to borrow one of Jaspers' favorite terms). We will accept some speculation. After all, we use it freely in our own work, although it surfaces in our publications only once in a while in the form of conjectures. But most of us will demand restraint here, insisting on Occam's razor. [There are exceptions, for instance, the eminent nineteenth century mathematician Bernhard Riemann ([14], especially p. 511) and, to a considerably lesser degree, the contemporary astrophysicist Fred Hoyle in some of his popular writings ([8], p. 127).] In all cases we will insist on statements which are precise enough so that we can agree or disagree with them. We will expect information. This does not mean "facts" but an account of the thoughts of the great philosophers of the past and an analysis of their relations to each other. Also, we will demand some of the critical precautions which we have to take in our own work. Unqualified statements, sweeping judgments, and "nothing but" theories will almost automatically be suspect to the scientist. On the other hand, we will not be turned off by complexity.

Certainly, many philosophical investigations meet all of these requirements. What distinguishes the essay by Jonas is the fact that it also deals with a vital philosophical problem of the exact sciences. (I make haste to say that I do not call methodological or epistemological problems vital.) Unfortunately, today's scientists cannot turn to many philosophers in these matters. The quotation by Descartes in Jonas' essay – "Give me matter and motion and I shall make the world once more" – will at present be taken as an expression of exuberance which borders on arrogance but hardly as an expression of comprehension of twentieth century science. Ever since the mathematician C. F. Gauss abstained from publishing his results on non-Euclidian geometry because he was afraid of "the outcry of the blockheads"[2] (meaning the Kantians), mathematicians considered Kant's influence as at least potentially retarding. (Probably, he has had little actual influence on the development of the exact sciences, but this remark is not much more than a guess.) Hegel's characterization of Newton as "an absolute barbarian in conceptual matters" (5, p. 447) will not recommend him to scientists, at least not in matters concerning science. Nietzsche, who praises the "scientific method" (meaning both modern scholarship and the exact sciences) as the great contribution of his century to human achievements and who anticipated the mathematician Hilbert [7] by twenty years with his remark about the importance of relations rather than the definition of substance for our acquisition of truth ([13], end of aphorism 625), shows an astonishing lack of understanding when speaking about chemistry ([13], aphorism 623) or laws of nature ([13], aphorism 632).

Dewey, the great pragmatist, undoubtedly had a large amount of factual knowledge concerning the exact sciences at his command. It is rather strange to me and, as I believe, to many fellow scientists to see him denying the existence of any specific characteristics of research in the exact sciences. To quote:

> The marking off of certain conclusions as alone truly science, whether mathematical or physical, is a historical incident.

A few lines later, he continues:

> The temptation was practically irresistible to treat it (scientific research) as an exclusive and esoteric undertaking .... All the eulogistic connotations that gather about "truth" were called into play ([4], p. 220).

I do not see how these statements could be reconciled with those by Rabi (as quoted above).

Of course, I have to confess to ignorance with respect to a large body of philosophical thought, and I certainly do not claim that Jonas is the only philosopher to whom scientists can turn. However, he has to offer us much more than the essay mentioned above.

We are usually well aware of the fact that most of the exact sciences are a rather recent component of human knowledge. Especially in physics, it seems that only one quantitative "law of nature," discovered by Archimedes, was known in antiquity. But we rarely realize that certain tacit assumptions of a philosophical nature are indispensable for the emergence of the exact sciences. Least of all do we realize that these may have taken the form of theological arguments. In a detailed study [10] Jonas describes in particular the theological arguments of al-Ghazali (1058–1111) which anticipate the scepticism of Hume and the opposing arguments of Maimonides (1135–1204). He points out that any search for laws of nature would be hopeless according to Ghazali, and he traces the influence of the theological arguments on the conception of the world to modern times. In a second study [11] Jonas traces the relation between science and technology from the 16th Century to the present. The rather surprising historical facts have, of course, been established before, but a scientist will appreciate the interpretation of facts in the light of the emergence of new ideas.

The two volumes which contain the essays of Jonas quoted above contain also several other essays which touch on the work of the scientist. However, instead of commenting on them, I prefer to mention here an essay which deals with a problem preceding the specific problem of the nature of scientific research and which, nevertheless, exhibits one of its roots. This essay has the title "Image Making and the Freedom of Man" [12], and Jonas describes it as "an essay in philosophical anthropology concerned with determining man's 'specific difference' in the animal kingdom." The anthropological contents are summarized in the following quotation:

> Former speculation demanded more concerning what should be regarded as conclusive evidence for Homo sapiens: at some time, nothing less than figures exemplifying geometrical propositions would suffice. This surely is an unfailing but also an overexacting criterion .... The criterion of attempted sensible likeness is more modest, but also more basic and comprehensive. It is full evidence for the transanimal freedom of the makers ([12], pp. 174–175).

But there is also the hint at the secondary form of image making:

> The *adaquatio imaginis ad rem*, preceding the *adaequatio intellectus ad rem* is the first form of theoretical truth – the precursor of verbally descriptive truth, which is the precursor of scientific truth ([12], p. 172).

I believe that this passage contains the key to an understanding of the transcendental significance of mathematical theories and even of mathematics itself. Trying to formulate it more explicitly, I would say: We recognize in the mathematical models of particle physics and in the theorems of topology or number theory the latest metamorphosis of our distinctive human ability: They are images of elements of actual or potential order inherent in the universe.

Polytechnic Institute of New York,
Brooklyn, New York

NOTES

[1] "Hamlet Versus the Second Law of Thermodynamics" was the title of a review of a book by C. P. Snow in the *New York Times* some years ago.

[2] "Das Geschrei der Böotier." I have been unable to locate the exact reference (a letter by Gauss to a colleague). The quotation is widely known among mathematicians. It is generally assumed that G. means the Kantians.

BIBLIOGRAPHY

1. Bernstein, J.: October 13, 1975, 'Physicist I', *The New Yorker*, pp. 47–50, et passim.
2. Bernstein, J.: October 20, 1975, 'Physicist II', *The New Yorker*, pp. 47–50, et passim.
3. Cantore, E.: 1971, 'Humanistic Significance of Science: Some Methodological Consideration', *Philosophy of Science* 38(3), 395–412.

4. Dewey, J.: 1960, *The Quest for Certainty*, Capricorn Books Edition, G. P. Putnam's Sons, New York.
5. Hegel, G. W. F.: 1959, 'Vollkommener Barbar an Begriffen', *Vorlesungen über die Geschichte der Philosophie*, Vol. 3, in the series Jubiläumsausgabe, Vol. 19, Fromann, Stuttgart.
6. Heisenberg, W.: 1969, *Physics and Beyond*, Harper & Row, New York.
7. Hilbert, D.: *Foundations of Geometry*, 2nd ed., Open Court Publishing Company, La Salle, Ill.; the original work appeared in German in 1901.
8. Hoyle, F.: 1957, *The Nature of the Universe*, a Mentor book, published by the New York American Library.
9. Jonas, H.: 1966, 'The Practical Uses of Theory', *The Phenomenon of Life*, Harper & Row, New York, pp. 188–210.
10. Jonas, H.: 1974, 'Jewish and Christian Elements in Philosophy: Their Share in the Emergence of the Modern Mind', *Philosophical Essays: From Ancient Creed to Technological Man*, Prentice-Hall, New Jersey, pp. 21–44.
11. Jonas, H.: 1974, 'Seventeenth Century and After: The Meaning of the Scientific and Technological Revolution', *Philosophical Essays: From Ancient Creed to Technological Man*, Prentice-Hall, New Jersey, pp. 45–80.
12. Jonas, H.: 1974, 'Image Making and the Freedom of Man', *Philosophical Essays: From Ancient Creed to Technological Man*, Prentice-Hall, New Jersey, pp. 157–182.
13. Nietzsche, F.: 1959, *Der Wille zur Macht*, Alfred Kröner Verlag, Stuttgart.
14. Riemann, B.: 1953, *Collected Works*, Dover Publications, New York.

S.I. Adian, W.W. Boone, G. Higman, eds., Word Problems II
© North-Holland Publishing Company (1980) 255–259

REPRESENTATIONS OF AUTOMORPHISM GROUPS OF FREE GROUPS

W. MAGNUS and C. TRETKOFF
Polytechnic Institute of New York, Couvart Institute of Mathematics, New York

Let F_n denote the free group of (finite) rank n, let A_n denote its automorphism group and A_n^* its group of automorphism classes, i.e., the quotient group A_n/I_n, where I_n is the group of inner automorphisms.

A finite-dimensional faithful linear representation of A_2^* over the complex numbers $\mathbf{C}$ is well known. In fact, $A_2^* = \mathrm{GL}(2, \mathbf{Z})$, the general linear group of degree 2 over the integers. No finite-dimensional faithful linear representations over any field are known for A_n^* if $n > 2$ or for A_2. We conjecture that they do not exist, but we have not been able to prove this. However, we shall contribute to the problem and we shall try to explain why it may deserve some interest.

We shall show first that it would suffice to prove our conjecture for A_2. We have

Theorem 1. *A_2 is isomorphic with a subgroup of A_n^* for all $n > 2$.*

Since $A_{n+1}^* \supset A_n^*$, it suffices to prove this for $n = 3$. Let a, b, c be free generators of F_3. Let α be an automorphism of F_2 with free generators a, b. Then α also acts on A_3 as an automorphism by defining $\alpha(c) = c$. But unless α is the identity automorphism, its action on A_3 is never that of an inner automorphism.

Next, we observe that the obvious methods for proving our conjecture do not apply. The groups A_n are residually finite according to a theorem of Baumslag. See [1]. The groups A_n^* are residually finite according to E. Grossman [2]. Therefore, Malcev's Theorem (see [4]) according to which finitely generated linear groups over a field are residually finite, cannot be used to prove our conjecture. The same remark applies to Selberg's Theorem [5] according to which a finitely generated finite-dimensional linear group over $\mathbf{C}$ has a torsion free subgroup of finite index. Indeed, this is most easily seen to be satisfied by A_2 which has a subgroup S of finite index with the following property: S is the extension of a free group I_2 of rank two (the group of inner automorphisms of F_2) by another free group of rank 2, namely the group generated by the elements represented by the matrices

$$\begin{pmatrix}1 & 2\\ 0 & 1\end{pmatrix}, \quad \begin{pmatrix}1 & 0\\ 2 & 1\end{pmatrix}$$

of $\mathrm{GL}(2, \mathbf{Z})$. This remark also shows that A_2 cannot contain "large" abelian subgroups the existence of which might contradict the existence of a linear representation. We now prove

Theorem 2. *If A_2 has a finite-dimensional faithful linear representation R over $\mathbf{C}$, then at least one of the irreducible components of R represents A_2 faithfully.*

Proof. Let R_λ, $\lambda = 1, \ldots, l$, be the irreducible components of R. (Of course, R need not be fully reducible, i.e., R need not be the direct sum of the R_λ.) Assume first that none of the R_λ represents I_2 faithfully, and let K_λ be the normal subgroup of I_2 represented by the identity in R_λ. Let (K_λ, K_μ) denote the normal subgroup generated by commutators of elements of K_λ with elements of K_μ. Then $(K_\lambda, K_\mu) \subset K_\lambda \cap K_\mu$. Since I_2 is free of rank 2, it follows that the intersection K of all of the K_λ is free of rank $\geqslant 2$. On the other hand, K would be represented in R by supertriangular matrices which would form a solvable group. Therefore R itself could not represent I_2 faithfully.

Suppose now that, in R_λ, an automorphism $\alpha \neq 1$ would be represented by the identity. Let $I(w)$ denote the inner automorphism which maps any element f in F_2 onto $w^{-1}fw$, where $w \in F_2$. Since

$$\alpha^{-1} I(w) \alpha = I(\alpha w)$$

where αw is the image of w in F_2 under the action of α, we would have that, in R_λ, the inner automorphism

$$I(\alpha w) I^{-1}(w) = I((\alpha w) w^{-1})$$

would be represented by the identity. This can happen only if I_2 is not represented faithfully in R_λ since there does not exist any automorphism $\alpha \neq 1$ which maps every $w \in F_2$ onto itself, and since the center of F_2 is trivial.

We shall now analyze the possibilities for unitary representations over $\mathbf{C}$ of A_2. We note that there exist such representations of finite quotient groups in which both the image of I_2 and of its quotient group are non-solvable. See Stork [6].

A presentation of A_2 can be given as follows:

Let x, y be free generators of the free group F_2. We present the group A_2 of its automorphisms as follows:

Generators. P_1, σ_1, σ_2, U, V, U^*, V^*, defined as:

$$P: x \to y,\ y \to x, \qquad \sigma_1: x \to x^{-1},\ y \to y,\ \sigma_2: x \to x,\ y \to y^{-1}.$$

$$U: x \to xy,\ y \to y, \qquad V: x \to yx,\ y \to y.$$

$$U^*: x \to x,\ y \to yx, \qquad V^*: x \to x,\ y \to xy.$$

If $w \in F_2$ is any word in x, y, the inner automorphism $I(w)$ is defined by

$$I(w): x \to w^{-1}xw,\ y \to w^{-1}yw.$$

We denote $I(x)$, $I(y)$ respectively by X, Y and we have

(1) $$X = V^{*-1}U^*,\ Y = V^{-1}U.$$

For any $\alpha \in A_2$, we have

(2) $$\alpha^{-1}I(w)\alpha = I(\alpha(w))$$

where $\alpha(w)$ is the image of w under the action of α.

The defining relations for A_2 can be put into the form [3, p. 162]

(3) $$P^2 = \sigma_1^2 = \sigma_2^2 = 1,\ \sigma_1\sigma_2 = \sigma_2\sigma_1,\ P\sigma_1P = \sigma_2$$

(4) $$PUP = U^*,\ PVP = V^*$$

(5) $$\sigma_1U\sigma_1 = V^{-1},\ \sigma_2U^*\sigma_2 = V^{*-1}$$

(6) $$\sigma_2U\sigma_2 = U^{-1},\ \sigma_1U^*\sigma_1 = U^{*-1}$$

(7) $$\sigma_2V\sigma_2 = V^{-1},\ \sigma_1V^*\sigma_1 = V^{*-1}$$

(8) $$U^{-1}U^*V^{-1} = \sigma_1P,\ UV^{*-1}V = \sigma_2P$$

(9) $$UV = VU,\ U^*V^* = V^*U^*.$$

As an easy consequence of (1), (4), (8), we find

(10) $$U^{-1}XU = XY,$$

a relation which also would be derived from (2) and from the definition of U.

To build up a unitary representation of A_2, we start with the maximal abelain subgroup generated by U and V. We can diagonalize U and V simultaneously and we may assume that U (which, according to (10), is conjugate with U^{-1}) has in its main diagonal successively in certain multiplicities the distinct eigenvalues

$$+1, -1, \lambda_1, \lambda_1^{-1}, \ldots, \lambda_r, \lambda_r^{-1}.$$

We call any matrix commuting with U an ω-matrix. An ω-matrix consists of blocks whose sizes equal the multiplicities of the respective eigenvalues. We call blocks belonging to eigenvalues λ_ζ and λ_ζ^{-1} ($\zeta = 1, \ldots, r$) "conjugate blocks."

By using the proof of Clifford's theorem on page 5 in [7], we find

Lemma 1. *The subgroup of A_2 generated by U, V, σ_1, σ_2 has unitary representations which can be put into monomial form, with U, V, in diagonal form. The permutation associated with the monomial matrix σ_2 exchanges conjugate blocks in any ω-matrix.*

Relations (10), (6), (7) show that

$$X^{-1}UX = V = \sigma_1 U^{-1} \sigma_1 = \sigma_1 \sigma_2 U \sigma_2^{-1} \sigma_1^{-1}. \tag{11}$$

Therefore

$$X\sigma_1\sigma_2 = \Omega \tag{12}$$

is an ω-matrix, and by using (1), (5), (6) we find

$$(X\sigma_1)^2 = (\Omega\sigma_2)^2 = \Omega^2 = 1. \tag{13}$$

These remarks prove

Lemma 2. *If U has simple eigenvalues in a unitary representation of A_2, then X^2 commutes with U (since Ω is diagonal) and therefore* (10) *shows that $YXY = X$ and that the representation cannot be faithful.*

We can sharpen Lemma 2. Let $\bar{\sigma}_1$ and $\bar{\sigma}_2$ be the permutations associated with the monomial matrices representing σ_1 and σ_2. Then we have

Theorem 3. *Let Π be the permutation group generated by $\bar{\sigma}_1$, $\bar{\sigma}_2$ and by the permutations π which exchange only eigenvalues of U which have the same value. If Π is imprimitive with the eigenspaces of U as a system of imprimitivity, then the unitary representation of A_2 is not faithful.*

It should be noted that the permutations π together with $\bar{\sigma}_2$ certainly generate an imprimitive group which satisfies the conditions of Theorem 3 and that $\bar{\sigma}_1$ commutes with $\bar{\sigma}_2$. That is, $\bar{\sigma}_2$ is given and $\bar{\sigma}_1$ is not entirely arbitrary.

Proof. We show that a system of imprimitivity of Π is also a system of imprimitivity for the group generated by X and Y. To see this, we observe that Ω is of order 2. Therefore the group ring generated by the unitary matrices σ_1, σ_2, Ω can also be generated by diagonal matrices and the matrices in Π. Therefore X is imprimitive if and only if Π has this property. But if a power of X commutes with U, we have, as in Lemma 2, a relation

$$X^m = (XY)^m$$

which cannot hold in a faithful representation since, in A_2, X and Y freely generate a free group.

Acknowledgment

Work on this paper was supported in part by a grant of the U.S. National Science Foundation.

References

[1] G. Baumslag, Automorphism groups of residually finite groups, Proc. London Math. Soc. 38 (1963) 117–118.
[2] E. Grossman, On the residual finiteness of certain mapping class groups, J. London Math. Soc. (2) 9 (1974) 160–164.
[3] W. Magnus, A. Karrass and D. Solitar, Combinatorial group theory (Dover Publications, 1976) pp. 162–165.
[4] A.I. Malcev, On the faithful representation of infinite groups by matrices, Amer. Math. Soc. Translations, Ser. 2, Vol. 45 (1965) 1–18.
[5] A. Selberg, On discontinuous groups in higher dimensional symmetric spaces, Int. Colloq. Function Theory, Tata Inst. Fundamental Res., Bombay (1964) pp. 147–164.
[6] D. Stork, Structure and applications of Schreier coset graphs, Comm. Pure Appl. Mat. 24 (1971) 797–805.
[7] B.A.F. Wehrfritz, Infinite linear groups (Springer Verlag, New York, 1973).

Math. Z. 170, 91 – 103 (1980)

Mathematische Zeitschrift

Rings of Fricke Characters and Automorphism Groups of Free Groups*

Wilhelm Magnus

11 Lomond Place, New Rochelle, New York 10804, U.S.A.

1. Introduction and Motivation

Let F_n be the *free group on n free generators* $g_\nu (\nu = 1, \ldots, n)$ and let Φ_n be its *group of automorphisms*. Its quotient group Φ_n^* with respect to the inner automorphisms is the *group of automorphism classes* of F_n. For $n=2$, it is easy to derive a presentation for Φ_n since Φ_2^* is simply the linear group $GL(2, \mathbb{Z})$ of 2 by 2 matrices with integers as entries and determinant ± 1. For $n \geqq 3$, finding a presentation becomes a difficult problem which was first solved by Nielsen [16] and later by McCool [14] who also proved important theorems about the presentations of subgroups of Φ_n. However, not much is known about the structure of Φ_n and even less about that of Φ_n^*. According to a general theorem of Baumslag [1], Φ_n is residually finite. It is already more difficult to prove the same result for Φ_n^* if $n > 2$; see Grossman [5]. Since there exists a natural mapping of Φ_n onto $GL(n, \mathbb{Z})$ with a kernel which we shall denote by K_n, it seems to be natural to concentrate ones attention on the structure of K_n since $GL(n, \mathbb{Z})$ is a well investigated group for all n. The quotient group of K_n with respect to the inner automorphisms shall be called K_n^*. We know [11] that K_n (and, therefore, K_n^*) are finitely generated with explicitly known generators. We also know that K_n is residually torsion free nilpotent. This follows immediately from the action of K_n on the group ring of F_n which is a graded ring [10] in which the powers of the augmentation ideal provide the grading. The action of K_n on this ring then provides a faithful representation of K_n in terms of upper triangular (infinite) matrices with integers as entries and with terms $+1$ in the main diagonal. But for K_n^* it is not even known whether it is torsion free or not. Nor is it known whether K_n (and, therefore, K_n^*) has a finite presentation. Also, no finite dimensional matrix representation for Φ_n, $n \geqq 2$ or Φ_n^*, $n \geqq 3$, are known and there is at least some support for the conjecture that none exist. (It would be sufficient to show this for Φ_2; see [13].) However, it has been known for a long time [4] that Φ_n^* acts as a group of automorphisms of a quotient ring R_n of a finitely generated (commutative) ring and it has been shown later [7] that this

* Work supported by the National Science Foundation

0025-5874/80/0170/0091/$02.60

action represents Φ_n^* faithfully. It is the purpose of the present paper to investigate the structure of R_n and its relationship to Φ_n^*. In addition, we shall, in Sect. 4, derive new and faithful representations of the braid groups B_n as automorphism groups of rings of polynomials with integral coefficients in finitely many algebraically independent indeterminates. B_n is a subgroup of the automorphism group of any free group of rank $m \geqq n$. For a survey of the literature see [12] and for topological applications see [3]. As it turns out, the B_n also play a general role in group theory. See [9], where their elements appear as "Peiffer transformations".

After completing this paper, the author discovered that Theorem 2.1, Fricke's Lemma, and Lemma 2.1 have already been proved by Vogt in 1889. However, since the present paper gives very simple proofs for all formulas (Vogt just states them) and contains precise restrictions in Theorem 2.2, these parts of the paper have been retained. So have the terms "Fricke character" and "Fricke relation", although Vogt has clear priority. But Fricke's name has already been associated with these concept in other papers.

2. The Ring of Fricke Characters

Let A_ν, $\nu = 1, \ldots, n$ be arbitrary elements of $SL(2, \mathbb{C})$:

$$A_\nu = \begin{pmatrix} a_\nu & b_\nu \\ c_\nu & d_\nu \end{pmatrix}, \quad a_\nu d_\nu - b_\nu c_\nu = 1 \tag{2.1}$$

The A_ν are generators of a group G_n. For any word $W(A_\nu)$ in the generators we denote the trace of W by tr W. It has been stated by Fricke [4] and proved by Horowitz [6] that tr W is a polynomial with integral coefficients in the $2^n - 1$ traces.

$$\operatorname{tr} A_{\nu_1} A_{\nu_2} \ldots A_{\nu_k}, \quad \nu_1 < \nu_2 < \ldots < \nu_k; \quad k \leqq n \text{ and } \operatorname{tr} I = 2, \tag{2.2}$$

where I denotes the unit matrix. We consider the traces as indeterminates and denote the ring of polynomials with integral coefficients in these indeterminates by R_n^*. Next, we define the ideal $I_n^* \in R_n^*$ which is generated by all polynomials p in these indeterminates such that $p = 0$ for any choice of the A_ν. Then the quotient ring

$$R_n = R_n^* / I_n^* \tag{2.3}$$

will be called the *ring of Fricke characters.*

We note that, in a way, the relations $p = 0$ are identities since we may replace the original traces appearing as indeterminates by polynomials which represent the traces of arbitrary words W_ν in the A_ν and the traces of products of the W_ν. We also note that the result of Fricke and Horowitz as well as the establishing of a complete set of identities have been generalized by Procesi [17], Leron [8] and Razmyslov [18] to the case where the A_ν denote k by k matrices with determinant $+1$, where k may be any positive integer. However, for group theoretical applications we need a very detailed knowledge of R_n which could not be derived in any obvious manner from the general results and which, so far, even for $k=2$, has been available only for $n<4$, with partial results [21] for $n=4$.

We shall use the following notations:

$$\operatorname{tr} A_\nu = x_\nu, \quad \operatorname{tr} A_\nu A_\mu = y_{\nu\mu} \tag{2.4}$$

$$\operatorname{tr} A_{\nu_1} A_{\nu_2} \ldots A_{\nu_m} = z_{\nu_1 \nu_2 \ldots \nu_m}, \quad (m>2) \tag{2.5}$$

where $\nu, \mu, \nu_1, \ldots, \nu_m$ run independently from 1 to n. We have:

Theorem 2.1. *Let Ω_n be the quotient field of the ring of polynomials with integral coefficents in the $3n-3$ indeterminates x_ν, $(\nu=1,\ldots,n)$, $y_{1,\lambda}$ $(\lambda=2,\ldots,n)$, $y_{2,\mu}$ $(\mu=3,\ldots,n)$. Then R_n is embeddable in an algebraic extension of Ω_n which consists of at most $n-2$ simultaneous quadratic extensions.*

Proof. We start with an enumeration of the known identities, supplying at the end the new ones which are needed to complete the proof of Theorem 2.1. For any two words U, V, in the A_ν (and, of course, even for any two elements of $SL(2,\mathbb{C})$) we have

$$\operatorname{tr} U^{-1} = \operatorname{tr} U, \quad \operatorname{tr} U^{-1}VU = \operatorname{tr} V, \quad \operatorname{tr} UV + \operatorname{tr} UV^{-1} = \operatorname{tr} U \operatorname{tr} V. \tag{2.6}$$

These are the "*elementary identities*" which permit us to prove that every trace of a word in the A_ν is a polynomial in the traces of finitely many words [6]. A special consequence, needed later, is

$$\operatorname{trace} A_1^{-1} A_2^{-1} A_1 A_2 = x_1^2 + x_2^2 + y_{12}^2 - x_1 x_2 y_{12} - 2 \equiv D(A_1, A_2) \tag{2.7}$$

The right hand side in (2.7) equals 2 only if A_1, A_2 generate a metabelian group which then is conjugate with a group of triangular matrices. (We omit the elementary proof.)

Next we need the "Fricke Relation" which, combined with (2.6) allows us to express the trace of any product of k distinct factors A_ν in terms of traces of ordered products (2.2). We formulate it as

Fricke's Lemma. *Let P, Q denote respectively, the polynomials*

$$P = x_1 y_{23} + x_2 y_{13} + x_3 y_{12} - x_1 x_2 x_3 \tag{2.9}$$

$$\begin{aligned} Q = {} & x_1^2 + x_2^2 + x_3^2 + y_{12}^2 + y_{13}^2 + y_{23}^2 + y_{12} y_{13} y_{23} \\ & - x_1 x_2 y_{12} - x_1 x_3 y_{13} - x_2 x_3 y_{23} - 4. \end{aligned} \tag{2.10}$$

Then $z_{123} + z_{132} = P$, $z_{123} z_{132} = Q$, that is z_{123} and z_{132} are the roots of the quadratic equation

$$z^2 - Pz + Q = 0. \tag{2.11}$$

Obviously, the Eq. (2.11) for z is irreducible in the ring of polynomials in the x_ν and $y_{\nu\mu}$. We introduce its discriminant

$$\Delta(A_1, A_2, A_3) \equiv P^2 - 4Q \tag{2.12}$$

which will be shown later to satisfy a simple functional equation. But first we shall prove

Lemma 2.1. $\Delta=0$ *if and only if there exists in* $SL(2,\mathbb{C})$ *a matrix* T *with* $\operatorname{tr} T=0$ *such that*

$$(TA_\nu)^2=I, \quad (\nu=1,2,3),$$

unless the traces of all commutators (A_ν, A_μ) *are equal to* 2.

Proof. The relations $TA_\nu=A_\nu^{-1}T$ are equivalent to three linear homogeneous relations for t_{11}, t_{12}, t_{21} in

$$T=\begin{pmatrix} t_{11} & t_{12} \\ t_{21} & -t_{11} \end{pmatrix}$$

with a determinant D^* whose rows are given by a_r-d_r, b_r, c_r, $(r=1,2,3)$. A necessary condition for the existence of T is $D^*=0$. Now we introduce the

Notation.

$$M(A_1,A_2,A_3,A_4)=\begin{pmatrix} a_1 & b_1 & c_1 & d_1 \\ a_2 & b_2 & c_2 & d_2 \\ a_3 & b_3 & c_3 & d_3 \\ a_4 & b_4 & c_4 & d_4 \end{pmatrix} \tag{2.13}$$

$$J=\begin{pmatrix} 1 & 0 & 0 & 0 \\ 0 & 0 & 1 & 0 \\ 0 & 1 & 0 & 0 \\ 0 & 0 & 0 & 1 \end{pmatrix}, \quad J^*=\begin{pmatrix} 0 & 0 & 0 & 1 \\ 0 & -1 & 0 & 0 \\ 0 & 0 & -1 & 0 \\ 1 & 0 & 0 & 0 \end{pmatrix} \tag{2.14}$$

Putting now $M_0=M(A_1,A_2,A_3,I)$ we find by taking determinants:

$$D^{*2}=\det M_0^2=-\det M_0 J M_0^{\mathrm{tr}}=-\det(\operatorname{tr} A_\nu A_\mu)$$

where, in the last matrix, $\nu,\mu=1,2,3,4$ denote the rows and columns and $A_4=I$. Direct calculation then shows that

$$D^{*2}=\Delta(A_1,A_2,A_3). \tag{2.15}$$

Therefore, $\Delta=0$ is a necessary condition for the existence of T. It is also a sufficient condition whenever the linear equations for the entries of T have a solution with $t_{11}^2+t_{12}t_{21}=-\det T\neq 0$. This is true whenever at least one of the traces of the commutators (A_ν, A_μ), $\nu,\mu=1,2,3$, is different from 2.

Next we need what we shall call the "*general identities*" which we shall state as the

Main Lemma. *Let* B_ν, C_μ, ν, $\mu=1,2,3,4$ *be any eight matrices in* $SL(2,\mathbb{C})$. *Then*

$$\det(\operatorname{tr} B_\nu C_\mu)+\det(\operatorname{tr} B_\nu C_\mu^{-1})=0. \tag{2.16}$$

$$\det(\operatorname{tr} B_\nu B_\mu)\, \det(\operatorname{tr} C_\nu C_\mu)=\{\det(\operatorname{tr} B_\nu C_\mu)\}^2 \tag{2.17}$$

Here v, μ denote the rows and columns of (4 by 4)-matrices whose entries are traces, and "det" means "determinant".

Proof. Using the notations explained in (2.13), (2.14) we see that

$$(\operatorname{tr} B_v C_\mu) = M(B_1, B_2, B_3, B_4) J M^{tr}(C_1, C_2, C_3, C_4) \tag{2.18}$$

where M^{tr} denotes the transpose of M. Similarly

$$(\operatorname{tr} B_v C_\mu^{-1}) = M(B_1, B_2, B_3, B_4) J J^* M^{tr}(C_1, C_2, C_3, C_4) \tag{2.19}$$

Since $\det J = \det J^* = -1$, we obtain (2.16). Similarly, we obtain (2.17) where we need only J but not J^*.

We can derive the Fricke relation 2.11 from the main lemma. We have

Lemma 2.2. *If, in* (2.16), *we put*

$$B_1 = C_1 = A_1, \quad B_2 = C_2 = A_2, \quad B_3 = C_3 = A_1 A_2, \quad B_4 = C_4 = A_3$$

and denote $\operatorname{tr} A_1 A_2 A_3$ *by* z *and also use the relation* $\operatorname{tr} A_1 A_2 A_3^{-1} = y_{12} x_3 - z$, *the left hand side in* (2.16) *is identically equal to* (*see* 2.7)

$$\{D(A_1, A_2) - 2\}\{z^2 - Pz + Q\}.$$

Therefore, the Fricke relation (2.11) *follows from* (2.16) *if* $D(A_1, A_2) \neq 2$.

Unfortunately, we have not been able to prove this result without using direct and very cumbersome calculations.

Another consequence of the main lemma is

Lemma 2.3. *If we define* $\Delta(B_1, B_2, B_3)$ *in the same manner as* $\Delta(A_1, A_2, A_3)$ *in* (2.12), (2.9), (2.10) *as a polynomial in the traces of* B_v *and* $B_v B_\mu$, *then the product*

$$\Delta(A_1, A_2, A_3)\, \Delta(B_1, B_2, B_3)$$

is the square of a polynomial in the traces of the A_v, B_μ *and* $A_v B_\mu$.

Proof. Main Lemma, formula (2.17) and (2.15), with $B_4 = C_4 = I$ and $C = A_v$, $v = 1, 2, 3$.

Now we are able to prove Theorem 2.1. Assume that the traces $x_v, y_{1\lambda}, y_{2\mu}$, are given. Then all $y_{3,\rho}$, $\rho > 3$ can be obtained through a quadratic extension of Ω_n by using (2.16) of the main lemma with

$$B_1 = C_1 = A_1, \quad B_2 = C_2 = A_2, \quad B_3 = C_3 = A_3, \quad B_4 = C_4 = A_\rho.$$

The coefficient of $y_{3,\rho}^2$ in this equation is $2[D(A_1, A_2) - 2]$ (see 2.7). Next, choose $\rho > 3$, $\sigma > 3$, $\rho \neq \sigma$. Then $y_{\rho,\sigma}$ satisfies a linear equation with coefficients in the ring of polynomials in the $x_v, y_{1,\lambda}, y_{2,\mu}, y_{3,\rho}, y_{3,\sigma}$. This equation is obtained by using (2.16) with

$$B_1 = C_1 = A_1, \quad B_2 = C_2 = A_2, \quad B_3 = C_3 = A_3, \quad B_4 = A_\rho, \quad C_4 = A_\sigma.$$

The coefficient of $y_{\rho,\sigma}$ in this equation is

$$-\Delta(A_1, A_2, A_3) = -P^2 + 4Q$$

with P, Q defined in (2.9), (2.10).

So far, we have made $n-3$ quadratic extensions by adjoining the $y_{3,\rho}, \rho > 3$, and have obtained all $x_\nu, y_{\nu,\lambda}$ in terms of the original indeterminates. The last adjunction to be made is that of $z_{1,2,3}$, i.e., of a root of Fricke's relation (2.11). This is equivalent to adjoining the square root of $\Delta(A_1, A_2, A_3)$. After that, Lemma 3 shows that we can express the trace of any product of three factors in terms of the traces of one or two factors by using merely rational operations, and by induction the same follows for products of more than three factors.

We still have to prove that the $x_\nu, y_{1,\lambda}, y_{2,\mu}$ of Theorem 1 may be considered as indeterminates. This can be done following the pattern used by Whittemore [21]. We merely have to observe that any pair A_1, A_2 with $D(A_1, A_2) \neq 2$ is conjugate in $SL(2, \mathbb{C})$ with one of the pairs

$$\begin{pmatrix} \tau & 0 \\ 0 & \tau^{-1} \end{pmatrix}, \begin{pmatrix} \alpha & 1 \\ \beta & \gamma \end{pmatrix}, (\tau^2 \neq 1, \beta = \alpha\gamma - 1 \neq 0)$$

or

$$\pm\begin{pmatrix} 1 & \sigma \\ 0 & 1 \end{pmatrix}, \pm\begin{pmatrix} 1 & 0 \\ \tau & 1 \end{pmatrix}, (\tau\sigma \neq 0)$$

and then show that $A_3, \ldots, A_n$ can be found such that the remaining $x_\nu, y_{1,\lambda}, y_{2,\mu}$ assume prescribed values. Our calculations then show how to obtain the values of the remaining traces. We may summarise our results in a way which is more specific than Theorem 2.1 by stating

Theorem 2.2. *Let A_1, A_2, A_3 be three matrices in $SL(2, \mathbb{C})$ such that the traces $x_1, x_2, x_3, y_{12}, y_{13}, y_{23}$ defined by (2.7) and (2.12) satisfy the relations*

$$D(A_1, A_2) \neq 2, \quad \Delta(A_1, A_2, A_3) \neq 0.$$

Then there exist matrices $A_4, \ldots, A_n \in SL(2, \mathbb{C})$ such that the traces $x_\rho, y_{1,\rho}, y_{2,\rho}, \rho = 4, \ldots, n$ assume preassigned values. After solving $n-2$ quadratic equations, we then can compute the traces of all products of all of the A_ν, $\nu = 1, \ldots, n$, in terms of the $3n-3$ traces enumerated in Theorem 2.1 by using rational operations.

3. Action of Φ_n^* on R_n

It is clear that, "in general", the group G_n with generators A_ν is in fact free of rank n because it is easy to find A_ν with this property even within $SL(2, \mathbb{Z})$. Applying a Nielsen transformation or, equivalently, an automorphism α of a free group to the A_ν obviously induces an automorphism α^* of the ring R_n of Fricke characters, and it is again clear that this automorphism is the identity if α is an inner automorphism. Therefore, the mapping $\alpha \to \alpha^*$ produces a representation of Φ_n^* in terms of automorphism of R_n. It has been shown by Horowitz that this representation is faithful for $n>2$ and that for $n=2$ only the center of Φ_2^*, namely the automorphism $A_1 \to A_1^{-1}$, $A_2 \to A_2^{-1}$ is mapped onto the identical mapping of R_2.

We give here a simplified proof of Horowitz' result for $n>2$. It follows from elementary cancellation arguments that an automorphism which maps all A_ν, all $A_\nu A_\mu$ and all the $A_\nu A_\mu A_\lambda$ into conjugates of themselves or their inverses must be an inner automorphism. Now let α be an automorphism which is not an inner one. If α merely exchanges the A_ν and their inverses, it clearly acts non-trivially on R_n if $n \geqq 3$ since, in particular,

$$\operatorname{tr} A_1 A_2 A_3 \neq \operatorname{tr} A_1^{-1} A_2^{-1} A_3^{-1}$$

unless $\Delta(A_1, A_2, A_3)=0$. Otherwise, we can show that α must map at least one of the elements A_ν, $A_\nu A_\mu (\nu \neq \mu)$ onto an element of the group which, after free and cyclic reduction, is of greater length than the original (as a word in the A_ν). Now the faithful action of Φ_n^* on R_n follows from

Theorem 3.1. *Let W_1 and W_2 be freely and cyclically reduced words in the A_ν which are of different lengths. Then*

$$\operatorname{tr} W_1 \neq \operatorname{tr} W_2 \tag{3.1}$$

in R_n.

Proof. We need the following result [19]:

Traina's Lemma. Let U, V be elements of $SL(2,\mathbb{C})$ and let $\operatorname{tr} U = \omega \operatorname{tr} V = \varphi$, $\operatorname{tr} UV = \psi$. Let

$$W_0 = U^{m_1} V^{n_1} U^{m_2} V^{n_2} \dots U^{m_l} V^{n_l}$$

where none of the exponents is zero. Then $\operatorname{tr} W_0$ is a polynomial in ω, φ, ψ of exact degree l in ψ.

Consider now any freely and cyclically reduced word W of length l in the A_ν. Then the mapping

$$A_\nu \to U^\nu V U^\nu \quad (\nu = 1, \dots, n)$$

maps $\operatorname{tr} W$ onto a polynomial of exact degree l in ψ. This proves Theorem 3.1.

The problem of using the action of Φ_n^* on R_n for the investigation of Φ_n^* is a difficult one since we do not know enough about automorphisms of rings. For $n=2$, Horowitz [7] proved that Φ_2^* induces exactly those automorphisms of $R_2 = \mathbb{Z}[x_1, x_2, y_{12}]$ which keep the cubic form

$$D = x_1^2 + x_2^2 + y_{12}^2 - x_1 x_2 y_{12} - 2$$

invariant, modulo the automorphism which maps $x_1 \to -x_1$, $x_2 \to -x_2$, $y_{12} \to +y_{12}$. For $n=3$ we know that every element of R_3 can be written in exactly one manner in the form

$$L_1(x,y) + z L_2(x,y) \tag{3.2}$$

where L_1, L_2 are polynomials with integral coefficients in the six indeterminates $x_\nu y_{\nu,\mu}$ ($\nu, \mu = 1, 2, 3, \nu < \mu$) and where z satisfies the Fricke relation (2.11). It is obvious that all endomorphisms of the free group G_3 induce endomorphisms of R_3 which keep the Fricke relation invariant. However, it seems to be already a difficult problem to characterize the automorphisms among the endomorphism or even to find a necessary algebraic condition for an endomorphism of R_3 to be induced by an element of Φ_3^*.

The most promising way to use R_n for the investigation of Φ_n^* seems to be to find a sequence of Φ_n^* - invariant ideals in R_n with quotient rings that are embeddable (with respect to addition) in a finite dimensional vector space. Such a sequence can be established easily for $n=3$ since the only quadratic adjunction needed for the instruction of R_3 is the adjunction of z which satisfies a quadratic. equation with coefficients in the subring $\mathbb{Z}(x_\nu, y_{\nu,\mu})$ and coefficient 1 for z^2. For $n>3$, the situation gets more complicated since then it seems to be impossible to carry out the necessary quadratic adjunctions without using rational functions rather than polynomials in the algebraically independent indeterminates. See the proof of Theorem 2.1 where equations for $y_{3,\rho}$ and $y_{\rho,\sigma}$ are derived. We shall now prove:

Theorem 3.2. *Let Λ be the ideal in R_3 generared by*

$$x'_\nu = x_\nu - 2, \quad y'_{\nu,\mu} = y_{\nu,\mu} - 2, \quad z' = z - 2, \quad \nu < \mu, \nu = 1, 2, 3, \quad \mu = 2, 3. \tag{3.3}$$

Then Λ^K, for $K = 1, 2, 3 \ldots$ is invariant under the action of Φ_3^*.

Proof. Since all relations between traces must be satisfied if all A_ν are replaced by the unit matrix it is obvious Λ is invariant. To show that the same is true for all of its powers one has to observe that the generators of Φ_3^* act as follows on the x'_ν, $y'_{\nu,\mu}$ and on z': Each one of them goes into an expression x_ν^*, $y_{\nu\mu}^*$, z^* of the form

$$L_1(x'_\nu, y'_{\nu\mu}) + z' L_2(x'_\nu, y'_{\nu\mu}) \tag{3.4}$$

where L_1 and L_2 are polynomials with integer coefficients in the x'_ν, $y'_{\nu,\mu}$ and where L_1 does not have a constant term. We have to show that the mapping

$$x'_\nu \to x_\nu^*, \quad y'_{\nu\mu} \to y_{\nu\mu}^*, \quad z' \to z^* \tag{3.5}$$

will map Λ^K onto itself. Now the mapping (3.5) will map an element of the form (3.4) which is in Λ^K in an element involving terms with power of z' higher than the first. We can get rid of these higher powers of z' by using the Fricke relation (2.11) in the form

$$z'^2 = P'(x'_\nu, y'_{\nu\mu}) z' - Q'(x_\nu, y'_{\nu\mu}) \tag{3.6}$$

which arises from a replacement of the x_ν by the $x'_\nu + 2$, etc. But it turns out that in (3.6) P' has no constant term and Q' has neither a constant nor linear terms. This proves Theorem 3.2. Finally, we prove

Theorem 3.3. *The action of K_3^* on Λ/Δ^2 produces a non-faithful representation K_3^{**} of K_3^* as a subgroup of $GL(7, \mathbb{Z})$. The kernel of the mapping $K_3^* \to K_3^{**}$ is a torsion free residually nilpotent group.*

Proof. The x'_ν, $y'_{\nu\mu}$, z' form a basis for Λ/Λ^2. This proves the existence of K_3^{**} and its representation as a linear group. That the representation is not faithful can be derived from the following facts: Denote respectively by α_1 and α_2 the automorphisms

$$\alpha_1: A_1 \to A_2 A_1 A_2^{-1}, \quad A_2 \to A_2, \quad A_3 \to A_3$$
$$\alpha_2: A_1 \to A_1, \quad A_2 \to A_1 A_2 A_1^{-1}, \quad A_3 \to A_3.$$

Then α_1 and α_2 generate a free subgroup S of Φ_3^*. Put $\tau = \alpha_1\alpha_2$. In the matrix representation of S induced by the action of S on Λ/Λ^2, τ^4 and all of its conjugates in S are represented by lower triangular (7 by 7)-matrices with entries $+1$ in the main diagonal, which means that the normal closure of τ^4 in S is represented by a nilpotent group. Therefore, S is not represented faitfully. Now those elements of Φ_3^* which induce the identity in Λ/Λ^2 obviously induce an infinite triangular matrix representation in R_3, with entries $+1$ in the main diagonal. Such a group is residually torsion free nilpotent.

4. A Faithful Rrepresentation of Braidgroups as Groups of Ring Automorphisms

The n-th *braidgroup* B_n can be defined as a subgroup of the group Φ_m of automorphisms of a free group F_m of rank $m \geqq n$ in the following manner:

Let a_ν, $\nu = 1, \ldots, m$ denote free generators of F_m and let σ_μ, $\mu = 1, \ldots, n-1$, denote the automorphism of F_m which is defined by the mapping:

$$\sigma_\mu: a_\mu \to a_{\mu+1}, \quad a_{\mu+1} \to a_{\mu+1}^{-1} a_\mu a_{\mu+1}, \quad a_\nu \to a_\nu \quad \text{for } \nu \neq \mu, \ \mu+1. \tag{4.1}$$

B_n then has the following defining relations:

$$\sigma_\lambda \sigma_{\lambda+1} \sigma_\lambda = \sigma_{\lambda+1} \sigma_\lambda \sigma_{\lambda+1}, \quad \lambda = 1, 2, \ldots, n-2, \quad \sigma_\lambda \sigma_\mu = \sigma_\mu \sigma_\lambda \quad \text{if } |\lambda - \mu| \geqq 2. \tag{4.2}$$

We shall now define a ring $\mathbb{Z}_{n+1}[y]$ on which the σ_μ will act as automorphisms. Let $y_{\nu,\rho} = y_{\rho,\nu}$, $\nu < \rho$, $\nu = 1, \ldots, n$ $\rho = 2, \ldots, n+1$ be indeterminates and let $\mathbb{Z}_{n+1}[y]$ be the ring of polynomials with integral coefficients and without constant term in these indeterminates. Define the automorphism τ_μ of $\mathbb{Z}_{n+1}[y]$ for $\mu = 1, 2, \ldots, n-2$, by

$$\begin{aligned} \tau_\mu: \ & y_{\mu,\rho} \to y_{\mu+1,\rho} \quad \text{if } \rho \neq \mu, \ \mu+1 \\ & y_{\mu,\mu+1} \to y_{\mu,\mu+1} \\ & y_{\lambda,\rho} \to y_{\lambda,\rho} \quad \text{if } \lambda, \rho \neq \mu, \ \mu+1, \ (\lambda \neq \rho) \\ & y_{\mu+1,\rho} \to -y_{\mu,\rho} - y_{\mu,\mu+1} y_{\mu+1,\rho} \quad \text{for } \rho \neq \mu, \ \mu+1. \end{aligned} \tag{4.3}$$

We then have:

Theorem 4.1. *The mapping $\sigma_\mu \to \tau_\mu$, $\mu = 1, \ldots, n-1$, defines a faithful representation of B_n as a group of automorphism of $\mathbb{Z}_{n+1}[y]$.*

Proof. We first need a result which, so far, has been proved only with topological methods by Birman and Hilden, 1973. The mappings σ_μ are obviously also automorphisms of the quotient group F_m^* of F_m with the defining relations $a_\nu^2=1$. The result we need is that the group of automorphisms induced on F_m^* by the action of the σ_μ is still isomorphic with B_n. This means that a word W in the σ_μ induces the identical automorphism in F_m^* if and only if $W=1$ in the group B_n defined by the relations (4.2). Now W maps every a_μ onto a conjugate

$$T^{-1}a'_\mu T \tag{4.4}$$

where a'_μ is again one of the a_μ and where, in F_m^*, we may assume that T is of the form

$$T=a_{\mu_1}a_{\mu_2}\dots a_{\mu_r} \tag{4.5}$$

such that

$$a'_\mu \neq a_{\mu_1}, \quad \mu_1\neq\mu_2\neq\dots\neq\mu_r.$$

To prove Theorem 4.1, we observe that the σ_μ also act as automorphisms on F_{n+1}^* and on its subgroup F_{n+1}^{**} of index 2 which consists of words of even length in the a_ν and is clearly generated (although not freely) by the products $a_\nu a_\rho$. Assume now that we have a matrix representation in $SL(2,\mathbb{C})$ of F_{n+1}^*, where $a_\nu\to A_\nu\in SL(2,\mathbb{C})$. We use now the notation of Sect. 2, i.e.,

$$\operatorname{tr} A_\nu = x_\nu, \qquad \operatorname{tr} A_\nu A_\rho = y_{\nu,\rho} \tag{4.6}$$

and find, since $x_\nu=0$

$$\begin{aligned}\operatorname{tr} A_{\mu+1}^{-1}A_\mu A_{\mu+1}A_\rho &= x_\nu \operatorname{tr} A_\mu A_{\mu+1}A_\rho - \operatorname{tr} A_{\mu+1}A_\mu A_{\mu+1}A_\rho\\ &= -\operatorname{tr} A_{\mu+1}A_\mu A_{\mu+1}A_\rho = -\operatorname{tr} A_{\mu+1}A_\mu \operatorname{tr} A_{\mu+1}A_\rho + \operatorname{tr} A_\mu^{-1}A_\rho\\ &= -y_{\mu+1,\mu}y_{\mu+1,\rho} - y_{\mu,\rho}.\end{aligned} \tag{4.7}$$

We thus see that the σ_μ act indeed as the automorphisms τ_μ of $\mathbb{Z}_{n+1}[y]$ defined by (4.3) if we forget that $y_{\nu,\rho}$ are not algebraically independent when appearing as traces of elements of $SL(2,\mathbb{C})$. It is somewhat surprising that we may indeed forget this fact. In other words, we can show by a straight forward calculation that the τ_μ acting as automorphisms of $\mathbb{Z}_{n+1}[y]$ actually satisfy the same relations (4.2) as the σ_μ. We thus have obtained a representation of B_n as a group of automorphisms of the ring $\mathbb{Z}_{n+1}[y]$. We still have to show that it is a faithful one. A glance at the formulas (4.3) shows that we have to do this only in the cases where, in (4.4), $a'_\mu=a_\mu$. We shall complete the proof of Theorem 4.1 by deriving

Lemma 4.1. *Let $W(\sigma)$ be a word in $\sigma_1,\dots,\sigma_{n-1}$, (the generators of B_n) which maps $a_\mu\in F_{n+1}^*$, $\mu\leq n$ onto the element*

$$T^{-1}a_\mu T \tag{4.8}$$

where T has the form (4.5), *T is not empty, and the subscripts $\mu_1,\dots,\mu_r$ are $\leq n$.*

Let $W(\tau)$ be the corresponding word in the τ_μ. Then $W(\tau)$ maps $y_{\mu,n+1}$ onto a polynomial Y in the $y_{\nu,\rho}$ which is of a degree >1.

Proof. The computations in (4.7) show that we will obtain the image of $y_{\mu,n+1}$ under the action of $W(\tau)$ by computing $\operatorname{tr} T^{-1} a_\mu T a_{n+1}$ after replacing the a_ν by the matrices A_ν with trace zero. If we can show that this trace is different from the trace of $A_\mu A_{n+1}$ for a particular choice of the matrices A_ν with $\operatorname{tr} A_\nu = 0$, we have shown that $W(\tau)$ does not act the identity mapping on $\mathbb{Z}_{n+1}[y]$. For this purpose we need a sharpening of Traina's lemma in Sect. 3 which we shall state as

Traina's Formula. With the notations used in Traina's lemma, the coefficient of ψ^l in $\operatorname{tr} W_0$ is exactly

$$\sum_{\lambda=1}^{l} p_{m_\lambda - 1}(\omega)\, p_{n_\lambda - 1}(\varphi) \tag{4.9}$$

where the polynomial $p_n(s)$ is defined by

$$p_n(2\cos\alpha) = \frac{\sin(n+1)\alpha}{\sin\alpha}. \tag{4.10}$$

In particular, $p_0(s) = 1$ and $p_n(s)$ is of exact degree n in s if $n \geqq 0$ and of exact degree $|n+1|$ if $n < -1$.

Now we shall substitute for the A_ν, $\nu = 1, \ldots, n+1$ the particular matrices

$$V^{-\nu} U V^{\nu} \tag{4.11}$$

where $\operatorname{tr} U = \omega = 0$, $\operatorname{tr} V = \varphi$, $\operatorname{tr} UV = \psi$ and where we may consider φ, ψ as algebraically independent indeterminates. This substitution produces the formula

$$\begin{aligned}\operatorname{tr} A_\mu A_{n+1} &= \operatorname{tr} V^{-\mu} U V^{\mu-n-1} U V^{n+1}\\ &= \operatorname{tr} U V^{\mu-n-1} U V^{n+1-\mu} = p_{\mu-n-2}(\varphi)\, p_{n-\mu}(\varphi)\, \psi^2 + \textit{polynomial in } \varphi.\end{aligned} \tag{4.12}$$

On the other hand, if we make the same substitution in $T^{-1} a_\mu T a_{n+1}$ and then compute the trace of the resulting matrix we find that it is a polynomial of exact degree $2r+2$ in ψ and, since $r > 0$, it must be different from $\operatorname{tr} A_\mu A_{n+1}$. This proves Lemma 4.1 and completes the proof of Theorem 4.1. Our arguments show also that the following result holds:

Corollary 4.1. *The mapping $\sigma_\mu \to \tau_\mu$ defines a faithful representation of B_n as a group of automorphisms of the ring R'_{n+1} arising from the ring R_{n+1} defined by (2.3) by putting all of the x_ν equal to zero. The action of B_n on R'_n or on $\mathbb{Z}_n[y]$ (via the mapping $\sigma_\mu \to \tau_\mu$) gives a faithful representation of the quotient group of B_n with respect to those elements of B_n which induce inner automorphisms in F_n^*.*

We know that the only elements of B_n which induce inner automorphisms of F_n are the powers of

$$(\sigma_1 \sigma_2 \ldots \sigma_{n-1})^n \tag{4.13}$$

which, incidentally, also form the center of B_n. According to a communication from Joan Birman, the arguments in Birman and Hilden, 1973 (Theorem 7) show that the powers of the element in (4.13) are also the only elements of B_n which induce inner automorphisms in F_n^*. This proves:

The quotient group of B_n with respect to its center has a faithful representation as a group of automorphisms of $\mathbb{Z}_n[y]$.

The trace identities in Sect. 2 indicate that there must be invariants for the action of the τ_μ on $\mathbb{Z}_n[y]$. We shall deal here only with the case $n=4$; here there exists both an expected and an unexpected invariant. We have

Theorem 4.2. *The automorphisms τ_1, τ_2, τ_3* keep both of the determinants

$$\begin{vmatrix} -2 & y_{12} & y_{13} & y_{14} \\ y_{12} & -2 & y_{23} & y_{24} \\ y_{13} & y_{23} & -2 & y_{34} \\ y_{14} & y_{24} & y_{34} & -2 \end{vmatrix}, \quad \begin{vmatrix} 0 & y_{12} & y_{13} & y_{14} \\ -y_{12} & 0 & y_{23} & y_{24} \\ -y_{13} & -y_{23} & 0 & y_{34} \\ -y_{14} & -y_{24} & -y_{34} & 0 \end{vmatrix} \tag{4.14}$$

invariant. The second determinant is the negative of the square of the quadratic form

$$y_{12}y_{34} - y_{13}y_{24} + y_{14}y_{23} \tag{4.15}$$

which is itself an invariant.

The invariance of the first determinant is indicated by Eq. (2.16) in the main lemma of we substitute A_ν, A_μ for B_ν and C_μ and use the relations tr $A_\nu = 0$. The invariance of the form in (4.15) has to be confirmed by direct calculations.

One may be tempted to conjecture that all automorphisms of $\mathbb{Z}_4[y]$ which keep the determinants in (4.14) invariant can be expressed in terms of τ_1, τ_2, τ_3 and their inverses, possibly by adding the restriction that these automorphisms must leave the point $y_{\nu\mu} = -2$ (for $\nu, \mu = 1, 2, 3, 4$) fixed. However, we cannot state a specific reason why this should be true or indicate a way of attacking this problem.

References

1. Baumslag, G.: Automorphism groups of residually finite groups. J. London Math. Soc. **38**, 117–118 (1963)
2. Birman, J.S., Hilden, H.M.: On isotopies of homeomorphisms of Riemann surfaces. Ann. of Math. (2) **97**, 424–439 (1973) (Theorem 7)
3. Birman, J.S.: Braids, links and mapping class groups. Annals of Mathematics Studies. Princeton: Princeton University Press 1975
4. Fricke, R., Klein, F.: Vorlesungen über die Theorie der automorphen Functionen. Vol. 1, pp. 365–370. Leipzig: B.G. Teubner 1897. Reprint: New York: Johnson Reprint Corporation (Academic Press) 1965
5. Grossman, E.K.: On the residual finiteness of certain mapping class groups. J. London Math. Soc. (2) **9**, 160–164 (1974)
6. Horowitz, R.: Characters of free groups represented in the twodimensional linear group. Comm. Pure Appl. Math. **25**, 635–649 (1972)

7. Horowitz, R.: Induced automorphisms on Fricke characters of free groups. Trans. Amer. Math. Soc. **208**, 41–50 (1975)
8. Leron, U.: Trace identities and polynomial identities of n by n matrices. J. Algebra **42**, 369–377 (1976)
9. Lyndon, R.C., Schupp, P.: Combinatorial group theory. pp. 156/7. Ergebnisse der Mathematik **89**. Berlin-Heidelberg-New York: Springer 1977
10. Magnus, W.: Beziehungen zwischen Gruppen und Idealen in einem speziellen Ring. Math. Ann. **111**, 259–280 (1935)
11. Magnus, W.: Über n-dimensionale Gittertransformationen. Acta Math. **64**, 353–367 (1939)
12. Magnus, W.: Braid groups. A survey. In: Proceedings of the second International Conference on the Theory of Groups. (Ed. M.F. Newman, Canberra 1973, pp. 463–487. Lecture Notes in Mathematics **372**. Berlin-Heidelberg-New York: Springer 1974
13. Magnus, W., Tretkoff, C.: Linear representations of automorphism groups of free groups. In: Proceedings of the Oxford Conference on Word and Decision Problems (to appear)
14. McCool, J.: Some finitely presented subgroups of automorphism groups of free groups. J. Algebra **35**, 205–213 (1975)
15. Miller III, C.: Oral Communication. Unpublished.
16. Nielsen, J.: Die Automorphismengruppe der freien Gruppen. Math. Ann. **91**, 169–209 (1924)
17. Procesi, C.: The invariant theory of n by n matrices. Advances in Math. **19**, 306–381 (1976)
18. Razmyslov, Ju.P.: Trace identities of full matrix algebras over a field of characteristic zero. Izv. Akad. Nauk. SSSR. Ser. Mat. **38**, 723–756 (1974) [Russian]. Engl. Transl.: Math. USSR-Izv. **8**, 727–760 (1974)
19. Traina, C.: Representation of the trace polynomial of cyclically reduced words in a free group on two generators. Ph.D. thesis, Polytechnic Institute of New York
20. Vogt, H.: Sur les invariants, fondamentaux des équations différentielles linéaires du second ordre. Ann. Sci. Ecole Norm. Sup. (3) **6**, Suppl. 3–72 (1889) (Thèse, Paris).
21. Whittemore, A.: On special linear characters of free groups of rank $n \geqq 4$. Proc. Amer. Math. Soc. **40**, 383–388 (1973)

Received May 28, 1979

Resultate der Mathematik, Vol. 4 (1981)
0378-6218/81/002171-22$01.50+0.20/0

The uses of 2 by 2 matrices in combinatorial group theory. A survey†

W. MAGNUS

1. Introduction

If a group G is given by a finite presentation, that is in terms of finitely many generators and defining relations, we frequently can obtain some information about its structure by computing homomorphic images (quotient groups) G^* of G which belong to a particular class Γ of groups. The oldest example illustrating this procedure is as old as combinatorial group theory itself and arises when we choose for Γ the class of abelian groups. The maximal abelian quotient group of G is G/G', where G' is the commutator subgroup of G, and if G is the fundamental (first homotopy) group of a space, G/G' is the first homology group. We even can then compute a presentation (not necessarily finite) for G'. If G is not perfect, i.e. if $G \neq G'$, we can then state at least that G is not the trivial group of order 1. An important extension of this method has been used for a long time in the case of knot groups. These are the fundamental groups of spaces arising from euclidean three space by the removal of a smooth non-selfintersecting closed curve. If K_1 and K_2 are two knot groups, K_1/K_1' and K_2/K_2' are always infinite cyclic. But here we can compute effectively the maximal metabelian quotient groups K_1/K_1'' and K_2/K_2'' (where K'' is the commutator subgroup of K') and we can decide whether these quotient groups are isomorphic or not, obtaining thus sufficient criteria for the non-isotopy of knots. For details see e.g. Crowell and Fox (1963). However, if, say, $K_1' = K_1''$, we cannot use this test to guarantee that the knot whose group is K_1 is not isotopic with a circle (whose group is infinite cyclic).

In the case where the group G is perfect we can obtain information about G by trying to find perfect quotient groups. Fortunately, many finite groups have the property of being perfect and they all can be represented as permutation groups of finitely many symbols. It seems that this idea has been used successfully for the first time by Fox (1953), who used it to show that finitely generated fuchsian

† Work supported through Grant MCS 77-01807-A01 of the National Science Foundation.

groups of real Moebius transformations which are discontinuous in the upper half of the complex plane have a subgroup of finite index which is torsion free (i.e. contains no elements of finite order except for the unit element). Coxeter and Moser (1965), have shown how one can find systematically quotient groups of finitely presented groups which are permutation groups. However, the amount of calculations needed for this purpose makes the use of an electronic computer if not necessary then at least highly desirable. Again, the method may not work since there exist infinite finitely presented groups without any non-trivial finite quotient groups. The first example of this type seems to be the one discovered by Higman (1951). It is the group with four generators a, b, c, d and the defining relations.

$$aba^{-1}=b^2, \qquad bcb^{-1}=c^2, \qquad cdc^{-1}=d^2, \qquad dad^{-1}=a^2.$$

Instead of trying to find homomorphic images of a finitely presented group G which are abelian or metabelian or which are permutation groups, we can also try to map G onto a subgroup of $SL(2, k)$, the special linear group of 2 by 2 matrices with determinant $+1$ and with entries from a field k which usually will be either a subfield of the field $\mathbb{C}$ of complex numbers or a finite field. To restrict oneself to $SL(2, k)$ rather than using $GL(2, k)$, i.e. the full linear group of invertible matrices does not restrict the applications since every subgroups of GL can be embedded in the direct product of SL with an abelian group. However, the restriction simplifies the calculations.

Of course it will not always be possible to find non-trivial quotient groups of a finitely presented non-trivial group G in a group SL. For instance, Higman's group defined above will have no such quotient group since, according to a theorem of Mal'cev (1940), all finitely generated subgroups of any group SL are residually finite which means that the intersection of normal subgroups of finite index is the identity. However, the proposed testing method has some advantages over the ones described earlier. It is well known that infinitely many of the finite groups SL are perfect, and it will turn out that in many cases quotient groups $G^* \in SL(2, \mathbb{C})$ of finitely presented groups G are not only infinite but are even "large" in the sense that they contain free subgroup of infinite rank. (This is to be expected according to a theorem of Tits (1972), which states that a finitely generated finite dimensional linear group with entries from a field of characteristic zero is either a finite extension of a solvable group or has a free subgroup of rank two and, therefore, also a free subgroup of infinite rank.)

An additional advantage (which is restricted to the linear groups in two dimensions) is the characterization of the order of a matrix as a group element by its trace. An element will be of finite order >1 if and only if its trace is of the form $2\cos\rho\pi$ where ρ is rational and $0<\rho<1$. Since the entries of a finitely generated subgroup of $SL(2, k)$ always define a finitely generated field k_0, it follows that k_0 contains a maximal cyclotomic field which imposes an upper bound on the orders >1 of the group elements. Also, any element whose trace is not an algebraic integer must be of infinite order.

The first part of this survey will contain the various examples of testing procedures for finitely presented groups which make use of subgroups of a group $SL(2, k)$. Also included in the first part will be a few examples of formulas which give all representations of a given group within $SL(2, \mathbb{C})$ in the form of 2 by 2 matrices the entries of which are rational functions of independent parameters.

In the second part of this survey we shall give a brief outline of the results and the applications of a theory which we shall call "Fricke characters." This theory goes back to Poincaré (1884), and the first significant results have been obtained by Vogt (1889). Fricke and Klein (1897/1912) have used it for the investigation of discontinuous groups of Moebius transformations, and in recent years the theory has been expanded and generalized. The technical details will be given later, but right now a few historical remarks may serve as an introduction. The monodromy groups M of a second order, linear, homogeneous differential equation with rational functions of the independent variable as coefficients is a finitely generated subgroup of $SL(2, \mathbb{C})$. This subgroup is not uniquely determined but depends on the choice of two linearly independent solutions of the differential equation in the neighbourhood of a regular point. However, its conjugacy class within $SL(2, \mathbb{C})$ is uniquely determined. If we fix the generators of M, then their traces together with the traces of finitely many of their products will, "in general", determine the conjugacy class of M in $SL(2, \mathbb{C})$ uniquely. This observation (which is due to Poincaré) was made precise by Vogt (1889), who showed that the trace of any matrix in an n-generator subgroup M of $SL(2, \mathbb{C})$ can be expressed as a polynomial in 2^n-1 indeterminates which, in turn, are elements of a field Ω_n which arises from a purely transcendental extension of transcendency degree $3n-3$ of the rational numbers by an additional $n-2$ quadratic extensions. Vogt observed and Fricke used the fact that the automorphism classes (i.e. the elements of the quotient group of all automorphisms modulo the inner automorphisms) of a free group of rank n act as automorphisms on Ω_n. We shall report in detail on these and on related results which were found much later.

This survey must not be mistaken for a survey of a part of the theory of linear groups, although we shall sometimes refer to theorems from the theory of discontinuous groups of Moebius transformations. Its main purpose is to exhibit the role of the subgroups of the groups $SL(2, k)$ as an aid for the investigation of problems in abstract group theory. Accordingly, even the recent classification of the finitely generated subgroups of $GL(2, \mathbb{C})$ by H. Bass (known to me only as a preprint) is not reproduced here since it involves non-grouptheoretic (e.g. numbertheoretic) data.

I wish to thank the referee for a list of corrections and of relevant references which were not included in the original version of this paper.

Part 1. Testing Devices

1.1. Knot groups

As a general reference to knot groups we mention Crowell and Fox (1963). Occasional references to fuchsian groups will be covered by any book on automorphic functions or, for the purely group theoretic aspects, by Magnus (1974).

A knot group is the fundamental (or first homotopy) group of a space which arises from euclidean threespace by the removal of a simple (i.e. non-self-intersecting) polygon. All knot groups K have the following properties (which are necessary but not sufficient): K is finitely presented, and the generators can be chosen so that they are conjugates in K. If K' denotes the commutator subgroup of K, then K/K' is infinite cyclic. K itself is infinite cyclic if, and only if, the knot is trivial, i.e. if it is isotopic with a circle. Clearly, the knot will be non-trivial if K'/K'' is not of order 1, and it can be decided easily whether this is the case or not by computing the so called Alexander polynomial for K. However, there exist infinitely many non-trivial knots for which $K'=K''$, and the presentations of these groups K are, in all known cases, rather complicated.

Seifert (1934), was the first to use two dimensional linear groups to prove that the group K for one of the knots he had constructed is not infinite cyclic although it has the property that $K'=K''$. By adding relations to those appearing in the presentation of K be obtained a quotient group of K which was isomorphic to a known non-abelian fuchsian group of infinite order.

The next step, for the same purpose, was taken in a paper by Magnus and Peluso (1967). Kinoshita and Terasaka (1957), had found a new method of constructing knots whose groups K had the property that $K'=K''$ although the knots were not trivial. They proved this fact with topological methods. Even the group K_0 of the most simple one of these knots has a presentation with four generators and three defining relations of total length 48 where "length" means the number of symbols denoting generators or their inverses appearing in the cyclically and freely reduced relators. Magnus and Peluso showed that there exist infinitely many prime numbers p such that K_0 has $SL(2, Z_p)$ as a homomorphic image where Z_p is the field of p elements. This was done by mapping the generators of K_0 onto parabolic elements of $SL(2, Z_p)$, i.e. on elements which have the double eigenvalue +1. All of these elements (excluding the identity) belong to only two conjugacy classes of $SL(2, Z_p)$ and any two of them which are conjugate but do not commute generate the whole group.

So far, the use of subgroups of groups $SL(2, k)$ for the investigation of knot groups amounted only to a few scattered examples based on skillful calculations. Since then, Riley has developed a systematic and far-reaching theory of "parabolic representations" of knot groups K. Under such a representation, the generators of a set of conjugate generators of K are mapped onto parabolic elements of a group $SL(2, k)$ with a suitable ring k. First, Riley (1971), showed that large numbers of knot groups K, even in the case where $K' = K''$, have homomorphic images in $PSL(2, Z_p)$ for suitable p where PSL denotes the quotient group of SL with respect to its center. Next, Riley (1972), showed that for all 2-bridge and for all torus knots the knot group K has a parabolic representation $PSL(2, Z_p)$ for infinitely many primes p. In a subsequent paper (Riley, 1975a) he showed that the group of every non-trivial pretzel knot has at least one non-trivial parabolic representation. This paper also explains a device which Riley calls the "commuting trick" and which allows him to show that a Terasaka linked union of two knots with non-trivial representations for their groups in $PSL(2, \mathbb{C})$ also has a group with such a representation. Riley (1974a), also derives a new test for amphicheirality for knots with a parabolic representation.

The papers by Riley (1975b,c), deal with faithful representations of knot groups as subgroups of $PSL(2, \mathbb{C})$ and with the question whether these are discontinuous in thier action on hyperbolic three space. (For terminology, see e.g. Magnus (1974).) We mention here only a result from Riley (1975) which is also of some interest for historical reasons. The "Figure eight knot" or "Listing's knot" is the only non-trivial knot with a planar projection of four (but not fewer) crossings. Its group K_4 can be presented by two generators x_1, x_2 and the single defining relation

$$x_1^{-1}x_2x_1x_2^{-1}x_1x_2x_1^{-1}x_2^{-1}x_1 = x_2. \tag{1}$$

Riley (1975b), then showed that K_4 has the parabolic presentaton in $PSL(2, \mathbb{C})$ which arises by mapping x_1 and x_2 respectively onto the Moebius transformations with matrices A_1, A_2 where

$$A_1 = \begin{pmatrix} 1 & 1 \\ 0 & 1 \end{pmatrix}, \quad A_2 = \begin{pmatrix} 1 & 0 \\ -\omega & 1 \end{pmatrix}, \quad \omega = (-1 + i\sqrt{3})/2. \tag{2}$$

Obviously, this representation is discrete since ω is an algebraic integer in an imaginary quadratic number field and hence all entries in all matrices representing elements of K_4 have the same property. Therefore the representation of K_4 defines a group which acts discontinuously on hyperbolic threespace and by determining its fundamental region, Riley could prove that the representation is faithful.

Curiously enough, it turns out that the group K_4 is a subgroup of index 2 in a discontinuous group of transformations of noneuclidean threespace which had been found by Gieseking (1912) in his Ph.D. thesis (which is nearly inaccessible since it was privately printed). The group and its representation are given in detail on p. 155 in Magnus (1974), and it has been observed by A. M. Brunner that the group which there is denoted by D is indeed isomorphic with K_4 and that the representations found by Riley and by Gieseking are conjugate in $PSL(2, \mathbb{C})$. We omit the easy verification of these statements.

The representations of K_4 as subgroups of $SL(2, \mathbb{C})$ have also been investigated by Whittemore (1973a). We give her result here in the form in which it has been put by Magnus (1975), where it appears as a special case of the representation of an infinite sequence of knot groups of which the group of Listing's knot is the first and simplest case. The following theorem holds:

Every non-abelian representation of K_4 as a subgroup of $PSL(2, \mathbb{C})$ is conjugate in $PSL(2, \mathbb{C})$ with a representation that assigns to x_1, x_2 respectively the Moebius transformations with the matrices M_1, M_2 defined by

$$M_1 = \begin{pmatrix} u & uw-1 \\ 1 & w \end{pmatrix}, \qquad M_2 = \begin{pmatrix} u & 1-uw \\ -1 & w \end{pmatrix} \tag{3}$$

where u, w are arbitrary complex numbers satisfying the relations $uw \neq 1$ and

$$4uw(u-w)^2 = 3u^2 + 3w^2 - 6uw + 1. \tag{4}$$

If we put $u + w = 2$, we obtain a representation conjugate with the one found by Riley.

Although one knows that K_4' is free of rank 2, and although many representations of free two generator groups are known, there exists no purely algebraic proof for the fact that at least one of these infinitely many representations is faithful.

1.2. One relator groups

In a one relator group, we shall always assume that the relator is freely and cyclically reduced, and we shall consider only generators which appear in the relator. If their number is n then, according to the "Freiheitssatz", any $n-1$ of the generators freely generate a free group, and for $n>2$ this shows that a one-relator group always contains free subgroups of infinite rank. This is also true for "most" two-generator, one-relator groups, the cases of the groups with generators a, b and the defining relation

$$aba^{-1}=b^m, \qquad m\neq 0 \tag{5}$$

being obvious exceptions, and all exceptions can be transformed into one of these by applying a Nielsen transformation to the generators. However, the Freiheitssatz exhibits specific generators of a free subgroup of rank 2 and Ree and Mendelsohn (1968), were able to do the same for all one relator groups with torsion. These are the groups in which the relator R itself is a proper power. Assume that R is freely equal to a word W^m where $m>1$ and

$$W(a,b)=a^{u_1}b^{u_2}a^{u_3}b^{u_4}\cdots a^{u_{2n-1}}b^{u_{2n}} \tag{6}$$

and where all the exponents $u_1, u_2, \ldots, u_{2n}$ are $\neq 0$. Let $M=\max|u_\lambda|$, $\lambda = 1,\ldots,2n$. Then Ree and Mendelsohn proved that a^r and b^s are free generators of a free subgroup of the one relator group $R=1$ whenever

$$rs \geqq 4M^2. \tag{7}$$

The inequality (7) is taken from Magnus (1975), but is based on the method used by Ree and Mendelsohn which uses the following argument:

The mapping

$$a\to A=\begin{pmatrix}1 & \mu\\ 0 & 1\end{pmatrix}, \qquad b\to B=\begin{pmatrix}1 & 0\\ \mu & 1\end{pmatrix} \tag{8}$$

maps $W(a, b)$ onto a matrix

$$W(A,B)=\begin{pmatrix}p_{11} & p_{12}\\ p_{21} & p_{22}\end{pmatrix} \tag{9}$$

with entries $p_{11},\ldots$, which are polynomials in μ with integral coefficients. The trace $p_{11}+p_{22}$ of the matrix (9) is of exact degree $2n$ in μ with highest coefficient

$$u_1u_2u_3\cdots u_{2n} \tag{10}$$

and with constant term 2. Therefore, at least one of the equations

$$p_{11}+p_{22}=\pm 2\cos\frac{\pi l}{m}, \ (l \text{ coprime with } m)$$

will have a solution with $|\mu|=\mu^*\geqq 1/M$. The matrix in (9) will then represent an element of exact order m in $PSL(2, \mathbb{C})$, and A^r and B^s will freely generate a free group since this is true for any pair of matrices

$$\begin{pmatrix}1 & \alpha\\ 0 & 1\end{pmatrix}, \quad \begin{pmatrix}1 & 0\\ \beta & 1\end{pmatrix} \tag{11}$$

if $|\alpha\beta|\geqq 4$.

These results could be sharpened (Magnus, 1975) and they can be extended to other, torsion free classes of one relator groups (Ree and Mendelsohn (1968)). However, they are not optimal. B. B. Newman (1968) has shown, by using sophisticated combinatorial methods, that already

$$a^N, b$$

freely generate a free subgroup of the one relator group $W^m=1$ whenever

$$N>2\max\{|u_1|, |u_3|, \ldots, |u_{2n-1}|\}.$$

The approach used by Ree and Mendelsohn raises the question whether perhaps the representation obtained for one relator groups with torsion could be faithful. This then would prove a conjecture of G. Baumslag that these groups are residually finite. However, it has been shown by Magnus (1975), that a large class of these groups cannot have any faithful representation within $SL(2, \mathbb{C})$ or even within the general linear group $GL(2, \mathbb{C})$. The reason for this is to be found in a discovery made by Horowitz (1972), according to which there exist pairs of words $W_1(a, b)$ and $W_2(a, b)$ such that W_1 and $W_2^{\pm 1}$ are not conjugate within the free group generated by a, b and yet have the property that

$$\text{trace } W_1(A, B)=\text{trace } W_2(A, B) \tag{12}$$

for any mapping $a\to A$, $b\to B$, $A, B\in GL(2, \mathbb{C})$. Therefore, in any representation of the one-relator groups $W_1^m=1$ the relation $W_2^m=1$ will also hold. On the other hand, Magnus (1930), has shown that in the one-relator group $W_1^m=1$ the relation $W_2^m=1$ will not hold unless W_1 is conjugate with $W_2^{\pm 1}$ in the free group.

Majeed (1974), proved that in many instances two generator subgroups G of $SL(2, \mathbb{C})$ have pairs of generators A, B, such that A^n and B^n freely generate a free group if n is large enough. For $SL(2, \mathbf{R})$. Rosenberger (1978a), showed that this statement is true whenever G is not solvable-by-finite and gave easily verifiable tests for its validity.

There exist faithful representations of certain important torsion free one-relator groups as groups of 2×2 matrices with entries from an integral domain of characteristic zero (which is isomorphic to a subring of $\mathbb{C}$). The so-called "para-free" groups $B_{m,n}$ discovered by G. Baumslag (1969) which are "just about free" are defined by the presentations

$$B_{m,n}:\langle a, b, c;\ c=a^{-m}c^{-1}a^{m}ca^{-n}b^{-1}a^{n}b\rangle,\ mn\neq 0.$$

They have the following properties: Let F denote the free group of rank 2. Then

(i) the quotients groups of consecutive terms of the lower central series of $B_{m,n}$ are isomorphic to the corresponding quotient groups of the lower central series of F,

(ii) $B_{m,n}/B''_{m,n}\simeq F/F''$.

(iii) $B_{m,n}$ is residually nilpotent, i.e., the intersection of the groups of its lower central series is the identity.

(iv) $B_{m,n}$, like F, is the third term of a short exact sequence

$$1\to N\to B\to \mathbf{Z}\to 1$$

where N is free and $\mathbf{Z}$ is infinite cyclic.

(v) $B_{m,n}$ is not free.

Now the following result has been proved by Forastiero (1977):

Let x be an indeterminate. Then there exist four power series λ, μ, ν, ρ in x with integral coefficients and representing algebraic functions of x such that the mapping

$$a\to\begin{pmatrix}1 & x\\ 0 & 1\end{pmatrix},\qquad b\to\begin{pmatrix}1 & 0\\ x & 1\end{pmatrix},\qquad c\to\begin{pmatrix}\lambda & \mu\\ \nu & \rho\end{pmatrix},\qquad \lambda\rho-\mu\nu=1 \tag{13}$$

defines a faithful matrix representation of $B_{m,n}$.

The power series in question are determined by the algebraic equation

$$\nu=-nx^3-2mx\nu^2-mn^2x^5\nu^2-m^2x^2\nu^3 \tag{14}$$

whence it follows that

$$\nu=-nx^3w \tag{15a}$$

where w is a power series in x^4 with integral coefficients and

$$\rho = -mnx^4w^2 + (1-nx^2)w \tag{15b}$$

Finally

$$\lambda = (1+nx^2+n^2x^4)(m^2x^2\nu^2+mx\nu\rho+1) - nx^4(m^2x\nu\rho+(\rho^2-1)m) \tag{15c}$$

$$\mu = n^2x^3(m^2x^2\nu^2+mx\nu\rho+1)+(x-nx^3)(m^2x\rho\nu+m\rho^2-m). \tag{15d}$$

One may look upon the matrix representing c as an element of the inverse limit of the sequence of quotient groups defined by calculating mod x^N ($N=1,2,3,\ldots$) in the group generated by the transvections representing a and b which is, of course, isomorphic with F.

Unfortunately, property (iii) of the $B_{m,n}$ is needed to derive the faithfulness of the representation. A direct proof of the faithfulness would enable one to construct many more one-relator groups with the same properties as the $B_{m,n}$.

We note here that the question whether the groups $B_{m,n}$ are distinct for different pairs of m, n, has not yet been decided.

1.3. Rational representations of fuchsian groups

The formulas in this section will give information about the possibilities of finding representations of fuchsian groups within $PSL(2, \mathbb{C})$ such that the entries of the matrices belong to a particular number field, for instance the field Q of rational numbers. (The existence of faithful representations for these groups has been established for more than a century). Our first result states:

Let G be the two-generator, one-relator group

$$G:\langle a, b;\ (aba^{-1}b^{-1})^2 = 1\rangle.$$

Let $a \to A$, $b \to B$ be a mapping of G into $PSL(2, \mathbb{C})$ where A, B are non-parabolic matrices of the generating Moebius transformations. Then every such representation is conjugate in $PSL(2, \mathbb{C})$ with one of the following:

$$A = \begin{pmatrix} r & 0 \\ 0 & r^{-1} \end{pmatrix}, \qquad B = \begin{pmatrix} \dfrac{1}{t(r^2-1)} & tr^2 \\ \dfrac{2}{t(r^2-1)^2} & \dfrac{t(1+r^4)}{r^2-1} \end{pmatrix} \tag{16}$$

where r, t are complex parameters and $t \neq 0$, $r^2 \neq 1$. All real and discontinuous representations are conjugate with one of these for real values of $r^2 > 1$ and $t \neq 0$, and conversely every such representation is discontinuous. All of these are faithful.

The statements about discontinuity follows from a paper by Purzitsky and Rosenberger (1972). For the other statements see Magnus (1973). It should be noted that there also exist partly parabolic representations given by

$$A = \begin{pmatrix} 1 & i\sqrt{2} \\ 0 & 1 \end{pmatrix}, \qquad B = \begin{pmatrix} \rho & \rho\sigma - 1 \\ 1 & \sigma \end{pmatrix}, \qquad \rho, \sigma \in \mathbb{C}. \tag{17}$$

It is not known whether any one of these is faithful or not.

The group G is of special interest because it contains as subgroups all fundamental groups of closed two-dimensional orientable manifolds of any finite genus. The statements above show that all of these groups have faithful discontinuous representations within $PSL(2, Q)$, and it has been shown by Magnus (1973), that Q may even be replaced by the ring $\mathbf{Z}^{(2)}$ of rational numbers with powers of 2 as denominators. This representation is obtained by putting $r = \sqrt{2}$, $t = 1$. One can replace $\mathbf{Z}^{(2)}$ by $\mathbf{Z}^{(p)}$ for any prime number p by using the formulas given below. (However then we can, so far, not guarantee the faithfulness of the representation.) The formulas in question are due to Rosenthal (1975) and they can be stated as follows:

Let $r \neq 0$. $t, t', \lambda, \lambda', \mu \neq 0$, be complex variables and assume that $\Delta(r, t, \lambda) \neq 0$, $\Delta(r', t', \lambda') = \Delta' \neq 0$ where

$$\Delta(r, t, \lambda) = \lambda^2(1 - r^2t^2) + \lambda t(r^2 - 1) + 1. \tag{18}$$

Define the matrices A, B, R, M as

$$A(r, t) = \begin{pmatrix} r^2 t & r^2t^2 - 1 \\ 1 & t \end{pmatrix}, \qquad R = \begin{pmatrix} r^2 & 0 \\ 0 & r^{-2} \end{pmatrix}, \qquad M = \begin{pmatrix} \mu & 0 \\ 0 & \mu^{-1} \end{pmatrix} \tag{19}$$

$$B(r, t, \lambda) = \Delta^{-1}\begin{pmatrix} r^{-1}[\lambda^2(r^2t^2 - 1) + 1] & r^{-1}[2\lambda(r^2t^2 - 1) + (1 - r^2)t] \\ r[\lambda^2(r^2 - 1)t + 2\lambda] & r[\lambda^2(r^2t^2 - 1) + 1] \end{pmatrix} \tag{20}$$

Then any quadruplet of non-parabolic matrices A, B, A', B' for which

$$ABA^{-1}B^{-1} = A'B'A'^{-1}B'^{-1} = R \tag{21}$$

is conjugate with one of the particular quadruplets

$$A = A(r, t), \qquad B = B(r, t, \lambda) \tag{22a}$$

$$A' = MA(\pm r, t')M^{-1}, \qquad B' = MB(\pm r, t', \lambda')M^{-1} \tag{22b}$$

Rosenthal (1975), also derived formulas covering the case where R and/or B are parabolic, but we omit these results here.

Takeuchi (1971), proved with different methods that all fuchsian groups in which the elements of finite order have orders $\leqq 3$ have infinitely many representations in $SL(2, Q)$ which are not conjugate in $SL(2, \mathbf{R})$.

1.4. Torsion free subgroups of the triangle groups

For several reasons (see Magnus (1974) Chapter 2) the "triangle groups" play a special role in the theory of fuchsian groups. They are subgroups of $PSL(2, \mathbb{C})$ with a presentation

$$\langle a, b; a^l = b^m = (ab)^n = 1\rangle. \tag{23}$$

We denote the group (23) by $T(l, m, n)$. According to a general theorem due to Selberg (1960) they have a torsion free normal subgroup N of finite index. Also, it is known that the kernel K of any mapping of $T(l, m, n)$ onto a finite group G is torsion free if the images of a, b, ab in G have, respectively, the orders l, m, n, so that then we may choose $N = K$. Feuer (1971) has found an explicit construction for such a group G which enables one to compute the index of at least one such torsion free subgroup N. We summarize his result as follows:

Let q be a power of a prime number p such that $2lmn$ divides $q-1$. If l, m, n are all odd, it suffices to assume that lmn divides $q-1$, and in this case we can choose $p=2$. Let α, β, γ be elements in the multiplicative group of the Galois field Γ of order q which are, respectively, of orders $2l$, $2m$, $2n$ if lmn is even and of orders l, m, n if lmn is odd. Choose an arbitrary element τ of Γ such that $\tau \neq 0$, $\tau \neq \beta^{-1} - \beta$ and define μ by

$$\mu = \tau(\beta^{-1} - \beta) - \tau^2.$$

Then $\mu \neq 0$, and the equation

$$\lambda\mu + \alpha(\beta + \tau) + \alpha^{-1}(\beta^{-1} - \tau) = \gamma + \gamma^{-1}$$

has exactly one solution λ in Γ. Now map G into $PSL(2, \Gamma)$ by mapping a, b respectively onto fractional linear transformation with matrices A, B, where

$$A = \begin{pmatrix} \alpha & \lambda \\ 0 & \alpha^{-1} \end{pmatrix}, \qquad B = \begin{pmatrix} \beta + \tau & 1 \\ \mu & \beta^{-1} - \tau \end{pmatrix}. \tag{24}$$

G is then the group generated by the elements of $PSL(2, \Gamma)$ with matrices A, B.

Using methods from the theory of fuchsian groups, Rosenberger (1978b), has, for all infinite, noneuclidean triangle groups enumerated complete systems of pairs of generators which are not equivalent under Nielsen transformations.

1.5. Testing a perfect, locally free group

The group L with the presentation

$$\langle a_n, b_n;\ a_n = a_{n+1}b_{n+1}a_{n+1}^{-1}b_{n+1}^{-1},\ \ b_n = a_{n+1}^{-1}b_{n+1}^{-1}a_{n+1}b_{n+1}\rangle \qquad (25)$$
$$n = 0, \pm 1, \pm 2, \ldots$$

is locally free, i.e., every finitely generated subgroup of L is free, but L is its own commutator subgroup. Since free groups have faithful representations in terms of 2 by 2 matrices, it follows that the same is true for L (see Malcev (1940)). An explicit representation has been given by Magnus (1975). The matrix elements belong in this case to an infinite algebraic extension of an extension of transcendency degree 2 of Q. Such a representation does not give any information about L, and it could even be that L has no finite quotient groups. However, it is easy to map L onto a finitely generated infinite subgroup of $SL(2, \mathbb{C})$ with entries from an algebraic number field of degree 4, and such a group is residually finite. The details are given by the following formulas: Put

$$\mu = 2^{-1/2}, \qquad \rho = \tfrac{1}{2}[1 + \mu + (\mu^2 + 2\mu - 3)^{1/2}] \qquad (26)$$

and define the matrices A, B, θ respectively by

$$A = \begin{pmatrix} \rho & \mu \\ 0 & \rho^{-1} \end{pmatrix}, \qquad B = \begin{pmatrix} \rho & 0 \\ \mu & \rho^{-1} \end{pmatrix}, \qquad \theta = \begin{pmatrix} \mu & -\mu \\ \mu & \mu \end{pmatrix} \qquad (27)$$

and use the mapping

$$a_n \to \theta^n A \theta^{-n}, \qquad b_n \to \theta^n B \theta^{-n}. \qquad (28)$$

(Note that $\theta^4 = -I$ so that there are only eight distinct images of the a_n, b_n.)

Part 2. Fricke Characters

It is the purpose of this part of our survey to collect some of the basic formulas occurring in a theory which is nearly a century old, has been dormant for a long time and now shows some signs of renewed progress.

The theory starts with a paper by Poincaré (1884), who studied the monodromy groups of second order linear homogeneous differential equations with rational functions of the independent variable as coefficients. These groups can be written (after a suitable transformation of the differential equation) as finitely generated subgroups of $SL(2, \mathbb{C})$. Even after fixing the generating elements of the fundamental group of the euclidean plane with boundary points at the singularities of the equation, the generators still depend on the choice of a basis for the solutions of the differential equation. A change of basis is equivalent with a conjugation of the generators by a fixed element of $GL(2, \mathbb{C})$. Poincaré raised the question of how to determine the conjugacy class in $GL(2, \mathbb{C})$ of an ordered n-tupel of elements of $SL(2, \mathbb{C})$ by using a finite number of data which he called invariants and which are simply the traces of matrices and products of matrices. Poincaré stated that, for $n \geqq 2$, one needs $3n-3$ algebraically independent invariants to determine the conjugacy class of an n-tupel of matrices. This is based on a counting argument and, apart from the fact that the same set of $3n-3$ invariants may determine finitely many groups, it is only true "in general". The first precise statements found seem to be those due to H. Vogt (1889). His basic algebraic results may be summarized as follows:

2.1. General formulas

Let A_ν, $\nu = 1, 2, \ldots, n$, be n elements of $SL(2, \mathbb{C})$, i.e., 2 by 2 matrices with determinant $+1$. Let G_n be the group generated by the A_ν and let B, C, B_i, C_i $(i = 1, 2, 3, 4)$ be arbitrary elements of G_n. We use the abbreviations "tr" for "trace" and "det" for "determinant", and we shall write

$$\operatorname{tr} A_\nu = x_\nu, \qquad \operatorname{tr} A_\nu A_\mu = y_{\nu\mu} \qquad (\nu \neq \mu), \tag{29}$$

$$\operatorname{tr} A_{\nu_1} A_{\nu_2} \cdots A_{\nu_m} = z_{\nu_1 \nu_2 \cdots \nu_m} \qquad \nu, \mu, \nu_1, \ldots, \nu_m \in \{1, 2, \ldots, n\}. \tag{30}$$

We have the *elementary identities*

$$\begin{gathered} \operatorname{tr} B^{-1} = \operatorname{tr} B \qquad \operatorname{tr} BC = \operatorname{tr} CB, \qquad \operatorname{tr} B^{-1}CB = \operatorname{tr} C. \\ \operatorname{tr} BC + \operatorname{tr} BC^{-1} = \operatorname{tr} B \operatorname{tr} C. \end{gathered} \tag{31}$$

They provide a proof for the following lemma which has been stated by Vogt (1889) and Fricke–Klein (1897) and proved in detail by Horowitz (1972).

LEMMA 2.1. *The trace of any element of* G_n *can be written as a polynomial with integral coefficients in the* x_ν, $y_{\nu,\mu}$, $(\nu<\mu\leqq n)$ *and the*

$$z_{\nu_1\nu_2\cdots\nu_k},\qquad \nu_1<\nu_2<\cdots<\nu_k;\qquad 3\leqq k\leqq n. \tag{32}$$

We may look upon the x, y, z as indeterminates, and we shall denote the ring of polynomials with integral coefficients in those indeterminates by R_n^*. However, the trace of a group element does not, for $n>2$, determine a unique element of R_n^* since there exist relations or, rather, polynomial identities for the traces. We shall say more about these later, but we mention here the fact that Lemma 2.1 as well as a theory of these polynomial identities for traces have been generalized to n-tuples of elements of $SL(r, \mathbb{C})$ for $r>2$ by Procesi (1974), Leron (1976), and Razmyslov (1974).

The following three theorems are polished versions of results due to Vogt (1889). Simplified proofs may be found in Horowitz (1972) and Magnus (1979). We have:

THEOREM 2.1 (The case $n=2$). *Define* $D(A_1, A_2)$ *by*

$$D(A_1, A_2)=\operatorname{tr} A_1^{-1}A_2^{-1}A_1A_2=x_1^2+x_2^2+y_{12}^2-x_1x_2y_{12}-2. \tag{33}$$

If $D\neq 2$, *there exist at most two conjugacy classes of pairs of matrices* A_1, A_2 *with*

$$\operatorname{tr} A_1=x_1,\qquad \operatorname{tr} A_2=x_2,\qquad \operatorname{tr} A_1A_2=y_{12};\qquad (x_1, x_2, y_{12}\text{ fixed}). \tag{34}$$

If A_1, A_2 *represents one of these pairs, the other pair is represented by* A_1^{-1}, A_2^{-1}.

COROLLARY 2.1. *If* $D(A_1, A_2)=2$, *the group generated by* A_1, A_2 *is metabelian and conjugate with an upper triangular group. In this case, there exist infinitely many non-conjugate pairs* A_1, A_2 *satisfying* (34).

THEOREM 2.2 (The case $n=3$). *Using the notations* (29), (30) *we define*

$$P=x_1y_{23}+x_2y_{13}+x_3y_{12}-x_1x_2x_3 \tag{35a}$$

$$Q=x_1^2+x_2^2+x_3^2+y_{12}^2+y_{13}^2+y_{23}^2+y_{12}y_{13}y_{23}-x_1x_2y_{12}-x_1x_3y_{13}-x_2x_3y_{23}-4 \tag{35b}$$

$$\Delta(A_1, A_2, A_3)=P^2-4Q. \tag{36}$$

Then z_{123} *and* z_{213} *are roots of the quadratic equation for* z:

$$z^2 - Pz + Q = 0. \tag{37}$$

If at least one of the inequalities $D(A_\nu, A_\mu) \neq 2$ *holds where* $\nu \neq \mu$; $\nu, \mu = 1, 2, 3$, *then there exist at most two conjugacy classes of triplets* A_1, A_2, A_3 *with prescribed values for* $\operatorname{tr} A_\nu = x_\nu$, $\operatorname{tr} A_\nu A_\mu = y_{\nu,\mu}$. *There exists only one such conjugacy class if and only if* $\Delta(A_1, A_2, A_3) = 0$. *In this case there exists a matrix* T *such that*

$$T^2 = I, \quad TA_\nu T^{-1} = A_\nu^{-1} \quad (\nu = 1, 2, 3) \tag{38}$$

where I *is the unit matrix.*

COROLLARY 2.2. *Let* A_ν, $\nu = 1, 2, 3$, *be arbitrary elements of* $SL(2, \mathbb{C})$ *and let* $W(A_\nu)$ *be a word in the* A_ν, *i.e., an element of* G_3. *Then there exists exactly one polynomial* θ *with integral coefficients in the indeterminates* x_ν, $y_{\nu,\mu}$, *and* z_{123} *which is linear in* z_{123} *such that* $\operatorname{tr} W = \theta$ *for all choices of the* A_ν.

THEOREM 2.3 (The case $n \geqq 4$). *Using the definitions* (29), (30), (33), (35), (36) *the following result holds. Given any set of* $3n-3$ *complex numbers* x_ν, $y_{1,\mu}$, $y_{2,\lambda} \cdot \nu = 1, 2, \ldots, n$, $\mu = 2, 3, \ldots, n$, *and* $\lambda = 3, \ldots, n$ *such that the right hand side in* (33) *is* $\neq 2$ *and the expression* $P^2 - 4Q$ *in* (36) *is* $\neq 0$, *there exist at least one and at most* 2^{n-2} *non-conjugate* n*-tuples of elements* $A_\nu \in SL(2, \mathbb{C})$ *for which*

$$\operatorname{tr} A_\nu = x_\nu, \qquad \operatorname{tr} A_1 A_\mu = y_{1,\mu}, \qquad \operatorname{tr} A_2 A_\lambda = y_{2\lambda}. \tag{39}$$

The traces of all elements of the group G_n *generated by the* A_ν *can be expressed as elements in a field* Φ *which arises from the field of rational functions in the* x_ν, $y_{1,\mu}$, $y_{2\lambda}$ *with rational coefficients by at most* $n-2$ *quadratic extensions.*

It should be noted that this theorem is weaker than Corollary 2.2 which is valid for $n = 3$. We cannot anymore describe the trace of an arbitrary group element uniquely as an element in a polynomial ring with indeterminates which are themselves traces of special group elements. All we can hope to obtain is a description of an ideal J_n in the ring R_n^* described earlier such that the trace of an arbitrary fixed element of G_n defines a unique element of $R_n = R_n^*/J_n$. In the case $n = 4$, Whittemore (1973b), has given a finite basis for J_4.

The proof of Theorem 2.3 can be based on some identities which are very easily proved (see Magnus (1979)). Using the notation B_i, C_i, $i = 1, 2, 3, 4$, for arbitrary elements of G_n, we have the relations for the determinants of 4 by 4 matrices:

$$\det(\operatorname{tr} B_iB_j) + \det(\operatorname{tr} B_iB_j^{-1}) = 0. \tag{40}$$

$$\det(\operatorname{tr} B_iB_j)\det(\operatorname{tr} C_iC_j) = \{\det(\operatorname{tr} B_iC_j)\}^2. \tag{41}$$

From these, we can obtain by specialization the relations needed to prove Theorem 2.3 if we use the additional remark that for $B_i = A_i$, $i = 1, 2, 3$ and $B_4 = I$

$$\det(\operatorname{tr} B_iB_j) = -\Delta(A_1, A_2, A_3). \tag{42}$$

2.2. Formulas for two generators

Let A_1, A_2 be any two elements of $SL(2, \mathbb{C})$ and let $W = W(A_1, A_2)$ be a word in A_1, A_2 (which are generators of a group G_2). Since we can always determine A_1, A_2 in such a manner that $\operatorname{tr} A_1 = x_1$, $\operatorname{tr} A_2 = x_2$, $\operatorname{tr} A_1A_2 = y$, we may choose any given values of x_1, x_2, y, i.e. we may consider x_1, x_2, y as indeterminates. We know that

$$\operatorname{tr} W = f_W(x_1, x_2, y) \tag{43}$$

is a polynomial with integral coefficients in these indeterminates, and we shall call f_W the "Fricke polynomial" of W. We know that f_W depends only on the conjugacy class of $W(A_1, A_2)$ in the free group F_2 with two free generators A_1, A_2 and that W and W^{-1} have the same Fricke polynomial. The problem arises whether more than two conjugacy classes in F_2 can have the same Fricke polynomial. To answer this question, we introduce the standard form of an element in a conjugacy class which is not that of the unit element or of a power of a generator. We shall say that W is in standard form if

$$W = A_1^{m_1}A_2^{n_1}A_1^{m_2}A_2^{n_2}\cdots A_1^{m_s}A_2^{n_s} \tag{44}$$

where all of the exponents m, n are $\neq 0$, and we shall call s the *syllable length* of W. The following theorem is due to Horowitz (1972). Its proof can be somewhat simplified by using formulas found by Traina (1978).

THEOREM 2.4. *There exist at most* $2^s(s-1)!\,s!$ *conjugacy classes in* F_2 *which have the same Fricke polynomial as the word* W *in* (44) *of syllable length* s.

however, there exist arbitrarily large numbers of conjugacy classes with the same Fricke polynomial.

Examples have been given by Horowitz (1972). The simplest cases are

$$\operatorname{tr} A_1^2 A_2^{-1} A_1 A_2 = \operatorname{tr} A_1^2 A_2 A_1 A_2^{-1} = -x_1 y^2 + x_1^2 x_2 y + x_1 - x_1 x_2^2$$

$$\operatorname{tr} A_1 A_2^2 A_1^2 A_2 = \operatorname{tr} A_1 A_2 A_1^2 A_2^2 = x_1 x_2 y^2 - (x_1^2 + x_2^2 - 1) y.$$

Theorem 2.4 raises the following question: Let F_2 be the free group of rank 2 with generators a, b. Does there exist a finite degree d and an isomorphic mapping of F_2 into $SL(d, \mathbb{C})$, given by the mapping

$$a \to A, \; b \to B$$

of a, b onto elements A, B of $SL(d, \mathbb{C})$ such that any two words $W_1(a, b)$ and $W_2(a, b)$ in F_2 which are not conjugate in F have images in $SL(d, \mathbb{C})$ which are not conjugate in $SL(d, \mathbb{C})$?

Traina, 1978, has given an explicit expression for tr W where W is defined by (44). We need some auxiliary polynomials which are essentially the Chebychev polynomials and the associated Chebychev functions and which are most easily defined in terms of trigonometric functions as polynomials in $2\cos\varphi$ by the formulas

$$T_n(2\cos\varphi) = 2\cos n\varphi, \qquad P_n(2\cos\varphi) = \frac{\sin(n+1)\varphi}{\sin\varphi}, \qquad n \in \mathbf{Z}. \tag{45}$$

We then have tr $A_1^n = T_n(x_1)$ and the following

THEOREM 2.5. *If W is defined by* (44), *then* tr W *is a polynomial of exact degree s in y. The coefficient of y^s is*

$$\prod_{\sigma=1}^{s} P_{m_\sigma - 1}(x_1) P_{n_\sigma - 1}(x_2). \tag{46}$$

The remaining coefficients can be defined recursively. It may be noted that any two products of the form (46) are linearly independent over $\mathbb{C}$ unless they are identical. Traina (1978), also has generating functions for the traces of words of syllable length $\leqq s$.

2.3. References to related problems

Detailed investigations of the system of invariants of n-tuples of higher dimensional cases and of orthogonal invariants of symmetric matrices are due to Sibirskii and his collaborators Gasinskaya and Marincuk, to Spencer and Rivlin and to Zumoff. The titles of the papers in our list of references which appear under the names of these authors give a general idea of the topics the papers are dealing with. The general theory developed by Procesi, Leron and Razmyslov has already been mentioned. However, the scope of the present survey is restricted to a discussion of affine invariants of 2 by 2 matrices.

2.4. Applications to automorphisms of free groups

Already Poincaré (1884), had emphasized that the group G_n generated by n matrices $A_\nu \in SL(2, \mathbb{C})$ can be generated by many other n-tuples and had given the formulas for the transformations of the invariants (i.e., for the traces) of the generating elements and their products. Vogt (1889), pp. 17–22 states that all systems of new generators can be obtained from the A_ν by applying Nielsen transformations (or automorphisms of a free group of rank n) to the A_ν and he gives a system of generators for this group of transformations which is complete and clearly equivalent to the one given by Nielsen (1924). A comparison of the papers by Vogt and by Nielsen reveals the gaps in Vogt's proof which is intuitive but not complete. Incidentally, Vogt treats the A_ν as generators of a free group, a concept which was intuitively known to him but which is not clearly formulated in his paper. A proof of the fact that "in general" any system of A_ν freely generates a free group would probably have been beyond the range of methods available to him.

Vogt also describes the effect of a Nielsen transformation of the A_ν on the traces of the A_ν and their products in some detail. In particular, he observes that in the case of a two generator group the changes of the generators keep the form $D(A_1, A_2)$ as defined in (33) invariant.

Fricke and Klein (1897/1912) expanded the ideas developed by Poincaré and Vogt to a systematic theory of various types of discontinuous groups of Moebius transformations. The automorphism groups of certain fuchsian groups appear then as groups acting as birational transformations on algebraic manifolds which correspond to the ring R_n defined above in the case of free groups, and there are fundamental regions for the action of these groups of automorphisms which are called "automorphic modular groups". It is difficult to say how much of these results has actually been proved. In a more limited but perfectly rigorous form the same ideas have been used in recent years. The paper by Purzitsky and Rosenberger (1972), provides a typical example. However, the topic of all of these investigations are not the automorphism groups of free or of other fuchsian groups per se but the representations of the groups themselves as discrete groups of Moebius transformations. The results involving the automorphism groups themselves are due to Horowitz (1975). They are:

THEOREM 2.6a. *Let Φ_n be the group of automorphisms of the free group F_n of rank n, and let Φ_n^* be the group of outer automorphisms, i.e., the quotient group of Φ_n with respect to the subgroup of inner automorphisms. The elements of Φ_n^* act as birational transformations on the ring R_n defined above by means of the traces x_ν, $y_{\nu\mu}$, $z_{\nu_1\cdots\nu_k}$ of arbitrary elements $A_\nu \in SL(2, \mathbb{C})$ and their products. For $n \geqq 3$, this group of birational transformations is isomorphic with Φ_n^*.*

THEOREM 2.6b. *The quotient group of the group Φ_2^* with respect to its center (which is of order 2) is isomorphic with a quotient group of the group of those automorphisms of the ring*

$$\mathbf{Z}[x_1, x_2, y_{12}]$$

which keep the form (33), i.e., the polynomial

$$x_1^2 + x_2^2 + y_{12}^2 - x_1x_2y_{12} - 2$$

invariant and keep the point $x_1 = x_2 = y_{12} = 0$ fixed. We have to take the quotient with respect to the central subgroup of order 2 generated by the automorphism $x_1 \to -x_1$, $x_2 \to -x_2$, $y_{12} \to y_{12}$.

The proof by Horowitz (1975), of Theorem 2.6a can be simplified somewhat by using Theorem 2.5. For this and other results (e.g. applications to braid groups) see Magnus (1979).

Theorem 2.6a appears already in a paper by Helling (1972) (and also in the 1972 Ph.D. thesis of Horowitz). Helling's paper also contains an elegant axiomatic approach to the theory of "trace functions". Theorem 2.6b also appears, in a slightly modified formulation, in a paper by Rosenberger (1972).

REFERENCES

BAUMSLAG, G. (1969). *Groups with the same lower central series as a relatively free group.* II. Properties. Trans. American Math. Soc. *142*, 507–538.

COXETER, H. S. M. and W. O. MOSER (1965). *Generators and relations for discrete groups* 2nd Ed. Ergebnisse der Mathematik Vol. 14. Springer Verlag, New York.

CROWELL, RICHARD H. and RALPH FOX (1963). *Introduction to knot theory,* 182 pp. Ginn and Co. Boston – New York.

FEUER, R. D. (1971). *Torsion free subgroups of triangle groups.* Proc. American Math. Soc. *30,* 235–240.

FORASTERIO, DIANE J. (1977). *Subgroups of the linear groups SL(2, I) for certain integral domains I.* 27 pp. Ph.D. thesis, Polytechnic Institute of New York.

FOX, R. (1953). *On Fenchel's conjecture about F-groups.* Mat. Tidskr. B. 1952, 61–65.

FRICKE, R. and F. KLEIN (1897/1912). *Vorlesungen über die Theorie der automorphen Funktionen.* B. G. Teubner, Leipzig and Berlin. Johnson Reprint (Academic Press, New York), 1965. Reference to Vol. 1, pp. 285–298, Vol. 2, 283–438.

GASINSKAJA, E. F., A. V. MARINČUK and K. S. SIBIRSKII (1973). *A minimal polynomial basis for the orthogonal invariants of two third order matrices.* (Russian, M.R. *51,* #8154). Mat. Issled, *8,* vyp 4(30), 19–27.

GASINSKAJA, E. F. and K. S. SIBIRSKII (1974). *Construction of all minimal polynomial bases of orthogonal invariants of a pair of* 3×3 *matrices.* (Russian, M.R. *51* #8153). Mat. Issled *9,* vyp. 3(33), 53–63. 213

GIESEKING, H. (1912). *Analytische Untersuchungen über topologische Gruppen.* Thesis. Muenster, (Germany) Privately printed. (A copy exists at the University of Frankfurt/Main, Federal Republic of Germany).

HELLING, H. (1972). *Diskrete Untergruppen von* $SL_2(\mathbf{R})$ Inventiones Math. *17,* 217–229.

HIGMAN, G. (1951). *A finitely generated infinite simple group.* Proc. London Math. Soc. *26,* 61–64.

HOROWITZ, ROBERT (1972). *Characters of free groups represented in the two-dimensional linear group.* Comm. Pure and Applied Math. *25,* 635–649.

HOROWITZ, ROBERT (1975). *Induced automorphisms on Fricke characters of free groups.* Trans. American Math. Soc. *208,* 41–50.

KINOSHITA, S. and H. TERASAKA (1957). *On unions of knots.* Osaka Math. J. *9,* 131–153.

LERON, U. (1976). *Trace identities and polynomial identities of n by n matrices.* J. of Algebra *42,* 369–377.

MAGNUS, W. (1930). *Über diskontinuierliche Gruppen mit einer definierenden Relation.* (Der Freiheitssatz). J.f. d. reine und angew. Math. *163,* 141–165.

MAGNUS, W. and ADA PELUSO (1967). *On knot groups.* Comm. Pure and Applied Math. *20,* 749–770.

MAGNUS, W. (1973). *Rational representations of fuchsian groups and non-parabolic subgroups of the modular group.* Nachr. Akad. Wiss. Göttingen II. Math. Phys. Kl. No. 9, pp. 179–189.

MAGNUS, W. (1974). *Non-euclidean tesselations and their groups.* 207 pp. Academic Press. New York and London.

MAGNUS, W. (1975). *Two generator subgroups of PSL(2, ₵).* Nachr. Akad. Wiss. Göttingen. II. Math. Phys. Kl. No. 7, pp. 81–94.

MAGNUS, W. (1979). *Rings of Fricke* characters and automorphism groups of free groups. Math. Z. *170,* 91–103.

MAJEED, A. (1974). *Two generator subgroups of SL(2, ₵).* Ph.D. Thesis. Carleton University, Ottawa.

MALCEV, A. I. (1940). *On faithful representations of infinite groups of matrices.* Mat. Sb. *8,* 405–422. (Russian) American Math. Soc. Translations (2) *45* 1–18 (1965).

MARINČUK, A. V. and K. S. SIBIRSKIĬ, (1969). *Minimal polynomial bases of the affine invariants of* 3×3 *matrices.* Mat. Issled. *4,* 46–56.

NEWMAN, B. B. (1965). *Some results on one relator groups.* Bull. American Math. Soc. *74* 765–771.

NIELSEN, J. (1924). *Die Isomorphismengruppe der freien Gruppen.* Math. Annalen *91,* 169–209.

POINCARÉ, H. (1884). *Sur les groupes des équations linéaires.* Acta Math. *4,* 201–312.

PROCESI, C. (1974). *The invariant theory of n by n matrices.* Preprint. Published 1976, Advances in Mathematics, *19,* 306–381.

PURZITSKY, N. and G. ROSENBERGER (1972). *The fuchsian groups of genus one.* Math. Z. *128,* 245–251.

RAZMYSLOV, JU. P. (1974). *Identities with trace in full matrix algebras over a field of characteristic zero.* Izv. Akad. Nauk. SSSR, Ser. Math. 38, 723–756. (Russian).

REE, RIMHAK and N. S. MENDELSOHN (1968). *Free subgroups of groups with a single defining relation.* Arch. Math. (Basel) *19*, 577–580.

RILEY, ROBERT (1971). *Homomorphisms of knot groups on finite groups.* Math. of Computation *25*, 603–619. Addendum ibid. *25*. No. 115, loose microfiche suppl. A-B.

RILEY, ROBERT (1972). *Parabolic representations of knot groups I.* Proc. London Math. Soc. (3) *24*, 217–242.

RILEY, ROBERT (1974a). *Knots with the parabolic property P.* Quart. J. Math. Oxford. Ser. (2) *25*, 273–283.

RILEY, ROBERT (1974b). *Hecke invariants of knot groups.* Glasgow Math. J. *15*, 17–26.

RILEY, ROBERT (1975a). *Parabolic representations of knot groups. II.* Proc. London Math. Soc. (3) *31*, 495–512.

RILEY, ROBERT (1975b). *A quadratic parabolic group.* Math. Proc. Cambridge Philos. Soc. *77*, 251–288.

RILEY, ROBERT (1975c). *Discrete parabolic representations of link groups.* Mathematica *22*, No. 2, 141–150.

ROSENBERGER, G. (1972). *Fuchssche Gruppen, die freies Produkt zyklischer Gruppen sind, und die Gleichung* $x^2+y^2+z^2=xyz$. Dissertation, Hamburg.

ROSENBERGER, G. (1978a). *On discrete free subgroups of linear groups.* J. London Math. Soc. (2) *17*, 79–85.

ROSENBERGER, G. (1978b). *Von Untergruppen der Triangelgruppen.* Ill. J. Math. *22*, 404–413.

ROSENTHAL, RICHARD (1975). *A rational parametrization of subgroups of* $PLS(2, \mathbb{C})$ *homomorphic to the fundamental group of a two-dimensional manifold of genus* 2. 36 pages. Ph.D. thesis, Polytechnic Institute of New York.

SEIFERT, H. (1934). *Über das Geschlecht von Knoten.* Math. Annalen *110*, 571–592.

SELBERG, A. (1960). *On discontinuous groups in higher dimensional symmetric spaces.* Contributions to Function Theory. Internat. Colloquium Function Theory. Tata Institute of Fundamental Research, Bombay.

SIBIRSKIĬ, K. S. (1967). *Orthogonal invariants of the system of* 2×2 *matrices.* Mat. Issled *2*, vyp 4, 124–135.

SPENCER, A. J. M. and R. S. RIVLIN (1959/60). *Finite integrity bases for five or fewer symmetric* 3×3 *matrices.* Arch. Rat. Mech. Anal. *2*, 435–446. *4*, 214–230.

SPENCER, A. J. M. (1974). *Theory of invariants.* Continuum Physics Vol. 1. Academic Press, New York.

TAKEUCHI, K. (1971). *Fuchsian groups contained in* $SL_2(Q)$. J. Math. Soc. Japan *23*, 82–94.

TITS, J. (1972). *Free subgroups in linear groups.* J. Algebra *20*, 250–270.

TRAINA, CH. (1978). *Representation of the trace polynomial of cyclically reduced words in a free group on two generators.* Ph.D. Thesis. Polytechnic Institute of New York. Proc. Amer. Math. Soc. *79*, 369–372.

VOGT, H. (1889). *Sur les invariants fondamentaux des équations différentielles linéaires du second ordre.* Annales de l'Ecole Normale Supérieur (3) 6 Suppl. 3–72. (Thèse, Paris.)

WHITTEMORE, ALICE (1973a). On the representations of the group of Listing's knot by subgroups of $PSL(2, \mathbb{C})$. Proc. American Math. Soc. *40*, 378–382.

WHITTEMORE, ALICE (1973b). *On special linear characters of free groups of rank* $n\geqq 4$. Proc. Amer. Math. Soc. *40*, 383–388.

ZUMOFF, NANCY MANIESKY (1974). *Characters of* F_2 *represented in* $Sp(4, \mathbf{R})$. J. Algebra. *32*, 317–327.

Polytechnic Institute of New York

Eingegangen am 30. Juni 1980

Ph.D. Students of Wilhelm Magnus

At the University of Göttingen

Franz Wever

At New York University

In Algebra

George Bachman
Seymour Bachmuth
Joan S. Birman
J. Briggs
R. Brigham
Bruce Chandler
Orin Chein
Anastasia Cherniakewicz-Kerzman
David Cohen
Albert Drillick
Dennis Enright
Robert Feuer
Benjamin Fine
Karen Frederick
Esther Freilich
Betty Jane Gassner
Karin Ginsberg
Philip Gold
Martin Greendlinger
Robert Horowitz
Edna Kalka-Grossman
Robert Katz
John Ledlie
Bernard Levinger
Henry Levinson
Seymour Lipschutz
Ada Peluso
Samuel Poss
Elvira Strasser Rapaport
Abe Shenitzer
Bernard Sohmer
Donald Solitar
Dennis Spellman
Peter Stebe
Arthur Steinberg
Daniel Stork
Ruth Rebecca Struik
Charles Weinbaum
Nancy Zumoff

In Analysis

Leslie Blumenson
David Epstein
Irving Epstein
Emanuel Fischer
David Fox
Morton Hellman
Harry Hochstadt
D. L. Jagerman
Leon Kotin
J. Mariani
Nathan Newman
Eugene Pflumm
Martin Segal
Stanley Winkler

At the Polytechnic Institute of New York (in Algebra)

Diane Forrastiero
Kathryn F. Kuiken
Richard Rosenthal
Martin Schechter
Patrick Socci
John Stevenson
Charles Traina

Permissions

Springer-Verlag would like to thank the original publishers of the papers of W. Magnus for granting permission to reprint specific papers in this volume:

[1] Reprinted by permission from *Journal für die reine und angewandte Mathematik* **163**, 141–165, © 1930 by Walter de Gruyter & Co.

[4] Reprinted by permission from *Jahresbericht der DMV* **44**, 16–19, © 1934 by B. G. Teubner GmbH.

[6] Reprinted by permission from *Journal für die reine und angewandte Mathematik* **170**, 235–240, © 1934 by Walter de Gruyter & Co.

[8] Reprinted by permission from *Acta Mathematica* **64**, 353–367, © 1935 by Institut Mittag-Leffler.

[9] Reprinted by permission from *Jahresbericht der DMV* **47**, 69–78, © 1937 by B. G. Teubner GmbH.

[10] Reprinted by permission from *Journal für die reine und angewandte Mathematik* **177**, 105–115, © 1937 by Walter de Gruyter & Co.

[12] *Enzyklopädie der mathematischen Wissenschaften* (2nd edition), Volume I, 9, Issue 4, I, © 1939 by B. G. Teubner GmbH.

[13] Reprinted by permission from *Monatshefte für Mathematik und Physik* **47**, 307–313, © 1939 by Akademische Verlagsgesellschaft mbH.

[14] Reprinted by permission from *Annals of Mathematics* **40**, 764–768, © 1939 by Princeton University Press.

[15] Reprinted by permission from *Journal für die reine und angewandte Mathematik* **183**, 142–149, © 1940 by Walter de Gruyter & Co.

[16] Reprinted by permission from *Jahresbericht der DMV* **50**, 140–161, © 1940 by B. G. Teubner GmbH.

[20] Reprinted by permission from *Jahresbericht der DMV* **52**, 177–188, © 1943 by B. G. Teubner GmbH.

[21] Reprinted by permission from *Journal für die reine und angewandte Mathematik* **186**, 184–192, © 1945 by Walter de Gruyter & Co.

[23] Reprinted by permission from *Nachrichten der Akademie der Wissenschaften in Göttingen*, Math.-Phys. Klasse 1946, 4–5, © 1946 by Akademie der Wissenschaften.

[24] Reprinted by permission from *Abhandlungen aus dem Mathematischen Seminar der Universität Hamburg* **16**, 77–94, © 1949 by the Wilhelm Blaschke Gedächtnis-Stiftung zu Hamburg.

[25] Reprinted by permission from *Annals of Mathematics* **52**, 111–126 and **57**, 606, © 1950, 1953 by Princeton University Press.

[26] Reprinted by permission from *American Journal of Mathematics* **72**, 699–704, © 1950 by The Johns Hopkins University Press.

[27] Reprinted by permission from *Archiv der Mathematik* **2**, 405–412, © 1950 by Birkhäuser Verlag.

[28] Reprinted by permission from *Communications on Pure and Applied Mathematics* **3**, 393–410, © 1950 by John Wiley & Sons, Inc.

[29] Reprinted by permission from *Quarterly of Applied Mathematics* **11**, 77–86, © 1953 by American Mathematical Society.

[30] Reprinted by permission from *Communications on Pure and Applied Mathematics* **7**, 649–673, © 1954 by John Wiley & Sons, Inc.

[31] Reprinted by permission from *Pacific Journal of Mathematics* **5**, Supplement 2, 941–951, © 1955.

[32] Reprinted by permission from *Proceedings of the AMS* **6**, 880–890, © 1955 by American Mathematical Society.

[34] Reprinted by permission from *Proceedings of Symposia on Pure Mathematics*, Vol. I, 56–63, © 1959 by American Mathematical Society.

[36] Reprinted by permission from *Communications on Pure and Applied Mathematics* **13**, 57–66, © 1960 by John Wiley & Sons, Inc.

[38] Reprinted by permission from *Communications on Pure and Applied Mathematics* **20**, 749–770, © 1967 by John Wiley & Sons, Inc.

[39] Reprinted by permission from *Bulletin of the AMS* **75**, 305–316, © 1969 by American Mathematical Society.

[40] Reprinted by permission from *Communications on Pure and Applied Mathematics* **22**, 683–692, © 1969 by John Wiley & Sons, Inc.

[41] Reprinted by permission from *Communications on Pure and Applied Mathematics* **25**, 151–161, © 1972 by John Wiley & Sons, Inc.

[42] Reprinted by permission from *Nachrichten der Akademie der Wissenschaften in Göttingen*, II. Math.-Phys. Klasse (1973), 179–189, © 1973 by Akademie der Wissenschaften.

[44] Reprinted with permission from B. K. Scaife, *Studies in Numerical Analysis*, pp. 7–13. Copyright: Academic Press Inc. (London) Ltd., 1974.

[45] Reprinted by permission from *Nachrichten der Akademie der Wissenschaften in Göttingen*, II. Math.-Phys. Klasse (1975), 81–94, © 1975 by Akademie der Wissenschaften.

[46] Reprinted by permission from *Communications on Pure and Applied Mathematics* **29**, 701–716, © 1976 by John Wiley & Sons, Inc.

[48] Reprinted by permission from S. F. Spicker, ed., *Organism, Medicine, and Metaphysics*, pp. 225–231. Copyright © 1978 by D. Reidel Publishing Company, Dordrecht, Holland.

[49] Reprinted by permission from S. I. Adian, W. W. Boone, G. Higman, eds., *Word Problems II: The Oxford Book*, pp. 255–260, © 1980 by North-Holland Publishing Company.

[51] Reprinted by permission from *Resultate der Mathematik* **4**, 171–192, © 1981 by Birkhäuser Verlag.

Printed in the United States
By Bookmasters